Sensorische Signaltransduktion – Molekulare Mechanismen der
Informationsverarbeitung

Andreas Feigenspan
Friedrich-Alexander-Universität
Erlangen-Nürnberg
Erlangen, Bayern, Deutschland

ISBN 978-3-662-70358-8   ISBN 978-3-662-70359-5 (eBook)
https://doi.org/10.1007/978-3-662-70359-5

Die Deutsche Nationalbibliothek verzeichnet diese Publikation in der Deutschen Nationalbibliografie; detaillierte bibliografische Daten sind im Internet über ▶ https://portal.dnb.de abrufbar.

© Der/die Herausgeber bzw. der/die Autor(en), exklusiv lizenziert durch Springer-Verlag GmbH, DE, ein Teil von Springer Nature 2025

Das Werk einschließlich aller seiner Teile ist urheberrechtlich geschützt. Jede Verwertung, die nicht ausdrücklich vom Urheberrechtsgesetz zugelassen ist, bedarf der vorherigen Zustimmung des Verlags. Das gilt insbesondere für Vervielfältigungen, Bearbeitungen, Übersetzungen, Mikroverfilmungen und die Einspeicherung und Verarbeitung in elektronischen Systemen.
Die Wiedergabe von allgemein beschreibenden Bezeichnungen, Marken, Unternehmensnamen etc. in diesem Werk bedeutet nicht, dass diese frei durch jede Person benutzt werden dürfen. Die Berechtigung zur Benutzung unterliegt, auch ohne gesonderten Hinweis hierzu, den Regeln des Markenrechts. Die Rechte des/der jeweiligen Zeicheninhaber*in sind zu beachten.
Der Verlag, die Autor*innen und die Herausgeber*innen gehen davon aus, dass die Angaben und Informationen in diesem Werk zum Zeitpunkt der Veröffentlichung vollständig und korrekt sind. Weder der Verlag noch die Autor*innen oder die Herausgeber*innen übernehmen, ausdrücklich oder implizit, Gewähr für den Inhalt des Werkes, etwaige Fehler oder Äußerungen. Der Verlag bleibt im Hinblick auf geografische Zuordnungen und Gebietsbezeichnungen in veröffentlichten Karten und Institutionsadressen neutral.

Springer ist ein Imprint der eingetragenen Gesellschaft Springer-Verlag GmbH, DE und ist ein Teil von Springer Nature.
Die Anschrift der Gesellschaft ist: Heidelberger Platz 3, 14197 Berlin, Germany

Wenn Sie dieses Produkt entsorgen, geben Sie das Papier bitte zum Recycling.

Andreas Feigenspan

Sensorische Signaltransduktion Molekulare Mechanismen der Informationsverarbeitung

Für K. F.

Vorwort

Alles, was wir über die Welt erfahren können, gelangt durch die Sinnesorgane in unser Gehirn. Unsere bewusste Wahrnehmung der Wirklichkeit – das, was wir als real empfinden – beruht zunächst einmal auf der spezifischen Konstruktion unserer Sinnesorgane. Auch wenn meist mehr oder weniger komplexe neuronale Prozesse der Informationsverarbeitung unabdingbar sind, bestimmen letztlich die Eigenschaften der Sinnesorgane maßgeblich die Qualität und Quantität der verfügbaren Informationen. Tiere, die die Welt mit anders aufgebauten Sinnesorganen erfassen, erleben eine andere sensorische Wirklichkeit. Dies bedeutet allerdings nicht, dass es beliebig viele Erfahrungswelten gibt; vielmehr hat die Evolution eine für jede Tiergruppe optimierte sensorische Repräsentation ihrer Umwelt hervorgebracht. Somit liefern Sinnesorgane zuverlässige Informationen über die Außenwelt, sind jedoch keine physikalischen Messinstrumente mit objektiver Präzision.

Die relevanten Informationen erreichen uns in vielfältiger Form: als sich bewegende Objekte mit einer bestimmten Farbe, als Geräusche, die sich von einem diffusen Hintergrundrauschen abheben, als ein vertrauter Geruch oder ein unbekannter Geschmack. Auch die Wahrnehmung des eigenen Körpers, der sich im Gravitationsfeld der Erde bewegt, stellt eine wichtige Informationsquelle für das Gleichgewicht und die Koordination sinnvoller, aufeinander abgestimmter Bewegungen dar.

Der Vielfalt der äußeren Reize, die mechanischer, chemischer oder elektromagnetischer Natur sein können, steht die Einfachheit neuronaler Signale gegenüber, die sich als zeitlich begrenzte Änderungen der elektrischen Spannung über der Zellmembran präsentieren. Damit überhaupt eine Verarbeitung im Nervensystem stattfinden kann, müssen all diese verschiedenen Reize an der Schnittstelle zwischen Umgebung und Organismus in elektrische Signale umgewandelt werden. Wie diese Umwandlungen, die als Signaltransduktion bezeichnet werden, im Detail vor sich gehen, hängt von der Natur des Reizes selbst sowie von der jeweiligen Tiergruppe ab.

Die letzten Jahre haben enorme Fortschritte im Verständnis der molekularen Prozesse, die der Signaltransduktion zugrunde liegen, mit sich gebracht. Dies ist einerseits auf die neuen strukturellen Erkenntnisse im Rahmen der Kryoelektronenmikroskopie, aber auch auf bislang ungeahnte Möglichkeiten umfassender Sequenzanalysen und genetisch modifizierter Tiermodelle zurückzuführen.

Das vorliegende Lehrbuch hat es sich zur Aufgabe gemacht, die molekularen Mechanismen der sensorischen Signaltransduktion bei Wirbeltieren und Insekten detailliert zu erläutern. Es greift dabei auf die neuesten internationalen Publikationen zurück, deren wichtigste Ergebnisse in den vorhandenen Wissenskanon integriert werden. Das Buch richtet sich an Studierende der Lebenswissenschaften und der Medizin sowie an Master- und Doktorandenprogramme mit einem thematischen Schwerpunkt in der Sinnesphysiologie oder Neurobiologie.

Neben zahlreichen, umfassend erläuterten Abbildungen erleichtern weitere didaktische Konzepte das Verständnis und die Aneignung des vorhandenen Materials: Zu Beginn eines Abschnitts werden Lernziele definiert, die den Fokus auf die wichtigsten Zusammenhänge lenken und bei der Navigation durch die hin und wieder komplexe Materie unterstützen. Die Schlüsselkonzepte am Ende eines Abschnitts fassen die wichtigsten Punkte noch einmal übersichtlich zusammen. Ein ausführliches Glossar erläutert die in diesem Kontext relevanten Fachbegriffe und kann als eigenständiges Nachschlagewerk benutzt werden.

An dieser Stelle möchte ich meinen herzlichen Dank an all jene Menschen aussprechen, die zur Entstehung dieses Buches beigetragen haben. Besonders möchte ich meine Ehefrau Katja Feigenspan hervorheben, die durch ihr kritisches Lektorat Unstimmigkeiten aufgedeckt und den Text durch ihre konstruktiven Kommentare wesentlich verbessert hat. Bei Stefanie Wolf und dem Team vom Springer-Verlag bedanke ich mich für die reibungslose und professionelle Organisation des Produktionsprozesses.

Andreas Feigenspan
Erlangen
November 2024

Inhaltsverzeichnis

1	**Mechanismen neuronaler Signalverarbeitung**	1
1.1	Aufbau von Neuronen	3
1.2	Elektrische Grundlagen neuronaler Signale	5
1.2.1	Elektrizität –die absoluten Basics	6
1.2.2	Elektrische Eigenschaften von Zellmembranen	8
1.3	Ionale Grundlagen von Membranpotenzialen	14
1.3.1	Elektrochemisches Gleichgewicht	16
1.3.2	Ruhemembranpotenzial	19
1.4	Spannungsgesteuerte Ionenkanäle	22
1.5	Aktionspotenziale	27
1.5.1	Allgemeine Eigenschaften von Aktionspotenzialen	27
1.5.2	Ionale Grundlagen des Aktionspotenzials	30
1.5.3	Signalübertragung	32
	Literatur	36
2	**Mechanismen neuronaler Signalübertragung**	39
2.1	Elektrische Synapsen	41
2.2	Chemische Synapsen	43
2.3	Ligandengesteuerte Ionenkanäle	49
2.3.1	Nikotinische Acetylcholin-, $GABA_A$- und Glycinrezeptoren	50
2.3.2	Glutamatrezeptoren	52
2.3.3	ATP-Rezeptoren	52
2.4	Synaptische Potenziale	54
2.5	Metabotrope Signaltransduktion	59
2.5.1	G-Protein-gekoppelte Rezeptoren	61
2.5.2	Heterotrimere G-Proteine	65
2.5.3	Effektormoleküle	68
2.5.4	Intrazelluläres Calcium	74
	Literatur	78
3	**Photorezeption**	81
3.1	Physik des Lichts	83
3.1.1	Licht als Welle	83
3.1.2	Licht als Teilchen	86
3.2	Phototransduktion	91
3.2.1	Photorezeptoren	92
3.2.2	Aktivierung von Photopigmenten	95
3.2.3	Intrazelluläre Signalkaskaden	99
3.3	Ionenkanäle und Lichtreaktion	104
3.3.1	Ionenkanäle in rhabdomeren Photorezeptoren	104
3.3.2	Ionenkanäle in ciliären Photorezeptoren	106
3.4	Beendigung der Lichtreaktion	113
3.5	Adaptation an verschiedene Lichtintensitäten	118

3.6	Pigmenterneuerung	121
3.7	**Farbensehen**	124
3.7.1	Farbdetektion	125
3.7.2	Farbunterscheidung	128
	Literatur	133

4	**Hören und Gleichgewicht**	**137**
4.1	**Physik des Schalls**	138
4.1.1	Eigenschaften einer Welle	139
4.1.2	Energie von Schallwellen	143
4.1.3	Überlagerung von Wellen	146
4.1.4	Ausbreitung von Wellen im Raum	150
4.2	**Hören bei terrestrischen Wirbeltieren**	153
4.2.1	Funktioneller Aufbau des Ohrs	155
4.2.2	Haarsinneszellen	158
4.2.3	Signaltransduktion in Haarsinneszellen	167
4.2.4	Frequenzanalyse	177
4.3	**Lokalisation von Schallquellen**	189
4.3.1	Schalllokalisation in der Horizontalebene	190
4.3.2	Schalllokalisation in der Vertikalebene	196
4.3.3	Entfernung einer Schallquelle	198
4.4	**Hören bei Insekten**	200
4.4.1	Chordotonalorgane	201
4.4.2	Signaltransduktion	203
4.5	**Gleichgewichtssinn**	205
4.5.1	Masse und Beschleunigung	206
4.5.2	Aufbau des Vestibularorgans	208
4.5.3	Haarsinneszellen und Signaltransduktion	213
	Literatur	217

5	**Geruch**	**221**
5.1	**Geruchssinn der Wirbeltiere**	222
5.1.1	Olfaktorisches Epithel	223
5.1.2	Olfaktorische Rezeptoren	226
5.1.3	Chemoelektrische Signaltransduktion	232
5.1.4	Adaptation	237
5.1.5	Pheromonsignale bei Wirbeltieren	239
5.1.6	Codierung olfaktorischer Signale	240
5.2	**Geruchssinn der Insekten**	249
5.2.1	Olfaktorische Sensillen	250
5.2.2	Rezeptorproteine und Signaltransduktion	252
5.2.3	Codierung olfaktorischer Informationen	255
	Literatur	259

6	**Geschmack**	**265**
6.1	**Geschmackssinn der Wirbeltiere**	267
6.1.1	Geschmacksknospen und Rezeptoren	268

6.1.2	Metabotrope Signaltransduktion: süß, sauer, umami	272
6.1.3	Molekulare Grundlagen des Sauergeschmacks	277
6.1.4	Molekulare Mechanismen des Salzgeschmacks	281
6.1.5	Nicht-kanonische und extraorale Geschmacksrezeptoren	284
6.1.6	Neurotransmitter	285
6.1.7	Codierung der gustatorischen Information	287
6.2	**Geschmackssinn der Insekten**	**290**
6.2.1	Anatomie des gustatorischen Systems	291
6.2.2	Geschmacksrezeptoren bei *Drosophila*	292
	Literatur	**299**
7	**Mechanorezeption**	**305**
7.1	**Mechanosensitive Ionenkanäle**	**306**
7.1.1	Piezo-Kanäle	311
7.1.2	TREK/TRAAK-Kanäle	314
7.1.3	ENaC/DEG-Kanäle	316
7.1.4	OSCA/TMEM63-Kanäle	318
7.1.5	NOMPC-Kanäle	320
7.1.6	TMC1/2-Kanäle	323
7.2	**Grundlagen der Mechanorezeption bei Säugetieren**	**326**
7.2.1	Aufbau der Haut	326
7.2.2	Somatosensorische Neuronen	328
7.3	**Mechanosensoren der unbehaarten Haut**	**331**
7.3.1	Merkel-Endigungen	335
7.3.2	Meissner-Korpuskeln	338
7.3.3	Ruffini-Korpuskeln	340
7.3.4	Pacini-Korpuskeln	341
7.4	**Mechanosensoren der behaarten Haut**	**346**
7.4.1	Lanzettendigungen	346
7.4.2	A β Feld-LTMRs	348
7.5	**Propriozeption und motorische Kontrolle**	**351**
7.5.1	Muskelspindeln	352
7.5.2	Golgi-Sehnenorgane	354
7.6	**Mechanorezeption bei Insekten**	**358**
7.6.1	Mechanosensorische Organe	359
7.6.2	Signaltransduktion	363
	Literatur	**368**
8	**Thermorezeption**	**373**
8.1	**Physik der Wärme**	**375**
8.1.1	Wärme als Bewegung und Energie	375
8.1.2	Mechanismen des Wärmetransports	376
8.1.3	Temperaturabhängigkeit von Ionenkanälen	379
8.2	**Thermorezeption der Säugetiere**	**384**
8.2.1	Temperatursensitive Neuronen	384
8.2.2	Temperatursensitive Kanäle	389

8.2.3	Temperaturabhängiges Gating von Ionenkanälen	400
8.3	**Thermorezeption der Nichtsäugetiere**	**404**
8.3.1	Thermorezeption bei Insekten	404
8.3.2	Grubenorgane der Schlangen	408
	Literatur	411
9	**Nozizeption und Pruritus**	**415**
9.1	**Nozizeptoren und Schmerz**	**416**
9.1.1	Klassifizierung von Schmerz	417
9.1.2	Nozizeptoren	419
9.2	**Transduktionsmechanismen**	**424**
9.2.1	TRP-Kanäle	428
9.2.2	P2X-Kanäle	431
9.2.3	Protonengesteuerte Kanäle	435
9.2.4	Mechanische Nozizeption	439
9.3	**Pruritus**	**441**
9.3.1	Periphere Mechanismen und Signaltransduktion	442
9.3.2	Primäre sensorische Neuronen	448
9.3.3	Molekulare Signalübertragung im Rückenmark	451
	Literatur	454

Serviceteil

Glossar 460
Stichwortverzeichnis 483

Abkürzungsverzeichnis

A	Ampere
AC	Adenylylcyclase
ACh	Acetylcholin
AMP	Adenosinmonophosphat
ANO1	Anoctamin-1
ASIC	Acid-sensing ion channel
ATD	Aminoterminale Domäne
ATP	Adenosintriphosphat
β_2AR	Beta-2-adrenerger Rezeptor
BDNF	Brain-derived neurotrophic factor
BOSS	Bossy orthogonal surface substructure
C	Coulomb
Ca^{2+}	Calciumion
CAD	CRAC activation domain
CaM	Calmodulin
CaMKII	Ca^{2+}-Calmodulin-abhängige Proteinkinase II
cAMP	Cyclisches Adenosinmonophosphat
cGMP	Cyclisches Guanosinmonophosphat
Ca_v	Spannungsgesteuerter Calciumkanal
CALHM1	Calcium homeostasis modulator1
CaM	Calmodulin
CDH23	Cadherin-23
CGRP	Calcitonin-related peptide
CICR	Ca^{2+}-induced Ca^{2+} release
Cl^-	Chlorid
CNG	Cyclic nucleotide-gated
CRAMP	Cathelicidin-related antimicrobial peptide
CREL	Co-receptor extra loop
CTD	Carboxyterminale Domäne
Da	Dendritic arborization
DAG	Diacylglycerol
dB	Dezibel
DCSO	Dorsal cibarial sense organ
DD	Dimerisationsdomäne
DEG	Degenerin
DGK	Diacylglycerolkinase
e	Extrazellulär
ECD	Extrazelluläre Domäne
EL	Extracellular loop
ENaC	Epithelial Na channel
EPAC	Exchange protein activated by cAMP
Eps8	Epidermal growth factor receptor pathway substrate 8
EPSP	Exzitatorisches postsynaptisches Potenzial
ER	Endoplasmatisches Reticulum
ERK	Extracellular signal–regulated kinase
EZM	Extrazelluläre Matrix
F	Farad
FFF	Force-from-filaments
FFL	Force-from-lipids
GABA	γ-Aminobuttersäure
GAF	cGMP-activated PDEs
GAP	GTPase-accelerating protein
GARP	Glutamic acid rich protein
GBC	Globose basal cell
GCAP	Guanylyl cyclase activating protein
GDNF	Glial cell line-derived neurotrophic factor
GDP	Guanosindiphosphat
GIRK	G protein-gated inward-rectifier K^+ channel
GMQ	2-Guanidin-4-methylquinazolin
GPCR	G protein-coupled receptor
GRK	G-Protein-gekoppelte Rezeptorkinase
GRP	Gastrin-releasing peptide
GRPR	Gastrin-releasing peptide receptor
Grs	Gustatory receptors
GTP	Guanosintriphosphat
HBC	Horizontal basal cell
HCN	Hyperpolarization-activated

HD	cyclic nucleotide-gated Helikale Domäne	Mrgpcr	Mas-related G-protein-coupled receptor
HEK	Human embryonic kidney	MT	Mechanoelektrische Transduktion
5-HT	5-Hydroxytryptamin		
HRTF	Head-related transfer function	mN	Millinewton
		MPD	Membran-proximale Domäne
HTMR	High-threshold mechanoreceptor	ms	Millisekunden
		MUP	Major urinary protein complex
i	Intrazellulär		
Iav	Inactive	mV	Millivolt
INAD	Inactivation no afterpotential D	Na^+	Natrium
		NA	Noradrenalin
IP_3	Inositol-1,4,5-trisphosphat	Nan	Nanchung
IPSP	Inhibitorisches postsynaptisches Potenzial	Na_v	Spannungsgesteuerter Natriumkanal
IR	Infrarot	NGF	Nerve growth factor
IRBP	Interphotoreceptor retinol binding protein	nm	Nanometer
		NMDA	N-Methyl-D-Aspartat
Irs	Ionotropic receptors	NOMPC	No mechanoreceptor potential C
J	Joule		
JAK	Januskinase	NP	Non-peptidergic nociceptor
JMD	Juxtamembrandomäne	NTD	N-terminale Domäne
K	Kelvin	OBP	Odorant binding protein
$[K^+]$	Kalium	OE	Olfaktorisches Epithel
KD	Katalytische Domäne	OEC	Olfactory ensheathing cell
KHD	Kinase-Homologie-Domäne	Ors	Olfactory receptors
kHz	Kilohertz	OSMR	Oncostatin-M-Rezeptor
K_v	Spannungsgesteuerter Kaliumkanal	PAF	Platelet-activating factor
		PCDH15	Protocadherin-15
LBD	Ligandenbindende Domäne	PBD	Polybasic domain
LH	Linkerhelix	PDB	Protein Data Bank
LHFPL5	Lipoma HMGIC fusion partner-like 5	PDE	Phosphodiesterase
		PGE_2	Prostaglandin E2
LRAT	Lecithin-Retinol-Acyl-Transferase	PH	Pleckstrinhomologe Domäne
		PI3K	Phosphoinositid-3-Kinase
LSO	Labral sense organ	PKA	Proteinkinase A
LTMR	Low-threshold mechanoreceptor	PKC	Proteinkinase C
		PI3K	Phosphoinositid-3-OH-Kinase
LTTD	Lateral descending trigeminal tract		
		PIP_2	Phosphatidylinositol-4,5-bisphosphat
LWS	Long wavelength sensitive		
MAPs	Mikrotubule-associated proteins	PLC	Phospholipase C
		PMCA	Plasma membrane Ca^{2+}-ATPase
MAPK	Mitogen-activated protein kinase		
		PNS	Peripheres Nervensystem
MHC	Haupthistokompatibilitätskomplex	Pt	Ponytail
		PTK	Protein tyrosine kinase

Abkürzungsverzeichnis

R	Allgemeine Gaskonstante	TMD	Transmembrandomäne
RA	Rapidly adapting	TMIE	Transmembrane inner ear
RC	Nucleus reticularis caloris	TRAAK	TWIK-related arachidonic acid activated K^+ channel
RDH	Retinaldehydrogenase		
RGR	Retinal G protein-coupled receptor	TREK	TWIK-related K^+ channel
		TrkB	Tropomyosin receptor kinase B/Tyrosine receptor kinase B
RGS	Regulator of G protein signaling		
		TRC	Taste receptor cell
Rh	Rhodopsin	TRP	Transient receptor potential
RPE	Retinales Pigmentepithel	TRPL	Transient receptor potential-like
SA	Slowly adapting		
SAM	Sterile alpha motif	TSLP	Thymic stromal lymphopoietin
SERCA	Sarco/endoplasmic Ca^{2+}-ATPase		
		TSLPR	Thymic stromal lymphopoietin receptor
SH3	SRC Homology 3		
SOCE	Store-operated Ca^{2+} entry	U	Spannung
SPL	Sound pressure level	U_{Cl}	Chloridgleichgewichtspotenzial
ST2	Suppression of tumorigenicity 2		
		U_K	Kaliumgleichgewichtspotenzial
STAS	Sulfate transporter and anti-sigma sactor antagonist		
		U_{Na}	Natriumgleichgewichtspotenzial
STAT	Signal transducer and activator of transcription		
		uPAR	Urokinase-type plasminogen activator receptor
STIM	Stromal interaction molecule		
SWS	Short wavelength sensitive	UV	Ultraviolett
T	Temperatur	V	Volt
TAAR	Trace amine-associated receptors	VCSO	Ventral cibarial sense organ
		VNO	Vomeronasalorgan
THU	Transmembrane helical unit	VFM	Venus flytrap module
THz	Terahertz	W	Watt
TIM	Triose-phosphate isomerase	WT	Wildtyp
TLR	Toll-like receptor	z	Valenz
TM	Transmembransegment	ZNS	Zentralnervensystem
TMC	Transmembrane channel-like protein		

Mechanismen neuronaler Signalverarbeitung

Inhaltsverzeichnis

1.1 Aufbau von Neuronen – 3

1.2 Elektrische Grundlagen neuronaler Signale – 5
1.2.1 Elektrizität –die absoluten Basics – 6
1.2.2 Elektrische Eigenschaften von Zellmembranen – 8

1.3 Ionale Grundlagen von Membranpotenzialen – 14
1.3.1 Elektrochemisches Gleichgewicht – 16
1.3.2 Ruhemembranpotenzial – 19

1.4 Spannungsgesteuerte Ionenkanäle – 22

1.5 Aktionspotenziale – 27
1.5.1 Allgemeine Eigenschaften von Aktionspotenzialen – 27
1.5.2 Ionale Grundlagen des Aktionspotenzials – 30
1.5.3 Signalübertragung – 32

Literatur – 36

© Der/die Autor(en), exklusiv lizenziert durch Springer-Verlag GmbH,
DE, ein Teil von Springer Nature 2025
A. Feigenspan, *Sensorische Signaltransduktion – Molekulare Mechanismen der Informationsverarbeitung*, https://doi.org/10.1007/978-3-662-70359-5_1

Jeder Organismus ist einem fortwährenden Strom physikalischer und chemischer Reize ausgesetzt, die mit den Sinnesorganen interagieren und deren Informationsgehalt durch das zentrale Nervensystem verarbeitet wird. Um die relevanten Signale aus der Außenwelt und dem eigenen Körper sinnvoll interpretieren zu können, ist eine Umwandlung oder Transduktion in die Sprache der Neuronen erforderlich. Die neuronalen Signale basieren im Wesentlichen auf Elektrizität, genauer gesagt auf elektrischen Strömen, die über die Plasmamembran von Nervenzellen fließen und in den Neuronen Spannungsänderungen hervorrufen. Die **Signaltransduktion** befasst sich mit der Frage, auf welche Weise so unterschiedliche Reize wie Licht, Druckänderungen oder die Konzentration flüchtiger Moleküle in elektrische Signale umgewandelt werden.

Die ausschließliche Fokussierung auf die Mechanismen der Signaltransduktion genügt jedoch nicht, um komplexes Verhalten umfassend zu erklären, da physikalische und chemische Reize in der Regel in unterschiedlichen Abstufungen und Qualitäten auftreten. So nehmen wir beispielsweise Licht in einer bestimmten Helligkeit und Farbe wahr. Neben der eigentlichen Detektion kommt daher der Codierung von Intensität und Qualität eines Reizes eine zentrale Rolle in der Signalverarbeitung zu. In diesem Zusammenhang ist es erforderlich, den Begriff der Signalerzeugung über die Umwandlungsmechanismen hinaus zu erweitern und sowohl die Codierung der Reizintensität als auch der jeweiligen Sinnesqualität zu berücksichtigen.

Die Schnittstelle zur Umwelt, repräsentiert durch die Sinnesorgane, befindet sich in der Körperperipherie. Dadurch entstehen verhaltensrelevante Signale in räumlicher Distanz zum eigentlichen Verarbeitungszentrum im Gehirn. Diese anatomischen Gegebenheiten führen zu einem Transport- und Kommunikationsproblem. Es stellt sich die Frage, wie essenzielle Informationen von den peripher gelegenen Sinnesorganen ohne nennenswerte Verzögerung, Verzerrung oder Rauschen der zugrunde liegenden elektrischen Signale ins Zentralnervensystem gelangen können. Die **Signalweiterleitung** beschreibt die Strategien der Informationsübertragung von Ort zu Ort innerhalb eines Organismus.

In biologischen Systemen gibt es zwei grundlegende Mechanismen zur Weiterleitung von Informationen über größere Distanzen: die elektrische Signalübertragung via Neuronen und die chemische Übertragung durch endokrine Zellen, die Hormone in den Blutkreislauf abgeben. Elektrische Signale ermöglichen eine schnelle und präzise Kommunikation zwischen Zellen. Im Vergleich wirken Hormone langsamer, beeinflussen jedoch eine größere Zahl von Zellen gleichzeitig. Neuronale Verbindungen lassen sich daher mit einer Telefonverbindung zwischen einem Sender und einem Empfänger vergleichen (allerdings nur in einer Richtung), während die hormonelle Signalübertragung eher einem Radioprogramm ähnelt, das zahlreiche Empfänger erreicht. Diese Form der Signalübertragung ist dennoch spezifisch, da nur Zellen mit den passenden Rezeptoren auf ein bestimmtes Hormon reagieren. Analog dazu kann ein Radioprogramm nur empfangen werden, wenn die richtige Frequenz eingestellt ist (zumindest in einer analogen Welt). Endokrine Systeme sind besonders geeignet für langfristige, systemische Veränderungen. Die neuronale Signalübertragung bietet jedoch eindeutige Vorteile, wenn es um eine schnelle und präzise Übermittlung und Integration von Sinnesinformationen geht.

In Anbetracht ihrer grundlegenden Bedeutung für die Sinnesphysiologie konzentriert sich dieses Kapitel auf die neuronale Signalverarbeitung. Aus diesen Überlegungen ergeben sich zwei zentrale Fragen: Welche Eigenschaften ermöglichen es Neuronen, Signale mit hoher zeitlicher und räumlicher Präzision zu erzeugen, zu codieren und weiterzuleiten? Und wie sind diese Signale im Allgemeinen beschaffen? Die Beantwortung der ersten Frage erfordert eine Betrachtung des Aufbaus von Neuronen, während die zweite Frage ein Verständnis einiger physikalischer, insbesondere elektronischer Grundlagen voraussetzt. Es wird also im wahrsten Sinne des Wortes spannend.

1.1 Aufbau von Neuronen

Lernziele
1. Die Begriffe „Signaltransduktion" und „Signalweiterleitung" erläutern.
2. Die wichtigsten Merkmale beschreiben, die Neuronen von anderen Zelltypen unterscheiden.
3. Ein Neuron skizzieren und die spezifischen Funktionen der vier Regionen Dendriten, Soma, Axon und Axonterminal erläutern.
4. Die Richtung des Signalflusses in Neuronen aus den funktionellen Besonderheiten der zellulären Morphologie ableiten.

Ein typisches Neuron lässt sich in der Regel ohne größere Schwierigkeiten anhand seiner charakteristischen Morphologie von Muskelzellen, Fibroblasten oder Epithelzellen – als Vertreter aller anderen Gewebetypen – unterscheiden. Gemäß der **Neuronendoktrin** repräsentieren Neuronen als individuelle Zellen die kleinste strukturelle, funktionelle und metabolische Einheit des Nervensystems. Die ausgeprägten Fortsätze der Neuronen in Form von Dendriten und Axonen sowie die hochspezialisierte Genexpression stellen entscheidende Voraussetzungen für die Erzeugung und Weiterleitung elektrischer und chemischer Signale dar. Im Folgenden werden die vier wichtigsten strukturellen Regionen einer Nervenzelle, die als Schlüssel zum Verständnis neuronaler Funktionen dienen, kurz vorgestellt (◘ Abb. 1.1).

Wie alle anderen Zellen sind Neuronen vollständig von einer Lipiddoppelschicht umgeben, die als **Plasmamembran** oder Zellmembran bezeichnet wird. Die Plasmamembran spielt eine entscheidende Rolle bei der Trennung elektrischer Ladungen und ist somit essenziell für die Entstehung und Weiterleitung von Signalen in Form von Potenzialänderungen. In der Lipiddoppelschicht sind Transmembranproteine wie Ionenkanäle und Rezeptoren eingebettet, während zahlreiche Enzyme und Signalmoleküle auf der intrazellulären Seite mit der Plasmamembran assoziiert sind. Die vielfältigen Funktionen der Plasmamembran werden in renommierten Lehrbüchern der Zellbiologie umfassend behandelt [15].

Dendriten sind cytoplasmatische Ausläufer, die vom Zellkörper eines Neurons ausgehen, sich mehrfach verzweigen und so eine baumartige Struktur bilden. Sie empfangen Signale von anderen Neuronen oder Sinneszellen und stellen in ihrer Gesamtheit die Eingangsregion einer Nervenzelle dar. Durch die dendritischen Verzweigungen entsteht eine große Oberfläche, die zahlreiche synaptische Kontakte zu vorgeschalteten Neuronen ermöglicht.

Der Zellkörper eines Neurons, auch als **Soma** bezeichnet, enthält eine kaliumreiche, wässrige Lösung, das Cytosol, sowie einen Zellkern und membranumhüllte Organellen wie das glatte und raue endoplasmatische Reticulum, den Golgi-Apparat

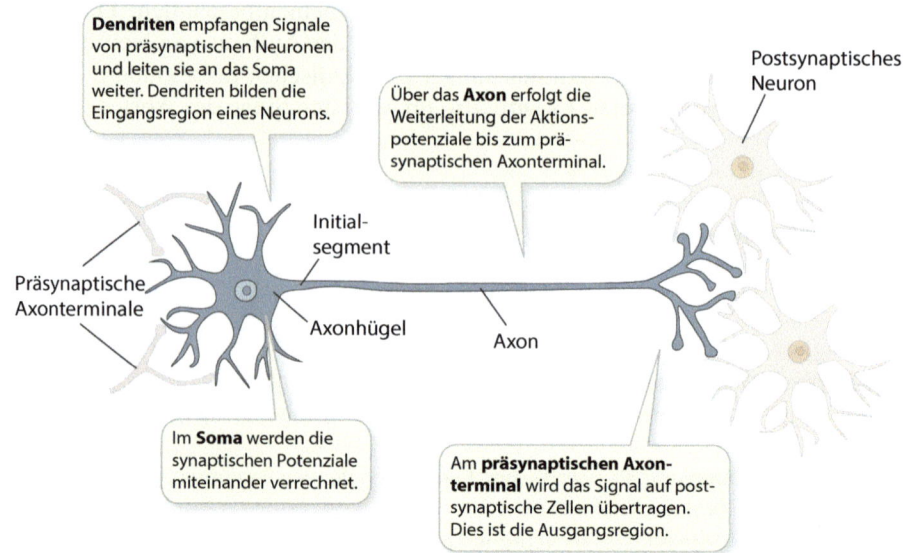

Abb. 1.1 Schematische Darstellung eines multipolaren Neurons als funktionelles Modul innerhalb eines neuronalen Netzwerks. Die strukturellen Regionen Dendriten, Soma, Axon und Axonterminal übernehmen die im Text beschriebenen Funktionen der Aufnahme, Verarbeitung, Weiterleitung und Übertragung von Signalen. Das Neuron empfängt Signale von präsynaptischen Neuronen und gibt die verarbeiteten Informationen an postsynaptische Neuronen weiter

und zahlreiche Mitochondrien. Im Gegensatz zu nicht-neuronalen Zellen besitzt das Soma eines Neurons die Fähigkeit, elektrische Signale miteinander zu verrechnen und bei überschwelligen Spannungsänderungen Aktionspotenziale zu generieren (siehe ► Abschn. 1.5). Diese Eigenschaft wird als **elektrische Erregbarkeit** bezeichnet und findet sich neben Neuronen lediglich in Zellen der Herz- und Skelettmuskulatur.

Aktionspotenziale entstehen in der Regel am **Axonhügel** oder im initialen Segment eines Axons, wo eine hohe Dichte an spannungsgesteuerten Natriumkanälen vorhanden ist (siehe ► Abschn. 1.4). In diesen Regionen liegt der Schwellenwert für die Auslösung von Aktionspotenzialen niedriger als in anderen Regionen des Neurons. Die Aktionspotenziale werden über das **Axon** vom Soma in Richtung des Axonterminals weitergeleitet. Axone dienen somit der effektiven Übertragung elektrischer Signale über größere Distanzen. In der Regel besitzt ein Neuron nur ein Axon, das sich jedoch verzweigen und Seitenäste, sogenannte **Axonkollaterale,** ausbilden kann. Diese übermitteln das Signal nahezu gleichzeitig an mehrere räumlich entfernte Zielstrukturen.

Ein Axon endet in einem präsynaptischen **Axonterminal,** das sich unterschiedlich stark verzweigt und mit zahlreichen individuellen Endigungen mehrere nachgeschaltete Zellen gleichzeitig kontaktieren kann. Die Weiterleitung der Signale an andere Neuronen oder an Effektorzellen wie Muskel- und Drüsenzellen erfolgt über chemische Synapsen (siehe ► Abschn. 2.2). Demnach stellt das Axonterminal die Ausgangsregion eines Neurons dar, von der aus die Signale durch Neurotransmittermoleküle auf postsynaptische Zellen übertragen werden.

Neuronen können zusammenfassend in vier morphologisch und funktionell unterschiedliche Regionen unterteilt werden: Dendriten, Soma, Axon und Axonterminal. Jede dieser Regionen ist für spezifische Funktionen verantwortlich: die Dendriten für die Signalaufnahme, das Soma für die Signalverarbeitung, das Axon für die Signalweiterleitung und das Axonterminal für die Signalübertragung. Diese zellulären Kompartimente bilden die strukturelle Grundlage für einen gerichteten Informationsfluss von den Dendriten über das Soma und das Axon bis hin zu den präsynaptischen Endigungen des Axonterminals.

> **Schlüsselkonzepte ▶ Abschn. 1.1 Aufbau von Neuronen**
>
> - Unter Signaltransduktion versteht man die Umwandlung physikalischer und chemischer Reize in elektrische Signale. Dieser Prozess erfolgt in spezialisierten sensorischen Zellen, die gemeinsam mit anderen Zellen in Sinnesorganen zusammengefasst werden.
> - Der Begriff der Signalweiterleitung bezeichnet in Nervensystemen den Transport von Informationen, die in Form von Spannungsänderungen über der Zellmembran codiert werden.
> - Die vier morphologisch und funktionell unterschiedlichen Regionen eines Neurons – Dendriten, Soma, Axon und Axonterminal – ermöglichen einen gerichteten Signalfluss von den Dendriten zum Axonterminal.
> - Dendriten empfangen chemische Signale in Form von Neurotransmittern von vorgeschalteten Neuronen und erzeugen lokale Spannungsänderungen, die zum Soma weitergeleitet werden.
> - Im Soma werden alle innerhalb eines definierten Zeitraums eintreffenden Signale zu einem integrierten Signal verrechnet. Die Größe und Zeitdauer dieses Signals wird am Axonhügel in eine Folge von Aktionspotenzialen transformiert.
> - Das Axon ist für die Weiterleitung von Aktionspotenzialen über größere Entfernungen verantwortlich. Es kann sich verzweigen und Axonkollaterale bilden.
> - Im Bereich des Axonterminals erfolgt die Übertragung von Signalen mittels chemischer Synapsen auf nachgeschaltete Neuronen oder nicht-neuronale Effektorzellen.

1.2 Elektrische Grundlagen neuronaler Signale

> **Lernziele**
> 1. Die elektronischen Konzepte Ladung, Strom, Spannung und Widerstand formulieren und erläutern.
> 2. Die passiven elektrischen Eigenschaften einer Zellmembran erklären.
> 3. Die Zeitkonstante erläutern und ihre Bedeutung für zeitliche Codierung von Signalen interpretieren.
> 4. Die Längskonstante erläutern und ihren Einfluss auf die räumliche Ausbreitung neuronaler Signale interpretieren.

Neuronale Signale sind im Wesentlichen elektrische Signale. Die Codierung von Informationen erfolgt durch Spannungsänderungen über der Zellmembran, wobei von Ionen getragene elektrische Ströme in die Zelle hinein oder aus ihr heraus fließen. Um diese Phänomene umfassend zu verstehen, ist es notwendig, sich mit den grundlegenden physikalischen Konzepten von Ladung, Strom, Spannung und Widerstand vertraut zu machen. Darüber hinaus spielen chemische Signale eine zentrale Rolle in der synaptischen Übertragung sowie in intrazellulären Signalkaskaden und werden in ▶ Kap. 2 ausführlich behandelt.

1.2.1 Elektrizität – die absoluten Basics

Die Grundlage aller elektrischen Phänomene und damit auch neuronaler Signale ist die **Ladung.** Protonen tragen eine positive Ladung, Elektronen hingegen besitzen eine negative Ladung. Ungleiche Ladungen ziehen sich an, während sich gleiche Ladungen gegenseitig abstoßen. Die kleinste in der Natur frei existierende Ladungsmenge wird als **Elementarladung** e definiert, wobei die Ladung eines Protons $+e$ und diejenige eines Elektrons $-e$ beträgt. Die SI-Einheit[1] für Ladung ist das Coulomb (C), und eine Elementarladung entspricht $1{,}602 \times 10^{-19}$ C (1 C enthält also $6{,}24 \times 10^{18}$ Elementarladungen). Alle beobachtbaren Ladungen q treten ausschließlich als ganzzahlige Vielfache n der Elementarladung e auf.[2]

$$q = \pm n \cdot e, \quad n = 1, 2, 3, \ldots \tag{1.1}$$

In Nervenzellen kommen zur Signalerzeugung jedoch keine freien Protonen oder Elektronen zum Einsatz, sondern Ionen. **Ionen** sind Atome oder Moleküle, die aufgrund einer ungleichen Anzahl von Elektronen und Protonen eine positive (mehr Protonen) oder negative (mehr Elektronen) Nettoladung aufweisen. Löst man beispielsweise Kochsalz (NaCl) in Wasser, so verliert Natrium ein Elektron und wird zum positiv geladenen Natriumion (Na^+), während Chlor ein zusätzliches Elektron aufnimmt und ein negativ geladenes Chloridion (Cl^-) bildet. Ionen mit einer positiven Ladung werden als **Kationen,** Ionen mit einer negativen Ladung als **Anionen** bezeichnet.

Neben ganzen Ladungen treten in biologischen Molekülen auch sogenannte **Partialladungen** (Teilladungen) auf, die mit $\delta+$ bzw. $\delta-$ gekennzeichnet werden. Partialladungen entstehen in kovalenten Bindungen, wenn das elektronegativere Atom die Bindungselektronen stärker anzieht, wodurch die Elektronenpaarbindung polarisiert wird. Ein klassisches Beispiel für ein Molekül mit polarem Charakter ist das Wassermolekül H_2O. Aufgrund einer negativen Partialladung am Sauerstoffatom und einer jeweils positiven Partialladung an den beiden Wasserstoffatomen weist H_2O einen ausgeprägten polaren Charakter auf.

---

[1] SI steht für Système international d'unités und ist das international gebräuchliche Einheitensystem.
[2] Die Quantisierung der Ladung ist nur in der makroskopischen, also der Beobachtung zugänglichen Welt, gültig. Im Standardmodell sind Elementarteilchen wie Protonen und Elektronen aus Quarks zusammengesetzt, die Ladungen von $\pm \frac{1}{3}e$ oder $\pm \frac{2}{3}e$ besitzen. Eine Isolierung der Quarks als freie Teilchen ist jedoch nicht möglich.

1.2 · Elektrische Grundlagen neuronaler Signale

Die Erzeugung eines neuronalen Signals setzt voraus, dass ein **elektrischer Strom** über die Plasmamembran des Neurons fließt. Dieser Strom entsteht durch die Diffusion von positiv oder negativ geladenen Ionen von der extrazellulären zur intrazellulären Seite oder in umgekehrter Richtung. Die elektrische Stromstärke I beschreibt die Menge der Ladungen q, die innerhalb eines bestimmten Zeitintervalls t die Plasmamembran überqueren.

$$I = \frac{q}{t}. \tag{1.2}$$

Die SI-Einheit der elektrischen Stromstärke ist das Ampere (A), wobei 1 A einer Stromstärke von $1\,C\,s^{-1}$ entspricht. Elektrischer Strom kann nur in einem geschlossenen Stromkreis fließen. Damit sich geladene Teilchen bewegen und ein elektrischer Strom zwischen zwei Punkten A und B fließen kann, ist eine **elektrische Spannung** erforderlich, die auch als Potenzialdifferenz bezeichnet wird.

Im Vergleich zu fließendem Wasser entspricht die elektrische Spannung einem Höhenunterschied, der das Wasser in Bewegung versetzt. Dieser Höhenunterschied stellt eine Form von potenzieller Energie dar, sodass die Spannung als Energiequelle für die Bewegung geladener Teilchen betrachtet werden kann. Tatsächlich verrichten Ladungen Arbeit, wenn sie in einem geschlossenen Stromkreis fließen, wobei ihre potenzielle Energie in dem Maß abnimmt, wie sie Arbeit verrichten. Die elektrische Spannung U wird als die Änderung der potenziellen Energie ΔE_{pot} im Verhältnis zur jeweiligen Ladungsmenge q definiert.

$$U = \frac{\Delta E_{pot}}{q}. \tag{1.3}$$

Die SI-Einheit der elektrischen Spannung ist das Volt (V) und 1 V entspricht $1\,J\,C^{-1}$. Daher stellt die Spannung ein Maß für die Energie dar, die zur Bewegung der Ladungsträger erforderlich ist. Oder anders formuliert: Die elektrische Spannung beschreibt den Energieverlust bewegter Ladungsträger.

Wässrige Lösungen enthalten stets eine gleich große Anzahl an Kationen und Anionen und sind folglich elektrisch neutral. Erst die ungleichmäßige Verteilung der Ionen in unmittelbarer Nähe der Plasmamembran ermöglicht den Aufbau und die Aufrechterhaltung einer elektrischen Spannung über dieser Membran. Dabei weist die Innenseite der Plasmamembran im Vergleich zur Außenseite einen Überschuss an negativen Ladungen auf, der durch einen entsprechenden Überschuss an positiven Ladungen auf der Außenseite neutralisiert wird (siehe ▶ Abschn. 1.2.2). Daher können alle neuronalen Signale, die in Form von Spannungsänderungen codiert sind, als zeitliche Veränderungen der Potenzialdifferenz über der Plasmamembran beschrieben werden.

In einem elektrischen Leiter fließt der Strom in der Regel nicht ungehindert, sondern erfährt einen **elektrischen Widerstand,** der in Ohm (Ω) gemessen wird. Bei einem Widerstand von 1 Ω und einer Spannung von 1 V fließt demnach ein Strom von 1 A. In biologischen Systemen, wie beispielsweise einer Nervenzelle, stoßen bewegte Ionen mit Organellen und ungeladenen Molekülen zusammen und sind dabei Anziehungs- und Abstoßungskräften ausgesetzt, die von anderen geladenen Teilchen in der Nähe ausgehen. Der Durchmesser eines Dendriten oder Axons spielt ebenfalls eine wichtige

Rolle, da mit zunehmendem Durchmesser der Widerstand sinkt. Ein elektrischer Widerstand, der weder von der Spannung noch vom Strom abhängt, wird als **ohm'scher Widerstand** R bezeichnet, und es gilt das **ohm'sche Gesetz**:

$$U = R \cdot I, \quad R = \text{konstant}. \tag{1.4}$$

Das ohm'sche Gesetz besagt, dass bei konstanter Spannung die elektrische Stromstärke abnimmt, wenn der Widerstand steigt und umgekehrt. Bei der Beschreibung der biophysikalischen Eigenschaften von Ionenkanälen wird anstelle des Widerstands die **Leitfähigkeit** verwendet, die als Kehrwert des Widerstands definiert ist. Elektrische Widerstände spielen eine wichtige Rolle für die Leitungsgeschwindigkeit von Axonen und damit für die Geschwindigkeit, mit der Informationen aus der Peripherie in das Zentralnervensystem gelangen, dort verarbeitet und schließlich als motorische Signale an die Skelettmuskulatur weitergeleitet werden. Der elektrische Widerstand in neuronalen Leitungsbahnen beeinflusst die Reaktionszeit und somit die Geschwindigkeit, mit der ein Organismus auf sensorische Reize reagiert.

1.2.2 Elektrische Eigenschaften von Zellmembranen

Alle Zellen – und damit auch Neuronen – sind durch eine äußere, für geladene Teilchen undurchlässige Hülle, die Plasmamembran, von ihrer Umgebung abgegrenzt. Die Plasmamembran besteht aus einer Doppelschicht von Lipidmolekülen, darunter Phospholipide, Sphingolipide und Cholesterin, in die zahlreiche Proteine eingebettet sind. Die Lipiddoppelschicht weist zwei besondere Eigenschaften auf, die für die Erzeugung und Weiterleitung neuronaler Signale von entscheidender Bedeutung sind. Zu diesen sogenannten **passiven elektrischen Eigenschaften**[3] gehören der Widerstand und die Kapazität der Plasmamembran.

Der Lipidanteil einer Zellmembran weist einen sehr hohen Widerstand auf, sodass elektrischer Strom nicht direkt durch die Membran fließen kann. Abhilfe schaffen Ionenkanäle, also Transmembranproteine mit einer zentralen Pore, durch die geladene Teilchen die Membran passieren können (siehe ▶ Abschn. 1.4). Wir sprechen daher von einer Diffusion *über* die Membran und nicht *durch* die Membran, um zu betonen, dass Ionen ohne die Anwesenheit von Ionenkanälen eine Lipiddoppelschicht nicht passieren können.

Ionenkanäle können entweder in einem geschlossenen oder offenen Zustand vorliegen, und der Wechsel zwischen diesen beiden Konformationen wird präzise durch elektrische, mechanische oder chemische Signale reguliert. Im geschlossenen Zustand fließt kein Strom über die Zellmembran, jedoch stellt auch der offene Zustand aufgrund der molekularen Dimensionen der porenbildenden Region einen erheblichen Widerstand für den Ionenfluss dar. Die Anzahl der zu einem bestimmten Zeitpunkt geöffneten Ionenkanäle bestimmt somit den Widerstand der Plasmamembran. Da diese Anzahl aufgrund regulatorischer Mechanismen ständigen Schwankungen unterliegt, wird auch der Widerstand der Zellmembran zu einer zeitlich veränderlichen, dynamischen Größe. Das ohm'sche Gesetz, das einen konstanten Wert für den

---

[3] Diese Eigenschaften werden als passiv bezeichnet, da sie elektrische Signale ohne die Aktivierung von Ionenkanälen weiterleiten.

Widerstand voraussetzt (siehe Gl. 1.4), ist daher nur eingeschränkt zur Beschreibung des Verhaltens von Ionenkanälen geeignet.

Die isolierende Plasmamembran wirkt zusammen mit den elektrisch leitenden intrazellulären und extrazellulären Flüssigkeitsräumen als **Kondensator**. Die Lipiddoppelschicht trennt und speichert Ladungen unterschiedlicher Polarität, wobei das Zellinnere im Vergleich zum Extrazellulärraum negativ geladen ist. Die **Kapazität** C (nicht zu verwechseln mit der elektrischen Ladungseinheit Coulomb [C]) eines Kondensators beschreibt, wie viele Ladungen q bei einer bestimmten Spannung U gespeichert werden können. Die Beziehung zwischen diesen Größen wird wie folgt definiert:

$$C = \frac{q}{U}. \tag{1.5}$$

Die Kapazität wird in Farad (F) gemessen, und 1 F entspricht $1\,\text{C}\,\text{V}^{-1}$. Eine höhere Kapazität bedeutet, dass der Kondensator in der Lage ist, bei gegebener Spannung mehr elektrische Ladungen zu speichern.

Die kapazitiven Eigenschaften einer Zellmembran ermöglichen die Trennung von positiven und negativen Ladungen, was zu einer elektrischen Spannung über der Membran führt. Bei einem inaktiven Neuron liegt die Spannung in der Regel zwischen -60 und $-70\,\text{mV}$ und wird als **Ruhemembranpotenzial** bezeichnet. Neuronale Signale stellen Änderungen des Ruhemembranpotenzials dar, wobei das Zellinnere im Vergleich zum Extrazellulärraum positiver oder negativer werden kann. Im ersten Fall nimmt der Absolutwert des Membranpotenzials ab, und dies wird als **Depolarisation** bezeichnet. Im zweiten Fall, wenn der Absolutwert des Membranpotenzials steigt und das Zellinnere somit noch negativer wird, spricht man von einer **Hyperpolarisation** (◘ Abb. 1.2a).

Elektronisch betrachtet fungieren die Ionenkanäle und die Lipiddoppelschicht einer neuronalen Zellmembran als eine **Parallelschaltung** aus Widerstand R_m und Kapazität C_m (◘ Abb. 1.2b). Dieser Schaltkreis bestimmt den Verlauf und die Geschwindigkeit von Spannungsänderungen über der Membran und damit die zuverlässige Weiterleitung neuronaler Signale.

Angenommen, ein rechteckförmiger Strom[4] fließt über die Plasmamembran. Hätte die Membran lediglich die Eigenschaften eines ohm'schen Widerstandes, würde sich die Spannung als Reaktion auf den Stromfluss ohne erkennbare Zeitverzögerung ändern, wobei der Spannungsverlauf exakt der Form des Stromverlaufs entsprechen und ebenfalls rechteckig sein würde.

Da die Zellmembran jedoch auch die Eigenschaften eines Kondensators aufweist, bewirkt der Strom zunächst eine Umverteilung der Ladungen auf beiden Seiten der Membran. Dieser Vorgang benötigt Zeit, sodass sich die Spannung nicht sofort, sondern mit einer gewissen Verzögerung ändert (◘ Abb. 1.2c). Dadurch beobachten wir keinen linearen, sondern einen exponentiellen Spannungsanstieg. Dieser Spannungsverlauf wird durch die **Zeitkonstante** τ beschrieben, die das Produkt aus dem Membranwiderstand R_m und der Kapazität der Zellmembran C_m darstellt:

$$\tau = R_m \cdot C_m. \tag{1.6}$$

---

[4] Der Begriff „rechteckförmig" beschreibt in diesem Kontext den zeitlichen Stromverlauf. Der Strom wird demnach zu einem bestimmten Zeitpunkt eingeschaltet, verbleibt für eine bestimmte Zeit bei einer konstanten Stromstärke und wird schließlich wieder abgeschaltet.

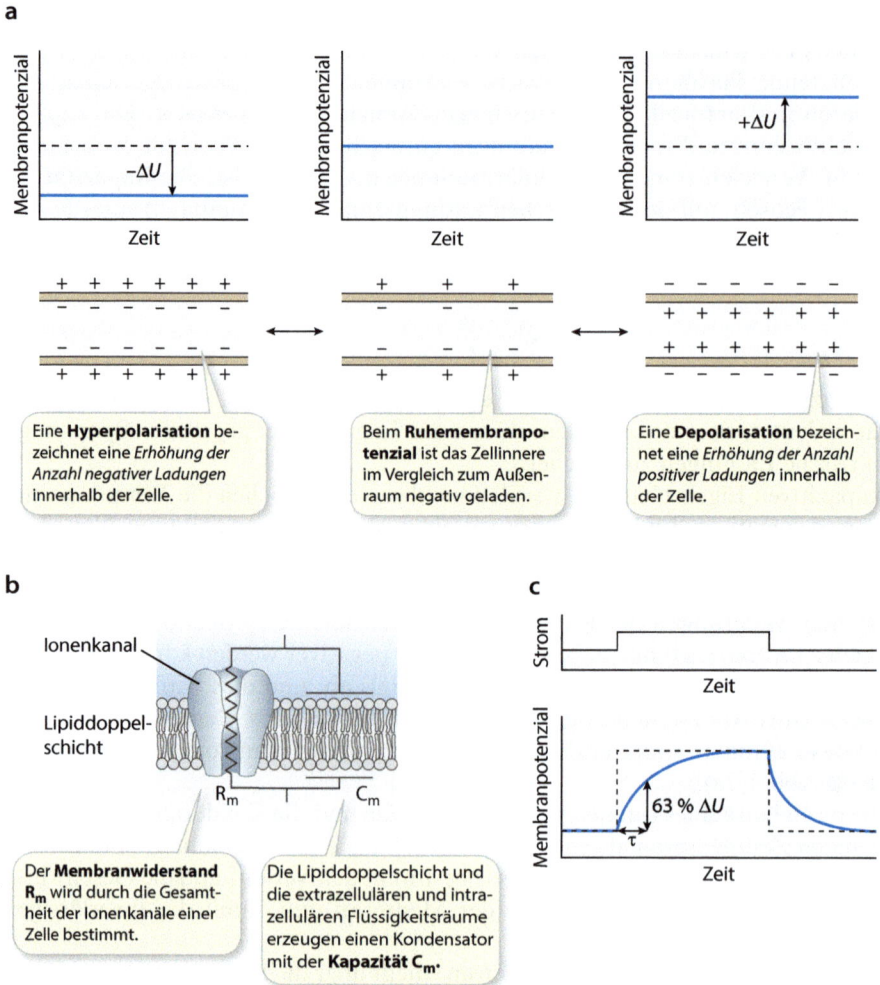

Abb. 1.2 Änderungen des Membranpotenzials und passive elektrische Eigenschaften einer neuronalen Zellmembran. **a** Ausgehend vom Ruhemembranpotenzial *(Mitte)* kann die Ladungstrennung über der Membran verstärkt (Hyperpolarisation, *links*) oder verringert (Depolarisation, *rechts*) werden. Infolgedessen verschiebt sich das Membranpotenzial U in die negative ($-\Delta U$) oder positive Richtung ($+\Delta U$). **b** Die Zellmembran lässt sich als Parallelschaltung von Membranwiderstand (R_m) und Membrankapazität (C_m) beschreiben. **c** Ein Rechteckstrom *(oben)* bewirkt eine Spannungsänderung ΔU über der Membran *(unten)*. Die *gestrichelte Linie* zeigt den Spannungsverlauf für einen ohm'schen Widerstand. Der zeitliche Verlauf der tatsächlichen Spannungsänderung wird durch die Parallelschaltung von Widerstand und Kapazität bestimmt *(blaue Linie)*. Die Zeitkonstante τ gibt den Zeitpunkt an, bei dem die Spannungsänderung ΔU 63 % der maximalen Amplitude erreicht hat

Definitionsgemäß entspricht die Zeitkonstante τ der Zeit, die das Spannungssignal benötigt, um 63 % der maximalen Amplitude zu erreichen. Bei neuronalen Zellmembranen liegt τ typischerweise zwischen 2 und 20 ms. Die Kondensatoreigenschaften der Zellmembran beeinflussen die Erzeugung und Weiterleitung neuronaler Signale

1.2 · Elektrische Grundlagen neuronaler Signale

sowohl hinsichtlich der korrekten zeitlichen Codierung als auch in Bezug auf die vollständige Wiedergabe aller Frequenzkomponenten.

Grundsätzlich führt die Zeitkonstante zu einer Verzögerung der Signale um einige Millisekunden, was wiederum in einer Dämpfung oder Ausfilterung höherfrequenter Signalanteile resultiert. Technisch gesehen wirkt die Parallelschaltung von Widerstand und Kapazität wie ein Tiefpassfilter.[5] Diese Eigenschaften beeinflussen die Informationsverarbeitung im Nervensystem, da sowohl die Geschwindigkeit als auch die Genauigkeit der zugrunde liegenden Signale betroffen sind.

Eine dritte passive Membraneigenschaft eines Dendriten oder Axons, der **Innenwiderstand** R_i, spielt eine zentrale Rolle für die räumliche Ausbreitung und damit für die Weiterleitung neuronaler Signale. Um die Bedeutung von R_i für die Signalausbreitung zu veranschaulichen, führen wir das in ◘ Abb. 1.3a skizzierte Experiment durch. Hierbei injizieren wir an einer bestimmten Stelle eines Axons Strom mithilfe einer Elektrode, was zu einer Spannungsänderung über der Membran führt, die sich entlang des Axons in beide Richtungen ausbreitet. Mit zunehmender Entfernung von der Injektionsstelle nimmt die Amplitude und damit die ursprüngliche Signalstärke ab. Diese passive Signalausbreitung, die auch als **elektrotonische Signalleitung** bezeichnet wird, ist durch eine Abnahme der ursprünglichen Spannungsamplitude gekennzeichnet, die exponentiell von der Entfernung zur Injektionsstelle abhängt (◘ Abb. 1.3b).

$$\Delta U(x) = \Delta U_0 \exp\left(-\frac{x}{\lambda}\right). \tag{1.7}$$

ΔU bezeichnet die Spannungsänderung in Abhängigkeit von der Entfernung x, während ΔU_0 die Änderung des Membranpotenzials an der Injektionsstelle ($x = 0$) darstellt. Die **Längskonstante** λ der Membran ist ein Parameter, der angibt, wie weit sich ein Signal entlang eines Axons auf elektrotonische Weise ausbreiten kann. Diese Strecke wird durch das Verhältnis des Membranwiderstands R_m zum Innenwiderstand des Axons R_i bestimmt.

$$\lambda = \sqrt{\frac{R_m}{R_i}}. \tag{1.8}$$

Die Abnahme der Signalstärke entlang eines Axons hängt daher sowohl vom elektrischen Widerstand der Zellmembran R_m als auch von der Zusammensetzung des Cytoplasmas ab, die den Innenwiderstand R_i maßgeblich bestimmt. Die Amplitude des transportierten Signals nimmt mit zunehmender Entfernung aus folgenden beiden Gründen ab:
1. Ionen fließen durch offene Ionenkanäle, also über den Membranwiderstand R_m, über die axonale Membran in den Extrazellulärraum ab.
2. Der Innenwiderstand R_i des Axons hemmt den Stromfluss in Richtung der Signalausbreitung.

Grundsätzlich gilt: Je größer die Längskonstante, desto weiter kann ein Signal passiv entlang eines neuronalen Fortsatzes geleitet werden. Umgekehrt führt eine kleine Längskonstante zu einer stärkeren räumlichen Signalabschwächung. Gemäß Gl. 1.8

---

5   Ein Tiefpassfilter ist ein elektronisches Filter, das Frequenzen unterhalb seiner Grenzfrequenz passieren lässt, während höhere Frequenzanteile gedämpft werden.

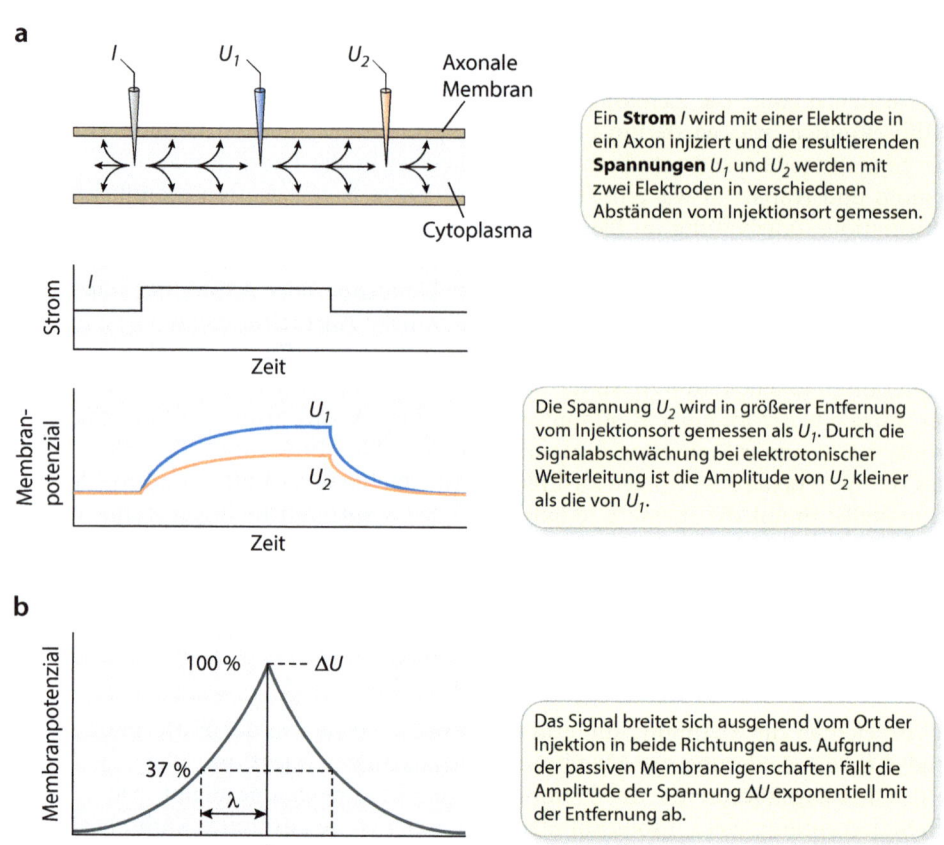

● **Abb. 1.3** Elektrotonische Signalausbreitung in einem Axon. **a** Ein rechteckförmiger Strompuls (I) wird mit einer Elektrode in ein Axon injiziert und erzeugt eine Spannungsänderung, die sich passiv im Cytoplasma der axonalen Faser ausbreitet. U_1 und U_2 sind Spannungen, die mit zwei weiteren Elektroden in verschiedenen Abständen von der Injektionsstelle gemessen werden. **b** Die Spannungsänderung ΔU nimmt exponentiell mit zunehmender Entfernung von der stromführenden Elektrode ab. Die Längskonstante λ gibt den Abstand an, bei dem die Spannungsamplitude auf 37 % der ursprünglichen Signalstärke gefallen ist

hat ein hoher Membranwiderstand R_m und/oder ein niedriger Innenwiderstand R_i eine größere Längskonstante zur Folge.

Die evolutionäre Optimierung der Signalausbreitung erfolgt gezielt über diese beiden physikalischen Parameter: Die elektrische Isolierung des Axons wird durch eine nicht leitende Schicht glialer Membranen, die sogenannte **Myelinschicht,** verstärkt, wodurch sich der Membranwiderstand R_m deutlich erhöht. Darüber hinaus führt eine Vergrößerung des axonalen Durchmessers zu einem verringerten Innenwiderstand R_i. Aus der Kombination beider Faktoren resultiert ein höherer Wert für die Längskonstante, was wiederum eine passive Signalausbreitung über größere Distanzen ermöglicht.

Zusammenfassend halten wir fest, dass die Plasmamembran von Neuronen aufgrund ihrer Zusammensetzung aus Lipiden und Proteinen passive elektrische Eigenschaften besitzt, die bei der Entstehung und Weiterleitung von Spannungsänderungen eine wesentliche Rolle spielen. Der elektrische Widerstand, die Kapazität der Zellmembran und der Innenwiderstand des axonalen Cytoplasmas bestimmen die Geschwindigkeit der Signalentstehung und die Reichweite der Signalausbreitung. Die aktiven Eigenschaften von Neuronen, insbesondere ihre Fähigkeit zur Erzeugung von Aktionspotenzialen, werden in ▶ Abschn. 1.5 näher erläutert.

In ◘ Tab. 1.1 werden die für die Sinnesphysiologie wichtigsten elektrischen Größen sowie deren biologische Bedeutung zusammengefasst.

◘ Tab. 1.1 Elektrische Größen und ihre biologische Bedeutung

Elektrische Größe	Formelzeichen	Definition	Maßeinheit	Biologische Bedeutung
Ladung	q	$q = \pm n \cdot e$	Coulomb (C)	Na^+, K^+, Ca^{2+}, Cl^- als Ladungsträger
Strom	I	$I = \dfrac{q}{t}$	Ampere (A)	Strom durch Ionenkanäle
Spannung	U	$U = \dfrac{\Delta E_{pot}}{q}$	Volt (V)	Ruhemembranpotenzial, Gleichgewichtspotenzial, Aktionspotenzial, EPSP/IPSP
Widerstand	R	$R = \dfrac{U}{I}$	Ohm (Ω)	Membranwiderstand, Innenwiderstand von Dendriten und Axonen, Leitfähigkeit von Ionenkanälen
Kapazität	C	$C = \dfrac{q}{U}$	Farad (F)	Umladung des Membrankondensators bei Spannungsänderungen, Membrankapazität als Maß für die Zelloberfläche ($1\,\mu F\,cm^{-2}$)

n, ganze Zahl; e, Elementarladung ($1{,}602 \times 10^{-19}$C); t, Zeit; ΔE_{pot}, Änderung der potenziellen Energie; EPSP, exzitatorisches postsynaptisches Potenzial; IPSP, inhibitorisches postsynaptisches Potenzial

Schlüsselkonzepte ▶ Abschn. 1.2 Elektrische Grundlagen neuronaler Signale

- Die Codierung und Übertragung von Informationen in Nervensystemen erfolgt mittels elektrischer und chemischer Signale.
- Die von Neuronen erzeugten elektrischen Signale basieren auf Änderungen des Ruhemembranpotenzials, das durch eine Ladungstrennung über der Membran verursacht wird. In einem nicht aktiven Neuron ist die cytoplasmatische Seite der Membran im Vergleich zur extrazellulären Seite mit etwa $-65\,mV$ negativ geladen.
- Chemische Signale umfassen die Freisetzung von Neurotransmittermolekülen im Rahmen der synaptischen Übertragung sowie die Erzeugung und Rekrutierung von Botenstoffen in intrazellulären Signalkaskaden.
- Die passiven elektrischen Eigenschaften einer neuronalen Plasmamembran resultieren aus der Parallelschaltung von Kapazität (Lipiddoppelschicht) und Widerstand (dauerhaft offene Ionenkanäle). Die Zeitkonstante τ ist ein Maß für die Verzögerung, mit der sich die elektrische Spannung über der Plasmamembran ändert.
- Der Innenwiderstand des Cytoplasmas in einem neuronalen Fortsatz in Kombination mit dem Membranwiderstand führt zu einer exponentiellen Abnahme der Signalstärke in Ausbreitungsrichtung. Die elektrotonische Signalleitung, die durch die passiven Membraneigenschaften bestimmt und mithilfe der Längskonstante λ beschrieben wird, ist daher lediglich für relativ kurze Distanzen geeignet.
- Eine Verringerung der Ladungstrennung über der Zellmembran wird als Depolarisation bezeichnet und ist in der Regel mit einer erhöhten neuronalen Aktivität (Erregung) assoziiert. Im Gegensatz dazu wird eine Verstärkung der Ladungstrennung als Hyperpolarisation bezeichnet, die zu einer Verringerung der Aktivität eines Neurons (Hemmung) führt.

1.3 Ionale Grundlagen von Membranpotenzialen

Lernziele
1. Die Entstehung des Gleichgewichtspotenzials über einer neuronalen Zellmembran erklären.
2. Die Nernst-Gleichung definieren und das Gleichgewichtspotenzial für Kaliumionen berechnen.
3. Die Bedeutung der Na^+/K^+-ATPase für die Konzentrationen von Natrium- und Kaliumionen auf beiden Seiten der Zellmembran darstellen.
4. Die Unterschiede zwischen Gleichgewichtspotenzial und Ruhemembranpotenzial erklären.
5. Das Konzept eines Fließgleichgewichts erläutern.
6. Die Bedeutung der Permeabilität in der Goldman-Hodgkin-Katz-Gleichung erklären.

Das **Ruhemembranpotenzial** bezeichnet die elektrische Spannung über einer neuronalen Zellmembran, wenn das Neuron gerade keine Aktionspotenziale erzeugt oder Änderungen der Membranspannung durch synaptische oder sensorische Aktivierung erfährt. Wir haben gesehen, dass das Ruhemembranpotenzial durch einen Überschuss negativer Ladungen an der Innenseite der Plasmamembran entsteht und dass geladene Teilchen die Lipiddoppelschicht nur durch Ionenkanäle passieren können. Ionenkanäle sind in der Regel selektiv für die physiologisch relevanten Ionen Natrium (Na^+), Kalium (K^+), Calcium (Ca^{2+}) und Chlorid (Cl^-). Ein Natriumkanal lässt daher fast ausschließlich Na^+-Ionen passieren, während ein Kaliumkanal für K^+-Ionen und ein Calciumkanal für Ca^{2+}-Ionen permeabel ist.[6] Obwohl meist von Chloridkanälen die Rede ist und Chlorid aufgrund seiner Häufigkeit auch als wichtigster Ladungsträger fungiert, sind Chloridkanäle in der Regel für die meisten Anionen ähnlicher Größe durchlässig.

Außerdem ist zu berücksichtigen, dass die Kaliumkonzentration im Intrazellulärraum durch die kontinuierliche Aktivität der membranständigen **Na^+/K^+-ATPase** bestimmt wird. Die Na^+/K^+-ATPase transportiert in jedem Zyklus unter Verbrauch von ATP drei Na^+-Ionen aus der Zelle heraus und zwei K^+-Ionen in die Zelle hinein. Der primäre Transport ist folglich mit einem hohen Energieaufwand verbunden und führt zur Ausbildung gegenläufiger Konzentrationsgradienten für Na^+ und K^+ über der Plasmamembran. Die Kaliumkonzentration ist in der Zelle etwa 30-mal höher als außerhalb, sodass über der Plasmamembran ein von innen nach außen gerichteter Konzentrationsgradient für K^+-Ionen besteht. Unter diesen Bedingungen stellt sich ein negatives Membranpotenzial von etwa $-65\,mV$ ein, das dem Ruhemembranpotenzial des Neurons entspricht. Da die Na^+/K^+-ATPase mehr positive Ladungen aus der Zelle hinaus als hinein transportiert, trägt sie mit etwa $5\,mV$ zum Membranpotenzial bei. Der weitaus größte Teil des Ruhemembranpotenzials basiert jedoch auf der Diffusion von K^+-Ionen, die durch den Konzentrationsgradienten über der Plasmamembran angetrieben wird.

Im Folgenden soll die Frage erörtert werden, wie das Ruhemembranpotenzial entsteht. Dazu betrachten wir eine stark vereinfachte neuronale Plasmamembran, die auf der cytoplasmatischen Seite eine wässrige Lösung von K^+-Ionen und nicht weiter spezifizierten Anionen (A^-) enthält. Die Membran ist von einer Extrazellulärlösung umgeben, die neben Wasser vor allem aus Na^+-Ionen, in geringerem Maße auch aus K^+-Ionen sowie diversen Anionen (A^-) besteht (◘ Abb. 1.4). Im Extrazellulärraum und im Cytosol befinden sich jeweils gleich viele Kationen und Anionen, sodass die wässrigen Lösungen in diesen Flüssigkeitsräumen insgesamt elektrisch neutral sind. K^+-Ionen können die Zellmembran durch ständig geöffnete Kaliumkanäle (Kaliumhintergrundkanäle, K2P) passieren, während die Lipiddoppelschicht für Na^+-Ionen und Anionen eine weitgehend undurchlässige Barriere darstellt. Die selektive Permeabilität der Zellmembran für K^+-Ionen ist der Schlüssel zum Verständnis des Ruhemembranpotenzials.

---

6 Die Ionenselektivität beruht auf dem Ersatz der Hydrathülle, mit der Ionen in einer wässrigen Lösung immer umgeben sind, durch die Carbonylsauerstoffatome einer hochkonservierten Aminosäuresequenz innerhalb der Porenregion. Auf diese Weise wird der Energieaufwand für die Passage des jeweiligen Ions durch den Kanal minimiert [3].

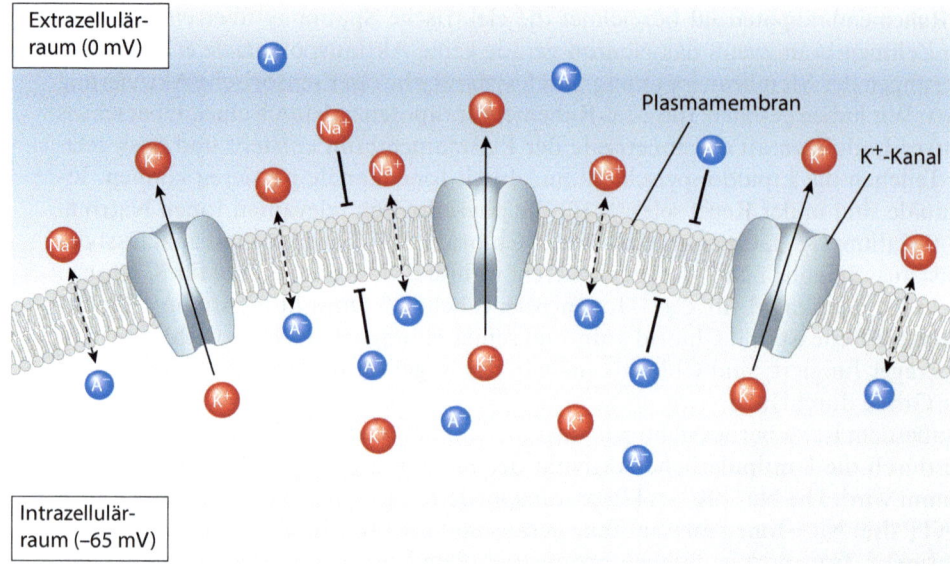

Abb. 1.4 Selektive Permeabilität der Plasmamembran für Kaliumionen (K^+) im Ruhezustand. K^+-Ionen diffundieren entlang ihres Konzentrationsgradienten durch dauerhaft geöffnete K^+-Kanäle, während Anionen (A^-) sowie Natriumionen (Na^+) die Membran nicht passieren können, da für beide Ionen keine spezifischen Kanäle vorhanden sind. Die Trennung von positiven und negativen Ladungen über der Membran erzeugt eine elektrische Spannung von etwa -65 mV, wobei die Innenseite der Membran einen Überschuss an negativen Ladungen *(blau)* aufweist, der durch positive Ladungen *(rot)* auf der Außenseite neutralisiert wird. Positive und negative Ladungen ziehen sich über die Dicke der Membran gegenseitig an *(gestrichelte Pfeile)*

1.3.1 Elektrochemisches Gleichgewicht

Aufgrund der höheren intrazellulären Kaliumkonzentration diffundieren K^+-Ionen aus dem Cytosol durch die K2P-Kanäle in den Extrazellulärraum, wobei mit jedem K^+-Ion eine positive Ladung die Zelle verlässt. Dies führt zu einer Anreicherung positiver Ladungen auf der Außenseite der Zellmembran, während sich die Innenseite negativ auflädt. Infolgedessen entsteht ein elektrisches Potenzial über der Membran (◘ Abb. 1.5).

Während der Konzentrationsgradient unverändert bleibt, gewinnen die elektrischen Kräfte, die auf die K^+-Ionen wirken, mit zunehmender Ladungstrennung immer mehr an Bedeutung. Die abstoßenden positiven Ladungen außen und die anziehenden negativen Ladungen innen bewirken eine Verminderung der Diffusion von K^+-Ionen in Richtung des Konzentrationsgradienten. Schließlich erreichen die Diffusionsprozesse an der Zellmembran ein **elektrochemisches Gleichgewicht,** in dem sich die Wirkungen des Konzentrationsgradienten für K^+ (innen → außen) und die des elektrischen Potenzials (außen → innen) gegenseitig aufheben. Die K^+-Ionen diffundieren weiterhin über die Membran, wobei gleich viele Ionen in die Zelle gelangen wie aus der Zelle heraus. Dieser Zustand eines dynamischen Gleichgewichts wird auch als **Fließgleichgewicht** bezeichnet.

1.3 · Ionale Grundlagen von Membranpotenzialen

a

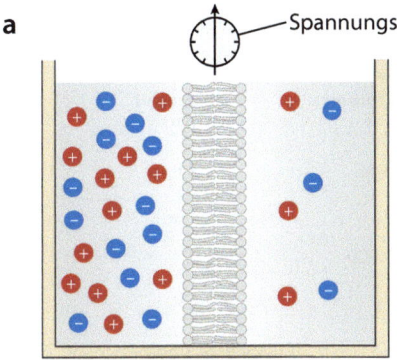

Anionen (blau) und Kaliumionen (rot) sind auf der linken Seite stärker konzentriert als auf der rechten. Die Lösungen auf beiden Seiten weisen jeweils eine gleiche Anzahl positiver und negativer Ladungen auf und sind somit elektrisch neutral. Daher besteht über der Membran keine Spannung.

b

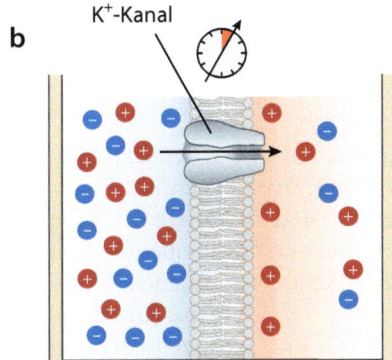

Kaliumionen diffundieren entlang ihres Konzentrationsgradienten durch dauerhaft offene Kaliumkanäle von links nach rechts. Da die Anionen nicht folgen können, führt dies auf der linken Seite zu einem Überschuss an negativen Ladungen, während sich auf der rechten Seite positive Ladungen ansammeln. Diese Ladungstrennung über der Membran erzeugt eine kontinuierlich ansteigende Spannung U.

c

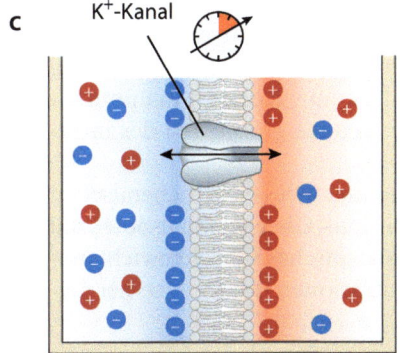

Im **elektrochemischen Gleichgewicht** diffundieren gleich viele Kaliumionen von links nach rechts wie in umgekehrter Richtung über die Membran. Die Größe der Ladungstrennung bleibt konstant, sodass sich die Spannung über der Membran nicht mehr ändert. Der Spannungsmesser zeigt das Gleichgewichtspotenzial für Kaliumionen U_K an.

◘ **Abb. 1.5** Entstehung des Gleichgewichtspotenzials für Kaliumionen (K^+) über einer selektiv permeablen Membran. **a** Wenn keine Ionenkanäle vorhanden sind, können weder Anionen noch Kationen die Membran passieren. Trotz des bestehenden Konzentrationsgefälles findet daher keine Diffusion statt. **b** Sind hingegen in der Membran offene K^+-Kanäle vorhanden, diffundieren K^+-Ionen entlang ihres Konzentrationsgradienten von links nach rechts. Dadurch baut sich über der Membran ein elektrisches Potenzial auf. **c** Im Gleichgewicht sind die resultierenden Kräfte, die auf die Ionen aufgrund des Konzentrationsgefälles und der Membranspannung wirken, gleich groß und entgegengesetzt gerichtet. Die linke Seite der Kammer entspricht dem Intrazellulärraum, während die rechte Seite den Extrazellulärraum repräsentiert

■ **Tab. 1.2** Konzentrationen der physiologisch relevanten Ionen im Nervengewebe von Säugetieren

Ion	Extrazelluläre Konzentration (mmol l^{-1})	Intrazelluläre Konzentration (mmol l^{-1})	Verhältnis extra/intra	Gleichgewichts-potenzial (mV)
K^+	5	140	0,036	−89
Na^+	150	15	10	62
Ca^{2+}	1,5	0,0001	15.000	129
Cl^-	110	9,7	11	−65

Die Gleichgewichtspotenziale wurden mit der Nernst-Gleichung (Gl. 1.9) berechnet und beziehen sich auf eine Körpertemperatur von 37°C. Die intrazelluläre Konzentration von Cl^- wurde unter den Annahmen eines Ruhemembranpotenzials von −65 mV und dem Vorliegen eines Gleichgewichtszustands unter Ruhebedingungen mithilfe der Gl. 1.9 bestimmt

Die Diffusion von lediglich 0,002 % der intrazellulären K^+-Ionen in den Extrazellulärraum reicht aus, um ein Membranpotenzial von −65 mV zu erzeugen. Im Ruhezustand bleiben folglich die Ionenkonzentrationen innerhalb und außerhalb der Zelle trotz der Ladungstrennung weitgehend gleich. Auch bei einer verstärkten neuronalen Aktivität wie beispielsweise bei Aktionspotenzialen treten keine wesentlichen Änderungen auf. Dies ist im Wesentlichen auf die Tätigkeit der Na^+/K^+-ATPase zurückzuführen, welche die Na^+- und K^+-Konzentrationen im Intra- und Extrazellulärraum konstant hält.

Die Diffusion von K^+-Ionen führt also zu einer Ladungstrennung über der Zellmembran, wobei auf der Innenseite ein Überschuss negativer Ladungen und auf der Außenseite ein Überschuss positiver Ladungen entsteht. Diese positiven und negativen Ladungen ziehen sich über die Dicke der Plasmamembran von 5 nm gegenseitig an. Es ist jedoch wichtig zu betonen, dass die Ladungstrennung lediglich in unmittelbarer Nähe der Plasmamembran erfolgt, während der weitaus größte Teil des intra- und extrazellulären Raums elektrisch neutral bleibt.

Die elektrische Spannung, die sich unter den Bedingungen des elektrochemischen Gleichgewichts über der Plasmamembran einstellt, wird als **Gleichgewichtspotenzial** bezeichnet. Jedes physiologisch relevante Ion hat ein spezifisches Gleichgewichtspotenzial, das von den intra- und extrazellulären Konzentrationen des Ions, seiner Ladung und der Temperatur abhängt (Tab. 1.2).

▪ Nernst-Gleichung

Die Ausbildung eines Gleichgewichtspotenzials für ein Ion über der Zellmembran setzt die Erfüllung der folgenden Bedingungen voraus:
- Die intra- und extrazellulären Konzentrationen der Ionen Na^+, K^+, Ca^{2+} und Cl^- müssen jeweils unterschiedlich sein. Wären die Konzentrationen gleich groß, würde sich das System zwar im Gleichgewicht befinden, es gäbe jedoch keine Ladungstrennung über der Zellmembran und somit auch kein Membranpotenzial.

1.3 · Ionale Grundlagen von Membranpotenzialen

— In der Plasmamembran müssen Ionenkanäle vorhanden sein, die spezifisch für die jeweiligen Ionen durchlässig sind. Wenn diese Ionenkanäle geschlossen sind, können die Ionen trotz eines bestehenden Konzentrationsgradienten nicht über die Membran diffundieren. Obwohl dieser Zustand stabil ist, befindet sich das System nicht im Gleichgewicht, und es wird ebenfalls kein Membranpotenzial erzeugt.

Die **Nernst-Gleichung** beschreibt formal die Berechnung des Gleichgewichtspotenzials für ein Ion auf der Grundlage eines bestehenden Konzentrationsgradienten für dieses Ion.

$$U_{\text{Ion}} = \frac{RT}{zF} \ln \frac{[\text{Ion}]_e}{[\text{Ion}]_i}. \tag{1.9}$$

In Gl. 1.9 steht U_{Ion} für das Gleichgewichtspotenzial eines bestimmten Ions, R bezeichnet die allgemeine Gaskonstante, T die absolute Temperatur (in K), z die Valenz (Ladung) des Ions, F die Faraday-Konstante sowie $[\text{Ion}]_e$ und $[\text{Ion}]_i$ die extrazelluläre bzw. intrazelluläre Ionenkonzentration.[7]

Die Nernst-Gleichung besagt, dass das Gleichgewichtspotenzial eines Ions über der Zellmembran vom Konzentrationsgradienten abhängt, der durch das Verhältnis von $[\text{Ion}]_e$ und $[\text{Ion}]_i$ definiert ist. Zudem beeinflusst die Temperatur T das Gleichgewichtspotenzial, da eine höhere Temperatur die thermische Beweglichkeit der Ionen erhöht und somit die Diffusionsrate steigert. Schließlich ist das Gleichgewichtspotenzial umgekehrt proportional zur Ladung z, was bedeutet, dass bei einer höheren elektrischen Ladung eine geringere Potenzialdifferenz erforderlich ist, um die Diffusion auszugleichen.

1.3.2 Ruhemembranpotenzial

Ruhemembranpotenzial und Gleichgewichtspotenzial sollten nicht verwechselt werden, da sie unterschiedliche Spannungen über der neuronalen Membran repräsentieren. Ein Gleichgewichtspotenzial, häufig auch als Nernst-Potenzial bezeichnet, wird immer nur für *eine* Ionensorte angegeben und entsprechend mit U_K, U_{Na}, U_{Ca} oder U_{Cl} bezeichnet. Es beschreibt den Zustand eines dynamischen Gleichgewichts, der ohne Energieaufwand aufrechterhalten werden kann.

Es ist zu beachten, dass die notwendigen Konzentrationsgradienten vorhanden sein müssen, die durch Ionentransporter wie die Na^+/K^+-ATPase erzeugt werden. Dieser primär aktive Transport benötigt Energie, die in Form von Adenosintriphosphat (ATP) bereitgestellt wird. Der Energiebedarf zur Erzeugung eines Gleichgewichtspotenzials zeigt sich demnach in der kontinuierlichen Aktivität der Ionenpumpen. Gleichgewichtspotenziale treten in Neuronen nicht in reiner Form auf, da die neuronale Plasmamembran für mehr als nur eine Ionensorte durchlässig ist.

- **Goldman-Hodgkin-Katz-Gleichung**

Für eine realistische Beschreibung des Ruhemembranpotenzials eines elektrisch inaktiven Neurons wird die **Goldman-Hodgkin-Katz-Gleichung** herangezogen. Diese Glei-

---

[7] Der Wert der allgemeinen Gaskonstante beträgt $8{,}314\,\text{J}\,\text{mol}^{-1}\text{K}^{-1}$; die Faraday-Konstante hat den numerischen Wert $9{,}6485 \times 10^4\,\text{C}\,\text{mol}^{-1}$.

chung berücksichtigt die physiologisch relevanten Ionen Na$^+$, K$^+$ und Cl$^-$. Im Gegensatz zur Nernst-Gleichung gewichtet die Goldman-Hodgkin-Katz-Gleichung den Beitrag der jeweiligen Ionen zum Membranpotenzial mit einem Faktor, der als **Permeabilität** bezeichnet wird. Ionen mit hoher Permeabilität haben einen größeren Einfluss auf das Ruhemembranpotenzial als Ionen mit niedriger Permeabilität.

$$U_\mathrm{m} = \frac{RT}{z} \ln \frac{P_\mathrm{K}\left[\mathrm{K}^+\right]_e + P_\mathrm{Na}\left[\mathrm{Na}^+\right]_e + P_\mathrm{Cl}\left[\mathrm{Cl}^-\right]_i}{P_\mathrm{K}\left[\mathrm{K}^+\right]_i + P_\mathrm{Na}\left[\mathrm{Na}^+\right]_i + P_\mathrm{Cl}\left[\mathrm{Cl}^-\right]_e}. \quad (1.10)$$

In Gl. 1.10 steht U_m für das Membranpotenzial. Die eckigen Klammern bezeichnen die extrazellulären (e) und intrazellulären (i) Konzentrationen, während P_x die Permeabilitäten der entsprechenden Ionen angibt. Die konstanten Größen R, T und z haben die gleiche Bedeutung wie in der Gl. 1.9. Die Goldman-Hodgkin-Katz-Gleichung gilt nur dann, wenn die Permeabilitäten konstant sind und sich nicht – wie etwa bei einem Aktionspotenzial oder einem synaptischen Potenzial – mit der Zeit ändern.

Die **Permeabilität** ist ein Maß für die Durchlässigkeit der Plasmamembran für ein bestimmtes Ion. Sie hat die Dimension einer Geschwindigkeit (cm s^{-1}) und hängt wesentlich von der Art und Anzahl der ionenspezifischen Kanäle sowie von der Beweglichkeit der Ionen innerhalb der Porenregion ab. Von den drei genannten Ionen weist K$^+$ die höchste Permeabilität auf, gefolgt von Cl$^-$ und schließlich Na$^+$. Die Permeabilität der Zellmembran für Ca^{2+}-Ionen ist im Ruhezustand so gering, dass sie in der Goldman-Hodgkin-Katz-Gleichung nicht berücksichtigt wird.

Im Vergleich zu Na$^+$-Ionen ist die Permeabilität der Plasmamembran für K$^+$ etwa 25-mal höher. Die Tatsache, dass die Zellmembran aber überhaupt für Na$^+$-Ionen durchlässig ist, hat die folgenden wichtigen Konsequenzen für das Membranpotenzial und den Energiehaushalt eines Neurons:

1. Das Ruhemembranpotenzial ist mit -65 mV etwa 15 mV positiver als das Gleichgewichtspotenzial für K$^+$, das bei -80 mV liegt.
2. Die neuronale Membran befindet sich nicht im elektrochemischen Gleichgewicht.

Während der erste Punkt eine entscheidende Rolle bei der Aktivierung der spannungsgesteuerten Ionenkanäle spielt, betrifft der zweite Punkt direkt die Energieversorgung der Neuronen. Wenn die Elektrolytkonzentrationen auf beiden Seiten der Plasmamembran nicht im elektrochemischen Gleichgewicht sind, muss ein Neuron kontinuierlich Energie aufbringen, um die Ionengradienten aufrechtzuerhalten. Diese Energie wird in Form von ATP bereitgestellt, dessen Synthese in der erforderlichen Menge nur durch den oxidativen Stoffwechsel erfolgen kann.

Neuronen sind daher in hohem Maße von molekularem Sauerstoff (O$_2$) abhängig. Der Sauerstoffbedarf des Gehirns beträgt beim Menschen etwa 20 % des gesamten O$_2$-Bedarfs des Organismus, obwohl das Gehirn lediglich 2 % des Körpergewichts ausmacht. Die Prozesse der Signalerzeugung und Signalweiterleitung sind somit sehr energieintensiv und würden ohne molekularen Sauerstoff innerhalb kürzester Zeit zum Erliegen kommen.

Im Vergleich zum Extrazellulärraum weisen alle Körperzellen in ihrem Cytosol eine höhere Konzentration an K$^+$ und niedrigere Konzentrationen an Na$^+$ und Cl$^-$ auf. Diese Unterschiede entstehen durch eine Kombination von aktivem Transport von Na$^+$ und K$^+$ sowie der passiven Verteilung von Cl$^-$. Sowohl Na$^+$- als auch K$^+$-

1.3 · Ionale Grundlagen von Membranpotenzialen

Ionen diffundieren durch offene Ionenkanäle über die Plasmamembran gemäß ihrer Permeabilität. Ohne entsprechende Gegenmaßnahmen in Form von Ionenpumpen würde dies schließlich zu einem Ausgleich der Konzentrationsgradienten beider Ionen führen.

Dauerhaft unterschiedliche Konzentrationen von Na^+ und K^+ über der Plasmamembran sind jedoch entscheidend für die Erzeugung neuronaler Signale und somit für die Informationsverarbeitung im Nervensystem. Ein Konzentrationsausgleich muss daher unbedingt vermieden werden.

Die Na^+/K^+-ATPase verhindert den allmählichen Ausgleich der Ionenkonzentrationen auf beiden Seiten der Plasmamembran. Dazu transportiert sie unter Verbrauch von ATP Na^+-Ionen aus der Zelle und K^+-Ionen in die Zelle. Die Na^+/K^+-ATPase kann mit einer Lenzpumpe verglichen werden, die Wasser mit der gleichen Geschwindigkeit aus einem etwas undichten Boot herauspumpt, mit der es hineinfließt.

Im Gegensatz dazu werden Cl^--Ionen in der Regel nicht aktiv, also nicht mithilfe einer ATP-getriebenen Pumpe, über die neuronale Plasmamembran transportiert. Intrazelluläre Anionen, wie beispielsweise negativ geladene Aminosäuren und Phosphatgruppen, können die Membran nicht passieren und begrenzen durch elektrostatische Abstoßung den Einstrom von Cl^- durch dauerhaft geöffnete Anionenkanäle. Auf diese Weise tragen sie zu den unterschiedlichen extrazellulären und intrazellulären Konzentrationen von Cl^- bei, ohne dass ATP für energieintensive Transportprozesse eingesetzt werden muss.

> **Schlüsselkonzepte ▶ Abschn. 1.3 Ionale Grundlagen von Membranpotenzialen**
>
> - Das Gleichgewichtspotenzial eines Ions hängt neben der Ladung und der Temperatur insbesondere vom Verhältnis seiner extrazellulären und intrazellulären Konzentrationen ab.
> - Im Gleichgewichtszustand sind die Ionenbewegungen über der Plasmamembran, die durch den Konzentrationsgradienten und die elektrische Spannung verursacht werden, gleich groß und entgegengesetzt gerichtet.
> - Die Nernst-Gleichung beschreibt den mathematischen Zusammenhang zwischen dem Gleichgewichtspotenzial eines Ions und dessen Konzentrationen auf beiden Seiten der Zellmembran.
> - Die Permeabilität ist ein Maß für die Durchlässigkeit einer Lipiddoppelschicht für die physiologisch relevanten Ionen K^+, Na^+ und Cl^-. Im Ruhezustand ist die Permeabilität für K^+ am höchsten, gefolgt von Cl^- und schließlich Na^+.
> - Das Ruhemembranpotenzial resultiert aus den Konzentrationen von K^+, Na^+ und Cl^- auf beiden Seiten der Plasmamembran sowie aus der Permeabilität der Lipiddoppelschicht für diese Ionen.
> - Die Goldman-Hodgkin-Katz-Gleichung beschreibt den mathematischen Zusammenhang zwischen dem Ruhemembranpotenzial und den extra- sowie intrazellulären Ionenkonzentrationen.
> - Unterschiedliche extrazelluläre und intrazelluläre Konzentrationen von Na^+- und K^+-Ionen sind entscheidend für die Signalerzeugung in Neuronen. Sie werden unter ATP-Verbrauch durch die Na^+/K^+-ATPase aufrechterhalten.

1.4 Spannungsgesteuerte Ionenkanäle

> **Lernziele**
> 1. Die zweidimensionale Darstellung von Membranproteinen als Abfolge von Transmembransegmenten und verbindenden Aminosäureketten erläutern und mit der dreidimensionalen Darstellung der Ribbon-Diagramme vergleichen.
> 2. Die Membrantopologie spannungsgesteuerter Ionenkanäle skizzieren und die wichtigsten funktionellen Regionen benennen.
> 3. Die Rolle des Spannungssensors beim Gating spannungsgesteuerter Ionenkanäle beschreiben.
> 4. Die energetischen Grundlagen der Ionenselektivität erklären.
> 5. Den Aufbau spannungsgesteuerter Natrium-, Kalium- und Calciumkanäle anhand der Konzepte Tertiär- und Quartärstruktur vergleichen.

Ionenkanäle stellen membrandurchspannende Proteine dar, die den Durchtritt physiologisch relevanter Ionen wie Na^+, K^+, Ca^{2+} und Cl^- durch die ansonsten für geladene Moleküle undurchlässige Lipiddoppelschicht der Plasmamembran ermöglichen. Alle Ionenkanäle enthalten eine Sequenz von Aminosäuren, die als **Porenschleife** (P-Loop) bezeichnet wird und den Selektivitätsfilter für ein bestimmtes Ion durch die Membran bildet.

Ionenkanäle befinden sich in der Regel in einem geschlossenen Zustand, in dem die Kanalpore für Ionen nicht passierbar ist. Dies verhindert eine kontinuierliche Diffusion geladener Teilchen über die Membran, was den Energieaufwand zur Aufrechterhaltung der Konzentrationsgradienten verringert und das Signal-Rausch-Verhältnis verbessert. Die dreidimensionale Proteinstruktur ist jedoch nicht statisch, sondern fluktuiert in Abhängigkeit von der thermischen Energie der beteiligten Moleküle zwischen verschiedenen Konformationen mit ähnlichem Energiegehalt. Dabei kann sich die Kanalpore zufällig kurzzeitig öffnen, was zu einem Ionenstrom führt, der zum Hintergrundrauschen (Noise) beiträgt. Relevante Signale müssen immer gegen ein bestimmtes Hintergrundrauschen erkannt werden, sodass eine Erhöhung des Rauschens die Zuverlässigkeit der Signaldetektion negativ beeinflussen kann.

Ein stabiler, einige Millisekunden andauernder geöffneter Zustand kann jedoch nur dann erreicht werden, wenn der Ionenkanal durch ein geeignetes Signal aktiviert wird. Die Regulation von Ionenkanälen durch entsprechende Stimuli wird auch als **Gating** bezeichnet, wobei die Reize sowohl physikalischer als auch chemischer Natur sein können.

Zu den physikalischen Stimuli zählen Spannungsänderungen über der Membran, mechanische Kräfte sowie Temperaturänderungen. Bei den chemischen Signalen handelt es sich um Moleküle, die reversibel an einen Ionenkanal binden und ihn durch diese Wechselwirkungen in einen geöffneten Zustand versetzen.

Bahnbrechende methodische und technische Entwicklungen – insbesondere die Klonierung der entsprechenden Gene, die Messung von Strömen durch einzelne Ionenkanäle, die Röntgenstrukturanalyse und die Kryoelektronenmikroskopie – haben unsere Kenntnisse über die Struktur und Funktionsmechanismen von Ionenkanälen revolutioniert.

1.4 · Spannungsgesteuerte Ionenkanäle

Spannungsgesteuerte oder spannungsabhängige Ionenkanäle werden durch eine Änderung der elektrischen Spannung über der Plasmamembran reguliert. In den meisten Fällen ist eine Depolarisation der Membran erforderlich, um den Kanal zu öffnen; es gibt jedoch auch Kanäle, die durch eine Hyperpolarisation aktiviert werden. Spannungsgesteuerte Ionenkanäle spielen eine zentrale Rolle bei der Erzeugung und Weiterleitung von Signalen in den Nervensystemen aller Organismen. Aktionspotenziale entstehen beispielsweise durch das sequenzielle Öffnen von spannungsabhängigen Natriumkanälen (Na_V-Kanäle) und Kaliumkanälen (K_V-Kanäle). Spannungsabhängige Calciumkanäle (Ca_V-Kanäle) bewirken eine kurzzeitige Erhöhung der intrazellulären Ca^{2+}-Konzentration, welche die Freisetzung von Neurotransmittermolekülen und eine Vielzahl weiterer zellphysiologischer Prozesse auslöst.

Aufgrund ausgeprägter Homologien in ihrer Aminosäuresequenz weisen Na_V-, K_V- und Ca_V-Kanäle eine weitgehend ähnliche dreidimensionale Struktur auf, die im Folgenden am Beispiel der Na_V-Kanäle näher erläutert wird [1].

Die lange Polypeptidkette der porenbildenden α-Untereinheit besteht aus vier homologen Domänen (I–IV), von denen jede sechs membrandurchspannende α-Helices (S1–S6) enthält (◘ Abb. 1.6). Die Röntgenstrukturanalyse des kristallisierten Ionenkanals offenbart eine annähernd rotationssymmetrische Anordnung der vier Domänen mit einer zentralen Pore, durch die Na^+-Ionen den Kanal passieren können (◘ Abb. 1.7a,b). Jede der vier Domänen umfasst zwei für die Funktion des Ionenkanals essenzielle Bereiche: den Spannungssensor und die porenbildende Region (◘ Abb. 1.7c). Zusätzlich gibt es bei spannungsgesteuerten Natriumkanälen einen intrazellulären Abschnitt der Polypeptidkette zwischen den Domänen III und IV, der für die Inaktivierung der Na_V-Kanäle verantwortlich ist.

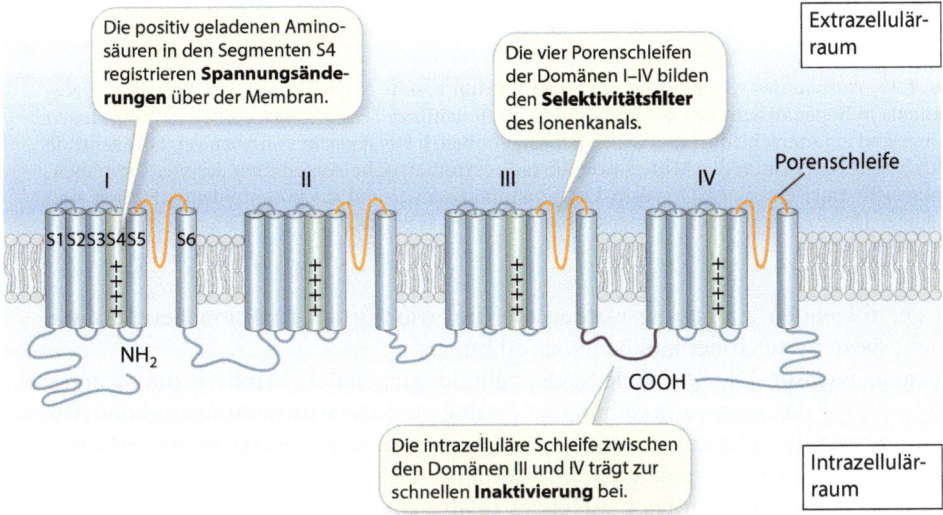

◘ **Abb. 1.6** Membrantopologie spannungsgesteuerter Ionenkanäle am Beispiel eines spannungsgesteuerten Natriumkanals (Na_V-Kanal). Na_V-Kanäle bestehen aus einer einzigen Polypeptidkette, die vier homologe Domänen (I–IV) umfasst. Jede dieser Domänen setzt sich aus sechs Transmembransegmenten (S1–S6) zusammen

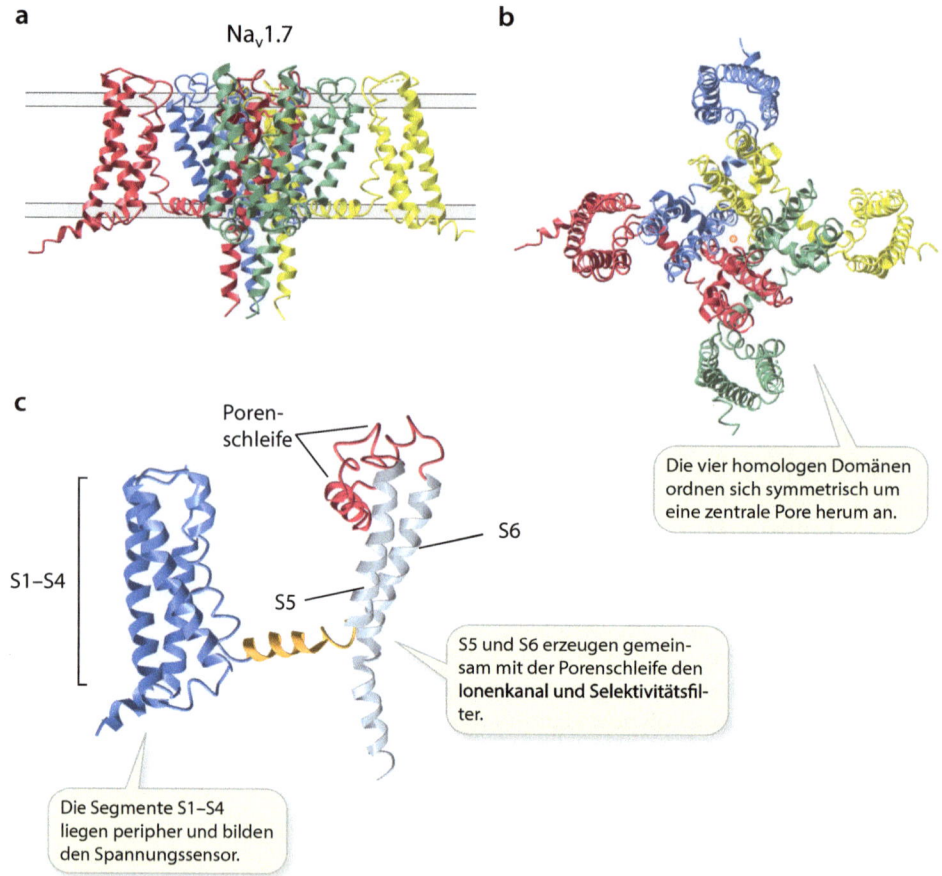

Abb. 1.7 Aufbau des spannungsgesteuerten Natriumkanals $Na_V1.7$. **a** Ribbon-Modell des Natriumkanals in Seitenansicht mit der Position der Zellmembran *(graue Linien)*. Die vier homologen Domänen sind in unterschiedlichen Farben hervorgehoben. **b** Die Ansicht von oben zeigt die zentrale Pore mit einem Na^+-Ion in der Mitte sowie die radialsymmetrische Anordnung der vier Domänen. **c** Seitenansicht einer einzelnen Domäne. Der Spannungssensor und die porenbildende Region sind durch eine α-Helix *(orange)* miteinander verbunden (PDB ID: 5EK0 [2])

In der folgenden Auflistung werden die drei wichtigsten funktionellen Module spannungsgesteuerter Ionenkanäle näher erläutert.

1. **Spannungssensor.** Die Segmente S1–S4 befinden sich in der Peripherie des Proteins und sind für das spannungsabhängige Gating verantwortlich. Aufgrund der Anhäufung positiv geladener Aminosäuren (Arginin oder Lysin) im Segment S4 reagieren Na_V-Kanäle auf eine Depolarisation der Zellmembran mit einer Verschiebung der membranständigen α-Helices relativ zueinander. Eine Depolarisation von 50 mV über einer Membrandicke von 5 nm entspricht einer Spannungsänderung von 100.000 V cm^{-1}. Diese Spannung ist ausreichend, um den Spannungssensor in Bewegung zu setzen, was eine Konformationsänderung des Proteins induziert und letztendlich zur Öffnung des Ionenkanals führt (Abb. 1.8).

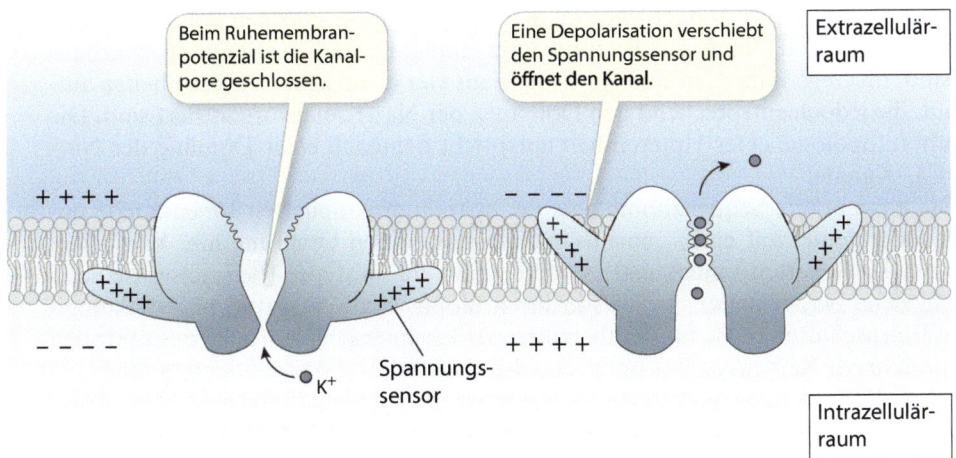

Abb. 1.8 Modell der Bewegung des Spannungssensors am Beispiel eines spannungsgesteuerten Kaliumkanals. Bei einer Depolarisation erfolgt eine Verschiebung des Spannungssensors hin zur extrazellulären Seite der Membran. Diese Verschiebung induziert eine Konformationsänderung in der porenbildenden Region des Kanals, wodurch der Ionenkanal geöffnet wird. Modifiziert nach [14]

2. **Kanalpore** und **Selektivitätsfilter**. Die Segmente S5 und S6 bilden zusammen mit der Porenschleife die Kanalpore im Zentrum des Proteins (◘ Abb. 1.7c). Die Porenschleifen der vier Domänen sind radialsymmetrisch so angeordnet, dass eine Engstelle mit einer hochkonservierten Aminosäuresequenz entsteht, die als Selektivitätsfilter fungiert. Dieser Selektivitätsfilter bestimmt die Durchlässigkeit eines spannungsgesteuerten Ionenkanals für Na^+-, K^+- und Ca^{2+}-Ionen.
In wässriger Lösung sind Ionen stets von einer Hülle aus Wassermolekülen, der sogenannten **Hydrathülle**, umgeben, die auf elektrostatischen Wechselwirkungen zwischen den Ionenladungen und den polaren Wassermolekülen basiert. Bei der Bildung dieser Hydrathülle wird eine bestimmte Energiemenge freigesetzt, die als **Hydratationsenergie** bezeichnet wird und die vom Ionenradius abhängt – im Falle von Na^+ beträgt sie etwa $400\,kJ\,mol^{-1}$.
Da der Durchmesser der Kanalpore für die hydratisierten Ionen zu klein ist, müssen sie ihre Hydrathülle abgeben, bevor sie den Kanal passieren können. Die räumliche Anordnung der Aminosäuren im Selektivitätsfilter bedingt, dass die Hydrathülle nur dann durch die Carbonylgruppen der Peptidkette ersetzt wird, wenn die Ionen die passende Größe aufweisen. Auf diese Weise wird die Energie, die für den Verlust der Hydrathülle erforderlich ist, weitgehend durch die negativen Partialladungen der Carbonylsauerstoffatome kompensiert [3].
3. **Inaktivierung**. Eine hydrophobe Aminosäuresequenz (Isoleucin-Phenylalanin-Methionin) in der intrazellulären Schleife zwischen den Domänen III und IV spielt bei der schnellen Inaktivierung der Na_v-Kanäle eine entscheidende Rolle. Die schnelle Inaktivierung ist für die absolute Refraktärzeit der Aktionspotenziale verantwortlich (siehe ▶ Abschn. 1.5).

Ca_V-Kanäle bestehen – ähnlich wie Na_V-Kanäle – aus einer einzigen Polypeptidkette mit vier homologen Domänen, die durch intrazelluläre Schleifen miteinander verbunden sind. Im Gegensatz dazu sind K_V-Kanäle aus vier identischen Untereinheiten aufgebaut, die jedoch entsprechend den Domänen der Na_V-Kanäle organisiert sind. Die Membrantopologie einer Untereinheit entspricht demnach einer Domäne der Na_V- und Ca_V-Kanäle.

Die ausgeprägte Sequenzhomologie der spannungsgesteuerten Ionenkanäle untereinander deutet auf einen gemeinsamen evolutionären Ursprung hin. Von jedem spannungsgesteuerten Ionenkanal existieren mehrere Subtypen (beispielsweise neun verschiedene Na_V-Kanäle), die sich in ihren biophysikalischen und pharmakologischen Eigenschaften sowie hinsichtlich ihres Vorkommens in Neuronen des zentralen und peripheren Nervensystems unterscheiden. Die Art und Anzahl der von ihnen exprimierten Ionenkanäle bestimmen die elektrischen Eigenschaften der Neuronen und beeinflussen somit maßgeblich ihre Funktion als individuelle Module in neuronalen Schaltkreisen.

> **Schlüsselkonzepte ▶ Abschn. 1.4 Spannungsgesteuerte Ionenkanäle**
>
> - Die wichtigsten spannungsgesteuerten Ionenkanäle sind selektiv permeabel für Na^+ (Na_V-Kanäle), K^+ (K_V-Kanäle) und Ca^{2+} (Ca_V-Kanäle). Die Selektivität der Kanäle für ihre spezifischen Ionen wird durch einen Selektivitätsfilter gewährleistet, der aus vier radialsymmetrisch angeordneten Porenschleifen besteht.
> - Spannungsgesteuerte Ionenkanäle bestehen entweder aus vier Domänen einer einzelnen Polypeptidkette (wie bei Na_V- und Ca_V-Kanälen) oder aus vier Untereinheiten (wie bei K_V-Kanälen).
> - Spannungsgesteuerte Ionenkanäle werden durch Änderungen des Membranpotenzials aktiviert. Sie verfügen über einen Spannungssensor, der aus positiv geladenen Aminosäuren besteht, die sich im vierten Transmembransegment befinden. Eine Depolarisation der Zellmembran führt zu einer Bewegung der Ladungen im elektrischen Feld. Dadurch ändert sich die Konformation des Proteins, sodass ein zentraler Ionenkanal geöffnet wird.
> - Die Transmembransegmente S1–S4 bilden gemeinsam den Spannungssensor des Ionenkanals, wobei S4 eine Ansammlung positiver Ladungen aufweist. Die Segmente S5 und S6 bilden, ergänzt durch eine Porenschleife, die Kanalpore sowie den Selektivitätsfilter.
> - Der Selektivitätsfilter bestimmt die Durchlässigkeit eines Ionenkanals für Natrium-, Kalium oder Calciumionen. Die Selektivität beruht auf der räumlichen Anordnung von Aminosäuren im Bereich der Porenschleife, wobei Carbonylsauerstoffatome der Aminosäurereste die Hydrathülle der Ionen mit minimalem Energieaufwand ersetzen.

1.5 Aktionspotenziale

> **Lernziele**
> 1. Den zeitlichen Spannungsverlauf von Aktionspotenzialen skizzieren und die verschiedenen Phasen beschreiben.
> 2. Das Konzept des Schwellenwerts für die Auslösung von Aktionspotenzialen erläutern.
> 3. Die Spannungsänderungen bei einem Aktionspotenzial auf der Grundlage der Ionenströme erklären.
> 4. Die absolute und die relative Refraktärzeit miteinander vergleichen und ihre Bedeutung für die Signalweiterleitung erläutern.
> 5. Die räumliche Ausbreitung von Aktionspotenzialen entlang eines Axons mithilfe lokaler Ionenströme erklären.
> 6. Die Bedeutung der Myelinisierung von Axonen auf die Leitungsgeschwindigkeit von Aktionspotenzialen erläutern.

Aufgrund der Ladungstrennung über der Zellmembran mit einem Überschuss negativer Ladungen auf der cytoplasmatischen Seite weisen Neuronen ein Ruhemembranpotenzial auf, das in der Regel zwischen -60 und $-70\,mV$ liegt. Die für dieses Potenzial verantwortlichen Kaliumhintergrundkanäle befinden sich unabhängig von der Spannung über der Membran stets in einem offenen Zustand und stellen somit ohms'che Widerstände dar. Die in ▶ Abschn. 1.2.2 beschriebenen passiven elektrischen Eigenschaften der Zellmembran führen sowohl zu einer Verzögerung von Spannungsänderungen (bestimmt durch die Zeitkonstante) als auch zu einer Abnahme der Signalstärke bei der räumlichen Ausbreitung (bestimmt durch die Längskonstante). Sensorische Signale müssen jedoch möglichst schnell und mit hoher Präzision über größere Distanzen übertragen werden, um einem Organismus eine optimale und unter Umständen lebenserhaltende Reaktion zu ermöglichen. Nur spannungsabhängige Ionenkanäle erlauben die Erzeugung von Signalen, die schnell und ohne Informationsverlust über große Entfernungen transportiert werden können. Diese Signale werden als **Aktionspotenziale** bezeichnet und spielen eine Schlüsselrolle für die neuronale Koordination der Physiologie und des komplexen Verhaltens vielzelliger Organismen.

1.5.1 Allgemeine Eigenschaften von Aktionspotenzialen

Ein Aktionspotenzial ist eine wenige Millisekunden andauernde Umkehrung der elektrischen Spannung über der Zellmembran von $-65\,mV$ auf etwa $+40\,mV$, gefolgt von einer Rückkehr der Spannung zum Ruhemembranpotenzial (◘ Abb. 1.9a). Zur Aufklärung der einem Aktionspotenzial zugrunde liegenden Prozesse wurde eine axonale Membran mit einer stromführenden Elektrode mit unterschiedlicher Stärke hyperpolarisiert oder depolarisiert und die daraus resultierenden Spannungsänderungen gemessen. Dabei wurden die folgenden Beobachtungen gemacht (◘ Abb. 1.9b):

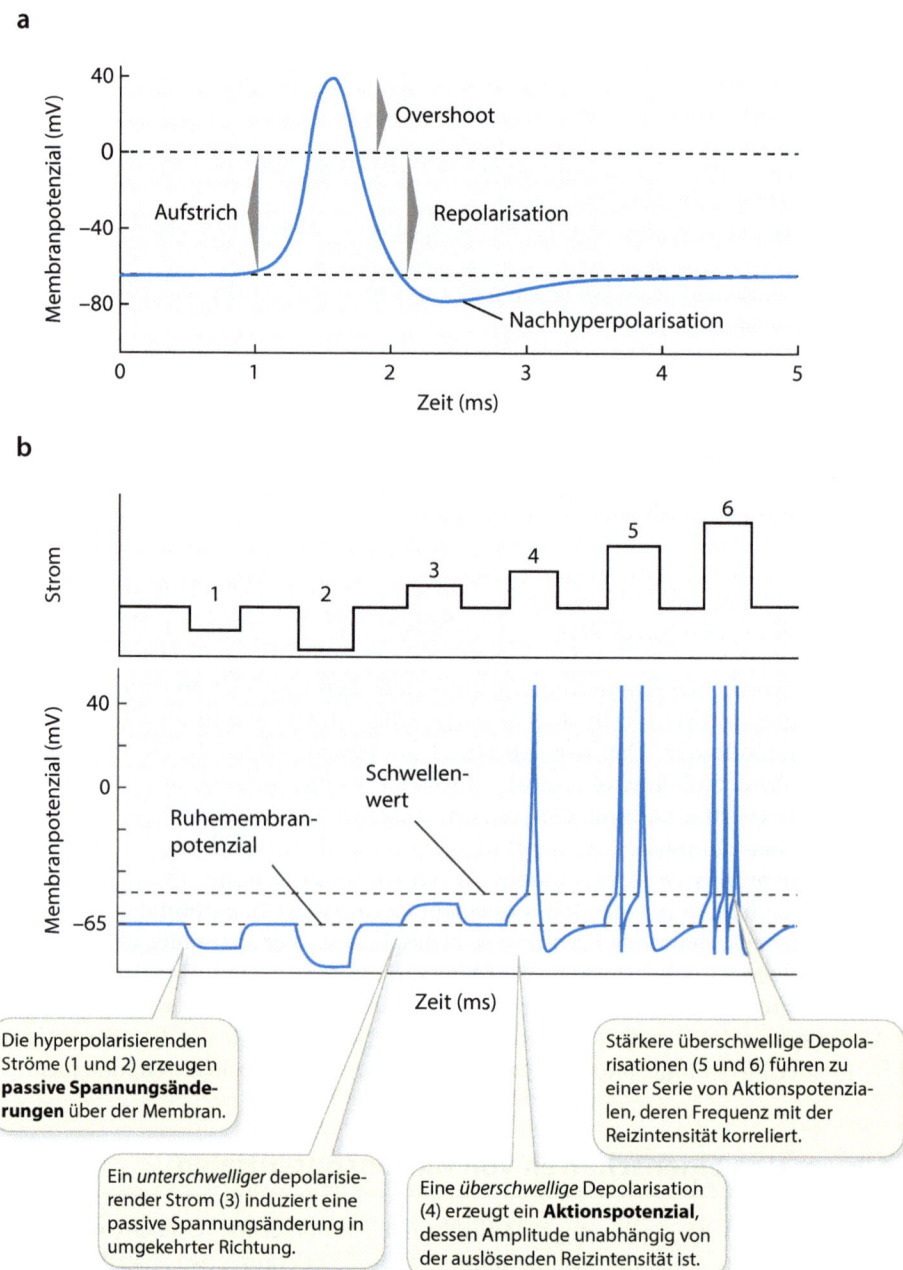

Abb. 1.9 Erzeugung von Aktionspotenzialen durch eine überschwellige Depolarisation. **a** Spannungsverlauf eines Aktionspotenzials, gemessen mit einer intrazellulären Elektrode. Die *untere gestrichelte Linie* markiert das Ruhemembranpotenzial. **b** Die Injektion von Strom unterschiedlicher Stärke und Polarität *(oben)* induziert Spannungsänderungen über einer axonalen Membran *(unten)*. Hyperpolarisationen und unterschwellige Depolarisationen der Membran führen zu annähernd spiegelbildlichen passiven Antworten, während überschwellige Depolarisationen ein oder mehrere Aktionspotenziale auslösen

- Bei einer Hyperpolarisation werden die Spannungsänderungen ausschließlich durch die passiven Eigenschaften der Membran bestimmt, wobei die Amplitude der Spannungsänderung von der angelegten Stromstärke abhängt. Der Membranwiderstand bleibt durchgehend konstant, sodass das Ohm'sche Gesetz (Gl. 1.4) Anwendung findet. Eine Hyperpolarisation löst demnach keine Aktionspotenziale aus, da durch eine noch stärkere Negativierung der Zellmembran keine spannungsabhängigen Ionenkanäle aktiviert werden.[8]
- Depolarisationen mit vergleichsweise geringen Amplituden führen zu einem spiegelbildlichen Spannungsverlauf, der auf die gleichen Ohm'schen Widerstände zurückzuführen ist, die auch bei der Hyperpolarisation vorhanden sind – nämlich die dauerhaft geöffneten Ionenkanäle. Eine solche Depolarisation, die nicht zur Auslösung eines Aktionspotenzials führt, wird als unterschwellige Depolarisation bezeichnet.
- Eine stärkere Depolarisation, die eine bestimmte Spannung, den sogenannten **Schwellenwert**, überschreitet, löst dagegen ein Aktionspotenzial aus. Der Schwellenwert ist abhängig von der Größe des Neurons sowie der Anzahl der spannungsabhängigen Natriumkanäle und liegt in der Regel zwischen -55 und $-50\,mV$.

Ein Aktionspotenzial unterscheidet sich in Amplitude und zeitlichem Verlauf wesentlich von den bisher beschriebenen passiven Spannungsänderungen. Einmal ausgelöst, verläuft ein Aktionspotenzial unabhängig von der initialen Depolarisation mit weitgehend konstanter Amplitude und Dauer. In einem kurzen Zeitraum nach einem Aktionspotenzial kann kein weiteres Aktionspotenzial ausgelöst werden. Die etwa 1 ms dauernde **absolute Refraktärzeit** verhindert, dass sich die Spannungen der einzelnen Aktionspotenziale aufsummieren und begrenzt die Anzahl unmittelbar aufeinanderfolgender Aktionspotenziale. Da die Amplitude der Aktionspotenziale weitgehend konstant bleibt, eignet sich dieser Parameter nicht zur Codierung der Reizstärke. Stattdessen wird die Aktionspotenzialfrequenz – also die Anzahl der Ereignisse pro Sekunde – als Codierungsstrategie verwendet. Aufgrund der absoluten Refraktärzeit sind jedoch nur Frequenzen von maximal 1 kHz möglich, was einer Rate von 1000 Aktionspotenzialen pro Sekunde entspricht. Diese durch die absolute Refraktärzeit begrenzte Aktionspotenzialfrequenz spielt eine wesentliche Rolle bei der Codierung hochfrequenter, periodischer Signale, wie sie beispielsweise im auditorischen System vorkommen (siehe ▶ Kap. 4).

An die absolute Refraktärzeit schließt sich die **relative Refraktärzeit** an. In dieser Phase können zwar Aktionspotenziale ausgelöst werden, allerdings ist hierfür eine stärkere Depolarisation, also eine höhere Reizintensität, erforderlich. Im Gegensatz zur passiven Ausbreitung von Spannungsänderungen, die prinzipiell in beide Richtungen erfolgen kann (siehe ◘ Abb. 1.3b), ist die Refraktärzeit direkt für die gerichtete Ausbreitung von Aktionspotenzialen vom Axonhügel zum Axonterminal verantwortlich. Die Refraktärzeit macht Axone also zu Einbahnstraßen für elektrische Signale.

Wie in ▶ Abschn. 1.2.2 dargelegt, bleibt der Membranwiderstand eines nicht aktiven Neurons konstant und wird ausschließlich durch dauerhaft offene Ionenkanäle verursacht, die als Transmembranproteine in eine nicht leitende Lipiddoppelschicht

---

8 Es gibt tatsächlich Ionenkanäle, die sich bei einer Hyperpolarisation der Zellmembran öffnen. Die Ströme, die durch diese Kanäle fließen, sind insbesondere im Hinblick auf die Schrittmacheraktivität bestimmter erregbarer Zellen von physiologischer Bedeutung.

eingebettet sind. Während diese elektronischen Bauelemente in Kombination mit den kapazitiven Eigenschaften der Zellmembran passive Spannungsänderungen erzeugen können, sind sie nicht in der Lage, Aktionspotenziale zu generieren und weiterzuleiten. Hierfür sind **spannungsabhängige Ionenkanäle** erforderlich, die sich durch Veränderungen des Membranpotenzials öffnen oder schließen lassen.

Da diese Ionenkanäle dynamisch reguliert werden, ist der Membranwiderstand nicht länger konstant, sondern hängt von der Anzahl der zu einem bestimmten Zeitpunkt geöffneten Ionenkanäle ab. Bei einer Vielzahl geöffneter Ionenkanäle sinkt der Membranwiderstand, da mehr Wege für die Diffusion von Ionen über die Membran zur Verfügung stehen. Entsprechend steigt der Widerstand, wenn die Ionenkanäle geschlossen sind. Der Membranwiderstand wird somit zu einer dynamisch veränderlichen Größe, die von der Spannung und der Zeit abhängt. Infolgedessen kann das ohm'sche Gesetz bei aktiven Neuronen nicht angewendet werden, da die Voraussetzung eines konstanten Membranwiderstands nicht gegeben ist (siehe Gl. 1.4).

1.5.2 Ionale Grundlagen des Aktionspotenzials

Der zeitliche Verlauf eines Aktionspotenzials kann auf der Grundlage der richtungsweisenden Arbeiten von ALAN LLOYD HODGKIN und ANDREW FIELDING HUXLEY [9–12] vollständig als sequenzielle Aktivierung von spannungsabhängigen Na^+- und K^+-Kanälen beschrieben werden. Dieser Prozess umfasst drei aufeinanderfolgende, zeitlich teilweise überlappende Ereignisse, die in der folgenden Auflistung sowie in ◘ Abb. 1.10 zusammengefasst sind.

— Wenn ein Reiz die Membran einer Nervenzelle depolarisiert, öffnen zunächst einige **spannungsabhängige Na^+-Kanäle** (Na_v-Kanäle). In der Folge diffundieren Na^+-Ionen entlang ihres elektrochemischen Gradienten, der auf der Kombination aus negativem Membranpotenzial und einer höheren extrazellulären Na^+-Konzentration beruht, durch die Na_v-Kanäle in das Neuron.
Die einströmenden positiven Ladungen führen zu einer stärkeren Depolarisation der Membran, was wiederum die Öffnung weiterer Na_v-Kanäle zur Folge hat, sodass noch mehr Na^+-Ionen in die Zelle diffundieren. Dieser positive Rückkopplungsmechanismus erzeugt den Anstieg des Aktionspotenzials bis zu einem Membranpotenzial von etwa $+40\,mV$. Theoretisch wird die Obergrenze der Spannungsänderung eines Aktionspotenzials durch das Gleichgewichtspotenzial für Na^+ bestimmt, das von der Na^+-Konzentration über der Zellmembran abhängt und bei etwa $+62\,mV$ liegt (siehe Tab. 1.2). In der Praxis wird dieser Maximalwert jedoch nicht erreicht, da die Inaktivierung der Na_v-Kanäle und der beginnende Ausstrom von K^+-Ionen schon vorher eine Repolarisation der Membran einleiten.

— Die spannungsabhängigen Na^+-Kanäle schließen im Durchschnitt innerhalb von 1 ms nach ihrer Öffnung, selbst wenn die Depolarisation länger anhält. Dieser Vorgang, der als **Inaktivierung** bezeichnet wird, beruht auf einer intrinsischen Eigenschaft der Kanalproteine, die durch eine Domäne von der intrazellulären Seite her geschlossen werden [19]. Dadurch können Na^+-Ionen nur für eine sehr kurze Zeit durch die Na_v-Kanäle in die Zelle diffundieren. Die Inaktivierung der Na_v-Kanäle begrenzt die Dauer von Aktionspotenzialen und verursacht die absolute Refraktärzeit.

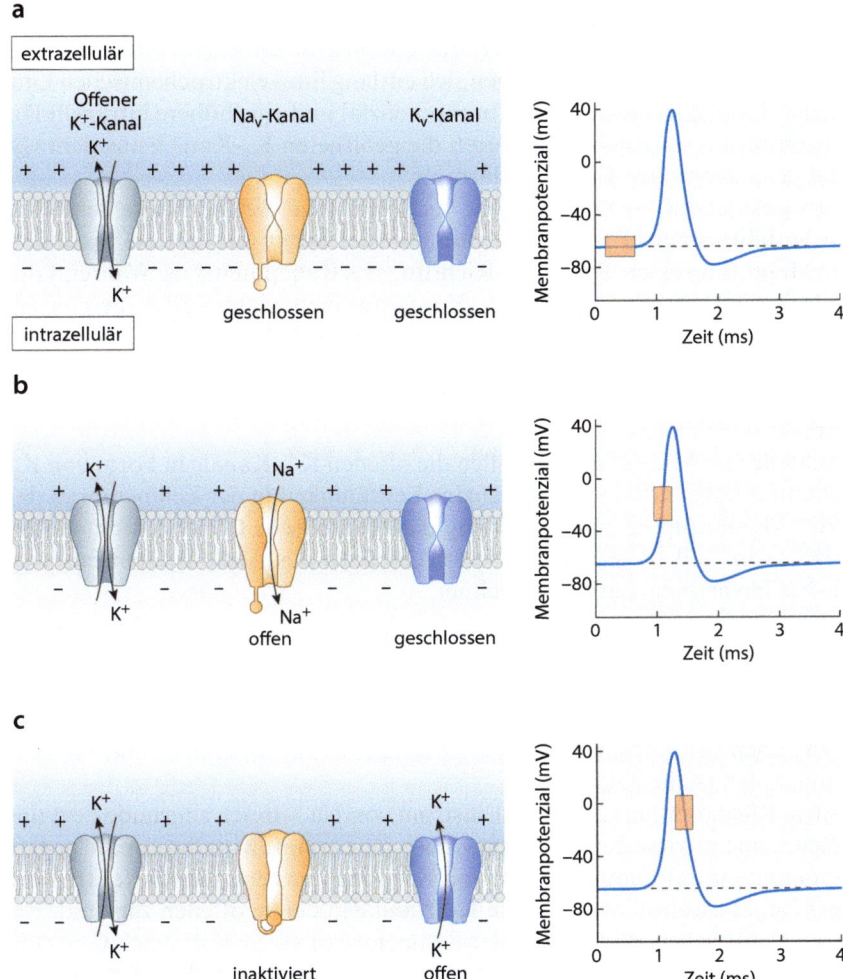

Abb. 1.10 Der Verlauf eines Aktionspotenzials wird durch die aufeinanderfolgende Öffnung spannungsabhängiger Na^+- (Na_V) und K^+-Kanäle (K_V) bestimmt. Die *linke Spalte* der Abbildung zeigt den Öffnungszustand der beteiligten Ionenkanäle zu drei verschiedenen Zeitpunkten im Verlauf eines Aktionspotenzials (*orange Box* in der *rechten Spalte*). **a** Beim Ruhemembranpotenzial ist die Membran für K^+-Ionen durchlässig, die durch dauerhaft geöffnete K^+-Kanäle diffundieren. Zu diesem Zeitpunkt sind die spannungsabhängigen Na_V-Kanäle und K_V-Kanäle geschlossen. **b** Die Diffusion von Na^+ in die Zelle durch geöffnete Na_V-Kanäle erzeugt eine Depolarisation der Membran, die für den Aufstrich des Aktionspotenzials verantwortlich ist. **c** Während der Repolarisation inaktivieren die Na_V-Kanäle und die K_V-Kanäle öffnen, sodass K^+-Ionen aus der Zelle in den Extrazellulärraum diffundieren können. Diese Ionenbewegung führt zu einer kurzfristigen Hyperpolarisation der Zellmembran bis in die Nähe des K^+-Gleichgewichtspotenzials, bevor die Spannung wieder den Wert des Ruhemembranpotenzials *(gestrichelte Linie)* erreicht

- **Spannungsabhängige K$^+$-Kanäle** (K$_v$-Kanäle) öffnen wenig später als die Na$_v$-Kanäle, wenn das Membranpotenzial durch die einströmenden Na$^+$-Ionen bereits depolarisiert wurde. K$^+$-Ionen bewegen sich entlang ihres elektrochemischen Gradienten, der durch ein positives Membranpotenzial und eine höhere intrazelluläre K$^+$-Konzentration vorgegeben ist, durch die geöffneten K$_v$-Kanäle aus dem Cytosol und gelangen in den Extrazellulärraum.
Da positiv geladene K$^+$-Ionen die Zelle verlassen, wird die Innenseite der Membran im Verhältnis zum Extrazellulärraum wieder negativer, und die Spannung über der Membran verschiebt sich in Richtung des Ruhepotenzials. Während dieser **Repolarisation** befinden sich die Na$_v$-Kanäle in einem inaktivierten, geschlossenen Zustand, sodass Na$^+$-Ionen nicht gleichzeitig in die Zelle einströmen können. Dies verhindert einen „Kurzschluss" der Zelle, bei dem Na$^+$- und K$^+$-Ionen in entgegengesetzten Richtungen über die Membran fließen würden, ohne ein Aktionspotenzial zu erzeugen.
Für Bruchteile von Millisekunden stellen die offenen K$^+$-Kanäle in Form von K$_v$- und Kaliumhintergrundkanälen die einzige Leitfähigkeit in der Zellmembran dar, sodass das Membranpotenzial kurzfristig das theoretische Gleichgewichtspotenzial für K$^+$ von -80 mV erreicht. Dieser Abschnitt des Aktionspotenzials wird auch als **Nachhyperpolarisation** bezeichnet.

Die schnelle Inaktivierung der Na$_v$-Kanäle sowie die Öffnung der K$_v$-Kanäle begrenzen die maximale Depolarisation und die Dauer eines Aktionspotenzials. Aufgrund der beteiligten Ionenkanäle kann die Spannung über der Zellmembran grundsätzlich nur Werte zwischen den Gleichgewichtspotenzialen für K$^+$ (-89 mV) und für Na$^+$ ($+62$ mV) annehmen (siehe Tab. 1.2).

Die positive Rückkopplung, die dem Einstrom von Na$^+$-Ionen zugrunde liegt und der in der Regel eine gewisse Tendenz zum Chaos innewohnt, wird durch eine negative Rückkopplung, die auf dem Ausstrom von K$^+$-Ionen basiert, zeitlich kontrolliert. Während der Repolarisation befinden die K$_v$-Kanäle in einem offenen Zustand, was wiederum den elektrischen Widerstand der Zellmembran verringert. Nach Gl. 1.4 ist in diesem Fall eine größere Stromstärke erforderlich, um den Schwellenwert zur Auslösung eines Aktionspotenzials zu überschreiten. Die offenen K$_v$-Kanäle sind daher für die relative Refraktärzeit verantwortlich.

1.5.3 Signalübertragung

Elektrotonische, also passiv übertragene Spannungsänderungen funktionieren nur über sehr kurze Distanzen zuverlässig, da die Amplitude des Spannungssignals exponentiell mit der Entfernung abnimmt (siehe ◘ Abb. 1.3b). Aktionspotenziale depolarisieren hingegen benachbarte Regionen bis zum Schwellenwert und lösen dort erneut ein Aktionspotenzial mit gleicher Amplitude aus. Auf diese Weise können Signale über Entfernungen von mehr als 1 m ohne nennenswerte Abschwächung transportiert werden.

Depolarisiert ein Aktionspotenzial eine bestimmte Region eines Axons, so diffundieren Na$^+$-Ionen durch spannungsabhängige Ionenkanäle in die Zelle (◘ Abb. 1.11a). Die positiven Ladungen breiten sich innerhalb des Axons aus und depolarisieren unmittelbar benachbarte Regionen, wodurch sich die Ladungsverteilung

1.5 · Aktionspotenziale

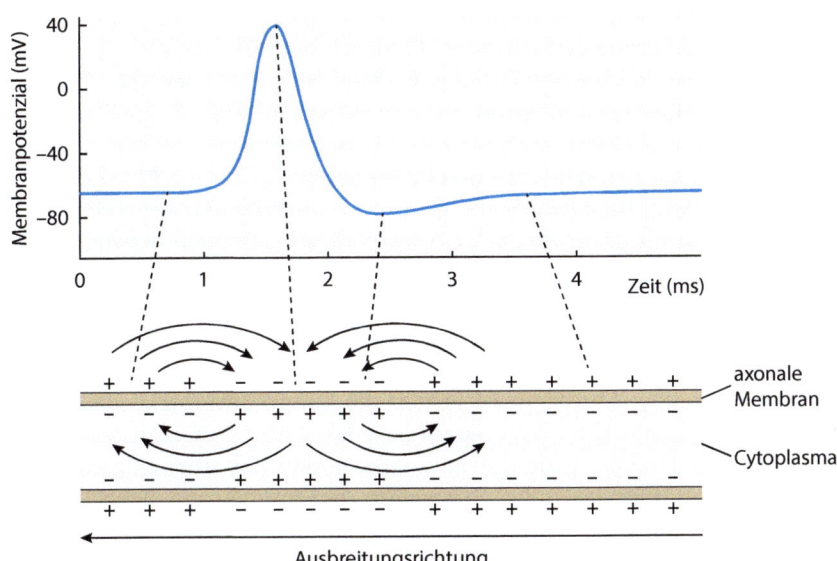

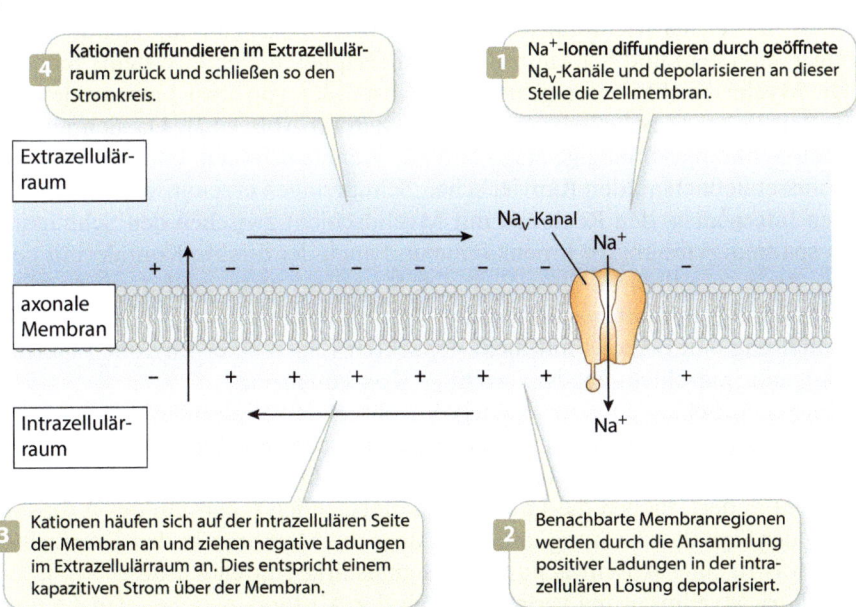

◘ **Abb. 1.11** Lokale Ströme als Grundlage für die räumliche Ausbreitung von Aktionspotenzialen. **a** Ein Aktionspotenzial induziert an einer Stelle des Axons lokale Ströme *(Pfeile)*, welche die Ladungen auf beiden Seiten der Membran vor und nach einem Aktionspotenzial verändern. Das Aktionspotenzial bewegt sich von rechts nach links. **b** Die lokalen Ströme setzen sich aus den vier dargestellten Komponenten zusammen

über der Membran verändert. Auf der intrazellulären Seite werden Anionen durch Kationen ersetzt, welche ihrerseits auf der extrazellulären Seite negative Ladungen anziehen und positive Ladungen abstoßen. Dadurch wird der Membrankondensator umgeladen, ohne dass eine einzige Ladung die Membran überquert (◘ Abb. 1.11b).

Durch die intrazelluläre Depolarisation werden spannungsabhängige Na^+-Kanäle in der Nachbarregion geöffnet, was zu einer überschwelligen Depolarisation dieses Membranabschnitts und zu der oben beschriebenen positiven Rückkopplung führt. Dieser Prozess wiederholt sich über die gesamte Länge des Axons, sodass sich die Spannungsänderung mit unverminderter Amplitude vom Entstehungsort am Axonhügel oder am Initialsegment bis zum Axonterminal ausbreitet.

Drei Parameter bestimmen im Wesentlichen die Geschwindigkeit, mit der Aktionspotenziale entlang eines Axons weitergeleitet werden: (1) der Durchmesser des Axons, (2) die Myelinisierung des Axons und (3) die Temperatur.

Ein größerer axonaler Durchmesser erhöht die Längskonstante λ, da der Innenwiderstand R_i sinkt (siehe Gl. 1.8). Eine größere Längskonstante hat wiederum zur Folge, dass sich eine Depolarisation in einer bestimmten Zeit über eine größere Distanz ausdehnen kann. Ein klassisches Beispiel für die Optimierung dieses Parameters im Laufe der Evolution ist das Riesenaxon des Tintenfisches, das einen Durchmesser von bis zu 1 mm aufweist.[9]

Der Begriff der **Myelinisierung** bezeichnet die elektrische Isolierung eines Axons mittels zahlreicher Membranschichten, die von Gliazellen (Oligodendrozyten im Zentralnervensystem und Schwann-Zellen im peripheren Nervensystem) gebildet werden. Die Myelinschicht ist in regelmäßigen Abständen von etwa 1 mm an den sogenannten **Ranvier'schen Schnürringen** unterbrochen (◘ Abb. 1.12). Da sich nur an diesen Stellen spannungsabhängige Na^+- und K^+-Kanäle befinden, können Aktionspotenziale ausschließlich an den Ranvier'schen Schnürringen erzeugt werden. In den sogenannten **Internodien**, den Regionen mit Myelinschicht zwischen den Schnürringen, fehlen spannungsabhängige Ionenkanäle und auch der direkte Kontakt mit den Elektrolyten der extrazellulären Flüssigkeit. Die Signalleitung in den Internodien findet daher ausschließlich elektrotonisch statt.

Die Umhüllung eines Axons mit dicht gepackten Lagen einer für Ionen nahezu undurchlässigen Lipidschicht hat zwei wichtige Konsequenzen:
- Die zahlreichen Schichten einer elektrisch isolierenden Lipidmembran erhöhen den Membranwiderstand R_m erheblich und infolgedessen steigt die Längskonstante um den Faktor 1000 bis 10.000 (siehe Gl. 1.8). Da sich der Innenwiderstand jedoch nicht ändert, fließen die Ladungen hauptsächlich innerhalb des Axons in Richtung der Signalausbreitung und nicht über die Membran in den Extrazellulärraum, was zu einer Abschwächung der Signalstärke führen würde.
- Aufgrund der Myelinisierung vergrößert sich der Abstand zwischen den Ladungen im Intra- und Extrazellulärraum, wodurch sich die Kapazität der Membran um den Faktor 1000 verringert. Es sei daran erinnert, dass die Zeitkonstante τ als das Produkt aus Membranwiderstand R_m und Kapazität C_m definiert ist (siehe Gl. 1.6). Folglich führt ein größerer Membranwiderstand bei konstanter Kapazität zwangsläufig zu einer größeren Zeitkonstante und damit zu einer verzögerten Weiterleitung, da die Depolarisation der Membran bis zum Erreichen des

---

9 Aufgrund dieser bemerkenswerten Dimensionen war das Riesenaxon des Kalmars *(Loligo)* das wichtigste experimentelle Modellsystem zur Aufklärung des Aktionspotenzials [9–12].

1.5 · Aktionspotenziale

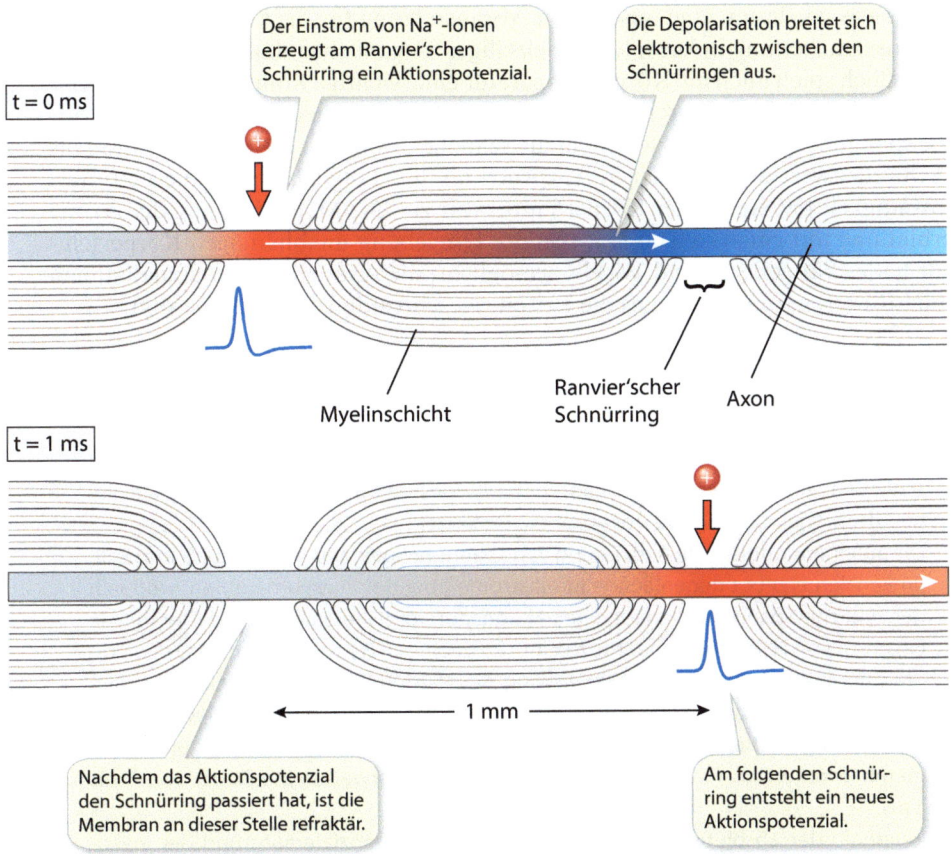

Abb. 1.12 Erregungsleitung in einem myelinisierten Axon. Aktionspotenziale entstehen ausschließlich an den Ranvier'schen Schnürringen, wo die axonale Membran in direktem Kontakt mit der extrazellulären Flüssigkeit steht. Zwischen den Ranvier'schen Schnürringen breitet sich die Depolarisation elektrotonisch aus. Nach t = 1 ms wird am nächsten Schnürring ein Aktionspotenzial erzeugt. Die refraktären Bereiche der axonalen Membran sind in *grau*, die depolarisierten Regionen in *rot* dargestellt. Die *blau* markierten Bereiche des Axons befinden sich am Ruhemembranpotenzial und sind nicht refraktär. Die Signalausbreitung erfolgt von links nach rechts über das Axon

Schwellenwertes länger dauert. Infolge der reduzierten Membrankapazität bleibt τ im Bereich der Ranvier'schen Schnürringe jedoch weitgehend konstant. Die Erhöhung der Kapazität der axonalen Membran hat also keine negativen Auswirkungen auf die Geschwindigkeit der Signalausbreitung.

Die evolutionäre Entwicklung einer Myelinschicht erlaubt es, den Axondurchmesser zu verringern, ohne dass dies zu Einbußen in der Leitungsgeschwindigkeit aufgrund des höheren Innenwiderstands führt. Dies stellt eine wesentliche Voraussetzung für die Bündelung von sehr vielen Axonen in dem begrenzten Raum dar, der im Gehirn zur Verfügung steht. Der menschliche Sehnerv besteht beispielsweise aus etwa 1 Mio. Axonen, hat jedoch lediglich einen Durchmesser von wenigen Millimetern. Eine höhere Dichte an Axonen ermöglicht eine effizientere und leistungsfähigere Übertragungskapazität, was wiederum eine wesentliche Voraussetzung für die hochentwickelte Informationsverarbeitung in komplexen vielzelligen Organismen darstellt.

Schließlich spielt auch die Körpertemperatur eine wichtige Rolle für die Geschwindigkeit der Signalleitung durch Aktionspotenziale. Bei höheren Temperaturen öffnen die spannungsgesteuerten Ionenkanäle schneller, wodurch die Depolarisation bis zum Schwellenwert weniger Zeit in Anspruch nimmt. Folglich nimmt die Leitungsgeschwindigkeit mit steigender Körpertemperatur zu. Die Myelinisierung der Axone in Verbindung mit einer konstanten, von der Umgebung unabhängigen Körpertemperatur hat es Säugetieren und Vögeln ermöglicht, die Axone in ihren Signalbahnen zu miniaturisieren, ohne dass dies die Leitungsgeschwindigkeit beeinträchtigt.

> **Schlüsselkonzepte ▶ Abschn. 1.5 Aktionspotenziale**
>
> - Aktionspotenziale stellen regenerative Veränderungen des Membranpotenzials dar und werden durch eine überschwellige Depolarisation ausgelöst. Sie verlaufen anschließend mit weitgehend konstanter Amplitude und Dauer. Aktionspotenziale dienen der Signalübertragung über größere Distanzen.
> - Die aufeinanderfolgende Aktivierung von spannungsgesteuerten Natrium- und Kaliumkanälen erzeugt gegenläufige Ionenströme über der Plasmamembran, wodurch der zeitliche Spannungsverlauf eines Aktionspotenzials festgelegt wird. Der initiale Einstrom von Natriumionen führt zu einer kurzzeitigen Depolarisation der Zellmembran um bis zu 100 mV. Die Inaktivierung der Natriumkanäle, kombiniert mit dem gleichzeitigen Ausstrom von Kaliumionen durch spannungsabhängige Kaliumkanäle, bewirkt eine Repolarisation der Membran und somit die Rückkehr zum Ruhemembranpotenzial. Ein Aktionspotenzial hat typischerweise eine Dauer von 1 bis 3 ms.
> - Innerhalb der absoluten Refraktärzeit sind Aktionspotenziale aufgrund der Inaktivierung der Na_V-Kanäle nicht möglich. Im Gegensatz dazu können während der relativen Refraktärzeit, die durch das Öffnen spannungsgesteuerter Kaliumkanäle (K_V-Kanäle) verursacht wird, Aktionspotenziale ausgelöst werden. Hierfür ist jedoch eine höhere Reizstärke erforderlich.
> - Die Myelinisierung von Axonen, d. h. die elektrische Isolierung durch zahlreiche Schichten glialer Membranen, führt zu einer Erhöhung des Widerstands der axonalen Membran und damit zu einer höheren Leitungsgeschwindigkeit.
> - Darüber hinaus ermöglicht die Myelinisierung eine Verkleinerung des axonalen Durchmessers, während die Geschwindigkeit der Signalleitung hoch bleibt. Dies gestattet es, eine größere Anzahl von Axonen in einem begrenzten Raum unterzubringen, was zu einer signifikanten Steigerung der informationsübertragenden Kapazität in Nervensystemen führt.

Literatur

1. Ahern CA, Payandeh J, Bosmans F, Chanda B (2016) The hitchhiker's guide to the voltage-gated sodium channel galaxy. J Gen Physiol 147(1):1–24. https://doi.org/10.1085/jgp.201511492
2. Ahuja S, Mukund S, Deng L, Khakh K, Chang E et al (2015) Structural basis of Nav1.7 inhibition by an isoform-selective small-molecule antagonist. Science 350(6267):aac5464. https://doi.org/10.1126/science.aac5464

Literatur

3. Armstrong CM (2007) Life among the axons. Annu Rev Physiol 69:1–18. https://doi.org/10.1146/annurev.physiol.69.120205.124448
4. Augustine GJ, Groh JM, Huettel SA, LaMantia AS, White LE (2024) Neuroscience. 7. Aufl. Oxford University Press, Oxford *Umfassendes und sehr verständlich verfasstes Lehrbuch, das alle wichtigen Aspekte der Neurobiologie ausführlich abdeckt.*
5. Bean BP (2007) The action potential in mammalian central neurons. Nat Rev Neurosci 8(6):451–465. https://doi.org/10.1038/nrn2148
6. Cardozo D (2016) An intuitive approach to understanding the resting membrane potential. Adv Physiol Educ 40(4):543–547. https://doi.org/10.1152/advan.00049.2016
7. Catterall WA (2000) From ionic currents to molecular mechanisms: the structure and function of voltage-gated sodium channels. Neuron 26(1):13–25. https://doi.org/10.1016/s0896-6273(00)81133-2
8. Hille B (2001) Ion Channels of Excitable Membranes, 3. Aufl. Oxford University Press, Oxford *Molekularbiologisch und ultrastrukturell nicht auf dem aktuellen Stand, aber dennoch immer noch ein sehr umfassender und lesenswerter Überblick.*
9. Hodgkin AL, Huxley AF (1952a) Currents carried by sodium and potassium ions through the membrane of the giant axon of *Loligo*. J Physiol 116(4):449–472. https://doi.org/10.1113/jphysiol.1952.sp004717 *Diese und die drei folgenden Artikel gehören zu den mittlerweile klassischen Publikationen in der Neurophysiologie. In einer Serie von eleganten Experimenten klären die Autoren den Mechanismus der Erzeugung von Aktionspotenzialen auf und entwerfen eines der einflussreichsten mathematischen Modelle der Biologie*
10. Hodgkin AL, Huxley AF (1952b) The components of membrane conductance in the giant axon of *Loligo*. J Physiol 116(4):473–496. https://doi.org/10.1113/jphysiol.1952.sp004718
11. Hodgkin AL, Huxley AF (1952c) The dual effect of membrane potential on sodium conductance in the giant axon of *Loligo*. J Physiol 116(4):497–506. https://doi.org/10.1113/jphysiol.1952.sp004719
12. Hodgkin AL, Huxley AF (1952d) A quantitative description of membrane current and its application to conduction and excitation in nerve. J Physiol 117(4):500–544. https://doi.org/10.1113/jphysiol.1952.sp004764
13. Kandel ER, Koester JD, Mack SH, Siegelbaum SA (2021) Principles of Neural Science, 6. Aufl. McGraw Hill, New York *Exzellenter, sehr umfangreicher und aktueller Überblick über die Grundlagen der Neurobiologie.*
14. Lee AG (2006) Ion channels: A paddle in oil. Nature 444(7120):697. https://doi.org/10.1038/nature05408
15. Lodish H, Berk A, Kaiser CA, Krieger M, Bretscher A, Ploegh H, Martin KC, Yaffe MB, Amon A (2021) Molecular Cell Biology, 9. Aufl. MacMillan, New York *Standardwerk der Zell- und Molekularbiologie. Insbesondere die Kapitel über Membranen, Rezeptoren und Signalprozesse sind für dieses Kapitel relevant*
16. Long SB, Tao X, Campbell EB, MacKinnon R (2007) Atomic structure of a voltage-dependent K^+ channel in a lipid membrane-like environment. Nature 450(7168):376–382. https://doi.org/10.1038/nature06265
17. Martin AR, Brown DA, Diamond ME, Cattaneo A, De-Miguel FF (2020) From Neuron to Brain, 6. Aufl. Oxford University Press, Oxford *Klassiker eines neurobiologischen Lehrbuchs mit herausragendem experimentellem Fokus*
18. Tipler PA, Mosca G (2019) Physik für Studierende der Naturwissenschaften und Technik. 8. Aufl. Springer Spektrum, Heidelberg *Hervorragendes Standardwerk zur Einführung in die Physik mit vielen anschaulichen Beispielen*
19. Ulbricht W (2005) Sodium channel inactivation: molecular determinants and modulation. Physiol Rev 85(4):1271–1301. https://doi.org/10.1152/physrev.00024.2004

Mechanismen neuronaler Signalübertragung

Inhaltsverzeichnis

2.1 Elektrische Synapsen – 41

2.2 Chemische Synapsen – 43

2.3 Ligandengesteuerte Ionenkanäle – 49
2.3.1 Nikotinische Acetylcholin-, $GABA_A$- und Glycinrezeptoren – 50
2.3.2 Glutamatrezeptoren – 52
2.3.3 ATP-Rezeptoren – 52

2.4 Synaptische Potenziale – 54

2.5 Metabotrope Signaltransduktion – 59
2.5.1 G-Protein-gekoppelte Rezeptoren – 61
2.5.2 Heterotrimere G-Proteine – 65
2.5.3 Effektormoleküle – 68
2.5.4 Intrazelluläres Calcium – 74

Literatur – 78

© Der/die Autor(en), exklusiv lizenziert durch Springer-Verlag GmbH, DE, ein Teil von Springer Nature 2025
A. Feigenspan, *Sensorische Signaltransduktion – Molekulare Mechanismen der Informationsverarbeitung*, https://doi.org/10.1007/978-3-662-70359-5_2

Synapsen stellen spezialisierte Kontaktstellen zwischen zwei Neuronen oder zwischen einem Neuron und einer Muskel- oder Drüsenzelle dar. Sie ermöglichen die Übertragung von Signalen vom präsynaptischen auf das postsynaptische Neuron oder auf eine der genannten Effektorzellen. Die Funktion von Synapsen geht weit über die reine Überbrückung des extrazellulären Spalts zwischen zwei Neuronen hinaus. Vielmehr ermöglichen Synapsen durch komplexe Rechenoperationen eine umfassende Verarbeitung und Interpretation von Informationen, die etwa von der sensorischen Peripherie an das zentrale Nervensystem übermittelt werden. In umgekehrter Richtung werden komplexe Bewegungsabläufe, die in motorischen Zentren des Gehirns codiert werden, über mehrere aufeinanderfolgende synaptische Umschaltstationen an Muskelzellen weitergeleitet. Darüber hinaus kann synaptische Aktivität die Effizienz der Synapsen selbst und sogar die Genexpression in postsynaptischen Neuronen langfristig verändern. Dieser als **synaptische Plastizität** bezeichnete Prozess spielt eine zentrale Rolle bei der Entwicklung des Nervensystems und bildet die strukturelle und funktionelle Grundlage für Lern- und Gedächtnisprozesse.

Wie wird nun ein elektrisches Signal, das die präsynaptische Endigung als Depolarisation erreicht, über den synaptischen Spalt von einem Neuron zum nächsten übertragen? Grundsätzlich kann die Signalübertragung auf elektrischem oder chemischem Weg erfolgen (◘ Tab. 2.1). Bei elektrischen Synapsen bleibt die physikalische Natur des Signals unverändert, während bei chemischen Synapsen die präsynaptische Spannungsänderung in ein chemisches Signal umgewandelt wird, nämlich die Freisetzung von Neurotransmittermolekülen aus der synaptischen Endigung in den Extrazellulärraum. Diese Neurotransmitter binden an spezifische Rezeptoren in der postsynaptischen Membran und regulieren dadurch Ionenkanäle, sodass das chemische Signal in der nachgeschalteten Zelle wieder in eine Potenzialänderung umgewandelt wird.

Elektrische und chemische Synapsen übertragen Signale nicht nur auf unterschiedliche Weise von einer Zelle zur nächsten, sondern sie sind auch jeweils auf grundlegend verschiedene Aufgaben spezialisiert. Elektrische Synapsen kommen zum Einsatz, wenn Geschwindigkeit und Synchronisation der neuronalen Aktivität im

◘ Tab. 2.1 Eigenschaften elektrischer und chemischer Synapsen

Synapsentyp	Entfernung zwischen prä- und postsynaptischer Membran	Strukturelle Komponenten	Übertragungsart	Verzögerung	Richtung der Signalausbreitung
Elektrisch	2–4 nm	Gap-Junction-Kanäle (Connexine)	Ionenstrom	Keine	Bidirektional
Chemisch	20–30 nm	Präsynaptische Vesikel, aktive Zone, postsynaptische Rezeptoren	Neurotransmitter	Mind. 0,3 ms, meist 1–5 ms oder länger	Unidirektional

Vordergrund stehen, während bei chemischen Synapsen die Signalübertragung zwar etwas langsamer, dafür jedoch mit einer verstärkenden und modifizierenden Wirkung erfolgt.

2.1 Elektrische Synapsen

> **Lernziele**
> 1. Den Aufbau elektrischer Synapsen beschreiben und mit der Struktur spannungsgesteuerter Ionenkanäle vergleichen.
> 2. Die Signalübertragung bei elektrischen und chemischen Synapsen vergleichen.
> 3. Die wichtigsten Funktionen elektrischer Synapsen erläutern.

Elektrische Synapsen ermöglichen den direkten Stromfluss zwischen zwei Zellen. Die strukturelle Grundlage elektrischer Synapsen bilden **Gap Junctions**, bei denen sich die Plasmamembranen der beiden Zellen auf 2–4 nm annähern. Der schmale extrazelluläre Spalt wird durch zwei miteinander verbundene Proteine überbrückt, die als **Connexone** oder Halbkanäle bezeichnet werden. Jedes Connexon setzt sich aus sechs Untereinheiten, den sogenannten Connexinen zusammen, sodass insgesamt zwölf Connexine einen durchgehenden Proteinkanal zwischen den beiden Zellen bilden (◘ Abb. 2.1a).

Im Gegensatz zu den spannungsabhängigen Ionenkanälen selektieren Gap Junctions mit einem Innendurchmesser von 1,4 nm nur nach der Größe der Moleküle, nicht aber nach deren Ladung oder chemischen Natur. Grundsätzlich sind Connexone für Moleküle bis zu einem Molekulargewicht von etwa 1 kDa durchlässig, sodass neben den Ionen Na^+, K^+, Ca^{2+} und Cl^- auch kleine wasserlösliche Substanzen wie zyklische Nukleotide und andere Signalmoleküle durch den Kanal hindurchtreten können (◘ Abb. 2.1b). Die Tatsache, dass neben Ionen auch intrazelluläre Signalmoleküle passieren können, erweitert den Funktionsbereich der Gap Junctions erheblich. Diese sogenannte **metabolische Kopplung** ermöglicht die Synchronisation von Stoffwechselprozessen auch in Geweben, die nicht elektrisch erregbar sind.

Zwei Connexone bilden zusammen einen Ionenkanal, der den elektrischen Strom ohne nennenswerte Verzögerung von einer Zelle zur benachbarten Zelle leitet. Neuronen, die über Gap Junctions miteinander verbunden sind, werden daher auch als **elektrisch gekoppelt** bezeichnet. Der elektrische Widerstand der zentralen Kanalpore ist aufgrund ihrer Größe zwar relativ gering, führt aber dennoch zu einer Reduktion der ursprünglichen Signalamplitude in der postsynaptischen Zelle (◘ Abb. 2.2a). In der Regel zeigen elektrische Synapsen keine Präferenz für eine bestimmte Richtung, sodass sich ein Signal in einer Gruppe elektrisch gekoppelter Neuronen sehr schnell ausbreiten und so die Aktivität in diesem neuronalen Ensemble synchronisieren kann. Die Koordination der neuronalen Aktivität führt dazu, dass Aktionspotenziale in allen Zellen, die über Gap Junctions miteinander verbunden sind,

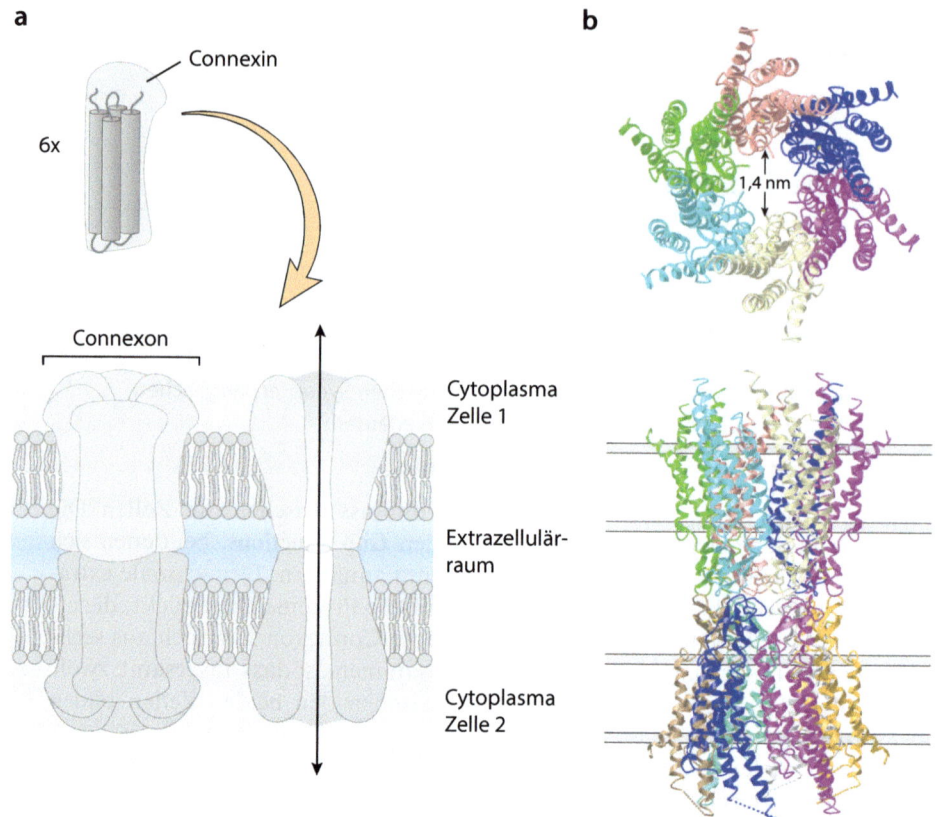

Abb. 2.1 Gap Junctions setzen sich aus zwei porenbildenden Halbkanälen zusammen. **a** Gap Junctions werden durch zwei Connexone gebildet, die wiederum aus jeweils sechs Connexinen bestehen. Jedes Connexin (*oben*) weist vier Transmembransegmente auf. Im Querschnitt lässt sich der Kanal erkennen, der das Cytoplasma der beiden Zellen miteinander verbindet. Kleine Moleküle können den Kanal in beide Richtungen passieren. **b** Röntgenstrukturmodell eines Gap-Junction-Kanals aus Connexin-26 (Cx26). In der Aufsicht (*oben*) blickt man von oben in die Pore, die aus sechs identischen Cx26-Untereinheiten besteht, die hier in verschiedenen Farben dargestellt sind. Die Seitenansicht (*unten*) zeigt die Struktur der Connexone und die Position der beiden Zellmembranen (PDB ID: 2ZW3 [18])

annähernd gleichzeitig auftreten.[1] Die regelmäßige Kontraktion der Atemmuskulatur, welche das Zwerchfell und die Zwischenrippenmuskulatur umfasst, basiert auf der neuronalen Aktivität des Atemzentrums im Hirnstamm. Die dortigen Neuronen sind durch elektrische Synapsen miteinander gekoppelt, sodass ein von einem Schrittmacher vorgegebener Rhythmus die Aktivität aller Neuronen synchronisiert. Auch die Depolarisationswelle, die über das Arbeitsmyokard läuft und die Herzmuskulatur von der Herzspitze bis zur Ventilebene zur Kontraktion bringt, breitet sich mithilfe

---

1 Der elektrische Widerstand der Gap-Junction-Kanäle verringert die Amplitude von Aktionspotenzialen bei der Weiterleitung in die Nachbarzelle. Eine überschwellige Depolarisation aktiviert jedoch genügend Na_V-Kanäle in der postsynaptischen Zelle, sodass die ursprüngliche Amplitude wiederhergestellt wird.

von Gap Junctions von Zelle zu Zelle aus. Die von den Connexonen gebildeten Kanäle befinden sich die meiste Zeit in einem offenen Zustand und schließen lediglich in einer Art Notfallreaktion, wenn der pH-Wert in der Zelle sinkt oder die cytoplasmatische Calciumkonzentration außergewöhnlich stark ansteigt.

> **Schlüsselkonzepte ▶ Abschn. 2.1 Elektrische Synapsen**
>
> - Die Informationsverarbeitung im Nervensystem erfordert eine effiziente und präzise Kommunikation zwischen zahlreichen Neuronen. Die Übertragung von Signalen erfolgt dabei über elektrische und/oder chemische Synapsen von einer Zelle zur nächsten.
> - Die auch als Gap Junctions bezeichneten elektrischen Synapsen verbinden das Cytoplasma zweier benachbarter Zellen. Sie setzen sich aus zwei Halbkanälen (Connexone) zusammen, welche wiederum aus sechs Untereinheiten (Connexine) aufgebaut sind. Die Connexone lagern sich jeweils paarweise zusammen und bilden auf diese Weise einen durchgängigen Kanal zwischen den Zellen.
> - Die Signalübertragung erfolgt bei elektrischen Synapsen direkt und ohne Verzögerung, sodass elektrische Synapsen für die Auslösung von Fluchtreflexen und die Synchronisation neuronaler Aktivität besonders geeignet sind.
> - Der elektrische Widerstand, den die Gap-Junction-Kanäle dem Stromfluss entgegensetzen, führt zu einer Reduktion der Spannungsamplitude in der postsynaptischen Zelle.

2.2 Chemische Synapsen

> **Lernziele**
> 1. Den Aufbau chemischer Synapsen skizzieren und erläutern.
> 2. Den Begriff der „quantalen Freisetzung" erklären.
> 3. Die zeitliche Abfolge von Ereignissen im Rahmen der Freisetzung von Neurotransmittermolekülen darstellen.
> 4. Den Prozess der Endocytose erläutern.
> 5. Die Vorteile chemischer Synapsen für die Signalverarbeitung diskutieren.

Chemische Synapsen kommen im Nervensystem weitaus häufiger vor als elektrische Synapsen. Vorgeschaltete und nachgeschaltete Zellen sind durch einen synaptischen Spalt von 20 bis 30 nm Breite voneinander getrennt, über den kein direkter Stromfluss möglich ist (◘ Abb. 2.2b). Elektronenmikroskopisch lassen sich chemische Synapsen leicht an der Anwesenheit von **synaptischen Vesikeln** erkennen. Bei den synaptischen Vesikeln handelt es sich um runde, membranumhüllte Hohlkugeln, die jeweils einige Tausend Moleküle eines Neurotransmitters enthalten. Die Vesikel sind in der Regel über die gesamte synaptische Endigung verteilt, treten jedoch gehäuft an der sogenannten **aktiven Zone** auf. An dieser Stelle erfolgt die Fusion der vesikulären

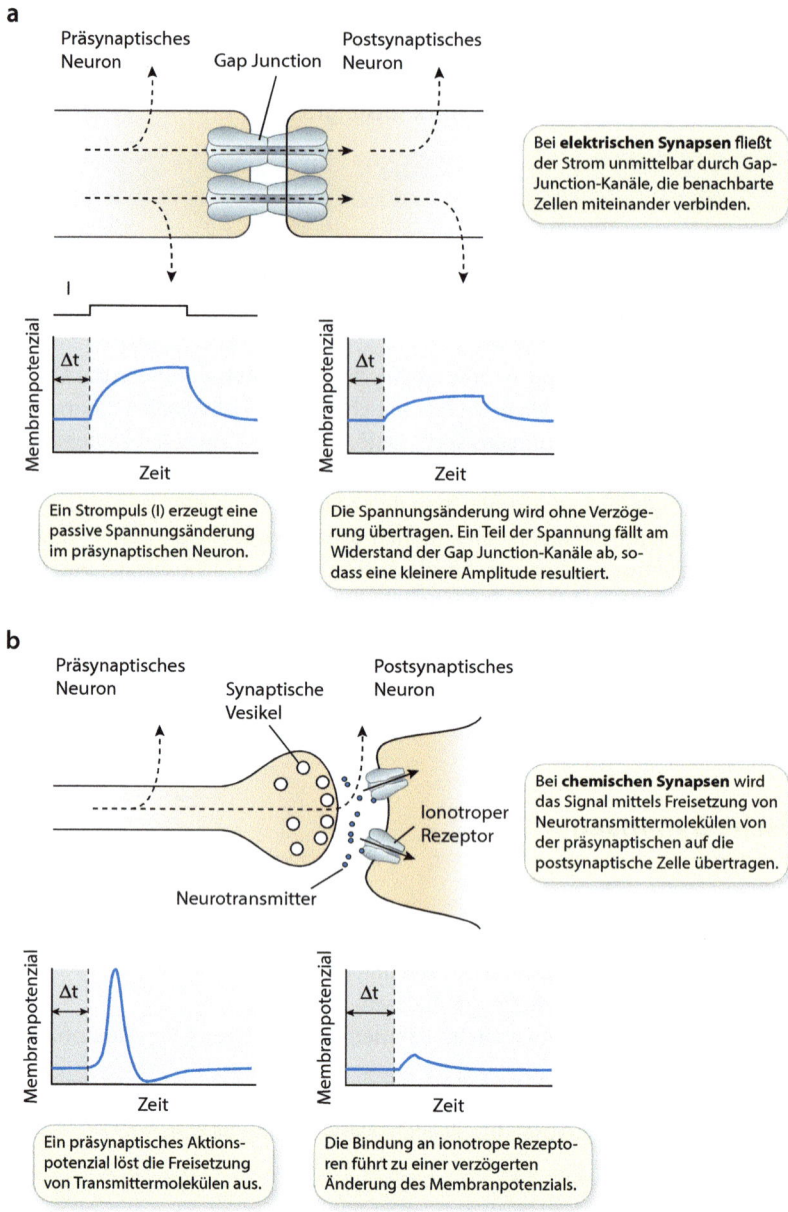

Abb. 2.2 Signalübertragung bei elektrischen und chemischen Synapsen. **a** Elektrische Synapsen bestehen aus Gap-Junction-Kanälen, die einen direkten Stromfluss (*gestrichelte Linien*) zwischen zwei Zellen ermöglichen. Gap-Junction-Kanäle erlauben eine schnelle und bidirektionale Signalübertragung. **b** Bei einer chemischen Synapse fließen keine Ströme von der präsynaptischen in die postsynaptische Zelle. Die Kommunikation zwischen den Zellen erfolgt über Neurotransmitter, die in den synaptischen Spalt freigesetzt werden. Der *grau* unterlegte Bereich zeigt die Zeitverzögerung Δt zwischen dem präsynaptischen und dem postsynaptischen Signal

Membran mit der präsynaptischen Plasmamembran, was zur Freisetzung von Neurotransmittermolekülen in den synaptischen Spalt führt. In der postsynaptischen Membran sind Rezeptoren für den jeweiligen Neurotransmitter eingebettet. Intrazelluläre Gerüstproteine verankern die Rezeptoren in der Membran direkt gegenüber der aktiven Zone und verhindern dadurch eine laterale Diffusion innerhalb der Membranebene. Folglich verbleiben die Rezeptoren im Bereich der aktiven Zone und gelangen nicht in extrasynaptische Regionen der Zellmembran. Allerdings existieren auch extrasynaptische Neurotransmitterrezeptoren, also Rezeptoren, die sich nicht direkt gegenüber einer aktiven Zone in der Zellmembran befinden. Diese Rezeptoren sind nicht an der direkten Signalübertragung beteiligt. Allerdings weisen sie aufgrund der geringeren Konzentration häufig eine höhere Affinität für den jeweiligen Neurotransmitter auf, und ihre Aktivierung beeinflusst das Membranpotenzial und damit die neuronale Erregbarkeit.

Die Freisetzung von Neurotransmittermolekülen, die auch als **Exocytose** bezeichnet wird, ist ein äußerst komplexer Vorgang, der sich in drei grundlegende Schritte unterteilen lässt [3, 28].

1. Ein Aktionspotenzial oder ein graduiertes Potenzial[2] depolarisiert die synaptische Endigung. Diese Spannungsänderung über der präsynaptischen Membran öffnet spannungsabhängige Calciumkanäle **(Ca_V-Kanäle)**, und Ca^{2+}-Ionen diffundieren – angetrieben durch den elektrochemischen Gradienten – aus dem Extrazellulärraum in die synaptische Endigung (◘ Abb. 2.3a).
2. Der Anstieg der Ca^{2+}-Konzentration in der Präsynapse löst einen biochemischen Prozess aus, der schließlich zur Verschmelzung der Vesikelmembran mit der Plasmamembran führt (◘ Abb. 2.3b). Ein mit Neurotransmittermolekülen gefüllter Vesikel stellt die kleinste Fusionseinheit, ein sogenanntes Quantum, dar. Der Prozess der Exocytose wird daher auch als **quantale Freisetzung** bezeichnet. Als Konsequenz einer präsynaptischen Depolarisation fusionieren in der Regel zahlreiche Vesikel nahezu gleichzeitig mit der präsynaptischen Membran (multivesikuläre Fusion).
3. Durch die Fusion der Vesikel werden Neurotransmittermoleküle in den synaptischen Spalt freigesetzt. Sie diffundieren daraufhin in alle möglichen Richtungen, wobei ein gewisser Anteil auch den synaptischen Spalt überquert und die postsynaptischen Rezeptoren erreicht. Auf der postsynaptischen Seite erfolgt eine Bindung an membranständige Rezeptoren, die für den jeweiligen Neurotransmitter spezifisch sind. Die Wirkungsweise der Rezeptoren basiert auf zwei verschiedenen Mechanismen: **Ionotrope Rezeptoren** (siehe ▶ Abschn. 2.3) besitzen einen in das Rezeptorprotein integrierten Ionenkanal, der sich infolge der Wechselwirkung mit den Neurotransmittermolekülen öffnet. Angetrieben durch den elektrochemischen Gradienten über der Zellmembran diffundieren Kationen oder Anionen durch den Ionenkanal und erzeugen einen elektrischen Strom, welcher die postsynaptische Membran entweder depolarisiert oder hyperpolarisiert (◘ Abb. 2.3c). Im Gegensatz dazu weisen **metabotrope Rezeptoren** keinen Ionenkanal auf. Diese Rezeptoren sind vielmehr auf der intrazellulären Seite mit G-Proteinen assoziiert, die im Falle einer Bindung von Neurotransmittermolekülen an den metabotropen

---

2 Graduierte Potenziale sind Spannungsänderungen, deren Amplitude proportional zur Reizintensität ist. Sie entsprechen im Prinzip einer analogen Signalcodierung und treten bei Neuronen auf, die keine Aktionspotenziale erzeugen.

Rezeptor aktiviert werden (siehe ▶ Abschn. 2.5). Infolgedessen wird eine Signalkaskade in der Zelle initiiert, die Effektormoleküle wie Enzyme oder Ionenkanäle reguliert. Die Aktivierung oder Inaktivierung dieser Signalmoleküle führt in der Regel zu länger anhaltenden modulatorischen Effekten in der postsynaptischen Zelle (◘ Abb. 2.3d).

Der Prozess der **Endocytose** stellt formal eine Umkehrung der Exocytose dar. Kleine Membranfragmente werden in Form leerer Hohlkugeln von der Plasmamembran abgeschnürt und in das Innere der präsynaptischen Endigung transportiert, wo sie erneut mit Neurotransmittermolekülen beladen werden. Der Transport der Neurotransmitter in die Vesikel erfolgt gegen einen sehr steilen Konzentrationsgradienten mit einer 100.000fach höheren Konzentration in den Vesikeln und wird durch ATP-betriebene Protonenpumpen bewerkstelligt. Dieses „Recycling" von Membranbestandteilen erfüllt zwei wesentliche Funktionen: (1) Die Oberfläche der präsynaptischen Endigung bleibt annähernd konstant, und (2) neue Vesikel werden auf kurzem Wege schnell wieder bereitgestellt, sodass der Vesikelvorrat auch bei länger andauernder synaptischer Aktivität nicht vollständig aufgebraucht wird. Folglich bleibt die Synapse auch bei hoher neuronaler Aktivität dauerhaft funktionsfähig.

Unmittelbar nach einem Fusionsereignis ist die Konzentration an Neurotransmittermolekülen im synaptischen Spalt deutlich erhöht, wobei einige der Moleküle an postsynaptische Rezeptoren gebunden sind. Diese Bindungen müssen gelöst und die Neurotransmittermoleküle aus dem synaptischen Spalt entfernt werden, damit beim nächsten Fusionsereignis wieder ein postsynaptisches Signal erzeugt werden kann. Die Aufräumarbeiten übernehmen vor allem die zu den Gliazellen gehörenden **Astrocyten**, indem sie die Neurotransmitter mithilfe spezifischer Transportproteine in ihrer Plasmamembran ins Zellinnere aufnehmen. Mit einem ähnlichen Mechanismus werden Neurotransmittermoleküle aus dem synaptischen Spalt in die präsynaptischen Endigungen der Neuronen transportiert, wo sie entweder im Intermediärstoffwechsel abgebaut oder zur Füllung von Vesikeln wiederverwendet werden. Bei einigen wenigen Neurotransmittern erfolgt der Abbau durch eine extrazelluläre enzymatische Spaltung in synaptisch inaktive Bestandteile.[3]

Die aufeinanderfolgenden Prozesse der Transmitterfreisetzung, der Diffusion über den synaptischen Spalt, der Bindung an postsynaptische Rezeptoren und der Erzeugung einer postsynaptischen Spannungsänderung benötigen eine gewisse Zeit, sodass chemische Synapsen langsamer arbeiten als elektrische Synapsen. Bei sensorischen Bahnen, die Signale aus der Peripherie über mehrere synaptische Umschaltstationen ins Zentralnervensystem transportieren, manifestiert sich diese Verzögerung als **Reaktionszeit**. Die Reaktionszeit bezeichnet die Zeitspanne zwischen einem Signal und der durch dieses Signal ausgelösten Verhaltensreaktion des Organismus. Obgleich die Geschwindigkeit der Signalübertragung aus der Körperperipherie ins Gehirn ein sehr wirksamer evolutionärer Selektionsfaktor ist, haben chemische Synapsen trotz ihrer etwas langsameren Arbeitsweise wesentliche adaptive Vorteile für die Signalübertragung in Nervensystemen. Wie in der nachfolgenden Auflistung dargestellt,

---

3 Beispielsweise wird Acetylcholin, das als Transmitter an der neuromuskulären Endplatte sowie im basalen Vorderhirn vorkommt, durch das Enzym Acetylcholinesterase in Acetat und Cholin gespalten. Diese beiden Substanzen werden daraufhin in die präsynaptische Endigung aufgenommen, wo sie als Ausgangsstoffe für die Neusynthese von Acetylcholin dienen.

2.2 · Chemische Synapsen

a

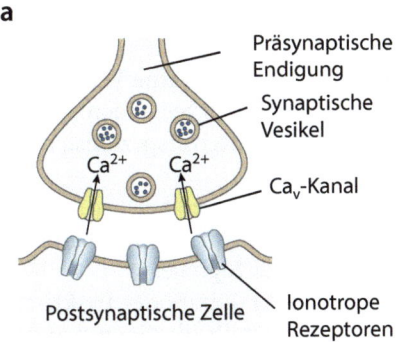

Ein Aktionspotenzial depolarisiert die präsynaptische Endigung und öffnet **spannungsabhängige Ca^{2+}-Kanäle** in der aktiven Zone. Ca^{2+}-Ionen diffundieren durch die geöffneten Ca_v-Kanäle in die Endigung, sodass die präsynaptische Ca^{2+}-Konzentration erhöht wird.

b

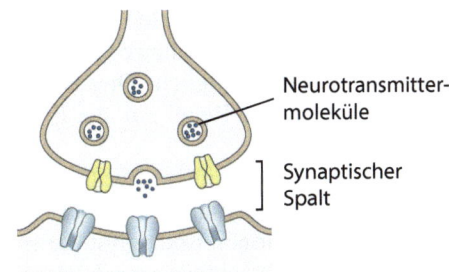

Die kurzzeitige Erhöhung der intrazellulären Ca^{2+}-Konzentration initiiert die **Fusion von Vesikeln** mit der Plasmamembran. Im Anschluss werden Neurotransmittermoleküle in den synaptischen Spalt freigesetzt und diffundieren zur postsynaptischen Membran.

c

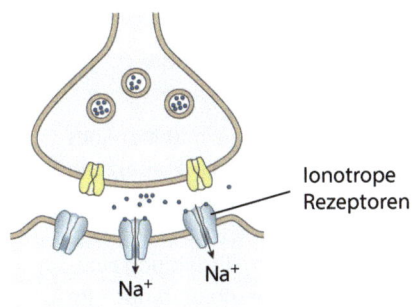

Die Bindung von Neurotransmittermolekülen an **ionotrope Rezeptoren** führt zur Öffnung eines Ionenkanals in der postsynaptischen Membran. In diesem Beispiel diffundieren Na^+-Ionen durch die Rezeptorkanäle und depolarisieren die postsynaptische Membran.

d

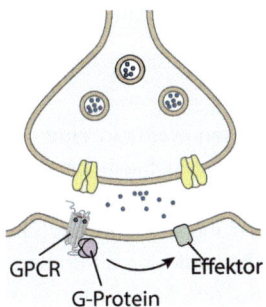

Die Bindung von Neurotransmittermolekülen an G-Protein-gekoppelte **metabotrope Rezeptoren** (GPCR) aktiviert G-Proteine. Dadurch wird eine intrazelluläre Signalkaskade ausgelöst, die zur Aktivierung verschiedener Effektormoleküle führt.

Abb. 2.3 Funktionsprinzip einer chemischen Synapse. **a** Schritt 1: Depolarisation der präsynaptischen Membran und Öffnung spannungsabhängiger Ca^{2+}-Kanäle in unmittelbarer Nähe der aktiven Zone. **b** Schritt 2: Ca^{2+}-abhängige Fusion der Vesikelmembran mit der Plasmamembran und Freisetzung von Neurotransmittermolekülen in den synaptischen Spalt. **c** Schritt 3a: Bindung der Neurotransmittermoleküle an ionotrope Rezeptoren in der postsynaptischen Membran und Änderung des Membranpotenzials. **d** Schritt 3b: Bindung von Neurotransmittermolekülen an metabotrope Rezeptoren und Aktivierung einer intrazellulären Signalkaskade

ermöglichen chemische Synapsen eine komplexere Signalverarbeitung sowie langfristige Anpassungen der neuronalen Physiologie an veränderte Bedingungen.
- Im Gegensatz zu elektrischen Synapsen ist bei chemischen Synapsen eine Verstärkung von Signalen möglich. Dies ist insbesondere in sensorischen Systemen von Relevanz, die in der Regel auf die Erkennung sehr schwacher Reize spezialisiert sind.
- Chemische Synapsen sind entweder erregend oder hemmend, während elektrische Synapsen ihr Vorzeichen nicht ändern können. Dies erlaubt die Ausführung arithmetischer Operationen und somit die Integration synaptischer Signale.
- Die lebenslange Plastizität chemischer Synapsen, die durch Aktivität oder Inaktivität ihre eigene Wirksamkeit dynamisch verändern können, stellt die Grundlage aller Lern- und Gedächtnisprozesse dar.
- Die Aktivierung metabotroper Rezeptoren erlaubt es chemischen Synapsen, die funktionellen Eigenschaften eines Neurons zu modifizieren. Diese Modifikationen umfassen kurzfristige Änderungen der Aktivität vorhandener Proteine sowie langfristige Anpassungen der Genexpression.

Aufgrund ihrer außerordentlich vielseitigen Eigenschaften sind chemische Synapsen für den weitaus größten Teil der Signalübertragung und Informationsverarbeitung in den Nervensystemen aller Organismen verantwortlich.

> **Schlüsselkonzepte ▶ Abschn. 2.2 Chemische Synapsen**
>
> - Chemische Synapsen wandeln eine präsynaptische Depolarisation mithilfe eines komplexen molekularen Mechanismus in ein chemisches Signal, die Freisetzung von Neurotransmittermolekülen, um. Dieser als Exocytose bezeichnete Prozess erfordert die Aktivierung spannungsabhängiger Ca^{2+}-Kanäle, wodurch Ca^{2+}-Ionen in die präsynaptische Endigung diffundieren. Ca^{2+}-Ionen induzieren die Bildung eines Proteinkomplexes, der die synaptischen Vesikel an die Plasmamembran bindet. Im Anschluss erfolgt die Fusion der Vesikelmembran mit der Plasmamembran, wodurch die Neurotransmittermoleküle in den synaptischen Spalt freigesetzt werden.
> - Ein Teil der Neurotransmittermoleküle diffundiert über den synaptischen Spalt und bindet an spezifische Rezeptoren in der Plasmamembran der postsynaptischen Zelle.
> - Die Bindung von Neurotransmittern an ionotrope Rezeptoren führt zur Öffnung eines integrierten Ionenkanals, durch den Ionen entlang ihres elektrochemischen Gradienten über die Plasmamembran diffundieren.
> - Der Einstrom der Kationen Na^+ und Ca^{2+} in die Zelle führt zu einem exzitatorischen postsynaptischen Potenzial (EPSP), während der Einstrom von Cl^- oder der Ausstrom von K^+ ein inhibitorisches postsynaptisches Potenzial (IPSP) auslöst.
> - Exzitatorische postsynaptische Potenziale erhöhen die Wahrscheinlichkeit, dass ein Aktionspotenzial erzeugt wird, während IPSPs diese Wahrscheinlichkeit verringern.
> - Die Art des Rezeptors in der postsynaptischen Membran (nicht der Neurotransmitter) bestimmt, ob eine Synapse exzitatorisch oder inhibitorisch ist.

2.3 Ligandengesteuerte Ionenkanäle

> **Lernziele**
> 1. Das Konzept der Bindung eines Liganden an einen Rezeptor erläutern.
> 2. Den Aufbau von nikotinischen Acetylcholinrezeptoren beschreiben und mit der Struktur spannungsgesteuerter Ionenkanäle vergleichen.
> 3. Die verschiedenen ligandengesteuerten Ionenkanäle nennen und klassifizieren.
> 4. Den Gating-Mechanismus ligandengesteuerter Ionenkanäle erläutern.

In der Biologie versteht man unter einem **Liganden** ein Molekül, welches die Fähigkeit besitzt, an ein Zielprotein, auch **Rezeptor** genannt, zu binden.[4] Ligandengesteuerte Ionenkanäle sind Transmembranproteine, die sowohl eine Bindungsstelle für Neurotransmitter als auch einen Ionenkanal aufweisen, der den Durchtritt von Ionen durch die hydrophobe Plasmamembran ermöglicht.

Ionenkanäle, deren Gating durch die Interaktion mit Liganden erfolgt, spielen eine zentrale Rolle bei der Signalübertragung an chemischen Synapsen. Die Bindung von Neurotransmittermolekülen an eine extrazelluläre Bindungsstelle löst eine Konformationsänderung des Proteins aus, die den integrierten Ionenkanal öffnet. In der Folge diffundieren Ionen entlang ihres elektrochemischen Gradienten über die Plasmamembran, und das Membranpotenzial der postsynaptischen Zelle ändert sich innerhalb weniger Millisekunden. Die passgenaue Interaktion zwischen Ligand und Rezeptor basiert auf einer Vielzahl von nicht kovalenten Wechselwirkungen, die jeweils nur einen relativ geringen Energiegehalt aufweisen. Dies hat den Vorteil, dass die Bindungen in ihrer Gesamtheit zwar ausreichend stabil sind, jedoch ohne großen Energieaufwand wieder gelöst werden können. Diese Flexibilität eröffnet einerseits ein Zeitfenster für die Integration synaptischer Signale auf der Basis zeitlicher und räumlicher Summation, andererseits verhindert sie eine Blockade der beteiligten Ionenkanäle durch eine lang anhaltende oder gar irreversible Bindung des Liganden an den Rezeptor.

Wie in ▸ Abschn. 2.4 dargelegt, lassen sich exzitatorische und inhibitorische synaptische Potenziale unterscheiden, die durch verschiedene Neurotransmitter und ihre Rezeptoren hervorgerufen werden. Ein Neurotransmitter ist nicht per se exzitatorisch oder inhibitorisch, entscheidend ist vielmehr, welchen Effekt seine Wechselwirkung mit dem Rezeptor in der postsynaptischen Zelle auslöst. Beispielsweise wirkt der Neurotransmitter Acetylcholin an der neuromuskulären Endplatte[5] exzitatorisch, während das vom Nervus vagus[6] ausgeschüttete Acetylcholin Herzmuskelzellen hemmt. Diese gegensätzlichen Wirkungen von Acetylcholin beruhen auf unterschiedlichen

---

4 In der Sinnesphysiologie wird der Begriff „Rezeptor" in zwei unterschiedlichen Bedeutungen verwendet. Einerseits bezeichnet er Moleküle, an die Liganden binden, andererseits wird er aber auch für Zellen verwendet, die spezifisch auf einen bestimmten Reiz reagieren, wie beispielsweise Photorezeptoren.

5 Die neuromuskuläre Endplatte bezeichnet die Synapse zwischen einem Motoneuron und einer Skelettmuskelzelle.

6 Der Nervus vagus ist der X. Hirnnerv und versorgt als größter Nerv des Parasympathikus alle inneren Organe.

Rezeptoren und den von ihnen vermittelten intrazellulären Effekten. Die Übertragung motorischer Signale auf die Skelettmuskulatur erfolgt mittels ionotroper nikotinischer Acetylcholinrezeptoren, deren Aktivierung den Einstrom von Kationen und damit eine Depolarisation der Zellmembran bewirkt. Bei der Herzmuskulatur hingegen induzieren muskarinische Acetylcholinrezeptoren die Öffnung von K^+-Kanälen über einen metabotropen Signalweg und lösen so eine Hyperpolarisation aus. Dieses Beispiel veranschaulicht ein grundlegendes Prinzip: Ein Neurotransmittertyp kann an unterschiedliche Rezeptoren binden, deren Aktivierung jeweils spezifische zelluläre Reaktionen auslöst.

Insgesamt gibt es mehr als 100 verschiedene Neurotransmitter, die gemeinsam mit ihren spezifischen Rezeptoren für die außerordentliche Vielfalt der chemischen Signalübertragung verantwortlich sind. Die häufigsten und am besten untersuchten Neurotransmitter sind Acetylcholin (ACh), Glutamat, γ-Aminobuttersäure (GABA), Glycin und ATP. Ligandengesteuerte Ionenkanäle werden nach den Neurotransmittern benannt, die an sie binden, sodass man von Acetylcholinrezeptoren, Glutamatrezeptoren usw. spricht. Die Anzahl der Untereinheiten sowie eine jeweils spezifische Membrantopologie dienen als Kriterien zur Einteilung der ligandengesteuerten Ionenkanäle in drei Familien von Neurotransmitterrezeptoren. Mit der Ausnahme von Glycin konnten für alle oben genannten Neurotransmitter auch verschiedene Familien metabotroper Rezeptoren nachgewiesen werden. Als Beispiel wurden die muskarinischen Acetylcholinrezeptoren genannt. Metabotrope Rezeptoren weisen jedoch keinen integrierten Ionenkanal auf, und der Mechanismus ihrer Signaltransduktion wird in ▶ Abschn. 2.5 näher besprochen.

2.3.1 Nikotinische Acetylcholin-, $GABA_A$- und Glycinrezeptoren

Die nikotinischen Acetylcholin- sowie $GABA_A$- und Glycinrezeptoren bestehen aus fünf Untereinheiten, die wiederum aus jeweils vier α-Helices (M1–M4) aufgebaut sind (◘ Abb. 2.4a). Die Untereinheiten lagern sich kreisförmig zu einer pentameren Struktur zusammen, wobei die fünf M2-Helices an der Bildung der Kanalpore beteiligt sind. Die Neurotransmittermoleküle binden an die N-terminale extrazelluläre Domäne. Von jeder Untereinheit existieren mehrere Isoformen (z. B. 19 verschiedene Untereinheiten des $GABA_A$-Rezeptors), die zwar in der Regel nicht beliebig miteinander kombinierbar sind, aber dennoch eine große Vielfalt unterschiedlicher Rezeptoren mit jeweils spezifischen biophysikalischen Eigenschaften ermöglichen. Nikotinische Acetylcholin-Rezeptoren sind exzitatorisch, da die Bindung von Acetylcholin zu einem Einstrom von Kationen führt, der die Zellmembran depolarisiert. $GABA_A$- und Glycinrezeptoren wirken dagegen hemmend, da ihre Aktivierung einen Chloridkanal öffnet und der Einstrom von Cl^--Ionen die Zellmembran hyperpolarisiert.[7]

---

[7] Im adulten Nervensystem ist das Gleichgewichtspotenzial für Cl^- in der Regel negativer als das Ruhemembranpotenzial, sodass Cl^- durch die geöffneten Ionenkanäle in die Zelle einströmt und die Membran hyperpolarisiert. Während der Entwicklung des Nervensystems ist der Cl^--Gradient jedoch umgekehrt gerichtet: Cl^--Ionen diffundieren beim Öffnen von Cl^--Kanälen aus der Zelle hinaus und die Zellmembran depolarisiert.

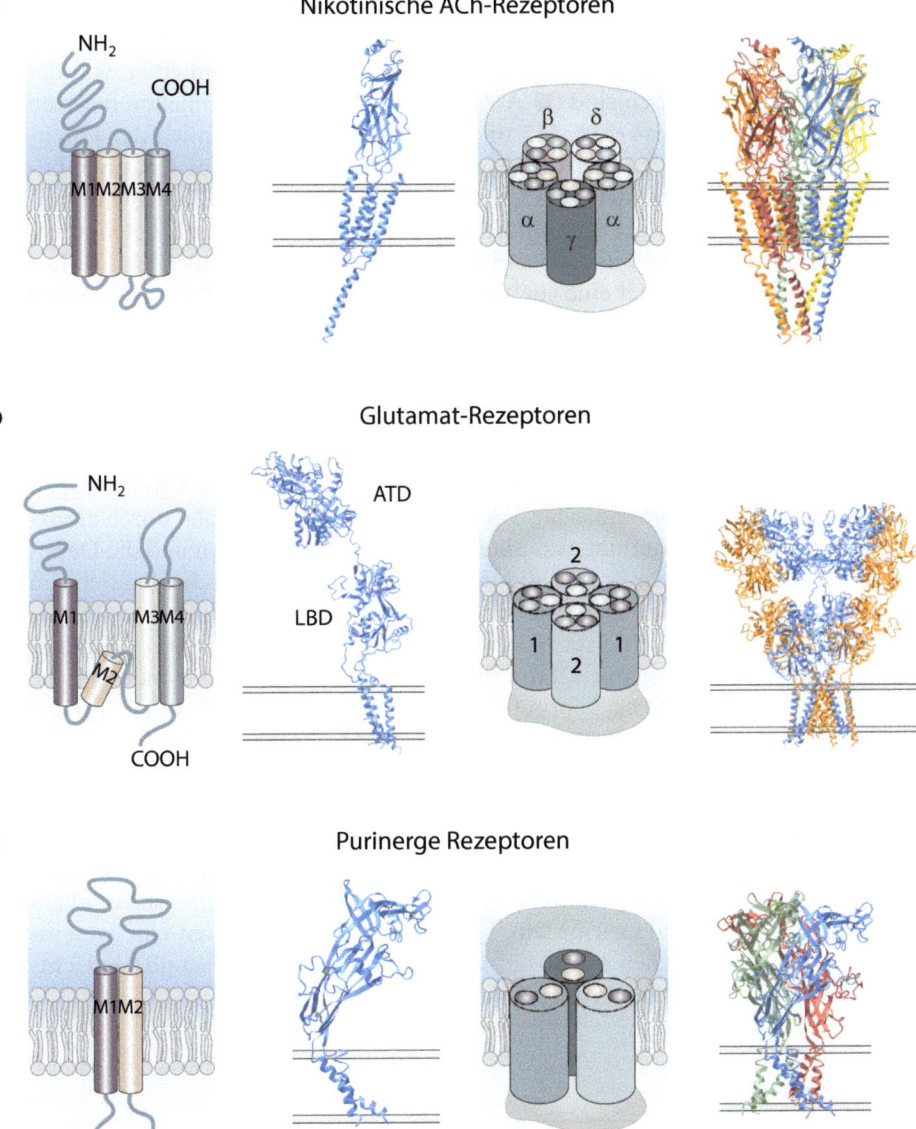

Abb. 2.4 Drei Familien von ligandengesteuerten Ionenkanälen. **a** Nikotinische Acetylcholinrezeptoren (ACh-Rezeptoren) bestehen aus zwei α- und jeweils einer β-, δ- und γ-Untereinheit (PDB ID: 2BG9 [33]). **b** Ionotrope Glutamatrezeptoren sind tetramere Proteine, die in der Regel aus jeweils zwei homologen Untereinheiten (hier als 1 und 2 bezeichnet) bestehen. Die Bindungsstelle für Glutamat wird von den N-terminalen Domänen und den extrazellulären Schleifen zwischen M3 und M4 gebildet (PDB ID: 3KG2 [32]). **c** ATP-Rezeptorkanäle sind aus drei Untereinheiten aufgebaut, von denen jede zwei Transmembransegmente (M1 und M2) enthält. ATP bindet an die extrazelluläre Schleife zwischen M1 und M2 (PDB ID: 3H9V [13]). Die *grauen Linien* in den Ribbon-Diagrammen zeigen die Position der Zellmembran an. ATD, aminoterminale Domäne; LBD, ligandenbindende Domäne

2.3.2 Glutamatrezeptoren

Glutamatrezeptoren sind Tetramere, bestehen also aus vier Untereinheiten, von denen meist jeweils zwei identisch sind (◘ Abb. 2.4b) [19]. Die Untereinheiten besitzen drei transmembrane α-Helices (M1, M3 und M4), während M2 ähnlich der Porenschleife spannungsabhängiger Ionenkanäle einen Selektivitätsfilter für Kationen bildet (allerdings ausgehend von der intrazellulären Seite). Neben der Transmembrandomäne, die an der Struktur der Kanalpore und am Gating des Kanals beteiligt ist, bestehen Glutamatrezeptoren aus zwei weiteren funktionellen Modulen [9, 17]. Die **ligandenbindende Domäne** bildet eine spaltartige Öffnung, die sich nach der Bindung von Glutamat um das Glutamatmolekül herum schließt. Der geschlossene Zustand der ligandenbindenden Domäne bewirkt mittels allosterischer Kopplung eine Öffnung des Ionenkanals. Die **aminoterminale Domäne** vermittelt die Zusammenlagerung der Untereinheiten und die Interaktion mit anderen Proteinen der postsynaptischen Region.

AMPA-, **Kainat-** und **NMDA-Rezeptoren** stellen drei verschiedene Untergruppen ionotroper Glutamatrezeptorkanäle dar. Die Öffnung der Kanäle erfolgt durch die extrazelluläre Bindung von Glutamat, was einen Einstrom von Kationen und die Depolarisation der Zellmembran zur Folge hat. NMDA-Rezeptoren unterscheiden sich von den beiden anderen Glutamatrezeptoren dadurch, dass für das Gating ihres Ionenkanals drei Ereignisse gleichzeitig stattfinden müssen: (1) die Bindung von Glutamat an die ligandenbindende Domäne, (2) die Bindung von Glycin an eine andere Stelle des Rezeptors und (3) eine postsynaptische Depolarisation, die Mg^{2+}-Ionen aus der Kanalpore entfernt. Aufgrund der Blockierung durch Mg^{2+}-Ionen beim Ruhemembranpotenzial weisen NMDA-Rezeptoren eine Spannungsabhängigkeit auf, die sich jedoch grundlegend von derjenigen der spannungsgesteuerten Ionenkanäle unterscheidet (siehe Abschn. 1.4). Des Weiteren ist die Kanalpore der NMDA-Rezeptoren durchlässig für Ca^{2+}-Ionen, die ihrerseits als Signalmoleküle an einer Vielzahl intrazellulärer Prozesse beteiligt sind. Während AMPA- und Kainat-Rezeptoren vor allem schnelle exzitatorische Signale vermitteln, spielen NMDA-Rezeptoren eine wesentliche Rolle bei der synaptischen Plastizität und sind daher für Lern- und Gedächtnisprozesse von außerordentlich großer Bedeutung.

2.3.3 ATP-Rezeptoren

ATP-Rezeptoren, die auch als purinerge Rezeptoren (P2X-Rezeptoren) bezeichnet werden, bestehen aus drei Untereinheiten mit jeweils zwei α-Helices (M1 und M2) (◘ Abb. 2.4c) [8]. Die trimeren Rezeptorkanäle zeigen eine unspezifische Permeabilität für Kationen, was bei Aktivierung zu einer Depolarisation der postsynaptischen Membran führt. P2X-Rezeptoren spielen unter anderem eine wichtige Rolle im gustatorischen System sowie bei der Weiterleitung von Schmerzinformationen durch periphere Nozizeptoren (siehe ▶ Kap. 6 und 9).

Die bisher beschriebenen Liganden wie Acetylcholin oder Glutamat sind Neurotransmitter, die von chemischen Synapsen freigesetzt werden und mit einer extrazellulären Bindungsstelle des entsprechenden Rezeptors in Wechselwirkung treten. Es existieren jedoch auch Rezeptorkanäle, die durch intrazelluläre Liganden wie zyklische

2.3 · Ligandengesteuerte Ionenkanäle

Tab. 2.2 Wichtige Neurotransmitter und ligandengesteuerte Ionenkanäle

Neurotransmitter	Rezeptor	Untereinheiten	Beteiligte Ionen	Spannungsänderung
Acetylcholin	Nikotinischer ACh-Rezeptor	$\alpha_{1-10}, \beta_{1-4}, \gamma, \delta, \epsilon$	Na^+, K^+	EPSP
GABA	$GABA_A$-Rezeptor	$\alpha_{1-6}, \beta_{1-3}, \gamma_{1-3}, \delta, \epsilon, \theta, \eta, \rho_{1-3}$	Cl^-	IPSP
Glycin	Glycinrezeptor	α_{1-6}, β	Cl^-	IPSP
Serotonin	$5-HT_3$-Rezeptor	$5-HT_{3A}-5-HT_{3E}$	Na^+, K^+	EPSP
Glutamat	AMPA-Rezeptor	GluA1–GluA4	$Na^+, K^+, (Ca^{2+})$	EPSP
	Kainat-Rezeptor	GluK1–GluK5	Na^+, K^+	EPSP
	NMDA-Rezeptor	GluN1, GluN2A–GluN2D, GluN3A, GluN3B	Na^+, K^+, Ca^{2+}	EPSP
ATP	P2X-Rezeptor	$P2X_1$–$P2X_7$	Na^+, K^+, Ca^{2+}	EPSP

Die Ca^{2+}-Permeabilität der AMPA-Rezeptoren hängt von der Kombination ihrer Untereinheiten ab. ACh, Acetylcholin; EPSP, exzitatorisches postsynaptisches Potenzial; IPSP, inhibitorisches postsynaptisches Potenzial

Nukleotide (CNG-Kanäle[8]) oder durch Änderungen der cytoplasmatischen Ca^{2+}-Konzentration (Ca^{2+}-abhängige K^+-Kanäle) reguliert werden. Unabhängig von der extra- oder intrazellulären Lokalisation der Bindungsstelle führt die Interaktion mit einem Liganden zu einer Konformationsänderung des Rezeptorproteins, welche letztlich die Öffnung eines integrierten Ionenkanals zur Folge hat.

In **Tab. 2.2** werden die häufigsten Neurotransmitter und ihre Rezeptoren zusammengefasst. Die vorliegende Liste erhebt keinen Anspruch auf Vollständigkeit, da lediglich die ionotropen Rezeptoren berücksichtigt werden. Die biogenen Amine Dopamin, Adrenalin, Noradrenalin sowie Serotonin (mit Ausnahme des $5-HT_3$-Rezeptors) entfalten ihre Wirkungen über metabotrope Rezeptoren. Dies gilt ebenfalls für die Gruppe der Neuropeptide, welche außerordentlich vielfältige Funktionen im Nervensystem ausüben. Für eine ausführliche Darstellung der Neurotransmitter und ihrer Rezeptoren sei auf exzellente Lehrbücher der Neurobiologie verwiesen [1, 12].

---

8   CNG steht für *Cyclic nucleotide-gated* und beschreibt eine Familie von Ionenkanälen, die von der intrazellulären Seite durch cAMP oder cGMP reguliert werden. Sie nehmen eine zentrale Rolle im visuellen und im olfaktorischen System ein.

> **Schlüsselkonzepte ▶ Abschn. 2.3 Ligandengesteuerte Ionenkanäle**
>
> - Ligandengesteuerte Ionenkanäle werden durch die Bindung eines Liganden an eine extrazelluläre oder intrazelluläre Bindungsstelle reguliert. Extrazellulär binden vor allem Neurotransmittermoleküle, während von der intrazellulären Seite aus die Wechselwirkung mit Calciumionen und zyklischen Nukleotiden eine wichtige Rolle spielt.
> - Für einen bestimmten Neurotransmitter existieren in der Regel mehrere Typen von Rezeptoren, die sich in ihren biophysikalischen Eigenschaften sowie ihrem zelltypspezifischen Expressionsmuster unterscheiden.
> - Ionotrope Rezeptoren weisen neben einer Bindungsstelle für den entsprechenden Liganden einen Ionenkanal auf, durch den entweder Kationen oder Anionen die Zellmembran passieren können.
> - Neurotransmitter bewirken durch die Interaktion mit für sie spezifischen Rezeptoren eine postsynaptische Spannungsänderung, die entweder in Form einer Depolarisation (exzitatorisches postsynaptisches Potenzial, EPSP) oder einer Hyperpolarisation (inhibitorisches postsynaptisches Potenzial, IPSP) der Zellmembran auftritt.
> - Die Anzahl der Untereinheiten sowie ihre evolutionäre Verwandtschaft sind die entscheidenden Kriterien für die Einteilung ionotroper Rezeptoren in drei Familien: (1) Acetylcholin-, GABA- und Glycinrezeptoren (fünf Untereinheiten), (2) Glutamatrezeptoren (vier Untereinheiten) und (3) ATP-Rezeptoren (drei Untereinheiten).

2.4 Synaptische Potenziale

> **Lernziele**
> 1. Ein exzitatorisches postsynaptisches Potenzial skizzieren und mit dem Spannungsverlauf eines Aktionspotenzials vergleichen.
> 2. Die Ionenströme bei exzitatorischen und inhibitorischen postsynaptischen Potenzialen beschreiben.
> 3. Begründen, warum ein exzitatorisches postsynaptisches Potenzial ein Neuron aktiviert, während ein inhibitorisches postsynaptisches Potenzial das Neuron hemmt.
> 4. Das Konzept der synaptischen Integration am Beispiel der zeitlichen und räumlichen Summation erläutern.

Die Bindung von Neurotransmittermolekülen an ionotrope Rezeptoren führt in der postsynaptischen Zelle zu einer kurzen, wenige Millisekunden andauernden Änderung der Spannung über der Plasmamembran, welche als synaptisches Potenzial bezeichnet wird. Im Gegensatz zu elektrischen Synapsen, bei denen die Signalübertragung stets mit gleichem Vorzeichen erfolgt, können chemische Synapsen **exzitatorisch** (erregend, +) oder **inhibitorisch** (hemmend, −) sein. Im zweiten Fall erfolgt ein Vorzeichenwechsel von plus nach minus. Exzitatorische und inhibitorische Signale werden innerhalb eines bestimmten Zeitfensters, das durch die passiven Eigenschaften eines

2.4 · Synaptische Potenziale

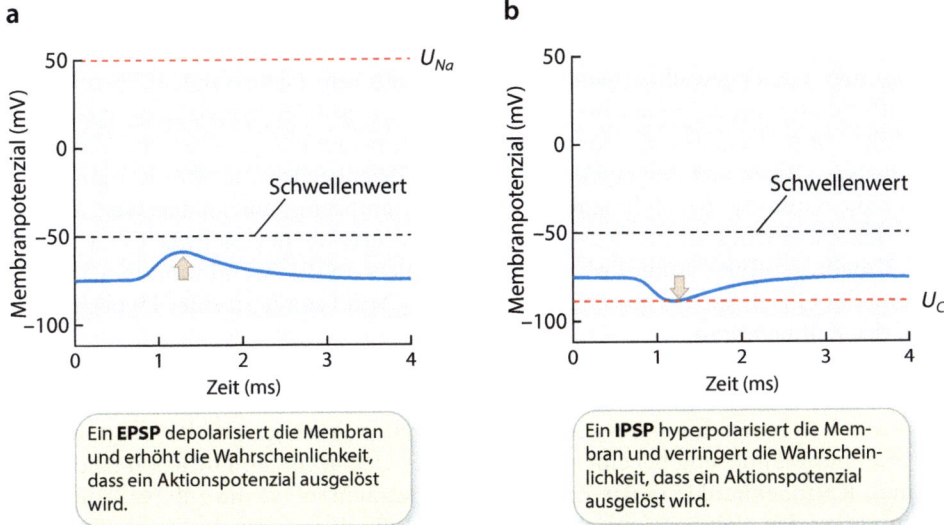

Abb. 2.5 Erregende und hemmende postsynaptische Potenziale. **a** Ein exzitatorisches postsynaptisches Potenzial (EPSP) führt zu einer Depolarisation der Plasmamembran in Richtung des Gleichgewichtspotenzials für Natrium (U_{Na}). Dadurch nähert sich das Membranpotenzial dem Schwellenwert, und die Wahrscheinlichkeit, dass ein Aktionspotenzial ausgelöst wird, erhöht sich. **b** Bei einem inhibitorischen postsynaptischen Potenzial (IPSP) wird die Membran in Richtung des Gleichgewichtspotenzials für Chlorid (U_{Cl}) hyperpolarisiert und entfernt sich vom Schwellenwert. Daher sinkt die Wahrscheinlichkeit für die Auslösung eines Aktionspotenzials. Die *rot gestrichelten Linien* geben die Gleichgewichtspotenziale für Na^+ (U_{Na}, **a**) bzw. für Cl^- (U_{Cl}, **b**) an

Neurons bestimmt wird, miteinander verrechnet. Ist das Resultat dieser Rechenoperationen eine überschwellige Depolarisation am Axonhügel oder am initialen Segment, erzeugt das Neuron eine Folge von Aktionspotenzialen, deren Frequenz die Stärke der Depolarisation codiert. Ein Neuron empfängt also über seine dendritischen Fortsätze zahlreiche exzitatorische und inhibitorische synaptische Signale nahezu gleichzeitig und verarbeitet diese komplexen raum-zeitlichen Informationen zu einem einheitlichen Ausgangssignal, dem Aktionspotenzial. Wie in ▶ Abschn. 1.5.3 beschrieben, wird das Aktionspotenzial entlang der axonalen Membran bis in das Axonterminal weitergeleitet und schließlich synaptisch auf nachgeschaltete Zellen übertragen.

Ein **exzitatorisches postsynaptisches Potenzial (EPSP)** führt zu einer Depolarisation der Plasmamembran und damit zu einer Erregung, während ein **inhibitorisches postsynaptisches Potenzial** die Zellmembran hyperpolarisiert und das Neuron hemmt (◘ Abb. 2.5). Grundsätzlich kann Erregung als eine Erhöhung der Wahrscheinlichkeit definiert werden, dass ein Neuron ein Aktionspotenzial erzeugt, oder – bei spontan aktiven Neuronen – als eine Erhöhung der vorhandenen Aktionspotenzialfrequenz. Im Falle einer Hemmung hingegen sinkt die Wahrscheinlichkeit, dass ein Aktionspotenzial ausgelöst wird, oder eine bereits bestehende neuronale Aktivität wird reduziert.

Wie führt die Bindung eines Transmittermoleküls an einen ionotropen Rezeptor zu einer Spannungsänderung über der Membran und damit zu einem EPSP oder einem IPSP? Postsynaptische Potenziale entstehen, wenn positive oder negative Ladungen durch offene Ionenkanäle von einer Seite der Zellmembran zur anderen diffundieren. Die Richtung dieser Diffusion (in die Zelle hinein oder aus der Zelle heraus) ist abhängig von der Differenz zwischen dem aktuell anliegenden Membranpotenzial und dem Gleichgewichtspotenzial des jeweiligen Ions (siehe Gl. 1.9). Grundsätzlich diffundieren Ionen immer in die Richtung, die zum Gleichgewichtspotenzial des Ions führt. Sind beispielsweise für Na^+ selektive Ionenkanäle geöffnet und befinden sich die Na^+-Ionen nicht im elektrochemischen Gleichgewicht, so strömt solange Na^+ durch die Kanäle in der Zellmembran, bis das Membranpotenzial den Wert des Gleichgewichtspotenzials für Na^+ (U_{Na}), also +62 mV, erreicht hat (siehe ◘ Tab. 1.2). Sind K^+-Kanäle geöffnet, kommt es zu einer Verschiebung des Membranpotenzials in Richtung des Gleichgewichtspotenzials für K^+ (U_K) und somit zu einer Hyperpolarisation der Zellmembran.

Bei einem EPSP öffnen in der Regel Ionenkanäle, die sowohl für Na^+ als auch für K^+ durchlässig sind. Im Gegensatz zu einem Aktionspotenzial, bei dem die Diffusion von Na^+- und K^+-Ionen durch unterschiedliche Kanäle zeitlich gestaffelt erfolgt, beruht die Spannungsänderung bei einem EPSP auf der gleichzeitigen Diffusion beider Ionen durch Kationenkanäle in der Zellmembran. Betrachten wir die auf Na^+- und K^+-Ionen wirkenden elektrochemischen Kräfte und die daraus resultierende Richtung der Diffusion:
— Die große Spannungsdifferenz zwischen dem Ruhemembranpotenzial und dem Gleichgewichtspotenzial für Na^+ treibt die Diffusion von Na^+-Ionen in die Zelle an. Der Konzentrationsgradient für Na^+ zeigt in die gleiche Richtung, sodass insgesamt ein Einstrom von Na^+-Ionen resultiert.
— Da das Gleichgewichtspotenzial für K^+ niedriger ist als das Ruhemembranpotenzial, diffundieren K^+-Ionen aus der Zelle hinaus. In Kombination mit dem ebenfalls nach außen gerichteten Konzentrationsgradienten resultiert eine elektrochemische Kraft, welche die Diffusion von K^+-Ionen aus der Zelle hinaus in den Extrazellulärraum antreibt.

Insgesamt überwiegt jedoch der Einstrom von Na^+ gegenüber dem Ausstrom von K^+, sodass mehr positive Ladungen in die Zelle gelangen und die Zellmembran depolarisiert wird (◘ Abb. 2.5a). Beispielsweise führt die Bindung von Glutamat oder Acetylcholin an ionotrope Glutamatrezeptoren bzw. nikotinische Acetylcholinrezeptoren, die beide für Na^+ und K^+ durchlässige Kationenkanäle besitzen, zu einer Depolarisation der postsynaptischen Zellmembran und damit zu einem EPSP.

Inhibitorische postsynaptische Potenziale hingegen entstehen, wenn ein Neurotransmitter Chloridkanäle öffnet. Das Gleichgewichtspotenzial für Chlorid (U_{Cl}) liegt in der Nähe des Ruhemembranpotenzials oder ist sogar noch etwas negativer. Die Diffusion negativ geladener Cl^--Ionen durch Chloridkanäle verschiebt das Membranpotenzial in Richtung U_{Cl} und damit weg vom Schwellenwert zur Auslösung eines Aktionspotenzials – die Zelle wird also gehemmt (◘ Abb. 2.5b). Auch das Öffnen von K^+-Kanälen führt zu einer Hyperpolarisation der Membran und damit zu einer Hemmung, da das Gleichgewichtspotenzial für K^+-Ionen negativer als das Ruhemembranpotenzial ist und K^+-Ionen daher aus der Zelle hinaus diffundieren. Wir verallgemeinern die Grundlagen der Entstehung von EPSPs und IPSPs wie folgt: Ein Neuron wird depolarisiert, wenn das Gleichgewichtspotenzial des diffundierenden Ions positiver ist als das Membranpotenzial, und es wird hyperpolarisiert, wenn das Gleichgewichtspotenzial negativer ist als das Membranpotenzial.

2.4 · Synaptische Potenziale

Ein einzelnes EPSP depolarisiert die Zellmembran in den meisten Fällen um weniger als 1 mV und klingt innerhalb von einigen Millisekunden exponentiell ab. Die resultierende Spannungsänderung im postsynaptischen Neuron bleibt daher unterhalb des Schwellenwerts zur Auslösung eines Aktionspotenzials.[9] In der Regel erhalten Neuronen jedoch synaptischen Input von zahlreichen anderen Neuronen, sodass die zeitliche und räumliche Summation einzelner EPSPs zu einer überschwelligen Depolarisation am Axonhügel führen kann. Da diese Integration im Soma des Neurons stattfindet, müssen die Signale zunächst von ihrem Entstehungsort in den Dendriten zum Zellkörper transportiert werden. Wir unterscheiden zwei Möglichkeiten der Integration synaptischer Potenziale:

- Der Begriff der **zeitlichen Summation** bezeichnet die Addition synaptischer Potenziale, die in schneller zeitlicher Folge an derselben Synapse auftreten (◘ Abb. 2.6a). Diese Form der Integration setzt eine entsprechend hochfrequente Aktivität der präsynaptischen Endigung voraus. Der Wert der Zeitkonstante (siehe Gl. 1.6) bestimmt maßgeblich die Effektivität der zeitlichen Summation. Eine große Zeitkonstante erhöht die Wahrscheinlichkeit, dass sich aufeinanderfolgende synaptische Ereignisse überlagern und zu einem überschwelligen EPSP aufsummieren.
- **Räumliche Summation** beschreibt die Addition synaptischer Potenziale, die von mehreren Synapsen an verschiedenen Stellen eines Neurons annähernd gleichzeitig ausgelöst werden (◘ Abb. 2.6b). Da die entfernungsbedingte Abnahme der Signalamplitude für die Summation von entscheidender Bedeutung ist, kommt der Längskonstante (siehe Gl. 1.8) eine zentrale Rolle zu. Bei einer großen Längskonstante breiten sich die Potenzialänderungen über eine größere Entfernung aus, was die Wahrscheinlichkeit einer überschwelligen Addition einzelner EPSPs erhöht.

In gleicher Weise können sich IPSPs zeitlich und räumlich zu einer insgesamt stärkeren Hyperpolarisation addieren und damit eine effektivere Hemmung eines Neurons bewirken als ein einzelnes IPSP. Gleichzeitig auftretende EPSPs und IPSPs werden entsprechend ihrer jeweiligen Amplituden und Vorzeichen miteinander verrechnet.

Das Signal, welches letztlich von einem Neuron erzeugt und weitergeleitet wird, ist folglich eine komplexe raum-zeitliche Funktion des synaptischen Eingangs. Die räumliche Distanz der Synapsen zum Ort der Entstehung der Aktionspotenziale ist dabei von entscheidender Bedeutung für die Signalstärke, da die Amplitude eines synaptischen Potenzials mit zunehmender Distanz exponentiell abnimmt (siehe ◘ Abb. 1.3b). Die Zeitverzögerung, mit der die synaptischen Signale eintreffen, stellt ebenfalls einen wichtigen Integrationsfaktor dar. Ein Neuron weist in der Regel mehrere Tausend exzitatorische und inhibitorische synaptische Eingänge auf, die sich als **axosomatische Synapsen** auf dem Soma (in der Nähe des Axonhügels und des Initialsegments) und als **axodendritische Synapsen** auf den Dendriten (mehr oder weniger weit vom

---

9 Eine Ausnahme bildet die Synapse zwischen einem Motoneuron und einer Skelettmuskelzelle. An dieser sogenannten neuromuskulären Endplatte verursacht ein einzelnes Aktionspotenzial im Axon des Motoneurons immer ein postsynaptisches Aktionspotenzial und damit eine Kontraktion der Muskelzelle.

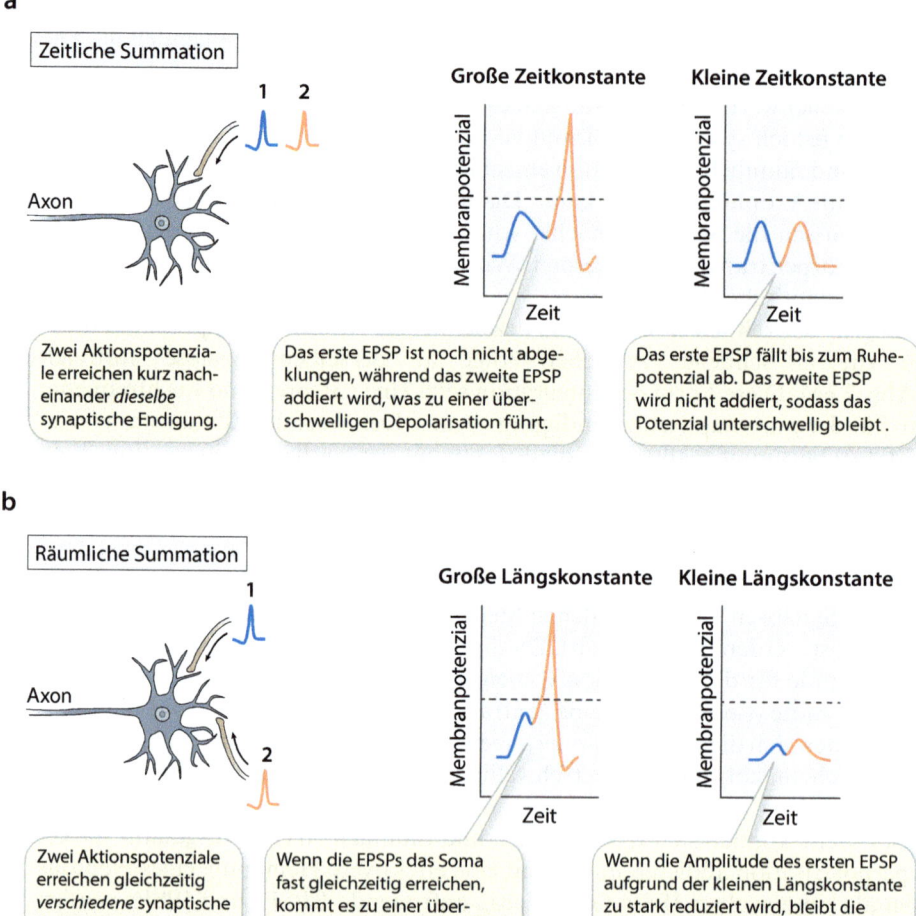

Abb. 2.6 Zeitliche und räumliche Integration synaptischer Signale am Beispiel einer exzitatorischen Synapse. **a** Zeitliche Summation. Die Aktionspotenziale 1 und 2 erreichen kurz nacheinander dieselbe synaptische Endigung. Abhängig von der Größe der Zeitkonstante wird die Zellmembran überschwellig depolarisiert. **b** Räumliche Summation. Hier lösen die Aktionspotenziale 1 und 2 an verschiedenen Synapsen gleichzeitig die Freisetzung von Neurotransmittermolekülen aus. Ob die Summation der EPSPs im Soma ein Aktionspotenzial erzeugt, hängt von der Längskonstante des Dendriten ab. Im hier gezeigten Beispiel sind die beiden synaptischen Eingänge etwa gleich weit vom Soma entfernt. Die *gestrichelte Linie* bezeichnet den Schwellenwert für die Auslösung eines Aktionspotenzials

Axonhügel entfernt) befinden. Unter **neuronaler Integration** wird die zeitliche und räumliche Verrechnung von EPSPs und IPSPs verstanden, deren Amplitude, Frequenz und Entfernung zum Soma maßgeblich darüber entscheiden, ob ein Aktionspotenzial erzeugt wird oder nicht.

> **Schlüsselkonzepte** Abschn. 2.4 Synaptische Potenziale
>
> - Neuronen erhalten in der Regel einen synaptischen Eingang von zahlreichen anderen Neuronen. Die an einer einzelnen Synapse erzeugten Potenzialänderungen weisen häufig eine zu geringe Amplitude auf, um die Zellmembran des postsynaptischen Neurons überschwellig zu depolarisieren.
> - Die Integration neuronaler Signale bezeichnet die zeitliche und räumliche Verrechnung von exzitatorischen und inhibitorischen postsynaptischen Potenzialen, die innerhalb einer bestimmten Zeitspanne in einem Neuron eintreffen.
> - Die zeitliche Summation beschreibt die Addition von Signalen, die kurz nacheinander an derselben Synapse eintreffen. Eine große Zeitkonstante verzögert das Abklingen der Spannungsamplitude und erhöht die Wahrscheinlichkeit, dass eine kurz darauf folgende Depolarisation addiert wird.
> - Die räumliche Summation bezeichnet einen Prozess, bei dem die Signale, die an verschiedenen Synapsen annähernd gleichzeitig ankommen, im Soma addiert werden. In diesem Fall wird die Auslösung eines Aktionspotenzials durch eine große Längskonstante unterstützt.

2.5 Metabotrope Signaltransduktion

> **Lernziele**
> 1. Den Aufbau und die grundlegende Funktionsweise G-Protein-gekoppelter Rezeptoren darstellen.
> 2. Die Aktivierung heterotrimerer G-Proteine erläutern.
> 3. Die molekularen Komponenten eines G-Protein-vermittelten Signalwegs beschreiben.
> 4. Die Funktion der Effektormoleküle Adenylylcyclase, Phosphodiesterase und Phospholipase erläutern.
> 5. Den IP_3/DAG-Signalweg und die dadurch ausgelösten intrazellulären Effekte darstellen.
> 6. Die verschiedenen Möglichkeiten beschreiben, mit denen die intrazelluläre Calciumkonzentration verändert werden kann.
> 7. Die Mechanismen der Signalübertragung bei ionotroper und metabotroper Signaltransduktion verallgemeinern.

Im Abschn. 2.3 haben wir ligandengesteuerte Ionenkanäle kennengelernt, welche insbesondere für die schnelle Signalübertragung an chemischen Synapsen verantwortlich sind. Dabei stellen die Bindungsstelle für Neurotransmittermoleküle und der Ionenkanal funktionelle Bestandteile desselben Proteinkomplexes dar. Die Bindung eines Liganden an den Rezeptor führt zu einer Änderung der dreidimensionalen Struktur des Proteins, wodurch der Ionenkanal geöffnet wird. Infolgedessen diffundieren Ionen entlang ihres elektrochemischen Gradienten über die Zellmembran und erzeugen auf diese Weise ein elektrisches Signal in Form einer Spannungsänderung (◘ Abb. 2.7a).

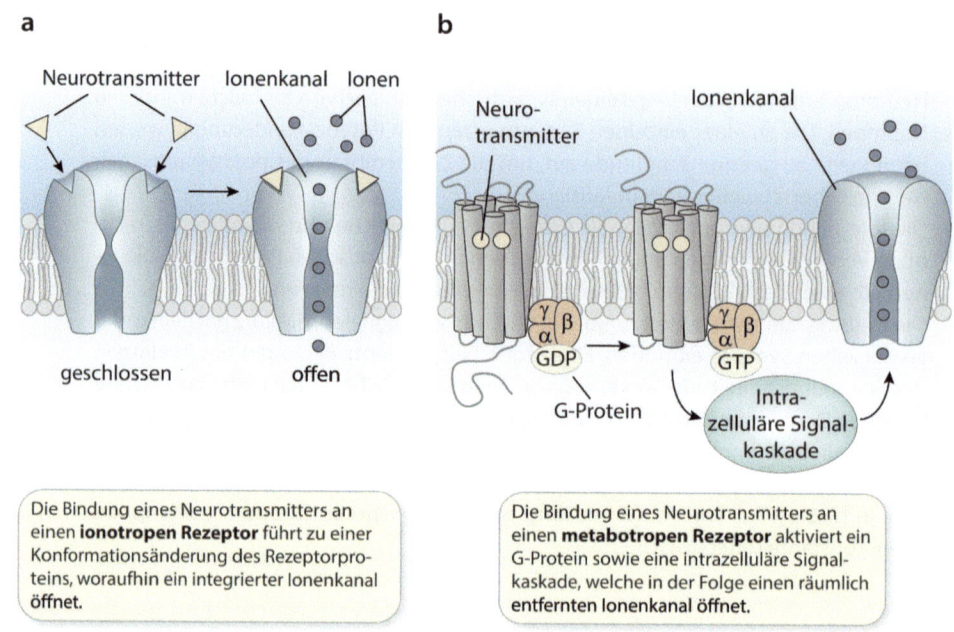

Abb. 2.7 Direkte und indirekte Signalübertragung an chemischen Synapsen. a Bei der direkten Signalübertragung führt die Bindung von Neurotransmittermolekülen an einen ionotropen Rezeptor zu einer Konformationsänderung des Rezeptorproteins, wodurch der Ionenkanal geöffnet und die Diffusion von Ionen über die Zellmembran ermöglicht wird. b Die indirekte Signalübertragung beginnt mit der Bindung von Neurotransmittermolekülen an einen G-Protein-gekoppelten Rezeptor, wodurch eine intrazelluläre Signalkaskade aktiviert wird. Im hier gezeigten Beispiel führt dies zur Regulierung eines Ionenkanals. Im Gegensatz zu den ionotropen Rezeptoren stellt der Ionenkanal keinen Bestandteil des Rezeptorproteins dar

Im Gegensatz zu dieser direkten Signalübertragung besitzen **metabotrope Rezeptoren** keinen eingebauten Ionenkanal. Neurotransmitter oder Hormone, auch als erste Botenstoffe oder First Messenger bezeichnet, binden auf der extrazellulären Seite an metabotrope Rezeptoren, die als Schnittstelle für die Signalübertragung ins Zellinnere fungieren. Auf der cytoplasmatischen Seite werden anschließend über verschiedene biochemische Reaktionsketten zweite Botenstoffe bzw. Second Messenger gebildet, die ihrerseits vielfältige intrazelluläre Reaktionen auslösen können (◘ Abb. 2.7b).

In der Sinnesphysiologie nimmt die Regulation von Ionenkanälen eine zentrale Rolle bei der Umwandlung chemischer und physikalischer Signale in Potenzialänderungen über der Zellmembran ein. Die metabotrope Signaltransduktion umfasst jedoch weit mehr als die Erzeugung von synaptischen Potenzialen und beinhaltet unter anderem Änderungen der intrazellulären Ca^{2+}-Konzentration, die Aktivierung oder Hemmung von Enzymen bis hin zur Modifikation der Genexpression und die damit verbundenen langfristigen Veränderungen des physiologischen und metabolischen Zustands einer Zelle. Die Initiierung komplexer Signalkaskaden nimmt mehr Zeit in Anspruch als die direkte Öffnung eines Ionenkanals durch einen Neurotransmitter, hat jedoch den Vorteil der Signalverstärkung und führt zu intrazellulären Effekten, die zeitlich und räumlich vom ursprünglichen Signal entkoppelt sind und somit lang anhaltende systemische Effekte hervorrufen. Signalwege können sich verzweigen (Divergenz) oder auf eine Zielstruktur zusammenlaufen (Konvergenz) und so eine außerordentliche Komplexität unterschiedlicher intrazellulärer Reaktionen erzeugen.

2.5.1 G-Protein-gekoppelte Rezeptoren

G-Protein-gekoppelte Rezeptoren (GPCRs) stellen die zahlenmäßig größte Gruppe metabotroper Rezeptoren dar und umfassen beim Menschen mehr als 800 verschiedene Proteine. G-Protein-gekoppelte Rezeptoren vermitteln die intrazellulären Wirkungen zahlreicher Hormone und spielen eine wichtige Rolle bei der chemischen synaptischen Signalübertragung. In der sensorischen Peripherie wandeln sie olfaktorische sowie einen Teil der gustatorischen Reize (süß, bitter und umami) in neuronale Signale um (siehe ▶ Kap. 5 und 6). In Form von Photopigmenten (Opsine) fungieren sie als Rezeptoren für Lichtquanten und stehen damit am Anfang des Sehprozesses (siehe ▶ Kap. 3). Neben der molekularen Diversität der GPCRs ermöglicht ihre Interaktion mit unterschiedlichen G-Proteinen (siehe ▶ Abschn. 2.5.2) sowie die Aktivierung verschiedener intrazellulärer Effektormoleküle (siehe ▶ Abschn. 2.5.3) eine außerordentliche Variabilität der transmembranen Signalübertragung und damit ein für jeden Zelltyp maßgeschneidertes Repertoire intrazellulärer Reaktionswege.

Trotz ihrer äußerst vielfältigen physiologischen Funktionen weisen GPCRs eine weitgehend ähnliche dreidimensionale Struktur auf, die sehr wahrscheinlich auf einen gemeinsamen evolutionären Ursprung zurückgeht (◘ Abb. 2.8a, b). Alle GPCRs bestehen aus einer einzigen Polypeptidkette mit sieben α-helikalen Transmembransegmenten, die durch alternierende intrazelluläre und extrazelluläre Schleifen miteinander verbunden sind (◘ Abb. 2.8c). Jeder GPCR ist mit einer Bindungsstelle für eine spezifische Klasse von G-Proteinen ausgestattet, die den intrazellulären Signalweg für eine bestimmte Kombination aus Rezeptor und Liganden festlegt (siehe ◘ Tab. 2.3). Die funktionelle Diversität dieser Familie metabotroper Rezeptoren erstreckt sich darüber hinaus auf G-Protein-unabhängige Signalwege sowie auf komplexe Mechanismen zur Regulation der Rezeptoraktivität [29].

Die grundlegende Funktion der GPCRs lässt sich sehr vereinfacht auf die Aktivierung heterotrimerer G-Proteine zurückführen, wodurch stromabwärts in der Signalkette gelegene Effektorproteine entweder aktiviert oder gehemmt werden (siehe ▶ Abschn. 2.5.2). Beispielsweise löst die Bindung von Adrenalin oder Noradrenalin[10] an β_2-adrenerge Rezeptoren (β_2AR) den folgenden intrazellulären Signalweg aus (◘ Abb. 2.8d):
1. Aktivierung der stimulatorischen Untereinheit Gα_s des assoziierten G-Proteins und Dissoziation des G-Proteins in Gα_s und G$\beta\gamma$;
2. Aktivierung des Enzyms Adenylylcyclase durch Gα_s;
3. Anstieg der intrazellulären Konzentration von zyklischem AMP (cAMP);
4. Aktivierung der cAMP-abhängigen Proteinkinase A (PKA);
5. Phosphorylierung von Zielproteinen an Serin- und Threoninresten und Veränderung der Proteinaktivität aufgrund der zusätzlichen Phosphatgruppen.

---

10 Adrenalin und Noradrenalin sind Neurotransmitter, die bei Aktivierung des sympathischen Nervensystems ausgeschüttet werden. Sie vermitteln sogenannte „Fight-or-Flight"-Reaktionen, die durch eine Erhöhung der Atem- und Herzfrequenz, des Blutdrucks sowie durch eine Mobilisierung von Energie gekennzeichnet sind.

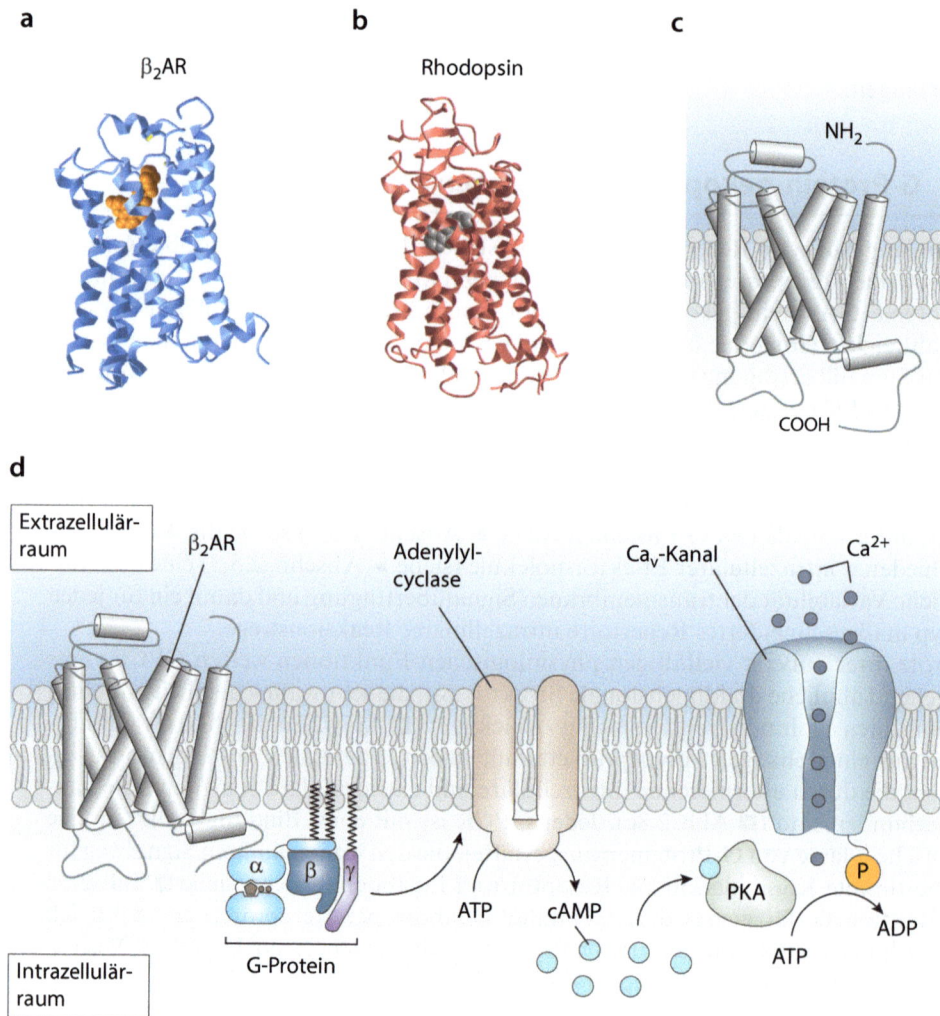

Abb. 2.8 Dreidimensionale Struktur und Mechanismus der Signaltransduktion G-Protein-gekoppelter Rezeptoren (GPCRs). **a** Das Ribbon-Diagramm des β_2-adrenergen Rezeptors (β_2AR) zeigt die sieben Transmembranhelices sowie einen gebundenen Liganden (*orange*) in einer Tasche nahe der extrazellulären Membranoberfläche (PDB ID: 3P0G [26]). **b** Ribbon-Diagramm von Rhodopsin als Beispiel für die strukturelle Ähnlichkeit funktionell unterschiedlicher GPCRs (PDB ID: 1F88 [23]). Retinal (*grau*) befindet sich in einer Bindungstasche in der Mitte des Proteins. **c** Schematische Anordnung der sieben α-helikalen Segmente in der Plasmamembran. **d** Intrazelluläre Signalkaskade nach Aktivierung des β_2AR, die schließlich zur Phosphorylierung von Ca$_V$-Kanälen führt. Gα und G$\beta\gamma$ besitzen kovalent gebundene Lipidmoleküle, mit denen sie in der Plasmamembran verankert sind. cAMP, zyklisches Adenosinmonophosphat; P, Phosphatgruppe; PKA, Proteinkinase A

Die Aktivierung von β_2-adrenergen Rezeptoren führt letztlich zur Phosphorylierung spannungsabhängiger Calciumkanäle, wodurch deren Eigenschaften so verändert werden, dass ein verstärkter Einstrom von Ca^{2+}-Ionen in die Zelle resultiert.

Neben diesem klassischen Signalweg zeigen die meisten GPCRs auch deutlich komplexere Aktivierungsmuster, die verschiedene Agonisten, G-Proteine sowie intrazelluläre Signalkaskaden umfassen. So weist der β_2AR auch ohne die vorherige Bindung von Adrenalin oder Noradrenalin eine nennenswerte Restaktivität auf, was darauf hindeutet, dass der oben skizzierte Signalweg auf niedrigerem Niveau dauerhaft aktiv ist. Außerdem kann β_2AR neben $G\alpha_s$ auch die inhibitorische Untereinheit $G\alpha_i$ binden. Dieser Signalweg führt zu einer Hemmung der Adenylylcyclase und somit zu einer Unterdrückung der cAMP-Synthese.

Die Phosphorylierung intrazellulärer Schleifen verursacht die Bindung von **Arrestin** an GPCRs, wodurch wiederum die Wechselwirkung mit G-Proteinen verhindert wird. Dieser Prozess spielt zum einen eine wichtige Rolle bei der **Desensitisierung** von GPCRs, kann jedoch im Falle von β_2AR auch den G-Protein-unabhängigen MAP-Kinase-Signalweg aktivieren [31]. Der Begriff „Desensitisierung" beschreibt eine Abnahme der Rezeptoraktivität, die vor allem bei anhaltend hohen Konzentrationen eines Agonisten auftritt. Die Desensitisierung kann auf unterschiedliche Weise erfolgen: (1) durch molekulare Veränderungen der membranständigen Rezeptoren, sodass sie nicht mehr mit Agonisten und/oder G-Proteinen interagieren können; (2) durch eine vorübergehende Verlagerung der Rezeptoren von der Plasmamembran in das Zellinnere oder (3) durch eine endgültige Entfernung der Rezeptoren mittels lysosomalen Abbaus.

Ein grundlegendes mechanistisches Verständnis der Wirkungsweise von GPCRs erfordert eine molekulare Auflösung der dreidimensionalen Struktur dieser Membranproteine, insbesondere im Hinblick auf die Bindungsstellen von Liganden und G-Proteinen. Offensichtlich existieren für GPCRs mehrere Proteinkonformationen mit unterschiedlichen Energieniveaus, die jeweils durch die Bindung eines bestimmten Agonisten stabilisiert werden. Diese verschiedenen Konformationen fungieren wiederum als Ausgangspunkt für diverse intrazelluläre Signalwege [29]. Die Funktion von GPCRs geht daher weit über die einfacher Ein-Aus-Schalter hinaus. Vielmehr erweitern die differenziellen Aktivierungsmechanismen das Funktionsspektrum von GPCRs erheblich, wodurch eine Vielzahl zellulärer Reaktionen ermöglicht wird.

Um zu verstehen, wie die Bindung eines Liganden an einen GPCR zur Aktivierung von G-Proteinen führt, müssen die folgenden grundlegenden Fragen beantwortet werden: (1) Wie wird die Konformationsänderung, die infolge der extrazellulären Bindung eines Liganden und dessen Wechselwirkung mit den α-helikalen Transmembransegmenten hervorgerufen wird, auf die intrazellulären Domänen des GPCRs übertragen? (2) Welche Umlagerungen finden auf der intrazellulären Seite der GPCRs statt, sodass eine Bindungsstelle für ein G-Protein entsteht? (3) Welche molekularen Wechselwirkungen mit dem GPCR führen zur Aktivierung eines G-Proteins? Inzwischen sind für einige GPCRs hochaufgelöste Strukturen bekannt und wir können uns der Beantwortung dieser Fragen auf der Basis ultrastruktureller Daten nähern [30].

Die bisher untersuchten GPCRs weisen eine extrazelluläre Bindungsstelle auf, die im Falle der adrenergen Rezeptoren und des Rhodopsins von den Transmembransegmenten TM3, TM5, TM6 und TM7 gebildet wird. Die Bindung von Adrenalin an β_2-adrenerge Rezeptoren bzw. die Absorption eines Lichtquants durch Rhodopsin induziert eine Verschiebung von TM6 in Richtung der cytoplasmatischen

Oberfläche. Dabei vollzieht sich eine ähnliche, wenngleich kleinere Bewegung von TM5 (◘ Abb. 2.9). Durch diese molekularen Positionsänderungen entsteht auf der cytoplasmatischen Seite eine Öffnung zwischen den Transmembransegmenten TM3, TM5 und TM6, an die das G-Protein binden kann. Des Weiteren werden nun intrazelluläre Serin- und Threoninreste zugänglich, die von der G-Protein-gekoppelten Rezeptorkinase (GRK) phosphoryliert werden können. Die Phosphatgruppen blockieren alle weiteren Interaktionen mit G-Proteinen und sie ermöglichen zudem die Bindung von Arrestin, wodurch die G-Protein-abhängige Rezeptoraktivität beendet wird [29].

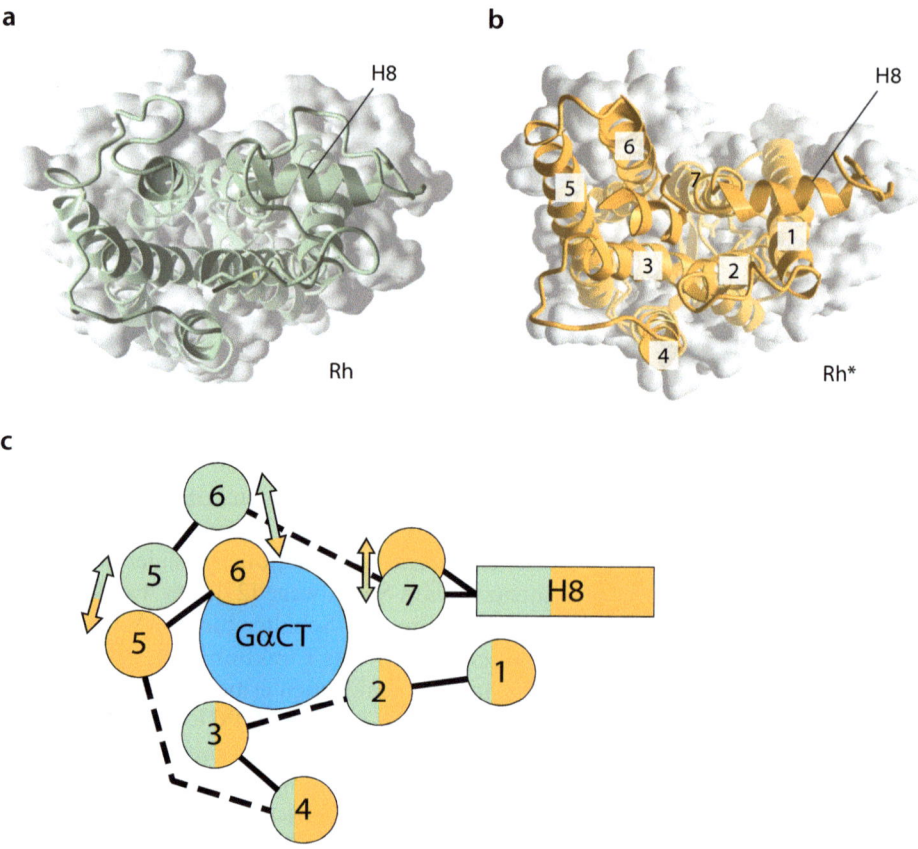

Abb. 2.9 Molekulare Umlagerungen beim Übergang von nicht aktiviertem zu aktiviertem Rhodopsin. **a** Ansicht von Rhodopsin (Rh) im nicht aktivierten Zustand im Dunkeln von der cytoplasmatischen Seite (PDB ID: 1U19 [21]). **b** Cytoplasmatische Ansicht von Rhodopsin (Rh*) im aktivierten Zustand (PDB ID: 3DGB [30]). Die Ribbon-Struktur ist auf die prognostizierte Oberfläche des cytoplasmatischen Teils (*grau*) projiziert. **c** Schematische Darstellung der Veränderungen der Helices beim Übergang vom nicht aktivierten (*grün*) in den aktivierten Zustand (*orange*). Das C-terminale Ende der α-Untereinheit des G-Proteins (GαCT) stabilisiert die aktive Form des Rhodopsinmoleküls. Die Zahlen in **b** und **c** bezeichnen die Transmembranhelices. H8 ist die cytoplasmatische Helix 8, die parallel zur Membranoberfläche verläuft. Modifiziert nach [30]

2.5.2 Heterotrimere G-Proteine

GTP-bindende Proteine (G-Proteine) bestehen aus den drei Untereinheiten Gα, Gβ und Gγ und werden daher auch als heterotrimere G-Proteine bezeichnet.[11] Im Vergleich zur Vielfalt der GPCRs ist die Zahl der verschiedenen G-Proteine überschaubar. Beim Menschen wurden 20 Gene für Gα, sechs für Gβ und zwölf für Gγ beschrieben [35]. Aufgrund von Sequenzhomologien ihrer α-Untereinheit werden die heterotrimeren G-Proteine in vier Familien eingeteilt (◘ Tab. 2.3). Für die Sinnesphysiologie von Relevanz sind die Transducine (G$_t$) in den Photorezeptoren der Netzhaut sowie die Gustducine (G$_{gus}$) der Geschmackssinneszellen, die beide zur Gα_i/α_o-Klasse gehören. Die G-Proteine des olfaktorischen Epithels (G$_{olf}$) besitzen dagegen die Gα_s-Untereinheit.

Im nicht aktivierten Zustand ist Guanosindiphosphat (GDP) an die Nukleotidbindestelle der Gα-Untereinheit gebunden, die zusammen mit der β- und γ-Untereinheit einen stabilen, membranassoziierten Proteinkomplex bildet (◘ Abb. 2.10a). Im Falle der Aktivierung eines Neurotransmitters oder der Absorption eines Photons durch Rhodopsin kommt es zu einer Konformationsänderung des GPCR, sodass das C-terminale Ende der α-Untereinheit mit den intrazellulären Schleifen des GPCR interagieren kann (◘ Abb. 2.10b). Dadurch wird die Bindungsstelle für Nukleotide am G-Protein geöffnet und GDP kann durch Guanosintriphosphat (GTP) ersetzt werden. Dieser Austausch der Nukleotide führt insgesamt zu einer Instabilität des Komplexes, der in die α-Untereinheit (Gα) und das $\beta\gamma$-Dimer (G$\beta\gamma$) dissoziiert. Anschließend verlassen beide Komponenten die Bindungsstelle am GPCR, die nun wieder für andere, noch nicht aktivierte G-Proteine zur Verfügung steht. Auf diese Weise kann die Aktivierung eines einzigen GPCR zur Bildung zahlreicher Gα•GTP-Moleküle führen, wodurch das ursprüngliche Signal bereits an der Schnittstelle zwischen extrazellulärem und intrazellulärem Raum verstärkt wird.

Die beiden Produkte der Aktivierung eines G-Proteins, Gα•GTP und G$\beta\gamma$, tragen zur Signalweiterleitung auf der intrazellulären Seite der Plasmamembran bei (◘ Abb. 2.10c). Während Gα•GTP die im nachfolgenden Abschnitt beschriebenen Signalwege aktiviert, kann G$\beta\gamma$ direkt mit Ionenkanälen, wie beispielsweise den GIRK-Kanälen, interagieren (◘ Tab. 2.3). GIRK-Kanäle setzen sich aus vier Untereinheiten zusammen, von denen jede ein $\beta\gamma$-Dimer bindet. Die Wechselwirkung mit G$\beta\gamma$ führt zur Öffnung der GIRK-Kanäle, sodass K$^+$-Ionen entlang ihres elektrochemischen Gradienten über die Plasmamembran in den Extrazellulärraum diffundieren. Da positive Ladungen die Zelle verlassen, wird die Membran hyperpolarisiert und die Zelle gehemmt. Über diesen Signalweg entfaltet der Neurotransmitter

---

11 Neben den heterotrimeren G-Proteinen übertragen auch die monomeren G-Proteine Ras und Rho Signale von der Plasmamembran in die Zelle. Diese G-Proteine interagieren nicht mit GPCRs, sondern mit Rezeptor-Tyrosinkinasen und sind vor allem an der Regulation von Wachstums- und Entwicklungsprozessen beteiligt.

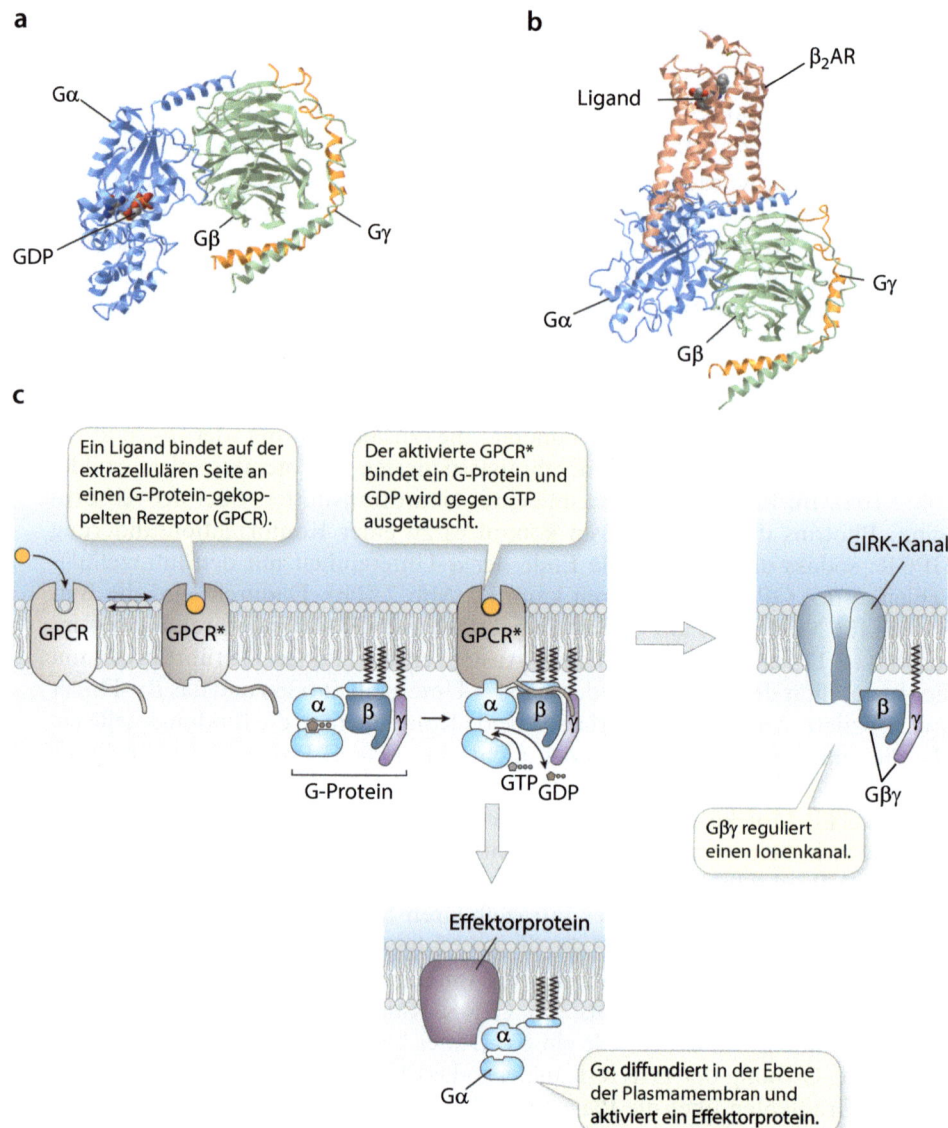

Abb. 2.10 Struktur und Aktivierung von G-Proteinen. **a** Dreidimensionale Struktur eines inaktiven G-Proteins vom Typ G_s. An die α-Untereinheit ist GDP gebunden. Die β-Untereinheit bindet auf einer Seite an die α-Untereinheit und auf der anderen Seite an die γ-Untereinheit (PDB ID: 1GOT [14]). Die als Membrananker fungierenden Lipidmoleküle sind nicht dargestellt. **b** Ribbon-Modell des Komplexes aus einem β_2-adrenergen Rezeptor und einem aktivierten G_s-Protein (PDB ID: 3SN6 [27]). **c** Grundlegender Mechanismus der Aktivierung von Effektorproteinen durch G-Protein-gekoppelte Rezeptoren (GPCR). Gα aktiviert ein Effektormolekül, während G$\beta\gamma$ das Gating eines Ionenkanals reguliert. Modifiziert nach [34]. GIRK, *G protein-gated inward rectifier K^+ channel*

2.5 · Metabotrope Signaltransduktion

Tab. 2.3 Heterotrimere G-Proteine und intrazelluläre Effekte

Familie	Gα	Effektormoleküle	Funktion
I	G_s	↑ Adenylylcyclase	Phosphorylierung von Zielproteinen durch Proteinkinase A
	G_{olf}	↑ Adenylylcyclase	Signaltransduktion in olfaktorischen Sinneszellen
II	$G_{i/o}$	↓ Adenylylcyclase	Verringerung der intrazellulären cAMP-Konzentration (Gα)
		↑ K^+-Kanäle	Öffnen von GIRK-Kanälen und Hyperpolarisation (Gβγ)
		↓ Ca^{2+}-Kanäle	Hemmung von $Ca_v2.2$ (Gβγ)
	G_t (Transducin)	↑ cGMP-Phosphodiesterase	Lichtabhängige Signaltransduktion in Photorezeptoren der Vertebratenretina
	G_{gus} (Gustducin)	↑ Phospholipase C-β	Signaltransduktion der Geschmacksqualitäten bitter, süß und umami
III	G_q	↑ Phospholipase C-β	Bildung von IP_3 und DAG; Freisetzung von Ca^{2+} und Aktivierung von Proteinkinase C
IV	$G_{12/13}$	↑ Monomere G-Proteine der Rho-Familie	Regulation des Actincytoskeletts

GIRK, *G-protein-gated inward-recifier K^+ channel*; IP_3, Inositol-1,4,5-trisphosphat; DAG, Diacylglycerol; ↑ Aktivierung; ↓ Hemmung

Acetylcholin eine inhibitorische Wirkung auf den Herzmuskel.[12] Zunächst lediglich als negative Regulatoren der Gα-Untereinheiten beschrieben, sind Gβγ-Dimere inzwischen als eigenständige intrazelluläre Signalmoleküle mit vielfältigen physiologischen Wirkungen etabliert [5].

Die Verbindung Gα•GTP bleibt so lange bestehen und aktiv, bis das gebundene GTP zu GDP und Phosphat hydrolysiert worden ist. Im einfachsten Fall kann dies durch die eingebaute GTPase-Aktivität der α-Untereinheit geschehen, was jedoch re-

---

12 Acetylcholin wird vom Nervus vagus freigesetzt und beeinflusst durch die Bindung an muskarinische M2-Rezeptoren den Kontraktionszustand der Herzmuskulatur. Dieser Effekt stellt die Grundlage eines klassischen Experiments dar, mit dem Otto Loewi 1921 die chemische synaptische Übertragung nachweisen konnte.

lativ viel Zeit erfordert. Schneller geht es, wenn der Prozess der GTP-Hydrolyse von GTPase-aktivierenden Proteinen (GAPs) unterstützt und beschleunigt wird (siehe ▶ Abschn. 3.4). Unmittelbar nach der Spaltung von GTP lagern sich Gα•GDP und G$\beta\gamma$ wiederum zum inaktiven Gα•GDP•$\beta\gamma$-Komplex zusammen, wodurch auch die Aktivität von G$\beta\gamma$ beendet wird. Nach erneuter Bindung eines Neurotransmitters an den inaktiven metabotropen Rezeptor beginnt der Zyklus von vorn.

2.5.3 Effektormoleküle

Während G$\beta\gamma$-Dimere direkt an Ionenkanäle binden und diese dadurch öffnen oder schließen, beruht die signalübertragende Wirkung von Gα auf der Aktivierung bzw. Hemmung intrazellulärer Enzyme. In sensorischen Systemen spielen die nachfolgend beschriebenen Enzyme und die Produkte der von ihnen katalysierten Reaktionen eine zentrale Rolle (siehe ◘ Tab. 2.3).

- **Adenylylcyclasen**

Adenylylcyclasen katalysieren die Bildung von **3'-5' zyklischem Adenosinmonophosphat** (cAMP) aus ATP. Zyklisches AMP ist ein in zahlreichen Zelltypen vorkommender Botenstoff, der insbesondere die Aktivität der Proteinkinase A reguliert. Darüber hinaus öffnen CNG-Kanäle infolge der Bindung von cAMP an eine intrazelluläre Bindungsstelle, was bei der Transduktion olfaktorischer Signale eine entscheidende Rolle spielt (siehe ▶ Abschn. 5.1.3). Adenylylcyclasen sind integrale Membranproteine, die jeweils aus zwei Transmembrandomänen und zwei cytoplasmatischen Domänen bestehen (◘ Abb. 2.11a). Die beiden Transmembrandomänen werden durch eine helikale Domäne von der katalytischen Domäne getrennt (◘ Abb. 2.11b). Säugetiere verfügen über insgesamt neun Isoformen der Adenylylcyclase (AC1–9), die alle durch Gα_s•GTP aktiviert werden können. Weitere Regulationsmechanismen sind abhängig von der jeweiligen Isoform des Enzyms. In diesen Zusammenhang gehören die Inhibition durch Gα_i sowie die Aktivierung oder Hemmung durch G$\beta\gamma$ und Ca^{2+} [22].

Auf den ersten Blick scheint die Aktivierung der Adenylylcyclase durch mehrere Neurotransmitter und auch Hormone wenig spezifisch zu sein, da diese unterschiedlichen Liganden schließlich alle denselben Signalweg benutzen. Die Information, die in dem differenziellen Einsatz dieser Liganden liegt, würde also verloren gehen, wenn am Ende in jedem Fall cAMP gebildet und die Proteinkinase A aktiviert wird. Die Spezifität in der Signaltransduktion wird jedoch durch eine differenzielle Zusammenlagerung von Molekülkomplexen in unterschiedlichen Mikrodomänen der Plasmamembran gewährleistet. So kommen bestimmte Isoformen der Adenylylcyclase nur in **Lipid Rafts**[13] und in den von ihnen gebildeten Caveolae vor, während andere Isoformen in Bereichen der Plasmamembran lokalisiert sind, die keine Lipid Rafts bilden. Diffusionsbarrieren zwischen diesen subzellulären Domänen verhindern die Vermischung diffusibler Botenstoffe innerhalb der Zelle und ermöglichen so die selektive Aktivierung unterschiedlicher Signalwege durch das gleiche Ausgangssignal. Die neun Iso-

---

13 Bei diesen auch als Lipidflöße bezeichneten Mikrodomänen der Plasmamembran handelt es sich um hochgradig dynamische Strukturen, die sich durch einen hohen Gehalt an Cholesterin und Sphingolipiden auszeichnen. Elektronenmikroskopisch sichtbare Einstülpungen der Zellmembran, sogenannte Caveolae, entstehen im Bereich der Lipid Rafts.

2.5 · Metabotrope Signaltransduktion

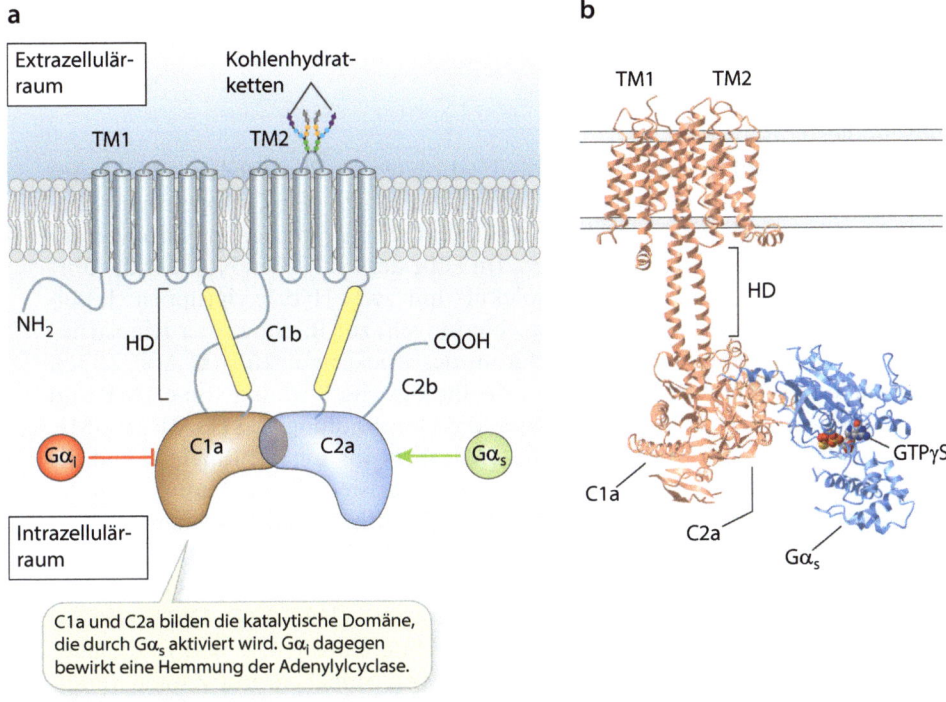

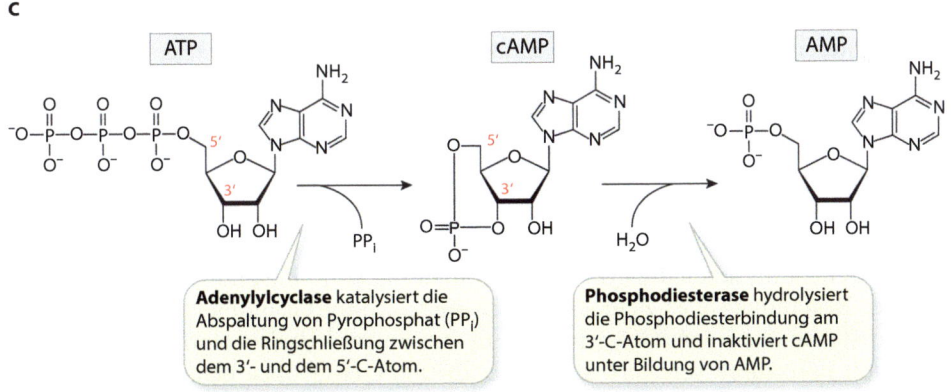

Abb. 2.11 Struktur der Adenylylcyclase. **a** Schematische Anordnung der Transmembransegmente und intrazellulären Domänen. TM1 und TM2 sind zwei Transmembrandomänen, die aus jeweils sechs α-Helices bestehen. Die extrazellulären Kohlenhydratketten in TM2 dienen der Verankerung des Enzyms in Lipid Rafts. C1 und C2 sind intrazelluläre Schleifen, wobei C1a und C2a die katalytische Domäne bilden. Bei C1b und C2b handelt es sich um regulatorische Domänen. C1 und C2 werden durch helikale Domänen (HD, *gelb*) voneinander getrennt. **b** Dreidimensionale Struktur des Komplexes aus Adenylylcyclase 9 und der Gα_S-Untereinheit, die gebundenes GTPγS enthält (PDB ID: 6R3Q [25]). Die *grauen Linien* deuten die Position der Zellmembran an. **c** Biochemische Reaktionsfolge der Synthese und des Abbaus von cAMP

formen der Adenylylcyclase sind daher nicht redundant, sondern sie unterscheiden sich hinsichtlich ihrer Regulation und Lokalisation in spezifischen Mikrodomänen der Plasmamembran.

- **Phosphodiesterasen**

Phosphodiesterasen (PDE) katalysieren die Hydrolyse von **Phosphodiesterbindungen** der zyklischen Nukleotide cAMP und cGMP. Ester stellen eine Gruppe chemischer Verbindungen dar, die durch die Reaktion einer Säuregruppe mit einer Hydroxylgruppe unter Abspaltung von Wasser entstehen. Im Falle der zyklischen Nukleotide führt die Esterbildung eines Phosphorsäuremoleküls mit zwei Hydroxylgruppen desselben Ribosemoleküls (daher Phosphodiesterbindungen) zur Bildung einer Ringstruktur zwischen dem 3'- und 5'-Kohlenstoffatom des Zuckermoleküls (◘ Abb. 2.11c). Die Spaltung dieser Ringstruktur beendet die biologische Wirkung von cAMP und cGMP. PDE6 katalysiert in Photorezeptoren die Umwandlung von cGMP in GMP. Daraufhin schließen die CNG-Kanäle, da GMP nicht als Ligand fungiert, und die Plasmamembran der Photorezeptoren wird hyperpolarisiert. Diese Spannungsänderung stellt die eigentliche Lichtreaktion der Photorezeptoren dar. Der entsprechende Signalweg wird in ▶ Abschn. 3.2 ausführlich beschrieben.

Bisher konnten elf PDE-Genfamilien mit insgesamt 21 verschiedenen Genen identifiziert werden, die sich in ihrer Substratspezifität unterscheiden [4]. Die bereits erwähnte PDE6-Familie umfasst zwei katalytische Untereinheiten, α und β, die über Lipide in der Diskmembran der Außensegmente von Stäbchen und Zapfen verankert sind, sowie zwei identische γ-Untereinheiten (◘ Abb. 2.12). Alle PDE6-Untereinheiten weisen zwei regulatorische N-terminale GAF-Domänen sowie eine C-terminale katalytische Domäne auf. Die GAF-Domänen und die beiden inhibitorischen γ-Untereinheiten regulieren die katalytische Aktivität von PDE6. Die Bindung von jeweils einem Gα•GTP (Transducin) an die beiden γ-Untereinheiten von PDE6 führt zu einer Konformationsänderung des Enzyms, sodass die Bindungsstelle für cGMP auf den katalytischen Untereinheiten zugänglich wird und cGMP hydrolysiert werden kann.

- **Phospholipasen**

Phospholipasen katalysieren die hydrolytische Spaltung von Phospholipiden, die ein wesentlicher Bestandteil aller Zellmembranen sind, in ihre Grundbausteine. Phospholipide bestehen aus einem Glycerinmolekül, das an zwei Hydroxylgruppen (OH-Gruppen) mit Fettsäuren verestert ist. An der dritten OH-Gruppe befindet sich ein Phosphorsäuremolekül und daran wiederum eine variable Gruppe, deren einzige Gemeinsamkeit innerhalb der Phospholipide eine weitere OH-Gruppe ist. Von den vier Hauptklassen der Phospholipide (A, B, C und D) sind vor allem die **Phospholipase A2** und **Phospholipase C-β** von Interesse, deren katalytische Produkte wichtige intrazelluläre Signalmoleküle darstellen.

Phospholipase A2 setzt **Arachidonsäure** frei, eine vierfach ungesättigte Fettsäure, die aus 20 Kohlenstoffatomen besteht. Aufgrund ihrer lipophilen Eigenschaften kann Arachidonsäure in der Ebene der Plasmamembran diffundieren und dort als Botenstoff die Aktivität von Ionenkanälen beeinflussen.[14]

---

14 Arachidonsäure stellt zudem den Ausgangspunkt für die Synthese von Prostaglandinen dar, eine Substanzklasse mit einer Vielzahl hormonähnlicher Funktionen.

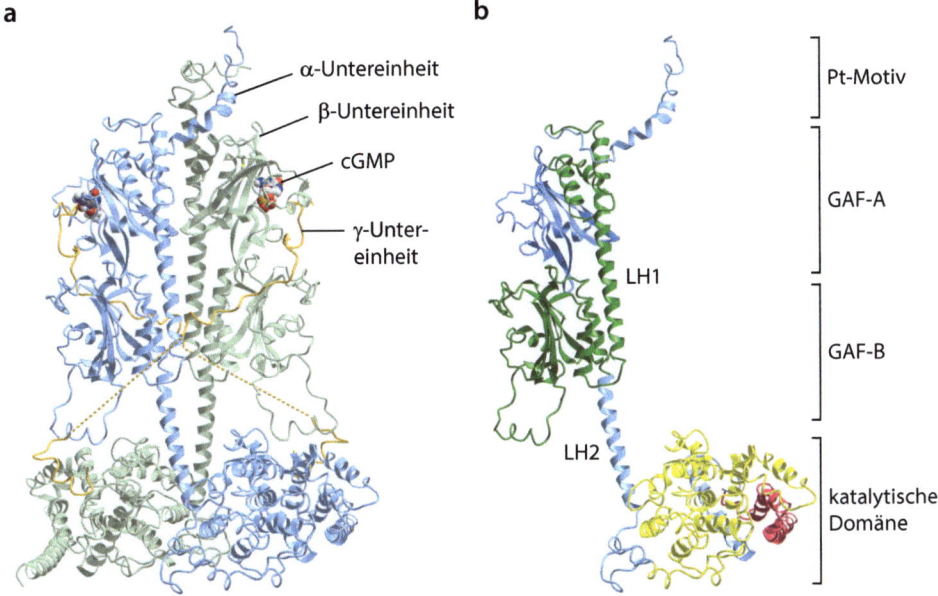

Abb. 2.12 Kryoelektronenmikroskopische Struktur der Phosphodiesterase 6 (PDE6). **a** Seitenansicht von PDE6, bestehend aus den Untereinheiten $\alpha\beta\gamma\gamma$ mit einer Auflösung von 3,4 Å. **b** Ribbon-Diagramm der α-Untereinheit mit den wichtigsten strukturellen und funktionellen Motiven. GAF, *cGMP-activated PDEs*; LH, Linker-Helix; Pt, *Ponytail* (PDB ID: 6MZB [7])

Phospholipase C-β enthält als wichtigste funktionelle Module eine N-terminale pleckstrinhomologe Domäne[15], vier EF-Hand-Motive[16] sowie eine katalytische Domäne mit einer TIM-Barrel-Struktur[17] (◘ Abb. 2.13a). Die proximale C-terminale Domäne fungiert als Bindungsstelle für die aktivierte Gα_q-Untereinheit.

Phospholipase C-β katalysiert die Spaltung von Phosphatidylinositol-4,5-bisphosphat (PIP$_2$), wodurch die beiden intrazellulären Signalmoleküle **Inositol-1,4,5-trisphosphat (IP$_3$)** und **Diacylglycerol (DAG)** entstehen (◘ Abb. 2.13b). Hier verzweigt sich der Signalweg, da IP$_3$ als wasserlösliches Molekül ins Cytosol diffundiert, während DAG aufgrund der beiden Fettsäuren an die Plasmamembran gebunden bleibt (◘ Abb. 2.14). IP$_3$ bindet an IP$_3$-gesteuerte Ca^{2+}-Kanäle, die auch als IP$_3$-Rezeptoren bezeichnet werden und in der Membran des endoplasmatischen Reticulums (ER) lokalisiert sind. Durch diese Wechselwirkung werden die Ionenkanäle geöffnet, sodass Ca^{2+}-Ionen entlang ihres Konzentrationsgradienten aus dem endoplasmatischen Reticulum ins Cytosol diffundieren. Dort beeinflusst die erhöhte

---

15 Die aus etwa 120 Aminosäuren bestehende pleckstrinhomologe Domäne (PH-Domäne) bindet Phosphatidylinositole und die G$\beta\gamma$-Untereinheit der G-Proteine sowie die Proteinkinase C. PH-Domänen spielen eine Rolle beim Targeting von Proteinen sowie als Komponente in intrazellulären Signalwegen.

16 Als EF-Hand wird ein Bindungsmotiv für Ca^{2+}-Ionen bezeichnet, das aus zwei α-Helices und einer Schleife besteht. Das Bindungsmotiv für Ca^{2+}-Ionen ist wie Daumen und Zeigefinger der rechten Hand angeordnet, daher der Name.

17 Ein TIM-Barrel (auch TIM-Fass oder α/β-Fass genannt) ist ein sehr häufiges Motiv, das aus acht α-Helices und acht β-Sheets besteht. TIM-Barrel bilden die katalytischen Zentren zahlreicher Enzymfamilien.

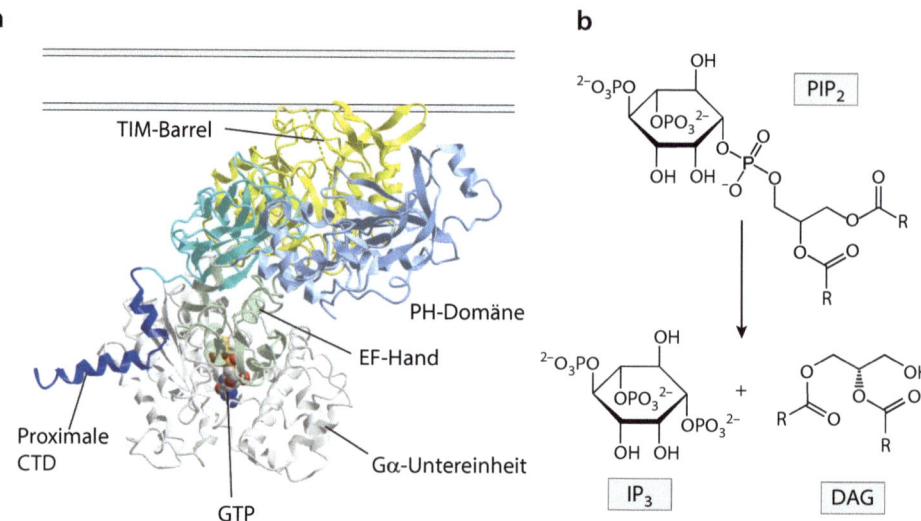

Abb. 2.13 Struktur der Phospholipase C-β3 (PLCβ3) in kryoelektronenmikroskopischer Auflösung. **a** Ribbon-Diagramm der PLCβ3 mit einer aktivierten Gα-Untereinheit (*grau*). Die *grauen Linien* deuten die Position der Plasmamembran an (PDB ID: 4GNK [16]). **b** Hydrolytische Spaltung von PI(4,5)P$_2$ in die Signalmoleküle IP$_3$ und DAG. CTD, C-terminale Domäne; DAG, Diacylglycerol; IP$_3$, Inositol-1,4,5-trisphosphat; PH-Domäne, pleckstrinhomologe Domäne; PIP$_2$, Phosphatidylinositol-4,5-bisphosphat; R, Fettsäurereste; TIM-Barrel, Triose-Phosphat-Isomerase

Ca^{2+}-Konzentration direkt die Aktivität Ca^{2+}-sensitiver Proteine, oder aber die intrazellulären Effekte von Ca^{2+} werden indirekt über Ca^{2+}-abhängige Proteinkinasen vermittelt.

DAG, das andere Produkt der Hydrolyse von PIP$_2$, aktiviert eine Proteinkinase, die aufgrund ihrer Abhängigkeit von intrazellulärem Ca^{2+} als **Proteinkinase C (PKC)** bezeichnet wird. Die von den IP$_3$-Rezeptoren freigesetzten Ca^{2+}-Ionen bewirken eine Verlagerung der PKC an die Innenseite der Plasmamembran. Dort wird sie durch DAG und ein weiteres Phospholipid (Phosphatidylserin) aktiviert und kann in dieser Form verschiedene Zielproteine phosphorylieren (◘ Abb. 2.14).

In diesem Abschnitt wurden lediglich einige wenige, ausgewählte intrazelluläre Signalwege thematisiert, die durch die Aktivierung von GPCRs initiiert werden. Doch selbst dieser kleine Ausschnitt verdeutlicht bereits die außerordentliche Komplexität der intrazellulären Effekte. Um den Überblick nicht zu verlieren, fassen wir die allgemeinen Prinzipien der G-Protein-gekoppelten Signaltransduktion zusammen:

— Alle GPCRs sind membranständige Proteine mit sieben α-helikalen Transmembransegmenten und einer ähnlichen dreidimensionalen Struktur.
— Alle GPCRs interagieren auf ihrer intrazellulären Seite mit heterotrimeren G-Proteinen, die durch den Austausch von GDP gegen GTP aktiviert werden.
— Nach ihrer Aktivierung dissoziieren die G-Proteine in eine Gα-Untereinheit und ein Gβγ-Dimer, die beide als Signalmoleküle fungieren.
— Die Aktivierung von Enzymen wie Adenylylcyclase oder Phospholipase durch die Gα-Untereinheit führt zur Bildung kleinmolekularer intrazellulärer Botenstoffe (cAMP, IP$_3$, DAG). Im Falle der Phosphodiesterase, die zyklische Nukleotide hy-

2.5 · Metabotrope Signaltransduktion

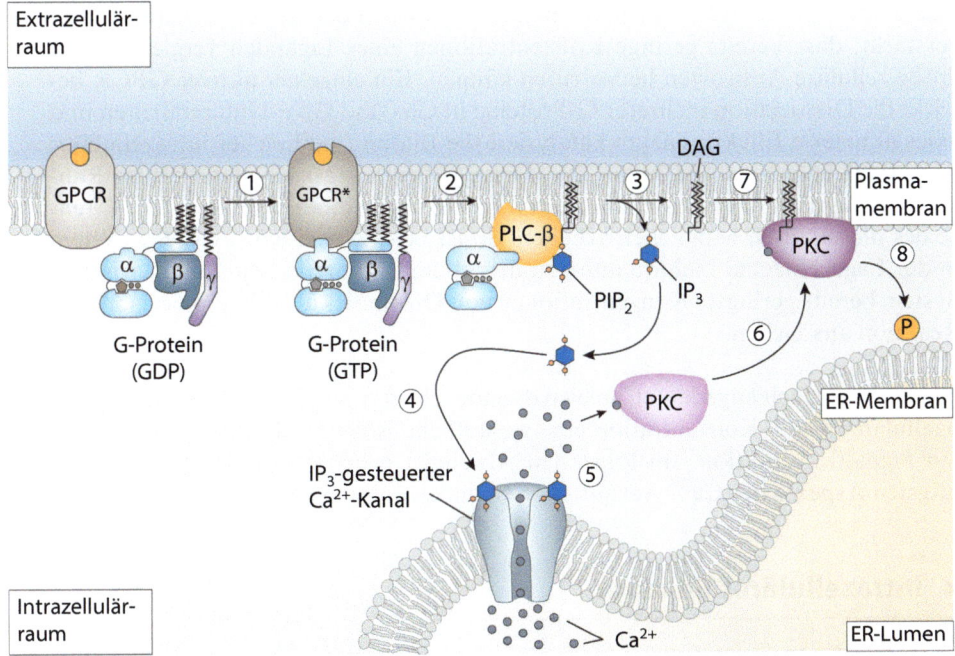

Abb. 2.14 IP$_3$/DAG-Signalweg. Die Bindung eines Liganden an einen G-Protein-gekoppelten Rezeptor (GPCR) führt zur Aktivierung des Rezeptors (Schritt 1). Die Gα-Untereinheit des G-Proteins bindet an die Phospholipase C-β (PLC-β; Schritt 2), die daraufhin PI(4,5)P$_2$ in IP$_3$ und DAG spaltet (Schritt 3). IP$_3$ diffundiert zur Membran des endoplasmatischen Retikulums (ER) und öffnet dort IP$_3$-gesteuerte Ca^{2+}-Kanäle (Schritt 4). Ca^{2+}-Ionen strömen aus dem Lumen des ER ins Cytosol (Schritt 5), wo sie unter anderem die Verlagerung von PKC an die Plasmamembran induzieren (Schritt 6). Dort wird PKC durch DAG aktiviert (Schritt 7), und die membranassoziierte Kinase phosphoryliert diverse Enzyme und Rezeptoren (Schritt 8). DAG, Diacylglycerol; IP$_3$, Inositol-1,4,5-trisphosphat PKC; PLC-β, Phospholipase C-β; PI(4,5)P$_2$, Phosphatidylinositol-4,5-bisphosphat; PKC, Proteinkinase C; P, Phosphorylierung

drolysiert, beendet die enzymatische Reaktion die biologische Wirksamkeit von cAMP und cGMP.
− Einige intrazelluläre Botenstoffe aktivieren Proteinkinasen, die ihrerseits bestimmte Zielproteine phosphorylieren. Die kovalente Bindung von Phosphat an die Hydroxylgruppen der Aminosäuren Serin und Threonin stellt einen der wichtigsten Regulationsmechanismen in praktisch allen Stoffwechselprozessen dar.[18]
− Der Austausch von Nukleotiden in G-Proteinen, die Bindung von Ca^{2+}-Ionen an bestimmte Strukturmotive in Proteinen (EF-Hand) sowie die Phosphorylierung von Aminosäuren wirken wie ein allosterischer Schalter, der die Proteinaktivität reguliert.

---

18 Die Übertragung von Phosphat auf die Hydroxylgruppe einer Aminosäure bewirkt zunächst eine lokale Änderung der Ladungsdichte an der Proteinoberfläche, da PO$_3^{2-}$ zwei relativ eng benachbarte negative Ladungen aufweist. In der Folge kann es zu molekularen Bewegungen innerhalb der Proteinstruktur, zu veränderten Wechselwirkungen mit Bindungspartnern und insgesamt zu einer Änderung der Proteinaktivität kommen. Letztlich verschiebt die Phosphorylierung das energetische Gleichgewicht zwischen aktiven und inaktiven Konformationen des Zielproteins.

— Das ursprüngliche Signal wird auf mehreren Ebenen der Reaktionskette so weit verstärkt, dass bereits geringe Konzentrationen eines Liganden vergleichsweise große zelluläre Antworten hervorrufen können. Ein einzelner aktiver GPCR bewirkt die Dissoziation mehrerer G-Proteine in Gα- und G$\beta\gamma$-Untereinheiten und jedes aktivierte Effektorenzym katalysiert die Bildung zahlreicher intrazellulärer Signalmoleküle wie cAMP oder IP$_3$. Diese Verstärkungskaskaden sind im Rahmen der Signaltransduktion so effektiv, dass einige Sinnessysteme an der Grenze des physikalisch Möglichen arbeiten. So ist beispielsweise das visuelle System in der Lage, einzelne Lichtquanten zu detektieren, während beim olfaktorischen System bereits geringste Konzentrationen von Duftmolekülen für eine sensorische Reaktion ausreichen.

Wie bereits mehrfach angedeutet, spielen dynamische raum-zeitliche Änderungen der intrazellulären Ca^{2+}-Konzentration eine wesentliche Rolle im Rahmen der metabotropen Signaltransduktion. Im folgenden Abschnitt gehen wir daher kurz auf die wichtigsten Aspekte der Ca^{2+}-vermittelten Signalerzeugung ein.

2.5.4 Intrazelluläres Calcium

Die Konzentration freier Ca^{2+}-Ionen im Cytoplasma eines Neurons ist mit etwa 100 nmol l^{-1} im Vergleich zu anderen intrazellulären Ionen wie K$^+$ und Cl$^-$ außerordentlich gering. Diese Tatsache prädestiniert Ca^{2+} für eine Rolle als Signalmolekül, da bereits geringe Konzentrationsänderungen ausreichen, um zahlreiche intrazelluläre Prozesse zu aktivieren. Im Gegensatz dazu ist die Ca^{2+}-Konzentration im Extrazellulärraum und im endoplasmatischen Reticulum (ER), das als ein effektiver Speicher für Ca^{2+}-Ionen fungiert, 15.000-mal höher, was zu einer großen elektromotorischen Kraft für den Einstrom von Ca^{2+}-Ionen ins Cytoplasma führt. Dieser steile Konzentrationsgradient wird durch die Aktivität von Ca^{2+}-Pumpen erzeugt und aufrechterhalten, die Ca^{2+}-Ionen aus dem Cytoplasma in den Extrazellulärraum und in das ER transportieren. Es wird zwischen einer Ca^{2+}-ATPase in der Plasmamembran (*Plasma membrane Ca^{2+}-ATPase*, **PMCA**) und einer weiteren Ca^{2+}-Pumpe in der Membran des ER (*Sarco/Endoplasmic Ca^{2+}-ATPase*, **SERCA**) unterschieden. In beiden Fällen handelt es sich um einen aktiven Transport, da die erforderliche Energie durch die Hydrolyse von ATP bereitgestellt wird. Grundsätzlich wird für die Erzeugung von Konzentrationsunterschieden über einer Membran Energie benötigt, da ein Konzentrationsgradient im Vergleich zu einer gleichförmigen Verteilung eines Stoffes einen unwahrscheinlicheren Zustand darstellt. Aufgrund seiner höheren Ordnung weist dieser Zustand eine geringere Entropie auf. Gemäß dem 2. Hauptsatz der Thermodynamik geht die Verringerung der Entropie eines Systems stets mit einem Energieaufwand einher.

Unter einem **Calciumsignal** versteht man einen kurzzeitigen Anstieg der intrazellulären Konzentration von Ca^{2+}-Ionen, der durch Diffusion aus dem Extrazellulärraum und/oder aus dem ER in das Cytosol des Neurons verursacht wird. Wie alle anderen geladenen Teilchen können auch Ca^{2+}-Ionen eine Phospholipiddoppelschicht nicht passieren, sondern benötigen dazu Ionenkanäle, die für Ca^{2+} durchlässig sind. Der Eintritt von Ca^{2+} ins Cytoplasma eines Neurons kann mittels der folgenden Transmembranproteine erfolgen:

- Spannungsgesteuerte Calciumkanäle (Ca_V-Kanäle) in der Plasmamembran öffnen infolge einer Depolarisation. Diese Kanäle spielen eine zentrale Rolle bei der Ca^{2+}-abhängigen Fusion synaptischer Vesikel mit der präsynaptischen Membran. In einigen Neuronen und Sinneszellen sind Ca_V-Kanäle an der Entstehung von Aktionspotenzialen beteiligt, und sie bestimmen dort die Geschwindigkeit und Dauer der Depolarisation.
- Einige ligandengesteuerte Ionenkanäle ermöglichen die Diffusion von Ca^{2+}-Ionen aus dem Extrazellulärraum in die Zelle. Beispielsweise sind die in ▶ Abschn. 2.3.2 beschriebenen NMDA-Rezeptoren vor allem für Ca^{2+} durchlässig.
- Die Aktivierung mechanosensitiver und temperatursensitiver Kanäle führt ebenfalls zu einem Einstrom von Ca^{2+}-Ionen in die Zelle (siehe ▶ Kap. 7 und 8).
- Die Freisetzung von Ca^{2+}-Ionen aus dem ER erfolgt über die Aktivierung von IP_3-Rezeptoren (siehe ◘ Abb. 2.14). Der Second Messenger IP_3 entsteht wie oben beschrieben durch die Spaltung von Phosphatidylinositol-4,5-bisphosphat durch die Phospholipase C-β (siehe ▶ Abschn. 2.5.3).
- Ryanodinrezeptoren in der Membran des ER besitzen eine ähnliche Struktur wie IP_3-Rezeptoren, werden aber nicht durch IP_3, sondern durch die Ca^{2+}-Ionen selbst reguliert. Dieser Prozess wird daher auch als **Ca^{2+}-induzierte Freisetzung von Ca^{2+}** (*Ca^{2+}-induced Ca^{2+} release*, CICR) bezeichnet.

Neben der Aktivität der SERCA wird die Wiederauffüllung der Ca^{2+}-Speicher im ER durch einen weiteren Signalweg unterstützt, der infolge einer niedrigen Ca^{2+}-Konzentration im Lumen des ER aktiviert wird (◘ Abb. 2.15). Hierbei sorgt ein negativer Rückkopplungsmechanismus dafür, dass die Ca^{2+}-Konzentration im ER auf einem ausreichend hohen Niveau gehalten wird, um die Funktionalität der Ca^{2+}-abhängigen intrazellulären Prozesse dauerhaft zu gewährleisten.

Der hier beschriebene Signalweg basiert auf der Interaktion von Ca^{2+}-Sensoren im ER und ungewöhnlichen Ca^{2+}-Kanälen in der Plasmamembran. Man bezeichnet den Einstrom von Ca^{2+} aus dem Extrazellulärraum infolge einer kritisch niedrigen Ca^{2+}-Konzentration im ER als *Store-operated Ca^{2+} entry* (**SOCE**). Offensichtlich wird die Information, dass sich die Ca^{2+}-Speicher des ER leeren, in ein molekulares Signal umgewandelt und an die Plasmamembran weitergeleitet. *Store-operated Ca^{2+} entry* basiert auf einer Wechselwirkung der beiden Proteine STIM1 (*Stromal interaction molecule 1*) und Orai1 sowie auf einer räumlichen Annäherung der Plasmamembran und der Membran des ER [24].

STIM1 ist ein Transmembranprotein in der Membran des ER, welches in der Lage ist, Ca^{2+}-Ionen auf der luminalen Seite der ER-Membran zu binden. Ist die Ca^{2+}-Konzentration dort hoch, sind die Bindungsstellen mit Ca^{2+}-Ionen besetzt und STIM1 wird mithilfe weiterer Proteine in gebührendem Abstand zur Plasmamembran in der ER-Membran verankert. Leeren sich jedoch die Ca^{2+}-Speicher etwa durch Aktivierung des IP_3-Signalwegs, dissoziiert Ca^{2+} von den Bindungsstellen ab, und mehrere STIM1-Moleküle lagern sich zu einem oligomeren Komplex zusammen. Dieser Komplex transloziert zu Regionen in der ER-Membran, die sich in unmittelbarer Nähe der Plasmamembran befinden. Die räumliche Nähe der beiden Membranen ermöglicht nun die Interaktion des STIM-Komplexes mit dem Ca^{2+}-Kanal Orai1, der sich in der Plasmamembran befindet (◘ Abb. 2.15). Orai1 öffnet, und die ins

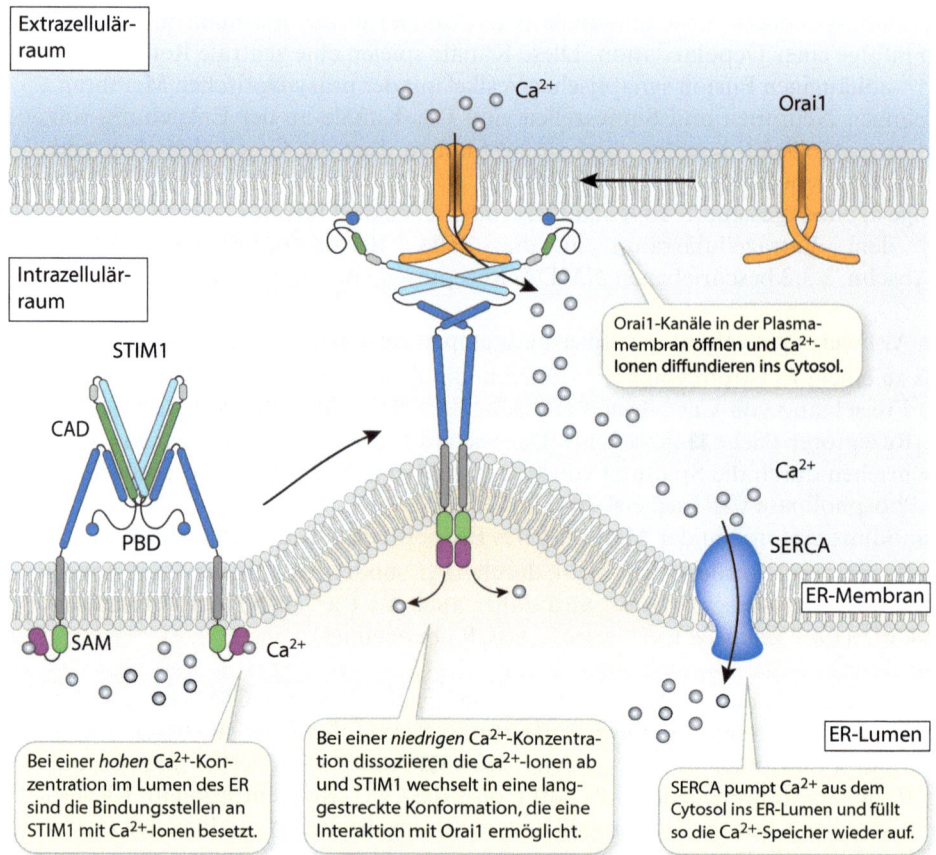

Abb. 2.15 *Store-operated Ca^{2+} entry* (SOCE). In einem nicht aktivierten Neuron ist die Ca^{2+}-Konzentration im endoplasmatischen Reticulum (ER) hoch, und Ca^{2+}-Ionen binden an intraluminale Bindungsstellen des Proteins STIM1, das sich in der ER-Membran befindet. Wenn sich die Ca^{2+}-Speicher leeren, dissoziiert Ca^{2+} von den Bindungsstellen ab, woraufhin STIM1 eine gestreckte Konformation annimmt und oligomerisiert (nicht gezeigt). In dieser Form transloziert STIM1 in Bereiche der ER-Membran, die sich in räumlicher Nähe zur Plasmamembran befinden. Dort bindet die CAD-Domäne von STIM1 an das Ca^{2+}-Kanal-Protein Orai1 in der Plasmamembran. Die Ca^{2+}-Ionen, die durch den offenen Ionenkanal von Orai1 zunächst ins Cytoplasma diffundieren, werden von der SERCA ins ER gepumpt. CAD, *CRAC activation domain*; PBD, *Polybasic domain*; SAM, *Sterile alpha motif*; SERCA, *Sarco/Endoplasmic Ca^{2+} ATPase*. Modifiziert nach [24]

Cytoplasma diffundierenden Ca^{2+}-Ionen werden von der SERCA ins ER transportiert, wo sie die Ca^{2+}-Speicher wieder auffüllen.

2.5 · Metabotrope Signaltransduktion

Schlüsselkonzepte ▶ Abschn. 2.5 Metabotrope Signaltransduktion

- Bei metabotropen Rezeptoren sind die Ionenkanäle oder andere zelluläre Effektormoleküle räumlich von den Rezeptorproteinen getrennt. Die Signalübertragung vom aktivierten Rezeptor zum Zielprotein erfolgt intrazellulär über eine biochemische Reaktionskaskade.
- G-Protein-gekoppelte Rezeptoren (GPCRs) weisen eine charakteristische Struktur von sieben α-helikalen Transmembransegmenten auf. Sie vermitteln die intrazellulären Effekte zahlreicher Neurotransmitter und Hormone, und sie sind maßgeblich an der Signaltransduktion visueller, olfaktorischer und gustatorischer Reize beteiligt.
- Die Bindung eines Liganden an einen GPCR führt zur Aktivierung eines G-Proteins. Dabei findet ein Austausch von GDP gegen GTP statt, woraufhin das G-Protein in eine Gα-Untereinheit und ein G$\beta\gamma$-Dimer dissoziiert. Die Gα-Untereinheit aktiviert Enzyme, die ihrerseits die Synthese kleinmolekularer intrazellulärer Botenstoffe katalysieren. G$\beta\gamma$ kann direkt mit Ionenkanälen interagieren und so deren Gating regulieren.
- Die Enzymfamilie der Adenylylcyclasen katalysiert die Synthese von zyklischem AMP (cAMP) aus ATP. cAMP reguliert die Aktivität der Proteinkinase A und öffnet CNG-Kanäle durch Wechselwirkung mit einer intrazellulären Bindungsstelle.
- Phosphodiesterasen katalysieren die Hydrolyse der Phosphodiesterbindungen der zyklischen Nukleotide cAMP und cGMP, wodurch deren biologische Aktivität beendet wird.
- Phospholipasen katalysieren die Hydrolyse von Phospholipiden. Phospholipase C-β spaltet PIP$_2$ in die beiden Produkte IP$_3$ und Diacylglycerol. IP$_3$ öffnet Calciumkanäle in der Membran des endoplasmatischen Reticulums, während Diacylglycerol die Proteinkinase C aktiviert.
- Das Gating von Calciumkanälen in der Plasmamembran und im endoplasmatischen Reticulum, das als Speicher für Ca^{2+}-Ionen fungiert, ist für die dynamischen Veränderungen der intrazellulären Ca^{2+}-Konzentration verantwortlich. Ca^{2+} stellt eines der wichtigsten Signalmoleküle in Neuronen dar und reguliert die Aktivität zahlreicher Proteine und intrazellulärer Prozesse.
- Ca^{2+}-ATPasen in der Plasmamembran (PMCA) und in der Membran des endoplasmatischen Reticulums (SERCA) transportieren unter Hydrolyse von ATP aktiv Ca^{2+}-Ionen aus dem Cytosol. Auf diese Weise erzeugen sie die außerordentlich niedrige intrazelluläre Ca^{2+}-Konzentration von etwa 100 nmol l^{-1}, die eine wichtige Voraussetzung für die Rolle von Ca^{2+}-Ionen als Signalmoleküle in der Zelle darstellt.
- Der Store-operated Ca^{2+} entry (SOCE) ist ein negativer Rückkopplungsmechanismus zur Wiederauffüllung der Ca^{2+}-Speicher des endoplasmatischen Reticulums. Er beruht auf der Translokation des Ca^{2+}-Sensors STIM1 in die Nähe der Plasmamembran, wenn die Ca^{2+}-Konzentration im Lumen des endoplasmatischen Reticulums abnimmt. STIM1 und das Ca^{2+}-Kanal-Protein Orai1 in der Plasmamembran bilden einen Proteinkomplex, der die Öffnung des Ca^{2+}-Kanals von Orai1 induziert. Infolgedessen diffundieren Ca^{2+}-Ionen aus dem Extrazellulärraum ins Cytosol und werden von dort durch die SERCA in das endoplasmatische Reticulum transportiert.

Literatur

1. Augustine GJ, Groh JM, Huettel SA, LaMantia AS, White LE (2024) Neuroscience. 7. Aufl. Oxford University Press, Oxford *Umfassendes und sehr verständlich verfasstes Lehrbuch, das alle wichtigen Aspekte der Neurobiologie ausführlich behandelt.*
2. Bennett MVL, Zukin RS (2004) Electrical coupling and neuronal synchronization in the mammalian brain. Neuron 41(4):495–511. https://doi.org/10.1016/s0896-6273(04)00043-1
3. Brunger AT, Choi UB, Lai Y, Leitz J Zhou Q (2018) Molecular mechanisms of fast neurotransmitter release. Annu Rev Biophys 47:469–497. https://doi.org/10.1146/annurev-biophys-070816-034117
4. Conti M, Beavo J (2007) Biochemistry and physiology of cyclic nucleotide phosphodiesterases: essential components in cyclic nucleotide signaling. Annu Rev Biochem 76:481–511. https://doi.org/10.1146/annurev.biochem.76.060305.150444
5. Dupré DJ, Robitaille M, Rebois RV, Hébert TE (2009) The role of G$\beta\gamma$ subunits in the organization, assembly, and function of GPCR signaling complexes. Annu Rev Pharmacol Toxicol 49:31–56. https://doi.org/10.1146/annurev-pharmtox-061008-103038
6. Erlandson SC, MacMahon C, Kruse AC (2018) Structural basis for G protein-coupled receptor signaling. Annu Rev Biophys 47:1–18. https://doi.org/10.1146/annurev-biophys-070317-032931
7. Gulati S, Palczewski K, Engel A, Stahlberg H, Kovacik L (2019) Cryo-EM structure of phosphodiesterase 6 reveals insights into the allosteric regulation of type I phosphodiesterases. Sci Adv 5(2):eaav4322. https://doi.org/10.1126/sciadv.aav4322
8. Habermacher C, Dunning K, Chataigneau T, Grutter T (2016) Molecular structure and function of P2X receptors. Neuropharmacology 104:18–30. https://doi.org/10.1016/j.neuropharm.2015.07.032
9. Hansen K B, Wollmuth LP, Bowie D, Furukawa H, Menniti FS et al (2021) Structure, function, and pharmacology of glutamate receptor ion channels. Pharmacol Reviews 73(4):1469–1658. https://doi.org/10.1124/pharmrev.120.000131
10. Hille B (2001) Ion Channels of Excitable Membranes, 3. Aufl. Oxford University Press, Oxford *Molekularbiologisch und ultrastrukturell nicht auf dem aktuellen Stand, aber dennoch immer noch ein sehr umfassender und lesenswerter Überblick.*
11. Kadamur G, Ross EM (2013) Mammalian phospholipase C. Annu Rev Physiol 75:127–154. https://doi.org/10.1146/annurev-physiol-030212-183750
12. Kandel ER, Koester JD, Mack SH, Siegelbaum SA (2021) Principles of Neural Science, 6. Aufl. McGraw Hill, New York *Exzellenter, sehr umfangreicher und aktueller Überblick über die Grundlagen der Neurobiologie.*
13. Kawate T, Michel JC, Birdsong WT, Gouaux E (2009) Crystal structure of the ATP-gated P2X$_4$ ion channel in the closed state. Nature 460(7255):592–598. https://doi.org/10.1038/nature08198
14. Lambright DG, Sondek J, Bohm A, Skiba NB, Hamm HE, Sigler PB (1996) The 2 Å crystal structure of a heterotrimeric G protein. Nature 379(6563):311–319. https://doi.org/10.1038/379311a0
15. Lodish H, Berk A, Kaiser CA, Krieger M, Bretscher A, Ploegh H, Martin KC, Yaffe MB, Amon A (2021) Molecular Cell Biology, 9. Aufl. MacMillan, New York *Standardwerk der Zell- und Molekularbiologie. Insbesondere die Kapitel über Membranen, Rezeptoren und Signalprozesse sind für dieses Kapitel relevant.*
16. Lyon AM, Dutta S, Boguth CA, Skiniotis G, Tesmer JJG (2013) Full-length G_{α_q}-phospholipase C-β3 reveals interfaces of the C-terminal coiled-coil domain. Nat Struct Mol Biol 20(3):355–362. https://doi.org/10.1038/nsmb.2497
17. Madden DR (2002) The structure and function of glutamate receptor ion channels. Nat Rev Neurosci 3:91–101. https://doi.org/10.1038/nrn725
18. Maeda S, Nakagawa S, Suga M, Yamashita E, Oshima A, Fujiyoshi Y, Tsukihara T (2009) Structure of the connexin 26 gap junction channel at 3.5 Å resolution. Nature 458(7238):597–602. https://doi.org/10.1038/nature07869
19. Mayer ML, Armstrong N (2004) Structure and function of glutamate receptor ion channels. Annu Rev Physiol 66:161–181. https://doi.org/10.1146/annurev.physiol.66.050802.084104

20. Miller PS, Aricescu R (2014) Crystal structure of a human $GABA_A$ receptor. Nature 512:270–275. https://doi.org/10.1038/nature13293
21. Okada T, Sugihara M, Bondar AN, Elstner M, Entel P, Buss V (2004) The retinal conformation and its environment in light of a new 2.2 Å structure. J Mol Biol 342(2):571–583. https://doi.org/10.1016/j.jmb.2004.07.044
22. Ostrom KF, LaVigne JE, Brust TF, Seifert R, Dessauer CW et al (2022) Physiological roles of mammalian transmembrane adenylyl cyclase isoforms. Physiol Rev 102(2):815–857. https://doi.org/10.1152/physrev.00013.2021
23. Palczewski K, Kumasaka T, Hori T, Behnke C A, Motoshima H et al (2000) Crystal structure of rhodopsin: a G protein-coupled receptor. Science 289(5480):739–745. https://doi.org/10.1126/science.289.5480.739
24. Prakriya M, Lewis RS (2015) Store-operated calcium channels. Physiol Rev 95(4):1383–1436. https://doi.org/10.1152/physrev.00020.2014
25. Qi C, Sorrentino S, Medalia O, Korkhov VM (2019) The structure of a membrane adenylyl cyclase bound to an activated stimulatory G protein. Science 364(6438):389–394. https://doi.org/10.1126/science.aav0778
26. Rasmussen SG, Choi HJ, Fung JJ, Pardon E, Casarosa P et al (2011) Structure of a nanobody-stabilized active state of the β_2 adrenoceptor. Nature 469(7329):175–180. https://doi.org/10.1038/nature09648
27. Rasmussen SG, DeVree BT, Zou Y, Kruse AC, Chung KY et al (2011) Crystal structure of the β_2 adrenergic receptor–Gs protein complex. Nature 477(7366):549–555. https://doi.org/10.1038/nature10361
28. Rizo J (2022) Molecular mechanisms underlying neurotransmitter release. Annu Rev Biophys 51:377–408. https://doi.org/10.1146/annurev-biophys-111821-104732
29. Rosenbaum DM, Rasmussen SG, Kobilka BK (2009) The structure and function of G-protein-coupled receptors. Nature 459(7245):356–363. https://doi.org/10.1038/nature08144
30. Scheerer P, Park JH, Hildebrand PW, Kim YJ, Krauß N et al (2008) Crystal structure of opsin in its G-protein interacting conformation. Nature 455:497–502. https://doi.org/10.1038/nature07330
31. Shenoy SK, Drake MT, Nelson CD, Houtz DA, Xiao K et al (2006) β-Arrestin-dependent, G protein-independent ERK1/2 activation by the β_2 adrenergic receptor. J Biol Chem 281(2):1261–1273. https://doi.org/10.1074/jbc.M506576200
32. Sobolevsky AI, Rosconi MP, Gouaux E (2009) X-ray structure, symmetry and mechanism of an AMPA subtype glutamate receptor. Nature 462(7274):745–756. https://doi.org/10.1038/nature08624
33. Unwin N (2005) Refined structure of the nicotinic acetylcholine receptor at 4 Å resolution. J Mol Biol 346(6):967–989. https://doi.org/10.1016/j.jmb.2004.12.031
34. Weis WI, Kobilka BK (2018) The molecular basis of G protein-coupled receptor activation. Annu Rev Biochem 87:897–919. https://doi.org/10.1146/annurev-biochem-060614-033910
35. Wettschureck N, Offermanns (2005) Mammalian G proteins and their cell type specific functions. Physiol Rev 85(4):1159–1204. https://doi.org/10.1152/physrev.00003.2005

Photorezeption

Inhaltsverzeichnis

3.1 Physik des Lichts – 83

3.2 Phototransduktion – 91

3.3 Ionenkanäle und Lichtreaktion – 104

3.4 Beendigung der Lichtreaktion – 113

3.5 Adaptation an verschiedene Lichtintensitäten – 118

3.6 Pigmenterneuerung – 121

3.7 Farbensehen – 124

Literatur – 133

© Der/die Autor(en), exklusiv lizenziert durch Springer-Verlag GmbH,
DE, ein Teil von Springer Nature 2025
A. Feigenspan, *Sensorische Signaltransduktion – Molekulare Mechanismen der Informationsverarbeitung*, https://doi.org/10.1007/978-3-662-70359-5_3

Nahezu alle Lebensvorgänge auf der Erde hängen direkt oder indirekt vom Licht der Sonne ab, dessen Energie für den grundlegenden biologischen Prozess der Photosynthese eingesetzt wird. Darüber hinaus fungiert Licht als ein wichtiger Informationsträger, der von fast allen Organismen zur Optimierung ihres Überlebens genutzt wird. Licht breitet sich mit sehr hoher Geschwindigkeit im Raum aus, sodass auch Ereignisse, die in größerer Entfernung stattfinden, in Echtzeit wahrgenommen werden können.[1] Im Verlauf der Evolution hat sich eine Vielzahl unterschiedlicher Sinnessysteme herausgebildet, die in der Lage sind, Licht aufzunehmen und in biochemischen Reaktionsketten in elektrische Signale umzuwandeln. Diese sensorischen Systeme basieren in der Regel auf lichtabsorbierenden Molekülen, die – wie molekularbiologische Befunde nahelegen – mit hoher Wahrscheinlichkeit auf einen gemeinsamen Ursprung zurückzuführen sind.

Die Lichteinstrahlung auf die Erdoberfläche ist nicht konstant und gleichmäßig, sondern unterliegt periodischen Schwankungen, die sie zu einem wichtigen Zeitgeber für biologische Rhythmen machen. Der Wechsel von Tag und Nacht bildet die Grundlage der zirkadianen Rhythmik mit einer Periodendauer von etwa 24 h. Für Organismen, die nicht in der Nähe des Äquators leben, kommt eine jährliche Periodizität hinzu, bei der sich Dauer, Intensität und Winkel der Sonneneinstrahlung im Jahresverlauf regelmäßig ändern. Diese Formen der Photoperiodizität sind für Organismen von so essenzieller Bedeutung, dass sie für weitreichende molekulare und zelluläre Anpassungen an unterschiedliche Lichtintensitäten verantwortlich sind. Aber auch Zustände wie Tag- und Nachtaktivität sowie Schlaf, die den gesamten Organismus betreffen, werden hauptsächlich durch den regelmäßigen Wechsel der Lichtintensität gesteuert.

Unter **Photorezeption** versteht man in der Sinnesphysiologie ganz allgemein die Fähigkeit von Organismen, Licht wahrzunehmen und zur Steuerung ihres Verhaltens zu nutzen. Die generelle Wahrnehmung von Helligkeit, das sogenannte Hell-Dunkel-Sehen, stellt dabei die einfachste Form der Lichtwahrnehmung dar. Sie kommt bei einigen Einzellern wie beispielsweise den Phytoflagellaten vor, die sich phototaktisch zum Licht hin orientieren. Die nächste Stufe, das Richtungssehen, erfordert abschirmende Pigmente und funktioniert grundsätzlich noch ohne neuronale Unterstützung. Erst mit der Entwicklung eines lichtbrechenden Systems wird eine gegenständliche Abbildung der Umgebung möglich; hierfür ist neben den entsprechenden Sinneszellen ein mehr oder weniger komplexes Nervensystem notwendig.

Für die Photorezeption sind demnach lichtabsorbierende Moleküle in einer geeigneten zellulären Umgebung unerlässlich. Alle weiteren evolutionären Entwicklungen, welche die Menge an visuellen Informationen erhöhen, erfordern dementsprechend auch größere Verarbeitungskapazitäten. Bevor wir uns den Mechanismen der Umwandlung von Lichtenergie in elektrische Signale zuwenden, wollen wir im Folgenden kurz auf die physikalischen Eigenschaften des Lichts und ihre Bedeutung für den Sehprozess eingehen.

---

1   Die Lichtgeschwindigkeit ist eine fundamentale Naturkonstante und beträgt im Vakuum etwa 300.000 km s^{-1}. In der bodennahen Luft verringert sich die Lichtgeschwindigkeit nur unwesentlich, während sie in Wasser um 25 % geringer ist.

3.1 Physik des Lichts

> **Lernziele**
> 1. Das Konzept des „Welle-Teilchen-Dualismus" erläutern.
> 2. Eine Welle anhand der Parameter Amplitude, Wellenlänge und Frequenz beschreiben.
> 3. Die Lichtbrechung an der Grenzfläche von Medien mit unterschiedlicher optischer Dichte erklären.
> 4. Die Bedeutung der Welleneigenschaften des Lichts für sinnesphysiologische Prozesse erläutern.
> 5. Die Wechselwirkung von Photonen mit organischen Molekülen, die ein π-Elektronensystem aufweisen, beschreiben.
> 6. Die Absorption von Licht auf der Grundlage der Teilcheneigenschaften des Lichts erläutern.

Licht ist ein ziemlich merkwürdiges und wenig anschauliches physikalisches Phänomen, das sich leider einer einfachen Erklärung entzieht. Die Ursache hierfür ist vor allem der sogenannte **Welle-Teilchen-Dualismus**. Hinter diesem Begriff verbirgt sich eine Erkenntnis der Quantenphysik, nach der sich Licht unter bestimmten experimentellen Bedingungen wie eine Welle verhält, während es unter anderen Voraussetzungen die Eigenschaften eines Teilchens aufweist. Beide Merkmale – Welle und Teilchen – manifestieren sich in der Art und Weise, wie Licht mit biologischen Systemen interagiert.

3.1.1 Licht als Welle

Eine Welle ist eine periodische Schwingung, die sich in Raum und Zeit ausbreitet. Die formale Beschreibung von Wellen erfolgt anhand ihrer Höhe, der sogenannten **Amplitude**, sowie des Abstands zwischen zwei Wellenbergen, der als **Wellenlänge** bezeichnet wird. Die Anzahl der Wellenberge (oder Wellentäler) innerhalb eines bestimmten Zeitintervalls entspricht der **Frequenz** einer Welle. Lichtwellen stellen ebenfalls periodische Schwingungen dar, die jedoch im Gegensatz zu den im ▶ Kap. 4 beschriebenen Schallwellen nicht an Materie gebunden sind, sondern sich auch im Vakuum ausbreiten. Es handelt sich vielmehr um **elektromagnetische Wellen**, die aus gekoppelten elektrischen und magnetischen Feldern bestehen. Beide Felder sind untrennbar miteinander verbunden, da nach der 1. und 2. Maxwell'schen Gleichung ein elektrisches Feld immer ein magnetisches Feld erzeugt und umgekehrt. Dabei schwingen die Felder senkrecht zur Ausbreitungsrichtung (es handelt sich also um Transversalwellen), und die Schwingungsebenen der beiden Felder stehen senkrecht aufeinander (◘ Abb. 3.1). Die Fluktuationen des elektrischen und magnetischen Felds sind für uns nicht direkt wahrnehmbar, da wir keine geeigneten Sinnessysteme dafür besitzen.

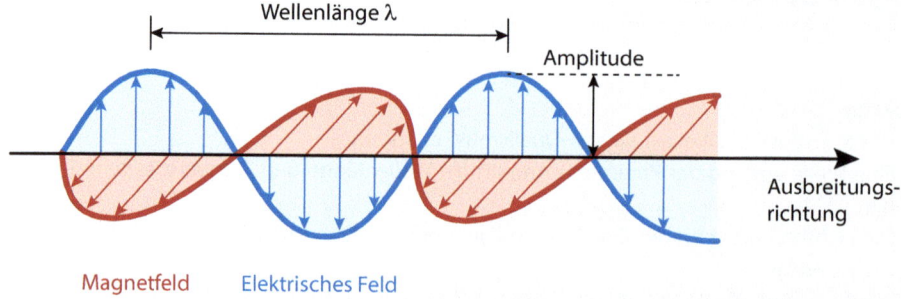

Abb. 3.1 Licht als elektromagnetische Transversalwelle. Das elektrische Feld (*blau*) und das magnetische Feld (*rot*) stehen senkrecht aufeinander, und beide Felder schwingen senkrecht zur Ausbreitungsrichtung. Die *farbigen Pfeile* geben die Schwingungsebene der jeweiligen Felder an

Gl. 3.1 beschreibt die Geschwindigkeit c einer Welle als Produkt von Wellenlänge λ und Frequenz ν (siehe ▶ Abschn. 4.1).

$$c = \lambda \cdot \nu. \tag{3.1}$$

Im Falle einer Lichtwelle ist die Geschwindigkeit in einem homogenen Medium konstant und entspricht der Lichtgeschwindigkeit. Gemäß Gl. 3.1 verhalten sich Wellenlänge und Frequenz umgekehrt proportional zueinander, sodass eine große Wellenlänge mit einer niedrigen Frequenz korreliert und umgekehrt. Die Wellenlängen des **sichtbaren Lichts** liegen etwa zwischen 400 und 700 nm, was Frequenzen von 749 bis 428 THz entspricht. Die elektromagnetischen Wellen schwingen also mehrere Hundert Billionen Mal pro Sekunde.

Der Bereich des sichtbaren Lichts umfasst nur einen sehr kleinen Teil des gesamten von der Sonne emittierten elektromagnetischen Spektrums, welches von der extrem kurzwelligen Gammastrahlung ($\lambda = 10^{-12}$ m) bis zu den langwelligen Radiowellen ($\lambda = 10^3$ m) reicht. Über den schmalen Ausschnitt des sichtbaren Lichts hinaus können einige Organismen – wie manche Vogelarten – kurzwelliges ultraviolettes (UV) Licht bis etwa 300 nm wahrnehmen, während einige Knochenfische auch im langwelligen infraroten (IR) Teil des Spektrums jenseits von 700 nm sehen können.[2] Offensichtlich leben diese Organismen in anderen sensorischen Welten als wir, denn der Mensch besitzt weder für den UV- noch für den IR-Bereich geeignete Rezeptoren und ist daher nicht in der Lage, Licht dieser Wellenlängen wahrzunehmen.

Die Bedeutung der Wellenlängen zwischen 400 und 700 nm für die Evolution lichtabsorbierender Moleküle ist kein zufälliges Phänomen, sondern basiert auf folgenden physikalischen Gegebenheiten:
- Die elektromagnetische Strahlung mit Wellenlängen zwischen 400 und 700 nm durchdringt die Atmosphäre mit einem geringen Intensitätsverlust und wird auch – zumindest in flachem Wasser – nur relativ wenig absorbiert. Sie macht etwa die

---

2 Hierbei handelt es sich tatsächlich um Photorezeption und nicht um die Wahrnehmung von Wärmestrahlung mithilfe von Grubenorganen, die bei verschiedenen Schlangenarten vorkommen (siehe ▶ Abschn. 8.3.2).

Hälfte der gesamten Strahlungsenergie der Sonne aus. Daher ist die Beleuchtungsstärke pro Fläche, die für lichtabhängige Prozesse zur Verfügung steht, im Bereich des sichtbaren Lichts am größten.
— Sowohl bei der Photosynthese als auch bei der Photorezeption kommt es zu einer Wechselwirkung zwischen Licht und komplexen organischen Molekülen. Dabei spielt die Dosierung der Energie eine entscheidende Rolle, da die Moleküle durch kurzwellige ionisierende Strahlung zerstört oder aber im Falle langwelliger Strahlung in chaotische Wärmebewegungen versetzt werden können. Sichtbares Licht hingegen besitzt hinreichend viel Energie, um einerseits chemische Reaktionen in Gang zu setzen, andererseits aber die beteiligten Moleküle dabei nicht zu beschädigen.

Die Welleneigenschaften der elektromagnetischen Strahlung sind für das Phänomen der **Lichtbrechung** an der Grenzfläche zweier Medien mit unterschiedlicher optischer Dichte verantwortlich. Die optische Dichte, definiert durch den Brechungsindex n, ist eine Materialeigenschaft und gibt das Verhältnis der Lichtgeschwindigkeit im Vakuum zur Ausbreitungsgeschwindigkeit im jeweilgen Medium an. Der sogenannte **dioptrische Apparat**[3] der Wirbeltiere dient dazu, die Lichtstrahlen zu brechen und auf einen bestimmten Punkt der Netzhaut, die Fovea centralis, als Stelle des schärfsten Sehens zu fokussieren. Erst durch die Lichtbrechung wird eine scharfe Abbildung der Umwelt auf unsere Netzhaut projiziert (◘ Abb. 3.2a).

Um Fische erfolgreich zu fangen, müssen landlebende Tiere die Lichtbrechung berücksichtigen, da sie ansonsten systematisch zu hoch zielen würden. Aufgrund der im Vergleich zur Luft größeren optischen Dichte von Wasser erscheint die potenzielle Beute näher an der Wasseroberfläche, als sie tatsächlich ist (◘ Abb. 3.2b). Reiher, die bekanntlich ohne Schwierigkeiten Goldfische aus Gartenteichen holen, haben dieses Problem gelöst, indem sie durch Kopfbewegungen den Einfallswinkel des Lichts verändern und so die Lichtbrechung berücksichtigen können. Wenn aquatische Organismen dagegen aus dem Wasser herausschauen möchten, sehen sie sich mit der **Totalreflexion** konfrontiert, die beim Übergang vom optisch dichteren Medium Wasser in das optisch dünnere Medium Luft auftritt. Die Totalreflexion beschränkt den sichtbaren Ausschnitt der Welt oberhalb der Wasseroberfläche auf einen Kreisausschnitt, der durch den Grenzwinkel von 48,6° definiert ist (◘ Abb. 3.2c).

Die Brechung und Reflexion von Licht an Grenzflächen zwischen Medien unterschiedlicher optischer Dichte lassen sich physikalisch auf die Welleneigenschaften des Lichts zurückführen. Wesentlich für den Sehvorgang ist dabei die Brechung der Lichtstrahlen an den Komponenten des dioptrischen Apparats oder funktionell entsprechenden akzessorischen Strukturen. Die Lichtbrechung stellt eine wesentliche Voraussetzung für die präzise Fokussierung auf die lichtempfindlichen Sinneszellen der Retina dar und bestimmt damit wesentlich die optischen Eigenschaften des Auges. Die Entwicklung einer fokussierenden Optik in Form von lichtbrechenden Systemen ermöglicht das räumliche Sehen mit hoher Auflösung. In diesem Kontext sind in der Evolution zwei grundlegende Modelle entstanden, nämlich zum einen die

---

3 Der dioptrische Apparat besteht beim Linsenauge der landlebenden Wirbeltiere aus der Hornhaut, der Linse, dem Kammerwasser und dem Glaskörper. Die Hornhaut, nicht die Linse, trägt den größten Teil zur Lichtbrechung bei.

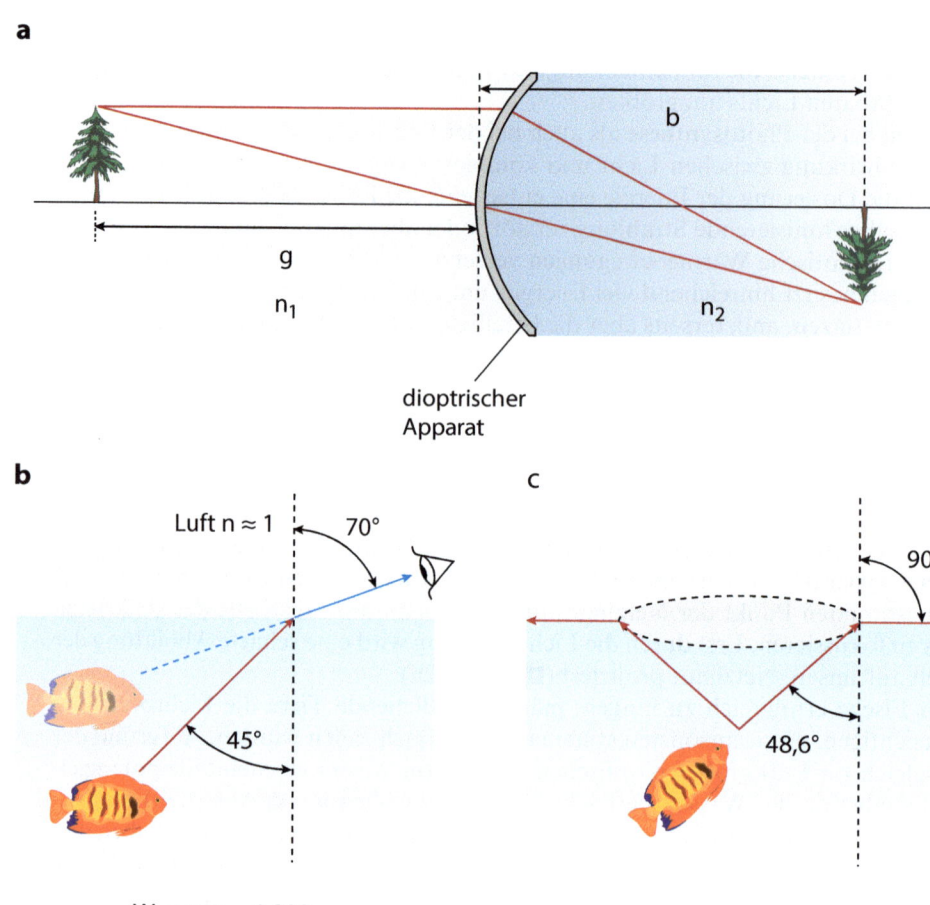

Abb. 3.2 Licht wird an der Grenzfläche zwischen Medien unterschiedlicher optischer Dichte gebrochen. **a** Im Linsenauge tritt Licht aus der Luft durch mehrere brechende Grenzflächen des dioptrischen Apparats (hier nur als Grenzfläche zwischen n_1 und n_2 dargestellt) in das Auge ein. Auf der Netzhaut wird eine seitenverkehrte, verkleinerte Abbildung projiziert. **b** Beim Übergang vom optisch dichteren Medium Wasser in das optisch dünnere Medium Luft treffen die Lichtstrahlen in einem flacheren Winkel auf das Auge, sodass Gegenstände näher an der Wasseroberfläche erscheinen. **c** In umgekehrter Richtung erfolgt bei allen Winkeln größer als 48,6° eine Totalreflexion der Lichtstrahlen an der Wasseroberfläche, wodurch die sichtbare Welt oberhalb der Wasseroberfläche auf einen kreisförmigen Ausschnitt beschränkt wird. n, optische Dichte; g, Gegenstandsweite; b, Bildweite

Linsenaugen der Cephalopoden und Wirbeltiere sowie zum anderen die Komplexaugen der Arthropoden.

3.1.2 Licht als Teilchen

Das Wellenmodell des Lichts beschreibt neben der Brechung und Reflexion auch die hier nicht behandelten Phänomene der Streuung, Interferenz und Beugung. Licht kann jedoch auch mit Materie wechselwirken, wobei ein Energieaustausch zwischen der elektromagnetischen Strahlung und den Atomen oder Molekülen des Mediums stattfindet. Im Falle der **Absorption** wird Energie von der Strahlung auf die Atome des Mediums übertragen, die daraufhin in einen Zustand höherer Energie übergehen. Bei der **Biolumineszenz** wird Licht von Materie erzeugt, wenn bei chemischen Reaktionen freiwerdende Energie in Form von Licht abgegeben wird. Beide Effekte sind mit dem Wellenmodell nicht vereinbar, lassen sich aber unter der Annahme erklären, dass die Lichtenergie in unteilbare Einheiten verpackt ist, die als Lichtquanten oder **Photonen** bezeichnet werden. Die Energie E eines Photons ist abhängig von der Frequenz ν bzw. der Wellenlänge λ des Lichts.

$$E = h \cdot \nu = \frac{h \cdot c}{\lambda}. \qquad (3.2)$$

In dieser Einstein'schen Gleichung der Photonenenergie bezeichnet h das sogenannte Planck'sche Wirkungsquantum, das wie die Lichtgeschwindigkeit eine fundamentale Naturkonstante darstellt.[4] Gemäß Gl. 3.2 ist die Energie eines Photons umso höher, je kleiner seine Wellenlänge ist – kurzwelliges Licht ist also energiereicher als langwelliges Licht. Ein Mol Lichtquanten mit einer Wellenlänge von 400 nm weist demnach etwa 300 kJ auf, während der Energiegehalt bei 750 nm noch etwa 160 kJ mol^{-1} beträgt.

Der Energiegehalt eines Photons stellt einen entscheidenden Faktor für die Wechselwirkung von Licht mit biologischen Molekülen dar, da bei einer Kollision die Energie des Photons auf die Elektronen des Moleküls übertragen wird. Bei kurzwelliger Gamma- oder Röntgenstrahlung genügt diese Energie, um Elektronen vollständig aus dem Molekülverband herauszulösen, sodass kovalente Bindungen gebrochen werden und letztlich die Funktionalität der Biomoleküle eingeschränkt wird oder vollständig verloren geht. Obgleich die Photonen des sichtbaren Lichts nicht über genügend Energie verfügen, um biologische Moleküle zu zerstören, übt jedoch auch Licht dieser Wellenlängen einen Effekt auf die chemischen Bindungen aus, welche die Moleküle zusammenhalten.

Grundsätzlich kann die Aufenthaltswahrscheinlichkeit der Elektronen eines Atoms mit sogenannten **Orbitalen** beschrieben werden, die der atomaren Wellenfunktion der Quantenmechanik entsprechen. Orbitale bezeichnen einen Raum um den Atomkern, in dem Elektronen mit einer Wahrscheinlichkeit von 90 % anzutreffen sind. Die Molekülorbitaltheorie liefert eine Erklärung für die Entstehung chemischer Bindungen durch eine Linearkombination der Atomorbitale eines Moleküls. An diesen Molekülorbitalen findet bei Absorptionsprozessen die Energieübertragung durch Photonen statt.

Die Energie von Atomen oder Molekülen ist nicht kontinuierlich verteilt, sondern auf diskrete Werte beschränkt. Der Übergang zwischen diesen Zuständen erfordert die Aufnahme oder Abgabe von Energie in bestimmten Paketen, deren Größe ein ganzzahliges Vielfaches des Produkts der Planck-Konstante h und der Frequenz ν ist (Gl. 3.2). Die Absorption eines Photons ist nur dann erfolgreich, wenn dessen Energie exakt der Differenz zwischen zwei Energieniveaus entspricht (◘ Abb. 3.3a).

Biologische Moleküle, die mit Licht wechselwirken, weisen in der Regel ein sogenanntes π-**Elektronensystem** auf, in dem sich Einfach- und Doppelbindungen

---

[4] Der exakte Wert des Planck'schen Wirkungsquantums wird mit $h = 6{,}62607015 \times 10^{-34}$ J s festgelegt.

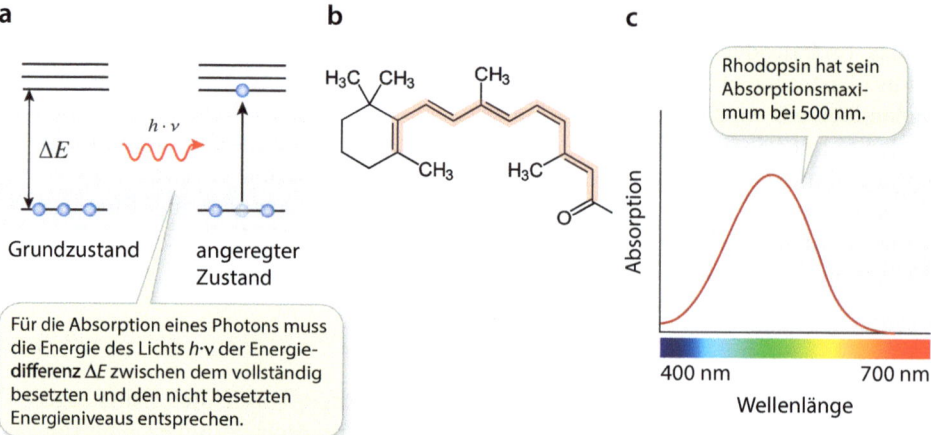

Abb. 3.3 Wechselwirkung von Photonen mit biologischen Molekülen. **a** Durch die Absorption eines Photons nehmen Moleküle Energie auf und gehen vom Grundzustand in einen angeregten Zustand über. **b** 11-*cis*-Retinal ist das lichtabsorbierende Molekül bei fast allen Sehprozessen. Das orange hinterlegte π-Elektronensystem erhöht die Wahrscheinlichkeit der Absorption von Photonen. **c** Der Sehfarbstoff Rhodopsin absorbiert vor allem im mittelwelligen Bereich des sichtbaren Lichts

zwischen den Kohlenstoffatomen abwechseln (◘ Abb. 3.3b). Die Überlappung der π-Orbitale führt zu einer Verteilung bzw. Delokalisation der Elektronen über einen gemeinsamen Aufenthaltsraum, sodass die Elektronen nicht auf eine kovalente Bindung zwischen zwei Atomen beschränkt sind, sondern sich theoretisch im gesamten π-Elektronensystem aufhalten können. Aufgrund der Delokalisation der Elektronen existieren nun mehrere, relativ nahe beieinander liegende Energieniveaus, was wiederum die Wahrscheinlichkeit der Absorption eines Photons erhöht. Stimmt die Energie des Photons nicht mit einem der vorhandenen Energieniveaus des Moleküls überein, wird das Photon nicht absorbiert, sondern entweder durchgelassen (Transmission) oder zurückgeworfen (Reflexion).

Da der Energieunterschied mit der Frequenz der Strahlung korreliert, verändern Absorptionsprozesse die spektrale Zusammensetzung und damit die subjektive Farbwahrnehmung des abgestrahlten Lichts. In der Regel wird nicht das gesamte Spektrum an Wellenlängen absorbiert (ein Gegenstand erscheint uns dann schwarz), sondern lediglich ein bestimmter Teil. Die nicht absorbierten Wellenlängen determinieren letztlich die Farbe einer Lösung oder der Oberfläche eines Objekts. Zum Beispiel nehmen wir das Chlorophyll in der Regel als grün wahr, weil die mittleren Wellenlängen des Spektrums nicht absorbiert werden. Der Sehfarbstoff Rhodopsin, der neben 11-*cis*-Retinal das Protein Opsin enthält (siehe ► Abschn. 3.2.2), absorbiert dagegen am besten im mittelwelligen Bereich des Spektrums und erscheint uns daher eher rötlich (◘ Abb. 3.3c). Der Zusammenhang zwischen Wellenlängen und Farbempfinden wird in ► Abschn. 3.7 ausführlich erörtert.

◘ Tab. 3.1 fasst die für die Sinnesphysiologie relevanten physikalischen Konzepte qualitativ zusammen. Für eine formale Beschreibung sei auf exzellente Lehrbücher der Physik verwiesen [15, 42].

Tab. 3.1 Sensorisch relevante Konzepte der Lichtphysik

Konzept	Physikalische Beschreibung	Sinnesphysiologische Bedeutung
Absorption	Aufnahme von Lichtenergie führt zum Wechsel eines Elektrons in ein energetisch höheres Orbital	Übertragung der Energie von Photonen auf lichtabsorbierende Moleküle wie Rhodopsin
Beugung	Ablenkung von Lichtwellen an Hindernissen; dadurch können sich Wellen in Raumbereiche ausdehnen, die auf geradem Weg versperrt wären	Durch Beugung an der Pupille wird ein Lichtpunkt als Beugungsscheibchen abgebildet; die Beugung begrenzt die optische Auflösung
Brechung	Brechung von Lichtstrahlen an einer Grenzfläche von Medien mit unterschiedlicher optischer Dichte	Brechung führt zu einer fehlerhaften Abschätzung der Position von Objekten
Energie	Energie eines Photons, abhängig von der Frequenz bzw. Wellenlänge	Nutzbare Energie für Photosynthese oder Aktivierung lichtempfindlicher Moleküle
Frequenz	Anzahl periodischer Wellen pro Zeiteinheit	Subjektive Farbwahrnehmung des sichtbaren Lichts
Lichtintensität	Anzahl von Photonen, die pro Sekunde auf eine bestimmte Fläche treffen	Empfindlichkeit von Photorezeptoren, Entwicklung von Stäbchen- und Zapfensystemen
Linsen	Transparente Scheiben, deren Oberflächen sphärisch gekrümmt sind; brechen das Licht zur Mitte (Sammellinsen) oder nach außen (Zerstreuungslinsen)	Transparentes Gewebe im Linsenauge zur Fokussierung der Lichtstrahlen auf die Netzhaut
Optische Dichte	Maß für die Abschwächung von Lichtstrahlen beim Durchtritt durch transparente Materie oder bei Wechselwirkung mit absorbierenden Molekülen	Lichtbrechung an der Grenzfläche von Medien unterschiedlicher optischer Dichte (meist Luft und Wasser)
Photonen	Grundlegende Einheit für die Beschreibung von Licht mit dem Teilchenmodell (Lichtquanten)	Lichtabsorption und Energieübertragung auf Photopigmente (Rhodopsine)
Reflexion	Zurückwerfen von Lichtwellen an einer Grenzfläche	Photorezeptoren als Lichtleiter, Totalreflexion und Grenzwinkel beim Übergang vom optisch dichteren zum optisch dünneren Medium

◘ **Tab. 3.1** (Fortsetzung)

Konzept	Physikalische Beschreibung	Sinnesphysiologische Bedeutung
Streuung	Beruht auf der Wechselwirkung des elektrischen Felds des Lichtstrahls mit den Elektronen in Atomen und Molekülen	Blau des Himmels, Rot von Sonnenuntergängen, Streuung an Schwebeteilchen (Tyndall-Effekt)
Transmission	Maß für die Durchlässigkeit eines Mediums für Wellen; der Transmissionsgrad (Quotient der Intensität hinter und vor dem Hindernis) ist eine Materialeigenschaft	Lichtdurchlässigkeit von Geweben, insbesondere von Hornhaut, Linse, Glaskörper
Wellenlänge	Abstand zwischen zwei gleichen Punkten einer Welle	Farbensehen, additive und subtraktive Farbmischung

Schlüsselkonzepte ▶ Abschn. 3.1 Physik des Lichts

- Licht weist sowohl Eigenschaften von Wellen als auch von Teilchen auf (Welle-Teilchen-Dualismus) und breitet sich im Vakuum mit einer Geschwindigkeit von etwa 300.000 km s^{-1} aus. Das für das menschliche Auge sichtbare Licht mit Wellenlängen von etwa 400–700 nm stellt lediglich einen Bruchteil des gesamten von der Sonne abgestrahlten elektromagnetischen Spektrums dar.
- Das Wellenmodell beschreibt Licht als sich periodisch ändernde elektrische und magnetische Felder, die senkrecht zueinander und zur Ausbreitungsrichtung schwingen (Transversalwellen).
- Das Phänomen der Lichtbrechung an der Grenzfläche von Medien mit unterschiedlicher optischer Dichte basiert auf den Welleneigenschaften des Lichts. Bei den Linsenaugen der Wirbeltiere wird das Licht durch den dioptrischen Apparat so gebrochen, dass auf der Netzhaut eine scharfe Abbildung entsteht.
- Im Rahmen des Teilchenmodells interagiert Licht in Form von Photonen (Lichtquanten) mit biologischen Molekülen. Der Energiegehalt eines Photons ist von seiner Wellenlänge abhängig und bestimmt, ob eine Absorption stattfindet oder nicht. Nur wenn Photonen absorbiert werden, können sie ihre Energie auf biologische Moleküle übertragen und so deren Eigenschaften beeinflussen.
- Organische Moleküle, die mit Licht wechselwirken, weisen häufig konjugierte Doppelbindungen auf, die ein delokalisiertes π-Elektronensystem bilden. Dadurch stehen mehr Energieniveaus für die Anregung des Moleküls zur Verfügung, und Photonen werden mit höherer Wahrscheinlichkeit absorbiert.

3.2 Phototransduktion

> **Lernziele**
> 1. Die für die Phototransduktion erforderlichen molekularen und zellulären Komponenten beschreiben.
> 2. Den Aufbau und das Vorkommen rhabdomerer und ciliärer Photorezeptoren miteinander vergleichen.
> 3. Die Morphologie und Funktion von Stäbchen- und Zapfenphotorezeptoren beschreiben.
> 4. Die molekularen Umlagerungen des Rhodopsins bei der Absorption von Photonen darstellen.
> 5. Die intrazellulären Signaltransduktionskaskaden in rhabdomeren und ciliären Photorezeptoren beschreiben.
> 6. Die Rezeptorpotenziale in rhabdomeren und ciliären Photorezeptoren miteinander vergleichen.

Der Prozess der **Phototransduktion** umfasst die Umwandlung der Energie des sichtbaren Lichts in eine Änderung des Membranpotenzials der Lichtsinneszellen, die auch als Photorezeptoren bezeichnet werden. Die Phototransduktion erfordert lichtabsorbierende Moleküle wie Rhodopsin, die in hoher Konzentration in den Photorezeptoren vorliegen. Wie in ▶ Abschn. 3.1.2 beschrieben, reagieren diese sogenannten Photopigmente auf die Absorption eines Photons mit einer Änderung ihres Aktivierungszustands. In der Folge wird durch einen biochemischen Prozess, der an die Aktivierung der lichtabsorbierenden Moleküle gekoppelt ist, in der Sinneszelle eine Änderung des Membranpotenzials hervorgerufen. Ein angeschlossenes Nervensystem, das in der Lage ist, diese elektrischen Signale zu verarbeiten und in Form einer bewussten Wahrnehmung zu interpretieren, stellt zwar einen Vorteil dar, ist jedoch, wie einige Einzeller eindrucksvoll zeigen, keine notwendige Voraussetzung, um Licht für angepasstes Verhalten zu nutzen.

In diesem Kapitel besprechen wir das präzise choreografierte Zusammenspiel der einzelnen Komponenten des Phototransduktionsprozesses – von der Absorption von Photonen durch Rhodopsin bis zur Regulation des Gatings spezifischer Ionenkanäle in der Plasmamembran der Photorezeptoren. Da die biochemischen Details der Signaltransduktion von der Art des Photorezeptors abhängen, werden zunächst die beiden wichtigsten Typen dieser Sinneszellen, die rhabdomeren und die ciliaren Photorezeptoren, behandelt. Trotz morphologischer und physiologischer Unterschiede legen genetische Studien nahe, dass beide Photorezeptortypen aus einem gemeinsamen Vorläufer hervorgegangen sind und bereits sehr früh in der Entwicklungsgeschichte der Metazoa (Vielzeller) existierten [14].

3.2.1 Photorezeptoren

Die Absorption von Lichtquanten erfolgt mithilfe von Transmembranproteinen, die in den Photorezeptoren mehrzelliger Organismen als integrale Bestandteile hochgradig spezialisierter sensorischer Membranen angeordnet sind. Diese Membranen weisen ebenfalls die charakteristische Struktur einer Lipiddoppelschicht auf, unterscheiden sich jedoch in ihrer Proteinzusammensetzung wesentlich von der Plasmamembran. Grundsätzlich gilt: Je mehr sensorische Membranfläche in einer Sinneszelle vorhanden ist, desto mehr lichtabsorbierende Moleküle können dort Platz finden und desto höher ist die Wahrscheinlichkeit, dass ein Photon absorbiert wird. Hinter dieser Regel verbirgt sich allerdings die Herausforderung, eine möglichst große Membranfläche innerhalb einer eher kleinen Sinneszelle unterzubringen. Wie die Beispiele der rhabdomeren und der ciliären Photorezeptoren zeigen, existieren verschiedene evolutionäre Lösungen für dieses Problem.

In diesem Zusammenhang stellt sich die Frage, aus welchem Grund Photorezeptoren möglichst klein sein oder vielmehr eine kleine Querschnittsfläche besitzen sollten. Die Antwort auf diese Frage hängt mit der Auflösung und somit mit der Genauigkeit der visuellen Abbildung zusammen. Wir können uns die Photorezeptoren als einzelne Bildpunkte oder Pixel vorstellen, deren Aktivitätsmuster die Abbildung der visuellen Welt zu einem bestimmten Zeitpunkt repräsentiert. Die Genauigkeit dieser Abbildung – also die Auflösung des Bildes, das letztlich auf unbekannte Weise im Gehirn entsteht – wird dann unter anderem von der Packungsdichte der Photorezeptoren in einem durch die biologische Struktur vorgegebenen begrenzten Raum determiniert. Sind die Photorezeptoren klein, passen mehr davon auf eine bestimmte Membranfläche. Dem informationsverarbeitenden System stehen also mehr Pixel zur Verfügung, und die visuelle Welt kann auf diese Weise mit höherer Auflösung abgebildet werden.

■ **Rhabdomere Photorezeptoren**

Rhabdomere Photorezeptoren kommen vor allem bei Invertebraten vor, und sie sind bei Insekten und anderen Arthropoden am besten untersucht. Eine wesentliche strukturelle Eigenschaft rhabdomerer Photorezeptoren sind Mikrovilli, winzige, röhrenförmige Ausstülpungen der Plasmamembran. Sie werden durch das Mikrofilament Actin stabilisiert und tragen in der Regel zur Oberflächenvergrößerung einer Zelle bei. Die Organisation der sensorischen Membranen in zahlreichen übereinander angeordneten Mikrovilli ist ein charakteristisches Merkmal für diese Art von Photorezeptoren (◘ Abb. 3.4a). Dieses sogenannte **Rhabdomer**, das entfernt an eine Bürste erinnert, besteht aus einigen Zehntausend Mikrovilli, die jeweils eine Länge von 1 bis 2 µm aufweisen. Bei den rhabdomeren Photorezeptoren enthält die große Oberfläche der mikrovillären Membran die lichtabsorbierenden Rhodopsinmoleküle und weitere Komponenten des Transduktionskomplexes.

Die rhabdomeren Photorezeptoren der Insekten werden als **Retinulazellen** bezeichnet. Jeweils acht Retinulazellen sind kreisförmig so angeordnet, dass ihre Rhabdomere in Richtung Zentrum zeigen (◘ Abb. 3.4a). Die Retinulazellen werden mit R1–R8 bezeichnet. R7 und R8 liegen übereinander, sodass im Querschnitt stets nur einer der beiden Photorezeptoren (also insgesamt sieben) sichtbar ist. Die Retinulazellen bilden zusammen mit den optischen Komponenten der Lichtbrechung sowie mehreren Pigmentzellen ein sogenanntes **Ommatidium**, welches ein grundlegendes Funktionsmodul eines Komplexauges darstellt.

3.2 · Phototransduktion

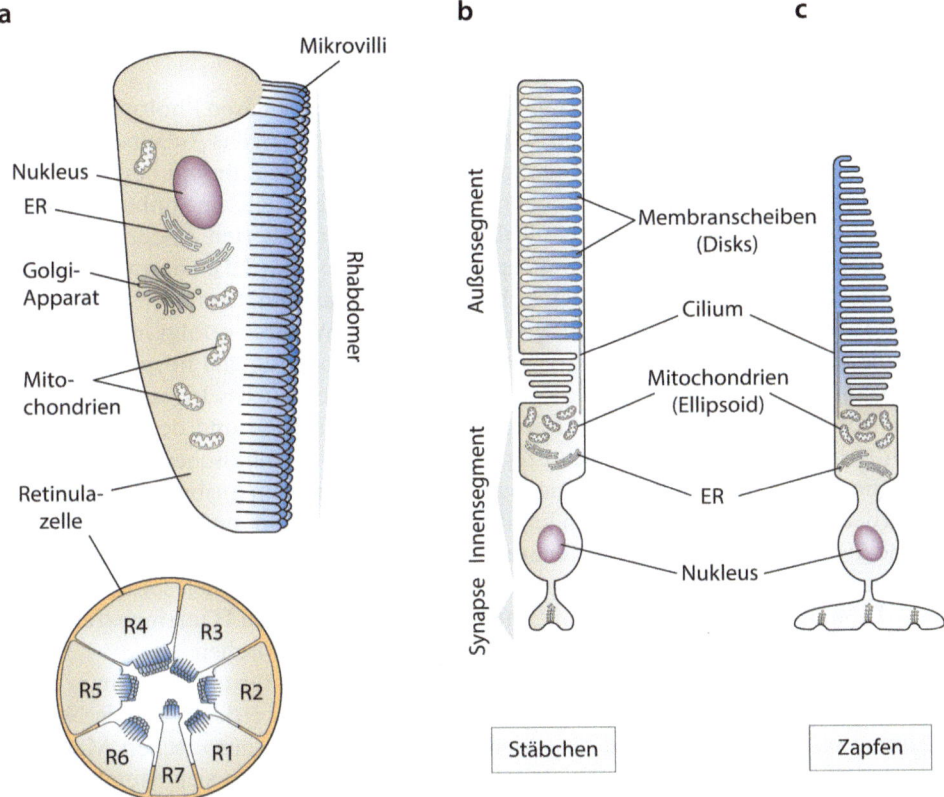

Abb. 3.4 Rhabdomere und ciliäre Photorezeptoren. **a** Der Ausschnitt einer Retinulazelle zeigt den schematischen Aufbau eines rhabdomeren Photorezeptors der Fruchtfliege *Drosophila*. Die Membran des Rhabdomers macht mehr als 90% der gesamten Zelloberfläche aus. Retinulazellen besitzen ein Axon am unteren Pol der Zelle, das hier nicht dargestellt ist. Das kleinere Bild darunter stellt den Querschnitt eines Ommatidiums mit der charakteristischen kreisförmigen Anordnung der Retinulazellen und der zentralen Ausrichtung der Rhabdomere dar. **b** Struktur eines Stäbchenphotorezeptors. **c** Struktur eines Zapfenphotorezeptors. Die sensorischen Membranen des Rhabdomers und der Außensegmente von Stäbchen und Zapfen sind *blau* dargestellt. ER, endoplasmatisches Reticulum

- **Ciliäre Photorezeptoren**

Ciliäre Photorezeptoren stellen die primären Lichtsinneszellen der Wirbeltiere dar. Sie bestehen aus drei morphologisch und funktionell unterschiedlichen subzellulären Regionen, die arbeitsteilig für die Umwandlung der Lichtenergie in eine Spannungsänderung und schließlich für die Freisetzung von Neurotransmittermolekülen an der Synapse zu den nachgeschalteten Neuronen verantwortlich sind: das Außensegment, das Innensegment und die präsynaptische Endigung [25] (◘ Abb. 3.4b,c). Das **Außensegment** enthält die sensorischen Membranen mit den Photopigmenten und ist für die Absorption von Photonen zuständig. Es wird durch ein modifiziertes Cilium gebildet, das auf der charakteristischen Anordnung von Mikrotubuli basiert. Das Cilium verbindet das Außensegment mit dem Innensegment, das den Zellkern und die bekannten Organellen einer eukaryontischen Zelle enthält. Während der Entwicklung induziert das Cilium die Ausstülpungen der Plasmamembran des Außensegments, aus denen wiederum die hochgradig geordneten sensorischen Membranen der ciliären Photorezeptoren entstehen [38, 39].

Auch das **Innensegment**, das als metabolisches Zentrum der ciliären Photorezeptoren fungiert, weist eine geordnete Struktur auf. Der unmittelbar an das Außensegment angrenzende Bereich enthält viele Mitochondrien und wird als **Ellipsoid** bezeichnet (◘ Abb. 3.4b). In der Plasmamembran befindet sich an dieser Stelle eine hohe Dichte der Na^+/K^+-ATPase, die eine wichtige Rolle bei der lichtinduzierten Änderung des Membranpotenzials der Photorezeptoren spielt (siehe ▶ Abschn. 3.3). Die große Anzahl an Mitochondrien deutet auf einen hohen Energiebedarf hin, der durch den oxidativen Stoffwechsel in Form von ATP gedeckt wird. Des Weiteren erfolgt im Innensegment die Synthese der für die sensorischen Membranen benötigten Phospholipide, die einer ständigen Fluktuation unterliegen. Im weiteren Verlauf des Innensegments schließen sich Regionen an, die das endoplasmatische Reticulum und den Zellkern enthalten. Schließlich enden die Photorezeptoren in einer präsynaptischen Terminalstruktur, die chemische Synapsen mit nachgeschalteten Neuronen ausbildet. Bei den Synapsen der ciliären Photorezeptoren handelt es sich jedoch nicht um konventionelle chemische Synapsen, sondern um sogenannte **Ribbon-Synapsen** oder Bandsynapsen, die auf eine kontinuierliche Freisetzung von Neurotransmittermolekülen spezialisiert sind [26]. Ribbon-Synapsen kommen in ähnlicher Form auch in den Haarsinneszellen des Innenohrs sowie im Seitenlinienorgan von Amphibien und Fischen vor.

Wirbeltiere besitzen zwei Typen von Photorezeptoren, die aufgrund ihrer charakteristischen Morphologie als Stäbchen und Zapfen bezeichnet werden [12]. Die Namensgebung basiert auf der unterschiedlichen Anordnung der sensorischen Membranen im Außensegment. Bei den **Stäbchenphotorezeptoren** trennen sich Membranbereiche – ebenfalls vom Cilium initiiert – von der Plasmamembran ab und ordnen sich im Außensegment wie in einer Geldrolle gestapelte Münzen übereinander an (◘ Abb. 3.4b). Stapel von 500 bis 1000 dieser als Disks bezeichneten Membranscheibchen bilden insgesamt eine sehr große Oberfläche, die außerordentlich vielen Rhodopsinmolekülen Platz bietet. In der Membran jeder dieser Disks befinden sich etwa 150.000 Moleküle des Photopigments, bei Stäbchenphotorezeptoren also durchschnittlich 100 Mio. Rhodopsinmoleküle. Daher ist die Lichtempfindlichkeit von Stäbchen besonders hoch, sodass selbst bei geringer Beleuchtungsstärke die wenigen vorhandenen Photonen mit hoher Wahrscheinlichkeit absorbiert werden. Tatsächlich führt die Absorption eines einzelnen Photons zu einer messbaren Spannungsänderung über der Zellmembran. Diese hohe Lichtempfindlichkeit prädestiniert Stäbchenphotorezeptoren für das Sehen bei geringen Lichtintensitäten, was auch als **skotopisches Sehen** bezeichnet wird.

Die **Zapfenphotorezeptoren** zeigen keine vollständige Abschnürung der Plasmamembran in Form von Disks, sondern ihre Außensegmente sind durch lamellenartige Einstülpungen der Zellmembran gekennzeichnet (◘ Abb. 3.4c). Im Vergleich zu den Stäbchen weisen Zapfen eine deutlich geringere Lichtempfindlichkeit auf, und sie sind daher sehr gut an das **photopische Sehen**, also das Sehen bei Tageslicht, angepasst. Im Verlauf der Evolution haben mehrere Mutationen in der Primärsequenz des Opsingens (siehe ▶ Abschn. 3.7.1) zur Entstehung modifizierter Photopigmente geführt, deren Absorptionsmaxima bei unterschiedlichen Wellenlängen liegen. Durch diese molekularen Variationen eines einzigen Proteins ist das visuelle System nun in der Lage, Wellenlängen elektromagnetischer Strahlung voneinander zu unterscheiden, was mit entsprechender neuronaler Unterstützung das Farbensehen ermöglicht (siehe ▶ Abschn. 3.7).

Auch wenn die Energie des sichtbaren Lichts für biologische Moleküle nicht unmittelbar zerstörerisch wirkt, führt sie doch mit der Zeit zu photooxidativen Schäden in den Membranen der Außensegmente. Um den Sehprozess dauerhaft zu gewährleisten, müssen die Außensegmente daher kontinuierlich erneuert werden. Diese Funktion wird durch das **retinale Pigmentepithel** übernommen, das als mehrzellige Schicht zwischen den Außensegmenten der Photorezeptoren und der choroidalen Blutversorgung liegt.[5] Neben der Absorption von Streulicht und dem Stofftransport zwischen Blutgefäßen und Photorezeptoren hat das retinale Pigmentepithel die Aufgabe, geschädigte Membranregionen am äußeren Ende der Außensegmente zu phagocytieren. Die Disks der Stäbchen und die Membraneinstülpungen der Zapfen stellen folglich keine statischen Strukturen dar, sondern unterliegen einem ständigen Erneuerungsprozess. Die sensorischen Membranen der ciliären Photorezeptoren bewegen sich kontinuierlich von ihrem Entstehungsort am Anfang des Außensegments bis zum Ort der Phagocytose im Kontaktbereich zum Pigmentepithel.

Beim Menschen sind etwa 120 Mio. Stäbchenphotorezeptoren vorhanden, jedoch nur 6 Mio. Zapfenphotorezeptoren. Die Photorezeptoren sind flächig nebeneinander angeordnet und bilden im inversen Auge der Wirbeltiere die äußere Schicht der neuronalen **Retina**. Das Licht muss also erst alle anderen zellulären Schichten der Retina passieren, bevor es in den Außensegmenten der Photorezeptoren absorbiert wird. Diese Position der Photorezeptoren auf der lichtabgewandten Seite ist eine Folge der Entwicklung der neuronalen Retina aus dem Zwischenhirn. Die Zellschichten, die das Licht bis zu den Photorezeptoren durchdringen muss, sind zwar weitgehend transparent, aber dennoch werden Photonen unvermeidlich vom Gewebe absorbiert oder gestreut. Zur Streuung tragen auch die zahlreichen Kapillaren des Gefäßsystems bei, von denen die Retina aufgrund ihres hohen Energiebedarfs umfassend versorgt wird. Die Ausbildung einer **Fovea**, in der alle störenden Zellschichten und Gefäße zur Seite geschoben sind, minimiert bei einigen Tiergruppen diese optischen Beeinträchtigungen und ermöglicht eine verbesserte Abbildungsqualität in einem relativ begrenzten Bereich der Retina. Daher bewegen wir unsere Augen und unseren Kopf in die entsprechende Richtung, um Objekte, die uns interessieren, mithilfe des dioptrischen Apparates exakt auf der Fovea zu fokussieren.

3.2.2 Aktivierung von Photopigmenten

Die einzigartige Bedeutung der Lichtenergie für das Leben auf der Erde hat zur Entstehung zahlreicher Moleküle geführt, die aufgrund ihrer Struktur in der Lage sind, mit Licht zu interagieren. Diese Moleküle werden gemeinhin als **Photopigmente** bezeichnet. Wir beschränken uns bei der Besprechung der Photopigmente auf das **Retinal**, das für Sehprozesse nicht neu erfunden wurde, sondern auf der Struktur pflanzlicher Carotinoide basiert. Retinal stellt ein Erfolgsmodell der Evolution lichtabsorbierender Moleküle dar, das bereits von Prokaryonten und Grünalgen ge-

---

[5] Die Choroidea (Aderhaut) ist eine Gewebeschicht zwischen der Sklera (Lederhaut) und dem Pigmentepithel der Retina. Etwa 85 % der Blutmenge, die das Auge erreicht, fließt durch die Choroidea. Sie ist daher maßgeblich für die Versorgung des Pigmentepithels und der Retina verantwortlich.

nutzt wird und mit geringen Modifikationen in allen mehrzelligen Organismen bis hin zum Menschen vorkommt [14].

Retinal ist prinzipiell für die Absorption von Photonen geeignet, da es ein π-Elektronensystem besitzt (siehe ◘ Abb. 3.3b). Allerdings absorbiert freies Retinal nicht im sichtbaren Teil des elektromagnetischen Spektrums, sondern sein Absorptionsmaximum liegt im UV-Bereich bei Wellenlängen zwischen 360 und 380 nm. Ein wesentlicher evolutionärer Schritt war die chemische Bindung des Retinals an ein Protein, das als **Opsin** bezeichnet wird. Im Vergleich zum freien Retinal verschiebt sich das Absorptionsmaximum des Opsin-Retinal-Komplexes aus dem UV-Bereich zu längeren Wellenlängen. Der Molekülkomplex, bestehend aus dem Protein Opsin und dem Aldehyd Retinal, heißt **Rhodopsin**, wobei sich Retinal in einer Bindungstasche etwa in der Mitte der Proteinkomponente befindet (◘ Abb. 3.5a). Im Gegensatz zu den Liganden der synaptischen Signalübertragung, die über schwache Wechselwirkungen an ihre Rezeptoren binden, ist Retinal über eine kovalente Bindung an einen Lysinrest im siebten Transmembransegment des Opsins gekoppelt. Dabei entsteht ei-

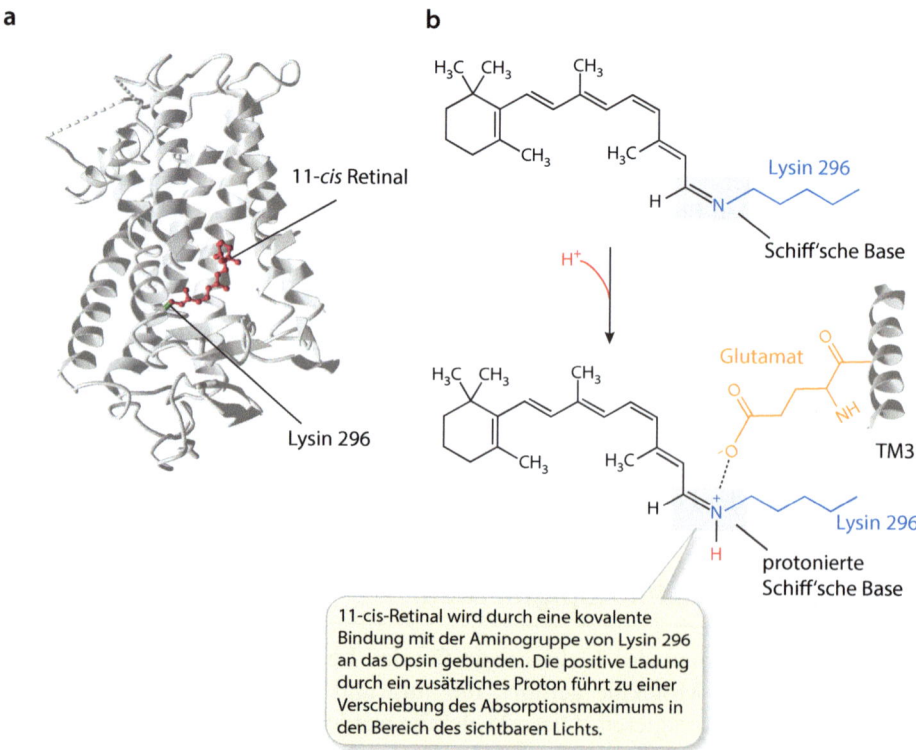

◘ **Abb. 3.5** Retinal und Opsin bilden das Photopigment Rhodopsin. **a** Das Ribbon-Modell von Rhodopsin (*grau*) zeigt die Einbettung von Retinal (*rot*) etwa in der Mitte des Proteins sowie die kovalente Bindung an die ϵ-Aminogruppe von Lysin 296 (PDB ID: 1F88 [23]). **b** Zwischen dem Carbonylkohlenstoffatom des 11-*cis*-Retinals und der terminalen Aminogruppe von Lysin 296 bildet sich eine Schiff'sche Base aus, die durch Aufnahme eines Protons eine positive Ladung erhält. Die positive Ladung wird durch die negative Ladung eines Glutamatrests im Transmembransegment 3 (TM3) neutralisiert

ne sogenannte Schiff'sche Base, die in der Regel protoniert ist und daher eine positive Ladung trägt (◨ Abb. 3.5b). Die protonierte Schiff'sche Base bewirkt eine Verschiebung des Absorptionsspektrums von Rhodopsin im Vergleich zu freiem Retinal aus der kurzwelligen UV-Region in den Bereich des sichtbaren Lichts.

Allerdings kann eine nicht kompensierte positive Ladung innerhalb eines Proteins zu einer gewissen molekularen Unruhe führen, die sich in Form von zufälliger, also nicht signalgebundener Aktivierung der Photopigmente manifestiert. Dieses sogenannte Rauschen wirkt sich insbesondere bei geringen Signalstärken negativ auf die Empfindlichkeit des Sehprozesses aus. Die Zuverlässigkeit, mit der einzelne Photonen detektiert werden können, ist demnach nicht allein von der Effizienz der intrazellulären Signalkaskade abhängig, sondern wird auch durch das interne Rauschen der Photorezeptoren nachteilig beeinflusst. Jede spontane Aktivierung von Rhodopsin führt zu einer Erhöhung des Rauschens. In Anbetracht der hohen Anzahl an Rhodopsinmolekülen in einem Photorezeptor sowie der Millionen von Photorezeptoren in der Retina ist ersichtlich, dass selbst eine geringe Spontanaktivität das Signal-Rausch-Verhältnis und damit die Lichtempfindlichkeit erheblich verschlechtern würde. Dieses Problem wird dadurch gelöst, dass die negativ geladene Säuregruppe eines Glutamatrests aus dem dritten Transmembransegment mit der positiven Ladung des Stickstoffatoms eine Ionen- oder Salzbrücke bildet (◨ Abb. 3.5b). Auf diese Weise wird die freie positive Ladung neutralisiert und Rhodopsin stellt mit einer Halbwertszeit von 100 bis 1000 Jahren ein außerordentlich stabiles Molekül ohne nennenswerte Spontanaktivität dar.

Opsin gehört zur Familie der G-Protein-gekoppelten Rezeptoren, sodass die Absorption eines Photons unmittelbar mit der Aktivierung eines G-Proteins und einer anschließenden intrazellulären Signaltransduktionskaskade verknüpft werden kann (siehe ▶ Abschn. 2.5.1). Diese mehrstufige Reaktionskette erfüllt zwei wesentliche Funktionen. Erstens überbrückt sie die räumliche Distanz zwischen dem Ort der Lichtabsorption in den Diskmembranen der Stäbchen und den Ionenkanälen in der Plasmamembran. Zweitens stellt sie die notwendige Verstärkungskapazität zur Verfügung, die eine entscheidende Voraussetzung für die Detektion einzelner Lichtquanten ist.

In rhabdomeren und ciliären Photorezeptoren kommen verschiedene molekulare Varianten des Opsins vor [40]. Während rhabdomere Photorezeptoren das sogenannte r-Opsin enthalten, ist in den sensorischen Membranen der ciliären Photorezeptoren der Vertebraten das c-Opsin vorhanden.[6] Alle Opsinvarianten enthalten Retinal als lichtabsorbierendes Molekül, jedoch unterscheiden sich die jeweiligen Proteinkomponenten in ihrer Aminosäuresequenz. Diese Variationen in der Abfolge der Aminosäuren determinieren die spezifischen Eigenschaften der unterschiedlichen Opsine, insbesondere ihre Interaktionen mit verschiedenen G-Proteinen.

Trifft Licht der passenden Wellenlänge auf Rhodopsin, findet eine **Photoisomerisierung** des Retinals statt. Bei den meisten Organismen erfolgt die Umwandlung von 11-*cis*-Retinal durch die Energie eines Photons in all-*trans*-Retinal. Dabei rotiert das Molekül um die Bindung zwischen den Kohlenstoffatomen 11 und 12, sodass Retinal von der eher abgeknickten *cis*-Form in das langgestreckte all-*trans*-Retinal übergeht (◨ Abb. 3.6a). Eine Doppelbindung zwischen zwei Kohlenstoffatomen kann sich in

---

6   Kammmuscheln (*Ostreoida*) und Lanzettfischchen (*Amphioxus*) exprimieren eine dritte Opsinvariante, das G_0-Opsin.

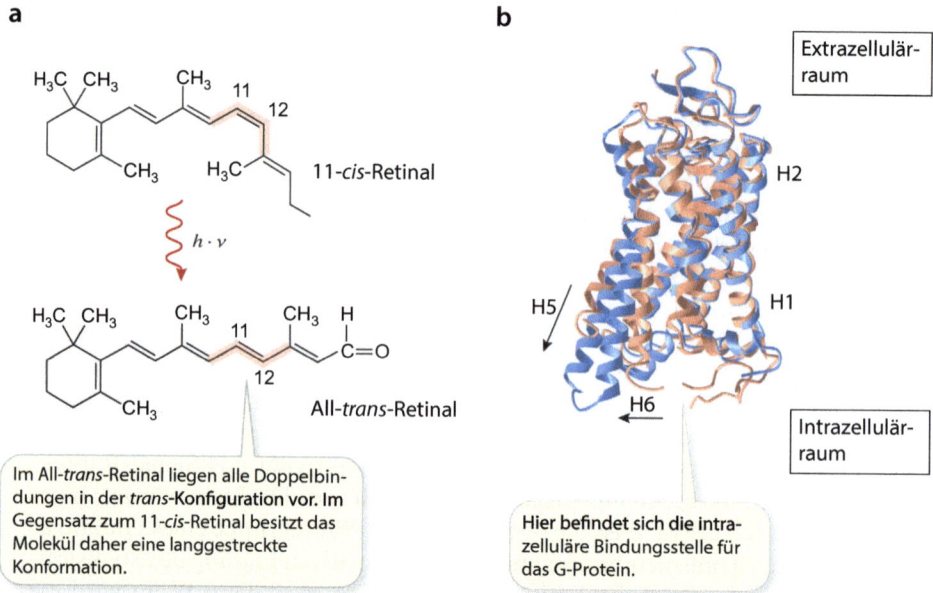

Abb. 3.6 Photoisomerisierung von Retinal und molekulare Verschiebungen im Opsin. **a** Die Absorption von Lichtquanten bewirkt die Umwandlung von 11-*cis*- in all-*trans*-Retinal. Dabei wird die Doppelbindung zwischen den Kohlenstoffatomen 11 und 12 (orange) isomerisiert. **b** Nach der Photoaktivierung bewegen sich die Helices H5 und H6 des Opsins in die durch die *Pfeile* angedeuteten Richtungen, wodurch die intrazelluläre Bindungsstelle für ein G-Protein zugänglich wird. Das *rote* Ribbon-Modell stellt den Grundzustand des Rhodopsins dar (PDB ID: 1F88 [31]), das *blaue* Modell ist der aktivierte Zustand Metarhodopsin II. Die molekularen Umlagerungen während der Aktivierung finden vor allem in der unteren, dem Intrazellulärraum zugewandten Hälfte des Rhodopsins statt (PDB ID: 3PQR [10])

der Regel nicht um ihre Achse drehen. Daher stellen *cis*- und *trans*-Isomere Verbindungen mit unterschiedlicher Geometrie und auch mit verschiedenen chemische Eigenschaften dar. Die Energie der elektromagnetischen Strahlung ermöglicht jedoch die Rotation als entscheidenden Schritt für die Aktivierung des Retinals. Der Sehprozess beginnt also mit einer molekularen Umlagerung, die ein abgewinkeltes in ein langgestrecktes Molekül transformiert.

Die Konformationsänderung des Retinals von der *cis*- zur *trans*-Form verursacht insgesamt eine ausgeprägte räumliche Änderung der Molekülstruktur, die auf das Opsin übertragen wird. Die anschließende Deprotonierung der Schiff'schen Base bewirkt wiederum Bewegungen der Transmembranhelices 5 und 6 (Abb. 3.6b). Die damit verbundenen intramolekularen Verschiebungen resultieren schließlich in der Aktivierung von Rhodopsin, das in dieser Form als **Metarhodopsin II** bezeichnet wird. Aktivierung bedeutet in diesem Zusammenhang vor allem, dass am Rhodopsinmolekül nun eine intrazelluläre Bindungsstelle für ein G-Protein zugänglich ist, die im nicht aktivierten Zustand im Inneren des Moleküls verborgen war.

3.2.3 Intrazelluläre Signalkaskaden

Bis zu diesem Punkt verlaufen die Prozesse der Lichtabsorption und der Aktivierung des Rhodopsins in den rhabdomeren und ciliären Photorezeptoren weitgehend ähnlich. Die molekularen Mechanismen der Signaltransduktion unterscheiden sich jedoch grundlegend zwischen Einzellern und Vielzellern sowie zwischen Vertebraten und Invertebraten. Im Folgenden wird die Signaltransduktion bei Arthropoden und Säugetieren exemplarisch beschrieben.

- **Signaltransduktion in rhabdomeren Photorezeptoren**

In den rhabdomeren Photorezeptoren von *Drosophila* aktiviert Metarhodopsin ein G-Protein der G_q-Familie. Mutationen im photorezeptorspezifischen G_q-Protein führen zu einer mehr als 1000fachen Reduktion der Lichtempfindlichkeit – G_q ist somit essenziell für die Aktivierung der Phototransduktionskaskade [35]. Der klassische Signalweg nach der Aktivierung von G_q verläuft über die Phospholipase C (PLC) sowie die Botenstoffe Inositol-1,4,5-trisphosphat (IP_3) und Diacylglycerol (DAG). IP_3 bewirkt den Einstrom von Ca^{2+}-Ionen aus dem Lumen des ER in das Cytosol, während DAG an der Plasmamembran die Proteinkinase C aktiviert (siehe ▶ Abschn. 2.5.3 und ◘ Abb. 2.14).

So weit die Theorie – doch konkrete Experimente zu den molekularen Mechanismen der Signaltransduktion haben bisher eher widersprüchliche Ergebnisse geliefert. So hat das Fehlen von IP_3-Rezeptoren offenbar nur einen geringen Einfluss auf die Phototransduktion [1, 6], und auch die Proteinkinase C scheint als Zielmolekül von DAG zumindest keine wesentliche Rolle zu spielen [11]. Sicher nachgewiesen ist also nur, dass die Phototransduktion bei *Drosophila* mit der Bildung von $G\alpha_q$•GTP beginnt. Dieser Komplex aktiviert die Phospholipase C, die daraufhin die Synthese von IP_3 und DAG katalysiert (◘ Abb. 3.7). Die Schritte von hier bis zum Öffnen der Ionenkanäle, die zur Familie der TRP-Kanäle (*Transient receptor potential*) gehören, sind dagegen noch nicht vollständig aufgeklärt. Die drei nachfolgend kurz dargestellten Hypothesen zielen darauf ab, die Lücke im Verständnis des Transduktionsmechanismus zu schließen, die zwischen der Bildung von $G\alpha_q$•GTP und der Potenzialänderung über der Photorezeptormembran besteht. Hierfür werden sehr unterschiedliche molekulare Prozesse vermutet.

1. Im Fokus der ersten Hypothese steht Diacylglycerol (DAG). Diacylglycerol wird durch die DAG-Kinase (DGK) phosphoryliert und auf diese Weise inaktiviert. Eine Mutation im Gen für DGK, die als *rdgA* bezeichnet wird, führt zu einer Erhöhung der Konzentration an DAG und gleichzeitig zu einer Aktivierung der Photorezeptoren im Dunkeln [32]. Des Weiteren kompensiert die Mutation in *rdgA* eine andere Mutation im Gen für Phospholipase C, bei der nur wenige funktionelle Enzymmoleküle exprimiert werden [17]. Zusammengenommen deuten diese experimentellen Befunde darauf hin, dass die Signaltransduktion in rhabdomeren Photorezeptoren die Aktivierung von Phospholipase C erfordert. Zudem wird in diesen Arbeiten DGK als regulatorisches Schlüsselenzym identifiziert und auf DAG als Botenstoff hingewiesen, der entweder direkt oder indirekt die TRP-Kanäle in der Zellmembran öffnet.
2. Die zweite Hypothese postuliert eine Beteiligung von Protonen und Phosphatidylinositol-4,5-bisphosphat (PIP_2) bei der Öffnung von TRP-Kanälen. Die

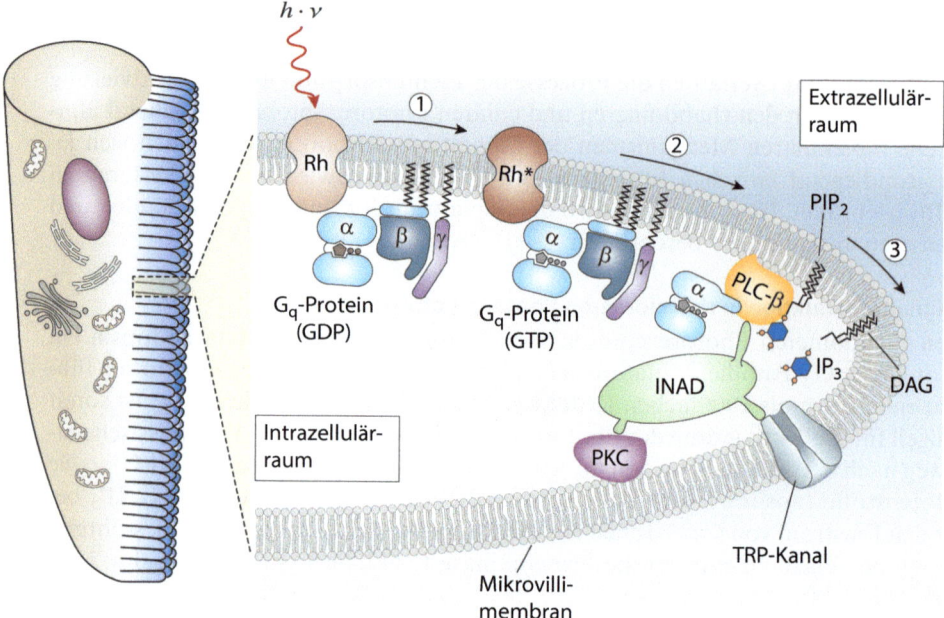

Abb. 3.7 Signaltransduktion in rhabdomeren Photorezeptoren. Licht ($h \cdot \nu$) aktiviert Rhodopsin (Rh → Rh*), woraufhin am G_q- Protein GDP gegen GTP ausgetauscht wird (Schritt 1). Anschließend dissoziiert das trimere G-Protein und $G\alpha_q \bullet$GTP bindet an PLC (Schritt 2), die ihrerseits PIP_2 in DAG und IP_3 spaltet. Die weiteren Schritte bis zur Öffnung der TRP-Kanäle sind nicht bekannt. Das Protein INAD hält PLC, PKC und TRP-Kanäle in einem Signalkomplex zusammen. DAG, Diacylglycerol; INAD, *Inactivation no afterpotential D*; IP_3, Inositol-1,4,5-trisphosphat; PIP_2, Phosphatidylinositol-4,5-bisphosphat; PLC, Phospholipase C; Rh, Rhodopsin; TRP, *Transient receptor potential*

Hydrolyse der Phosphodiesterbindung in PIP_2 durch PLC resultiert in der Freisetzung eines Protons, was wiederum zur Ansäuerung des Cytosols in den Mikrovilli führt. Gemäß dieser Hypothese werden die TRP- und TRPL-Kanäle durch die Reduktion der PIP_2-Konzentration in Kombination mit einer intrazellulären Verringerung des pH-Werts aktiviert [20].

3. Die dritte Hypothese basiert auf der interessanten Beobachtung, dass sich die Länge der mikrovillären Membranen durch Licht verändert. Mittels Rasterkraftmikroskopie (*Atomic force microscopy*) konnte nachgewiesen werden, dass die Photorezeptoren der Taufliege *Drosophila melanogaster* in Abhängigkeit von der Belichtungsstärke schnelle Kontraktionen ausführen. Bei hoher Lichtintensität wurden Längenänderungen bis zu $0.5\,\mu m$ beobachtet [19]. Für eine mechanische Komponente bei der Signaltransduktion spricht zudem, dass die Reaktion der Photorezeptoren auf Licht durch eine Dehnung der Membran verstärkt wird. Demnach resultiert die Spaltung von PIP_2 durch Phospholipase C in einer Veränderung der mechanischen Eigenschaften der Lipiddoppelschicht, welche wiederum Kontraktionen der Mikrovilli auslöst. Da PIP_2 ein wesentlicher Bestandteil der mikrovillären Membranen ist, führt dessen Hydrolyse zu einer messbaren Verringerung der Membranoberfläche und damit zu einer Verkürzung der Mikrovilli.

Nach diesem Modell sind mechanische Kräfte für das Gating der Ionenkanäle in den Photorezeptoren von *Drosophila* verantwortlich.

Die Phototransduktion ist in *Drosophila* in Form eines Signalkomplexes organisiert, der auch als **Transducisom** bezeichnet wird [43]. Als zentrale Komponente dieses Komplexes fungiert das multivalente Protein INAD (*Inactivation no afterpotential D*), das mehrere PDZ-Domänen enthält. INAD dient als Gerüstprotein für Phospholipase C, Proteinkinase C sowie TRP-Kanäle in den Rhabdomeren der Photorezeptoren. Derartige Signalkomplexe erhöhen die Wahrscheinlichkeit diffusionsbedingter Interaktionen, indem sie für eine räumliche Nähe der beteiligten Moleküle sorgen. Die makromolekulare Organisation der Komponenten der Phototransduktion leistet demnach einen wichtigen Beitrag für die Schnelligkeit und Empfindlichkeit der Lichtantwort in den Photorezeptoren von *Drosophila*.

- **Signaltransduktion in ciliären Photorezeptoren**

Auch bei den ciliären Photorezeptoren beginnt die Signalkaskade nach Absorption eines Photons mit Metarhodopsin II, welches ein G-Protein aktiviert. Das G-Protein der Stäbchen- und Zapfenphotorezeptoren wird als **Transducin** bezeichnet und gehört zur Familie der $G_{i/o}$-Proteine (siehe ◘ Tab. 2.3). Die Photoisomerisierung des Retinals bewirkt eine Konformationsänderung des Rhodopsins, sodass die intrazelluläre Bindungsstelle für Transducin zugänglich wird. Daraufhin wird GDP gegen GTP ausgetauscht und $G\alpha_t$•GTP dissoziiert ins Cytoplasma zwischen die Disks der Stäbchen bzw. die Membraneinstülpungen der Zapfen (◘ Abb. 3.8). $G\alpha_t$•GTP bindet an das Effektormolekül **Phosphodiesterase 6** (PDE6). Die PDE6 der Stäbchenphotorezeptoren setzt sich aus den beiden katalytischen Untereinheiten α und β sowie zwei identischen regulatorischen γ-Untereinheiten zusammen (siehe ▶ Abschn. 2.5.3). Im nicht aktivierten Zustand blockieren die γ-Untereinheiten die katalytische Bindungsstelle für 3'-5' zyklisches Guanosinmonophosphat (cGMP). Die Interaktion mit $G\alpha_t$•GTP verursacht eine Konformationsänderung von PDE6, woraufhin cGMP gebunden und durch die Phosphodiesteraseaktivität in Guanosinmonophosphat (GMP) umgewandelt wird. Dadurch sinkt die intrazelluläre cGMP-Konzentration, wodurch unmittelbar das Gating von CNG-Kanälen (*Cyclic nucleotide-gated*) reguliert wird. CNG-Kanäle sind ligandengesteuerte Ionenkanäle, die durch die intrazelluläre Bindung zyklischer Nukleotide geöffnet werden. Im Dunkeln, bei einer hohen intrazellulären Konzentration von cGMP, binden die CNG-Kanäle cGMP und sind geöffnet. Infolgedessen diffundieren Kationen über die Plasmamembran in das Cytosol der Außensegmente und depolarisieren die Membran. Durch die Aktivierung der Signaltransduktionskaskade wird schließlich cGMP zu GMP hydrolysiert, welches nicht mehr an die CNG-Kanäle binden kann. Folglich schließen die Kanäle, und die Zellmembran wird hyperpolarisiert. Die Spaltung von cGMP ist daher ein essenzieller Bestandteil der Reaktion ciliärer Photorezeptoren auf Licht.

Im Rahmen der Besprechung der rhabdomeren Photorezeptoren haben wir das Protein INAD kennengelernt, welches die für die Signalübertragung relevanten Moleküle in enger räumlicher Nähe gruppiert und somit die Wahrscheinlichkeit ihrer Interaktion erhöht. Ein Transducisom, wie es bei den rhabdomeren Photorezeptoren vorhanden ist, konnte bei den ciliären Photorezeptoren bisher nicht nachgewiesen werden. Allerdings sind Rhodopsin, Transducin und PDE6 mit der Diskmembran der Stäbchen bzw. mit der Zellmembran der Zapfenlamellen assoziiert und kön-

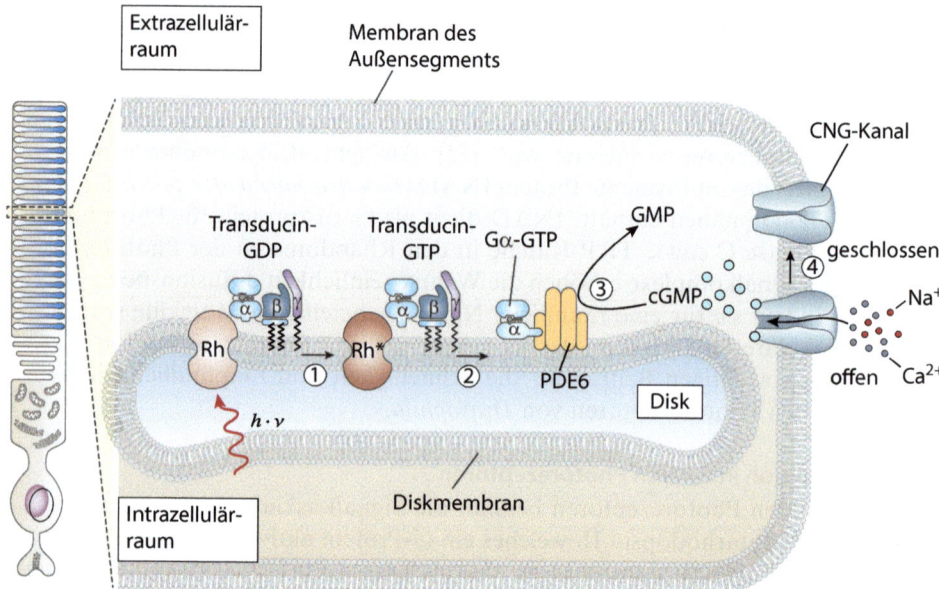

Abb. 3.8 Signaltransduktion im Außensegment ciliärer Photorezeptoren am Beispiel eines Stäbchens. Die Transduktionskaskade beginnt mit der Aktivierung von Rhodopsin (Rh) durch Licht ($h \cdot \nu$) und dem Austausch von GDP durch GTP am G-Protein Transducin (Schritt 1). Die Bindung von $G\alpha_t \bullet GTP$ an PDE6 (Schritt 2) führt zur Hydrolyse von cGMP (Schritt 3). Durch die verringerte cGMP-Konzentration werden CNG-Kanäle in der Plasmamembran geschlossen (Schritt 4), was den Einstrom der Kationen Na^+ und Ca^{2+} unterbindet. CNG, *Cyclic nucleotide-gated*; PDE6, Phosphodiesterase 6

nen in der Ebene dieser Membranen nahezu frei diffundieren. Bei einer annähernd zweidimensionalen Struktur wie einer biologischen Membran ist die Wahrscheinlichkeit molekularer Wechselwirkungen höher als im dreidimensionalen Raum, sodass die Membran selbst als Katalysator der Signaltransduktion fungiert. Ein Metarhodopsinmolekül kann insgesamt 12–14 Transducin-PDE6-Komplexe aktivieren [48]. Dieser für Stäbchen gemessene Wert liegt deutlich unter dem ursprünglich für diesen Schritt der Signaltransduktionskaskade prognostizierten Verstärkungsfaktor von etwa 500. Dennoch ist die Signalübertragung in Stäbchenphotorezeptoren effizient und für einen metabotropen Signalweg außergewöhnlich schnell.

- Ein einzelnes Photon verursacht eine Potenzialänderung von 1 mV über der Membran von Stäbchenphotorezeptoren. Diese relativ große Signalstärke in Kombination mit der hohen Stabilität der Rhodopsinmoleküle im Dunkeln (siehe ▶ Abschn. 3.2.2) bildet die Grundlage für ein hervorragendes Signal-Rausch-Verhältnis, das eine zuverlässige Detektion dieser kleinsten Lichtmenge gewährleistet.
- Mehrstufige intrazelluläre Signalkaskaden nehmen Zeit in Anspruch. Die Latenzzeit, also die Zeit zwischen einem Lichtreiz und der Spannungsänderung über der Photorezeptormembran, beträgt 7 ms. Die Signaltransduktion in ciliären Photorezeptoren gehört somit zu den schnellsten G-Protein-vermittelten Reaktionskaskaden. Dies ist für eine schnelle Verarbeitung visueller Signale und damit für kurze Reaktionszeiten von entscheidender Bedeutung.

Die molekularen Mechanismen der Signaltransduktion unterscheiden sich grundlegend zwischen rhabdomeren und ciliären Photorezeptoren, sowohl hinsichtlich der beteiligten G-Proteine als auch der biochemischen Komponenten und ihrer räumlichen Anordnung zueinander. Die Differenzen erstrecken sich zudem auf die Ionenkanäle sowie auf die Polarität der elektrischen Signale, welche im nachfolgenden Abschnitt erörtert werden.

> **Schlüsselkonzepte ▶ Abschn. 3.2 Phototransduktion**
>
> — Bei der Phototransduktion wird die Energie des sichtbaren Lichts durch eine komplexe biochemische Signalkaskade in eine Änderung des Membranpotenzials der Photorezeptoren umgewandelt.
>
> — Photorezeptoren besitzen eine spezialisierte sensorische Membran mit einer sehr großen Oberfläche, die Platz für zahlreiche lichtabsorbierende Moleküle bietet. Bei den rhabdomeren Photorezeptoren der Invertebraten werden die sensorischen Membranen von zahlreichen übereinanderliegenden Mikrovilli gebildet. Die ciliären Photorezeptoren der Wirbeltiere weisen ein modifiziertes Cilium auf, das während der Entwicklung der Photorezeptoren die Bildung von Membranscheibchen (Disks) und Membraneinstülpungen steuert.
>
> — Es gibt zwei Typen ciliärer Photorezeptoren, die sich morphologisch und in ihrer Lichtempfindlichkeit unterscheiden. Die außerordentlich lichtempfindlichen Stäbchen sind für das skotopische Sehen bei geringer Lichtintensität zuständig, während die Zapfen das photopische Sehen bei hoher Lichtintensität sowie die Unterscheidung von Wellenlängen als Grundlage des Farbensehens ermöglichen.
>
> — Das im Tierreich am häufigsten vorkommende Photopigment ist das Rhodopsin, das aus dem lichtabsorbierenden Molekül Retinal und einem Proteinbestandteil, dem Opsin, besteht. Das Opsin hat zwei wichtige Aufgaben: Es verschiebt die Absorptionsmaxima in den Bereich des sichtbaren Lichts und bildet als G-Protein-gekoppelter Rezeptor die Schnittstelle zur Aktivierung einer intrazellulären Signalkaskade.
>
> — Die Signalkaskade der rhabdomeren Photorezeptoren beginnt mit der Aktivierung des G_q-Proteins, woraufhin das Enzym Phospholipase C die Signalmoleküle IP_3 und DAG produziert. Ein bisher unbekannter molekularer Prozess führt schließlich zur Öffnung von TRP-Kanälen in den Membranen der Mikrovilli. Die einströmenden Kationen depolarisieren die rhabdomeren Photorezeptoren.
>
> — In den ciliären Photorezeptoren aktiviert die Absorption eines Photons das G-Protein Transducin, das wiederum die Phosphodiesterase PDE6 reguliert. PDE6 spaltet cGMP, wodurch die cGMP-gesteuerten CNG-Kanäle geschlossen werden, sodass die Membran der Photorezeptoren hyperpolarisiert.

3.3 Ionenkanäle und Lichtreaktion

> **Lernziele**
> 1. Die Familien der für die Lichtreaktion verantwortlichen Ionenkanäle in rhabdomeren und ciliären Photorezeptoren nennen und ihren Aufbau vergleichen.
> 2. Die Hyperpolarisation ciliärer Photorezeptoren auf der Grundlage von Ionenströmen über der Zellmembran erklären.
> 3. Die unterschiedlichen Lichtreaktionen von Stäbchen- und Zapfenphotorezeptoren als zeitliche Änderungen des Stroms über der Zellmembran beschreiben.
> 4. Drei grundlegende Prinzipien der Codierung von Lichtsignalen durch ciliäre Photorezeptoren beschreiben.

Am Ende der intrazellulären Signalkaskade steht bei rhabdomeren und ciliären Photorezeptoren eine Änderung des Membranpotenzials. Die Energie der elektromagnetischen Strahlung wird also in einem biochemischen Prozess, der sich im molekularen Detail bei den verschiedenen Tiergruppen unterscheidet, in eine Spannungsänderung über der Plasmamembran umgewandelt. Diese Potenzialänderung über der Zellmembran kann mithilfe von Mikroelektroden gemessen werden und wird als Lichtreaktion bezeichnet. Wir haben in den ▶ Abschn. 1.4 und 2.3 Transmembranproteine kennengelernt, welche die Passage geladener Teilchen durch die hydrophobe Lipiddoppelschicht ermöglichen. Beim Öffnen dieser Kanäle fließen Ionen entlang ihres elektrochemischen Gradienten von einer Seite der Membran zur anderen, wobei sich die Spannung über der Membran ändert. Die lichtinduzierte Potenzialänderung weist einen charakteristischen zeitlichen Verlauf sowie eine bestimmte Amplitude auf, und beide Parameter codieren gemeinsam mit dem räumlichen Aktivierungsmuster der Photorezeptoren Informationen über die visuelle Welt.

3.3.1 Ionenkanäle in rhabdomeren Photorezeptoren

Bei *Drosophila melanogaster* führt Licht zur Diffusion von Ca^{2+}-Ionen in die rhabdomeren Photorezeptoren und damit zu einer Depolarisation der Zellmembran. Diese Lichtreaktion wird durch zwei verschiedene Ionenkanäle vermittelt: **TRP-Kanäle**[7] (*Transient receptor potential*) und **TRPL-Kanäle** (*Transient receptor potential-like*) [30]. Der Name dieser Kanäle leitet sich von der Mutation *trp* ab, bei der die Photorezeptoren auf einen längeren Lichtreiz mit einer kurzen, d. h. transienten Depolarisation reagieren [18]. Bei Wildtyptieren hingegen entspricht die Dauer der Spannungsänderung der Länge des Lichtreizes. Da TRP-Kanäle vor allem für Ca^{2+}-Ionen permeabel sind, verursacht der fehlende Einstrom von Ca^{2+}-Ionen in der Mutante eine dauerhafte Aktivierung der Phospholipase C (die sonst durch Ca^{2+} gehemmt würde). Dies resultiert in einer Erschöpfung des Vorrats an PIP_2 und einer zeitlich begrenzten Lichtreaktion der Photorezeptoren.

---

[7] TRP-Kanäle sind namensgebend für eine große Familie von Ionenkanälen, die uns bei den Wirbeltieren im Zusammenhang mit der Verarbeitung von Temperatur- und Schmerzreizen wieder begegnen werden (siehe ▶ Kap. 8 und 9).

3.3 · Ionenkanäle und Lichtreaktion

Das in ◘ Abb. 3.9a dargestellte Experiment demonstriert die Auswirkungen einer Mutation in den Genen für *trp* und *trpl* sowie einer gleichzeitigen Mutation beider Gene *(trp/trpl)*. Ein kurzer Lichtblitz induziert einen Einstrom positiver Ladungen in den Photorezeptor. Durch die *trp*-Mutation wird die Amplitude des Einwärtsstroms deutlich reduziert und auch sein zeitlicher Verlauf verändert. Der Strom wird jedoch nicht vollständig blockiert, was darauf hindeutet, dass die TRP-Kanäle zwar hauptverantwortlich für die Lichtreaktion sind, aber mindestens ein weiterer Ionenkanal zur Gesamtantwort der Zelle beiträgt. Diese zweite Komponente der Lichtreaktion wird durch TRPL-Kanäle vermittelt. Die *trpl*-Mutation allein zeigt zunächst kaum einen Unterschied zum Wildtyp, da der Funktionsverlust durch die vorhande-

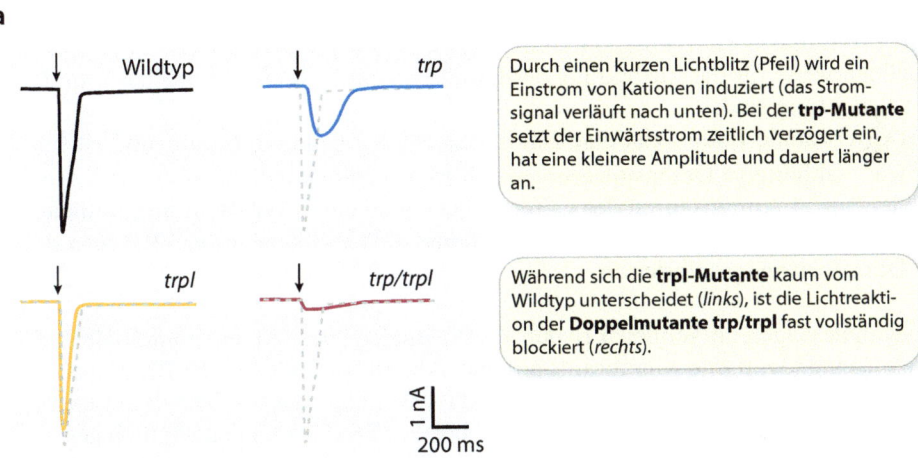

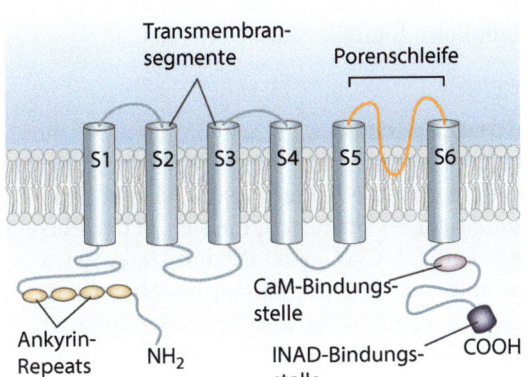

◘ **Abb. 3.9** TRP- und TRPL-Kanäle bei *Drosophila melanogaster*. **a** Auswirkungen der Mutationen *trp* und *trpl* sowie der Doppelmutation *trp/trpl* auf die Lichtreaktion. Gezeigt sind durch Licht (10 ms, 580 nm, *Pfeile*) aktivierte Ionenströme über der Membran von Photorezeptoren. Der Stromverlauf des Wildtyps ist bei den Mutationen zum Vergleich *gestrichelt* dargestellt. Modifiziert nach [30]. **b** Membrantopologie und intrazelluläre funktionelle Domänen von TRP-Kanälen. CaM, Calmodulin; INAD, *Inactivation no afterpotential D*

nen TRP-Kanäle kompensiert wird. Bei einer gemeinsamen Expression beider Mutationen kommt es zu einem nahezu vollständigen Verlust der Lichtempfindlichkeit.

Die Aminosäuresequenz der TRP-Kanäle weist eine entfernte Ähnlichkeit mit derjenigen der spannungsgesteuerten K^+-Kanäle auf (siehe ▶ Abschn. 1.4). Die TRP-Kanäle setzen sich jeweils aus vier Untereinheiten mit je sechs Transmembransegmenten zusammen (◘ Abb. 3.9b). Jede Untereinheit trägt mit einem Modul bestehend aus S5, der Porenschleife zwischen S5 und S6 sowie dem Transmembransegment S6 zur Bildung des vor allem für Ca^{2+} durchlässigen Ionenkanals bei. Aufgrund ihrer Funktion weisen TRP-Kanäle einige Eigenschaften auf, die sie von spannungsgesteuerten Ionenkanälen unterscheiden.

— Da TRP-Kanäle nicht durch Spannungsänderungen über der Zellmembran reguliert werden, ist im vierten Transmembransegment kein Spannungssensor vorhanden.
— Am N-terminalen Ende jeder Untereinheit befinden sich vier Ankyrin-Repeats, die möglicherweise für die Ausbildung der Quartärstruktur des funktionellen Kanals von Bedeutung sind.
— Das C-terminale Ende weist eine Bindungsstelle für Calmodulin auf und ist für die Ca^{2+}-abhängige Desensitisierung des Kanals verantwortlich.
— Die letzten 14 Aminosäuren des C-Terminus bilden eine PDZ-Bindungsdomäne, welche die Interaktion mit INAD vermittelt und die Verankerung der TRP-Kanäle im Transducisom gewährleistet.

TRPL-Kanäle zeigen im Vergleich zu den TRP-Kanälen eine Sequenzhomologie von 40 % sowie eine identische Membrantopologie. Allerdings fehlt den TRPL-Kanälen die C-terminale Bindungsstelle für INAD, sodass sie nicht Teil des Signalkomplexes sind. Außerdem ist die Permeabilität für Ca^{2+} bei den TRPL-Kanälen deutlich geringer als bei TRP-Kanälen. Die Untereinheiten von TRP- und TRPL-Kanälen bilden in den Photorezeptoren von *Drosophila* offensichtlich keine Heteromultimere, sondern sie liegen ausschließlich als Homooligomere vor, die unabhängig voneinander durch Licht aktiviert werden können. Beide Kanäle werden daher gleichermaßen durch die noch unbekannte Komponente der intrazellulären Signalkaskade aktiviert.

3.3.2 Ionenkanäle in ciliären Photorezeptoren

In den ciliären Photorezeptoren der Wirbeltiere wird die Änderung des Membranpotenzials durch CNG-Kanäle (*Cyclic nucleotide-gated*) vermittelt, die sich in der Plasmamembran der Stäbchen und Zapfen befinden [23]. CNG-Kanäle sind Heterotetramere, die jeweils aus drei α-Untereinheiten und einer β-Untereinheit bestehen ($\alpha_3\beta$). Bei den Stäbchen werden die α-Untereinheiten als CNGA1 und bei den Zapfen als CNGA3 bezeichnet, während die β-Untereinheiten CNGB1 in den Stäbchen sowie CNGB3 in den Zapfen vorkommen (◘ Abb. 3.10a,b).[8] CNGB1 und CNGB3 werden allgemein als regulatorische Untereinheiten angesehen, die wichtige biophysikalische Parameter wie die Ionenselektivität der Kanäle und ihre Affinität für cGMP beeinflussen.

---

8 Die Untereinheiten CNGA2 und CNGA4 werden von Riechsinneszellen exprimiert (siehe ▶ Kap. 5).

3.3 · Ionenkanäle und Lichtreaktion

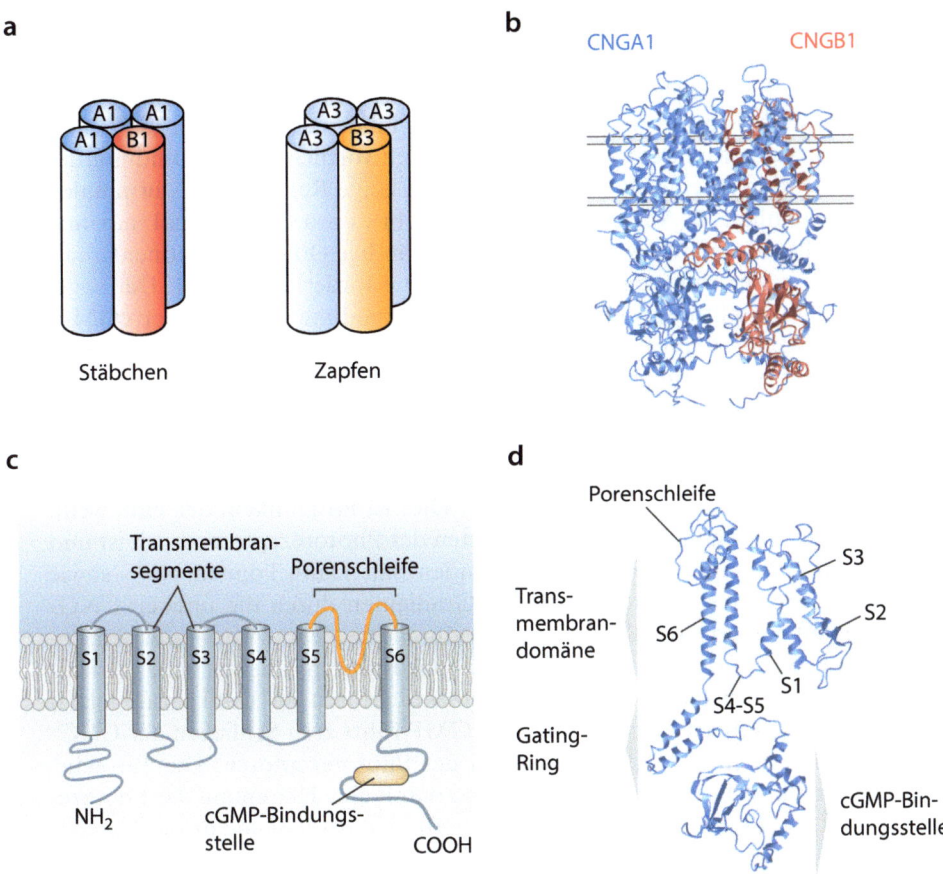

◘ **Abb. 3.10** CNG-Kanäle in ciliären Photorezeptoren. **a** Aufbau der CNG-Kanäle von Stäbchen und Zapfen aus vier Untereinheiten. **b** Ribbon-Modell eines tetrameren CNG-Kanals aus Stäbchenphotorezeptoren der Retina des Rinds mit drei CNGA1-Untereinheiten und einer CNGB1-Untereinheit. Die Position der Zellmembran wird durch die *grauen Linien* angedeutet. **c** Membrantopologie und funktionelle Regionen einer CNG-Kanaluntereinheit. **d** Ribbon-Modell einer einzelnen CNGA1-Untereinheit und ihrer funktionellen Domänen (PDB ID: 7O4H [2])

Die einzelnen Untereinheiten unterscheiden sich zwar hinsichtlich ihrer Aminosäuresequenz, sie bestehen jedoch alle aus sechs Transmembransegmenten sowie einer Porenschleife und weisen eine intrazelluläre Bindungsstelle für cGMP auf (◘ Abb. 3.10c). Ähnlich wie bei den spannungsgesteuerten Ionenkanälen bilden die Transmembransegmente S5 und S6 zusammen mit der Porenschleife den eigentlichen Ionenkanal. Obwohl drei bis vier positiv geladene Aminosäuren im vierten Transmembransegment vorhanden sind, zeigen CNG-Kanäle keine Spannungsabhängigkeit und werden daher nicht zusätzlich durch Änderungen der Membranspannung reguliert. Eine Besonderheit der CNG-Kanäle in den Stäbchenphotorezeptoren ist die GARP-Region (*Glutamic acid-rich protein*) am N-terminalen Ende von CNGB1. Die Funktion dieser Region ist bislang ungeklärt, jedoch wird eine Rolle bei der Bindung anderer Proteine wie Phosphodiesterase und Guanylatcyclase sowie beim Gating der CNG-Kanäle diskutiert [23].

Während die CNG-Kanäle der olfaktorischen Neuronen die zyklischen Nukleotide cAMP und cGMP mit etwa gleicher Affinität binden, bevorzugen die CNG-Kanäle der Photorezeptoren eindeutig cGMP. Verantwortlich für die Bindung der zyklischen Nukleotide ist eine 80–100 Aminosäuren lange Region am C-terminalen Ende jeder Untereinheit (◘ Abb. 3.10c, d). Daher gibt es pro CNG-Kanal maximal vier Bindungsstellen für cGMP, wobei für eine vollständige Öffnung des Ionenkanals die Besetzung aller vier Bindungsstellen mit cGMP erforderlich ist [34]. Der sogenannte Gating-Ring stellt dabei eine molekulare Verbindung zwischen der cGMP-Bindungsstelle und der Transmembrandomäne dar und spielt somit eine entscheidende Rolle bei der Aktivierung von CNG-Kanälen. Durch die Bindung von cGMP erfährt der Gating-Ring eine Konformationsänderung, welche auf die Transmembrandomäne übertragen wird und letztlich zum Öffnen des Ionenkanals führt.

Die CNG-Kanäle der Stäbchen- und Zapfenphotorezeptoren werden also durch die intrazelluläre Bindung von cGMP geöffnet. Dies ist im Dunkeln der Fall, wenn die cGMP-Konzentration in den Außensegmenten der Photorezeptoren hoch ist und eine Vielzahl an Bindungsstellen cGMP gebunden hat. Dann können Na^+- sowie Ca^{2+}-Ionen entlang ihres elektrochemischen Gradienten durch die offenen CNG-Kanäle in die Außensegmente diffundieren, wodurch die Zellmembran auf ein Potenzial von etwa –35 mV depolarisiert wird. Die hohe Ruheleitfähigkeit der Zellmembran für Kationen führt dazu, dass ciliäre Photorezeptoren im Dunkeln depolarisiert sind.[9] Die lichtinduzierte Hydrolyse von cGMP führt zum Schließen der CNG-Kanäle und damit zu einer Hyperpolarisation der Photorezeptoren. Die Tatsache, dass Licht die Zellmembran hyperpolarisiert und damit eine Hemmung der Photorezeptoren auslöst, hat unmittelbare Konsequenzen für den Aufbau und die molekulare Zusammensetzung der chemischen Synapsen in den Photorezeptoren sowie für den Mechanismus der Neurotransmitterfreisetzung.

Auch bei den Synapsen der Photorezeptoren erfolgt, wie bei den konventionellen chemischen Synapsen, eine Freisetzung von Neurotransmittern durch eine Depolarisation der Zellmembran. Da die ciliären Photorezeptoren im Dunkeln depolarisiert sind, setzen sie unter diesen Bedingungen kontinuierlich ihren Transmitter Glutamat frei. Diese dauerhafte Exocytose stellt natürlich ganz andere Ansprüche an eine chemische Synapse als eine durch Aktionspotenziale induzierte Freisetzung, wie sie in ▶ Kap. 2 beschrieben wurde. Die präsynaptische Endigung der Photorezeptoren weist ein aus verschiedenen Proteinen bestehendes synaptisches Band auf, das auch als Ribbon bezeichnet wird und das eine Vielzahl von synaptischen Vesikeln in der Nähe der aktiven Zone verankert. Diese sogenannten **Ribbon-Synapsen** ermöglichen die kontinuierliche Freisetzung von Neurotransmittern über einen längeren Zeitraum, und sie sind in der Lage, einen großen Bereich an graduellen Änderungen des Membranpotenzials als Reaktion auf eine dynamische Quantenausbeute zu codieren [26].

Die Kationen, die im Dunkeln kontinuierlich durch die CNG-Kanäle in die Photorezeptoren diffundieren, werden durch verschiedene Pumpen und Transporter wieder aus dem Cytosol entfernt. In der Membran der Außensegmente befindet sich

---

9 Diese Aussage basiert auf der Sichtweise, dass im Dunkeln der Ruhezustand vorliegt, während eine Belichtung den eigentlichen Reiz darstellt. In Bezug auf das Ruhemembranpotenzial der meisten Neuronen von etwa –65 mV ist die Membran der Photorezeptoren folglich depolarisiert.

der Na$^+$/Ca^{2+}-K$^+$-Austauscher, der die Konzentrationsgradienten für Na$^+$ und K$^+$ nutzt, um Ca^{2+}-Ionen aus der Zelle heraus zu transportieren. Bei jedem Transportzyklus gelangen vier positive Ladungen in Form von Na$^+$-Ionen in die Zelle hinein, während drei positive Ladungen (ein K$^+$- und ein Ca^{2+}-Ion) in den Extrazellulärraum befördert werden. Infolgedessen ist der Na$^+$/Ca^{2+}-K$^+$-Austauscher elektrogen und trägt geringfügig zu einer Positivierung des Ruhemembranpotenzials bei.

Die im Folgenden aufgelisteten Kanäle und Ionentransporter werden im Innensegment der ciliären Photorezeptoren exprimiert und sorgen für eine Konstanz der intrazellulären Ionenkonzentrationen (◘ Abb. 3.11). Dieser Prozess ist äußerst energieintensiv, da ständig Kationen durch die CNG-Kanäle in die Photorezeptoren diffundieren, die unter Verbrauch von ATP wieder hinaus transportiert werden müssen.

- Zahlreiche Moleküle der Na$^+$/K$^+$-ATPase halten die intrazellulären Na$^+$- und K$^+$-Konzentrationen konstant. Die Konzentrationsgradienten für Na$^+$- und K$^+$-Ionen über der Zellmembran gewährleisten wiederum die reibungslose Funktion des Na$^+$/Ca^{2+}-K$^+$-Austauschers im Außensegment. Hierbei handelt es sich um einen sekundär aktiven Transporter, der auf den Konzentrationsgradienten für Na$^+$ (außen → innen) und K$^+$ (innen → außen) über der Membran basiert.

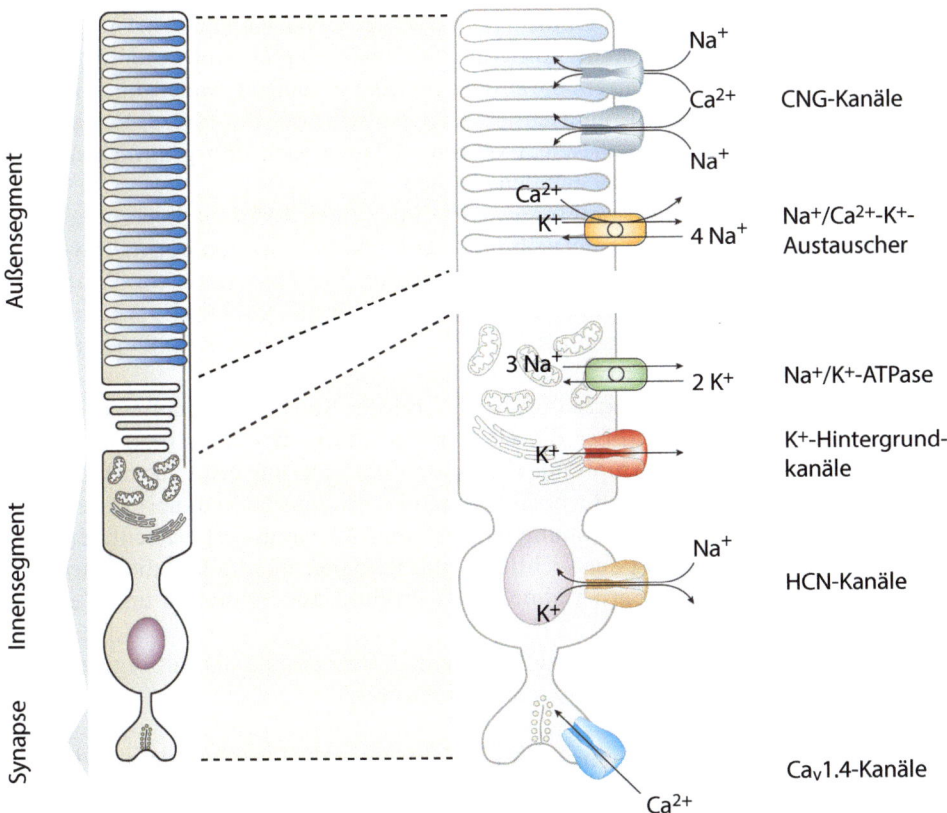

◘ **Abb. 3.11** Ionenkanäle und Ionentransporter in der Plasmamembran eines Stäbchenphotorezeptors. Im Außen- und Innensegment werden unterschiedliche Ionenkanäle und Transportproteine exprimiert

- Dauerhaft offene Kaliumhintergrundkanäle sind hauptsächlich für das Ruhemembranpotenzial der Photorezeptoren verantwortlich (siehe ▸ Abschn. 1.3.2).
- HCN-Kanäle (*Hyperpolarization-activated cyclic nucleotide-gated*) sind für Na^+ und K^+ durchlässig und werden durch eine Hyperpolarisation des Membranpotenzials geöffnet. Der durch diese Ionenkanäle fließende Strom (I_h) verkürzt die Lichtreaktion der Photorezeptoren und erhöht damit deren zeitliche Verarbeitungskapazität [3].
- An der synaptischen Endigung befinden sich spannungsabhängige Ca^{2+}-Kanäle vom Subtyp $Ca_v1.4$. Eine Depolarisation der synaptischen Endigung führt zur Öffnung der $Ca_v1.4$-Kanäle, wodurch der Einstrom von Ca^{2+}-Ionen in die Zelle initiiert wird. Die Erhöhung der intrazellulären Ca^{2+}-Konzentration löst schließlich die Freisetzung von Glutamat aus (siehe ▸ Abschn. 2.2).

Das Ruhemembranpotenzial ciliärer Photorezeptoren beträgt im Dunkeln etwa $-35\,mV$ und ist damit deutlich positiver als das anderer Neuronen. Diese Differenz ist auf die hohe Ruheleitfähigkeit der Membran der Außensegmente für Na^+ und Ca^{2+} zurückzuführen, die zusammen mit den Kaliumhintergrundkanälen das Ruhemembranpotenzial bestimmt. Beide Leitfähigkeiten sind annähernd gleich groß, sodass der Wert des Ruhemembranpotenzials zwischen dem Gleichgewichtspotenzial für K^+ (-80 bis $-90\,mV$) und dem Umkehrpotenzial der CNG-Kanäle ($0\,mV$) liegt.

In ◘ Abb. 3.12a ist die Spannungsänderung in einem Zapfenphotorezeptor als Reaktion auf einen kurzen Lichtreiz dargestellt [4]. Die jeweiligen Änderungen der Membranspannung mit der Zeit repräsentieren die Antwort des Photorezeptors auf Licht steigender Intensität. Aus diesem Experiment lassen sich drei grundlegende Prinzipien der Codierung von Lichtsignalen ableiten:

1. Die Zellmembran der Photorezeptoren wird durch einen Lichtreiz hyperpolarisiert. Dies ist zunächst einmal ungewöhnlich, da Hyperpolarisation normalerweise Hemmung und Depolarisation Erregung bedeutet. Die Absorption von Photonen führt also zur Hemmung von Photorezeptoren. Für die synaptische Aktivität hat das zur Folge, dass die Ausschüttung des Neurotransmitters Glutamat je nach Lichtintensität reduziert oder vollständig gehemmt wird.
2. Die Amplitude der Hyperpolarisation hängt von der Stärke des Lichtreizes ab: je heller das Licht, desto größer die Hyperpolarisation. Bei einer bestimmten Lichtintensität erreicht die Amplitude der Spannungsänderung etwa $-65\,mV$ und nimmt danach nicht weiter zu. Bei noch höheren Lichtintensitäten dauert es deutlich länger, bis die Membranspannung wieder ihren Ausgangswert erreicht. Entscheidend für die Codierung der Lichtintensität ist daher nicht allein die Stärke der Hyperpolarisation, sondern vielmehr das Produkt aus Spannung und Zeit, also die Fläche unter der Kurve.
3. Die Latenzzeit, also die Zeitspanne zwischen einem Reiz und der darauffolgenden Reaktion, verkürzt sich bei steigender Lichtintensität.

Stäbchenphotorezeptoren weisen eine so hohe Lichtempfindlichkeit auf, dass sie bereits auf einzelne Photonen mit einer messbaren Änderung ihres Membranpotenzials reagieren. Daher arbeiten sie optimal bei sehr geringen Lichtintensitäten, während sie bei mittleren bis hohen Lichtintensitäten in eine Sättigung geraten und nicht mehr zum Sehprozess beitragen. Zapfenphotorezeptoren hingegen werden erst bei höheren Lichtintensitäten aktiv, und ihre Lichtreaktion zeigt auch bei sehr hohen Intensitä-

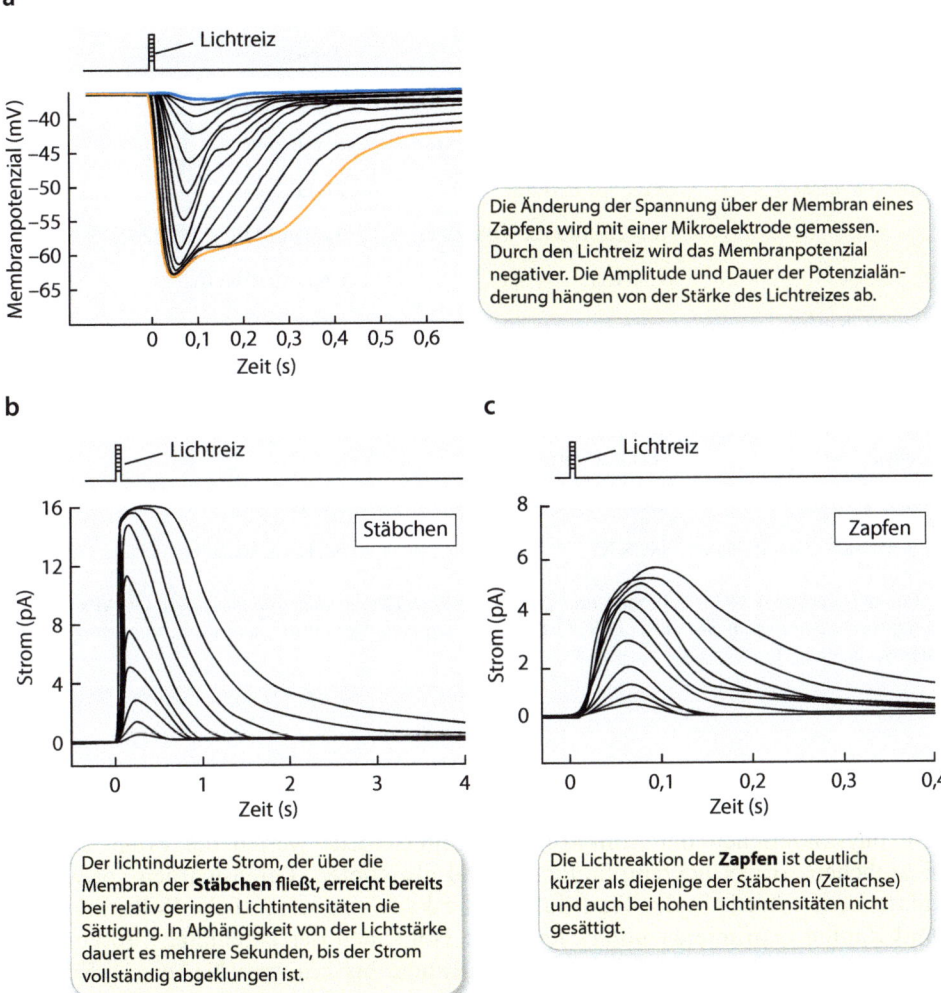

Abb. 3.12 Lichtreaktion ciliärer Photorezeptoren. **a** Messung der Membranspannung eines Zapfenphotorezeptors als Reaktion auf Lichtreize unterschiedlicher Intensität. Der Verlauf des Lichtreizes von 10 ms Dauer ist im oberen Teil der Abbildung dargestellt. Bei jeder Wiederholung wurde die Lichtintensität verdoppelt. Die Reaktion auf die schwächste und auf die stärkste Lichtintensität ist *blau* bzw. *orange* gekennzeichnet. **b** Messung des Stroms über der Zellmembran eines Stäbchenphotorezeptors als Reaktion auf einen 20 ms langen Lichtreiz steigender Intensität (0,5–2000 Photonen pro μm^2). **c** Messung des Stroms über der Zellmembran eines Zapfenphotorezeptors (200–500.000 Photonen/μm^2). Für die Aktivierung von Zapfen ist insgesamt eine wesentlich höhere Photonendichte erforderlich. Modifiziert nach [21]

Tab. 3.2 Isoformen wichtiger Signalproteine in Stäbchen und Zapfen

	Stäbchen	Zapfen
Photopigment	Stäbchenopsin (Rhodopsin)	Zapfenopsine
G-Protein (Transducin)	$\alpha 1, \beta 1, \gamma 1$	$\alpha 2, \beta 3, \gamma 8$
Phosphodiesterase 6	PDE6A, PDE6B	PDE6C
	Stäbchen-PDE6γ (PDE6G)	Zapfen-PDE6γ (PDE6H)
CNG-Kanäle	CNGA1, CNGB1	CNGA3, CNGB3
Rhodopsin-Kinase	GRK1	GRK1
Arrestin	Arrestin-1	Arrestin-1, Arrestin-4
GAPs	RGS9-1, Gβ5 und R9AP-1	RGS9-1, Gβ5 und R9AP-1
Guanylylcylase	ret GC1, retGC2	retGC1
GCAPs	GCAP1, GCAP2	GCAP1
Na^+/Ca^{2+}-K^+-Austauscher	NCKX1	NCKX2, NCKX4

GC, Guanylylcyclase; CNG, *Cyclic nucleotide-gated*; GAPs, *GTPase-accelerating proteins*; GCAPs, *Guanylyl cyclase-activating proteins*; GRK, G-Protein-gekoppelte Rezeptorkinase; PDE, Phosphodiesterase. Nach [21]

ten keine Sättigung. Außerdem ist die Antwort auf einen Lichtreiz bei den Zapfen deutlich kürzer als bei den Stäbchen (Abb. 3.12b, c).

Diese physiologischen und funktionellen Unterschiede werfen die Frage auf, warum Stäbchen so viel lichtempfindlicher sind als Zapfen. Offensichtlich spielen molekulare Unterschiede in der Transduktionskaskade eine wesentliche Rolle. Stäbchen und Zapfen exprimieren unterschiedliche Isoformen der beteiligten Proteine, beginnend beim Opsin über PDE und CNG-Kanäle bis hin zum Na^+/Ca^{2+}-K^+-Austauscher [21].

Tab. 3.2 gibt einen Überblick über die wichtigsten molekularen Unterschiede der Signaltransduktion bei Stäbchen und Zapfen. Einige der in Tab. 3.2 aufgelisteten Proteine sind von großer Bedeutung für die Dauer der Lichtreaktion und werden im nächsten Abschnitt ausführlich besprochen.

Schlüsselkonzepte ▶ Abschn. 3.3 Ionenkanäle und Lichtreaktion

- In rhabdomeren Photorezeptoren wird die Lichtreaktion durch die gemeinsame Aktivierung von TRP- und TRPL-Kanälen vermittelt. Bei geöffneten Kanälen führt der Einstrom von Kationen, insbesondere von Ca^{2+}-Ionen, zu einer Depolarisation der Zellmembran.
- TRP-Kanäle gehören zu einer großen Familie sensorischer Proteine, die auch für die Transduktion mechanischer und thermischer Reize verantwortlich sind.

- Ciliäre Photorezeptoren exprimieren CNG-Kanäle, die in Stäbchen- und Zapfenphotorezeptoren aus jeweils verschiedenen Untereinheiten bestehen. Die CNG-Kanäle der Photorezeptoren werden durch die intrazelluläre Bindung von cGMP geöffnet.
- Im Dunkeln ist die cGMP-Konzentration in den Photorezeptoren hoch, und der Einstrom von Kationen durch die geöffneten CNG-Kanäle depolarisiert die Membran auf etwa −35 mV. Die Absorption von Photonen initiiert über eine Signalkaskade die Hydrolyse von cGMP. Infolgedessen schließen die CNG-Kanäle, und die Zellmembran der Photorezeptoren hyperpolarisiert.
- Die Lichtreaktion ciliärer Photorezeptoren basiert auf einer Reduktion der Transmitterfreisetzung, die in Abhängigkeit von der Intensität des Lichtreizes dynamisch und graduell angepasst werden kann. Photorezeptoren sind mit speziellen chemischen Synapsen ausgestattet, die als Ribbon-Synapsen bezeichnet werden.
- Die Stärke des Lichtreizes wird durch die Amplitude und die Dauer der Hyperpolarisation codiert.
- Stäbchenphotorezeptoren weisen eine hohe Lichtempfindlichkeit auf. Sie reagieren bereits auf wenige Photonen, sind jedoch schon bei geringen Lichtintensitäten gesättigt. Aufgrund molekularer Unterschiede in der Signaltransduktionskaskade sind Zapfenphotorezeptoren weniger lichtempfindlich und zeigen auch bei hohen Lichtintensitäten keine Sättigung in ihrer Antwort.

3.4 Beendigung der Lichtreaktion

Lernziele
1. Die Funktion der Rhodopsin-Kinase und des Arrestins für die Inaktivierung von Rhodopsin erläutern.
2. Die Beendigung der Aktivität von Transducin durch GAPs und akzessorische Proteine beschreiben.
3. Die calciumabhängige Regulation der Guanylylcyclase durch GCAPs erläutern.
4. Die Bedeutung der Dauer der Lichtreaktion für die Verarbeitung visueller Signale diskutieren.

In der natürlichen Umwelt treten Lichtreize in der Regel nicht einmalig und statisch auf, sondern in unterschiedlicher zeitlicher Abfolge und Intensität. Bewegungen beruhen auf der Veränderung der Position eines Objekts im Raum, und die zeitnahe Verarbeitung dieser Information ist für die Abwägung möglicher Verhaltensoptionen eines Organismus von entscheidender Bedeutung. Um kurz aufeinanderfolgende Lichtreize unterscheiden und verarbeiten zu können, muss die Lichtreaktion der Photorezeptoren beendet werden. Je schneller und effizienter dies geschieht, desto besser ist die zeitliche Auflösung der Signalverarbeitung im visuellen System.

Die Dauer der Lichtreaktion bezeichnet die Zeitspanne, in der die Zellmembran der Photorezeptoren hyperpolarisiert ist (◘ Abb. 3.12a). Um einen Photorezeptor zurück in den depolarisierten Zustand zu versetzen und damit dessen erneute Aktivierbarkeit wiederherzustellen, müssen alle Komponenten der Signalkaskade in ihren Ausgangszustand zurückversetzt werden. Dieser Reset wird nicht dem zufälligen thermischen Abbau der beteiligten Komponenten überlassen, sondern ist sowohl bei den Stäbchen als auch bei den Zapfen ein aktiv regulierter Prozess, bei dem mehrere Schritte ineinandergreifen. Das all-*trans*-Retinal wird in 11-*cis*-Retinal umgewandelt, Rhodopsin wird inaktiviert, die Gα-Untereinheit des Transducins löst sich von der PDE6 ab und verbindet sich erneut mit dem $\beta\gamma$-Dimer zum inaktiven Gα•GDP•$\beta\gamma$-Komplex. Da Phosphodiesterase inaktiv ist, steigt bei gleichzeitiger Aktivität von Guanylylcyclase die cGMP-Konzentration wieder an, sodass schließlich die CNG-Kanäle öffnen und der Einstrom von Na$^+$- und Ca^{2+}-Ionen die Membran auf den Wert von -35 mV depolarisiert.

Die Inaktivierung der Phototransduktionskaskade dauert insgesamt weniger als 1 s. Betrachten wir die molekularen Mechanismen im Detail:

— Die Reisomerisierung von all-*trans*-Retinal in 11-*cis*-Retinal ist ein komplexer, mehrstufiger Prozess, der in ▶ Abschn. 3.6 ausführlich beschrieben wird.
— Die Inaktivierung von Rhodopsin erfolgt in zwei aufeinanderfolgenden Schritten (◘ Abb. 3.13). In einem ersten Schritt phosphoryliert das Enzym **Rhodopsin-Kinase** mehrere Serinreste am C-terminalen Ende des Rhodopsins, was etwa 100 ms dauert. Die Phosphorylierung des aktiven Rhodopsins führt zu einer Konformationsänderung, sodass eine intrazelluläre Bindungsstelle für **Arrestin** zu-

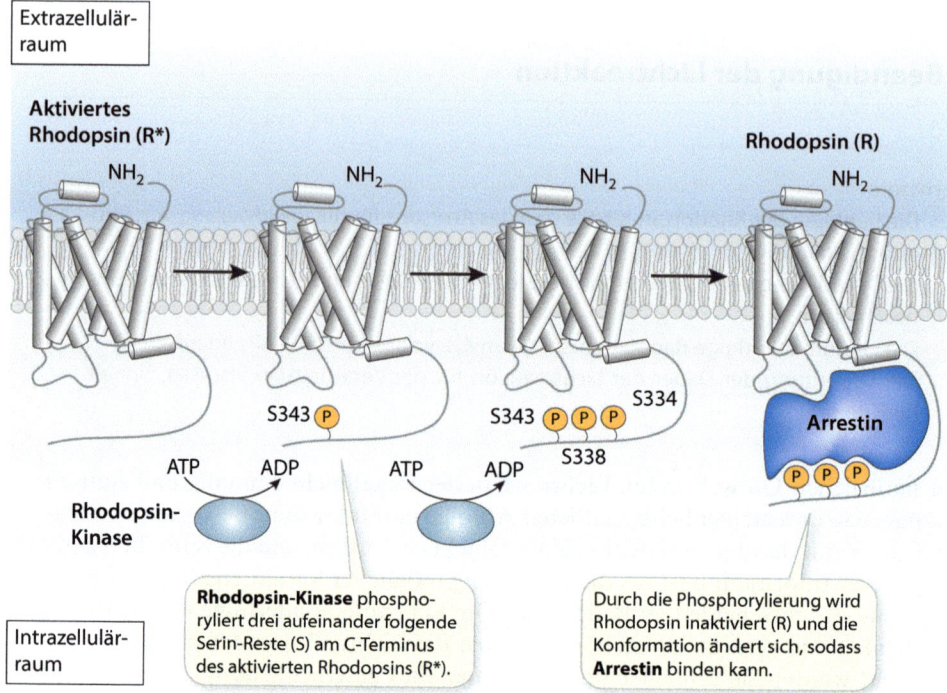

◘ **Abb. 3.13** Die Phosphorylierung des aktivierten Rhodopsins am C-Terminus durch das Enzym Rhodopsin-Kinase führt zur Inaktivierung des Rhodopsins und generiert eine intrazelluläre Bindungsstelle für Arrestin. Die Bindung von Arrestin an das phosphorylierte Rhodopsin verhindert weitere Wechselwirkungen mit Transducin

3.4 · Beendigung der Lichtreaktion

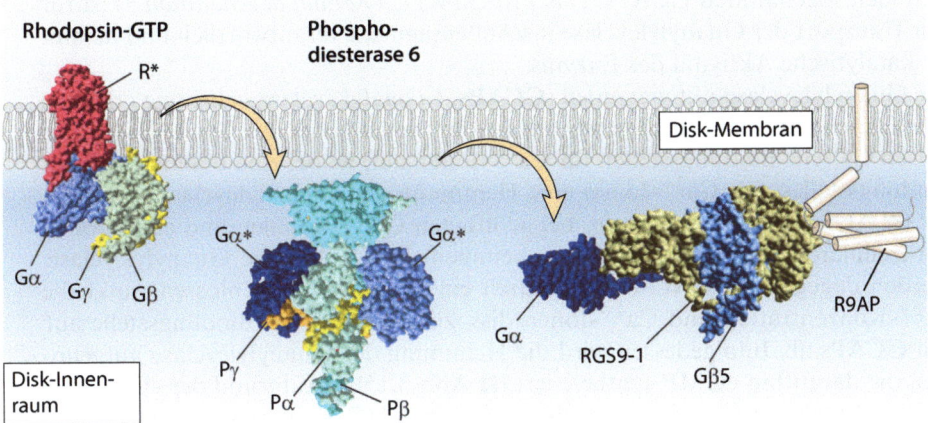

Abb. 3.14 Beendigung der Aktivität von Transducin durch RGS9-1 und R9AP-1. PDB IDs: Rhodopsin/Transducin: 6OYA; PDE6/Gα: 7JSN [16]; RSG9-1/Gβ5: 2PBI [8]. Die dreidimensionale Struktur von R9AP-1 ist noch nicht im Detail bekannt. Die Darstellung der α-Helices von R9AP-1 basiert auf [5]

gänglich wird. Transducin kann nicht mehr an diesen Komplex aus Opsin und Arrestin binden. Fehlt hingegen das C-terminale Ende, kann Rhodopsin nicht phosphoryliert werden und bleibt deutlich länger in einem aktivierten Zustand [27]. Ebenso resultieren Mutationen im Gen für Arrestin in einer wesentlich verlängerten Lichtreaktion [47].

— Die Beendigung der Aktivität von Transducin erfordert die Hydrolyse von GTP zu GDP sowie die Zusammenlagerung der drei G-Protein-Untereinheiten zum ursprünglichen heterotrimeren Komplex $G\alpha_t \bullet GDP \bullet \beta\gamma$. **GAPs**, *GTPase-accelerating proteins*, beschleunigen die intrinsische GTPase-Aktivität von $G\alpha_t \bullet GTP$, die ohne Unterstützung nur sehr langsam arbeitet. Die retinaspezifische Variante RGS9-1 ist in den Außensegmenten der Photorezeptoren, insbesondere in den Zapfen, lokalisiert. Zusammen mit den Proteinen Gβ5 und PDE6γ erhöht RGS9-1 die Geschwindigkeit der Hydrolyse von GTP um ein Vielfaches. R9AP-1 fungiert dabei als Ankerprotein, welches den gesamten Molekülkomplex mit einem Transmembransegment an die Diskmembran in den Außensegmenten bindet (◘ Abb. 3.14). Fehlt RGS9-1, so fällt die Antwort auf einen kurzen Lichtreiz deutlich länger aus [9].

— Zur Wiederherstellung der höheren intrazellulären cGMP-Konzentration, bei der die CNG-Kanäle geöffnet sind, muss das für die cGMP-Synthese verantwortliche Enzym **Guanylylcyclase** aktiviert werden. Guanylylcyclase weist ein Transmembransegment auf und kommt als Homodimer in der Diskmembran der Stäbchen sowie in den Membraneinstülpungen der Zapfen vor. Das Enzym wird durch die intrazelluläre Ca^{2+}-Konzentration reguliert, die wiederum von der Umgebungshelligkeit abhängt. Wir erinnern uns, dass Licht über die Phototransduktionskaskade die CNG-Kanäle schließt. Dadurch diffundieren weniger Ca^{2+}-Ionen in die Außensegmente, während der Na^+/Ca^{2+}-K^+-Austauscher weiterhin Ca^{2+} aus der Zelle befördert.[10] Die Empfindlichkeit der Guanylylcyclase für die intrazelluläre Ca^{2+}-Konzentration beruht auf der Wechselwirkung mit Ca^{2+}-bindenden Proteinen, den sogenannten GCAPs. Das Protein RD3 (*Retinal degeneration 3*) ist für den Transport der Guanylylcyclase ins Außensegment verantwortlich und hemmt die katalytische Aktivität des Enzyms.

- Die Guanylylcyclase-aktivierenden (**GCAPs**, *Guanylyl cyclase-activating proteins*) interagieren mit einer cytoplasmatischen Domäne der Guanylylcyclase. Außerdem weisen GCAPs Bindungsstellen für Ca^{2+}-Ionen auf, wobei eine Besetzung dieser Bindungsstellen mit Ca^{2+}-Ionen eine Hemmung der Guanylylcyclase zur Folge hat (◘ Abb. 3.15a). Im Dunkeln, bei geöffneten CNG-Kanälen und einer hohen intrazellulären Ca^{2+}-Konzentration, hemmen die GCAPs die Guanylylcyclase. Werden dagegen die CNG-Kanäle durch einen Lichtreiz geschlossen, sinkt die Ca^{2+}-Konzentration und Ca^{2+}-Ionen dissoziieren von ihrer Bindungsstelle auf den GCAPs ab. Infolgedessen wird die Hemmung der Guanylylcyclase aufgehoben, die daraufhin cGMP synthetisiert (◘ Abb. 3.15b). Aufgrund der steigenden cGMP-Konzentration öffnen zunehmend mehr CNG-Kanäle, sodass das Membranpotenzial schließlich wieder den depolarisierten Wert des Zustands im Dunkeln erreicht. Bei einer Mutation der Gene beider GCAP-Isoformen (GCAP1 und GCAP2) in den Stäbchenphotorezeptoren bleiben die CNG-Kanäle länger geschlossen, und die Lichtreaktion verläuft deutlich langsamer [28].

So wie die Lichtreaktion durch die Verschränkung aufeinanderfolgender molekularer Prozesse vermittelt wird, beruht auch ihre Beendigung auf einer zeitlich genau abgestimmten Inaktivierung der beteiligten Moleküle. Diese Abschaltprozesse werden zumindest teilweise durch die intrazelluläre Ca^{2+}-Konzentration reguliert und verlaufen mit unterschiedlichen Geschwindigkeiten, wobei der langsamste Schritt letztlich die Dauer der Lichtreaktion bestimmt. Sowohl die Inaktivierung von Rhodopsin als auch die Resynthese von cGMP und das Öffnen der CNG-Kanäle verlaufen so schnell, dass diese Schritte keinen Einfluss auf die Dauer der Lichtreaktion haben [7]. Demgegenüber führt die Überexpression von GAPs zu einer deutlichen Verkürzung der Lichtreaktion, wobei das Ausmaß dieser Beschleunigung von der Konzentration der GAP-Proteine im Außensegment abhängt [24]. GAPs erhöhen die Geschwindigkeit, mit der an $G\alpha_t$ gebundenes GTP zu GDP hydrolysiert wird und verkürzen auf diese Weise die Aktivitätsdauer der PDE6. Diese molekularen Wechselwirkungen deuten darauf hin, dass das Abschalten der aktivierten PDE6 den geschwindigkeitsbestimmenden Schritt zur Beendigung der Lichtreaktion darstellt.

---

10 Das lichtinduzierte Schließen der CNG-Kanäle reduziert die Ca^{2+}-Konzentration in den Außensegmenten der Photorezeptoren je nach Spezies um den Faktor 10–100.

3.4 · Beendigung der Lichtreaktion

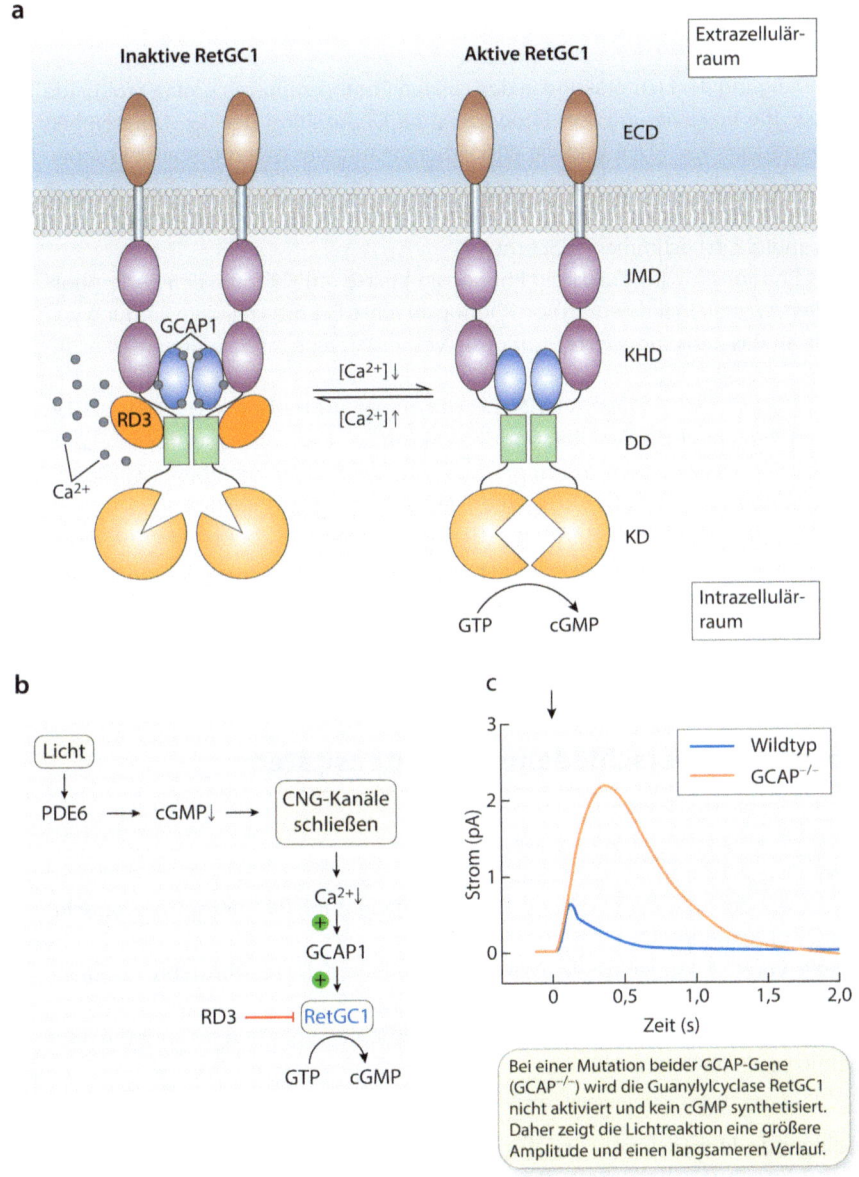

Abb. 3.15 Calciumabhängige Regulation der Guanylylcyclase RetGC1 in Stäbchenphotorezeptoren. **a** Die Guanylylcyclase ist ein Homodimer mit jeweils einem Transmembransegment. Bei einer hohen intrazellulären Ca^{2+}-Konzentration binden drei Ca^{2+}-Ionen an ein Monomer und inhibieren die katalytische Region (*links*). Sind keine Ca^{2+}-Ionen an GCAP gebunden, ist die Guanylylcyclase aktiv und synthetisiert cGMP (*rechts*). **b** Das Schließen von CNG-Kanälen verringert die intrazelluläre Ca^{2+}-Konzentration, wodurch die hemmende Wirkung von GCAP1 aufgehoben wird. **c** Die Absorption eines einzelnen Photons zum Zeitpunkt t = 0 (*Pfeil*) erzeugt einen elektrischen Strom über der Membran. Bei einer Mutation beider GCAP-Gene ($GCAP^{-/-}$) ist die Lichtantwort signifikant verlängert, was die Bedeutung von GCAP für die Beendigung der Lichtreaktion unterstreicht. Modifiziert nach [28]

> **Schlüsselkonzepte ▶ Abschn. 3.4 Beendigung der Lichtreaktion**
>
> - Die Beendigung der Lichtreaktion in den ciliären Photorezeptoren umfasst folgende Prozesse: die Inaktivierung von Rhodopsin, die Dissoziation der Gα-Untereinheit des Transducins von PDE6 und die Wiederherstellung des heterotrimeren Komplexes Gα_t•GDP•$\beta\gamma$, die Synthese von cGMP, das Öffnen der CNG-Kanäle und die Depolarisation der Membran auf –35 mV. Die Deaktivierung von PDE6 ist dabei der geschwindigkeitsbestimmende Schritt.
> - Aktives Rhodopsin wird durch die Rhodopsin-Kinase am C-terminalen Ende phosphoryliert, was zur Inaktivierung von Rhodopsin führt. Die intrazelluläre Bindung von Arrestin an das phosphorylierte Rhodopsin verhindert eine Interaktion mit Transducin.
> - *GTPase-accelerating proteins* (GAPs) beschleunigen die Hydrolyse von GTP zu GDP und beenden somit die Aktivität von Transducin. Zu den retinaspezifischen GAPs zählt RGS9-1, welches gemeinsam mit Gβ5 und R9AP einen membranassoziierten Proteinkomplex in den Außensegmenten der Photorezeptoren bildet.
> - Guanylylcyclase-aktivierende Proteine (GCAPs) binden bei einer hohen intrazellulären Ca^{2+}-Konzentration an die Guanylylcyclase und hemmen ihre katalytische Aktivität. Bei niedriger Ca^{2+}-Konzentration ist die Guanylylcyclase aktiv und synthetisiert cGMP, wodurch wiederum die CNG-Kanäle geöffnet werden.

3.5 Adaptation an verschiedene Lichtintensitäten

> **Lernziele**
> 1. Das Konzept der Adaptation erklären und seine Bedeutung für sinnesphysiologische Prozesse diskutieren.
> 2. Die Rolle von Ca^{2+}-Ionen für die Adaptation auf Ebene der Photorezeptoren erläutern.
> 3. Adaptive Prozesse anhand der Anatomie des Wirbeltierauges und synaptischer Verschaltungen in der Retina erklären.

Eine grundlegende Herausforderung für das visuelle System stellt die immense Variabilität der Umgebungshelligkeit dar, die von der Lichtintensität eines bewölkten Nachthimmels bis zur gleißenden Helligkeit eines Schneefelds in der Mittagssonne reichen kann. Dieser außerordentlich große Arbeitsbereich, der Lichtintensitäten von bis zu elf Größenordnungen[11] umfasst, wird nicht durch die Signalkaskade

---

[11] Als Größenordnung werden in diesem Zusammenhang Potenzen zur Basis 10 bezeichnet. Der Arbeitsbereich menschlicher Photorezeptoren erstreckt sich von etwa 10^{-6} cd m^{-2} im Bereich der absoluten Wahrnehmungsschwelle bis hin zu 10^5 cd m^{-2}. Die Luminanz der Sonnenscheibe, in die man möglichst nicht direkt hineinschauen sollte, beträgt 10^9 cd m^{-2}. Die Candela (cd) ist die SI-Einheit der Lichtstärke.

selbst implementiert, sondern beruht auf mehreren ineinandergreifenden Prozessen. In diesem Kapitel sollen die bisher bekannten molekularen Mechanismen beschrieben werden, die zur Anpassung der Photorezeptoren an unterschiedliche Helligkeiten beitragen.

Unter **Adaptation** versteht man in der Sinnesphysiologie eine reversible Anpassung der Empfindlichkeit an unterschiedlich große Reizintensitäten, also beispielsweise an die große Bandbreite der Umgebungshelligkeit. Die Adaptation ermöglicht eine flexible Justierung des Arbeitsbereichs der Photorezeptoren, sodass die Signalkaskade nicht in die Sättigung gerät und visuelle Signale auch bei unterschiedlichen Lichtintensitäten erkannt und verarbeitet werden können. Hierbei gilt grundsätzlich, dass die Lichtempfindlichkeit der Stäbchen und Zapfen mit zunehmender Lichtintensität des Hintergrunds abnimmt.

Bei der Adaptation spielt zunächst einmal die Menge der Ca^{2+}-Ionen in den Außensegmenten der Photorezeptoren eine wichtige Rolle, da keine Adaptation mehr stattfindet, wenn die Ca^{2+}-Konzentration experimentell konstant gehalten wird. Nehmen wir an, die Lichtintensität des Hintergrunds wird plötzlich erhöht, etwa wenn man aus einem dunklen Zimmer ins Freie tritt. Die Änderung der Lichtintensität führt zunächst zu einer erhöhten Aktivität der PDE6, sodass verstärkt cGMP hydrolysiert wird. In der Folge schließen die CNG-Kanäle, was zu einer Reduktion der intrazellulären Ca^{2+}-Konzentration führt (◘ Abb. 3.15b). Wir erinnern uns an die Regulation der Guanylylcyclase, die durch eine reduzierte Ca^{2+}-Konzentration aktiviert wird und daraufhin wieder cGMP synthetisiert (siehe ▶ Abschn. 3.4). Durch die gleichzeitige enzymatische Aktivität von PDE6 und Guanylylcyclase wird ein Gleichgewicht zwischen Hydrolyse und Synthese von cGMP aufgebaut. Dieser Gleichgewichtszustand ist jedoch dynamisch und kann zu niedrigeren oder höheren cGMP-Konzentrationen verschoben werden. Einige Zeit nach einer Änderung der Umgebungshelligkeit wird ein Zustand erreicht, in dem die cGMP-Konzentration höher ist als unmittelbar nach dem Wechsel der Hintergrundbeleuchtung. Eine höhere cGMP-Konzentration bedeutet wiederum, dass sich mehr CNG-Kanäle öffnen, die dann erneut für die Lichtreaktion zur Verfügung stehen. Allerdings bleibt auch bei einer Mutation der beiden GCAP-Gene, welche die Ca^{2+}-Sensitivität der Guanylylcyclase vermitteln, eine reduzierte Fähigkeit zur Adaptation erhalten. Es ist daher anzunehmen, dass weitere, bisher unbekannte Ca^{2+}-abhängige Prozesse existieren, die zur Adaptation beitragen.

Neben den molekularen Mechanismen, die in den Außensegmenten der Photorezeptoren implementiert sind, spielen anatomische und zelluläre Strukturen des Wirbeltierauges eine wesentliche Rolle bei der Anpassung an unterschiedliche Lichtintensitäten:

— Die Pupille des Wirbeltierauges funktioniert ähnlich wie die Blende eines Fotoapparats, die je nach Öffnungsgrad mehr oder weniger Licht durchlässt. Beim Menschen verändert sich der Durchmesser der Pupille von 3 mm bei Helligkeit auf etwa 7 mm im Dunkeln, wobei bis zu 80-mal mehr Licht auf die Retina gelangt. Die Pupillenweite wird reflektorisch durch Kontraktion der glatten Irismuskulatur reguliert. Dabei führen sympathische Nervenfasern zu einer Erweiterung, während parasympathische Fasern eine Verengung der Pupille bewirken.
— Die unterschiedlichen Lichtempfindlichkeiten ciliärer Photorezeptoren bilden die Grundlage für eine Arbeitsteilung zwischen Stäbchen und Zapfen. Bei geringer Umgebungshelligkeit werden die Stäbchen aktiviert (skotopisches Sehen), wäh-

rend bei höherer Belichtungsstärke die Zapfen zum Einsatz kommen (photopisches Sehen). Allerdings konnte die Lichtintensität, bei der die Stäbchen vollständig gesättigt sind und keine Lichtreaktion mehr erzeugen können, bisher nicht zufriedenstellend definiert werden. Zudem deuten neuere Ergebnisse darauf hin, dass die Stäbchen auch bei Tageslicht eine gewisse Funktionalität aufweisen [41].
— Dynamisch regulierbare synaptische Verbindungen in den Schaltkreisen der Netzhaut implementieren Adaptationsprozesse auf Netzwerkebene. So kann beispielsweise die Effizienz der Synapse zwischen Photorezeptoren und nachgeschalteten Neuronen durch Rückkopplungsmechanismen an die jeweilige Umgebungshelligkeit angepasst werden. Eine wesentliche Rolle spielen dabei die Horizontalzellen der Retina, die synaptischen Input von Photorezeptoren erhalten und durch inhibitorische Prozesse auf die Transmitterfreisetzung an der Synapse zwischen Photorezeptoren und Bipolarzellen zurückwirken.
— Die Anzahl der Photorezeptoren, die auf ein nachgeschaltetes Neuron konvergieren, ist maßgeblich für die Lichtempfindlichkeit verantwortlich. Je mehr Photorezeptoren zu einer funktionellen Einheit zusammengeschlossen sind, desto größer ist die Wahrscheinlichkeit, dass ein Photon absorbiert wird und das nachgeschaltete Neuron ein Signal erzeugt. Gap Junctions ermöglichen eine lichtabhängige Anpassung der Größe solcher Module, die im Vergleich zu einer 1:1-Verschaltung eine deutlich höhere Lichtempfindlichkeit aufweisen. Allerdings geht die verbesserte Lichtausbeute auf Kosten der räumlichen Auflösung, was wir unter anderem dann bemerken, wenn wir im Dämmerlicht versuchen, einen Ball zu fangen.

Die Adaptation an unterschiedliche Lichtintensitäten basiert auf einer Reihe von Mechanismen, darunter die Regulation der einfallenden Lichtmenge, die Arbeitsteilung von Photorezeptoren unterschiedlicher Empfindlichkeit, die flexible Einstellung biochemischer Regelkreise sowie dynamische synaptische Anpassungen innerhalb des retinalen Netzwerks.

> **Schlüsselkonzepte ▶ Abschn. 3.5 Adaptation an verschiedene Lichtintensitäten**
>
> — Das visuelle System ist mit einer außerordentlich großen Variabilität der Umgebungshelligkeit konfrontiert, die sich über elf Größenordnungen erstreckt. Adaptive Prozesse auf molekularer, zellulärer und Netzwerkebene erweitern den Arbeitsbereich und ermöglichen eine Signalverarbeitung bei sehr unterschiedlichen Lichtintensitäten.
> — Die Adaptation an unterschiedliche Hintergrundhelligkeiten erfolgt auf molekularer Ebene durch die intrazelluläre Ca^{2+}-Konzentration, welche über die Regulation der Guanylylcyclase ein dynamisches Gleichgewicht zwischen Hydrolyse und Synthese von cGMP erzeugt.
> — Die Pupille des Wirbeltierauges reguliert die einfallende Lichtmenge. Die lichtabhängige Einstellung der Pupillenweite erfolgt durch eine reflektorische Kontraktion der Irismuskulatur.

- Die Arbeitsteilung der Stäbchen- und Zapfenphotorezeptoren mit ihren unterschiedlichen Lichtempfindlichkeiten trägt ebenfalls zur Adaptation an die Umgebungshelligkeit bei.
- Dynamische Änderungen der synaptischen Stärke zwischen Photorezeptoren und nachgeschalteten Neuronen sowie die Anzahl der Photorezeptoren, die über Gap Junctions zu einer funktionellen Einheit zusammengeschlossen werden, passen die Verarbeitungskapazität der Retina an die Lichtintensität an.

3.6 Pigmenterneuerung

Lernziele
1. Die Notwendigkeit der Pigmenterneuerung für die Absorption von Photonen und den Sehprozess erläutern.
2. Die grundsätzlichen Schritte der Regeneration des 11-*cis*-Retinals bei rhabdomeren und ciliären Photorezeptoren vergleichen.
3. Die molekularen Schritte bei der Umwandlung von all-*trans*-Retinal in das 11-*cis*-Isomer in den Stäbchen und Zapfen beschreiben.
4. Die vom Pigmentepithel unabhängige Regeneration des 11-*cis*-Retinals in den Zapfen erklären.

Die Energie eines absorbierten Photons führt zur Isomerisierung von 11-*cis*-Retinal zu all-*trans*-Retinal (siehe ▶ Abschn. 3.2.2). Für eine erneute Absorption eines Photons und die Auslösung der Signalkaskade muss das all-*trans*-Retinal wieder zurück in das 11-*cis*-Isomer umgewandelt werden. Bei den rhabdomeren Photorezeptoren verläuft dieser Prozess schnell und effizient, indem all-*trans*-Retinal an das Opsin gebunden bleibt. Dieser als Metarhodopsin bezeichnete Komplex ist thermisch stabil und absorbiert Licht mit einer bevorzugten Wellenlänge von 570 nm. Die Absorption von Photonen dieser Wellenlänge durch das Metarhodopsin löst keine Signalkaskade aus, sondern konvertiert die gebundene all-*trans*-Form zurück in das aktivierbare 11-*cis*-Isomer. Bei den Arthropoden erfolgt die Pigmenterneuerung überwiegend auf diese Weise, jedoch existiert darüber hinaus noch ein langsamer, endocytotischer Weg zur Regeneration des 11-*cis*-Retinals [45].

Bei den ciliären Photorezeptoren der Wirbeltiere erfolgt zunächst eine Trennung des all-*trans*-Isomers von Opsin, während die eigentliche Rückwandlung zur 11-*cis*-Form in einem anderen Zelltyp, dem **retinalen Pigmentepithel**, stattfindet. Obwohl dieser Prozess in Stäbchen und Zapfen grundsätzlich gleich abläuft, gibt es dennoch geringfügige Unterschiede (◘ Abb. 3.16). Bei den Stäbchen wird zunächst die kovalente Bindung zwischen all-*trans*-Retinal und Opsin hydrolysiert und anschließend all-*trans*-Retinal im Außensegment durch das Enzym Retinal-Dehydrogenase zu all-*trans*-Retinol reduziert.[12] Daraufhin erfolgt der Transport von all-*trans*-Retinol, ge-

---

12 Bei der Umwandlung einer Aldehydgruppe (–CH=O) in eine Hydroxylgruppe (–CH$_2$–OH) wird das Sauerstoffatom reduziert.

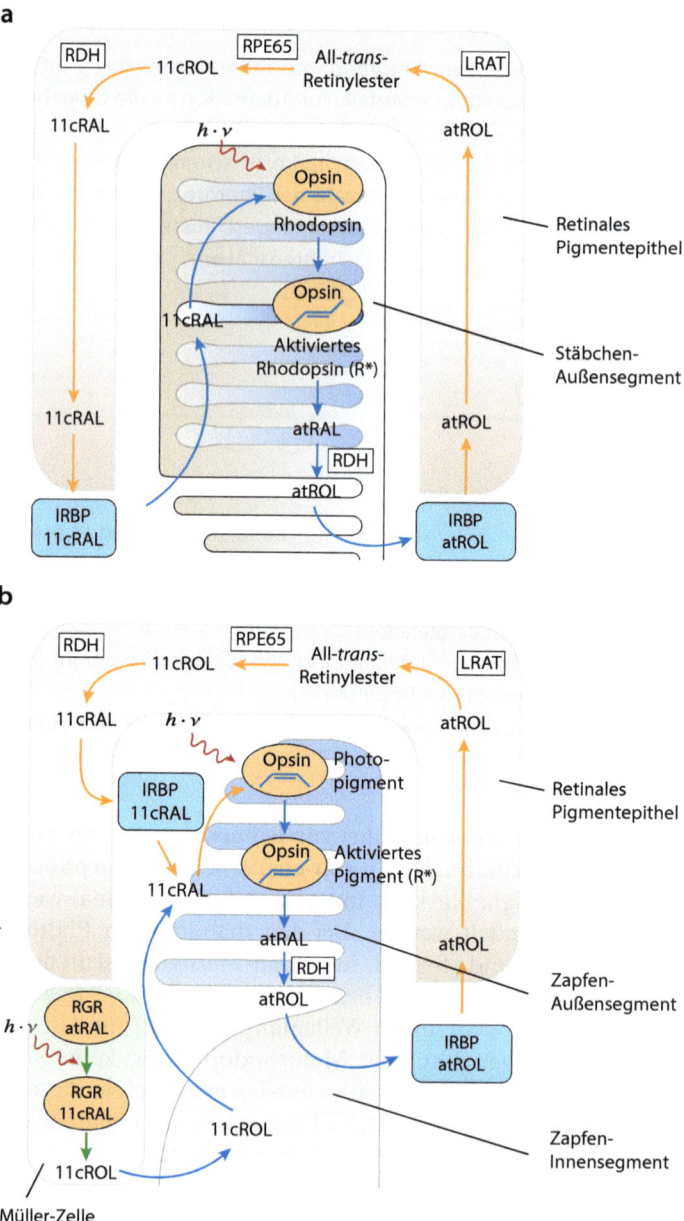

Abb. 3.16 Mechanismen der Pigmenterneuerung in ciliären Photorezeptoren. **a** Im Falle der Stäbchen findet die Regeneration des Chromophors im retinalen Pigmentepithel statt. **b** Die Zapfen besitzen neben dem kanonischen Regenerationsweg einen Mechanismus, an dem auch Müller-Gliazellen beteiligt sind. 11c-RAL, 11-*cis*-Retinal; 11cROL, 11-*cis*-Retinol; atRAL, all-*trans*-Retinal; atROL, all-*trans*-Retinol; IRBP, *Interphotoreceptor retinol binding protein*; LRAT, Lecithin-Retinol-Acyl-Transferase; RDH, Retinaldehydrogenase; RGR, *Retinal G protein-coupled receptor*

bunden an das *Interphotoreceptor retinol binding protein* (IRBP), durch den Extrazellulärraum ins benachbarte Pigmentepithel, wo es durch ein **RPE65** genanntes Enzym wieder zu 11-*cis*-Retinal umgewandelt wird. 11-*cis*-Retinal gelangt an IRBP gebunden in die Außensegmente der Stäbchen zurück. In einem weiteren Schritt wird dann durch Ausbildung der Schiff'schen Base mit Opsin das aktivierbare Photopigment wiederhergestellt.

Die Pigmenterneuerung erfolgt bei den Zapfenphotorezeptoren ebenfalls enzymatisch im Pigmentepithel, allerdings existiert noch ein weiterer Reaktionsweg, der unabhängig vom Pigmentepithel verläuft. Hierbei sind die Müller-Gliazellen, der häufigste Typ von Gliazellen in der Retina, von zentraler Bedeutung [44]. Ein von den Müller-Zellen exprimiertes Protein namens *Retinal G protein-coupled receptor* (RGR) gehört zur Opsinfamilie, bindet jedoch all-*trans*-Retinal mit hoher Präferenz. Dieser Komplex ist in der Lage, ähnlich wie das Metarhodopsin der Arthropoden, Photonen zu absorbieren und deren Energie zur Rückwandlung von all-*trans*-Retinal zu 11-*cis*-Retinal einzusetzen.

An dieser Stelle wäre die Pigmenterneuerung der Zapfen eigentlich abgeschlossen, jedoch wird das 11-*cis*-Retinal in den Müller-Zellen zu 11-*cis*-Retinol reduziert und in dieser Form in die Zapfen zurücktransportiert. Zapfen – aber nicht Stäbchen – sind in der Lage, auch das 11-*cis*-Retinol für die Aktivierung der Signalkaskade zu nutzen. Der hier beschriebene Mechanismus unter Beteiligung der Müller-Zellen könnte zumindest teilweise für die deutlich schnellere Regeneration des Photopigments in Zapfen im Vergleich zu den Stäbchen verantwortlich sein.

Die Prozesse der Pigmenterneuerung verlaufen deutlich langsamer als die Regeneration einzelner Komponenten der Signalkaskade (siehe ▶ Abschn. 3.4). Die vollständige Regeneration des Rhodopsins der Stäbchen dauert 30–35 min, und entsprechend lange benötigen wir, bis sich unser visuelles System an einen dunklen Raum gewöhnt hat.

Schlüsselkonzepte ▶ Abschn. 3.6 Pigmenterneuerung

- Unter einer Regeneration des Photopigments versteht man die Rückumwandlung von all-*trans*-Retinal in 11-*cis*-Retinal.
- In den rhabdomeren Photorezeptoren erfolgt diese Reisomerisierung, indem der Metarhodopsinkomplex ein weiteres Photon absorbiert. Durch dessen Energie wird all-*trans*-Retinal in die 11-*cis*-Form zurückgewandelt.
- Stäbchenphotorezeptoren benötigen für die Regeneration des Sehfarbstoffs Zellen des retinalen Pigmentepithels, das mit mikrovillären Fortsätzen die Außensegmente der Photorezeptoren umschließt. In dieser Epithelschicht wird all-*trans*-Retinal mittels einer enzymatischen Reaktionskaskade über ein Retinolzwischenprodukt zu 11-*cis*-Retinal isomerisiert. Der Transport zwischen den Außensegmenten der Photorezeptoren und den Zellen des Pigmentepithels erfolgt in beide Richtungen mithilfe des *Interphotoreceptor retinol binding protein*.
- Für die Zapfenphotorezeptoren wird neben dem kanonischen Reaktionsweg im Pigmentepithel auch eine Beteiligung von Müller-Gliazellen diskutiert. Ähnlich wie bei den rhabdomeren Photorezeptoren erfolgt die Umwandlung zu 11-*cis*-Retinal durch Absorption eines weiteren Photons.

3.7 Farbensehen

> **Lernziele**
> 1. Den Unterschied zwischen Wellenlängen und Farben erläutern.
> 2. Die Absorptionskurven von S-, M- und L- Zapfen erklären.
> 3. Das Univarianzprinzip am Beispiel einer Absorptionskurve herleiten.
> 4. Die trichromatische Theorie des Farbensehens erläutern.
> 5. Die rezeptive Feldstruktur von Gegenfarbenganglienzellen beschreiben.

Das elektromagnetische Spektrum des sichtbaren Lichts umfasst die Wellenlängen von 400 bis 700 nm (siehe ▶ Abschn. 3.1.1). Obwohl Farbe selbst keine physikalische Eigenschaft ist, korreliert sie mit der Wellenlänge des sichtbaren Lichts. Kurzwellige Strahlung wird von den meisten Menschen als blau wahrgenommen, langwellige als rot und dazwischen erstreckt sich das bekannte Farbspektrum des Regenbogens. Es ist jedoch falsch, Wellenlängen mit Farben gleichzusetzen, da ein Farbeindruck erst durch die Wechselwirkung eines physikalischen Reizes mit dem Nervensystem entsteht.[13]

Das von der Sonne ausgestrahlte Licht umfasst alle Wellenlängen und erscheint uns daher weiß. Dieses Licht trifft auf Oberflächen, die aufgrund ihrer unterschiedlichen Materialeigenschaften bestimmte Wellenlängen absorbieren, andere hingegen reflektieren. Die jeweilige Zusammensetzung der reflektierten Wellenlängen, die unser Auge erreichen, bestimmt die Farbe eines Gegenstands.

Obgleich das Sehen zwar auch ohne Farbwahrnehmung recht gut funktioniert, vermitteln Farben zusätzliche Informationen, die in einem Graustufenbild nicht enthalten sind (◘ Abb. 3.17). Im Vergleich zu einer monochromatischen Welt können farbige Objekte leichter erkannt, identifiziert und erinnert werden. Die meisten Organismen weisen ein mehr oder weniger hoch entwickeltes Farbensehen auf, was ihnen die Navigation in einer komplexen visuellen Umwelt erleichtert. Des Weiteren werden Farben zur inner- und zwischenartlichen Kommunikation eingesetzt.

Die Nutzung der in unterschiedlichen Wellenlängen enthaltenen Informationen für das Verhalten erfordert eine Lösung der Probleme Farbdetektion, Farbunterscheidung und Farbkonstanz. Wie in der folgenden Auflistung ausgeführt, sind hierfür sowohl entsprechende Sensoren (Punkt 1) als auch ein leistungsfähiges Nervensystem (Punkte 2 und 3) erforderlich.
1. Damit Farbensehen überhaupt stattfinden kann, müssen die verschiedenen elektromagnetischen Wellenlängen zunächst detektiert werden. Diese Aufgabe übernehmen verschiedene Typen von Zapfenphotorezeptoren mit einer spezifischen spektralen Empfindlichkeit. Die im ▶ Abschn. 3.2 beschriebene Signalkaskade gilt für alle ciliären Photorezeptoren gleichermaßen, d. h., unabhängig von der Wellenlänge läuft stets die gleiche intrazelluläre Reaktionskaskade ab.
2. Die Wellenlängen des sichtbaren Lichts müssen voneinander unterschieden werden. Dazu sind neuronale Schaltkreise erforderlich, die es ermöglichen, die Signale der verschiedenen Photorezeptoren miteinander zu vergleichen.

---

13 „There is no red in a 700 nm light, just as there is no pain in the hooves of a kicking horse." [37]

3.7 · Farbensehen

Abb. 3.17 Die Fähigkeit, Farben zu erkennen, erleichtert die Identifizierung von Objekten und in diesem Fall auch die Unterscheidung zwischen reifen und unreifen Erdbeeren

3. Das Erscheinungsbild farbiger Oberflächen sollte unabhängig von der Intensität und der spektralen Zusammensetzung der Hintergrundbeleuchtung weitgehend konstant sein, um eine sichere Identifizierung von Objekten zu gewährleisten. Eine rote Rose sollte bei unterschiedlichen Lichtverhältnissen – sei es in Licht und Schatten oder in der Mittagssonne sowie bei Sonnenuntergang – immer rot erscheinen.

Der letzte Punkt, die sogenannte Farbkonstanz, erfordert komplexe zentralnervöse Verarbeitungsprozesse, auf die im Rahmen dieses einführenden Überblicks nicht eingegangen werden kann. In der Folge werden die genetischen und zellulären Grundlagen des Erkennens und Unterscheidens von Farben erörtert.

3.7.1 Farbdetektion

Die Fähigkeit des visuellen Systems, Farben zu erkennen, basiert auf den Absorptionseigenschaften der Photorezeptoren, die wiederum durch unterschiedliche Photopigmente hervorgerufen werden. Die Darstellung in Abb. 3.18a zeigt das Spektrum des sichtbaren Lichts von 350 bis 700 nm und die charakteristischen Absorptionskurven von Stäbchen und Zapfen. Die Analyse der einzelnen Kurven offenbart, dass die Photorezeptoren wellenlängenspezifische Maxima aufweisen. Außerdem ist die Spezifität für eine Wellenlänge nicht eindeutig, da die Absorptionskurven relativ breit sind.

Auf der Grundlage ihrer Absorptionskurven lassen sich bei Primaten folgende Typen von Zapfenphotorezeptoren unterscheiden: S-Zapfen (*Short wavelength*) besitzen ein Maximum bei 420 nm, M-Zapfen (*Medium wavelength*) bei 535 nm und L-Zapfen (*Long wavelength*) bei 565 nm.[14] Stäbchen absorbieren am besten bei 498 nm, aber im

---

14 Die Bezeichnung der Zapfen erfolgt ausschließlich anhand einer physikalischen Eigenschaft, nämlich der Wellenlängen, die sie am besten absorbieren. Eine insbesondere in der älteren Literatur häufig anzutreffende Nomenklatur (Blau-, Grün- und Rotzapfen) führt zu Missverständnissen und sollte vermieden werden.

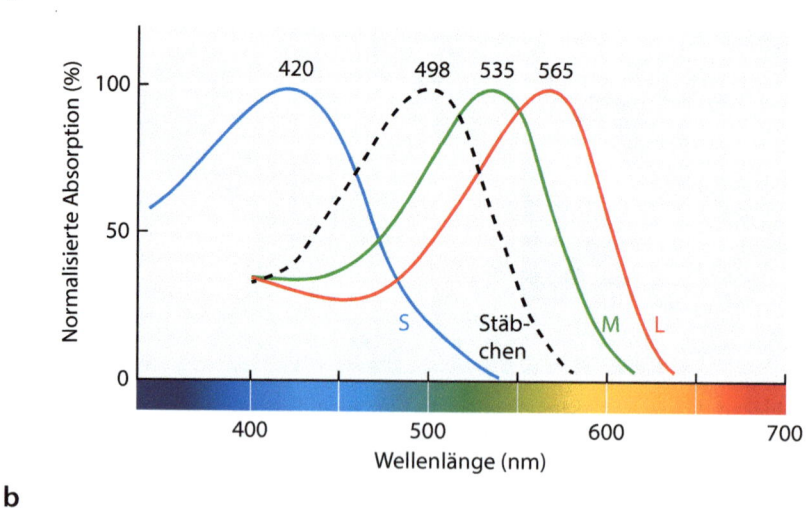

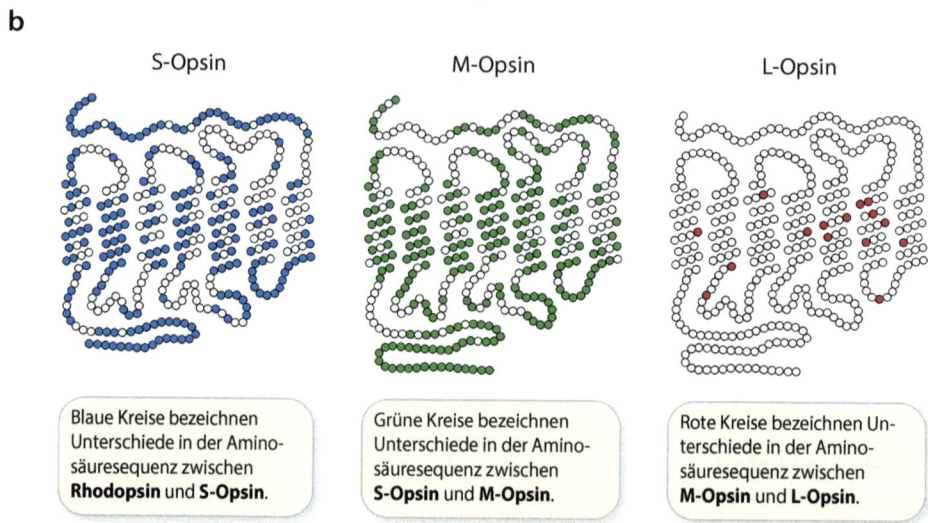

Blaue Kreise bezeichnen Unterschiede in der Aminosäuresequenz zwischen **Rhodopsin** und **S-Opsin**.

Grüne Kreise bezeichnen Unterschiede in der Aminosäuresequenz zwischen **S-Opsin** und **M-Opsin**.

Rote Kreise bezeichnen Unterschiede in der Aminosäuresequenz zwischen **M-Opsin** und **L-Opsin**.

◘ **Abb. 3.18** Absorptionsmaxima und Genetik ciliärer Photorezeptoren. **a** Die menschliche Retina enthält vier Typen von Photorezeptoren, die sich in ihrer Empfindlichkeit für bestimmte Wellenlängen des sichtbaren Lichts unterscheiden. Die drei Zapfenphotorezeptoren reagieren am besten auf kurzwelliges (S), mittelwelliges (M) und langwelliges (L) Licht, während die maximale Sensitivität der Stäbchenphotorezeptoren zwischen den Absorptionsmaxima der S- und M-Zapfen liegt. Die Zahlen über den Kurven geben die Wellenlängen des Absorptionsmaximums der jeweiligen Photorezeptoren in Nanometer an. **b** Schematische Darstellung der Aminosäuresequenz der drei Zapfenopsine im Vergleich zu Rhodopsin und untereinander. Die farbigen Kreise symbolisieren die Unterschiede der Aminosäuren zwischen dem über der Sequenz angegebenen Opsin und einem Vergleichspigment. Die geringe Zahl an Unterschieden zwischen L-Opsin und M-Opsin reflektiert die erst relativ kurz zurückliegende Genduplikation. Modifiziert nach [29]

Gegensatz zu den Zapfen existiert bei den Stäbchen nur ein einziger Typ. Die Absorptionskurven der Photorezeptoren sind jedoch eher breit und überlappen sich teilweise. Ein Photorezeptor reagiert folglich nicht nur auf eine einzige Wellenlänge, sondern auf einen relativ großen Bereich des Spektrums. Ein S-Zapfen zeigt beispielsweise eine maximale Reaktion bei 420 nm, kann jedoch bei gleicher Lichtintensität auch mit Wellenlängen von 380 oder 450 nm zu etwa 80 % aktiviert werden (◘ Abb. 3.18a). Bei einer höheren Lichtintensität erfolgt eine entsprechend stärkere Aktivierung, sodass auf der Ebene eines einzelnen Photorezeptors nicht zwischen der optimalen Wellenlänge bei geringerer Lichtintensität und den suboptimalen Wellenlängen bei stärkerer Lichtintensität unterschieden werden kann. Die Codierung der Wellenlänge durch einen Typ von Photorezeptor wie beispielsweise den Stäbchen ist also nicht eindeutig, da die Absorptionskurven einen großen Bereich des Spektrums abdecken und die Lichtintensität als zusätzliche Variable berücksichtigt werden muss.

Alle Photorezeptoren besitzen Rhodopsin als Photopigment, und die unterschiedliche Empfindlichkeit für einzelne Wellenlängen beruht auf Varianten des Rhodopsins. In der Regel wird der Begriff Rhodopsin für das in den Stäbchen vorkommende Photopigment verwendet. Das lichtabsorbierende Molekül Retinal ist bei allen Photorezeptoren identisch.[15] Die spektralen Unterschiede in der Lichtabsorption resultieren vielmehr aus Varianten der Opsinkomponente des Rhodopsins, die durch Mutationen des entsprechenden Gens entstanden sind und im Vergleich zu den wenigen Retinalderivaten eine wesentlich größere Flexibilität mit sich bringen. In ▶ Abschn. 3.2.2 wurde dargelegt, dass die Einbettung von Retinal in das Opsin zu einer Verschiebung der Wellenlänge des absorbierten Lichts in den sichtbaren Bereich führt. Aufgrund von Unterschieden in der Primärsequenz des Opsins, insbesondere im Bereich der Retinalbindungsstelle, entstehen zahlreiche Strukturvarianten des Rhodopsins, die jeweils ein leicht unterschiedliches Absorptionsmaximum aufweisen. Die dafür notwendigen Veränderungen in der Primärsequenz sind auf Duplikationen eines primordialen Opsingens zurückzuführen, das vermutlich vor etwa 700 Mio. Jahren existierte. Genduplikationen ermöglichen grundsätzlich eine Erhöhung der funktionellen Diversität, indem eine Kopie die ursprüngliche Funktion beibehält, während die andere durch Mutationen neue Eigenschaften erhält.

Die überwiegende Mehrheit der Säugetiere gehört zu den sogenannten **Dichromaten**. Sie verfügen über zwei verschiedene Zapfenopsine, die als SWS-Opsin (*Short wavelength sensitive*) und LWS-Opsin (*Long wavelength sensitive*) bezeichnet werden. Eine Verdopplung des LWS-Opsins vor etwa 30 Mio. Jahren ermöglichte den Primaten die Entwicklung eines dritten Zapfentyps und damit das **trichromatische Sehen**. Zwischen Rhodopsin und S-Opsin sowie zwischen S- und M-Opsin bestehen erhebliche Unterschiede in der Aminosäuresequenz (◘ Abb. 3.18b). Im Gegensatz dazu zeigen M- und L-Opsin lediglich an wenigen Stellen Unterschiede in der Primärsequenz, was auf die relativ kurz zurückliegende Entstehung von L-Opsin zurückzuführen ist.

Das Phänomen des tetrachromatischen Sehens, also des Sehens mit vier Zapfentypen, ist vor allem bei Fischen und Vögeln zu finden. Die erstaunliche Farbenpracht tropischer Fische und das bunte Gefieder vieler Vogelarten demonstrieren eindrucks-

---

[15] Neben Retinal kommen im Tierreich noch die Retinalderivate 3-Dehydroretinal, 3-Hydroxyretinal und 4-Hydroxyretinal vor. Diese Varianten stellen jedoch eher Spezialisierungen dar, die in verschiedenen Tiergruppen auftreten und nicht grundsätzlich zur Unterscheidung von Wellenlängen beitragen.

voll die Bedeutung des Farbensehens für die innerartliche Kommunikation dieser Tiergruppen.

3.7.2 Farbunterscheidung

Die Detektion von Wellenlängen allein ermöglicht noch keine Farbunterscheidung. Die Absorptionskurven zeigen lediglich, dass ein einzelner Photorezeptor unterschiedlich stark auf Licht verschiedener Wellenlängen reagiert. Um dies zu veranschaulichen, sehen wir uns die Absorptionskurve eines Photorezeptors etwas genauer an. Bedingt durch die Eigenschaften des Photopigments zeigt der Rezeptor bei 400 nm nur eine sehr geringe Reaktion. Bei einer Wellenlänge von 535 nm hingegen ist die Reaktion fast maximal und fällt dann zu größeren Wellenlängen hin wieder deutlich ab (◘ Abb. 3.19a). Licht der Wellenlänge 625 nm ruft eine Rezeptorantwort hervor, die etwa 50 % des Maximums beträgt.

Die neuronalen Schaltkreise des Gehirns könnten nun die Tatsache, dass die Größe der Photorezeptorantwort von der Wellenlänge abhängt, als Grundlage für die Farbunterscheidung nutzen. Allerdings sind dabei zwei grundlegende Schwierigkeiten zu berücksichtigen. Das erste Problem besteht in der Tatsache, dass die Antwortstärke des Photorezeptors keine eindeutige Information über die Wellenlänge enthält. Eine Wellenlänge von etwa 440 nm erzeugt bei gleicher Lichtintensität eine Rezeptorantwort mit derselben Amplitude wie bei 625 nm (◘ Abb. 3.19b). Die Stärke der Hyperpolarisation des Photorezeptors und damit die Änderung der Transmitterfreisetzung ist folglich bei 440 und 625 nm identisch. Die nachgeschalteten Nervenzellen erhalten über ihre Synapsen ausschließlich Informationen über die Rezeptorantwort, sodass

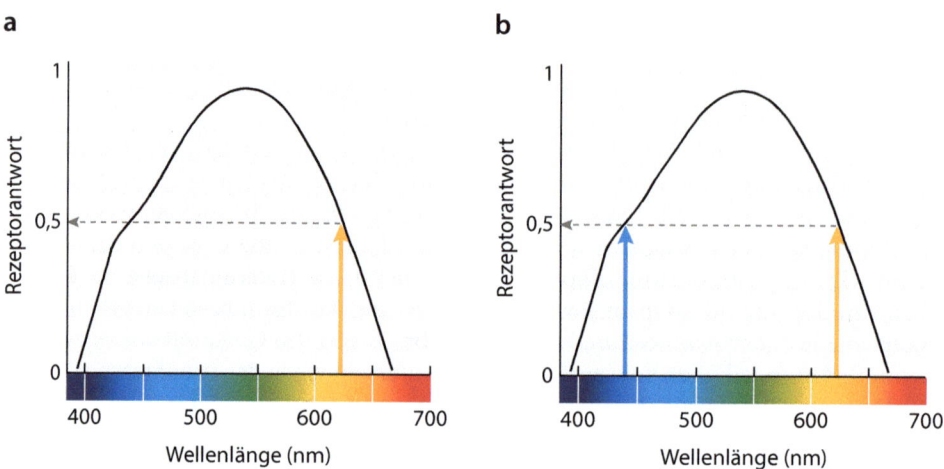

◘ **Abb. 3.19** Das Univarianzprinzip. **a** Die Absorptionskurve zeigt die Antwortstärke eines Typs von Photorezeptoren auf Licht verschiedener Wellenlängen. Bei 625 nm beträgt die Antwort des Photorezeptors etwa 50 % des Maximums (*oranger Pfeil*). **b** Licht der Wellenlängen 450 nm (*blauer Pfeil*) und 625 nm (*oranger Pfeil*) hat bei gleicher Intensität eine identische Antwort des Photorezeptors zur Folge. Die beiden Wellenlängen können daher nicht unterschieden werden. Modifiziert nach [46]

eine Unterscheidung der beiden Wellenlängen mit einem einzigen Photorezeptortyp nicht möglich ist.

Das zweite Problem ist auf die Lichtintensität zurückzuführen, die in einer normalen visuellen Umgebung nicht konstant ist, sondern ständigen Veränderungen unterliegt. Neben der Wellenlänge muss das visuelle System daher eine zweite Variable, nämlich die Lichtintensität, codieren. Durch eine Verringerung der Lichtintensität kann die Antwort eines Photorezeptors beim Maximum von 550 nm so weit reduziert werden, dass sie genau der Antwortstärke bei den Wellenlängen 440 und 625 nm entspricht. Durch Anpassung der Lichtintensität kann prinzipiell mit jeder Wellenlänge oder auch einer Mischung von Wellenlängen bis hin zu weißem Licht eine bestimmte Antwortstärke der Photorezeptoren hervorgerufen werden. Aufgrund der theoretisch unendlich vielen Kombinationsmöglichkeiten von Wellenlängen und Lichtintensitäten ist das Ausgangssignal eines Photorezeptors nicht eindeutig. Das Signal eines einzelnen Photorezeptortyps mit einer charakteristischen Absorptionskurve lässt daher keine Rückschlüsse auf die Wellenlänge und damit auf die Farbe zu, sondern es kann lediglich zwischen Lichtintensitäten unterschieden werden. Der Verlust der Information über die Wellenlänge wird als **Univarianzprinzip** bezeichnet.

Die Stäbchenphotorezeptoren, von denen es nur einen einzigen Typ gibt, veranschaulichen das Univarianzprinzip, indem sie an die nachgeschalteten Neuronen nur Informationen über die Helligkeit der Umgebung, nicht aber über die Wellenlänge weitergeben. Beim skotopischen Sehen mit dem Stäbchensystem erscheint uns die Welt nicht deshalb in verschiedenen Grautönen, weil alle Farben aus ihr verschwunden sind, sondern weil wir sie ausschließlich mit einem einzigen Rezeptortyp betrachten. Unsere nächtliche Farbenblindheit bestätigt daher eindrucksvoll, dass Farbe keine physikalische Eigenschaft von Objekten ist, sondern ein Konstrukt der zentralnervösen Informationsverarbeitung.

Offensichtlich sind wir trotz des Univarianzprinzips in der Lage, Millionen von Farbtönen sehr präzise und reproduzierbar zu unterscheiden. Dies ist möglich, da unsere Netzhaut über mehr als einen Typ von Photorezeptoren verfügt. Die beiden Wellenlängen von 450 und 650 nm erzeugen in den M-Zapfen zwar weiterhin eine gleich große Antwort, jedoch reagieren die S- und M-Zapfen auf diese beiden Wellenlängen unterschiedlich stark (◘ Abb. 3.20). Die Absorption einer beliebigen Wellenlänge innerhalb des sichtbaren Spektrums erzeugt folglich ein eindeutiges Antwortmuster der drei Zapfentypen, welches sich in ähnlicher Weise wie im RGB-Farbraum als eine Kombination von drei Zahlen darstellen lässt. Die **trichromatische Theorie des Farbensehens** besagt, dass die Unterscheidung von Farben auf dem Verhältnis der Antwortstärken der drei Zapfentypen zueinander beruht.

Die Photorezeptoren sind für die Detektion von Licht verantwortlich, indem sie auf die Absorption von Lichtquanten mit einer graduellen Hyperpolarisation reagieren. Die Differenzierung von Wellenlängen und damit letztlich die Farbunterscheidung findet in den nachgeschalteten neuronalen Netzen der Retina und des visuellen Cortex statt. Wir wollen dies hier nicht im Detail diskutieren, sondern nur einige grundsätzliche Überlegungen anstellen.

Eine mögliche Strategie der Farbunterscheidung könnte darin bestehen, die Signale der S-, L- und M-Zapfen über individuelle Leitungen direkt ins Gehirn zu schicken und dort zu verarbeiten. Diese Form der Codierung von Informationen in sogenannten Labeled Lines findet sich auch in anderen sensorischen Systemen. Beispielsweise erfolgt die Unterscheidung von Schallfrequenzen auf der Grundlage individueller

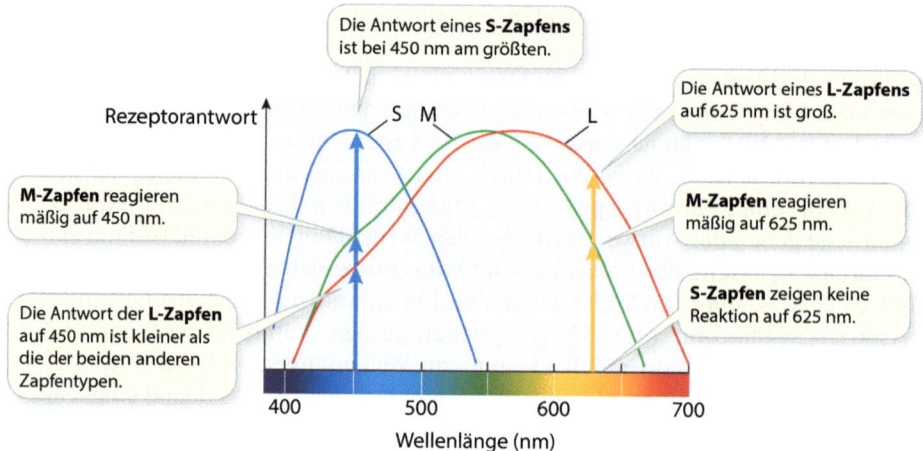

Abb. 3.20 Die Lösung des Univarianzprinzips. Wellenlängen von 450 und 625 nm erzeugen unterschiedlich große Rezeptorantworten in S-, M- und L-Zapfen. Der Vergleich der Antworten der verschiedenen Photorezeptortypen, der in nachgeschaltete Neuronen erfolgt, erlaubt eine eindeutige Zuordnung der Wellenlänge. Modifiziert nach [46]

Übertragungsbahnen aus der sensorischen Peripherie ins Zentralnervensystem (siehe ▶ Abschn. 4.2.4). Im Falle der Photorezeptoren ist eine solche Codierungsstrategie jedoch nicht zielführend, da die M- und L-Kanäle aufgrund ihres ähnlichen Absorptionsspektrums in den meisten Fällen weitgehend identische Informationen übertragen würden. Daher ist es besser, zunächst Summen und Differenzen der Eingangssignale zu berechnen und die Ergebnisse dieser algebraischen Operationen einer weiteren Verarbeitung zu unterziehen.

- **L − M** beschreibt die Differenz in der Aktivität der mittel- und langwelligen Zapfentypen. Das Ergebnis dieser Berechnung könnte helfen, Früchte und Blätter zu unterscheiden oder den Reifegrad von Früchten zu beurteilen (siehe **Abb. 3.17**) [33].
- **S − (L + M)** berechnet das Blausignal ohne langwelligen Einfluss. Der Vergleich der Signale der S-Zapfen mit der Summe der längerwelligeren M- und L-Zapfen erzeugt einen Blau-Gelb-Kontrast, da die Summe von Grün und Rot Gelb ergibt.[16]
- **M + L** codiert die Helligkeit. Diese Summe stellt letztlich einen Breitbandkanal dar, der nicht auf Wellenlängen, sondern auf die Lichtintensität eines visuellen Signals reagiert.

Diese Berechnungen repräsentieren einen dreidimensionalen Farbraum, der durch eine Rot-Grün-Achse, eine Blau-Gelb-Achse sowie einen unbunten Helligkeitskanal definiert ist. Wie aber erfolgt die Repräsentation dieser Farbinformationen in einer Nervenzelle oder einem neuronalen Netzwerk? Zur Beantwortung dieser Frage müssen wir uns zunächst mit den rezeptiven Feldern der retinalen Ganglienzellen beschäftigen.

---

16 Dies gilt für die additive Farbmischung, bei der zwei oder mehr Wellenlängen addiert werden.

Ganglienzellen stellen die Projektionsneuronen der Retina dar. Ihre gebündelten Axone bilden den Sehnerv (*Nervus opticus*), der vom Auge über die Sehnervenkreuzung (*Chiasma opticum*) zum Zwischenhirn (*Corpus geniculatum laterale*) zieht. Jede Ganglienzelle besitzt ein sogenanntes **rezeptives Feld**. Dieses zentrale Konzept der Sinnesphysiologie bezeichnet das Innervationsgebiet eines Neurons – in diesem Fall die Anzahl der Photorezeptoren, die über weitere Neuronen der Retina mit einer bestimmten Ganglienzelle verschaltet sind. Die rezeptiven Felder der Ganglienzellen sind in der Regel annähernd kreisförmig und weisen ein Zentrum und eine Peripherie auf.

Ganglienzellen repräsentieren die Information über die spektrale Zusammensetzung des absorbierten Lichts in Form einer Gegenfarbenstruktur ihres rezeptiven Felds (◘ Abb. 3.21). Eine Rot-On/Grün-Off-Ganglienzelle reagiert auf die Belichtung ihres rezeptiven Feldzentrums mit langwelligem Licht mit einer Erhöhung ihrer Aktionspotenzialfrequenz. Im Gegensatz dazu verringert Licht mittlerer Wellenlänge im Umfeld die Feuerrate der Zelle. Im Falle einer Rot-Off/Grün-On-Ganglienzelle verhält es sich hingegen umgekehrt: Langwelliges Licht im Zentrum hemmt die Zelle, während Licht mittlerer Wellenlängen im Umfeld zu einer Aktivierung führt. Die in ◘ Abb. 3.21 dargestellten vier Rot-Grün-Kombinationen entsprechen der Rechenoperation $L - M$. Des Weiteren existieren Blau-Gelb-Ganglienzellen, welche für die Signale aus der Berechnung $S - (L + M)$ verantwortlich sind.

Die Codierung der Farbinformation in Form von zwei gegensätzlichen Farbsignalen und einem Helligkeitssignal ermöglicht eine Leistung des visuellen Systems, die als **Farbkonstanz** bezeichnet wird. Unter Farbkonstanz wird die Fähigkeit verstanden, die Farbe eines Objekts auch bei unterschiedlicher Umgebungshelligkeit als weitgehend unverändert wahrzunehmen. Bei einer Zunahme der Lichtintensität werden die Antworten der M- und L-Zapfen gleichermaßen stärker. Die Differenz, also das $L - M$-Signal, bleibt jedoch annähernd gleich, sodass sich der wahrgenommene Farbton nicht ändert. Die beunruhigende Vorstellung, dass ein Gegenstand in Abhängigkeit vom jeweiligen Sonnenstand oder Ausmaß der Bewölkung ständig seine Farbe wechselt, unterstreicht nachdrücklich die Bedeutung der Farbkonstanz für die Zuverlässigkeit des Farbensehens.

In diesem Abschnitt wurde insbesondere das Farbensehen bei trichromatischen Wirbeltieren erörtert. Hierbei spielt die absolute Aktivität der einzelnen Photorezeptortypen eine eher untergeordnete Rolle. Von entscheidender Bedeutung für die Informationsverarbeitung sind vielmehr Aktivitätsunterschiede zwischen den drei Rezeptortypen, auf denen arithmetische Operationen basieren. Das Prinzip der Erzeugung von Gegenfarbkanälen, das bei allen bisher untersuchten Organismen mit Farbensehen nachgewiesen werden konnte, stellt offensichtlich eine allgemeine evolutionäre Lösung für dieses außerordentlich komplexe Problem dar.

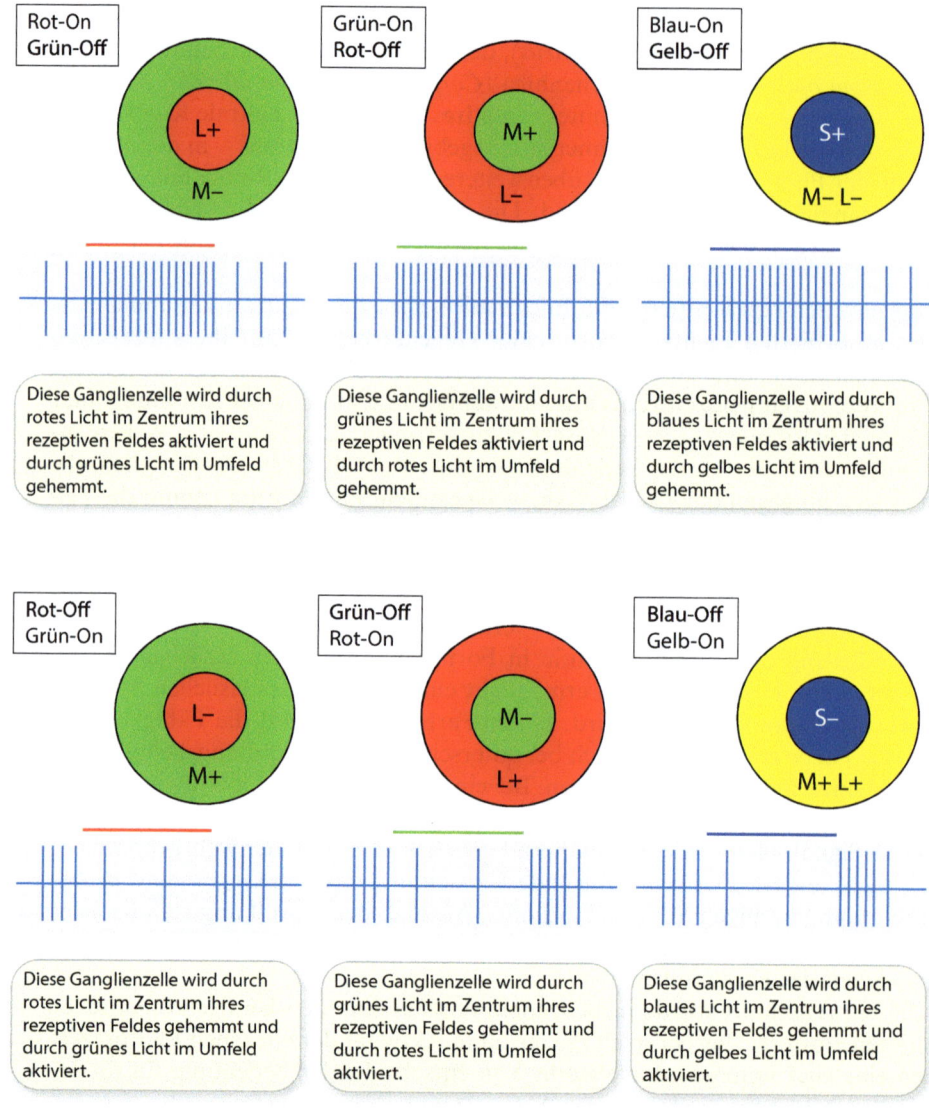

Abb. 3.21 Die kreisförmigen rezeptiven Felder von Gegenfarbenganglienzellen in der Netzhaut eines Trichromaten mit ihrer charakteristischen Zentrum-Umfeld-Organisation. Darunter ist jeweils die Reaktion der Ganglienzellen auf einen Reiz (*horizontale farbige Linien*) im Zentrum des rezeptiven Felds dargestellt. Die Aktivität der Ganglienzellen wird in Form von Änderungen der Aktionspotenzialfrequenz (*senkrechte blaue Striche*) repräsentiert. Die Verarbeitungsprozesse innerhalb der Retina erzeugen einen Rot-Grün- und einen Blau-Gelb-Antagonismus. Je nach Verschaltung mit On- und Off-Bipolarzellen resultieren sechs mögliche Kombinationen, die an höhere visuelle Zentren des Gehirns weitergeleitet werden. L, L-Zapfen; M, M-Zapfen; S, S-Zapfen

Schlüsselkonzepte ▶ Abschn. 3.7 Farbensehen

- Das Farbensehen basiert auf der Erkennung und Unterscheidung von elektromagnetischer Strahlung verschiedener Wellenlängen. Farbe selbst ist jedoch keine physikalische Eigenschaft, sondern vielmehr eine Konstruktionsleistung des Nervensystems.
- Die Expression von Opsinen mit unterschiedlichen Absorptionsmaxima ermöglicht es den Zapfenphotorezeptoren, verschiedene Wellenlängen zu detektieren.
- Trichromaten wie der Mensch besitzen drei Typen von Zapfen: S-Zapfen absorbieren am besten im kurzwelligen Bereich (420 nm), M-Zapfen im mittleren Wellenlängenbereich (535 nm) und L-Zapfen im langwelligen Bereich (565 nm).
- Aufgrund der breiten Absorptionskurve ist das Signal eines einzelnen Photorezeptors nicht eindeutig. Es besteht die Möglichkeit, dass verschiedene Wellenlängen ein identisches Aktivierungsniveau hervorrufen (Univarianzprinzip). Die Lichtintensität als zusätzliche Variable erzeugt eine unendliche Anzahl an Kombinationsmöglichkeiten.
- Zur Unterscheidung von Farben sind mindestens zwei Photorezeptortypen erforderlich, die auf eine bestimmte Wellenlänge mit unterschiedlicher Stärke reagieren. Das Aktivitätsmuster der Photorezeptoren repräsentiert Licht einer bestimmten Wellenlänge.
- Die Signale der verschiedenen Zapfentypen werden in der Retina miteinander verrechnet. Die algebraischen Operationen $L - M$, $S - (L + M)$ und $M + L$ spannen einen dreidimensionalen Farbraum auf, dessen Achsen durch einen Rot-Grün-Kontrast, einen Blau-Gelb-Kontrast und einen unbunten Helligkeitskanal gebildet werden.
- Die konzentrischen rezeptiven Felder von Gegenfarbenganglienzellen repräsentieren das Ergebnis der Farbverarbeitung in der Retina, das an visuelle Zentren im Gehirn weitergeleitet wird.

Literatur

1. Acharya JK, Jalink K, Hardy RW, Hartenstein V, Zuker CS (1997) InsP$_3$ receptor is essential for growth and differentiation but not for vision in Drosophila. Neuron 18(6):881–887. https://doi.org/10.1016/S0896-6273(00)80328-1
2. Barret, DCA, Schertler GFX, Kaupp UB, Marino J (2022) The structure of the native CNGA1/CNGB1 CNG channel from bovine retinal rods. Nat Struct Mol Biol 29:32–39. https://doi.org/10.1038/s41594-021-00700-8
3. Barrow AJ, Wu SM (2009) Low-conductance HCN1 ion channels augment the frequency response of rod and cone photoreceptors. J Neurosci 29(18):5841–5853. https://doi.org/10.1523/JNEUROSCI.5746-08.2009
4. Baylor DA (1987) Photoreceptor signals and vision. Invest Ophthalmol Vis Sci 28(1):34–49 PMID: 3026986
5. Bernier SC, Millette MA, Roy S, Cantin L, Coutinho A, Salesse C (2021) Structural information and membrane binding of truncated RGS9-1 anchor protein and its C-terminal hydrophobic segment. Biochim Biophys Acta Biomembr 1863(4):183566. https://doi.org/10.1016/j.bbamem.2021.183566
6. Bollepalli MK, Kuipers ME, Liu CH, Asteriti S, Hardie RC (2017) Phototransduction in *Drosophila* is compromised by Gal4 expression but not by InsP3 receptor knockdown or mutation. eNeuro 4(3):ENEURO.0143-17.2017. https://doi.org/10.1523/ENEURO.0143-17.2017

7. Burns ME (2010) Deactivation mechanisms of rod phototransduction: the Cogan lecture. Invest Ophthalmol Vis Sci 51(3):1283–1288. https://doi.org/10.1167/iovs.09-4366
8. Cheever ML, Snyder JT, Gershburg S, Siderovski DP, Harden TK, Sondek J (2008) Crystal structure of the multifunctional Gβ5-RGS9 complex. Nat Struct Mol Biol 15(2):155–162. https://doi.org/10.1038/nsmb.1377
9. Chen CK, Burns ME, He W, Wensel TG, Baylor DA, Simon MI (2000) Slowed recovery of rod photoresponse in mice lacking the GTPase accelerating protein RGS9-1. Nature 403:557–560. https://doi.org/10.1038/35000601
10. Choe HW, Kim YJ, Park JH, Morizumi T, Pai EF et al (2011) Crystal structure of metarhodopsin II. Nature 471(7340):651–655. https://doi.org/10.1038/nature09789
11. Delgado R, Delgado MG, Bastin-Héline L, Glavic A, O'Day PM, Bacigalupo J (2019) Light-induced opening of the TRP channel in isolated membrane patches excised from photosensitive microvilli from *Drosophila* photoreceptors. Neuroscience 396:66–72. https://doi.org/10.1016/j.neuroscience.2018.11.017
12. Ebrey T, Koutalos Y (2001) Vertebrate photoreceptors. Prog Retin Eye Res 20(1):49–94. https://doi.org/10.1016/s1350-9462(00)00014-8
13. Fain GL (2020) Sensory Transduction, 2. Aufl. Oxford University Press, Oxford *Hervorragender vergleichender Überblick über die sensorische Signaltransduktion bei unterschiedlichen Tierstämmen mit unmittelbarem Bezug zu wichtigen Originalarbeiten.*
14. Fain GL, Hardie R, Laughlin SB (2010) Phototransduction and the evolution of photoreceptors. Curr Biol 20(3):R114–R124. https://doi.org/10.1016/j.cub.2009.12.006
15. Fritsche O (2013) Physik für Biologen und Mediziner, Springer Spektrum, Heidelberg *Für die Lebenswissenschaften relevante Themen der Physik werden sehr gut verständlich und anschaulich präsentiert.*
16. Gao Y, Hu H, Ramachandran S, Erickson JW, Cerione RA, Skiniotis G (2019) Structures of the rhodopsin-transducin complex: insights into G-Protein activation. Molecular Cell 75(4):781–790.e3. https://doi.org/10.1016/j.molcel.2019.06.007
17. Hardie RC, Martin F, Cochrane GW, Juusola MG, Georgiev P, Raghu P (2002) Molecular basis of amplification in *Drosophila* phototransduction: roles for G protein, phospholipase C, and diacylglycerol kinase. Neuron 36(4):689–701. https://doi.org/10.1016/s0896-6273(02)01048-6
18. Hardie RC, Minke B (1992) The *trp* gene is essential for a light-activated Ca^{2+} channel in *Drosophila* photoreceptors. Neuron 8(4):643–651. https://doi.org/10.1016/0896-6273(92)90086-s
19. Hardie RC, Franze K (2012) Photomechanical responses in *Drosophila* photoreceptors. Science 338(6104):260–263. https://doi.org/10.1126/science.1222376
20. Huang J, Liu CH, Hughes SA, Postma M, Schwiewing CJ, Hardie RC (2010) Activation of TRP channels by protons and phosphoinositide depletion in *Drosophila* photoreceptors. Curr Biol 20(3):189–197. https://doi.org/10.1016/j.cub.2009.12.019
21. Ingram NT, Sampath AP, Fain GL (2016) Why are rods more sensitive than cones? J Physiol 594(19):5415–5426. https://doi.org/10.1113/JP272556
22. Katz B, Minke B (2018) The *Drosophila* light-activated TRP and TRPL channels – Targets of the phosphoinositide signaling cascade. Prog Ret Eye Res 66:200–219. https://doi.org/10.1016/j.preteyeres.2018.05.001
23. Kaupp UB, Seifert R (2002) Cyclic nucleotide-gated ion channels. Physiol Rev 82(3):769–824. https://doi.org/10.1152/physrev.00008.2002
24. Krispel CM, Chen D, Melling N, Chen YJ, Martemyanov KA et al (2006) RGS expression rate-limits recovery of rod photoreceptors. Neuron 51(4):409–416. https://doi.org/10.1016/j.neuron.2006.07.010
25. Malhotra,H, Barnes CL, Calvert PD (2021) Functional compartmentalization of photoreceptor neurons. Pflugers Arch 473(9):1493–1516. https://doi.org/10.1007/s00424-021-02558-7
26. Matthews G, Fuchs P (2010) The diverse roles of ribbon synapses in sensory neurotransmission. Nat Rev Neurosci 11(12):812–822. https://doi.org/10.1038/nrn2924
27. Mendez A, Burns ME, Roca A, Lem J, Wu LW et al (2000) Rapid and reproducible deactivation of rhodopsin requires multiple phosphorylation sites. Neuron 28(1):153–164. https://doi.org/10.1016/S0896-6273(00)00093-3
28. Mendez A, Burns ME, Sokal I, Dizhoor AM, Baehr W et al (2001) Role of guanylyl cyclase-activating proteins (GCAPs) in setting the flash sensitivity of rod photoreceptors. Proc Natl Acad Sci U S A 98(17):9948–9953. https://doi.org/10.1073/pnas.171308998

29. Nathans J (1987) Molecular biology of visual pigments. Annu Rev Neurosci 10:163–194. https://doi.org/10.1146/annurev.ne.10.030187.001115
30. Niemeyer BA, Suzuki E, Scott K, Jalink K, Zuker CS (1996) The *Drosophila* light-activated conductance is composed of the two channels TRP and TRPL. Cell 85(5):651–659. https://doi.org/10.1016/s0092-8674(00)81232-5
31. Palczewski K, Kumasaka T, Hori T, Behnke CA, Motoshima H et al (2000) Crystal structure of rhodopsin: A G protein-coupled receptor. Science 289(5480):739–745. https://doi.org/10.1126/science.289.5480.739
32. Raghu P, Usher K, Jonas S, Chyb S, Polyanovsky A, Hardie RC (2000) Constitutive activity of the light-sensitve channels TRP and TRPL in the *Drosophila* diacylglycerol kinase mutant, *rdgA*. Neuron 26(1):169–179. https://doi.org/10.1016/s0896-6273(00)81147-2
33. Regan BC, Julliot C, Simmen B, Viénot F, Charles-Dominique P, Mollon JD (2001) Fruits, foliage, and the evolution of primate colour vision. Phil Trans R Soc Lond B 356(1407):229–283. https://doi.org/10.1098/rstb.2000.0773
34. Ruiz ML, Karpen JW (1997) Single cyclic nucleotide-gated channels locked in different ligand-bound states. Nature 389(6649):389–392. https://doi.org/10.1038/38744
35. Scott K, Becker A, Sun Y, Hardy R, Zuker CS (1995) $G_{q\alpha}$ protein function in vivo: genetic dissection of its role in photoreceptor cell physiology. Neuron 15(4):919–929. https://doi.org/10.1016/0896-6273(95)90182-5
36. Scott K, Zuker CS (1998) Assembly of the *Drosophila* phototransduction cascade into a signalling complex shapes elementary responses. Nature 395(6704):805–808. https://doi.org/10.1038/27448
37. Shevell SK (2003) Color appearance. In: Shevell SK (ed) The Science of Color, 2. Aufl., Elsevier
38. Spencer WJ, Lewis TR, Pearring JN, Arshavsky VY (2020) Photoreceptor discs: built like ectosomes. Trends Cell Biol 30(11):904–915. https://doi.org/10.1016/j.tcb.2020.08.005
39. Steinberg RH, Fisher SK, Anderson DH (1980) Disc morphogenesis in vertebrate photoreceptors. J Comp Neurol 190(3):501–518. https://doi.org/10.1002/cne.901900307
40. Terakita A (2005) The opsins. Genome Biol 6(3):213. https://doi.org/10.1186/gb-2005-6-3-213
41. Tikidjy-Hamburyan A, Reinhard K, Storchi R, Dietter J, Seitter H et al (2017) Rods progressively escape saturation to drive visual responses in daylight conditions. Nat Commun 8(1):1813. https://doi.org/10.1038/s41467-017-01816-6
42. Tipler PA, Mosca G (2019) Physik für Studierende der Naturwissenschaften und Technik. 8. Aufl. Springer Spektrum, Heidelberg *Hervorragendes Standardwerk zur Einführung in die Physik mit vielen anschaulichen Beispielen.*
43. Tsunoda S, Zuker CS (1999) The organization of INAD-signaling complexes by a multivalent PDZ domain protein in *Drosophila* photoreceptor cells ensures sensitivity and speed of signaling. Cell Calcium 26(5):165–171. https://doi.org/10.1054/ceca.1999.0070
44. Wang JS, Kefalov VJ (2011) The cone-specific visual cycle. Prog Ret Eye Res 30(2):115–128. https://doi.org/10.1016/j.preteyeres.2010.11.001
45. Wang X, Wang T, Jiao Y, von Lintig J, Montell C (2010) Requirement for an enzymatic visual cycle in *Drosophila*. Curr Biol 20(2):93–102. https://doi.org/10.1016/j.cub.2009.12.022
46. Wolfe JM, Kluender KR, Levi DM, Bartoschuk LM, Herz RS, Klatzky RL, Merfeld DM (2022) Sensation & Perception, 6. Aufl. Oxford University Press, Oxford *Ein sehr anschauliches und außerordentlich interessantes Buch über die menschlichen Sinnesleistungen. Der Schwerpunkt liegt auf psychologischen Aspekten der Wahrnehmung.*
47. Xu J, Dodd RL, Makino CL, Simon MI, Baylor DA, Chen J (1997) Prolonged photoresponses in transgenic mouse rods lacking arrestin. Nature 389(6650):505–509. https://doi.org/10.1038/39068
48. Yue WWS, Silverman D, Ren X, Frederiksen R, Sakai K et al (2019) Elementary response triggered by transducin in retinal rods. Proc Natl Acad Sci U S A 116(11):5144–5153. https://doi.org/10.1073/pnas.1817781116

Hören und Gleichgewicht

Inhaltsverzeichnis

4.1 Physik des Schalls – 138
4.1.1 Eigenschaften einer Welle – 139
4.1.2 Energie von Schallwellen – 143
4.1.3 Überlagerung von Wellen – 146
4.1.4 Ausbreitung von Wellen im Raum – 150

4.2 Hören bei terrestrischen Wirbeltieren – 153
4.2.1 Funktioneller Aufbau des Ohrs – 155
4.2.2 Haarsinneszellen – 158
4.2.3 Signaltransduktion in Haarsinneszellen – 167
4.2.4 Frequenzanalyse – 177

4.3 Lokalisation von Schallquellen – 189
4.3.1 Schalllokalisation in der Horizontalebene – 190
4.3.2 Schalllokalisation in der Vertikalebene – 196
4.3.3 Entfernung einer Schallquelle – 198

4.4 Hören bei Insekten – 200
4.4.1 Chordotonalorgane – 201
4.4.2 Signaltransduktion – 203

4.5 Gleichgewichtssinn – 205
4.5.1 Masse und Beschleunigung – 206
4.5.2 Aufbau des Vestibularorgans – 208
4.5.3 Haarsinneszellen und Signaltransduktion – 213

Literatur – 217

© Der/die Autor(en), exklusiv lizenziert durch Springer-Verlag GmbH,
DE, ein Teil von Springer Nature 2025
A. Feigenspan, *Sensorische Signaltransduktion – Molekulare Mechanismen der Informationsverarbeitung*, https://doi.org/10.1007/978-3-662-70359-5_4

Neben dem Sehsinn spielt die Verarbeitung von Schallwellen eine außerordentlich wichtige Rolle für die räumliche Orientierung, das Erkennen und Lokalisieren potenzieller Gefahrenquellen sowie für die innerartliche Kommunikation. Ähnlich wie elektromagnetische Strahlung werden Schallwellen über große Entfernungen übertragen, wenn auch mit wesentlich geringerer Geschwindigkeit.[1] Im Gegensatz zum sichtbaren Licht sind Schallwellen unabhängig von Faktoren wie Sonnenstand, Wolkendichte und Jahreszeit; wir hören in der Dunkelheit mindestens ebenso gut wie bei Tageslicht. Schall hat außerdem keine Probleme, Hindernisse zu überwinden, die der visuellen Wahrnehmung buchstäblich im Weg stehen. Und solange wir unsere Ohren nicht aktiv verstopfen, ist Schall stets präsent.

Neben der Herausforderung, den physikalischen Reiz Schall in ein neuronales Signal umzuwandeln, liegt die wesentliche Aufgabe des auditorischen Systems darin, aus dem allgegenwärtigen, ständig wechselnden Gemisch akustischer Signale diejenigen Muster herauszufiltern, die für das Verhalten eines Organismus relevant und möglicherweise überlebenswichtig sind. Hinzu kommen beim Menschen die Verarbeitung von Sprache als zentrales Kommunikationsmittel sowie die Wahrnehmung von Musik, die als eine der komplexesten kulturellen Errungenschaften gilt.

In den auditorischen Sinnesorganen aller Organismen wird die mechanische Energie der Schallwellen in eine Depolarisation der Zellmembran der entsprechenden Sinneszellen umgewandelt. Die Empfindlichkeit dieser Signaltransduktion ist außergewöhnlich: Die akustischen Detektoren des Menschen und anderer Wirbeltiere können Schwingungen in der Größenordnung von Atomdurchmessern registrieren, und ihre Reaktionsgeschwindigkeit ist etwa 1000-mal schneller als die von Photorezeptoren. Offensichtlich unterliegt das auditorische System einem starken evolutionären Optimierungsdruck, der die Fähigkeit zur Schalldetektion bis an die Grenze des physikalisch Möglichen gesteigert hat.

4.1 Physik des Schalls

Lernziele
1. Schallwellen als periodische Druck- und Dichteänderungen eines elastischen Mediums erläutern.
2. Die Begriffe Amplitude, Wellenlänge, Frequenz und Phase anhand einer eindimensionalen harmonischen Welle erklären.
3. Den Schalldruckpegel definieren und die Dezibelskala anhand von Beispielen erläutern.
4. Die Überlagerung von harmonischen Wellen gemäß dem Superpositionsprinzip beschreiben.

---

[1] Die Schallgeschwindigkeit hängt entscheidend vom Medium ab, in dem sich der Schall ausbreitet, sowie von dessen Temperatur. Bei 20°C beträgt die Schallgeschwindigkeit in Luft etwa $343\,\text{m}\,\text{s}^{-1}$. In Wasser hingegen breitet sich der Schall bei gleicher Temperatur mit rund $1500\,\text{m}\,\text{s}^{-1}$ aus (siehe ◘ Tab. 4.3).

5. Die Konsequenzen der Ausbreitung im dreidimensionalen Raum für die Intensität von Schallwellen erläutern.
6. Die physikalischen Konzepte Reflexion, Transmission, Brechung und Beugung erklären.

In der Physik versteht man unter Schall longitudinale Schwingungen, die als periodische Druck- und Dichteänderungen eines elastischen Mediums wie Luft oder Wasser auftreten.[2] Diese Änderungen des Drucks und der Dichte breiten sich im Medium aus und erzeugen dabei **Schallwellen**. Diese physikalische Definition unterscheidet sich vom umgangssprachlichen Verständnis von Schall als akustische Grundlage von Tönen, Klängen und Geräuschen.

Schallwellen entstehen, wenn Moleküle eines Mediums durch eine äußere Einwirkung, wie beispielsweise eine schwingende Stimmgabel, in Bewegung versetzt werden. Diese Moleküle legen allerdings keine großen Strecken zurück, sondern stoßen mit benachbarten Molekülen zusammen, die dadurch ebenfalls in Bewegung geraten. So entsteht eine Dichtewelle, die sich im Medium ausbreitet. Durch die Kollisionen werden die Moleküle jedoch wieder zurückgeworfen, sodass sich jedes einzelne Molekül kaum bewegt, sondern um seine Ruhelage hin und her schwingt (◘ Abb. 4.1). Die räumlichen und zeitlichen Druck- und Dichteschwankungen treten mit einer gewissen Regelmäßigkeit auf, die wir auch als Periodizität bezeichnen. Periodische Schwankungen definieren eine Welle, die durch die Parameter Frequenz, Wellenlänge, Amplitude, Phase und Ausbreitungsgeschwindigkeit vollständig beschrieben werden kann. Die physikalischen Eigenschaften einer Welle haben ihrerseits einen großen Einfluss auf die Anatomie von auditorischen Systemen, wie die Tympanalorgane von Insekten und die Ohren von Wirbeltieren.

4.1.1 Eigenschaften einer Welle

Grundsätzlich breiten sich Wellen in einem dreidimensionalen Raum aus. Für unsere Zwecke wollen wir aus Gründen der Übersichtlichkeit die Eigenschaften einer Welle am Beispiel einer eindimensionalen harmonischen Welle genauer besprechen. Eindimensional bedeutet hier, dass wir nur die Ausbreitung in einer Richtung betrachten (in diesem Fall die x-Richtung). Harmonische Wellen können mathematisch vollständig durch eine Sinus- oder Kosinusfunktion beschrieben werden. Sie enthalten eine zeitliche und eine räumliche Komponente, die als Argument der Sinusfunktion in der folgenden **Wellengleichung** dargestellt sind:

$$A(x, t) = A_0 \cdot \sin\left(2\pi \cdot \frac{x}{\lambda} - 2\pi \cdot \frac{t}{T}\right). \tag{4.1}$$

Die Amplitude A der Schwingung ist ein Maß für die Abweichung vom Ruhewert und hängt nach der Wellengleichung 4.1 sowohl vom Ort x als auch von der Zeit t ab.

---

[2] Bei einer Longitudinalwelle stimmen die Schwingungsrichtung und die Ausbreitungsrichtung überein. Bei einer Transversalwelle stehen beide senkrecht zueinander.

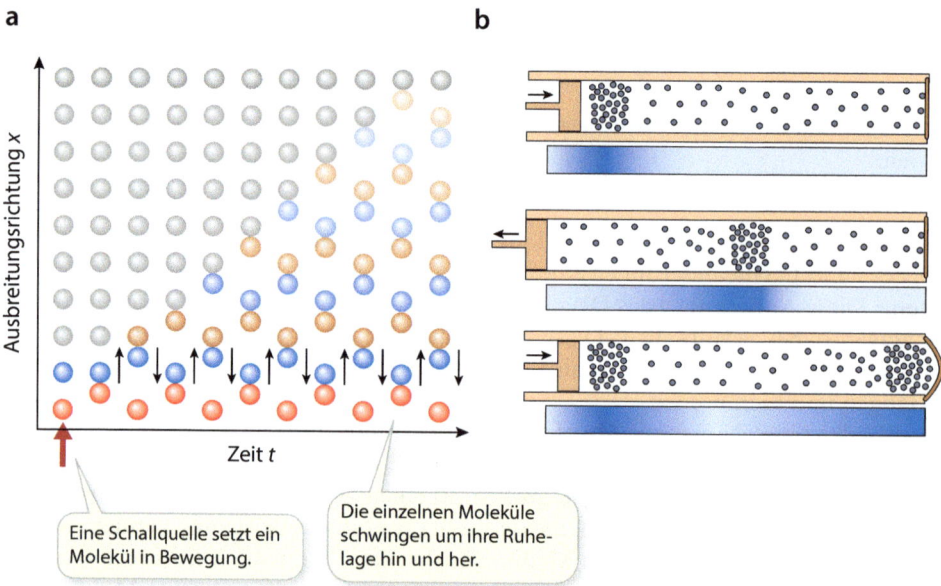

Abb. 4.1 Entstehung von Schallwellen durch schwingende Luftteilchen. **a** Ausgelöst durch eine externe Schallquelle *(roter Pfeil)* werden Moleküle angestoßen, die mit benachbarten Molekülen kollidieren. Die einzelnen Teilchen bewegen sich nicht in Ausbreitungsrichtung, sondern schwingen am selben Ort hin und her *(schwarze Pfeile)*. **b** Die periodische Verdichtung der Moleküle in einer Luftsäule erzeugt eine Longitudinalwelle. In Ausbreitungsrichtung wechseln sich Bereiche mit hoher und niedriger Dichte ab

Im Fall einer Schallwelle entspricht die Amplitude der subjektiven Wahrnehmung der **Lautstärke**.

Da eine Welle von den beiden Parametern Ort und Zeit abhängt, können wir eine Welle auf zwei verschiedene Arten definieren. Im ersten Fall eliminieren wir die Zeit, indem wir die Welle in einer Momentaufnahme sozusagen „einfrieren", sodass ihr Verlauf entlang der *x*-Achse sichtbar wird (Abb. 4.2a). Der Wert A_0 bezeichnet die maximale Auslenkung der Amplitude, und die **Wellenlänge** λ ist der kürzeste Abstand zwischen zwei nebeneinanderliegenden Maxima oder zwischen zwei anderen benachbarten Punkten auf der Welle mit identischem Amplitudenwert. Der Quotient x/λ repräsentiert die räumliche Komponente der Wellengleichung, die wir auch durch die **Kreiswellenzahl** k ersetzen können. Die Kreiswellenzahl ist ein Maß für die Anzahl der Schwingungen pro Strecke.

$$k = \frac{2\pi}{\lambda}. \tag{4.2}$$

Im zweiten Fall erfolgt die Beschreibung einer Welle durch die Analyse der zeitlichen Schwingungen an einem festen Ort. Dabei bewegt sich ein beliebiger Punkt senkrecht zur Ausbreitungsrichtung periodisch auf und ab. Während der **Periodendauer** T durchläuft der Punkt alle möglichen Amplitudenwerte der Welle einmal und befindet sich anschließend wieder an seinem Ausgangspunkt. Die Periodendauer bezeichnet

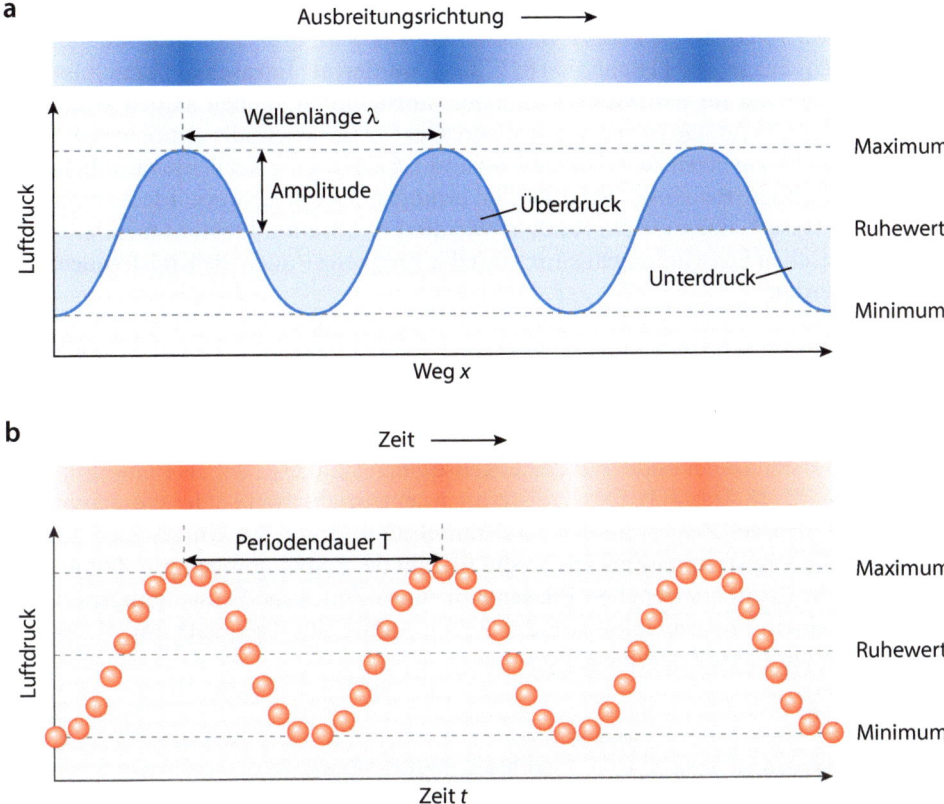

Abb. 4.2 Schallwellen als eindimensionale harmonische Schwingungen. **a** Die räumliche Ausbreitung einer Schallwelle kann zu einem bestimmten Zeitpunkt als Momentaufnahme beschrieben werden. Der Verlauf oberhalb der Grafik veranschaulicht die periodischen Druckänderungen in Ausbreitungsrichtung. **b** Die periodischen Luftdruckschwankungen an einem festen Ort betonen die Schwingungen eines Teilchens um seinen Ruhewert und stellen den zeitlichen Verlauf einer Longitudinalwelle dar. Die Amplitude gibt die maximale Abweichung vom Ruhewert an. Zwei benachbarte Maxima sind in **a** durch eine Wellenlänge λ bzw. in **b** durch eine Periodendauer T voneinander getrennt

den zeitlichen Abstand zwischen zwei Wellenbergen (Abb. 4.2b). Die **Frequenz** ν einer Welle entspricht dem Kehrwert der Periodendauer.

$$\nu = \frac{1}{T}. \tag{4.3}$$

Die Frequenz gibt die Anzahl der Schwingungen pro Sekunde an und wird gemäß Gl. 4.3 in der Einheit 1/s angegeben, wobei auch die Bezeichnung Hertz (Hz) üblich ist. Beim Kammerton A mit der Frequenz 440 Hz schwingen die Luftmoleküle also mit 440 Schwingungen pro Sekunde. Die wahrgenommene **Tonhöhe** einer Schallwelle ist direkt von ihrer Frequenz abhängig. Je höher die Frequenz, desto häufiger schwingen die Moleküle des Mediums hin und her und desto höher ist der subjektiv empfundene Ton. Analog zur Wahrnehmung von Farben ist die Tonhöhe keine physikalische Eigenschaft, sondern stellt eine Konstruktionsleistung des Gehirns dar.

Das auditorische System des Menschen ist in der Lage, Schallwellen in einem Frequenzbereich von 16 Hz bis 20 kHz zu detektieren, was etwa drei Größenordnungen entspricht.[3] Frequenzen, die kleiner als 16 Hz sind, werden als **Infraschall** bezeichnet. Diese Frequenzen sind für den Menschen nicht wahrnehmbar, dienen jedoch Walen und Elefanten als Grundlage für Ferngespräche. Der für uns ebenfalls unhörbare **Ultraschall** umfasst Frequenzen zwischen 20 kHz und 1,6 GHz. Die exzellente räumliche Auflösung dieser hochfrequenten Schallwellen ermöglicht beispielsweise Fledermäusen eine sehr präzise Navigation im Raum sowie die Lokalisation kleiner Objekte.

Bei harmonischen Schwingungen kann statt der Frequenz ν auch die **Kreisfrequenz** ω verwendet werden.

$$\omega = 2\pi\nu\,. \tag{4.4}$$

Harmonische Schwingungen lassen sich durch einen gegen den Uhrzeigersinn rotierenden Zeiger darstellen. Die Länge des Zeigers entspricht der Amplitude der Schwingung, und der Zeiger bildet mit der x-Achse einen Winkel φ, der als **Phasenwinkel** bezeichnet wird (◘ Abb. 4.3). Die Kreisfrequenz entspricht folglich der Geschwindigkeit, mit der sich der Zeiger um den Kreismittelpunkt dreht. Im Unterschied zur Frequenz gibt die Kreisfrequenz also nicht die Anzahl der Schwingungen pro Zeit an, sondern vielmehr die überstrichenen Phasenwinkel pro Zeit. Eine Schwingungsperiode entspricht einem Phasenwinkel von 2π (360°), sodass sich Frequenz und Kreisfrequenz um diesen Faktor unterscheiden.

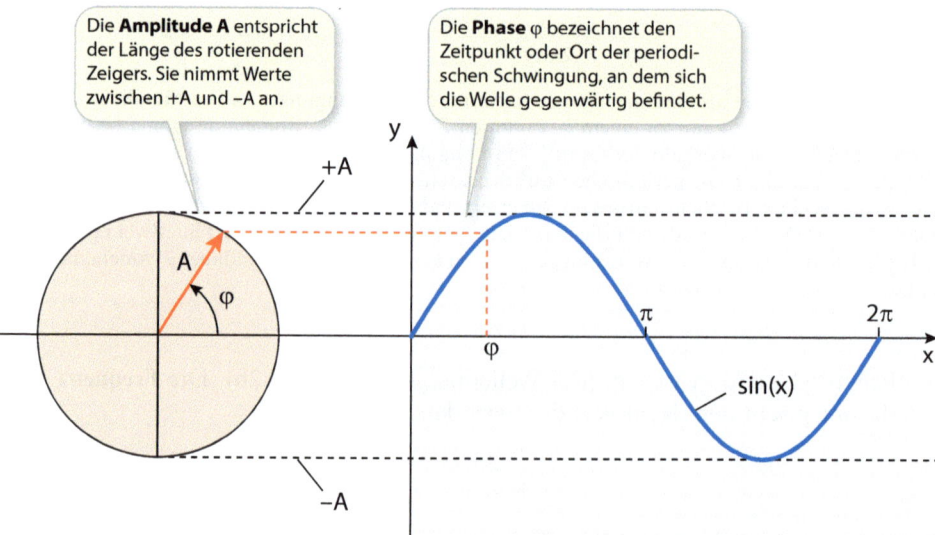

◘ **Abb. 4.3** Eine Sinusfunktion $\sin(x)$ kann als Zeiger dargestellt werden, der ausgehend von der x-Achse im Gegenuhrzeigersinn um den Nullpunkt rotiert *(roter Pfeil)*. Die Länge des Zeigers gibt die Amplitude A der Schwingung zu einem bestimmten Zeitpunkt an. Der Zeiger hat sich von der Ausgangsposition um den Phasenwinkel φ in die positive Richtung gedreht. Eine volle Umdrehung von 360° entspricht 2π

---

3   Dieser Frequenzbereich wird mit zunehmendem Alter immer enger, wobei sich insbesondere die obere Grenze zu tieferen Frequenzen hin verschiebt.

Durch Einsetzen der Gl. 4.2–4.4 in die Gl. 4.1 erhält man die üblicherweise verwendete Form der harmonischen Wellenfunktion:

$$A(x, t) = A_0 \cdot \sin(kx - \omega t). \tag{4.5}$$

Das Argument der Sinusfunktion ($kx - \omega t$) beschreibt die **Phase** der Welle. Die Phase gibt Auskunft über den Ort auf der Welle zu einem bestimmten Zeitpunkt. An einem festen Ort unterliegt die Phase der Welle einer periodischen Veränderung (siehe ◘ Abb. 4.2b).

Wenn sich eine Welle mit konstanter Geschwindigkeit ausbreitet (was eigentlich immer der Fall ist, wenn die Welle einmal ausgelöst wurde und das Medium homogen ist), sind die zeitliche und die räumliche Komponente auf einfache Weise miteinander verknüpft. Die Ausbreitungsgeschwindigkeit c ist das Produkt aus der Wellenlänge λ (räumliche Komponente) und der Frequenz ν (zeitliche Komponente). Diese Beziehung wird im Zusammenhang mit elektromagnetischen Wellen in Gl. 3.1 in ▶ Abschn. 3.1.1 formuliert.

Zur Veranschaulichung dieses Zusammenhangs kommen wir noch einmal auf den Kammerton A zurück. Mit einer Frequenz von 440 Hz und einer Schallgeschwindigkeit von 343 m s^{-1} hat der Kammerton A eine Wellenlänge von etwa 78 cm. Im Vergleich zu den elektromagnetischen Wellen des sichtbaren Lichts, deren Wellenlängen im Nanometerbereich liegen, weisen Schallwellen also eine wesentlich größere räumliche Ausdehnung auf.

Die wichtigsten physikalischen Parameter von Schallwellen sind in ◘ Tab. 4.1 zusammengefasst.

4.1.2 Energie von Schallwellen

In ▶ Abschn. 4.1.1 haben wir die Amplitude einer Schallwelle eingeführt. Die Größe der Amplitude steht in direktem Zusammenhang mit der Energie der Schallwelle, welche wiederum die subjektiv empfundene Lautstärke bestimmt. Die Energie einer Welle hängt jedoch auch von ihrer Wellenlänge bzw. ihrer Frequenz ab. Um folglich Schall überhaupt wahrnehmen und zwischen Lautstärke und Frequenz unterscheiden zu können, muss die Energie der Schallwellen zunächst in ein elektrisches Signal umgewandelt werden. Dieser Signaltransduktion folgen komplexe zentralnervöse Verarbeitungsschritte, an denen zahlreiche Hirnregionen beteiligt sind. In diesem Kapitel soll die Frage erörtert werden, wie sich die Energie von Schallwellen physikalisch beschreiben lässt.

Bei mechanischen Wellen wie Schallwellen manifestiert sich die Energie in Form von elastischer Energie (Druckarbeit) und kinetischer Energie (Molekülbewegungen). Wie bereits angedeutet, spielt dabei die maximale Amplitude A_0 eine wichtige Rolle, denn je größer die Amplitude eines Tons (je lauter ein Ton), desto größer ist auch die von den Schallwellen transportierte Energie. Schallwellen sind Änderungen der Dichte im Vergleich zur mittleren Dichte ρ_0 des jeweiligen Mediums. Für ein gegebenes Volumenelement ΔV beträgt die mittlere Energie $\langle E \rangle$ einer harmonischen Schwingung:

$$\langle E \rangle = \frac{1}{2} \rho_0 \, \omega^2 A_0^2 \, \Delta V. \tag{4.6}$$

Tab. 4.1 Physikalische Parameter zur Beschreibung von Schallwellen

Parameter	Formelzeichen	Definition	Maßeinheit	Bedeutung
Frequenz	ν	$\nu = \dfrac{1}{T}$	Hertz (Hz)	Anzahl Schwingungen pro Sekunde
Wellenlänge	λ	$\lambda = \dfrac{c}{\nu}$	Meter (m)	Kleinster Abstand zwischen zwei Punkten gleicher Phase
Periodendauer	T	$T = \dfrac{1}{\nu}$	Zeit (s)	Zeitdauer, in der sich die Welle um eine Wellenlänge fortbewegt
Amplitude	A	$A(x,t) = A_0 \cdot \sin(kx - \omega t)$	Druck (Pa)	Abweichung des Luftdrucks vom Ruhewert
Kreisfrequenz	ω	$\omega = 2\pi \cdot \nu$	1/Sekunde (s^{-1})	Anzahl Schwingungen pro Phasenwinkel
Kreiswellenzahl	k	$k = \dfrac{2\pi}{\lambda}$	1/Meter (m^{-1})	Anzahl Schwingungen pro Strecke
Phasenwinkel (Phase)	φ	$\varphi = kx - \omega t$	Radian (rad)	Aktuelle Position auf einer periodischen Funktion
Geschwindigkeit	c	$c = \lambda \cdot \nu$	Meter/Sekunde ($m\,s^{-1}$)	Ausbreitungsgeschwindigkeit einer Schallwelle

Gemäß der Gl. 4.6 nimmt die Energie quadratisch mit der Amplitude A_0 sowie der Kreisfrequenz ω zu. Demnach erhöht sich die Lautstärke beim Übergang vom Flüstern zum Brüllen etwa um den Faktor 100, sodass im letzteren Fall 10.000-mal mehr Energie aufgewendet werden muss.

Die **Schallleistung** P bezeichnet die pro Zeiteinheit t von einer Schallquelle abgegebene Energiemenge E. Die Einheit der Schallleistung ist das Watt (W).

$$P = \frac{E}{t}. \tag{4.7}$$

Bei einer Unterhaltung in normaler Lautstärke erzeugt die menschliche Stimme etwa $10\,\mu W$, während ein Strahltriebwerk mit $10.000\,W$ eine Schallleistung erbringt, die um neun Größenordnungen (eine Milliarde) höher ist.

Eine weitere Energiegröße des Schalls ist die **Schallintensität** I. Darunter versteht man die Schallleistung P, die auf eine senkrecht zur Ausbreitungsrichtung stehende Fläche A trifft. Eine solche Fläche stellt beispielsweise das Trommelfell im Ohr von Wirbeltieren dar.

$$I = \frac{P}{A}. \tag{4.8}$$

Die Einheit der Schallintensität ist Watt pro Quadratmeter ($\mathrm{W\,m^{-2}}$). Das menschliche Ohr ist in der Lage, Schallintensitäten von etwa $10^{-12}\,\mathrm{W\,m^{-2}}$ in der Nähe der Hörschwelle bis ungefähr $1\,\mathrm{W\,m^{-2}}$ (Schmerzschwelle) wahrzunehmen. Dieser Arbeitsbereich entspricht immerhin zwölf Größenordnungen.

Die Beziehung zwischen Schallintensität und Schallempfindlichkeit ist nicht linear, da eine Verdoppelung der Schallintensität nicht zu einer entsprechenden Verdoppelung der Lautstärkeempfindung führt. Daher wird der Intensitätspegel IP mithilfe einer logarithmischen Skala und einer genormten Bezugsgröße I_0 definiert, welche etwa der Hörschwelle entspricht.

$$IP = 10 \cdot \lg \frac{I}{I_0}. \tag{4.9}$$

Obgleich der Intensitätspegel prinzipiell dimensionslos ist, erfolgt seine Angabe in der Einheit **Dezibel** (dB). In der Hörphysiologie wird häufig der **Schalldruckpegel** L verwendet.[4] Unter dem Schalldruckpegel versteht man das logarithmierte Verhältnis der quadrierten Effektivwerte des Schalldrucks p zum Referenzwert $p_0 = 2 \cdot 10^{-5}$ Pa.[5]

$$L = 10 \cdot \lg \frac{p^2}{p_0^2} = 20 \cdot \lg \frac{p}{p_0}. \tag{4.10}$$

Aus der Gl. 4.10 lassen sich Zahlenwerte für den Schalldruckpegel ableiten, die beim Menschen zwischen $-10\,\mathrm{dB}$ (Bereich der Hörschwelle) und etwa $120\,\mathrm{dB}$ (Schmerzgrenze) liegen (◘ Abb. 4.4). Der Schalldruckpegel weist einige Eigenschaften auf, die zum Teil auf die Logarithmusfunktion zurückzuführen sind.

— Der Schalldruckpegel nimmt positive Werte an, sofern der Zähler den Bezugswert im Nenner übersteigt. Allerdings wird der Schalldruckpegel negativ, wenn der Schalldruck unter dem Referenzwert liegt. Zu Beginn des 20. Jahrhunderts wurde der Wert $p_0 = 2 \cdot 10^{-5}$ Pa als Hörschwelle für Luftschall der Frequenz von 1 kHz allgemein festgelegt. Später stellte sich dann heraus, dass die Hörschwelle etwas niedriger liegt als ursprünglich angenommen. Dennoch wurde der Referenzwert von $20\,\mu\mathrm{Pa}$ beibehalten, sodass tatsächlich negative Werte für den Schalldruckpegel möglich sind. Ein Schalldruckpegel von $0\,\mathrm{dB}$ bedeutet also nicht absolute Stille, sondern eine Lautstärke etwas oberhalb der menschlichen Hörschwelle.
— Bei einer Verdoppelung des Schalldrucks steigt der Schalldruckpegel um $6\,\mathrm{dB}$. Eine Steigerung des Schalldruckpegels um $20\,\mathrm{dB}$ entspricht einer Verzehnfachung des Schalldrucks. Die Darstellung der eher unhandlichen Werte des Schalldrucks

---

4 Schalldruck und Schallintensität hängen über den Kehrwert der Schallschnelle linear miteinander zusammen.

5 Der Effektivwert einer periodischen Funktion beträgt $A_0/\sqrt{2}$.

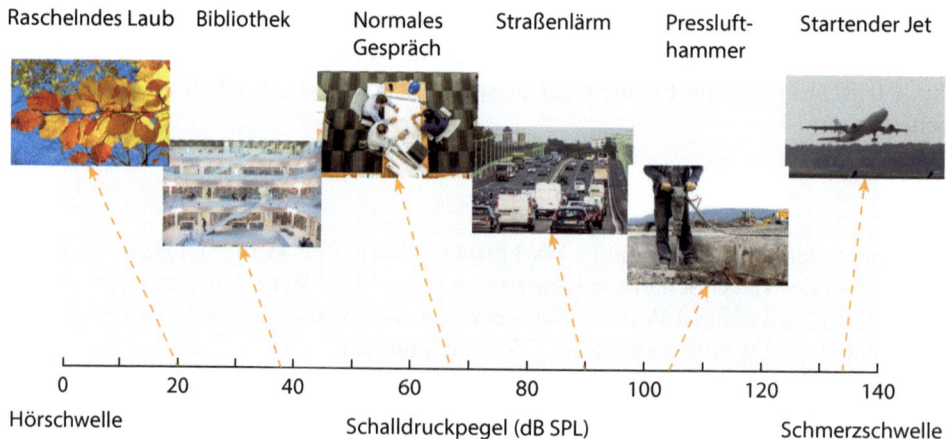

Abb. 4.4 Der Schalldruckpegel von Alltagsgeräuschen reicht von 0 dB bis etwa 130 dB. Dies entspricht einer Veränderung der Lautstärke um insgesamt sechs Größenordnungen. Im Vergleich zum raschelnden Laub erzeugt der Jet demnach einen Schalldruck, der 1.000.000-mal größer ist

als Pegel liefert zwar einfache Zahlen, allerdings stellt die nicht lineare Logarithmusfunktion einige Fallen bei deren Interpretation.

In der ◘ Tab. 4.2 sind die in diesem Kapitel besprochenen Energiegrößen von Schallwellen zusammengefasst.

4.1.3 Überlagerung von Wellen

Bisher haben wir Schallwellen als sinusförmige Schwingungen mit einer einzigen Frequenz kennengelernt. Physikalisch handelt es sich hierbei um reine **Töne**, die in einer natürlichen akustischen Umgebung nur relativ selten vorkommen.[6] **Klänge** hingegen setzen sich aus einem Grundton und mehreren Obertönen zusammen, deren Frequenzen als ganzzahlige Vielfache der Grundfrequenz die Klangfarbe eines Musikinstruments bestimmen. Die Wellenform eines Klangs ist zwar noch periodisch, jedoch nicht mehr sinusförmig. Unter **Geräuschen** hingegen versteht man eine Mischung verschiedener Frequenzen, die keine Periodizität mehr aufweisen.

Wenn zwei oder mehr Wellen aufeinandertreffen und sich überlagern, entsteht eine neue Wellenform. Die Überlagerung erfolgt gemäß dem **Superpositionsprinzip**, bei dem die resultierende Welle die algebraische Summe der einzelnen Wellen ist (◘ Abb. 4.5). Dabei kommt es zu einer Verstärkung von Bereichen mit gleichem

---

6   Im musikalischen Kontext bezeichnet der Begriff „Ton" die von einem Instrument gespielte Note. In der physikalischen Akustik handelt es sich hierbei jedoch in der Regel um einen Klang.

4.1 · Physik des Schalls

Tab. 4.2 Energiegrößen von Schallwellen

Parameter	Formelzeichen	Definition	Maßeinheit	Bedeutung
Energie	E	$\langle E \rangle = \frac{1}{2} \rho_0 \omega^2 A_0^2 \Delta V$	Joule (J)	Mittlere Energie einer Schallwelle
Schallleistung	P	$P = \dfrac{E}{t}$	Watt (W)	Pro Zeit t von einer Schallquelle abgegebene Schallenergie
Schallintensität	I	$I = \dfrac{P}{A}$	Watt/Quadratmeter ($W\,m^{-2}$)	Schallleistung, die durch eine Fläche A tritt
Intensitätspegel	IP	$IP = 10 \cdot \lg\left(\dfrac{I}{I_0}\right)$	Dezibel (dB)	Logarithmiertes Verhältnis der Schallintensität zum Bezugswert $I_0 = 10^{-12}\,W\,m^{-2}$
Schalldruckpegel	L	$L = 20 \cdot \lg\left(\dfrac{p}{p_0}\right)$	Dezibel (dB SPL)	Logarithmiertes Verhältnis des Schalldrucks zum Bezugswert $p_0 = 2 \cdot 10^{-5}\,Pa$

lg, dekadischer Logarithmus; SPL, *Sound Pressure Level*

Vorzeichen (konstruktive Interferenz), während sich Auslenkungen mit unterschiedlichen Vorzeichen abschwächen (destruktive Interferenz).[7]

Zusammengesetzte Wellenformen können mithilfe mathematischer Operationen auch wieder voneinander getrennt werden. Die sogenannte **harmonische Analyse** basiert auf dem Satz von Fourier, nach dem jede zusammengesetzte Wellenform als Summe von harmonischen Sinus- und Kosinusschwingungen dargestellt werden kann. Diese Form der numerischen Analyse wird daher auch als **Fourier-Analyse** bezeichnet. Ein Beispiel für eine solche Darstellung ist die Beschreibung einer Rechteckwelle, die mit einer bestimmten Grundfrequenz ω schwingt, als Summe ganzzahliger Vielfacher n dieser Grundfrequenz.

$$A(t) = A_0 + \sum_{n=1}^{\infty} [a_n \cos(n\omega t) + b_n \sin(n\omega t)] . \tag{4.11}$$

Die Grundschwingung ist die Frequenz ω, mit der sich die zusammengesetzte Wellenform wiederholt. Die Fourier-Koeffizienten a_n und b_n werden in der Regel durch

---

7 Die aktive Geräuschunterdrückung in Kopfhörern basiert auf dem Superpositionsprinzip, indem Störschall analysiert und mit entgegengesetzter Phase in das ursprüngliche Schallsignal eingekoppelt wird. Durch die destruktive Interferenz wird das Störsignal eliminiert oder zumindest hörbar reduziert.

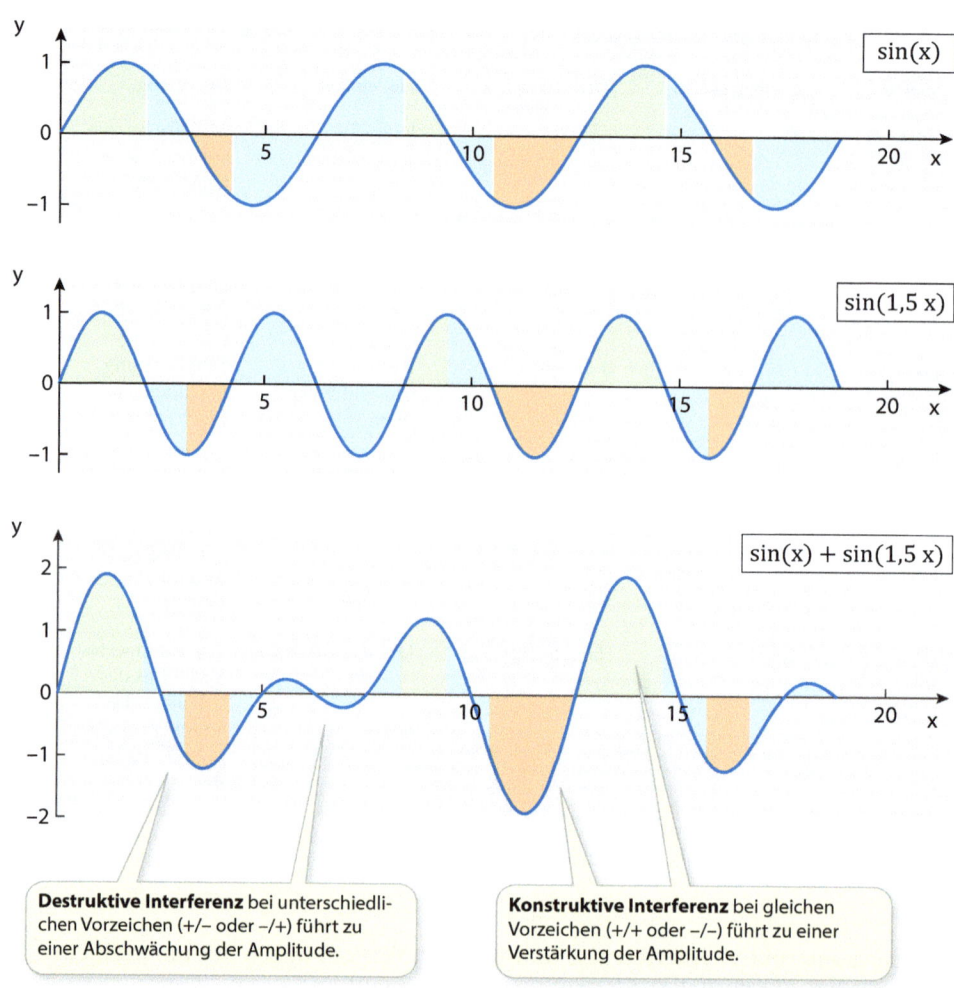

○ **Abb. 4.5** Algebraische Addition zweier Wellen mit unterschiedlicher Frequenz zu einer neuen Wellenform. Bei gleichem Vorzeichen (*grün,* positiv; orange, negativ) verstärken sich die Amplituden, bei unterschiedlichem Vorzeichen *(blau)* schwächen sie sich ab

einen Algorithmus so angepasst, dass eine möglichst gute Übereinstimmung mit der Schwingung resultiert. In ○ Abb. 4.6 wird beispielsweise eine Rechteckfunktion mit der Frequenz 1 Hz mithilfe der Fourier-Analyse durch eine Summe harmonischer Funktionen modelliert. Obwohl Gl. 4.11 im Prinzip eine unendliche Reihe definiert, genügen bereits fünf Iterationen, um eine erkennbare Annäherung an die Rechteckfunktion zu erreichen.

Im Innenohr zahlreicher Organismen findet eine Frequenzanalyse statt, welche den Tieren die Unterscheidung von Tonhöhen ermöglicht. Dabei spielt die **Resonanz** eine zentrale Rolle. Jedes schwingungsfähige System schwingt nach einmaliger Anregung mit einer bestimmten Eigenfrequenz, die auch als Grundschwingung bezeichnet wird. Da das System keiner äußeren Einflussnahme unterliegt, spricht man auch von einer **freien Schwingung**. Wird dieses System nun von außen mit einer Frequenz ange-

4.1 · Physik des Schalls

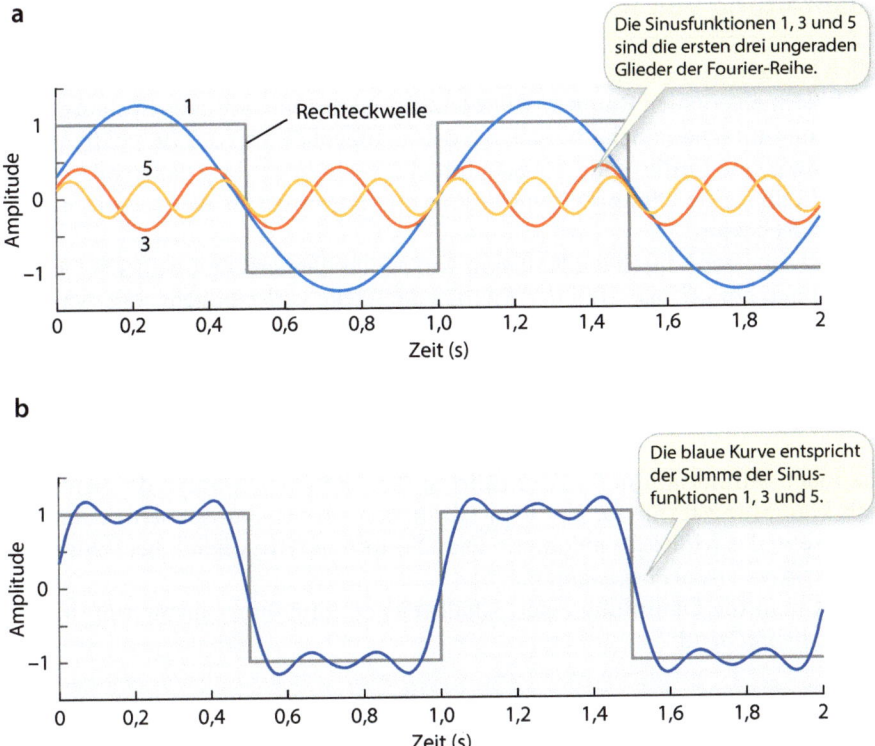

Abb. 4.6 Fourier-Analyse am Beispiel einer rechteckigen periodischen Wellenform. **a** Eine Sinuswelle mit der Grundschwingung 1 Hz und die ersten beiden ungeraden harmonischen Funktionen bilden die Grundlage für die Anpassung einer Rechteckwelle. **b** Die Rechteckwelle wird durch die Summe der drei harmonischen Funktionen approximiert

regt, die der Eigenfrequenz oder einem ganzzahligen Vielfachen davon entspricht, so führt diese erzwungene Schwingung zum Phänomen der Resonanz und somit zu einer überproportionalen Verstärkung der Schwingungsamplitude. Im auditorischen System der Säugetiere erfährt die Basilarmembran eine erzwungene Schwingung, wenn sie mit der Frequenz des Luftschalls angeregt wird. Da sich die Festigkeit des Gewebes und damit die Grundschwingung vom ovalen Fenster bis zum Helicotrema systematisch ändert, verursacht ein Klang an verschiedenen Stellen der Basilarmembran resonanzverstärkte Schwingungen. Die Basilarmembran führt also prinzipiell eine Fourier-Analyse durch, indem die einzelnen Frequenzkomponenten durch lokale Resonanzschwingungen repräsentiert werden.

In ▶ Abschn. 4.2.4 erfolgt eine detaillierte Erörterung der Frequenzanalyse in der Cochlea von Säugetieren sowie der Strategien zur Codierung der in den Schallsignalen enthaltenen Informationen.

4.1.4 Ausbreitung von Wellen im Raum

Schallwellen entstehen an einem bestimmten Ort und breiten sich anschließend gleichförmig im dreidimensionalen Raum aus. Die letztlich beim auditorischen System eines Empfängers ankommenden Schallwellen werden maßgeblich von der Beschaffenheit des Raums sowie der Entfernung zur Schallquelle beeinflusst. In jedem Fall erfahren die Schallwellen eine Dämpfung und – sofern Hindernisse im Weg stehen – eine Beugung oder Reflexion.

Eine Schallwelle wird durch die Kollision von Molekülen erzeugt, wobei bei jeder dieser Kollisionen ein geringer Teil der Energie der Welle verloren geht. Die Amplitude $A(t)$, mit der ein einzelnes Teilchen schwingt, nimmt aufgrund der Reibungsverluste mit der Zeit ab, sodass man von einer **gedämpften Schwingung** spricht.

$$A(t) = A_0 \cdot \exp\left(-\frac{\mu}{2m} t\right). \tag{4.12}$$

Die Exponentialfunktion in Gl. 4.12 führt in den zeitlichen Verlauf der Schwingung einen Dämpfungsterm ein, der vom Quotienten des Reibungskoeffizienten μ und der Masse m des Moleküls abhängt.[8] Die Dämpfung fällt folglich bei schweren Molekülen geringer aus als bei leichten.

Betrachtet man die Dämpfung einer Schallwelle entlang ihrer Ausbreitungsrichtung, so gilt entsprechend:

$$A(x) = A_0 \cdot \exp\left(-\frac{\mu}{2m} x\right). \tag{4.13}$$

Die in ◘ Abb. 4.7 dargestellte Hüllkurve veranschaulicht den exponentiellen Abfall der Schwingungsamplitude eines Moleküls mit der Zeit und der Entfernung. Neben der Amplitude wird auch die Frequenz einer periodischen Schwingung durch die Reibung gedämpft. Zusammengenommen bedeutet dies, dass man mit zunehmender Entfernung von einer Schallquelle den Schall sowohl leiser als auch tiefer wahrnimmt.

Zusätzlich zur Dämpfung verliert eine Welle auch aufgrund ihrer Ausbreitung im Raum an Intensität. Wenn eine punktförmige Schallquelle gleichförmig in alle Richtungen abstrahlt, wird ihre Energie auf eine Kugelfläche projiziert. In der Gl. 4.8 wurde die Intensität einer Welle als Quotient von Leistung und Fläche definiert. Für eine Kugel mit der Oberfläche $A = 4\pi r^2$ gilt daher:

$$I = \frac{P}{4\pi r^2}. \tag{4.14}$$

Gl. 4.14 besagt, dass die Intensität einer Welle quadratisch mit der Entfernung r von der Schallquelle abnimmt.

Sofern sich Schallwellen in einem homogenen Medium ausbreiten, verlieren sie lediglich an Intensität, behalten aber ansonsten ihre ursprünglichen Eigenschaften bei. Anders verhält es sich jedoch, wenn die Wellen auf Hindernisse treffen, also auf Medien, deren Moleküle andere Schwingungseigenschaften aufweisen. An den Grenzflächen zwischen verschiedenen Medien lassen sich interessante Phänomene beobachten, die zum Teil bereits im ▶ Abschn. 3.1.1 im Zusammenhang mit den Welleneigenschaften des Lichts thematisiert wurden. Die Wahrnehmung von Schallereignissen in

---

8 Der Reibungskoeffizient ist proportional zur Kraft, die aufgewendet werden muss, um eine bestimmte Reibungskraft zu überwinden.

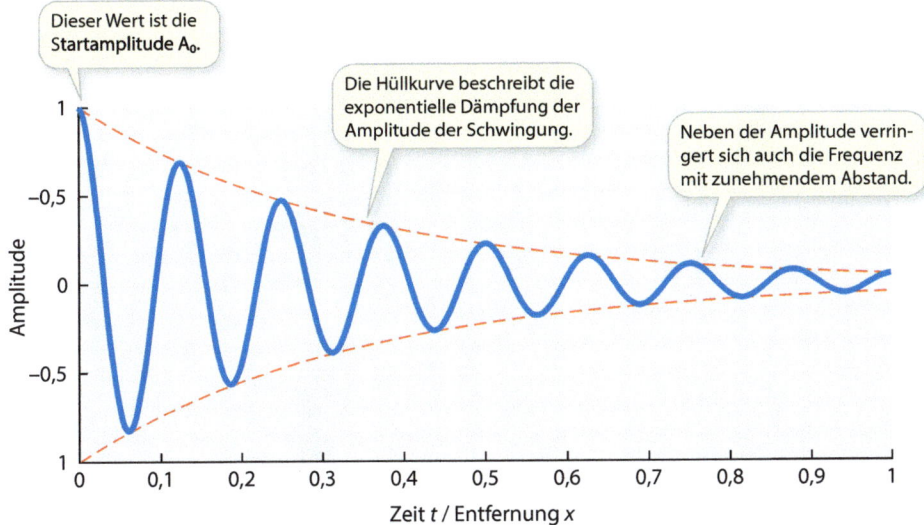

Abb. 4.7 Der Energieverlust durch Zusammenstöße der Moleküle des Mediums führt zu einer exponentiellen Abnahme der Schallamplitude mit der Zeit und der Entfernung

einer natürlichen Umgebung wird insbesondere durch die Reflexion, die Brechung und die Beugung von Wellen beeinflusst. Diese physikalischen Konzepte werden in der folgenden Übersicht kurz zusammengefasst.

— Trifft Schall auf eine Grenzfläche, die Materialien mit unterschiedlichen Wellengeschwindigkeiten trennt, so wird ein Teil der Welle reflektiert (**Reflexion**), der andere Teil hingegen durchgelassen (**Transmission**). Je größer der Dichteunterschied zwischen den beiden Medien ist, desto größer ist der reflektierte Anteil. Unter Wasser ist beispielsweise Luftschall kaum zu hören, da der größte Teil der Schallenergie an der Grenzfläche zwischen Luft und Wasser reflektiert wird und nur sehr wenig in das Wasser eindringt. Für das Gehör der Landwirbeltiere stellt dies ein erhebliches Problem dar, da der Luftschall auf die flüssigkeitsgefüllten Räume des Innenohrs übertragen werden muss (siehe ▶ Abschn. 4.2.1).

— Bei der Transmission setzt sich die einfallende Welle nicht gleichförmig fort, sondern ändert ihre Ausbreitungsrichtung. Dieses als **Brechung** bezeichnete Phänomen wird am Beispiel der Lichtbrechung in ◘ Abb. 3.2 veranschaulicht. Die Brechung basiert auf der unterschiedlichen Geschwindigkeit von Wellen in Medien mit unterschiedlicher Dichte.

— **Beugung** tritt auf, wenn eine Schallwelle um ein Hindernis herum verläuft – beispielsweise um die Ecke eines Hauses oder um unseren Kopf. So ist es möglich, eine Stimme zu hören, ohne die sprechende Person hinter einer Wand sehen zu können. Obgleich sich die Schallwellen weiterhin im selben Medium bewegen, breiten sie sich jedoch nicht mehr geradlinig aus, sondern in Form einer Kreisbewegung von den Rändern des Hindernisses in den Schallschatten. Die Wellen werden also sozusagen um die Ecke herum gebogen und verlieren dabei an Intensität, d. h., sie werden leiser. Je kleiner die Öffnung ist, durch die sich die Schallwellen zwängen müssen, desto stärker fallen Beugungseffekte ins Gewicht (◘ Abb. 4.8). Schallwellen weisen Wellenlängen zwischen wenigen Zentimetern und mehreren Metern auf,

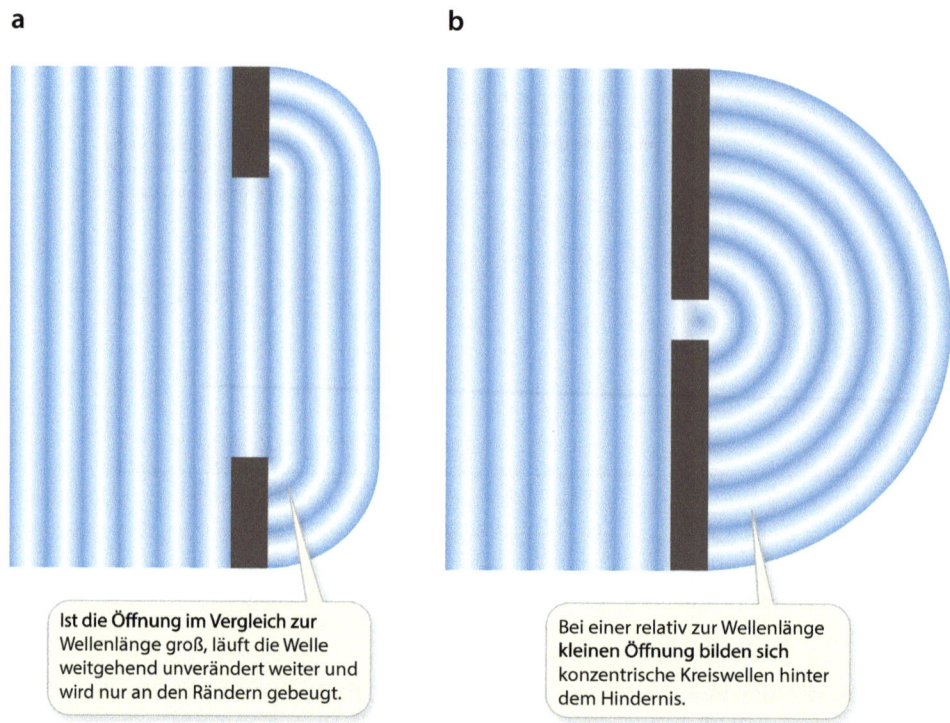

Abb. 4.8 Beugung von Schallwellen an einem Hindernis. **a** Ist die Öffnung des Hindernisses deutlich größer als die Wellenlänge, so breiten sich die Wellen nahezu ungestört auf der anderen Seite aus. **b** Bei einer im Vergleich zur Wellenlänge kleinen Öffnung entsteht ein Beugungsmuster aus konzentrischen Kreisen

sodass sich insbesondere tiefe Töne (lange Wellenlängen) durch Beugung leicht in den Schallschatten ausbreiten können. Die Lokalisation von Schallquellen, bei der unter anderem der Schallschatten des Kopfs eine wichtige Rolle spielt, wird in ▶ Abschn. 4.3 behandelt.

Schlüsselkonzepte ▶ Abschn. 4.1 Physik des Schalls

- Unter Schall versteht man longitudinale Schwingungen eines elastischen Mediums wie Luft oder Wasser, die in Form periodischer Druck- und Dichteänderungen auftreten.
- Die Beschreibung von Schallwellen erfolgt mittels der harmonischen Wellenfunktion, welche sowohl eine räumliche als auch eine zeitliche Komponente aufweist.
- Die Frequenz einer Schallwelle korreliert mit der subjektiv empfundenen Tonhöhe. Die maximale Amplitude bestimmt die wahrgenommene Lautstärke.
- Die mittlere Energie einer Schallwelle ist proportional zum Quadrat ihrer Amplitude und ihrer Frequenz. Die Schallleistung bezeichnet die Energie pro Zeit, während die Schallintensität die Schallleistung pro Fläche darstellt

- Der Schalldruckpegel, angegeben in dB (SPL), ist definiert als das logarithmische Verhältnis des Schalldrucks zum Bezugswert $p_0 = 20\,\mu\text{Pa}$.
- Die Überlagerung zweier oder mehrerer harmonischer Wellen erfolgt gemäß dem Superpositionsprinzip. Bei gleichem Vorzeichen der Wellen verstärken sich diese, während bei entgegengesetztem Vorzeichen die resultierende Wellenform abgeschwächt wird.
- Die Fourier-Analyse ermöglicht eine analytische Zerlegung einer zusammengesetzten periodischen Wellenform in ihre Frequenzkomponenten.
- Die Amplitude und die Frequenz von Schallwellen nehmen mit zunehmender Entfernung von der Schallquelle aufgrund von Reibungsverlusten ab.
- Treffen Schallwellen auf Hindernisse, die eine andere Dichte als das Ausbreitungsmedium haben, treten Reflexion, Transmission, Beugung und Brechung auf. Bei der Reflexion werden die Schallwellen an der Grenzfläche zurückgeworfen, während die Transmission die Durchlässigkeit des Mediums für Wellen beschreibt. Der Begriff der Beugung bezeichnet die Ablenkung der Wellen durch ein Hindernis oder eine im Verhältnis zur Wellenlänge kleine Öffnung. Die Brechung von Schallwellen entspricht der Brechung elektromagnetischer Wellen und manifestiert sich an der Grenzfläche von Medien mit unterschiedlicher Schallgeschwindigkeit.

4.2 Hören bei terrestrischen Wirbeltieren

Lernziele
1. Den Aufbau und die Funktion des Mittelohrs terrestrischer Wirbeltiere unter dem Aspekt der Impedanzanpassung erklären.
2. Die anatomischen Strukturen der Cochlea in Hinblick auf die Umwandlung von Schall in elektrische Signale erläutern.
3. Die molekularen Komponenten der Tip-Links und des Transduktionskomplexes in Haarsinneszellen beschreiben.
4. Den Mechanismus der Signaltransduktion in den Haarsinneszellen im Innenohr erläutern.
5. Die Bedeutung der Tonotopie für die Frequenzanalyse erklären.
6. Die elektrische Resonanz erläutern und mit der mechanischen Resonanz in der Cochlea der Säugetiere vergleichen.
7. Eine charakteristische Frequenz-Tuning-Kurve für eine Haarsinneszelle der Säugetiere skizzieren und erläutern.
8. Die Funktion der äußeren und inneren Haarsinneszellen miteinander vergleichen.
9. Das Prinzip der Phasenkopplung erläutern.

Der Landgang der Wirbeltiere, der am Ende des Devons vor etwa 370 Mio. Jahren stattfand, führte zu weitreichenden Adaptationen des auditorischen Systems an das neue Medium Luft. Diese Anpassungen sind zum einen auf die unterschiedliche

Tab. 4.3 Vergleich der Ausbreitung von Schall in Luft und Wasser

Schalleigenschaft	Formelzeichen	Einheit	Luft	Wasser
Dichte	ρ	kg m^{-3}	1,29	1000
Schallgeschwindigkeit	c	m s^{-1}	343	1480
Wellenlänge bei 100 Hz	λ	m	3,43	14,8
Wellenlänge bei 1 kHz	λ	m	0,343	1,48
Schalldämpfung bei 1 kHz		dB 100 m^{-1}	1,2	0,08
Partikelgeschwindigkeit bei einer Schallintensität von 1 W m^{-2}	v	m s^{-1}	0,49	0,08
Schallimpedanz	Z_F	N s m^{-3}	428,3	$1,46 \times 10^6$

Ausbreitungsgeschwindigkeit des Schalls in Wasser und Luft und zum anderen auf die Reflexion von Schallwellen an Medien unterschiedlicher Dichte zurückzuführen.

Schall breitet sich im Wasser mehr als viermal so schnell aus wie in der Luft. Dabei kann tieffrequenter Schall, bei ausreichender Leistung und ohne Hindernisse in Form von Landmassen, überall auf der Erde wahrgenommen werden (siehe ◘ Tab. 4.3). Im Gegensatz dazu ist die Reichweite von Luftschall deutlich geringer, da die Kopplung der hin- und herschwingenden Moleküle in einem Gas sehr viel ineffizienter ist. Eine weitaus größere Herausforderung stellt jedoch die Übertragung der Schallenergie auf die Sinneszellen dar. Die Dichte der Gewebe aquatisch lebender Organismen ist zwar etwas höher als die des umgebenden Wassers, aber die relativ kleinen Dichteunterschiede führen nur zu einer geringfügigen Reflexion von Schallwellen. Im Falle landlebender Tiere hingegen findet die Signaltransduktion zwar ebenfalls in einer wässrigen Lösung statt, jedoch muss der Luftschall zuvor in diesen Flüssigkeitsraum übertragen werden. Diese Tatsache birgt gewisse physikalische Probleme, da Schallwellen an der Grenzfläche zu einem dichteren Medium reflektiert werden (siehe ► Abschn. 4.1.4). Die erste Herausforderung besteht also darin, den Luftschall möglichst verlustfrei zum Innenohr zu leiten. Für die Erfüllung dieser Aufgabe sind die mechanischen Strukturen des Mittelohrs verantwortlich.

Das zweite grundlegende Problem stellt die eigentliche Signaltransduktion dar. Im Falle des auditorischen Systems bedeutet Signaltransduktion die Umwandlung von Druckänderungen in elektrische Signale, welche ihrerseits die in den Schallwellen enthaltene Information codieren. Die Signaltransduktion sowie die Frequenz- und Amplitudencodierung finden im Innenohr der Wirbeltiere statt. Die von den Sinneszellen erzeugten Signale werden an nachgeschaltete Neuronen weitergeleitet und auf hierarchisch geordneten Ebenen des Nervensystems miteinander und mit anderen Informationen verrechnet, sodass eine kohärente auditorische Wahrnehmung entsteht. Letztlich hören wir mit dem Gehirn und nicht mit den Ohren, so wie jegliche Wahrnehmung im Gehirn, und nicht in den jeweiligen Sinnesorganen stattfindet.

4.2.1 Funktioneller Aufbau des Ohrs

Bei terrestrischen Wirbeltieren wird grundsätzlich zwischen Außenohr, Mittelohr und Innenohr unterschieden, wobei äußerlich sichtbare Strukturen nicht immer vorhanden sind. Das **Außenohr** besteht bei Säugetieren aus der Ohrmuschel, dem äußeren Gehörgang und dem Trommelfell, das die Grenze zum Mittelohr bildet. Neben der Funktion der Schallleitung zum Trommelfell dient das Außenohr als Verstärker, indem die Ohrmuschel mit ihrer großen, unregelmäßig geformten Oberfläche Schallwellen aufnimmt und durch Überlagerung frequenzabhängig modifiziert. Im mittleren Frequenzbereich werden Verstärkungen des Schalldruckpegels von 20 bis 30 dB registriert, was einer 10- bis 30fachen Erhöhung des Schalldrucks entspricht. Diese Modulation des ursprünglichen Signals wird auch zur Lokalisierung von Schallquellen, dem sogenannten Richtungshören, verwendet (siehe ▶ Abschn. 4.3).

Das **Mittelohr**, welches sich unmittelbar an das Trommelfell anschließt, besteht aus einer luftgefüllten Kammer, der Paukenhöhle, die über die Eustachische Röhre (Ohrtrompete) mit dem Nasen-Rachen-Raum verbunden ist. Über diesen Weg werden Druckunterschiede zwischen der Paukenhöhle und dem atmosphärischen Luftdruck ausgeglichen, wodurch eine Verformung des Trommelfells, die nicht durch den Schalldruck verursacht wird, verhindert wird.[9]

Die Funktion des Mittelohrs ist maßgeblich von den **Gehörknöchelchen** abhängig, die eine mechanische Übertragung des Schalldrucks vom Trommelfell auf das ovale Fenster des Innenohrs ermöglichen. Bei Amphibien und Reptilien leitet die **Columella** die schallbedingten Schwingungen an das Innenohr weiter, während bei Säugetieren eine gelenkig miteinander verbundene Kette aus **Hammer**, **Amboss** und **Steigbügel** für die Übertragung des Schalls verantwortlich ist (◘ Abb. 4.9a). Die Gehörknöchelchen weisen eine interessante entwicklungsbiologische Geschichte auf, da sie einerseits aus dem Zungenbeinbogen (Columella und Steigbügel) und andererseits aus dem primären Kiefergelenk (Hammer und Amboss) hervorgegangen sind. Im Verlauf der Evolution der Landwirbeltiere hat sich das hörbare Frequenzspektrum von einigen Hundert Hertz bei Amphibien und Reptilien auf bis zu 100 kHz bei kleineren Säugetieren erweitert. Dementsprechend haben sich die funktionellen Eigenschaften des Mittelohrs, der Cochlea sowie der Haarsinneszellen an diesen größeren Frequenzbereich angepasst.

Bei landlebenden Wirbeltieren wird der Schall zunächst über die Moleküle der Luft übertragen, bevor er auf die flüssigkeitsgefüllten Räume des Innenohrs trifft.

---

9 Bei Druckunterschieden zwischen dem Mittelohr und der Außenwelt, wie beispielsweise beim Start eines Flugzeugs, kommt es zu einer Verformung des Trommelfells, was zu Ohrendruck und Schmerzen führen kann. Durch Schlucken oder Gähnen wird die Eustachische Röhre geöffnet, sodass der Druckunterschied ausgeglichen wird.

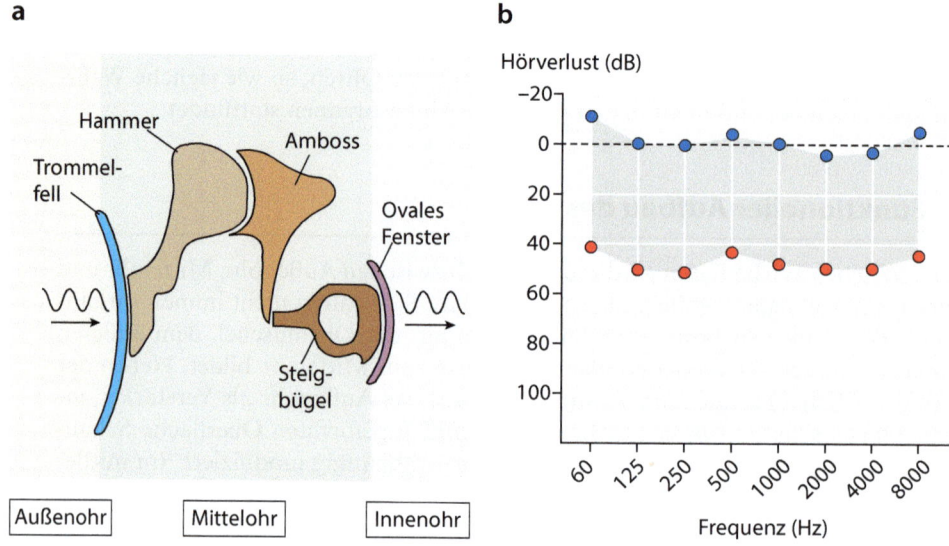

☐ **Abb. 4.9** Bau und Funktion des Mittelohrs der Wirbeltiere. **a** Schematische Darstellung der drei Gehörknöchelchen und ihrer Verbindungen zum Trommelfell und zum ovalen Fenster. Schallwellen treffen von links auf das Trommelfell. **b** Ein Ausfall der Gehörknöchelchen führt zu einem Hörverlust von 40 bis 50 dB *(rot)* über den gesamten hörbaren Frequenzbereich *(schattierte Fläche)*. Die Knochenleitung *(blau)* ist nicht betroffen, da sie ohne Beteiligung des Mittelohrs abläuft. Modifiziert nach [7]

Aufgrund der höheren Dichte der Flüssigkeit wird Luftschall an dieser Grenzfläche nahezu vollständig reflektiert. Die Lösung des Problems der Schallübertragung von Luft auf Flüssigkeit basiert auf den besonderen funktionellen und anatomischen Eigenschaften des Mittelohrs. Um den zugrunde liegenden Mechanismus zu verstehen, müssen wir zunächst das Konzept der **Schallimpedanz** einführen. Die Schallimpedanz ist definiert als das Produkt aus der Dichte des Mediums und der Schallgeschwindigkeit. Da Wasser sowohl eine höhere Dichte als auch eine höhere Schallgeschwindigkeit als Luft aufweist, ist auch seine Schallimpedanz entsprechend größer.[10] Beim Auftreffen des Luftschalls auf die Flüssigkeit im Innenohr gehen ohne Gegenmaßnahmen etwa 98 % der Schallenergie verloren. Eine wesentliche Voraussetzung für das Hören von Luftschall stellt daher die **Impedanzanpassung** dar, die eine deutliche Verbesserung des Energietransfers zwischen der Luft und einer wässrigen Lösung mit sich bringt. Die beiden folgenden anatomischen Anpassungen sind für die Impedanzanpassung im Mittelohr verantwortlich:

1. Die Oberfläche des Trommelfells ist größer als die des ovalen Fensters. Da Druck als die auf eine Fläche einwirkende Kraft definiert ist, erzeugt eine bestimmte Kraft bei einer kleineren Fläche einen größeren Druck. Bei zahlreichen Säugetieren beträgt das Flächenverhältnis zwischen Trommelfell und ovalem Fenster etwa 19 : 1. Die Verringerung der Fläche des ovalen Fensters fungiert daher wie ein Druckverstärker.

---

10 Tatsächlich ist die Schallimpedanz von Wasser etwa 3600-mal größer als die von Luft.

2. Die unterschiedlichen Längen der Hebelarme der Gehörknöchelchen (der Amboss ist etwas kürzer als der Hammer) erzeugen eine Hebelwirkung von 2, 4 : 1.[11] Ein Hebel ist gemäß gängiger Definition ein mechanischer Kraftwandler, der ebenfalls zur Verstärkung des Schalldrucks beiträgt.

Die gleichzeitige Wirkung beider Faktoren resultiert in einer insgesamt 40fachen Verstärkung des Schalldrucks am ovalen Fenster im Vergleich zur reinen Luftleitung. Von einer verlustfreien Übertragung ist man damit zwar noch weit entfernt, aber immerhin kommen etwa 60 % der Schallenergie im Innenohr an. Beim Menschen führt der Ausfall der Mittelohrfunktion zu einer Schallleitungsschwerhörigkeit von 40 bis 50 dB (◘ Abb. 4.9b). In diesem Fall ist eine Erhöhung des Schalldrucks um den Faktor 100 erforderlich, um eine Wahrnehmung in einer als normal empfundenen Lautstärke zu erreichen.

Neben der Luft kann auch der Untergrund in Schwingungen versetzt werden. Dieser sogenannte **Substratschall**, der sich durch sehr niedrige Frequenzen von weniger als 20 Hz auszeichnet, dient Elefanten zur Fernkommunikation. Schall mit derart geringen Frequenzen wird auch als **Infraschall** bezeichnet. Im Gegensatz zum Luftschall wird Infraschall im Boden nur geringfügig gedämpft und kann sich daher über mehrere Kilometer ausbreiten. Innerhalb dieses Radius wird der Substratschall von Vibrationssensoren in den Vorderfüßen der Elefanten aufgenommen und zum Mittelohr weitergeleitet. Die strukturellen Komponenten des Mittelohrs sind aufgrund ihrer Größe bei Elefanten für die Impedanzanpassung in diesem niedrigen Frequenzbereich optimiert. Auch das in Westernfilmen dargestellte Auflegen des Ohrs auf ein Bahngleis lässt sich auf das Hören von Substratschall zurückführen, der in festen Materialien wie Metall schneller und zuverlässiger transportiert wird als durch die Luft.

Grundsätzlich absorbieren auch die knöchernen Strukturen des Wirbeltierschädels einen Teil der Schallenergie, die unter Umgehung des Mittelohrs direkt zum Innenohr geleitet wird. In der Regel wird der Knochenschall jedoch vom energiereicheren Luftschall überlagert, sodass die Knochenleitung beim Menschen lediglich bei Schallleitungsstörungen eine Rolle spielt (◘ Abb. 4.9b).[12]

Unmittelbar an das ovale Fenster schließen sich die komplexen Flüssigkeitsräume des **Innenohrs** an (◘ Abb. 4.10a). Das Innenohr besteht aus zwei unterschiedlichen Bereichen, die jeweils sehr grundlegende sensorische Funktionen erfüllen. Das Vestibularorgan ist für den Gleichgewichtssinn zuständig, während in der Lagena bzw. der Cochlea die Umwandlung des Schalldrucks in elektrische Signale erfolgt. Für eine detaillierte anatomische Beschreibung des Innenohrs der Wirbeltiere sei auf exzellente Lehrbücher wie beispielsweise [16] verwiesen. In diesem Abschnitt erfolgt lediglich eine kurze Darstellung der für die Signaltransduktion relevanten Strukturen.

Im Verlauf der Evolution des auditorischen Teils des Innenohrs hat sich die **Lagena** kontinuierlich verlängert – eine Entwicklung, die parallel zur zunehmenden Bedeutung des Hörsinns verlief. Eine Verlängerung der Lagena bietet einer größeren Anzahl von Sinneszellen Platz, was wiederum zu einer Verbesserung des Hörvermögens

---

11 Die angegebenen Werte sind Durchschnittswerte, die bei den einzelnen Spezies mehr oder weniger stark variieren können. Für den Menschen wird beispielsweise ein Flächenverhältnis von 14 : 1 und eine Hebelwirkung von 1, 3 : 1 angegeben [7].

12 Die subjektive Wahrnehmung der eigenen Stimme wird allerdings maßgeblich vom Knochenschall beeinflusst. Bei einer ausschließlich auf Luftschall basierenden Wiedergabe der eigenen Stimme etwa durch einen Tonträger ist der Unterschied deutlich hörbar.

führt. Die Lagena von Amphibien und Vögeln enthält die sogenannten **Basilarpapillen**, welche als sensorische Epithelien für die Signaltransduktion des Schalldrucks verantwortlich sind. Bei Säugetieren wird diese wahrscheinlich homologe Struktur als **Cochlea** bezeichnet, was man sich als eine aus Platzgründen schneckenförmig aufgerollte Lagena vorstellen kann. In der Cochlea erstreckt sich das sensorische Epithel nicht mehr flächig wie in den Basilarpapillen, sondern entlang der Längsachse und wird als **Corti-Organ** bezeichnet. Basilarpapillen und Corti-Organ enthalten mehrere Reihen von Haarsinneszellen, die durch Schall einer bestimmten Frequenz aktiviert werden (siehe ▶ Abschn. 4.2.2). Bei den Basilarpapillen der Vögel lässt sich eine Differenzierung zwischen langen Haarsinneszellen mit einer afferenten Innervation und kurzen Haarsinneszellen, die efferent innerviert werden, vornehmen. Die Cochlea der Säugetiere weist eine Reihe innerer und drei Reihen äußerer Haarsinneszellen auf. Auch hier lassen sich die Zellen anhand ihrer Innervation unterscheiden, da etwa 90 % der afferenten Fasern mit den inneren Haarsinneszellen in Kontakt stehen. Die eigentliche Signaltransduktion erfolgt in den inneren Haarsinneszellen, während die äußeren Haarsinneszellen, die sowohl afferent als auch efferent innerviert sind, die Empfindlichkeit und die Genauigkeit der Frequenzanalyse im auditorischen System wesentlich erhöhen.

Das Innenohr umfasst insgesamt drei Flüssigkeitsräume, die durch Membranen voneinander getrennt sind.[13] Eine solche Trennung ist erforderlich, da die Flüssigkeiten unterschiedliche Elektrolytkonzentrationen aufweisen, die sich nicht vermischen dürfen. In der Cochlea des Innenohrs von Säugetieren trennt die Reissner-Membran die Scala vestibuli von der Scala media, während auf der gegenüberliegenden Seite die Basilarmembran zwischen der Scala media und der Scala tympani liegt (◘ Abb. 4.10b). Das Corti-Organ befindet sich auf der Basilarmembran in direktem Kontakt mit der flüssigkeitsgefüllten Scala media. Die als **Endolymphe** bezeichnete Flüssigkeit weist eine hohe Konzentration an K^+-Ionen auf, während die Scala vestibuli und die Scala tympani eine Na^+-reiche **Perilymphe** besitzen. Die Konzentrationsunterschiede von Na^+- und K^+-Ionen sind für die schallinduzierte Erzeugung elektrischer Signale in den Haarsinneszellen von essenzieller Bedeutung (siehe ▶ Abschn. 4.2.3).

4.2.2 Haarsinneszellen

Die Signaltransduktion im auditorischen System erfolgt in hochspezialisierten Mechanosensoren des Innenohrs, den **Haarsinneszellen**. Die häufig auch als Haarzellen bezeichneten Haarsinneszellen kommen bei Wirbeltieren ausschließlich in drei sensorischen Strukturen vor, nämlich dem Seitenlinienorgan[14], dem Vestibularorgan und der Cochlea. Alle drei Sinnesorgane registrieren kleinste Druckänderungen der sie jeweils umgebenden Flüssigkeit und codieren die darin enthaltenen relevanten Informationen in Form elektrischer Signale.

---

13 Unter Membran versteht man hier eine dünne Gewebeschicht mit Abgrenzungsfunktion, nicht die Lipiddoppelschicht der Zellmembran.
14 Das Seitenlinienorgan ist eine sensorische Struktur wasserlebender Wirbeltiere, die Wasserbewegungen in unmittelbarer Körpernähe detektiert.

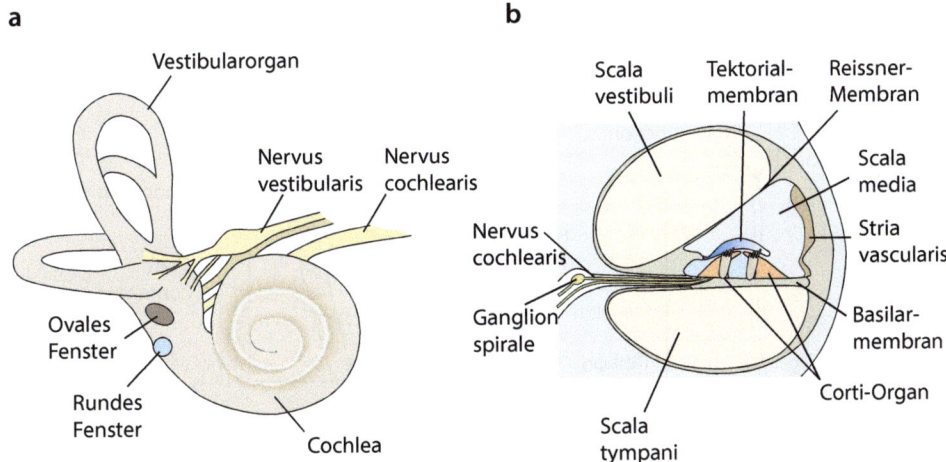

◘ **Abb. 4.10** Anatomie des Innenohrs der Säugetiere. **a** Das Innenohr umfasst das Vestibularorgan (Gleichgewichtsorgan) sowie die Cochlea (Hörschnecke). Das Vestibularorgan wird vom Gleichgewichtsnerv (Nervus vestibularis), die Cochlea vom Hörnerv (Nervus cochlearis) innerviert. Das ovale Fenster überträgt Schwingungen aus dem Mittelohr auf die Scala media des Innenohrs, während die Funktion des runden Fensters in der Regulation des Druckausgleichs liegt. **b** Der Querschnitt durch die Cochlea zeigt die Anordnung der drei flüssigkeitsgefüllten Hohlräume Scala tympani, Scala media und Scala vestibuli sowie des Corti-Organs mit der darüberliegenden Tektorialmembran. Das Ganglion spirale (Ganglion cochleare) liegt im Spindelkanal der Hörschnecke. Die afferenten Fasern der bipolaren Neuronen im Ganglion spirale innervieren die Haarsinneszellen im Corti-Organ, während die zentralen Fasern gebündelt zu den Cochleariskernen ziehen

Im Folgenden werden die wesentlichen strukturellen und funktionellen Eigenschaften der Haarsinneszellen dargelegt, welche die Grundlage für die Signaltransduktion darstellen.

- **Stereocilien**

Die Haarsinneszellen der Wirbeltiere zeigen eine weitgehend ähnliche Struktur, die insbesondere durch die charakteristische apikale Seite der Zelle definiert ist. Die Bezeichnung „Haarsinneszelle" leitet sich von einem Bündel Mikrovilli ab, welches ausgehend von der apikalen Zelloberfläche in den darüberliegenden Flüssigkeitsraum hineinragt (◘ Abb. 4.11a). Diese Mikrovilli werden in der Regel **Stereocilien** genannt, obwohl sie aus Actin aufgebaut sind und gerade nicht die für echte Cilien charakteristische Anordnung der Mikrotubuli aufweisen. Auch wenn der Begriff Stereocilien für die Mikrovilli der Haarsinneszellen etwas unglücklich gewählt ist, so hat er dennoch eine so umfassende Verbreitung gefunden, dass er trotz besseren molekularen Wissens auch hier verwendet werden soll.

Die Haarsinneszellen des Vestibularorgans besitzen ein einziges Kinocilium mit der charakteristischen (9+2)-Anordnung der Mikrotubuli. Das Kinocilium spielt eine wesentliche Rolle bei der Entwicklung und korrekten Anordnung der Stereocilien. In der Cochlea der Säugetiere sowie in den Basilarpapillen einiger Vogelarten sind Kinocilien lediglich während der Entwicklung der Haarsinneszellen vorhanden, nicht jedoch in den ausdifferenzierten Zellen.

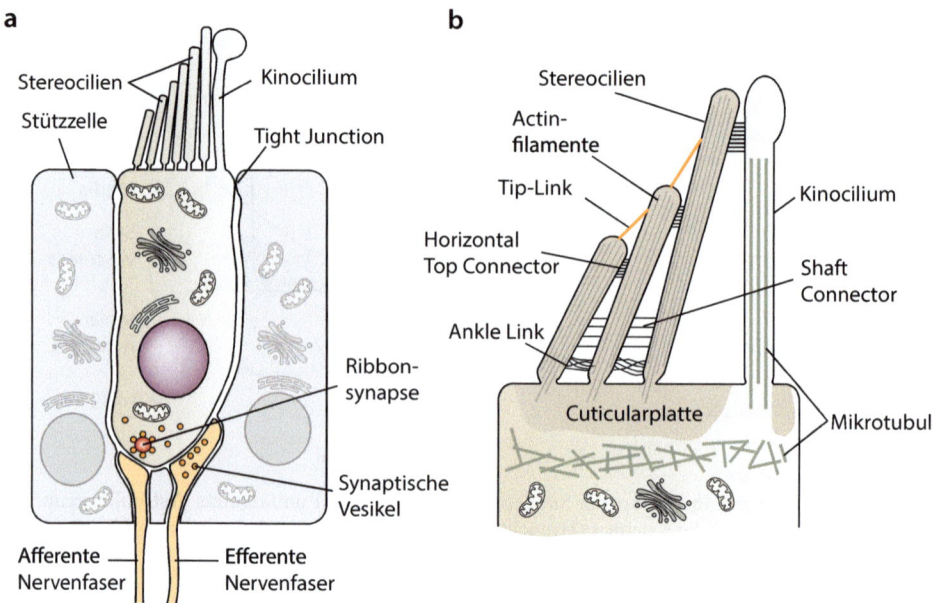

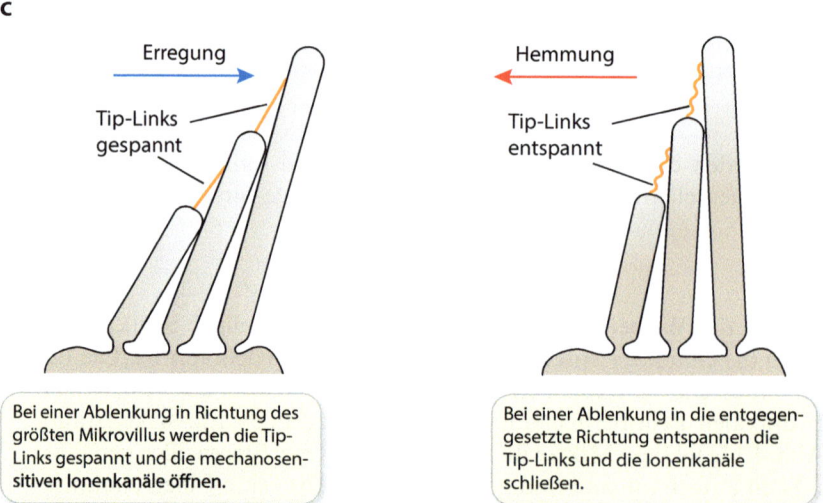

Abb. 4.11 Struktur und Funktion von Haarsinneszellen. **a** Schematische Darstellung einer Haarsinneszelle mit benachbarten Stützzellen. Alle Zellen sind am apikalen Pol durch Tight Junctions miteinander verbunden und bilden so ein dichtes Epithel, das Endolymphe und Perilymphe voneinander trennt. Die an der Ribbon-Synapse freigesetzten Neurotransmittermoleküle (Glutamat) aktiveren die afferente Nervenfaser, während die efferente Nervenfaser die Aktivität der Haarsinneszelle moduliert. **b** Der apikale Pol einer Haarsinneszelle ist durch die Cuticularplatte, ein Bündel von Stereocilien und ein einzelnes Kinocilium gekennzeichnet. Die Stereocilien werden durch verbindende Proteine auf verschiedenen Ebenen stabilisiert. Die Tip-Links bestehen ebenfalls aus Proteinen und sind für das Gating mechanosensitiver Ionenkanäle essenziell. **c** Die mechanische Spannung der Tip-Links hängt von der Auslenkungsrichtung ab. Sie bestimmt den Aktivierungszustand der Haarsinneszelle

Jedes Stereocilium weist eine Vielzahl von parallel angeordneten Actinfilamenten auf, die durch mehrere akzessorische Proteine zusammengehalten werden. Die Actinfilamente tragen zur Stabilisierung der Stereocilien bei, indem sie deren Struktur verstärken und auf diese Weise verhindern, dass sie sich bei Krafteinwirkung verbiegen oder umknicken. Die Funktion der Stereocilien bei der Mechanotransduktion hängt maßgeblich von ihrer Anordnung auf der apikalen Zelloberfläche ab, wobei die Stereocilien wie Orgelpfeifen vom kleinsten zum größten aufgereiht sind. Die jeweilige Länge der Stereocilien wird durch die Proteine EPS8, Myosin XVa und Whirlin reguliert, die an den distalen Enden der Stereocilien lokalisiert sind [37].

Am proximalen Ende in unmittelbarer Nähe zur apikalen Membran verjüngen sich die Stereocilien und bilden so eine flexible Verbindung, die als eine Art Scharnier oder Gelenk zwischen den Stereocilien und dem Soma der Haarsinneszelle fungiert. Die Auslenkung der Stereocilien erfolgt um eine definierte Achse entweder zum Kinocilium hin oder in die entgegengesetzte Richtung, jedoch nicht quer dazu. Das Stereocilienbündel wird am apikalen Ende der Haarsinneszelle mithilfe einiger Actinfilamente in der sogenannten Cuticularplatte verankert (◘ Abb. 4.11b). Die Cuticularplatte selbst ist ebenfalls aus Actinfilamenten aufgebaut, allerdings weisen diese keine regelmäßige Orientierung zueinander auf.

Benachbarte Stereocilien sind im extrazellulären Raum auf drei Ebenen durch Proteinstrukturen miteinander verbunden und bilden ein Bündel aus 50–100 einzelnen Mikrovilli [22]. Am nächsten zur Plasmamembran befinden sich die *Ankle links*, gefolgt von den *Shaft connectors* und an der Spitze der Stereocilien die *Top connectors* (◘ Abb. 4.11b). Diese Verbindungen, die vor allem aus dem Protein **Stereocilin** bestehen, sorgen dafür, dass sich bei einer Auslenkung das Bündel von Stereocilien als Einheit bewegt. Auf diese Weise werden möglichst viele Ionenkanäle gleichzeitig aktiviert, was wiederum zu einer maximalen Empfindlichkeit gegenüber Auslenkungen des Stereocilienbündels führt. Das Fehlen von Stereocilin resultiert in einer rezessiv vererbten Form der Taubheit, die als DFNB16 bezeichnet wird [49].

Bedingt durch die Verankerung in der Cuticularplatte kann das Stereocilienbündel nicht in beliebige Richtungen ausgelenkt werden, sondern immer nur zum längsten Mikrovillus hin oder umgekehrt. Bewegungen in diese beiden Richtungen führen zu gegensätzlichen physiologischen Reaktionen in einer Haarsinneszelle. Im Falle einer Bewegung des Stereocilienbündels in Richtung des längsten Mikrovillus werden die sogenannten **Tip-Links** angespannt. Als Tip-Links werden filamentöse Proteinstrukturen bezeichnet, welche die Spitze des kürzeren Mikrovillus mit dem Schaft des benachbarten längeren Mikrovillus verbinden. Das Anspannen der Tip-Links bewirkt eine Kraftübertragung auf mechanosensitive Ionenkanäle, welche daraufhin öffnen. Auf diese Weise wird der *Normal-polarity current* erzeugt, was eine Depolarisation der Haarsinneszellen zur Folge hat (◘ Abb. 4.11c). Eine Bewegung des Stereocilienbündels in umgekehrter Richtung, also weg vom längsten Mikrovillus, führt zu einer Entspannung der Tip-Links und folglich dem Schließen der mechanosensitiven Ionenkanäle. Der dadurch erzeugte *Reverse-polarity current* inhibiert die Haarsinneszelle.

Im Rahmen der auditorischen Signaltransduktion erfolgt somit die Übertragung einer mechanischen Kraft mittels der Tip-Links unmittelbar auf mechanosensitive Ionenkanäle, was sich grundlegend von den bisher besprochenen Gating-Mechanismen unterscheidet. Letztere basieren im Falle spannungsgesteuerter Ionenkanäle auf einem Spannungssensor, der in den Ionenkanal eingebaut ist (siehe ▶ Abschn. 1.4), oder bei ligandengesteuerten Ionenkanälen auf der Bindung von Neurotransmittern an eine extrazelluläre Bindungsstelle (siehe ▶ Abschn. 2.3). Dieser prinzipielle Unterschied wirft einige wichtige Fragen auf: Aus welchen Proteinen sind die Tip-Links und die Ionenkanäle an den Enden der Stereocilien aufgebaut? Welche Ionen vermitteln die Depolarisation der Haarsinneszellen? Welcher Mechanismus ist für die Übertragung der mechanischen Kraft auf die Ionenkanäle verantwortlich, sodass der Prozess des Gatings innerhalb von Mikrosekunden ablaufen kann? Es hat mehrere Jahrzehnte gedauert, bis diese Fragen ansatzweise beantwortet werden konnten, und auch wenn mittlerweile einiges besser verstanden wird, bleiben viele Details des Gatings mechanosensitiver Ionenkanäle weiterhin ungeklärt.

■ **Tip-Links und Transduktionskomplex**
Im Gegensatz zu den im vorherigen Abschnitt beschriebenen Proteinstrukturen, die für eine synchrone Bewegung der Stereocilien verantwortlich sind, vermitteln die Tip-Links die Kraftübertragung bei der mechanoelektrischen Transduktion. Der durch Mutationen bedingte Verlust der Tip-Links führt zu Beeinträchtigungen des Hörvermögens bis hin zur Taubheit [45]. Tip-Links sind extrazelluläre helikale Proteine mit einer Länge von etwa 150 nm, die aus Cadherin-23 (CDH23) und Protocadherin-15 (PCDH15) bestehen.[15] Beide Proteine sind Homodimere, die mit ihren aminoterminalen Domänen aneinander binden, während die carboxyterminalen Enden mit Proteinen in den Membranen der Stereocilien interagieren. CDH23 bildet den oberen Teil der Tip-Links und interagiert mit einem Komplex aus den Proteinen Harmonin und Myosin VIIa in der Membran des nächstgrößeren Mikrovillus. PCDH15 kontaktiert die beiden Proteine TMIE und LHFPL5 (auch TMHS genannt) an der Spitze des kleineren Mikrovillus (◘ Abb. 4.12a).

Obwohl der erste Nachweis mechanosensitiver Ionenkanäle in Haarsinneszellen bereits vor mehr als 40 Jahren gelang, erwies sich im Anschluss die Suche nach der molekularen Identität der beteiligten Proteine als außerordentlich schwierig. Aktuell werden die nachfolgend aufgelisteten Proteine als wesentliche Bestandteile eines multimolekularen Komplexes diskutiert, der insgesamt für die mechanoelektrische Transduktion (MT) verantwortlich ist. Dieser Komplex besteht sowohl aus porenbildenden Ionenkanälen als auch aus verschiedenen akzessorischen und regulatorischen Untereinheiten.

– **LHFPL5/TMHS** ist ein Protein mit vier Transmembransegmenten, das mit PCDH15 interagiert und so den unteren Teil der Tip-Links bildet. LHFPL5 reguliert den Zusammenbau der Tip-Links sowie die Leitfähigkeit der mechanoelektrischen Transduktionskanäle (MT-Kanäle) und wird daher als eine regulatorische Untereinheit der eigentlichen Ionenkanäle angesehen [53]. Die Frage, ob LHFPL5 jedoch direkt mit den MT-Kanälen interagiert, ist noch nicht vollständig geklärt.
– **TMIE** bindet ebenfalls an PCDH15 und ist für die Lokalisierung von TMC1/2 an der Spitze der Stereocilien notwendig. Das N-terminale Ende von TMIE spielt eine Rolle bei der Kraftübertragung auf die Ionenkanäle, also beim eigentlichen Gating-Prozess, während das C-terminale Ende biophysikalische Eigenschaften der Kanäle wie Leitfähigkeit und Ionenselektivität beeinflusst [10]. Die Proteine

---

15 Mutationen in den Genen für Cadherin-23 und Protocadherin-15 verursachen eine Form des Usher-Syndroms (USH1D, ISH1F), das durch angeborene Schwerhörigkeit sowie den Verlust vestibulärer Reflexe gekennzeichnet ist.

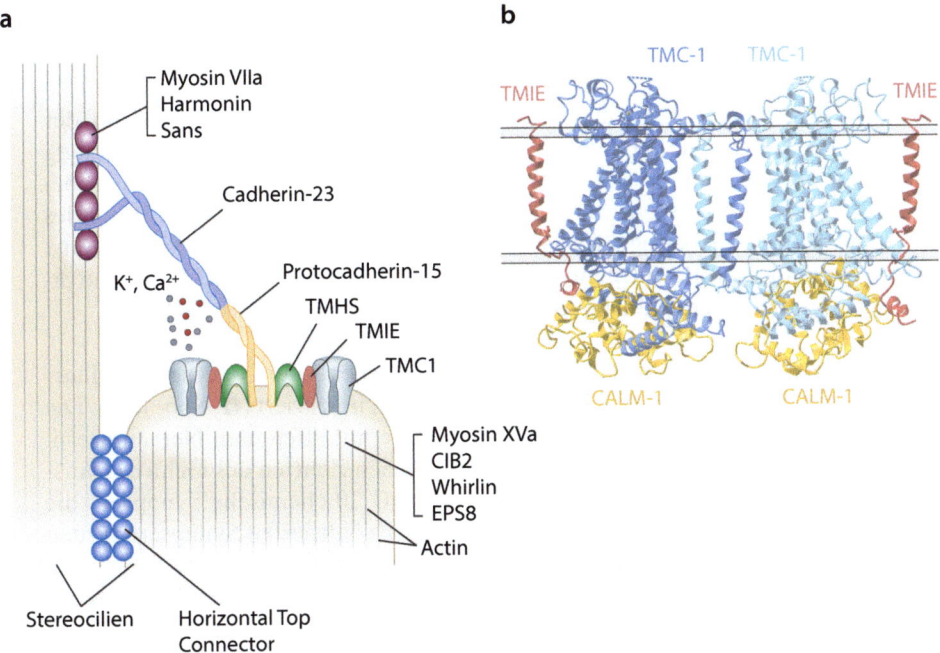

Abb. 4.12 Molekulare Zusammensetzung der Tip-Links und des Transduktionskomplexes in benachbarten Stereocilien. **a** Proteine der Tip-Links und ihre Verankerung an den Stereocilien. Die Interaktion von Cadherin-23 und Protocadherin-15 ist calciumabhängig. Die Verankerung am oberen Ende der Tip-Links erfolgt durch die Proteine Myosin VIIa, Harmonin und Sans, am unteren Ende durch Myosin XVa, CIB2, Whirlin und EPS8. Modifiziert nach [14]. **b** Ribbon-Modell des mechano-elektrischen Transduktionskomplexes aus *Caenorhabditis elegans* basierend auf kryoelektronenmikroskopischen Daten. Der Transduktionskomplex besteht aus jeweils zwei Kopien der porenbildenden TMC1-Untereinheit, des calciumbindenden Proteins CALM-1 und TMIE-Untereinheiten in der Peripherie (PDB ID: 7USY [27]). Die *grauen Linien* zeigen die Position der Plasmamembran. CALM-1 ist das CIB-Homolog in *C. elegans*

- TMIE und TMC1 bilden innerhalb der Membran eine hydrophobe Umgebung, die von verschiedenen Lipiden ausgefüllt wird. Die Lipide stehen über hydrophobe Wechselwirkungen mit TMIE und TMC1 in Kontakt und verbinden so die beiden Proteine miteinander. Diese Protein-Lipid-Interaktionen spielen vermutlich eine wichtige Rolle bei der Kraftübertragung von PCDH15 auf den Transduktionskomplex.
- **TMC1** und **TMC2** sind mechanosensitive Ionenkanäle, die derzeit als vielversprechendste Kandidaten für die Rolle der porenbildenden Transduktionskanäle gelten [41]. Ohne TMC1/2 verlieren die Haarsinneszellen ihre Mechanosensitivität, und Mutationen oder Modifikationen von TMC1 verändern die Eigenschaften der Transduktionskanäle [57]. Insbesondere führt eine als *Beethoven* bezeichnete, dominant vererbte Mutation in TMC1 zu Taubheit sowie zu einer veränderten Permeabilität für Ca^{2+}-Ionen. TMC1 bildet ein Dimer, wobei jede der beiden Untereinheiten aus jeweils zehn Transmembransegmenten besteht und somit eine gewisse strukturelle Ähnlichkeit mit den mechanosensitiven OSCA/TMEM63-Kanälen aufweist (siehe ▶ Abschn. 7.1.4). Die kryoelektronen-

mikroskopische Struktur zeigt das zentrale Dimer der porenbildenden Untereinheit TMC1 mit dem calciumbindenden Protein CALM-1 sowie TMIE in der Peripherie (◘ Abb. 4.12b) [27].

— **Piezo2** ist ein mechanosensitiver Ionenkanal (siehe ▶ Abschn. 7.1.1), der auf der apikalen Oberfläche der äußeren Haarsinneszellen vorkommt und unabhängig vom Transduktionskomplex arbeitet, der sich an der Spitze der Stereocilien befindet. Piezo2-Kanäle öffnen, wenn sich das Stereocilienbündel in Richtung des kürzesten Mikrovillus bewegt. Ein mutationsbedingter Verlust von Piezo2 führt zu einer geringfügigen Beeinträchtigung des Hörvermögens, die nicht auf eine direkte Beteiligung des Transduktionskomplexes zurückzuführen ist [52].[16]

Auf der basolateralen Seite (also gegenüber dem Stereocilienbündel) werden die Haarsinneszellen von afferenten und efferenten Nervenfasern innerviert (◘ Abb. 4.13). Die inneren Haarsinneszellen bilden synaptische Kontakte mit afferenten Nervenfasern, welche die Signale über die Hörbahn in die auditorischen Zentren des Gehirns transportieren. Jede innere Haarsinneszelle verfügt über 10–20 chemische Synapsen, die den Neurotransmitter Glutamat freisetzen. Die hochspezialisierten Synapsen werden als **Ribbon-Synapsen** bezeichnet und weisen eine große strukturelle Ähnlichkeit zu den gleichnamigen Synapsen der Photorezeptoren auf. Glutamat bindet an ionotrope Glutamatrezeptoren in der postsynaptischen Membran der afferenten Nervenfasern und löst dort durch überschwellige Depolarisationen Aktionspotenziale aus. Die äußeren Haarsinneszellen hingegen werden überwiegend von efferenten Nervenfasern innerviert, was bedeutet, dass die Richtung der Informationsübertragung von den Nervenfasern zu den Haarsinneszellen verläuft (◘ Abb. 4.11a). Dieser efferente synaptische Eingang hemmt die äußeren Haarsinneszellen und erfüllt vermutlich eine Schutzfunktion, um ein akustisches Trauma bei zu lauten Geräuschen zu verhindern.

- **Äußere Haarsinneszellen und Elektromotilität**

Die äußeren Haarsinneszellen sind nicht unmittelbar an der auditorischen Signaltransduktion beteiligt, sondern tragen vielmehr zu einer Verbesserung der Hörleistung sowie der Genauigkeit der Frequenzanalyse bei. Der Verlust der äußeren Haarsinneszellen beim Menschen, sei es durch übermäßigen Lärm, ototoxische Substanzen[17] oder normale Alterungsprozesse, führt zu einer Abnahme der Empfindlichkeit und der Fähigkeit des Gehörs, Töne voneinander zu unterscheiden. Einschränkungen bei der Frequenzanalyse wirken sich insbesondere auf die korrekte Wahrnehmung von Lauten und Wörtern aus.

Die physiologische Funktion der äußeren Haarsinneszellen wird maßgeblich durch ihre Eigenschaft bestimmt, die Länge des Somas in Abhängigkeit vom Membranpotenzial zu verändern. Bei einer Depolarisation der Zellmembran verkürzen sich die Zellen, während sie sich bei einer Hyperpolarisation wieder strecken. Diese spannungsabhängige Längenänderung wird als **Elektromotilität** bezeichnet. Insgesamt verkürzen sich die äußeren Haarsinneszellen entlang ihrer Längsachse um 4–5 %

---

16 Die Funktion von Piezo2 bei der mechanoelektrischen Transduktion in den Haarsinneszellen ist noch nicht vollständig geklärt. Möglicherweise ist Piezo2 an der Koordination von Reifungsprozessen im sensorischen Epithel und im Transduktionskomplex sowie an Reparaturaufgaben beteiligt.

17 Ototoxische Substanzen sind vor allem Medikamente mit gehörschädigender Wirkung wie Aminoglykosid-Antibiotika, platinhaltige Cytostatika, Diuretika und Salicylate.

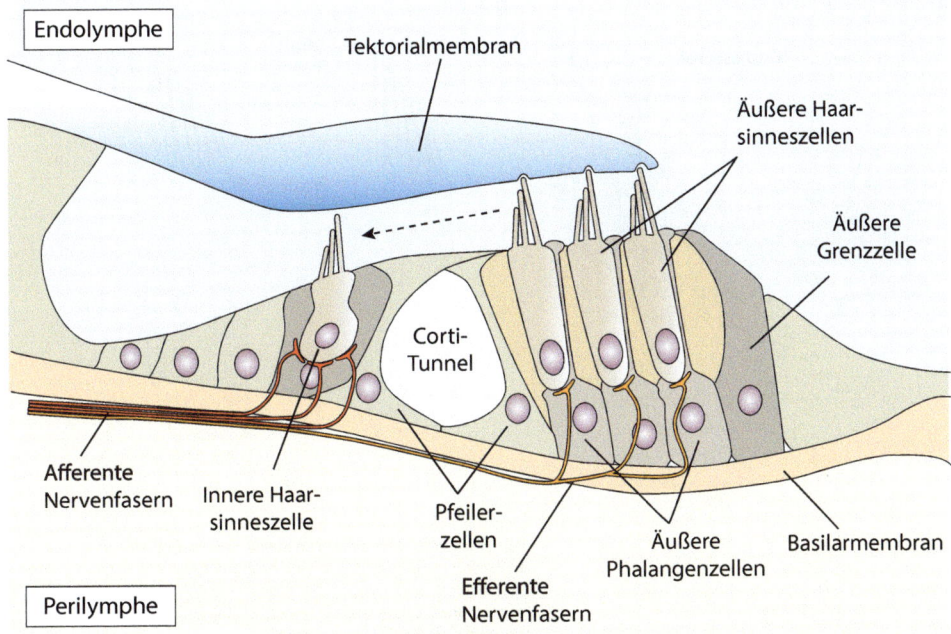

Abb. 4.13 Schematischer Querschnitt durch das Corti-Organ im Innenohr von Säugetieren. Eine Reihe innerer Haarsinneszellen ist durch den Corti-Tunnel von drei Reihen äußerer Haarsinneszellen getrennt. Die äußeren Haarsinneszellen stehen in direktem Kontakt mit der darüberliegenden Tektorialmembran. Die Elektromotilität der äußeren Haarsinneszellen erzeugt Druckschwankungen in der Endolymphe, die auf die Stereocilien der inneren Haarsinneszellen übertragen werden (gestrichelter Pfeil). Jede innere Haarsinneszelle wird von bis zu 20 afferenten Nervenfasern innerviert

bezogen auf ihre Ruhelänge und zwar bis zu 80.000-mal pro Sekunde (80 kHz). Dabei erzeugen sie erstaunliche Kräfte zwischen 20 und $100\,\text{pN}\,\text{mV}^{-1}$, die auf den Flüssigkeitsraum zwischen Corti-Organ und Tektorialmembran übertragen werden (Abb. 4.13). Das Soma einer äußeren Haarsinneszelle funktioniert demnach wie eine miniaturisierte Muskelzelle, wobei ihre Kontraktionsrate mit 80 kHz deutlich höher ist als die einer Muskelfaser. Diese enorme Geschwindigkeit ist essenziell, um den sehr hohen Frequenzen einiger Schallereignisse folgen zu können. Aufgrund der extrem schnellen Kontraktionen der äußeren Haarsinneszellen kann eine Beteiligung der Proteine Actin und Myosin, die bei Muskelfasern die Kontraktion vermitteln, ausgeschlossen werden.

Die Elektromotilität basiert auf **Prestin** (SCL26A5), ein Protein, das in hoher Dichte in der Plasmamembran der äußeren Haarsinneszellen vorkommt. Der Verlust von Prestin führt zu einer Verringerung des Hörvermögens um 40–60 dB, was einer 100- bis 1000fachen Reduktion entspricht [35]. Prestin bezieht die Energie für die Elektromotilität aus der elektrischen Spannung über der Membran. Allerdings zeigt die Aminosäuresequenz keine Häufung geladener Gruppen, die mit derjenigen der spannungsgesteuerten Ionenkanäle vergleichbar wäre (siehe ▶ Abschn. 1.4). Daher stellt sich die grundlegende Frage, auf welche Weise die Spannung über der Zellmembran eine Konformationsänderung von Prestin bewirkt, wodurch wiederum eine hochfrequente, periodische Verkürzung der äußeren Haarsinneszellen ausgelöst wird.

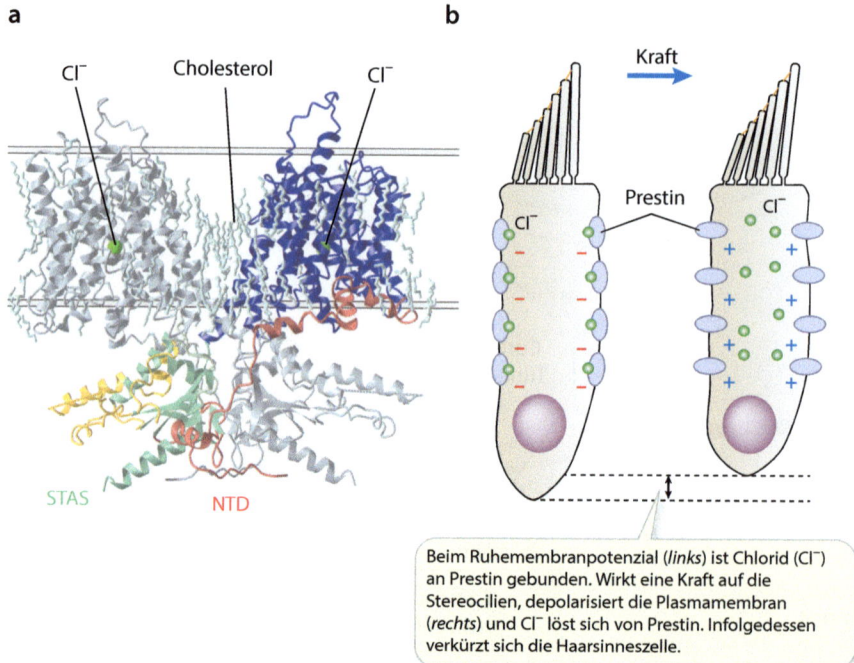

● **Abb. 4.14** Prestin vermittelt die Elektromotilität der äußeren Haarsinneszellen. **a** Die kryoelektronenmikroskopische Struktur von Prestin zeigt ein Homodimer mit komplex aufgebauten Transmembrandomänen und intrazellulären N- und C-terminalen Domänen (NTD und STAS). Jedes Protomer enthält ein gebundenes Chloridion *(grün)*. Die funktionell wichtigen Domänen eines Protomers sind farblich hervorgehoben. Die *grauen Linien* zeigen die Position der Plasmamembran an (PDB ID: 7LGU [18]). **b** Infolge der Depolarisation diffundieren Chloridionen vom membranständigen Prestin in den Intrazellulärraum, was zu einer Verkleinerung der Proteine und damit zu einer Verkürzung der äußeren Haarsinneszellen führt

Zur Beantwortung dieser Frage betrachten wir zunächst die Struktur von Prestin sowie dessen Einbettung in die Plasmamembran (● Abb. 4.14a). Prestin besteht aus zwei identischen Untereinheiten und bildet ein Homodimer, bei dem sich zwei Domänen kreuzweise überlappen (auch als *Domain-Swapping* bezeichnet). Jedes Protomer enthält eine aus zahlreichen α-Helices bestehende Transmembrandomäne, eine N-terminale Domäne (NTD) sowie eine sogenannte STAS-Domäne am C-Terminus.[18] Die NTD- und STAS-Domänen bilden einen Komplex auf der intrazellulären Seite der Membran, der für die elektromotorische Funktion von Prestin essenziell ist. Das Prestinhomodimer wird von zahlreichen Lipidmolekülen, darunter Cholesterol, umgeben. Die Interaktionen zwischen Prestin und den benachbarten Lipiden führen zu spannungsabhängigen Konformationsänderungen des Proteins, welche wiederum an Deformationen der Plasmamembran gekoppelt sind.

Die Elektromotilität von Prestin wird durch Anionen, insbesondere durch Chloridionen (Cl⁻) vermittelt. Ein allgemein akzeptiertes Modell besagt, dass die Längenänderung der äußeren Haarsinneszellen auf eine vom Membranpotenzial an-

---

18 STAS ist ein Akronym für *Sulfate transporter and anti sigma factor antagonist*. STAS-Domänen sind unter anderem für das Membrantargeting von Anionentransportern verantwortlich.

getriebene Ein- und Auslagerung von Cl⁻-Ionen in eine Anionenbindungsstelle innerhalb des Prestinmoleküls zurückzuführen ist. Bei einem Ruhemembranpotenzial von etwa $-60\,\text{mV}$ werden die Cl⁻-Ionen innerhalb des Prestinmoleküls festgehalten, sodass die Länge der äußeren Haarsinneszellen ihrer Ruhelänge entspricht. Bei einer Depolarisation diffundieren die Cl⁻-Ionen von der Anionenbindungsstelle in den Intrazellulärraum, woraufhin das Prestinmolekül seine Konformation ändert. Die Änderung der dreidimensionalen Proteinstruktur wird anschließend auf die Lipide der Plasmamembran übertragen (◘ Abb. 4.14b). Die gleichzeitige Konformationsänderung Tausender Prestinmoleküle resultiert schließlich in der beobachteten Verkürzung der äußeren Haarsinneszellen.

4.2.3 Signaltransduktion in Haarsinneszellen

Wir haben uns bisher mit den grundlegenden physikalischen, anatomischen und molekularen Voraussetzungen der Verarbeitung von Schallereignissen beschäftigt. Auf der Basis der zuvor erarbeiteten theoretischen Konzepte können wir uns nun dem eigentlichen Prozess der Signaltransduktion in den Haarsinneszellen des Innenohrs zuwenden. Neben der Amplitude enthält auch die Frequenz bzw. das Frequenzgemisch des Schalls wesentliche Informationen hinsichtlich der Identifikation der Schallquelle. Aus diesem Grund werden mit Amplitude und Frequenz zwei Eigenschaften des Schalls gleichzeitig detektiert und in Form neuronaler Signale codiert. Zum Vergleich: Bei der Signaltransduktion im visuellen System müssen ebenfalls zwei grundlegende Eigenschaften – Lichtintensität und Wellenlänge – im Aktivitätsmuster der Photorezeptoren repräsentiert werden, um letztlich variable Empfindungen von Helligkeit und Farbe zu erzeugen. Das visuelle System der Wirbeltiere löst dieses Problem, indem die Anzahl absorbierter Photonen mit der Stärke der Potenzialänderung in den Photorezeptoren korreliert, während die Wellenlänge durch mehrere Photorezeptortypen mit unterschiedlicher spektraler Empfindlichkeit codiert wird.

Der Transduktionsprozess im auditorischen System umfasst die Umwandlung von Druckänderungen des umgebenden Mediums in Potenzialänderungen der Haarsinneszellen. Die Analyse und Codierung von Frequenzen basiert bei den verschiedenen Wirbeltieren auf unterschiedlichen Mechanismen und wird in ▶ Abschn. 4.2.4 besprochen. Der Transduktionsmechanismus im Innenohr erzeugt zunächst elektrische Signale, die in Form von Aktionspotenzialen über die sogenannte Hörbahn, die mehrere synaptische Umschaltstationen umfasst, bis zum auditorischen Cortex weitergeleitet werden. In dieser corticalen Region finden komplexe zentralnervöse Verarbeitungsprozesse statt, welche die subjektive Wahrnehmung von Lautstärke und Tonhöhe ermöglichen.

Für die Umwandlung der Druckänderung in elektrische Signale sind die inneren Haarsinneszellen verantwortlich, deren apikale Bündel von Stereocilien in direktem Kontakt mit der Endolymphe der Scala media stehen. Die Endolymphe ist für das Verständnis der Transduktionsprozesse in den Haarsinneszellen der Cochlea von zentraler Bedeutung.

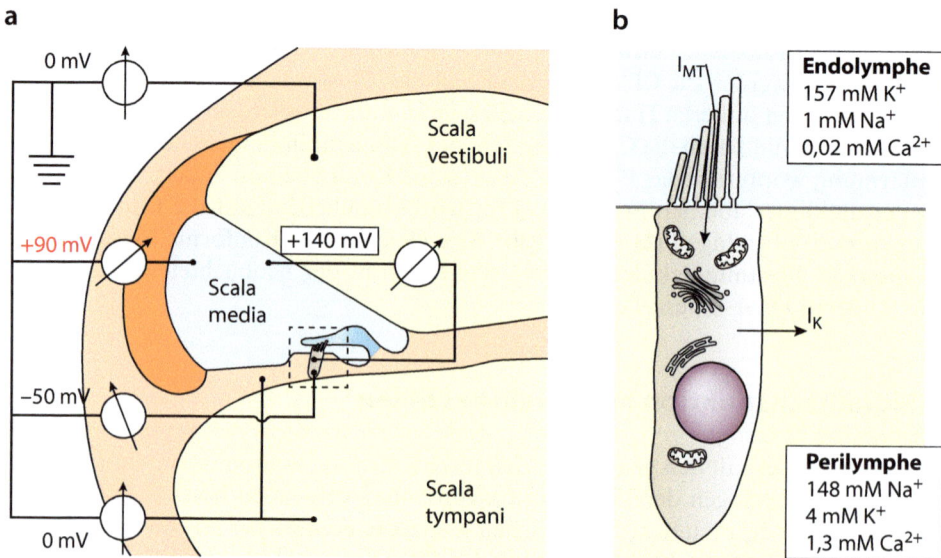

Abb. 4.15 Flüssigkeitsräume und endocochleäres Potenzial. **a** Schematischer Querschnitt durch die Cochlea mit den Potenzialdifferenzen zwischen den einzelnen Kompartimenten. Das endocochleäre Potenzial von +90 mV ist *rot* markiert. Zwischen den Perilymphe enthaltenden Kanälen Scala vestibuli und Scala tympani sowie dem Extrazellulärraum besteht keine Potenzialdifferenz. **b** Vergrößerte Darstellung der *gestrichelten Box* in **a**. Die Stereocilien der Haarsinneszellen ragen in die K$^+$-reiche Endolymphe, während die Membran des Zellkörpers von der Na$^+$-reichen Perilymphe umgeben ist. Die Potenzialdifferenz von 140 mV zwischen Scala media und den Haarsinneszellen ergibt sich aus der Differenz zwischen dem endocochleären Potenzial und dem Ruhemembranpotenzial der Haarsinneszellen. Die Tektorialmembran und die Basilarmembran sind nicht dargestellt. I_{MT}, mechanoelektrischer Transduktionsstrom, I_K, Kaliumstrom

- **Endolymphe und Transportprozesse in der Stria vascularis**

Die **Endolymphe**, mit der die Scala media gefüllt ist, unterscheidet sich hinsichtlich der dort vorkommenden Ionen deutlich von der **Perilymphe** der Scala vestibuli und der Scala tympani. Die Konzentrationen der relevanten Ionen in der Perilymphe weisen eine hohe Ähnlichkeit mit dem Blutplasma oder der Cerebrospinalflüssigkeit auf, indem dort viel Na$^+$ und wenig K$^+$ vorhanden sind. Im Gegensatz dazu entspricht die Endolymphe mit ihrem hohen Gehalt an K$^+$-Ionen eher einer intrazellulären Flüssigkeit. Zwischen der Endolymphe und der Perilymphe besteht eine Spannungsdifferenz von 80 bis 100 mV, das sogenannte **endocochleäre Potenzial** (Abb. 4.15a). Perilymphe und Endolymphe sind mittels Tight Junctions vollständig voneinander getrennt, sodass sich die unterschiedlichen Ionenkonzentrationen nicht vermischen können. Die Stereocilien der Haarsinneszellen ragen in den Endolymphraum mit einer K$^+$-Konzentration von etwa 157 mmol l^{-1}, während der basolaterale Teil der Zelle von einer Extrazellulärlösung mit dem üblichen geringen K$^+$-Gehalt (4 mmol l^{-1}) umgeben ist (Abb. 4.15b). Sowohl die hohe K$^+$-Konzentration der Endolymphe als auch das endocochleäre Potenzial sind für die Signaltransduktion essenziell und jede

Abweichung führt zu einer Verschlechterung der Empfindlichkeit und der Frequenzunterscheidung bis hin zum Hörverlust.[19]

Die für eine Extrazellulärlösung ungewöhnliche Elektrolytzusammensetzung der Endolymphe ist das Resultat von Sekretionsprozessen in der **Stria vascularis**, einer epithelialen Struktur im Bereich der cochleären Wandung. Die Stria vascularis besteht aus einer Schicht von Marginalzellen, die in Kontakt mit der Endolymphe stehen, sowie aus Intermediär- und Basalzellen mit einer Grenzfläche zur Perilymphe. Intermediär- und Basalzellen sind untereinander sowie mit Fibrocyten in der Perilymphe über Gap Junctions verbunden. Diese unterschiedlichen Zelltypen bilden insgesamt ein sekretorisches Epithel, das einen gerichteten Strom von K^+-Ionen aus der Perilymphe in die Endolymphe erzeugt. Der Transport von K^+-Ionen erfolgt dabei gegen einen Konzentrationsgradienten, sodass kontinuierlich Energie in diesen Prozess investiert werden muss. Gemäß dem aktuellen Modell sind die folgenden Ionentransporter und Ionenkanäle an diesem Prozess beteiligt (◘ Abb. 4.16).

1. Die **Na^+/K^+-ATPase** transportiert K^+-Ionen aus der Perilymphe in die Fibrocyten hinein und im Gegenzug Na^+-Ionen hinaus. Dieser ATP-abhängige Prozess erzeugt einen Na^+-Konzentrationsgradienten über der Fibrocytenmembran, der von dem **Na-K-2Cl-Cotransporter** (NKCC1) für den Transport von K^+ genutzt wird.
2. Die K^+-Ionen diffundieren über Gap Junctions aus den Fibrocyten in die Basal- und Intermediärzellen, von wo sie durch **$K_{ir}4.1$-Kanäle** (KCNJ10) entlang ihres Konzentrationsgradienten in den intrastrialen Raum gelangen.
3. Die Na^+/K^+-ATPase und der Na-K-2Cl-Cotransporter befördern K^+-Ionen aus dem intrastrialen Raum in die Marginalzellen und halten so die K^+-Konzentration im intrastrialen Raum auf einem niedrigen Niveau. Ohne dieses Konzentrationsgefälle für K^+-Ionen zwischen Perilymphe und intrastrialem Raum wäre die unter Punkt 2 genannte Diffusion durch Gap Junctions nicht möglich.
4. Auf der endolymphatischen Seite exprimieren die Marginalzellen K^+-Kanäle vom Typ KCNQ1/KCNE. **KCNQ1** gehört zur Familie der spannungsabhängigen K^+-Kanäle, während KCNE an KCNQ1 bindet und als regulatorische Untereinheit fungiert. K^+-Ionen diffundieren durch diese selektiven K^+-Kanäle aus den Marginalzellen in die Endolymphe und sorgen dort für die hohe K^+-Konzentration.

Der aktive Transport von K^+-Ionen in die Endolymphe stellt eine essenzielle Voraussetzung für die Erzeugung des positiven endocochleären Potenzials dar. Durch Mutationen verursachte Modifikationen der an den Transportprozessen beteiligten Proteine resultieren in einer Reduktion des endocochleären Potenzials und gehen infolgedessen mit Hörverlust und Taubheit einher.

Werfen wir schließlich noch einen kurzen Blick auf die unterschiedlichen Ca^{2+}-Konzentrationen in der Endolymphe und der Perilymphe und mögliche funktionelle Implikationen der ungleichen Verteilung dieses wichtigen Signalstoffs. Die Endolymphe enthält mit $0{,}02\,\text{mmol}\,l^{-1}$ sehr viel weniger Ca^{2+} als die Perilymphe mit

---

19 Eine Hypoxie, also eine Unterversorgung des Gewebes mit Sauerstoff und dem daraus folgenden Mangel an ATP, führt zu einer Reduktion des endocochleären Potenzials und somit zu einer Beeinträchtigung des Hörvermögens. Sogenannte Schleifendiuretika, die zur Behandlung von Herzinsuffizienz, Hypertonie und Ödemen eingesetzt werden, hemmen bei Überdosierung den Na-K-2Cl-Co-Transporter. Der Zusammenbruch des endocochleären Potenzials resultiert in einer reversiblen Schwerhörigkeit.

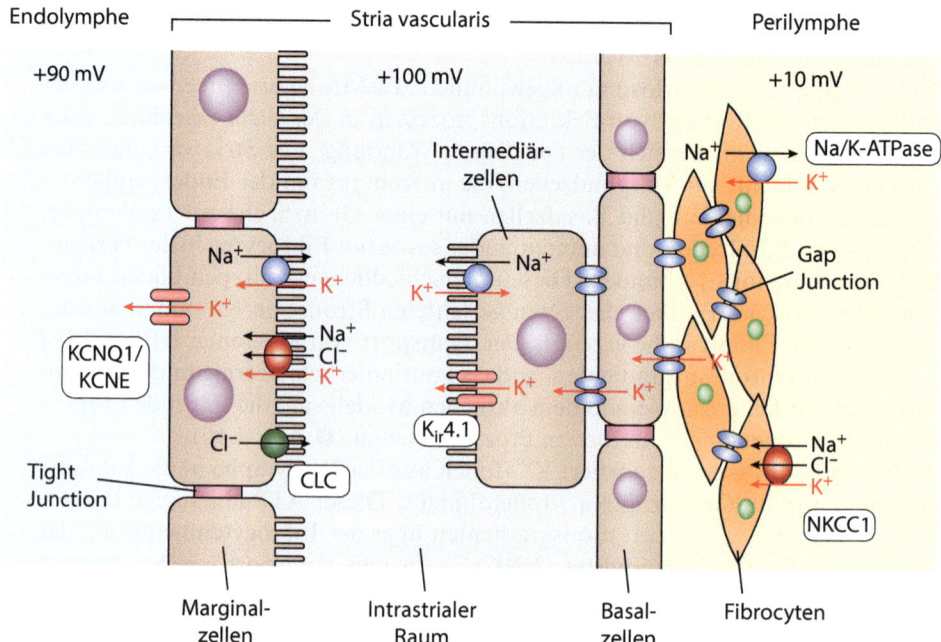

◘ **Abb. 4.16** Sekretion von K$^+$-Ionen durch das Epithel der Stria vascularis. Die K$^+$-Ionen werden aktiv von der Na/K-ATPase im Austausch mit Na$^+$-Ionen in die Fibrocyten gepumpt. Auf diese Weise entsteht ein Na$^+$-Gradient über der Zellmembran, der den sekundär-aktiven Transport von K$^+$-Ionen durch den Na-K-2Cl-Cotransporter (NKCC1) antreibt. Die Fibrocyten sind untereinander sowie mit den Basal- und Intermediärzellen über Gap Junctions verbunden, durch die K$^+$-Ionen entlang des Konzentrationsgradienten diffundieren. Von den Intermediärzellen gelangt K$^+$ durch K$_{ir}$4.1-Kanäle in den intrastrialen Raum, von wo aus es mithilfe der Na/K-ATPase und NKCC1 in die Marginalzellen eintritt. Anschließend diffundieren die K$^+$-Ionen über basolaterale K$^+$-Kanäle vom Typ KCNQ1/KCNE in die Endolymphe der Scala media. Cl$^-$-Ionen werden durch Chlorid transportierende Proteine (CLC) in den intrastrialen Raum befördert

1,3 mmol l^{-1}. Obwohl die mechanoelektrischen Transduktionskanäle für Ca^{2+}-Ionen durchlässig sind, werden sie durch eine zu hohe Konzentration teilweise gehemmt. Der relativ geringe Ca^{2+}-Gehalt der Endolymphe ist daher für eine optimale Funktion der Transduktionskanäle äußerst relevant. Die Perilymphe umgibt zudem die synaptische Region der Haarsinneszellen, und die Freisetzung von Neurotransmittern ist in hohem Maße calciumabhängig. Die einer Extrazellulärlösung entsprechende Ionenkonzentration der Perilymphe stellt somit eine wichtige Voraussetzung für eine normale synaptische Funktion sowie für die Erzeugung von Na$^+$-vermittelten Aktionspotenzialen in den afferenten Nervenfasern dar.

▪ **Mechanoelektrische Signaltransduktion**

Die mechanoelektrische Signaltransduktion beginnt, sobald schallinduzierte Druckänderungen innerhalb der Endolymphe das Stereocilienbündel auslenken. Die Basilarmembran, auf der sich die Haarsinneszellen befinden, wird in periodische Schwingungen versetzt und bewegt sich im Verhältnis zur darüberliegenden Tektorialmembran auf und ab. Auf diese Weise kippen alle Stereocilien eines Bündels als Einheit um

a

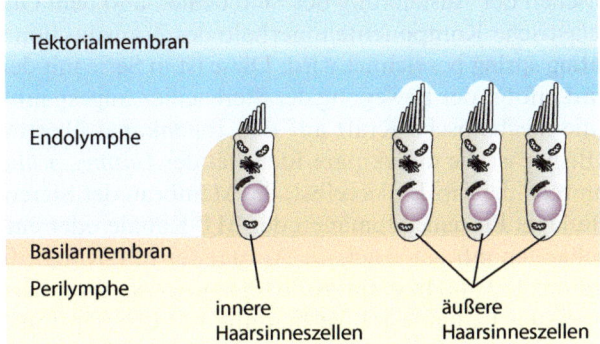

b

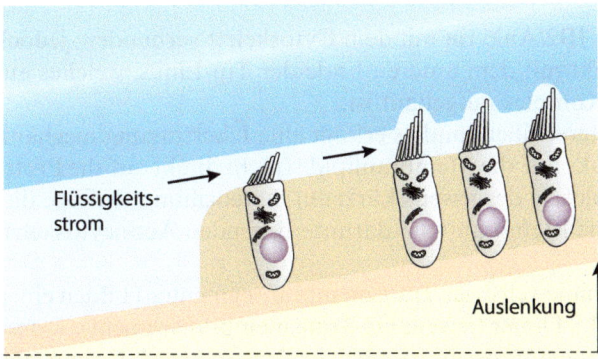

Abb. 4.17 Auslenkung der Stereocilien der inneren Haarsinneszellen durch Strömungen in der Endolymphe. **a** Im Ruhezustand sind die Bündel der Stereocilien der inneren Haarsinneszellen nicht ausgelenkt, und es fließt kein mechanoelektrischer Transduktionsstrom. **b** Schallwellen erzeugen eine Schwingung der Basilarmembran und somit eine Auslenkung der Stereocilien. Durch die Relativbewegung zur Tektorialmembran werden die Stereocilienbündel in Richtung des längsten Mikrovillus ausgelenkt, sodass sich die Ionenkanäle öffnen und ein Transduktionsstrom die Membran der inneren Haarsinneszellen depolarisiert

einen Drehpunkt im Bereich ihrer Verankerung in der Cuticularplatte (□ Abb. 4.17). Bei einer Auslenkung in Richtung des größten Mikrovillus oder – falls vorhanden – des Kinociliums werden die Tip-Links angespannt und die daraus resultierende mechanische Kraft auf die Transduktionskanäle in der Spitze des Mikrovillus übertragen. Die an dieser Stelle vorhandenen Ionenkanäle öffnen und infolgedessen diffundieren K^+-Ionen über die Membran, was wiederum zu einer Depolarisation der Haarsinneszelle führt.

Die molekularen Mechanismen, die letztlich zum Öffnen der MT-Kanäle führen, sind noch nicht lückenlos verstanden. Dieser Prozess läuft mit einer außerordentlich hohen Geschwindigkeit ab, indem die MT-Kanäle als Reaktion auf die Auslenkung der Stereocilien innerhalb von Mikrosekunden öffnen. Daher kann nicht wie bei der Signaltransduktion der Photorezeptoren eine metabotrope Kaskade beteiligt sein, sondern nur eine unmittelbar auf die Ionenkanäle wirkende mechanische Kraft. Die nicht lineare Beziehung zwischen der Auslenkung der Stereocilien und dem Öffnen der MT-Kanäle lässt eine elastische Komponente innerhalb des Transduktionskomplexes vermuten, die als **Gating spring** bezeichnet wird. Diese ist in Serie mit den Ionenkanälen geschaltet und wird infolge der Bewegung der Stereocilien angespannt. Durch diese Anordnung wird die mechanische Kraft auf den Ionenkanal übertragen, der sich daraufhin öffnet. Bisher ist die molekulare Identität der *Gating springs* nicht geklärt. Grundsätzlich kommen die Tip-Links selbst, die Membran der Stereocilien, ein unbekanntes intrazelluläres Protein, Domänen der MT-Kanäle oder eine Kombination aus diesen Möglichkeiten infrage. Auch die Anzahl der MT-Kanäle in der Spitze eines Mikrovillus wird mit 1–2 [44] bzw. mit 8–20 [6] kontrovers diskutiert. Offensichtlich wäre hier nur im ersten Fall eine 1:1-Verbindung mit den Tip-Links möglich.

Ein aktuelles Modell der mechanoelektrischen Transduktion weist die folgenden Eigenschaften auf, die alle wesentlichen experimentellen Befunde berücksichtigen (◘ Abb. 4.18) [57].

— Die MT-Kanäle sind über CIB2/Ankyrin mit dem Cytoskelett verbunden, jedoch besteht kein direkter Kontakt mit dem unteren Ende der Tip-Links, welches aus einem PCDH15/LHFPL5-Komplex aufgebaut ist.
— Bei einer Auslenkung des Stereocilienbündels erfolgt eine Übertragung mechanischer Kraft von den Tip-Links auf die Membranlipide (nicht direkt auf die Proteine des Transduktionskomplexes) des jeweils kürzeren Stereociliums. Infolge dieser Krafteinwirkung wird die Membran vom darunterliegenden Actincytoskelett weggezogen.
— Zwei LHPFL5-Moleküle (mit jeweils vier Transmembransegmenten) bilden einen Komplex mit einem PCDH15-Dimer (jeweils ein Transmembransegment). Durch die Interaktionen der Transmembransegmente beider Proteine wird dieser Komplex in der Membran verankert, wodurch eine effiziente Kraftübertragung zur Deformation der Membran ermöglicht wird.
— Ankyrin stellt eine Verbindung zwischen dem Actincytoskelett und CIB2 her, welches wiederum den Ionenkanal bindet. In diesem Modell übernimmt Ankyrin die Funktion einer *Gating spring*. Die Verformung der Membran sowie die Federkraft des CIB2/Ankyrin-Ankers öffnen gemeinsam den aus TMC1/2 bestehenden Ionenkanal.
— TMIE bildet einen Komplex mit TMC1/2 und beeinflusst als akzessorische Untereinheit die biophysikalischen Eigenschaften des Ionenkanals oder ist selbst Teil der Porenregion. Als Linker zwischen TMC1/2 und dem Komplex aus PCDH15/LHFPL5 verankert es auch möglicherweise TMC1/2 in der Nähe der Kontaktstelle der unteren Tip-Links mit der Membran, also in unmittelbarer Nähe der Membrandeformation.

Dieses Modell muss sehr wahrscheinlich durch neue funktionelle und strukturelle Daten modifiziert und ergänzt werden. Wir staunen jedoch weiterhin angesichts der extrem schnellen Reaktion der Ionenkanäle, die annähernd verzögerungsfrei abläuft. Ähnlich beeindruckend ist die Empfindlichkeit, mit der dieses mechanosensorische System arbeitet. Eine Auslenkung des Stereocilienbündels um etwa 1 nm – wir befinden uns hier im Bereich atomarer Durchmesser – führt zu einer messbaren Spannungsänderung in den Haarsinneszellen. Ähnlich wie die Photorezeptoren der Netz-

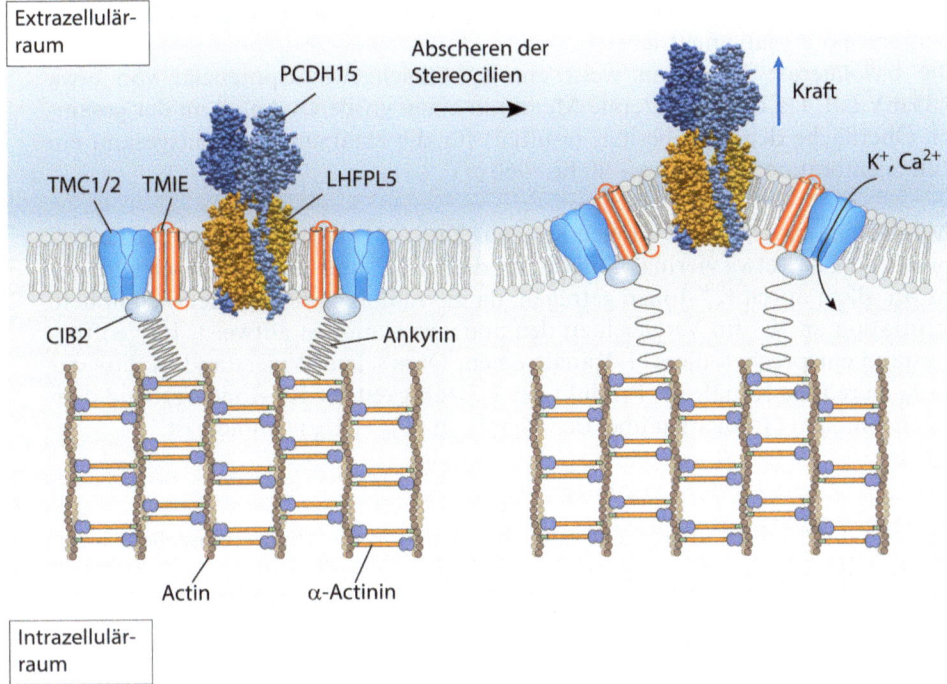

Abb. 4.18 Modell der mechanoelektrischen Transduktion in Haarsinneszellen. Der Ionenkanal TMC1/2 bildet einen Komplex mit TMIE und ist über Ankyrin an das Actincytoskelett unterhalb der Membran der Stereocilien gebunden. In unmittelbarer Nähe zu TMC1/TMIE befindet sich das untere Ende der Tip-Links mit dem Komplex aus Protocadherin-15 (PCDH15) und LHFPL5, jedoch ohne direkten Kontakt zum MT-Kanal. Wenn die Stereocilien ausgelenkt werden, zieht die Kraft, die auf PCDH1517/LHFPL5 wirkt, die Membran vom darunterliegenden Actinnetzwerk weg. Durch die Spannung in der Membran und in den Ankyrinmolekülen, die wie eine elastische Feder wirken, wird TMC1 geöffnet und K^+ und Ca^{2+} diffundieren durch den geöffneten Ionenkanal in die Haarsinneszelle. Modifiziert nach [57]

haut, die einzelne Photonen detektieren können, arbeitet auch die Signaltransduktion des auditorischen Systems an der Grenze des physikalisch Möglichen.

- **Ionenströme durch die Transduktionskanäle**

Der ionale Mechanismus der Depolarisation unterscheidet sich bei den Haarsinneszellen maßgeblich von der Erzeugung eines synaptischen Potenzials oder eines Aktionspotenzials, bei denen vor allem Na^+-Ionen beteiligt sind. Dies ist zum einen auf die hohe Konzentration an K^+-Ionen in der Endolymphe und das daraus resultierende positive endocochleäre Potenzial zurückzuführen. Zum anderen steht nur der apikale Pol der Haarsinneszellen in direktem Kontakt mit der Endolymphe, während die basolaterale Membran von Perilymphe umgeben ist (◘ Abb. 4.15b). Aus dieser anatomischen Anordnung resultieren unterschiedliche elektrochemische Gradienten und Gleichgewichtspotenziale für K^+ über der apikalen und der basolateralen Membran der Haarsinneszellen.

— Da über der apikalen Membran kein Konzentrationsgradient für K^+ vorliegt, beträgt U_K etwa $0\,mV$. Der Einstrom von K^+ aus der Endolymphe in die Haarsin-

neszellen wird ausschließlich durch den elektrischen Gradienten, also das Ruhemembranpotenzial, angetrieben.
– Die basolaterale Membran weist ein K^+-Gleichgewichtspotenzial von etwa $-85\,\text{mV}$ auf. Da die basolaterale Membran einen größeren Anteil an der gesamten Oberfläche der Zelle besitzt, resultiert für die Haarsinneszelle insgesamt ein Ruhemembranpotenzial von -40 bis $-60\,\text{mV}$.

Die MT-Kanäle sind für die Kationen K^+, Na^+ und Ca^{2+} durchlässig, wobei die Permeabilität für Ca^{2+} etwa viermal höher ist als die für K^+ und Na^+. Dennoch wird der Strom vor allem durch K^+-Ionen getragen, da die Endolymphe eine deutlich höhere Konzentration an K^+ im Vergleich zu den anderen Kationen aufweist. Im geöffneten Zustand entsprechen die MT-Kanäle einem Ohm'schen Widerstand, sodass der Strom I_K durch die Kanäle als Produkt der Leitfähigkeit für K^+-Ionen g_K und dem elektrochemischen Gradienten über der Membran ($U_m - U_K$) definiert ist.

$$I_K = g_K \cdot (U_m - U_K). \tag{4.15}$$

Gemäß Gl. 4.15 diffundieren nur dann K^+-Ionen in die Haarsinneszellen, wenn die MT-Kanäle geöffnet ($g_K \neq 0$) und ein elektrochemischer Gradient ($U_m - U_K \neq 0$) vorhanden ist. Da jedoch $U_K = 0$, ist die treibende Kraft für die Diffusion von K^+-Ionen die elektrische Spannung, die sich aus der Potenzialdifferenz zwischen dem Endolymphraum und dem Ruhemembranpotenzial der Haarsinneszellen ergibt. Ohne das endocochleäre Potenzial würden die K^+-Ionen aus dem Extrazellulärraum mit $0\,\text{mV}$ in den Intrazellulärraum der Haarsinneszellen mit einem Membranpotenzial von -40 bis $-60\,\text{mV}$ diffundieren, und die Potenzialdifferenz, welche die Diffusion antreibt, wäre ebenfalls -40 bis $-60\,\text{mV}$. In Kombination mit dem endocochleären Potenzial von $+90\,\text{mV}$ hingegen wird der elektrische Gradient und damit die treibende Kraft für die Diffusion auf etwa $150\,\text{mV}$ mehr als verdoppelt. Es ist daher nicht erstaunlich, dass eine Reduktion oder gar ein Zusammenbruch des endocochleären Potenzials zu einem erheblichen Hörverlust bis hin zur Taubheit führt.[20]

K^+-Ionen verlassen die Haarsinneszellen über die basolaterale Membran in die Perilymphe. Dort ist die K^+-Konzentration niedrig, sodass die K^+-Ionen einem von innen nach außen gerichteten Konzentrationsgradienten folgen. Die für diesen passiven Transport verantwortlichen K^+-Kanäle unterscheiden sich zwischen äußeren und inneren Haarsinneszellen, und sie zeigen zudem eine Veränderung ihrer Expression während der Entwicklung des Innenohrs. In den äußeren Haarsinneszellen vermittelt der spannungsabhängige Kaliumkanal KCNQ4 ($K_v 7.4$) den Ausstrom von K^+. KCNQ4 öffnet bereits bei ungewöhnlich negativen Membranpotenzialen, sodass die Kanäle beim Ruhemembranpotenzial der äußeren Haarsinneszellen vollständig geöffnet sind. Die inneren Haarsinneszellen exprimieren neben KCNQ4 einen Ca^{2+}-abhängigen K^+-Kanal vom BK-Typ (KCNMA1), der gemeinsam mit KCNQ4 den Ausstrom von K^+-Ionen reguliert.

---

[20] Mutationsbedingte Veränderungen aller in ◘ Abb. 4.16 gezeigten Proteine, die am K^+-Transport der Stria vascularis beteiligt sind, führen zu einem Verlust des endocochleären Potenzials.

4.2 · Hören bei terrestrischen Wirbeltieren

Grundsätzlich stellt sich angesichts der an der Erzeugung des Rezeptorpotenzials beteiligten Ionen die Frage, warum K^+ und nicht wie üblich Na^+ als depolarisierender Ladungsträger fungiert. In diesem Fall würden sich Na^+-Ionen nach und nach in den Haarsinneszellen anreichern und müssten unter beträchtlichem Energieaufwand mithilfe der Na^+/K^+-ATPase wieder zurück in den Extrazellulärraum transportiert werden. Im Gegensatz dazu diffundieren K^+-Ionen entlang ihres Konzentrationsgradienten passiv durch selektive Kanäle in den Perilymphraum. Die energetische Last wird somit von den Haarsinneszellen in die Stria vascularis verschoben, die aufgrund ihrer höheren Zellzahl und dichteren Versorgung mit Blutgefäßen K^+-Ionen möglicherweise effektiver transportieren kann.

Der Stromfluss durch die MT-Kanäle unterliegt einer graduellen und nichtlinearen Veränderung in Abhängigkeit von der Auslenkung des Stereocilienbündels im Bereich von 0 bis 100 nm (◘ Abb. 4.19). Dieser physiologische Arbeitsbereich wird sehr wahrscheinlich durch Auslenkungen der Basilarmembran in genau dieser Grö-

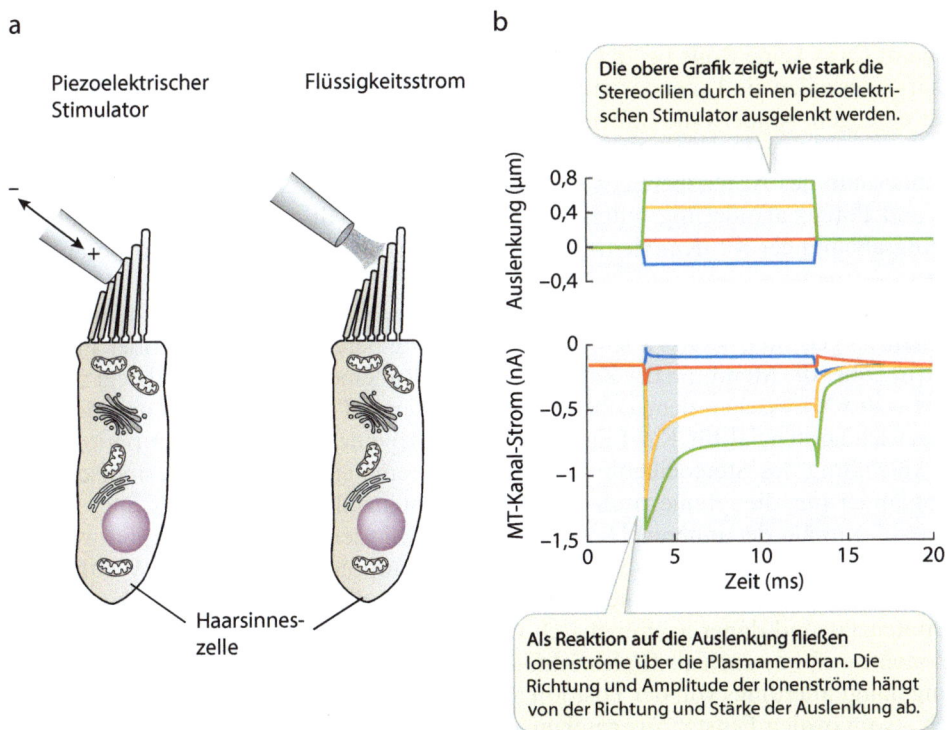

◘ **Abb. 4.19** Mechanoelektrische Transduktionsströme (MT-Ströme) in Haarsinneszellen. **a** Schematische Darstellung des experimentellen Aufbaus. Die Stereocilien werden entweder durch einen piezoelektrischen Stimulus oder durch einen Flüssigkeitsstrom in Richtung des längsten Mikrovillus (positives Vorzeichen) oder in umgekehrter Richtung (negatives Vorzeichen) ausgelenkt. **b** Auslenkungen in positiver Richtung erzeugen einen Einwärtsstrom von Kationen und eine Depolarisation der Haarsinneszelle. Die Stromamplitude ist proportional zur Stärke der Auslenkung. Eine Bewegung der Stereocilien in die Gegenrichtung *(blaue Kurve)* hat einen Auswärtsstrom und eine Hyperpolarisation zur Folge. Die Ströme zeigen zu Beginn eine transiente Komponente *(graues Rechteck)* und adaptieren dann auf ein konstantes Niveau. Modifiziert nach [13]

ßenordnung festgelegt. Betrachten wir nun den Stromverlauf als Reaktion auf einen konstanten Reiz, so zeigt sich eine Verringerung der Amplitude innerhalb weniger Millisekunden. Wie bei anderen Mechanorezeptoren auch adaptiert der Transduktionsapparat offensichtlich an konstante Stimuli.[21] Die MT-Kanäle verschieben ihren Arbeitsbereich und behalten ihre Empfindlichkeit bei, wodurch eine Sättigung vermieden wird. Im Gegensatz zu anderen Mechanorezeptoren, wie beispielsweise Pacini-Korpuskeln (siehe ▸ Abschn. 7.3.4), basiert die Adaptation der Haarsinneszellen an einen konstanten Reiz nicht auf den biomechanischen Eigenschaften umgebender Hüllstrukturen, sondern ist auf intrinsische Charakteristika des Transduktionsprozesses selbst zurückzuführen.

Die für die Adaptation verantwortlichen Mechanismen sind derzeit noch nicht vollständig geklärt. Bei Wirbeltieren, die nicht zu den Säugetieren gehören, wird vermutet, dass Änderungen der Ca^{2+}-Konzentration in den Stereovilli den Arbeitsbereich der MT-Kanäle verschieben. In diesem Zusammenhang stellt sich unmittelbar die Frage, ob die Ca^{2+}-Ionen direkt mit den Transduktionskanälen und/oder mit akzessorischen Proteinen wie etwa dem unkonventionellen Myosin VIIa (siehe ◘ Tab. 4.4) in Wechselwirkung treten. Bei den Haarsinneszellen der Säugetiere hingegen scheint Ca^{2+} keine Rolle bei der Adaptation zu spielen [42].

Haarsinneszellen sind sogenannte sekundäre Sinneszellen, die keine Aktionspotenziale erzeugen, sondern die Information in Form graduierter Spannungsänderungen codieren und vom Ort ihrer Entstehung zur Synapse transportieren. Somit korrelieren innerhalb des Arbeitsbereichs des Transduktionskomplexes die Größen Reizstärke und Potenzialänderung miteinander. Insbesondere die verschiedenen Typen spannungsabhängiger K^+-Kanäle tragen zum zeitlichen Verlauf des Rezeptorpotenzials bei.

In den äußeren Haarsinneszellen sind etwa 50 % der MT-Kanäle beim Ruhemembranpotenzial geöffnet, sodass auch ohne Aktivierung bereits ein relativ großer Einwärtsstrom über die Membran der Zellen fließt. Das Ruhemembranpotenzial liegt mit −45 bis −50 mV zwischen dem Umkehrpotenzial der MT-Kanäle (0 mV) und dem Gleichgewichtspotenzial für K^+-Ionen (−85 mV). Bei einer gleichförmigen periodischen Ablenkung des Stereocilienbündels resultiert eine entsprechende periodische Potenzialänderung, die symmetrisch um das Ruhepotenzial herum oszilliert.

Die MT-Kanäle der inneren Haarsinneszellen befinden sich in einem überwiegend geschlossenen Zustand, wobei das Ruhemembranpotenzial mit −60 mV näher am K^+-Gleichgewichtspotenzial liegt. Der Strom durch die MT-Kanäle und das Rezeptorpotenzial sind daher asymmetrisch und weisen eine größere depolarisierende Komponente auf, was auch als **Gleichrichtung** bezeichnet wird. Die Stärke der Gleichrichtung hängt allerdings von der Position auf der Cochlea ab. Bei Haarsinneszellen, die sich – vom ovalen Fenster aus gesehen – am Beginn der Cochlea befinden, ist die Gleichrichtung deutlich stärker ausgeprägt als bei Haarsinneszellen im apikalen Bereich (dem sogenannten Helicotrema).

Eine Zunahme der Frequenz eines periodischen Signals bedingt eine entsprechende Erhöhung der Frequenz des Rezeptorpotenzials. Aufgrund der biophysikalischen Eigenschaften der Zellmembran kann die Frequenz des Rezeptorpotenzials jedoch nicht beliebig gesteigert werden, sondern nur bis zu einer bestimmten

---

21 Möglicherweise spielt dieser Mechanismus beim „Ausblenden" von konstanten Hintergrundgeräuschen eine Rolle, obwohl in diesem Fall auch zentralnervöse Prozesse beteiligt sind.

Grenzfrequenz, die vor allem durch die Zeitkonstante der Membran determiniert wird (siehe ▶ Abschn. 1.2.2). Jenseits der Grenzfrequenz verhält sich die Membran wie ein Tiefpassfilter, sodass ein hochfrequenter Stimulus in Form einer kontinuierlichen Depolarisation abgebildet wird.

Die nachfolgende ◘ Tab. 4.4 fasst die an der mechanoelektrischen Transduktion im Innenohr von Wirbeltieren beteiligten Proteine zusammen.

4.2.4 Frequenzanalyse

Zu den wichtigsten Aufgaben des auditorischen Systems zählt die zuverlässige Identifizierung von Schallquellen. Die von den Haarsinneszellen erzeugten elektrischen Signale ermöglichen einerseits die Erkennung von Lauten, welche von Artgenossen, Beute oder Prädatoren erzeugt werden, andererseits die Unterscheidung von harmlosen und potenziell bedrohlichen Geräuschen.[22] Die präzise Zuordnung eines Geräuschs zu einer Schallquelle hängt von den jeweiligen Frequenzanteilen ab, aus denen das fragliche Geräusch besteht. Das auditorische System muss also letztlich eine Fourier-Analyse durchführen, um die einzelnen Frequenzen eines Geräuschs oder Lauts voneinander zu trennen (siehe ▶ Abschn. 4.1.3).

Die Amplitude des Kationenstroms durch die MT-Kanäle sowie die resultierende Änderung des Membranpotenzials der Haarsinneszellen spiegeln bereits die Schallintensität wider, welche wiederum die Lautstärke eines Schallereignisses repräsentiert. Es stellt sich somit die Frage, wie zusätzlich zur Lautstärke noch die Frequenz mit hinreichender Genauigkeit codiert werden kann, wenn nur Spannungsänderungen als Signalform zur Verfügung stehen.

Tatsächlich zeigen die Haarsinneszellen eine unterschiedliche Sensitivität gegenüber verschiedenen Frequenzen. Jede Haarsinneszelle besitzt eine charakteristische Frequenz, bei der die größte Antwort – also ein maximales Rezeptorpotenzial – hervorgerufen wird. Dies bedeutet jedoch nicht, dass eine Haarsinneszelle nur auf genau eine bestimmte Frequenz reagiert; die Antworten auf nicht charakteristische Frequenzen fallen jedoch deutlich geringer aus.

Der Transduktionsmechanismus selbst weist keine frequenzspezifischen Eigenschaften auf, sondern die Frequenz wird durch die Position der jeweils aktiven Haarsinneszellen codiert. Die Haarsinneszellen sind nämlich auf dem sensorischen Epithel – Basilarpapille oder Cochlea – so angeordnet, dass ihre charakteristischen Frequenzen von einem zum anderen Ende kontinuierlich ansteigen (◘ Abb. 4.20). Diese regelmäßige und kontinuierliche Repräsentation von Frequenzen wird auch als **Tonotopie** bezeichnet. Auf der Cochlea der Landwirbeltiere werden demnach unterschiedliche Frequenzen in Form einer dynamischen Karte abgebildet. Ein aus verschiedenen Frequenzen bestehendes Geräusch aktiviert mit der passenden charakteristischen Frequenz die Haarsinneszellen und erzeugt auf diese Weise ein Aktivierungsmuster, welches die spektrale Zusammensetzung des Schallereignisses repräsentiert. Die afferenten Nervenfasern, die einzelne innere Haarsinneszellen innervieren, übertragen diese spektrale Information dann getrennt voneinander über die Hörbahn an den auditorischen Cortex zur weiteren Informationsverarbeitung.

---

[22] Unter einem „Laut" verstehen wir in diesem Zusammenhang von anderen Organismen erzeugte Schallereignisse. Der Begriff „Geräusch" ist ein Sammelbegriff für alle aperiodischen Hörempfindungen.

Tab. 4.4 Molekulare Komponenten der mechanoelektrischen Transduktion in Haarsinneszellen

Protein	Proteintyp	Lokalisation	Funktion
Myosin VIIa	Motorprotein	Oberes Ende der Tip-Links	Verankerung von Cadherin-23 in der Membran des größeren Mikrovillus
Harmonin	Gerüstprotein		
Sans	Gerüstprotein		
Cadherin-23	Membranproteine	Komponenten der Tip-Links	Mechanische Kraftübertragung auf den MT-Komplex
Protocadherin-15	Membranproteine		
LHFPL5 (TMHS)	Membranproteine	Komponenten des MT-Komplexes	Zusammenfügen der Tip-Links und Transport von TMC1
TMIE	Membranproteine		Transport von TMC1 in die Stereocilien: Kopplung von TMC1 an das untere Ende der Tip-Links
TMC1	Membranproteine		Ionenkanal des MT-Komplexes
Myosin XVa	Motorprotein	Oberes Ende der Stereocilien	Regulation der stufenweisen Anordnung und des Durchmessers der Stereocilien
CIB2	Ca^{2+}-bindendes Protein		Bindung an TMC1 und an Ankyrin
Whirlin	Gerüstprotein		Von essenzieller Bedeutung für das Wachstum der Stereocilien [32]
Eps8	Actin-bindendes Protein		Regulation von Wachstum und Ausreifung der Stereocilien [56]
Ankyrin	Gerüstprotein		Verknüpfung des MT-Komplexes mit dem Actincytoskelett [47]

Von den insgesamt 23 Proteinen, die am Aufbau und der physiologischen Funktion des mechanoelektrischen Transduktionskomplexes beteiligt sind, sind 13 in der Tabelle aufgeführt. MT, mechanoelektrische Transduktion

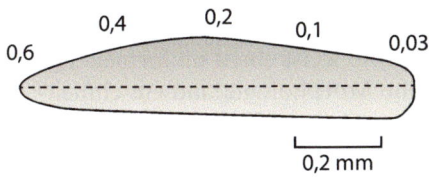

Die Basilarpapille der **Schildkröte** (*Trachmemys scripta elegans*) ist weniger als 1 mm lang und besteht aus einem einzigen Typ von Haarsinneszellen mit charakteristischen Frequenzen zwischen 30 und 600 Hz.

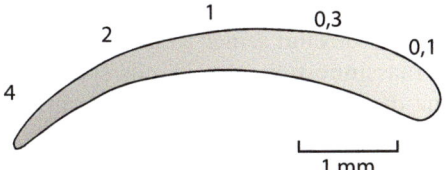

Das **Huhn** (*Gallus gallus domesticus*) besitzt eine etwa 4 mm lange Basilarpapille mit kurzen und langen Haarsinneszellen, die einen Frequenzbereich von 100 Hz bis 4 kHz repräsentieren.

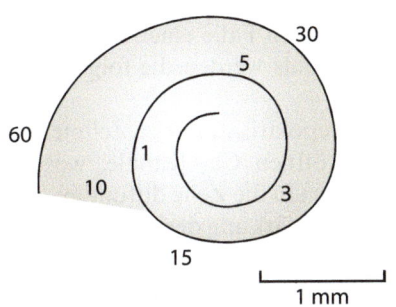

Bei der **Ratte** (*Rattus norvegicus*) werden Frequenzen zwischen 1 und 60 kHz von äußeren und inneren Haarsinneszellen auf einer spiralig aufgerollten Cochlea von 10 mm Länge abgebildet.

Abb. 4.20 Das auditorische Epithel von Schildkröte, Huhn und Ratte als Vertreter der Amniota. Die Abbildung zeigt jeweils eine Aufsicht auf das sensorische Epithel. Die Zahlen geben die charakteristische Frequenz der Haarsinneszellen in Kilohertz an dieser Position an. Die Frequenzen sind in aufsteigender Reihenfolge entlang der Längsachse des auditorischen Epithels angeordnet. Modifiziert nach [15]

Im Verlauf der Evolution haben sich diverse Mechanismen zur Frequenzunterscheidung entwickelt, die allesamt auf dem Prinzip der Resonanz basieren (siehe ▶ Abschn. 4.1.3). Zur Erinnerung: Resonanz bezeichnet den Anstieg der Amplitude einer Schwingung, wenn eine äußere Kraft exakt mit der Resonanzfrequenz (eine intrinsische Eigenschaft des schwingenden Systems) einwirkt. Grundsätzlich kann Resonanz in der Cochlea auf elektrische oder mechanische Weise erzeugt werden. Die in ◘ Abb. 4.20 dargestellten Tiergruppen repräsentieren verschiedene Mechanismen der Frequenzunterscheidung.

Wir wollen im Folgenden zwei frequenzselektive Prozesse im Innenohr der Wirbeltiere ausführlicher beschreiben. Hierbei handelt es sich zum einen um die elektrische Resonanz, die bei Nichtsäugetieren vorkommt. Des Weiteren wird die mechanische Verstärkung thematisiert, die bei Säugetieren durch spannungsabhängige Kontraktionen von Haarsinneszellen induziert wird. Beide Mechanismen erfordern entsprechende anatomische und funktionelle Anpassungen der Cochlea.

Elektrische Resonanz

Die vergleichsweise kurze Basilarpapille der Schildkröte weist einen uniformen Typ von Haarsinneszellen auf, der durch eine einheitliche Morphologie und ein einheitliches Innervationsmuster gekennzeichnet ist. In diesen Zellen wird das Rezeptorpotenzial durch elektrische Resonanz moduliert, wodurch den Tieren eine Frequenzunterscheidung von 30 bis 600 Hz ermöglicht wird. Die elektrische Resonanz basiert auf der Expression bestimmter Kombinationen spannungsgesteuerter Ionenkanäle.

Eine stufenweise Depolarisation der Membran ruft in den Haarsinneszellen eine gedämpfte Schwingung des Membranpotenzials hervor, das mit seiner Resonanzfrequenz oszilliert (Abb. 4.21a). Nun besitzt jede Haarsinneszelle eine jeweils spezifische Resonanzfrequenz, sodass sich die Frequenz der gedämpften Schwingung in Abhängigkeit von der Position auf der Basilarpapille systematisch ändert [43].

Die gedämpfte Schwingung resultiert aus einer auf negativem Feedback basierenden Wechselwirkung zwischen dem Membranpotenzial sowie spannungsgesteuerten Calciumkanälen (Ca_V-Kanälen) und Ca^{2+}-abhängigen Kaliumkanälen, sogenannten BK_{Ca}-Kanälen (das entsprechende Gen heißt KCNMA1). Im Falle einer Depolarisation der Zellmembran durch einen rechteckigen Strompuls werden die folgenden Ionenströme aktiviert:

— Die Auslenkung der Stereocilien resultiert in einer Depolarisation der Zellmembran vom Ruhepotenzial (-50 mV). Infolgedessen öffnen Ca_V-Kanäle, wobei Ca^{2+}-Ionen entlang ihres elektrochemischen Gradienten in die Zelle diffundieren. Die zusätzlichen positiven Ladungen führen zu einer Verstärkung der initialen Depolarisation der Zellmembran.
— Die Depolarisation und die daraus resultierende Erhöhung der intrazellulären Ca^{2+}-Konzentration führen zu einer etwas verzögerten Öffnung von BK_{Ca}-Kanälen. Infolgedessen diffundieren K^+-Ionen aus der Zelle und die Membran wird hyperpolarisiert, wodurch die Ca_V-Kanäle wieder geschlossen werden. Bei einer anhaltenden Depolarisation wiederholt sich die Folge der Öffnungen von Ca_V-Kanälen und Ca^{2+}-abhängigen Kaliumkanälen, sodass eine Folge von Oszillationen resultiert.

Wo verbirgt sich nun in diesem Modell die Resonanzfrequenz, die schließlich für die Tonotopie von essenzieller Bedeutung ist? Das Membranpotenzial oszilliert genau dann mit der Resonanzfrequenz, wenn der Stromfluss durch die BK_{Ca}-Kanäle genauso groß wie der kapazitive Strom ist, aber eine umgekehrte Polarität aufweist. Bei der Resonanzfrequenz ist der Membranwiderstand am größten, woraus wiederum eine maximale Spannungsänderung resultiert (siehe Gl. 1.4). Aufgrund dieser Gesetzmäßigkeit lässt sich die Resonanzfrequenz mit der Anzahl der pro Zelle exprimierten BK_{Ca}-Kanäle systematisch verändern. Eine geringe Dichte an BK_{Ca}-Kanälen führt zu einer tiefen Resonanzfrequenz, eine hohe Dichte hingegen zu einer hohen Resonanzfrequenz (Abb. 4.21b). Des Weiteren ändert sich die Geschwindigkeit, mit der sich BK_{Ca}-Kanäle öffnen, entlang der Längsachse der Basilarpapille. Auf diese Weise wird der Zyklus von Depolarisation und Hyperpolarisation beschleunigt, sodass das Membranpotenzial höheren Frequenzen folgen kann.

Beim Mechanismus der elektrischen Resonanz bestimmen die Anzahl der Calcium- und Kaliumkanäle sowie die Geschwindigkeit des Gatings der Kaliumkanäle die Resonanzfrequenz einer bestimmten Haarsinneszelle. Diese Form der

a

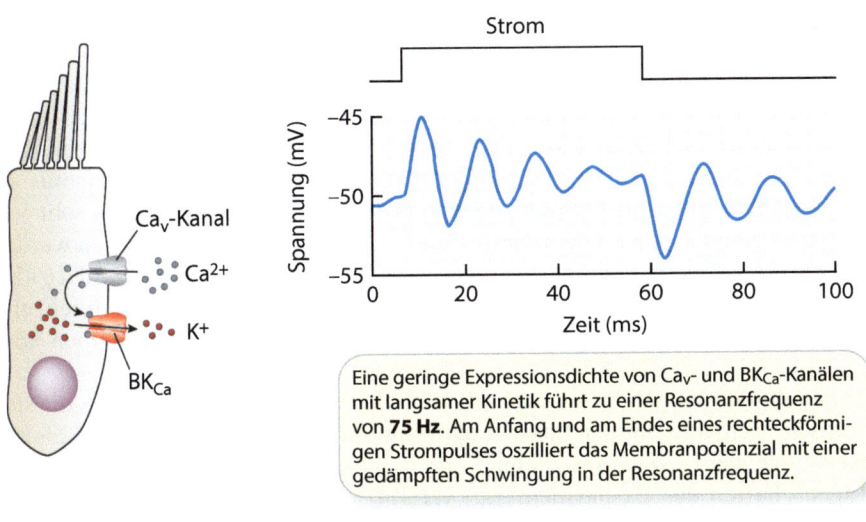

Eine geringe Expressionsdichte von Ca_V- und BK_{Ca}-Kanälen mit langsamer Kinetik führt zu einer Resonanzfrequenz von **75 Hz**. Am Anfang und am Endes eines rechteckförmigen Strompulses oszilliert das Membranpotenzial mit einer gedämpften Schwingung in der Resonanzfrequenz.

b

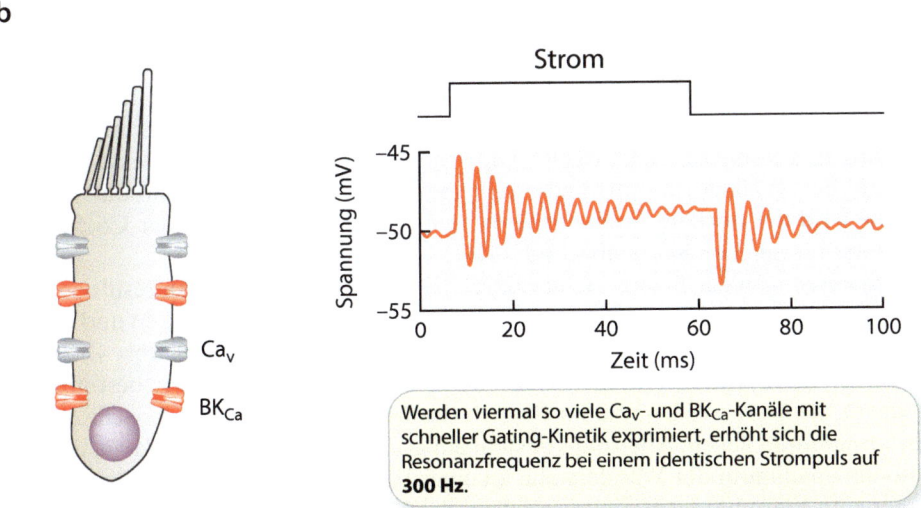

Werden viermal so viele Ca_V- und BK_{Ca}-Kanäle mit schneller Gating-Kinetik exprimiert, erhöht sich die Resonanzfrequenz bei einem identischen Strompuls auf **300 Hz**.

◘ **Abb. 4.21** Modell der elektrischen Resonanz in Haarsinneszellen von Schildkröten. **a** Die elektrische Resonanz entsteht durch die aufeinanderfolgende Aktivierung von Ca_V-Kanälen und Ca^{2+}-abhängigen Kaliumkanälen vom BK-Typ (BK_{Ca}). **b** Die Haarsinneszellen reagieren auf einen rechteckigen Strompuls mit einer gedämpften Schwingung ihres Membranpotenzials. Der Strompuls hat die gleiche Wirkung wie eine Auslenkung der Stereocilien. Die Frequenz der Oszillation hängt von der Anzahl der vorhandenen Ca_V- und BK_{Ca}-Kanäle ab. Modifiziert nach [15]

Regulation funktioniert offensichtlich nur in einem eher niedrigen Frequenzbereich, sodass Schildkröten Töne mit einer Frequenz oberhalb von 600 Hz nicht wahrnehmen können. Darüber hinaus sind Resonanzfrequenzen in hohem Maße von der Temperatur abhängig, da die Geschwindigkeit, mit der sich die Ionenkanäle öffnen, einen Q_{10}-Wert von 4 aufweist. Insgesamt verdoppelt sich die Resonanzfrequenz bei jeder

Temperaturerhöhung von 10 °C, was bei wechselwarmen Tieren wie der Schildkröte durchaus relevant sein dürfte.

- **Frequenzanalyse in der Cochlea der Säuger**

Während die Frequenzunterscheidung bei Nichtsäugetieren auf einem elektrischen Phänomen, nämlich den Oszillationen des Membranpotenzials, beruht, nutzen Säugetiere einen mechanischen Prozess zur Frequenzanalyse. Dieser Mechanismus erweitert den wahrnehmbaren Frequenzbereich erheblich nach oben, sodass sehr viel höhere Frequenzen bis in den Ultraschallbereich (20–200 kHz) unterschieden werden können. Das menschliche Gehör ist in der Lage, Töne zwischen 16 Hz und 16 kHz voneinander zu trennen (mit einem altersbedingten Verlust der hohen Frequenzen), während Fledermäuse und Delphine Frequenzen bis zu 200 kHz wahrnehmen können.

Im Innenohr der Säugetiere erzeugt jedes Schallereignis eine **Wanderwelle**, die sich als periodische Schwingung der Basilarmembran von der Basis der Cochlea bis zur Schneckenspitze, dem sogenannten Helicotrema, ausbreitet. Aufgrund der mechanischen Eigenschaften der Basilarmembran verläuft die Amplitude der Wanderwelle nicht gleichförmig, sondern steigt kontinuierlich an, bis sie an einer bestimmten Position auf der Längsachse der Cochlea ein deutliches Maximum erreicht (◘ Abb. 4.22). Hohe Frequenzen erzeugen die größten Amplituden der Wanderwelle am Eingang der Cochlea, während die niedrigsten hörbaren Frequenzen die stärksten Schwingungen im Bereich des Helicotremas erzeugen. Das Maximum der Wanderwelle tritt genau dann auf, wenn die Frequenz des Tons exakt der Resonanzfrequenz der Basilarmembran entspricht. Bedingt durch graduelle Änderungen der Steifigkeit und Masse weist jeder Ort auf der Basilarmembran seine jeweils spezifische Resonanzfrequenz auf. Auf diese Weise wird der hörbare Frequenzbereich entlang der Längsachse der Cochlea in Form einer räumlichen Karte abgebildet [40].

Die Schwingungen der Basilarmembran relativ zur Tektorialmembran resultieren in Scherbewegungen, welche die Stereocilien der Haarsinneszellen auslenken und dadurch den Prozess der mechanoelektrischen Transduktion initiieren (◘ Abb. 4.17) . Dies bedeutet, dass genau diejenigen Haarsinneszellen optimal von einer bestimmten Frequenz aktiviert werden, die im Bereich des Maximums der Wanderwelle auf der Basilarmembran liegen. Allerdings besteht ein grundlegendes Problem darin, dass das Resonanzmaximum der Wanderwelle an einer bestimmten Stelle relativ breit ist und daher eine Vielzahl von Haarsinneszellen gleichzeitig aktiviert. Dieser Sachverhalt steht jedoch im Widerspruch zur hohen Genauigkeit der Frequenzunterscheidung, die eine gleichzeitige Aktivierung von nur sehr wenigen Haarsinneszellen erfordert. Die Frequenzselektivität einer Haarsinneszelle oder einer afferenten auditorischen Nervenfaser lässt sich durch eine sogenannte **Tuningkurve** beschreiben, bei der die Hörschwelle in Abhängigkeit von der Frequenz dargestellt wird. Diese Frequenz-Tuning-Kurven zeigen einen v-förmigen Verlauf mit einem ausgeprägten Minimum, also der größtmöglichen Empfindlichkeit, in einem sehr schmalen Frequenzband (◘ Abb. 4.23). Daher stellt sich die Frage, auf welche Weise schmale, präzise Tuningkurven auf der Grundlage eines relativ breiten Resonanzmaximums der Wanderwelle entstehen können.

An dieser Stelle kommen die äußeren Haarsinneszellen und ihre Elektromotilität ins Spiel (siehe ▸ Abschn. 4.2.2). Die äußeren Haarsinneszellen sind in drei Reihen in Längsrichtung auf der Basilarmembran angeordnet, wobei ihre Stereocilien in direk-

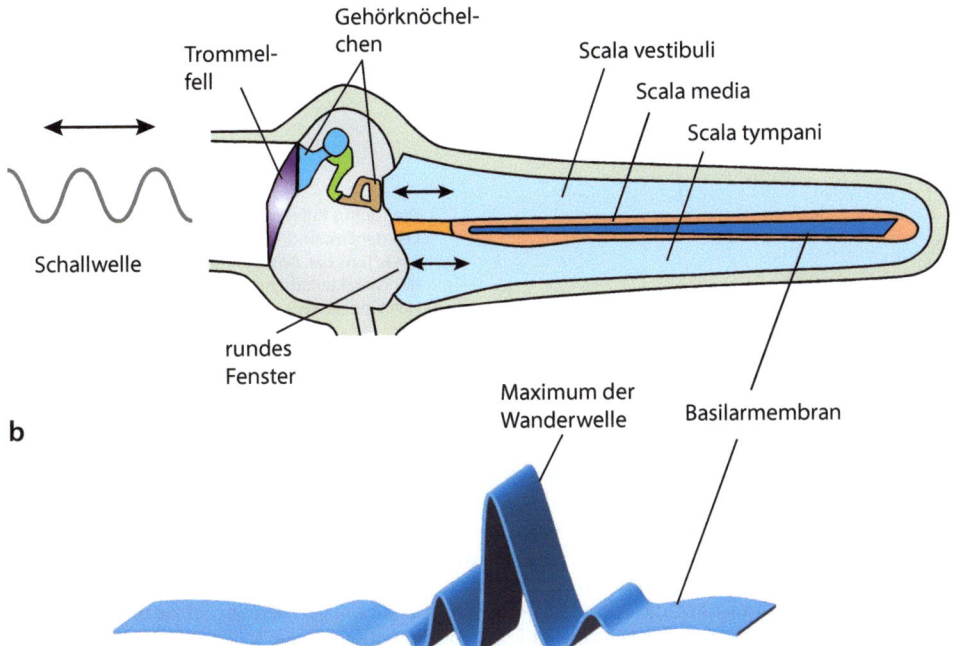

◘ **Abb. 4.22** Frequenzanalyse in der Cochlea von Säugetieren. **a** Schematische Darstellung der Cochlea im entfalteten Zustand. Schallwellen versetzen die Gehörknöchelchen in Bewegung, wodurch Druckänderungen von der Perilymphe der Scala vestibuli auf die Endolymphe der Scala media übertragen werden. In der Folge kommt es zu einer Schwingung der Basilarmembran zusammen mit dem Corti-Organ (nicht dargestellt). **b** Eine Wanderwelle verläuft entlang der Basilarmembran und bildet aufgrund der mechanischen Eigenschaften der Membran ein lokal begrenztes Resonanzmaximum aus. Die Cochlea ist in entrolltem Zustand dargestellt

tem Kontakt mit der Tektorialmembran stehen (◘ Abb. 4.13). Infolge der Auslenkung der Stereocilien und der anschließenden Depolarisation der Plasmamembran verkürzen sich die äußeren Haarsinneszellen und ziehen auf diese Weise das Corti-Organ an dieser Stelle in Richtung der Tektorialmembran. Die ursprüngliche Bewegung der Basilarmembran wird folglich lokal verstärkt, sodass das Maximum der Wanderwelle deutlich steiler ausfällt, als es ohne die äußeren Haarsinneszellen der Fall wäre. Entsprechend schärfen sich die Tuningkurven mit dem Resultat einer wesentlich präziseren Frequenzunterscheidung.

Die spektrale Zusammensetzung eines Schallereignisses wird folglich durch das räumliche Aktivierungsmuster der Haarsinneszellen auf der Basilarmembran codiert, während der Schalldruck mit der Stärke der Depolarisation in den einzelnen Zellen korreliert. Die Weiterleitung dieser Informationen erfolgt über die Hörbahn an höhere auditorische Zentren des Gehirns, wodurch letztlich eine kombinierte subjektive Wahrnehmung von Lautstärke und Tonhöhe resultiert. Dies setzt voraus, dass auch die afferenten Fasern des Hörnervs, welche die inneren Haarsinneszellen innervieren, über eine tonotope Abbildung in nachgeschaltete Kernregionen projizieren.
◘ Abb. 4.24 veranschaulicht die Verschaltung der afferenten Fasern vom Corti-Organ

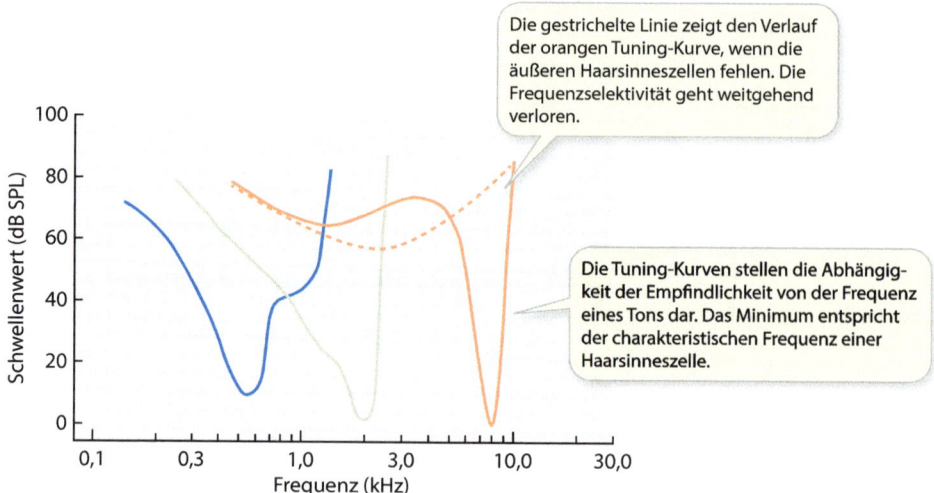

Abb. 4.23 Tuningkurven und Frequenzselektivität in der Cochlea. Die Schar von Tuningkurven stellt den Schwellenwert der Aktivierung einer Hörnervenfaser in Abhängigkeit von der Frequenz der Schallwelle dar. Die drei Kurven *(durchgezogene Linien)* zeigen ein charakteristisches Minimum des Schalldruckpegels, an dem die jeweilige Faser mit maximaler Empfindlichkeit auf die entsprechende Frequenz reagiert. Die Tuningkurven verlaufen bei den drei Hörnervenfasern relativ ähnlich. Das ausgeprägte Minimum ist auf die Aktivität der äußeren Haarsinneszellen zurückzuführen *(gestrichelte Linie)*. Die Frequenz auf der x-Achse ist logarithmisch aufgetragen

in den Cochleariskern, der als erste Umschaltstation der Hörbahn der Säugetiere fungiert. Da jede innere Haarsinneszelle ihre eigene individuelle Leitung ins Gehirn besitzt, bleiben die frequenzspezifischen Informationen bei der Weiterleitung bis zum auditorischen Cortex erhalten.

Ein höherer Schalldruck führt zu einer stärkeren Depolarisation in den Haarsinneszellen, sodass mehr Neurotransmitter (Glutamat) ausgeschüttet werden und die postsynaptische afferente Nervenfaser eine stärkere Depolarisation erfährt. Im Gegensatz zu den Haarsinneszellen erzeugen die Hörnervenfasern Aktionspotenziale; der Schalldruck wird daher ab diesem Punkt in Form der Aktionspotenzialfrequenz codiert, d. h., bei einem lauten Ton werden also mehr Aktionspotenziale pro Sekunde erzeugt als bei einem leisen Ton. Allerdings führt eine größere Lautstärke auch zu einem breiteren Maximum der Wanderwelle, wodurch eine größere Anzahl an Haarsinneszellen und folglich auch mehr Hörnervenfasern aktiviert werden. Bei einer hohen Schallintensität werden die Stereocilien der Haarsinneszellen über einen relativ großen Frequenzbereich maximal ausgelenkt, wobei die Aktivität der Faser weitgehend unabhängig von der Frequenz ist (◘ Abb. 4.25). Bedeutet dies nun, dass bei lauten Schallereignissen die Frequenzunterscheidung merklich beeinträchtigt ist?

Neben dem Ort auf der Cochlea, an dem die Haarsinneszellen eine maximale Depolarisation erfahren, wird die Frequenz offensichtlich noch auf eine andere Weise codiert, die man als **Phasenkopplung** bezeichnet. Wir sprechen von Phasenkopplung, wenn das zeitliche Muster, mit dem Aktionspotenziale auftreten, auf regelmäßige

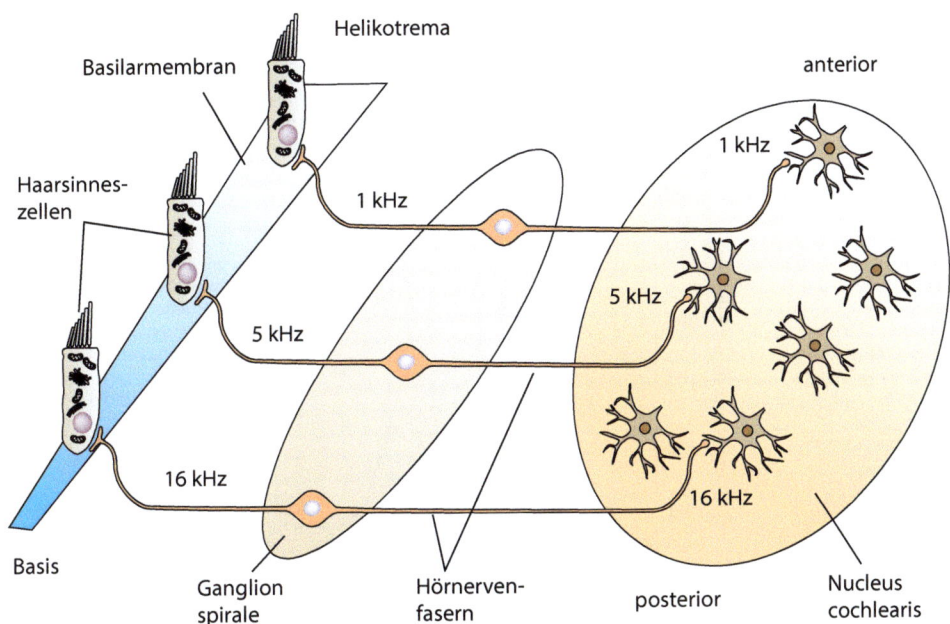

Abb. 4.24 Tonotope Abbildung der Frequenzen auf der Basilarmembran. Die Abbildung zeigt exemplarisch drei innere Haarsinneszellen mit ihren charakteristischen Frequenzen. Die Haarsinneszellen werden von afferenten Fasern innerviert, deren Zellkörper im Ganglion spirale liegen. Dort bilden die Axone den Hörnerv, dessen Fasern vom Ganglion spirale zu Neuronen im Nucleus cochlearis ziehen. Bei dieser Projektion bleibt die Tonotopie erhalten, sodass die Neuronen im Nucleus cochlearis frequenzspezifische Informationen verarbeiten. Die Frequenzen nehmen auf der Basilarmembran von der Basis zum Helicotrema und im Nucleus cochlearis von posterior nach anterior ab. Modifiziert nach [4]

Weise mit dem Eingangsreiz, also einer periodischen Schwankung des Luftdrucks, korreliert. Betrachten wir als Beispiel ein sinusförmiges Signal mit einer geringen Frequenz, das in einer Hörnervenfaser eine Folge von Aktionspotenzialen auslöst (Abb. 4.26a). Wenn nun die Hörnervenfaser immer an derselben Stelle – derselben Phase – der Sinusfunktion ein Aktionspotenzial erzeugt, sind beide Ereignisse phasengekoppelt. Dabei spielt es keine Rolle, ob das Ereignis an einem Wellenberg, in einem Wellental oder irgendwo dazwischen passiert, solange es nur zum exakt gleichen Zeitpunkt erfolgt. Es ist auch nicht erforderlich, dass bei jedem Zyklus des Reizes ein Aktionspotenzial in der Nervenfaser erzeugt wird. Auch wenn das Neuron lediglich auf jeden 5. oder 10. Zyklus des Eingangsreizes in derselben Phase reagiert, wird dennoch von einer Phasenkopplung gesprochen. Die Phasenkopplung implementiert demnach einen zeitlichen Code, der vom auditorischen System für die Frequenzunterscheidung genutzt wird. Eine Hörnervenfaser, die beispielsweise periodisch 100 Aktionspotenziale pro Sekunde erzeugt, repräsentiert für das auditorische System eine Frequenzkomponente von 100 Hz.

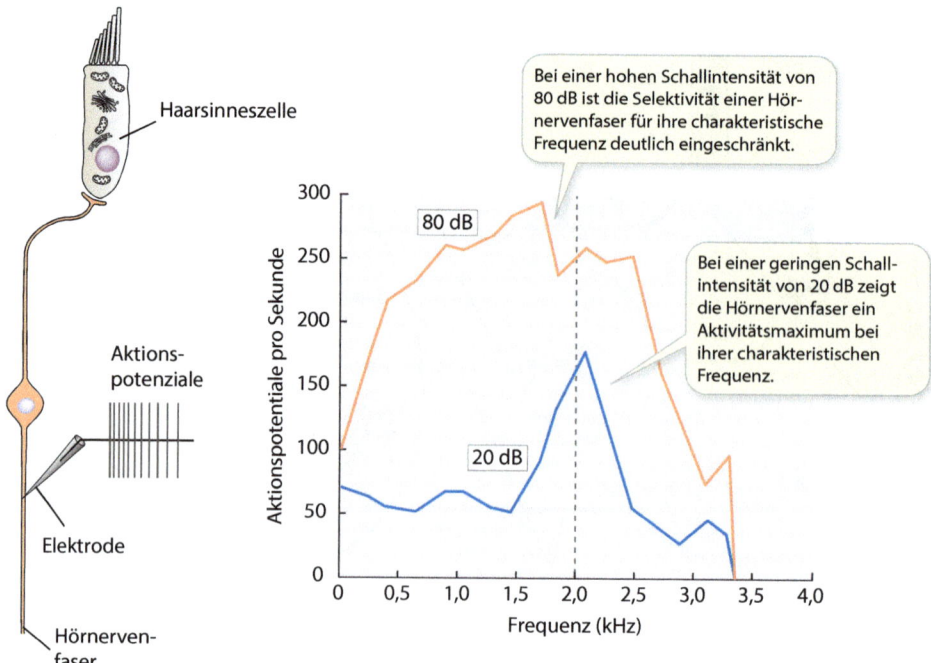

Abb. 4.25 Abhängigkeit der Frequenzselektivität einer Hörnervenfaser von der Schallintensität. Bei hoher Schallintensität *(orange Linie)* ist die Aktivität der Hörnervenfaser (gemessen in Aktionspotenziale pro Sekunde) über einen größeren Frequenzbereich erhöht. Die Aktionspotenzialfrequenz zwischen 0,5 und 2,5 kHz bleibt weitgehend konstant. Die Frequenzunterscheidung ist bei einer hohen Schallintensität im Vergleich zu einer geringeren Schallintensität *(blaue Linie)* deutlich erschwert. Die *gestrichelte Linie* kennzeichnet die charakteristische Frequenz der Hörnervenfaser. Die Ableitkonfiguration der Hörnervenfaser ist in der Abbildung *links* dargestellt

Die Frequenz der Aktionspotenziale in einer Nervenfaser ist aufgrund der absoluten Refraktärzeit auf etwa 1 kHz begrenzt, sodass eine einzelne Faser nur Frequenzen bis etwa zu diesem Limit per Phasenkopplung repräsentieren kann. Bei einer Kombination mehrerer Fasern, die alle phasengekoppelt sind, jedoch nicht in jeder Periode reagieren, können Frequenzen bis zu etwa 5 kHz durch entsprechende Muster kombinierter Aktivität codiert werden (◘ Abb. 4.26b). Beispielsweise können vier Nervenfasern einen Ton von 2 kHz abbilden, indem jede von ihnen „versetzt" 500 Aktionspotenziale pro Sekunde generiert.

Die Codierung von Signalen mit einer höheren Frequenz durch die gemeinsame Aktivität zahlreicher Hörnervenfasern wird als **Salvenprinzip** bezeichnet. Jenseits der Grenze von 5 kHz werden Frequenzen jedoch ausschließlich tonotop abgebildet. Der Mechanismus, mit dem die Frequenz eines Schallereignisses codiert wird, hängt demnach maßgeblich von der Frequenz des Signals ab: Phasenkopplung bei niedrigen Frequenzen, Phasenkopplung in Kombination mit Tonotopie bei mittleren Frequenzen und ausschließlich Tonotopie im Bereich der höheren Frequenzen.

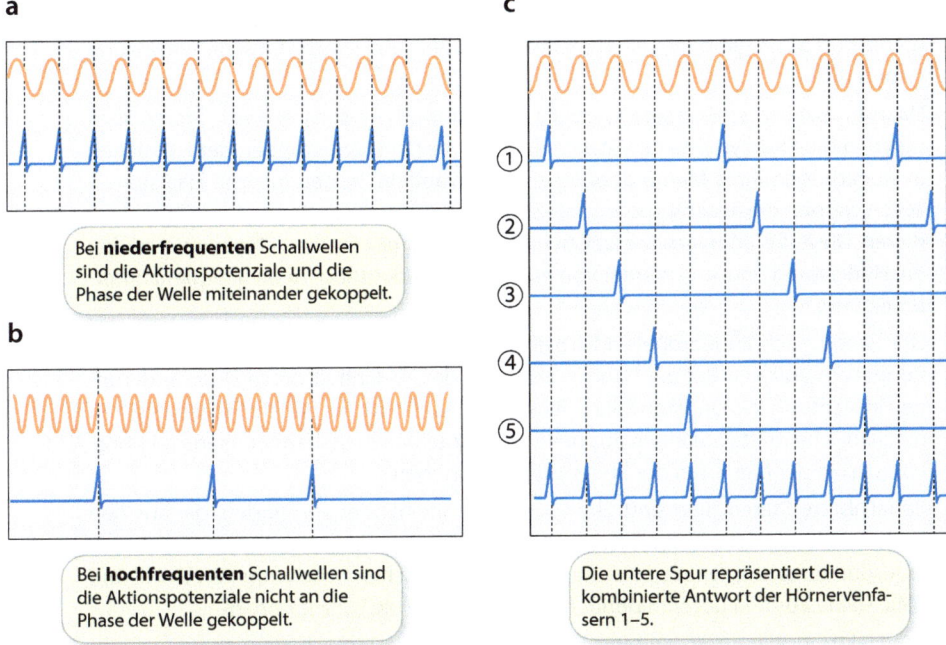

Abb. 4.26 Frequenzcodierung durch Phasenkopplung und Salvenprinzip **a** Niederfrequente Schallwellen *(orange)* erzeugen in jeder Schwingungsperiode an derselben Stelle ein Aktionspotenzial *(blau)*. **b** Bei dieser Schallwelle mit höherer Frequenz treten die Aktionspotenziale zu unterschiedlichen Phasen des Eingangssignals auf. Es liegt keine Phasenkopplung vor und die Aktionspotenziale geben die Periodizität des Signals nicht wieder. **c** Die Antworten der fünf gezeigten Hörnervenfasern sind phasengekoppelt, aber nicht in jeder aufeinanderfolgenden Periode. Das kombinierte Aktivitätsmuster aller Fasern entspricht exakt der Frequenz des Eingangssignals

---

Schlüsselkonzepte ▶ Abschn. 4.2 Hören bei terrestrischen Wirbeltieren

- Das Ohr der terrestrischen Wirbeltiere besteht aus dem Außenohr (Ohrmuschel, äußerer Gehörgang, Trommelfell), dem Mittelohr (Paukenhöhle mit Gehörknöchelchenkette) und dem Innenohr (Lagena bzw. Corti-Organ mit Haarsinneszellen).
- Das Außenohr dient zur frequenzabhängigen Verstärkung des Luftschalls sowie zur Ortung von Schallquellen. Das Mittelohr überträgt den Luftschall auf die Endolymphe des Innenohrs, in dem die Signaltransduktion stattfindet.
- Die unterschiedlich großen Flächen von Trommelfell und ovalem Fenster sowie die Hebelwirkung der Gehörknöchelchen Hammer, Amboss und Steigbügel führen dazu, dass statt 98 % lediglich etwa 40 % der Schallenergie an der Grenzfläche zwischen Luft und Innenohr reflektiert werden. Die Vermeidung dieser Reflexionsverluste wird als Impedanzanpassung bezeichnet.
- Die Signaltransduktion findet in den sensorischen Epithelien des Innenohrs statt, die bei Säugetieren durch das Corti-Organ und bei Nichtsäugern durch die Basilarpapillen repräsentiert werden. Für die Erzeugung elektrischer Signale in den Haarsinneszellen sind durch Membranen getrennte Flüssigkeitsräume (Scala vestibuli, Scala

media und Scala tympani) mit einer unterschiedlichen Elektrolytzusammensetzung erforderlich.
- Haarsinneszellen stellen eine spezielle Art von Mechanosensoren dar. Stereocilien ragen in die Endolymphe der Scala media, wo sie Druckänderungen der Flüssigkeit in Änderungen ihres Membranpotenzials umwandeln. In den inneren Haarsinneszellen werden die Rezeptorpotenziale erzeugt, welche die auditorischen Signale codieren. Die äußeren Haarsinneszellen hingegen optimieren als cochleärer Verstärker die Hörleistung und sind zudem von essenzieller Bedeutung für die Frequenzunterscheidung.
- Der Länge nach angeordnete Mikrovilli, die sogenannten Stereocilien, bilden ein Bündel am apikalen Pol der Haarsinneszellen, das als Einheit durch Druckänderungen in Richtung des längsten Mikrovillus ausgelenkt wird. Bei diesem Prozess werden mechanische Kräfte auf einen aus mehreren Proteinen bestehenden Transduktionskomplex in der Membran der Stereocilien übertragen.
- Benachbarte Stereocilien sind über Tip-Links miteinander verbunden, die aus den Proteinen Cadherin-23 und Protocadherin-15 aufgebaut sind. Der multimolekulare Transduktionskomplex setzt sich aus den regulatorischen Untereinheiten TMHS und TMIE sowie aus den porenbildenden Ionenkanälen TMC1/2 zusammen.
- Die Elektromotilität der äußeren Haarsinneszellen basiert auf einer spannungsabhängigen Verschiebung von Chloridionen aus einer Anionenbindungsstelle membranständiger Prestinmoleküle in den Intrazellulärraum.
- Die Endolymphe der Scala media enthält eine hohe Konzentration an Kaliumionen, die durch energieintensive Transportprozesse der Stria vascularis erzeugt wird.
- Im Rahmen der mechanoelektrischen Transduktion werden Druckänderungen der Endolymphe in Rezeptorpotenziale der Haarsinneszellen umgewandelt. Die Auslenkung der Stereocilien in Richtung des längsten Mikrovillus spannt die Tip-Links an, welche ihrerseits die Kraft auf mechanosensitive Ionenkanäle übertragen. Der Transduktionskomplex setzt sich aus mehreren Proteinen zusammen, wobei TMC1/2 vermutlich den für Kationen selektiven Ionenkanal bildet.
- Die Diffusion von K^+-Ionen entlang ihres elektrischen Gradienten aus der Endolymphe in die Haarsinneszellen verursacht eine Depolarisation der Plasmamembran. Dieses Rezeptorpotenzial breitet sich über die Haarsinneszelle aus und führt am basolateralen Pol zur Freisetzung des Neurotransmitters Glutamat.
- Die Frequenzunterscheidung dient der Identifizierung und Lokalisierung von Geräuschen. Sie basiert bei Nichtsäugern auf elektrischer Resonanz, während Säugetiere eine mechanische Verstärkung durch spannungsabhängige Kontraktionen von Haarsinneszellen nutzen.
- Elektrische Resonanz bezeichnet Oszillationen des Membranpotenzials in der Resonanzfrequenz der Haarsinneszellen. Die Resonanzfrequenz wird durch die Anzahl von Ca_V- und BK_{Ca}-Kanälen sowie durch die Geschwindigkeit, mit der sich die Ionenkanäle öffnen, bestimmt.
- Die Druckänderungen eines Schallreizes verursachen in der Cochlea von Säugetieren eine Wanderwelle auf der Basilarmembran. Aufgrund unterschiedlicher mechanischer Eigenschaften weist jeder Ort auf der Basilarmembran eine andere

Resonanzfrequenz auf, die ein Maximum der Wanderwelle erzeugt. Die Frequenzen des Hörbereichs werden tonotop als Positionen auf der Basilarmembran abgebildet.
- Die spannungsabhängige Kontraktion der äußeren Haarsinneszellen verstärkt die Amplitude der Wanderwelle, wodurch die Präzision der Frequenzunterscheidung maßgeblich verbessert wird. Die Tuningkurven der Haarsinneszellen und der afferenten Nervenfasern weisen daher ihre höchste Empfindlichkeit in einem relativ engen Frequenzbereich auf.
- Die Frequenzanalyse in der Cochlea basiert auf Phasenkopplung bei niedrigen Frequenzen, einer Kombination von Phasenkopplung und Tonotopie im mittleren Frequenzbereich sowie Tonotopie bei hochfrequenten Signalen. Beim sogenannten Salvenprinzip erzeugen die Hörnervenfasern phasengekoppelte Aktionspotenziale, jedoch nicht bei jedem Zyklus des Eingangsreizes. Das Aktivitätsmuster mehrerer Fasern codiert letztlich die Signalfrequenz.

4.3 Lokalisation von Schallquellen

Lernziele
1. Die Voraussetzungen für die Lokalisation von Schallquellen in der Horizontal- und in der Vertikalebene beschreiben.
2. Die interaurale Laufzeitdifferenz sowie interaurale Intensitätsunterschiede im Zusammenhang mit der Signalfrequenz erläutern.
3. Die Bedeutung binauraler Neuronen für die Lokalisation von Schallereignissen erklären.
4. Zwei Modelle zur zentralnervösen Detektion von Laufzeitunterschieden diskutieren.
5. Die Head-related Transfer Function als Grundlage für die Schalllokalisation in der Vertikalebene erläutern.
6. Mechanismen zur Abschätzung der Entfernung einer Schallquelle beschreiben.

Unter der Lokalisierung von Geräuschen wird die Fähigkeit verstanden, diejenige Richtung zu identifizieren, aus der ein bestimmtes Schallereignis einen Organismus erreicht. Während die Frequenzanalyse Informationen über die Identität einer Schallquelle liefert, ermöglicht die Lokalisation die Bestimmung von Entfernung und Bewegungsrichtung in Bezug auf das wahrnehmende Subjekt. Mithilfe dieser beiden auditorischen Prozesse können wir besser einschätzen, wer oder was ein Geräusch verursacht, und wir sind in der Lage, die Position der Schallquelle zu orten. Auf der Grundlage dieser Informationen können wir dann eine begründete Entscheidung treffen, ob wir besser auf dieses Geräusch reagieren sollten oder nicht. Die zuverlässige Lokalisation von Schall ist insbesondere für nachtaktive Tiere von entscheidender Bedeutung für deren Überleben.

Wenn ein Auto an uns vorbeifährt, wissen wir auch ohne hinzusehen ziemlich genau, ob es sich zu einem bestimmten Zeitpunkt links, rechts oder genau vor uns befindet. Ein wesentlicher Aspekt der Lokalisation einer Schallquelle betrifft also die Horizontalebene, die auch als **Azimut** bezeichnet wird. Ebenso gut kann es vorkommen, dass eine Amsel laut zeternd über uns hinwegfliegt, und auch dann fällt es nicht schwer, den Vogel vor, über oder hinter uns zu verorten. Dieser zweite Fall beschreibt die Schalllokalisation in der Vertikalebene. Eine präzise horizontale Lokalisation erfordert binaurales Hören (man benötigt zwei Ohren), während eine vertikale Ortung auch mit nur einem Ohr funktioniert. Anders als die Frequenz ist der auditorische Raum jedoch nicht systematisch auf der Basilarmembran abgebildet. Wir müssen also das Innenohr verlassen und uns mit der Signalverarbeitung in den zentralen Kernregionen der Hörbahn beschäftigen.

4.3.1 Schalllokalisation in der Horizontalebene

Ein von links kommender Schall erreicht das linke Ohr Bruchteile von Sekunden früher als das rechte Ohr (◘ Abb. 4.27a). Bei einer Schallgeschwindigkeit von $343\,\mathrm{m\,s^{-1}}$ und einer Distanz von durchschnittlich 20 cm zwischen beiden Ohren kommt der Schall mit einer Verzögerung von etwa 0,6 ms am rechten Ohr an. Dieser Zeitunterschied wird als **interaurale Laufzeitdifferenz** bezeichnet. Die Laufzeitdifferenz hängt unmittelbar von dem Winkel ab, mit dem der Schall den Kopf erreicht. Sie nimmt den kleinstmöglichen Wert von 0 ms an, wenn der Schall direkt von vorn kommt, und 0,6 ms, wenn der Schall den Kopf in einem Winkel von 90° erreicht (◘ Abb. 4.27b). Auch wenn wir diesen Zeitunterschied zwischen beiden Ohren nicht unmittelbar wahrnehmen, stellt die Laufzeitdifferenz eine wesentliche Grundlage für die Schalllokalisation in der Horizontalebene dar. Beim Menschen liegt die Genauigkeit der Lokalisation bei bemerkenswerten 1–2°, was einer Laufzeitdifferenz von nur 10 µs entspricht.[23]

In der bisherigen Diskussion zur Lokalisation einer Schallquelle wurde vorausgesetzt, dass es zunächst still ist und dann ein Schallereignis plötzlich einsetzt. In diesem Fall kommt der Schall zu unterschiedlichen Zeitpunkten an beiden Ohren an, sodass eine Lokalisierung aufgrund des Laufzeitunterschieds möglich ist. Wie aber kann die Richtung eines andauernden Tons adäquat repräsentiert werden, wenn der Schall kontinuierlich an beiden Ohren präsent ist?

Tatsächlich ist in diesem Fall die jeweilige Frequenz von entscheidender Bedeutung, da ein Dauerton die beiden Ohren mit einer jeweils unterschiedlichen Phase erreicht. Nehmen wir an, dass das Maximum eines von rechts kommenden Tons zuerst auf das rechte Ohr trifft. In diesem Moment liegt am linken Ohr eine andere Phase der Welle an, und es dauert etwa 0,6 ms, bis das Maximum am linken Ohr angekommen ist. Im Falle eines exakt von vorn kommenden Tons erreicht das Maximum der Schallwelle beide Ohren gleichzeitig, und es treten keine Laufzeitunterschiede auf.

Dies gilt jedoch nur für Frequenzen, deren Wellenlänge deutlich größer ist als die durchschnittliche Breite des Kopfes, also bis etwa 2 kHz (entsprechend einer Wellenlänge von etwa 18 cm). Bei höheren Frequenzen besteht keine eindeutige Beziehung mehr zwischen Maximum und Laufzeitunterschied, da bei den kleineren Wellenlängen mehrere Maxima gleichzeitig in die etwa 20 cm Kopfbreite hineinpassen

---

23 Eine Genauigkeit von 1° bedeutet, dass man bei einer Entfernung von 100 m eine Abweichung von 175 cm von der Mittellinie auditorisch wahrnehmen kann. Zum Vergleich: Die Winkelsehschärfe beim Menschen beträgt in der Fovea centralis 0,4 Bogenminuten, was bei einer Entfernung von 100 m einem Abstand von 1,2 cm zwischen zwei Punkten entspricht.

4.3 · Lokalisation von Schallquellen

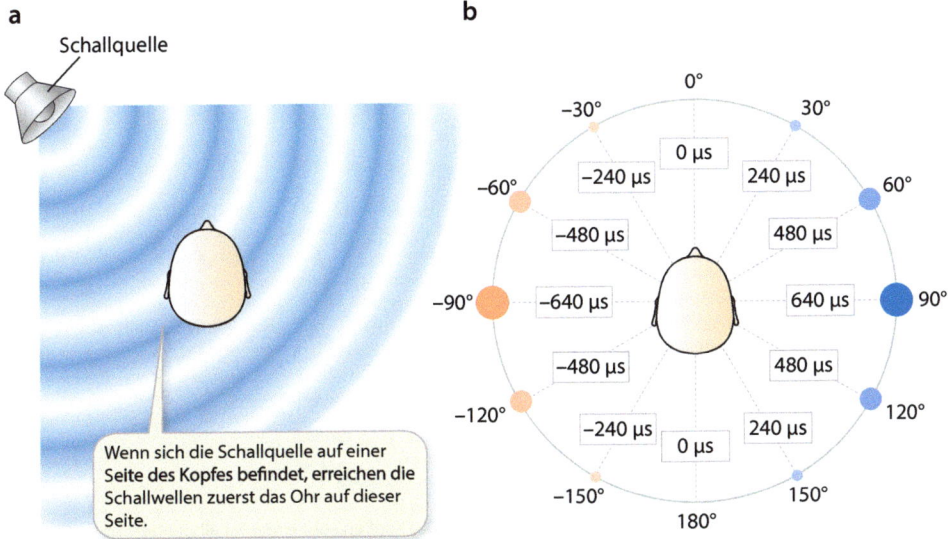

◘ Abb. 4.27 Interaurale Laufzeitdifferenzen zur Lokalisation von Schall in der Horizontalebene. **a** Die Schallquelle befindet sich auf der linken Seite des Kopfes, sodass die Schallwellen das linke Ohr einige Mikrosekunden vor dem rechten Ohr erreichen. Die Wellenlänge der Schallwellen ist größer als die Breite des Kopfes. **b** Die interaurale Zeitdifferenz variiert systematisch mit dem Winkel, in dem der Schall auf das rechte oder linke Ohr auftrifft. Die Farbe der Kreise gibt die Richtung des Schalls an (*blau*, rechts; orange, links), während der Durchmesser und die Farbintensität die Größe der interauralen Zeitdifferenz repräsentieren

(◘ Abb. 4.28a). Hochfrequente Dauertöne lassen sich also nicht mithilfe der interauralen Laufzeitdifferenz lokalisieren.

Die Lösung für dieses Problem liegt in der unterschiedlichen Intensität, also der Lautstärke, mit der Schall beide Ohren erreicht. Der Kopf erzeugt einen Schallschatten, der bei niederfrequenten Tönen (große Wellenlängen) keine Rolle spielt, da die Schallwellen ohne Abschwächung um den Kopf herum laufen. Töne mit höheren Frequenzen werden jedoch durch den Kopf effektiv abgeschirmt, sodass an dem abgewandten Ohr eine geringere Schallintensität ankommt (◘ Abb. 4.28b). Zwischen den beiden Ohren besteht ein **interauraler Intensitätsunterschied**, der für die Lokalisation genutzt wird.

Für die Schalllokalisation in der Horizontalebene existieren demnach zwei komplementäre Mechanismen: Die interaurale Laufzeitdifferenz deckt den langwelligen Frequenzbereich von 16 bis 2000 Hz ab, während die Lokalisation der höheren Frequenzen bis 16 kHz auf interauralen Intensitätsunterschieden beruht. Die Laufzeitdifferenz und die Intensitätsdifferenz besitzen die folgenden Eigenschaften, die für die horizontale Schalllokalisation herangezogen werden:
- Die Intensität des Schalls ist an dem der Schallquelle zugewandten Ohr höher als auf der abgewandten Seite.
- Laufzeit- und Intensitätsdifferenzen sind bei Winkeln von 90 und −90° maximal, bei 0 (Schall von vorn) und 180° (Schall von hinten) jedoch nicht vorhanden.

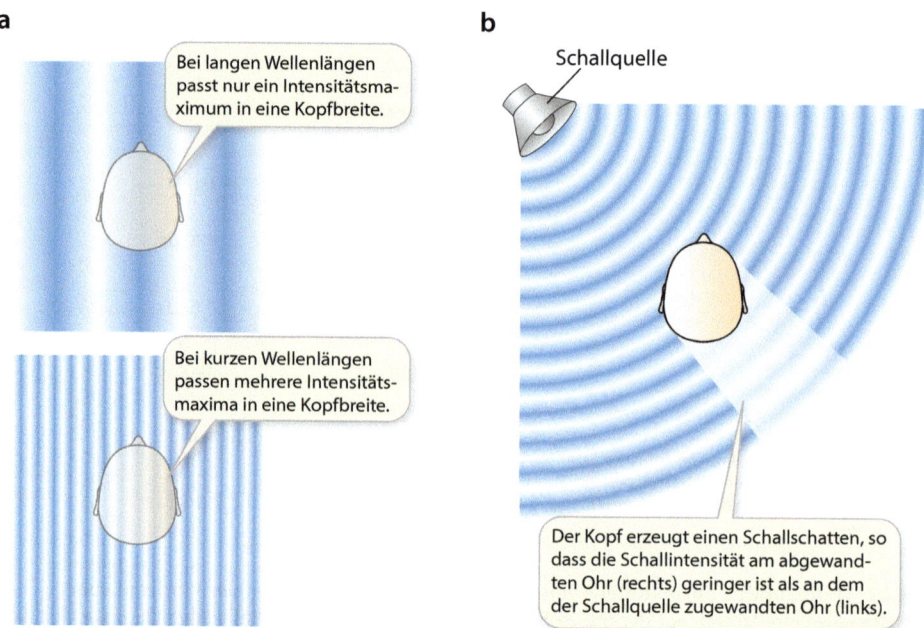

Abb. 4.28 Interaurale Intensitätsdifferenz zur Lokalisation von Schall in der Horizontalebene. **a** Bei großen Wellenlängen ist die Zuordnung eines Maximums eindeutig, während bei kleineren Wellenlängen der Abstand zwischen zwei Maxima geringer ist als die Breite des Kopfes. **b** Bei Frequenzen ab etwa 2 kHz wird durch die Kopfform ein Schallschatten erzeugt, wodurch sich an den beiden Ohren unterschiedliche Schallintensitäten einstellen

— Zwischen diesen Extremen besteht eine Korrelation zwischen Laufzeit- und Intensitätsdifferenzen und dem Winkel der Schallquelle. Aufgrund der variablen Kopfform und des Schallschattens werden Intensitätsunterschiede jedoch nicht mit dergleichen Präzision abgebildet wie Laufzeitunterschiede.

Für die Berechnung von Zeit- und Intensitätsunterschieden zwischen den beiden Seiten des Kopfes müssen die Informationen vom linken und rechten Hörnerv zusammengeführt werden. Dies erfolgt an sogenannten **binauralen Neuronen**, die Synapsen sowohl von Axonen der linken als auch der rechten Seite erhalten. Binaurale Neuronen finden sich im Verlauf der Hörbahn erstmals auf der Ebene des medialen Kerns des oberen Olivenkomplexes (Nucleus olivaris superior).[24] Tatsächlich reagieren Neuronen in diesem Kerngebiet auf Laufzeitunterschiede mit einer Erhöhung ihrer Aktionspotenzialfrequenz.

---

[24] Die Hörbahn, also die Aufeinanderfolge von Kerngebieten, die auditorische Signale verarbeiten, erstreckt sich von den afferenten Fasern der Haarsinneszellen bis zum auditorischen Cortex. Sie besteht aus dem Ganglion spirale, dem Nucleus cochlearis, dem Nucleus olivaris superior, dem Colliculus inferior und dem Corpus geniculatum mediale des Thalamus als letzte Umschaltstation vor dem auditorischen Cortex.

In diesem Zusammenhang stellt sich die Frage, auf welche Weise Neuronen Laufzeitunterschiede von 10 μs detektieren können, wenn allein schon ein Aktionspotenzial mit 1 ms Dauer 100-mal länger ist. Eine bereits im Jahr 1948 vorgestellte Hypothese basiert auf sogenannten Verzögerungslinien (*Delay lines*) zwischen den beidseitigen Cochleariskernen und dem oberen Olivenkern [2, 26]. Die Hypothese postuliert, dass jedes binaurale Neuron im oberen Olivenkern synaptische Eingänge von jeweils zwei Axonen aus dem rechten und linken Cochleariskern erhält, wobei die beiden Axone unterschiedliche Längen aufweisen. Aufgrund der konstanten Leitungsgeschwindigkeit steht die Länge eines Axons in unmittelbarem Zusammenhang mit der Zeit, die Aktionspotenziale für eine bestimmte Strecke benötigen. Erreicht ein Schallreiz zuerst das linke Ohr, werden in einem Neuron im Cochleariskern auf dieser Seite Aktionspotenziale erzeugt und in Richtung Olivenkern weitergeleitet. Einige Mikrosekunden später erreicht der Schall das rechte Ohr, und es werden ebenfalls Aktionspotenziale mit entsprechender Verzögerung auf den Weg gebracht. Bei identischen Axonlängen würden beide Signale mit einem zeitlichen Abstand im oberen Olivenkern eintreffen, sodass sich die synaptischen Potenziale nicht addieren könnten (siehe ▶ Abschn. 2.4). Ein etwas längeres Axon auf der linken Seite induziert jedoch eine minimale Verzögerung, wodurch beide Aktionspotenziale gleichzeitig an einem binauralen Neuron im Olivenkern ankommen. In diesem Fall kann eine synaptische Integration stattfinden, welche in diesem binauralen Neuron eine stärkere Depolarisation verursacht als bei zwei zeitlich voneinander unabhängigen Ereignissen (◘ Abb. 4.29a). Diese synaptische Integration erzeugt ein charakteristisches Aktivitätsmuster in den Neuronen des oberen Olivenkerns, das wiederum als neuronale Repräsentation des Laufzeitunterschieds zwischen beiden Ohren fungiert. Gemäß dieses Modells wird eine zeitliche Codierung in eine räumliche Codierung transformiert. Trotz der Eleganz dieses Modells ist die anatomische und funktionelle Evidenz für die Existenz solcher Verzögerungslinien zumindest bei Säugetieren bisher nicht überzeugend [30].

Eine alternative Hypothese postuliert, dass Laufzeitunterschiede zwischen beiden Ohren durch die Position der Wanderwelle auf der Basilarmembran determiniert werden können [31]. Erreicht der Schall beispielsweise das linke Ohr zuerst, so verläuft die Wanderwelle entlang der tonotopen Achse von der Repräsentation hoher Frequenzen am ovalen Fenster bis zu den Regionen in der Nähe des Helicotremas, wo tiefere Frequenzen abgebildet werden. Folglich ist die Wanderwelle auf der Basilarmembran der linken Seite bereits etwas weiter in Richtung tiefer Frequenzen gelangt, wenn der Schall das rechte Ohr erreicht (◘ Abb. 4.29b). Laufzeitunterschiede zwischen beiden Ohren resultieren demnach in unterschiedlichen Positionen der Wanderwelle auf der Basilarmembran, was wiederum zur Aktivierung verschiedener frequenzspezifischer Neuronenpopulationen führt. Möglicherweise nutzt das Gehirn diese Wahrnehmung interauraler Frequenzunterschiede zur Detektion von Laufzeitdifferenzen und damit letztlich zur horizontalen Lokalisation.

Die Verarbeitung interauraler Intensitätsunterschiede bei Frequenzen oberhalb von etwa 2 kHz erfolgt im lateralen Teil des oberen Olivenkerns. Neuronen in diesem Kerngebiet erhalten exzitatorische synaptische Eingänge vom Cochleariskern derselben (ipsilateralen) Körperseite sowie inhibitorische Signale von der gegenüberliegenden (kontralateralen) Seite. Befindet sich die Schallquelle beispielsweise auf der rechten Seite, überwiegt im rechten Olivenkern die Erregung, während im linken Olivenkern eine verstärkte Hemmung zu beobachten ist. Da der Schall auf der linken Seite

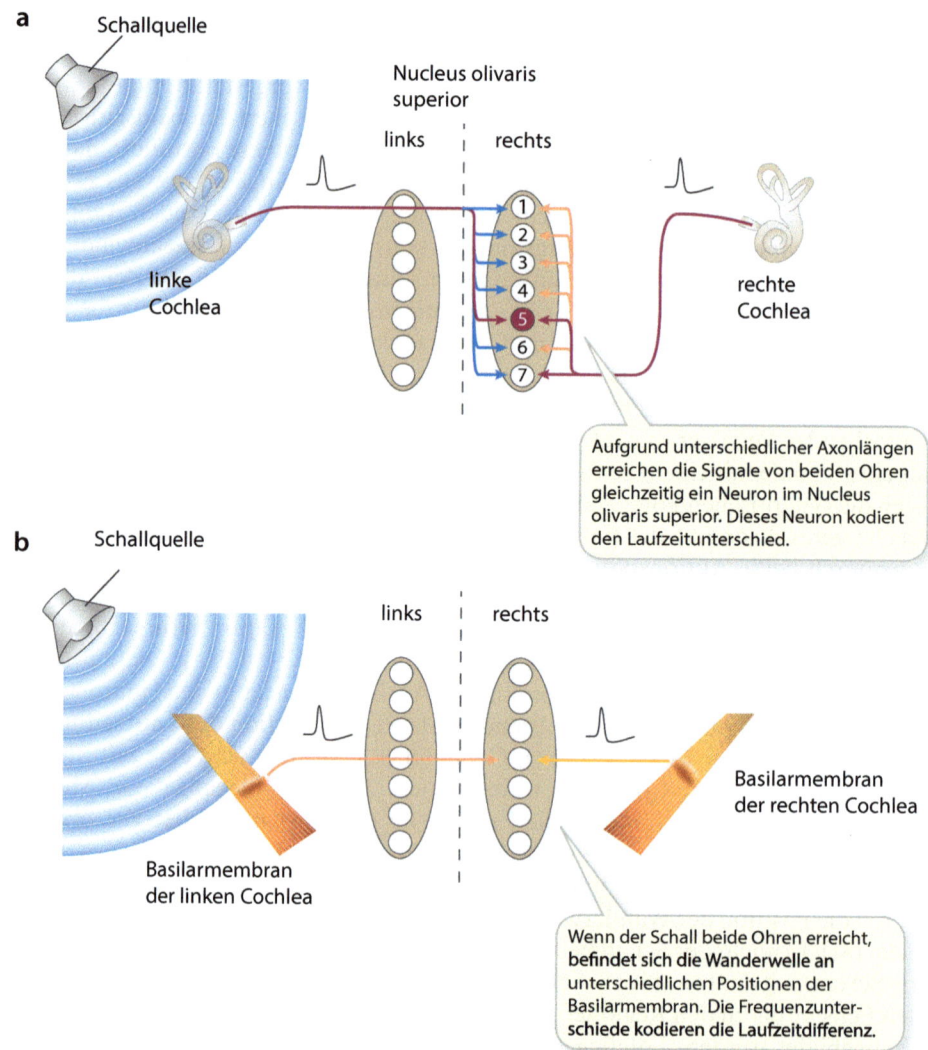

Abb. 4.29 Zwei Modelle zur Detektion von Laufzeitunterschieden im Rahmen der horizontalen Schalllokalisation. **a** Im Modell von JEFFRESS führen Längenunterschiede der Axone zu winzigen Laufzeitunterschieden zwischen den Signalen vom linken und rechten Ohr [26]. **b** In einem neueren Modell wird die Position der Wanderwelle auf der Basilarmembran zur Berechnung der Laufzeitunterschiede herangezogen. Modifiziert nach [46]

des Kopfes aufgrund des Schallschattens mit geringerer Intensität ankommt, wird das reziproke Muster von Aktivierung und Hemmung abgeschwächt. Insgesamt zeigt in diesem konkreten Fall der rechte Olivenkern eine höhere neuronale Aktivität, die mit der Position der Schallquelle korreliert und die vom Gehirn für die Lokalisation herangezogen wird.

Ein kurzer Blick auf ◘ Abb. 4.27 zeigt, dass die interaurale Laufzeitdifferenz keine eindeutige Information in Bezug auf eine präzise Lokalisation einer Schallquel-

4.3 · Lokalisation von Schallquellen

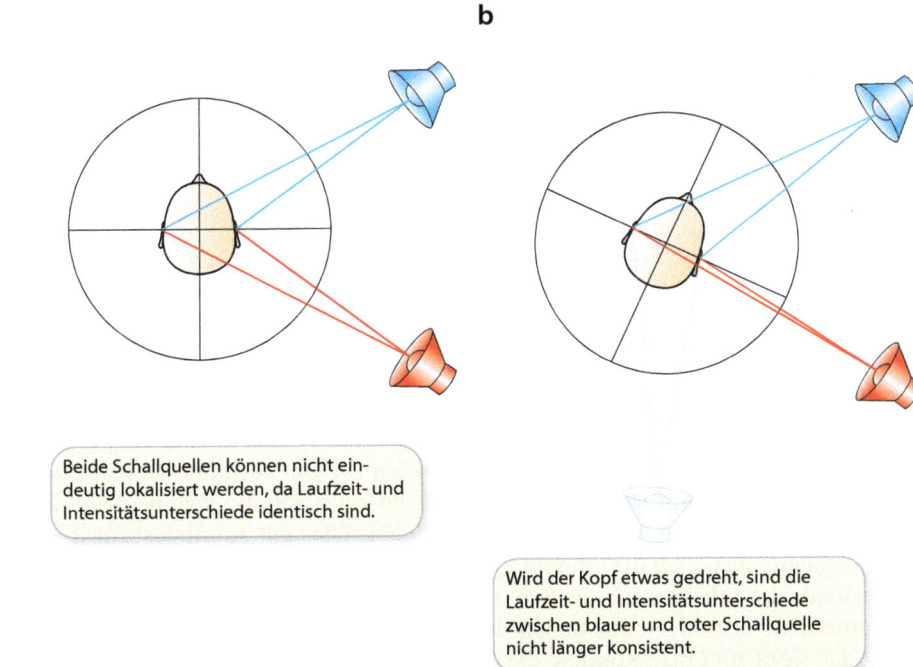

Beide Schallquellen können nicht eindeutig lokalisiert werden, da Laufzeit- und Intensitätsunterschiede identisch sind.

Wird der Kopf etwas gedreht, sind die Laufzeit- und Intensitätsunterschiede zwischen blauer und roter Schallquelle nicht länger konsistent.

Abb. 4.30 Die horizontale Lokalisation einer Schallquelle wird durch Kopfbewegungen unterstützt. **a** Der Schall der blauen und der roten Schallquelle erreicht die Ohren mit identischen Laufzeit- und Intensitätsunterschieden und kann daher nicht unterschieden werden. **b** Durch Drehen des Kopfes ändert sich das Verhältnis der Laufzeit- und Intensitätsdifferenzen, sodass eine Lokalisation möglich wird. Die verbleibende Mehrdeutigkeit *(hellblau)* kann durch den Vergleich mit der Situation in **a** aufgelöst werden

le liefert. Beispielsweise kann eine Laufzeitdifferenz von 480 µs durch einen Winkel von 60°, aber ebenso durch einen Winkel von 120° verursacht werden. Im ersten Fall befindet sich die Schallquelle schräg rechts vor uns, im zweiten Fall schräg rechts hinter uns. Interaurale Intensitätsunterschiede helfen auch nicht weiter, da sie bei den genannten Winkeln ebenfalls identisch sind. Und wenn wir darüber hinaus noch die Höhe der Schallquelle, die wir schließlich auch nicht kennen, in unsere Überlegungen einbeziehen, erweitert sich der Bereich der Uneindeutigkeit zu einer kegelförmigen Fläche, die ausgehend von beiden Ohren in den Raum hinausragt (*Cones of confusion*). Diese Probleme treten allerdings nur in einer statischen Situation auf, in der sich weder die Schallquelle noch der rezipierende Organismus bewegt. Sobald eine Kopfbewegung erfolgt, erhalten beide Ohren unterschiedliche Informationen, welche für die räumliche Orientierung genutzt werden können (Abb. 4.30).

In der Tab. 4.5 ist die Präzision der horizontalen Schalllokalisation unter Berücksichtigung interauraler Laufzeit- und Intensitätsdifferenzen qualitativ zusammengefasst.

Tab. 4.5 Genauigkeit der horizontalen Schalllokalisation in Abhängigkeit von der Frequenz

Mechanismus der binauralen Lokalisation	Genauigkeit der Lokalisation		
	<1 kHz	1–3 kHz	>3 kHz
Interaurale Zeitdifferenz	Gut	Mittel	Unmöglich
Interaurale Intensitätsdifferenz	Unmöglich	Mittel	Gut

4.3.2 Schalllokalisation in der Vertikalebene

Interaurale Zeit- und Intensitätsunterschiede spielen für die vertikale Lokalisation keine Rolle, da der Schall unabhängig von der Höhe einer Schallquelle beide Ohren immer gleichzeitig und mit gleicher Intensität erreicht. Dies gilt zumindest für diejenigen Organismen, bei denen die Ohren in gleicher Höhe am Kopf angebracht sind.[25]

Die vertikale Lokalisierung von Schallquellen wird in hohem Maße durch die Frequenzanteile determiniert, aus denen das Schallereignis besteht. Der Rumpf, die Schultern, der Kopf und insbesondere die Ohrmuschel fungieren als Hindernisse, die mit den Schallwellen durch Reflexion, Beugung und Absorption interagieren. Dies trifft insbesondere auf Schallwellen kürzerer Wellenlängen zu, die durch die genannten Körperstrukturen stärker beeinflusst werden als langwelliger Schall (◘ Tab. 4.6). Letztlich wird die spektrale Zusammensetzung eines Schallereignisses durch diese Wechselwirkungen so verändert, dass bestimmte Frequenzbänder verstärkt, andere hingegen abgeschwächt werden (◘ Abb. 4.31). Die Veränderungen im Frequenzspektrum wiederum hängen von der vertikalen Position der Schallquelle ab, wobei das Gehirn diese Informationen für die Lokalisierung nutzt.

Im Rahmen dieses Prozesses kommt der Ohrmuschel mit ihrer relativ großen, komplex strukturierten Oberfläche eine wesentliche Rolle zu. Die große Oberfläche der Ohrmuschel ermöglicht eine verstärkte Absorption von Schallenergie, was zu einer bis zu 10fachen Verstärkung des Schalldrucks am Trommelfell führt. Die meis-

Tab. 4.6 Genauigkeit der vertikalen Schalllokalisation in Abhängigkeit von der Frequenz

Mechanismus der monauralen Lokalisation	Genauigkeit der Lokalisation	
	<7 kHz	>7 kHz
Head-related Transfer Function	Mittel	Gut

---

25 Bei Eulen, die über erstaunliche Fähigkeiten zur Lokalisierung von Schallquellen verfügen, weisen die beiden Ohröffnungen unterschiedliche akustische Achsen auf, wobei die rechte Achse im Vergleich zur linken etwas höher ausgerichtet ist. Diese und weitere Spezialisierungen, wie beispielsweise der außerordentlich drehbare Kopf, ermöglichen die Verwendung interauraler Zeitdifferenzen für eine sehr präzise Schalllokalisation. [16].

4.3 · Lokalisation von Schallquellen

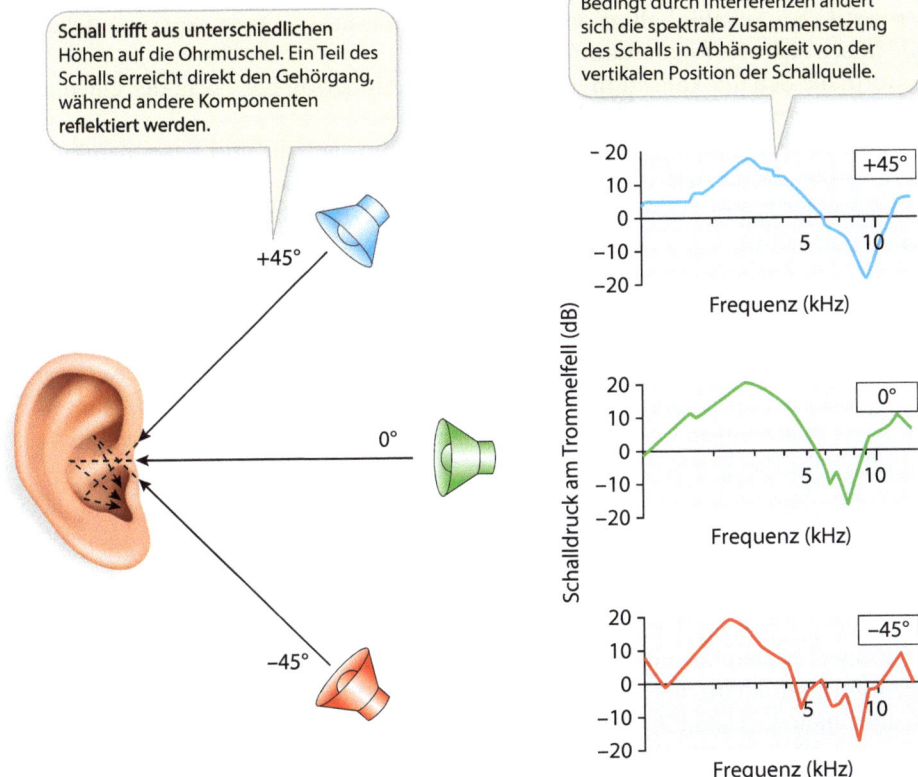

Abb. 4.31 Die vertikale Lokalisation einer Schallquelle als Problem der spektralen Mustererkennung. Die komplexe Oberfläche der Ohrmuschel führt zu Interferenzen bestimmter Frequenzkomponenten und damit zu Änderungen der spektralen Zusammensetzung eines Schallsignals. Diese Änderungen hängen systematisch von der vertikalen Position ab und werden neuronal in Form einer Head-related Transfer Function repräsentiert. Modifiziert nach [38]

ten Säugetiere können diese Verstärkung aktiv beeinflussen, indem sie ihre beweglichen Ohrmuscheln auf die Schallquelle hin ausrichten. Die unregelmäßige Struktur der Innenseite der Ohrmuschel bedingt eine frequenzabhängige Überlagerung von eintreffenden und reflektierten Schallwellen (siehe ▶ Abschn. 4.1.3). Infolge der Verstärkung und Abschwächung spezifischer Frequenzkomponenten ändert sich die spektrale Zusammensetzung des akustischen Signals und damit der subjektiv wahrgenommene Klang (◘ Abb. 4.31).

Die komplexe Filterwirkung körpereigener Strukturen, welche die Grundlage der Schalllokalisation bildet, wird mit einer sogenannten **Head-related Transfer Function** (HRTF) beschrieben. Die HRTF ist eine monaurale Funktion, d. h. jedes Ohr verfügt über eine eigene HRTF. Wird die Form der menschlichen Ohrmuschel durch Einsetzen eines plastischen Modells künstlich verändert, können die Probanden zunächst die Position einer vertikalen Schallquelle nicht mehr bestimmen [24, 50]. Im Verlauf einiger Tage zeigt sich jedoch eine signifikante Verbesserung der Fähigkeit zur vertikalen Ortsbestimmung, was auf einen zentralnervösen Lernprozess hindeutet. Interessanterweise hat das Lernen der neuen HRTF keinen Einfluss auf die ursprüngliche

Transferfunktion, da auch nach Entfernen der künstlichen Ohrmuscheln die Fähigkeit der vertikalen Schalllokalisation nicht eingeschränkt ist. Diese experimentellen Befunde lassen sich wie folgt zusammenfassen:
- Die vertikale Schalllokalisation hängt in hohem Maße von der Form der Ohrmuschel mit ihrer individuellen HRTF ab.
- Die einem Ohr zugehörige HRTF wird vom Gehirn gelernt und kann neu kalibriert werden, wenn sich die Form der Ohrmuschel ändert.
- Die neuronale Repräsentation der ursprünglichen HRTF bleibt von der Neujustierung unberührt.

Das Innenohr der Wirbeltiere ist nicht als topografische Karte des auditorischen Raums organisiert. Infolgedessen kann der Ort einer Schallquelle im dreidimensionalen Raum nicht unmittelbar in Form eines neuronalen Aktivitätsmusters repräsentiert werden. Stattdessen dienen implizite Hinweisreize wie Laufzeit- und Intensitätsunterschiede sowie Änderungen der spektralen Zusammensetzung eines Schallereignisses als Grundlage für die Berechnung der exakten Position.

4.3.3 Entfernung einer Schallquelle

Woher wissen wir oder andere Organismen, in welcher Entfernung sich eine Schallquelle befindet? Neben der horizontalen und vertikalen Lokalisation stellt dies eine wichtige Information dar, nur leider helfen interaurale Intensitäts- und Laufzeitdifferenzen, aber auch die HRTF hier nicht weiter. Menschliche Probanden unterschätzen Entfernungen, die mehr als 1 m betragen, während sie kürzere Distanzen überschätzen. Im Vergleich zur visuellen Abschätzung von Entfernungen ist die auditorische Wahrnehmung von Distanzen wesentlich ungenauer.

Die Abschätzung von Entfernungen mithilfe des Hörsinns basiert auf drei sich gegenseitig ergänzenden Mechanismen, die auf der Lautstärke und spektralen Komposition von Schallereignissen basieren.
- Grundsätzlich nimmt der Schalldruckpegel mit zunehmender Entfernung zur Schallquelle ab. Eine Verdopplung des Abstands resultiert in einer Reduktion um 6 dB, was etwa einer Halbierung des Schalldrucks entspricht. Somit ist ein 2 m entferntes Geräusch im Vergleich zu einem lediglich 1 m entfernten Geräusch um 6 dB leiser (◘ Abb. 4.32). Während bei geringen Abständen deutlich hörbare Unterschiede in der Lautstärke auftreten, wird der Unterschied zwischen einer 49 und einer 50 m entfernten Schallquelle kaum wahrnehmbar sein. Somit resultiert eine zunehmende Entfernung in einer Zunahme der Ungenauigkeit. Des Weiteren ist zu berücksichtigen, dass die Lautstärke allein kein verlässliches Maß für die absolute Entfernung darstellt, da der Schalldruck unterschiedlich stark sein kann oder durch Objekte in der Umgebung nicht gleichförmig absorbiert wird. Die Lautstärke erweist sich jedoch als wesentlich zuverlässigere Metrik für Entfernung, wenn sich die Schallquelle bewegt und dabei entweder lauter (die Entfernung wird kleiner) oder leiser (die Entfernung wird größer) wird.
- Die spektrale Zusammensetzung eines Schallereignisses liefert einen weiteren Hinweis auf die Entfernung. Aufgrund der Absorptionseigenschaften der Luft werden hohe Frequenzen stärker gedämpft, sodass mit zunehmender Entfernung der

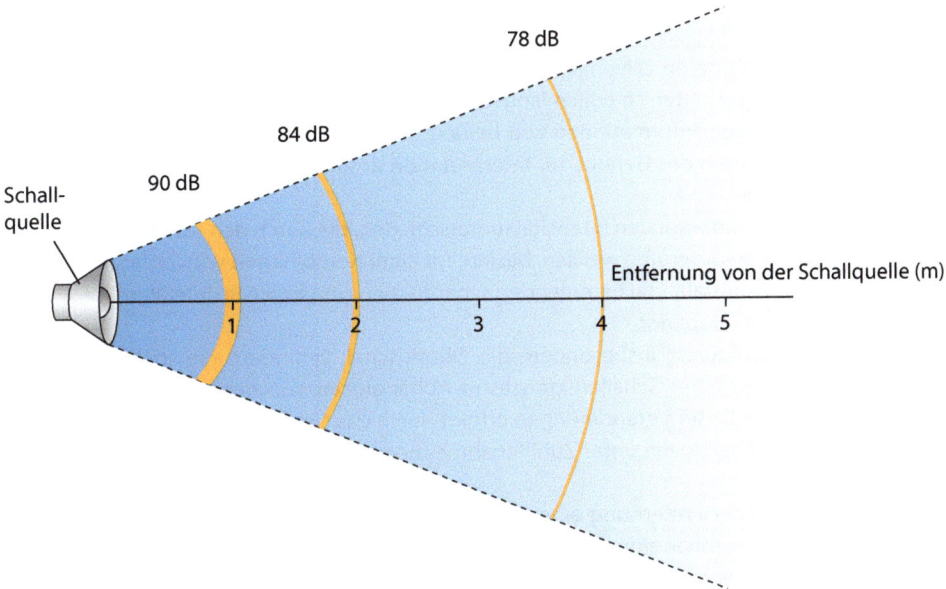

Abb. 4.32 Schall und Entfernung. Die Intensität des Schalls nimmt mit zunehmender Entfernung von der Schallquelle ab. Jede Verdoppelung der Entfernung führt zu einer Reduktion des Schalldruckpegels um 6 dB, was einer Halbierung der wahrgenommenen Lautstärke entspricht

Schallquelle immer weniger hohe Frequenzanteile ankommen. Dieser absorbierende Einfluss der Luft hat allerdings erst bei Entfernungen von mehr als 1000 m einen wahrnehmbaren Effekt auf die Frequenzzusammensetzung.
- In nahezu allen Situationen erreicht uns Schall sowohl auf direktem Weg als auch indirekt nach mehrfacher Reflexion an Oberflächen. Das Verhältnis zwischen direkter und reflektierter Schallenergie enthält Informationen bezüglich der Entfernung, da uns mit kürzerer Distanz ein größerer Teil der Schallenergie direkt und ohne Reflexionsverluste erreicht.

Schlüsselkonzepte ▶ Abschn. 4.3 Lokalisation von Schallquellen

- Unter Schalllokalisation wird die Ortung einer Schallquelle im dreidimensionalen Raum verstanden. Die Lokalisation erfolgt sowohl in der Horizontalebene (Azimut) als auch in der Vertikalebene.
- Bei niederfrequentem Schall erfolgt die horizontale Lokalisation mittels interauraler Laufzeitunterschiede, welche vom Aufprallwinkel des Schalls auf die Ohren abhängig sind. Frequenzen über 2 kHz können aufgrund richtungsabhängiger Intensitätsunterschiede geortet werden. Für die Lokalisation von Schallwellen in der Horizontalebene ist in jedem Fall die Wahrnehmung von Schallwellen durch beide Ohren erforderlich.
- Binaurale Neuronen im Nucleus olivaris superior verrechnen Signale, die von den Cochleariskernen beiderseits der Mittellinie stammen. Laufzeitunterschiede des Schalls zwischen beiden Ohren werden im Aktivitätsmuster von Neuronen im

medialen Teil des oberen Olivenkerns abgebildet. Theoretisch können diese Laufzeitunterschiede auf unterschiedlich langen Axonen (Verzögerungslinien) oder auf divergenten Frequenzinformationen von beiden Ohren basieren, die von höheren auditorischen Zentren des Gehirns zur Interpretation des horizontalen Winkels herangezogen werden.

— Die Detektion von interauralen Intensitätsunterschieden, die durch den Schallschatten des Kopfes hervorgerufen werden, basiert auf einer Kombination von ipsilateral erregenden und kontralateral hemmenden synaptischen Eingängen im lateralen Teil des Nucleus olivaris superior.

— Körpereigene Strukturen, insbesondere die Ohrmuschel, verändern die spektrale Zusammensetzung eines Schallereignisses in Abhängigkeit von dessen vertikaler Position. Auf Basis dieser Veränderungen erfolgt durch das Gehirn eine Berechnung der Höhe einer Schallquelle unter Zuhilfenahme monauraler Head-related Transfer Functions.

— Die Abschätzung der Entfernung einer Schallquelle ist relativ ungenau. Sie beruht auf der entfernungsabhängigen Verringerung der Schallintensität, der Veränderung des Schallspektrums infolge der Absorption hochfrequenter Komponenten durch die Luft sowie dem Vergleich von direktem und reflektiertem Schall.

4.4 Hören bei Insekten

Lernziele
1. Den Aufbau von Chordotonalorganen aus Scolopidien beschreiben.
2. Johnston-Organe und Tympanalorgane unterscheiden.
3. Die molekularen Mechanismen der Signaltransduktion unter Berücksichtigung von NOMPC-Kanälen diskutieren.

Die Fähigkeit zur Wahrnehmung von Luftschall hat sich unabhängig voneinander in neun der 30 bekannten Ordnungen der Insekten entwickelt.[26] Grundsätzlich dient das Hören beispielsweise bei Heuschrecken und Zikaden der innerartlichen Kommunikation sowie dem Erkennen und Vermeiden von Fressfeinden, wie die Detektion der Ultraschallrufe von Fledermäusen durch einige nachtaktive Falter eindrucksvoll zeigt. Trotz der evolutionären Vorteile, die das Hören von Luftschall mit sich bringt, ist die Mehrheit der über eine Million derzeit bekannten Insektenspezies jedoch taub.

---

[26] Insbesondere handelt es sich um die Schmetterlinge *(Lepidoptera)*, Heuschrecken *(Orthoptera)*, Fangschrecken *(Mantodea)*, Schaben *(Blattodea)*, Schnabelkerfe *(Hemiptera)*, Hautflügler *(Hymenoptera)*, einige Käferarten *(Coleoptera)*, Netzflügler *(Neuroptera)* und die Zweiflügler *(Diptera)*.

4.4.1 Chordotonalorgane

Die auditorischen Organe der Insekten basieren auf sogenannten **Chordotonalorganen**, die in der Regel paarweise segmental angeordnet sind. Als miniaturisierte mechanosensitive Sinnesorgane registrieren Chordotonalorgane die Verformungen der Cuticula[27] und Änderungen der Gelenkstellungen und fungieren in dieser Rolle als Propriozeptoren. Chordotonalorgane reagieren zudem häufig auf Substratschall, also Vibrationen des Untergrunds, und durch evolutionäre Weiterentwicklungen ist schließlich auch die Detektion von Luftschall möglich. Außer bei den Insekten treten Chordotonalorgane noch bei den Crustaceen, aber sonst in keinem anderen Unterstamm der Arthropoden auf.

Die Umwandlung der Chordotonalorgane in auditorische Sinnesorgane hat mehrfach unabhängig voneinander stattgefunden, sodass die Hörorgane an verschiedenen Positionen des Insektenkörpers vorzufinden sind. Die Notwendigkeit akzessorischer Strukturen zur Detektion von Druckänderungen der Luft hat zwei unterschiedliche mechanische Lösungen hervorgebracht, die einerseits auf vibrierenden Antennen und andererseits auf schwingenden Membranen basieren.

- **Johnston-Organe** sind im zweiten Antennalsegment bei einer Reihe von Mücken und Fliegen zu finden, wie beispielsweise *Drosophila*, sowie bei Honigbienen. Johnston-Organe detektieren die **Schallschnelle**[28]; sie messen also die Geschwindigkeit, mit der Luftteilchen um ihre Ruhelage schwingen und die Antennen in Vibrationen versetzen [39].
- **Tympanalorgane** hingegen sind mit einer trommelfellartigen Membran, dem sogenannten **Tympanum** ausgestattet, welche durch Änderungen des Schalldrucks in Schwingungen versetzt wird [25]. Die Membranfläche der Tympanalorgane lässt sich auf eine stark abgeflachte Cuticula zurückführen, die mit luftgefüllten Kammern des Tracheensystems in Verbindung steht. Im Gegensatz zum Hören bei Wirbeltieren wird der Schalldruck also nicht auf eine Flüssigkeit übertragen, sodass das Problem der Impedanzanpassung entfällt. Tympanalorgane kommen beispielsweise bei einigen Heuschrecken und Grillen sowie bei Nachtfaltern, Wanzen, Schmetterlingen und Käfern vor.

Der Frequenzbereich, in dem beide auditorischen Organe arbeiten, hängt in hohem Maße von den mechanischen Eigenschaften der akzessorischen Strukturen ab. Während die Johnston-Organe bei Frequenzen unterhalb von 1 kHz operieren, sind die Tympanalorgane in der Lage, Frequenzen über 300 kHz und damit auch die oben erwähnten Ortungsrufe der Fledermäuse zu detektieren.

---

[27] Die Cuticula bezeichnet in diesem Zusammenhang das chitinhaltige Exoskelett der Arthropoden (Gliederfüßer), zu denen auch die Insekten gehören.

[28] Die Schallschnelle beschreibt die Momentangeschwindigkeit eines schwingenden Teilchens (nicht die Schallgeschwindigkeit!). Sie hängt von der Frequenz und vom Schalldruckpegel eines Schallereignisses ab.

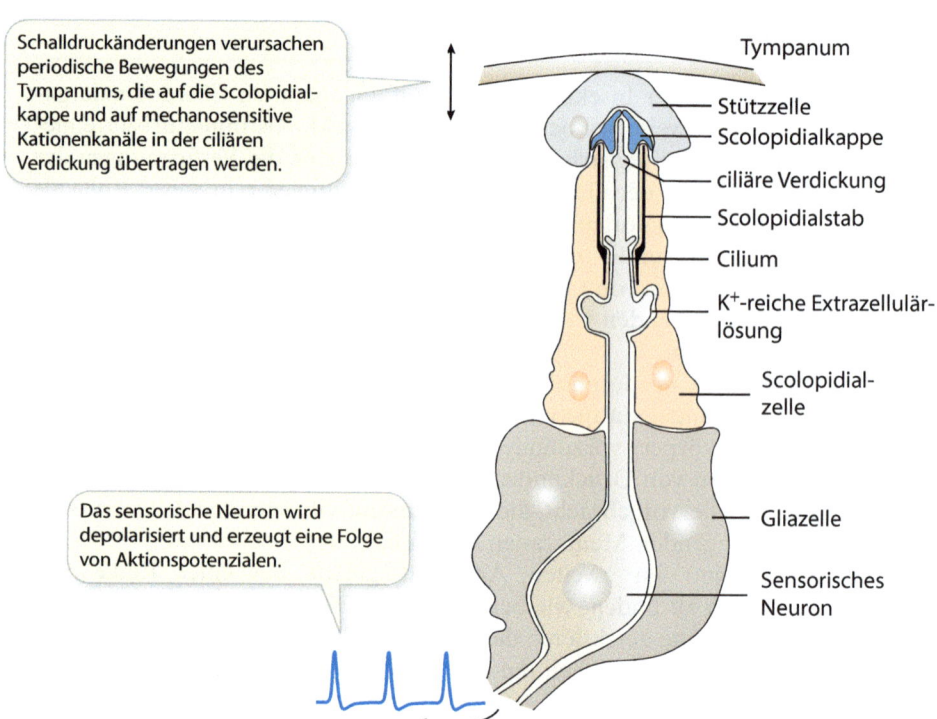

Abb. 4.33 Schematische Darstellung eines Scolopidiums mit einem sensorischen Neuron. In der hier gezeigten Verbindung mit der tympanalen Membran bildet ein Scolopidium ein funktionelles Modul eines Tympanalorgans

Chordotonalorgane setzen sich aus multizellulären funktionellen Modulen zusammen, die als **Scolopidien** bezeichnet werden (Abb. 4.33). Die Anzahl dieser modulären Einheiten variiert erheblich und kann von einem Scolopidium bis hin zu mehreren Tausend pro Chordotonalorgan reichen. Im Falle der Tympanalorgane besteht ein Scolopidium aus einem mechanosensorischen Neuron, während die Johnston-Organe zwei bis drei dieser Neuronen in ihren Scolopidien aufweisen. Die sensorischen Neuronen sind mit einem Axon und an ihrem distalen Pol mit einem einzigen Dendriten – mit der Struktur eines primären Ciliums – ausgestattet. In einer spezialisierten Struktur, der sogenannten ciliären Verdickung, befinden sich die mechano-elektrischen Transduktionskanäle.

Stützzellen stellen eine mechanische Verbindung zwischen dem Tympanum und den Neuronen der Scolopidien her. Die Scolopidialzellen umgeben das sensorische Cilium und bilden mit dem actinhaltigen Scolopidialstab eine korbartige, stabile Halterung. Der schmale extrazelluläre Raum zwischen Neuron und Scolopidialzellen wird durch eine kaliumreiche wässrige Lösung gefüllt, deren Zusammensetzung der Endolymphe in der Scala media im Innenohr der Wirbeltiere ähnelt.

Die Scolopidien eines Tympanalorgans können sowohl direkt am Tympanum als auch an der Innenseite luftgefüllter Kammern des Tracheensystems ansetzen. Im letzteren Fall bestimmen Druckunterschiede zwischen dem Außenraum und den schallleitenden Tracheen die Bewegungsrichtung der Membran. Diese Druckdifferenzen zwischen Tracheen und Außenluft, die aus Unterschieden zwischen Amplituden und Phasenverschiebungen auf beiden Seiten der Membran resultieren, ermöglichen vermutlich das Richtungshören bei Insekten.

4.4.2 Signaltransduktion

Die auditorischen Neuronen von Insekten detektieren schallinduzierte Vibrationen mit außerordentlich hoher räumlicher (<1 nm) und zeitlicher Präzision (<1 ms). Diese Leistungsfähigkeit lässt auf einen Gating-Mechanismus schließen, bei dem ein mechanischer Stimulus unmittelbar einen Ionenkanal öffnet. Diese Vorstellung ähnelt stark dem Konzept einer elastischen Komponente im Transduktionskomplex der Haarsinneszellen, die in Serie mit einem Ionenkanal geschaltet ist und deren mechanische Spannung die Offenwahrscheinlichkeit des Ionenkanals bestimmt (siehe ▶ Abschn. 4.2.3).

Die molekularen Mechanismen der Signaltransduktion sind aufgrund der genetischen Möglichkeiten bei der Fruchtfliege *Drosophila melanogaster* aktuell am besten untersucht. Die Johnston-Organe in den Antennen von *Drosophila* weisen mehrere Arten von Ionenkanälen auf, die sich in ihrer Empfindlichkeit gegenüber mechanischen Reizen unterscheiden. **No mechanoreceptor potential C** (NOMPC) gehört zur Familie der TRP-Kanäle (TRPN1) und ist ein vielversprechender Kandidat für die Rolle der mechanoelektrischen Transduktion in *Drosophila* [12]. NOMPC wird in der distalen Region der primären Cilien der sensorischen Neuronen exprimiert und bildet dort einen mechanosensitiven Kationenkanal [51].

Wie andere TRP-Kanäle weist eine Untereinheit von NOMPC mit sechs Transmembransegmenten (S1–S6) und einer Porenschleife zwischen S5 und S6 die allgemeine Architektur spannungsgesteuerter Ionenkanäle auf (◘ Abb. 4.34). Vier Untereinheiten bilden durch kreuzweise Überlappung von Domänen *(Domain-Swapping)* jeweils ein Homotetramer. Im Unterschied zu TRP- und K_V-Kanälen enthält das aminoterminale Ende von NOMPC jedoch eine außerordentlich große Domäne, die aus insgesamt 29 Ankyrin-Repeats besteht. Diese Ankyrin-Repeats nehmen eine helikale Struktur ein, die entfernt an eine Sprungfeder erinnert. Möglicherweise fungiert die Ankyrin-Repeat-Domäne als Gating-Spring, die durch mechanische Reize induzierte Bewegungen des Cytoskeletts an das Öffnen des Ionenkanals koppelt. Ein ähnlicher Mechanismus wurde bereits im Zusammenhang mit der mechanoelektrischen Transduktion in den Haarsinneszellen von Wirbeltieren erörtert (◘ Abb. 4.18).

Mit den Ionenkanälen Nanchung (Nan) und Inactive (Iav) werden zwei weitere Mitglieder der TRPV-Subfamilie als mögliche Komponenten des mechanoelektrischen Transduktionskomplexes diskutiert [19]. Nan und Iav bilden heteromere Proteinkomplexe (Nan-Iav) in der proximalen Region der primären Cilien (also näher am Soma als NOMPC). Der Verlust von Nan und Iav führt zwar zu einer elektrischen Unerregbarkeit der sensorischen Neuronen, allerdings ist die mechanische Aktivierbarkeit von Nan-Iav-Komplexen bislang nicht geklärt.

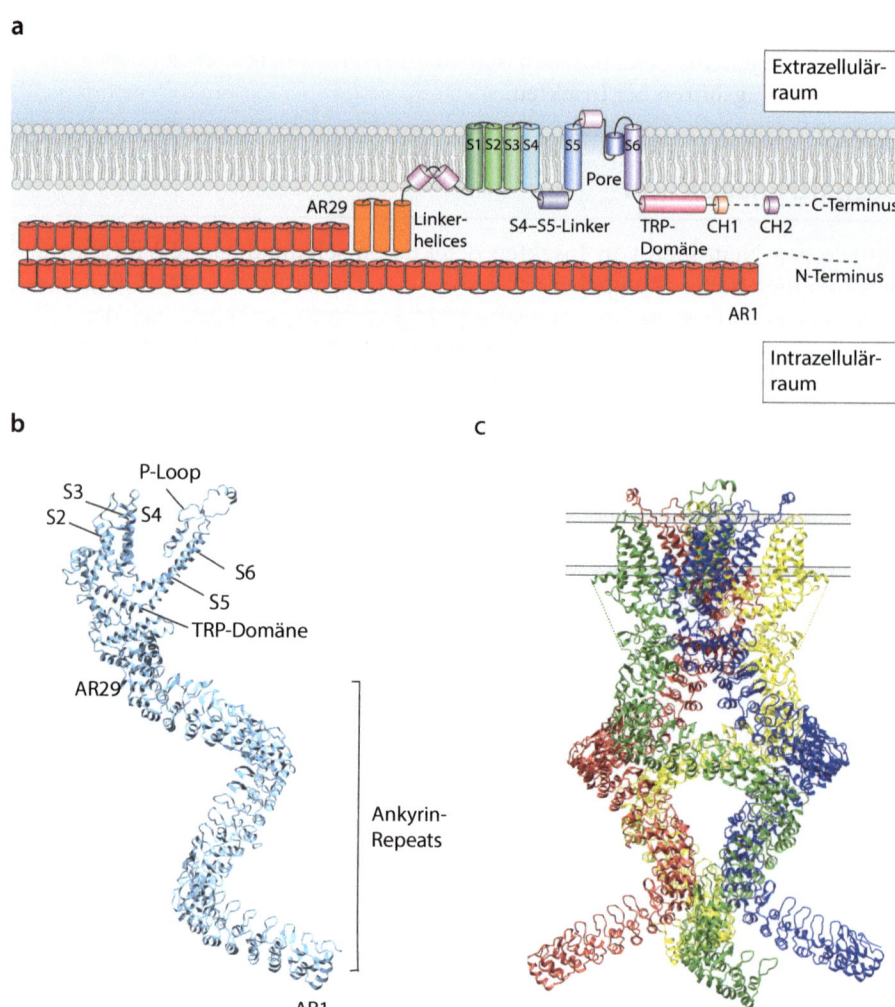

Abb. 4.34 Struktur von NOMPC-Kanälen. **a** Schematische Darstellung der wichtigsten strukturellen Domänen. **b** Ribbon-Diagramm einer Untereinheit mit Bezeichnung der Transmembransegmente (S1–S6) und einiger funktioneller Domänen. **c** Die kryoelektronenmikroskopische Struktur zeigt den Aufbau des NOMPC-Kanals aus vier identischen Untereinheiten in der Seitenansicht. Die *grauen Linien* zeigen die Lage der Plasmamembran an (PDB ID: 5VKQ [29])

> **Schlüsselkonzepte** ▶ Kap. 4.4 Hören bei Insekten
>
> — Nur eine relativ kleine Zahl der bislang bekannten Insektenarten hat die Fähigkeit der Detektion von Luftschall entwickelt. Das Hörvermögen dient der innerartlichen Kommunikation sowie bei Insekten während des Fluges der Wahrnehmung hochfrequenter Ortungsrufe von Fledermäusen.
> — Die auditorischen Organe der Insekten sind durch die Weiterentwicklung propriozeptiver Chordotonalorgane entstanden.
> — Die Chordotonalorgane setzen sich aus funktionellen Modulen zusammen, die als Scolopidien bezeichnet werden. Sie enthalten neben Scolopidialzellen und Gliazellen jeweils ein bis drei sensorische Neuronen, die einen einzigen Dendriten ausbilden.
> — Johnston-Organe sind im zweiten Antennalsegment lokalisiert. Als Detektoren der Schallschnelle registrieren sie die durch Luftmoleküle hervorgerufenen Vibrationen der Antennen.
> — Tympanalorgane sind mit einer Membran ausgestattet, die durch Schalldruckänderungen in Schwingungen versetzt wird.
> — Die molekularen Mechanismen der Signaltransduktion bei den Hörorganen der Insekten sind noch nicht vollständig aufgeklärt. Bei *Drosophila* bildet ein Vertreter der TRP-Kanäle (NOMPC) mechanosensitive Kationenkanäle, deren Aktivierung eine Depolarisation der sensorischen Neuronen zur Folge hat.
> — Die hohe Anzahl von Ankyrin-Repeats in der N-terminalen Domäne von NOMPC lässt auf eine Funktion als Gating-Spring schließen, die mit der mechanoelektrischen Transduktion in den Haarsinneszellen der Wirbeltiere vergleichbar ist.

4.5 Gleichgewichtssinn

> **Lernziele**
> 1. Die Bedeutung des Gleichgewichtssinns diskutieren.
> 2. Die Begriffe „Masse", „Beschleunigung" und „Drehbeschleunigung" definieren.
> 3. Den Aufbau des Vestibularorgans der Wirbeltiere beschreiben.
> 4. Eine Haarsinneszelle des Vestibularorgans skizzieren.
> 5. Die grundlegenden Mechanismen der Signaltransduktion in den Haarsinneszellen erläutern.

Der Gleichgewichtssinn der Wirbeltiere ist im **Vestibularorgan** im Innenohr lokalisiert. Dieser Sinn spielt eine entscheidende Rolle bei der Orientierung im Schwerefeld der Erde und ist essenziell für die Aufrechterhaltung einer stabilen Körperhaltung sowie die Koordination von Bewegungen. Darüber hinaus gewährleistet das Vestibularorgan eine Blickstabilisierung, die es ermöglicht, Objekte auch bei raschen Eigenbewegungen kontinuierlich im Fokus zu behalten. Insgesamt beruht der Gleichgewichtssinn auf der synergistischen Leistung der Vestibularorgane, der visuellen

Wahrnehmung, des propriozeptiven Systems sowie der zentralnervösen Verarbeitungszentren im Rückenmark, Hirnstamm, Cerebellum und Cortex.

Das Vestibularorgan besteht aus drei Bogengangsorganen und zwei Makulaorganen. Die **Bogengangsorgane** registrieren Drehbeschleunigungen, während die **Makulaorgane** lineare Beschleunigungen, die auch als Translationsbeschleunigungen bezeichnet werden, verarbeiten.

Wir frischen kurz unser physikalisches Wissen über Masse und Beschleunigung auf, bevor wir uns mit den Mechanismen der Transduktion von Beschleunigungsreizen beschäftigen.

4.5.1 Masse und Beschleunigung

Die **Masse** ist eine physikalische Größe, die den Widerstand eines Körpers gegen Änderungen seines Bewegungszustands beschreibt. Sie stellt eine grundlegende Eigenschaft der Materie dar und wird häufig als Maß für die Menge an Materie in einem Objekt interpretiert. Je größer die Masse, desto mehr Kraft muss aufgewendet werden, um den Bewegungszustand zu verändern – Masse ist also grundsätzlich träge. Masse und Gewicht beschreiben unterschiedliche Größen, da die Masse immer vorhanden ist, während das Gewicht von der Umgebung, also in der Regel vom Schwerefeld der Erde, abhängt.

Wenn sich ein Objekt von einem Startpunkt zu einem Endpunkt bewegt, legt es dabei die Strecke Δx zurück und benötigt dafür eine bestimmte Zeit Δt. Ist die **Geschwindigkeit** v des Objekts konstant, können wir diese wie folgt berechnen:

$$v = \frac{\Delta x}{\Delta t}. \tag{4.16}$$

Hierbei handelt es sich um die mittlere Geschwindigkeit, da die gesamte Zeitdauer berücksichtigt wurde. Interessiert uns die Momentangeschwindigkeit zu einem bestimmten Zeitpunkt t, müssen wir nach der Zeit differenzieren:

$$v(t) = \frac{dx}{dt}. \tag{4.17}$$

Ändert sich die Geschwindigkeit – sei es in positiver oder negativer Richtung – spricht man in der Physik von einer **Beschleunigung**. Die Momentanbeschleunigung entspricht analog zu Gl. 4.17 der 1. Ableitung der Geschwindigkeitsfunktion:

$$a(t) = \frac{dv}{dt}. \tag{4.18}$$

Beschleunigungen sind für Tiere in vielfacher Hinsicht von Bedeutung. Zum einen erfahren sie durch ihre Vorwärtsbewegung eine Linearbeschleunigung. Ebenfalls linear wirkt die Gravitationsbeschleunigung, die zur Unterscheidung zwischen oben und unten eingesetzt wird. Zudem erzeugen Drehungen des Körpers – insbesondere des Kopfes – Drehbeschleunigungen, die Informationen über die Position und Ausrichtung des Kopfes liefern.

Um die Trägheit einer Masse zu überwinden und diese in Bewegung zu versetzen, muss eine entsprechende Kraft aufgewendet werden. Je größer diese Kraft ist, desto stärker ist die resultierende Beschleunigung. Kraft ($\vec{F}$), Masse (m) und Beschleunigung ($\vec{a}$) hängen nach dem **2. Newton'schen Axiom** miteinander zusammen:

$$\vec{F} = m \cdot \vec{a}. \tag{4.19}$$

Eine auf ein Objekt wirkende Kraft ändert dessen Bewegungszustand, indem sie das Objekt beschleunigt. Entgegen der gängigen Vorstellung kann eine Beschleunigung auch negativ sein, was bedeutet, dass das Objekt abgebremst wird. Die Pfeile über den Symbolen deuten an, dass Kraft und Beschleunigung vektorielle Größen sind; sie besitzen somit sowohl einen Betrag als auch eine Richtung. Im Gravitationsfeld der Erde entspricht die Beschleunigung der sogenannten Erdbeschleunigung g. Sie ist immer zum Erdmittelpunkt gerichtet und hat den Betrag 9,81 m s^{-2}.[29]

Da sich alle Lebewesen (außer bei Raumfahrten) im Gravitationsfeld der Erde aufhalten, wird der Betrag der Kraft als **Schwerkraft** F_G gemäß dem 2. „Newton'schen" Axiom definiert:

$$F_G = m \cdot g. \tag{4.20}$$

Die Schwerkraft ist die Kraft, mit der alle Organismen zum Erdmittelpunkt gezogen werden und die sich im alltäglichen Leben als **Gewicht** eines Körpers manifestiert. Hierbei handelt es sich letztlich um eine lineare Beschleunigung, die von den Makulaorganen erfasst und verarbeitet wird. Im Zustand eines stabilen Gleichgewichts heben sich alle auf einen Körper wirkenden Kräfte gegenseitig auf. Die Schwerkraft wird beispielsweise durch eine vom Boden auf die Füße einwirkende gleich große und entgegengesetzt gerichtete Kraft neutralisiert.

Allerdings befinden sich Organismen, die sich auf zwei Beinen fortbewegen, aufgrund ihres relativ hohen Schwerpunkts nicht in einem stabilen, sondern vielmehr in einem labilen Gleichgewicht. In dieser Situation genügt bereits eine geringe Störung, um den Schwerpunkt aus der Gleichgewichtslage zu verschieben. Die in ▶ Abschn. 7.5 beschriebenen propriozeptiven Mechanismen ermöglichen schnelle Korrekturbewegungen, wodurch die Körperhaltung stabilisiert wird.

Neben den linearen Beschleunigungen treten auch Drehbeschleunigungen auf, insbesondere während einer Bewegung des Kopfes oder des gesamten Körpers. Alle Drehbewegungen lassen sich grundsätzlich auf die Achsen eines dreidimensionalen Koordinatensystems zurückführen, welche auf jeder Körperseite durch die drei Bogengänge des vestibulären Labyrinths repräsentiert werden.

Unter einer Drehbewegung versteht man eine gleichförmige Rotation eines Körpers um eine feste Achse. Der Körper bewegt sich dabei entlang einer Kreisbahn, deren Mittelpunkt auf der Drehachse liegt und dessen Radius durch die Entfernung zur Drehachse gegeben ist. Dabei wird pro Zeiteinheit ein bestimmter Drehwinkel durchlaufen. Die Dreh- oder Winkelgeschwindigkeit bezeichnet dann die zeitliche Änderung des Drehwinkels, und die Winkelbeschleunigung ist entsprechend die zeitliche Änderung der Winkelgeschwindigkeit. Für den Drehwinkel θ und die Winkelgeschwindigkeit ω ist die **Winkelbeschleunigung** α folgendermaßen definiert:

$$\alpha = \frac{d\omega}{dt} = \frac{d^2\theta}{dt^2}. \tag{4.21}$$

---

29 Da die Erde an den Polen etwas abgeplattet ist, schwanken die Werte für g zwischen 9,779 m s^{-2} und 9,832 m s^{-2}.

Die Winkelbeschleunigung ist also die 1. Ableitung der Winkelgeschwindigkeit ω und die 2. Ableitung des Drehwinkels θ. Die Einheit der Winkelgeschwindigkeit ist Radian pro Sekunde (rad s^{-1}), und die Einheit der Winkelbeschleunigung ist rad s^{-2}.

4.5.2 Aufbau des Vestibularorgans

Das Vestibularorgan der Wirbeltiere befindet sich im Innenohr und besteht aus drei Bogengangsorganen sowie zwei Makulaorganen. Beide Typen von Sinnesorganen reagieren nicht auf konstante Geschwindigkeiten, sondern werden ausschließlich durch Geschwindigkeitsänderungen, sprich Beschleunigungen, aktiviert. Die Bogengangsorgane sind zuständig für die Erfassung von Drehbeschleunigungen, während die Makulaorgane lineare Beschleunigungen detektieren. Trotz der strukturellen Unterschiede zwischen den Bogengangs- und den Makulaorganen weisen sie einen gemeinsamen Typ von Sinneszellen auf: die Haarsinneszellen.

- **Bogengangsorgane**

Die **Bogengangsorgane**, zusammen auch vestibuläres Labyrinth genannt, befinden sich im Innenohr in der Nähe der Cochlea. Sie umfassen drei annähernd kreisförmige Kanäle, die nahezu senkrecht zueinander angeordnet sind und als horizontaler sowie anteriorer (vorderer) und posteriorer (hinterer) Bogengang bezeichnet werden. Das Innere dieser Kanäle ist mit einer kaliumreichen Endolymphe gefüllt, die mit der Endolymphe der Scala media in der Cochlea in Verbindung steht und daher die gleiche ionale Zusammensetzung aufweist (siehe ▶ Abschn. 4.2.1).

An den Eingängen der Bogengänge weitet sich jeder der drei Kanäle zu einer sogenannten **Ampulle** auf. In dieser Region befinden sich die Haarsinneszellen, die als Detektoren für Dreh- oder Winkelbeschleunigungen fungieren. Die Zellkörper der Haarsinneszellen, von denen pro Ampulle etwa 7000 vorhanden sind, liegen zusammen mit Epithelzellen in der Crista ampullaris, einer leistenartig hervorgehobenen Struktur (◘ Abb. 4.35).

Die Stereocilien der Haarsinneszellen sind in eine kuppelförmige, gallertige Substanz eingebettet, die als Cupula ampullaris bezeichnet wird. Die Cupula ist sowohl an der Epithelschicht als auch an der gegenüberliegenden Wand der Ampulle fixiert, bleibt in ihrem mittleren Bereich jedoch weitgehend flexibel und kann vom Endolymphstrom in beide Richtungen ausgelenkt werden.

Bei Kopfbewegungen kann die Endolymphe aufgrund ihrer trägen Masse den sich bewegenden Strukturen des Vestibularorgans nicht unmittelbar folgen. Die Bogengänge rotieren gewissermaßen um die Endolymphe, die dadurch Druck auf die Cupula ausübt und diese auslenkt. Durch die Bewegung der Cupula werden die Stereocilien der Haarsinneszellen abgeschert, was zur Öffnung der mechanosensitiven Ionenkanäle in der Membran der Stereocilien führt.

Im Folgenden werden die Vorgänge in den horizontalen Bogengängen bei einer Kopfbewegung nach rechts exemplarisch betrachtet (◘ Abb. 4.36). Dabei bewegt sich die Endolymphe in beiden Bogengängen relativ zum Kopf in die entgegengesetzte Richtung, also nach links. Da die Stereocilien in den Haarsinneszellen beider Bogengänge identisch ausgerichtet sind, resultiert eine gegenläufige Auslenkung: Auf der linken Seite bewegen sich die Stereocilien vom Kinocilium weg, während sie auf der rechten Seite zum Kinocilium hin ausgelenkt werden.

4.5 · Gleichgewichtssinn

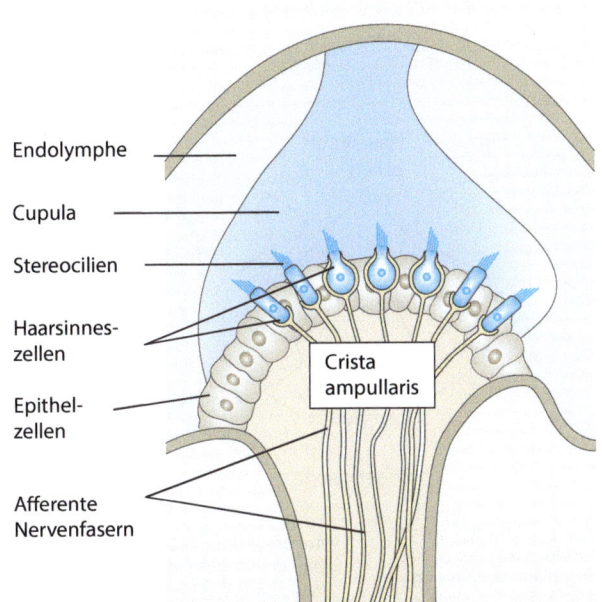

Abb. 4.35 Schematischer Querschnitt durch die Ampulle eines Bogengangsorgans. Die Haarsinneszellen sind in das Epithel der Crista ampullaris eingebettet, während ihre Stereocilien in die gallertige Cupula ragen. Die Cupula wird durch Strömungen der Endolymphe in Bewegung versetzt, wodurch die Stereocilien der Haarsinneszellen ausgelenkt werden

Die Richtung der Auslenkung ist entscheidend für die Polarität der Spannungsänderung über der Membran der Haarsinneszellen (siehe ▶ Abschn. 4.2.2). Infolgedessen werden die Haarsinneszellen auf der linken Seite hyperpolarisiert, während die auf der rechten Seite depolarisiert werden. Diese Signale werden über exzitatorische glutamaterge Synapsen auf die Endigungen des afferenten Nervs (N. vestibularis) übertragen.

Eine Depolarisation der Haarsinneszellen führt zu einer erhöhten Freisetzung von Glutamat, wodurch die bereits relativ hohe Spontanaktivität von etwa 100 Hz der afferenten Nervenfasern weiter gesteigert wird. Im Gegensatz dazu wird bei einer Hyperpolarisation weniger Glutamat ausgeschüttet, was zu einer Abnahme der Spontanaktivität führt. In unserem Beispiel verursacht die Kopfbewegung eine erhöhte Aktivität im rechten Vestibularisnerv, während die Aktivität im linken reduziert wird (◘ Abb. 4.37). Auch die beiden anderen Bogengänge bilden aufgrund ihrer anatomischen Lage entsprechende Paare, die komplementäre Aktivitätsmuster in den afferenten Nerven induzieren. Die Veränderungen der Aktionspotenzialfrequenz in den Nervenfasern spiegeln direkt die Stärke der Beschleunigung wider. Bei einer gleichförmigen Bewegung normalisiert sich die Aktionspotenzialfrequenz wieder auf das Niveau der Spontanaktivität.

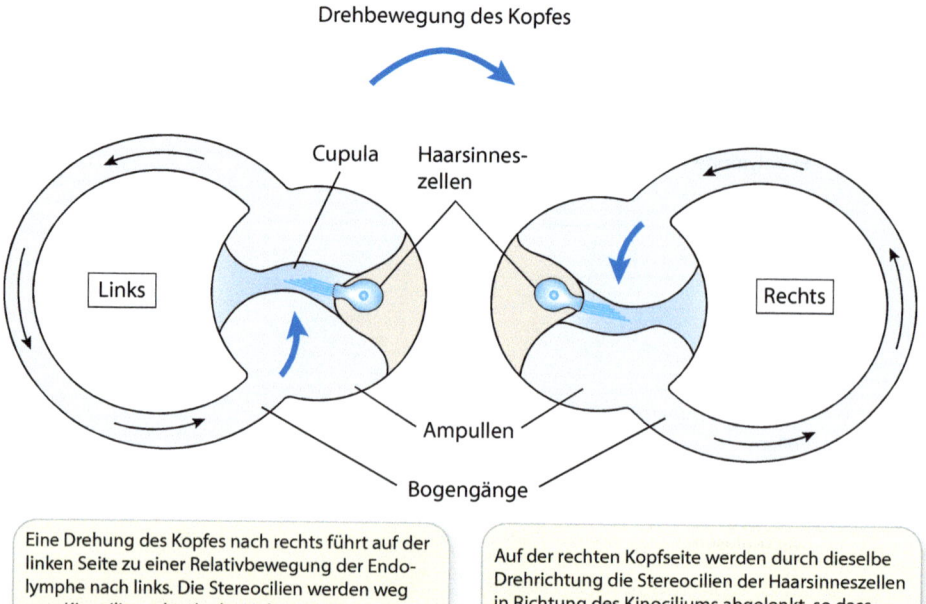

Eine Drehung des Kopfes nach rechts führt auf der linken Seite zu einer Relativbewegung der Endolymphe nach links. Die Stereocilien werden weg vom Kinocilium abgelenkt und es resultiert eine **Hyperpolarisation** der Haarsinneszellen.

Auf der rechten Kopfseite werden durch dieselbe Drehrichtung die Stereocilien der Haarsinneszellen in Richtung des Kinociliums abgelenkt, so dass eine **Depolarisation** resultiert.

◘ **Abb. 4.36** Eine Drehung des Kopfes nach rechts bewirkt entgegengesetzte Rotationen der horizontalen Bogengänge in beiden Vestibularorganen. Aufgrund ihrer Trägheit kann die Endolymphe der Bewegung nicht sofort folgen, was dazu führt, dass die Cupula und damit die Stereocilien der Haarsinneszellen auf der linken und rechten Seite in unterschiedliche Richtungen ausgelenkt werden. Infolgedessen werden die Haarsinneszellen auf der linken Seite hyperpolarisiert, während die auf der rechten Seite depolarisiert werden

- **Makulaorgane**

In jedem Innenohr der Säugetiere befinden sich zwei Makulaorgane, die als Utriculus (Macula utriculi) und Sacculus (Macula sacculi) bezeichnet werden. Diese beiden Strukturen stehen annähernd senkrecht zueinander und sind für die Detektion linearer Beschleunigungen (Translationsbeschleunigungen) verantwortlich.

Ein Makulaorgan besteht aus einer sensorischen Schicht von Haarsinneszellen, deren Stereocilien in eine gelartige Membran, die als **Otolithenmembran** bezeichnet wird, eingebettet sind (◘ Abb. 4.38). Die Stereocilien folgen unmittelbar den Bewegungen der Otolithenmembran, die durch Translationsbeschleunigungen des Kopfes hervorgerufen werden.

Auf der Oberfläche der Otolithenmembran sind zahlreiche winzige „Steinchen" aus Calciumcarbonat gelagert, die Korngrößen zwischen 1 und 50 μm aufweisen. Diese calciumhaltigen Kristalle, auch Otokonien genannt, verleihen der Otolithenmembran eine höhere Dichte als die umgebende Endolymphe. Dadurch bleibt die Otolithenmembran aufgrund ihrer Trägheit bei linearen Beschleunigungen gegenüber der Endolymphe zurück, was zur Auslenkung der Stereocilien der Haarsinneszellen führt. Ähnlich wie bei den Haarsinneszellen der Bogengangsorgane bewirkt eine Auslen-

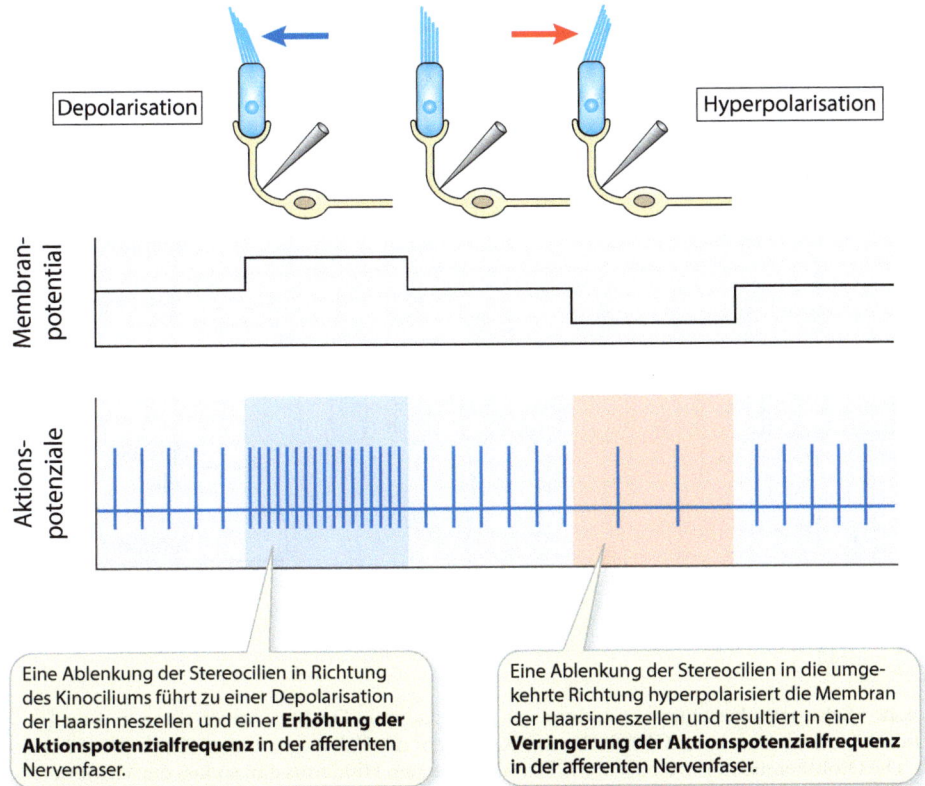

Abb. 4.37 Reaktion der Haarsinneszellen auf gegenläufige Bewegungen. Der *obere Teil* der Abbildung zeigt die Auslenkung der Stereocilien und die Ableitung der Aktionspotenziale von der afferenten Nervenfaser. Der *mittlere Teil* veranschaulicht die Änderungen des Membranpotenzials der Haarsinneszellen, das abhängig von der Auslenkungsrichtung der Stereocilien entweder depolarisiert oder hyperpolarisiert wird. Die senkrechten Striche im *unteren Teil* repräsentieren Aktionspotenziale, deren Frequenz in Abhängigkeit von der Auslenkungsrichtung variiert

kung des Stereocilienbündel in Richtung des Kinociliums eine Depolarisation, während eine Bewegung in die entgegengesetzte Richtung eine Hyperpolarisation zur Folge hat.

Die Haarsinneszellen reagieren bevorzugt auf eine Parallelverschiebung der Otolithenmembran; senkrecht dazu wirkende Kräfte haben kaum einen messbaren Effekt auf das Membranpotenzial. Daher führt eine aufrechte Körperhaltung, bedingt durch die Erdbeschleunigung, hauptsächlich zur Aktivierung des Sacculus, während eine horizontale Beschleunigung primär die Haarsinneszellen des Utriculus stimuliert.

Die Stereocilien werden in Abhängigkeit von der Reizstärke ausgelenkt, sodass eine starke Beschleunigung eine größere Amplitude des Rezeptorpotenzials hervorruft und zu einer erhöhten Ausschüttung von Neurotransmittern führt. Die Reizstärke wird somit durch die Frequenz der Aktionspotenziale in den afferenten Nervenfasern codiert. Im Gegensatz zur einheitlichen Ausrichtung der Stereocilien in den Bogen-

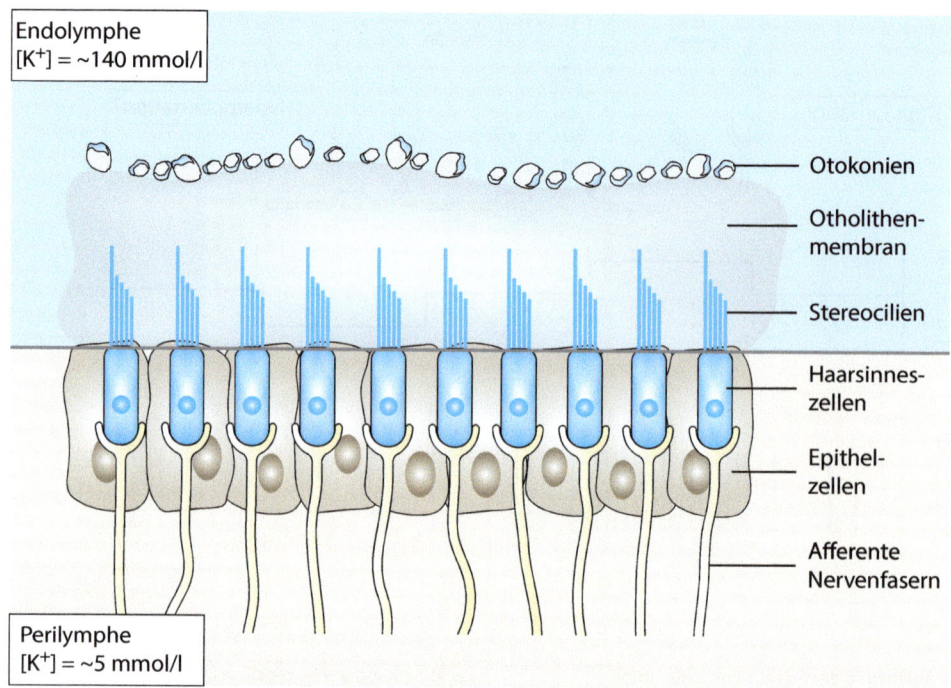

Abb. 4.38 Schematischer Querschnitt durch ein Makulaorgan. Die Stereocilien ragen in die gelartige Otolithenmembran, deren Oberfläche mit Kristallen aus Calciumcarbonat (Otokonien) bedeckt ist. Die Otolithenmembran stellt für die Endolymphe kein Hindernis dar, sodass die Membran der Stereocilien mit der kaliumreichen Endolymphe in Kontakt steht. Der restliche Teil der Haarsinneszellen ist von der Perilymphe umgeben. Die afferenten Nervenfasern verlaufen gebündelt in Richtung des Zentralnervensystems

gangsorganen variiert die Ausrichtung der Stereocilien in den Makulaorganen systematisch. Auf diese Weise können Beschleunigungen in alle möglichen Richtungen effektiv detektiert werden.

Zusammen signalisieren Sacculus und Utriculus die Position des Kopfes in Bezug auf die Erdbeschleunigung sowie die linearen Beschleunigungen, die durch plötzliche Vorwärts- oder Seitwärtsbewegungen hervorgerufen werden. Durch die systematische Variation der Ausrichtung der Stereocilien werden bei unterschiedlichen Richtungen jeweils verschiedene Populationen von Sinneszellen aktiviert.

Die sensorischen Strukturen des Vestibularorgans arbeiten nicht unabhängig voneinander, sondern die von ihnen erzeugten Signale repräsentieren gemeinsam Kopfbewegungen in sechs Dimensionen: drei Translationsachsen und drei Rotationsachsen. Die Weiterleitung und Verarbeitung dieser Informationen in spezifischen Zentren des Gehirns ermöglicht es dem Organismus, die Position des Kopfes im Raum zu jedem Zeitpunkt präzise einzuschätzen. Diese Fähigkeit bildet die Grundlage sowohl für einfache reflektorische Korrekturen der Körperhaltung als auch für komplexe willkürliche Bewegungsabläufe [8].

4.5.3 Haarsinneszellen und Signaltransduktion

Die mechanosensorischen Zellen der Bogengangs- und Makulaorgane, die Beschleunigungsreize in Potenzialänderungen umsetzen, sind die Haarsinneszellen. Der grundlegende Aufbau dieser Zellen wird ausführlich in ▶ Abschn. 4.2.2 behandelt, weshalb wir uns hier auf die spezifischen Merkmale der vestibulären Haarsinneszellen konzentrieren.

Die Haarsinneszellen des Vestibularapparates werden in zwei Subtypen unterteilt, die als Typ I und Typ II bezeichnet werden Beide Zelltypen sind in den Bogengangs- und Makulaorganen ungefähr gleich häufig vertreten. Typ-I-Zellen, die ausschließlich bei Amnioten vorkommen, zeichnen sich durch eine flaschenförmige Morphologie aus und werden von einer kelchförmigen postsynaptischen Struktur, der Calyx, innerviert (◘ Abb. 4.39). Im Gegensatz dazu sind Typ-II-Zellen eher zylindrisch geformt, und die Transmitterfreisetzung erfolgt ausschließlich am apikalen Pol.

Die afferenten Axone, welche die Haarsinneszellen innervieren, lassen sich anhand ihres Aktivitätsmusters in reguläre und irreguläre Afferenzen unterteilen. Reguläre Afferenzen erzeugen Aktionspotenziale in einem gleichmäßigen Rhythmus, verfügen über Axone mit kleinerem Durchmesser und innervieren bevorzugt Typ-II-Zellen. Im Gegensatz dazu weisen irreguläre Afferenzen ein unregelmäßiges Muster der Aktionspotenziale auf und kontaktieren sowohl Typ-I- als auch Typ-II-Zellen. Bei Säugetieren korreliert das Muster der Aktionspotenziale mit der innervierten Region: Afferente Nervenfasern, die periphere Regionen der Cristae und Makulaorgane innervieren, zeigen ein reguläres Muster, während die zentralen Afferenzen ein irreguläres Muster aufweisen.

Afferente Axone mit irregulärem Aktivitätsmuster weisen, neben anderen spezifischen Eigenschaften, einen größeren Durchmesser und eine höhere Leitungsgeschwindigkeit auf als reguläre Afferenzen. Aufgrund ihrer schnellen Adaptation repräsentieren sie vor allem die dynamischen Aspekte der Reaktion auf eine Beschleunigung. Im Gegensatz dazu könnten die feineren und stärker verzweigten Afferenzen mit regulärem Antwortmuster für die räumliche und zeitliche Integration der Signale verantwortlich sein. Sie tragen zur Verbesserung des Signal-Rausch-Verhältnisses bei, allerdings auf Kosten der Geschwindigkeit [11].

Die mechanosensorische Signaltransduktion der vestibulären Haarsinneszellen erfolgt ähnlich wie in der Cochlea (siehe ▶ Abschn. 4.2.3). Die Haarsinneszellen des Vestibularorgans besitzen ein Bündel von Stereocilien – eigentlich Stereovilli – sowie ein echtes Cilium, das als Kinocilium bezeichnet wird. Die Auslenkung des Bündels von Stereocilien in Richtung des Kinociliums führt zur Anspannung der Tip-Links und zur Öffnung des mechanoelektrischen Transduktionskomplexes an der Spitze der Stereocilien. Da dieser Teil der Haarsinneszellen von kaliumreicher Endolymphe umgeben ist, diffundieren K^+-Ionen entlang ihres Konzentrationsgradienten über die Membran, was zu einer Depolarisation der Haarsinneszellen führt. Dieses depolarisierende Rezeptorpotenzial aktiviert spannungsabhängige Calciumkanäle, was zu einem Einstrom von Ca^{2+}-Ionen in die Zelle führt. Die Ca^{2+}-Ionen wiederum lösen die Fusion von synaptischen Vesikeln, die Glutamat enthalten, mit der Plasmamembran aus. Glutamat bindet an ionotrope Glutamatrezeptoren in der postsynaptischen

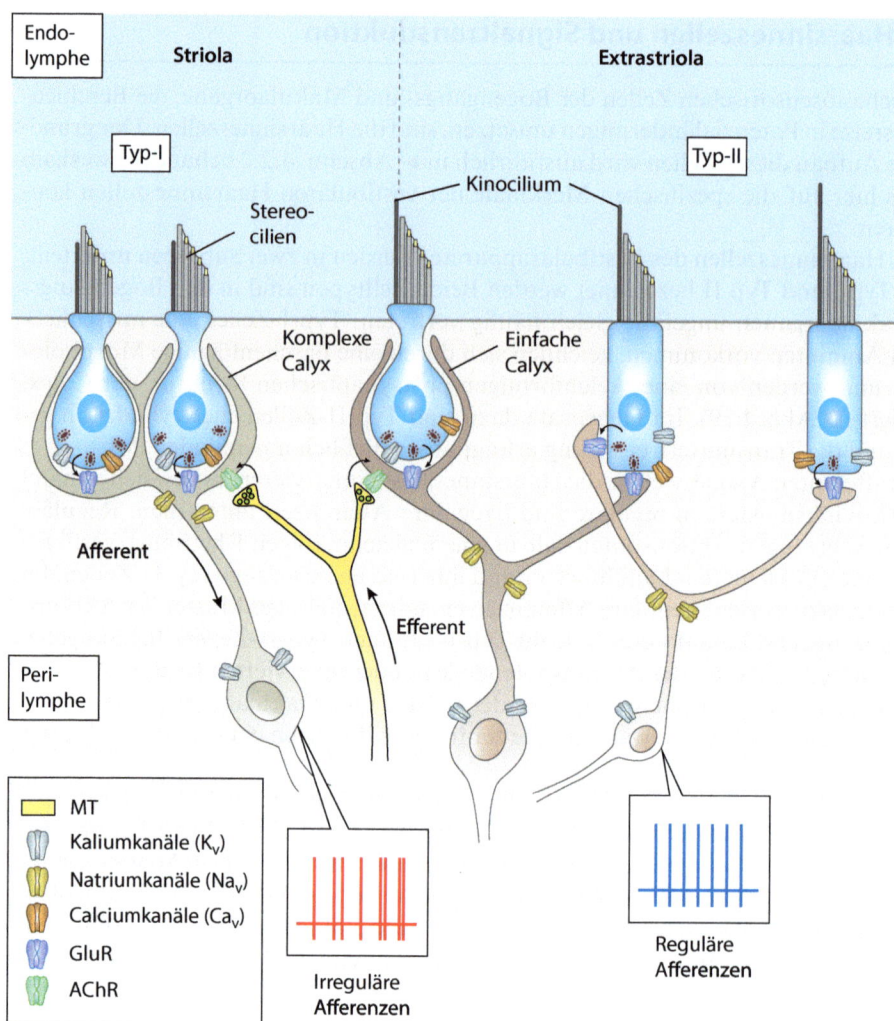

Abb. 4.39 Schematische Darstellung eines Querschnitts durch den Utriculus. Typ-I-Haarsinneszellen weisen einen flaschenförmigen Zellkörper auf und werden durch eine komplexe oder eine simple Calyx innerviert. Haarsinneszellen vom Typ II besitzen einen zylindrischen Zellkörper und einfache Synapsen. Beide Zelltypen setzen an ihren Ribbon-Synapsen Glutamat frei, das auf der postsynaptischen Seite an ionotrope Glutamatrezeptoren bindet. Das Muster der Aktionspotenziale ist in der Peripherie (Extrastriola) regulär und im Zentrum (Striola) irregulär. Efferente Nervenfasern, von denen nur eine dargestellt ist, modulieren die Signalübertragung durch die Freisetzung des Neurotransmitters Acetylcholin. Die Striola ist eine bogenförmig verlaufende Linie im Zentrum der Makulaorgane, die Haarsinneszellen mit gegensätzlicher Orientierung voneinander trennt Mechanosensitive MT-Kanäle befinden sich an der Spitze der Stereocilien. AChR, Acetylcholinrezeptor; GluR, Glutamatrezeptor; MT, mechanoelektrischer Transduktionskomplex. Modifiziert nach [11]

Endigung der afferenten Nervenfaser, und das daraus resultierende EPSP aktiviert spannungsabhängige Na^+-Kanäle, die wiederum für die Generierung von Aktionspotenzialen verantwortlich sind.

Die basolaterale Membran der Haarsinneszellen enthält zahlreiche spannungsabhängige K^+-Kanäle und ist von der Perilymphe umgeben, einer konventionellen extrazellulären Flüssigkeit mit niedriger Kaliumkonzentration. Einige K^+-Kanäle sind beim Ruhemembranpotenzial der Haarsinneszellen geöffnet, während andere durch das depolarisierende Rezeptorpotenzial aktiviert werden. In beiden Fällen diffundieren K^+-Ionen entlang ihres Konzentrationsgradienten aus der Zelle in den Extrazellulärraum.

Im Folgenden werden die wesentlichen Komponenten des Transduktionskomplexes in der Membran der Stereocilien kurz zusammengefasst und die Unterschiede zur Signaltransduktion in der Cochlea hervorgehoben (siehe auch ◘ Abb. 4.12):

- Die Tip-Links, welche die Stereocilien verbinden, bestehen aus **Cadherin-23** (CDH23) und **Protocadherin-15** (PCDH15). Ein Dimer von PCDH15 am unteren Ende der Tip-Links interagiert mit einem Dimer von CDH23 am oberen Ende, wobei Ca^{2+}-Ionen stabilisierend wirken.
- Der mechanosensitive Ionenkanal **TMC1** wird von den Haarsinneszellen des Vestibularapparates exprimiert. Mutationen in diesem Protein führen jedoch im Gegensatz zu ähnlichen Mutationen in den Haarsinneszellen der Cochlea nicht zu funktionellen Defiziten. Dies ist wahrscheinlich auf die kontinuierliche Expression von **TMC2** in den vestibulären Haarsinneszellen zurückzuführen, die den Verlust von TMC1 kompensiert. TMC1 und TMC2 sind entweder eng mit dem mechanoelektrischen Transduktionskomplex assoziiert oder fungieren selbst als Ionenkanäle bei der Signaltransduktion.
- **TMIE** wird ebenfalls von den Haarsinneszellen des Vestibularorgans exprimiert, und Mutationen führen zu einem vestibulären Phänotyp. TMIE bindet an PCDH15 und sorgt für die Lokalisierung von TMC1/2 an der Spitze der Stereocilien.
- **LHFPL5/TMHS** bindet sowohl an PCDH15 als auch an TMIE und ist möglicherweise für die Stabilisierung von TMC1 verantwortlich [55].
- Die Ca^{2+} und Integrin bindenden Proteine CIB2 und CIB3 stellen Untereinheiten des mechanoelektrischen Transduktionskomplexes dar. Während von den Haarsinneszellen der Cochlea vor allem CIB2 exprimiert wird, kommen im Vestibularorgan beide Proteine vor [34].

Die Vestibularorgane auf beiden Seiten des Kopfes senden Signale an das Gehirn, die eine präzise Einschätzung der Eigenbewegung relativ zur Umgebung sowie der Orientierung des Körpers relativ zur Schwerkraft ermöglichen. Neuere Erkenntnisse deuten darauf hin, dass die Codierung und Weiterleitung dieser Informationen über spezifische Bahnen erfolgt. Die Spezifität basiert auf verschiedenen Typen von Haarsinneszellen, der selektiven afferenten Innervation einschließlich der Struktur der Synapse sowie den physiologischen Eigenschaften der Nervenfasern vor allem in Bezug auf den Durchmesser des Axons und die differenzielle Expression von Ionenkanälen. Offensichtlich spielt auch die Integration nicht-vestibulärer Informationen bereits auf sehr frühen Ebenen der Signalverarbeitung eine wesentliche Rolle [8, 9].

Schlüsselkonzepte ▶ Kap. 4.5 Gleichgewichtssinn

- Die physikalische Größe der Masse beschreibt den Widerstand eines Körpers gegen Änderungen seines Bewegungszustands. Dieser Zusammenhang wird im 2. Newton'schen Axiom formuliert.
- Die Beschleunigung ist definiert als eine Veränderung der Geschwindigkeit. Bei einer kreisförmigen Bewegung stellt die Drehbeschleunigung eine Änderung der Winkelgeschwindigkeit dar.
- Das Vestibularorgan im Innenohr der Wirbeltiere ist essenziell für eine stabile Körperhaltung (Gleichgewicht), die Koordination von Bewegungen sowie die Blickstabilisierung.
- Das Vestibularorgan setzt sich aus drei Bogengangsorganen zusammen, die Drehbeschleunigungen registrieren, und zwei Makulaorganen, die für die Erkennung von linearen oder Translationsbeschleunigungen zuständig sind.
- Die Bogengangsorgane bestehen aus drei mit Endolymphe gefüllten, kreisförmigen Kanälen, die sich an ihren Eingängen zu den sogenannten Ampullen erweitern. Diese drei Bogengänge repräsentieren die drei Raumdimensionen.
- In den Ampullen befinden sich mehrere Tausend Haarsinneszellen, deren Stereocilien in eine gallertartige Cupula eingebettet sind. Bei einer Kopfbewegung lenkt die Endolymphe aufgrund ihrer Trägheit die Cupula zur Seite, wodurch die Stereocilien ausgelenkt werden und mechanosensitive Ionenkanäle geöffnet werden.
- Die Auslenkung der Stereocilien erfolgt in beiden Ohren in entgegengesetzte Richtungen, sodass auf der einen Seite des Kopfes eine Depolarisation und auf der anderen Seite eine Hyperpolarisation der Haarsinneszellen resultiert. Dies führt dazu, dass die Spontanaktivität der afferenten Nervenfasern entweder verstärkt oder verringert wird.
- Die beiden Makulaorgane, Utriculus und Sacculus, stehen nahezu senkrecht zueinander. Die Makula besteht aus einer Schicht von Haarsinneszellen, deren Stereocilien in eine darüberliegende gelartige Membran eingelagert sind. Auf der Oberfläche dieser sogenannten Otolithenmembran sind zahlreiche Kristalle aus Calciumcarbonat eingebettet. Aufgrund ihrer Trägheit kommt es bei Linearbeschleunigungen zu einer Scherbewegung zwischen der Otolithenmembran und den Stereocilien der Haarsinneszellen.
- Die Signaltransduktion erfolgt weitgehend ähnlich wie bei den Haarsinneszellen der Cochlea unter Beteiligung der gleichen Proteinkomplexe. Durch die Auslenkung der Stereocilien werden die Tip-Links gespannt und mechanosensitive Ionenkanäle geöffnet. Der Einstrom von Kaliumionen aus der kaliumreichen Endolymphe führt zu einer Depolarisation der Haarsinneszellen, was das Öffnen spannungsabhängiger Calciumkanäle und die Freisetzung des Neurotransmitters Glutamat zur Folge hat. Die Bindung von Glutamat an ionotrope Glutamatrezeptoren an der postsynaptischen Endigung verändert die Frequenz der Aktionspotenziale der afferenten Nervenfasern.

- Die Haarsinneszellen vom Typ I besitzen eine flaschenförmige Morphologie. Ihre postsynaptische Struktur ist kelchförmig und wird daher als Calyx bezeichnet. Im Gegensatz dazu weisen die Haarsinneszellen vom Typ II eine zylindrische Form auf und werden durch einfache synaptische Endigungen innerviert.
- Ein Teil der afferenten Fasern zeigt ein regelmäßiges Aktivitätsmuster, während der andere Teil Aktionspotenziale in unregelmäßigen Abständen generiert. Diese unterschiedlichen Muster sind an der Signalcodierung beteiligt.

Literatur

1. Anderson PW, Zahorik P (2014) Auditory/visual distance estimation: accuracy and variability. Front Psych 5:1097. https://doi.org/10.3389/fpsyg.2014.01097
2. Ashida G, Carr CE (2011) Sound localization: Jeffress and beyond. Curr Opin Neurobiol 21(5):745–751. https://doi.org/10.1016/j.conb.2011.05.008
3. Ashmore J (2008) Cochlear outer hair cell motility. Physiol Rev 88(1):173–210. https://doi.org/10.1152/physrev.00044.2006
4. Bear MF, Connors BW, Paradiso MA (2018) Neurowissenschaften – ein grundlegendes Lehrbuch für Biologie, Medizin, und Psychologie, 4. Aufl. Springer Spektrum, Heidelberg *Sehr verständlich geschriebenes Grundlagenwerk der Neurobiologie mit exzellenten Abbildungen*
5. Beurg M, Fettiplace R, Nam JH, Ricci AJ (2009) Localization of inner hair cell mechanotransducer channels using high-speed calcium imaging. Nat Neurosci 12(5):553–558. https://doi.org/10.1038/nn.2295
6. Beurg M, Cui R, Goldring AC, Ebrahim S, Fettiplace R, Kachar B (2018) Variable number of TMC1-dependent mechanotransducer channels underlie tonotopic conductance gradients in the cochlea. Nat Commun 9(1):2185. https://doi.org/10.1038/s41467-018-04589-8
7. Brandes R, Lang F, Schmidt RF (2019) Physiologie des Menschen, 32. Aufl. Springer Spektrum, Heidelberg
8. Cullen KE (2011) The neural encoding of self-motion. Curr Opin Neurobiol 21(4):587–595. https://doi.org/10.1016/j.conb.2011.05.022
9. Cullen KE (2019) Vestibular processing during natural self-motion: implications for perception and action. Nat Rev Neurosci 20(6):346–363. https://doi.org/10.1038/s41583-019-0153-1
10. Cunningham CL, Qiu X, Wu Z, Zhao B, Peng G, Kim YH, Lauer A, Müller U (2020) TMIE defines pore and gating properties of the mechanotransduction channel of mammalian cochlear hair cells. Neuron 107(1):126–143.e8. https://doi.org/10.1016/j.neuron.2020.03.033
11. Eatock RA, Songer JE (2011) Vestibular hair cells and afferents: two channels for head motion signals. Annu Rev Neurosci 34:501–534. https://doi.org/10.1146/annurev-neuro-061010-113710
12. Effertz T, Nadrowski B, Piepenbrock D, Albert JT, Göpfert MC (2012) Direct gating and mechanical integrity of drosophila auditory transducers require TRPN1. Nat Neurosci 15(9):1198–1200. https://doi.org/10.1038/nn.3175
13. Fettiplace R, Kim KX (2014) The physiology of mechanoelectrical transduction channels in hearing. Physiol Rev 94(3):951–986. https://doi.org/10.1152/physrev.00038.2013
14. Fettiplace R (2017) Hair cell transduction, tuning, and synaptic transmission in the mammalian cochlea. Compr Physiol 7(4):1197–1227. https://doi.org/10.1002/cphy.c160049
15. Fettiplace R (2020) Diverse mechanisms of sound frequency discrimination in the vertebrate cochlea. Trends Neurosci 43(2):88–102. https://doi.org/10.1016/j.tins.2019.12.003
16. Frings S (2021) Die Sinne der Tiere – Lehrbuch der vergleichende Sinnesphysiologie, Springer Spektrum, Heidelberg *Sehr ansprechend illustriertes, gut lesbares Lehrbuch, das die vergleichende Sinnesphysiologie in anschaulicher und niemals trockener Weise vermittelt*

17. Fritsche O (2013) Physik für Biologen und Mediziner, Springer Spektrum, Heidelberg *Für die Lebenswissenschaften relevanten Themen der Physik werden sehr gut verständlich und anschaulich präsentiert*
18. Ge J, Elferich J, Dehghani-Ghanahviyeh S, Zhao Z, Meadows M et al (2021) Molecular mechanism of prestin electromotive signal amplification. Cell 184(18):4669–4679.e13. https://doi.org/10.1016/j.cell.2021.07.034
19. Gong Z, SonW Chung YD, Kim J, Shin DW et al (2004) Two interdependent TRPV channel subunits, Inactive and Nanchung, mediate hearing in *Drosophila*. J Neurosci 24(41):9059–9066. https://doi.org/10.1523/JNEUROSCI.1645-04.2004
20. Göpfert MC, Henning RM (2016) Hearing in insects. Annu Rev Entomol 61:257–276. https://doi.org/10.1146/annurev-ento-010715-023631
21. Grothe B, Pecka M, McAlpine D (2010) Mechanisms of sound localization in mammals. Physiol Rev 90(3):983–1012. https://doi.org/10.1152/physrev.00026.2009
22. Hackney CM, Furness DN (2013) The composition and role of cross links in mechanoelectrical transduction in vertebrate sensory hair cells. J Cell Sci 126(8):1721–1731. https://doi.org/10.1242/jcs.106120
23. Hibino H, Nin F, Tsuzuki C, Kurachi Y (2010) How is the highly positive endocochlear potential formed? The specific architecture of the stria vascularis and the roles of the ion-transport apparatus. Pflugers Arch 459(4):521–533. https://doi.org/10.1007/s00424-009-0754-z
24. Hofmann PM, Van Riswick JGA, Van Opstal J (1998) Relearning sound localization with new ears. Nat Neurosci 1(5):417–421. https://doi.org/10.1038/1633
25. Hoy RR, Robert D (1996) Tympanal hearing in insects. Annu Rev Entomol 41:433–450. https://doi.org/10.1146/annurev.en.41.010196.002245
26. Jeffress LA (1948) A place theory of sound localization. J Comp Physiol Psychol 41(1):35–39. https://doi.org/10.1037/h0061495
27. Jeong H, Clark S, Goehring A, Dehghani-Ghanahviyeh S, Rasouli A et al (2022) Structures of the TMC-1 complex illuminate mechanosensory transduction. Nature 610(7933):796–803. https://doi.org/10.1038/s41586-022-05314-8
28. Jia S, Dallos P, He DZZ (2007) Mechanoelectrical transduction of adult inner hair cells. J Neurosci 27(5):1006–1014. https://doi.org/10.1523/JNEUROSCI.5452-06.2007
29. Jin P, Bulkley D, Guo Y, Zhang W, Guo Z et al (2017) Electron cryo-microscopy structure of the mechanotransduction channel NOMPC. Nature 547(7661):118–122. https://doi.org/10.1038/nature22981
30. Joris PX, Smith PH, Yin TCT (1998) Coincidence detection in the auditory system: 50 years after Jeffress. Neuron 21(6):1235–1238. https://doi.org/10.1016/s0896-6273(00)80643-1
31. Joris PX, van der Heijden M (2019) Early binaural hearing: The comparison of temporal differences at the two ears. Annu Rev Neurosci 42:433–457. https://doi.org/10.1146/annurev-neuro-080317-061925
32. Kikkawa Y, Mburu P, Morse S, Kominami R, Townsend S, Brown SDM (2005) Mutant analysis reveals whirlin as a dynamic organizer in the growing hair cell stereocilium. Hum Mol Genet 14(3):391–400. https://doi.org/10.1093/hmg/ddi035
33. Konishi M (2003) Coding of auditory space. Annu Rev Neurosci 26:31–55. https://doi.org/10.1146/annurev.neuro.26.041002.131123
34. Liang X, Qiu X, Dionne G, Cunningham CL, Pucak ML (2021) CIB2 and CIB3 are auxiliary subunits of the mechanotransduction channel of hair cells. Neuron 109(13):2131–2149.e15. https://doi.org/10.1016/j.neuron.2021.05.007
35. Liberman MC, Gao J, He DZ, Wu X, Jia S, Zuo J (2002) Prestin is required for electromotility of the outer hair cell and for the cochlear amplifier. Nature 419(6904):300–304. https://doi.org/10.1038/nature01059
36. Manley GA, Köppl C (1998) Phylogenetic development of the cochlea and its innervation. Curr Opin Neurobiol 8(4):468–474. https://doi.org/10.1016/s0959-4388(98)80033-0
37. Manor U, Disanza A, Grati MH, Andrade L, Lin H et al (2011) Regulation of stereocilia length by myosin XVa and whirlin depends on the actin-regulatory protein Eps8. Curr Biol 21(2):167–172. https://doi.org/10.1016/j.cub.2010.12.046
38. Moore DR, King AJ (1999) Auditory perception: The near and far of sound localization. Curr Biol 9(10):R361–R363. https://doi.org/10.1016/s0960-9822(99)80227-9

39. Nadrowski B, Effertz T, Senthilan PR, Göpfert MC (2011) Antennal hearing in insects: new findings, new questions. Hear Res 273(1–2):7–13. https://doi.org/10.1016/j.heares.2010.03.092
40. Nam JH, Fettiplace R (2010) Force transmission in the organ of Corti micromachine. Biophys J 98(12):2813–2821. https://doi.org/10.1016/j.bpj.2010.03.052
41. Pan B, Akyuz N, Liu XP, Asai Y, Nist-Lund C et al (2018) TMC1 forms the pore of mechanosensory transduction channels in vertebrate inner ear hair cells. Neuron 99(4):736–753.e6. https://doi.org/10.1016/j.neuron.2018.07.033
42. Peng AW, Effertz T, Ricci AJ (2013) Adaptation of mammalian auditory hair cell mechanotransduction is independent of calcium entry. Neuron 80(4):960–972. https://doi.org/10.1016/j.neuron.2013.08.025
43. Ricci AJ, Gray-Keller M, Fettiplace R (2000) Tonotopic variations of calcium signalling in turtle auditory hair cells. J Physiol 524(2):423–436. https://doi.org/10.1111/j.1469-7793.2000.00423.x
44. Ricci AJ, Crawford AC, Fettiplace R (2003) Tonotopic variation in the conductance of the hair cell mechanotransducer channel. Neuron 40(5):983–990. https://doi.org/10.1016/s0896-6273(03)00721-9
45. Richardson GP, de Monvel JB, Petit C (2011) How the genetics of deafness illuminates auditory physiology. Annu Rev Physiol 73:311–334. https://doi.org/10.1146/annurev-physiol-012110-142228
46. Rutherford MA, von Gerstorff H, Goutman JD (2021) Encoding sound in the cochlea: from receptor potential to afferent discharge. J Physiol 599(10):2527–2557. https://doi.org/10.1113/JP279189
47. Tang YQ, Lee SA, Rahman M, Vanapalli SA, Lu H, Schafer WR (2020) Ankyrin is an intracellular tether for TMC mechanotransduction channels. Neuron 107(1):112–125.e10. https://doi.org/10.1016/j.neuron.2020.03.026
48. Tipler PA, Mosca G (2019) Physik für Studierende der Naturwissenschaften und Technik. 8. Aufl. Springer Spektrum, Heidelberg *Hervorragendes Standardwerk zur Einführung in die Physik mit vielen anschaulichen Beispielen*
49. Verpy E, Masmoudi S, Zwaenepoel I, Leibovici M, Hutchin TP et al (2001) Mutations in a new gene encoding a protein of the hair bundle cause non-syndromic deafness at the DFNB16 locus. Nat Genet 29(3):345–349. https://doi.org/10.1038/ng726
50. Van Wanrooij MM, Van Opstal AJ (2005) Relearning sound localization with a new ear. J Neurosci 25(22):5413–5424. https://doi.org/10.1523/JNEUROSCI.0850-05.2005
51. Walker RG, Willingham AT, Zuker CS (2000) A Drosophila mechanosensory transduction channel. Science 287(5461):2229–2234. https://doi.org/10.1126/science.287.5461.2229
52. Wu Z, Grillet N, Zhao B, Cunningham C, Harkins-Perry S et al (2017) Mechanosensory hair cells express two molecularly distinct mechanotransduction channels. Nat Neurosci 20(1):24–33. https://doi.org/10.1038/nn.4449
53. Xiong W, Grillet N, Elledge HM, Wagner TFJ, Zhao B et al (2012) TMHS is an integral component of the mechanotransduction machinery of cochlear hair cells. Cell 151(6):1283–1295. https://doi.org/10.1016/j.cell.2012.10.041
54. Yack JE (2004) The structure and function of auditory chordotonal organs in insects. Microsc Res Tech 63(6):315–337. https://doi.org/10.1002/jemt.20051
55. Yu X, Zhao Q, Li X, Chen Y, Tian Y et al (2020) Deafness mutation D572N of TMC1 destabilizes TMC1 expression by disrupting LHFPL5 binding. Proc Natl Acad Sci U S A 117(47):29894–29903. https://doi.org/10.1073/pnas.2011147117
56. Zampini V, Rüttiger L, Johnson SL, Franz C, Furness DN et al (2011) Eps8 regulates hair bundle length and functional maturation of mammalian auditory hair cells. PLOS Biology 9(4):e1001048. https://doi.org/10.1371/journal.pbio.1001048
57. Zheng W, Holt JR (2021) The mechanosensory transduction machinery in inner ear hair cells. Annu Rev Biophys 50:31–51. https://doi.org/10.1146/annurev-biophys-062420-081842

Geruch

Inhaltsverzeichnis

5.1 Geruchssinn der Wirbeltiere – 222
5.1.1 Olfaktorisches Epithel – 223
5.1.2 Olfaktorische Rezeptoren – 226
5.1.3 Chemoelektrische Signaltransduktion – 232
5.1.4 Adaptation – 237
5.1.5 Pheromonsignale bei Wirbeltieren – 239
5.1.6 Codierung olfaktorischer Signale – 240

5.2 Geruchssinn der Insekten – 249
5.2.1 Olfaktorische Sensillen – 250
5.2.2 Rezeptorproteine und Signaltransduktion – 252
5.2.3 Codierung olfaktorischer Informationen – 255

Literatur – 259

© Der/die Autor(en), exklusiv lizenziert durch Springer-Verlag GmbH,
DE, ein Teil von Springer Nature 2025
A. Feigenspan, *Sensorische Signaltransduktion – Molekulare Mechanismen der Informationsverarbeitung*, https://doi.org/10.1007/978-3-662-70359-5_5

Die Detektion von Molekülen in der unmittelbaren Umgebung eines Organismus zählt zu den ältesten sensorischen Fähigkeiten. Bereits einzellige Lebewesen nutzen die **Chemorezeption**, um geeignete Nahrungsmoleküle zu identifizieren und potenziell schädliche Substanzen zu meiden. Während anfangs ausschließlich gelöste Stoffe in den ursprünglichen Ozeanen für das Überleben entscheidend waren, traten mit der Besiedlung terrestrischer Lebensräume auch Substanzen in den Vordergrund, die durch den Luftstrom transportiert werden können.

Die Chemorezeption umfasst bei vielzelligen Organismen sowohl die Detektion gelöster Stoffe als auch flüchtiger Moleküle. Die Erkennung gelöster Moleküle, insbesondere im Kontext der Nahrungsaufnahme, wird als Gustation (Schmecken) bezeichnet und ist Gegenstand von ▶ Kap. 6. In diesem Kapitel beschäftigen wir uns mit den Signaltransduktionsmechanismen, die der Erkennung flüchtiger Moleküle zugrunde liegen. Diese chemorezeptive Sinnesleistung wird als Geruch oder **Olfaktion** bezeichnet. Allerdings ist das Kriterium der Löslichkeit nicht eindeutig, da auch flüchtige Moleküle in der wässrigen Umgebung des olfaktorischen Epithels gelöst sein müssen, bevor sie mit den jeweils spezifischen Rezeptoren interagieren können.

Unabhängig von der Transportform der Moleküle verläuft die Signaltransduktion bei den verschiedenen Formen der Chemorezeption grundsätzlich ähnlich. Die Bindung von Molekülen an Rezeptorproteine führt unmittelbar zur Öffnung von Ionenkanälen und dadurch zu einer Änderung der Spannung über der Plasmamembran der Zelle. Alternativ erfolgt die Signaltransduktion durch eine Wechselwirkung der Signalmoleküle mit G-Protein-gekoppelten Rezeptoren, was innerhalb der Zelle eine Reaktionskette auslöst, welche die Konzentration eines intrazellulären Botenstoffs verändert. In der Regel führt auch in diesem Fall das Gating von Ionenkanälen letztlich zu einer Änderung der Spannung über der Zellmembran.

Diese allgemeinen Prinzipien der Chemorezeption ermöglichen sowohl Bakterien die chemotaktische Annäherung an Zucker und Aminosäuren als auch Hunden, mit ihren hochentwickelten olfaktorischen Fähigkeiten Drogen und Sprengstoffe in Koffern zu identifizieren oder Diabetiker vor einer Über- oder Unterzuckerung zu warnen.

5.1 Geruchssinn der Wirbeltiere

Lernziele
1. Den Aufbau des olfaktorischen Epithels der Wirbeltiere anhand der verschiedenen Zelltypen beschreiben.
2. Die Struktur von Riechsinneszellen skizzieren und ihre funktionellen Regionen erläutern.
3. Die G-Protein-gekoppelte Signaltransduktion in den Riechsinneszellen erklären.
4. Die Funktion und Bedeutung des calciumabhängigen Chloridkanals Anoctamin-2 für den Verlauf und die Verstärkung der zellulären Antwort in den olfaktorischen Neuronen erläutern.
5. Die molekularen Mechanismen der Adaptation an Geruchsstoffe auf der Grundlage der Signaltransduktionskaskade erklären.

> 6. Die Mechanismen der Detektion von Pheromonen bei Wirbeltieren erläutern.
> 7. Das kombinatorische Modell zur Detektion von Geruchsstoffen erklären.
> 8. Die Übertragung olfaktorischer Informationen vom Riechepithel in den Bulbus olfactorius anhand der Konnektivität der axonalen Verbindungen erläutern.

Wir atmen täglich etwa 21.000-mal ein und aus, wobei mit jedem Atemzug eine Vielzahl chemischer Substanzen in unsere Lunge gelangt. Auf dem Weg dorthin passieren die Moleküle das Riechepithel in der Nase, wo bestimmte Substanzen, die man auch als **Geruchsstoffe** bezeichnet, an spezifische Rezeptoren binden. Nach einer Reihe von Verarbeitungsschritten werden diese Substanzen schließlich im Gehirn als ein bestimmter Geruch wahrgenommen. Andere Moleküle in der Atemluft sind dagegen geruchlos, was die Frage aufwirft, welche chemischen Eigenschaften ein Molekül besitzen muss, um als Geruchsstoff klassifiziert zu werden.

Grundsätzlich müssen Geruchsstoffe flüchtig oder volatil sein, das bedeutet, dass sie sich in der Luft ausbreiten können. Darüber hinaus sollten sie mit einem Molekulargewicht von 25 bis 300 Da eher klein sein und hydrophobe, also wasserabweisende Eigenschaften aufweisen. Allerdings reicht die Erfüllung dieser eher allgemeinen physikalischen Kriterien nicht aus, da beispielsweise die Gase Methan und Kohlenstoffmonoxid nicht wahrgenommen werden können. Evolutionsbiologisch betrachtet besteht keine Notwendigkeit, spezifische Rezeptoren für diese Substanzen zu entwickeln, da sie in natürlich vorkommenden Konzentrationen keine Gefahr darstellen. In geschlossenen Räumen hingegen können sehr wohl hohe Konzentrationen an Methan und Kohlenstoffmonoxid auftreten – mit potenziell tödlichen Folgen. Aber auch die Bestandteile der Atemluft wie Sauerstoff, Stickstoff und Helium sind für unseren Geruchssinn nicht wahrnehmbar, sodass reine Luft keinen spezifischen Geruch besitzt.

5.1.1 Olfaktorisches Epithel

Die auch als **primäres olfaktorisches Epithel** bezeichnete Riechschleimhaut befindet sich bei Wirbeltieren im Dach der Nasenhöhle. Auf dem Weg in die Lunge durchströmt die Atemluft die Nasenhöhle und wird durch die vorstehenden, knöchernen oder knorpeligen Lamellen der Turbinalia nach oben geleitet. Diese Strukturen verwirbeln die Luft, bevor sie mit dem olfaktorischen Epithel in Kontakt kommt. Es ist bemerkenswert, dass beim Menschen die beiden Nasenlöcher unterschiedlich viel Luft aufnehmen, wobei ein Zusammenhang zwischen der Geruchsempfindlichkeit und der eingeatmeten Luftmenge besteht. Diese nasale Dominanz wechselt im Laufe eines Tages mehrmals die Seite.

Das olfaktorische Epithel des Menschen erstreckt sich über eine Fläche von etwa 5 cm^2 und beherbergt bis zu 12 Mio. **Riechsinneszellen**. Bei den Riechsinneszellen handelt es sich um primäre Sinneszellen, deren Axone den 1. Hirnnerv, den Nervus olfactorius, bilden und durch die Lamina cribrosa in den Bulbus olfactorius im Großhirn ziehen. Im Gegensatz zu anderen sensorischen Neuronen, wie beispielsweise den Photorezeptoren der Netzhaut, sind die Riechsinneszellen in der Lage, Aktionspotenziale zu erzeugen und diese über ihre Axone weiterzuleiten.

Neben den Riechsinneszellen, die für die Signaltransduktion olfaktorischer Reize verantwortlich sind, enthält die Riechschleimhaut zwei weitere Zelltypen: die Stützzellen und die Basalzellen (◘ Abb. 5.1). Da die Riechsinneszellen ungeschützt der Atemluft ausgesetzt sind, die aggressive Chemikalien und schädliche Mikroorganismen enthalten kann, ist ihre Lebensdauer auf einige Wochen begrenzt.[1] Diese Zellen werden kontinuierlich aus Stammzellen, den sogenannten **Basalzellen**, erneuert, die sich zu Riechsinneszellen ausdifferenzieren. Dies stellt eines der wenigen Beispiele für Neuronen dar, die eine lebenslange Fähigkeit zur Erneuerung besitzen. Die **Stützzellen** sind nicht-neuronale Zellen, die durch eine metabolische und physikalische Unterstützung einen wesentlichen Beitrag zur funktionellen Integrität des olfaktorischen Epithels leisten. Auch Stützzellen können durch Differenzierung aus Basalzellen erneuert werden.

Stützzellen und Basalzellen bilden keine jeweils einheitliche Zellpopulation, sondern können aufgrund ihrer molekularen Signaturen in verschiedene Subpopulationen eingeteilt werden [23]. Beispielsweise unterscheidet man zwischen globulären Basalzellen (*Globose basal cells*, GBCs) und horizontalen Basalzellen (*Horizontal basal cells*, HBCs). Beide Zelltypen gehören zu den multipotenten Stammzellen, aus denen sowohl neuronale Riechsinneszellen als auch nicht-neuronale Stützzellen hervorgehen können. Ein wesentlicher Unterschied zwischen ihnen liegt in der Teilungsrate: GBCs weisen eine relativ hohe Proliferationsrate auf und sind vermutlich für die kontinuierliche Erneuerung des Riechepithels verantwortlich. Im Gegensatz dazu teilen sich HBCs langsamer und bilden eine Stammzellreserve, die im Falle einer akuten Schädigung des olfaktorischen Gewebes aktiviert werden kann.

Riechsinneszellen sind bipolare Neuronen mit zwei charakteristischen Zellfortsätzen. Ein Dendrit zieht zur Oberfläche des Riechepithels und bildet dort 10–20 olfaktorische Cilien, die mit einer Länge von etwa 10–50 μm unbeweglich in den nasalen Mucus eingebettet sind. Insgesamt erzeugen die olfaktorischen Cilien eine große Membranfläche, in der sich die Rezeptoren für die Geruchsstoffe befinden. Bei Menschen beträgt die Oberfläche der Cilien etwa 20 cm^2, während sie bei Hunden eine Größe von 5 bis 10 m^2 erreichen kann. Der zweite Fortsatz der Riechsinneszellen verlässt die Zellen am gegenüberliegenden Pol und bildet ein Axon, das die Nasenhöhle verlässt und zusammen mit den Axonen anderer olfaktorischer Neuronen gebündelt in Richtung Gehirn verläuft. Die Axone sind zwar nicht myelinisiert, werden jedoch von olfaktorischen Hüllzellen (*Olfactory ensheathing cells*, OECs), die zu den Gliazellen gehören, umgeben und in Bündeln angeordnet.

Der nasale Mucus, der die apikale Oberfläche des Riechepithels in einer Dicke von etwa 10 μm überzieht, wird von den Bowman'schen Drüsen produziert. Diese Drüsen sezernieren neben einer Vielzahl von protektiven Enzymen auch das Muzin MUC5b, welches der Schicht eine gelartige Konsistenz verleiht.[2] Des Weiteren enthält der

---

[1] In der Tat sind die Riechsinneszellen die einzigen Neuronen im Körper, die in direktem Kontakt mit Umweltstoffen stehen. Ansonsten bilden knöcherne und bindegewebige Strukturen sowie die Hirnhäute hochwirksame Barrieren, die das Nervengewebe vor Umwelteinflüssen schützen.

[2] Muzine sind schleimbildende Substanzen, die aus einem zentralen, stark glykosylierten Protein bestehen, an das zahlreiche Polysaccharide kovalent gebunden sind.

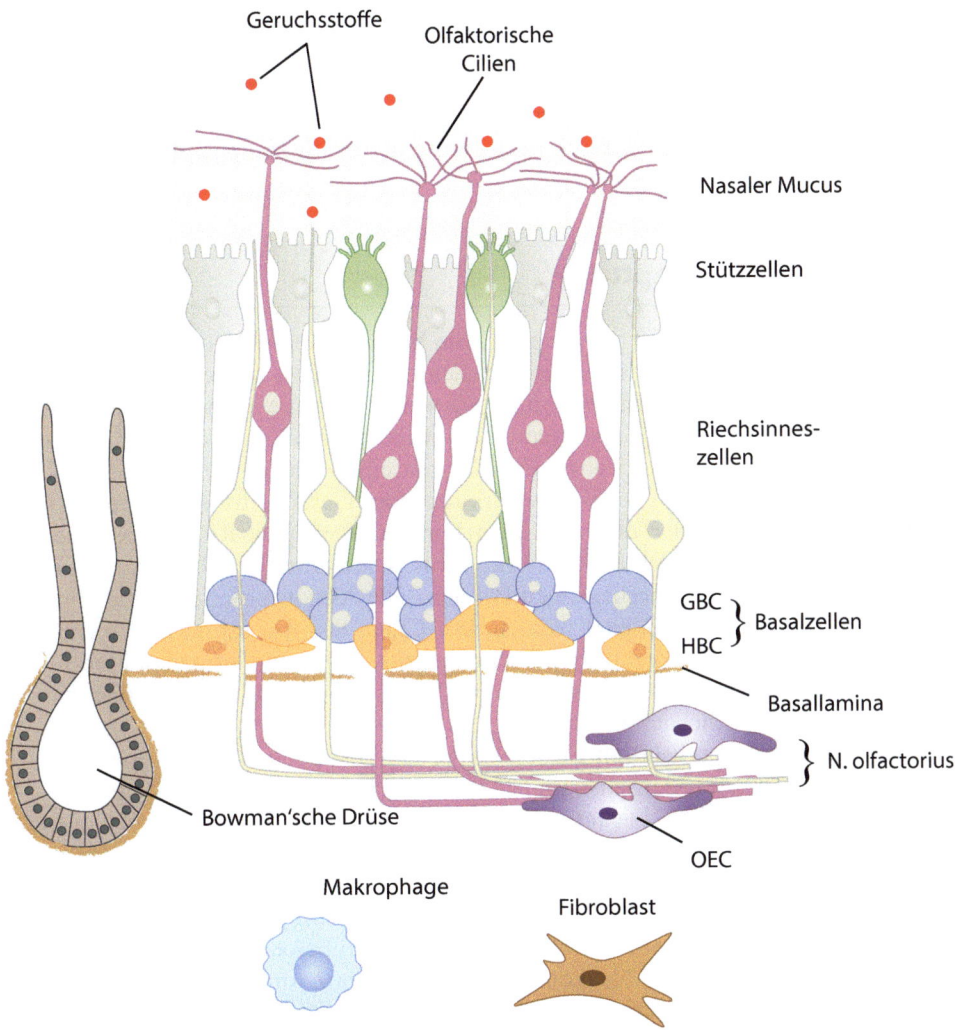

Abb. 5.1 Zellulärer Aufbau des olfaktorischen Epithels der Wirbeltiere. Das olfaktorische Epithel setzt sich aus drei unterschiedlichen Zelltypen zusammen, den Riechsinneszellen, Basalzellen und Stützzellen. Die olfaktorischen Cilien auf der apikalen Seite der Riechsinneszellen, auf denen sich die Rezeptoren für Geruchsstoffe befinden, ragen in eine wässrige, muköse Schicht hinein, die dem Epithel aufliegt. Die Geruchsstoffe müssen in die muköse Schicht eintreten, um an die Rezeptoren der Cilien zu binden. GBC, *globose basal cell*; HBC, *horizontal basal cell*; OEC, *olfactory ensheathing cell*

nasale Mucus sogenannte *Odorant binding proteins* (OBPs), die für die Lösung der Geruchsstoffe im nasalen Mucus und deren Transport zu den olfaktorischen Rezeptoren verantwortlich sind [63]. OBPs wirken wie Emulgatoren, welche die Löslichkeit der meist hydrophoben Geruchsstoffe im wässrigen Milieu des nasalen Mucus erheblich verbessern. Darüber hinaus reichern sie die Duftstoffe im Mucus an, wodurch die Wahrscheinlichkeit einer Bindung an die olfaktorischen Rezeptoren erhöht wird. Bei Säugetieren existieren nur wenige Varianten von OBPs, die daher keine ausgeprägte

Spezifität für bestimmte Geruchsstoffe aufweisen. Schließlich tragen die OBPs auch zur Entfernung der Geruchsstoffe bei, sodass die olfaktorischen Rezeptoren erneut für Bindungsprozesse verfügbar sind. Nach der Wechselwirkung mit den Rezeptoren werden die OBPs wieder mit den Geruchsstoffen beladen, und dieser makromolekulare Komplex kann anschließend durch Endocytose in die Stützzellen aufgenommen werden.

5.1.2 Olfaktorische Rezeptoren

Die Signaltransduktion im olfaktorischen System beginnt, wenn Geruchsstoffe mithilfe der OBPs zu den Cilien der Riechsinneszellen transportiert werden und dort an spezifische Rezeptoren in der Zellmembran binden. Experimente haben gezeigt, dass die olfaktorischen Rezeptoren überwiegend in der Cilienmembran vorkommen, während die übrigen Regionen der Riechsinneszellen nur eine geringe Anzahl an Rezeptoren aufweisen (◘ Abb. 5.2). Die Wechselwirkung eines Geruchsstoffs mit dem entsprechenden Rezeptor induziert einen Einstrom von Kationen in die Riechsinneszelle, was zu einer Depolarisation der Zellmembran führt. Diese überschwellige Potenzialänderung erzeugt am gegenüberliegenden Pol der Zelle Aktionspotenziale, die über das Axon zum Gehirn weitergeleitet werden. Die Cilien der Riechsinneszellen sind demnach mit olfaktorischen Rezeptoren, Proteinen zur Erzeugung intrazellulärer Signalwege und Ionenkanälen ausgestattet, die für die Spannungsänderungen über der Zellmembran verantwortlich sind.

Die Geruchsrezeptoren gehören zu den G-Protein-gekoppelten Rezeptoren und stellen mit 396 Genen beim Menschen und 1130 Genen bei der Maus die größte Genfamilie der Säugetiere dar [12]. Die tatsächliche Anzahl der Gene ist jedoch noch größer, da zahlreiche Pseudogene vorhanden sind, die aufgrund von Mutationen keine funktionelle Relevanz für die Detektion von Geruchsreizen besitzen. Bei Primaten sind etwa die Hälfte aller olfaktorischen Rezeptorgene Pseudogene. Da die Gene für Geruchsrezeptoren keine Introns besitzen, resultiert die außerordentliche Rezeptorvielfalt nicht aus einer zufälligen Neukombination von Exons, sondern aus der Duplikation und Mutation vorhandener Gene. Im Zusammenhang mit der terrestrischen Lebensweise hat sich die Anzahl der Geruchsrezeptoren im Genom vervielfacht. Während Säugetiere durchschnittlich mehr als 2000 verschiedene Genloci für olfaktorische Rezeptoren aufweisen, liegt die Anzahl bei Knochenfischen zwischen 100–200 und bei Knorpelfischen lediglich zwischen 40–60.

Im Vergleich zu anderen Säugetieren ist auffällig, dass beim Menschen sowie bei nicht-menschlichen Primaten eine signifikant höhere Anzahl an Genen für olfaktorische Rezeptoren zu funktionslosen Pseudogenen mutiert ist. Mögliche Gründe für diese Beobachtung aus evolutionsbiologischer und genetischer Perspektive werden im Folgenden kurz zusammengefasst.

- **Sensorischer Paradigmenwechsel: Evolution des Sehsinns.** Im Verlauf der sensorischen Evolution der Primaten hat der visuelle Sinn gegenüber dem Geruchssinn an Bedeutung gewonnen. Dies wird insbesondere im Vergleich zu Nagetieren und Hunden deutlich, die sich wesentlich stärker auf ihren erheblich leistungsfähigeren Geruchssinn verlassen. Mit der Weiterentwicklung der visuellen Informationsverarbeitung nahm die Notwendigkeit eines hochsensiblen Geruchsystems ab. Infol-

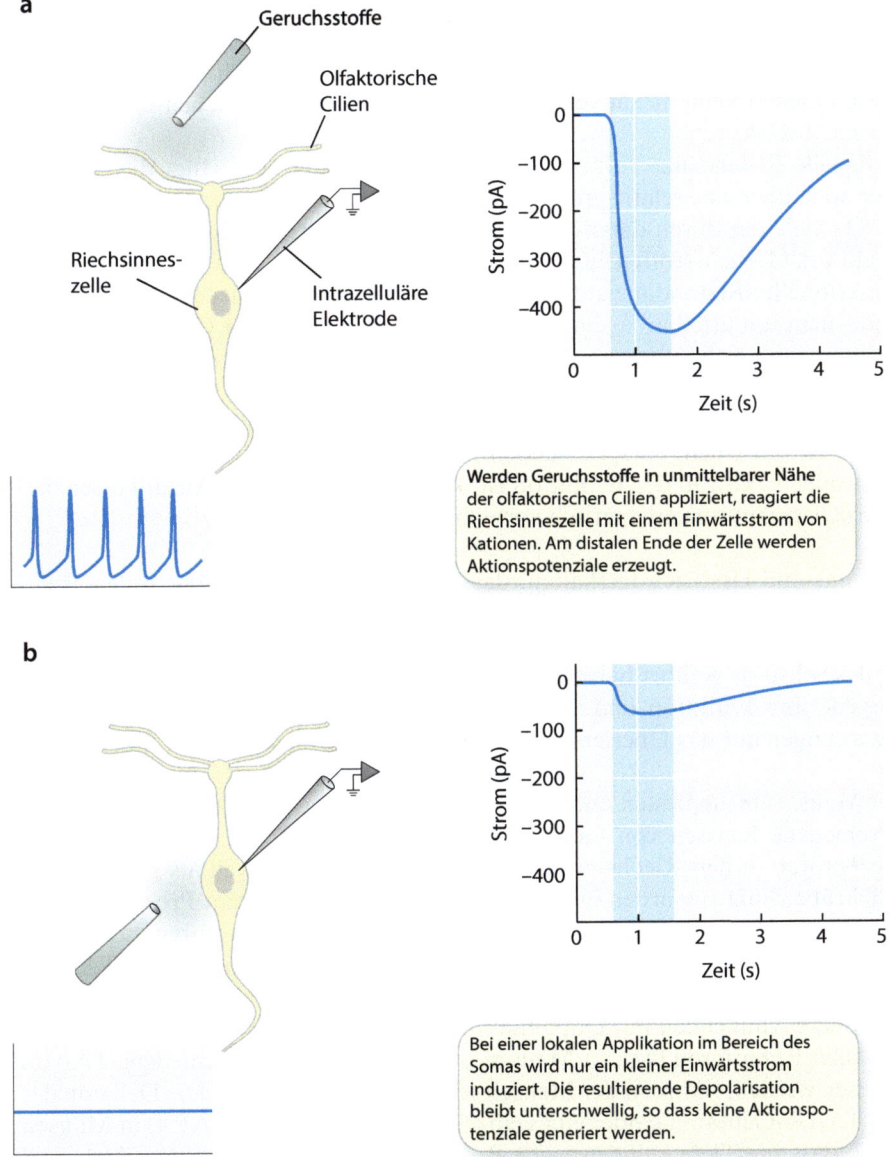

Abb. 5.2 Rezeptoren für Geruchsstoffe werden in den olfaktorischen Cilien exprimiert. Die Applikation von Geruchsstoffen im Bereich der olfaktorischen Cilien führt zu einem Kationenstrom und Aktionspotenzialen im Axon (**a**), während die Applikation in der Nähe des Somas nur eine geringfügige Reaktion der Zelle induziert (**b**)

gedessen konnten sich Mutationen anhäufen, wodurch viele Geruchsrezeptorgene ihre Funktion verloren und zu Pseudogenen wurden.
- **Genetische Drift.** Beim Menschen hat sich der evolutionäre Druck, ein großes Spektrum an funktionellen Geruchsrezeptorgenen aufrechtzuerhalten, verringert. Dies führte dazu, dass es durch genetische Drift – zufällige Veränderungen im

Genpool im Laufe der Zeit – zu einer Anhäufung von Mutationen in den Genen für olfaktorische Rezeptoren kam, von denen viele zu Pseudogenen wurden. Da der Selektionsdruck zur Erhaltung dieser Gene nachließ, hatten Mutationen in diesen Genen keine negativen Auswirkungen auf das Überleben und wurden daher nicht selektiert.
- **Funktionelle Redundanz.** Trotz der zahlreichen Pseudogene verfügt der Mensch immer noch über eine relativ große Anzahl funktioneller olfaktorischer Rezeptorgene. Da viele der durch diese Gene codierten Rezeptoren in der Lage sind, eine Vielzahl von Geruchsstoffen zu erkennen, weist das Riechsystem ein gewisses Maß an funktioneller Redundanz auf. Infolgedessen führt der Verlust einzelner Rezeptorgene nicht unmittelbar zu einem signifikanten Rückgang der Geruchsempfindlichkeit, was die Anhäufung von Mutationen über evolutionäre Zeiträume hinweg erklärt.
- **Genomgröße und Energie.** Die Aufrechterhaltung einer großen Anzahl funktioneller Gene ist mit einem entsprechenden Energieaufwand verbunden. Da Energie ein zentraler Faktor in der Evolution ist, könnte eine geringere Anzahl essenzieller Geruchsrezeptoren energetisch vorteilhaft gewesen sein.

Zusammenfassend lässt sich festhalten, dass die hohe Anzahl olfaktorischer Pseudogene beim Menschen vor allem auf evolutionäre Veränderungen zurückzuführen ist, die zu einer verringerten Abhängigkeit vom Geruchssinn und einer stärkeren Bedeutung des Sehsinns geführt haben. Infolgedessen verloren zahlreiche olfaktorische Rezeptorgene ihre Funktion und wurden zu Pseudogenen, ohne dass dies erhebliche Auswirkungen auf das Überleben oder den Reproduktionserfolg der Organismen hatte.

In der Maus, dem am besten untersuchten Modellorganismus, kommen insgesamt fünf verschiedene Klassen von Geruchsrezeptoren vor (◘ Tab. 5.1). Die olfaktorischen Rezeptoren in den Riechsinneszellen machen dabei den weitaus größten Anteil aus. Darüber hinaus wurden im olfaktorischen Epithel verstreut Proteine identifiziert, die einer anderen Familie von G-Protein-gekoppelten Rezeptoren angehören. Diese sogenannten **Spurenaminrezeptoren** (*Trace amine-associated receptors*, TAARs) erkennen kleinmolekulare Amine, wie sie beispielsweise im Urin vorkommen. Sie weisen eine größere Ähnlichkeit mit Dopamin- oder Serotoninrezeptoren auf als mit den olfaktorischen Rezeptoren [44]. In Mäusen konnten bisher 15 verschiedene TAARs nachgewiesen werden, während der Mensch sechs Isoformen besitzt. Die Deletion der gesamten TAAR-Genfamilie oder eines einzelnen TAAR-Gens (TAAR4) in Mäusen führt dazu, dass die Tiere keine aversive Reaktion auf flüchtige Amine zeigen, insbesondere nicht auf solche, die sich im Urin von Fressfeinden befinden [22]. Diese experimentellen Ergebnisse lassen den Schluss zu, dass TAARs eine entscheidende Rolle bei der hochempfindlichen Detektion aversiver Gerüche spielen.

Proteine aus der **MS4A-Familie** repräsentieren die ersten bisher beschriebenen nicht an G-Proteine gekoppelten olfaktorischen Rezeptoren [31]. Beim Menschen wurden 16 verschiedene Vertreter dieser Genfamilie nachgewiesen. MS4A-Rezeptoren werden im olfaktorischen Epithel exprimiert, kommen dort aber ausschließlich in einem bestimmten Bereich vor, der als *Necklace* bezeichnet wird. Im Gegensatz zu den anderen Riechsinneszellen projizieren die olfaktorischen sensorischen Neuronen in dieser Region zu 12–40 miteinander verbundenen Glomeruli, die den kaudalen Teil des Bulbus olfactorius ringförmig – wie Perlen auf einer Kette – umgeben. Jedes

MS4A-Gen codiert für ein Protein mit vier Transmembransegmenten, wobei von jeder Riechsinneszelle des Necklace-Systems mehrere verschiedene MS4A-Rezeptoren exprimiert werden. Da MS4A-Rezeptoren auch in chemosensorischen Zellen außerhalb des nasalen Epithels auftreten, spielen MS4A-Proteine möglicherweise eine umfassendere Rolle bei der Erkennung chemischer Reize.

Außerdem kommen Rezeptoren vom Typ V1R und V2R vor, die vor allem im **Vomeronasalorgan** lokalisiert sind und der Detektion von Pheromonen dienen. Das an der Basis der Nasenscheidewand gelegene Vomeronasalorgan ist ein Teil des akzessorischen olfaktorischen Systems, das bei vielen Tieren für die Erkennung von Pheromonen und anderen flüchtigen Substanzen, die dem Sozialverhalten dienen, verantwortlich ist [66].

Im Vomeronasalorgan werden auch **Formylpeptidrezeptoren** (FPRs) exprimiert, die an der Detektion sogenannter Formylpeptide beteiligt sind und zusammen mit den Rezeptoren V1R und V2R vorkommen [45]. Formylpeptide werden hauptsächlich von Bakterien freigesetzt, sind jedoch auch in Mitochondrien zu finden. Möglicherweise spielen die FPRs des Vomeronasalorgans eine Rolle bei der olfaktorischen Einschätzung von Artgenossen oder anderen Arten, indem sie Variationen in der normalen Bakterienflora oder in mitochondrialen Proteinen erkennen.

Bei Primaten gilt das Vomeronasalorgan als nicht funktionell, da weder V1R- noch V2R-Gene vorkommen und die entsprechenden anatomischen Strukturen lediglich rudimentär vorhanden sind. Interessanterweise korreliert die phylogenetische Verteilung der Unempfindlichkeit gegenüber Pheromonen mit der Entwicklung des trichromatischen Farbensehens. Dies deutet darauf hin, dass die chemosensorische Funktion des Vomeronasalorgans möglicherweise zumindest teilweise von einem farbempfindlicheren visuellen System übernommen worden sein könnte [80].

Zusätzlich zum olfaktorischen Epithel und dem Vomeronasalorgan existieren mit dem **Septalorgan** von Masera und dem **Grüneberg-Ganglion** noch zwei weitere chemorezeptive Subsysteme, die bislang jedoch nur bei wenigen Säugetierarten wie Mäusen und Ratten dokumentiert sind. Das Septalorgan reagiert auf Geruchsstoffe, die auch vom olfaktorischen Epithel erkannt werden. Zudem zeigen die sensorischen Zellen des Septalorgans mechanosensitive Eigenschaften, die eine Aktivierung durch Luftströmungen ermöglichen [32]. Das Grüneberg-Ganglion enthält sensorische Neuronen, die TAAR- und V2R-Rezeptoren exprimieren. Diese Rezeptoren reagieren insbesondere auf sogenannte Alarmpheromone, was zu spezifischen Verhaltensweisen wie dem *Freezing* bei Mäusen führt [10].

Insgesamt sind die anatomischen Strukturen des Geruchssinns nicht auf das olfaktorische Epithel beschränkt, sondern umfassen – zumindest bei einigen Tierarten – mit dem Vomeronasalorgan, dem Septalorgan und dem Grüneberg-Ganglion drei weitere funktionelle Systeme mit spezifischen Sinneszellen und Rezeptoren. ◘ Tab. 5.1 bietet einen Überblick über die olfaktorischen Systeme, die von ihnen detektierten Geruchsstoffe und die nachgewiesenen Funktionen dieser Interaktionen.

In Fällen, in denen mehrere unterschiedliche Rezeptortypen vorhanden sind, stellt sich die Frage, ob eine sensorische Zelle lediglich einen oder mehrere Rezeptortypen gleichzeitig exprimiert. Diese Überlegung impliziert verschiedene Codierungsstrategien: Die Expression eines einzelnen Rezeptortyps führt zu einer hohen Empfindlichkeit bei der Unterscheidung von Geruchsstoffen, während die gleichzeitige Anwesenheit mehrerer Rezeptoren die Koordination zahlreicher Geruchsstoffe mit einer einheitlichen Verhaltensantwort ermöglicht.

Tab. 5.1 Olfaktorische Systeme und ihre Funktionen bei Säugetieren

Organ	Rezeptor	Liganden	Quelle	Funktion
OE	ORs	Kleine, flüchtige Substanzen	Nahrung, Umwelt	Detektion von Gerüchen
		MHC-Klasse I-Peptide	Urin, Körperflüssigkeiten	Erkennung anderer Individuen
	TAARs	Flüchtige Amine	Urin	Stressantwort, Geschlechtererkennung
	GC-D	CO_2 (Hydrogencarbonat)	Atmosphäre	Vermeidungsverhalten
VNO	V1Rs	Wasserlösliche und flüchtige Pheromone, Steroide	Urin	Erkennung von Artgenossen, männliches Sexualverhalten, maternale Aggression, Regulierung des Östruszyklus
	V2Rs	MHC-Klasse I-Peptide	Urin, Körperflüssigkeiten	Partnererkennung im Kontext eines Schwangerschaftsblocks (Bruce-Effekt)
		Peptide aus exokrinen Drüsen	Tränen	Informationen über Geschlecht und individuelle Identität, Erkennung von Artgenossen
		Urinproteine (MUP)	Urin	Männliches Aggressionsverhalten
		Sulfatierte Steroide	Urin	Indikation des Stresslevels
	FPRs	Formylpeptide	Gramnegative Bakterien	Indikation der Pathogenität und des Gesundheitszustands
		CRAMP, Lipoxin, uPAR-Peptide	Immunsystem	Indikation der Pathogenität und des Gesundheitszustands
GG	TAARs, V2r83	Alarmpheromone	Stress bei Artgenossen	Vermeidung von Gefahren
SO	ORs	Geruchsstoffe	Nahrung, Umwelt	Aufmerksamkeit

OE, olfaktorisches Epithel; OR, olfaktorische Rezeptoren; FPR, Formylpeptidrezeptoren; GC-D, Rezeptor-Guanylylcyclase; GG, Grüneberg-Ganglion; SO, Septalorgan von Masera; TAAR, *Trace amine-associated receptors*; VNO, Vomeronasalorgan. Modifiziert nach [70]

Im olfaktorischen Epithel exprimiert jede Riechsinneszelle – mit Ausnahme der MS4A-Rezeptoren des *Necklace*-Systems – jeweils nur einen Rezeptortyp. Dieser kann entweder ein Vertreter der zahlreichen olfaktorischen Rezeptoren oder der TAAR-Genfamilie sein [44]. Sobald während der Entwicklung einer Riechsinneszelle die Entscheidung für einen Rezeptortyp getroffen wurde, werden alle anderen Rezeptorgene stillgelegt (*Silencing*) [19]. Im Verlauf dieses Prozesses wird eine sogenannte oligogene Phase diskutiert, in der mehrere Gene transkribiert werden, bevor durch positive und negative Selektion eine endgültige Auswahl getroffen wird [53]. Folglich exprimiert jede Riechsinneszelle nur einen Typ von olfaktorischem Rezeptor und wird auch nur von bestimmten Geruchsstoffen aktiviert.

Hochauflösende Strukturen olfaktorischer Rezeptoren ermöglichen erstmals einen Einblick in die molekularen Umlagerungen, die mit der Bindung eines Geruchsstoffs an einen spezifischen Rezeptor einhergehen. Mithilfe der Kryoelektronenmikroskopie konnte die Struktur des humanen olfaktorischen Rezeptors OR51E2 zusammen mit der gebundenen Fettsäure Propionat aufgelöst werden (◘ Abb. 5.3a ,b) [5]. Propionat wird in einer Bindungstasche nahe der extrazellulären Seite von OR51E2 gebunden, die von den Transmembranhelices TM3, TM4, TM5 und TM6 gebildet wird (◘ Abb. 5.3c). Diese Bindungstasche befindet sich in einer ähnlichen Region wie die Bindungsstellen für Adrenalin am β2-adrenergen Rezeptor und Retinal beim Rhodopsin (◘ Abb. 2.8a, b). Propionat geht bei seiner Bindung spezifische Kontakte mit dem Rezeptorprotein ein, die auf der Ausbildung von Wasserstoffbrücken und elektrostatischen Wechselwirkungen basieren und für die Aktivierung des Rezeptorproteins essenziell sind. Mutationen, die das Volumen der Bindungstasche vergrößern, beeinflussen die Selektivität des Rezeptors zugunsten langkettiger Fettsäuren.

Die Bindung eines Geruchsstoffs an einen olfaktorischen Rezeptor führt zu einer Änderung der dreidimensionalen Konformation des Rezeptorproteins, wodurch ein G-Protein auf der intrazellulären Seite aktiviert wird. Eine entscheidende strukturelle Veränderung besteht dabei in der Rotation von TM6 zur extrazellulären Seite, begleitet von weniger ausgeprägten Bewegungen der anderen Transmembranhelices. Durch diese Mechanik öffnet sich intrazellulär eine Bindungstasche für die C-terminale α-Helix der G_s-Proteine.

Obwohl die atomaren Wechselwirkungen und Bewegungen in ihrer Komplexität sehr vielschichtig sind, lassen sie sich auf eine Rotation um ein konserviertes Motiv in TM6 zurückführen. Diese Rotation verursacht eine Veränderung der Position von TM6 sowie der daran gebundenen extrazellulären Schleife (ECL3), sodass die intrazelluläre Bindungsstelle für G-Proteine geöffnet wird.

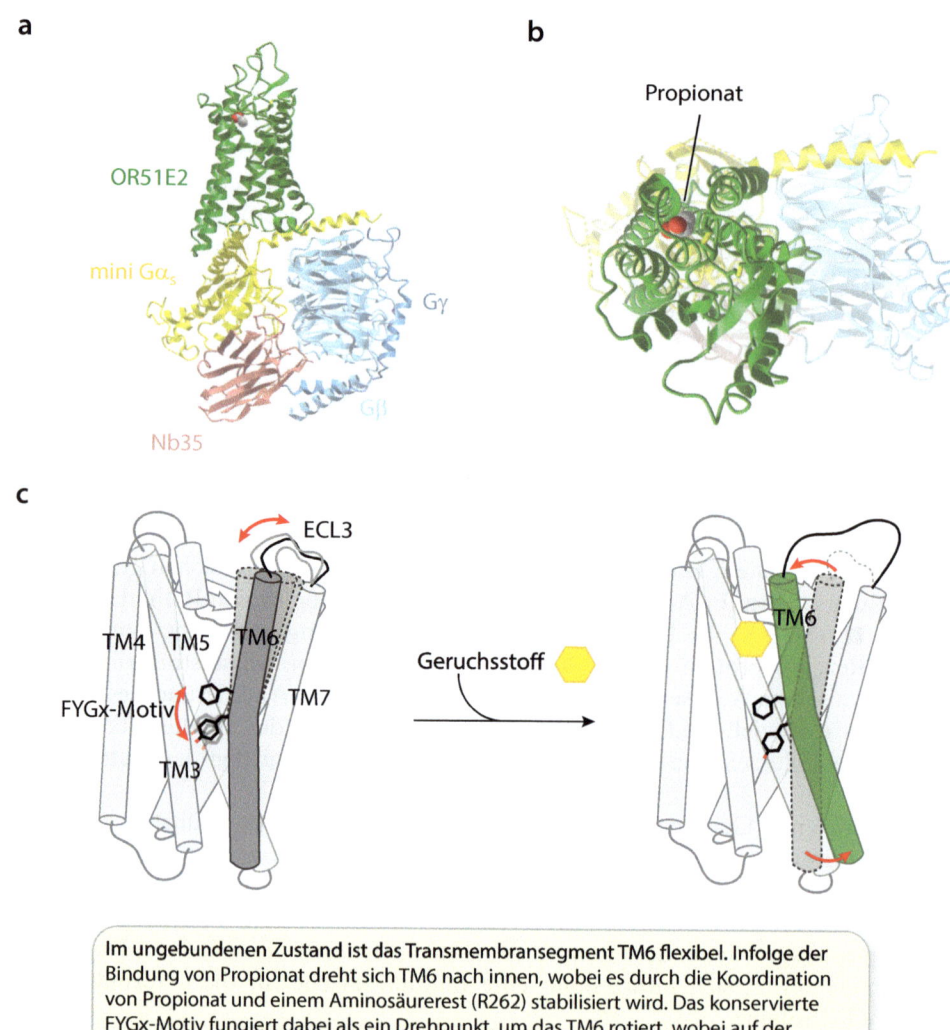

Im ungebundenen Zustand ist das Transmembransegment TM6 flexibel. Infolge der Bindung von Propionat dreht sich TM6 nach innen, wobei es durch die Koordination von Propionat und einem Aminosäurerest (R262) stabilisiert wird. Das konservierte FYGx-Motiv fungiert dabei als ein Drehpunkt, um das TM6 rotiert, wobei auf der intrazellulären Seite die Bindungsstelle für das G-Protein geöffnet wird.

◘ **Abb. 5.3** Struktur und Aktivierung olfaktorischer Rezeptoren. **a** Kryoelektronenmikroskopische Struktur des humanen olfaktorischen Rezeptors OR51E2 in der Seitenansicht. OR51E2 ist mit einem Mini-Gα_s-Protein fusioniert und hat G$\beta\gamma$ gebunden. Nb35 ist ein stabilisierender Nanobody (PDB ID: 8F76 [5]). **b** OR51E2 in der Aufsicht von der extrazellulären Seite. Die Bindung von Propionat in einer Bindungstasche ist gut zu erkennen. **c** Hypothetisches Modell der Aktivierung von OR51E2. Die *roten Pfeile* deuten die für Aktivierung von OR51E2 erforderlichen molekularen Verschiebungen an. (Modifiziert nach [5])

5.1.3 Chemoelektrische Signaltransduktion

Die überwiegende Mehrheit der Sinneszellen im Riechepithel ist mit G-Protein-gekoppelten Geruchsrezeptoren ausgestattet. Jede dieser Sinneszellen exprimiert ausschließlich ein einziges Geruchsrezeptorgen, was bedeutet, dass in ihrer Membran

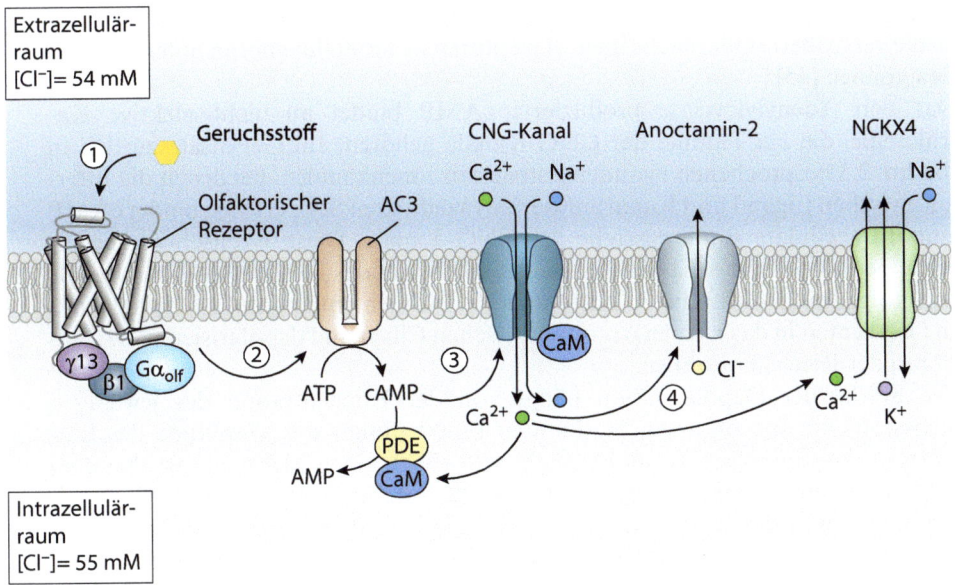

Abb. 5.4 Signaltransduktionskaskade in den Riechsinneszellen der Wirbeltiere. Die Zellmembran der Cilien der Riechsinneszellen enthält alle für den Transduktionsprozess erforderlichen Proteine. Aufgrund der Aktivität des NKCC1-Transporters sind intra- und extrazelluläre Chloridkonzentration etwa gleich groß. Durch die Bindung eines Geruchsstoffs an den Rezeptor wird $G\alpha_{olf}$ aktiviert (Schritt 1). $G\alpha_{olf}$ wiederum aktiviert das Enzym Adenylylcyclase 3 (AC3), das die Umwandlung von ATP in cAMP katalysiert (Schritt 2). cAMP bindet an CNG-Kanäle, die daraufhin öffnen, sodass Na^+- und Ca^{2+}-Ionen über die Membran in die Zelle diffundieren (Schritt 3). Na^+ depolarisiert die Membran und erzeugt das Rezeptorpotenzial, während Ca^{2+} das Gating von Anoctamin-2 steuert (Schritt 4). Der Ausstrom von Cl^--Ionen führt zu einer länger andauernden Depolarisation der Zellmembran. NCKX4 transportiert Ca^{2+}-Ionen wieder aus der Zelle hinaus

nur ein spezifischer Typ von Geruchsrezeptor vorhanden ist. Im olfaktorischen System der Maus, das etwa 10 Mio. Riechsinneszellen und mehr als 1000 verschiedene Rezeptortypen umfasst, teilen sich somit etwa 10.000 Riechsinneszellen denselben Typ von Geruchsrezeptor. Die Axone aller Neuronen, die identische Rezeptoren tragen, verlaufen gebündelt zum Bulbus olfactorius, wo sie typischerweise zwei Glomeruli innervieren – einen in jeder Hemisphäre [25].

Nach dem kanonischen Modell der olfaktorischen Signaltransduktion bewirkt die Bindung eines Geruchsstoffs an einen spezifischen olfaktorischen Rezeptor die Aktivierung eines heteromeren G-Proteins vom Typ $G\alpha_{olf}$ (Abb. 5.4) [35]. Daraufhin dissoziiert der Komplex in die $G\alpha_{olf}$-Untereinheit und ein Dimer, das aus $G\beta_1$ und $G\gamma_{13}$ besteht. Der Guaninnukleotid-Austauschfaktor Ric-8B katalysiert in einer Wechselwirkung mit $G\alpha_{olf}$ und $G\gamma_{13}$ den Austausch von GDP gegen GTP und spielt damit eine wesentliche Rolle bei der Verstärkung des olfaktorischen Signals [73].

Die Aktivierung von $G\alpha_{olf}$ steigert die Aktivität von Adenylylcyclase 3 (AC3) in den olfaktorischen Cilien der Riechsinneszellen, was wiederum zur Synthese von cAMP aus ATP führt [58]. AC3 ist für die olfaktorische Signaltransduktion obligatorisch, denn ein Knock-out des Gens für AC3 in den transgenen Mäusen verursacht einen vollständigen Verlust des Geruchssinns [77]. Darüber hinaus verringert der Knock-out von AC3 die Länge der olfaktorischen Cilien. Generell gewährleisten längere Cilien eine höhere Sensitivität gegenüber Geruchsstoffen als kürzere, da durch die vergrößerte Oberfläche mehr Rezeptoren in der Zellmembran untergebracht werden können [15].

Das von Adenylylcyclase produzierte cAMP bindet an nicht-selektive Kationenkanäle, die zur Familie der CNG-Kanäle gehören. Im Gegensatz zu den in ▶ Abschn. 2.3 besprochenen ligandengesteuerten Ionenkanälen, bei denen die Interaktion zwischen Ligand und Kanal auf der extrazellulären Seite erfolgt, bindet cAMP an eine intrazelluläre Bindungsstelle der CNG-Kanäle. Diese Wechselwirkung induziert eine Konformationsänderung, die zur Öffnung des integrierten Ionenkanals führt. Infolgedessen diffundieren Na^+- und Ca^{2+}-Ionen entlang ihres elektrochemischen Gradienten in das Lumen der olfaktorischen Cilien und depolarisieren die Zellmembran der Riechsinneszellen.

Die Stärke der Depolarisation hängt von der Konzentration des jeweiligen Geruchsstoffs ab. Bis zu einem bestimmten Punkt nimmt die Amplitude des Einwärtsstroms kontinuierlich zu und erreicht schließlich einen Maximalwert, bei dem alle aktivierbaren Ionenkanäle geöffnet sind (◘ Abb. 5.5a). Wird die Konzentration des Geruchsstoffs weiter erhöht, so verlängert sich die Dauer des Einwärtsstroms. Diese Reaktion auf eine steigende Reizstärke erinnert an die Antwort der Stäbchenphotorezeptoren auf eine zunehmende Lichtintensität (◘ Abb. 3.12a). Die Abhängigkeit der Stromamplitude von der Konzentration des Geruchsstoffs lässt sich mathematisch durch eine Reiz-Reaktions-Beziehung beschreiben, die als Dosis-Wirkungs-Kurve bezeichnet wird (◘ Abb. 5.5b). Durch die Anpassung dieser Kurve an die empirischen Daten können zwei wichtige Parameter ermittelt werden: erstens die Konzentration, die 50 % der maximalen Reaktion hervorruft, und zweitens der Hill-Koeffizient, der die Steilheit der Kurve beschreibt und als Maß für die Anzahl der gebundenen Moleküle dient.

Die olfaktorischen CNG-Kanäle bilden ein Tetramer, das aus drei α-Untereinheiten (zwei CNGA2 und ein CNGA4) und einer β-Untereinheit (CNGB1) zusammengesetzt ist (◘ Abb. 3.10). Die Funktionalität des gesamten Kanals hängt jedoch maßgeblich von der CNGA2-Untereinheit ab. Ein Knock-out von CNGA2 führt, ähnlich wie das Fehlen von AC3, zu einem weitgehenden Verlust der Geruchsempfindlichkeit [11]. Die beiden anderen Untereinheiten modifizieren die biophysikalischen Eigenschaften der CNG-Kanäle, wie beispielsweise deren Leitfähigkeit und Affinität für cAMP [8, 65].

Im Gegensatz zu den CNG-Kanälen der Photorezeptoren, die cGMP mit hoher Affinität binden, zeigen die olfaktorischen CNG-Kanäle eine geringere Spezifität für zyklische Nukleotide und können prinzipiell sowohl durch cAMP als auch durch cGMP aktiviert werden. Infolgedessen wurde für einige Riechsinneszellen eine Rolle von cGMP in der olfaktorischen Signaltransduktion nachgewiesen [51].

Neben Na^+-Ionen diffundieren auch Ca^{2+}-Ionen in das Lumen der Cilien, was nicht nur eine Veränderung des Membranpotenzials, sondern auch einen Anstieg der intrazellulären Ca^{2+}-Konzentration zur Folge hat. Ca^{2+} fungiert als zentrales Signalmolekül, dessen vielfältige Wirkmechanismen im ▶ Abschn. 2.5.4 ausführlich erörtert werden. Im olfaktorischen System kommt den Ca^{2+}-Ionen eine entscheidende Rolle zu, da sie die initiale Reaktion der Riechsinneszellen auf einen Geruchsstoff verstärken. Um die molekularen Grundlagen dieser Verstärkung zu verstehen, ist es notwendig, einen kurzen Überblick über die Codierung von Geruchsstoffen zu geben.

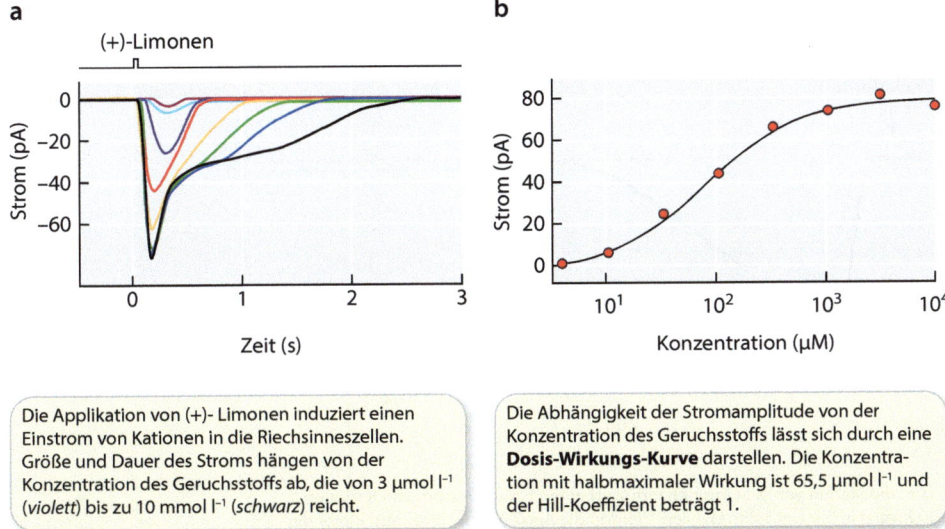

Die Applikation von (+)-Limonen induziert einen Einstrom von Kationen in die Riechsinneszellen. Größe und Dauer des Stroms hängen von der Konzentration des Geruchsstoffs ab, die von 3 μmol l^{-1} (*violett*) bis zu 10 mmol l^{-1} (*schwarz*) reicht.

Die Abhängigkeit der Stromamplitude von der Konzentration des Geruchsstoffs lässt sich durch eine **Dosis-Wirkungs-Kurve** darstellen. Die Konzentration mit halbmaximaler Wirkung ist 65,5 μmol l^{-1} und der Hill-Koeffizient beträgt 1.

◘ **Abb. 5.5** Durch den Duftstoff (+)-Limonen induzierte Ströme über der Membran von Riechsinneszellen. Limonen ist ein Naturstoff aus der Gruppe der Terpene, der in zahlreichen Pflanzenölen vorhanden ist. **a** Die extrazelluläre Applikation steigender Konzentrationen von (+)-Limonen für eine Dauer von 30 ms führt zum Einstrom von Kationen in die Riechsinneszelle. Der Zeitverlauf der Applikation ist über der Grafik angegeben. Die verschiedenen Farben repräsentieren eine ansteigende Konzentration von (+)-Limonen. **b** Die Abhängigkeit der Stromantwort von der Konzentration wird durch eine nicht lineare Dosis-Wirkungs-Kurve dargestellt. (Modifiziert nach [42])

Der Mensch verfügt beispielsweise nur über etwa 400 verschiedene olfaktorische Rezeptoren, ist jedoch in der Lage, eine weitaus größere Anzahl von Gerüchen zu unterscheiden. Psychophysische Studien haben gezeigt, dass bis zu einer Billion verschiedener Gerüche wahrgenommen werden können [13]. Diese bemerkenswerte Fähigkeit lässt sich nur damit erklären, dass jeder olfaktorische Rezeptor nicht nur von einem, sondern von mehreren Geruchsstoffen aktiviert werden kann, wobei die einzelnen Geruchsstoffe unterschiedliche Antwortstärken in den Riechsinneszellen hervorrufen. Die Codierung erfolgt demnach kombinatorisch, wobei ein sogenannter Populationscode für jeden Geruchsstoff ein eindeutiges Aktivierungsmuster in den Riechsinneszellen erzeugt.

Damit unterschiedliche Geruchsstoffe an einen Rezeptor binden können, darf die Affinität des Rezeptors für jeden einzelnen Geruchsstoff nicht zu hoch sein. Anders als im visuellen System, wo durch die Photoisomerisation ein langlebiges aktiviertes Rhodopsinmolekül entsteht, bleibt ein Geruchsstoff normalerweise nur für 1 ms an den Rezeptor gebunden. Infolgedessen ist die Wahrscheinlichkeit, dass selbst ein einziges G-Protein aktiviert wird, relativ gering [6].

An dieser Stelle kommt die intrazelluläre Ca^{2+}-Konzentration ins Spiel: Ca^{2+}-abhängige Chloridkanäle, die als Ano2 (Anoctamin-2 oder TMEM16B) bezeichnet werden, verstärken die initiale Antwort auf die Bindung eines Geruchsstoffs (◘ Abb. 5.6). Der Einstrom von Ca^{2+}-Ionen führt zur Öffnung der Ano2-Kanäle, sodass Chloridionen aus der Zelle in den Extrazellulärraum diffundieren. ◘ Abb. 5.6 unterstreicht die Bedeutung der Ano2-Kanäle, da der Ausstrom von Cl^- einen grö-

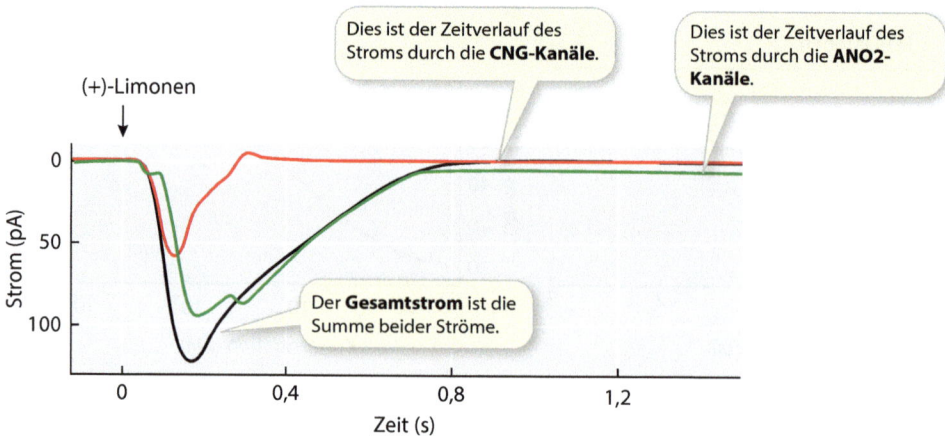

Die Applikation von (+)-Limonen induziert einen Einwärtsstrom von Kationen (*schwarz*) in die Riechsinneszellen. Werden die Ano2-Kanäle blockiert, bleibt der durch die CNG-Kanäle vermittelte Anteil (*rot*) übrig. Die Differenz zwischen dem Gesamtstom und dem Strom durch die CNG-Kanäle ergibt den durch die Ano2-Kanäle induzierten Strom (*grün*).

◘ Abb. 5.6 Der durch einen Geruchsstoff wie (+)-Limonen induzierte Einwärtsstrom setzt sich aus zwei Komponenten zusammen, die pharmakologisch voneinander getrennt werden können. Der Gesamtstrom besteht aus einem Einstrom von Kationen durch CNG-Kanäle sowie einem Ausstrom von Anionen durch Anoctamin-2-Kanäle. Der *Pfeil* gibt den Zeitpunkt der Applikation von (+)-Limonen an. (Modifiziert nach [42])

ßeren Beitrag zum Gesamtstrom leistet als der Einstrom von Kationen durch die CNG-Kanäle. Bei sehr geringen Konzentrationen eines Geruchsstoffs, die sich im Bereich der Detektionsschwelle befinden, verschiebt sich das Verhältnis der beiden Stromkomponenten weiter zugunsten der Ano2-Kanäle [43].

Trotz der Unterstützung durch exzitatorische Chloridkanäle fällt die Signalverstärkung auf der Ebene der olfaktorischen Rezeptoren im Vergleich zum visuellen System relativ gering aus (siehe ▶ Abschn. 3.2). Selbst bei mikromolaren Konzentrationen von Geruchsstoffen im Atemmedium erreichen schätzungsweise mehr als 20 Mio. Moleküle des Geruchsstoffs ein einziges olfaktorisches Cilium. Die außerordentlich geringe Wahrscheinlichkeit, dass ein einzelnes Molekül an einen spezifischen Rezeptor bindet und die Signalkaskade aktiviert, wird durch die immense Anzahl an Geruchsstoffmolekülen kompensiert.

Riechsinneszellen weisen eine relativ hohe intrazelluläre Cl^--Konzentration auf, die durch die Aktivität des Ionentransporters NKCC1 erzeugt wird [60]. Bei NKCC1 handelt es sich um einen Symporter, der bei jedem Transportzyklus jeweils ein Na^+-Ion, ein K^+-Ion und zwei Cl^--Ionen in den Intrazellulärraum transportiert.[3]

---

3   Die für diesen Transportprozess erforderliche Energie stammt aus dem elektrochemischen Gradienten für Na^+, der durch die Na^+/K^+-ATPase aufrechterhalten wird. Der durch NKCC1 vermittelte Einstrom treibt somit den parallelen Transport von K^+ und Cl^- an.

Infolgedessen sind die intra- und extrazellulären Cl⁻-Konzentrationen annähernd gleich, wodurch sich ein Gleichgewichtspotenzial für Cl⁻ (U_{Cl}) von 0 mV einstellt. Wenn sich Chloridkanäle wie Ano2 in der Membran der Riechsinneszellen öffnen, verlassen negativ geladene Ionen die Zelle, was zu einer stärkeren Depolarisation der Zellmembran führt.

Die Beendigung der zellulären Reaktion auf einen Geruchsstoff erfolgt grundsätzlich auf den verschiedenen Ebenen der Signalkaskade. Ein ähnlicher Prozess wird in ▶ Abschn. 3.4 für die Beendigung der Lichtreaktion der Photorezeptoren ausführlich beschrieben. Eine Besonderheit des olfaktorischen Systems stellt die Phosphorylierung des Effektormoleküls AC3 durch die Calmodulinkinase II (CaMKII) dar, die eine Hemmung von AC3 zur Folge hat [75]. Dadurch sinkt die intrazelluläre cAMP-Konzentration auf ein niedrigeres Niveau, was wiederum zum Schließen der CNG-Kanäle führt. Gleichzeitig werden Ca^{2+}-Ionen aus den olfaktorischen Cilien mithilfe von NCKX4 in den Extrazellulärraum transportiert, sodass auch die Anoctamin-2-Kanäle schließen [3, 59]. Diese beiden Prozesse tragen gemeinsam zur Repolarisation der Zellmembran bei.

5.1.4 Adaptation

Die alltägliche Erfahrung zeigt, dass das olfaktorische System eine bemerkenswerte Adaptationsfähigkeit besitzt, wenn es über einen längeren Zeitraum hinweg mit einem gleichbleibenden Geruch konfrontiert wird. Ein neuer Geruch wird zu Beginn deutlich wahrgenommen, jedoch nimmt seine Intensität mit der Zeit ab, bis die Geruchswahrnehmung schließlich ganz verschwindet. Da unterschiedliche olfaktorische Reize in der Regel allgegenwärtig sind, wirkt die Adaptation an ständig präsente Gerüche als Schutzmechanismus, der eine Reizüberflutung verhindert. Zudem ist sie eine wesentliche Voraussetzung für die Wahrnehmung neuer und potenziell verhaltensrelevanter Gerüche.

In der folgenden Auflistung sowie in ◘ Abb. 5.7 werden die molekularen Mechanismen zusammengefasst und erläutert, die zur Adaptation an Geruchsstoffe führen. Einige der beschriebenen Prozesse basieren auf einer Erhöhung der intrazellulären Calciumkonzentration, die in Form eines negativen Rückkopplungsmechanismus den Aktivierungszustand der Komponenten der Signalkaskade beeinflusst.

- **Phosphorylierung von Geruchsrezeptorproteinen.** Die Bindung von β-Arrestin an einen phosphorylierten Geruchsrezeptor beendet die Aktivierung weiterer $G\alpha_{olf}$-Untereinheiten und führt zur Desensitisierung des Rezeptors. Die Phosphorylierung erfolgt am C-terminalen Ende durch die G-Protein-gekoppelte Rezeptorkinase 3 (GRK3) sowie durch Proteinkinase A (PKA). Dieser Schritt entspricht der Inaktivierung von Rhodopsin durch Rhodopsinkinase und der anschließenden Bindung von Arrestin (◘ Abb. 3.13).
- **Inaktivierung von $G\alpha_{olf}$.** RGS-Proteine (*Regulator of G protein signaling*) sind eine Familie von Proteinen, die eine entscheidende Rolle bei der Regulation von G-Proteinen spielen. Sie fungieren als GAPs (*GTPase-accelerating proteins*), indem sie die Hydrolyse von GTP beschleunigen [67]. Die Umwandlung von GTP in GDP inaktiviert $G\alpha_{olf}$, was zur Beendigung der Aktivität der Adenylylcyclase 3 führt und somit die weitere Synthese von cAMP verhindert.

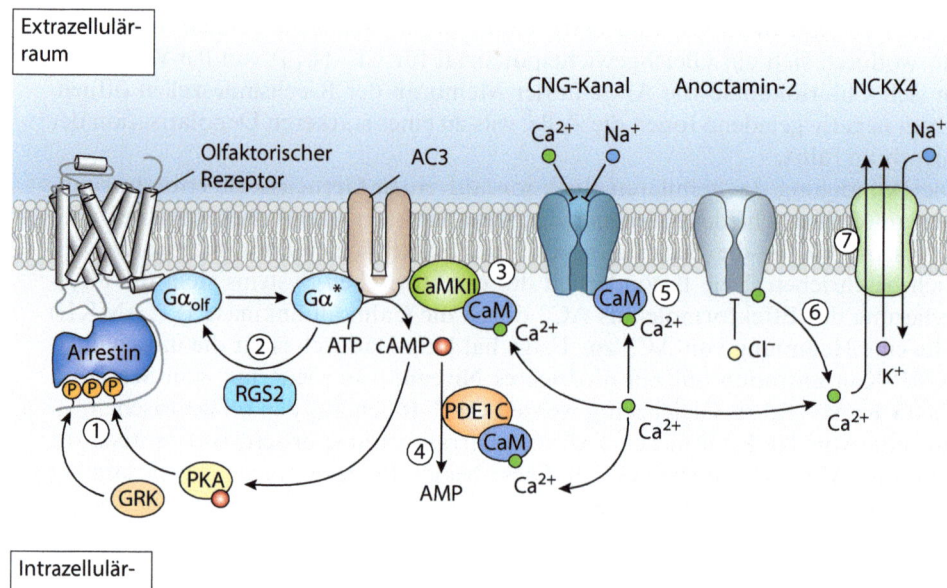

Abb. 5.7 Molekulare Mechanismen, die die Beendigung der Reaktion auf einen Geruchsstoff und die Adaptation von Riechsinneszellen vermitteln. Die Phosphorylierung sowie die nachfolgende Bindung von Arrestin beenden die Aktivität von Geruchsrezeptoren (Schritt 1). Die beschleunigte Hydrolyse von GTP in $G\alpha_{olf}$ durch RGS2 (Schritt 2) sowie die Hemmung der Adenylylcyclase 3 durch eine CaMKII-vermittelte Phosphorylierung (Schritt 3) unterbinden die weitere Synthese von cAMP. Phosphodiesterasen bauen den Botenstoff cAMP ab (Schritt 4), was zum Schließen der CNG-Kanäle führt (Schritt 5). Ca^{2+} verlässt die Bindungsstelle an Anoctamin-2-Kanälen, die daraufhin schließen (Schritt 6). Der Transport von Ca^{2+}-Ionen in den Extrazellulärraum durch den Symporter NCKX4 stellt die niedrige Calciumkonzentration in den olfaktorischen Cilien wieder her (Schritt 7)

- **Hemmung der Aktivität der Adenylylcyclase 3.** Die Bindung intrazellulärer Ca^{2+}-Ionen an Calmodulin führt zur Bildung eines Komplexes, der wiederum die Ca^{2+}-Calmodulin-abhängige Proteinkinase CaMKII aktiviert. Infolge der Phosphorylierung durch CaMKII wird die katalytische Aktivität der Adenylylcyclase verringert [75]. Somit gibt es zwei Mechanismen zur Reduktion des Schlüsselenzyms AC3: einen calciumunabhängigen Weg über $G\alpha_{olf}$ und eine calciumabhängige Variante, die auf der Aktivierung von CaMKII basiert.
- **Abbau von cAMP.** Die Hydrolyse von cAMP und anderen zyklischen Nukleotiden durch Phosphodiesterasen führt zu einer Hemmung ihrer biologischen Aktivität (siehe ▶ Abschn. 2.5.3 und ◘ Abb. 2.11c). Riechsinneszellen exprimieren zwei Isoformen der Phosphodiesterase, die sich hinsichtlich ihrer Verteilung in den Zellen unterscheiden. Ca^{2+}-Calmodulin-abhängige Phosphodiesterase 1C (PDE1C) ist ausschließlich in den olfaktorischen Cilien lokalisiert und wird durch den Komplex von Ca^{2+}-Ionen und Calmodulin aktiviert. Im Gegensatz dazu kommt calciumunabhängige Phosphodiesterase PDE4A in den gesamten Riechsinneszellen vor [37, 79]. Die physiologische Bedeutung der Hydrolyse von cAMP ist jedoch noch nicht abschließend geklärt, da das Fehlen beider PDE-Isoformen zwar die

zelluläre Reaktion auf einen Geruchsstoff verlängert, jedoch keinen messbaren Einfluss auf Adaptationsprozesse ausübt [18].
- **Desensitisierung von CNG-Kanälen.** Die Desensitisierung der CNG-Kanäle erfolgt durch eine Ca^{2+}-Calmodulin-vermittelte Hemmung. Für die Wechselwirkung mit Ca^{2+}-Calmodulin ist in der Aminosäuresequenz ein sogenanntes IQ-Motiv erforderlich, das ausschließlich in der CNGB1-Untereinheit vorkommt [9, 68]. Ca^{2+}-Calmodulin verringert zudem die Affinität der CNG-Kanäle für cAMP, wodurch letztlich die Wahrscheinlichkeit, dass die Ionenkanäle öffnen, reduziert wird [16]. Da Calmodulin bereits mit dem CNG-Kanal assoziiert vorliegt, genügt die Bindung von Ca^{2+}, um eine schnelle Desensitisierung der Ionenkanäle zu induzieren.

Im Rahmen der Signaltransduktion in den olfaktorischen Cilien von Wirbeltieren führt die Bindung eines Geruchsstoffs an einen Rezeptor letztlich zu einem Einstrom von Ca^{2+}-Ionen. Die daraus resultierende Erhöhung der intrazellulären Calciumkonzentration hat zwei gegenläufige Effekte. Einerseits kommt es zu einer eher ungewöhnlichen Aktivierung von Chloridkanälen mit exzitatorischer Wirkung, andererseits wird ein negativer Rückkopplungsmechanismus in Gang gesetzt, der auf verschiedenen Ebenen der intrazellulären Reaktionskaskade wirksam ist [50]. Durch diese Rückkopplungsmechanismen reguliert Ca^{2+} sozusagen seinen eigenen Einstrom durch die CNG-Kanäle, was relativ schnell geschieht. Die Effekte auf die Enzyme Adenylylcyclase 3 und Phosphodiesterase hingegen treten mit einer gewissen Verzögerung auf, wodurch raumzeitliche Oszillationen der intrazellulären Calciumkonzentration in den olfaktorischen Cilien ausgelöst werden [59].

5.1.5 Pheromonsignale bei Wirbeltieren

Pheromone sind chemische Botenstoffe, die von vielen Organismen abgegeben werden, um bei Artgenossen gezielte Verhaltensreaktionen oder physiologische Prozesse auszulösen. Sie dienen der Kommunikation, etwa bei der Partnersuche, der Markierung von Territorien oder der Warnung vor Gefahren [46].

Früher wurde angenommen, dass Wirbeltiere über zwei separate anatomische Strukturen – das olfaktorische Epithel und das Vomeronasalorgan – verfügen, die jeweils für die Erkennung und Verarbeitung von Geruchsstoffen und Pheromonen verantwortlich sind. Diese strikte funktionelle Trennung lässt sich jedoch nicht länger aufrechterhalten [71]. Es gibt zahlreiche Beispiele, bei denen sensorische Neuronen im Vomeronasalorgan Geruchsstoffe erkennen und umgekehrt Sinneszellen im olfaktorischen Epithel Pheromone detektieren [44, 56]. Entsprechend können sowohl Pheromonrezeptoren im olfaktorischen Epithel als auch Rezeptoren für Geruchsstoffe im Vomeronasalorgan nachgewiesen werden [62]. Im Vomeronasalorgan sind, wie bereits erwähnt, drei verschiedene G-Protein-gekoppelte Rezeptoren vorhanden: V1R, V2R und die Formylpeptidrezeptoren (FPR) [61].

Sensorische Neuronen, die V1R- und V2R-Rezeptoren exprimieren, reagieren bereits auf sehr geringe Konzentrationen (10^{-12} bis 10^{-9} mol l^{-1}) eines Signalmoleküls [82]. Dabei werden V1R-positive Neuronen vor allem durch kleine, flüchtige Moleküle aktiviert [40], während V2R-positive Zellen eher auf kleine Peptide reagieren [34, 41].

Die Bindung eines Pheromonmoleküls an den V1R-Rezeptor aktiviert ein $G\alpha_i$-Protein, das in der Regel mit inhibitorischen Signalwegen assoziiert ist. In diesem Fall jedoch bindet das $G\beta\gamma$-Dimer, das nach Aktivierung von der α-Untereinheit getrennt wird, an die membranständige Phospholipase C-$\beta2$ (PLC$\beta2$), wodurch diese aktiviert wird (◘ Abb. 5.8a). PLC$\beta2$ katalysiert die Spaltung von Phosphatidylinositol-4,5-bisphosphat (PIP$_2$) in die beiden intrazellulären Signalmoleküle Inositol-1,4,5-trisphosphat (IP$_3$) und Diacylglycerol (DAG) (siehe ▶ Abschn. 2.5.3). DAG diffundiert in der Ebene der Zellmembran und bindet an den unspezifischen Kationenkanal TRPC2 aus der Familie der TRP-Kanäle [47, 81]. Dies führt zu einem Einstrom von Na$^+$- und Ca^{2+}-Ionen, was schließlich eine Depolarisation der Zellmembran verursacht. PIP$_3$ hingegen bindet an IP$_3$-Rezeptoren in der Membran des endoplasmatischen Reticulums (ER), wodurch die Freisetzung von Ca^{2+} aus dem ER ausgelöst wird. Die Beendigung der Reaktion erfolgt auf den verschiedenen Ebenen der Signalkette. Durch die Phosphorylierung von DAG durch DAG-Kinase schließen die TRPC2-Kanäle, da nicht mehr ausreichend DAG zur Verfügung steht.

Bei V2R-Rezeptoren führt die Bindung eines Signalmoleküls zur Aktivierung eines G-Proteins vom Typ $G\alpha_o$. Die Signalkaskade ist für diesen Rezeptortyp noch nicht vollständig aufgeklärt, und auch eine mögliche Beteiligung von TRPC2-Kanälen wird diskutiert (◘ Abb. 5.8b). Im Kontext der artspezifischen Erkennung von Individuen binden VR2-Rezeptoren unter anderem Peptide des Haupthistokompatibilitätskomplexes (MHC) [41]. Eine durch MHC-Moleküle induzierte Depolarisation der sensorischen Neuronen kann daher als funktioneller Nachweis für V2R-Rezeptoren angesehen werden. Interessanterweise bleibt die durch MHC-Moleküle ausgelöste Depolarisation unverändert, wenn TRPC2-Kanäle durch einen Knock-out entfernt werden [39]. Dieser Befund lässt den Schluss zu, dass TRPC2-Kanäle für die Signaltransduktion der V2R-Rezeptoren keine entscheidende Rolle spielen.

5.1.6 Codierung olfaktorischer Signale

Die Repräsentation olfaktorischer Informationen in Form neuronaler Signale erfolgt auf verschiedenen Ebenen des Nervensystems, von denen im Folgenden die Prozesse im olfaktorischen Epithel und im Bulbus olfactorius näher betrachtet werden. Zum einen geht es um die bereits erwähnte Frage, wie spezifisch ein olfaktorischer Rezeptortyp einen bestimmten Geruchsstoff erkennt. Diese Frage steht in direktem Zusammenhang mit der Codierungsstrategie für Geruchsstoffe. Angesichts der großen Diskrepanz zwischen der Anzahl unterschiedlicher Rezeptoren und der Anzahl unterscheidbarer Gerüche wird eine kombinatorische Codierungsform postuliert, die auf einem räumlich-zeitlichen Muster der Antworten zahlreicher sensorischer Neuronen basiert.

Darüber hinaus wollen wir der Frage nachgehen, wie die zunächst in Form eines dynamischen Aktivitätsmusters der olfaktorischen Neuronen codierten Signale ins Gehirn transportiert und dort weiterverarbeitet werden. Da aufgrund der limitierten Anzahl von Rezeptoren nur ein begrenztes Kontingent an axonalen Leitungsbahnen zur Verfügung steht, stellt sich die Frage, wie die kombinatorische Repräsentation der Geruchsinformation im Bulbus olfactorius ausgelesen wird.

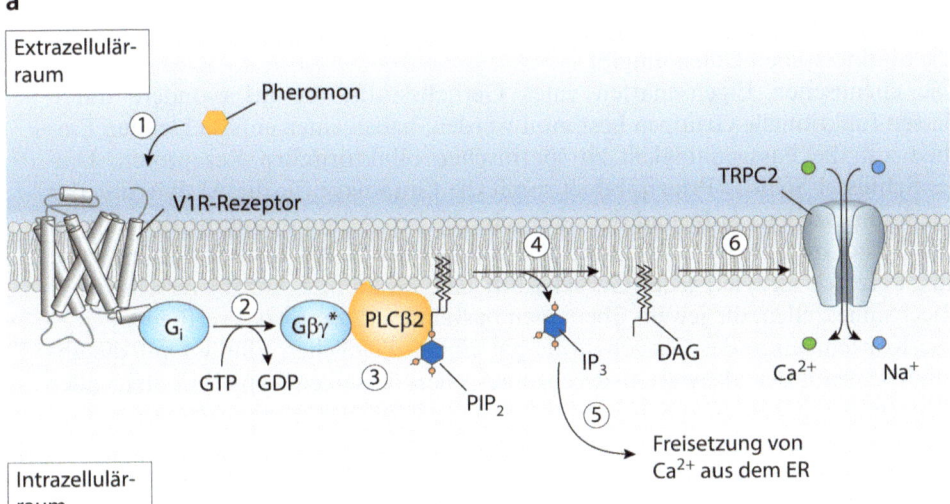

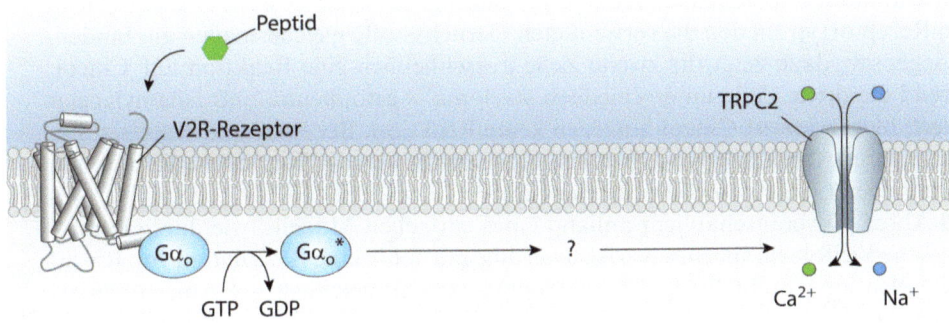

Abb. 5.8 Signaltransduktionskaskade in den sensorischen Neuronen des Vomeronasalorgans. **a** Die Bindung eines Pheromons an den V1R-Rezeptor (Schritt 1) führt zur Aktivierung eines G_i-Proteins (Schritt 2). Das $G\beta\gamma$-Dimer aktiviert das Enzym PLCβ2 (Schritt 3), das eine hydrolytische Spaltung von PIP_2 in IP_3 und DAG (Schritt 4) induziert. IP_3 bindet an IP_3-Rezeptoren in der Membran des endoplasmatischen Reticulums (ER) und löst dadurch die Freisetzung von Ca^{2+} Ionen aus (Schritt 5), während DAG das Gating von TRPC2-Kanälen reguliert (Schritt 6). Infolgedessen diffundieren Na^+- und Ca^{2+}-Ionen in die Zelle. **b** Bei V2R-Rezeptoren führt die Bindung eines Peptids zur Aktivierung eines G_o-Proteins. Der weitere Signalweg sowie die Beteiligung von TRPC2-Kanälen ist noch nicht abschließend geklärt. (Modifiziert nach [38])

- **Codierung im olfaktorischen Epithel**

Ein sensorisches Neuron im Riechepithel exprimiert in seinen olfaktorischen Cilien nur einen Rezeptortyp, dafür aber in einer hohen Kopienzahl. In der Regel binden diese Geruchsrezeptoren mehr als einen Geruchsstoff, sodass eine Riechsinneszelle grundsätzlich durch verschiedene Geruchsstoffe aktiviert werden kann. Die nichtkovalenten Interaktionen zwischen einem Geruchsstoff und seinem Rezeptor umfassen elektrostatische und van der Waals-Wechselwirkungen sowie Wasserstoffbrücken-

bindungen. In diesem Zusammenhang sind zwei Parameter von entscheidender Bedeutung: die chemische Natur des Geruchsstoffs und seine Konzentration im Mucus, der die olfaktorischen Cilien umgibt.
- Die chemischen Eigenschaften eines Geruchsstoffs, die insbesondere durch dessen funktionelle Gruppen bestimmt werden, haben einen entscheidenden Einfluss auf die Passgenauigkeit zu spezifischen olfaktorischen Rezeptoren. Dieses Schlüssel-Schloss-Prinzip bildet somit die Grundlage für die Aktivierung der Riechsinneszellen. Aufgrund der unterschiedlichen Affinität fällt die Bindung an die Geruchsrezeptoren und damit die Antwort der Zellen unterschiedlich stark aus. Letztlich aktiviert jeder Geruchsstoff eine bestimmte Anzahl verschiedener Riechsinneszellen, die jeweils über einen passenden Rezeptortyp verfügen.
- Die Konzentration des Geruchsstoffs hat einen erheblichen Einfluss auf die absolute Anzahl der aktivierten Riechsinneszellen desselben Typs. Mit steigender Konzentration werden zunehmend mehr sensorische Neuronen rekrutiert.

◘ Abb. 5.9 zeigt Beispiele dafür, wie ein Geruchsstoff Riechsinneszellen mit unterschiedlichen Rezeptoren aktivieren und wie eine Riechsinneszelle mehrere Geruchsstoffe detektieren kann. Die erste Riechsinneszelle reagiert auf die drei Geruchsstoffe Cineol, Isoamylacetat und Acetophenon mit einem Einstrom von Kationen, wobei die Stromamplitude in allen Fällen annähernd gleich groß ist. Diese Zelle exprimiert also einen Rezeptortyp, an den die verwendeten Geruchsstoffe gleichermaßen gut binden. Im Gegensatz dazu zeigt die zweite Zelle ausschließlich eine Reaktion auf Cineol, während die dritte Zelle unterschiedlich stark auf Acetophenon und Isoamylacetat reagiert; hier induziert Cineol hingegen keine Reaktion. Bei einer spaltenweisen Betrachtung der Abbildung wird deutlich, dass verschiedene olfaktorische Rezeptoren auf denselben Geruchsstoff ansprechen [26].

◘ Abb. 5.10 veranschaulicht anhand eines einfachen Modells, wie durch kombinatorische Vielfalt ein spezifisches Aktivierungsmuster in einer Population von Riechsinneszellen entsteht. In diesem Beispiel repräsentieren verschiedene Formen und Farben die chemischen Eigenschaften eines Geruchsstoffs. Die olfaktorischen Rezeptoren werden am stärksten aktiviert, wenn beide Merkmale optimal übereinstimmen. Ist lediglich eine Eigenschaft vorhanden, bleibt die Aktivierung schwächer, und ohne die entsprechende Eigenschaft erfolgt keine Reaktion. Stellt man sich das Riechepithel als eine Fläche vor, die je nach Aktivitätsniveau Erhebungen aufweist, so lässt sich für jeden Geruchsstoff oder jede Kombination von Geruchsstoffen ein eindeutiges Aktivitätsprofil ableiten.

Abschließend sei darauf hingewiesen, dass es sich bei diesem Modell der Codierungsstrategie von Geruchsstoffen um eine allgemein anerkannte Hypothese handelt.[4] Dieses Modell ermöglicht die Detektion einer nahezu unbegrenzten Anzahl von Geruchsstoffen auf der Grundlage relativ weniger olfaktorischer Rezeptoren.

---

4 Eine alternative Hypothese, die sogenannte *Vibrational theory of olfaction*, basiert auf der Annahme, dass Geruchsstoffe individuelle Vibrationsfrequenzen besitzen, die von den olfaktorischen Rezeptoren unterschieden werden können. Diese Hypothese erweist sich jedoch als widersprüchlich und ist empirisch nur unzureichend belegt [7].

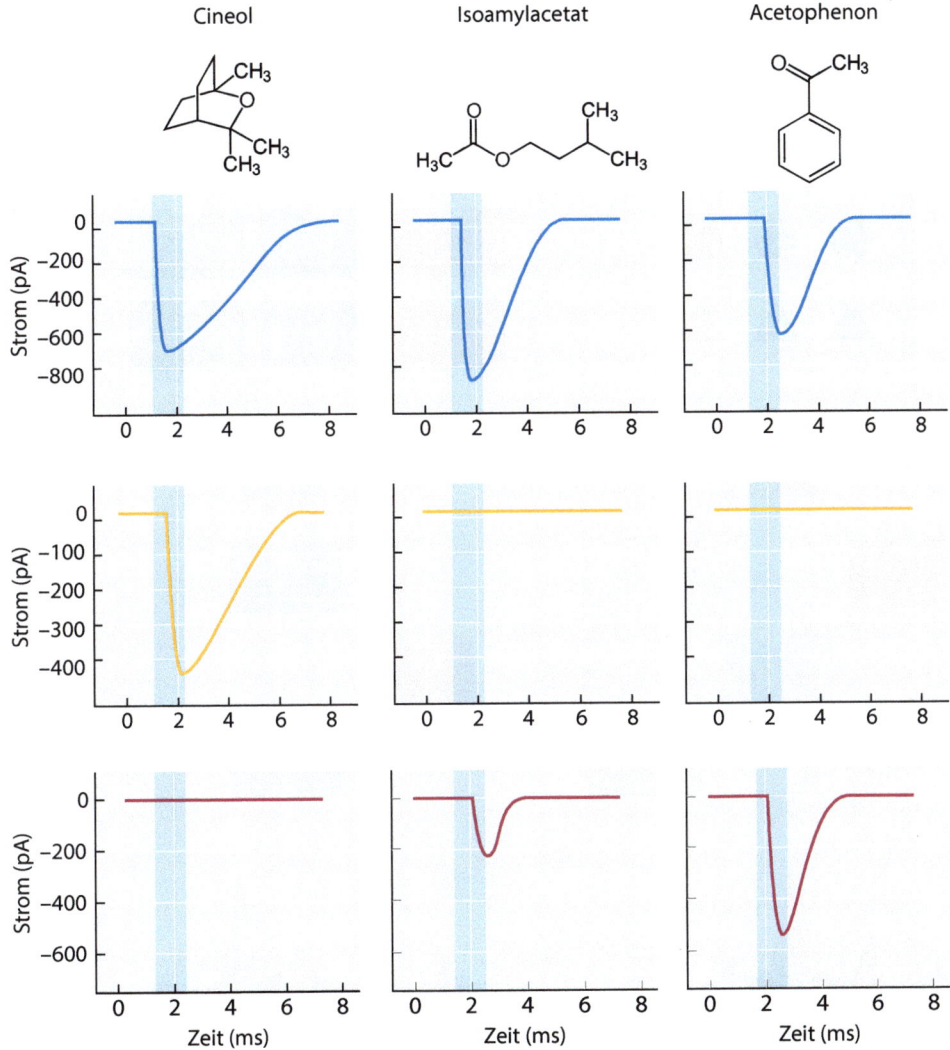

◻ **Abb. 5.9** Codierung von Geruchsstoffen in Riechsinneszellen. Drei verschiedene Riechsinneszellen wurden den Geruchsstoffen Cineol, Isoamylacetat und Acetophenon in einer Konzentration von jeweils 0,5 mmol l^{-1} für 1 s ausgesetzt. Die farbigen Kurven zeigen die Einwärtsströme, die von den Geruchsstoffen induziert wurden. Die Dauer der Applikation ist *blau* unterlegt. Jede Zeile gibt die Reaktion einer Riechsinneszelle für die drei Stimuli an, die Spalten repräsentieren jeweils die Reaktion auf einen Geruchsstoff. Die Strukturformeln der Geruchsstoffe veranschaulichen ihre chemische Divergenz. (Modifiziert nach [26])

- **Codierung im Bulbus olfactorius**

Die Axone der Riechsinneszellen verlaufen gebündelt als Fila olfactoria (beim Menschen etwa 20) durch die Siebbeinplatte zum Bulbus olfactorius, einer bilateral symmetrischen Ausstülpung des Vorderhirns. Der Bulbus olfactorius besteht aus sogenannten **Glomeruli**, die neuronale Verarbeitungszentren mit einem Durchmesser von etwa 100 μm darstellen, in denen die Axone der Riechsinneszellen enden und

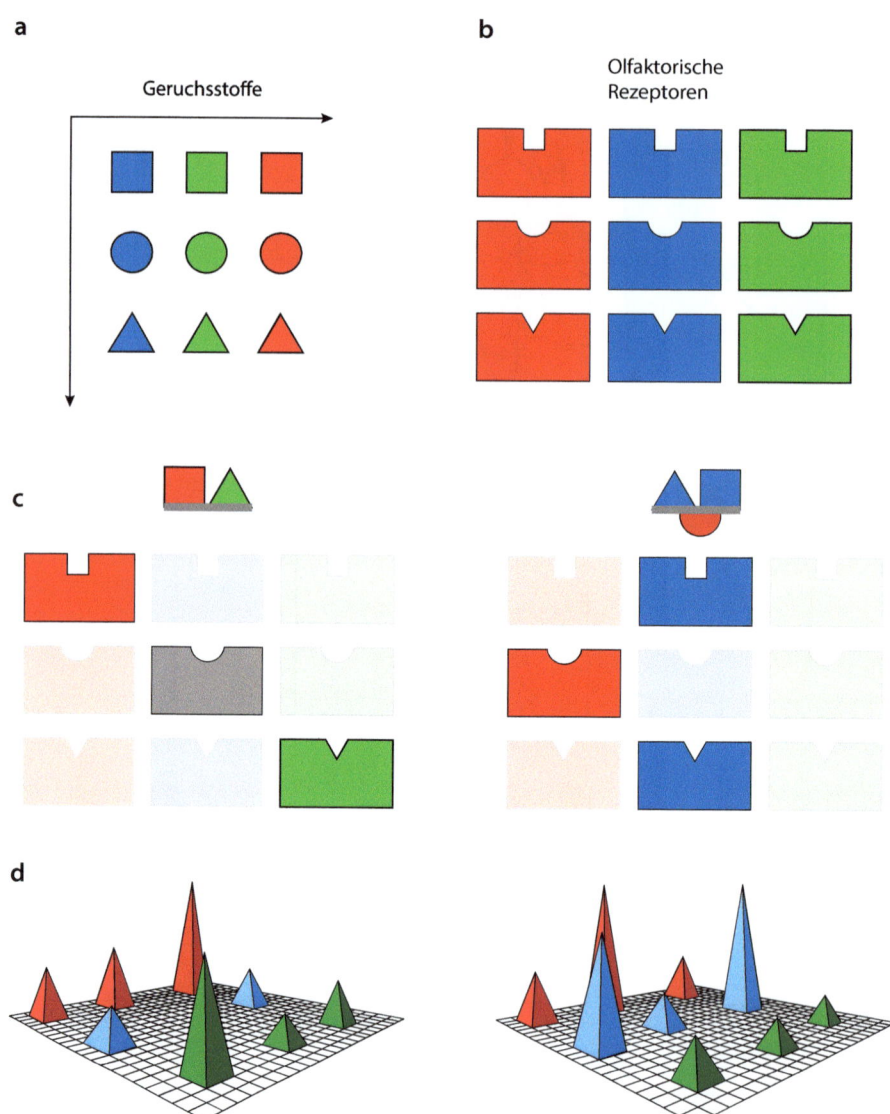

Abb. 5.10 Modell der Erkennung und Unterscheidung von Geruchsstoffen auf der Basis eines kombinatorischen Codes. **a** Die Eigenschaften von Geruchsstoffen werden vereinfacht durch die Merkmale Form und Farbe repräsentiert, die frei kombinierbar sind. **b** Olfaktorische Rezeptoren besitzen passende Bindungsstellen für die Geruchsstoffe. **c** Zwei beliebige Kombinationen von Eigenschaften führen zu einer differenziellen Aktivierung von olfaktorischen Rezeptoren. Die Farbintensität fungiert als Indikator für die Stärke der Aktivierung, wobei der Farbton grau keine Aktivierung bedeutet. **d** Jeder Geruchsstoff erzeugt ein charakteristisches Aktivierungsmuster im Riechepithel. (Modifiziert nach [25])

chemische Synapsen mit den Dendriten der nachgeschalteten Neuronen bilden. Das im olfaktorischen Epithel erzeugte Aktivitätsmuster wird über die Fila olfactoria mit hoher Präzision in den Bulbus übertragen. Alle Riechsinneszellen mit dem gleichen Rezeptortyp projizieren auf jeweils einen spezifischen Glomerulus im rechten und im linken Bulbus, wobei ein einziger Glomerulus synaptischen Input von mehreren Tausend Riechsinneszellen erhält (◘ Abb. 5.11) [52, 55, 57]. Das Aktivitätsmuster der im Riechepithel verstreut angeordneten Sinneszellen, das die Geruchsinformationen repräsentiert, wird somit als Aktivität einer bestimmten Gruppe von Glomeruli im Bulbus olfactorius gespeichert.

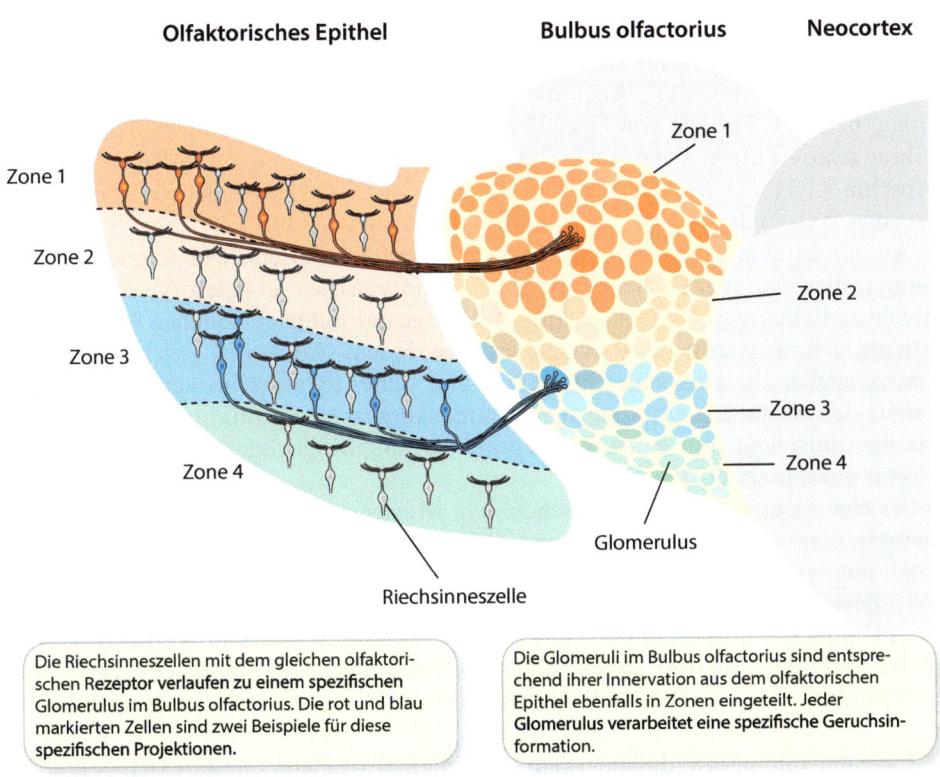

Die Riechsinneszellen mit dem gleichen olfaktorischen Rezeptor verlaufen zu einem spezifischen Glomerulus im Bulbus olfactorius. Die rot und blau markierten Zellen sind zwei Beispiele für diese spezifischen Projektionen.

Die Glomeruli im Bulbus olfactorius sind entsprechend ihrer Innervation aus dem olfaktorischen Epithel ebenfalls in Zonen eingeteilt. Jeder Glomerulus verarbeitet eine spezifische Geruchsinformation.

◘ **Abb. 5.11** Schematische Darstellung der axonalen Verbindungen zwischen dem olfaktorischen Epithel und dem Bulbus olfactorius. Bei Mäusen wird das Riechepithel in vier Zonen eingeteilt. Ein bestimmter olfaktorischer Rezeptor wird von Riechsinneszellen in einer Zone exprimiert. Die Riechsinneszellen mit identischen Rezeptoren treten verstreut in einer Zone auf. Ihre Axone konvergieren auf wenige Glomeruli im Bulbus olfactorius, deren Position weitgehend festgelegt ist. Jeder Glomerulus repräsentiert daher Informationen von einem olfaktorischen Rezeptortyp. (Modifiziert nach [55])

Die für einen Rezeptortyp spezifischen Glomeruli sind bei Wirbeltieren an identischen Positionen im rechten und im linken Bulbus olfactorius lokalisiert; selbst bei verschiedenen Tieren zeigt sich eine annähernd gleiche Platzierung der jeweiligen Glomeruli [69]. Für die Entwicklung des olfaktorischen Systems ist es daher entscheidend, dass die Axone der Riechsinneszellen ihren Weg zu den „richtigen" Glomeruli finden. Darüber hinaus müssen molekulare Mechanismen die exakte Positionierung jedes Glomerulus innerhalb des Bulbus olfactorius sicherstellen. Bei diesen Wegfindungsprozessen (*Pathfinding*) spielen Konzentrationsgradienten von Signalproteinen sowie die Position der Riechsinneszellen im olfaktorischen Epithel eine zentrale Rolle (◘ Abb. 5.11). Auch die olfaktorischen Rezeptoren selbst sind am *Pathfinding* beteiligt. Dies ist von besonderer Bedeutung, da Riechsinneszellen aufgrund ihrer relativ kurzen Lebensdauer einem ständigen Turnover unterliegen (siehe ▶ Abschn. 5.1.1). Sie werden durch sich differenzierende Basalzellen ersetzt, die ihrerseits den Weg zu den richtigen Glomeruli finden müssen [30].

Die Aminosäuresequenz der olfaktorischen Rezeptoren verleiht den Axonen der Riechsinneszellen eine spezifische Identität, die homotypische und heterotypische Interaktionen zwischen den Axonen bestimmt.[5] Aufgrund unterschiedlicher Affinitäten sortieren sich die Axone der Riechsinneszellen, indem sich Axone gleichen Typs zusammenschließen. Die axonale Spezifität kann dabei so stark ausgeprägt sein, dass bereits der Austausch einer einzigen Aminosäure in einem olfaktorischen Rezeptorprotein ausreicht, um einen anderen als den ursprünglichen Glomerulus als Zielstruktur anzusteuern [24].

Gibt es einen Zusammenhang zwischen dem Muster aktiver Glomeruli und der Verarbeitung von olfaktorischen Informationen? Diese Frage wurde mit optischen Methoden untersucht, die auf dem Sauerstoffverbrauch aktiver Nervenzellen basieren. Die unterschiedlichen Absorptionseigenschaften von oxygeniertem und desoxygeniertem Hämoglobin sowie der erhöhte Sauerstoffverbrauch aktiver Nervenzellen ermöglichen die Visualisierung aktiver Regionen. Auf diese Weise kann die Aktivität der Glomeruli auf der Oberfläche des Bulbus olfactorius in Echtzeit dargestellt werden.

Die Lage der Glomeruli, die auf organische Säuren reagieren, ändert sich systematisch in Abhängigkeit von der Kettenlänge der Kohlenwasserstoffe (◘ Abb. 5.12a). Alle durch organische Säuren aktivierten Glomeruli liegen relativ eng benachbart in einer bestimmten Region des Bulbus olfactorius. Eine andere Klasse von Geruchsstoffen, in diesem Beispiel aliphatische Alkohole, induziert ein ähnliches systematisches Aktivitätsmuster, rekrutiert aber eine andere Gruppe von Glomeruli (◘ Abb. 5.12b). Diese benachbarte Anordnung der Glomeruli könnte die zuverlässige Unterscheidung sehr ähnlicher Geruchsstoffe erleichtern, indem inhibitorische Interneuronen kleine Unterschiede hervorheben und so zu einer Kontrastverstärkung beitragen.

---

5 Im vorliegenden Kontext bezeichnet der Begriff „homotypisch" die Interaktion mit Axonen von Riechsinneszellen, die den gleichen olfaktorischen Rezeptor besitzen. Demgegenüber bezeichnet der Begriff „heterotypisch" die Wechselwirkung mit Axonen eines anderen Rezeptortyps.

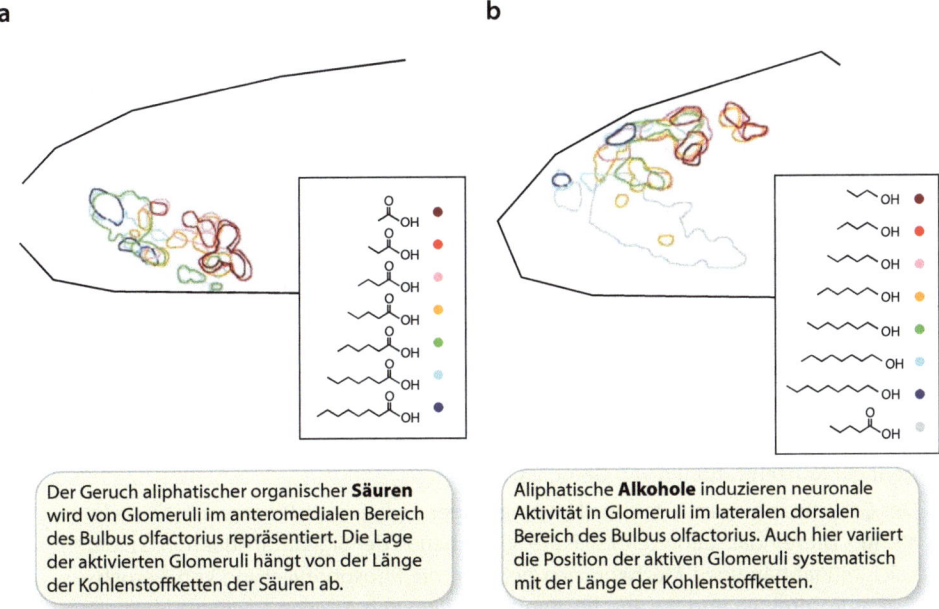

Der Geruch aliphatischer organischer **Säuren** wird von Glomeruli im anteromedialen Bereich des Bulbus olfactorius repräsentiert. Die Lage der aktivierten Glomeruli hängt von der Länge der Kohlenstoffketten der Säuren ab.

Aliphatische **Alkohole** induzieren neuronale Aktivität in Glomeruli im lateralen dorsalen Bereich des Bulbus olfactorius. Auch hier variiert die Position der aktiven Glomeruli systematisch mit der Länge der Kohlenstoffketten.

◘ **Abb. 5.12** Aktivitätsmuster der Glomeruli im Bulbus olfactorius in Abhängigkeit von einem Geruchsstoff. Die intrinsischen Signale wurden mittels optischer Imaging-Methoden an der Oberfläche des Bulbus olfactorius von Ratten aufgezeichnet. **a** Die durch aliphatische organische Säuren induzierte Karte zeigt die Aktivierung eines oder mehrerer Glomeruli jeweils durch eine bestimmte Säure. **b** Aliphatische Alkohole erzeugen eine charakteristische Karte, die durch die Aktivität einer anderen Gruppe von Glomeruli gekennzeichnet ist. (Modifiziert nach [72])

Schlüsselkonzepte ▶Abschn. 5.1 Geruchssinn der Wirbeltiere

- Geruchsstoffe sind relativ kleine, hydrophobe Moleküle, die mit dem Luftstrom transportiert werden. Sie gelangen über die Turbinalia zum primären olfaktorischen Epithel (Riechschleimhaut) im Dach der Nasenhöhle.
- Das primäre olfaktorische Epithel setzt sich aus Riechsinneszellen zusammen, die an ihren olfaktorischen Cilien die Rezeptoren für Geruchsstoffe exprimieren. Die Basalzellen bilden eine Population von Stammzellen, aus denen sich die Riechsinneszellen kontinuierlich regenerieren. Die Stützzellen tragen zur metabolischen und physikalischen Integrität des Riechepithels bei.
- Riechsinneszellen gehören zu den primären Sinneszellen, die Aktionspotenziale erzeugen und über ihre Axone weiterleiten können. Die Axone der Riechsinneszellen verlaufen in Bündeln durch die Siebbeinplatte und ziehen zum Bulbus olfactorius in der vorderen Gehirnbasis.
- Bei den Wirbeltieren lassen sich fünf verschiedene Klassen von Geruchsrezeptoren unterscheiden: olfaktorische Rezeptoren, Spurenaminrezeptoren und MS4A-Rezeptoren sowie die Pheromonrezeptoren V1R/V2R und Formylpeptidrezeptoren (FPR).

- Die olfaktorischen Cilien der Riechsinneszellen exprimieren G-Protein-gekoppelte Geruchsrezeptoren, die durch die Bindung eines Geruchsstoffs aktiviert werden. Die intrazelluläre Signalkaskade umfasst das G-Protein $G\alpha_{olf}$ sowie die Adenylylcyclase 3 (AC3). AC3 katalysiert die Synthese von cAMP, die als Ligand das Gating von CNG-Kanälen reguliert. Durch die geöffneten CNG-Kanäle diffundieren Natrium- und Calciumionen in die olfaktorischen Cilien, was schließlich zu einer Depolarisation der Geruchsrezeptoren führt.
- Calciumionen, die durch die CNG-Kanäle in die Cilien diffundieren, regulieren das Gating der calciumabhängigen Chloridkanäle vom Typ Anoctamin-2. Aufgrund der hohen intrazellulären Chloridkonzentration führt das Öffnen der Anoctamin-2-Kanäle zu einem Ausstrom von Chloridionen, wodurch die Depolarisation, die durch die CNG-Kanäle hervorgerufen wird, verstärkt und verlängert wird. Dieser Verstärkungsmechanismus spielt eine entscheidende Rolle bei der Detektion relativ geringer Konzentrationen von Geruchsstoffen.
- Der Geruchssinn adaptiert schnell an eine länger andauernde Präsenz von Geruchsstoffen. Diese Adaptation zeigt sich auf allen Ebenen der Signaltransduktion. Zu den calciumunabhängigen Mechanismen gehören die Phosphorylierung von Geruchsrezeptorproteinen und die anschließende Bindung von Arrestin sowie die Inaktivierung der α-Untereinheit des G-Proteins G_{olf}. Die Hemmung der Adenylylcyclase 3, die hydrolytische Spaltung von cAMP und die Desensitisierung von CNG-Kanälen beruhen auf einem calciumvermittelten negativen Rückkopplungsmechanismus.
- Pheromone sind chemische Botenstoffe, die spezifische Verhaltensreaktionen im Rahmen der innerartlichen Kommunikation, der Partnersuche, der Reviermarkierung und der Warnung vor Gefahren auslösen.
- Die Erkennung von Pheromonen erfolgt durch G-Protein-gekoppelte Rezeptoren, die als V1R, V2R und FPR bezeichnet werden. Diese Rezeptoren befinden sich im Vomeronasalorgan, aber auch in den sensorischen Neuronen des Riechepithels.
- Die Signaltransduktion bei V1R-Rezeptoren umfasst die Aktivierung eines $G\alpha_i$-Proteins sowie der Phospholipase C-β2 (PLCβ2). Durch die katalytische Aktivität der PLCβ2 entstehen die beiden Spaltprodukte IP_3 und Diacylglycerol (DAG). DAG bindet auf der intrazellulären Seite an den unspezifischen Kationenkanal TRPC2, was zu einer Depolarisation der Zellmembran führt.
- Jede Riechsinneszelle des olfaktorischen Epithels exprimiert ausschließlich einen Typ von Geruchsrezeptor. Da diese Rezeptoren unterschiedliche Geruchsstoffe mit variierender Affinität binden, entsteht im olfaktorischen Epithel ein dynamisches Aktivitätsmuster, das die Informationen über einen bestimmten Geruchsstoff repräsentiert. Diese außergewöhnliche kombinatorische Vielfalt ermöglicht die Detektion und Unterscheidung einer nahezu unbegrenzten Zahl von Geruchsstoffen.
- Die Informationsübertragung vom Riechepithel zum Bulbus olfactorius erfolgt über definierte axonale Bahnen. Die Axone aller Riechsinneszellen, die einen bestimmten olfaktorischen Rezeptor exprimieren, konvergieren auf jeweils einen Glomerulus im rechten und linken Bulbus olfactorius. Ein Glomerulus fungiert als Verarbeitungszentrum für spezifische olfaktorische Informationen und besteht hauptsächlich aus den axonalen Endigungen der afferenten Nervenfasern und den Dendriten nachgeschalteter Neuronen.

- Die Detektion von Gerüchen führt zu einem charakteristischen Aktivitätsmuster der Glomeruli im Bulbus olfactorius. Dabei aktivieren ähnliche chemische Eigenschaften der Geruchsstoffe benachbarte Glomeruli, während abweichende chemische Eigenschaften von weiter entfernten Glomeruli repräsentiert werden.

5.2 Geruchssinn der Insekten

Lernziele

1. Die grundlegende Struktur des olfaktorischen Systems der Insekten beschreiben.
2. Die Eigenschaften und die Funktion der drei Typen von Sensillen in den Antennen erläutern.
3. Die Struktur der für die Signaltransduktion verantwortlichen Rezeptorproteine beschreiben.
4. Die Mechanismen der olfaktorischen Signaltransduktion bei Insekten und Säugetieren vergleichen.
5. Die Codierung olfaktorischer Informationen am Beispiel der basiconischen Sensillen erklären.
6. Die Funktion der Glomeruli in den Antennallobi erläutern.

Der grundsätzliche Aufbau und die Funktionsweise des olfaktorischen Systems weisen bemerkenswerte Parallelen zwischen Wirbeltieren und Insekten auf [27, 38]. Dies deutet darauf hin, dass dieses Organisationsprinzip eine außergewöhnlich effektive Lösung für das komplexe Problem darstellt, mit einer begrenzten Anzahl an Rezeptorproteinen eine nahezu unbegrenzte Vielfalt an Geruchsstoffen zu erkennen und vor allem zu unterscheiden. Sowohl bei Säugetieren als auch bei Insekten binden Geruchsstoffe an olfaktorische Rezeptoren, die sich in den Cilien der Riechsinneszellen befinden und typischerweise nur einen oder sehr wenige Rezeptortypen exprimieren. In beiden Tiergruppen konvergieren die Axone der Riechsinneszellen mit identischen Rezeptortypen in denselben Glomeruli, die bei Säugetieren einen wesentlichen Teil des Bulbus olfactorius und bei Insekten die Antennallobi bilden. Selbstverständlich unterscheiden sich die beiden olfaktorischen Systeme hinsichtlich der anatomischen Details der rezeptiven Organe, der molekularen Signaturen der Rezeptorproteine sowie in den Mechanismen der intrazellulären Signaltransduktion.

Im Folgenden werden die Anatomie der wichtigsten sensorischen Strukturen, der olfaktorischen Sensillen, sowie die an der Signaltransduktion beteiligten Rezeptoren beschrieben. Das Kapitel endet mit einer kurzen Diskussion der Codierungsstrategien für olfaktorische Informationen.

5.2.1 Olfaktorische Sensillen

Der Geruchssinn der Insekten ist in den distalen Segmenten der beiden Antennen, den Funiculi, sowie in den sogenannten Maxillarpalpen im Mundbereich lokalisiert. Dabei werden drei verschiedene Typen von Sensillen unterschieden: Riechkegel (Sensillum basiconicum), Haarsensillen (Sensillum trichodeum) und Grubenkegel (Sensillum coeloconicum). Diese Sensillen besitzen jeweils charakteristische anatomische und physiologische Eigenschaften, wobei insbesondere die Expression spezifischer olfaktorischer Rezeptoren eine differenzierte Erkennung von Geruchsstoffen ermöglicht.

Die sensorischen Neuronen der Riechkegel sind hauptsächlich auf die Detektion allgemeiner Geruchsstoffe in der Umgebung der Insekten spezialisiert, während die Haarsensillen vornehmlich durch Pheromone aktiviert werden. Die sensorischen Neuronen der Grubenkegel hingegen exprimieren andere olfaktorische Rezeptoren, die auf eine Vielzahl von Aminen und organischen Säuren reagieren (◘ Tab. 5.2).

◘ Tab. 5.2 Olfaktorische Systeme und ihre Funktionen bei Insekten

Organ	Sensillen	Rezeptoren	Liganden	Quelle	Funktion
Antennen	S. basiconicum	Ors	Volatile Stoffe, Geruch von Nahrung	Nahrung, Umgebung	Detektion von Gerüchen
		Gr21a, Gr63a	CO_2	Atmosphäre, gestresste Artgenossen	Vermeidungsverhalten
	S. coeloconicum	Or35a	Volatile Stoffe, Geruch von Nahrung	Nahrung, Umgebung	Unbekannt
		IRs	Volatile Amine, organische Säuren	Nahrung, Umgebung	Unbekannt
		Unbekannt	Luftfeuchtigkeit	Umgebung	Vermeidung von Trockenheit
	S. trichodeum	Ors	Bestandteile der Cuticula	Weibliche/männliche Tiere	Erkennung von Artgenossen und deren Geschlecht
Maxillarpalpen	S. basiconicum	Ors	Volatile Stoffe, Geruch von Nahrung	Nahrung, Umgebung	Geschmacksverstärkung

IRs, ionotrope Rezeptoren; Ors, olfaktorische Rezeptoren; S, Sensillum. Modifiziert nach [70]

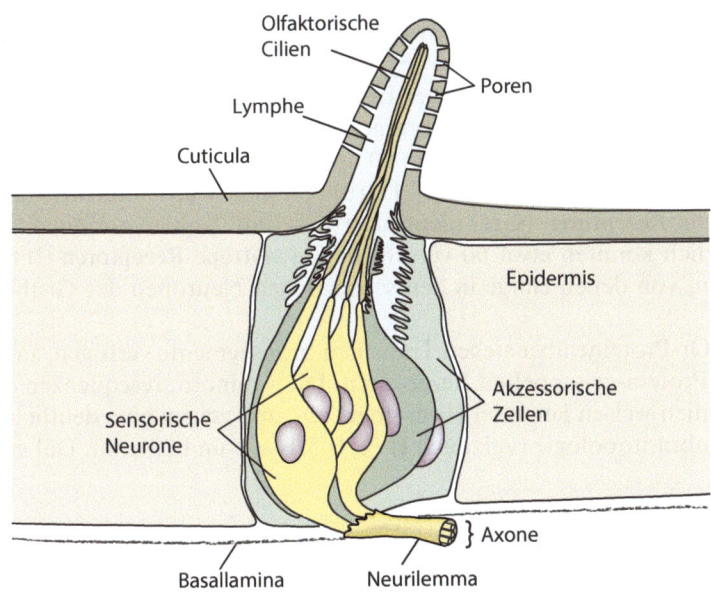

◘ **Abb. 5.13** Schematische Darstellung eines olfaktorischen Sensillums bei Insekten. Die Geruchsstoffe dringen durch die Poren in die von einer Cuticula überzogenen Ausstülpung ein. In der Lymphe werden sie von *Odorant binding proteins* gebunden und zu den olfaktorischen Rezeptoren in den Dendriten der sensorischen Neuronen transportiert. Diese Neuronen generieren Aktionspotenziale, die über ihre Axone weitergeleitet werden. Das Neurilemma bildet die äußerste Schicht des Cytoplasmas von Schwann-Zellen, welche die Axone umgeben

Alle Sensillentypen sind im Epithel eingebettet und von einer Cuticula bedeckt, die an den sensorischen Endigungen winzige Öffnungen von etwa 10 nm aufweist (◘ Abb. 5.13). Durch diese Poren diffundieren die Geruchsstoffe und lösen sich in einer extrazellulären Flüssigkeit, die eine ähnliche Funktion wie der Mucus im Riechepithel der Säugetiere erfüllt. Diese Flüssigkeit, die allgemein als Lymphe bezeichnet wird, enthält kleinmolekulare, wasserlösliche Proteine, die Geruchsstoffe binden. Aufgrund dieser Funktion werden sie – wie die entsprechenden Proteine der Wirbeltiere – als *Odorant binding proteins* (OBPs) klassifiziert.

Ein Beispiel für die Bedeutung dieser Proteine ist LUSH in *Drosophila*. Fehlt dieses OBP, sind die Fliegen nicht mehr in der Lage, bestimmte Pheromone zu detektieren. In der Folge werden auch die durch das jeweilige Pheromon normalerweise induzierten Verhaltensweisen nicht mehr ausgeführt [78]. Es ist denkbar, dass die OBPs der Insekten eine entscheidende Rolle beim Transport der Geruchsstoffe zu den sensorischen Neuronen sowie beim Prozess der Bindung an die olfaktorischen Rezeptoren spielen.

Der sensorische Anteil der Sensillen besteht aus ein bis vier bipolaren Neuronen, deren dendritische Fortsätze in den mit Lymphe gefüllten Flüssigkeitsraum hineinragen. Außerdem sind in den Sensillen akzessorische Zellen vorhanden, die nicht unmittelbar an den sensorischen Prozessen beteiligt sind, sondern metabolische und mechanische Unterstützung leisten. Die Axone der sensorischen Neuronen verlaufen gebündelt zu den Antennallobi, wo sie synaptische Verbindungen mit nachgeschalteten Neuronen ausbilden. Der gesamte Aufbau der chemorezeptiven Sensillen weist eine grundlegende strukturelle Ähnlichkeit mit den Mechanosensoren der Insekten auf (◘ Abb. 7.24b).

5.2.2 Rezeptorproteine und Signaltransduktion

Die olfaktorische Signaltransduktion bei Insekten erfolgt, ähnlich wie bei Säugetieren, durch verschiedene Klassen membranständiger Rezeptoren (siehe ◘ Tab. 5.2). Das Genom der Insekten enthält zwischen 60 und 340 Gene, die für verschiedene **olfaktorische Rezeptoren** (Ors) codieren [71]. Darüber hinaus wurden mit Gr21a/Gr63a zwei **gustatorische Rezeptoren** (Grs) identifiziert, die auf Kohlenstoffdioxid reagieren [36]. Zusätzlich konnten etwa 60 verschiedene **ionotrope Rezeptoren** (Irs) nachgewiesen werden, von denen einige in den sensorischen Neuronen der Grubenkegel vorkommen [4].

Obwohl die Or-Proteine über sieben Transmembransegmente verfügen, zählen sie nicht zu den G-Protein-gekoppelten Rezeptoren. Die Aminosäuresequenzen der beiden Proteinfamilien weisen keinerlei Homologie auf und zeigen eine deutlich unterschiedliche Membrantopologie (vgl. auch ◘ Abb. 5.14a, c und 2.8a, b). Daher ist die

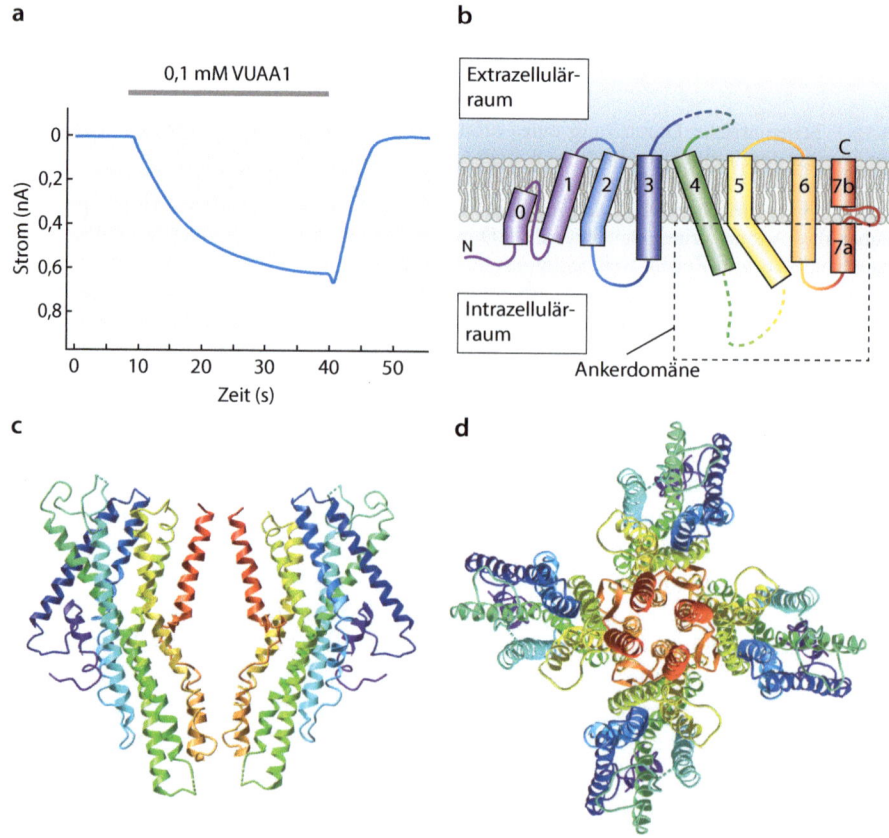

◘ **Abb. 5.14** Struktur und Kanalaktivität des tetrameren Orco-Komplexes. **a** Die Applikation des Geruchsstoffs VUAA1 induziert einen durch Kationen getragenen Einwärtsstrom. **b** Membrantopologie einer einzelnen Orco-Untereinheit. Modifiziert nach [14]. **c** Kryoelektronenmikroskopische Struktur von zwei Untereinheiten des Orco-Komplexes in der Seitenansicht. Jede der sieben Transmembranhelices ist in einer unterschiedlichen Farbe dargestellt. Die in *rot* dargestellte Helix 7 bildet die Kanalpore. **d** In der Aufsicht von oben sind die vier Untereinheiten zu erkennen, die insgesamt den funktionellen Ionenkanal bilden (PDB ID: 6C70 [14])

Signaltransduktion auch nicht an eine intrazelluläre Reaktionskaskade gekoppelt, sondern die Or-Proteine fungieren selbst wie Ionenkanäle [64].

Ohne die Beteiligung von G-Proteinen und einer Signalkaskade verläuft der Transduktionsprozess mit deutlich höherer Geschwindigkeit, was den Insekten eine rasche Reaktion auf olfaktorische Reize ermöglicht. Trotz dieses G-Protein-unabhängigen Mechanismus verfügen Insekten über einen hochempfindlichen Geruchssinn, der auf der Existenz verschiedener Rezeptorsubtypen, der hohen Affinität dieser Rezeptoren für Geruchsstoffe sowie auf neuronalen Schaltkreisen mit verstärkender Wirkung basiert.

Die funktionellen olfaktorischen Rezeptoren bilden Tetramere, sie bestehen also aus insgesamt vier Untereinheiten. Zwei dieser Untereinheiten werden von den zahlreichen divergenten Or-Proteinen gebildet, die für die Bindung von Geruchsstoffen verantwortlich sind. Die beiden anderen Untereinheiten bilden einen als **Orco** bezeichneten Co-Rezeptor, der eine geringe Variabilität aufweist.

Die Applikation einer Substanz namens VUAA1 löst in einer Zelllinie, die funktionelle Orco-Kanäle exprimiert, einen einwärts gerichteten Kationenstrom über die Zellmembran aus (◘ Abb. 5.14a). Dieser Strom wird von Na^+-, K^+- und Ca^{2+}-Ionen getragen [14]. Bei VUAA1 handelt es sich um eine chemische Verbindung, die mit hoher Affinität an Orco bindet und deren Kontakt zu einer Vermeidungsreaktion bei Insekten führt.

Orco bildet auch in Abwesenheit von Or-Proteinen einen tetrameren Komplex, dessen Struktur mithilfe der Kryoelektronenmikroskopie aufgelöst wurde [14]. Die detaillierte Analyse der dreidimensionalen Struktur von Orco hat entscheidend zum Verständnis des Aufbaus und des Gating-Mechanismus dieser Klasse olfaktorischer Rezeptoren beigetragen.

Die Architektur von Orco unterscheidet sich deutlich von den bisher diskutierten Ionenkanälen. Jede Untereinheit besteht aus sieben Transmembransegmenten, wobei das N-terminale Ende intrazellulär und das C-terminale Ende extrazellulär lokalisiert ist (◘ Abb. 5.14b). Mehrere helikale Segmente durchqueren die Zellmembran unter einem Winkel von etwa 30°, wobei die Helices in den Segmenten S2 und S5 direkt unterhalb der Membran leicht abgeknickt verlaufen. Die intrazellulären Bereiche der Segmente S4–S7 bilden eine relativ dicht gepackte Ankerdomäne.

Die vier Untereinheiten eines funktionellen olfaktorischen Rezeptors sind symmetrisch um eine zentrale Kanalpore herum angeordnet (◘ Abb. 5.14c, d). Innerhalb der Membran treten nur wenige Wechselwirkungen zwischen den Untereinheiten auf, sodass die Quartärstruktur überwiegend durch die cytoplasmatische Ankerdomäne stabilisiert wird. Im inaktiven Zustand des Rezeptorproteins verhindert die Ankerdomäne zwar den Durchtritt von Ionen durch die Kanalpore, jedoch scheint für das Gating keine Verlagerung dieser Domäne erforderlich zu sein.

An den Grenzflächen zwischen den Untereinheiten existieren vier zum Cytosol hin offene Verzweigungen der zentralen Pore, deren Durchmesser ausreichend ist, um die Passage von Ionen zu ermöglichen. Kryoelektronenmikroskopische Daten deuten darauf hin, dass die Kanalpore von Orco eine viergeteilte Architektur besitzt, die einen einzigen extrazellulären Eingang aufweist, der sich in vier gleichwertige intrazelluläre Ausgänge verzweigt.

Neben den Ors stellen die ionotropen Rezeptoren (Irs) die zahlenmäßig größte Gruppe olfaktorischer Rezeptorproteine bei Insekten. Obwohl die Aminosäuresequenz der Irs sie der Familie der ionotropen Glutamatrezeptoren zuordnet,

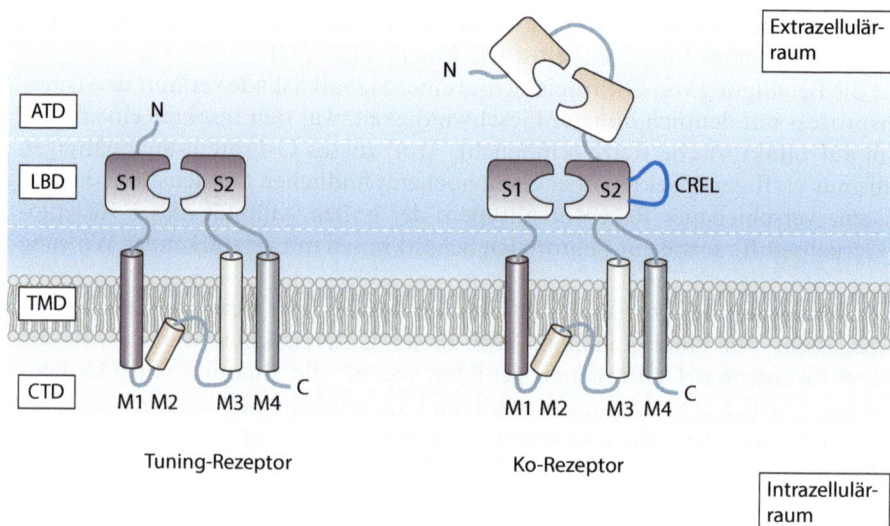

Abb. 5.15 Aufbau und Membrantopologie von ionotropen Rezeptoren (Irs). Die Rezeptoren weisen eine relativ große aminoterminale Domäne (ATD) auf, gefolgt von der ligandenbindenden Domäne (LD). Die Transmembrandomäne (TMD) besteht aus vier α-helikalen Segmenten (M1–M4), wobei die Kanalpore von den M2-Segmenten der vier Untereinheiten gebildet wird. Im Gegensatz zu den Co-Rezeptoren besitzen die Tuningrezeptoren weder eine ATD noch eine zusätzliche Schleife (CREL) im S2-Bereich

zeigen sie insgesamt eine hohe Diversität. Die Übereinstimmung ihrer Aminosäuresequenz mit den AMPA-, Kainat- und NMDA-Rezeptoren der Wirbeltiere ist mit einem Wert von 10 bis 70 % eher gering. Dennoch weisen die Irs hinsichtlich ihres Aufbaus und ihrer Membrantopologie grundsätzliche Ähnlichkeiten mit den ionotropen Glutamatrezeptoren auf (siehe ▶ Abschn. 2.3.2). Vier Untereinheiten lagern sich zu einem funktionellen Ionenkanal zusammen, der für Kationen durchlässig ist. Das Gating erfolgt jedoch nicht durch Glutamat, für das die Irs keine passende Bindungsstelle besitzen, sondern durch verschiedene Geruchsstoffe. Die Aktivierung der Rezeptoren durch diese Geruchsstoffe führt zu einem Einstrom von Kationen, was eine Depolarisation der Zellmembran zur Folge hat.

Analog zu den Glutamatrezeptoren der Wirbeltiere bestehen die Irs aus vier Proteindomänen: einer aminoterminalen Domäne (ATD), einer ligandenbindenden Domäne (LBD), einer Transmembrandomäne (TMD) und einer carboxyterminalen Domäne (CTD) (◘ Abb. 5.15). An die extrazelluläre ATD schließt sich die LBD an, die wiederum aus den beiden Halbdomänen S1 und S2 besteht. Obwohl S1 und S2 in der Tertiärstruktur räumlich nahe beieinanderliegen, sind sie in der Primärsequenz durch die Kanalpore voneinander getrennt. Die Kanalpore selbst setzt sich aus zwei Transmembransegmenten (M1 und M2) sowie einer intrazellulären Schleife zusammen. An S2 schließt sich mit TM3 ein weiteres Transmembransegment an, gefolgt von der carboxyterminalen Domäne.

Die meisten Irs werden als sogenannte Tuningrezeptoren klassifiziert, die spezifisch für einen bestimmten Geruchsstoff sind. Darüber hinaus existieren Co-Rezeptoren, die eine breitere Spezifität aufweisen [2]. Die Co-Rezeptoren enthalten alle genannten Domänen sowie eine Schleife im Bereich von S2 (CREL), während den

Tuningrezeptoren sowohl die aminoterminale Domäne (ATD) als auch die Schleife fehlen.

5.2.3 Codierung olfaktorischer Informationen

Die Diskussion der Codierung im olfaktorischen System konzentriert sich in erster Linie auf die Fruchtfliege *Drosophila melanogaster*, die als einer der am besten untersuchten Modellorganismen gilt [76]. Die sensorischen Neuronen in den Sensillen der Fliegen (und anderer Insekten) fungieren als primäre Sinneszellen, die Aktionspotenziale erzeugen und die Informationen als Frequenz der Aktionspotenziale zu den Antennalloben weiterleiten. In den Sensillen der Maxillarpalpen sind beispielsweise insgesamt 120 olfaktorische Rezeptorneuronen zu finden, die paarweise in festgelegten Kombinationen in den 60 Sensillen auftreten [20].

Im Rahmen von Untersuchungen an den basiconischen und coeloconischen Sensillen konnten grundlegende Organisationsprinzipien der Codierung olfaktorischer Informationen aufgezeigt werden. Sensillen eines bestimmten Typs, wie beispielsweise die basiconischen Sensillen, lassen sich in eine definierte Anzahl von Subtypen unterteilen, die jeweils olfaktorische Neuronen gleicher Spezifität besitzen. Es wurden sieben Subtypen basiconischer Sensillen identifiziert, die eine invariante Kombination von olfaktorischen Neuronen aufweisen (◘ Abb. 5.16a) [21].

Zur Veranschaulichung betrachten wir das Sensillum, das als „ab3" bezeichnet wird. Bei diesem Sensillum zeigt eines der beiden Neuronen (Neuron A) eine ausgeprägte Reaktion auf Pentylacetat und Ethylbutyrat, während das andere Neuron (Neuron B) relativ schwach auf diese beiden Substanzen reagiert (◘ Abb. 5.16b). Umgekehrt verhält es sich bei Heptanon. Die individuellen Antworten einer relativ geringen Anzahl olfaktorischer Neuronen werden zu einem eindeutigen Profil kombiniert, das eine Vielzahl unterschiedlicher Geruchsstoffe repräsentiert.

Das differenzielle Aktivitätsmuster einer Population sensorischer Rezeptoren mit ihren jeweils individuellen Reaktionsprofilen stellt die sogenannte primäre Repräsentation eines Geruchsstoffs dar. Obgleich diese primäre Repräsentation auf jeder Stufe der olfaktorischen Verarbeitungshierarchie nachhaltig modifiziert wird, bildet das Aktivitätsmuster der sensorischen Neuronen die Grundlage für die Erkennung und Unterscheidung von Geruchsstoffen. Wir fassen die bisherigen Überlegungen zur Codierung olfaktorischer Informationen in Form der folgenden Prinzipien zusammen:

- Ein spezifischer Geruchsstoff aktiviert nicht einen einzelnen olfaktorischen Rezeptortyp, sondern eine definierte Anzahl verschiedener Rezeptoren. Diese Befunde deuten auf ein kombinatorisches Codierungsmodell hin.
- Die Aktivierung eines bestimmten Geruchsrezeptortyps erfolgt in der Regel durch verschiedene Geruchsstoffe. Diese Geruchsstoffe gehören meist keiner spezifischen Stoffklasse an, sondern unterscheiden sich in ihren chemischen Eigenschaften.
- Die sensorischen Neuronen unterscheiden sich in der Breite ihrer Tuningkurven. Olfaktorische Rezeptoren, die spezifisch nur eine kleine Gruppe von Geruchsstoffen binden, zeigen einen eher schmalen Kurvenverlauf (◘ Abb. 5.17a). Im Gegensatz dazu erzeugen andere Rezeptoren, die auf eine Vielzahl von Geruchsstoffen reagieren, entsprechend breitere Tuningkurven in den sensorischen Neuronen (◘ Abb. 5.17b) [33].

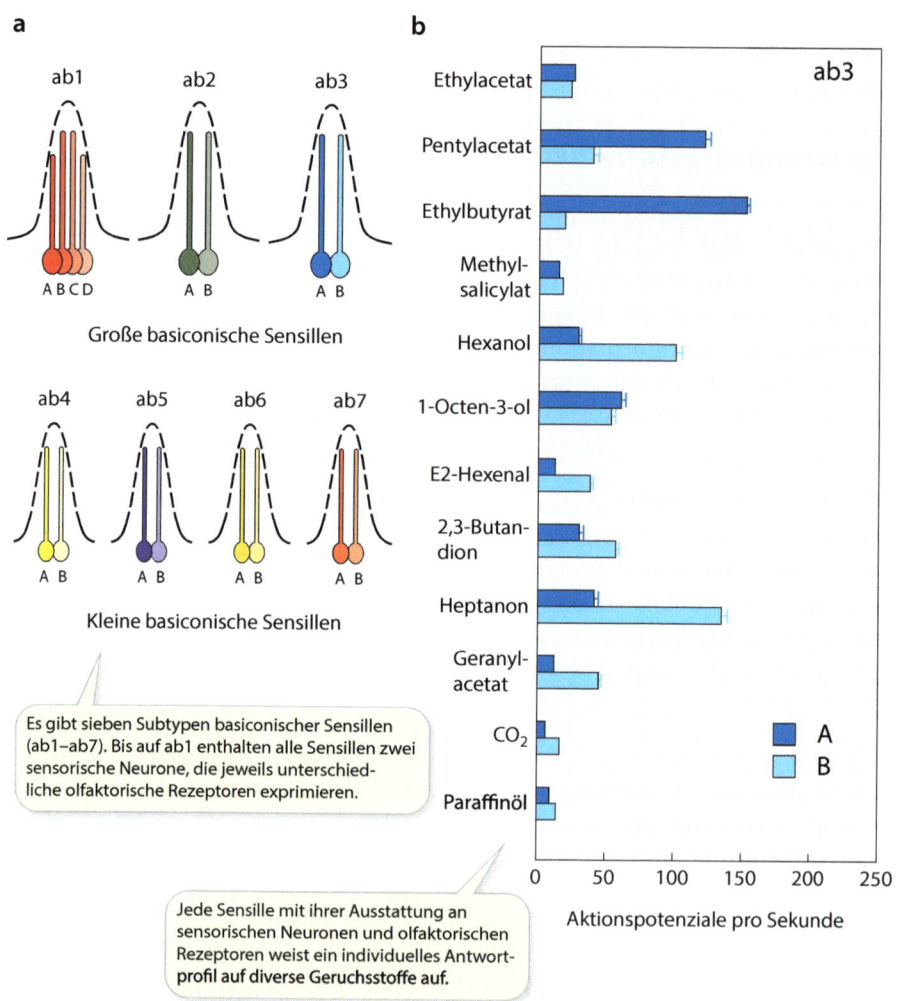

Abb. 5.16 Codierung olfaktorischer Informationen am Beispiel basiconischer Sensillen von *Drosophila*. **a** Basierend auf ihrer Reaktion auf ein Set von Geruchsstoffen werden sieben funktionelle Klassen von basiconischen Sensillen unterschieden. **b** Das Antwortprofil der Klasse ab3 zeigt eine differenzielle Erhöhung der Aktionspotenzialfrequenz der beiden sensorischen Neuronen A und B in Abhängigkeit von den präsentierten Geruchsstoffen. (Modifiziert nach [21])

- Die Aktivitätsprofile der Population sensorischer Neuronen hängen auch von der Konzentration der Geruchsstoffe ab. Eine Erhöhung der Konzentration führt zur Rekrutierung einer größeren Anzahl olfaktorischer Neuronen. Infolgedessen reagieren die olfaktorischen Neuronen weniger spezifisch, wenn Geruchsstoffe in hohen Konzentrationen vorhanden sind. Somit repräsentiert das Aktivitätsprofil sowohl die Art als auch die Konzentration der Geruchsstoffe.
- Schließlich besteht die Möglichkeit, dass ein Geruchsstoff die Aktivität eines sensorischen Neurons erhöht, während er gleichzeitig die Aktivität eines anderen Neurons hemmt. Umgekehrt kann ein und dasselbe Neuron durch einen Ge-

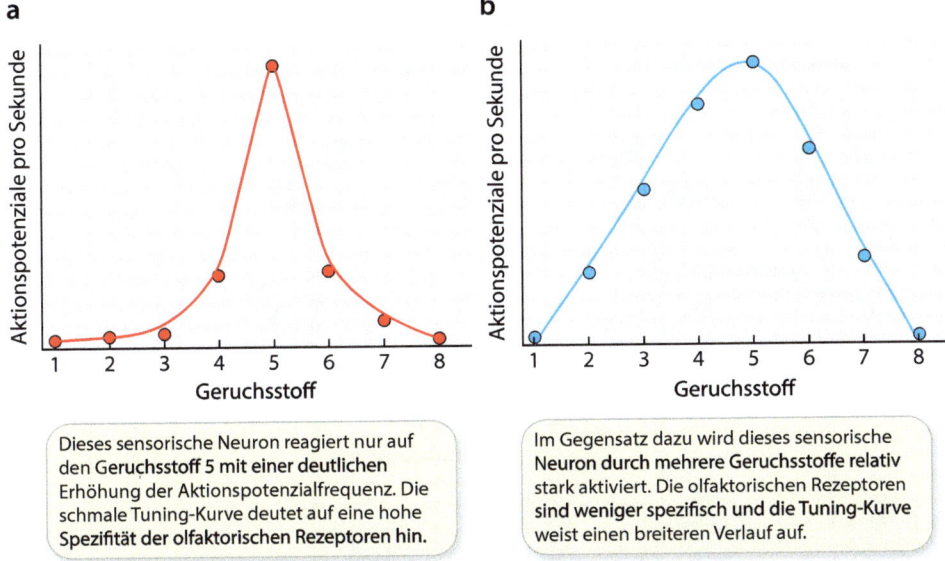

Abb. 5.17 Hypothetische Tuningkurven sensorischer Neuronen in den olfaktorischen Sensillen. Die Zahlen 1–8 repräsentieren unterschiedliche Geruchsstoffe. **a** Dieses Neuron reagiert nur auf drei der acht Geruchsstoffe mit einer Erhöhung seiner Aktivität. Geruchsstoff 5 löst die weitaus stärkste Reaktion aus. **b** Bei diesem Neuron bewirken fast alle Geruchsstoffe eine Aktivitätssteigerung

ruchsstoff aktiviert und durch einen anderen inhibiert werden. Da olfaktorische Neuronen in der Regel spontan aktiv sind, d. h. auch in Abwesenheit von Geruchsstoffen Aktionspotenziale mit niedriger Frequenz erzeugen, ist eine Erhöhung oder Verringerung der Aktionspotenzialfrequenz auf Werte oberhalb oder unterhalb der Spontanaktivität möglich. Die zusätzlichen Freiheitsgrade modifizieren die Antwortprofile der sensorischen Neuronen und tragen somit zu einer zuverlässigen Erkennung und Unterscheidung von Geruchsstoffen bei.

Darüber hinaus spielt auch die zeitliche Dimension eine wichtige Rolle bei der Codierung olfaktorischer Informationen. Ein bestimmter Geruchsstoff kann in einem sensorischen Neuron (oder einer Gruppe sensorischer Neuronen) eine kurzzeitige Antwort auslösen, während die Reaktion eines anderen Neurons auf denselben Geruchsstoff länger andauert. Der zeitliche Verlauf der sensorischen Antwort hängt von den Rezeptoren, den Geruchsstoffen und deren Konzentrationen ab.

Die Axone der sensorischen Neuronen, die den gleichen Rezeptortyp exprimieren, projizieren zu den Glomeruli in den **Antennalloben**. Dort verschalten sie auf die Dendriten von Projektionsneuronen, die ihrerseits die olfaktorischen Informationen zu den Pilzkörpern und zum Protocerebrum weiterleiten (Abb. 5.18a).[6] Analog zum Riechsystem der Säugetiere stellen die Glomeruli der Insekten neuronale Verar-

---

6   Der Pilzkörper ist eine paarig angeordnete Struktur im Zentralhirn von Insekten, der eine wichtige Rolle bei der Verarbeitung olfaktorischer Informationen spielt. Das Protocerebrum bildet den vordersten Abschnitt des Oberschlundganglions der Arthropoda. Die markantesten Strukturen sind der unpaare Zentralkörper und der Pilzkörper.

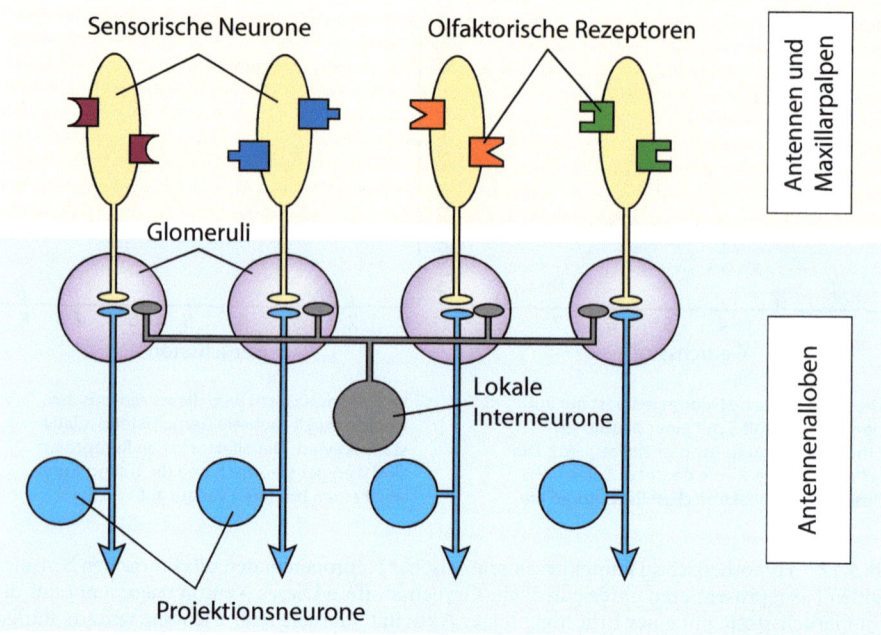

Abb. 5.18 Codierung von Geruchsinformationen in den Antennen und Antennalloben. **a** Schematische Darstellung der Verschaltung von sensorischen Neuronen auf Projektionsneuronen in den Glomeruli. Alle sensorischen Neuronen mit einem spezifischen olfaktorischen Rezeptor konvergieren auf denselben Glomerulus. Die Glomeruli bestehen aus zahlreichen Dendriten der Projektionsneuronen sowie lateralen Verschaltungen von lokalen Interneuronen. Modifiziert nach [76]. **b** Schematische Darstellung der sensorischen Neuronen in den Antennen *(links)* und in den von ihnen innervierten Glomeruli *(rechts)* in der Honigbiene. Neuronen, die denselben Geruchsrezeptor exprimieren, sind durch identische Farben gekennzeichnet. Ihre Axone projizieren auf eine begrenzte Anzahl geruchsspezifischer Glomeruli. Modifiziert nach [74]

beitungszentren dar, die Informationen von einem einzigen Rezeptortyp verarbeiten [28, 74]. Verschiedene Geruchsstoffe induzieren spezifische Aktivitätsmuster in den Glomeruli (◘ Abb. 5.18b). Die Qualität eines Geruchsstoffs, definiert durch seine chemischen Eigenschaften und seine Konzentration, wird durch eine topografische Karte der neuronalen Aktivität in den Antennalloben repräsentiert (◘ Abb. 5.18b).

Schlüsselkonzepte ▶ Abschn. 5.2 Geruchssinn der Insekten

- Der Geruchssinn der Insekten ist in den Funiculi der Antennen und in den Maxillarpalpen lokalisiert. Basierend auf ihrer Struktur und den von ihnen detektierten Geruchsstoffen werden drei Typen von Sensillen unterschieden: Riechkegel (Sensillum basiconicum), Haarsensillen (Sensillum trichodeum) und Grubenkegel (Sensillum coelonicum).
- Die Sensillen bestehen aus ein bis vier sensorischen Neuronen, die eine bipolare Morphologie aufweisen: An einem Zellpol befinden sich dendritische Fortsätze, während auf der gegenüberliegenden Seite ein Axon die Zelle verlässt. In den Dendriten befinden sich die olfaktorischen Rezeptoren, während die Axone zu den Glomeruli in den Antennallobi verlaufen, wo sie synaptisch mit Projektionsneuronen verschaltet sind.
- Die Signaltransduktion erfolgt durch 60–340 verschiedene olfaktorische Rezeptoren (Ors), zwei gustatorische Rezeptoren (Grs) sowie etwa 60 ionotrope Rezeptoren (Irs). Alle drei Rezeptorfamilien fungieren als Ionenkanäle, deren Gating durch die extrazelluläre Bindung eines Geruchsstoffes reguliert wird.
- In der Regel bindet ein Geruchsstoff an mehrere olfaktorische Rezeptoren, während ein Rezeptor durch verschiedene Geruchsstoffe aktiviert werden kann. Die Breite der Tuningkurve ist ein Maß für die Spezifität eines Rezeptors.
- Unterschiedliche Geruchsstoffe erzeugen in den olfaktorischen Sensillen ein jeweils charakteristisches Aktivitätsmuster, das auf einer kombinatorischen Codierungsstrategie basiert.
- Die Qualität eines Geruchsstoffs wird in den Antennalloben durch eine topografische Karte der neuronalen Aktivität repräsentiert.

Literatur

1. Abbas F, Vinberg F (2021) Transduction and adaptation mechanisms in the cilium or microvilli of photoreceptors and olfactory receptors from insects to humans. Front Cell Neurosci 15:662453. https://doi.org/10.3389/fncel.2021.662453
2. Abuin L, Bargeton B, Ulbrich MH, Isacoff EY, Kellenberger S, Benton R (2011) Functional architecture of olfactory ionotropic glutamate receptors. Neuron 69(1):44–60. https://doi.org/10.1016/j.neuron.2010.11.042
3. Antolin S, Reisert J, Matthews HR (2010) Olfactory response termination involves Ca^{2+}-ATPase in vertebrate olfactory receptor neuron cilia. J Gen Physiol 135(4):367–378. https://doi.org/10.1085/jgp.200910337
4. Benton R, Vannice KS, Gomez-Diaz C, Vosshall LB (2009) Variant ionotropic glutamate receptors as chemosensory receptors in *Drosophila*. Cell 136(1):149–162. https://doi.org/10.1016/j.cell.2008.12.001

5. Billesbølle CB, de March CA, van der Velden WJC, Ma N, Tewari J et al (2023) Structural basis of odorant recognition by a human odorant receptor. Nature 615(7953):742–749. https://doi.org/10.1038/s41586-023-05798-y
6. Bhandawat V, Reisert J, Yau KW (2005) Elementary response of olfactory receptor neurons to odorants. Science 308(5730):1931–1934. https://doi.org/10.1126/science.1109886
7. Block E, Jang S, Matsunami H, Sekharan S, Dethier B et al (2015) Implausibility of the vibrational theory of olfaction. Proc Natl Acad Sci USA 112(21):E2766–E2774. https://doi.org/10.1073/pnas.1503054112
8. Bönigk W, Bradley J, Müller F, Sesti F, Boekhoff I et al (1999) The native rat olfactory cyclic nucleotide-gated channel is composed of three distinct subunits. J Neurosci 19(13):5332–5347. https://doi.org/10.1523/JNEUROSCI.19-13-05332.1999
9. Bradley J, Bönigk W, Yau KW, Frings S (2004) Calmodulin permanently associates with rat olfactory CNG channels under native conditions. Nat Neurosci 7(7):705–710. https://doi.org/10.1038/nn1266
10. Brechbühl J, Klaey M, Broillet MC (2008) Grueneberg ganglion cells mediate alarm pheromone detection in mice. Science 321(5892):1092–1095. https://doi.org/10.1126/science.1160770
11. Brunet LJ, Gold GH, Ngai J (1996) General anosmia caused by a targeted disruption of the mouse olfactory cyclic nucleotide-gated cation channel. Neuron 17(4):681–693. https://doi.org/10.1016/s0896-6273(00)80200-7
12. Buck L, Axel R (1991) A novel multigene family may encode odorant receptors: a molecular basis for odor recognition. Cell 65(1):175–187. https://doi.org/10.1016/0092-8674(91)90418-x
13. Bushdid C, Magnasco MO, Vosshall LB, Keller A (2014) Humans can discriminate more than 1 trillion olfactory stimuli. Science 343(6177):1370–1372. https://doi.org/10.1126/science.1249168
14. Butterwick JA, Del Mármol J, Kim KH, Kahlson MA, Rogow JA et al (2018) Cryo-EM structure of the insect olfactory receptor Orco. Nature 560(7719):447–452. https://doi.org/10.1038/s41586-018-0420-8
15. Challis RC, Tian H, Wang J, He J, Jiang J et al (2015) An olfactory cilia pattern in the mammalian nose ensures high sensitivity to odors. Curr Biol 25(19):2503–2512. https://doi.org/10.1016/j.cub.2015.07.065
16. Chen TY, Yau KW (1994) Direct modulation by Ca^{2+}-calmodulin of cyclic nucleotide-activated channel of rat olfactory receptor neurons. Nature 368(6471):545–548. https://doi.org/10.1038/368545a0
17. Clyne PJ, Warr CG, Freeman MR, Lessing D, Kim J, Carlson JR (1999) A novel family of divergent seven-transmembrane proteins: candidate odorant receptors in *Drosophila*. Neuron 22(2):327–338. https://doi.org/10.1016/s0896-6273(00)81093-4
18. Cygnar KD, Zhao H (2009) Phosphodiesterase 1C is dispensable for rapid response termination of olfactory sensory neurons. Nat Neurosci 12(4):454–462. https://doi.org/10.1038/nn.2289
19. Dalton RP, Lomvardas S (2015) Chemosensory receptor specificity and regulation. Annu Rev Neurosci 38:331–349. https://doi.org/10.1146/annurev-neuro-071714-034145
20. de Bruyne M, Clyne PJ, Carlson JR (1999) Odor coding in a model olfactory organ: the *Drosophila* maxillary palp. J Neurosci 19(11):4520–4532. https://doi.org/10.1523/JNEUROSCI.19-11-04520.1999
21. de Bruyne M, Foster K, Carlson JR (2001) Odor coding in the *Drosophila* antenna. Neuron 30(2):537–552. https://doi.org/10.1016/s0896-6273(01)00289-6
22. Dewan A, Pacifico R, Zhan R, Rinberg D, Bozza T (2013) Non-redundant coding of aversive odours in the main olfactory pathway. Nature 497(7450):486–489. https://doi.org/10.1038/nature12114
23. Durante MA, Kurtenbach S, Sargi ZB, Harbour JW, Choi R et al (2020) Single-cell analysis of olfactory neurogenesis and differentiation in adult humans. Nat Neurosci 23:323–326. https://doi.org/10.1038/s41593-020-0587-9
24. Feinstein P, Mombaerts P (2004) A contextual model for axonal sorting into glomeruli in the mouse olfactory system. Cell 117(6):817–831. https://doi.org/10.1016/j.cell.2004.05.011
25. Firestein S (2001) How the olfactory system makes sense of scents. Nature 413(6852):211–218. https://doi.org/10.1038/35093026

26. Firestein S, Picco C, Menini A (1993) The relation between stimulus and response in olfactory receptor cells of the tiger salamander. J Physiol 468:1–10. https://doi.org/10.1113/jphysiol.1993.sp019756
27. Fulton KA, Zimmerman D, Samuel A, Vogt K, Datta SR (2024) Common principles for odour coding across vertebrates and invertebrates. Nat Rev Neurosci 25(7):453–472. https://doi.org/10.1038/s41583-024-00822-0
28. Gao Q, Yuan B, Chess A (2000) Convergent projections of *Drosophila* olfactory neurons to specific glomeruli in the antennal lobe. Nat Neurosci 3(8):780–785. https://doi.org/10.1038/77680
29. Gibson AD, Garbers DL (2000) Guanylyl cyclases as a family of putative odorant receptors. Annu Rev Neurosci 23:417–439. https://doi.org/10.1146/annurev.neuro.23.1.417
30. Gogos JA, Osborne J, Nemes A, Mendelsohn M, Axel R (2000) Genetic ablation and restoration of the olfactory topographic map. Cell 103(4):609–620. https://doi.org/10.1016/s0092-8674(00)00164-1
31. Greer PL, Bear DM, Lassance JM, Bloom ML, Tsukahara T et al (2016) A family of non-GPCR chemosensors defines an alternative logic for mammalian olfaction. Cell 165(7):1734–1748. https://doi.org/10.1016/j.cell.2016.05.001
32. Grosmaitre X, Santarelli LC, Tan J, Luo M, Ma M (2007) Dual functions of mammalian olfactory sensory neurons as odor detectors and mechanical sensors. Nat Neurosci 10(3):348–354. https://doi.org/10.1038/nn1856
33. Hallem EA, Carlson JR (2006) Coding of odors by a receptor repertoire. Cell 125(1):143–160. https://doi.org/10.1016/j.cell.2006.01.050
34. He J, Ma L, Kim S, Nakai J, Yu CR (2008) Encoding gender and individual information in the mouse vomeronasal organ. Science 320(5875):535–538. https://doi.org/10.1126/science.1154476
35. Jones DT, Reed RR (1989) G_{olf}: an olfactory neuron specific-G protein involved in odorant signal transduction. Science 244(4906):790–795. https://doi.org/10.1126/science.2499043
36. Jones WD, Cayirlioglu P, Kadow IG, Vosshall LB (2007) Two chemosensory receptors together mediate carbon dioxide detection in *Drosophila*. Nature 445(7123):86–90. https://doi.org/10.1038/nature05466
37. Juilfs DM, Fülle HJ, Zhao AZ, Houslay MD, Garbers DL, Beavo JA (1997) A subset of olfactory neurons that selectively express cGMP-stimulated phosphodiesterase (PDE2) and guanylyl cyclase-D define a unique olfactory signal transduction pathway. Proc Natl Acad Sci USA 94(7):3388–3395. https://doi.org/10.1073/pnas.94.7.3388
38. Kaupp UB (2010) Olfactory signalling in vertebrates and insects: differences and commonalities. Nat Rev Neurosci 11(3):188–200. https://doi.org/10.1038/nrn2789
39. Kelliher KR, Spehr M, Li XH, Zufall F, Leinders-Zufall T (2006) Pheromonal recognition memory induced by TRPC2-independent vomeronasal sensing. Eur J Neurosci 23(12):3385–3390. https://doi.org/10.1111/j.1460-9568.2006.04866.x
40. Leinders-Zufall T, Lane AP, Puche AC, Ma W, Novotny MV et al (2000) Ultrasensitive pheromone detection by mammalian vomeronasal neurons. Nature 405(6788):792–796. https://doi.org/10.1038/35015572
41. Leinders-Zufall T, Brennan P, Widmayer P, S PC, Maul-Pavicic A, (2004) MHC class I peptides as chemosensory signals in the vomeronasal organ. Science 306(5698):1033–1037. https://doi.org/10.1126/science.1102818
42. Li RC, Ben-Chaim Y, Yau KW, Lin CC (2016) Cyclic-nucleotide-gated cation current and Ca^{2+}-activated Cl current elicited by odorant in vertebrate olfactory receptor neurons. Proc Natl Acad Sci U S A 113(40):11078–11087. https://doi.org/10.1073/pnas.1613891113
43. Li RC, Lin CC, Ren X, Wu JS, Molday LL et al (2018) Ca^{2+}-activated Cl current predominates in threshold response of mouse olfactory receptor neurons. Proc Natl Acad Sci USA 115(21):5570–5575. https://doi.org/10.1073/pnas.1803443115
44. Liberles SD, Buck LB (2006) A second class of chemosensory receptors in the olfactory epithelium. Nature 442(7103):645–650. https://doi.org/10.1038/nature05066
45. Liberles SD, Horowitz LF, Kuang D, Contos JJ, Wilson KL et al (2009) Formyl peptide receptors are candidate chemosensory receptors in the vomeronasal organ. Proc Natl Acad Sci USA 106(24):9842–9847. https://doi.org/10.1073/pnas.0904464106

46. Liberles SD (2014) Mammalian pheromones. Annu Rev Physiol 76:151–175. https://doi.org/10.1146/annurev-physiol-021113-170334
47. Liman ER, Corey DP, Dulac C (1999) TRP2: A candidate transduction channel for mammalian pheromone sensory signaling. Proc Natl Acad Sci USA 96(10):5791–5796. https://doi.org/10.1073/pnas.96.10.5791
48. Malnic B, Hirono J, Sato T, Buck LB (1999) Combinatorial receptor codes for odors. Cell 96(5):713–723. https://doi.org/10.1016/s0092-8674(00)80581-4
49. Maßberg D, Hatt H (2018) Human olfactory receptors: novel cellular functions outside of the nose. Physiol Rev 98(3):1739–1763. https://doi.org/10.1152/physrev.00013.2017
50. Matthews HR, Reisert J (2003) Calcium, the two-faced messenger of olfactory transduction and adaptation. Curr Opin Neurobiol 13(4):469–475. https://doi.org/10.1016/s0959-4388(03)00097-7
51. Meyer MR, Angele A, Kremmer E, Kaupp UB, Muller F (2000) A cGMP-signaling pathway in a subset of olfactory sensory neurons. Proc Natl Acad Sci USA 97(19):10595–10600. https://doi.org/10.1073/pnas.97.19.10595
52. Mombaerts P (1999) Molecular biology of odorant receptors in vertebrates. Annu Rev Neurosci 22:487–509. https://doi.org/10.1146/annurev.neuro.22.1.487
53. Mombaerts P (2004a) Odorant receptor gene choice in olfactory sensory neurons: the one receptor-one neuron hypothesis revisited. Curr Opin Neurobiol 14(1):31–36. https://doi.org/10.1016/j.conb.2004.01.014
54. Mombaerts P (2004b) Genes and ligands for odorant, vomeronasal and taste receptors. Nat Rev Neurosci 5(4):263–278. https://doi.org/10.1038/nrn1365
55. Mori K, Takahashi YK, Igarashi KM, Yamaguchi M (2006) Maps of odorant molecular features in the mammalian olfactory bulb. Physiol Rev 86(2):409–433. https://doi.org/10.1152/physrev.00021.2005
56. Munger SD, Leinders-Zufall T, Zufall F (2009) Subsystem organization of the mammalian sense of smell. Annu Rev Physiol 71:115–140. https://doi.org/10.1146/annurev.physiol.70.113006.100608
57. Murthy VN (2011) Olfactory maps in the brain. Annu Rev Neurosci 34:233–258. https://doi.org/10.1146/annurev-neuro-061010-113738
58. Pace U, Hanski E, Salomon Y, Lancet D (1985) Odorant-sensitive adenylate cyclase may mediate olfactory reception. Nature 316(6025):255–258. https://doi.org/10.1038/316255a0
59. Reisert J, Matthews HR (2001) Simultaneous recording of receptor current and intraciliary Ca^{2+} concentration in salamander olfactory receptor cells. J Physiol 535(3):637–645. https://doi.org/10.1111/j.1469-7793.2001.00637.x
60. Reisert J, Lai J, Yau KW, Bradley J (2005) Mechanism of the excitatory Cl^- response in mouse olfactory receptor neurons. Neuron 45(4):553–561. https://doi.org/10.1016/j.neuron.2005.01.012
61. Rivière S, Challet L, Fluegge D, Spehr M, Rodriguez I (2009) Formyl peptide receptor-like proteins are a novel family of vomeronasal chemosensors. Nature 459(7246):574–577. https://doi.org/10.1038/nature08029
62. Rodriguez I, Greer CA, Mok MY, Mombaerts P (2000) A putative pheromone receptor gene expressed in human olfactory mucosa. Nat Genet 26(1):18–19. https://doi.org/10.1038/79124
63. Ronnett GV, Moon C (2002) G proteins and olfactory signal transduction. Annu Rev Physiol 64:189–222. https://doi.org/10.1146/annurev.physiol.64.082701.102219
64. Sato K, Pellegrino M, Nakagawa T, Nakagawa T, Vosshall LB, Touhara K (2008) Insect olfactory receptors are heteromeric ligand-gated ion channels. Nature 452(7190):1002–1006. https://doi.org/10.1038/nature06850
65. Shapiro MS, Zagotta WN (2000) Structural basis for ligand selectivity of heteromeric olfactory cyclic nucleotide-gated channels. Biophys J 78(5):2307–2320. https://doi.org/10.1016/S0006-3495(00)76777-4
66. Silva L, Antunes A (2017) Vomeronasal receptors in vertebrates and the evolution of pheromone detection. Annu Rev Anim Biosci 5:353–370. https://doi.org/10.1146/annurev-animal-022516-022801
67. Sinnarajah S, Dessauer CW, Srikumar D, Chen J, Yuen J (2001) RGS2 regulates signal transduction in olfactory neurons by attenuating activation of adenylyl cyclase III. Nature 409(6823):1051–1055. https://doi.org/10.1038/35059104

68. Song Y, Cygnar KD, Sagdullaev B, Valley M, Hirsh S (2008) Olfactory CNG channel desensitization by Ca^{2+}/CaM via the B1b subunit affects response termination but not sensitivity to recurring stimulation. Neuron 58(3):374–386. https://doi.org/10.1016/j.neuron.2008.02.029
69. Soucy ER, Albeanu DF, Fantana AL, Murthy VN, Meister M (2009) Precision and diversity in an odor map on the olfactory bulb. Nat Neurosci 12(2):210–220. https://doi.org/10.1038/nn.2262
70. Su CY, Menuz K, Carlson JR (2009) Olfactory perception: receptors, cells, and circuits. Cell 139(1):45–59. https://doi.org/10.1016/j.cell.2009.09.015
71. Touhara K, Vosshall LB (2009) Sensing odorants and pheromones with chemosensory receptors. Annu Rev Physiol 71:307–332. https://doi.org/10.1146/annurev.physiol.010908.163209
72. Uchida N, Takahashi YK, Tanifuji M, Mori K (2000) Odor maps in the mammalian olfactory bulb: domain organization and odorant structural features. Nat Neurosci 3(10):1035–1043. https://doi.org/10.1038/79857
73. von Dannecker LE, Mercadante AF, Malnic B (2005) Ric-8B, an olfactory putative GTP exchange factor, amplifies signal transduction through the olfactory-specific G-protein Gαolf. J Neurosci 25(15):3793–3800. https://doi.org/10.1523/JNEUROSCI.4595-04.2005
74. Vosshall LB, Wong AM, Axel R (2000) An olfactory sensory map in the fly brain. Cell 102(2):147–159. https://doi.org/10.1016/s0092-8674(00)00021-0
75. Wei J, Zhao AZ, Chan GC, Baker LP, Impey S et al (1998) Phosphorylation and inhibition of olfactory adenylyl cyclase by CaM kinase II in neurons: a mechanism for attenuation of olfactory signals. Neuron 21(3):495–504. https://doi.org/10.1016/s0896-6273(00)80561-9
76. Wilson RI (2013) Early olfactory processing in *Drosophila*: mechanisms and principles. Annu Rev Neurosci 8(36):217–241. https://doi.org/10.1146/annurev-neuro-062111-150533
77. Wong ST, Trinh K, Hacker B, Chan GC, Lowe G et al (2000) Disruption of the type III adenylyl cyclase gene leads to peripheral and behavioral anosmia in transgenic mice. Neuron 27(3):487–497. https://doi.org/10.1016/s0896-6273(00)00060-x
78. Xu P, Atkinson R, Jones DN, Smith DP (2005) *Drosophila* OBP LUSH is required for activity of pheromone-sensitive neurons. Neuron 45(2):193–200. https://doi.org/10.1016/j.neuron.2004.12.031
79. Yan C, Zhao AZ, Bentley JK, Loughney K, Ferguson K, Beavo JA (1995) Molecular cloning and characterization of a calmodulin-dependent phosphodiesterase enriched in olfactory sensory neurons. Proc Natl Acad Sci USA 92(21):9677–9681. https://doi.org/10.1073/pnas.92.21.9677
80. Zhang J, Webb DM (2003) Evolutionary deterioration of the vomeronasal pheromone transduction pathway in catarrhine primates. Proc Natl Acad Sci USA 100(14):8337–8341. https://doi.org/10.1073/pnas.1331721100
81. Zufall F, Ukhanov K, Lucas P, Liman ER, Leinders-Zufall T (2005) Neurobiology of TRPC2: from gene to behavior. Pflugers Arch 451(1):61–71. https://doi.org/10.1007/s00424-005-1432-4
82. Zufall F, Leinders-Zufall T (2007) Mammalian pheromone sensing. Curr Opin Neurobiol 17(4):483–489. https://doi.org/10.1016/j.conb.2007.07.012

Geschmack

Inhaltsverzeichnis

6.1 Geschmackssinn der Wirbeltiere – 267
6.1.1 Geschmacksknospen und Rezeptoren – 268
6.1.2 Metabotrope Signaltransduktion: süß, sauer, umami – 272
6.1.3 Molekulare Grundlagen des Sauergeschmacks – 277
6.1.4 Molekulare Mechanismen des Salzgeschmacks – 281
6.1.5 Nicht-kanonische und extraorale Geschmacksrezeptoren – 284
6.1.6 Neurotransmitter – 285
6.1.7 Codierung der gustatorischen Information – 287

6.2 Geschmackssinn der Insekten – 290
6.2.1 Anatomie des gustatorischen Systems – 291
6.2.2 Geschmacksrezeptoren bei *Drosophila* – 292

Literatur – 299

© Der/die Autor(en), exklusiv lizenziert durch Springer-Verlag GmbH, DE, ein Teil von Springer Nature 2025
A. Feigenspan, *Sensorische Signaltransduktion – Molekulare Mechanismen der Informationsverarbeitung*, https://doi.org/10.1007/978-3-662-70359-5_6

Der Geschmackssinn ist ein chemischer Nahsinn und bezeichnet die Fähigkeit, die Anwesenheit gelöster Moleküle zu detektieren und diese in fünf Kategorien – süß, sauer, salzig, bitter und umami – einzuordnen. Im Gegensatz zum Geruchssinn, der für die Detektion flüchtiger Substanzen in der Umgebung verantwortlich ist und eine Vielzahl von Funktionen erfüllt, hat der Geschmackssinn die einzige Aufgabe, die Genießbarkeit von Nahrung zu beurteilen [21, 38, 54]. Während der Geruchssinn es uns ermöglicht, bis zu einer Billion verschiedene Geruchsstoffe zu unterscheiden, fällt die Leistungsfähigkeit des Geschmackssinns mit fünf Qualitäten wesentlich bescheidener aus. Aber es geht eben nur darum, essbare von nicht essbarer Nahrung zu unterscheiden. Die komplexen geschmacklichen Nuancen der Sterneküche basieren ohnehin nicht auf unserem Geschmackssinn, sondern auf den olfaktorischen Rezeptoren im Riechepithel, die von durch die Nase aufsteigenden flüchtigen Substanzen aktiviert werden.

Obwohl die Funktion und Ausstattung des gustatorischen Systems auf den ersten Blick relativ einfach erscheinen, offenbart sich bei näherer Betrachtung auf verschiedenen Ebenen eine bemerkenswerte Komplexität. Zum einen umfasst die Signaltransduktion sowohl ionotrope Mechanismen, die durch ligandengesteuerte Ionenkanäle vermittelt werden, als auch G-Protein-gekoppelte Rezeptoren. Darüber hinaus ist der Geschmackssinn von Tieren in hohem Maße an ihre ökologische Nische und bevorzugte Ernährungsweise angepasst. Evolutionär bedingt ergibt sich somit eine große Vielfalt im Repertoire der Rezeptoren, wobei einzelnen Arten bestimmte Rezeptortypen vollständig fehlen. So können beispielsweise Katzen als obligate Fleischfresser den Geschmack von Süße nicht wahrnehmen, da ihnen der entsprechende Rezeptor fehlt.

Im Vergleich zu anderen sensorischen Systemen zeigt der Geschmackssinn eine geringere Empfindlichkeit. Dies bedeutet, dass eine relativ hohe Konzentration von Zucker oder Salz erforderlich ist, um diese als süß oder salzig wahrzunehmen. Der Geschmackssinn ist kein Fernsinn, bei dem die Reizstärken typischerweise gering sind und daher eine hohe Empfindlichkeit vorteilhaft ist. Vielmehr treten die Nahrungsstoffe direkt und in hoher Konzentration mit den Geschmacksrezeptoren in Kontakt. Ein süßer Geschmack signalisiert beispielsweise einen hohen Energiegehalt. Daher erfüllt es eine biologische Funktion, wenn nur dann etwas als süß empfunden wird, wenn tatsächlich genügend Kohlenhydrate vorhanden sind. Die Empfindlichkeit für Salz ist ebenfalls gering, da die entsprechenden Rezeptoren an den Salzgehalt des Speichels angepasst sind.[1] Letztlich wird eine Substanz nur dann als salzig empfunden, wenn ihr Gehalt an Natriumchlorid (NaCl) den des Speichels übersteigt. Diese relativ geringe Salzempfindlichkeit des gustatorischen Systems ist daher hauptsächlich eine Folge der Adaptation an die ständig vorhandene Salzkonzentration im Mundbereich. Im Gegensatz dazu werden Bitterstoffe häufig schon in niedrigen Konzentrationen detektiert. Ob dieser Umstand tatsächlich auf die Toxizität dieser heterogenen Stoffklasse zurückzuführen ist, kann bislang jedoch nicht eindeutig abschließend beurteilt werden.

Der Geschmackssinn wird häufig mit der Erkennung gelöster Stoffe assoziiert, während der Geruchssinn für die Wahrnehmung flüchtiger Substanzen verantwortlich ist. Diese Unterscheidung trifft zwar grundsätzlich auf terrestrische Wirbeltiere und Insekten zu, erweist sich jedoch als wenig sinnvoll für aquatische Organismen wie

---

[1] Der menschliche Speichel enthält 0,9 % Kochsalz (NaCl). Das bedeutet, dass in 1 l Flüssigkeit 9 g NaCl gelöst sind.

Fische, da alle relevanten chemischen Substanzen im Wasser gelöst sind. Fische verfügen ebenfalls über olfaktorische Rezeptoren und einen Geruchssinn, der hinsichtlich seiner molekularen Beschaffenheit und Funktion dem der an Land lebenden Tiere ähnlich ist. Darüber hinaus besitzen Fische einen Geschmackssinn, der entscheidend für die Auswahl geeigneter Nahrung ist.

6.1 Geschmackssinn der Wirbeltiere

Lernziele
1. Die Begriffe Geschmackspapille, Geschmacksknospe und Geschmackszelle definieren.
2. Den Aufbau einer Geschmacksknospe erläutern und die verschiedenen Zelltypen und ihre Funktionen beschreiben.
3. Die Struktur der Rezeptoren für die Geschmacksqualitäten süß, bitter und umami erläutern.
4. Die Signaltransduktion der G-Protein-gekoppelten Geschmacksrezeptoren beschreiben.
5. Die molekularen Mechanismen der Signaltransduktion für die Geschmacksqualität sauer erläutern.
6. Die Signaltransduktion des amiloridsensitiven Salzgeschmacks beschreiben.
7. Die Mechanismen der ATP-Freisetzung von Typ-II- und Typ-III-Zellen vergleichen.
8. Argumente für die Codierungsstrategien Labeled Lines und kombinatorisches Modell diskutieren.

Die Detektion der fünf Geschmacksqualitäten erfolgt bei landlebenden Wirbeltieren hauptsächlich über die dorsale Oberfläche der Zunge sowie in geringerem Maße über den vorderen Teil des Gaumens. In diesen Bereichen befinden sich zahlreiche Geschmackspapillen, die jeweils eine unterschiedliche Anzahl an Geschmacksknospen enthalten. Innerhalb der Geschmacksknospen findet die Signaltransduktion in den sogenannten Geschmackszellen (*Taste receptor cells*, TRC) statt. Diese modifizierten Epithelzellen stehen über ihre apikale Membran mit einer Pore in Kontakt zum Speichel und den darin gelösten Nahrungsstoffen. Obwohl Geschmackszellen keine Neuronen sind, können sie Aktionspotenziale erzeugen, die für die Signalübertragung auf afferente Nervenfasern eine entscheidende Rolle spielen. Je nach ihrer Lage auf der Zunge werden die Geschmacksknospen von Axonen zweier verschiedener Hirnnerven versorgt. Ausgehend von den Hirnnervenkernen gelangen die gustatorischen Informationen in verschiedene Regionen des Zentralnervensystems, in denen sowohl die bewusste Wahrnehmung des Geschmacks als auch seine emotionale Bewertung erfolgt.

6.1.1 Geschmacksknospen und Rezeptoren

Das teilweise verhornte Epithel der Zunge bildet mehrere Tausend Erhebungen, die als **Geschmackspapillen** bezeichnet werden. Üblicherweise werden die Geschmackspapillen, basierend auf ihrer Größe und der Anzahl der enthaltenen Geschmacksknospen, in drei Typen eingeteilt. Die in der folgenden Übersicht angegebenen Zahlenwerte beziehen sich auf das menschliche Geschmackssystem.

Vor allem im vorderen Zungenbereich sind zwischen 200 und 400 **Pilzpapillen** (Papillae fungiformes) lokalisiert, die jeweils nur wenige Geschmacksknospen enthalten (◘ Abb. 6.1). Diese Papillen werden von der Chorda tympani, einem Ast des VII. Hirnnervs (Nervus facialis), innerviert.

Die 15–20 **Blätterpapillen** (Papillae foliatae) liegen am hinteren seitlichen Rand der Zunge. Sie weisen bis zu 600 Geschmacksknospen auf und werden von den Hirnnerven VII und IX (Nervus glossopharyngeus) versorgt.

Im hinteren Zungenbereich befinden sich außerdem zwischen 7 und 12 **Wallpapillen** (Papillae vallatae). Namensgebend bei diesen Papillen ist eine annähernd kreisförmige Vertiefung, in deren Wandstruktur sich bis zu 250 Geschmacksknospen befinden. Die Wallpapillen werden vom XI. Hirnnerv innerviert.

Die Geschmackspapillen sind demnach nicht gleichmäßig über die Zungenoberfläche verteilt, sondern kommen vor allem im vorderen und im hinteren Bereich konzentriert vor.

Auf der Grundlage psychophysischer Studien aus dem frühen 20. Jahrhundert wurde über einen längeren Zeitraum hinweg die Hypothese vertreten, dass bestimmte Geschmacksqualitäten in festgelegten Regionen der Zunge detektiert werden, die bei allen Menschen ungefähr an denselben Stellen lokalisiert sind. Diese Annahme, die von einer topografischen Karte des Geschmacks ausging, konnte jedoch mit den Methoden der modernen Biologie nicht bestätigt werden.

Aktuell besteht ein weitgehender Konsens darüber, dass die Rezeptoren für mindestens vier Geschmacksqualitäten nahezu gleichmäßig über die gesamte Zungen-

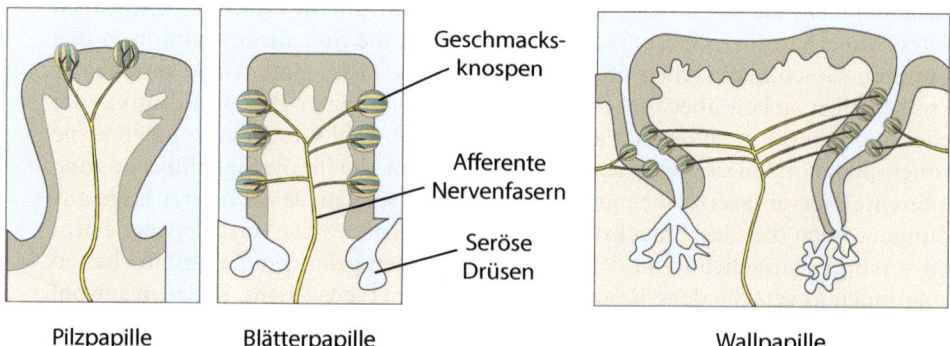

Abb. 6.1 Aufbau von Geschmackspapillen. Ausstülpungen des Zungenepithels bilden drei Klassen von Geschmackspapillen, die sich hinsichtlich ihrer Position auf der Zunge sowie der Anzahl von Geschmacksknospen unterscheiden. Die Geschmacksknospen sind von afferenten Nervenfasern innerviert. Seröse Drüsen, die bei den Wallpapillen am stärksten ausgeprägt sind, waschen die Geschmacksknospen kontinuierlich frei, sodass sie erneut mit Geschmacksstoffen interagieren können

oberfläche verteilt sind [2]. Eine Ausnahme bildet der amiloridsensitive Salzgeschmack, der vornehmlich auf die vorderen Bereiche der Zunge beschränkt ist (siehe ▶ Abschn. 6.1.4) [24].

Die **Geschmacksknospen** stellen die eigentlichen sensorischen Strukturen innerhalb der Geschmackspapillen dar. Sie bestehen aus dicht gepackten Gruppen von 50 bis 100 Zellen, die sich ähnlich wie die Spalten einer Orange zusammenlagern und eine kompakte Struktur mit einem Durchmesser von etwa 50 μm bilden (◘ Abb. 6.2).

Die Geschmacksknospen setzen sich aus vier verschiedenen Zelltypen zusammen, von denen zwei – möglicherweise auch drei – sensorische Funktionen übernehmen und als **Geschmackszellen** bezeichnet werden. Die sogenannten **Basalzellen** bilden den vierten Zelltyp. Sie fungieren analog zu den gleichnamigen Zellen des olfaktorischen Systems als Stammzellen und sind in der Lage, sich zu Geschmackszellen auszudifferenzieren. Diese Basalzellen erneuern die mechanisch und chemisch stark beanspruchten Sinneszellen in einem Zeitraum von etwa 1–2 Wochen (siehe ▶ Abschn. 5.1.1).

Die Geschmackszellen sind langgestreckte Zellen, welche die Geschmacksknospen in ihrer gesamten Länge durchziehen. An ihrem apikalen Pol weisen sie zahlreiche Mikrovilli auf, die über eine Pore mit einem Durchmesser von 2 bis 10 μm mit der wässrigen Lösung des Speichels in Verbindung stehen. Die Mikrovilli vergrößern die Oberfläche der sensorischen Membran und bieten somit Platz für eine Vielzahl von gustatorischen Rezeptoren.

Nach dem aktuellen Kenntnisstand werden die Geschmackszellen in drei Klassen eingeteilt, die sich hinsichtlich ihrer molekularen Signatur sowie ihrer physiologischen Funktionen unterscheiden (◘ Abb. 6.2).[2]

— Die häufigsten Geschmackszellen sind die sogenannten **Typ-I-Zellen**, welche etwa die Hälfte aller Zellen in einer Geschmacksknospe ausmachen. Sie zeichnen sich durch eine schlanke, längliche Form aus und umhüllen benachbarte Geschmackszellen des Typs II und III mit flächigen cytoplasmatischen Ausläufern [52]. Aufgrund ihrer Morphologie sowie ihrer stabilisierenden Funktion weisen sie eine gewisse Ähnlichkeit mit Gliazellen auf.
Typ-I-Zellen exprimieren die Ectonucleotidase NTPase2 (ENTPD2), die extrazelluläres ATP hydrolysiert [68]. Im gustatorischen System fungiert ATP als parakriner Neurotransmitter, dessen Signalwirkung durch die Hydrolyse beendet wird. Die Frage, ob Typ-I-Zellen auch eine sensorische Funktion innehaben, ist bislang noch nicht abschließend geklärt. Ursprünglich wurde die Expression von ENaC-Kanälen in Typ-I-Zellen als Hinweis darauf interpretiert, dass bestimmte Typ-I-Zellen an der Detektion von Natriumchlorid (NaCl) beteiligt sein könnten [67]. Diese Annahme gilt jedoch inzwischen als widerlegt.

— **Typ-II-Zellen** stellen etwa 30–40 % aller Zellen einer Geschmacksknospe und sind mit gustatorischen Rezeptoren für die Qualitäten süß, bitter und umami ausgestattet [38, 54]. Dabei impliziert die Anwesenheit dieser Rezeptoren nicht, dass eine Typ-II-Zelle für alle drei Geschmacksqualitäten Rezeptoren exprimiert. Vielmehr ist jede Typ-II-Zelle lediglich mit einem spezifischen Rezeptortyp ausgestattet, der eine gezielte Reaktion auf die entsprechenden Geschmacksstoffe ermöglicht.
Typ-II-Zellen weisen mit PLCβ2, IP$_3$, IP$_3$-Rezeptoren und dem TRP-Kanal TRPM5 essenzielle Komponenten einer durch G-Proteine induzierten und auf

---

2   Es findet sich auch eine Einteilung in die Typen I–IV, wobei Typ-IV-Zellen den Basalzellen entsprechen.

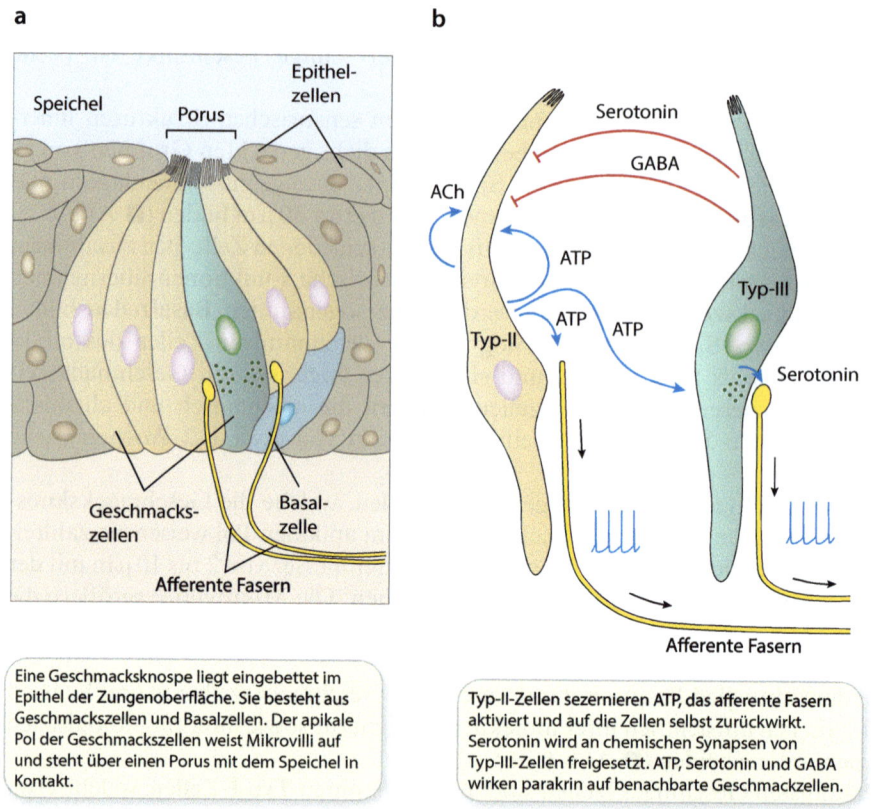

Abb. 6.2 Aufbau von Geschmacksknospen und Regulation von Geschmackszellen. **a** Geschmacksknospen sind im Epithelgewebe eingebettet und setzen sich aus drei Typen von Geschmackszellen sowie Basalzellen zusammen. Die *grün* hervorgehobene Zelle stellt eine Geschmackszelle vom Typ III dar, die serotonerge Synapsen mit afferenten Nervenfasern ausbildet. **b** Die parakrine und synaptische Regulation der Aktivität von Geschmackszellen und afferenten Nervenfasern wird durch eine Vielzahl von Neurotransmittern und interzellulären Signalen beeinflusst. Die Nervenfasern generieren Aktionspotenziale, die in das Zentralnervensystem weitergeleitet werden (*Pfeile*). Zur Funktion der einzelnen Neurotransmitter siehe auch ▶ Abschn. 6.1.6

Ca^{2+}-Ionen basierenden Transduktionskaskade auf [77]. Das Gating des TRPM5-Kanals wird durch intrazelluläres Ca^{2+} gesteuert, das aus dem endoplasmatischen Reticulum freigesetzt wird (siehe ▶ Abschn. 2.5.4).

Es ist bemerkenswert, dass die Typ-II-Zellen keine Synapsen mit den afferenten Nervenfasern bilden und auch keine spannungsgesteuerten Ca_v-Kanäle oder präsynaptische Proteine exprimieren, die für die Transmitterfreisetzung erforderlich wären [16]. Dennoch sind Typ-II-Zellen in der Lage, Aktionspotenziale zu erzeugen. Die dadurch induzierte Depolarisation der Zellmembran aktiviert spannungsabhängige ATP-Kanäle, die als CALHM1 (*Calcium homeostasis modulator 1*) bezeichnet werden [41, 60].

Durch die spannungsgesteuerte Aktivierung öffnet sich eine Kanalpore, durch die Adenosintriphosphat (ATP) entlang seines Konzentrationsgradienten aus der Geschmackszelle in den Extrazellulärraum austritt und durch Diffusion puriner-

ge Kanäle vom Typ P2X2 und P2X3 auf den afferenten Nervenfasern erreicht. Da die Freisetzung von ATP nicht über Synapsen erfolgt, wird dieser Prozess als parakriner Übertragungsweg bezeichnet. Zusätzlich sind Typ-II-Zellen selbst mit purinergen Rezeptoren ausgestattet, was eine positive Rückkopplung und damit eine Selbstverstärkung der ATP-Freisetzung ermöglicht.
- Die einzigen Geschmackszellen, die chemische Synapsen mit afferenten Nervenfasern ausbilden, sind die **Typ-III-Zellen**. Dieser Zelltyp macht die verbleibenden 10–20 % der Zellen einer Geschmacksknospe aus und ist insbesondere auf die Erkennung von sauer schmeckenden Nahrungsbestandteilen spezialisiert [26]. Infolge einer Wechselwirkung von säurehaltigen Geschmacksstoffen mit Rezeptoren setzen Typ-III-Zellen den Neurotransmitter Serotonin frei, der an postsynaptische Serotoninrezeptoren auf den afferenten Fasern bindet. Eine Untergruppe von Typ-III-Zellen ist möglicherweise für die Detektion von Salz verantwortlich [37].

Die Geschmacksknospen enthalten alle drei Typen von Geschmackszellen und sind daher als funktionelle Module nicht auf die Detektion einer bestimmten Geschmacksqualität spezialisiert. Dennoch reagieren individuelle Geschmackszellen durchaus spezifisch, sodass die Qualitäten bitter, süß, sauer und salzig in unterschiedlichen Konzentrationen von bestimmten Gruppen von Geschmackszellen detektiert werden [8, 72].

Die Spezifität der einzelnen Geschmackszellen deutet auf ein Codierungsmodell hin, das dem Prinzip der Labeled Lines folgt (◘ Abb. 6.3a). In Übereinstimmung damit zeigen auch die afferenten Fasern in der Regel eine Präferenz für eine spezifische Geschmacksqualität. Allerdings reagieren sie – wenn auch in deutlich geringerem Maße – ebenfalls auf andere Geschmacksqualitäten. Diese relative Präferenz lässt sich möglicherweise auf die vielfältigen Wechselwirkungen der Geschmackszellen untereinander zurückführen, wobei auch die parakrine Hemmung durch den Neurotransmitter GABA eine wichtige Rolle spielt.

Darüber hinaus ist die Aktivierung spezifischer Rezeptoren eng mit entsprechenden Verhaltensweisen verknüpft. Im Rahmen des gustatorischen Systems existieren mit Ablehnung oder Akzeptanz nur zwei grundlegende Verhaltensantworten. Beispielsweise führt die Expression eines Rezeptors für die normalerweise geschmacksneutrale Substanz Spiradolin in den Geschmackszellen, die auf süß reagieren, zu einer starken Anziehung gegenüber dieser Substanz [81]. Wenn der Spiradolin-Rezeptor hingegen in Geschmackszellen für bitter exprimiert wird, verursacht der Kontakt mit Spiradolin eine deutliche Abwehrreaktion (◘ Abb. 6.3b) [47].

In ähnlicher Weise führt die Expression eines Bitterrezeptors in Zellen für die Qualität süß zu einer starken Anziehung für den Bitterstoff [47]. Durch den Austausch des Rezeptors in den „Süßzellen" schmeckt der Bitterstoff nun süß, sodass eine entsprechend positive Verhaltensantwort ausgelöst wird.

Diese Ergebnisse deuten darauf hin, dass die neuronalen Verschaltungen von den Geschmackszellen bis zu den kortikalen Arealen, in denen adäquate Verhaltensreaktionen induziert werden, jeweils für eine bestimmte Geschmacksqualität spezifisch sind. Würde es beispielsweise möglich sein, mit blauem Licht die Geschmackszellen für bitter zu aktivieren und mit rotem Licht die Geschmackszellen für süß, so würde blaues Licht einen bitteren Geschmack und rotes Licht einen süßen Geschmack hervorrufen.

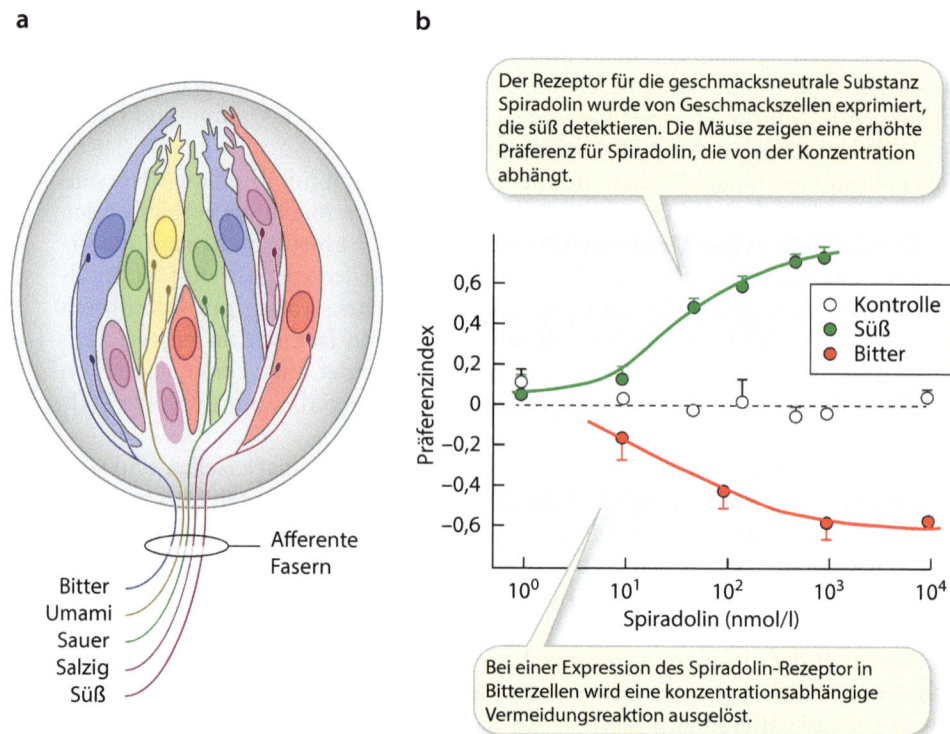

Abb. 6.3 Codierung der Geschmacksinformationen als Labeled Lines. **a** Die Geschmacksqualitäten süß (*rot*), bitter (*blau*), sauer (*grün*), umami (*gelb*) und salzig (*violett*) werden von verschiedenen Populationen spezifischer Geschmackszellen vermittelt. In den Geschmacksknospen sind Geschmackszellen für alle fünf Qualitäten enthalten. Modifiziert nach [72]. **b** Die Expression eines Rezeptors für die geschmacklose Substanz Spiradolin in Geschmackszellen, die normalerweise süß (*grün*) oder bitter (*rot*) detektieren, führt zu gegensätzlichen Verhaltensweisen. Ein positiver Wert des Präferenzindex zeigt Akzeptanz, ein negativer Wert eine Vermeidungsreaktion an. Gentechnisch unveränderte Tiere reagieren nicht auf Spiradolin (*weiß*). Modifiziert nach [72]

Neben dem Prinzip der Labeled Lines wird auch ein kombinatorisches Modell zur Erklärung der Verarbeitung gustatorischer Informationen diskutiert. Dieses Modell besagt, dass verschiedene Geschmacksqualitäten nicht nur durch spezifische Zelltypen, sondern auch durch die Muster der Aktivität mehrerer Geschmackszellen codiert werden können. Die Frage der Codierung gustatorischer Informationen wird in ▶ Abschn. 6.1.7 wieder aufgegriffen.

6.1.2 Metabotrope Signaltransduktion: süß, sauer, umami

Die Geschmacksqualitäten süß, sauer und umami werden durch eine gemeinsame G-Protein-gekoppelte Signaltransduktionskaskade in elektrische Signale umgewandelt. In diesem Prozess übernehmen die Typ-II-Zellen die Funktion zellulärer Sensoren, indem sie durch die parakrine Freisetzung von ATP afferente Nervenfasern aktivieren.

Im nachfolgenden Abschnitt werden die spezifischen Rezeptoren für diese drei Geschmacksqualitäten eingehend erörtert. Darüber hinaus werden die intrazellulären Mechanismen beschrieben, die zur Depolarisation der Zellmembran führen und die anschließende Freisetzung von ATP aus den Geschmackszellen vermitteln.

- **Süßgeschmack**

Die Wahrnehmung eines süßen Geschmacks wird durch eine hohe Konzentration von Zuckern (wie Saccharose, Glucose und Fructose), künstlichen Süßstoffen (wie Aspartam und Cyclamat) sowie einigen wenigen Proteinen hervorgerufen.[3]

Süß schmeckende Substanzen binden an ein Heterodimer, das aus den beiden G-Protein-gekoppelten Rezeptoren T1R2 und T1R3 besteht [48]. T1Rs gehören zu den sogenannten Klasse-C-GPCRs, die sich durch eine große N-terminale Domäne auszeichnen (◘ Abb. 6.4). Diese Struktur, die auch als *Venus flytrap modul* (VTM) bezeichnet wird, ist über eine cysteinreiche Domäne mit den Transmembransegmenten verbunden. Dies ermöglicht eine Kopplung zwischen der extrazellulären Bindung eines Liganden und der Aktivierung des Rezeptors.

Zucker und aus Dipeptiden bestehende künstliche Süßstoffe wie Aspartam binden spezifisch in der VTM-Domäne, während kleinmolekulare Süßstoffe wie Cyclamat direkt mit den Transmembransegmenten interagieren. Saccharose hat einen anderen Geschmack als Cyclamat, und die unterschiedlichen Bindungsstellen könnten möglicherweise mit dieser differenziellen Wahrnehmung des Süßgeschmacks zusammenhängen.

Ein funktioneller Knock-out der Rezeptoren T1R2 oder T1R3 führt zu einem Verlust der Wahrnehmung von Zucker sowie von künstlichen Süßstoffen [81]. Interessanterweise bewirkt ein Knock-out von T1R3 zwar einen vollständigen Verlust der Reaktion auf künstliche Süßstoffe, jedoch bleibt die Fähigkeit zur Detektion von Zucker mit verringerter Sensitivität erhalten [14]. Diese Beobachtungen deuten darauf hin, dass möglicherweise auch alternative Transduktionsmechanismen zur Wahrnehmung von Zuckern existieren, die unabhängig von T1R3 sind.

Der Geschmack von süß, bitter und umami wird durch eine gemeinsame Signalkaskade vermittelt [77]. Bei der Bindung eines Geschmacksstoffs an das T1R2/T1R3-Dimer kommt es zur Aktivierung des G-Proteins G_{gus}, das ausschließlich von Geschmackszellen exprimiert wird (◘ Abb. 6.5). Der Signalweg umfasst die Aktivierung der Phospholipase C-$\beta 2$ durch das G$\beta\gamma$-Dimer, was zur Bildung der Botenstoffe Inositoltrisphosphat (IP_3) und Diacylglycerol (DAG) führt. IP_3 bindet an IP_3-Rezeptoren, die in der Membran des endoplasmatischen Reticulums lokalisiert sind, und induziert so die Freisetzung von Ca^{2+}-Ionen aus intrazellulären Speichern. Der Anstieg der Ca^{2+}-Konzentration öffnet den Ca^{2+}-abhängigen Kationenkanal TRPM5, wodurch positive Ladungen in die Zelle einströmen und die Membran der Geschmackszelle depolarisiert wird. Die Depolarisation löst wiederum die Öffnung der spannungsabhängigen CALHM1-Kanäle aus, die den Ausstrom von ATP vermitteln.

---

[3] Ein Beispiel für eine süß schmeckende Substanz, die auf Proteinen basiert, ist Thaumatin, ein Gemisch aus sechs verschiedenen Proteinen, das aus den Beeren der westafrikanischen Katamfe-Pflanze (*Thaumatococcus daniellii*) gewonnen wird. Thaumatin schmeckt etwa 2000- bis 3000-mal süßer als Saccharose.

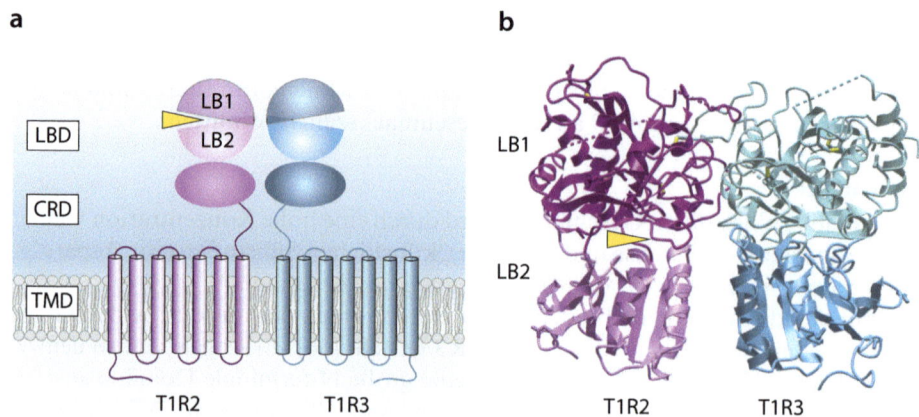

Abb. 6.4 Aufbau von Süßrezeptoren. **a** Süßrezeptoren sind Heterodimere aus den G-Protein-gekoppelten Rezeptoren T1R2 und T1R3. Jede Untereinheit besteht aus einer Transmembrandomäne (TMD) mit sieben helikalen Transmembransegmenten, einer cysteinreichen Domäne (CRD), die als Linker zu einer ligandenbindenden Domäne (LBD) fungiert. Die LBDs bestehen aus jeweils zwei Regionen (LB1 und LB2), die gemeinsam die Bindungsstelle bilden. Das *gelbe Dreieck* stellt einen Geschmacksstoff dar, der in der LBD bindet. **b** Struktur der ligandenbindenden Domäne in kryoelektronenmikroskopischer Auflösung. Diese Struktur wird auch als *Venus flytrap modul* bezeichnet (PDB ID: 5X2M [50])

Dieser Signaltransduktionsmechanismus findet in Typ-II-Zellen statt, die keine konventionellen synaptischen Strukturen zur Informationsübertragung besitzen. Dennoch sind sie in der Lage, Geschmacksinformationen an afferente Nervenfasern weiterzuleiten, indem sie ATP als Neurotransmitter freisetzen [8, 18]. Daher stellt sich die Frage, durch welchen Mechanismus die ATP-Freisetzung erfolgt, wenn keine chemische Synapsen vorhanden sind.

CALHM1 stellt die porenbildende Untereinheit eines nicht selektiven, spannungsgesteuerten Ionenkanals dar, der an der Regulation der neuronalen Erregbarkeit im Zentralnervensystem beteiligt ist [40]. Im gustatorischen System ist CALHM1 exklusiv in der Membran von Typ-II-Geschmackszellen lokalisiert. Ein Knock-out des CALHM1-Gens führt zu einem nahezu vollständigen Verlust der Präferenz für süß schmeckende Substanzen [60]. Für die vollständige Funktionalität der ATP-Freisetzung ist außerdem noch CALHM3 erforderlich, das gemeinsam mit CALHM1 einen hexameren Kanal bildet [41].

- **Bittergeschmack**

Ein bitterer Geschmack wird durch eine Vielzahl chemisch sehr unterschiedlicher Substanzen hervorgerufen, die häufig in Pflanzen vorkommen und dort als Fraßschutz gegen Herbivore dienen. Zahlreiche Alkaloide wie Koffein oder Chinin lösen beispielsweise eine sehr starke Bitterempfindung aus.[4] Tannine und Flavonoide sind Polyphenole, von denen einige ebenfalls eine abschreckende Wirkung besitzen, während bestimmte Terpenverbindungen wie die Hopfenbitterstoffe kulturell eher positiv besetzt sind.

---

4 Alkaloide sind eine chemisch diverse Gruppe meist alkalischer, stickstoffhaltiger Verbindungen, die von Mikroorganismen, Pflanzen und Tieren produziert werden.

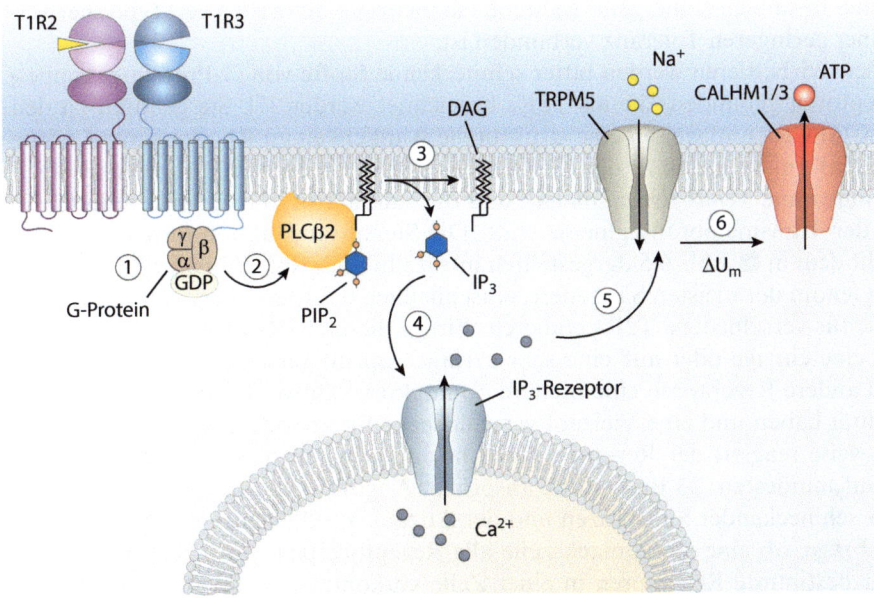

Abb. 6.5 Signaltransduktion der Süßrezeptoren T1R2/T1R3. Die Bindung eines Geschmacksstoffs an den heterodimeren Rezeptor aktiviert das G-Protein G_{gus} (Schritt 1), das wiederum die Phospholipase C-β2 (PLCβ2) aktiviert (Schritt 2). Dabei entsteht IP$_3$ (Schritt 3), das an IP$_3$-Rezeptoren bindet (Schritt 4). Ca^{2+}-Ionen werden aus intrazellulären Speichern freigesetzt und binden an TRPM5-Kanäle (Schritt 5). Der Einstrom von Na^+-Ionen führt zu einer Depolarisation (ΔU_m) und somit zum Öffnen von spannungsgesteuerten CALHM1-Kanälen (Schritt 6)

Die Fähigkeit, einen bitteren Geschmack wahrzunehmen, wird oft als eine evolutionäre Errungenschaft angesehen, die es ermöglicht, potenziell giftige pflanzliche Substanzen rechtzeitig zu erkennen, um deren Aufnahme in den Körper zu vermeiden. Falls die Stärke der Abwehrreaktion die Toxizität einer bitteren Substanz korrekt vorhersagt, dann sollten sehr giftige Substanzen mit hoher Empfindlichkeit und ungiftige Stoffe mit einer geringeren Sensitivität detektiert werden. Die Schwellenwerte für bitteren Geschmack variieren jedoch unabhängig von der Toxizität der untersuchten Verbindungen, sodass eine Abstoßungsreaktion ebenso wahrscheinlich durch eine harmlose bittere Substanz ausgelöst wird wie durch eine hochgiftige. Der Evolutionsdruck liegt also offensichtlich nicht auf einem möglichst niedrigen Schwellenwert für Bitterstoffe. Vielmehr wurde die Hypothese aufgestellt, dass die Art der Nahrung eine wesentliche Rolle für die Toleranz gegenüber Bitterstoffen spielt [23].

Herbivore Organismen, die mit hoher Wahrscheinlichkeit Bitterstoffe in ihrer Nahrung aufnehmen, weisen einen erhöhten Schwellenwert für die Erkennung bitterer Substanzen auf. Sie können es sich nicht leisten, jede bitter schmeckende Pflanze zu meiden, da dies ihre Auswahl an Nahrungsquellen erheblich einschränken würde. Im Gegensatz dazu haben Tiere mit einer carnivoren Ernährungsweise, die nur selten mit bitteren und potenziell toxischen Substanzen in Kontakt kommen, eine höhere Empfindlichkeit entwickelt. Diese Hypothese wird durch die Beobachtung unterstützt, dass ein hoher Schwellenwert oft mit einer höheren Toleranz gegenüber toxischen Substanzen einhergeht, während ein niedriger Schwellenwert typischerweise mit einer geringeren Toleranz verbunden ist.

Bei den Wirbeltieren werden bitter schmeckende Stoffe von G-Protein-gekoppelten Rezeptoren gebunden, die als T2Rs bezeichnet werden [7]. Sie gehören zu den Klasse-A-GPCRs und weisen eine strukturelle Ähnlichkeit zu Rhodopsin auf (siehe ◘ Abb. 3.5a). Im Vergleich zu den GPCRs der Klasse C besitzen T2Rs einen kurzen N-Terminus ohne *Venus flytrap modul*, und die Interaktion mit Liganden findet im Bereich der Transmembransegmente statt. Die Signaltransduktion durch die T2Rs entspricht dem in ◘ Abb. 6.5 dargestellten intrazellulären Reaktionsweg.

Das Genom der meisten Säugetiere, einschließlich des Menschen, enthält über 20 Gene, die für verschiedene T2Rs codieren. Einige dieser T2Rs reagieren ausschließlich auf eine einzige oder auf eine sehr geringe Anzahl verschiedener Substanzen, während andere Rezeptoren eine breitere Tuningkurve aufweisen, d. h. eine geringere Spezifität haben und eine Vielzahl verschiedener Bitterstoffe binden können [44]. Beispielsweise reagiert der Rezeptor T2R3 nur auf eine einzige Substanz, während T2R14 auf mindestens 33 Bitterstoffe anspricht. Angesichts der chemischen Diversität bitter schmeckender Substanzen und der Anzahl verschiedener Rezeptoren stellt sich die Frage, ob eine Geschmackszelle alle Rezeptortypen exprimiert oder ob jeweils nur bestimmte Rezeptoren in einer Zelle vorkommen. Im ersten Fall ist eine eher homogene Bitterempfindung zu erwarten, während bei der zweiten Option eine Differenzierung von Bitterstoffen möglich ist [43]. Tatsächlich scheinen beide Möglichkeiten realisiert zu sein, und die Frage, ob Menschen (oder Tiere) verschiedene Bitterstoffe unterscheiden können, ist bislang unbeantwortet.

- **Umami**

Umami ist ein aus dem Japanischen stammender Begriff und bedeutet so viel wie „wohlschmeckend" oder „herzhaft". Die Geschmacksqualität umami wird hauptsächlich durch die Aminosäuren Glutamat und Aspartat hervorgerufen, während Nukleotide wie Inosinmonophosphat (IMP) und Guanosinmonophosphat (GMP) synergistisch zur Intensität ihres Geschmacks beitragen. IMP und GMP fungieren nicht als Agonisten, die direkt mit der Bindungsstelle von Glutamat interagieren, sondern stabilisieren den Komplex aus Rezeptor und gebundenem Glutamat [78]. Diese Verbindungen kommen insbesondere in proteinreichen Lebensmitteln wie Fleisch, Fisch und Käse vor.

Umami, ähnlich wie die Geschmacksqualitäten süß und bitter, wird durch G-Protein-gekoppelte Rezeptoren vermittelt. Die aus den Rezeptoren T1R1 und T1R3 bestehenden Heterodimere spielen eine wesentliche Rolle in der Signaltransduktion, da ein Knock-out der Gene für beide Rezeptoren den Verlust der Geschmacksqualität umami zur Folge hat [49, 81]. Es stellt sich jedoch die Frage, ob ausschließlich das Dimer T1R1/T1R3 für die Signaltransduktion von umami verantwortlich ist. In diesem Fall würde ein Knock-out von T1R1 oder T1R3 ebenfalls einen Geschmacksverlust von umami verursachen, was aber tatsächlich nur teilweise zutrifft. Der Verlust von T1R1 führt zwar dazu, dass die synergistische Verstärkung der Geschmackswahrnehmung durch die Mononukleotide IMP und GMP entfällt, die Reaktion auf Glutamat bleibt jedoch unverändert [33]. Im Gegensatz dazu hat ein Knock-out von T1R3 keine signifikanten Auswirkungen auf die physiologische Reaktion auf Glutamat oder IMP [14].

Die bisher vorliegenden Ergebnisse deuten darauf hin, dass neben T1R1 und T1R3 weitere Rezeptoren an der Vermittlung der Geschmacksqualität umami beteiligt sind. Tatsächlich wurden verkürzte Versionen der metabotropen Glutamatrezeptoren mGluR4 und mGluR1 in Typ-II-Geschmackszellen nachgewiesen [10]. Ein Knock-out von mGluR4 führt zu einer schwächeren Reaktion auf Glutamat in den afferenten Nervenfasern, und diese residuale Reaktion wird durch die Rezeptoren T1R1/T1R3 sowie mGluR1 vermittelt [73].

6.1.3 Molekulare Grundlagen des Sauergeschmacks

Die Geschmacksqualität sauer wird durch einen niedrigen pH-Wert und damit durch eine erhöhte Protonenkonzentration verursacht. Allerdings ruft die intrazelluläre Ansäuerung einen intensiveren Sauergeschmack hervor als eine Erhöhung der Protonenkonzentration im extrazellulären Raum. Bei gleichem pH-Wert erscheinen schwache organische Säuren wie Zitronensäure oder Essigsäure tatsächlich saurer als Salzsäure, da sie die Zellmembran passieren können und innerhalb der Zelle dissoziieren ($HAc \longrightarrow H^+ + Ac^-$). Die dabei entstehenden Protonen führen zu einer Reduktion des intrazellulären pH-Werts.

Die Detektion und Signaltransduktion des Sauergeschmacks erfolgt durch Geschmackszellen vom Typ III. Diese Zellen reagieren auf saure Geschmacksstoffe, indem sie Aktionspotenziale erzeugen und Neurotransmitter an chemischen Synapsen freisetzen. Die molekulare Identität des sogenannten „Sauerrezeptors" sowie der Mechanismus der Signaltransduktion waren lange Zeit unklar und konnten erst durch eine vergleichende Transkriptomanalyse von Geschmackszellen aufgeklärt werden [65]. In diesem Zusammenhang wurde mit Otopetrin 1 (OTOP1) ein Transmembranprotein identifiziert, das von Typ-III-Zellen exprimiert wird und einen protonenselektiven Ionenkanal bildet. OTOP1 weist eine um den Faktor 10^5 höhere Selektivität für H^+ im Vergleich zu anderen monovalenten (K^+, Na^+) und divalenten Kationen (Ca^{2+}) sowie Anionen (Cl^-) auf.

OTOP1 besitzt zwölf Transmembransegmente und zeigt keine Homologie zu anderen Ionenkanälen (◘ Abb. 6.6a) [11, 56]. Für den Gleichgewichtssinn spielt OTOP1 eine entscheidende Rolle bei der Entwicklung von Statolithen – Strukturen aus Calciumcarbonat, die bei der Detektion von Schwerkraft und Beschleunigung im Vestibularorgan assistieren (siehe ▸ Abschn. 4.5.2). Die zwölf Transmembransegmente bilden zwei strukturell ähnliche Domänen: eine N-Domäne (N-Barrel) mit den ersten sechs Transmembransegmenten und eine C-Domäne (C-Barrel), welche die verbleibenden sechs Transmembransegmente umfasst. Da funktionelle OTOP1-Kanäle als Homodimere vorliegen, ergibt sich eine pseudotetramere Struktur mit einer zentralen Öffnung (◘ Abb. 6.6b,c).

Im Gegensatz zu allen anderen hier besprochenen Ionenkanälen ist die zentrale Öffnung der OTOP1-Kanäle mit Lipiden gefüllt und kann somit nicht als Ionenkanal fungieren. Dies wirft die Frage auf, wie Protonen durch den Kanal transportiert werden und welcher Mechanismus dabei zum Tragen kommt. Die mit einer Änderung des pH-Werts verbundenen Konformationsänderungen des OTOP1-Kanals sind inzwischen auf der Ebene einzelner Aminosäuren aufgeklärt [22]. Insbesondere spielen Glutamat325 und Histidin567 eine Schlüsselrolle, indem sie durch einen Zyklus von Protonierung und Deprotonierung H^+-Ionen transportieren. Dieser Mechanismus

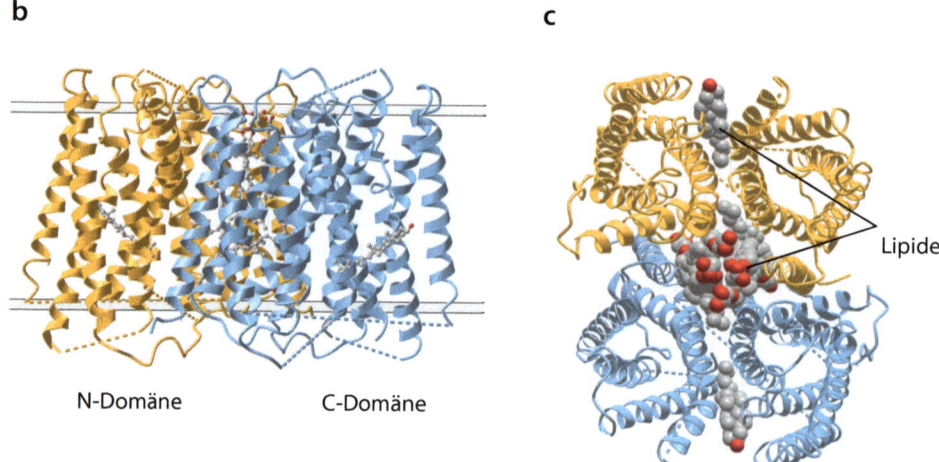

Abb. 6.6 Struktur von OTOP1. **a** OTOP1 besteht aus zwölf Transmembransegmenten; die N- und C-Termini befinden sich auf der intrazellulären Seite. Das Protein ist in eine N-Domäne und eine C-Domäne unterteilt. **b** Das Ribbon-Diagramm des OTOP1-Homodimers in Seitenansicht basiert auf kryoelektronenmikroskopischen Strukturdaten (PDB ID: 6NF4 [56]). Die *grauen Linien* deuten die Position der Zellmembran an. **c** In der Aufsicht von der extrazellulären Seite zeigt sich die pseudotetramere Struktur von OTOP1. Die zentrale Pore und der Raum zwischen den Untereinheiten sind mit Lipiden gefüllt

unterscheidet sich grundlegend von der Diffusion von Na^+- oder K^+-Ionen durch spannungsgesteuerte Kanäle (siehe ▶ Abschn. 1.4).

Die Signaltransduktion der Geschmacksqualität sauer beruht auf der synergistischen Interaktion zweier Membranproteine: dem Protonenkanal OTOP1 und dem Kaliumkanal Kir2.1. Diese beiden Proteine bilden die Grundlage für die Wirkung sowohl von extrazellulären als auch von intrazellulären Protonen.

Typ-III-Zellen reagieren auf extrazelluläre Protonen mit einem Einstrom positiver Ladungen, wodurch eine Depolarisation der Zellmembran induziert wird (◘ Abb. 6.7a). Dieser Effekt hängt von der Protonenkonzentration ab, da die Stromamplitude mit sinkendem pH-Wert zunimmt. Wenn OTOP1-Kanäle in einem heterologen Expressionssystem exprimiert werden, führt eine Absenkung des extrazellulären pH-Werts zu einem ähnlichen Effekt (◘ Abb. 6.7b). Diese Ergebnisse deuten darauf hin, dass OTOP1 ein protonenselektiver Ionenkanal ist und dass der beobachtete Einwärtsstrom durch H^+-Ionen vermittelt wird.

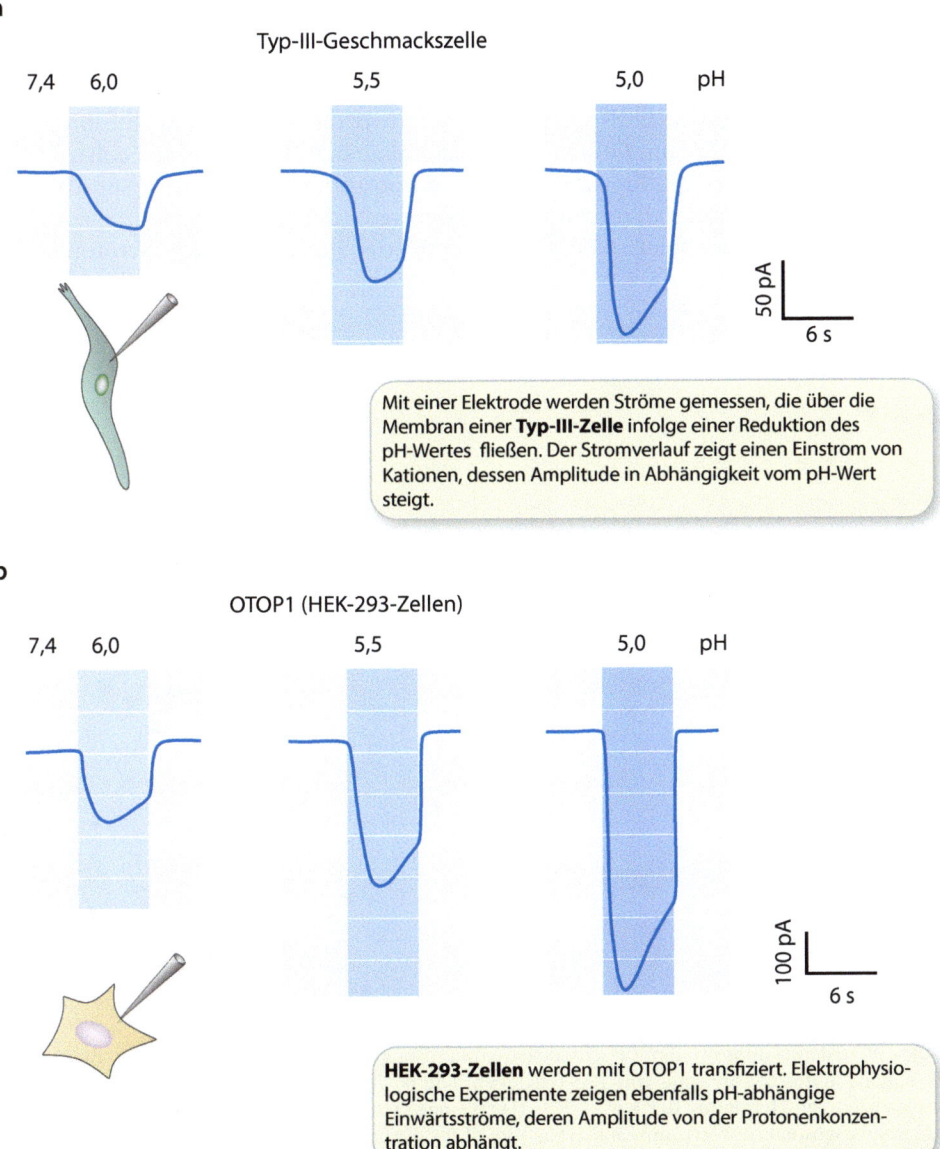

Abb. 6.7 OTOP1 fungiert als Protonenkanal. **a** Elektrophysiologische Ableitungen von Typ-III-Zellen zeigen durch Protonen aktivierte Ionenströme. **b** Die Expression von OTOP1 in einem heterologen Expressionssystem (HEK-293-Zellen) führt ebenfalls zu pH-abhängigen Ionenströmen über der Zellmembran. Modifiziert nach [62]

Wie bereits erwähnt, können schwache Säuren durch die Zellmembran diffundieren und eine intrazelluläre Ansäuerung hervorrufen. Diese Säuren inhibieren den spannungsabhängigen Kaliumkanal Kir2.1, der für die Aufrechterhaltung des Ruhemembranpotenzials verantwortlich ist [75]. Die Hemmung von Kir2.1 führt zu einer Depolarisation der Zellmembran oder verstärkt eine bereits bestehende Depolarisation. Daher erscheint ein Modell der Signaltransduktion plausibel, bei dem Protonen durch OTOP1 in die Geschmackszelle gelangen und eine Depolarisation auslösen. Diese initiale Depolarisation wird durch die Hemmung der Kir2.1-Kanäle zusätzlich verstärkt, da der Ausstrom von K^+-Ionen verhindert wird (◘ Abb. 6.8). Die Veränderung des Membranpotenzials aktiviert spannungsabhängige Natriumkanäle (Na_V), die für die Erzeugung von Aktionspotenzialen verantwortlich sind. Letztlich führen die Spannungsänderungen zum Öffnen von Calciumkanälen (Ca_V), und die einströmenden Ca^{2+}-Ionen lösen die Freisetzung von Neurotransmittermolekülen aus. Experimentelle Befunde deuten darauf hin, dass Serotonin der Neurotransmitter von Typ-III-Zellen ist. Zudem spielt ATP eine Rolle bei der Freisetzung von Serotonin [39].

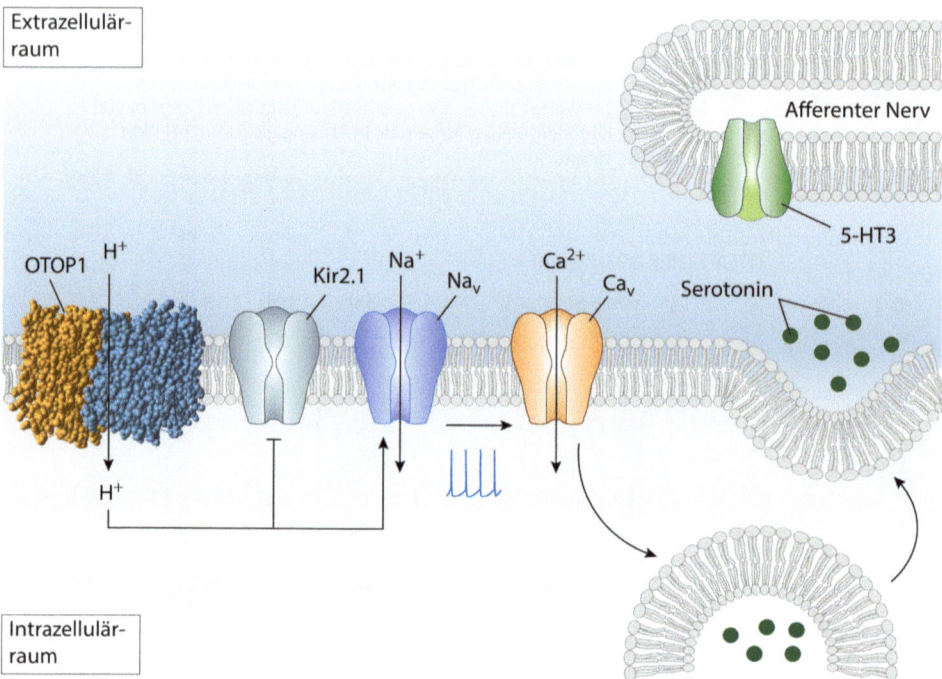

Abb. 6.8 Signaltransduktion der Geschmacksqualität sauer. Protonen (H^+) gelangen durch OTOP1-Kanäle in das Cytoplasma von Typ-III-Zellen. Die positiven Ladungen führen zusammen mit der gleichzeitigen Hemmung der Kir2.1-Kanäle zu einer Depolarisation der Zellmembran, wodurch spannungsgesteuerte Natriumkanäle (Na_V) geöffnet werden. Dieser Prozess generiert Aktionspotenziale, die wiederum spannungsgesteuerte Calciumkanäle (Ca_V) aktivieren. Der anschließende Einstrom von Ca^{2+}-Ionen bewirkt die Freisetzung von Neurotransmittermolekülen, die das Geschmackssignal an die afferenten Nervenendigungen weiterleiten. Die Signalübertragung erfolgt durch Serotonin, das an 5-HT$_3$-Rezeptoren bindet. Modifiziert nach [66]

6.1.4 Molekulare Mechanismen des Salzgeschmacks

Die Geschmacksqualität salzig beruht hauptsächlich auf der Detektion von Natriumchlorid (NaCl), das in wässriger Lösung in die Ionen Na^+ und Cl^- dissoziiert. Dabei sind insbesondere die Na^+-Ionen für die subjektive Wahrnehmung des Salzgeschmacks verantwortlich. Als Hauptbestandteil der Ionen in der extrazellulären Flüssigkeit spielt Na^+ eine zentrale Rolle in der Regulation des Wasserhaushalts, des Blutvolumens und des Säure-Basen-Gleichgewichts. Zudem ist Na^+ essenziell für die elektrische Erregbarkeit von Neuronen und Muskelzellen in Form von Aktionspotenzialen. Weiterhin stellen die Konzentrationsgradienten von Na^+ über der Zellmembran eine entscheidende Voraussetzung für zahlreiche Transportprozesse, einschließlich der Aufnahme von Glucose und Aminosäuren durch die Zellen des Magen-Darm-Trakts dar. Diese nicht vollständige Aufzählung physiologischer Funktionen verdeutlicht die herausragende Bedeutung von Na^+ als Mineralstoff, der in ausreichender Menge zur Verfügung stehen muss.

Während Meeresbewohner keine Schwierigkeiten mit der Salzversorgung haben, stehen landlebende Organismen vor der Herausforderung, ihren Bedarf an NaCl in einer relativ salzarmen Umgebung zu decken. Dazu ist zunächst ein Sensorium erforderlich, das den Tieren die Detektion von NaCl ermöglicht. Die Konzentration an NaCl spielt dabei eine entscheidende Rolle für die Aufnahme. Einerseits ist NaCl in relativ geringer Konzentration für die oben genannten physiologischen Prozesse essenziell. Andererseits kann eine übermäßige Aufnahme von NaCl gesundheitliche Risiken mit sich bringen, da die renalen Exkretionsprozesse mehr Zeit in Anspruch nehmen als die Aufnahme und so zumindest zeitweise eine zu hohe Salzkonzentration im Körper vorhanden ist. Eine überhöhte Konzentration an NaCl kann die Homöostase der Körperflüssigkeiten erheblich beeinträchtigen und somit zu einer Dysregulation des osmotischen Gleichgewichts und potenziell hypertonen Zuständen führen.

Im Gegensatz zu den zuvor erörterten Geschmacksqualitäten, die eine jeweils positive (süß, umami) oder negative Verhaltensantwort (bitter, sauer) auslösen, verursacht NaCl eine ambivalente Reaktion. Während eher geringe Konzentrationen von NaCl bis etwa $100\,mmol\,l^{-1}$ typischerweise eine positive Reaktion hervorrufen, wirken höhere Konzentrationen in der Regel aversiv [51]. Dieses biphasische Verhalten beruht auf einer komplexen peripheren Codierung des Salzgeschmacks. Auf diese Weise werden sowohl eine angemessene Versorgung mit NaCl sichergestellt als auch potenziell schädliche Effekte vermieden.

Die Beobachtung, dass die Substanz Amilorid die Intensität einer Salzempfindung reduziert, lieferte einen ersten Hinweis auf die molekularen Mechanismen der Signaltransduktion [24]. Amilorid ist ein diuretisch wirkender Arzneistoff, der die Rückresorption von Na^+-Ionen in den Nieren hemmt und dadurch zu einer vermehrten Ausscheidung von Na^+ und Wasser führt. Dieser Effekt wird durch eine Hemmung des epithelialen Natriumkanals ENaC vermittelt, der im Zusammenhang mit mechanosensitiven Ionenkanälen in ▶ Abschn. 7.1.3 näher beschrieben wird. Kurz zusammengefasst bestehen ENaC-Kanäle aus den drei Untereinheiten α, β und γ, die zusammen einen konstitutiv offenen Ionenkanal bilden, der vor allem für Na^+ und Li^+, nicht jedoch für K^+ durchlässig ist. Die α-Untereinheit ist für die Funktion der ENaC-Kanäle essenziell, da sie einen Teil der Kanalpore bildet. Die Diffusion von Na^+-Ionen durch ENaC-Kanäle bildet die Grundlage für den **amiloridsensitiven Salzgeschmack**.

Im gustatorischen System werden ENaC-Kanäle in den Pilzpapillen exprimiert, die sich im vorderen Bereich der Zunge befinden. Daher ist der Salzgeschmack im Gegensatz zu den anderen Geschmacksqualitäten vorwiegend in dieser Region lokalisiert. Ein Knock-out der α-Untereinheit von ENaC führt bei Mäusen zu einem Verlust der amiloridsensitiven Salzempfindung sowie einer verminderten positiven Verhaltensantwort auf niedrige Konzentrationen von NaCl [9].

Die Signaltransduktion des amiloridsensitiven Salzgeschmacks beginnt mit dem Einstrom von Na^+-Ionen durch die geöffneten ENaC-Kanäle. Der dadurch erzeugte Anstieg der positiven Ladungen innerhalb der Zelle führt zu einer überschwelligen Depolarisation der Plasmamembran, was wiederum die Bildung von Aktionspotenzialen auslöst. Die Depolarisation der Zellmembran durch die Aktionspotenziale aktiviert CALHM1/3-Kanäle, die als spannungsabhängige Kanäle fungieren und die Freisetzung von ATP vermitteln (◉ Abb. 6.9a). Dieser Mechanismus der Transmitterfreisetzung über eine sogenannte „Kanalsynapse" entspricht dem in Typ-II-Zellen beschriebenen Prozess.

Im Rahmen der Aufklärung des Signaltransduktionsmechanismus stellt sich die Frage, welche Geschmackszellen für den amiloridsensitiven Salzgeschmack verantwortlich sind. Eine Beteiligung der Typ-I-Zellen kann ausgeschlossen werden, da diese weder elektrisch erregbar sind noch die charakteristische Nucleotidase ENTPD2 exprimieren. Daher definieren die ENaC- und CALHM1/3-positiven Zellen einen neuen Typ von Geschmackszellen, der nicht in das konventionelle Klassifizierungsschema passt.

Neben dem amiloridsensitiven Salzgeschmack, der mit einer positiven Verhaltensantwort verbunden ist, existiert eine aversive Reaktion auf NaCl, die nicht von Amilorid beeinflusst und daher auch nicht über die ENaC-Kanäle vermittelt wird. Bei dieser Reaktion sind hohe Salzkonzentrationen beteiligt, was zumindest im englischen Sprachraum zu der Bezeichnung dieses Signalwegs als *High salt taste* geführt hat.

Der Signaltransduktionsweg für hohe Salzkonzentrationen ist bislang nur unzureichend verstanden. Möglicherweise spielen die Anionen in diesem Zusammenhang eine funktionell wichtige Rolle, da kleine anorganische Anionen wie Cl^- einen intensiveren Salzgeschmack hervorrufen als größere organische Anionen wie Citrat oder Acetat [53]. Dieser sogenannte **Anioneneffekt** beeinflusst die elektrische Spannung über dem Epithel, in das die Geschmacksknospen eingebettet sind, und somit die Reaktion der Geschmackszellen auf gustatorische Reize [74].[5]

Als potenzielle Kandidaten für die Detektion sehr hoher Salzkonzentrationen werden Zellen, die mit den Geschmacksqualitäten bitter und sauer assoziiert sind, diskutiert [37, 51, 53]. In Bezug auf die Bitterzellen wird angenommen, dass ein oder mehrere T2Rs auf eine hohe Cl^--Konzentration reagieren (◉ Abb. 6.9b). Bei den Sauerzellen wird eine Beteiligung der membrangebundenen Carboanhydrase CA4 an der Signaltransduktion für hohe Salzkonzentrationen diskutiert (◉ Abb. 6.9c). Die Carboanhydrase katalysiert die Reaktion von Kohlenstoffdioxid und Wasser zu Hydrogencarbonat und Protonen. Eine hohe Cl^--Konzentration hemmt die Carboanhydrase CA4, wodurch die Produktion des als Puffer wirkenden Hydrogencarbonats

---

5 Die elektrische Spannung über dem Epithel wird auch als transepitheliales Potenzial bezeichnet. Sie beschreibt nicht das Membranpotenzial der Geschmackszellen, sondern den Spannungsunterschied zwischen dem Außenraum und der interstitiellen Flüssigkeit auf der basolateralen Seite des Epithels.

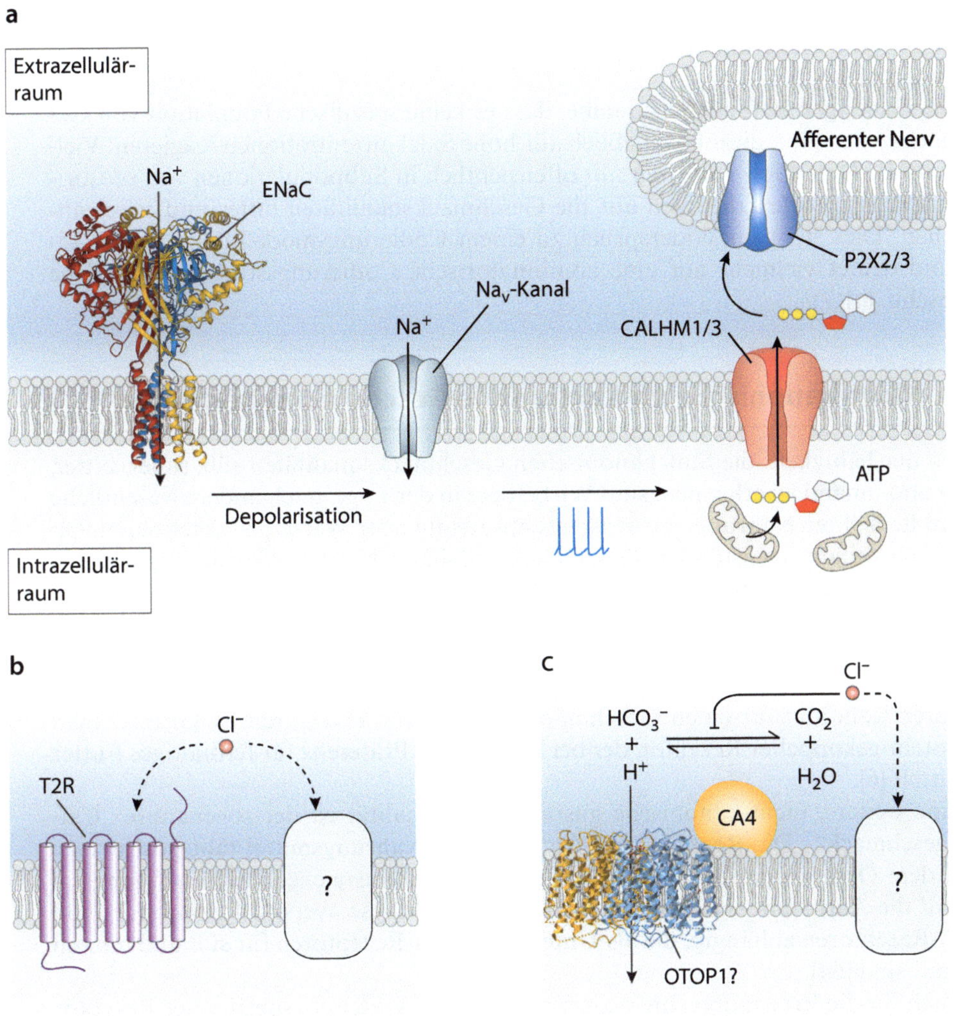

Abb. 6.9 Signaltransduktion der Geschmacksqualität salzig. **a** Der amiloridsensitive Signalweg basiert auf dem Einstrom von Na^+-Ionen durch ENaC-Kanäle. Die darauffolgende Depolarisation aktiviert spannungsabhängige Natriumkanäle (Na_V), die Aktionspotenziale erzeugen. Letztlich führt die Spannungsänderung zur Freisetzung von ATP durch CALHM1/3-Kanäle und zur Aktivierung purinerger P2X2/3-Rezeptoren in der Membran der afferenten Nervenfasern. **b** Mögliche Beteiligung von Bitterzellen und T2R-Rezeptoren im Rahmen der Detektion einer hohen Salzkonzentration. Chloridionen interagieren direkt mit T2Rs und/oder mit einem weiteren, unbekannten Membranprotein. **c** Ein alternativer Signalweg für hohe Salzkonzentrationen wird in den Sauerzellen vermutet. Die Blockierung der Carboanhydrase CA4 führt zu einer Erhöhung der extrazellulären Protonenkonzentration, die über OTOP1-Kanäle zu einem zellulären Signal führen. Modifiziert nach [61]

wegfällt. Infolgedessen sinkt der pH-Wert in der unmittelbaren Umgebung der Zellmembran, was wiederum die für die Geschmacksqualität sauer spezifischen Typ-III-Zellen aktiviert [51].

Die bisherigen Befunde legen nahe, dass es keine spezifische Population von Geschmackszellen gibt, die ausschließlich auf hohe Salzkonzentrationen reagieren. Vielmehr ist die Detektion von *High salt* offensichtlich in Subpopulationen von sensorischen Zellen verortet, die auch auf die Geschmacksqualitäten bitter und sauer ansprechen. Dies steht im Widerspruch zu einem Codierungsmodell der Labeled Lines und deutet vielmehr auf eine kombinatorische Codierungsstrategie hin (siehe ▶ Abschn. 6.1.7).

6.1.5 Nicht-kanonische und extraorale Geschmacksrezeptoren

Neben der Fähigkeit, die fünf kanonischen Geschmacksqualitäten süß, sauer, bitter, salzig und umami zu erkennen, sind Wirbeltiere in der Lage, auch andere wesentliche Bestandteile ihrer Nahrung, wie beispielsweise Fette oder Wasser, zu detektieren. Ob es sich hierbei um eigenständige Geschmacksqualitäten handelt, die durch spezifische Rezeptoren und Zelltypen vermittelt werden, ist jedoch bislang umstritten.

Fette zeichnen sich in der Regel durch eine charakteristische Struktur und einen spezifischen Geruch aus, wobei ihre Anwesenheit sowohl durch somatosensorische als auch durch olfaktorische Signale repräsentiert wird. Ein vielversprechender molekularer Kandidat für einen Geschmacksrezeptor für Fettsäuren ist GPR120, ein G-Protein-gekoppelter Rezeptor, der bei Mäusen die Präferenz für fetthaltiges Futter vermittelt [6].

Eine weitere, nicht-kanonische gustatorische Qualität ist der sogenannte „Calciumgeschmack". Die Reaktion auf Ca^{2+}-haltige Nahrungsmittel fällt positiv aus, wenn dem Organismus Ca^{2+}-Ionen fehlen. Bei einer ausreichenden Versorgungslage wird die Aufnahme von Ca^{2+} jedoch abgelehnt. Diese aversive Reaktion ist von T1R3-Rezeptoren abhängig, die als Untereinheit der Rezeptoren für süß und umami bekannt sind [64].

Auch für die Erkennung von Wasser wird immer wieder ein spezifischer Rezeptor postuliert. Die Wahrnehmung von Wasser auf der Körperoberfläche erfolgt mithilfe des somatosensorischen Systems, das auch eine wesentliche Rolle bei der Identifizierung von Wasser in der Mundhöhle spielt. Ein spezifischer Rezeptor für Wasser konnte jedoch bislang nicht identifiziert werden.

Geschmacksrezeptoren der T1R- und T2R-Familien kommen auch außerhalb des gustatorischen Systems vor und werden als sogenannte extraorale Geschmacksrezeptoren bezeichnet [4]. In den meisten Fällen ist ihre physiologische Funktion in den entsprechenden Organen und Organsystemen bislang nur unzureichend verstanden. Eine Ausnahme bilden die T2Rs in den Epithelzellen der Atemwege und des Magen-Darm-Trakts. In den Atemwegen lösen von Bakterien produzierte Bitterstoffe die Bildung des bakteriziden Stoffs Stickstoffmonoxid aus und erhöhen die Schlagfrequenz der Cilien. Beide Prozesse unterstützen die Bekämpfung eingedrungener Bakterien sowie die Entfernung noxischer Substanzen aus den Atemwegen [36].

Die molekulare Detektion bestimmter Substanzen, die in den Magen-Darm-Trakt aufgenommen werden, spielt eine wesentliche Rolle bei der Regulierung von Verdauungsprozessen, der Kalorienzufuhr, der Insulinsekretion sowie der Initiierung verschiedener Abwehrmechanismen gegen schädliche oder toxische Nahrungsbestandteile. T1Rs und T2Rs in der Mukosa des Magen-Darm-Trakts werden höchstwahrscheinlich durch aufgenommene Nährstoffe sowie durch Substanzen ohne Nährwert aktiviert. Am Ende der Signalkaskade erfolgt in der Regel eine Erhöhung der intrazellulären Ca^{2+}-Konzentration, die wiederum die Freisetzung gastrointestinaler Peptide mit zahlreichen physiologischen Funktionen induziert [55].

6.1.6 Neurotransmitter

Mindestens fünf verschiedene Neurotransmitter sind an der parakrinen Kommunikation zwischen den Geschmackszellen und an der Signalübertragung zu den afferenten Nervenfasern beteiligt. Aufgrund der vielfältigen Wechselwirkungen zwischen den Sinneszellen ist die Signalverarbeitung innerhalb einer Geschmacksknospe außerordentlich komplex. Im Folgenden werden die Transmitter und ihre Rezeptoren kurz beschrieben.

- **ATP**

ATP spielt im gustatorischen System eine Schlüsselrolle, sowohl in der parakrinen als auch in der synaptischen Signalübertragung. Die Wirkung von ATP wird durch die $P2X_2$- und $P2X_3$-Rezeptoren in der Membran der afferenten Nervenfasern vermittelt. Diese Rezeptoren fungieren als nicht-selektive Kationenkanäle und öffnen innerhalb von wenigen Millisekunden nach der Bindung von ATP. Ein Knock-out der Gene für diese beiden purinergen Rezeptoren führt zu einer Geschmacksblindheit für süß, bitter, umami und salzig [18].

ATP wird über spannungsabhängige CALHM1/CALHM3-Kanäle freigesetzt, die durch Aktionspotenziale in den Geschmackszellen vom Typ II aktiviert werden. Die hohe intrazelluläre Konzentration von ATP fördert die Diffusion von ATP aus der Zelle in den Extrazellulärraum. Dieses ATP stammt aus vergleichsweise großen Mitochondrien, die sich in unmittelbarer Nähe der Plasmamembran befinden.

Um eine Anreicherung von ATP im Extrazellulärraum zu verhindern, wird es durch Ecto-ATPasen auf der Oberfläche von Typ-I-Zellen sowie durch Ectonucleotidasen auf Typ-III-Zellen hydrolysiert. ATP verstärkt seine eigene Freisetzung, indem es an P2X-Rezeptoren auf Typ-II-Zellen bindet. Ohne diesen autokrinen Mechanismus wird nicht ausreichend ATP freigesetzt, um die afferenten Nervenfasern zu aktivieren. Darüber hinaus fördert ATP auf parakrinem Weg die Freisetzung von Serotonin aus Typ-III-Zellen über metabotrope P2Y-Rezeptoren (◘ Abb. 6.2).

- **Serotonin**

Serotonin wird an konventionellen chemischen Synapsen freigesetzt, die zwischen Typ-III-Zellen und afferenten Nervenfasern bestehen [25]. Typ-III-Zellen synthetisieren Serotonin und speichern es in synaptischen Vesikeln, die spannungs- sowie calciumabhängig mit der Plasmamembran fusionieren. Auf der postsynaptischen Seite bewirken die ionotropen $5-HT_3$-Rezeptoren eine Depolarisation der afferenten Nervenfasern [34].

Typ-III-Zellen reagieren auch mit der Freisetzung von Serotonin auf ATP, das von Typ-II-Zellen stammt. Somit existieren zwei Mechanismen für die Exocytose von Serotonin: Ein spannungsabhängiger Mechanismus, der durch einen Anstieg der extra- oder intrazellulären Protonenkonzentration ausgelöst wird, und eine ATP-abhängige Freisetzung infolge der Aktivierung von Typ-II-Zellen [28]. Serotonin wirkt wiederum negativ auf die ATP-Freisetzung zurück (◘ Abb. 6.2).

- **GABA**

Der inhibitorisch wirkende Neurotransmitter GABA wird von Typ-III-Zellen synthetisiert und infolge der Aktivierung dieser Zellen durch ATP freigesetzt [17]. Als Zielzellen fungieren Typ-II-Zellen, die sowohl ionotrope $GABA_A$ als auch metabotrope $GABA_B$-Rezeptoren exprimieren. Ähnlich wie Serotonin hemmt GABA die Freisetzung von ATP aus den Typ-II-Zellen.

- **Acetylcholin und Noradrenalin**

Neben ATP setzen Typ-II-Zellen auch Acetylcholin (ACh) frei [15]. Die Bindung von Acetylcholin an muskarinische ACh-Rezeptoren führt zu einer erhöhten Freisetzung von ATP in derselben oder benachbarten Geschmackszellen. Darüber hinaus nehmen Typ-III-Zellen Noradrenalin auf und setzen es zusammen mit Serotonin wieder frei [27]. Die Rolle von Noradrenalin in der Signaltransduktion gustatorischer Reize ist jedoch bislang nicht vollständig geklärt.

◘ Tab. 6.1 fasst die gustatorische Signaltransduktion bei Wirbeltieren zusammen.

◘ **Tab. 6.1** Gustatorische Signaltransduktion bei Wirbeltieren

Geschmacks-qualität	Rezeptoren	Geschmacksstoffe	Signaltrans-duktion	Zelltyp
Süß	T1R2/T1R3	Zucker, künstliche Süßstoffe, Proteine	Gustducin, PLCβ2, IP$_3$, TRPM5, CALHM1	Typ II
Bitter	~30 T2Rs	Chinin, Cycloheximid, Denatonium, Salicin		
Umami	T1R1/T1R3, mGluR1, mGluR4	L-Glutamat, L-Aspartat, Nukleotide (IMP, GMP)		
Sauer	OTOP1, Kir2.1	Zitronensäure, Weinsäure, Salzsäure	Ionenkanal	Typ-III
Salzig	ENaC	NaCl und andere Natriumsalze		

Die Liste der Geschmacksstoffe umfasst nur einige typische Vertreter. Insbesondere bei den Bitterstoffen sind lediglich wenige Beispiele aufgeführt

6.1.7 Codierung der gustatorischen Information

Die Frage, wie gustatorische Informationen in der sensorischen Peripherie codiert werden, ist trotz jahrzehntelanger Bemühungen bis heute nicht abschließend geklärt. Im Wesentlichen werden drei verschiedene Modelle diskutiert: Labeled Lines, Kombinatorik und zeitliche Muster. Im Folgenden beschränken wir uns auf die ersten beiden Möglichkeiten, da die Codierung durch zeitliche Muster, also die konkrete Form und Abfolge von Aktionspotenzialen, zwar bei zentralen Verarbeitungsprozessen eine Rolle spielt, nicht jedoch in der Peripherie.

Eine Codierung nach dem Prinzip der Labeled Lines bedeutet, dass jede Geschmackszelle spezifisch auf eine bestimmte Geschmacksqualität reagiert und ihre Signale über individuelle, ebenfalls spezifische Verbindungen auf nachgeschaltete Neuronen überträgt [3, 72]. Beispielsweise reagiert eine bestimmte Geschmackszelle ausschließlich auf die Qualität süß, da sie nur die für süß geeigneten Rezeptoren exprimiert. Die afferenten Fasern, die diese Geschmackszelle innervieren, transportieren daher ausschließlich Informationen über die Geschmacksqualität süß; sie tragen als Labeled Lines also bildlich gesprochen ein Etikett mit der Aufschrift „süß". Entsprechend wird die gustatorische Information für alle Geschmacksqualitäten über jeweils spezifische Verknüpfungen aus der Peripherie ins Zentralnervensystem übertragen (◘ Abb. 6.10a).

Tatsächlich deutet das differenzielle Expressionsmuster der Geschmacksrezeptoren in den einzelnen Geschmackszellen auf eine spezifische Codierung hin. Bitterstoffe bindende T2Rs kommen nicht in Zellen vor, die T1Rs exprimieren und somit die Qualitäten süß oder umami codieren [48]. Sauerzellen unterscheiden sich von den Geschmackszellen, die T1Rs oder T2Rs exprimieren [26]. Zudem unterstützt die Beobachtung, dass Geschmackszellen umprogrammiert werden können, die Hypothese einer Labeled-Line-Codierung [81].

Im Gegensatz zu einer Labeled-Line-Codierung steht allerdings die Tatsache, dass die durch einen hohen Salzgehalt ausgelöste negative Verhaltensreaktion auf die Aktivierung von Geschmacksrezeptoren für bitter und süß zurückzuführen ist (siehe ▶ Abschn. 6.1.4). Eine alternative Hypothese zur Codierung gustatorischer Informationen basiert auf einem kombinatorischen Ansatz. Solche Modelle zeichnen sich durch eine hohe Genauigkeit bei der Unterscheidung von Sinnesqualitäten aus und sind sowohl beim Farbensehen als auch im olfaktorischen System implementiert (siehe ▶ Abschn. 3.7 und 5.2.3).

Evidenz für ein kombinatorisches Modell zur Codierung gustatorischer Informationen ist in den Geschmackszellen selbst zu finden. Einige Geschmackszellen sind weitgehend spezifisch für eine bestimmte Geschmacksqualität – beispielsweise gibt es Typ-II-Zellen, die entweder auf süß oder bitter reagieren, jedoch nicht auf beide Qualitäten gleichzeitig. Im Gegensatz dazu zeigen andere Geschmackszellen ein eher generalisiertes Antwortmuster, indem sie auf mehrere Geschmacksqualitäten ansprechen (◘ Abb. 6.10b). Diese unspezifische Reaktion ist nicht auf die Expression verschiedener Typen von Geschmacksrezeptoren zurückzuführen, sondern resultiert hauptsächlich aus der parakrinen Aktivierung durch ATP. So reagieren Typ-III-Zellen spezifisch auf Säuren, können jedoch auch durch ATP aktiviert werden, das von Typ-II-Zellen als Reaktion auf süß, bitter oder umami freigesetzt wird [63, 76].

Elektrophysiologische Experimente an den afferenten Nervenfasern zeigen sehr ähnliche Antwortprofile. Einerseits gibt es spezifische Fasern, die als „Spezialisten"

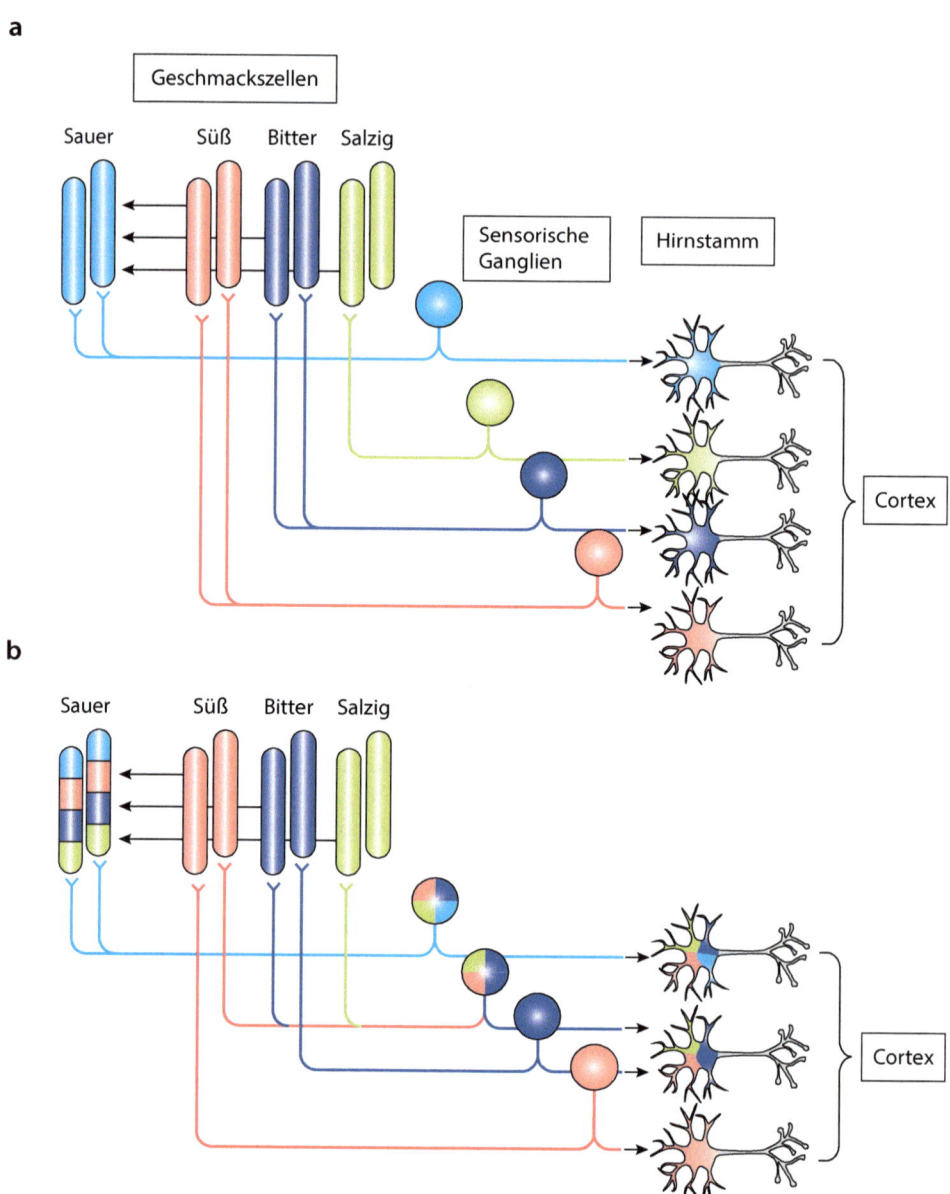

Abb. 6.10 Codierungsstrategien im gustatorischen System. **a** Bei einer Labeled-Line-Codierung detektiert jede Geschmackszelle eine jeweils spezifische Geschmacksqualität, und diese Information wird über individuelle neuronale Verbindungen bis in den Cortex transportiert. **b** Das kombinatorische Modell basiert auf Spezialisten (süß, bitter, salzig) sowie Generalisten (sauer). Die Neuronen auf der nächsten Verschaltungsebene erhalten sowohl spezifischen als auch gemischten Eingang und repräsentieren daher entweder eine oder mehrere Geschmacksqualitäten. Teil **b** modifiziert nach [54]

bezeichnet werden und ausschließlich bei einer bestimmten Geschmacksqualität Aktionspotenziale erzeugen. Andererseits existieren „Generalisten", die auf zwei und mehr Geschmacksstoffe reagieren. Zudem ist die Zuordnung zu Spezialisten und Generalisten nicht statisch, da beispielsweise eine Erhöhung der Konzentration die Tuningkurven sowohl der Spezialisten als auch der Generalisten erheblich beeinflussen kann [71].

> **Schlüsselkonzepte Abschn. 6.1 Geschmackssinn der Wirbeltiere**
>
> - Die Zungenoberfläche weist mehrere Hundert Pilzpapillen, bis zu 20 Blätterpapillen und etwa 10 Wallpapillen auf. In das Epithel dieser Papillen sind die Geschmacksknospen eingebettet, die aus sensorischen Geschmackszellen und Basalzellen bestehen. Die Geschmacksknospen werden von afferenten Nervenfasern der Hirnnerven VII und IX versorgt.
> - Es werden drei Typen von Geschmackszellen unterschieden: Typ-I-Zellen, die gliale Eigenschaften aufweisen und eine Ectonucleotidase zum Abbau von ATP exprimieren; Typ-II-Zellen, die mit Rezeptoren für süß, bitter und umami ausgestattet sind und parakrin ATP freisetzen; sowie Typ-III-Zellen, die Rezeptoren für die Geschmacksqualität sauer exprimieren und serotonerge chemische Synapsen mit afferenten Nervenfasern bilden. Bei den Geschmackszellen handelt es sich um sekundäre Sinneszellen.
> - Die Geschmacksqualität süß wird durch ein Heterodimer der G-Protein-gekoppelten Rezeptoren T1R2 und T1R3 vermittelt. An der Signaltransduktion sind mehrere molekulare Komponenten beteiligt, darunter die Phospholipase $\beta 2$, Inositoltrisphosphat (IP_3), IP_3-Rezeptoren in der Membran des endoplasmatischen Reticulums und der Kationenkanal TRPM5.
> - Die Geschmacksqualitäten bitter und umami werden durch G-Protein-gekoppelte Rezeptoren vermittelt: bitter über die T2R-Familie und umami durch ein Heterodimer aus T1R1 und T1R3. Darüber hinaus aktivieren süß, bitter und umami die gleiche intrazelluläre Signalkaskade.
> - Typ-II-Zellen sind in der Lage, Aktionspotenziale zu erzeugen, die wiederum den spannungsabhängigen Kanal CALHM1/3 aktivieren. Dieser Kanal ermöglicht die Diffusion von ATP in den Extrazellulärraum, wo es an purinerge Rezeptoren auf den afferenten Nervenfasern bindet.
> - Die Geschmacksqualität sauer wird durch eine Reduktion des extrazellulären pH-Werts sowie durch schwache organische Säuren hervorgerufen, die durch die Zellmembran ins Cytosol diffundieren und dort teilweise in Protonen und die korrespondierende Base dissoziieren.
> - Typ-III-Geschmackszellen vermitteln die Geschmacksqualität sauer. Diese Zellen exprimieren den protonenselektiven Ionenkanal OTOP1, der aus zwei identischen Untereinheiten besteht. Eine Erhöhung der intrazellulären Protonenkonzentration hemmt den Kaliumkanal Kir2.1, was zu einer verstärkten Depolarisation der Zelle führt. Typ-III-Zellen erzeugen Aktionspotenziale, die eine vesikuläre Freisetzung von Serotonin und ATP auslösen.
> - Die Geschmacksqualität salzig wird bei niedrigen Natriumionenkonzentrationen durch amiloridsensitive ENaC-Kanäle vermittelt. Der Einstrom von Natriumionen depolarisiert die Zellmembran, wodurch spannungsabhängige Natriumkanäle aktiviert

- werden, die Aktionspotenziale erzeugen. Diese Spannungsänderung führt zur Aktivierung der CALHM1/3-Kanäle, die eine parakrine Freisetzung von ATP auslösen.
- Hohe Salzkonzentrationen führen zu einer aversiven Verhaltensreaktion, die als *High salt taste* bezeichnet und hauptsächlich durch Chloridionen verursacht wird.
- Die gustatorische Signalverarbeitung erfolgt durch mindestens fünf Neurotransmitter: ATP, Serotonin, GABA, Acetylcholin und Noradrenalin. Das Aktivitätsniveau der Geschmackszellen wird durch komplexe Wechselwirkungen zwischen diesen Neurotransmittern reguliert.
- Für die Codierung gustatorischer Informationen werden zwei unterschiedliche Strategien diskutiert: Einerseits das Labeled-Line-Modell, bei dem bestimmte Geschmackszellen jeweils nur eine Geschmacksqualität repräsentieren und diese Signale über spezifische Bahnen ins Gehirn transportieren. Ein alternatives Modell setzt auf eine kombinatorische Strategie, die auf einem dynamischen Aktivitätsmuster zahlreicher Zellen beruht. Beide Modelle werden durch experimentelle Befunde gestützt.

6.2 Geschmackssinn der Insekten

Lernziele
1. Das gustatorische System von Wirbeltieren und Insekten hinsichtlich der Morphologie und Geschmacksqualitäten vergleichen.
2. Die Funktion der drei Ebenen des gustatorischen Systems von *Drosophila* – Geschmacksorgane, gustatorische Sensillen und Rezeptoren – beschreiben.
3. Den Aufbau einer gustatorischen Sensille skizzieren.
4. Die Struktur der vier wichtigsten Geschmacksrezeptoren erläutern und die von ihnen detektierten Geschmacksstoffe nennen.
5. Den ultrastrukturellen Aufbau des Fructoserezeptors BmGr9 beschreiben.

Ähnlich wie Wirbeltiere nutzen auch Insekten ihren Geschmackssinn, um die Genießbarkeit und den Nährwert von Nahrungsquellen zu bewerten. Mono- und Disaccharide sowie bestimmte Aminosäuren führen zu positiven Reaktionen, während schädliche Substanzen wie zahlreiche Pflanzeninhaltsstoffe aversive Wirkungen hervorrufen. Der Prozess der Untersuchung potenzieller Nahrungsmittel beginnt mit spezialisierten Strukturen, den gustatorischen Sensillen. Diese Sensillen enthalten unter anderem sensorische Neuronen, die über spezifische Rezeptoren die Transduktion der jeweiligen Geschmacksqualitäten in elektrische Signale ermöglichen. Diese Signale werden in Form von Aktionspotenzialsequenzen über Axone an das gustatorische Zentrum im subösophagealen Ganglion übertragen. Die Verarbeitung und Integration der Informationen in anderen Regionen des Nervensystems führt schließlich zu einer angepassten Verhaltensreaktion [30, 32].

Im Folgenden betrachten wir exemplarisch das gustatorische System der adulten Fruchtfliege *Drosophila melanogaster*. Es sei jedoch darauf hingewiesen, dass im Larvenstadium häufig andere Rezeptoren vorhanden sind. Die Unterschiede in der Expression von Geschmacksrezeptoren in beiden Stadien werden in diesem Kapitel allerdings nicht weiter thematisiert.

6.2.1 Anatomie des gustatorischen Systems

Im Gegensatz zu Wirbeltieren sind die sensorischen Komponenten des gustatorischen Systems bei Insekten auf verschiedene Körperregionen verteilt, wobei zwischen externen und internen Geschmacksorganen unterschieden wird. Zu den externen Organen gehören das aus zwei Labialpalpen fusionierte Labellum am Ende des Rüssels (Proboscis), die distalen Bereiche der Beine sowie die Ränder der Flügel [69]. Die internen Geschmacksorgane befinden sich im Pharynx und fungieren als entscheidende Gatekeeper für die endgültige Aufnahme der Nahrung in das Verdauungssystem. Im Pharynx von *Drosophila* befinden sich drei unterschiedliche interne Geschmacksorgane: mehrere Labialorgane (*Labral sense organ*, LSO) sowie die dorsalen und ventralen Pharyngealorgane (*Dorsal cibarial sense organ*, DCSO und *Ventral cibarial sense organ*, VCSO) (◘ Abb. 6.11a).

Die Sinneszellen befinden sich in den **gustatorischen Sensillen**, die, wenn sie auf der Körperoberfläche liegen, auch Geschmacksborsten genannt werden. Diese Strukturen bestehen aus zwei bis vier sensorischen Zellen, deren Dendriten innerhalb der cuticularen Borste verlaufen und an der Spitze über eine Pore mit der Außenwelt kommunizieren (◘ Abb. 6.11b). Zusätzlich enthält jede Sensille ein mechanosensorisches Neuron sowie drei akzessorische Zellen, die eine als Lymphe bezeichnete Flüssigkeit sezernieren. Die Lymphe umgibt die Dendriten der Geschmackszellen und weist eine hohe Konzentration an K^+-Ionen auf. Diese ungewöhnlich hohe K^+-Konzentration im Extrazellulärraum erzeugt ein transepitheliales Potenzial, das die Aktivierungsschwelle der sensorischen Neuronen senkt.

Ein Labellum verfügt über insgesamt 31–34 Geschmacksborsten, die in die Klassen L (*Long*), I (*Intermediate*) und S (*Short*) unterteilt werden (◘ Abb. 6.11a). Diese verschiedenen Sensillentypen exprimieren unterschiedliche Geschmacksrezeptoren und sind somit für die Detektion unterschiedlicher Geschmacksqualitäten verantwortlich.

L-Typ-Sensillen reagieren empfindlich auf attraktive Geschmacksreize und zeigen nur eine geringe Reaktion auf aversive Stimuli. Jedes der vier gustatorischen Neuronen einer L-Typ-Sensille ist auf einen bestimmten Reiz spezialisiert: Eines reagiert stark auf geringe Salzkonzentrationen, ein weiteres stark auf Zucker, ein drittes schwach auf hohe Salzkonzentrationen und das vierte moderat auf Wasser. Im Gegensatz dazu reagieren die vier gustatorischen Neuronen in S-Typ-Sensillen stark auf aversive Reize und deutlich schwächer auf positive Stimuli. Die I-Typ-Sensillen enthalten hingegen nur zwei gustatorische Neuronen, von denen eines durch aversive und das andere durch attraktive Geschmacksstoffe aktiviert wird. Beide Gruppen – S-Typ- und I-Typ-Sensillen – werden aufgrund ihres Aktivitätsprofils noch in Untergruppen eingeteilt (◘ Abb. 6.12).

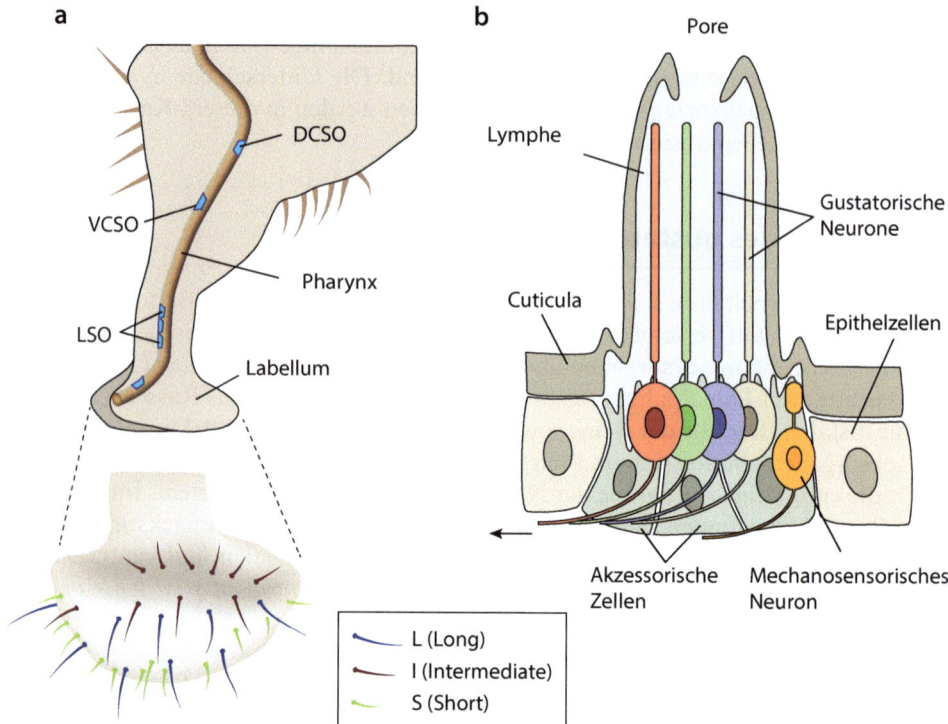

Abb. 6.11 Anatomie des gustatorischen Systems bei *Drosophila*. **a** Schematische Darstellung der Proboscis und des Pharynx mit den drei internen Geschmacksorganen LSO, VCSO und DCSO. Das Labellum enthält drei verschiedene Typen von Geschmacksborsten, die als *Long*, *Intermediate* und *Short* bezeichnet werden. **b** Eine gustatorische Sensille besteht aus vier gustatorischen Neuronen, einem mechanosensorischen Neuron und drei akzessorischen Zellen. Die gustatorischen Neuronen besitzen an ihrem apikalen Pol Dendriten, die von Lymphe umgeben sind und über eine Pore mit der Außenwelt in Kontakt stehen. Am gegenüberliegenden Zellpol befindet sich ein Axon, das gebündelt mit anderen Axonen in Richtung Zentralnervensystem verläuft. LSO, *Labral sense organ*; DCSO, *Dorsal cibarial sense organ*; VCSO, *Ventral cibarial sense organ*

6.2.2 Geschmacksrezeptoren bei *Drosophila*

Da Insekten weitgehend auf die gleichen Geschmacksqualitäten reagieren wie Wirbeltiere, liegt die Vermutung nahe, dass in beiden Tiergruppen homologe Rezeptoren an der Signaltransduktion beteiligt sind. Die Detektion der jeweiligen Substanzen erfolgt bei Insekten jedoch durch Proteine, die keine Ähnlichkeit mit den entsprechenden Rezeptoren der Wirbeltiere aufweisen. Die Mehrzahl der Bitter- und Süßrezeptoren bei Insekten wird als **gustatorische Rezeptoren** bezeichnet, die zu einer großen Proteinsuperfamilie gehören [12, 57]. Obwohl diese Proteine sieben Transmembransegmente aufweisen, zeigen sie keine Ähnlichkeit mit G-Protein-gekoppelten Rezeptoren. Stattdessen ähneln sie eher den Geruchsrezeptoren von Insekten, die ligandengesteuerte Ionenkanäle bilden (siehe ▶ Abschn. 5.2.2).

Neben den Geschmacksrezeptoren (Grs) sind auch ionotrope Rezeptoren (Irs), Rezeptoren der ENaC/DEG-Familie sowie TRP-Kanäle an der gustatorischen

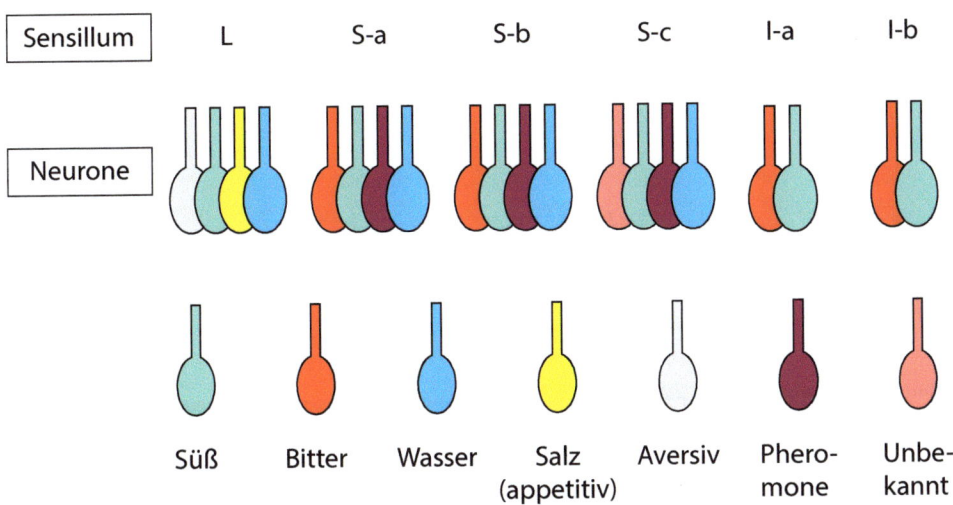

Abb. 6.12 Schematische Darstellung der verschiedenen Typen von Sensillen und der gustatorischen Neuronen mit ihrer jeweiligen Spezifität. L- und S-Typ Sensillen enthalten jeweils vier gustatorische Neuronen, während I-Typ-Sensillen zwei Neuronen aufweisen. Modifiziert nach [21]

Signaltransduktion beteiligt. In ◘ Abb. 6.13 wird die Struktur der vier wichtigsten Rezeptortypen dargestellt.

- **Rezeptoren für Bitterstoffe**

Die Expression der bitterspezifischen gustatorischen Rezeptoren in den verschiedenen Sensillentypen ist äußerst komplex [21, 69]. Im Folgenden werden daher lediglich einige grundlegende Prinzipien zusammengefasst.
— Die S-Typ- und I-Typ-Sensillen enthalten jeweils ein gustatorisches Neuron, das spezifisch auf Bitterstoffe reagiert.
— Das Spektrum der gustatorischen Rezeptoren, die an der Detektion der Geschmacksqualität bitter beteiligt sind, ist vergleichsweise umfangreich. Einige gustatorische Neuronen exprimieren mindestens 28 bitterspezifische Grs. Da angenommen wird, dass mehrere Untereinheiten für einen funktionellen Bitterrezeptor erforderlich sind, ergibt sich eine außerordentlich große Anzahl möglicher Kombinationen.
— Bestimmte gustatorische Rezeptoren, wie Gr32a, Gr33a und Gr66a, werden von allen bitterspezifischen gustatorischen Neuronen exprimiert. Gemeinsam mit zwei weiteren Grs bilden diese Proteine eine sogenannte Kerngruppe von Bitterrezeptoren [70]. Da diese Kernrezeptoren in allen bitterspezifischen Zellen vorhanden sind, erfüllen sie eine eher unspezifische Funktion, möglicherweise als Co-Rezeptoren, ähnlich dem Protein ORCO in den olfaktorischen Neuronen. Der Verlust einer dieser Kernrezeptoren führt bei Drosophila zu erheblichen Defiziten in der Erkennung von Bitterstoffen [46].

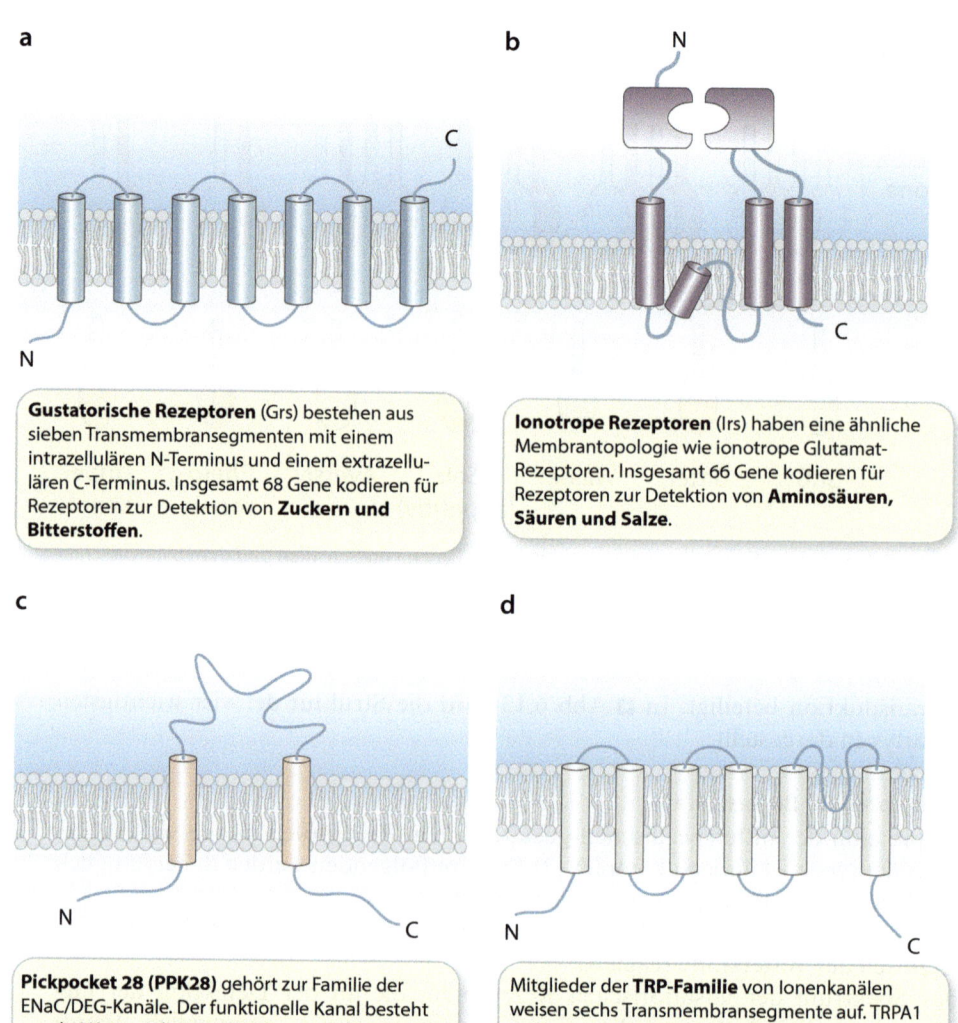

Abb. 6.13 Übersicht über die Struktur und wichtigsten Eigenschaften der Geschmacksrezeptoren bei *Drosophila melanogaster*. **a** Gustatorische Rezeptoren (Grs). **b** Ionotrope Rezeptoren (Irs). **c** Pickpocket 28. **d** TRPA1

- Während einige Rezeptoren ein breites Reaktionsspektrum aufweisen und auf verschiedene Bitterstoffe reagieren, haben andere Grs relativ schmale Tuningkurven. Diese spezifischen Grs bestimmen – möglicherweise in Kombination mit anderen Grs – das chemische Profil eines gustatorischen Neurons.

Neben den gustatorischen Rezeptoren sind noch mindestens drei verschiedene Kanäle der TRP-Familie an der Reaktion auf Bitterstoffe beteiligt: TRPA1, ein als *painless* bezeichneter TRP-Kanal sowie TRPL (*TRP-like*). Diese Ionenkanäle werden von den gustatorischen Neuronen der Sensillen exprimiert und weisen jeweils eine hohe Spezifität für bestimmte Bitterstoffe auf [31, 79]. Obwohl TRP-Kanäle und Grs von den denselben gustatorischen Neuronen exprimiert werden, agieren die beiden Rezeptortypen jedoch unabhängig voneinander.

Der Mechanismus der Signaltransduktion bei der Detektion von Bitterstoffen durch die gustatorischen Rezeptoren ist bislang nicht eindeutig geklärt. Es wird sowohl die Möglichkeit diskutiert, dass Grs als ligandengesteuerte Ionenkanäle fungieren, deren Gating durch die Bindung von Bitterstoffen erfolgt. Andererseits besteht die Möglichkeit, dass G-Proteine und andere Komponenten intrazellulärer Signalwege, wie beispielsweise PLCβ, eine Rolle in der Signaltransduktion spielen [31]. Insbesondere bleibt unklar, ob Grs trotz ihrer strukturellen Unterschiede zu den GPCRs dennoch mit G-Proteinen interagieren können. Die Entschlüsselung der Struktur eines Süßrezeptors, der als ligandengesteuerter Kationenkanal fungiert, ist möglicherweise ein wichtiger Hinweis darauf, dass auch die Detektion von Bitterstoffen über einen ionotropen Mechanismus verläuft.

- **Rezeptoren für Mono- und Disaccharide**

Verschiedene Zucker lösen bei *Drosophila* eine appetitive Verhaltensreaktion aus, wobei insbesondere Disaccharide wie Maltose und Saccharose sowie Oligosaccharide eine ausgeprägte Wirkung haben. Die dafür verantwortlichen Rezeptoren gehören zur gleichen Proteinfamilie der Grs wie die im vorherigen Abschnitt besprochenen Bitterrezeptoren. Mindestens drei Rezeptoren sind erforderlich, um – mit der Ausnahme von Fructose – alle für *Drosophila* relevanten Zucker zu erkennen: Gr51, Gr64a und Gr64f [13]. Diese drei Rezeptoren kommen gemeinsam in den zuckersensitiven gustatorischen Neuronen vor.

Der gustatorische Rezeptor Gr43a ist unter anderem für die Detektion von Fructose verantwortlich [45]. Als erster gustatorischer Süßrezeptor wurde die dreidimensionale Struktur eines homologen Proteins des Seidenspinners (*Bombyx mori*), BmGr9, erfolgreich aufgeklärt [20]. Inzwischen liegen auch kryoelektronenmikroskopische Daten für die Rezeptoren Gr43a und Gr64a vor, die eine insgesamt sehr ähnliche Struktur aufweisen [42].

BmGr9 ist ein Kationenkanal, der durch die Bindung von Fructose an eine extrazelluläre Bindungsstelle aktiviert wird. Die kryoelektronenmikroskopische Struktur dieses Kanals zeigt ein Tetramer aus identischen Untereinheiten, das eine entfernte Ähnlichkeit mit dem Aufbau der olfaktorischen Rezeptoren von Insekten aufweist (Abb. 5.14). Die Helices S1 und S3 durchspannen lediglich die Dicke der Zellmembran, während sich S2, S4, S5, S6 und S7a in den intrazellulären Raum erstrecken und eine sogenannte Ankerdomäne bilden. Die vier Segmente S7b sind an der Bildung des Ionenkanals beteiligt (Abb. 6.14).

Die Bindung von Fructose bewirkt durch kleine Bewegungen der Helices 1–6 eine Verengung der Bindungstasche. Die Bewegung des Transmembransegments 6, das sowohl mit der gebundenen Fructose als auch mit der Porenhelix S7b in Kontakt steht, ist vermutlich entscheidend für das Gating des Ionenkanals [20].

Viele potenzielle Nahrungsquellen für Insekten enthalten eine Mischung aus bitteren und süßen Bestandteilen, die normalerweise gegensätzliche Verhaltensreaktionen hervorrufen würden. In diesen Fällen spielen die Bitterstoffe jedoch eine entscheidende Rolle: Sie aktivieren einerseits die Bitterrezeptoren und hemmen gleichzeitig die Süßrezeptoren. Dieser hemmende Effekt wird durch ein *Odorant binding protein*

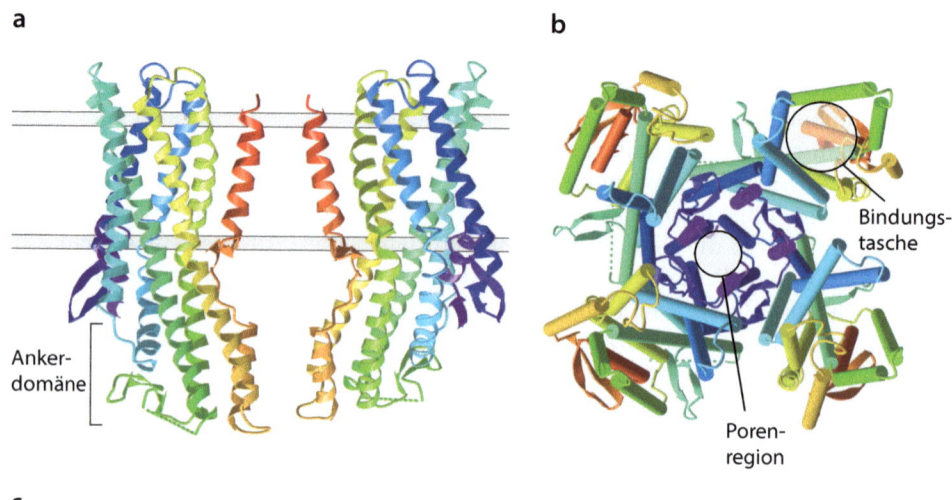
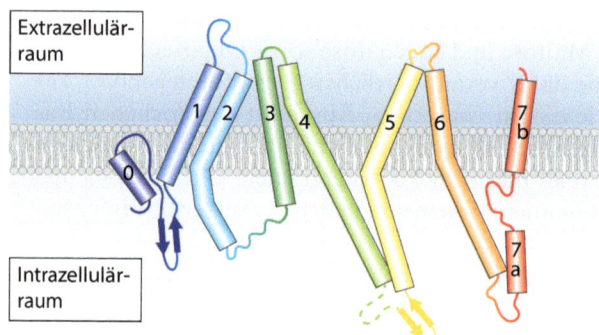

Abb. 6.14 Kryoelektronenmikroskopische Struktur und Membrantopologie des gustatorischen Rezeptors BmGr9. **a** Das Ribbon-Modell zeigt zwei Untereinheiten in der Seitenansicht. Insgesamt bilden vier identische Untereinheiten einen funktionellen Rezeptor. Die *grauen Linien* markieren die Position der Zellmembran (PDB ID: 8VC1 [20]). **b** Aufsicht von der extrazellulären Seite. Die Bindungsstelle für Fructose und die Kanalpore sind gekennzeichnet. **c** Schematische Darstellung der Transmembransegmente

(OBP49a) vermittelt, das relativ unspezifisch an die Bitterstoffe bindet. Der resultierende molekulare Komplex blockiert den Rezeptor Gr64a in der Membran der zuckerempfindlichen gustatorischen Neuronen [29]. Diese Blockade unterdrückt die positive Reaktion auf die süßen Bestandteile und führt letztlich zu einer aversiven Verhaltensreaktion, welche die Aufnahme von Bitterstoffen verhindert.

- **Rezeptoren für Aminosäuren**

Fruchtfliegen sind in der Lage, Aminosäuren zu detektieren und zeigen insbesondere nach einer vorhergehenden Mangelsituation eine positive Verhaltensreaktion. Bislang konnten jedoch weder gustatorische Neuronen noch entsprechende Rezeptoren identifiziert werden, die eine Spezifität für Aminosäuren aufweisen. Eine Ausnahme stellt die toxische Aminosäure L-Canavanin dar, die von gustatorischen Neuronen in S-Typ-Sensillen detektiert wird.[6]

- **Rezeptoren für CO_2 und Salz**

Einige von *Drosophila* bevorzugte Nahrungsquellen, wie Hefen oder faulendes Obst, produzieren Kohlenstoffdioxid (CO_2). Dieses CO_2 reagiert mit Wasser und bildet Kohlensäure, was zu einer leichten Ansäuerung führt. Mit CO_2 angereichertes Wasser löst eine positive Verhaltensreaktion aus, die durch eine spezifische Subpopulation gustatorischer Neuronen vermittelt wird [19]. Im Gegensatz dazu führt eine stärkere Ansäuerung zu einer aversiven Reaktion. Die molekularen Mechanismen, die der Detektion von CO_2-haltigem Wasser bzw. einer niedrigen Protonenkonzentration zugrunde liegen, sind jedoch bislang noch weitgehend unerforscht.

Die Reaktion von *Drosophila* auf salzhaltige Substanzen weist Ähnlichkeiten mit den entsprechenden Reaktionen von Säugetieren auf. Die Tiere zeigen eine Präferenz für niedrige Salzkonzentrationen und reagieren negativ auf hohe Salzgehalte. Gustatorische Neuronen in L-Typ-Sensillen werden bevorzugt bei NaCl-Konzentrationen unterhalb von $100\,\mathrm{mmol\,l^{-1}}$ aktiviert, was ein appetitives Verhalten auslöst. Im Gegensatz dazu vermitteln Neuronen in S-Sensillen bei Konzentrationen über $500\,\mathrm{mmol\,l^{-1}}$ eine aversive Reaktion.

Für die Transduktion der Geschmacksqualität salzig ist ein Mitglied der ionotropen Glutamatrezeptorfamilie (Ir) verantwortlich, die wir bereits im Kontext der olfaktorischen Signalumwandlung behandelt haben (siehe ▶ Abschn. 5.2.2) [4]. Der Rezeptor Ir76b spielt eine entscheidende Rolle bei der Detektion geringer Salzkonzentrationen [80]. Ir76b ist – ähnlich wie die epithelialen Natriumkanäle (ENaC) der Wirbeltiere – ein dauerhaft geöffneter Ionenkanal. Steigt die NaCl-Konzentration in der Nähe der gustatorischen Neuronen, diffundieren Na^+-Ionen durch die offenen Kanäle in die Zelle, was eine Depolarisation der Plasmamembran zur Folge hat.

- **Rezeptoren für Wasser**

Die Detektion von Wasser und die Regulation der Wasseraufnahme sind für alle landlebenden Tiere von grundlegender Bedeutung, um die Homöostase ihrer Körperflüssigkeiten aufrechtzuerhalten. *Drosophila* sowie zahlreiche andere Insekten verfügen über gustatorische Neuronen, die auf Kontakt mit Wasser reagieren und somit das Vorhandensein externer Wasserquellen anzeigen.

Das Protein ppk28, ein Mitglied der Degenerin/ENaC-Familie von Ionenkanälen, ist ein osmosensitiver Ionenkanal, der für die Detektion von reinem Wasser oder Wasser mit niedriger Osmolarität verantwortlich ist [5]. Der Rezeptor ppk28 wird von gustatorischen Neuronen exprimiert, die in Sensillen des L- und S-Typs vorkommen. Es ist jedoch weitgehend unklar, auf welche Weise die Interaktion des Rezeptors mit Wasser erfolgt und inwiefern sich die Kanalaktivität von ppk28 von der Aktivität der epithelialen Natriumkanäle unterscheidet.

◘ Tab. 6.2 fasst die gustatorische Signaltransduktion, einschließlich der beteiligten Rezeptoren und ihrer Zuordnung zu den Sensillentypen bei *Drosophila* zusammen.

---

6   L-Canavanin ist eine nicht-proteinogene Aminosäure, die in einigen Pflanzen als Fraßschutz vorkommt. Die Toxizität von L-Canavanin resultiert aus seiner strukturellen Ähnlichkeit mit L-Arginin. Sie wird häufig anstelle von L-Arginin in die sich bildenden Proteinketten eingebaut, was zu Veränderungen in der Struktur und Funktion der Proteine führt.

Tab. 6.2 Gustatorische Signaltransduktion bei *Drosophila*

Geschmacksqualität	Rezeptoren	Signaltransduktion	Sensillentyp
Süß	Gr5a, Gr61a, Gr64a-f, Gr43a[a]	Ionotroper Rezeptor	L, S-a, S-b, S-c, I-a, I-b
	Ir47a, Ir56b	Ionotroper Rezeptor	L, S
Salzig (appetitiv)	Ir76b	Ionotroper Rezeptor	L
Wässrig	ppk28	Offene Na^+-Kanäle	L, S-a, S-b, S-c
Bitter	Gr32a, Gr33a, Gr39a.a, Gr66a, Gr89a	Ionotroper Rezeptor[b]	S-a, S-b, I-a, I-b
	TrpA1, *painless*, TrpL	Kationenkanal	S

[a]Gr43a ist spezifisch für die Detektion von Fructose. Bei den Bitterrezeptoren sind nur die sogenannten Kernrezeptoren aufgeführt, die in allen Sensillentypen vorkommen
[b]Der genaue Transduktionsmechanismus der Bitterrezeptoren ist bislang nicht vollständig geklärt; aufgrund ihrer strukturellen Ähnlichkeiten wird jedoch ein Mechanismus vermutet, der dem der Süßrezeptoren ähnelt
Für eine vollständige Liste aller Rezeptoren siehe [21]

Es ist zu beachten, dass die Liste der aufgeführten Rezeptoren für süß und bitter nicht vollständig ist.

Schlüsselkonzepte ▶ Abschn. 6.2 Geschmackssinn der Insekten

- Die sensorischen Komponenten des gustatorischen Systems sind bei Insekten auf verschiedene Körperregionen verteilt. Externe Geschmacksorgane befinden sich auf dem Labellum, den Beinen und Flügelrändern, während interne Geschmacksorgane in Form von Labialorganen vorwiegend im Pharynx lokalisiert sind.
- Die gustatorischen Sensillen, die auch als Geschmacksborsten bezeichnet werden, bestehen aus zwei oder vier sensorischen Zellen, die über eine Pore mit der Außenwelt kommunizieren. Durch diese Pore gelangen Geschmacksstoffe in die Lymphe und binden an gustatorische Rezeptoren, die sich in der Membran der Dendriten der sensorischen Neuronen befinden.
- Ein Labellum weist zwischen 31 und 34 Geschmacksborsten auf, die in drei Typen unterteilt sind: L (*Long*), I (*Intermediate*) und S (*Short*). Jeder dieser Typen exprimiert unterschiedliche Geschmacksrezeptoren.
- L-Typ-Sensillen bestehen aus vier sensorischen Neuronen, die vorwiegend auf attraktive Stimuli wie Zucker, Wasser und Salze in niedrigen Konzentrationen reagieren. S-Typ-Sensillen, die ebenfalls aus vier Neuronen bestehen, sind insbesondere auf aversive Reize spezialisiert. I-Typ-Sensillen hingegen enthalten zwei Neuronen, die jeweils auf appetitive und aversive Geschmacksreize ansprechen.

- Gustatorische Rezeptoren (Grs) besitzen sieben Transmembransegmente, sind jedoch keine G-Protein-gekoppelten Rezeptoren. Sie vermitteln die Detektion der Geschmacksqualitäten süß und bitter.
- Ionotrope Rezeptoren (Irs) weisen grundsätzliche strukturelle Ähnlichkeiten mit ionotropen Glutamatrezeptoren auf. Sie bestehen aus vier Untereinheiten, die ein tetrameres Protein mit einem zentralen Ionenkanal bilden. Irs detektieren diverse Zuckermoleküle und Salz in geringen Konzentrationen.
- Der Ionenkanal ppk28 gehört zur Degenerin/ENaC-Familie und fungiert als spezifischer Detektor für Wasser und verdünnte Salzlösungen.

Literatur

1. Adler E, Hoon MA, Mueller KL, Chandrashekar J, Ryba NJ, Zuker CS (2000) A novel family of mammalian taste receptors. Cell 100(6):693–702. https://doi.org/10.1016/s0092-8674(00)80705-9
2. Bachmanov AA, Beauchamp GK (2007) Taste receptor genes. Annu Rev Nutr 27:389–414. https://doi.org/10.1146/annurev.nutr.26.061505.111329
3. Barretto RP, Gillis-Smith S, Chandrashekar J, Yarmolinsky DA, Schnitzer MJ (2014) The neural representation of taste quality at the periphery. Nature 517(7534):373–376. https://doi.org/10.1038/nature13873
4. Behrens M, Meyerhof W (2011) Gustatory and extragustatory functions of mammalian taste receptors. Physiol Behav 30;105(1):4–13. https://doi.org/10.1016/j.physbeh.2011.02.010
5. Cameron P, Hiroi M, Ngai J, Scott K (2010) The molecular basis for water taste in *Drosophila*. Nature 465(7294):91–95. https://doi.org/10.1038/nature09011
6. Cartoni C, Yasumatsu K, Ohkuri T, Shigemura N, Yoshida R (2010) Taste preference for fatty acids is mediated by GPR40 and GPR120. J Neurosci 30(25):8376–8382. https://doi.org/10.1523/JNEUROSCI.0496-10.2010
7. Chandrashekar J, Mueller KL, Hoon MA, Adler E, Feng L et al (2000) T2Rs function as bitter taste receptors. Cell 100(6):703–711. https://doi.org/10.1016/s0092-8674(00)80706-0
8. Chandrashekar J, Hoon MA, Ryba NJ, Zuker CS (2006) The receptors and cells for mammalian taste. Nature 444(7117):288–294. https://doi.org/10.1038/nature05401
9. Chandrashekar J, Kuhn C, Oka Y, Yarmolinsky DA, Hummler E et al (2010) The cells and peripheral representation of sodium taste in mice. Nature 464(7286):297–301. https://doi.org/10.1038/nature08783
10. Chaudhari N, Landin AM, Roper SD (2000) A metabotropic glutamate receptor variant functions as a taste receptor. Nat Neurosci 3:113–119. https://doi.org/10.1038/72053
11. Chen Q, Zeng W, She J, Bai XC, Jiang Y (2019) Structural and functional characterization of an otopetrin family proton channel. Elife 8:e46710. https://doi.org/10.7554/eLife.46710
12. Clyne PJ, Warr CG, Carlson JR (2000) Candidate taste receptors in *Drosophila*. Science 287(5459):1830–1834. https://doi.org/10.1126/science.287.5459.1830
13. Dahanukar A, Lei YT, Kwon JY, Carlson JR (2007) Two Gr genes underlie sugar reception in *Drosophila*. Neuron 56(3):503–516. https://doi.org/10.1016/j.neuron.2007.10.024
14. Damak S, Rong M, Yasumatsu K, Kokrashvili Z, Varadarajan V et al (2003) Detection of sweet and umami taste in the absence of taste receptor T1r3. Science 301(5634):850–853. https://doi.org/10.1126/science.1087155
15. Dando R, Roper SD (2012) Acetylcholine is released from taste cells, enhancing taste signalling. J Physiol 590(13):3009–3017. https://doi.org/10.1113/jphysiol.2012.232009
16. DeFazio RA, Dvoryanchikov G, Maruyama Y, Kim JW, Pereira E et al (2006) Separate populations of receptor cells and presynaptic cells in mouse taste buds. J Neurosci 26(15):3971–3980. https://doi.org/10.1523/JNEUROSCI.0515-06.2006

17. Dvoryanchikov G, Huang YA, Barro-Soria R, Chaudhari N, Roper SD (2011) GABA, its receptors, and GABAergic inhibition in mouse taste buds. J Neurosci 31(15):5782–5791. https://doi.org/10.1523/JNEUROSCI.5559-10.2011
18. Finger TE, Danilova V, Barrows J, Bartel DL, Vigers AJ et al (2005) ATP signaling is crucial for communication from taste buds to gustatory nerves. Science 310(5753):1495–1499. https://doi.org/10.1126/science.1118435
19. Fischler W, Kong P, Marella S, Scott K (2007) The detection of carbonation by the *Drosophila* gustatory system. Nature 448(7157):1054–1057. https://doi.org/10.1038/nature06101
20. Frank HM, Walujkar S, Walsh RM Jr, Laursen WJ, Theobald DL et al (2024) Structural basis of ligand specificity and channel activation in an insect gustatory receptor. Cell Rep 43(4):114035. https://doi.org/10.1016/j.celrep.2024.114035
21. Freeman EG, Dahanukar A (2015) Molecular neurobiology of *Drosophila* taste. Curr Opin Neurobiol 34:140–148. https://doi.org/10.1016/j.conb.2015.06.001
22. Gan N, Zeng W, Han Y, Chen Q, Jiang Y (2024) Structural mechanism of proton conduction in otopetrin proton channel. Nat Commun 15(1):7250. https://doi.org/10.1038/s41467-024-51803-x
23. Glendinning JI (1994) Is the bitter rejection response always adaptive? Physiol Behav 56(6):1217–1227. https://doi.org/10.1016/0031-9384(94)90369-7
24. Heck GL, Mierson S, DeSimone JA (1984) Salt taste transduction occurs through an amiloride-sensitive sodium transport pathway. Science 223(4634):403–405. https://doi.org/10.1126/science.6691151
25. Huang YJ, Maruyama Y, Lu KS, Pereira E, Plonsky I (2005) Mouse taste buds use serotonin as a neurotransmitter. J Neurosci 25(4):843–847. https://doi.org/10.1523/JNEUROSCI.4446-04.2005
26. Huang AL, Chen X, Hoon MA, Chandrashekar J, Guo W et al (2006) The cells and logic for mammalian sour taste detection. Nature 442(7105):934–938. https://doi.org/10.1038/nature05084
27. Huang YA, Maruyama Y, Roper SD (2008) Norepinephrine is coreleased with serotonin in mouse taste buds. J Neurosci 28(49):13088–13093. https://doi.org/10.1523/JNEUROSCI.4187-08.2008
28. Huang YA, Dando R, Roper SD (2009) Autocrine and paracrine roles for ATP and serotonin in mouse taste buds. J Neurosci 29(44):13909–13918. https://doi.org/10.1523/JNEUROSCI.2351-09.2009
29. Jeong YT, Shim J, Oh SR, Yoon HI, Kim CH et al (2013) An odorant-binding protein required for suppression of sweet taste by bitter chemicals. Neuron 79(4):725–737. https://doi.org/10.1016/j.neuron.2013.06.025
30. Kain P, Dahanukar A (2015) Secondary taste neurons that convey sweet taste and starvation in the *Drosophila* brain. Neuron 85(4):819–832. https://doi.org/10.1016/j.neuron.2015.01.005
31. Kim SH, Lee Y, Akitake B, Woodward OM, Guggino WB, Montell C (2010) *Drosophila* TRPA1 channel mediates chemical avoidance in gustatory receptor neurons. Proc Natl Acad Sci U S A 107(18):8440–8445. https://doi.org/10.1073/pnas.1001425107
32. Kirkhart C, Scott K (2015) Gustatory learning and processing in the *Drosophila* mushroom bodies. J Neurosci 35(15):5950–5958. https://doi.org/10.1523/JNEUROSCI.3930-14.2015
33. Kusuhara Y, Yoshida R, Ohkuri T, Yasumatsu K, Voigt A (2013) Taste responses in mice lacking taste receptor subunit T1R1. J Physiol 591(7):1967–1985. https://doi.org/10.1113/jphysiol.2012.236604
34. Larson ED, Vandenbeuch A, Voigt A, Meyerhof W, Kinnamon SC, Finger TE (2015) The role of 5-HT$_3$ receptors in signaling from taste buds to nerves. J Neurosci 35(48):15984–15995. https://doi.org/10.1523/JNEUROSCI.1868-15.2015
35. LeDue EE, Chen YC, Jung AY, Dahanukar A, Gordon MD (2015) Pharyngeal sense organs drive robust sugar consumption in *Drosophila*. Nat Commun 6:6667. https://doi.org/10.1038/ncomms7667
36. Lee RJ, Kofonow JM, Rosen PL, Siebert AP, Chen B (2014) Bitter and sweet taste receptors regulate human upper respiratory innate immunity. J Clin Invest 124(3):1393–1405. https://doi.org/10.1172/JCI72094
37. Lewandowski BC, Sukumaran SK, Margolskee RF, Bachmanov AA (2016) Amiloride-insensitive salt taste is mediated by two populations of type III taste cells with distinct trans-

duction mechanisms. J Neurosci 36(6):1942–1953. https://doi.org/10.1523/JNEUROSCI.2947-15.2016
38. Liman ER, Zhang YV, Montell C (2014) Peripheral coding of taste. Neuron 81(5):984–1000. https://doi.org/10.1016/j.neuron.2014.02.022
39. Liman ER, Kinnamon SC (2021) Sour taste: receptors, cells and circuits. Curr Opin Physiol 20:8–15. https://doi.org/10.1016/j.cophys.2020.12.006
40. Ma Z, Siebert AP, Cheung KH, Lee RJ, Johnson B et al (2012) Calcium homeostasis modulator 1 (CALHM1) is the pore-forming subunit of an ion channel that mediates extracellular Ca^{2+} regulation of neuronal excitability. Proc Natl Acad Sci U S A 109(28):E1963–1971. https://doi.org/10.1073/pnas.1204023109
41. Ma Z, Taruno A, Ohmoto M, Jyotaki M, Lim JC et al (2018) CALHM3 is essential for rapid ion channel-mediated purinergic neurotransmission of GPCR-mediated tastes. Neuron 98(3):547–561.e10. https://doi.org/10.1016/j.neuron.2018.03.043
42. Ma D, Hu M, Yang X, Liu Q, Ye F (2024) Structural basis for sugar perception by *Drosophila* gustatory receptors. Science 383(6685):eadj2609. https://doi.org/10.1126/science.adj2609
43. Matsunami H, Montmayeur JP, Buck LB (2000) A family of candidate taste receptors in human and mouse. Nature 404(6778):601–604. https://doi.org/10.1038/35007072
44. Meyerhof W, Batram C, Kuhn C, Brockhoff A, Chudoba E (2010) The molecular receptive ranges of human TAS2R bitter taste receptors. Chem Senses 35(2):157–170. https://doi.org/10.1093/chemse/bjp092
45. Miyamoto T, Slone J, Song X, Amrein H (2012) A fructose receptor functions as a nutrient sensor in the *Drosophila* brain. Cell 151(5):1113–1125. https://doi.org/10.1016/j.cell.2012.10.024
46. Moon SJ, Köttgen M, Jiao Y, Xu H, Montell, (2006) A taste receptor required for the caffeine response in vivo. Curr Biol 16(18):1812–1817. https://doi.org/10.1016/j.cub.2006.07.024
47. Mueller KL, Hoon MA, Erlenbach I, Chandrashekar J, Zuker CS, Ryba NJ (2005) The receptors and coding logic for bitter taste. Nature 434(7030):225–229. https://doi.org/10.1038/nature03352
48. Nelson G, Hoon MA, Chandrashekar J, Zhang Y, Ryba NJ, Zuker CS (2001) Mammalian sweet taste receptors. Cell 106(3):381–390. https://doi.org/10.1016/s0092-8674(01)00451-2
49. Nelson G, Chandrashekar J, Hoon MA, Feng L, Zhao G et al (2002) An amino-acid taste receptor. Nature 416(6877):199–202. https://doi.org/10.1038/nature726
50. Nuemket N, Yasui N, Kusakabe Y, Nomura Y, Atsumi N (2017) Structural basis for perception of diverse chemical substances by T1r taste receptors. Nat Commun 8:15530. https://doi.org/10.1038/ncomms15530
51. Oka Y, Butnaru M, von Buchholtz L, Ryba NJ, Zuker CS (2013) High salt recruits aversive taste pathways. Nature 494(7438):472–475. https://doi.org/10.1038/nature11905
52. Rodriguez YA, Roebber JK, Dvoryanchikov G, Makhoul V, Roper SD, Chaudhari N (2023) "Tripartite Synapse" in taste buds: A role for type I glial-like taste cells. J Neurosci 41(48):9860–9871. https://doi.org/10.1523/JNEUROSCI.1444-21.2021
53. Roebber JK, Roper SD, Chaudhari N (2019) The role of the anion in salt (NaCl) detection by mouse taste buds. J Neurosci 39(32):6224–6232. https://doi.org/10.1523/JNEUROSCI.2367-18.2019
54. Roper SD, Chaudhari N (2017) Taste buds: cells, signals and synapses. Nat Rev Neurosci 18(8):485–497. https://doi.org/10.1038/nrn.2017.68
55. Rozengurt E, Sternini C (2007) Taste receptor signaling in the mammalian gut. Curr Opin Pharmacol 7(6):557–562. https://doi.org/10.1016/j.coph.2007.10.002
56. Saotome K, Teng B, Tsui CCA, Lee WH, Tu YH (2019) Structures of the otopetrin proton channels Otop1 and Otop3. Nat Struct Mol Biol 26(6):518–525. https://doi.org/10.1038/s41594-019-0235-9
57. Scott K, Brady R Jr, Cravchik A, Morozov P, Rzhetsky A et al (2001) A chemosensory gene family encoding candidate gustatory and olfactory receptors in *Drosophila*. Cell 104(5):661–673. https://doi.org/10.1016/s0092-8674(01)00263-x
58. Shah AS, Ben-Shahar Y, Moninger TO, Kline JN, Welsh MJ (2009) Motile cilia of human airway epithelia are chemosensory. Science 325(5944):1131–1134. https://doi.org/10.1126/science.1173869

59. Slone J, Daniels J, Amrein H (2007) Sugar receptors in *Drosophila*. Curr Biol 17(20):1809–1816. https://doi.org/10.1016/j.cub.2007.09.027
60. Taruno A, Vingtdeux V, Ohmoto M, Ma Z, Dvoryanchikov G et al (2013) CALHM1 ion channel mediates purinergic neurotransmission of sweet, bitter and umami tastes. Nature 495(7440):223–226. https://doi.org/10.1038/nature11906
61. Taruno A, Gordon MD (2023) Molecular and cellular mechanisms of salt taste. Annu Rev Physiol 85:25–45. https://doi.org/10.1146/annurev-physiol-031522-075853
62. Teng B, Wilson CE, Tu YH, Joshi NR, Kinnamon SC, Liman ER (2019) Cellular and neural responses to sour stimuli require the proton channel Otop1. Curr Biol 29(21):3647–3656.e5. https://doi.org/10.1016/j.cub.2019.08.077
63. Tomchik SM, Berg S, Kim JW, Chaudhari N, Roper SD (2007) Breadth of tuning and taste coding in mammalian taste buds. J Neurosci 27(40):10840–10848. https://doi.org/10.1523/JNEUROSCI.1863-07.2007
64. Tordoff MG, Alarcón LK, Valmeki S, Jiang P (2012) T1R3: A human calcium taste receptor. Sci Rep 2:496. https://doi.org/10.1038/srep00496
65. Tu YH, Cooper AJ, Teng B, Chang RB, Artiga DJ et al (2018) An evolutionarily conserved gene family encodes proton-selective ion channels. Science 359(6379):1047–1050. https://doi.org/10.1126/science.aao3264
66. Turner HN, Liman ER (2022) The cellular and molecular basis of sour taste. Annu Rev Physiol 84:41–58. https://doi.org/10.1146/annurev-physiol-060121-041637
67. Vandenbeuch A, Clapp TR, Kinnamon SC (2008) Amiloride-sensitive channels in type I fungiform taste cells in mouse. BMC Neurosci 9:1. https://doi.org/10.1186/1471-2202-9-1
68. Vandenbeuch A, Anderson CB, Parnes J, Enjyoji K, Robson SC et al (2013) Role of the ectonucleotidase NTPDase2 in taste bud function. Proc Natl Acad Sci U S A 110(36):14789–14794. https://doi.org/10.1073/pnas.1309468110
69. Vosshall LB, Stocker RF (2007) Molecular architecture of smell and taste in *Drosophila*. Annu Rev Neurosci 30:505–533. https://doi.org/10.1146/annurev.neuro.30.051606.094306
70. Weiss LA, Dahanukar A, Kwon JY, Banerjee D, Carlson JR (2011) The molecular and cellular basis of bitter taste in *Drosophila*. Neuron 69(2):258–272. https://doi.org/10.1016/j.neuron.2011.01.001
71. Wu A, Dvoryanchikov G, Pereira E, Chaudhari N, Roper SD (2015) Breadth of tuning in taste afferent neurons varies with stimulus strength. Nat Commun 6:8171. https://doi.org/10.1038/ncomms9171
72. Yarmolinsky DA, Zuker CS, Ryba NJ (2009) Common sense about taste: from mammals to insects. Cell 139(2):234–244. https://doi.org/10.1016/j.cell.2009.10.001
73. Yasumatsu K, Manabe T, Yoshida R, Iwatsuki K, Uneyama H (2015) Involvement of multiple taste receptors in umami taste: analysis of gustatory nerve responses in metabotropic glutamate receptor 4 knockout mice. J Physiol 593(4):1021–1034. https://doi.org/10.1113/jphysiol.2014.284703
74. Ye Q, Heck GL, DeSimone JA (1991) The anion paradox in sodium taste reception: resolution by voltage-clamp studies. Science 254(5032):724–726. https://doi.org/10.1126/science.1948054
75. Ye W, Chang RB, Bushman JD, Tu YH, Mulhall EM (2016) The K^+ channel $K_{IR}2.1$ functions in tandem with proton influx to mediate sour taste transduction. Proc Natl Acad Sci U S A 113(2):E229–E238. https://doi.org/10.1073/pnas.1514282112
76. Yoshida R, Miyauchi A, Yasuo T, Jyotaki M, Murata Y (2009) Discrimination of taste qualities among mouse fungiform taste bud cells. J Physiol 587(18):4425–4439. https://doi.org/10.1113/jphysiol.2009.175075
77. Zhang Y, Hoon MA, Chandrashekar J, Mueller KL, Cook B et al (2003) Coding of sweet, bitter, and umami tastes: different receptor cells sharing similar signaling pathways. Cell 112(3):293–301. https://doi.org/10.1016/s0092-8674(03)00071-0
78. Zhang F, Klebansky B, Fine RM, Xu H, Pronin A (2008) Molecular mechanism for the umami taste synergism. Proc Natl Acad Sci U S A 105(52):20930–20934. https://doi.org/10.1073/pnas.0810174106
79. Zhang YV, Raghuwanshi RP, Shen WL, Montell C (2013) Food experience-induced taste desensitization modulated by the *Drosophila* TRPL channel. Nat Neurosci 16(10):1468–1476. https://doi.org/10.1038/nn.3513

80. Zhang YV, Ni J, Montell C (2013) The molecular basis for attractive salt-taste coding in *Drosophila*. Science 340(6138):1334–1338. https://doi.org/10.1126/science.1234133
81. Zhao GQ, Zhang Y, Hoon MA, Chandrashekar J, Erlenbach I et al (2003) The receptors for mammalian sweet and umami taste. Cell 115(3):255–266. https://doi.org/10.1016/s0092-8674(03)00844-4

Mechanorezeption

Inhaltsverzeichnis

7.1 Mechanosensitive Ionenkanäle – 306

7.2 Grundlagen der Mechanorezeption bei Säugetieren – 326

7.3 Mechanosensoren der unbehaarten Haut – 331

7.4 Mechanosensoren der behaarten Haut – 346

7.5 Propriozeption und motorische Kontrolle – 351

7.6 Mechanorezeption bei Insekten – 358

Literatur – 368

© Der/die Autor(en), exklusiv lizenziert durch Springer-Verlag GmbH, DE, ein Teil von Springer Nature 2025
A. Feigenspan, *Sensorische Signaltransduktion – Molekulare Mechanismen der Informationsverarbeitung*, https://doi.org/10.1007/978-3-662-70359-5_7

Der Begriff der Mechanotransduktion bezeichnet die Umwandlung eines mechanischen Reizes in ein elektrochemisches Signal. Es handelt sich hierbei vermutlich um den ältesten sensorischen Prozess überhaupt – möglicherweise ein Schutzmechanismus ursprünglicher Zellen vor den mechanischen und osmotischen Launen der primordialen Ozeane. Aber auch in unserer alltäglichen sensorischen Umwelt beruhen zahlreiche Sinneswahrnehmungen auf der Detektion mechanischer Kräfte und ihrer Transduktion in elektrische Signale. Dazu gehören insbesondere die Wahrnehmung von Schallwellen als Grundlage der auditiven Signalverarbeitung sowie die **Somatosensorik**, die neben dem Tastsinn auch die **Nozizeption** (Schmerzempfindung) und die **Propriozeption** umfasst. Propriozeption bezeichnet die Fähigkeit, die Lage des eigenen Körpers im Raum sowie die Position der Gliedmaßen im Verhältnis zueinander auch bei geschlossenen Augen präzise einschätzen zu können.[1] Diese auch als Tiefensensibilität bezeichnete Sinneswahrnehmung basiert auf der Registrierung der Bewegung und Stellung der Gelenke durch die Dehnung der Muskelspindeln sowie auf der systematischen Messung der Muskelspannung mithilfe der Golgi-Sehnenorgane.

Darüber hinaus stellt die neuronale Erfassung und Verarbeitung von Informationen über die Lage des Körpers im Schwerefeld der Erde eine wesentliche Voraussetzung für die Kontrolle des Gleichgewichts dar. Die entsprechenden Prozesse finden im Vestibularorgan des Innenohrs statt. Auch eine Vielzahl physiologischer Prozesse, die unterhalb der Bewusstseinsschwelle ablaufen, sind unmittelbar mechanoelektrischen Vorgängen unterworfen. Beispielsweise basiert die autonome Anpassung des Blutdrucks und des Atemrhythmus auf der kontinuierlichen Registrierung der mechanischen Dehnung von Blutgefäßen und des Lungengewebes. Schließlich werden auf zellulärer Ebene Migration, Proliferation und Differenzierung ebenfalls maßgeblich durch mechanische Kräfte beeinflusst.

7.1 Mechanosensitive Ionenkanäle

Lernziele
1. Die vier Kriterien zur Identifizierung eines mechanosensorischen Ionenkanals erläutern.
2. Die beiden Modelle der Kraftübertragung auf Ionenkanäle Force from Lipids und Force from Filaments vergleichen.
3. Das transmembrane Druckprofil skizzieren und erläutern.
4. Die molekulare Struktur und den Gating-Mechanismus von Piezo-Kanälen beschreiben.
5. Den Aufbau von TREK-Kanälen beschreiben und zwei Hypothesen zum Gating-Mechanismus diskutieren.
6. Die Struktur und das Gating von ASIC- und ENaC-Kanälen beschreiben.

---

[1] Der Begriff Propriozeption stammt von CHARLES SHERRINGTON: „In muscular receptivity we see the body itself acting as a stimulus to its own receptors – the proprioceptors." [63]

7.1 · Mechanosensitive Ionenkanäle

> 7. Die Funktion der Ankyrin-Repeats für das Gating von NOMPC-Kanälen erläutern.
> 8. Die mechanische Aktivierung von Ionenkanälen mit dem Gating von spannungs- und ligandengesteuerten Ionenkanälen vergleichen.

Wie bei zahlreichen weiteren sensorischen Prozessen stehen Ionenkanäle am Anfang der Signalketten, die letztlich zur unbewussten Verarbeitung und bewussten Wahrnehmung mechanischer Reize führen. Verschiedene Familien mechanosensitiver Ionenkanäle konnten bisher in einer Vielzahl von Organismen – von Bakterien bis hin zu komplexen vielzelligen Tieren – identifiziert und ihre funktionellen Eigenschaften beschrieben werden. Die Diversität der mechanosensitiven Kanäle, oder anders ausgedrückt, die fehlende strukturelle Verwandtschaft zwischen den einzelnen Familien, deutet darauf hin, dass diese Signalproteine im Laufe der Evolution mehrfach unabhängig voneinander entstanden sind.

Die eindeutige Klassifizierung eines Ionenkanals als mechanosensitiv ist nicht trivial und erfordert die Berücksichtigung einer Reihe strikter Kriterien. Dabei wird der Fokus auf die Proteine gelegt, welche tatsächlich die Ionenkanäle ausbilden, und nicht auf zusätzlich vorhandene akzessorische Moleküle, auch wenn diese für den Prozess der Signaltransduktion von essenzieller Bedeutung sein mögen.

1. Die Ionenkanäle müssen von den entsprechenden sensorischen Zellen exprimiert werden und innerhalb dieser Zellen an den richtigen Stellen lokalisiert sein, also dort, wo ein mechanischer Reiz auftritt. Zudem müssen hinreichend viele Ionenkanäle vorhanden sein, da eine geringe Anzahl an Molekülen unter der methodisch bedingten Nachweisgrenze bleiben kann (z. B. 200 Ionenkanäle in auditorischen Haarsinneszellen).
2. Die Ionenkanäle müssen primär für die mechanoelektrische Signaltransduktion in den sensorischen Zellen verantwortlich sein. Die bloße Notwendigkeit der betreffenden Moleküle für die ordnungsgemäße Entwicklung der Zellen oder den reibungslosen Ablauf nachgeschalteter Signalkaskaden stellt kein hinreichendes Kriterium dar. Im Idealfall lässt sich infolge einer Mutation des Kanals eine Veränderung oder gar der vollständige Verlust der Signaltransduktion nachweisen.
3. Ionenkanäle, die in einem heterologen Expressionssystem exprimiert oder in eine künstliche Lipiddoppelschicht eingebaut werden, müssen durch mechanische Kräfte aktivierbar sein. Die Erfüllung dieses Kriteriums erweist sich in der Praxis häufig als schwierig, insbesondere wenn unbekannte Proteine beteiligt sind, die nicht die Kanalpore bilden, jedoch für die mechanosensorische Funktion von essenzieller Bedeutung sind.
4. Das Gating von Ionenkanälen, deren Expression in einer künstlichen Umgebung erfolgt, muss dem Gating in ihrer natürlichen Umgebung entsprechen. Dieses Kriterium ist beispielsweise für die NOMPC-Kanäle aus *Drosophila* erfüllt, deren Expression nicht-sensorischen Zellen die Eigenschaften von Mechanosensoren verleiht [75].

Wir haben mechanosensitive Ionenkanäle bereits im Rahmen der Signaltransduktion von Schall in den Haarsinneszellen von Wirbeltieren kennengelernt (siehe ▶ Abschn. 4.2.2). In diesem Kapitel wird der Fokus auf die Transduktion mechanischer Kräfte im Kontext der Somatosensorik gelegt. Auch wenn einige der besprochenen Ionenkanäle auf Temperaturänderungen und schmerzauslösende Reize reagieren, steht in diesem Kontext ihre mechanosensorische Funktion im Vordergrund der Diskussion.

Die Funktionsweise des Gatings mechanosensitiver Ionenkanäle ist im molekularen Detail noch weitgehend unbekannt, jedoch lässt sie sich mit hoher Wahrscheinlichkeit auf einen der beiden folgenden Mechanismen (oder eine Kombination davon) zurückführen (◘ Abb. 7.1):

— Bereits vor mehr als 30 Jahren wurde für prokaryontische Zellen die Hypothese aufgestellt, dass mechanische Kräfte direkt mittels der Lipide der Plasmamembran auf mechanosensitive Ionenkanäle übertragen werden [36, 45]. In Anbetracht der essenziellen Rolle von Membranlipiden für die Kraftübertragung wird dieses Gating-Modell auch als **Force-from-lipids** (FFL) bezeichnet. Allerdings findet dieser Mechanismus nicht nur bei Prokaryonten Anwendung, sondern stellt auch die Grundlage für das Gating einiger mechanosensitiver Kanäle von Säugetieren, wie beispielsweise Piezo1, dar [64].

— Grundsätzlich können mechanische Kräfte auch unter Beteiligung assoziierter Strukturproteine der extrazellulären Matrix und/oder des Cytoskeletts auf mechanosensitive Ionenkanäle in der Plasmamembran übertragen werden. Da in beiden Fällen Filamentproteine involviert sind, wird dieser Mechanismus als **Force-from-filaments** (FFF) bezeichnet.

In beiden Fällen erfolgt das Gating der Kanäle innerhalb weniger Mikrosekunden, was zu einem Ionenstrom und folglich zu einer Spannungsänderung über der Plasmamembran führt. In der Regel ist der zeitliche Aufwand für das Öffnen und Schließen mechanosensitiver Kanäle geringer als für die entsprechenden Vorgänge bei spannungsgesteuerten oder ligandengesteuerten Ionenkanälen.

Unabhängig vom Modell ist die Verteilung des Drucks über der Zellmembran, das sogenannte transmembrane Druckprofil, von grundlegender Bedeutung für die Übertragung mechanischer Kräfte auf die Ionenkanäle. Aufgrund der amphipathischen Eigenschaften der Phospholipiddoppelschicht, basierend auf ihren polaren Kopfgruppen und den langkettigen hydrophoben Fettsäuren, resultiert ein hochgradig anisotropes Druckprofil über der Zellmembran.[2] Die polaren und geladenen Kopfgruppen der Phospholipide stehen in direktem Kontakt mit den wässrigen Lösungen des Extrazellulär- und Intrazellulärraums. Obgleich eine elektrostatische Abstoßung zwischen den Kopfgruppen besteht, werden die Lipidmoleküle durch die hydrophoben Wechselwirkungen der Fettsäuren insgesamt derart zusammengedrängt, dass Wassermoleküle vom ungeladenen Inneren der Lipiddoppelschicht weitgehend ferngehalten werden. Auf diese Weise entsteht an der Grenzfläche zwischen der wässrigen Lösung und den Lipiden eine stabile Anordnung der polaren Kopfgruppen, die sich durch zwei charakteristische negative Druckspitzen von jeweils etwa 1000 atm auszeichnet und ein Minimum an freier Energie aufweist (◘ Abb. 7.2a) [9].

Zur Mitte der Lipidschicht hin herrscht aufgrund der Beweglichkeit der langkettigen Fettsäuren ein gegenläufiger Druck von etwa 300 atm. Grundsätzlich hängt die Beweglichkeit der Fettsäuren im hydrophoben Inneren der Membran vom Sättigungsgrad ihrer Kohlenstoffatome ab. Im Gegensatz zu gesättigten Fettsäuren, die

---

2 Der Begriff „Anisotropie" bezeichnet die Richtungsabhängigkeit einer physikalischen Eigenschaft, in diesem Fall die ungleichmäßige Verteilung des Drucks über die Dicke der Zellmembran.

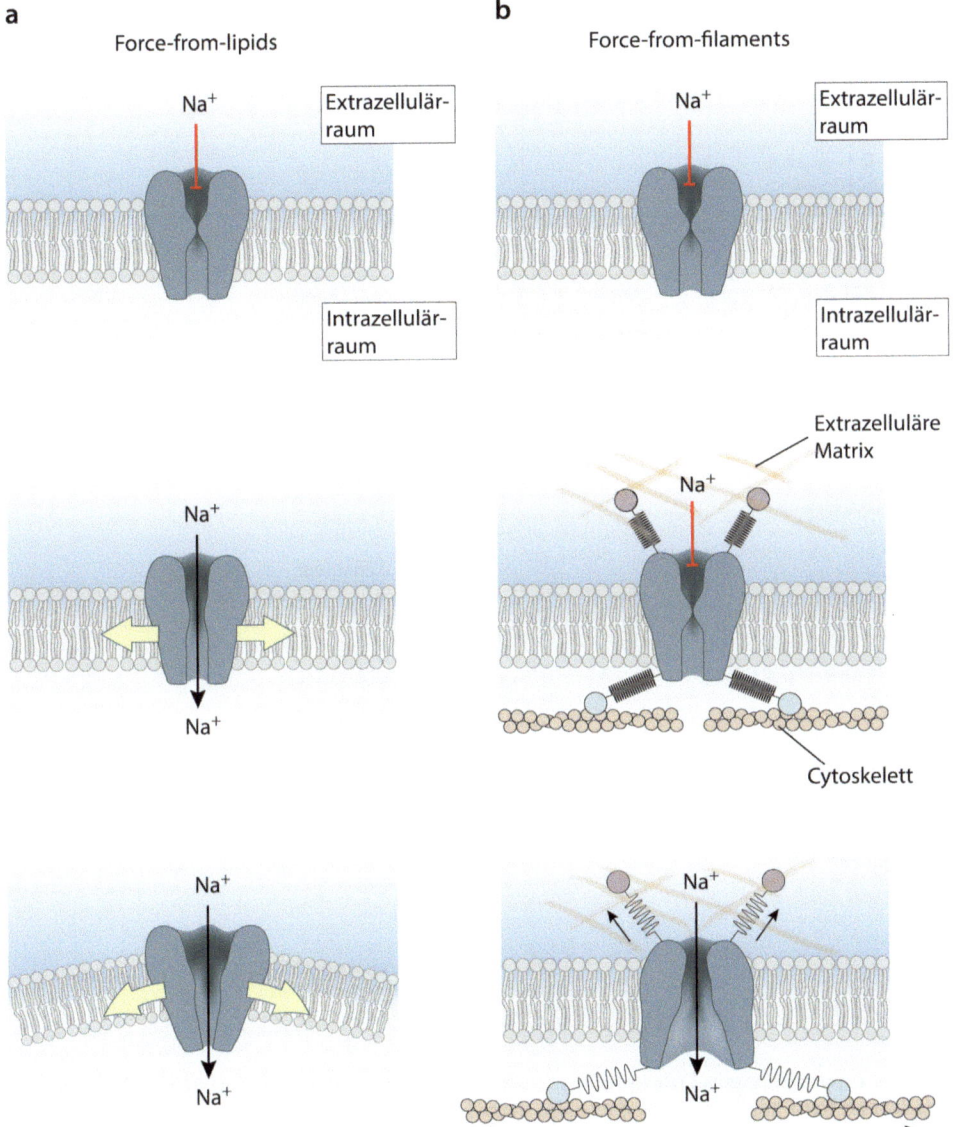

Abb. 7.1 Hypothetische Gating-Modelle mechanosensitiver Ionenkanäle. **a** Im Rahmen des Force-from-lipids-Modells erfolgt die Übertragung der mechanischen Kraft auf die Kanalproteine durch die Lipide der Zellmembran. Dabei kann die Membranoberfläche sowohl planar (*Mitte*) als auch gekrümmt sein (*unten*). **b** Beim Force-from-filaments-Modell erfolgt die Kraftübertragung über elastische Verbindungen zur extrazellulären Matrix oder zum intrazellulären Cytoskelett. Modifiziert nach [60]

keine Doppelbindungen zwischen den Kohlenstoffatomen aufweisen, enthalten ungesättigte Fettsäuren eine oder mehrere Doppelbindungen. Mit steigendem Anteil an Doppelbindungen nimmt auch die Beweglichkeit der Lipide innerhalb der Membran zu. Eine Dehnung oder Stauchung der Zellmembran durch mechanische Kräfte ver-

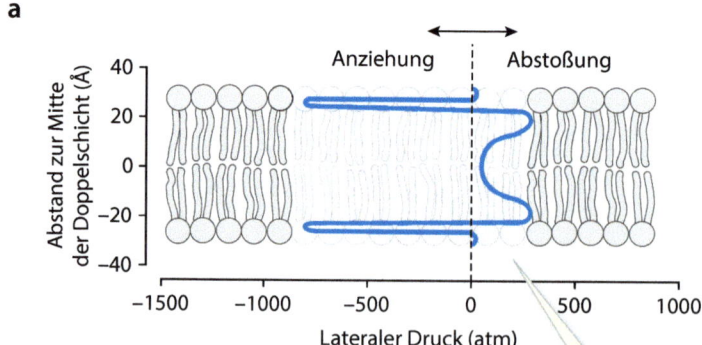

○ **Abb. 7.2** Transmembranes Druckprofil. **a** Das Druckprofil über der Lipiddoppelschicht ist ungleichmäßig und weist negative Druckspitzen im Bereich der polaren Kopfgruppen und einen gleich großen entgegengesetzten Druck im hydrophoben Zentrum der Lipidschicht auf. **b** Das Druckprofil manifestiert sich in Form entgegengesetzt gerichteter mechanischer Drücke (*Pfeile*), welche den Ionenkanal unter Ruhebedingungen geschlossen halten

ändert das transmembrane Druckprofil, wodurch wiederum das Gating mechanosensitiver Ionenkanäle reguliert wird (○ Abb. 7.2b) [15].

Der Großteil unseres Wissens über mechanosensitive Kanäle stammt bislang aus prokaryontischen Organismen, aber inzwischen liegen auch einige strukturelle und funktionelle Daten von eukaryontischen Kanälen vor. Ein Ionenkanal wird nur dann als mechanosensitiv klassifiziert, wenn er über seinen gesamten dynamischen Bereich – von vollständig geschlossen bis vollständig geöffnet – durch mechanische Kräfte reguliert wird. Obwohl auch einige spannungs- und ligandengesteuerte Ionenkanäle auf mechanische Kräfte reagieren, werden ihr Gating und ihre physiologische Funktion nach heutigem Kenntnisstand nicht primär durch mechanische Stimuli determiniert.

Im Folgenden werden die Struktur und Funktion der wichtigsten mechanosensitiven Ionenkanäle besprochen. Da einige der genannten Kanäle auch im Rahmen der Temperatur- und Schmerzwahrnehmung eine wichtige Rolle spielen, werden sie auch als polymodale Ionenkanäle bezeichnet.

7.1.1 Piezo-Kanäle

Piezo-Kanäle gehören zu den nicht-selektiven Kationenkanälen und sind an zahlreichen mechanosensorischen Prozessen beteiligt [16, 17, 62]. Die Mehrheit der Wirbeltiere verfügt über zwei paraloge Kanäle, die als Piezo1 und Piezo2 bezeichnet werden. **Piezo1** kommt vor allem in den Zellen von Niere, Harnblase, Darm, Lunge und Haut vor und spielt zudem eine wichtige Rolle für die Entwicklung und Physiologie des Herz-Kreislauf-Systems. Strömende Flüssigkeiten wie Blut erzeugen an den Gefäßwänden tangentiale Kräfte, und die von Endothelzellen exprimierten Piezo1-Kanäle werden durch diese Scherkräfte aktiviert. Auf diese Weise tragen sie zur Neubildung von Blutgefäßen und zur Regulation des Wanddrucks in bereits bestehenden Gefäßen bei. Piezo1 wird auch von glatten Muskelzellen der Arterienwand exprimiert, wo der Kanal auf Dehnung reagiert und offenbar an der Kontrolle des Gefäßdurchmessers und folglich des Blutdrucks beteiligt ist. Somit ist Piezo1 als molekularer Sensor für Scher- und Dehnungskräfte von zentraler Bedeutung für die Regulation kardiovaskulärer Prozesse.

Piezo2 wird in den Mechanosensoren der Haut und dort insbesondere von den Merkel-Zellen exprimiert, wo die Kanäle für die Detektion leichter Berührungen zuständig sind. Merkel-Zellen werden uns wieder begegnen, wenn wir die somatosensorischen Funktionen der Haut besprechen (siehe ▶ Abschn. 7.3.1). Darüber hinaus wird Piezo2 von den sensorischen Neuronen der Spinalganglien exprimiert, wo es an der mechanosensorischen Signaltransduktion von Berührungsschmerz und Propriozeption beteiligt ist. Fehlt Piezo2 beim Menschen aufgrund einer Mutation des Gens, sind Tastsinn und Propriozeption maßgeblich beeinträchtigt. Allerdings ist nicht die gesamte Somatosensorik betroffen, was darauf hindeutet, dass neben Piezo2 auch andere mechanosensitive Kanäle bei der Transduktion von Berührungsreizen eine Rolle spielen. Im respiratorischen System vermitteln Piezo2-Kanäle die Umwandlung von Zugspannungen in elektrische Signale. Bei jedem Einatemvorgang erfolgt eine elastische Dehnung der Lunge, wobei der Dehnungsgrad kontinuierlich von Sensoren überwacht wird, um eine Überdehnung des Alveolargewebes zu vermeiden. Dieser als Hering-Breuer-Reflex bezeichnete Rückkopplungsmechanismus wird auf molekularer Ebene durch die mechanoelektrische Aktivität von Piezo2-Kanälen vermittelt.

Obwohl ihre Aminosäuresequenzen lediglich zu 42 % homolog sind, weisen Piezo1 und Piezo2 eine bemerkenswert ähnliche dreidimensionale Struktur auf (◘ Abb. 7.3a,b). Die beiden Ionenkanäle bestehen jeweils aus drei identischen Untereinheiten, deren Form von oben betrachtet an einen Propeller erinnert. Jede Untereinheit ist aus neun ähnlichen Motiven, den sogenannten transmembranen helikalen Einheiten (*Transmembrane helical unit*, THU) aufgebaut, die ihrerseits aus je vier Transmembransegmenten bestehen (insgesamt 36 Transmembransegmente pro Untereinheit). Die zentrale Kanalpore wird von zwei weiteren Transmembransegmen-

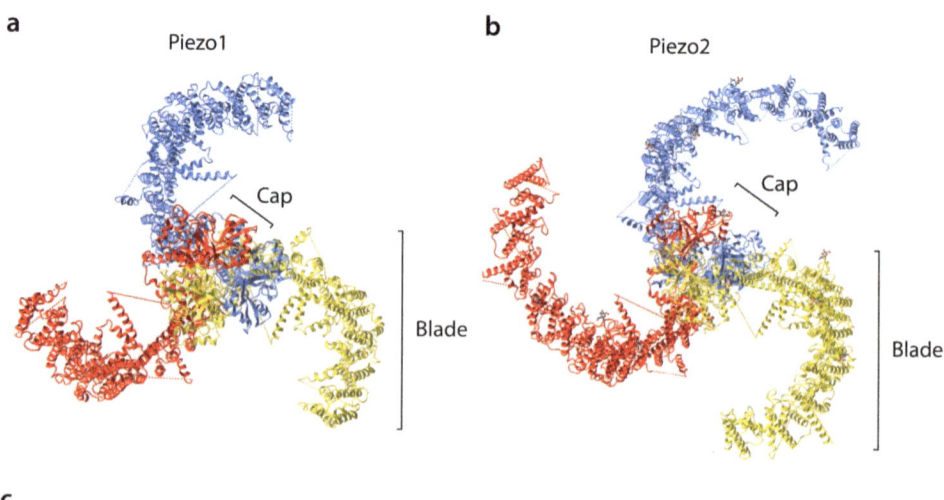

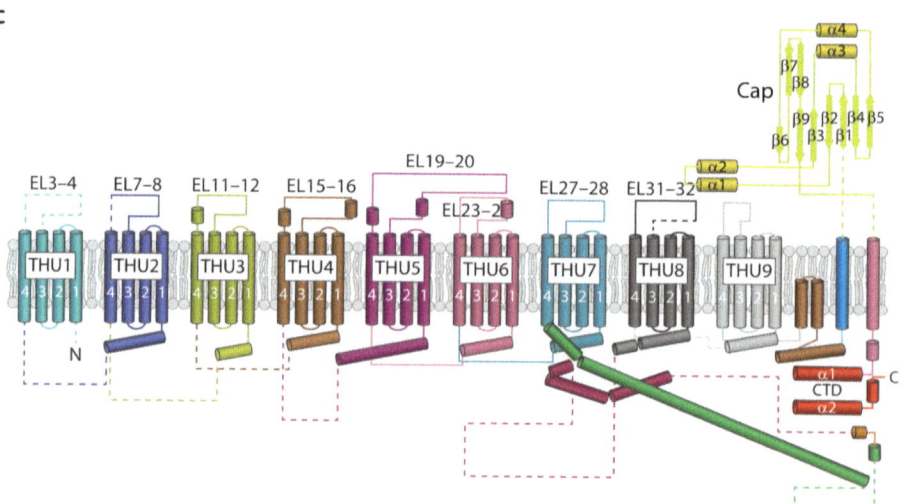

Abb. 7.3 Struktur von Piezo1- und Piezo2-Kanälen. **a** Ribbon-Modell eines Piezo1-Kanals in der Ansicht von der extrazellulären Seite. Die kuppelförmige C-terminale Domäne (Cap) liegt in der Projektionsebene. Die Blades der drei Untereinheiten bilden eine propellerartige Struktur. Das distale Drittel der Blades fehlt in der kryoelektronenmikroskopischen Darstellung (PDB ID: 5Z10 [81]). **b** Ribbon-Modell von Piezo2 in derselben Ansicht wie in **a**. (PDB ID: 6KG7 [69]). **c** Topologisches Modell der 38 Transmembranhelices von Piezo2. Modifiziert nach [69]. CTD, *C-terminal domain*; EL, *Extracellular loop*; THU, *Transmembrane helical unit*

ten (TM37 und TM38) ausgekleidet, während die C-terminale extrazelluläre Domäne eine zentrale kuppelförmige Struktur (Cap) bildet. Insgesamt ist die Membrantopologie der Piezo-Kanäle außerordentlich komplex und unterscheidet sich deutlich vom Aufbau der spannungsgesteuerten und ligandengesteuerten Ionenkanäle (◘ Abb. 7.3c).

Die hohe Anzahl sowie die ungewöhnliche Anordnung der Transmembransegmente jeder Untereinheit eines Piezo-Kanals verursachen eine signifikante Krümmung der Lipiddoppelschicht (◘ Abb. 7.4a). Gemeinsam erzeugen alle drei Unter-

7.1 · Mechanosensitive Ionenkanäle

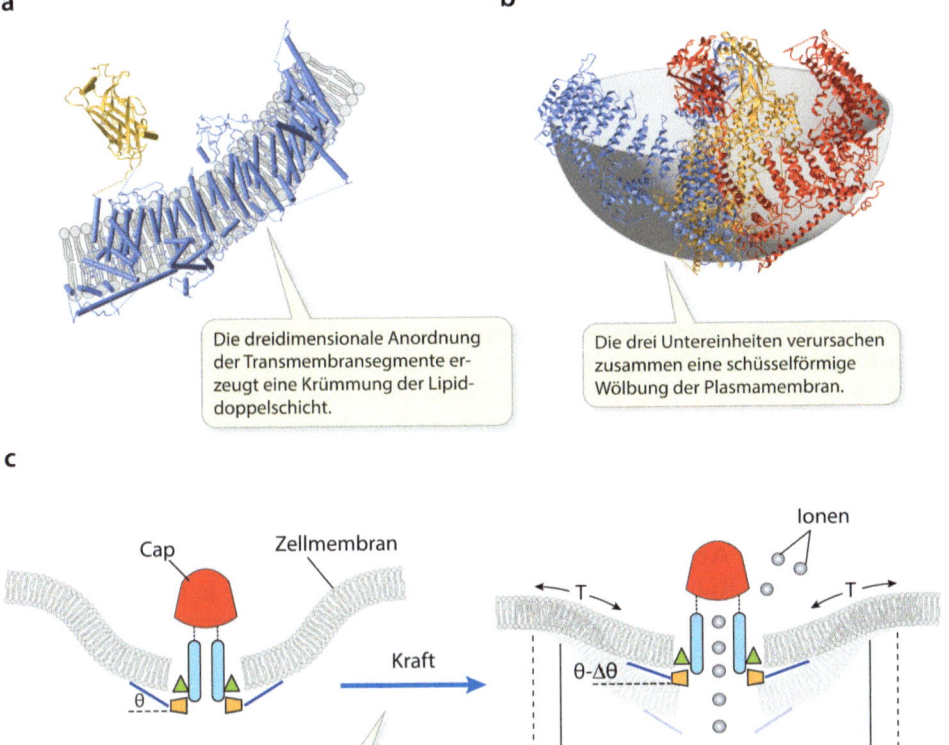

Abb. 7.4 Deformation der Plasmamembran durch Piezo-Kanäle. **a** Krümmung der Zellmembran bei einer Untereinheit von Piezo2. **b** Die Transmembransegmente aller Untereinheiten induzieren eine Verformung der Plasmamembran. **c** Eine mechanische Krafteinwirkung übt eine laterale Zugspannung T auf die Zellmembran aus, wodurch die Krümmung der Lipiddoppelschicht verringert wird. Durch die Vergrößerung ΔA der Kanaloberfläche um 120 nm^2 wird der Ionenkanal geöffnet. Der Winkel Θ ist ein Maß für die Krümmung der Zellmembran und wird durch die Zugspannung um $\Delta\Theta$ reduziert. Modifiziert nach [38]

einheiten eine schüsselartige Verformung der Membranoberfläche (◘ Abb. 7.4b) [18]. Das Ausmaß der Krümmung ist von der auf die Membran einwirkenden lateralen Zugspannung abhängig. Je größer die Kraft, desto mehr nähert sich die Membran einer planaren Struktur an und entsprechend vergrößert sich die in der Membran eingebettete Kanaloberfläche (◘ Abb. 7.4c). Auf diese Weise wird die laterale Zugspannung in eine Änderung der freien Energie umgewandelt, was letztlich zur Öffnung des Ionenkanals führt [40, 48].

Der Zusammenhang zwischen der Änderung der freien Energie und der durch die Zugspannung verursachten Vergrößerung der Membranfläche lässt sich wie folgt formulieren:

$$\Delta G = \Delta G0 - T \cdot \Delta A. \quad (7.1)$$

Die Änderung der freien Energie ΔG zwischen dem geschlossenen und dem offenen Zustand des Ionenkanals entspricht der Differenz zwischen der Energie $\Delta G0$ (keine mechanische Kraft vorhanden) und dem Produkt aus der Zugspannung T und der dadurch verursachten Änderung der Oberfläche des Ionenkanals ΔA. Die Vergrößerung der Membranfläche ist proportional zur Energie, die letztlich für das Öffnen des Ionenkanals verantwortlich ist. Bei einer geringeren Vergrößerung der Membranfläche ist daher gemäß ▶ Gl. 7.1 eine höhere Zugspannung erforderlich, um die Öffnung der Piezo-Kanäle herbeizuführen [38].

7.1.2 TREK/TRAAK-Kanäle

Die TREK/TRAAK-Kanäle gehören zur Familie der Zwei-Poren-Domänen-Kaliumkanäle (K2P), die in ▶ Abschn. 1.3 in ihrer Funktion als Kaliumhintergrundkanäle für die Erzeugung des Ruhemembranpotenzials erwähnt wurden. Jede Untereinheit der TREK/TRAAK-Kanäle besteht aus vier Transmembransegmenten sowie zwei Porenschleifen und entspricht damit zwei hintereinander geschalteten porenbildenden Domänen der spannungsgesteuerten K^+-Kanäle (◘ Abb. 7.5a).

TREK-1 (KCNK2), TREK-2 (KCNK10) und TRAAK (KCNK4) gehören zu den mechano- und thermosensitiven Ionenkanälen, die in sensorischen Neuronen der Spinalganglien und im peripheren Nervensystem exprimiert werden. Die physiologische Funktion dieser Familie mechanosensitiver Ionenkanäle ist bislang weitgehend ungeklärt. Da es sich um K^+-selektive Kanäle handelt, diffundieren K^+-Ionen entlang ihres elektrochemischen Gradienten aus der Zelle heraus, sobald die Ionenkanäle aktiviert werden. Dies resultiert in einer Hyperpolarisation der Plasmamembran, d. h., die Öffnung der TREK/TRAAK-Kanäle führt zu einer Hemmung der sensorischen Neuronen. Die Deletion von TREK-1, TREK-2 oder TRAAK in einem Mausmodell resultiert in einer erhöhten Empfindlichkeit gegenüber leichten Berührungen und harmlosen Wärmereizen [3]. Möglicherweise sind TREK/TRAAK-Kanäle an der Feinabstimmung der Erregbarkeit durch andere mechanosensitive Kationenkanäle wie beispielsweise Piezo1 beteiligt [8].

Neben ihrer Funktion als mechanosensitive Ionenkanäle weisen TREK-1-Kanäle eine Reihe weiterer interessanter Eigenschaften auf. So können sie durch flüchtige Anästhetika geöffnet werden, wobei ihnen möglicherweise eine wichtige Rolle bei der physiologischen Wirkung dieser Substanzen zukommt. Zudem konnten neuroprotektive Effekte von TREK-1-Kanälen bei Epilepsie und Sauerstoffmangel nachgewiesen werden [24]. Andererseits geht das Fehlen von TREK-1 mit einer erhöhten Resistenz gegen Depressionen einher [25].

Die TREK-1/2- und TRAAK-Kanäle setzen sich jeweils aus zwei identischen Untereinheiten zusammen (◘ Abb. 7.5b,c). Die extrazelluläre Schleife (Cap) zwischen dem ersten Transmembransegment und der ersten Porenschleife (P1) stellt eine

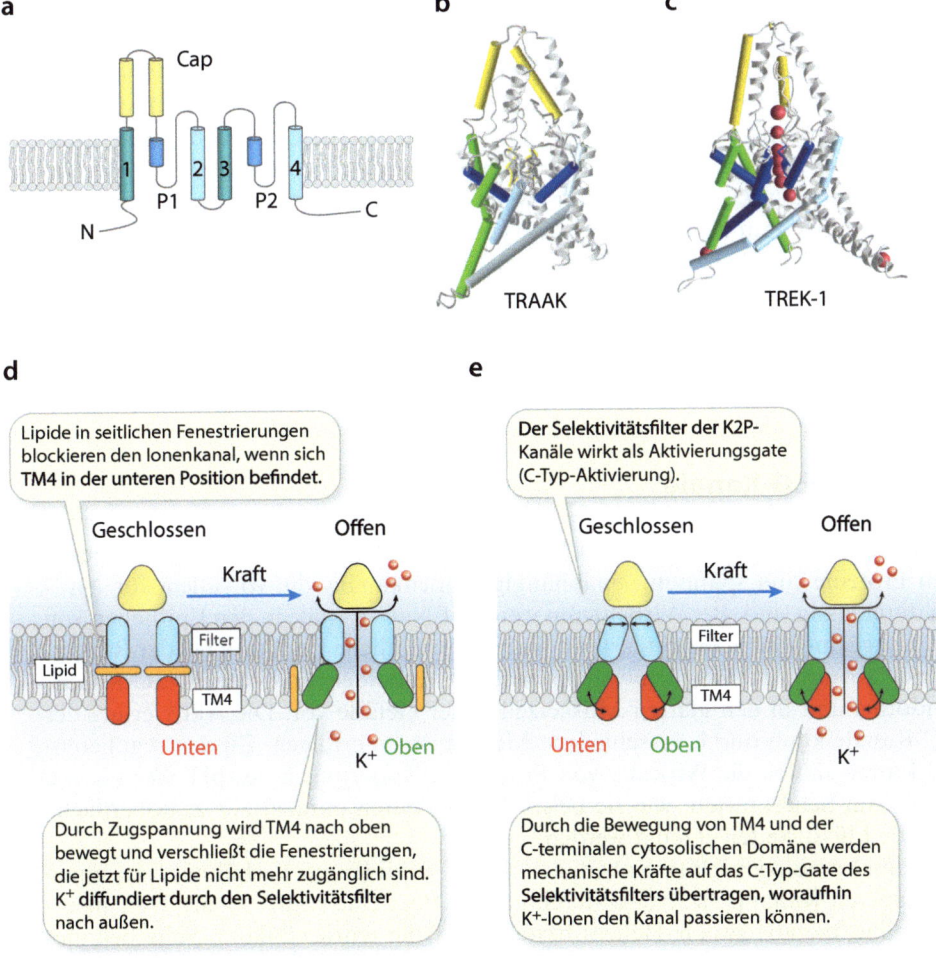

◘ **Abb. 7.5** Struktur und Gating der TREK/TRAAK-Kanäle. **a** Topologisches Modell der Transmembranhelices und der extrazellulären Cap-Domäne. **b** Modell der Kristallstruktur von TRAAK. Eine Untereinheit ist als Ribbon-Modell dargestellt, die andere Untereinheit zeigt die einzelnen Helices in den gleichen Farben wie in **a** (PDB ID: 4WFF [7]). **c** Modell der Kristallstruktur von TREK-1 in der gleichen Darstellung wie in **b**. Die roten Kugeln stellen K$^+$-Ionen dar (PDB ID: 6CQ6 [43]). **d** Gating-Modell der Blockierung durch Lipide. **e** Gating-Modell der C-Typ-Inaktivierung. **d** und **e** modifiziert nach [18]

Barriere für den direkten Durchtritt für K$^+$-Ionen dar, sodass die Ionen sozusagen nur über einen Nebeneingang in den Ionenkanal gelangen können. Der Gating-Mechanismus dieser Familie mechanosensitiver Ionenkanäle ist bislang noch nicht vollständig aufgeklärt. Gemäß einer aktuellen Hypothese führt eine auf den Kanal wirkende Zugspannung zu einer Rotation der Transmembranregion TM4 um ein zentrales, aus der Aminosäure Glycin bestehendes Gelenk. Diese Bewegung entspricht in etwa einer Verschiebung von TM4 in Richtung des Extrazellulärraums. Des Weiteren sind auch bei den Segmenten TM2 und TM3 geringfügige Rotationen zu beobachten, die in Kombination mit der Bewegung von TM4 zur Öffnung des Ionenkanals beitragen [7].

In Bezug auf den molekularen Gating-Mechanismus der TREK/TRAAK-Kanäle werden ein durch Lipide vermittelter Prozess sowie ein C-Typ-Gating-Modell diskutiert [7, 42, 46]. Im ersten Szenario erfolgt eine Blockade des Ionenkanals durch Membranlipide, die durch kleine Öffnungen innerhalb des Proteinmoleküls in die Kanalpore hineinragen (◘ Abb. 7.5d). Die zweite Hypothese postuliert einen Mechanismus, der in seiner Funktionsweise der C-Typ-Inaktivierung von spannungsgesteuerten Kaliumkanälen entspricht (◘ Abb. 7.5e).[3] Die Permeabilität des Ionenkanals für K^+ wird dabei durch Konformationsänderungen im Bereich des Selektivitätsfilters reguliert. In beiden Fällen bewirkt die konzertierte Rotation der drei Transmembranhelices – ähnlich wie bei den Piezo-Kanälen – eine Vergrößerung der Querschnittsfläche um einige Quadratnanometer, was letztlich zur Öffnung des Ionenkanals führt.

7.1.3 ENaC/DEG-Kanäle

Die zur Superfamilie der **epithelialen Natriumkanäle/Degenerin** (ENaC/DEG) gehörenden Proteine sind spannungsunabhängige Ionenkanäle, die vor allem für Na^+-Ionen durchlässig sind. Bei Wirbeltieren werden ENaC-Kanäle in den Epithelien von Niere, Lunge und Darm exprimiert, wo sie eine wesentliche Funktion bei der Regulation des Natrium- und Wasserhaushalts erfüllen. Außerdem kommen ENaC-Kanäle im Endothel und in den glatten Muskelzellen der Gefäße vor. Die Aktivierung der ENaC-Kanäle kann durch verschiedene Mechanismen erfolgen. Zu den regulierenden Faktoren zählen die Wirkung von Proteasen, Änderungen des pH-Werts sowie Einflüsse von Scherkräften, wie sie beispielsweise durch parallel zur Zelloberfläche strömende Flüssigkeiten erzeugt werden.

Die drei homologen Untereinheiten α, β und γ bilden im Verhältnis 1:1:1 einen heterotrimeren Kanal [53]. Jede Untereinheit umfasst eine relativ kleine Transmembrandomäne, die aus zwei α-Helices besteht. Auf der extrazellulären Seite befindet sich eine große Struktur, die in ihrer Form an eine Hand erinnert, die einen Ball festhält. In Anlehnung an diese Analogie werden die extrazellulären Domänen auch bildhaft als Daumen, Finger, Knöchel, Handfläche und β-Ball bezeichnet (◘ Abb. 7.6a).

Bei Vertebraten gehören neben den ENaC-Kanälen auch die **ASIC-Kanäle** (*Acid-sensing ion channels*) zur ENaC/DEG-Familie. Die ASIC-Kanäle setzen sich ebenfalls aus drei verschiedenen Untereinheiten zusammen und zeigen im Hinblick auf ihre dreidimensionale Gestalt eine große strukturelle Ähnlichkeit mit den ENaC-Kanälen (◘ Abb. 7.6b, c). ASICs sind ebenfalls spannungsunabhängige Kanäle, die für Na^+-Ionen durchlässig sind und deren Aktivität durch die extrazelluläre Protonenkonzentration reguliert wird. Sie ersetzen jedoch nicht die Funktion der spannungsabhängigen Na-Kanäle, sondern ermöglichen eine pH-abhängige Regulation der neuronalen Aktivität. ASICs kommen sowohl im zentralen als auch im peripheren Nervensystem vor – dort vor allem in den Endigungen sensorischer Neuronen,

---

[3] Im Allgemeinen wird bei der Inaktivierung von Ionenkanälen zwischen N-Typ- und C-Typ-Inaktivierung unterschieden. Die N-Typ-Inaktivierung basiert auf einer Blockade des Ionenkanals von der intrazellulären Seite, während die C-Typ-Inaktivierung einen Verschluss im Bereich des Selektivitätsfilters, also extrazellulär, verursacht.

7.1 · Mechanosensitive Ionenkanäle

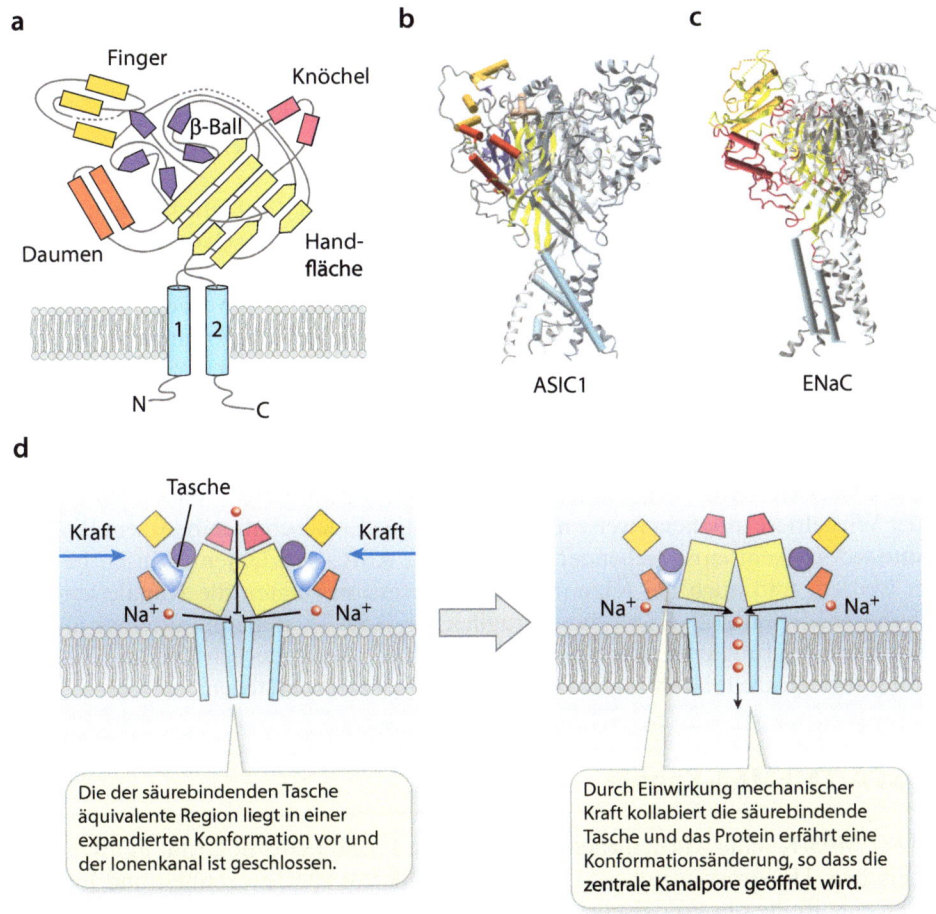

◘ **Abb. 7.6** Struktur und Gating von ASIC- und ENaC-Kanälen. **a** Modell der Domänenstruktur von ASIC1. Die Bezeichnungen der extrazellulären Regionen lässt eine gewisse Ähnlichkeit mit einer Hand erkennen, die einen Ball hält. **b** Atomares Modell von ASIC1 basierend auf einer Röntgenstrukturanalyse des kristallisierten Proteins (PDB ID: 4NYK [22]). Eine Untereinheit zeigt die Sekundärstrukturen, während die beiden anderen Untereinheiten als Ribbon-Modell (*grau*) dargestellt sind. **c** Atomares Modell von ENaC basierend auf einer kryoelektronenmikroskopischen Analyse (PDB ID: 6BQN [53]). Die strukturelle Verwandtschaft von ASIC- und ENaC-Kanälen ist deutlich erkennbar. **d** Hypothetisches Gating-Modell von ENaC/DEG-Kanälen. Aus Gründen der Übersichtlichkeit sind nur zwei der insgesamt drei Untereinheiten dargestellt. Die für das Gating notwendigen extra- und intrazellulären Proteine sind nicht eingezeichnet. Modifiziert nach [30]

in denen die Transduktion von Schmerzreizen stattfindet (siehe ▶ Abschn. 9.2.3). Bei entzündlichen Prozessen sowie bei einem Mangel an Sauerstoff im Gewebe kommt es zu einer Reduktion des pH-Werts, sodass ASICs vermutlich an der Vermittlung säureinduzierter Schmerzsignale beteiligt sind.

Das Gating der ASIC-Kanäle erfolgt innerhalb von Millisekunden und umfasst insgesamt drei verschiedene pH-abhängige Konformationen des Proteins. Hierbei handelt es sich um (1) einen geschlossenen Zustand bei neutralem oder erhöhtem pH-Wert sowie (2) einen offenen Zustand bei niedrigem pH-Wert und (3) einen desensitisierten Zustand, ebenfalls bei niedrigem pH-Wert. Die Kanäle öffnen unmittelbar nach einer Absenkung des pH-Werts in der extrazellulären Flüssigkeit, und der geöffnete Zustand bleibt für eine kurze Zeitspanne bestehen, in der Na^+-Ionen in die Zelle diffundieren und die Plasmamembran depolarisieren. In der Folge führen Desensitisierungsprozesse zum Schließen der ASIC-Kanäle, auch wenn der pH-Wert auf einem niedrigen Niveau verbleibt.[4]

Die pH-Abhängigkeit des Gatings der ASIC-Kanäle lässt sich auf eine taschenförmige Bindungsstelle für Protonen zurückführen, die durch negativ geladene Aminosäuren des Daumens, der Finger und des β-Balls einer Untereinheit sowie der Handfläche einer benachbarten Untereinheit gebildet wird. Die negativen Ladungen ermöglichen die Bindung von H^+-Ionen, was zu einer Reduktion des Volumens dieser Tasche führt. Im Anschluss erfolgt eine irisartige Rotationsbewegung der Domänen der Untereinheiten, wodurch der zentrale Ionenkanal öffnet (◘ Abb. 7.6d).

Die beiden Kanäle MEC-4 und MEC-10 vermitteln die Berührungsempfindlichkeit beim Fadenwurm *Caenorhabditis elegans*. Aufgrund der Homologie von MEC-4 und MEC-10 zu den ASIC-Kanälen wurde die Vermutung aufgestellt, dass auch die ASICs der Wirbeltiere möglicherweise mechanosensitive Eigenschaften besitzen. Bisher konnte jedoch kein entsprechender Phänotyp in ASIC-defizienten Mäusen beobachtet werden, und auch bei rekombinanter Expression zeigten die Kanäle keine Mechanosensitivität [12]. Es ist daher fraglich, ob ASIC-Kanäle unmittelbar als Mechanorezeptoren fungieren oder ob zusätzliche Proteine erforderlich sind, die eine Verbindung zur extrazellulären Matrix oder zum Cytoskelett herstellen.

7.1.4 OSCA/TMEM63-Kanäle

OSCA/TMEM63-Kanäle wurden zuerst als Sensoren für Hyperosmolarität in Pflanzen beschrieben. Hyperosmotischer Stress ist ein Indikator für Trockenheit und löst in Pflanzen eine Reihe physiologischer Reaktionen aus, zu denen auch das Schließen der Stomata gehört. In *Arabidopsis thaliana* konnte mit AtOSCA1.1 ein entsprechender Osmosensor identifiziert werden, der auf Hyperosmolarität mit einem verstärkten Einstrom von Ca^{2+}-Ionen reagiert.

Diese Ionenkanäle registrieren jedoch nicht nur einen Anstieg der Salzkonzentration im umgebenden Substrat, sondern sie besitzen zudem eine inhärente Mechanosensitivität. In der Tat repräsentieren OSCA/TMEM63-Kanäle die größte Familie mechanosensitiver Ionenkanäle in Eukaryonten [50]. Obgleich die Aminosäuresequenzen der in Tieren vorkommenden TMEM63-Kanäle und der OSCAs in Pflanzen lediglich eine Homologie von etwa 20 % aufweisen, zeigen sie trotz dieser geringen Übereinstimmung eine ähnliche dreidimensionale Struktur und werden beide durch auf die Zellmembran einwirkende Zugspannungen aktiviert. Die mechanosensitiven Eigenschaften der TMEM63-Kanäle sind für eine Vielzahl physiologischer

---

4 Die Bezeichnungen niedriger und hoher pH-Wert sind relativ zum physiologischen pH-Wert des Blutplasmas und anderer extrazellulärer Körperflüssigkeiten zu verstehen. Der pH-Wert des Bluts liegt beim Menschen zwischen 7,37 und 7,43, was einer Protonenkonzentration von etwa $0{,}04\,\mu mol\,l^{-1}$ entspricht.

Funktionen von Bedeutung. Hierzu gehören beispielsweise das Empfinden von Durst, die Wahrnehmung der Textur von Nahrungspartikeln sowie die Regulation der dehnungsbedingten Sekretion von Surfactant aus dem Alveolargewebe der Lunge [77].

OSCA/TMEM63-Kanäle bestehen aus zwei identischen Untereinheiten, die jeweils aus elf Transmembransegmenten sowie einer Porendomäne aufgebaut sind (◘ Abb. 7.7a). Die beiden Untereinheiten lagern sich zu einem symmetrischen Komplex zusammen, in welchem die Transmembransegmente 3–7 gemeinsam den Ionenkanal bilden (◘ Abb. 7.7b). Zusätzlich besitzen OSCA/TMEM63-Kanäle eine große cytosolische Domäne, die sich aus der intrazellulären Schleife zwischen dem zweiten

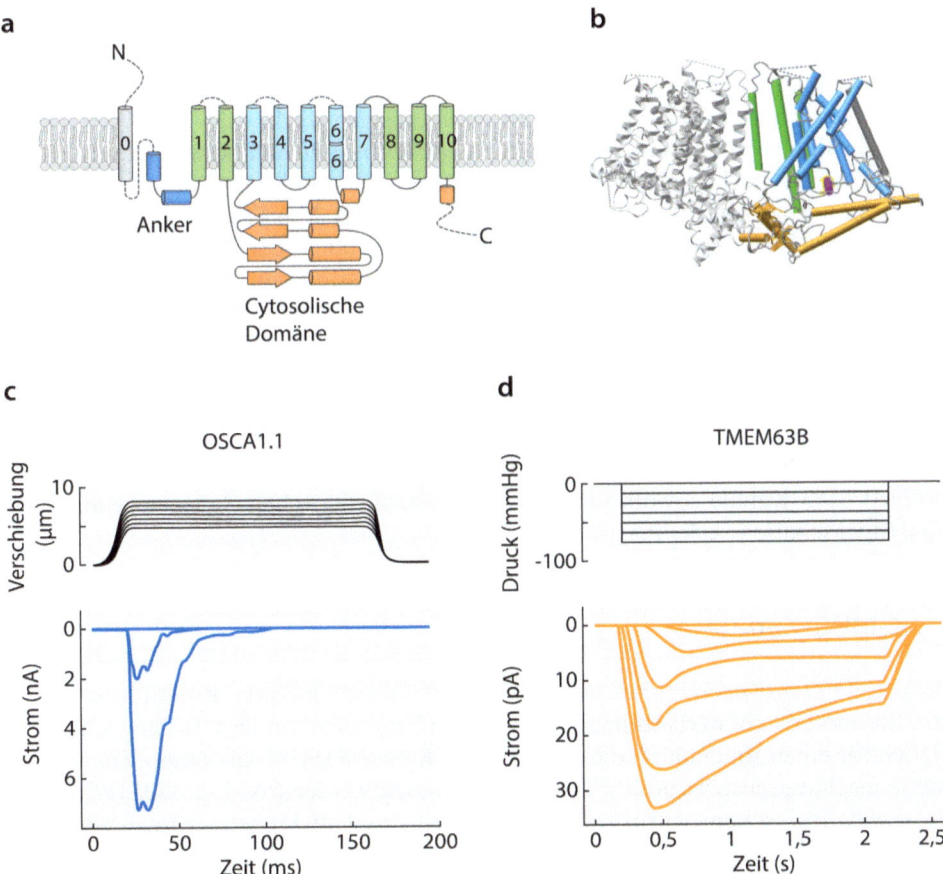

◘ **Abb. 7.7** Struktur und Ionenströme von OSCA/TMEM63-Kanälen. **a** Modell der Domänenstruktur von OSCA und die Lage und Anzahl der Transmembransegmente. **b** Modell von OSCA1.2 aus *Arabidopsis thaliana* (PDB ID: 6MGV [31]). Eine Untereinheit ist als Ribbon-Modell dargestellt, die andere zeigt die Sekundärstrukturen. **c** Ionenströme durch OSCA1.1-Kanäle von *Arabidopsis thaliana* in einem heterologen Expressionssystem. Die Einwärtsströme (*blau*) wurden durch eine mechanische Verschiebung der Zellmembran mittels einer feinen Sonde (*schwarz*) induziert. **d** Ionenströme durch TMEM63B-Kanäle der Maus (*orange*). Die Kanäle wurden ebenfalls heterolog exprimiert und durch einen über die Ableitelektrode erzeugten Unterdruck aktiviert. Die oberen Abbildungen in **c** und **d** geben das Stimulationsprotokoll an, während die unteren Abbildungen die Ionenströme zeigen. Modifiziert nach [50]

und dritten Transmembransegment sowie dem C-Terminus zusammensetzt. In einem hypothetischen Szenario für das Gating der Ionenkanäle wird eine Bewegung der Transmembransegmente 0 und 6 beschrieben, wodurch das Aktivierungsgate geöffnet werden könnte [79].

Um eine potenzielle Mechanosensitivität von Ionenkanälen experimentell zu untersuchen, werden die betreffenden Proteine in einem heterologen Expressionssystem von Zellen exprimiert, die normalerweise keine mechanosensitiven Eigenschaften besitzen. Der funktionelle Nachweis erfolgt anschließend mit elektrophysiologischen Methoden, wobei die durch mechanische Kräfte induzierten Ionenströme gemessen werden. Die zur Aktivierung der Kanäle notwendigen Kräfte können dabei auf zwei verschiedene Arten erzeugt werden. Die Verformung der Zellmembran wird durch eine mikroskopisch kleine Sonde herbeigeführt, die mit unterschiedlich großer Kraft auf die Zelloberfläche gedrückt wird. Eine weitere Möglichkeit, Kraft auf die Zelle auszuüben, besteht in der Erzeugung einer Zugspannung, welche mittels Unterdruck in der Ableitelektrode auf die Plasmamembran übertragen wird.

Die Expression von OSCA1.1 in HEK-Zellen (*Human embryonic kidney*) resultiert in der Bildung von mechanosensitiven Ionenkanälen, die durch Verschiebungen der Zellmembran um wenige Mikrometer aktiviert werden (◘ Abb. 7.7c). Die auf diese Weise hervorgerufenen Ströme sind um den Faktor 10–100 größer als die durch Hyperosmolarität induzierten Ionenströme [50]. Die Expression von TMEM63B, dem orthologen Kanal tierischer Zellen, in HEK-Zellen führt ebenfalls zur Bildung mechanosensitiver Ionenkanäle, die jedoch im Gegensatz zu OSCA1.1 nur durch eine Zugspannung aktiviert werden können (◘ Abb. 7.9d). Die Amplituden der Ströme, die durch TMEM36B-Kanäle fließen, sind wesentlich kleiner als bei ihren pflanzlichen Verwandten. Zudem zeigen die Stromverläufe eine deutlich geringere Inaktivierung. Diese Experimente sind ein klarer Hinweis darauf, dass die Familie der OSCA/TMEM63-Kanäle sowohl pflanzlichen als auch tierischen Zellen mechanosensitive Eigenschaften verleiht.

7.1.5 NOMPC-Kanäle

TRP-Kanäle (*Transient receptor potential*) sind als polymodale Rezeptoren an chemo-, thermo-, osmo- und mechanosensorischen Prozessen beteiligt. Bislang konnte lediglich für einen Ionenkanal dieser Familie, TRPN/NOMPC aus *Drosophila*, eine direkte mechanosensorische Wirkung nachgewiesen werden [68, 75]. NOMPC ist bei *Drosophila* in mechanosensorischen Strukturen wie dem Johnston-Organ sowie in den propriozeptiven Chordotonalorganen lokalisiert und spielt eine Rolle bei verschiedenen, durch mechanische Reize ausgelösten Verhaltensweisen. Die Struktur von NOMPC sowie dessen Funktion im Rahmen der Signaltransduktion von Schallwellen werden in ▶ Abschn. 4.4.2 erörtert.

Wie alle Vertreter der TRP-Familie bestehen auch NOMPC-Kanäle aus vier Untereinheiten, welche ihrerseits aus je sechs Transmembransegmenten aufgebaut sind. Analog zu den spannungsgesteuerten Ionenkanälen bilden die Transmembransegmente TM5 und TM6 der vier Untereinheiten in Kombination mit einer Porenschleife die porenbildende Domäne. In der N-terminalen intrazellulären Region befinden sich insgesamt 29 **Ankyrin-Repeats**[5]. Die Ankyrin-Repeats sind für das Gating von essenzieller Bedeutung, da sie vergleichbar mit einer elastischen Feder mechanische Kraft auf den Ionenkanal übertragen [78]. Tatsächlich öffnen NOMPC-Kanäle infolge einer Kompression der intrazellulären Ankyrin-Repeats, nicht jedoch durch deren Dehnung. Die gebündelten Ankyrin-Module fungieren dabei als verbindende Struktur, die Kräfte mit hoher Geschwindigkeit über die Linkerhelices auf die TRP-Domäne des Kanals überträgt (◘ Abb. 4.34). Eine gentechnisch erzeugte Reduktion der Anzahl der Ankyrin-Repeats oder ihre vollständige Entfernung führt zum Verlust der Mechanosensitivität der NOMPC-Kanäle (◘ Abb. 7.8a).

Interessanterweise kann die Anwesenheit von Ankyrin-Repeats spannungsabhängige Kaliumkanäle, die normalerweise nicht auf mechanische Kräfte reagieren, in Mechanosensoren umwandeln. Diese sogenannten chimären Kanäle bestehen aus den sechs Transmembransegmenten einschließlich der Porenschleife von K_V 1.2-Kanälen aus der Maus. Zusätzlich wird eine vollständige Sequenz von 29 Ankyrin-Repeats, die von NOMPC-Kanälen aus *Drosophila* stammen, an das N-terminale Ende des Kaliumkanals gentechnisch angefügt (◘ Abb. 7.8b). Diese einfache serielle Verknüpfung mit den Ankyrin-Repeats bewirkt, dass der Kaliumkanal nun auf einen mechanischen Reiz mit einem Einstrom von Kationen reagiert (◘ Abb. 7.8c). Native NOMPC-Kanäle weisen eine Permeabilität für Na^+, K^+ und Ca^{2+} auf, sodass beim Öffnen des Kanals ein Einstrom von Kationen resultiert und eine Depolarisation der Zellmembran erfolgt.

Die Ankyrin-Repeats sind auf der intrazellulären Seite der Plasmamembran mit Mikrotubuli des Cytoskeletts assoziiert. Diese Verbindung ist für das Gating der Ionenkanäle von großer funktioneller Bedeutung, da eine Depolymerisation der Mikrotubuli die Mechanosensitivität der Kanäle erheblich einschränkt [78]. Aus diesen experimentellen Befunden lässt sich ein Gating-Modell ableiten, das aus insgesamt drei wesentlichen Komponenten besteht: (1) den NOMPC-Kanälen in der Plasmamembran, (2) den N-terminalen Ankyrin-Repeats und (3) den Mikrotubuli des Cytoskeletts. In diesem Modell fungieren die Ankyrin-Repeats als Bindeglied zwischen den Ionenkanälen in der Zellmembran und den Mikrotubuli im Intrazellulärraum. Eine Deformation der Zelle übt auf diesen Komplex von Proteinen eine mechanische Kraft aus, welche die NOMPC-Kanäle öffnet und infolge des Einstroms von Kationen die Sinneszelle depolarisiert (◘ Abb. 7.8c). Wie bereits dargelegt, ist eine Kompression der Ankyrin-Repeats und nicht eine Dehnung der adäquate Stimulus für die Öffnung der NOMPC-Kanäle.

Das funktionelle Zusammenspiel von Ankyrin-Repeats und Mikrotubuli beim Gating von NOMPC-Kanälen ist in ◘ Abb. 7.9 in einem stark vereinfachten Schema zusammengefasst.

---

5 Ankyrin-Repeats sind ein sehr häufiges Motiv in der Primärsequenz von Proteinen. Sie bestehen aus 30–34 Aminosäuren in einer Helix-Loop-Helix-Anordnung. Die Anzahl der Repeats variiert je nach Protein von 1 bis 33.

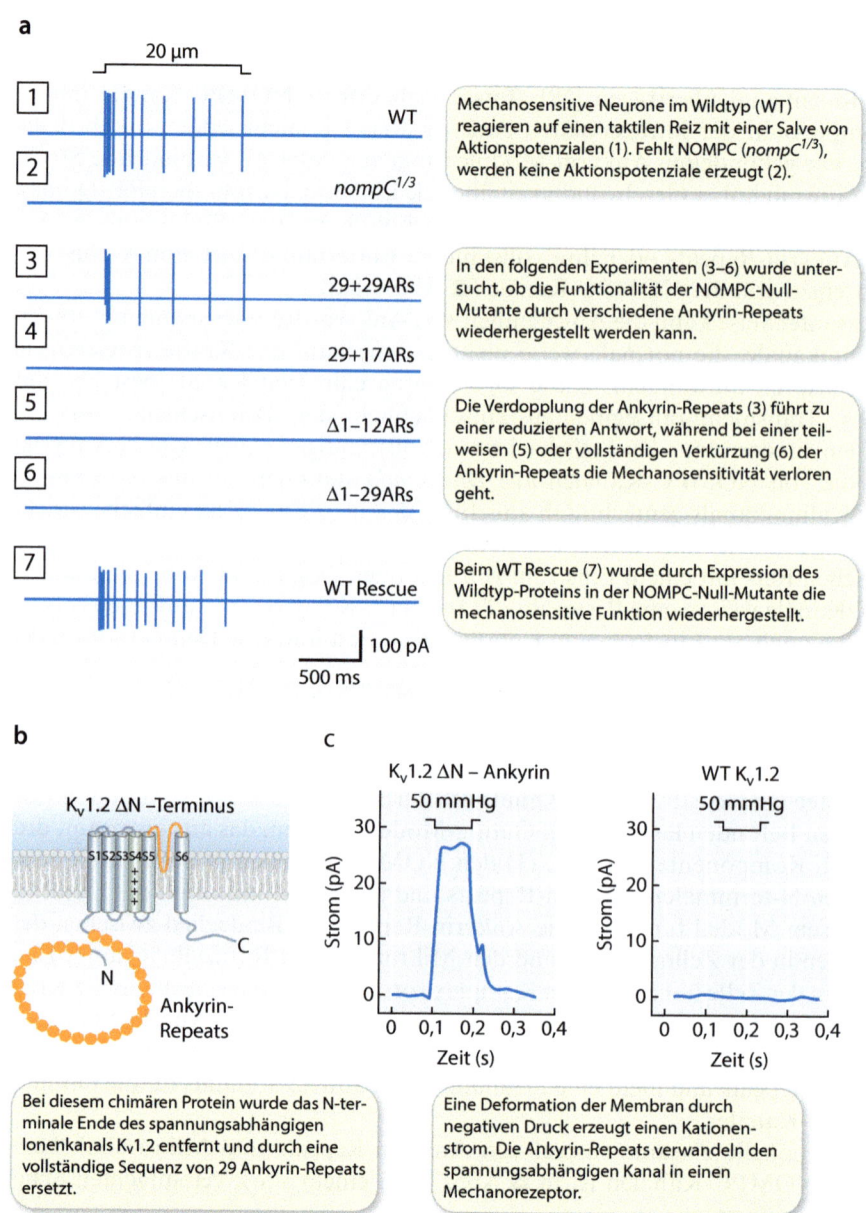

○ **Abb. 7.8** Ankyrin-Repeats sind essenziell für das mechanosensitive Gating von NOMPC-Kanälen. **a** Extrazelluläre Ableitungen von Aktionspotenzialen (*senkrechte Striche*) von Neuronen im Wildtyp (WT) und von gentechnisch veränderten Neuronen mit einer unterschiedlichen Anzahl von Ankyrin-Repeats. **b** Struktur eines chimären Ionenkanals, bestehend aus den funktionellen Domänen eines spannungsabhängigen Kaliumkanals ($K_V1.2$ ΔN-Terminus) und einer N-terminalen Sequenz von 29 Ankyrin-Repeats. **c** Chimäre Ionenkanäle ($K_V1.2$ ΔN-Ankyrin) zeigen mechanosensitive Eigenschaften, während die unveränderten $K_V1.2$-Kanäle (WT $K_V1.2$) nicht auf einen mechanischen Reiz reagieren. Modifiziert nach [78]

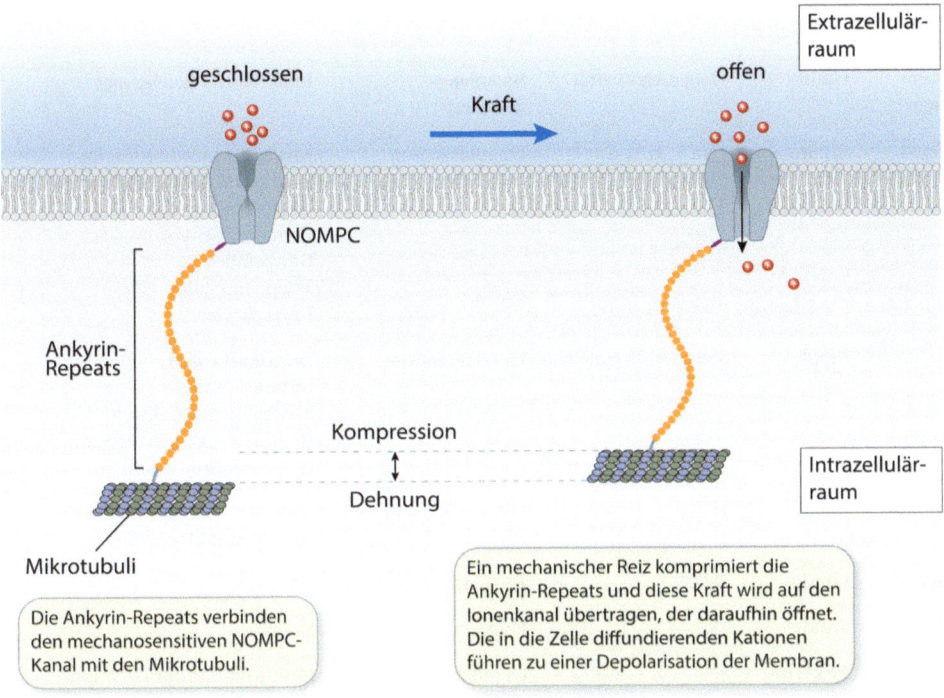

◻ **Abb. 7.9** Vereinfachtes Gating-Modell der NOMPC-Kanäle von *Drosophila* basierend auf den in ◻ Abb. 7.8 beschriebenen Experimenten. Sowohl Ankyrin-Repeats als auch Mikrotubuli sind wesentliche Komponenten des Gating-Prozesses. Modifiziert nach [78]

7.1.6 TMC1/2-Kanäle

Wie bereits in ▸ Kap. 4 ausführlich erörtert, stellen Haarsinneszellen hochspezialisierte, mechanosensitive Zellen im Innenohr von Wirbeltieren dar, die Druckschwankungen in der Endolymphe der Scala media in elektrische Signale umwandeln. Diese mechanoelektrische Transduktion bildet die Grundlage für die Funktionen des Hör- und Gleichgewichtssinns. Die Identifizierung der Ionenkanäle, die an diesen zentralen Sinnesleistungen beteiligt sind, hat mehrere Jahrzehnte in Anspruch genommen. Inzwischen gibt es jedoch überzeugende experimentelle Belege, dass die Membranproteine TMC1 und TMC2 die kanalbildenden Komponenten innerhalb eines größeren Proteinkomplexes sind. Insbesondere führt eine dominante Mutation in TMC1 zu Taubheit und einer veränderten Permeabilität für Ca^{2+}-Ionen [6]. TMC1 bildet ein Dimer, wobei jede der beiden Untereinheiten aus jeweils zehn Transmembransegmenten besteht und damit eine gewisse strukturelle Ähnlichkeit mit OSCA/TMEM63-Kanälen aufweist. Für eine detaillierte Beschreibung des mechanoelektrischen Transduktionskomplexes sowie des Gating-Mechanismus in den Haarsinneszellen der Cochlea sei auf ▸ Abschn. 4.2.3 verwiesen.

Die nachfolgende ◻ Tab. 7.1 bietet einen zusammenfassenden Überblick über die bisher beschriebenen mechanosensitiven Ionenkanäle und ihre wichtigsten physiologischen Funktionen.

Tab. 7.1 Mechanosensitive Ionenkanäle

Ionenkanal	Gating	Ionenselektivität	Spannungsänderung	Funktionelle Beteiligung
Piezo1	Lipide	Na^+, K^+, Ca^{2+}	Depolarisation	Mechanotransduktion im kardiovaskulären System: Wandstruktur und Durchmesser von Blutgefäßen, Volumenregulation von Erythrocyten
Piezo2	Lipide	Na^+, K^+, Ca^{2+}	Depolarisation	Sensorische und respiratorische Mechanotransduktion: Berührung, Propriozeption, Barorezeption, Atmung
TREK1	Lipide	K^+	Hyperpolarisation	Schmerz, Neuroprotektion, Anästhesie, Depression
TREK2	Lipide	K^+	Hyperpolarisation	Schmerz
TRAAK	Lipide	K^+	Hyperpolarisation	Schmerz
NOMPC (TRP)	Ankyrin-Repeats, Mikrotubuli	Na^+, K^+, Ca^{2+}	Depolarisation	Berührung, Propriozeption (*Drosophila*)
TMC1/2	Ankyrin, Actin	K^+	Depolarisation	Hören, Gleichgewichtssinn
TMEM63	Lipide	Kationen	Depolarisation	Volumenregulation
ENac	EZM, Mikrotubuli	Na^+	Depolarisation	Renale Na^+-Absorption, arterieller Gefäßtonus, Mechanotransduktion laminarer Scherkräfte
ASIC	EZM, Mikrotubuli[a]	Na^+	Depolarisation	Säureabhängige Nozizeption (Inflammation, Ischämie)

[a]Mechanosensitive Funktionen von ASIC-Kanälen sind bisher nicht zweifelsfrei nachgewiesen. Das filamentabhängige Gating ist daher hypothetisch. Die gegensätzliche Richtung der Spannungsänderung bei TREK/TRAAK und TMC1/2 ist auf unterschiedliche Gleichgewichtspotenziale für K^+-Ionen zurückzuführen. Die Liste der Funktionen stellt nur eine Auswahl dar. EZM, extrazelluläre Matrix

Schlüsselkonzepte ▶ Abschn. 7.1 Mechanosensitive Ionenkanäle

- Die zuverlässige Identifizierung eines mechanosensitiven Ionenkanals setzt die Erfüllung der vier folgenden Kriterien voraus: (1) Die Kanäle müssen in den sensorischen Zellen an der richtigen Stelle lokalisiert sein. (2) Eine Mutation des Kanals muss eine Veränderung der mechanosensorischen Funktion zur Folge haben oder zu einem vollständigen Funktionsverlust führen. (3) Die mechanosensitiven Eigenschaften müssen in einem heterologen Expressionssystem reproduzierbar sein. (4) Das Gating in einer künstlichen Umgebung muss dem Gating im intakten natürlichen System entsprechen.
- Gemäß dem Force-from-lipids-Modell erfolgt das Gating mechanosensitiver Ionenkanäle durch die Übertragung mechanischer Kräfte von den Lipiden der Plasmamembran auf die Kanalproteine. Im Falle des Force-from-filaments-Modells sind die mechanosensitiven Kanäle über elastische Verbindungen an Proteine der extrazellulären Matrix und/oder des Cytoskeletts gekoppelt. Durch die Bewegung dieser Proteinkomplexe werden die Ionenkanäle geöffnet.
- Die hydrophilen Kopfgruppen sowie die hydrophoben Kohlenwasserstoffketten der Fettsäuren verursachen ein anisotropes transmembranes Druckprofil.
- Piezo-Kanäle sind Mechanorezeptoren, deren Aktivierung zu einer Depolarisation der Zellmembran führt. Sie bestehen aus drei Untereinheiten, deren zahlreiche Transmembransegmente die Oberfläche der Zellmembran schüsselartig verformen. Eine laterale Zugspannung verringert die Krümmung der Membran, wodurch ein nichtselektiver Kationenkanal geöffnet wird.
- Piezo1-Kanäle vermitteln insbesondere die Mechanotransduktion im Herz-Kreislauf-System, während die homologen Piezo2-Kanäle mechanische Reize in der Lunge und im somatosensorischen System der Haut verarbeiten.
- TREK/TRAAK-Kanäle gehören zur Familie der K2P-Kaliumkanäle. Ihre Aktivierung bewirkt den Ausstrom von K^+-Ionen aus der Zelle sowie eine Hyperpolarisation der Zellmembran. Sie sind in sensorischen Neuronen der Spinalganglien sowie im peripheren Nervensystem lokalisiert, wo sie durch ihren hemmenden Einfluss möglicherweise die Aktivierung der Neuronen durch andere mechanosensitive Kationenkanäle regulieren.
- TREK/TRAAK-Kanäle stellen Dimere aus zwei identischen Untereinheiten dar, die jeweils über vier Transmembransegmente sowie zwei Porenschleifen verfügen. Der genaue Gating-Mechanismus ist bislang nicht bekannt, es werden jedoch ein lipidvermittelter Prozess und ein C-Typ-Gating-Modell diskutiert.
- Bei ENaC/DEG-Kanälen handelt es sich um spannungsunabhängige Na^+-Kanäle, die in den Epithelien von Niere, Lunge und Darm eine wesentliche Funktion bei der Regulierung des Natrium- und Wasserhaushalts erfüllen. Als Mechanosensoren, die auf tangentiale Scherkräfte reagieren, kommen sie im Endothel und in der glatten Muskulatur von Gefäßen vor.
- OSCA-Kanäle der Pflanzen reagieren auf eine Hyperosmolarität des Substrats, besitzen jedoch auch mechanosensitive Eigenschaften. Sie weisen eine strukturelle Ähnlichkeit mit den mechanosensitiven TMEM63-Kanälen tierischer Organismen auf. Vertreter beider Proteinfamilien bestehen aus zwei identischen Domänen, von denen jede einen für Kationen permeablen Ionenkanal aufweist.

– Der mechanosensitive Ionenkanal NOMPC aus der Familie der TRP-Kanäle ist für die Signaltransduktion von Berührungsreizen und propriozeptiven Stimuli bei *Drosophila* verantwortlich. Die Anzahl sowie die Topologie der Transmembransegmente zeigen eine große Ähnlichkeit mit dem Aufbau spannungsgesteuerter Ionenkanäle. An ihrem N-terminalen Ende weisen NOMPC-Kanäle jedoch bis zu 33 Wiederholungen des Ankyrinmotivs auf, das wie eine elastische Feder Deformationen der Plasmamembran auf einen kationenselektiven Ionenkanal überträgt.

– TMC1/2-Kanäle stellen die porenbildenden Bestandteile eines größeren mechanoelektrischen Transduktionskomplexes dar, der im Innenohr von Wirbeltieren (Cochlea, Vestibularorgan) für die Umwandlung von Druckänderungen in der Endolymphe in elektrische Signale der Haarsinneszellen verantwortlich ist.

7.2 Grundlagen der Mechanorezeption bei Säugetieren

Lernziele
1. Den geschichteten Aufbau der menschlichen Haut beschreiben.
2. Einen Querschnitt des Rückenmarks skizzieren und die anatomischen Strukturen erläutern.
3. Den Zusammenhang zwischen dorsaler Wurzel und Sensorik sowie ventraler Wurzel und Motorik erklären.
4. Die grundsätzliche Verschaltung mechanorezeptiver, thermorezeptiver und nozizeptiver Signalbahnen im Rückenmark beschreiben.
5. Die funktionelle Morphologie eines pseudounipolaren Neurons erläutern.

Die mechanoelektrische Signaltransduktion findet an der Körperoberfläche – der Schnittstelle zur Außenwelt – statt. Wir werden uns in diesem Abschnitt zunächst mit dem Aufbau der Haut von Säugetieren beschäftigen, wobei der Fokus auf der menschlichen Haut liegt. Im Anschluss erfolgt eine kurze Vorstellung der sensorischen Neuronen, welche die verschiedenen Schichten der Haut und die darin eingebetteten miniaturisierten Sinnesorgane innervieren.[6]

7.2.1 Aufbau der Haut

Die mechanosensorische Signaltransduktion etabliert einen direkten Kontakt zwischen einem Organismus und seiner unmittelbaren Umgebung. Mechanische Reize werden über die äußere Körperhülle, das sogenannte **Integument** vermittelt, das neben der Haut auch die vor allem aus Keratin bestehenden Haare und Nägel umfasst.

---

6 Sinnesorgane sind Strukturen in Organismen, die der Aufnahme von Informationen aus der Umwelt dienen. Im einfachsten Fall bestehen sie aus mindestens einer Sinneszelle, auch als Sensor bezeichnet, sowie akzessorischen Zellen. In vielen Fällen sind komplexe Strukturen zur Aufnahme, Filterung und Weiterleitung von Reizen involviert.

In das Integument eingebettet finden sich zahlreiche mechanosensorische Sinnesorgane, in deren Sinneszellen die in ▶ Abschn. 7.1 beschriebenen Ionenkanäle lokalisiert sind. In diesen sensorischen Neuronen erfolgt die Umwandlung mechanischer Reize in elektrische Signale, die anschließend mithilfe axonaler Fortsätze in das Zentralnervensystem weitergeleitet werden.

Die menschliche Haut stellt mit einer Oberfläche von etwa $1{,}8\,m^2$ die größte Schnittstelle für mechanische Reize mit der Umwelt dar. Sie lässt sich in drei anatomisch abgrenzbare Gewebeschichten unterteilen, die von außen nach innen weitgehend parallel angeordnet sind (◘ Abb. 7.13). Die äußerste Schicht fungiert als Grenze zur Umwelt und wird von der **Epidermis** (Oberhaut) gebildet, einem mehrschichtigen, teilweise verhornten Plattenepithel, dessen Zellen als Keratinocyten bezeichnet werden. Auf die Epidermis folgt die **Dermis** (Lederhaut), die vor allem Kollagenfasern, elastische Fasern und Blutgefäße enthält. Körperseitig schließt sich die **Subcutis** (Unterhaut) mit lockerem Bindegewebe und Fettgewebe an.[7] Neben der Mechanorezeption werden auch die Temperaturempfindung (Thermorezeption) und die Schmerzempfindung (Nozizeption) hauptsächlich über spezifische Rezeptoren in der Haut vermittelt (siehe ▶ Kap. 8 und 9). Obwohl die drei genannten Submodalitäten in der Regel unter dem Begriff der Somatosensorik oder Hautsensibilität zusammengefasst werden, stellen sie eigenständige Sinneswahrnehmungen dar. Die zugrunde liegenden Signale werden durch jeweils spezifische Mechanismen der Signaltransduktion erzeugt, über separate Leitungsbahnen transportiert und in unterschiedlichen Regionen des Zentralnervensystems weiterverarbeitet.

In allen drei Hautschichten lassen sich mechanosensorische Strukturen nachweisen, die auf unterschiedliche Eigenschaften taktiler Reize wie etwa leichte Berührungen oder schnelle Vibrationen spezialisiert sind. Eine umfassende Beschreibung der Biomechanik der Haut und der mechanosensorischen Endorgane[8], der Weiterleitung und Filterung mechanischer Kräfte durch die umgebenden Gewebestrukturen, der Identität der mechanoelektrischen Transduktionskanäle einschließlich der Gating-Mechanismen, der räumlichen Verteilung der Ionenkanäle in der Plasmamembran aller beteiligten Zellen und der Codierung der mechanosensorischen Information in Form von Aktionspotenzialsequenzen ist von grundlegender Bedeutung für ein umfassendes Verständnis der Mechanorezeption. Obgleich das Wissen um diese Aspekte im Detail noch relativ begrenzt ist, konnte mit den Piezo-Kanälen eine Familie mechanosensitiver Ionenkanäle identifiziert werden, die eine zentrale Rolle für die mechanoelektrische Signaltransduktion spielt [59, 72].

---

7   Während im allgemeinen Sprachgebrauch alle drei Schichten der Körperoberfläche als „Haut" bezeichnet werden, gehören in der anatomischen Nomenklatur nur die beiden obersten Schichten, die Epidermis und die Dermis, zur Haut.

8   In diesem Kontext werden unter Endorganen spezialisierte Strukturen verstanden, die aus den mechanosensorischen Endigungen afferenter Axone sowie den diese Endigungen umgebenden nichtneuronalen Komponenten aufgebaut sind. Die Funktion der Endorgane besteht in der Detektion mechanischer Kräfte, die auf die Haut einwirken.

In den nachfolgenden Abschnitten erfolgt zunächst eine Beschreibung der Morphologie der afferenten sensorischen Neuronen sowie ein kurzer Blick auf die beteiligten neuroanatomischen Strukturen. Im Anschluss gehen wir ausführlich auf die verschiedenen sensorischen Endorgane in der Haut von Säugetieren ein.

7.2.2 Somatosensorische Neuronen

Die für die mechanoelektrische Signaltransduktion im somatosensorischen System verantwortlichen Neuronen weisen eine charakteristische pseudounipolare Morphologie auf. Die Zellkörper dieser Neuronen befinden sich in den **Spinalganglien**, die häufig auch als Hinterwurzelganglien bezeichnet werden, sowie in den beiden **Trigeminalganglien**, die den Kopfbereich versorgen. Die zum peripheren Nervensystem gehörenden Spinalganglien stellen kleine Ansammlungen neuronaler Zellkörper dar, die in den afferenten Hinterwurzeln beidseits des Rückenmarks, jedoch noch innerhalb des Wirbelkanals lokalisiert sind (◘ Abb. 7.10).

Die sensorischen Neuronen der Spinalganglien werden als pseudounipolar bezeichnet, da sie nur einen einzigen Fortsatz aufweisen, der sich jedoch nach einem

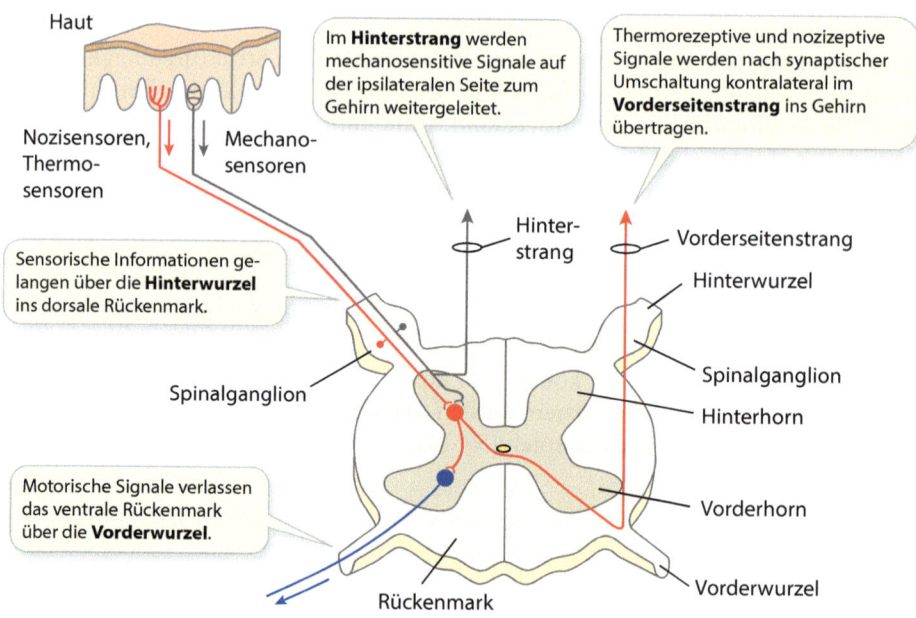

◘ **Abb. 7.10** Querschnitt durch das Rückenmark und Verschaltung der somatosensorischen Bahnen. Afferente Fasern aus der Haut und den Eingeweiden (nicht eingezeichnet) gelangen über die sensorischen Hinterwurzeln in das Rückenmark und bilden dort exzitatorische Synapsen mit Neuronen des Hinterhorns (*rot*). Die somatosensorischen Signale werden ipsilateral über die Hinterstrangbahnen und kontralateral über die Vorderseitenstrangbahnen zum Gehirn weitergeleitet. Der motorische Ausgang über die Vorderwurzeln, der spinale und vegetative Reflexe vermittelt, ist stark vereinfacht dargestellt *(blau)*

kurzen Verlauf annähernd T-förmig in zwei separate Äste verzweigt. Ein Ast zieht in die Körperperipherie, wo er mechanische, thermische oder nozizeptive Signale aufnimmt und in Aktionspotenziale umwandelt. Der zweite Ast transportiert diese Aktionspotenziale zum Rückenmark, also ins Zentralnervensystem (◘ Abb. 7.11a). Der periphere Ast endet entweder in von den verschiedenen Mechanosensoren gebildeten Endorganen oder aber in Form freier Nervenendigungen direkt im Gewebe. Im peripheren Ast sind mechanosensitive Rezeptoren in die Zellmembran eingebettet, welche taktile Reize in eine Depolarisation, das sogenannte **Generatorpotenzial**, umwandeln (◘ Abb. 7.11b).

Eine überschwellige Depolarisation der sensorischen Endigung erzeugt eine Folge von Aktionspotenzialen, die aus der Körperperipherie in Richtung Rückenmark weitergeleitet werden. Die periphere Faser der sensorischen Neuronen stellt also funktionell ein Axon dar, das sich aber in einigen Punkten von unserem bisherigen Verständnis von Axonen unterscheidet (siehe ▸ Abschn. 1.1). Erstens werden die Aktionspotenziale nicht an einem Axonhügel erzeugt, da dieser in den peripheren Endigungen nicht vorhanden ist. Zweitens laufen die Aktionspotenziale zunächst auf den Zellkörper in den Spinalganglien zu, statt vom Zellkörper weg in Richtung des Axonterminals. Im Spinalganglion übernimmt der zentrale Ast der pseudounipolaren Neuronen die Weiterleitung der Aktionspotenziale über die dorsale Wurzel ins Rückenmark. Dort bilden diejenigen sensorischen Fasern, die Informationen über Wärme (Thermorezeption) und Schmerz (Nozizeption) übermitteln, exzitatorische Synapsen mit den sogenannten zweiten Neuronen im Hinterhorn. Die Axone der zweiten Neuronen kreuzen die Mittellinie im Rückenmark und ziehen im kontralateralen Vorderseitenstrang in Richtung Gehirn. Im Gegensatz dazu erfolgt bei den mechanorezeptiven Fasern keine synaptische Umschaltung im Rückenmark, stattdessen werden die Signale auf derselben Seite im ipsilateralen Hinterstrang zum Gehirn transportiert (◘ Abb. 7.10). Die Spinalganglien enthalten die Zellkörper der sensorischen Neuronen, wobei in den Ganglien selbst keine synaptische Umschaltung stattfindet. Außer bei den C-Fasern sind sowohl die peripheren als auch die zentralen Äste der somatosensorischen Neuronen myelinisiert, und die Umwandlung der Generatorpotenziale in Aktionspotenziale erfolgt in der Regel am ersten Ranvier'schen Schnürring, der eine außergewöhnlich hohe Dichte an Na_V- und K_V-Kanälen aufweist.

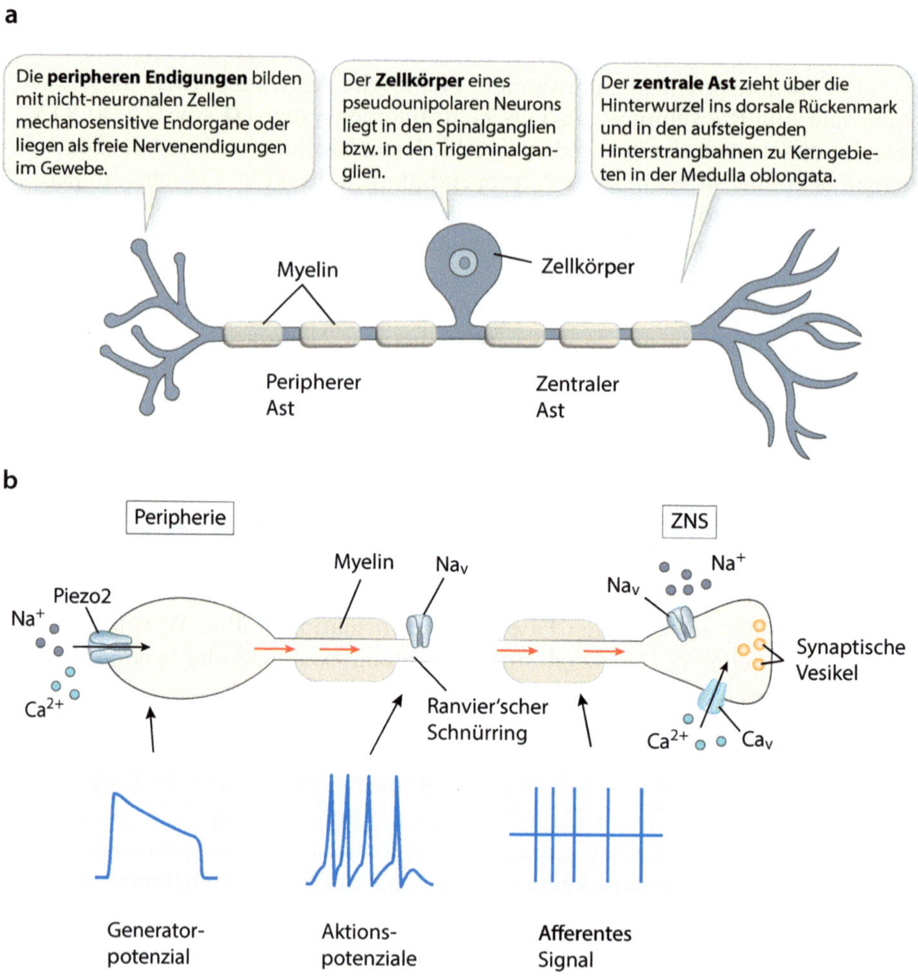

a

Die **peripheren Endigungen** bilden mit nicht-neuronalen Zellen mechanosensitive Endorgane oder liegen als freie Nervenendigungen im Gewebe.

Der **Zellkörper** eines pseudounipolaren Neurons liegt in den Spinalganglien bzw. in den Trigeminalganglien.

Der **zentrale Ast** zieht über die Hinterwurzel ins dorsale Rückenmark und in den aufsteigenden Hinterstrangbahnen zu Kerngebieten in der Medulla oblongata.

Myelin — Zellkörper — Peripherer Ast — Zentraler Ast

b

Peripherie — ZNS

Piezo2, Na^+, Ca^{2+}, Myelin, Na_V, Ranvier'scher Schnürring, Na_V, Na^+, Ca^{2+}, Ca_V, Synaptische Vesikel

Generatorpotenzial — Aktionspotenziale — Afferentes Signal

Abb. 7.11 Funktionelle Morphologie somatosensorischer Neuronen in den Spinalganglien. **a** Aus dem Zellkörper der pseudounipolaren Neuronen entspringt ein Fortsatz, der sich T-förmig verzweigt und einen Ast in die Körperperipherie und einen weiteren Ast in das Rückenmark entsendet. Die Fortsätze der meisten pseudounipolaren Neuronen sind myelinisiert. **b** Die Endigungen in der Peripherie enthalten mechanosensitive Ionenkanäle vom Typ Piezo2, deren Aktivierung den Einstrom von Na^+- und Ca^{2+}-Ionen bewirkt und auf diese Weise die Zellmembran der peripheren Endigung depolarisiert. Ein überschwelliges Generatorpotenzial löst eine Folge von Aktionspotenzialen aus, die als afferente Signale von der Körperperipherie ins Zentralnervensystem geleitet werden (*rote Pfeile*). Im Rückenmark werden an chemischen Synapsen Neurotransmitter freigesetzt, welche die sensorischen Signale auf nachgeschaltete Neuronen übertragen. Na_V, spannungsgesteuerter Natriumkanal; Ca_V, spannungsgesteuerter Calciumkanal; ZNS, Zentralnervensystem

> **Schlüsselkonzepte** ▶ Abschn. 7.2 Grundlagen der Mechanorezeption bei Säugetieren
>
> - Die unbehaarte und behaarte Haut der Säugetiere weist einen geschichteten Aufbau auf. Sie besteht von außen nach innen aus der Epidermis (Oberhaut) und der Dermis (Lederhaut). Daran schließt sich die Subcutis (Unterhaut) an.
> - Die Wahrnehmung mechanischer, thermischer und nozizeptiver Reize erfolgt durch spezifische Sensoren in den verschiedenen Hautschichten. Zusammen mit der Propriozeption werden diese Sinnesempfindungen allgemein als Somatosensorik bezeichnet.
> - Die Innervation der Hautschichten erfolgt durch sensorische Neuronen, deren Zellkörper in den segmental angeordneten Spinalganglien beidseits entlang des Rückenmarks sowie in den Trigeminalganglien im Kopfbereich lokalisiert sind. Die sensorischen Neuronen weisen eine pseudounipolare Morphologie mit jeweils einem zur Körperperipherie und einem zum Zentralnervensystem projizierenden Ast auf, die beide axonale Eigenschaften besitzen.
> - Die peripheren Endigungen sensorischer Neuronen bilden zusammen mit nicht-neuronalen Zellen mechanosensitive Endorgane oder liegen als freie Nervenendigungen ohne Beteiligung akzessorischer Strukturen im Hautgewebe.
> - Der zentrale Ast der mechanosensorischen Neuronen verläuft über die Hinterwurzel zum Hinterhorn des Rückenmarks und von dort ohne synaptische Umschaltung über die ipsilateralen Hinterstrangbahnen zu den Hinterstrangkernen in der Medulla oblongata. Dort werden die Signale über exzitatorische chemische Synapsen auf nachgeschaltete Neuronen übertragen.

7.3 Mechanosensoren der unbehaarten Haut

> **Lernziele**
> 1. Die Eigenschaften von niedrigschwelligen Mechanorezeptoren (*Low-threshold mechanoreceptors*) und hochschwelligen Mechanorezeptoren (*High-threshold mechanoreceptors*) erläutern.
> 2. Die Unterschiede zwischen Differenzialsensoren und Proportional-Differenzial-Sensoren in Bezug auf die Adaptationsgeschwindigkeit erklären.
> 3. Den Zusammenhang zwischen der Größe rezeptiver Felder und räumlicher Auflösung begründen.
> 4. Die Struktur und die mechanoelektrischen Eigenschaften von Merkel-Endigungen, Meissner-Korpuskeln, Ruffini-Korpuskeln und Pacini-Korpuskeln erläutern und vergleichen.

In der Somatosensorik wird grundsätzlich zwischen unbehaarter und behaarter Haut unterschieden, da beide Hauttypen jeweils andere Innervationsmuster aufweisen und auch die Haare selbst zur Mechanosensitivität beitragen. Am besten untersucht sind die Mechanosensoren der unbehaarten Fingerspitzen, die bei Primaten auf eine hochauflösende neuronale Abbildung von Objekten und deren Oberflächen spezialisiert sind [82]. Ein bestimmter Gegenstand, den wir in der Hand halten, hat charakteristische Eigenschaften wie Oberflächenbeschaffenheit, Temperatur, Größe, Form und natürlich auch ein spezifisches Gewicht – Eigenschaften, die oft hinreichend viele Informationen liefern, um diesen Gegenstand zu erkennen. Die Identifizierung von Objekten, ohne dabei visuelle oder auditive Informationen zu nutzen, wird als **Stereognosie** bezeichnet.

Die aus den komplexen mechanosensorischen Reizen extrahierten Signale gelangen über parallele neuronale Kanäle in den primären somatosensorischen Cortex und von dort weiter in die als Assoziationscortices bezeichneten Hirnregionen. In diesen Bereichen des Cortex wird durch multimodale Verknüpfungen, die auch Informationen von anderen Sinnessystemen einbeziehen, eine subjektiv als einheitlich empfundene Wahrnehmung erzeugt.

In den Hautschichten der unbehaarten Haut befinden sich vier Typen von Endorganen, die aufgrund ihrer strukturellen Eigenschaften unterschiedliche taktile Reize bzw. unterschiedliche physikalische Komponenten dieser Reize codieren. Diejenigen sensorischen Neuronen, die auf harmlose, relativ schwache mechanische Kräfte reagieren, werden als LTMRs (*Low-threshold mechanoreceptors*) bezeichnet.[9] Die LTMRs registrieren bereits geringe Kräfte wie 0,5 mN, was auf Meereshöhe etwa der Gewichtskraft von 200 mg entspricht. Daneben gibt es auch HTMRs (*High-threshold mechanoreceptors*), die auf höhere mechanische Reizintensitäten ansprechen und insbesondere – aber nicht ausschließlich – nozizeptive Stimuli detektieren.

Die LTMRs liegen entweder als freie Nervenendigungen im Gewebe der Haut oder sie bilden zusammen mit verschiedenen Endorganen komplexe Mechanosensoren, die anhand der folgenden Kriterien unterschieden werden: (1) die Art des mechanischen Reizes, (2) die Größe des rezeptiven Felds und (3) die Geschwindigkeit der Anpassung (Adaptation) an einen konstanten, andauernden Reiz.

- **Art des Reizes.** Jeder Mechanosensor zeigt eine Präferenz für einen bestimmten Reiz wie Druck, Berührung oder Vibration. Die Spezifitäten der Sensoren überlappen jedoch teilweise, sodass ein druckempfindlicher Sensor auch auf einen anderen mechanischen Reiz reagieren kann, dann aber meist mit geringerer Empfindlichkeit.
- **Größe des rezeptiven Felds.** Alle Mechanosensoren besitzen ein rezeptives Feld einer bestimmten Größe. In der Somatosensorik entspricht das rezeptive Feld der Hautfläche, die von jeweils einem Mechanosensor innerviert wird und stellt damit die räumliche Auflösungsgrenze für taktile Reize dar. Je mehr Mechanosensoren ein Hautareal besitzt, desto kleiner sind die rezeptiven Felder der einzelnen Sensoren und desto besser können mechanische Reize räumlich aufgelöst werden. So sind beispielsweise die rezeptiven Felder der Fingerspitzen vergleichsweise klein, was eine sehr genaue Erkennung von Oberflächenstrukturen ermöglicht.

---

9 Leider ist die Nomenklatur der sensorischen Strukturen hinsichtlich der Systemebenen etwas irreführend. In der englischsprachigen Fachliteratur wird der Begriff „mechanoreceptor" verwendet, der sich in diesem Kontext auf die zelluläre Ebene, also ein sensorisches Neuron, bezieht. In der vorliegenden Publikation wird der Ausdruck „Mechanosensor" oder „mechanosensorisches Endorgan" eingesetzt, um eine Sinneszelle oder eine aus mehreren Zellen bestehende Struktur mit sensorischer Funktion zu bezeichnen. Der Begriff „Mechanorezeptor" findet hingegen für die Ionenkanäle Verwendung, welche für die somatosensorische Signaltransduktion erforderlich sind.

Damit leistet die präzise taktile Wahrnehmung einen wesentlichen Beitrag zur nicht-visuellen Objekterkennung.
- **Adaptation.** Die vier Typen von Endorganen unterscheiden sich in der Geschwindigkeit, mit der sie ihre Reaktion an einen andauernden Stimulus anpassen. Schnell adaptierende Mechanosensoren (*Rapidly adapting*, RA) erzeugen nur zu Beginn und eventuell auch am Ende eines Reizes eine kurze Folge von Aktionspotenzialen, aber während der Dauer des Reizes findet keine neuronale Aktivität statt. Da diese Sensoren auf das Erkennen von Änderungen der Reizintensität spezialisiert sind, werden sie auch als **Differenzialsensoren** bezeichnet (Abb. 7.12a). Im Gegensatz dazu bleiben langsam adaptierende Mechanosensoren (*Slowly adapting*, SA) während der gesamten Reizdauer aktiv. In der Regel reagieren sie auf den Beginn eines mechanischen Reizes mit einer Salve von Aktionspotenzialen (phasischer Anteil), deren Frequenz im weiteren Verlauf etwas abnimmt (tonischer Anteil). Die Frequenz der Aktionspotenziale korreliert grundsätzlich mit der Stärke des Reizes. Da sowohl die Veränderung der Reizsituation als auch die Reizstärke abgebildet werden, spricht man in diesem Fall von **Proportional-Differenzial-Sensoren** (Abb. 7.12b). Innerhalb der Gruppe der langsam adaptierenden Mechanosensoren erfolgt eine weitere Differenzierung zwischen SA1-Sensoren, die sich durch kleine rezeptive Felder auszeichnen, und SA2-Sensoren mit größeren rezeptiven Feldern. Das phasisch-tonische Antwortverhalten ist jedoch bei beiden Arten von Mechanosensoren ähnlich. SA1-Sensoren reagieren am besten auf senkrecht zur Hautoberfläche gerichteten Druck, während SA2-Sensoren vor allem Dehnungen der Haut registrieren.

Die im Folgenden beschriebenen Mechanosensoren bestehen aus Ansammlungen nicht-neuronaler Zellen, in denen der periphere Ast der pseudounipolaren Neuronen endet (◘ Abb. 7.13). In der allgemein gebräuchlichen Terminologie werden die Mechanosensoren in der Form Aβ-RA-LTMR bezeichnet (siehe ◘ Tab. 7.2). Aβ bezieht sich auf den Fasertyp, der durch einen mittleren Myelinisierungsgrad, einen Durchmesser von 7 bis 15 μm und eine Leitungsgeschwindigkeit von 30 bis 70 ms^{-1} gekennzeichnet ist.[10] Die Abkürzung RA bzw. SA steht für die Adaptationsgeschwindigkeit der Mechanosensoren. Die Klassifizierung LTMR (*Low-threshold mechanoreceptors*) wird – wie oben beschrieben – allgemein für Mechanosensoren mit niedriger Reizschwelle verwendet, um sie von den höherschwelligen Nozizeptoren (HTMR) abzugrenzen.

Die nicht-neuronalen Zellen der Mechanosensoren bilden akzessorische Strukturen, die sich durch unterschiedliche mechanische Eigenschaften auszeichnen. Dadurch ist es ihnen möglich, Druckänderungen oder Vibrationen zu filtern, bevor diese auf die Nervenendigung übertragen werden. Die Signaltransduktion erfolgt mit Ausnahme der Merkel-Zell-Axon-Komplexe ausschließlich in den Endigungen der Aβ-Fasern, in deren Plasmamembran die mechanosensitiven Ionenkanäle eingebettet sind. Wie in ▶ Abschn. 7.1 beschrieben, öffnen diese Ionenkanäle als Reaktion auf

---

10 Die Einteilung der Nervenfasern des peripheren Nervensystems nach ERLANGER und GASSER beruht auf dem Grad der Myelinisierung, dem Axondurchmesser und der Geschwindigkeit, mit der Aktionspotenziale weitergeleitet werden. Es werden in der Reihenfolge absteigender Leitungsgeschwindigkeit Fasern vom Typ Aα, Aβ, Aγ, Aδ, B und C unterschieden.

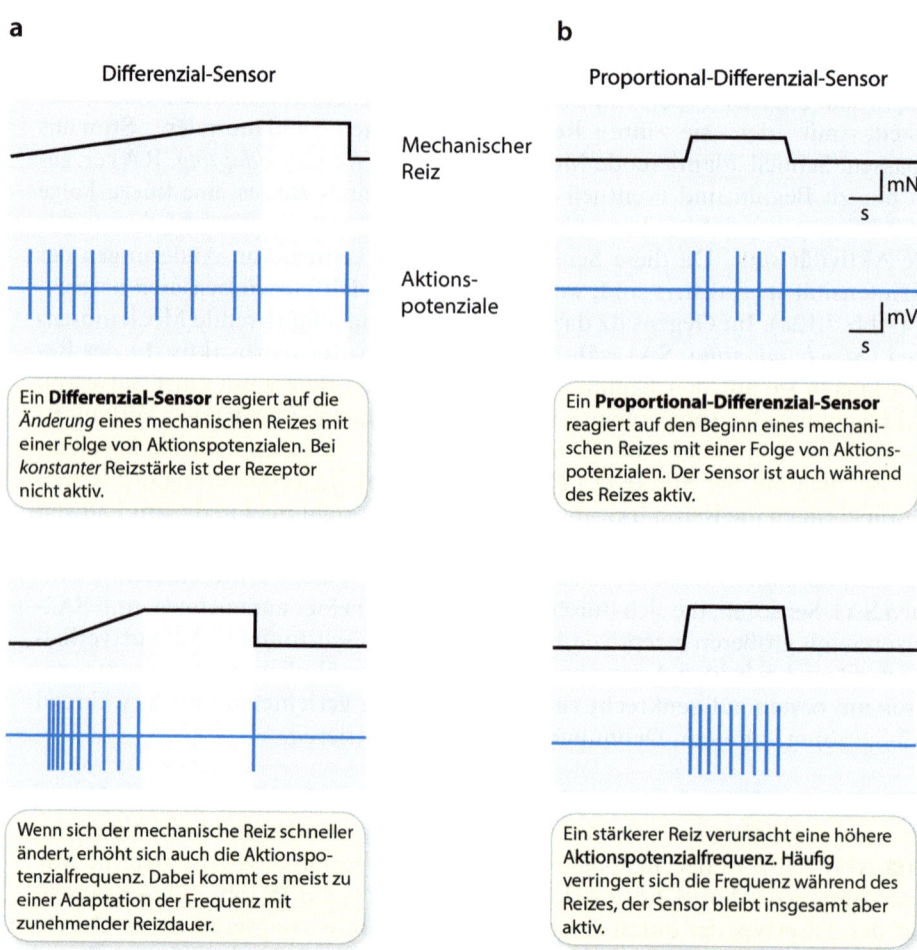

Abb. 7.12 Codierung der statischen und dynamischen Reizkomponenten. **a** Ein Differenzialsensor registriert Änderungen der Reizgröße und codiert die Geschwindigkeit der Änderung in Form der Aktionspotenzialfrequenz. Während der Reiz mit konstanter Stärke andauert, werden keine Aktionspotenziale erzeugt. **b** Ein Proportional-Differenzial-Sensor ist zu Beginn und während des Stimulus aktiv. Die *schwarzen Linien* stellen den Zeitverlauf und die Stärke des mechanischen Reizes dar, die *senkrechten blauen Striche* die Aktionspotenziale

einen mechanischen Reiz. Infolgedessen diffundieren Kationen entlang ihres elektrochemischen Gradienten über die Membran in die sensorische Nervenendigung und lösen dort eine Depolarisation aus. Die Frequenz der Aktionspotenziale wird durch die Größe und Dauer der Spannungsänderungen bestimmt, während die Eigenschaften der afferenten Fasern die Leitungsgeschwindigkeit in den sensorischen Neuronen festlegen.

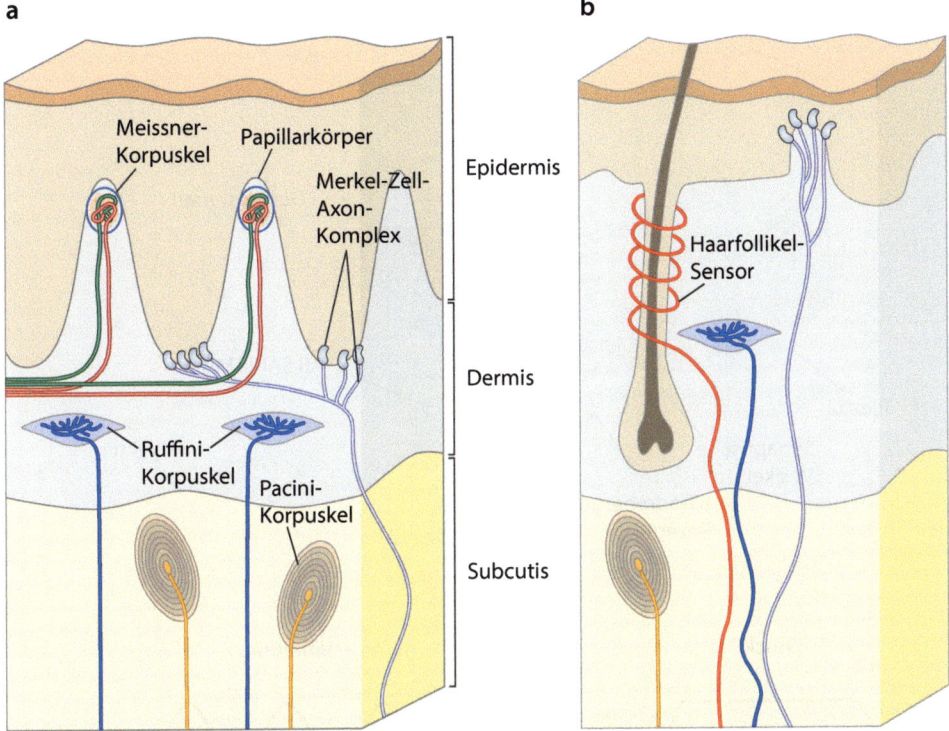

Abb. 7.13 Mechanosensoren der menschlichen Haut. **a** Histologie der korpuskulären Nervenendigungen in der unbehaarten Haut der Fingerspitzen. **b** Mechanosensorische Nervenendigungen in der behaarten Haut der übrigen Körperoberfläche

7.3.1 Merkel-Endigungen

Merkel-Endigungen, etwas präziser auch als Merkel-Zell-Axon-Komplexe bezeichnet, kommen einzeln oder in Gruppen in der Epidermis vor. Ihre Dichte ist in besonders berührungsempfindlichen Regionen, wie beispielsweise den Fingerspitzen von Primaten, erhöht. Merkel-Endigungen stellen langsam adaptierende Mechanosensoren vom Typ Aβ-SA1-LTMR dar, die insgesamt etwa 25 % der Mechanosensoren in den Fingerspitzen ausmachen und damit einen wesentlichen Beitrag zu unserem Tastsinn leisten. Sie setzen sich aus einigen Hundert umgewandelten Epithelzellen, den sogenannten Merkel-Zellen, zusammen, die von afferenten Nervenfasern aus den Spinalganglien innerviert werden. Dabei kontaktiert eine axonale Endigung mit ihren Verzweigungen, die dann keine Myelinschicht mehr aufweisen, mehrere Merkel-Zellen gleichzeitig (◘ Abb. 7.14a).

Interessanterweise besitzen Merkel-Zellen synaptische Vesikel, die Catecholamine[11] sowie zahlreiche Proteine enthalten, die für eine calciumabhängige synaptische Freisetzung von Neurotransmittern notwendig sind. Möglicherweise stellen Merkel-

---

11 Catecholamine stellen eine Gruppe biologisch aktiver Substanzen dar, die eine Aminogruppe und eine Catecholringstruktur (ein aromatischer Ring mit zwei benachbarten Hydroxylgruppen) besitzen. Zu den Catecholaminen gehören die Neurotransmitter Dopamin, Adrenalin und Noradrenalin.

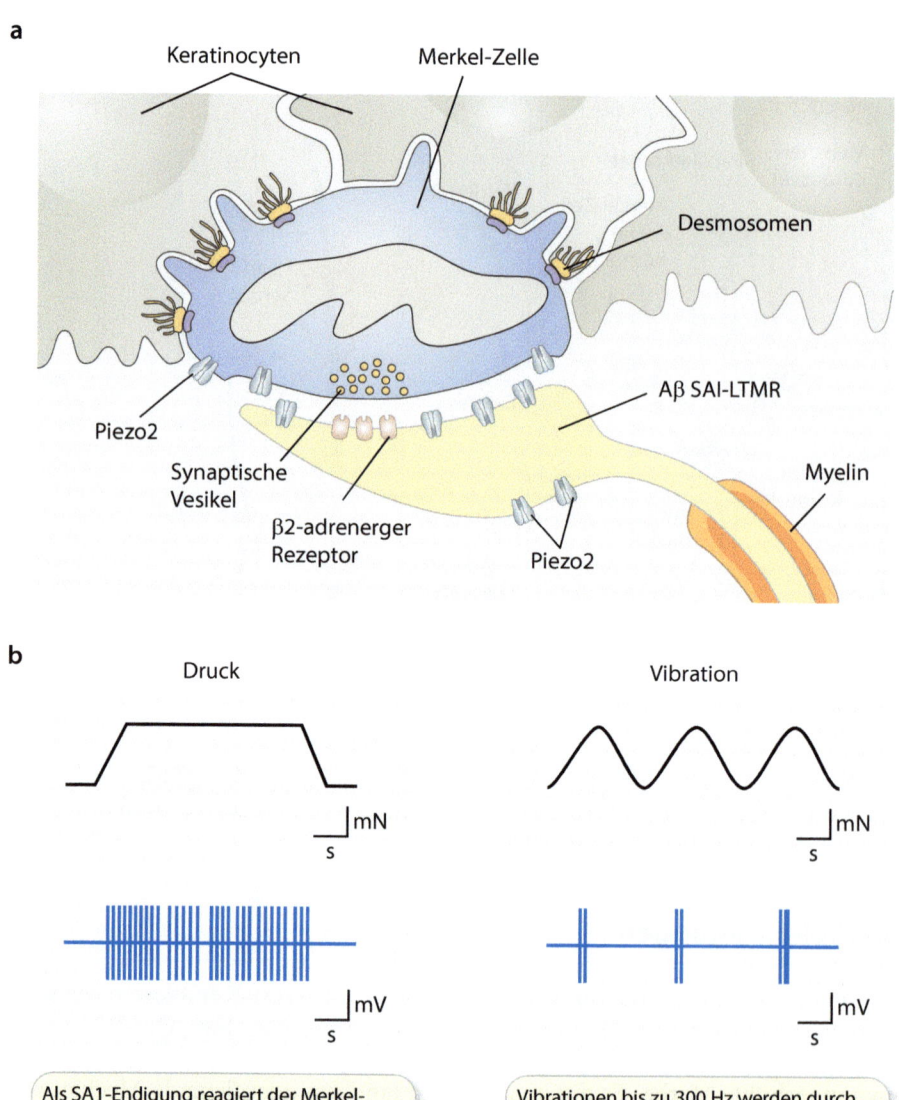

Abb. 7.14 Mechanosensorische Signaltransduktion in Merkel-Endigungen. **a** Schematische Darstellung eines Merkel-Zell-Axon-Komplexes in der Epidermis der Haut und der Innervation durch eine afferente Nervenfaser. Ein taktiler Stimulus aktiviert Piezo2-Kanäle in den Merkel-Zellen, die auf dem Einstrom von Calcium basierende Aktionspotenziale erzeugen. Dadurch werden Neurotransmitter freigesetzt, die das Signal mithilfe von β2-adrenergen Rezeptoren auf die sensorische Nervenendigung übertragen. Die postsynaptische Depolarisation führt zu einer Sequenz von natriumgetragenen Aktionspotenzialen in der afferenten Nervenfaser, die Informationen über den taktilen Reiz ins Zentralnervensystem transportieren. Die Merkel-Zellen sind über Desmosomen mit den umgebenden Keratinocyten der Epidermis verbunden. **b** Aktivierungsprofile von Merkel-Endigungen als Reaktion auf einen konstanten Druckreiz (*links*) und auf eine Vibration (*rechts*). Jeder senkrechte Strich stellt ein Aktionspotenzial dar

Zellen ähnlich wie die Haarsinneszellen im Innenohr sekundäre Sinneszellen dar, die Signale mithilfe chemischer Synapsen auf afferente Nervenendigungen übertragen.

Sowohl Merkel-Zellen als auch die mit ihnen in Kontakt stehenden Nervenfasern besitzen Piezo2-Kanäle in ihrer Plasmamembran. Dieser Befund deutet auf eine Arbeitsteilung zwischen den beiden zellulären Komponenten der Merkel-Endigungen hin. Fehlen Piezo2-Kanäle in den Merkel-Zellen, sind vor allem diejenigen Aktionspotenziale betroffen, welche den konstanten, tonischen Anteil eines Reizes repräsentieren. Der Verlust von Piezo2-Kanälen in den afferenten Nervenendigungen hingegen wirkt sich eher auf die Codierung des phasischen Anteils aus, also die Änderung der Reizstärke. Im Falle einer Berührung der Haut wird der Beginn des Reizes durch den phasischen Anteil wiedergegeben, während die tonische Komponente die Eindrucktiefe und folglich die Reizstärke abbildet [44, 72].

Die durch Piezo2-Kanäle induzierte Depolarisation führt zur Öffnung spannungsgesteuerter Calciumkanäle in den Merkel-Zellen [28]. Infolgedessen diffundieren Ca^{2+}-Ionen entlang ihres elektrochemischen Gradienten über die Membran und lösen in den Merkel-Zellen Aktionspotenziale aus. Diese sogenannten Calciumaktionspotenziale zeichnen sich im Gegensatz zu den im ▶ Abschn. 1.5 besprochenen Natriumaktionspotenzialen durch einen langsameren Anstieg und eine längere Depolarisationsdauer aus. Letzteres lässt sich vor allem auf die fehlende Inaktivierung der Ca_V-Kanäle zurückführen. Der damit einhergehende Anstieg der intrazellulären Ca^{2+}-Konzentration in den Merkel-Zellen löst die Exocytose von Adrenalin (und möglicherweise anderen Neurotransmittern) aus, welche ihrerseits an postsynaptische $\beta2$-adrenerge Rezeptoren binden. Dadurch wird ein intrazellulärer Signalweg in der afferenten Nervenfaser induziert, der letztlich zu einer überschwelligen Depolarisation der Zellmembran und zur Erzeugung von Natriumaktionspotenzialen führt [26].

Merkel-Endigungen stellen langsam adaptierende Mechanosensoren vom SA1-Typ dar, welche die Dauer und die Stärke eines konstanten Druckreizes codieren (◘ Abb. 7.14b). Die neuronale Aktivität in Form von Aktionspotenzialen beginnt mit dem Einsetzen der mechanischen Kraft und hält mit geringer Adaptationsrate für die Dauer des Reizes an. Auch Vibrationen werden durch Merkel-Endigungen codiert, wobei in der afferenten Faser immer zum gleichen Zeitpunkt (derselben Phase) des periodischen Reizes eine kurze Salve von Aktionspotenzialen auftritt. Diese Phasenkopplung ermöglicht somit eine Abbildung der Periodizität der Vibration, wobei allerdings die maximal mögliche Frequenz von der Refraktärzeit limitiert wird.

Im Vergleich zu den übrigen Mechanosensoren der Haut weisen Merkel-Endigungen mit einer Fläche von 9 mm^2 die kleinsten rezeptiven Felder auf. Die räumliche Auflösung ist mit einer Zweipunktschwelle von 0,5 mm entsprechend hoch.[12] Darüber hinaus reagieren Merkel-Endigungen sehr sensibel auf markante Oberflächenstrukturen wie kleine Vorsprünge und Kanten, wodurch sie in erster Linie Informationen über Form und Beschaffenheit von Objekten und deren Oberflächen vermitteln. So können beispielsweise die Muster der Brailleschrift mithilfe der hochauflösenden Merkel-Endigungen eindeutig identifiziert und mithilfe corticaler Mechanismen decodiert werden.

---

12 Die Zweipunktschwelle ist ein neurophysiologischer Test, der den minimalen Abstand zweier taktiler Reize auf der Haut misst, die von einer Person als getrennt voneinander wahrgenommen werden können.

7.3.2 Meissner-Korpuskeln

Meissner-Korpuskeln stellen eingekapselte Nervenendigungen dar, die in den Papillarleisten[13] der unbehaarten Haut lokalisiert sind und somit der Hautoberfläche am nächsten liegen. Sie bestehen aus 1–7 afferenten Fasern, die an ihrem Ende eine Verdickung aufweisen und von einer Kapsel aus lamellenartig angeordneten nichtmyelinisierenden Schwann-Zellen umgeben sind (◘ Abb. 7.15a). Wir haben Schwann-Zellen bereits als myelinisierende Gliazellen im peripheren Nervensystem kennengelernt (siehe ► Abschn. 1.5.3).

Die untere Hälfte der Meissner-Korpuskeln ist von einer oder zwei Perineuralzellen umgeben. Perineuralzellen sind flache Epithelzellen, die in ihrer Morphologie den Fibroblasten des Bindegewebes ähneln. Sie bilden die zellulären Bestandteile des sogenannten Perineuriums, das als kollagenreiches und elastisches Bindegewebe die Axone der peripheren Nerven umhüllt und zu Bündeln zusammenfasst. Im Extrazellulärraum zwischen den Lamellen der Schwann-Zellen und den Perineuralzellen befindet sich außerdem ein dichtes Netz aus Kollagenfasern, deren elastische Eigenschaften eine wichtige Rolle bei der Druckübertragung auf die sensorischen Nervenendigungen spielen. Aufgrund ihrer oberflächennahen Lage reagieren die Meissner-Korpuskeln zwar sehr empfindlich auf Hautdeformationen von wenigen Mikrometern, ihre relativ großen rezeptiven Felder erlauben jedoch lediglich eine eher geringe räumliche Auflösung.

Die sensorischen Endigungen der Meissner-Korpuskeln sind wie die der Pacini-Korpuskeln vom Typ $A\beta$-RA1-LTMR, d. h., sie passen sich sehr schnell an eine konstante Reizsituation an. Diese schnelle Adaptation lässt sich auf die Kapsel und die sie umgebenden bindegewebigen Strukturen zurückführen, die durch einen mechanischen Reiz verschoben werden. Elastische Rückstellkräfte führen jedoch sehr schnell zu einer Entspannung dieses Komplexes aus Bindegewebe und Kapsel, sodass der mechanische Reiz auf die Piezo2-Kanäle nachlässt und die neuronale Aktivität zum Erliegen kommt [23].

Die Meissner-Korpuskeln werden von zwei genetisch und physiologisch unterschiedlichen $A\beta$-LTMRs innerviert, einem TrkB-Subtyp (TrkB$^+$) und einem Ret$^+$-Subtyp [52].[14] Die TrkB$^+$-Afferenzen reagieren, wie es für schnell adaptierende $A\beta$-RA1-LTMR-Fasern zu erwarten ist, zu Beginn und am Ende eines relativ schwachen Druckreizes mit einer Erhöhung ihrer Aktionspotenzialfrequenz (◘ Abb. 7.15b). Im Gegensatz dazu benötigen die Ret$^+$-Fasern einen stärkeren Druck zur Aktivierung, wobei eine Reaktion am Ende des Reizes nur in Ausnahmefällen zu beobachten ist. Allerdings zeigen Ret$^+$-Fasern eine deutlich größere Variabilität hinsichtlich ihrer Adaptation an einen mechanischen Reiz. Das Spektrum erstreckt sich von einer relativ schnellen Adaptation mit nur wenigen Aktionspotenzialen zu Beginn eines Reizes bis hin zu einer persistierenden Antwort. Diese komplementären physiologischen Eigenschaften erweitern höchstwahrscheinlich die Codierungskapazität für taktile Reize. Zudem weisen beide Subtypen der sensorischen Endigungen einen stark gewunde-

---

[13] Papillarleisten bilden als charakteristische Hautlinien die individuellen Muster der Fingerabdrücke.
[14] Sowohl TrkB als auch Ret sind membranständige Tyrosinkinasen. Während TrkB als Rezeptor für BDNF (*Brain-derived neurotrophic factor*) das Überleben und die Differenzierung von Neuronen des zentralen Nervensystems vermittelt, ist Ret für die Differenzierung von autonomen Neuronen sowie von Nierenzellen während der Embryonalentwicklung essenziell.

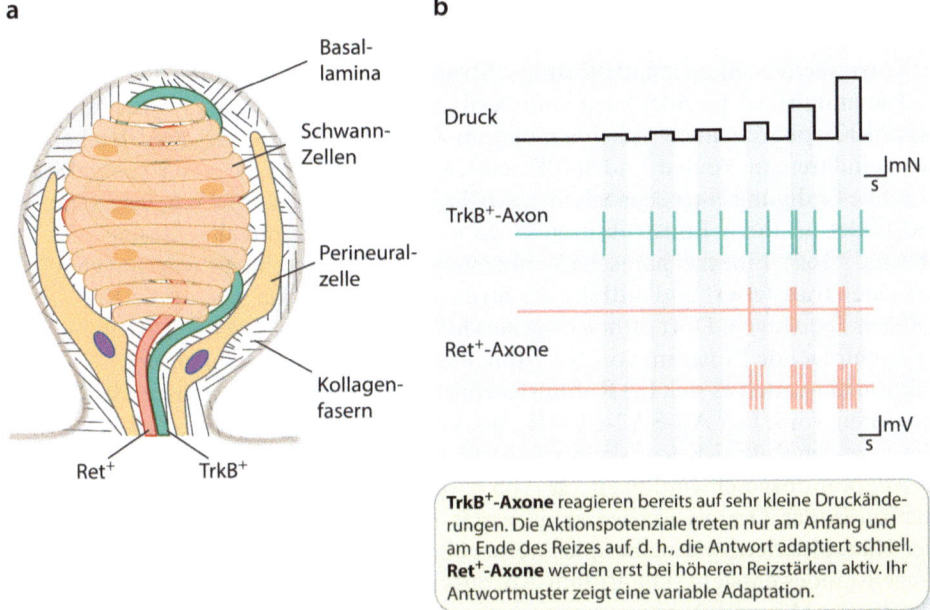

Abb. 7.15 Struktur und Funktion von Meissner-Korpuskeln. **a** Meissner-Korpuskeln bestehen aus Schichten miteinander verzahnter Schwann-Zellen, zwischen denen die Endigungen der afferenten $A\beta$-Fasern verlaufen. Dieser Komplex wird in der unteren Hälfte von 1 bis 2 flachen Perineuralzellen umgeben und ist über Kollagenfasern mit der Basallamina der Epidermiszellen (nicht eingezeichnet) verbunden. **b** Die afferenten $A\beta$-Fasern bestehen aus den zwei verschiedenen Subtypen TrkB$^+$ (*grün*) und Ret$^+$ (*rot*), die sich in ihrer Sensitivität für mechanische Reize und ihrer Adaptationsgeschwindigkeit unterscheiden. Die *schwarze Linie* stellt Druckreize mit zunehmender Stärke dar, während die *farbigen Linien* die Aktionspotenziale von TrkB$^+$- und Ret$^+$-Fasern als Antwort auf die jeweilige Reizstärke wiedergeben. Modifiziert nach [52]

nen Verlauf innerhalb der Endorgane auf, was die Detektion von Kräften aus vielen verschiedenen Richtungen erleichtert.

Die Meissner-Korpuskeln reagieren außerdem sehr sensibel auf Vibrationen im unteren Frequenzbereich von 40 bis 60 Hz, wie sie für über die Hautoberfläche gleitende Objekte charakteristisch sind. Wenn der Kaffeebecher langsam aus der Hand zu rutschen droht, wird diese Objektbewegung relativ zur Haut von den Meissner-Korpuskeln registriert und über die afferenten Fasern ans Zentralnervensystem gemeldet. Dieser Typ von Mechanosensoren spricht also vor allem auf niederfrequente, sich kontinuierlich ändernde Deformierungen, Verschiebungen und Verlagerungen der Haut an und spielt daher eine wesentliche Rolle bei der Regulierung der Griffkraft [52].

7.3.3 Ruffini-Korpuskeln

Ruffini-Korpuskeln stellen spindelförmige Strukturen in der Dermis dar, deren Längsachse annähernd parallel zur Hautoberfläche verläuft. Darüber hinaus kommen Ruffini-Korpuskeln auch in Sehnen und im Zahnhalteapparat vor. Sie bestehen aus einer zellulären, an beiden Enden offenen Kapsel, in die Kollagenfasern eingelagert sind. Die Endigung einer sensorischen Aβ-Faser tritt in die Kapsel ein, verzweigt sich und bildet an ihren Endstrukturen einen engen Kontakt mit den Kollagenfasern (◘ Abb. 7.16a). Eine mechanische Verformung der Hautoberfläche wird in tiefere Hautschichten transferiert und mithilfe des Strukturproteins Kollagen auf die Nervenendigungen übertragen. Dort öffnen insbesondere mechanosensitive Piezo2-Kanäle, und der nachfolgende Einstrom von Na^+-Ionen depolarisiert die Zellmembran.

Funktionell handelt es sich bei Ruffini-Korpuskeln um langsam adaptierende Mechanosensoren vom Typ Aβ-SA2-LTMR. Im Vergleich zu den Merkel-Zell-Axon-Komplexen zeigen Ruffini-Korpuskeln eine geringere Empfindlichkeit sowie eine langsamere Adaptationsgeschwindigkeit (◘ Abb. 7.16b). Aufgrund ihrer Struktur und Lokalisation in der Dermis werden sie in erster Linie durch eine tangentiale Dehnung der Haut aktiviert, wie sie beispielsweise beim Spreizen der Finger zum Greifen eines Gegenstandes entsteht. Die Ruffini-Korpuskeln sind in der Lage, aus dem Dehnungsmuster der Haut die Bewegungsrichtung von Objekten abzuleiten. Des Weiteren liefern sie propriozeptive Informationen bezüglich der Position von Hand und Fingern.

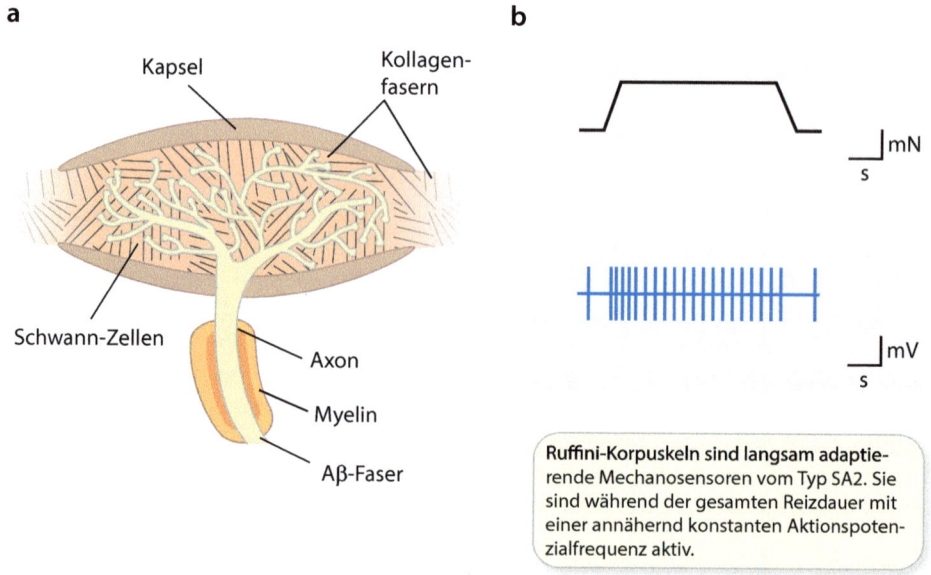

◘ **Abb. 7.16** Aufbau und mechanosensorische Reaktion von Ruffini-Korpuskeln. **a** Ruffini-Korpuskeln bestehen aus einer an beiden Enden offenen Kapsel, die nicht-myelinisierende Schwann-Zellen und Kollagenfasern enthält. Eine sensorische Aβ-Faser verzweigt sich innerhalb der Kapsel. **b** Ruffini-Korpuskeln reagieren auf Druckreize mit einer sehr langsam adaptierenden Sequenz von Aktionspotenzialen

In Bezug auf den Menschen existieren jedoch widersprüchliche Befunde hinsichtlich der Histologie und Physiologie der Ruffini-Korpuskeln. Die Ergebnisse elektrophysiologischer Untersuchungen legen nahe, dass SA2-LTMRs in der unbehaarten Haut häufig vorkommen – sie machen bis zu 15 % der myelinisierten Mechanosensoren aus [55]. In histologischen Untersuchungen konnte hingegen eine deutlich geringere Anzahl an Ruffini-Korpuskeln nachgewiesen werden, als aufgrund der Häufigkeit der SA2-Mechanosensoren zu erwarten gewesen wäre. Ein einfacher Zusammenhang zwischen den langsam adaptierenden Mechanosensoren vom Typ 2 und den Ruffini-Korpuskeln erscheint zumindest fraglich. Es ist daher möglich, dass noch andere Mechanosensoren vom SA2-Typ für die Adaptation verantwortlich sind.

7.3.4 Pacini-Korpuskeln

Die sogenannten Pacini-Korpuskeln liegen tief im subcutanen Gewebe. Beim Menschen beträgt die Länge der Pacini-Korpuskeln etwa 1 mm. Sie bestehen aus einer einzelnen Ret^+-positiven axonalen Faser, die zwiebelartig von zahlreichen Schichten nicht-myelinisierender Schwann-Zellen und Perineuralzellen umgeben ist (◘ Abb. 7.17a). Innerhalb dieser Hülle werden zwei Regionen unterschieden: ein zentraler Bereich, der in direktem Kontakt mit der Nervenendigung steht, und eine periphere Region. Im zentralen Bereich sind die lamellenartigen Zellschichten halbkreisförmig angeordnet, wobei in Längsrichtung ein schmaler Spalt freigelassen wird, der mit cytoplasmatischen Ausläufern der Schwann-Zellen und des Axons sowie mit einem Netzwerk von Kollagenfasern gefüllt ist. In diesen axonalen Regionen kommen vesikuläre Strukturen vor, die auf eine – möglicherweise durch mechanische Kräfte ausgelöste – chemische Kommunikation zwischen Axon und lamellaren Schwann-Zellen hindeuten. Die periphere Region besteht aus konzentrisch angeordneten Schichten von Perineuralzellen.

Physiologisch werden Pacini-Korpuskeln als schnell adaptierende Mechanosensoren vom Typ 2 klassifiziert (Aβ-RA2-LTMRs). Sie reagieren auf einen statischen Druckreiz mit einer kurzen Aktivitätsphase zu Beginn und am Ende des Stimulus, während ihre Reaktion auf Vibrationen stark von der Frequenz abhängt (◘ Abb. 7.17b). Grundsätzlich sind die Pacini-Korpuskeln außerordentlich empfindliche Mechanosensoren. Bereits eine Verformung der Hautoberfläche von nur 10 nm genügt, um Aktionspotenziale auslösen, sofern der Reiz mit einer optimalen Frequenz von 200 Hz auf die Sensoren trifft. Im Gegensatz zu den übrigen LTMRs reagieren Pacini-Korpuskeln überhaupt nicht auf niedrige Vibrationsfrequenzen. Erst bei einer Frequenz von 100 bis 400 Hz werden Aktionspotenziale erzeugt, die phasengekoppelt die Stimulationsfrequenz codieren.

Die genaue Lokalisation der mechanosensitiven Ionenkanäle in den Pacini-Korpuskeln ist bislang noch nicht geklärt. Auch nach der Entfernung der umhüllenden Zellschichten zeigt die axonale Faser eine Reaktion auf Druckreize. Es ist jedoch möglich, dass auch Schwann-Zellen mit Ionenkanälen zur Signaltransduktion

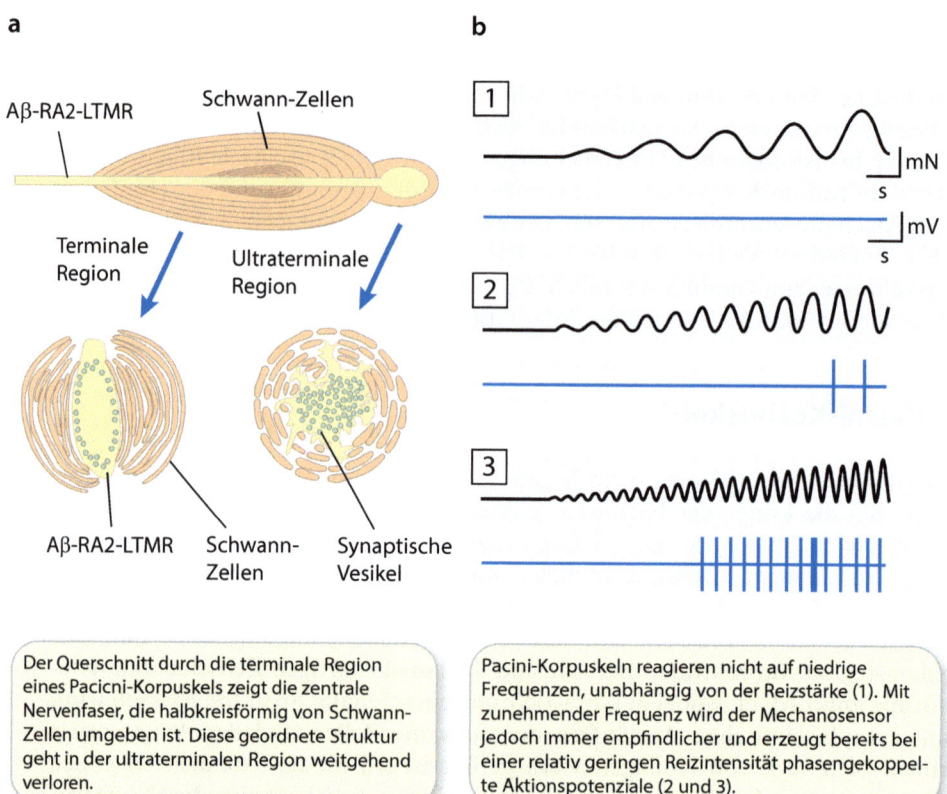

Der Querschnitt durch die terminale Region eines Pacicni-Korpuskels zeigt die zentrale Nervenfaser, die halbkreisförmig von Schwann-Zellen umgeben ist. Diese geordnete Struktur geht in der ultraterminalen Region weitgehend verloren.

Pacini-Korpuskeln reagieren nicht auf niedrige Frequenzen, unabhängig von der Reizstärke (1). Mit zunehmender Frequenz wird der Mechanosensor jedoch immer empfindlicher und erzeugt bereits bei einer relativ geringen Reizintensität phasengekoppelte Aktionspotenziale (2 und 3).

Abb. 7.17 Struktur und Funktion von Pacini-Korpuskeln. **a** Ein Längsschnitt durch einen Pacini-Korpuskel zeigt eine unverzweigte afferente Faser, die von nicht-myelinisierenden Schwann-Zellen umgeben ist. In der terminalen Region bilden die Schwann-Zellen einen dicht gepackten inneren Kern sowie eine aufgelockerte periphere Zone. In der ultraterminalen Region am Ende des Pacini-Korpuskels erweitert sich die Nervenfaser zu einer unregelmäßig geformten Endigung, die mit cytoplasmatischen Ausläufern zwischen die Lamellen der Schwann-Zellen ragt. Die Nervenendigung enthält synaptische Vesikel, die den inhibitorischen Neurotransmitter GABA enthalten. **b** Die Reaktion der Pacini-Korpuskeln auf periodische Reize hängt von der Frequenz der Vibration ab. Der Schwellenwert nimmt mit steigender Frequenz ab. Die zeitliche Folge der Aktionspotenziale korreliert mit der Phase der Reizfrequenz. Modifiziert nach [23]

beitragen. Loss-of-Function-Mutationen[15] sowie Transkriptomanalysen legen die Vermutung nahe, dass Piezo2-Kanäle als Mechanorezeptoren in den Pacini-Korpuskeln fungieren [67].

Die zahlreichen Schichten von Schwann-Zellen und die flüssigkeitsgefüllten Räume zwischen den Lamellen bilden ein biomechanisches Filtersystem, das die Adaptation der Pacini-Korpuskeln maßgeblich beeinflusst. Eine Entfernung der umhüllenden Kapsel führt zu einem Verlust der schnellen Adaptation (**Abb. 7.18**). Neben einer mechanischen Rolle wird auch die Freisetzung des inhibitorischen Transmitters GABA aus Schwann-Zellen postuliert, der über eine Hyperpolarisation der axo-

---

15 Eine sogenannte Loss-of-Function-Mutation führt zu einer Einschränkung (hypomorphes Allel) oder zum vollständigen Verlust (Nullallel) des betreffenden Gens.

7.3 · Mechanosensoren der unbehaarten Haut

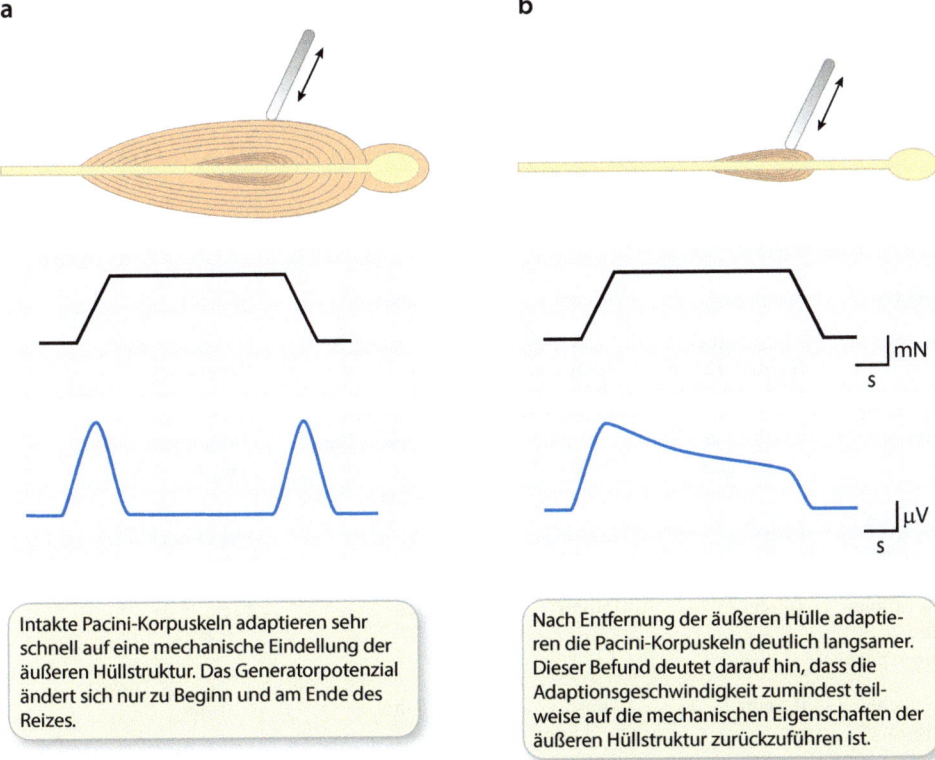

> Intakte Pacini-Korpuskeln adaptieren sehr schnell auf eine mechanische Eindellung der äußeren Hüllstruktur. Das Generatorpotenzial ändert sich nur zu Beginn und am Ende des Reizes.

> Nach Entfernung der äußeren Hülle adaptieren die Pacini-Korpuskeln deutlich langsamer. Dieser Befund deutet darauf hin, dass die Adaptionsgeschwindigkeit zumindest teilweise auf die mechanischen Eigenschaften der äußeren Hüllstruktur zurückzuführen ist.

Abb. 7.18 Funktionelle Bedeutung der äußeren Hüllstruktur für die schnelle Adaptation von Pacini-Korpuskeln. **a** Die mechanische Stimulation eines Pacini-Korpuskels mit intakter äußerer Hülle erzeugt eine charakteristische Antwort der Aβ-RA2-LTMRs, die durch eine schnelle Adaptationsgeschwindigkeit gekennzeichnet ist. Der Mechanosensor reagiert nur auf die dynamischen Anteile des Reizes. **b** Nach Entfernung der äußeren Hülle der Schwann-Zellen geht die schnelle Adaptation verloren [41]

nalen Fasern zur schnellen Adaptation beiträgt [56]. Offensichtlich geht die Funktion der Schwann-Zellen weit über die einer reinen Hüllstruktur hinaus, da ihre biomechanischen Eigenschaften sowie ihre Fähigkeit zur chemischen Signalübertragung die Sensitivität und das Reaktionsprofil der Aβ-RA2-LTMRs maßgeblich mitbestimmen.

Pacini-Korpuskeln sind durch außerordentlich große rezeptive Felder gekennzeichnet, die beim Menschen einen Finger oder die ganze Hand umfassen. Daher sind sie nicht auf eine präzise räumliche Auflösung spezialisiert, sondern vornehmlich für die Codierung hochfrequenter Vibrationsreize zuständig, die von anderen Objekten auf die Haut übertragen werden.

Die folgende **Tab. 7.2** fasst die wichtigsten Eigenschaften der Mechanosensoren der unbehaarten Haut zusammen.

Tab. 7.2 Mechanosensoren der unbehaarten Haut

	Kleine rezeptive Felder		Große rezeptive Felder	
	Merkel	Meissner	Ruffini	Pacini
	Aβ-SA1-LTMR	Aβ-RA-LTMR	Aβ-SA2-LTMR	Aβ-RA-LTMR
Vorkommen	Epidermis, v. a. Finger- und Zehenspitzen	Papillarleisten	Dermis	Dermis und Subcutis
Adaptation	Langsam	Schnell	Langsam	Schnell
Effektiver Stimulus	Vorsprünge, Kanten, Ecken	Niederfrequente Vibrationen	Dehnung der Haut	Höherfrequente Vibrationen
Sensorische Funktion	Form und Textur von Oberflächen	Bewegungskontrolle, Griffkraft	Hand- und Fingerstellung, tangentiale Kräfte	Übertragene Vibrationen, Werkzeuggebrauch
Rezeptive Feldgröße	9 mm^2	22 mm^2	60 mm^2	Finger oder Hand
Innervationsdichte (Fingerspitze)	100 cm^{-2}	150 cm^{-2}	10 cm^{-2}	20 cm^{-2}
Räumliche Auflösung	0,5 mm	3 mm	>7 mm	>10 mm
Höchste Empfindlichkeit	5 Hz	50 Hz	0,5 Hz	200 Hz
Schwellenwert der Verformung	8 µm	2 µm	40 µm	0,01 µm
Transduktionskanäle	Piezo2, ASIC 1, ASIC 3, TRPV2, TRPV4	Piezo2, ASIC 1, ASIC 3, ENaC, KCNQ4, TRPV4	Piezo2, Aquaporin 1, ASIC 3	Piezo2, ASIC 1, ASIC 2, ENaC

Aβ bezeichnet den afferenten Fasertyp. SA1, *Slowly adapting*; LTMR, *Low-threshold mechanoreceptor*; ASIC, *Acid-sensing ion channel*; ENaC, *Epithelial Na channel*; TRP, *Transient receptor potential channel*. KCNQ4 ist ein Subtyp eines spannungsabhängigen K$^+$-Kanals. Modifiziert nach [4]

Schlüsselkonzepte ▶ Abschn. 7.3 Mechanosensoren der unbehaarten Haut

- Mechanosensorische Neuronen werden als $A\beta$-LTMRs bezeichnet. Die Klassifizierung $A\beta$ umfasst myelinisierte axonale Fasern mit mittlerem Durchmesser und mittlerer Leitungsgeschwindigkeit. Die Abkürzung LTMR steht für *Low-threshold mechanoreceptor* und weist darauf hin, dass diese Sensoren bereits durch relativ geringe mechanische Kräfte aktiviert werden.
- Differenzialsensoren codieren vor allem Änderungen der Reizintensität und adaptieren schnell (RA, *Rapidly adapting*), während die langsam adaptierenden Proportional-Differenzial-Sensoren (SA, *Slowly adapting*) neben Beginn und Ende eines Reizes auch dessen Dauer abbilden.
- Die auch als Merkel-Zell-Axon-Komplexe bezeichneten Merkel-Endigungen bestehen aus nicht-neuronalen Merkel-Zellen und afferenten Fasern, die über adrenerge Synapsen miteinander verbunden sind. Sowohl die Merkel-Zellen als auch die sie innervierenden sensorischen Nervenfasern exprimieren Piezo2-Kanäle in ihren Zellmembranen. Merkel-Endigungen stellen äußerst empfindliche, langsam adaptierende Mechanosensoren vom SA1-Typ mit hoher räumlicher Auflösung dar. Sie liefern Informationen über die Form und Beschaffenheit von Oberflächen und sind für die nicht-visuelle Objektidentifizierung von zentraler Bedeutung.
- Meissner-Korpuskeln bestehen aus mehreren Schichten von nicht-myelinisierenden Schwann-Zellen, zwischen denen die Endigungen von zwei Subtypen afferenter Nervenfasern verlaufen. Die TrkB$^+$-Fasern reagieren nur zu Beginn und am Ende eines Druckreizes, während die Ret$^+$-Fasern unempfindlicher sind und unterschiedliche Adaptationsprofile aufweisen. Meissner-Korpuskeln detektieren vor allem niederfrequente Vibrationen, die für die Regulation der Griffkraft eine wichtige Rolle spielen.
- Ruffini-Korpuskeln bestehen aus einer spindelförmigen Kapsel aus nicht-myelinisierenden Schwann-Zellen und einem Netzwerk aus Kollagenfasern, die mechanische Kräfte auf die vielfach verzweigten sensorischen Nervenendigungen in der Kapsel übertragen. Ruffini-Korpuskeln sind langsam adaptierende LTMRs vom SA2-Typ, die hauptsächlich durch eine tangentiale Dehnung der Haut aktiviert werden.
- Pacini-Korpuskeln stellen schnell adaptierende Mechanosensoren vom RA2-Typ dar, die im subcutanen Gewebe liegen. Sie bestehen aus einer einzelnen $A\beta$-afferenten Faser, die von einer kompakten inneren und einer weniger dicht gepackten äußeren Hülle von nicht-myelinisierenden Schwann-Zellen umgeben ist. Die Pacini-Korpuskeln reagieren umso empfindlicher auf Vibrationen, je höher die Vibrationsfrequenz ist. Die biomechanischen Eigenschaften der äußeren Hüllstruktur und möglicherweise der inhibitorische Transmitter GABA sind an der schnellen Adaptation der afferenten Nervenfaser beteiligt.

7.4 Mechanosensoren der behaarten Haut

> **Lernziele**
> 1. Die unterschiedlichen Haartypen im Fell eines Säugetiers benennen und ihre spezifische Innervation durch afferente Nervenfasern beschreiben.
> 2. Den histologischen Aufbau von Lanzettendigungen erläutern.
> 3. Die morphologischen und funktionellen Unterschiede zwischen Lanzettendigungen und Aβ-Feld-LTMRs erklären.
> 4. Die physiologische Reaktion von Aβ-Feld-LTMRs, Aβ-RA-LTMRs, Aδ-LTMRs und C-LTMRs auf verschiedene taktile Stimuli beschreiben.

Abgesehen von den unbehaarten Fingerspitzen, die bei Primaten für die Identifizierung und Manipulation von Objekten unerlässlich sind, besteht der größte Teil der Körperoberfläche bei den meisten Säugetieren aus Fell. Die behaarte Körperoberfläche weist eine Vielfalt von Haartypen auf, die jeweils durch eine spezifische und unveränderliche Kombination von LTMRs innerviert werden. Dies führt dazu, dass jeder Haarfollikeltyp ein mechanosensorisches Endorgan mit unterschiedlichen funktionellen Eigenschaften bildet. Das Fell eines Säugetiers besteht folglich aus Millionen von **haarfollikelassoziierten Mechanosensoren**, und diese miniaturisierten Sinnesorgane erweitern die Berührungsempfindlichkeit über die eigentliche Körperoberfläche hinaus.

Im Rahmen der folgenden Diskussion erfolgt eine Differenzierung im Bereich der sogenannten **Deckhaare**, die bei Mäusen etwa 25 % des Fells ausmachen, und die bei allen Säugetieren für die arttypische Färbung verantwortlich sind. Zu den Deckhaaren gehören die längeren **Leithaare**, die mit einem Anteil von 1 bis 2 % jedoch deutlich seltener vorkommen als die kürzeren **Grannenhaare**. Den größten Teil der Haare machen mit 75 % die **Wollhaare** aus, die wegen ihrer gewellten Struktur auch Zickzackhaare genannt werden. Des Weiteren existieren Tasthaare, Langhaare und Borstenhaare als meist arteigene, spezialisierte Sonderformen, die jedoch in diesem Zusammenhang nicht weiter berücksichtigt werden.

7.4.1 Lanzettendigungen

Die afferenten Nervenfasern, welche die verschiedenen Haartypen innervieren, stammen ebenfalls von den peripheren Fortsätzen pseudounipolarer Neuronen, deren Zellkörper in den Spinalganglien lokalisiert sind. Neben den bereits bekannten Aβ-Fasern kommen in der behaarten Haut auch Aδ- und C-Fasern vor (◘ Tab. 7.3). Die Aδ-Fasern sind durch relativ dünne Axone mit einer schwach ausgeprägten Myelinisierung gekennzeichnet, während die C-Fasern nicht myelinisiert sind. Beide Fasertypen sind zudem an der Weiterleitung nozizeptiver Signale beteiligt, was in ▸ Kap. 9 näher erläutert wird.

Die drei genannten afferenten Fasertypen verlaufen zunächst parallel zur Längsachse eines Haars und bilden in ihrem terminalen Bereich sogenannte **Lanzettendigungen**, welche die Haarwurzel ringförmig in Form eines Kragens umgeben [37]. Die Lanzettendigungen der Leithaare werden von Aβ-RA-LTMRs, die

7.4 · Mechanosensoren der behaarten Haut

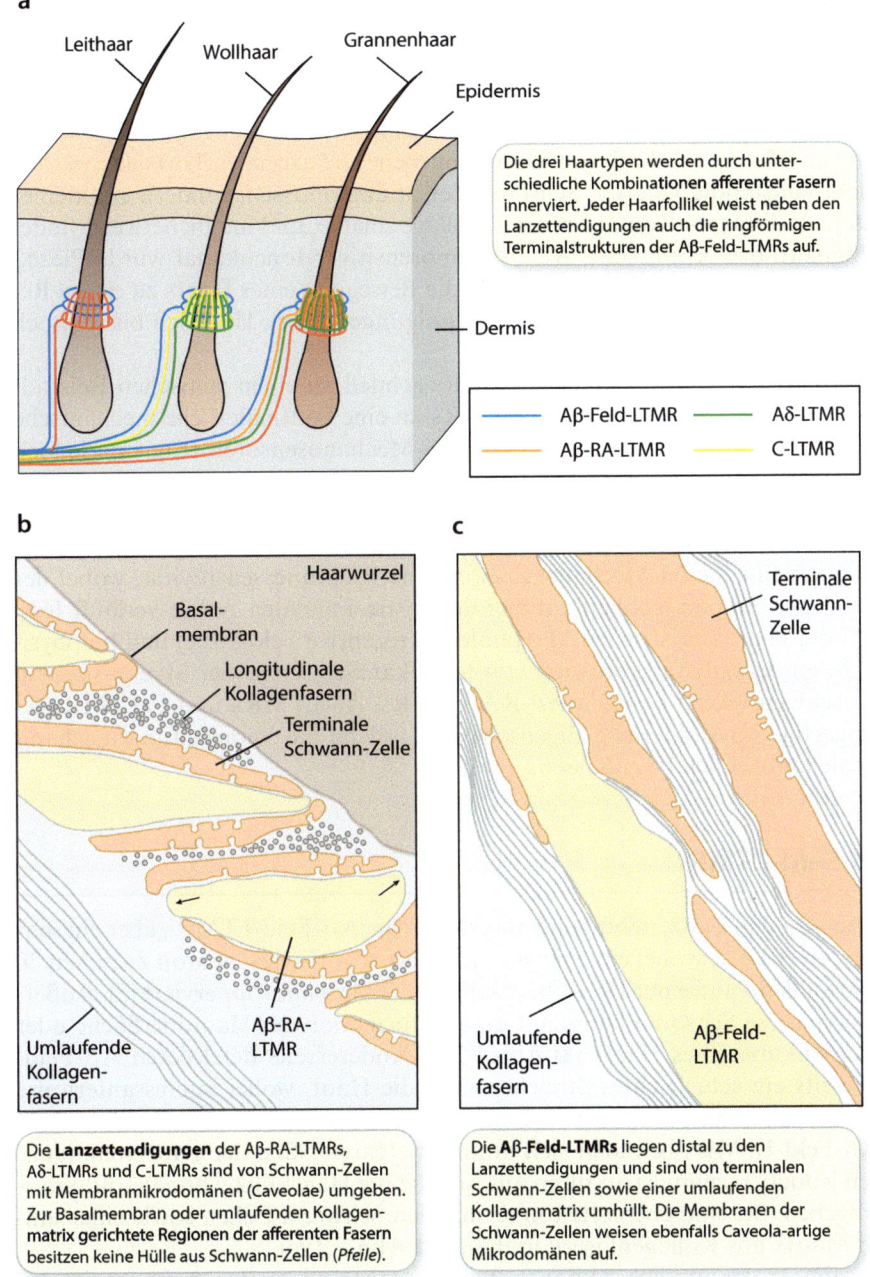

■ **Abb. 7.19** Mechanosensoren der behaarten Haut. **a** Die Körperoberfläche der meisten Säugetiere ist von Leithaaren, Wollhaaren und Grannenhaaren bedeckt. Die afferente Innervation endet an der jeweiligen Haarwurzel. **b** Querschnitt durch die Lanzettendigungen eines Aβ-RA-LTMR. **c** Querschnitt durch einen Aβ-Feld-LTMR und die benachbarten Schwann-Zellen und Kollagenmatrix. Modifiziert nach [23]

der Wollhaare von Aδ-LTMRs und C-LTMRs gebildet, während die Grannenhaare von allen drei Fasertypen innerviert werden (◘ Abb. 7.19a). Im histologischen Querschnitt wird deutlich, dass jede Lanzettendigung aus einem zentralen Axon besteht. Dieses Axon wird von zwei bis drei Fortsätzen umhüllt, die von terminalen Schwann-Zellen stammen (◘ Abb. 7.19b). Der gesamte Komplex wird von einer longitudinal ausgerichteten Matrix aus Kollagenfasern umgeben. Die axonalen Fortsätze werden jedoch nicht vollständig von den Schwann-Zellen umschlossen, sondern ein kleiner Bereich steht in direktem Kontakt mit der Kollagenmatrix und möglicherweise findet hier die Signaltransduktion statt. Als mechanosensitiver Ionenkanal wurde Piezo2 identifiziert [59], aber die zentrale Frage, wie die Bewegung eines Haars zu einem Rezeptorpotenzial in den sensorischen Nervenendigungen führt, lässt sich bisher noch nicht beantworten.

Während Aβ-RA-LTMRs und Aδ-LTMRs schnell an einen statischen Reiz adaptieren, erfolgt die Anpassung von C-LTMRs an eine kontinuierliche mechanische Kraft etwas langsamer (◘ Abb. 7.20). Alle drei Mechanosensoren reagieren jedoch sehr sensibel auf geringfügige Auslenkungen der Haare sowie auf leichte Berührungen der Haut. Bei den Aδ-LTMRs sind die Lanzettendigungen nicht kreisförmig um den Haarfollikel verteilt, sondern auf einer Seite konzentriert. Diese anatomische Anordnung verleiht diesen Mechanosensoren eine Richtungssensitivität, wobei der Bereich höchster Empfindlichkeit entlang der rostro-kaudalen Achse verläuft [61]. Aufgrund ihrer charakteristischen Morphologie (rezeptive Feldgröße) und biophysikalischen Besonderheiten (Expression von Ionenkanälen, Grad der Myelinisierung, Leitungsgeschwindigkeit) besitzen Aβ-RA-LTMRs, Aδ-LTMRs und C-LTMRs jeweils einzigartige physiologische Eigenschaften, welche die Verarbeitung mechanischer Signale maßgeblich beeinflussen.

7.4.2 Aβ Feld-LTMRs

Im Gegensatz zu den Lanzettendigungen verfügen die Aβ-Feld-LTMRs über ein sehr großes rezeptives Feld, wobei ein einziges mechanosensorisches Neuron zwischen 20 bis 80 Haarfollikeln auf einer Hautoberfläche von 3 bis 4 mm^2 innerviert [5]. Außerdem reagieren diese Sensoren kaum auf eine Deformation der Hautoberfläche oder auf die Auslenkung eines Haars (◘ Abb. 7.20). Anderseits detektieren Aβ-Feld-LTMRs bereits ein sehr leichtes Streichen über die Haut, wobei interessanterweise die Adaptationsrate mit zunehmender Reizstärke abnimmt.

Die Aβ-Feld-LTMRs befinden sich in unmittelbarer Nähe der Lanzettendigungen, bilden jedoch Terminalstrukturen aus, welche die Haarfollikel annähernd kreisförmig umgeben. Sie sind ebenfalls von terminalen Schwann-Zellen sowie einer umlaufenden Matrix aus Kollagenfasern umhüllt (◘ Abb. 7.19c).

Die Region, in der letztlich Aktionspotenziale generiert werden, befindet sich bei den Aβ-Feld-LTMRs relativ weit entfernt von den reizaufnehmenden Endigungen. Dies lässt den Schluss zu, dass unterschwellige Rezeptorpotenziale über die Größe des rezeptiven Felds gesammelt und aufsummiert werden. Die außerordentlich hohe Empfindlichkeit der Aβ-Feld-LTMRs für großflächige Stimuli kann daher auf diese Integrationsleistung zurückgeführt werden, die durch die Morphologie und Physiologie der Terminalstrukturen bedingt ist. Es konnte jedoch bislang nicht geklärt werden,

7.4 · Mechanosensoren der behaarten Haut

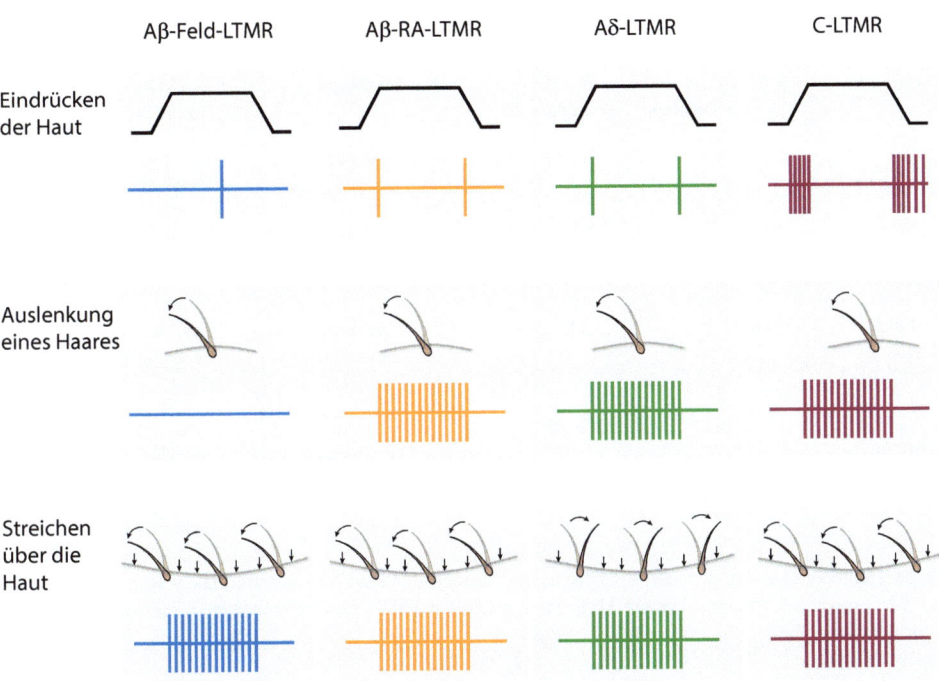

Abb. 7.20 Reaktion der Mechanosensoren der behaarten Haut auf verschiedene taktile Stimuli. Die obere Zeile gibt jeweils die Art des Reizes an, die darunterliegende farbige Spur zeigt die Reaktion in Form von Aktionspotenzialsequenzen (*senkrechte Striche*). Die Aβ-Feld-LTMRs sind weitgehend unempfindlich gegenüber einem Eindrücken der Haut und dem Auslenken eines Haars. Insgesamt resultieren charakteristische Antwortmuster, die eine zuverlässige Identifikation des Stimulus ermöglichen. Modifiziert nach [23]

ob auch bei den Aβ-Feld-LTMRs Piezo2-Kanäle für die mechanoelektrische Transduktion verantwortlich sind, wie dies bei anderen Mechanosensoren der Fall ist [67].

◻ Tab. 7.3 fasst die Eigenschaften der häufigsten Mechanosensoren in der behaarten Haut von Säugetieren zusammen.

Tab. 7.3 Mechanosensoren der behaarten Haut

Mechanosensor	Leitungsgeschwindigkeit	Rezeptive Feldgrröße	Haartyp	Effektiver Stimulus
Aβ RA-LTMR (Ret$^+$)	50 m s^{-1}	Klein	Leithaare, Grannenhaare	Vibration 10–50 Hz
Aβ SA1-LTMR (TrkC$^+$)	50 m s^{-1}	Klein	Leithaare	Rauheit
Aβ-Feld-LTMR (TrkC$^+$/Ret$^+$)	20 m s^{-1}	Sehr groß	Leithaare, Grannenhaare, Wollhaare	Leichte Berührung der Haut
Aδ-LTMR (TrkB$^+$)	10–20 m s^{-1}	Groß	Grannenhaare, Wollhaare	Vibration >50 Hz
C-LTMR (TH$^+$)	<1 m s^{-1}	Mittel	Grannenhaare, Wollhaare	Langsame Bewegung

Die Mechanosensoren zeigen eine spezifische Expression der Rezeptortyrosinkinasen Ret, TrkB und TrkC sowie des Enzyms Tyrosin-Hydroxylase (TH). LTMR, *Low-threshold mechanoreceptor*. Modifiziert nach [20]

Schlüsselkonzepte ▶ Abschn. 7.4 Mechanosensoren der behaarten Haut

- Die behaarte Haut der Säugetiere enthält hauptsächlich Leithaare, Wollhaare und Grannenhaare, die durch eine spezifische Kombination von Aβ-RA-LTMRs, Aδ-LTMRs und C-LTMRs innerviert werden. Jeder dieser Mechanosensoren bildet sogenannte Lanzettendigungen, die den Haarfollikel palisadenartig umgeben.
- Aβ-RA-LTMRs und Aδ-LTMRs zeigen eine schnelle Adaptation an einen kontinuierlichen mechanischen Reiz, während C-LTMRs eine geringfügig langsamere Anpassung aufweisen. Alle drei Mechanosensoren reagieren mit geringer bis mittlerer Empfindlichkeit auf mechanische Verformungen der Haut, jedoch mit hoher Sensitivität auf die Auslenkung eines Haars oder Streichbewegungen über die Hautoberfläche.
- Zusätzlich zu den Lanzettendigungen erhalten die Haarwurzeln einen afferenten Eingang von Aβ-Feld-LTMRs. Diese Terminalstrukturen umgeben die Haarfollikel in einer ringförmigen Anordnung. Sie besitzen außerordentlich große rezeptive Felder und reagieren am besten auf ein Streichen über die Hautoberfläche.

7.5 Propriozeption und motorische Kontrolle

> **Lernziele**
> 1. Die Bedeutung der Propriozeption für die interne Repräsentation des eigenen Körpers diskutieren.
> 2. Den Aufbau von Muskelspindeln und ihre Lage im Vergleich zur Skelettmuskulatur beschreiben.
> 3. Die afferente und efferente Innervation von Kernkettenfasern und Kernsackfasern durch Aα- und Aβ-Fasern sowie die efferente Innervation durch γ-Motoneuronen beschreiben und ihre physiologischen Funktionen erläutern.
> 4. Die Bedeutung von Muskelspindeln für die Stabilisierung der Körperhaltung am Beispiel von Muskeldehnungsreflexen erläutern.
> 5. Die molekularen Mechanismen der Signaltransduktion in den Afferenzen der Muskelspindeln darstellen.
> 6. Den anatomischen Aufbau von Golgi-Sehnenorganen erläutern.
> 7. Die physiologische Funktion von Muskelspindeln und Golgi-Sehnenorganen vergleichen.

Stellen wir uns einmal eine Situation vor, in der wir nachts aufwachen und aufstehen. Wir bewegen uns zwar vorsichtig, aber doch relativ zielgerichtet durch den dunklen Raum, weichen Möbeln aus und finden schließlich ohne größere Schwierigkeiten die Tür, drücken den Türgriff herunter und verlassen das Zimmer. Wir können dieses sensomotorische Problem lösen, da wir eine neuronale Karte des Raums besitzen, die wir aus dem Gedächtnis abrufen. Das allein genügt jedoch noch nicht. Von ebenso essenzieller Bedeutung ist eine interne Repräsentation der eigenen Person als sich in diesem Raum bewegendes Subjekt. Dazu ist es erforderlich, die aktuelle Position der Arme, Beine, Hände und Füße im Verhältnis zueinander und zum übrigen Körper zu kennen.

Das mutationsbedingte Fehlen des mechanosensitiven Ionenkanals Piezo2 führt neben einer Beeinträchtigung der Somatosensorik auch zu einem Verlust der internen Repräsentation des eigenen Körpers. Ohne diese Information, die uns nicht einmal permanent bewusst sein muss, wäre es nicht möglich, aufzustehen, geschweige denn, uns in einer koordinierten Weise zu bewegen. Wir müssten erst das Licht einschalten, um zu sehen, wo sich unsere Hände und Füße gerade befinden. Und selbst mit visueller Unterstützung würden sinnvolle Bewegungsabläufe sehr viel mehr Aufmerksamkeit erfordern [13].

Für die Realisierung geplanter und koordinierter Bewegungen ist es also unerlässlich, dass die Position der Gliedmaßen und des Rumpfs im dreidimensionalen Raum und damit die aktuelle Muskellänge bzw. der Kontraktionszustand der Muskelfasern kontinuierlich registriert und zentralnervös verarbeitet werden. Die dafür verantwortlichen mechanosensorischen Rezeptoren sind in den Muskeln selbst, in den Sehnen sowie in den Gelenken lokalisiert. Die Informationen zahlreicher Propriozeptoren verschiedener Muskeln werden zu einem Populationscode zusammengefasst und an die entsprechenden Hirnregionen weitergeleitet, wo sie mit einer neuronalen Repräsentation des Körpers als Referenz verglichen werden [58].

7.5.1 Muskelspindeln

Muskelspindeln stellen von einer bindegewebigen Kapsel umhüllte Sinnesorgane in der quergestreiften Muskulatur dar. Sie registrieren sowohl die Ruhelänge eines nicht bewegten Muskels als auch dynamische Veränderungen der Muskellänge im Rahmen von Bewegungsabläufen. Auf diese Weise liefern sie essenzielle sensorische Informationen für die motorische Kontrolle und Propriozeption. So werden beispielsweise **Muskeldehnungsreflexe** wie der Kniesehnenreflex, welche der Stabilisierung der Körperhaltung dienen, durch die Aktivierung von Muskelspindeln ausgelöst.

Aus histologischer Perspektive bestehen Muskelspindeln aus sogenannten **intrafusalen Fasern**, umgewandelten Muskelfasern, die parallel zu den extrafusalen Fasern der kontraktilen Skelettmuskulatur angeordnet im Muskel liegen. Da die intrafusalen Fasern aus kontraktilen Muskelfasern hervorgehen, besitzen sie – wie diese auch – mehrere Zellkerne. Dies ist auf die Fusion von sogenannten Myoblasten, unreifen Muskelzellen, während der Entwicklung der Muskelfasern zurückzuführen. Es werden zwei Typen von intrafusalen Fasern unterschieden, die sich in ihrer Struktur und ihren physiologischen Eigenschaften unterscheiden (◘ Abb. 7.21). Beide Fasertypen kommen gemeinsam in einer Muskelspindel vor.

— Bei den **Kernkettenfasern** sind die Zellkerne über die Länge der Faser hintereinander angeordnet. Die sensible Innervation erfolgt über Ia- (Aα) und II-(Aβ) Afferenzen, die für eine tonische Reaktion der Muskelspindel verantwortlich sind.
— Die etwa doppelt so großen **Kernsackfasern** weisen eine Ansammlung von Zellkernen in der Mitte der Faser auf. Sie werden von Ia-Afferenzen innerviert, die eine dynamische Reaktion vermitteln.

Die Ergebnisse genetischer Untersuchungen deuten darauf hin, dass die afferenten Ia- und II-Fasern keine homogenen Populationen bilden, sondern dass für jeden Fasertyp mehrere verschiedene molekulare Signaturen existieren [54, 74].[16] Diese Unterschiede umfassen neben molekularen Markern mit bisher unbekannter Funktion auch spannungsabhängige Ionenkanäle, die für die elektrophysiologischen Eigenschaften der einzelnen Fasertypen von entscheidender Bedeutung sind. Die Funktion und Lage der innervierten Muskeln (Beuger oder Strecker, Rumpf oder Extremitäten), die intrafusalen Fasertypen (Kernkettenfasern, Kernsackfasern 1 und 2) und die Variabilität bei den spinalen Zielneuronen bilden eine außerordentlich komplexe Grundlage für die Verarbeitung propriozeptiver Informationen in den Muskelspindeln und im Rückenmark.

Neben der afferenten, sensorischen Innervation erhalten beide Fasertypen auch einen efferenten, motorischen Eingang durch γ-**Motoneuronen**. Der synaptische Kontakt mit den γ-Motoneuronen erfolgt jeweils an den Enden der Kernkettenfasern und der Kernsackfasern. Hier befinden sich kontraktile Elemente, welche durch die Aktivierung der γ-Motoneuronen verkürzt werden. Auf diese Weise kann die Länge der intrafusalen Muskelfasern an die Länge der extrafusalen Fasern angepasst werden, sodass die Muskelspindeln unabhängig vom Kontraktionszustand zuverlässig Informationen über die Muskellänge an das Rückenmark senden. Darüber hinaus bewirkt

---

[16] Eine molekulare Signatur bezeichnet ein charakteristisches Muster oder ein spezifisches Profil von Molekülen, die in einer biologischen Probe vorhanden sind. Molekulare Signaturen erlauben die Identifizierung verschiedener, auch pathologischer Zustände und bilden eine wesentliche Grundlage für die Klassifizierung von Zelltypen.

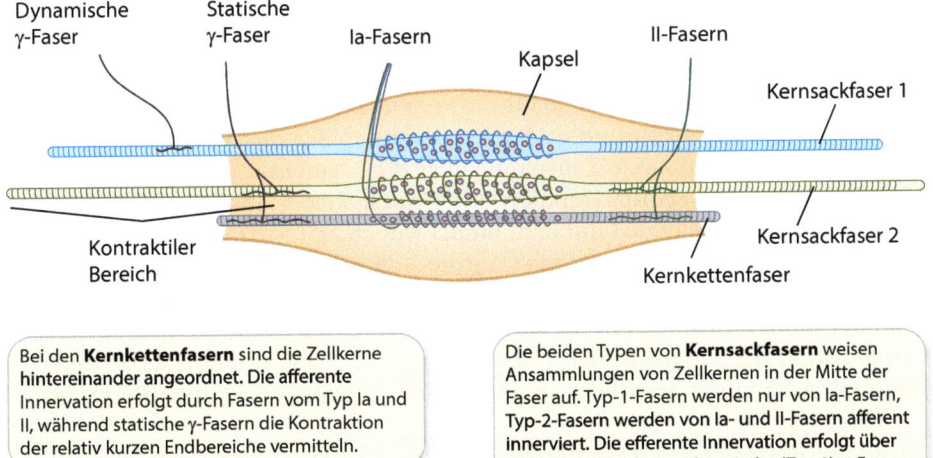

Bei den **Kernkettenfasern** sind die Zellkerne hintereinander angeordnet. Die afferente Innervation erfolgt durch Fasern vom Typ Ia und II, während statische γ-Fasern die Kontraktion der relativ kurzen Endbereiche vermitteln.

Die beiden Typen von **Kernsackfasern** weisen Ansammlungen von Zellkernen in der Mitte der Faser auf. Typ-1-Fasern werden nur von Ia-Fasern, Typ-2-Fasern werden von Ia- und II-Fasern afferent innerviert. Die efferente Innervation erfolgt über dynamische (Typ 1) und statische (Typ 2) γ-Fasern.

◘ **Abb. 7.21** Schematische Darstellung einer Muskelspindel von Säugetieren. Die Kernsackfasern 1 und 2 unterscheiden sich hinsichtlich der Innervation durch efferente γ-Motoneuronen. Die kontraktilen Enden der Kernsackfasern reichen über die bindegewebige Kapsel hinaus, während die Kernkettenfasern die Länge der Kapsel besitzen. Afferente Fasern der Gruppe Ia bilden spiralförmige Endigungen um die kernhaltigen Regionen aller drei intrafusalen Fasertypen. Die Innervation durch die kleineren Gruppe-II-Fasern ist auf die Kernsackfasern 2 und die Kernkettenfasern beschränkt. Modifiziert nach [58]

die Kontraktion der intrafusalen Faserenden eine Dehnung der zentralen Region und aktiviert dadurch die dort lokalisierten Endigungen der afferenten Fasern.

Piezo2-Kanäle sind schnell adaptierende, mechanosensitive Ionenkanäle, durch deren Öffnen Kationen in die Zelle einströmen und eine Depolarisation der Zellmembran bewirken (siehe ▶ Abschn. 7.1.1). Piezo2-Kanäle spielen unter anderem eine wesentliche Rolle bei der somatosensorischen Signaltransduktion [62]. Das Fehlen von Piezo2-Kanälen in den afferenten Fasern der Muskelspindeln führt zu einem nahezu vollständigen Funktionsverlust der Muskelspindeln, was die Bedeutung dieser Kanäle für die mechanoelektrische Signaltransduktion in den Muskelspindeln eindrucksvoll unterstreicht [73]. Andererseits passen die schnell inaktivierenden Einwärtsströme, die durch die Piezo2-Kanäle fließen, nicht zur langsamen Adaptationsgeschwindigkeit der Ia- und II-Fasern. Es ist daher möglich, dass neben Piezo2 weitere Proteine als Komponenten eines multimolekularen Transduktionskomplexes an der Signaltransduktion in den Muskelspindeln beteiligt sind.

Neben Piezo2 werden Mitglieder der DEG/ENaC-Familie sowie TRP-Kanäle als weitere mechanosensitive Ionenkanäle der Ia- und II-Fasern diskutiert. Die drei Untereinheiten der ENaC-Kanäle sowie ASIC2 und ASIC3 konnten in den afferenten Endigungen nachgewiesen werden. Ein funktioneller genetischer Knock-out von ASIC3 in propriozeptiven Neuronen der Spinalganglien führt zu Veränderungen in der Verarbeitung dynamischer Reize sowie zu einer verschlechterten Performance in motorischen Verhaltensaufgaben [39].

Die afferenten Endigungen der sensorischen Fasern enthalten synaptische Vesikel, die mit dem Neurotransmitter Glutamat gefüllt sind. Im Falle einer Dehnung der Muskelspindel fusionieren die Vesikel mit der Zellmembran, wodurch die Freisetzung von Glutamat ausgelöst wird. In diesem Modell führt die Aktivierung von Piezo2-Kanälen zu einer initialen Depolarisation der afferenten Endigung und zu einem Einstrom von Ca^{2+}-Ionen, welche für die vesikuläre Freisetzung von Glutamat erforderlich sind (◘ Abb. 7.22). Infolge der Inaktivierung der Piezo2-Kanäle fließen die Ionen lediglich für eine kurze Zeitspanne über die Membran, sodass die unmittelbar durch den Reiz ausgelöste Depolarisation rasch wieder abklingt. Das durch diese Depolarisation freigesetzte Glutamat bindet jedoch an bisher nicht identifizierte Glutamatrezeptoren, die als sogenannte Autorezeptoren in die Membran der afferenten Endigung eingebettet sind. Durch die geöffneten Glutamatrezeptorkanäle diffundieren nun weitere Kationen in die sensorische Endigung hinein und verlängern die Depolarisation der Zellmembran. Diese synaptische Verstärkung trägt zu einer verlangsamten Adaptation der afferenten Faser während eines konstanten Reizes bei [65].

Interessanterweise erinnert diese Kombination der Aktivierung mechanosensitiver Piezo2-Kanäle und Freisetzung eines Neurotransmitters an die Codierung von dynamischen und statischen Reizen in Merkel-Zell-Axon-Komplexen (siehe ▶ Abschn. 7.3.1). Ähnlich wie bei den afferenten Fasern der Muskelspindeln verstärkt die Wirkung eines Neurotransmitters auch in diesem System die tonische Komponente der zellulären Antwort auf einen mechanischen Reiz. Somit nutzen die Afferenzen von Muskelspindeln und die Merkel-Endigungen ähnliche Strategien, wobei ein schnell adaptierender mechanosensitiver Kanal für die Dynamik verantwortlich ist, während modulatorische chemische Substanzen eine langsamere Komponente der Adaptation vermitteln.

7.5.2 Golgi-Sehnenorgane

Golgi-Sehnenorgane stellen Mechanosensoren dar, die auf eine Kontraktion der Skelettmuskulatur reagieren. Sie werden von schnell leitenden Ib-Fasern innerviert [29]. Im Gegensatz zu den Muskelspindeln, die parallel zu den extrafusalen Muskelfasern angeordnet sind, liegen die Golgi-Sehnenorgane in einer bindegewebigen Kapsel am Ansatzpunkt der Sehnen, mit denen die Muskelfasern am Skelett befestigt sind (◘ Abb. 7.23). Aufgrund dieser anatomischen Anordnung werden die Golgi-Sehnenorgane durch eine Kontraktion des Muskels aktiviert. Sie registrieren also die Muskelspannung und nicht – wie die Muskelspindeln – die Muskellänge.

Die Kapsel der Golgi-Sehnenorgane schließt ein Netzwerk von Kollagenfasern ein, die auf der einen Seite an den einzelnen Muskelfasern und auf der anderen Seite an der Sehne des gesamten Muskels (Aponeurose) befestigt sind. Zwischen diesen beiden Enden verzweigen sich die Kollagenfasern mehrfach und fusionieren mit anderen Fasern zu einem komplexen Geflecht. In der Regel wird jedes Golgi-Sehnenorgan von einer einzigen Ib-Faser innerviert, die erst innerhalb der Kapsel nach mehreren Verzweigungen in unmyelinisierte, vergrößerte Endigungen übergeht. Diese Strukturveränderungen erweitern die Membranfläche der Afferenzen, die in direktem Kontakt mit den Kollagenfasern stehen, wodurch die Empfindlichkeit des mechanosensorischen Systems insgesamt erhöht wird. Die einzelnen Kontaktstellen zwischen den sensorischen Endigungen und den Kollagenfasern sind nicht gleichmäßig über das gesamte Sehnenorgan verteilt, sondern treten in bestimmten Bereichen gehäuft auf.

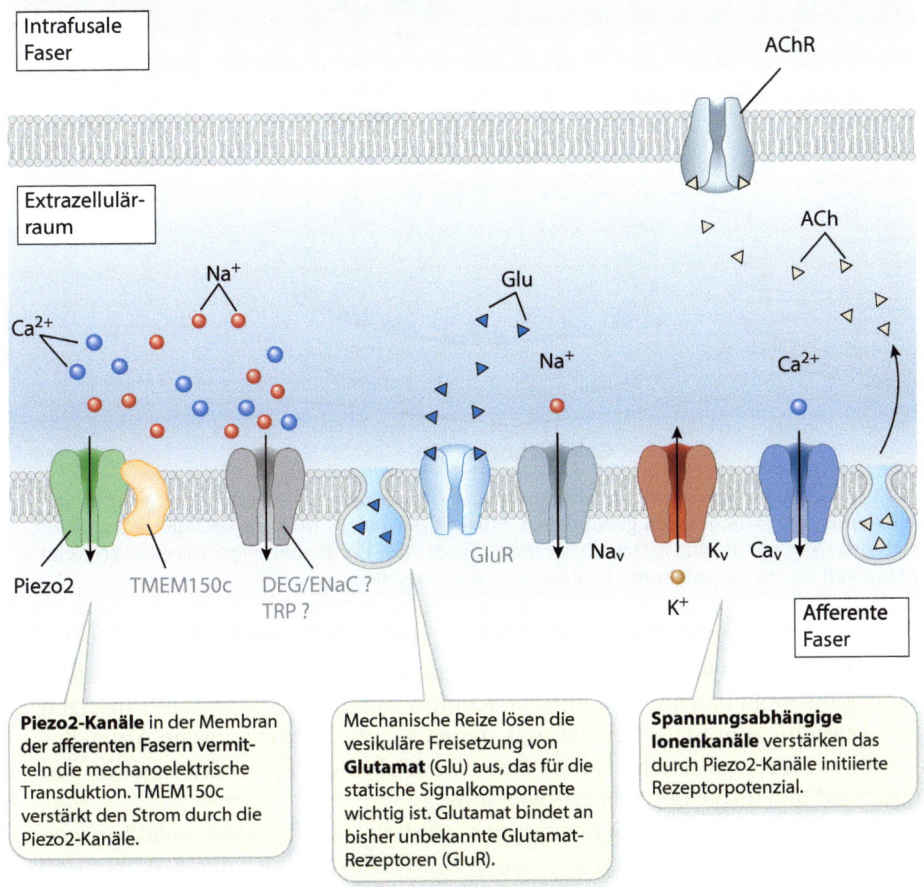

Abb. 7.22 Molekulare Mechanismen der Signaltransduktion in den Afferenzen der Muskelspindeln. Acetylcholin (ACh) wird von den afferenten Endigungen freigesetzt und bindet an die Acetylcholinrezeptoren (AChR) in der Membran der intrafusalen Fasern, wodurch die Sensitivität der afferenten Endigung reduziert wird [21]. Das Rezeptorpotenzial wird durch die Aktivierung mechanosensitiver Piezo2-Kanäle initiiert und durch die Bindung von Glutamat an ionotrope Glutamatrezeptoren sowie durch die Öffnung spannungsabhängiger Ionenkanäle (Na_V, K_V und Ca_V) moduliert. Kanäle der DEG/ENaC- und TRP-Familien werden in der Membran der afferenten Fasern exprimiert und sind möglicherweise ebenfalls an der mechanoelektrischen Signaltransduktion beteiligt. Modifiziert nach [71]

Der adäquate Reiz zur Aktivierung der Golgi-Sehnenorgane ist eine Kontraktion des Muskels, wodurch das Kollagennetzwerk unter Zugspannung gesetzt wird und mechanosensitive Ionenkanäle in den afferenten Endigungen öffnen. Möglicherweise verursacht die erhöhte Spannung in den Kollagenfasern eine Dehnung oder laterale Kompression der assoziierten sensorischen Endigungen. Die mechanischen Kräfte werden mithilfe von Piezo2-Kanälen in eine Depolarisation der afferenten Endigung umgewandelt. Piezo2 stellt somit bei Säugetieren den wichtigsten Ionenkanal für die mechanosensorische Signaltransduktion in allen propriozeptiven Endigungen dar [73].

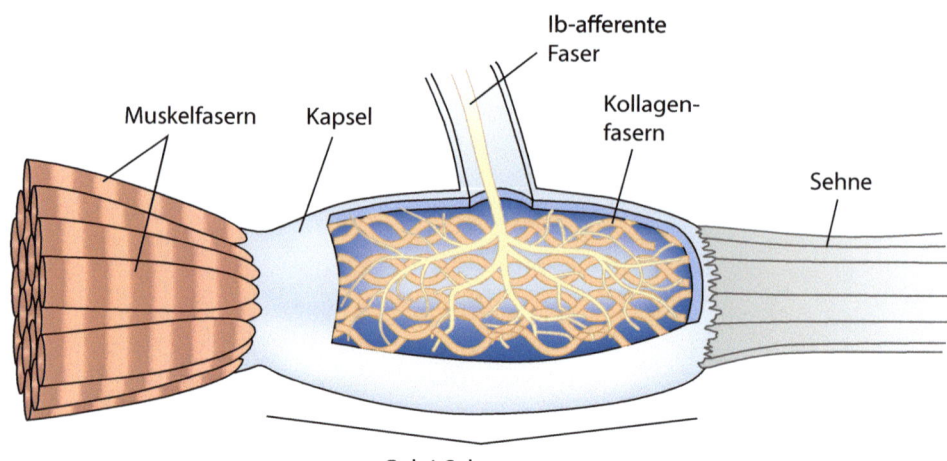

Abb. 7.23 Aufbau eines Golgi-Sehnenorgans. Das Golgi-Sehnenorgan besteht aus einer bindegewebigen Kapsel, die zwischen den gebündelten Muskelfasern eines Muskels und der Sehne liegt. Die Kapsel wird von einer myelinisierten sensorischen Faser vom Typ Ib innerviert, die sich verzweigt und Kontakte mit einem ausgedehnten Kollagennetzwerk ausbildet

Die Ib-Fasern zeigen während der Kontraktion des Muskels eine tonische Aktivität, aber sie reagieren auch auf dynamische Komponenten, und zwar vom Einsetzen der Kontraktion bis zum Erreichen der maximalen Kraft. Der dynamische Anteil des Reizes vermittelt Informationen über die Geschwindigkeit der Kontraktion sowie den Zeitverlauf und die Stärke der Kraftentwicklung.

Muskelspindeln und Golgi-Sehnenorgane sind in verschiedene reflektorische Schaltkreise eingebunden. Bei den sogenannten **Eigenreflexen** bilden die Ia-Afferenzen der Muskelspindeln im ventralen Horn des Rückenmarks monosynaptische Kontakte mit den α-Motoneuronen, welche den reflexauslösenden Muskel (homonymer Muskel) innervieren. Eine Aktivierung der Muskelspindeln durch Dehnung der extra- und intrafusalen Fasern führt also zu einer Kontraktion des Muskels und leistet somit einen wesentlichen Beitrag zur Konstanz der Muskellänge.

Im Gegensatz dazu wird der **Golgi-Sehnenreflex** durch eine Kontraktion des Muskels ausgelöst. Die Ib-Afferenzen der Golgi-Sehnenorgane übertragen das Signal auf inhibitorische GABAerge Interneurone im Rückenmark, die ihrerseits die α-Motoneurone des homonymen Muskels hemmen. Gleichzeitig erfolgt eine Aktivierung von antagonistischen Muskelgruppen mittels spinaler Schaltkreise. Der Golgi-Sehnenreflex stellt somit einen negativen Rückkopplungsmechanismus zur Regulation der Muskelspannung dar. Er erzeugt einen für die Bewegungsausführung optimalen Muskeltonus und schützt die Sehne vor einer Überlastung durch übermäßige Krafteinwirkung. Tab. 7.4 fasst die Propriozeptoren und ihre physiologischen Eigenschaften zusammen.

Tab. 7.4 Mechanosensorische Strukturen der Propriozeption

Sensortyp	Afferenter Fasertyp	Vorkommen	Adäquater Reiz	Antwort	Funktion
Muskelspindel	Ia (Aα)	Parallel zum extrafusalen Muskel	Dynamische Dehnung des Muskels	Phasisch, statisch	Messung der Muskellänge, phasischer MDR, Körperhaltung
Muskelspindel	II (Aβ)	Parallel zum extrafusalen Muskel	Tonische Dehnung des Muskels	Statisch	Tonischer MDR, Flexorreflex, Positionssinn
Golgi-Sehnenorgan	Ib (Aα)	In Serie zum extrafusalen Muskel	Änderung der Muskelspannung	Phasisch, statisch	Messung der Muskelspannung
Freie Nervenendigungen	II (Aβ), III (Aδ), IV (C)	Haut, Muskel, Periost, Ligament, Gelenkkapsel	Nozizeptive Einwirkung, Ischämie	Phasisch, statisch	Schutzreflexe

MDR, Muskeldehnungsreflex

Schlüsselkonzepte ▶ Abschn. 7.5 Propriozeption und motorische Kontrolle

- In den Muskelspindeln werden die von einer bindegewebigen Kapsel umhüllten intrafusalen Muskelfasern durch afferente Fasern der Gruppe Ia und II sensibel innerviert. Hinsichtlich ihrer Morphologie und Adaptationsgeschwindigkeit lassen sich Kernsackfasern (dynamische Antwort) und Kernkettenfasern (tonische Antwort) unterscheiden. Die kontraktilen Enden der intrafusalen Fasern werden von γ-Motoneuronen innerviert.
- Die Muskelspindeln sind parallel zu den extrafusalen Muskelfasern angeordnet und reagieren auf eine Dehnung des Muskels. Sie registrieren somit die Muskellänge und spielen für Muskeldehnungsreflexe eine zentrale Rolle.
- Die mechanoelektrische Signaltransduktion in den afferenten Fasern der Muskelspindeln erfolgt nach Aktivierung von Piezo2-Kanälen. Möglicherweise sind auch Mitglieder der DEG/ENaC- und TRP-Familien von Ionenkanälen beteiligt. Die vesikuläre Freisetzung von Glutamat aus der afferenten Faser führt zu einer länger anhaltenden Depolarisation und somit zu einer langsameren Adaptation.
- Die Golgi-Sehnenorgane befinden sich im Übergangsbereich von extrafusalen Muskelfasern und der Sehne des Muskels. Sie bestehen aus einer bindegewebigen Kapsel, die von einem Netzwerk aus Kollagenfasern umgeben ist. Die Sehnenorgane werden von Ib-Fasern innerviert, die sich in der Kapsel weitläufig verzweigen und in engem Kontakt mit den Kollagenfasern stehen.

— Aufgrund der Anordnung der Golgi-Sehnenorgane in Serie mit den Muskelfasern sprechen diese Propriozeptoren am besten auf eine Kontraktion des Muskels an. Sie überwachen daher kontinuierlich die Kraftentwicklung eines Muskels. Die sensorischen Afferenzen der Golgi-Sehnenorgane sind mit reflektorischen Schaltkreisen im Rückenmark verbunden, die bei einer Aktivierung eine Überdehnung des Muskels und der Sehne verhindern.

7.6 Mechanorezeption bei Insekten

Lernziele
1. Den Aufbau und die Funktion von externen Sensillen, campaniformen Sensillen und Chordotonalorganen beschreiben.
2. Den Transduktionsmechanismus in mechanosensorischen Sinneszellen der Insekten anhand der zugrunde liegenden Ionenkanäle erläutern.
3. Die Rolle der hohen Konzentration an Kaliumionen in der Endolymphe für die Erzeugung eines Rezeptorpotenzials erklären.
4. Die Tasthaare der Insekten und die Haarsinneszellen der Wirbeltiere hinsichtlich ihrer Struktur und Funktionsweise vergleichen.

Die Mechanorezeption spielt bei Insekten eine zentrale Rolle bei der Navigation in einer sich ständig verändernden Umwelt, bei der Nahrungssuche und bei der Erkennung von Artgenossen. Jedes dieser Verhaltensparadigmen basiert auf einer Vielzahl komplexer motorischer Programme, die durch Rückkopplung mechanischer Reize moduliert werden. Im Gegensatz zur flexiblen Körperoberfläche der Säugetiere besitzen Insekten mit ihrer Cuticula ein relativ hartes Exoskelett, das zunächst überwunden werden muss, damit die mechanischen Informationen die sensorischen Außenposten des Nervensystems aktivieren können. Im Verlauf der Evolution haben sich bei den Insekten diverse hochgradig spezialisierte Strukturen entwickelt, die – eingebettet in die Cuticula – äußere mechanische Reize auf die Endigungen sensorischer Neuronen übertragen. In diesen Endigungen findet anschließend die eigentliche Signaltransduktion mit der Umwandlung der mechanischen Kraft in elektrische Signale statt.

In diesem Kapitel erfolgt zunächst eine Vorstellung ausgewählter mechanosensorischer Sinnesorgane der Insekten, gefolgt von einer kurzen Erläuterung der molekularen Mechanismen der Signaltransduktion. Diese Aufgabe wird hauptsächlich von NOMPC-Kanälen übernommen, die auch für die Transduktion von Schall verantwortlich sind (siehe ▶ Abschn. 4.4). Eine ausführliche Diskussion der biophysikalischen und physiologischen Eigenschaften von NOMPC-Kanälen findet sich in ▶ Abschn. 7.1.5.

7.6.1 Mechanosensorische Organe

Um eine effiziente Kraftübertragung durch das weitgehend starre Exoskelett zu gewährleisten, haben die Epithelzellen einen dünnen und hohlen Chitinfaden ausgebildet, an dessen Basis sich der ciliäre Ausläufer eines sensorischen Neurons befindet. Der Chitinfaden – das sogenannte „Tasthaar" – wird durch den Kontakt mit einem festen Körper ausgelenkt, wodurch sich eine enorme Hebelwirkung entfaltet. Tasthaare reagieren bereits auf Auslenkungen von 1°; aufgrund der Hebelwirkung entspricht dies einer Verschiebung von nur 50 nm am Dendriten selbst. Geringere Kräfte lenken vor allem den oberen, dünneren Teil des Tasthaars aus, während bei größeren Kräften auch der untere, etwas dickere Bereich in die Bewegung einbezogen wird. Zwischen der Basis des Tasthaars und der sensorischen Endigung liegt eine nichtneuronale Struktur, die vor allem der Übertragung des Reizes auf die Sinneszellen dient. Spezifische Unterschiede in Ausdehnung und Material bilden die Grundlage für eine Filterfunktion, die bestimmt, welche mechanischen Reize an die sensorische Endigung weitergeleitet werden.

Die Tasthaare können aber auch zu kuppelförmigen cuticularen Strukturen umgewandelt sein, die ebenfalls sensorisch innerviert werden und vor allem auf Zugspannungen innerhalb der Cuticula reagieren. Insgesamt ist der Körper eines Insekts mit einer Vielzahl an Mechanosensoren unterschiedlicher Spezifität bedeckt, die dazu dienen, ein großes Spektrum mechanischer Reize umfassend abzubilden (◘ Abb. 7.24a).

Die Einteilung der Mechanosensoren erfolgt anhand der Morphologie der innervierenden Neuronen. **Typ-I-Mechanosensoren** werden von bipolaren Neuronen mit einem einzigen dendritischen Fortsatz in Form eines modifizierten Ciliums kontaktiert. Im Gegensatz dazu erhalten **Typ-II-Mechanosensoren** afferenten Eingang von zahlreichen Dendriten (multidendritisch), die keine ciliären Strukturen aufweisen. Während die Sensoren vom Typ I über den gesamten Insektenkörper verteilt sind und vor allem auf Berührungsreize und Vibrationen reagieren, befinden sich die Typ-II-Mechanosensoren in der Körperwand und den trachealen Verzweigungen, wo sie vor allem propriozeptive Funktionen übernehmen. Im Folgenden werden exemplarisch drei zum Typ I gehörende sensorische Organe beschrieben, die mechanische Kräfte aus der Außenwelt sowie selbst erzeugte Reize registrieren. Hierbei handelt es sich um externe Sensillen, campaniforme Sensillen und Chordotonalorgane.

- **Externe Sensillen**

Die externen Sensillen oder Tasthaare stellen die häufigsten und auffälligsten mechanosensorischen Organe bei adulten Insekten dar dar. Auch wenn sie morphologisch entfernt an Haare erinnern, haben sie außer dem Namen nichts mit den Haaren der Wirbeltiere gemeinsam. Externe Sensillen bestehen aus einer hohlen cuticularen Struktur von 60 bis 500 μm Länge, die an ihrer Basis mit dem dendritischen Fortsatz eines bipolaren sensorischen Neurons in Kontakt steht. Die Signaltransduktion erfolgt durch mechanosensitive Ionenkanäle in der Membran der neuronalen Endigung des sensorischen Neurons (◘ Abb. 7.24b).

Externe Sensillen reagieren sehr wahrscheinlich nicht auf Wind oder Änderungen des Schalldrucks, sondern auf unmittelbare mechanische Deformationen. Dabei spielt die Richtung der Reizeinwirkung eine wichtige Rolle, da sie neben der bloßen Anwesenheit eines Objektes auch Informationen über dessen Ort enthält. Die Tast-

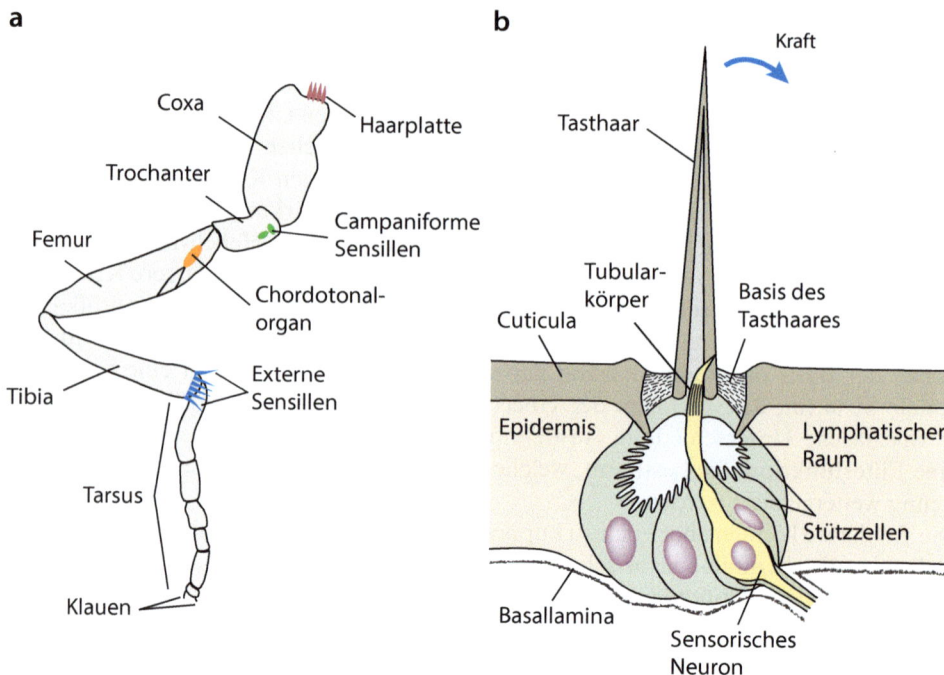

Abb. 7.24 Mechanosensorische Organe bei Insekten. **a** Schematische Darstellung eines Beins von *Drosophila* mit vier verschiedenen mechanosensorischen Organen. Die Abbildung zeigt nicht die gesamte Ausstattung mit Mechanosensoren, sondern jeweils nur einen Typ als Beispiel. Modifiziert nach [66]. **b** Mechanosensorische Sensillen bestehen aus Tasthaaren, die an ihrer Basis in die Cuticula eingebettet sind. Eine Auslenkung des Tasthaars führt zur Aktivierung mechanosensitiver Ionenkanäle in der dendritischen Endigung eines sensorischen Neurons, das über ein ciliäres Außensegment (Basalkörper) die Basis des Tasthaars kontaktiert

haare der Insekten reagieren spezifisch auf mechanische Reize, die aus bestimmten Richtungen auf sie einwirken. Diese Richtungsselektivität basiert hauptsächlich auf der asymmetrischen Struktur der Gelenkverankerung, mit der das Tasthaar in die Cuticula eingebettet ist. Die asymmetrische Ausgestaltung dieses Gelenks bestimmt, aus welcher Richtung ein Reiz besonders effektiv übertragen wird. Häufig ist die Öffnung des Gelenks oval geformt, sodass eine Auslenkung bevorzugt in Richtung der Hauptachse der Ellipse und nicht in andere Richtungen erfolgt. Daher werden nur diejenigen Sensillen von einem mechanischen Reiz ausgelenkt, deren Ausrichtung der Bewegungsrichtung des Reizes entspricht.

Bei einer Vielzahl von Insekten existieren schnell und langsam adaptierende externe Sensillen, die zudem häufig unterschiedliche mechanische Schwellenwerte aufweisen. Die langsam adaptierenden Mechanosensoren reagieren in der Regel bereits auf geringe Auslenkungen, während die schnell adaptierenden Sensillen einen stärkeren Reiz benötigen, um eine Spannungsänderung in der Zelle zu induzieren. Die beiden physiologischen Typen sind jedoch nicht räumlich getrennt, sondern kommen gemeinsam auf der Körperoberfläche vor.

Abschließend lohnt ein kurzer Vergleich der Tasthaare der Insekten mit den Haarsinneszellen im Innenohr der Wirbeltiere. Beide Strukturen erfüllen im Kontext der

Signaltransduktion eine ähnliche Funktion, nämlich die Umwandlung eines mechanischen Reizes in ein elektrisches Signal. Trotz großer morphologischer Unterschiede gibt es eine Reihe interessanter Gemeinsamkeiten (siehe ▶ Abschn. 4.2.2 und 4.2.3).
— Der distale Teil der sensorischen Endigung der Sensillen, der auch als Außensegment bezeichnet wird, bildet ein starres Cilium. Die Haarsinneszellen besitzen (zumindest zeitweise) ebenfalls ein Cilium.
— Eine Auslenkung in die bevorzugte Richtung führt zu einer Depolarisation der Zellmembran, während eine Deflektion in die entgegengesetzte Richtung eine Hyperpolarisation der Membran zur Folge hat. Im Falle der Haarsinneszellen resultiert eine Auslenkung in Richtung des größten Stereociliums in einer Depolarisation.
— Die sensorische Endigung des Dendriten ragt in einen extrazellulären Raum mit einer ungewöhnlichen Ionenkonzentration, die sich deutlich von der Hämolymphe im übrigen Körper unterscheidet. Die hohe K^+-Konzentration führt insbesondere zu einem transepithelialen Potenzial von etwa 90 mV, das den Einstrom von K^+-Ionen in die sensorische Endigung antreibt. Im Corti-Organ der Säugetiere werden die Stereocilien von der K^+-reichen Endolymphe der Scala media umgeben, sodass auch dort ein Einstrom von K^+-Ionen die Depolarisation der Plasmamembran bewirkt (siehe ▶ Abschn. 4.2.3).
— Wie die Haarsinneszellen arbeiten auch die externen Sensillen an der Grenze des physikalisch Sinnvollen. Durch eine weitere Erhöhung der Empfindlichkeit würden sie den Bereich des thermischen Rauschens – also der erratischen Bewegung einzelner Moleküle – erreichen, was die Sensoren für ihre eigentliche Aufgabe unbrauchbar machen würde.
— Analog zu den Haarsinneszellen weisen auch die Sensillen eine Resonanzfrequenz auf, welche von der Masse und Steifigkeit des Cuticularhaars, jedoch ebenso von den Eigenschaften des Hebelgelenks abhängig ist.

■ **Campaniforme Sensillen**

Im Gegensatz zu den externen Sensillen erfolgt die Detektion mechanischer Kräfte bei den campaniformen Sensillen nicht durch die Auslenkung eines weitgehend starren Tasthaars, sondern durch die Verformung einer runden oder ovalen, kuppelförmigen Struktur (◘ Abb. 7.25a). Diese Kuppel wird von einem Dendriten eines bipolaren Neurons innerviert, dessen mechanosensitive Ionenkanäle öffnen, wenn sich die Kuppel infolge einer Kompression in der umgebenden Cuticula abflacht. Campaniforme Sensillen sind häufig in Bereichen zu finden, in denen die Cuticula Spannungen ausgesetzt ist. Im proximalen Bereich des Femurs registrieren sie beispielsweise die mechanische Belastung oder Entlastung des benachbarten Gelenks zum Trochanter (◘ Abb. 7.24). Da die campaniformen Sensillen als sensorische Komponenten von Rückkopplungsschleifen zur koordinierten Bewegung der Gelenke beitragen, spielen sie eine wichtige Rolle bei der Kontrolle der Körperhaltung und der Fortbewegung. Die an den Haltern und an der Flügelbasis lokalisierten campaniformen Sensillen tragen zur Stabilisierung des Körpers während des Flugs bei [66].

Analog zu den externen Sensillen verleiht die elliptische Form den campaniformen Sensillen Richtungsselektivität. Die Kuppel wird vorzugsweise durch Zugspannung entlang der Hauptachse der Ellipse oder durch Kompression entlang der Nebenachse verformt. Daher bestimmt letztlich die Orientierung der Kuppel in der Cuticula, auf

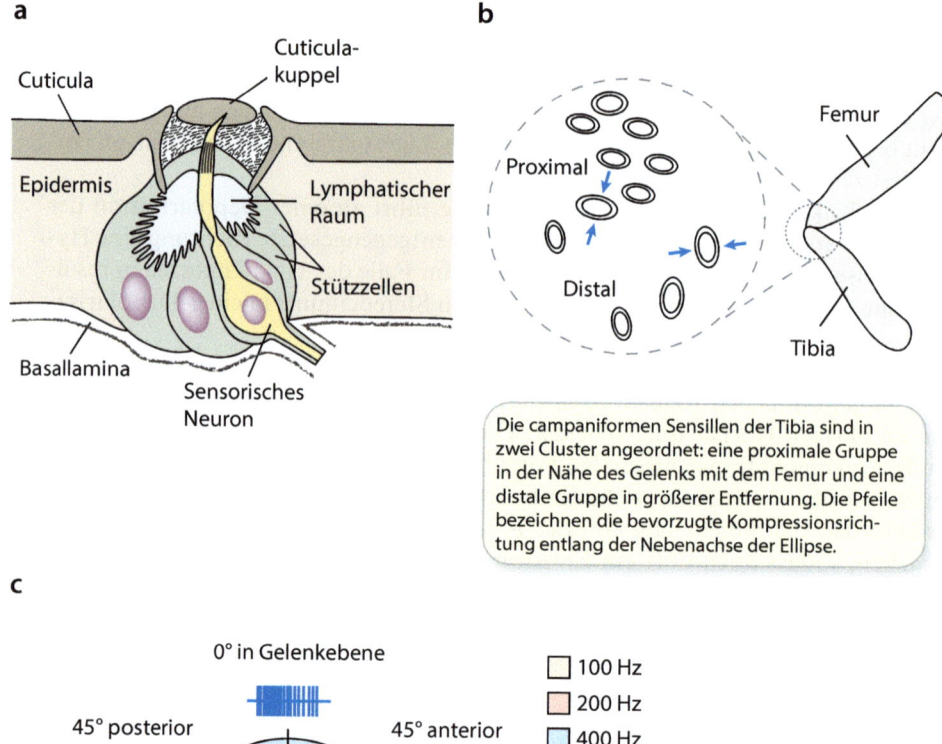

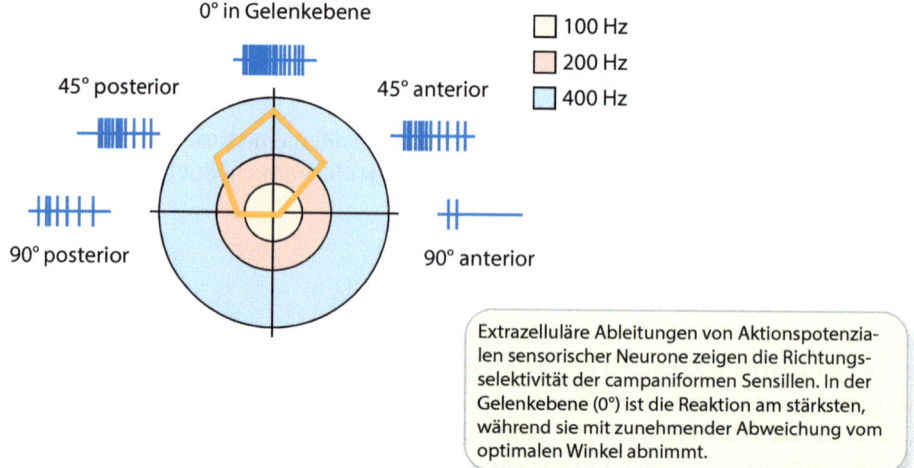

Abb. 7.25 Aufbau und Funktion von campaniformen Sensillen. **a** Schematische Darstellung einer campaniformen Sensille. **b** Verteilung der campaniformen Sensillen in der Nähe des Gelenks zwischen Trochanter und Tibia bei *Periplaneta*. Die Aufteilung in eine proximale und eine distale Gruppe, die sich in der Ausrichtung der Längsachse unterscheiden, ist deutlich zu erkennen. **c** Richtungsselektivität einer campaniformen Sensille. Die *senkrechten blauen Striche* repräsentieren jeweils ein Aktionspotenzial. Die Zahlenwerte in Hertz (Hz) in der Polarkoordinatendarstellung geben die Frequenz der Aktionspotenziale an. Modifiziert nach [66]

welche Richtungen eines Reizes eine campaniforme Sensille reagiert (■ Abb. 7.25b, c).

Die über 1000 auf dem Körper eines Insekts verteilten campaniformen Sensillen weisen, trotz ähnlicher Grundstruktur, eine enorme morphologische Vielfalt auf. Eine gebräuchliche physiologische Einteilung basiert auf dem Adaptationsprofil der innervierenden Neuronen, die in schnell adaptierende und langsam adaptierende sensorische Neuronen unterteilt werden. Beide Typen reagieren auf periodische Reize, wie etwa einen gleichmäßigen Flügelschlag, indem sie phasengekoppelte Aktionspotenziale erzeugen. Die einzelnen campaniformen Sensillen generieren Aktionspotenziale in jeweils unterschiedlichen Phasen der Bewegung, sodass einerseits der gesamte Bewegungsablauf, aber auch störungsbedingte Änderungen in der Bewegung durch die neuronale Aktivität repräsentiert werden.

- **Chordotonalorgane**

Chordotonalorgane spielen für die Detektion von Schalldruck bei Insekten eine zentrale Rolle und werden in dieser Funktion in ▶ Abschn. 4.4.1 ausführlich beschrieben. Sie bestehen aus funktionellen Modulen, den Scolopidien, wobei jedes Modul als grundlegende Einheit aus ein bis drei bipolaren sensorischen Neuronen, Scolopidialzellen sowie einer Scolopidialkappe zusammengesetzt ist (◘ Abb. 4.33). Die Chordotonalorgane sind über bindegewebige Strukturen an der Cuticula oder den Muskeln befestigt, sodass sie Deformationen der äußeren Körperwand oder Muskelkontraktionen registrieren können.

Die meisten Chordotonalorgane fungieren als interne Mechanosensoren im Rahmen propriozeptiver Aufgaben. Mutationsbedingte Veränderungen der mechanosensitiven Ionenkanäle führen bei *Drosophila* zu Beeinträchtigungen bei der Körperhaltung und Fortbewegung [2, 11]. Das femorale Chordotonalorgan größerer Insekten wie beispielsweise Heuschrecken besteht aus mehreren Hundert Einheiten, die in Form eines dorsalen und ventralen Clusters angeordnet sind. Während die Neuronen in der zahlenmäßig größeren dorsalen Gruppe hochfrequente Vibrationen der Tibia codieren und damit möglicherweise an der Detektion von Substratschall beteiligt sind, reagieren Neuronen des kleineren ventralen Clusters auf die Position der Tibia [19]. Eine wesentliche Funktion der femoralen Chordotonalorgane besteht in der Stabilisierung der Position des Insektenkörpers mithilfe polysynaptischer Reflexe.

7.6.2 Signaltransduktion

Die afferenten Neuronen der in ▶ Abschn. 7.6.1 beschriebenen mechanosensorischen Organe reagieren auf einen adäquaten Reiz mit einem depolarisierenden Rezeptorpotenzial, welches in eine Sequenz von Aktionspotenzialen umgewandelt wird. Die Codierung der Information ist von der Adaptationsgeschwindigkeit der sensorischen Neuronen abhängig. Schnell adaptierende Neuronen generieren eine phasische Antwort, die durch Aktionspotenziale zu Beginn und gegebenenfalls auch am Ende eines mechanischen Reizes gekennzeichnet ist. Bei langsam adaptierenden Neuronen dauert die Sequenz von Aktionspotenzialen so lange wie der Reiz, was einem tonischen Antwortverhalten entspricht.

Die dendritischen Endigungen der mechanosensorischen Neuronen sind von einer extrazellulären Flüssigkeit, der sogenannten **Endolymphe** umgeben, die eine hohe Konzentration an K^+-Ionen aufweist. Eine dichte zelluläre Barriere trennt diesen Flüssigkeitsraum von der übrigen extrazellulären Körperflüssigkeit, deren K^+-Konzentration wesentlich geringer ist und die als Hämolymphe bezeichnet wird

(◘ Abb. 7.26)[17]. Die hohe K$^+$-Konzentration der Endolymphe wird durch Pumpen in der apikalen Membran der Epithelzellen unter Verbrauch von ATP erzeugt. Aus dem Konzentrationsgradienten für K$^+$-Ionen resultiert ein transepitheliales Potenzial von etwa +30 mV, das sich mit dem Ruhemembranpotenzial der sensorischen Neuronen von −60 mV zu einer elektromotorischen Kraft von 90 mV addiert. Das Rezeptorpotenzial wird folglich durch den Einstrom von K$^+$-Ionen generiert, die entlang ihres elektrochemischen Gradienten durch mechanosensorische Ionenkanäle über die Plasmamembran diffundieren. Diese Situation erinnert an die hohe K$^+$-Konzentration in der Endolymphe der Scala media im Innenohr von Wirbeltieren und den Einstrom von K$^+$-Ionen durch mechanoelektrische Transduktionskanäle in der Membran der Haarsinneszellen (siehe ▸ Abschn. 4.2.3).

Die elektrische Antwort der mechanosensorischen Neuronen auf die mechanische Reizung eines Tasthaars erfolgt innerhalb einer Zeitspanne von weniger als 1 ms. Die außerordentlich kurze Latenzzeit lässt die Vermutung zu, dass die Ionenkanäle direkt mechanisch gesteuert werden, da alle anderen bekannten Mechanismen eine längere Zeitspanne benötigen würden [14]. Dabei wird die nachgiebigste Komponente innerhalb eines mechanosensorischen Organs ausgelenkt oder verformt. Bei diesem Bestandteil kann es sich um die Plasmamembran (Force-from-lipids), oder aber um elastische Proteine handeln, die eine Funktion ähnlich einer Sprungfeder erfüllen (Force-from-filaments) (◘ Abb. 7.1).

Um mit hinreichender Sicherheit als Mechanorezeptor identifiziert zu werden, muss ein Membranprotein eine Reihe von Kriterien erfüllen, die in ▸ Abschn. 7.1 näher erläutert werden. Bislang konnten diese Kriterien lediglich für zwei Ionenkanäle, nämlich NOMPC und *dm*Piezo, bestätigt werden. Alle übrigen in ◘ Tab. 7.5 aufgeführten potenziellen Kanalproteine sind zwar an mechanoelektrischen Prozessen beteiligt, jedoch steht der endgültige Nachweis als mechanosensorische Ionenkanäle noch aus. Im Folgenden werden die aktuell diskutierten Kandidaten kurz vorgestellt.

— Der zur TRP-Familie gehörende Ionenkanal **NOMPC** (TRPN) stellt die porenbildende Untereinheit eines mechanoelektrischen Transduktionskomplexes dar [50, 75]. NOMPC wird in den dendritischen Endigungen aller Typ-I-Neuronen sowie in den berührungsempfindlichen Da-Neuronen[18] der Klasse III exprimiert. Darüber hinaus spielt NOMPC eine wesentliche Rolle für die auditorische Signaltransduktion (siehe ▸ Abschn. 4.4.2). Die biophysikalischen Eigenschaften von NOMPC sowie mögliche Gating-Mechanismen werden in ▸ Abschn. 7.1.5 erörtert.

— ***Dm*Piezo** ist ein Mitglied der Familie der Piezo-Kanäle, die bei Säugetieren durch die mechanosensitiven Ionenkanäle Piezo1 und Piezo2 repräsentiert werden (siehe ▸ Abschn. 7.1.1). *Dm*Piezo ist in externen Sensillen und in Chordotonalorganen sowie in Da-Neuronen lokalisiert, wo es an der mechanischen nozizeptiven Signaltransduktion beteiligt ist [35]. Neben *Dm*Piezo wurde mit **Pzl** (Piezo-like) ein weiteres Protein aus der Piezo-Familie in *Drosophila* gefunden. Pzl kommt in larvalen Chordotonalorganen vor, allerdings konnte bisher keine mechanoelektrische Aktivität von Pzl nachgewiesen werden [27].

---

17 Insekten besitzen ein offenes Kreislaufsystem, bei dem die vom Herzen ausgehenden Gefäße relativ kurz sind und sich zu den Körperhöhlen hin öffnen. Die Gewebe werden daher direkt von einer einheitlichen extrazellulären Flüssigkeit, der Hämolymphe, umspült.

18 Da ist eine Abkürzung für *dendritic arborization*. Da-Neuronen sind sensorische Neuronen bei *Drosophila*, die an der Detektion mechanischer und thermischer Reize beteiligt sind.

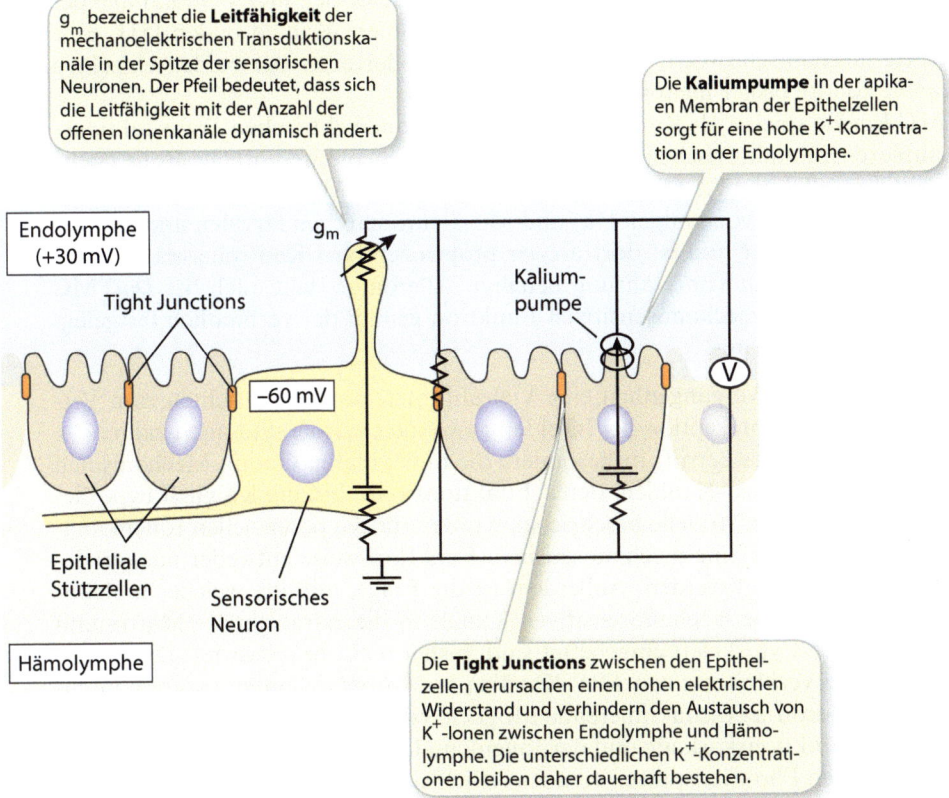

◻ **Abb. 7.26** Äquivalenzschaltkreis eines mechanosensorischen Epithels. Der dendritische Fortsatz des sensorischen Neurons ist von einer K$^+$-reichen Endolymphe umgeben. Die Hämolymphe enthält die normale geringe K$^+$-Konzentration extrazellulärer Flüssigkeiten, sodass ein transepitheliales Potenzial von +30 mV resultiert. Die Differenz von 90 mV zwischen dem endolymphatischen Potenzial und dem Ruhemembranpotenzial des sensorischen Neurons determiniert den elektrochemischen Gradienten für den Einstrom von K$^+$-Ionen. Modifiziert nach [66]

— **Brivido-1** (Brv1) aus der TRPP-Unterfamilie wird gemeinsam mit NOMPC von berührungssensitiven larvalen Da-Neuronen exprimiert. Auch wenn Brv-1 selbst mechanosensitive Ionenkanäle bilden kann, hat das Protein möglicherweise lediglich modulatorischen Einfluss auf Ströme durch NOMPC-Kanäle [80].
— Ionenkanäle der DEG/ENaC-Familie (siehe ▶ Abschn. 7.1.3) können möglicherweise in Form von *Pickpocket* (PPK) und *Rip pocket* ebenfalls an der mechanoelektrischen Signaltransduktion bei *Drosophila* beteiligt sein [83]. Sie wurden gemeinsam mit *Dm*Piezo in Da-Neuronen nachgewiesen, aber bisher konnte kein eindeutiger Nachweis für eine Mechanosensitivität dieser Kanäle erbracht werden.

- *Nanchung* (Nan) und *Inactive* (Iav) sind zwei Vertreter der TRPV-Subfamilie der TRP-Kanäle, die in Chordotonalorganen heteromere Kanäle bilden [51]. Eine direkte mechanische Aktivierung von Nan-Iav oder einer der beiden einzelnen Kanäle konnte bisher nicht nachgewiesen werden.
- **TMC-Kanäle** spielen als Komponenten des mechanoelektrischen Transduktionskomplexes im auditorischen System der Säugetiere eine wesentliche Rolle (siehe ▶ Abschn. 4.2.3 und 7.1.6). Das einzige Mitglied der TMC-Familie bei *Drosophila*, *Dm*TMC, wird von einigen Da- und Md-Neuronen[19] im larvalen und adulten Stadium exprimiert und ist dort an der propriozeptiven Kontrolle und der Erkennung der Textur von Nahrung beteiligt. Allerdings steht auch bei *Dm*TMC ein Nachweis der mechanosensitiven Funktion gemäß der verbindlich festgelegten Kriterien noch aus.

Obgleich in jüngster Vergangenheit eine Vielzahl interessanter Einsichten zum Verständnis der Mechanorezeption bei Insekten gewonnen wurde, sind noch zahlreiche Fragen ungeklärt. Dies betrifft insbesondere die molekularen Gating-Mechanismen bei NOMPC- und Piezo-Kanälen, deren Funktionsweise bislang lediglich hypothetisch mittels plausibler Modelle beschrieben wurde. Für die potenziellen Ionenkanäle der ◘ Tab. 7.5 muss eine mechanosensitive Funktionsweise entweder nachgewiesen oder aber widerlegt werden. Außerdem ist die Frage, mithilfe welcher molekularen Interaktionen die mechanosensitiven Kanäle in die extrazelluläre Matrix und das intrazelluläre Cytoskelett eingebettet sind, bisher nicht beantwortet. Die außerordentlich weite Verbreitung von TRP-Kanälen in *Drosophila*, unter anderem im visuellen System, eröffnet die faszinierende Möglichkeit einer mechanischen Kopplung der Phototransduktionskaskade und der Ionenkanäle, die für die Signalerzeugung in den mikrovillären Photorezeptoren verantwortlich sind (siehe ▶ Abschn. 3.2.3).

---

19 Md ist eine Abkürzung für *Multi dendritic*. MD-Neuronen sind sensorische Neuronen bei *Drosophila*, die mehrere verzweigte Dendriten aufweisen und an der Detektion mechanischer Reize beteiligt sind. Darüber hinaus spielen Md-Neuronen im Rahmen der Propriozeption und Nozizeption eine wichtige Rolle.

Tab. 7.5 Mechanosensorische Organe bei *Drosophila*

Sensortyp	Lokalisation	Funktion	Mögliche Transduktionskanäle
Ciliäre Neuronen vom Typ I			
Externe Sensillen	Gesamter Körper	Leichte Berührungen	NOMPC, *Dm*Piezo, Nan, Nan-Iav
Campaniforme Sensillen	Gelenke, Beine, Halteren, Flügelbasis	Deformation des Exoskeletts	NOMPC
Chordotonalorgane	Körperwand, Antennen, Beine, Halteren, Flügel (Oberfläche und Basis)	Zugspannung und Vibrationen	*Dm*Piezo, Pzl, NOMPC, Pain, Nan-Iav, TRPγ, *Dm*TMC
Multidendritische Neuronen vom Typ II			
Da-Neuronen (Klasse I–IV)	Körperwand (larval), Labellum und abdominale Körperwand (adult)	Propriozeption (I, IV), leichte Berührungen (II, III), Nozizeption (IV)	NOMPC, *Dm*Piezo, RPK, *Dm*TMC, Brv1, PPK
Md-Neuronen	Körperwand, Darm (larval), Labellum (adult)	Propriozeption, Darmentleerung, Textur von Nahrung	*Dm*Piezo, RPK, *Dm*TMC, NOMPC, PPK

Von den hier aufgelisteten Transduktionskanälen konnte bisher nur für NOMPC und *Dm*Piezo eine mechanoelektrische Funktion nach den Kriterien in ▶ Abschn. 7.1 nachgewiesen werden.
Brv1, Brivido-1; Da, *Dendritic arborization*; *Dm*, Drosophila-spezifische Isoform; Iav, *Inactive*; Md, multidendritisch; Nan, *Nanchung*; Pain, *Painless*; PPK, *Pickpocket*; Pzl, *Piezo-like*; RPK, *Rip pocket*; TMC, *Transmembrane channel-like protein*; TRP, *Transient receptor potential*. Nan und Iav bilden heteromere Komplexe (Nan-Iav) [51]

Schlüsselkonzepte ▶Abschn. 7.6 Mechanorezeption bei Insekten

- Die mechanosensorischen Organe der Insekten sind in der Regel aus dem dendritischen Fortsatz eines sensorischen Neurons aufgebaut, welches mithilfe akzessorischer Strukturen in der Cuticula verankert ist. Die Kraftübertragung erfolgt über die Auslenkung von Tasthaaren sowie die Verformung flexibler Oberflächen.
- Typ-I-Mechanosensoren werden von bipolaren Neuronen mit einem umgewandelten Cilium innerviert, während Typ-II-Mechanosensoren afferenten Eingang von multipolaren Neuronen ohne ciliäre Strukturen erhalten. Zu den Typ-I-Sensoren gehören externe Sensillen, campaniforme Sensillen und Chordotonalorgane.
- Externe Sensillen setzen sich aus einem cuticularen Tasthaar und dem dendritischen Fortsatz eines sensorischen Neurons zusammen. Sie zeigen sowohl schnell als auch langsam adaptierende, richtungsspezifische Antworten auf mechanische Deformationen des Tasthaars.

- Campaniforme Sensillen reagieren auf die mechanische Verformung einer ovalen, kuppelförmigen Struktur, die in die Cuticula eingelassen ist. Diese ebenfalls richtungsspezifischen Sensillen fungieren vor allem als Propriozeptoren im Rahmen der Körperhaltung und Fortbewegung.
- Chordotonalorgane bestehen aus funktionellen Modulen, die als Scolopidien bezeichnet werden. Als interne Mechanorezeptoren registrieren sie Deformationen der Cuticula sowie Muskelkontraktionen. Darüber hinaus reagieren Chordotonalorgane auch auf Schwingungen des Untergrunds sowie auf Luftschall.
- Die Sinneszellen der mechanosensorischen Organe reagieren auf einen mechanischen Reiz mit der Erzeugung eines depolarisierenden Rezeptorpotenzials. Die Depolarisation basiert auf dem Einstrom von Kaliumionen aus einer als Endolymphe bezeichneten extrazellulären Flüssigkeit mit hoher Kaliumkonzentration in die dendritische Endigung. Das Rezeptorpotenzial wird in den sensorischen Neuronen in eine Sequenz von Aktionspotenzialen transformiert, die zum Zentralnervensystem weitergeleitet werden.
- Bislang konnten lediglich NOMPC und *dm*Piezo zuverlässig als mechanosensitive Ionenkanäle identifiziert werden. Darüber hinaus werden zahlreiche weitere Proteine der TRP- und DEG/ENaC-Familien, die an mechanoelektrischen Prozessen beteiligt sind, als potenzielle Kandidaten für Ionenkanäle diskutiert.

Literatur

1. Abraira VE, Ginty DD (2013) The sensory neurons of touch. Neuron 79(4):618–639. https://doi.org/10.1016/j.neuron.2013.07.051
2. Akitake B, Ren Q, Boiko N, Ni J, Sokabe T et al (2015) Coordination and fine motor control depend on *Drosophila* TRPγ. Nat Commun 6:7288. https://doi.org/10.1038/ncomms8288
3. Alloui A, Zimmermann K, Mamet J, Duprat F, Noël J et al (2006) TREK-1, a K^+ channel involved in polymodal pain perception. EMBO J 25(11):2368–2376. https://doi.org/10.1038/sj.emboj.7601116
4. Augustine GJ, Groh JM, Huettel SA, Lamantia AS, White LE, Purves D (2023) Neuroscience. 7. Aufl. Oxford University Press *Umfassendes, sehr gut verständliches Standardwerk der Neurobiologie. Insbesondere die Illustrationen sind didaktisch hervorragend.*
5. Bai L, Lehnert BP, Liu J, Neubarth NL, Dickendesher TL et al (2015) Genetic identification of an expansive mechanoreceptor sensitive to skin stroking. Cell 163(7):1783–1795. https://doi.org/10.1016/j.cell.2015.11.060
6. Beurg M, Barlow A, Furness DN, Fettiplace R (2019) A Tmc1 mutation reduces calcium permeability and expression of mechanoelectrical transduction channels in cochlear hair cells. Proc Natl Acad Sci U S A 116(41):20743–20749. https://doi.org/10.1073/pnas.1908058116
7. Brohawn S, Campbell E, MacKinnon R (2014) Physical mechanism for gating and mechanosensitivity of the human TRAAK K^+ channel. Nature 516:126–130. https://doi.org/10.1038/nature14013
8. Brohawn SG, Su Z, MacKinnon R (2014) Mechanosensitivity is mediated directly by the lipid membrane in TRAAK and TREK1 K^+ channels. Proc Nat Acad Sci U S A 111(9):3614–3619. https://doi.org/10.1073/pnas.1320768111
9. Cantor RS (1999) Lipid composition and the lateral pressure profile in bilayers. Biophys J 76(5):2625–2639. https://doi.org/10.1016/S0006-3495(99)77415-1
10. Chalfie M (2009) Neurosensory mechanotransduction. Nat Rev Mol Cell Biol 10(1):44–52. https://doi.org/10.1038/nrm2595

Literatur

11. Cheng LE, Song W, Looger LL, Jan LY, Jan YN (2010) The role of the TRP channel NompC in Drosophila larval and adult locomotion. Neuron 67(3):373–380. https://doi.org/10.1016/j.neuron.2010.07.004
12. Cheng YR, Jiang BY, Chen CC (2018) Acid-sensing ion channels: dual function proteins for chemo-sensing and mechano-sensing. J Biomed Sci 25(1):46. https://doi.org/10.1186/s12929-018-0448-y
13. Chesler AT, Szczot M, Bharucha-Goebel D, Čeko M, Donkervoort S et al (2016) The role of PIEZO2 in human mechanosensation. New Engl J Med 375(14):1355–1364. https://doi.org/10.1056/NEJMoa1602812
14. Christensen AP, Corey DP (2007) TRP channels in mechanosensation: direct or indirect activation? Nat Rev Neurosci 8(7):510–521. https://doi.org/10.1038/nrn2149. PMID: 17585304
15. Clausen MV, Jarerattanachat V, Carpenter EP, Sansom MSP, Tucker SJ (2017) Asymmetric mechanosensitivity in a eukaryotic ion channel. Proc Natl Acad Sci USA 114(40):E8343–E8351. https://doi.org/10.1073/pnas.1708990114
16. Coste B, Mathur J, Schmidt M, Earley TJ, Ranade S et al (2010) Piezo1 and Piezo2 are essential components of distinct mechanically activated cation channels. Science 330(6000):55–60. https://doi.org/10.1126/science.1193270
17. Coste B, Xiao B, Santos JS, Syeda R, Grandl J et al (2012) Piezo proteins are pore-forming subunits of mechanically activated channels. Nature 483(7388):176–181. https://doi.org/10.1038/nature10812
18. Douguet D, Honoré E (2019) Mammalian mechanoelectrical transduction: structure and function of force-gated ion channels. Cell 179(2):340–354. https://doi.org/10.1016/j.cell.2019.08.049
19. Field LH, Pflüger HJ (1989) The femoral chordotonal organ: A bifunctional othopteran (*Locusta migratoria*) sense organ? Comp Biochem Physiol A 93(4):729–743. https://doi.org/10.1016/0300-9629(89)90494-5
20. Frings S (2021) Die Sinne der Tiere – Lehrbuch der vergleichende Sinnesphysiologie, Springer Spektrum, Heidelberg *Sehr ansprechend illustriertes, gut lesbares Lehrbuch, das die vergleichende Sinnesphysiologie in anschaulicher und niemals trockener Weise vermittelt.*
21. Gerwin L, Haupt C, Wilkinson KA, Kröger S (2019) Acetylcholine receptors in the equatorial region of intrafusal muscle fibres modulate mouse muscle spindle sensitivity. J Physiol 597(7):1993–2006. https://doi.org/10.1113/JP277139
22. Gonzales EB, Kawate T, Gouaux E (2009) Pore architecture and ion sites in acid-sensing ion channels and P2X receptors. Nature 460(7255):599–604. https://doi.org/10.1038/nature08218
23. Handler A, Ginty DD (2021) The mechanosensory neurons of touch and their mechanisms of activation. Nat Rev Neurosci 22(9):521–537. https://doi.org/10.1038/s41583-021-00489-x
24. Heurteaux C, Guy N, Laigle C, Blondeau N, Duprat F et al (2004) TREK-1, a K^+ channel involved in neuroprotection and general anesthesia. EMBO J 23(13):2684–2695. https://doi.org/10.1038/sj.emboj.7600234
25. Heurteaux C, Lucas G, Guy N, El Yacoubi M, Thümmler S et al (2006) Deletion of the background potassium channel TREK-1 results in a depression-resistant phenotype. Nat Neurosci 9(9):1134–1141. https://doi.org/10.1038/nn1749
26. Hoffman BU, Baba Y, Griffith TN, Mosharov EV, Woo SH et al (2018) Merkel cells activate sensory neural pathways through adrenergic synapses. Neuron 100(6):1401–1413. https://doi.org/10.1016/j.neuron.2018.10.034
27. Hu Y, Wang Z, Liu T, Zhang W (2019) Piezo-like gene regulates locomotion in *Drosophila* larvae. Cell Rep 26(6):1369-1377.e4. https://doi.org/10.1016/j.celrep.2019.01.055
28. Ikeda R, Cha M, Ling J, Jia Z, Coyle D, Gu JG (2014) Merkel cells transduce and encode tactile stimuli to drive Aβ-afferent impulses. Cell 157(3):664–675. https://doi.org/10.1016/j.cell.2014.02.026
29. Jami L (1992) Golgi tendon organs in mammalian skeletal muscle: functional properties and central actions. Physiol Rev 72(3):623–666. https://doi.org/10.1152/physrev.1992.72.3.623
30. Jin P, Jan LY, Jan YN (2020) Mechanosensitive ion channels: structural features relevant to mechanotransduction mechanisms. Annu Rev Neurosci 43:207–229. https://doi.org/10.1146/annurev-neuro-070918-050509

31. Jojoa-Cruz S, Saotome K, Murthy SE, Tsui CCA, Sansom MSP, Patapoutian A, Ward AB (2018) Cryo-EM structure of the mechanically activated ion channel OSCA1.2 eLife 7:e41845 https://doi.org/10.7554/eLife.41845
32. Kaulich E, Grundy LJ, Schafer WR, Walker DS (2023) The diverse functions of the DEG/ENaC family: linking genetic and physiological insights. J Physiol 601(9):1521–1542. https://doi.org/10.1113/JP283335
33. Kefauver JM, Ward AB, Patapoutian A (2020) Discoveries in structure and physiology of mechanically activated ion channels. Nature 587(7835):567–576. https://doi.org/10.1038/s41586-020-2933-1
34. Kellenberger S, Schild L (2015) International Union of Basic and Clinical Pharmacology. XCI. structure, function, and pharmacology of acid-sensing ion channels and the epithelial Na$^+$ channel. Pharmacol Rev 67(1):1–35. https://doi.org/10.1124/pr.114.009225
35. Kim SE, Coste B, Chadha A, Cook B, Patapoutian A (2012) The role of *Drosophila* Piezo in mechanical nociception. Nature 483(7388):209–212. https://doi.org/10.1038/nature10801
36. Kung C (2005) A possible unifying principle for mechanosensation. Nature 436(7051):647–654. https://doi.org/10.1038/nature03896
37. Li L, Rutlin M, Abraira VE, Cassidy C, Kus L et al (2011) The functional organization of cutaneous low-threshold mechanosensory neurons. Cell 147(7):1615–1627. https://doi.org/10.1016/j.cell.2011.11.027
38. Liang X, Howard J (2018) Structural biology: piezo senses tension through curvature. Curr Biol 28(8):R357–R359. https://doi.org/10.1016/j.cub.2018.02.078
39. Lin SH, Cheng YR, Banks R, M MY, Bewick GS, Chen CC, (2016) Evidence for the involvement of ASIC3 in sensory mechanotransduction in proprioceptors. Nat Commun 7:11460. https://doi.org/10.1038/ncomms11460
40. Lin YC, Guo YR, Miyagi A, Levring J, MacKinnon R, Scheuring S (2019) Force-induced conformational changes in PIEZO1. Nature 573(7773):230–234. https://doi.org/10.1038/s41586-019-1499-2
41. Loewenstein WR, Mendelson M (1965) Components of receptor adaptation in a pacinian corpuscle. J Physiol 177(3):377–397. https://doi.org/10.1113/jphysiol.1965.sp007598
42. Lolicato M, Riegelhaupt PM, Arrigoni C, Clark KA, Minor DL Jr (2014) Transmembrane helix straightening and buckling underlies activation of mechanosensitive and thermosensitive K$_{2P}$ channels. Neuron 84(6):1198–1212. https://doi.org/10.1016/j.neuron.2014.11.017
43. Lolicato M, Arrigoni C, Mori T, Sekioka Y, Bryant C et al (2017) K$_{2P}$2.1 (TREK-1)-activator complexes reveal a cryptic selectivity filter binding site. Nature 547(7663):364–368. https://doi.org/10.1038/nature22988
44. Maksimovic S, Nakatani M, Baba Y, Nelson AM, Marshall KL et al (2014) Epidermal Merkel cells are mechanosensory cells that tune mammalian touch receptors. Nature 509(7502):617–621. https://doi.org/10.1038/nature13250
45. Martinac B, Adler J, Kung C (1990) Mechanosensitive ion channels of *E. coli* activated by amphipaths. Nature 348(6298):261–263. https://doi.org/10.1038/348261a0
46. McClenaghan C, Schewe M, Aryal P, Carpenter EP, Baukrowitz T, Tucker SJ (2016) Polymodal activation of the TREK-2 K2P channel produces structurally distinct open states. J Gen Physiol 147(6):497–505. https://doi.org/10.1085/jgp.201611601
47. Mountcastle VB, Talbot WH, Darian-Smith I, Kornhuber HH (1967) Neural basis of the sense of flutter-vibration. Science 155(3762):597–600. https://doi.org/10.1126/science.155.3762.597
48. Mulhall EM, Gharpure A, Lee RM, Dubin AE, Aaron JS et al (2023) Direct observation of the conformational states of PIEZO1. Nature 620(7976):1117–1125. https://doi.org/10.1038/s41586-023-06427-4
49. Murthy SE, Dubin AE, Patapoutian A (2017) Piezos thrive under pressure: mechanically activated ion channels in health and disease. Nat Rev Mol Cell Biol 18(12):771–783. https://doi.org/10.1038/nrm.2017.92
50. Murthy SE, Dubin AE, Whitwam T, Jojoa-Cruz S, Cahalan SM et al (2018) OSCA/TMEM63 are an evolutionarily conserved family of mechanically activated ion channels. eLife 7:e41844. https://doi.org/10.7554/eLife.41844
51. Nesterov A, Spalthoff C, Kandasamy R, Katana R, Rankl NB et al (2015) TRP channels in insect stretch receptors as insecticide targets. Neuron 86(3):665–671. https://doi.org/10.1016/j.neuron.2015.04.001

52. Neubarth NL, Emanuel AJ, Liu Y, Springel MW, Handler A et al (2020) Meissner corpuscles and their spatially intermingled afferents underlie gentle touch perception. Science 68(6497): eabb2751. https://doi.org/10.1126/science.abb2751
53. Noreng S, Bharadwaj A, Posert R, Yoshioka, Baconguis I (2018) Structure of the human epithelial sodium channel by cryo-electron microscopy. eLife 7:e39340. https://doi.org/10.7554/eLife.39340
54. Oliver KM, Florez-Paz DM, Badea TC, Mentis GZ, Menon V, de Nooij JC (2021) Molecular correlates of muscle spindle and Golgi tendon organ afferents. Nat Commun 12(1):1451. https://doi.org/10.1038/s41467-021-21880-3
55. Paré M, Behets C, Cornu O (2003) Paucity of presumptive ruffini corpuscles in the index finger pad of humans. J Comp Neurol 456(3):260–266. https://doi.org/10.1002/cne.10519
56. Pawson L, Prestia LT, Mahoney GK, Güçlü B, Cox PJ, Pack AK (2009) GABAergic/glutamatergic-glial/neuronal interaction contributes to rapid adaptation in pacinian corpuscles. J Neurosci 29(9):2695–2705. https://doi.org/10.1523/JNEUROSCI.5974-08.2009
57. Poole K (2022) The diverse physiological functions of mechanically activated ion channels in mammals. Annu Review Physiol 84:307–329. https://doi.org/10.1146/annurev-physiol-060721-100935
58. Proske U, Gandevia SC (2012) The proprioceptive senses: their roles in signaling body shape, body position and movement, and muscle force. Physiol Rev 92(4):1651–1697. https://doi.org/10.1152/physrev.00048.2011
59. Ranade SS, Woo SH, Dubin AE, Moshourab RA, Wetzel C et al (2014) Piezo2 is the major transducer of mechanical forces for touch sensation in mice. Nature 516(7529):121–125. https://doi.org/10.1038/nature13980
60. Ridone P, Vassalli M, Martinac B (2019) Piezo1 mechanosensitive channels: what are they and why are they important. Biophys Rev 11(5):795–805. https://doi.org/10.1007/s12551-019-00584-5
61. Rutlin M, Ho CY, Abraira VE, Cassidy C, Bai L, Woodbury CJ, Ginty DD (2014) The cellular and molecular basis of direction selectivity of Aδ-LTMRs. Cell 159(7):1640–1651. https://doi.org/10.1016/j.cell.2014.11.038
62. Szczot M, Nickolls AR, Lam RM, Chesler AT (2021) The form and function of PIEZO2. Annu Rev Biochem 90:507–534. https://doi.org/10.1146/annurev-biochem-081720-023244
63. Sherrington C (1906) On the proprio-ceptive system, especially in its reflex aspects. Brain 29(4):467–482. https://doi.org/10.1093/brain/29.4.467
64. Syeda R, Florendo MN, Cox CD, Kefauver JM, Santos JS et al (2016) Piezo1 channels are inherently mechanosensitive. Cell Rep 17(7):1739–1746. https://doi.org/10.1016/j.celrep.2016.10.033
65. Than K, Kim E, Navarro C, Chu S, Klier N et al (2021) Vesicle-released glutamate is necessary to maintain muscle spindle afferent excitability but not dynamic sensitivity in adult mice. J Physiol 599:2953–2967. https://doi.org/10.1113/JP281182
66. Tuthill JC, Wilson RI (2016) Mechanosensation and adaptive motor control in insects. Curr Biol 26(20):R1022–R1038. https://doi.org/10.1016/j.cub.2016.06.070
67. von Buchholtz LJ, Ghitani N, Lam RM, Licholai JA, Chesler AT, Ryba NJP (2021) Decoding cellular mechanisms for mechanosensory discrimination. Neuron 109(2):285–298.e5. https://doi.org/10.1016/j.neuron.2020.10.028
68. Walker RG, Willingham AT, Zuker CS (2000) A *Drosophila* mechanosensory transduction channel. Science 287(5461):2229–2234. https://doi.org/10.1126/science.287.5461.2229
69. Wang L, Zhou H, Zhang M, Liu W, Deng T et al (2019) Structure and mechanogating of the mammalian tactile channel PIEZO2. Nature 573(7773):225–229. https://doi.org/10.1038/s41586-019-1505-8
70. Wang Y, Guo Y, Li G, Liu C, Wang L et al (2021) The push-to-open mechanism of the tethered mechanosensitive ion channel NompC. eLife 10:e58388. https://doi.org/10.7554/eLife.58388
71. Wilkinson KA (2022) Molecular determinants of mechanosensation in the muscle spindle. Curr Opin Neurobiol 74:102542. https://doi.org/10.1016/j.conb.2022.102542
72. Woo SH, Ranade S, Weyer AD, Dubin AE, Baba Y et al (2014) Piezo2 is required for Merkel-cell mechanotransduction. Nature 509(7502):622–626. https://doi.org/10.1038/nature13251

73. Woo SH, Lukacs V, de Nooij JC, Zaytseva D, Criddle CR et al (2015) Piezo2 is the principal mechanotransduction channel for proprioception. Nat Neurosci 18(12):756–1762. https://doi.org/10.1038/nn.4162
74. Wu H, Petitpré C, Fontanet P, Sharma A, Bellardita C et al (2021) Distinct subtypes of proprioceptive dorsal root ganglion neurons regulate adaptive proprioception in mice. Nat Commun 12(1):1026. https://doi.org/10.1038/s41467-021-21173-9
75. Yan Z, Zhang W, He Y, Gorczyca D, Xiang Y et al (2013) *Drosophila* NOMPC is a mechanotransduction channel subunit for gentle-touch sensation. Nature 493(7431):221–225. https://doi.org/10.1038/nature11685
76. Yoder N, Yoshioka C, Gouaux E (2018) Gating mechanisms of acid-sensing ion channels (2018) Nature 555(7696):397–401. https://doi.org/10.1038/nature25782
77. Yu B, Costa A, Zhao Y (2024) Sensing of membrane tensions: the pleiotropic functions of OSCA/-
TMEM63 mechanosensitive ion channels. J Genet Genomics 51(6):579–582. https://doi.org/10.1016/j.jgg.2024.02.002
78. Zhang W, Cheng LE, Kittelmann M, Li J, Petkovic M et al (2015) Ankyrin repeats convey force to gate the NOMPC mechanotransduction channel. Cell 162(6):1391–1403. https://doi.org/10.1016/j.cell.2015.08.024
79. Zhang M, Wang D, Kang Y, Wu JX, Yao F et al (2018) Structure of the mechanosensitive OSCA channels. Nat Struct Mol Biol 25(9):850–858. https://doi.org/10.1038/s41594-018-0117-6
80. Zhang M, Li X, Zheng H, Wen X, Chen S et al (2018) Brv1 is required for *Drosophila* larvae to sense gentle touch. Cell Rep 23(1):23–31. https://doi.org/10.1016/j.celrep.2018.03.041
81. Zhao Q, Zhou H, Chi S, Wang Y, Wang J et al (2018) Structure and mechanogating mechanism of the Piezo1 channel. Nature 554(7693):487–492. https://doi.org/10.1038/nature25743
82. Zimmerman A, Bai L, Ginty DD (2014) The gentle touch receptors of mammalian skin. Science 346(6212):950–954. https://doi.org/10.1126/science.1254229
83. Zhong L, Hwang RY, Tracey WD (2010) Pickpocket is a DEG/ENaC protein required for mechanical nociception in *Drosophila* larvae. Curr Biol 20(5):429–434. https://doi.org/10.1016/j.cub.2009.12.057

Thermorezeption

Inhaltsverzeichnis

8.1 Physik der Wärme – 375
8.1.1 Wärme als Bewegung und Energie – 375
8.1.2 Mechanismen des Wärmetransports – 376
8.1.3 Temperaturabhängigkeit von Ionenkanälen – 379

8.2 Thermorezeption der Säugetiere – 384
8.2.1 Temperatursensitive Neuronen – 384
8.2.2 Temperatursensitive Kanäle – 389
8.2.3 Temperaturabhängiges Gating von Ionenkanälen – 400

8.3 Thermorezeption der Nichtsäugetiere – 404
8.3.1 Thermorezeption bei Insekten – 404
8.3.2 Grubenorgane der Schlangen – 408

Literatur – 411

© Der/die Autor(en), exklusiv lizenziert durch Springer-Verlag GmbH, DE, ein Teil von Springer Nature 2025
A. Feigenspan, *Sensorische Signaltransduktion – Molekulare Mechanismen der Informationsverarbeitung*, https://doi.org/10.1007/978-3-662-70359-5_8

Im alltäglichen Sprachgebrauch wird der Begriff „Wärme" in erster Linie zur Beschreibung der Eigenschaften von Körpern oder der umgebenden Medien verwendet. Die Luft, ein Stein oder ein beliebiger anderer Gegenstand können im Vergleich zur Körpertemperatur als warm, neutral oder kalt empfunden werden. Diese subjektive Wahrnehmung von Wärme oder Kälte wird durch spezifische Sensoren vermittelt, die sich in unserer Haut sowie in der Körperwand zahlreicher anderer Organismen befinden.

Die sprachliche Beschreibung von Alltagserfahrungen und die exakten Definitionen der Naturwissenschaften stimmen in der Praxis jedoch oft nicht überein. Die oben beschriebene Vorstellung von „warm" und „kalt" entspricht nicht dem physikalischen Konzept der Wärme, sondern vielmehr dem der Temperatur. Deshalb ist es notwendig, zunächst die grundlegenden Unterschiede zwischen Temperatur und Wärme zu klären. Hierzu benötigen wir die Begriffe Zustandsgröße und Prozessgröße.

Die Temperatur stellt eine **Zustandsgröße** dar. Eine Zustandsgröße ist eine physikalische Größe, die gemeinsam mit Druck, Volumen, Stoffmenge, Entropie und einigen weiteren Parametern den Zustand eines Systems beschreibt. Diese Aussage gilt jedoch nur für einen Zustand, der stabil und unverändert ist. Zustandsgrößen beschreiben den aktuellen Zustand eines Systems und sind unabhängig von den Prozessen, die zu diesem Zustand geführt haben. Daher spielt es keine Rolle, ob ein Objekt zunächst erwärmt und anschließend auf eine bestimmte Temperatur abgekühlt wird oder ob es in einem einzigen Schritt auf diese endgültige Temperatur gebracht wird. Im Falle der Temperatur handelt es sich um eine intensive Zustandsgröße, die nicht von der Größe des betrachteten Systems abhängt. So bleibt beispielsweise die Temperatur einer definierten Wassermenge konstant, selbst wenn die Hälfte des Volumens entfernt wird. Die Messung der Temperatur erfolgt mit einem Thermometer, wobei die Angabe der Messwerte in Kelvin (K) oder in Grad Celsius (°C) erfolgt.[1]

Wenn sich der Zustand eines Systems durch einen Prozess ändert, sind die sogenannten **Prozessgrößen** beteiligt. Diese Größen beschreiben den Übergang eines Systems von einem Zustand in einen anderen und hängen vom Verlauf der Zustandsänderung ab. Ähnlich wie die Arbeit stellt auch Wärme eine solche Prozessgröße dar. Allgemein betrachtet ist Wärme eine Form von Energie und wird als solche in Joule (J) gemessen. Im Gegensatz zur Temperatur spielt bei der Wärme die Größe des betrachteten Systems eine entscheidende Rolle. Ein Metallblock mit einer Masse von 100 kg und einer Temperatur von 20 °C enthält mehr Energie als ein Block aus dem gleichen Material und mit derselben Temperatur, der jedoch lediglich eine Masse von 1 kg aufweist.

In diesem Kapitel werden die Mechanismen der Wärmedetektion, der sogenannten **Thermorezeption**, sowie die Umwandlung thermischer Reize in elektrische Signale behandelt. Wir beginnen mit einer kurzen Darstellung der grundlegenden physikalischen Prinzipien, gefolgt von einer detaillierten Analyse der molekularen Mechanismen der Signaltransduktion. Für eine umfassende Erläuterung thermodynamischer Prinzipien sei auf herausragende Lehrbücher der Physik [41] und der physikalischen Chemie [5] verwiesen.

---

1   Das Kelvin ist die SI-Basiseinheit der absoluten Temperatur. Die Skalierung der Kelvin- und Celsius-Skalen ist identisch. Der absolute Nullpunkt liegt bei 0 K, was einer Temperatur von $-273{,}15\,°C$ entspricht.

8.1 Physik der Wärme

> **Lernziele**
> 1. Die physikalischen Konzepte erklären, die hinter den Begriffen „Temperatur" und „Wärme" stehen.
> 2. Die Bedeutung der Temperatur für biologische Prozesse erläutern.
> 3. Die Mechanismen des Wärmetransports in Form von Konduktion, Konvektion und Wärmestrahlung darstellen.
> 4. Die Bedeutung des Q_{10}-Wertes für temperatursensitive Prozesse erläutern.

Wärme spielt eine zentrale Rolle für energetische Prozesse auf allen Organisationsebenen, von den Reaktionen einzelner Moleküle bis hin zur Energieverteilung in komplexen Ökosystemen. Die wichtigste Wärmequelle ist zweifellos die Strahlungsenergie der Sonne, aber Wärme entsteht auch bei zahlreichen Reaktionen des Intermediärstoffwechsels.

In der biologischen Literatur wird Wärme als eine Form von Energie definiert, die im Gegensatz zu chemischer, elektrischer und mechanischer Energie von Organismen nicht zur Verrichtung physiologischer Arbeit genutzt werden kann. Aus physikalischer Sicht stellt Wärme eine Energieform dar, die durch eine Temperaturdifferenz von einem Objekt oder einem System auf ein anderes übertragen wird. Dabei fließt die Wärme stets von dem Objekt mit der höheren Temperatur zu dem mit niedrigerer Temperatur. Sobald es Temperaturunterschiede zwischen einem Organismus und seiner Umgebung gibt, findet ein Austauschprozess statt: Der Organismus kann entweder Wärme aufnehmen, wenn die Umgebung wärmer ist, oder Wärme abgeben, wenn die Umgebung kälter ist.

8.1.1 Wärme als Bewegung und Energie

Auf molekularer Ebene äußert sich Wärme als eine ungeordnete Bewegung von Atomen und Molekülen, die im Raum umherschwirren und zufällig mit anderen Teilchen kollidieren. Ein sich bewegendes Teilchen besitzt eine bestimmte Energie, die als **kinetische Energie** E_{kin} bezeichnet wird. Je schneller ein Teilchen unterwegs ist, desto größer ist seine kinetische Energie.

$$E_{kin, Teilchen} = \frac{1}{2} m v^2 = \frac{3}{2} k T . \tag{8.1}$$

In ▶ Gl. 8.1 bezeichnet m die Masse eines Teilchens und v seine Geschwindigkeit. Für die Bestimmung der Bewegungsenergie eines einzelnen Teilchens findet die **Boltzmann-Konstante** k Verwendung.[2] Natürlich spielt auch die Temperatur T eine wichtige Rolle, da die kinetische Energie proportional zur Temperatur ansteigt.

---

2 Die Boltzmann-Konstante hat den eher unhandlichen Wert von $1{,}3805 \times 10^{-23}$ JK^{-1}. Für eine exzellente und allgemeinverständliche Erklärung der Boltzmann-Konstante sei das Buch von Peter Atkins empfohlen [4].

Betrachtet man hingegen 1 Mol einer Substanz, also $N_A = 6{,}022 \cdot 10^{23}$ Teilchen, ergibt sich für die kinetische Energie die folgende Beziehung:

$$E_{kin,Mol} = \frac{3}{2} R T. \tag{8.2}$$

Die allgemeine Gaskonstante R ist über die Boltzmann-Konstante mit der Avogadro-Zahl N_A verknüpft:

$$R = k \cdot N_A. \tag{8.3}$$

Bei einer Temperatur von 25 °C (298 K) besitzt 1 Mol einer Substanz eine mittlere Energie von $3{,}7\,\text{kJ}\,\text{mol}^{-1}$ und liegt damit deutlich unterhalb der Bindungsenergie einer einfachen kovalenten Bindung zwischen zwei Kohlenstoffatomen, die einen Wert von $339\,\text{kJ}\,\text{mol}^{-1}$ besitzt. Biomoleküle mit ihren kovalenten Bindungen zwischen Kohlenstoff-, Sauerstoff- und Stickstoffatomen sind folglich bei physiologischen Temperaturen, wie beispielsweise der Körpertemperatur von Säugetieren, stabil. Die mittlere Energie einer großen Anzahl von Teilchen bei einer bestimmten Temperatur stellt jedoch lediglich einen Durchschnittswert dar. Einzelne Teilchen können eine deutlich höhere Geschwindigkeit aufweisen und folglich eine größere Energie besitzen, während andere aufgrund von Kollisionen langsamer und daher weniger energiereich sind. Das Energieprofil einer größeren Zahl von Teilchen bei einer bestimmten Temperatur wird durch die **Maxwell-Boltzmann-Verteilung** wiedergegeben (◘ Abb. 8.1). Die Geschwindigkeitsverteilung ist annähernd glockenförmig, zeigt jedoch einen unsymmetrischen Verlauf. Es ist bemerkenswert, dass die Kurven auch bei sehr hohen Geschwindigkeiten bzw. Energien die x-Achse nicht erreichen. Folglich existieren stets Teilchen mit einer hohen Geschwindigkeit und Energie, wobei die Anzahl dieser Teilchen mit steigender Temperatur zunimmt.

8.1.2 Mechanismen des Wärmetransports

In biologischen Systemen kann der Wärmetransport zwischen zwei Objekten oder zwei Orten über drei verschiedene Mechanismen erfolgen, nämlich die Wärmeleitung, die Konvektion und die Wärmestrahlung. Diese drei Mechanismen, bei denen stets ein Temperaturunterschied erforderlich ist, werden im Folgenden kurz beschrieben.

- **Wärmeleitung**

Die **Wärmeleitung** oder **Konduktion** basiert auf ständigen Kollisionen zwischen den Atomen oder Molekülen, aus denen ein Körper besteht. Bei jedem dieser Zusammenstöße wird Energie übertragen, die sich ähnlich wie Materie bei Diffusionsprozessen räumlich ausbreitet. Wird beispielsweise ein Stab an einem Ende erwärmt, dann schwingen die Atome an dieser Stelle im Vergleich zu den nicht erwärmten Bereichen schneller hin und her, da sie eine höhere kinetische Energie besitzen. Die Wärmeenergie wird durch Kollisionen mit benachbarten Atomen allmählich über die gesamte Länge des Stabs verteilt. Im Gegensatz zur Diffusion bleiben die beteiligten Atome und Moleküle jedoch weitgehend an ihrem Platz und werden selbst nicht transportiert.

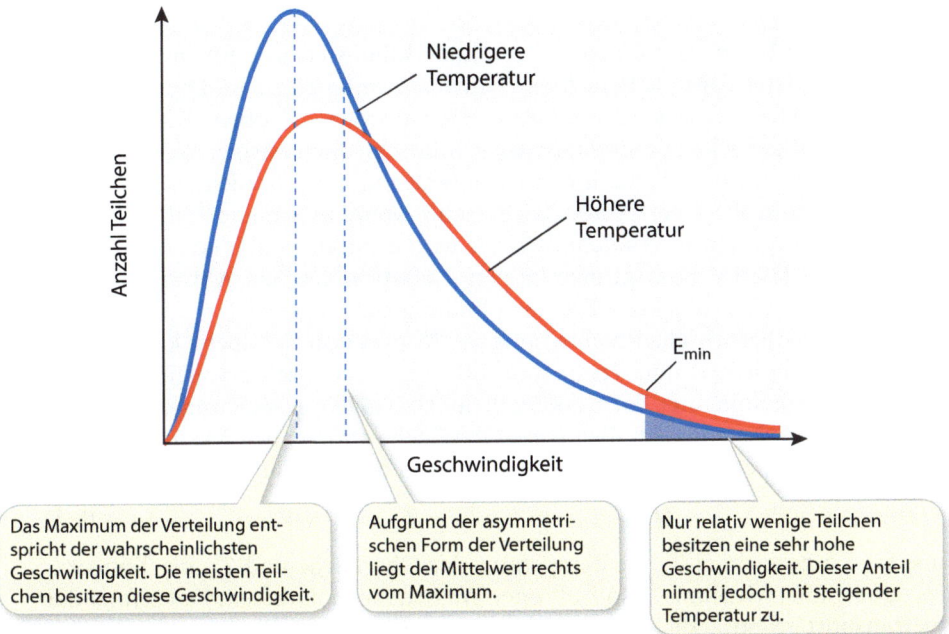

Abb. 8.1 Die Maxwell-Boltzmann-Verteilung zeigt das Geschwindigkeitsprofil einer großen Anzahl von Teilchen bei zwei verschiedenen Temperaturen. Bei einer höheren Temperatur *(rote Kurve)* wird die Verteilung breiter, und das Maximum sowie der Mittelwert verschieben sich zu höheren Geschwindigkeiten. Die Fläche rechts ist proportional zur Anzahl der Teilchen, die eine bestimmte Mindestenergie E_{min} besitzen

Im Rahmen der Wärmeleitung erfolgt in der Zeitspanne Δt die Übertragung einer Wärmemenge ΔQ. Der Quotient $\Delta Q/\Delta t$ heißt **Wärmestrom** und wird in der Regel mit I bezeichnet (nicht zu verwechseln mit dem elektrischen Strom, der in ▶ Gl. 1.2 definiert wird). Da der Wärmestrom einer Leistung entspricht, wird er in der Einheit Watt (W) angegeben. Gemäß ▶ Gl. 8.4 ist der Wärmestrom proportional zum Temperaturunterschied ΔT entlang einer Strecke Δx sowie der Querschnittsfläche A. Die Proportionalitätskonstante k entspricht der Wärmeleitfähigkeit.

$$I = \frac{\Delta Q}{\Delta t} = kA\frac{\Delta T}{\Delta x}. \tag{8.4}$$

Die Wärmeleitung steigt also mit einer Zunahme der Fläche, über welche die Wärme transportiert wird, sowie mit einem steigenden Temperaturgradienten $\Delta T/\Delta x$. Die **Wärmeleitfähigkeit** k ist eine Stoffeigenschaft, welche die Geschwindigkeit der Ausbreitung von Wärmeenergie in einem bestimmten Material beschreibt. Metalle zeichnen sich durch eine hohe Wärmeleitfähigkeit aus und transportieren daher die Körperwärme schnell ab. Daher wird Metall im Vergleich zu Holz, dessen Wärmeleitfähigkeit geringer ist, als deutlich kühler empfunden. Die Leitfähigkeit der Luft hingegen ist so gering, dass stehende Luftschichten in den Fellen von Säugetieren oder in den Luftpolstern unserer Winterjacken die Wärmeleitung und damit ein Auskühlen effektiv verhindern.

- **Konvektion**

Im Gegensatz zur Wärmeleitung basiert die **Konvektion** stets auf einem Stofftransport. Wenn sich tiefer liegende Schichten erwärmen, verlieren sie an Dichte, steigen auf und transportieren die aufgenommene Wärme mit nach oben. Konvektionsströme tragen maßgeblich zur Durchmischung unterschiedlich warmer Wasserschichten von Seen und Meeren bei. Auch wenn sich bodennahe Luftschichten erwärmen, steigen sie aufgrund ihrer geringeren Dichte auf, während kühlere Luft nach unten absinkt. Der sogenannte Windchill-Faktor wird ebenfalls durch konvektive Prozesse verursacht. Hierbei bewirkt eine kühlere Luftströmung den Abtransport von Körperwärme, was eine subjektive Kälteempfindung zur Folge hat.

Eine exakte mathematische Beschreibung der Konvektion ist äußerst komplex, da Strömungsgeschwindigkeit und Temperaturdifferenz wechselseitig voneinander abhängen. In stark vereinfachter Form lässt sich der konvektive Wärmetransport Q zwischen einer Oberfläche und dem über diese Oberfläche strömenden Medium vorwiegend durch die Temperaturdifferenz zwischen beiden bestimmen.

$$Q_{Konvektion} = h_c \, (T_o - T_m). \tag{8.5}$$

In ▶ Gl. 8.5 bezeichnet T_o die Temperatur der Oberfläche und T_m die Temperatur des strömenden Mediums, also Luft oder Wasser. Auch in diesem Fall erfolgt der Wärmetransport grundsätzlich von der höheren zur niedrigeren Temperatur. Bei kaltem Wind führt dies zu einem Wärmeverlust, während bei einer Lufttemperatur, die höher als die Körpertemperatur ist, eine Aufnahme von Wärme resultiert.

Die Proportionalitätskonstante h_c wird als **Konvektionskoeffizient** bezeichnet. Der numerische Wert von h_c ist von einer Vielzahl weiterer Faktoren abhängig, darunter die Form der Oberfläche, die Richtung und Geschwindigkeit der Strömung sowie zusätzliche Parameter. Unter der Voraussetzung einer annähernd zylindrischen Körperstruktur, wie sie etwa bei einem Arm oder Finger vorliegt, und der Annahme, dass ein Wind in Richtung der Längsachse des Zylinders weht, ist der Konvektionskoeffizient proportional zur Wurzel des Verhältnisses von Windgeschwindigkeit v und Durchmesser d.

$$h_c \propto \frac{\sqrt{v}}{\sqrt{d}}. \tag{8.6}$$

Die ▶ Gl. 8.6 besagt, dass der Konvektionskoeffizient mit steigender Geschwindigkeit und/oder sinkendem Durchmesser der zylindrischen Körperstruktur ansteigt. Folglich sind kleinere Körperteile wie Finger in erhöhtem Maße anfällig für konvektiven Wärmeverlust und kühlen schneller aus. Dieses physikalische Prinzip wird durch die Erfahrung bestätigt, dass in der Regel unsere Finger zuerst kalt werden.

- **Wärmestrahlung**

Jeder Körper, dessen Temperatur oberhalb des absoluten Nullpunkts liegt, emittiert und absorbiert elektromagnetische Strahlung. Im Gegensatz zur im ▶ Kap. 3 behandelten Strahlung im sichtbaren Bereich des elektromagnetischen Spektrums weist die von Organismen emittierte Wärmestrahlung deutlich längere Wellenlängen auf. Diese Wellenlängen liegen überwiegend im infraroten Spektralbereich, weshalb sie von den

Photorezeptoren nicht detektiert werden können. Ein einfaches Beispiel ist die infrarote Wärmestrahlung, die von der Sonne auf die Erde gelangt und dazu führt, dass sich der Boden, die Luft und Objekte auf der Erde erwärmen.

Im Unterschied zur Wärmeleitung und Konvektion spielt der Temperaturunterschied für den Energietransport im Rahmen der Wärmestrahlung zunächst einmal keine Rolle. Außerdem ist für die Wirkung der Wärmestrahlung keine vermittelnde Materie erforderlich. Die von einem Körper emittierte Leistung P_e ist proportional zur Oberfläche, welche die Strahlung emittiert, sowie zur 4. Potenz der absoluten Temperatur der Oberfläche. Dieser Zusammenhang wird durch das **Stefan-Boltzmann'sche Gesetz** beschrieben, das durch die folgende Beziehung ausgedrückt wird:

$$P_e = e\,\sigma\,A\,T^4. \tag{8.7}$$

Der Parameter e bezeichnet den **Emissionsgrad** der jeweiligen Oberfläche und liegt zwischen 0 und 1; der Faktor σ ist die **Stefan-Boltzmann-Konstante**.[3] Eine vollständige Energiebilanz erfordert die Berücksichtigung der Wärmestrahlung aller umgebenden Objekte. Wenn ein Körper Wärme mit einer höheren Leistung abstrahlt, als er durch Absorption aufnimmt, kühlt er ab. Umgekehrt führt eine höhere Strahlungsaufnahme zu einer Erwärmung des Körpers.

Die drei genannten Prozesse – Wärmeleitung, Konvektion und Wärmestrahlung – resultieren bei einem Organismus in einer Aufnahme oder Abgabe von Wärmeenergie. Während die Körpertemperatur ektothermer Tiere maßgeblich von der Umgebungstemperatur bestimmt wird, ist sie bei endothermen Tieren weitgehend unabhängig von der Umgebung regulierbar. In beiden Fällen liefern Sensoren in der Körperoberfläche wichtige Informationen über die Umgebungstemperatur, um eine zu starke Abkühlung oder eine Überhitzung des Organismus zu verhindern. Des Weiteren können schmerzhafte Temperaturreize detektiert werden, was zur Vermeidung potenzieller Gewebeschäden dient. Schließlich ermöglichen auf Wärme spezialisierte Sinnesorgane die Identifikation und Lokalisation von Beutetieren. Im Verlauf der Evolution haben sich für die genannten sensorischen Leistungen unterschiedliche **Thermorezeptoren** entwickelt, deren Strukturen und Funktionsmechanismen im ▶ Abschn. 8.2 näher beschrieben werden.

8.1.3 Temperaturabhängigkeit von Ionenkanälen

Jede biochemische Reaktion, zu der auch das Gating von Ionenkanälen und die Diffusion von Ionen durch eine Kanalpore gehören, ist mehr oder weniger stark von der Temperatur abhängig. Die Stärke dieser Abhängigkeit wird in Form des dimensionslosen **Q_{10}-Werts** quantifiziert, der durch die relative Veränderung der Reaktionsgeschwindigkeit bei einer Erhöhung der Temperatur um 10 °C definiert ist.

$$Q_{10} = \frac{k_{T+10}}{k_T}. \tag{8.8}$$

---

[3] Die Stefan-Boltzmann-Konstante σ darf nicht mit der Boltzmann-Konstante k verwechselt werden.

In ▶ Gl. 8.8 bezeichnen k_T und k_{T+10} die Reaktionsgeschwindigkeiten bei zwei Temperaturen, die sich um 10 °C unterscheiden. Dieser Zusammenhang kann auch für zwei beliebige unterschiedliche Temperaturen T_1 und T_2 formuliert werden.

$$Q_{10} = \left(\frac{k_2}{k_1}\right)^{\left[\frac{10}{T_2-T_1}\right]}. \tag{8.9}$$

k_1 ist die Reaktionsgeschwindigkeit bei der Temperatur T_1 und k_2 die entsprechende Geschwindigkeit bei T_2. Die Temperaturabhängigkeit der Reaktionsgeschwindigkeit wird durch die **Arrhenius-Gleichung** wie folgt ausgedrückt:

$$k = A \exp\left(-\frac{E_a}{RT}\right). \tag{8.10}$$

In ▶ Gl. 8.10 stellt der Faktor A ein Maß für die Häufigkeit dar, mit der Moleküle miteinander kollidieren; R ist die allgemeine Gaskonstante und T die absolute Temperatur. Die Aktivierungsenergie E_a entspricht der Mindestenergie, die für die Initiierung einer chemischen Reaktion erforderlich ist. Eine hohe Aktivierungsenergie geht mit einer hohen Temperaturabhängigkeit einher, während umgekehrt die Temperaturabhängigkeit bei einer geringeren Aktivierungsenergie deutlich weniger ausgeprägt ist (◘ Abb. 8.2a).

Aus den beiden ▶ Gl. 8.9 und 8.10 lässt sich eine Beziehung zwischen dem Q_{10}-Wert und der Aktivierungsenergie herleiten:

$$Q_{10} = \exp\left(\frac{10 \times E_A}{RT^2}\right). \tag{8.11}$$

Q_{10}-Werte werden häufig verwendet, um die Temperaturabhängigkeit von Ionenkanälen zu quantifizieren. Dabei werden die Amplituden der Ströme I_1 und I_2 durch den Ionenkanal bei zwei verschiedenen Temperaturen T_1 und T_2 in ▶ Gl. 8.9 eingesetzt:

$$Q_{10} = \left(\frac{I_2}{I_1}\right)^{\left[\frac{10}{T_2-T_1}\right]}. \tag{8.12}$$

Auch spannungs- und ligandengesteuerte Ionenkanäle zeigen einen Q_{10}-Wert über 1, was auf eine gewisse Temperaturabhängigkeit hindeutet. Dagegen besitzen Ionenkanäle, die durch Wärme aktiviert werden, Q_{10}-Werte über 7. Dies bedeutet, dass eine Temperaturerhöhung um 10 °C zu einer 7fachen Steigerung des Ionenstroms durch den Kanal führt. Umgekehrt weisen durch Kälte aktivierbare Ionenkanäle Q_{10}-Werte auf, die deutlich unter 1 liegen. Die Q_{10}-Werte von Ionenkanälen, bei denen das Gating nicht direkt durch die Temperatur reguliert wird, liegen typischerweise zwischen 1 und 3 [11].

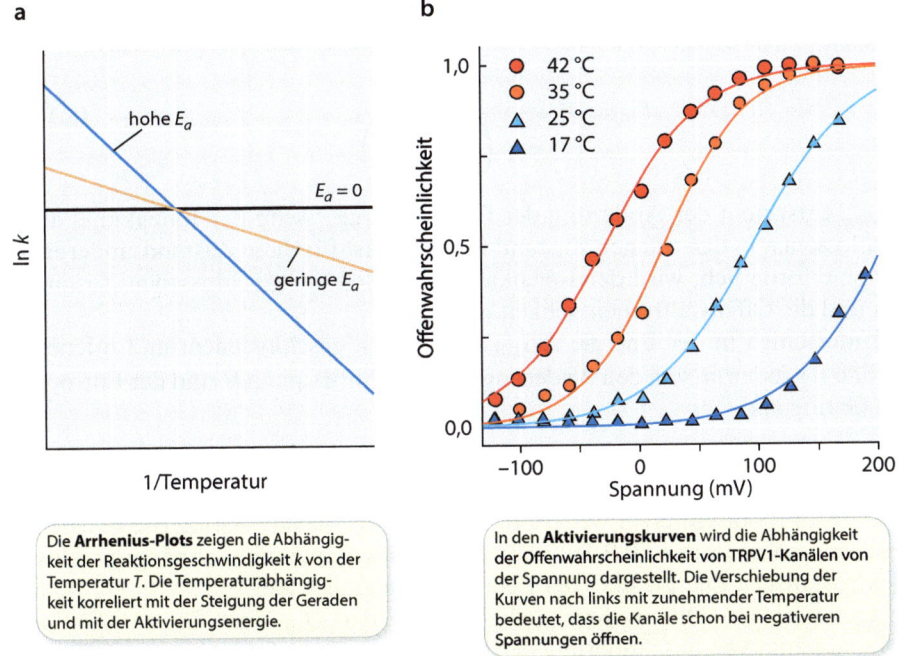

○ **Abb. 8.2** Messung der Temperaturabhängigkeit von Ionenkanälen. **a** Arrhenius-Plots für drei verschiedene Aktivierungsenergien E_a. Durch die Auftragung von $\ln k$ gegen $1/T$ wird die Arrhenius-Gleichung linearisiert. **b** Das Gating von TRPV1-Kanälen hängt sowohl von der Spannung über der Membran als auch von der Temperatur ab. Mit steigender Temperatur aktivieren die Kanäle bei einer negativeren Membranspannung. Modifiziert nach [46]

Die ▶ Gl. 8.9 und 8.12 weisen auf den ersten Blick eine sehr ähnliche Struktur auf. Allerdings sind die Stromamplitude und die Reaktionsgeschwindigkeit nicht äquivalent, da der Strom I als das Produkt aus der Anzahl N der Ionenkanäle in der Zellmembran, der mittleren Offenwahrscheinlichkeit P_o und dem Strom durch einen einzelnen Ionenkanal i definiert ist:

$$I = N \cdot P_o \cdot i. \tag{8.13}$$

Die Offenwahrscheinlichkeit eines Ionenkanals kann Werte zwischen 0 (der Kanal ist geschlossen) und 1 (der Kanal ist dauerhaft offen) annehmen.[4] Unter den genannten drei Parametern ist die Anzahl der Ionenkanäle N unabhängig von kurzfristigen Temperaturänderungen, während die Diffusion von Ionen durch den Kanal (also i) mit Werten von 1,2 bis 1,5 nur eine relativ geringe Temperaturabhängigkeit aufweist. Daher lässt sich die Temperaturabhängigkeit von Ionenkanälen hauptsächlich auf ihre Offenwahrscheinlichkeit P_0 zurückführen.

---

4 Die Offenwahrscheinlichkeit eines Ionenkanals ist ein Maß dafür, wie lange der Kanal während eines definierten Zeitintervalls geöffnet ist. Bei einer Offenwahrscheinlichkeit von 0,5 ist der Kanal durchschnittlich die Hälfte der Zeit geöffnet. Dabei handelt es sich in der Regel nicht um einen kontinuierlich offenen Zustand, sondern um jeweils kurze Öffnungen, die über das Zeitintervall verteilt sind.

Formal kann die Offenwahrscheinlichkeit für einen Ionenkanal, der nur einen offenen und einen geschlossenen Zustand aufweist, wie folgt beschrieben werden:

$$P_o = \frac{1}{1 + \exp\left(\frac{\Delta G_{gating}}{RT}\right)} . \tag{8.14}$$

ΔG_{gating} entspricht der Änderung der Gibbs-Energie, wenn der Ionenkanal aus dem geschlossenen in den offenen Zustand übergeht. Ist für diese Zustandsänderung viel Energie erforderlich, wird der Ionenkanal vor allem im geschlossenen Zustand vorliegen und die Offenwahrscheinlichkeit ist gering.

Der Unterschied in der Energie ΔG_{gating} zwischen geschlossenem und offenem Zustand hängt wiederum von den Änderungen in der Enthalpie ΔH und der Entropie ΔS beim Gating ab:

$$\Delta G_{gating} = \Delta H_{gating} - T\Delta S_{gating} - E . \tag{8.15}$$

In ▶ Gl. 8.15 repräsentiert E weitere Energieformen, die das Gating beeinflussen. Thermosensitive Kanäle der TRP-Familie sind außerdem spannungsabhängig, sodass E die elektrostatische Energie über der Zellmembran angibt [46].

Bei einer geringen Offenwahrscheinlichkeit ist der Q_{10}-Wert für das Gating maximal und hängt von der Änderung der Enthalpie ΔH wie folgt ab:

$$Q_{10,gating} = \exp\left(10 \times \frac{\Delta H_{gating} - E}{RT^2}\right) . \tag{8.16}$$

Aus diesen thermodynamischen Überlegungen lassen sich die folgenden grundlegenden Prinzipien hinsichtlich des Gatings temperaturabhängiger Ionenkanäle ableiten:

- Durch Wärme aktivierte Ionenkanäle weisen $Q_{10,gating}$-Werte deutlich über 1 auf. Der Übergang in den offenen Zustand ist mit positiven Werten für die Enthalpie ΔH und die Entropie ΔS assoziiert. Folglich handelt es sich um eine endotherme Reaktion, die Wärme aus der Umgebung absorbiert.
- Ionenkanäle, die durch Kälte aktiviert werden, besitzen demgegenüber $Q_{10,gating}$-Werte, die kleiner als 1 sind. In diesem Fall geht das Gating mit negativen Werten für die Enthalpie und Entropie einher, sodass es sich um eine exotherme Reaktion handelt, bei der Wärme an die Umgebung abgegeben wird.

Die oben beschriebenen thermodynamischen Parameter konnten für einige temperatursensitive Ionenkanäle bestimmt werden. TRPM3 und TRPV1 werden durch Wärme aktiviert, während TRPM8 und TRPA1 auf Kältereize hin öffnen (◘ Tab. 8.1).

Tab. 8.1 Thermodynamische Eigenschaften temperaturabhängiger Ionenkanäle

Ionenkanal	ΔH_{gating} (kJ mol^{-1})	ΔS_{gating} (kJ mol^{-1})	z	$Q_{10,gating}$ (bei -70 mV)	T_{50} (°C bei -70 mV)
TRPM3	130	400	0,55	5,30	61
TRPV1	185	590	0,71	10,80	49
TRPM8	−160	−550	0,89	0,14	8
TRPA1	−125	−440	0,41	0,22	5

z ist die Ladung, die beim Öffnen des Ionenkanals über die Membran verschoben wird. T_{50} entspricht der Temperatur, bei der die Hälfte der Ionenkanäle im offenen Zustand vorliegt [18, 39, 46, 48]

Schlüsselkonzepte ▶ Abschn. 8.1 Physik der Wärme

— Die Begriffe „Temperatur" und „Wärme" bezeichnen unterschiedliche physikalische Größen. Die Temperatur stellt eine Zustandsgröße dar, deren Messung in den Einheiten Kelvin (K) oder Grad Celsius (°C) erfolgt. Die Temperatur eines Objekts ist unabhängig von dessen Masse. Wärme hingegen ist eine Prozessgröße, welche die Übertragung von Energie beschreibt. Sie wird in der Einheit Joule (J) gemessen und basiert auf den ungerichteten Bewegungen von Atomen und Molekülen in einem Feststoff, einer Flüssigkeit oder einem Gas.
— Die Übertragung von Wärme erfolgt durch die Prozesse der Wärmeleitung (Konduktion), der Konvektion sowie der Wärmestrahlung.
— Die Wärmeleitung bezeichnet einen Mechanismus zum Transport thermischer Energie, bei dem die Wärme entlang eines Temperaturgradienten von höherer zu niedriger Temperatur fließt. Sie basiert auf Schwingungen von Atomen und Molekülen, wobei die Wärmeenergie durch Kollisionen mit benachbarten Atomen weitergegeben wird. Die Wärmeleitfähigkeit stellt ein Maß für die Geschwindigkeit dar, mit der sich die Wärmeenergie in einem Material ausbreitet.
— Bei der Konvektion erfolgt die Übertragung von Wärme stets mit einem Stofftransport. Ein strömendes Medium wie beispielsweise Luft oder Wasser transportiert Wärme von einem Objekt in die Umgebung. Die übertragene Wärmemenge ist dabei annähernd proportional zur Oberfläche des Objekts sowie zur Temperaturdifferenz zum fluiden Medium.
— Die Wärmestrahlung stellt eine elektromagnetische Strahlung dar, welche von jedem Körper mit einer Temperatur oberhalb des absoluten Nullpunkts emittiert wird. Im Gegensatz zur Wärmeleitung und Konvektion erfolgt ihre Übertragung nicht durch

Materie. Die Intensität der Wärmestrahlung ist proportional zur 4. Potenz der Temperatur des Körpers und wird durch das Stefan-Boltzmann-Gesetz beschrieben.
- Der Q_{10}-Wert ist ein Maß dafür, wie sehr die Geschwindigkeit einer chemischen Reaktion von der Temperatur abhängt. Er wird auch verwendet, um die Temperaturabhängigkeit des Gatings von Ionenkanälen zu quantifizieren. Ionenkanäle, die durch Wärme aktiviert werden, weisen Q_{10}-Werte von deutlich über 1 auf. Demgegenüber liegen die Q_{10}-Werte von Ionenkanälen, die durch Kälte geöffnet werden, weit unter 1.

8.2 Thermorezeption der Säugetiere

Lernziele
1. Die grundlegende Bedeutung der Thermorezeption für Organismen erläutern.
2. Die Morphologie thermosensitiver Neuronen und ihre Lage im Nervensystem beschreiben.
3. Die unterschiedlichen Antwortprofile thermosensitiver Neuronen skizzieren.
4. Temperatursensitive Ionenkanäle und ihre Aktivierungsbereiche nennen.
5. Die unterschiedlichen sensorischen Funktionen von TRP-Kanälen beschreiben.

Die Wahrnehmung der Umgebungstemperatur ist eine fundamentale Voraussetzung für adaptives Verhalten und stellt eine der ältesten Sinnesleistungen dar [14]. Bakterien, Pflanzen und Tiere verfügen über molekulare Mechanismen, die ihnen eine angemessene Reaktion auf Temperatur und Temperaturänderungen ermöglichen. Die Temperatur spielt eine entscheidende Rolle für die Integrität von Zellen und Geweben und ist damit wesentlich für das Überleben eines Organismus, da sie die Funktion biologischer Makromoleküle – wie Proteine, Lipide und Nukleinsäuren – erheblich beeinflusst. Die Auswirkungen von Temperaturverschiebungen sind äußerst vielfältig und reichen von kurzfristigen physiologischen Reaktionen über Änderungen des Verhaltens bis hin zur Expression modifizierter Proteinisoformen, welche die Angepasstheit der Organismen an eine veränderte Temperatur optimieren. Im Vergleich zu der Geschwindigkeit der globalen Erwärmung verlaufen jedoch die evolutionären Prozesse von Mutation und Selektion in einem so langsamen Tempo, dass viele Organismen nicht in der Lage sind, adäquat auf diese thermischen Herausforderungen zu reagieren.

8.2.1 Temperatursensitive Neuronen

Die Erkennung und Verarbeitung von Wärme- und Kältereizen bei Menschen und Säugetieren allgemein erfolgt über temperatursensitive Ionenkanäle, die in der Zellmembran peripherer sensorischer Neuronen vorkommen. Wie die mechanosensorischen Neuronen weisen auch die temperaturempfindlichen Nervenzellen eine pseudounipolare Morphologie auf (siehe ▶ Abschn. 7.2.2). Ihre Zellkörper liegen in den Spinalganglien beiderseits der Wirbelsäule und innervieren den Rumpf, die Extremitäten sowie die inneren Organe. Der Kopfbereich wird von sensorischen Neuronen versorgt, deren Zellkörper in den Trigeminalganglien lokalisiert sind. Der periphere Ast der pseudounipolaren Neuronen endet als sogenannte freie Nervenendigung ohne weitere akzessorische Strukturen im Gewebe (◘ Abb. 8.3a).

Die von den temperaturempfindlichen Neuronen ausgehenden Fasertypen werden als Aδ- und C-Fasern klassifiziert. Während die Aδ-Fasern noch eine dünne Myelinschicht besitzen, sind die C-Fasern nicht myelinisiert. Da das Ausmaß der Myelinisierung die Leitungsgeschwindigkeit von Axonen bestimmt, leiten Aδ-Fasern Aktionspotenziale mit einer Geschwindigkeit von 2 bis 30 m s^{-1} schneller weiter als C-Fasern, die mit 0,2–2 m s^{-1} deutlich langsamer sind (siehe auch ▶ Abschn. 1.5.3).

Die temperaturempfindlichen Neuronen fungieren als Ausgangspunkt für drei verschiedene Signalwege, welche sämtlichen temperaturabhängigen Reaktionen eines Organismus zugrunde liegen (◘ Abb. 8.3b).

1. **Akute Vermeidung von noxischer Wärme oder Kälte mittels spinaler Reflexbahnen.** Bei Kontakt mit noxischen Temperaturen werden die betroffenen Gliedmaßen unmittelbar weggezogen. Sensorische Informationen gelangen über die Spinalganglien ins dorsale Horn des Rückenmarks, wo sie über spinale Interneuronen auf α-Motoneuronen verschaltet werden (siehe ▶ Abschn. 7.2.2). Die Aktivierung der Motoneuronen führt zur Kontraktion der Muskulatur, wodurch ein schneller Rückziehreflex ausgelöst wird. Offensichtlich handelt es sich hierbei um einen Mechanismus zum Schutz vor Gewebeschäden durch übermäßig hohe Temperaturen. Auf den noxischen Aspekt der Thermorezeption gehen wir in ▶ Kap. 9 ausführlicher ein.
2. **Wahrnehmung der Temperatur.** Informationen über die Umgebungstemperatur gelangen aus der sensorischen Peripherie ins Rückenmark und nach einer synaptischen Umschaltung über den spinothalamischen Trakt in den Thalamus, eine zentrale sensorische Region des Zwischenhirns. Von dort werden die Signale in den somatosensorischen Cortex weitergeleitet, wo eine bewusste Wahrnehmung der Temperatur erfolgt und bei Bedarf ein entsprechendes Verhalten initiiert wird.
3. **Aktivierung thermoregulatorischer Prozesse.** Informationen, welche die Temperatur der Haut und der inneren Organe betreffen, werden in den Hypothalamus transportiert, der selbst über temperatursensitive Neuronen verfügt.[5] Diese Neuronen erhalten synaptischen Eingang von temperaturempfindlichen Neuronen in der Körperperipherie und reagieren ihrerseits auf Veränderungen der lokalen Gewebetemperatur. Infolgedessen ist der Hypothalamus in der Lage, periphere und zentrale Temperaturinformationen miteinander zu vergleichen und thermoregulatorische Prozesse wie Hautdurchblutung, Schwitzen oder Muskelzittern zu steuern [12].

Bei den homoiothermen – also gleichwarmen – Säugetieren sind die inneren Organe lediglich den tagesperiodischen Schwankungen der Körperkerntemperatur um

---

5 Die entsprechenden Kerne des Hypothalamus werden als Nuclei preoptici bezeichnet. Eine Schädigung dieser präoptischen Region resultiert in einer gestörten Temperaturregulation. Auch Fieber als Folge entzündlicher oder infektiöser Prozesse wird über diese Kerngebiete gesteuert.

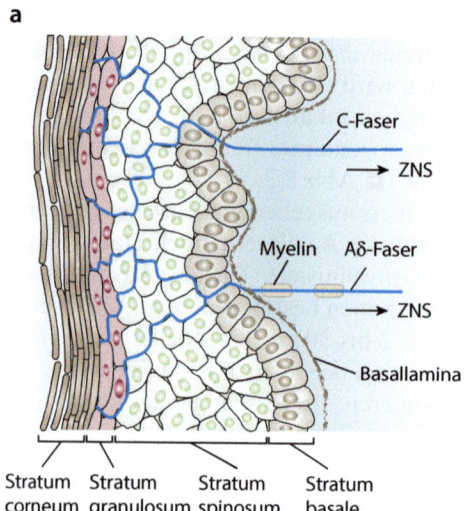
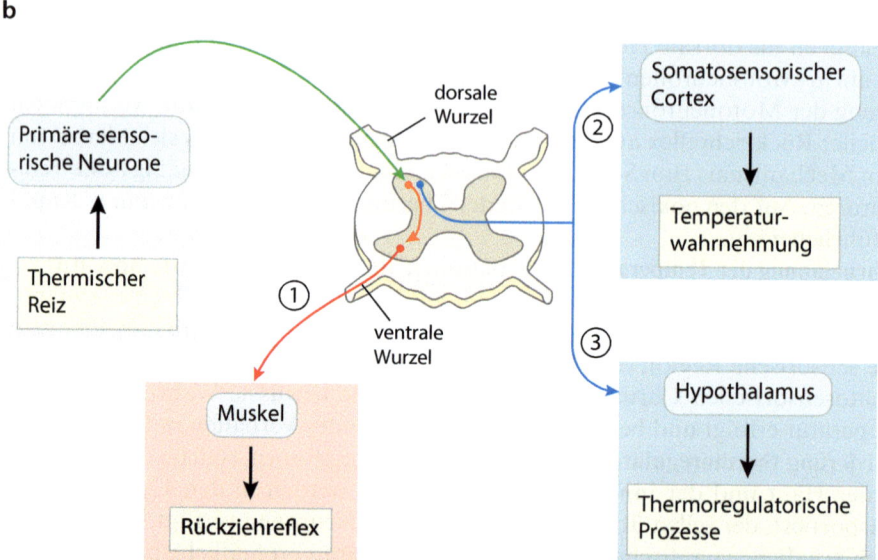

Abb. 8.3 Thermorezeptive Strukturen und Signalwege bei Säugetieren. **a** Der schematische Querschnitt der Epidermis einer Fingerspitze zeigt den Verlauf der primären sensorischen Endigungen *(blau)*, die aus nicht-myelinisierten C-Fasern und Aδ-Fasern mit einer dünnen Myelinschicht bestehen. **b** Die zentralnervöse Verarbeitung temperaturabhängiger Informationen erfolgt über drei unterschiedliche Signalwege. (1) Spinale Schaltkreise vermitteln bei noxischen Temperaturen einen schnellen Rückziehreflex. (2) Die bewusste Wahrnehmung der Temperatur erfolgt im somatosensorischen Cortex. (3) Im präoptischen Areal des Hypothalamus werden temperaturregulatorische Prozesse initiiert. Der sensorische Eingang erfolgt über die dorsale Wurzel *(grün)*, der motorische Ausgang über die ventrale Wurzel *(rot)*. Die Signale für die Wahrnehmung und Regulation der Temperatur *(blau)* werden über aufsteigende Bahnen ins Gehirn transportiert. Modifiziert nach [49]

wenige Grad ausgesetzt.[6] Die menschliche Hauttemperatur hingegen variiert zwischen 30–35 °C und wird in diesem Temperaturbereich als thermisch neutral, also weder warm noch kalt, empfunden. Temperaturen, die außerhalb dieser thermischen Indifferenzzone liegen, werden subjektiv als kalt oder warm wahrgenommen. Im Bereich nicht-schmerzhafter Temperaturen findet jedoch eine sensorische Adaptation statt, sodass die Wahrnehmung von „Kälte" oder „Wärme" innerhalb weniger Minuten nachlässt. Bei einer Abkühlung der Haut auf Werte unterhalb von 15 °C oder einer Erwärmung auf Werte über 45 °C tritt ein sogenannter Kälte- bzw. Wärmeschmerz auf.

Aufgrund ihrer unterschiedlichen physiologischen Antwortprofile lassen sich temperaturempfindliche Neuronen in vier verschiedene Klassen einteilen. Thermosensorische Neuronen übermitteln demnach eine bestimmte Reizqualität. Die Klassifizierung in der folgenden Auflistung und in ◘ Abb. 8.4 erfolgt nach dem jeweiligen Reiz.

1. **Schmerzhafte Kälte.** Im thermisch neutralen Bereich zeigen Neuronen, die auf schmerzhafte Kälte reagieren, keine Aktivität. Sie erzeugen jedoch Aktionspotenziale, sobald die Temperatur auf einen Wert zwischen 20 und 10 °C fällt. Dabei nimmt im Laufe einer Abkühlung der Haut bis auf 0 °C die Aktionspotenzialfrequenz der Neuronen annähernd linear zu, ohne dass eine nennenswerte Adaptation stattfindet.
2. **Harmlose Kälte.** In diesem Temperaturbereich erzeugen die entsprechenden Neuronen bereits in der Thermoneutralzone Aktionspotenziale, was auch als Spontanaktivität bezeichnet wird. Bei einer Absenkung der Temperatur von 37 °C auf 20 °C steigt die Aktionspotenzialfrequenz kontinuierlich an und erreicht bei etwa 25–20 °C ein Maximum. Unterhalb von 20 °C adaptieren die Neuronen und erzeugen kaum noch Aktionspotenziale, während eine Erhöhung der Temperatur über 37 °C zu einer Unterdrückung der Spontanaktivität führt.
3. **Harmlose Wärme.** Die für harmlose Wärme spezifischen Neuronen zeigen ein annähernd spiegelbildliches Verhalten zu den Rezeptoren, die harmlose Kälte vermitteln. Die spontane neuronale Aktivität nimmt bei moderatem Abkühlen ab und endet bei einer Temperatur von etwa 30 °C. Umgekehrt steigt die Frequenz der Aktionspotenziale mit zunehmender Temperatur und erreicht ihr Maximum bei 40–43 °C. In diesem Temperaturbereich adaptieren die Fasern sehr schnell.
4. **Schmerzhafte Wärme.** Eine Aktivierung der für schmerzhafte Wärme spezifischen Neuronen beginnt erst bei Temperaturen oberhalb von 43 °C. Analog zu den Rezeptoren für schmerzhafte Kälte zeigt sich auch hier keine Adaptation.

Moderate Temperaturänderungen oberhalb und unterhalb der Thermoneutralzone werden zuverlässig registriert, wobei die sensorischen Neuronen relativ schnell adaptieren. Dieses Phänomen korreliert mit unserer Alltagserfahrung, da wir uns beispielsweise nach einer Weile an die Temperatur eines Raums gewöhnen und sie nicht mehr wahrnehmen. Demgegenüber zeigen thermosensitive Neuronen keine Adaptati-

---

6   Die Körpertemperatur des Menschen schwankt im Verlauf eines Tages typischerweise um etwa 0,5–1,0 °C. Normalerweise liegt die durchschnittliche Körpertemperatur eines gesunden Erwachsenen bei etwa 36,1–37,2 °C. Die Temperatur ist in der Regel morgens niedriger und erreicht am späten Nachmittag und Abend ihr Maximum. Im Rahmen körperlicher Aktivität ist ein Anstieg der Körperkerntemperatur um bis zu 2 °C möglich, während bei Fieber Temperaturen von 38–42 °C erreicht werden können.

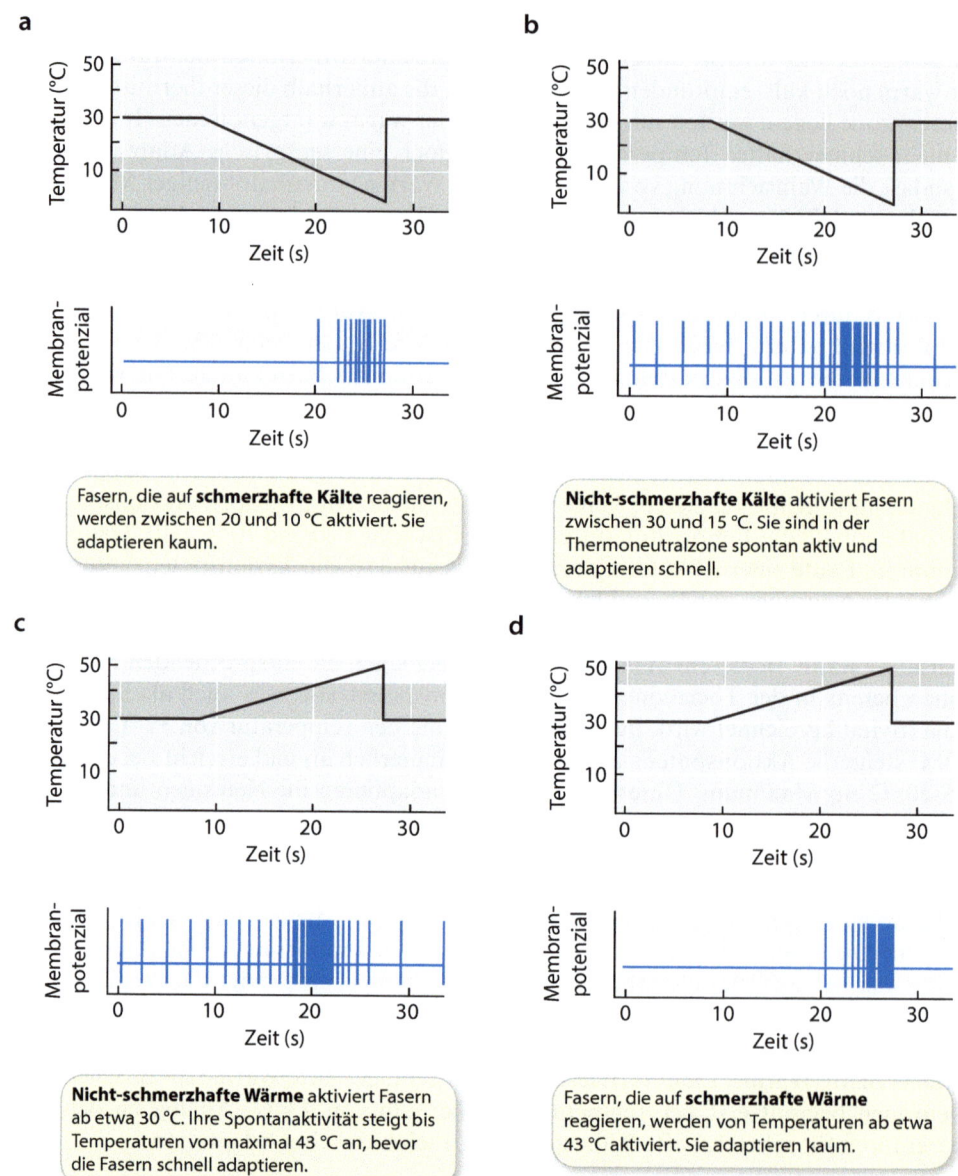

Abb. 8.4 Temperatursensitive Neuronen der Haut zeigen vier unterschiedliche Antwortprofile. **a** Reaktion auf schmerzhafte Kälte. **b** Reaktion auf moderates, nicht-schmerzhaftes Abkühlen. **c** Reaktion auf moderates, nicht-schmerzhaftes Erwärmen. **d** Reaktion auf schmerzhafte Wärme. Der obere Teil jeder Abbildung zeigt den Verlauf der Temperaturänderung zur Aktivierung der Neuronen, wobei der jeweils relevante Temperaturbereich in *dunkelgrau* hervorgehoben ist. Im unteren Teil der Abbildung ist die neuronale Aktivität als Reaktion auf die Temperaturänderung in Form von Aktionspotenzialen *(senkrechte blaue Striche)* dargestellt. Modifiziert nach [49]

on an noxische, also über die Schmerzgrenze hinausgehende Temperaturen. Eine solche Situation birgt ein akutes Gefahrenpotenzial, das umgehend durch eine adäquate Verhaltensreaktion adressiert werden muss.

Die subjektive Wahrnehmung von Wärme oder Kälte setzt voraus, dass Temperaturänderungen in der Außenwelt oder im Körper selbst von sensorischen Neuronen detektiert und in elektrische Signale umgewandelt werden. Im Folgenden soll der Fokus auf den temperatursensitiven Ionenkanälen sowie den molekularen Mechanismen liegen, durch welche thermische Signale in die Bewegung von Ionen über der Plasmamembran und schließlich in eine Sequenz von Aktionspotenzialen transformiert werden.

8.2.2 Temperatursensitive Kanäle

Die Thermorezeption basiert auf der Eigenschaft spezifischer Ionenkanäle, ihre Leitfähigkeit in Abhängigkeit von der Temperatur zu ändern. Im Unterschied zu den bisher diskutierten Ionenkanälen, deren Gating durch elektrische Spannung, die Bindung eines Liganden oder mechanische Kräfte reguliert wird, erfolgt die Aktivierung temperatursensitiver Kanäle unmittelbar durch eine Änderung der Temperatur. Dabei repräsentiert der Q_{10}-Wert die Stärke der Temperaturabhängigkeit eines Ionenkanals (siehe ▶ Abschn. 8.1.3). Die temperaturabhängige Änderung der Leitfähigkeit der Ionenkanäle reguliert den Ionenstrom über die Zellmembran und bestimmt somit, ob und mit welcher Frequenz Aktionspotenziale in der afferenten Endigung generiert werden.

Eine zuverlässige Identifizierung temperatursensitiver Kanäle erweist sich ähnlich schwierig wie die von mechanosensitiven Ionenkanälen (siehe ▶ Abschn. 7.1). Auch hier werden strenge Kriterien definiert, die erfüllt sein müssen, um einen Ionenkanal als temperatursensitiv zu kategorisieren. In diesem Zusammenhang ist es entscheidend, dass die Kanäle an den passenden Stellen in den sensorischen Neuronen vorkommen, insbesondere in den peripheren Endigungen, wo Temperaturänderungen in der Außenwelt zuerst registriert werden. Des Weiteren müssen die Ionenkanäle in einem heterologen Expressionssystem sowie im intakten Organismus durch Temperaturänderungen reguliert werden können. Schließlich muss durch einen Knock-out eines oder mehrerer Kandidatengene in einem Tiermodell ein Verlust oder zumindest eine Einschränkung der Thermosensitivität innerhalb des erwarteten Temperaturbereichs nachgewiesen werden.

Nach mehr als zwei Jahrzehnten intensiver Forschung gelang es, Vertreter der TRP-Familie (*Transient receptor potential*) von Ionenkanälen als miniaturisierte molekulare Thermorezeptoren eindeutig zu identifizieren. Die genannten Ionenkanäle reagieren auf Temperaturen zwischen 10–50 °C und bilden daher den gesamten für Säugetiere relevanten physiologischen Temperaturbereich ab [47]. Neben den TRP-Kanälen sind möglicherweise auch andere Ionenkanäle an der Transduktion von Wärme- und Kältereizen beteiligt. Wir wollen im Folgenden ausführlicher auf die Struktur und die Eigenschaften thermosensitiver Ionenkanäle eingehen.

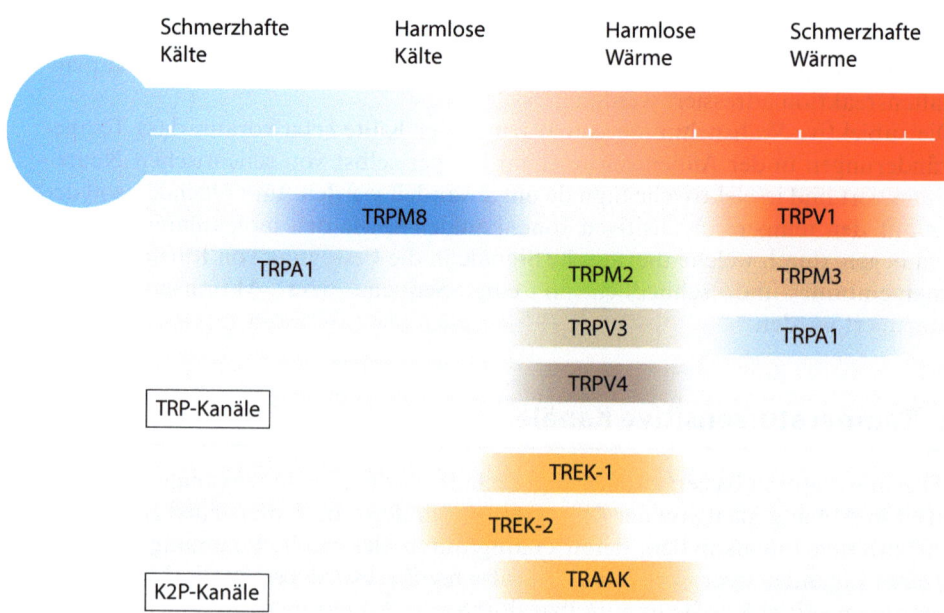

Abb. 8.5 Aktivierungsbereich temperatursensitiver TRP- und TREK-Kanäle. TRPA1 und TRPM8 werden durch Abkühlung aktiviert, während alle anderen Kanäle auf eine Erhöhung der Temperatur reagieren. Alle aufgeführten TRP-Kanäle bis auf TRPV3 werden von sensorischen Neuronen exprimiert. TRPV3 und TRPV4 kommen in Keratinocyten vor, wo sie an der Detektion von Juckreizen sowie der Homöostase und Regeneration der Haut beteiligt sind

- **TRP-Kanäle**

TRP-Kanäle fungieren als molekulare Außenposten zahlreicher sensorischer Systeme, indem sie auf eine Vielzahl von Reizen reagieren, darunter Temperatur, Berührung, Schmerz, Osmolarität, Pheromone sowie diverse Geschmacksstoffe. Es handelt sich um evolutionär sehr alte sensorische Moleküle, die nicht nur bei mehrzelligen Organismen, sondern auch bei Einzellern zu finden sind. Erstmals wurden TRP-Kanäle im Jahr 1969 in Photorezeptoren der Fruchtfliege *Drosophila* entdeckt. Eine Mutante zeigte im Elektroretinogramm eine transiente – also vorübergehende – Potenzialänderung als Reaktion auf einen Lichtreiz, anstelle einer länger anhaltenden Antwort. Dieses veränderte Reaktionsprofil war letztlich für die TRP-Familie von Ionenkanälen namensgebend [13].

Die TRP-Superfamilie umfasst bei Säugetieren insgesamt 28 verschiedene Proteine, die in sechs Unterfamilien eingeteilt werden (TRPC, TRPV, TRPM, TRPA, TRPML und TRPP). Temperatursensitive TRP-Kanäle sind in den Unterfamilien TRPV, TRPA sowie TRPM zu finden. Die in Abb. 8.5 angegebenen Temperaturbereiche, in denen die Kanäle aktiviert werden, dienen lediglich als ungefähre Orientierung, da sie durch intrazelluläre Faktoren maßgeblich beeinflusst werden können. So führt beispielsweise eine Reduktion der intrazellulären Konzentration von PIP_2 zu einer Verschiebung des Aktivierungsbereichs von TRPV1 zu höheren Temperaturen [34]. Entzündliche Prozesse hingegen erhöhen die Temperaturempfindlichkeit von TRPV1, sodass die Kanäle bereits durch die normale Körpertemperatur von 37 °C aktiviert werden [42].

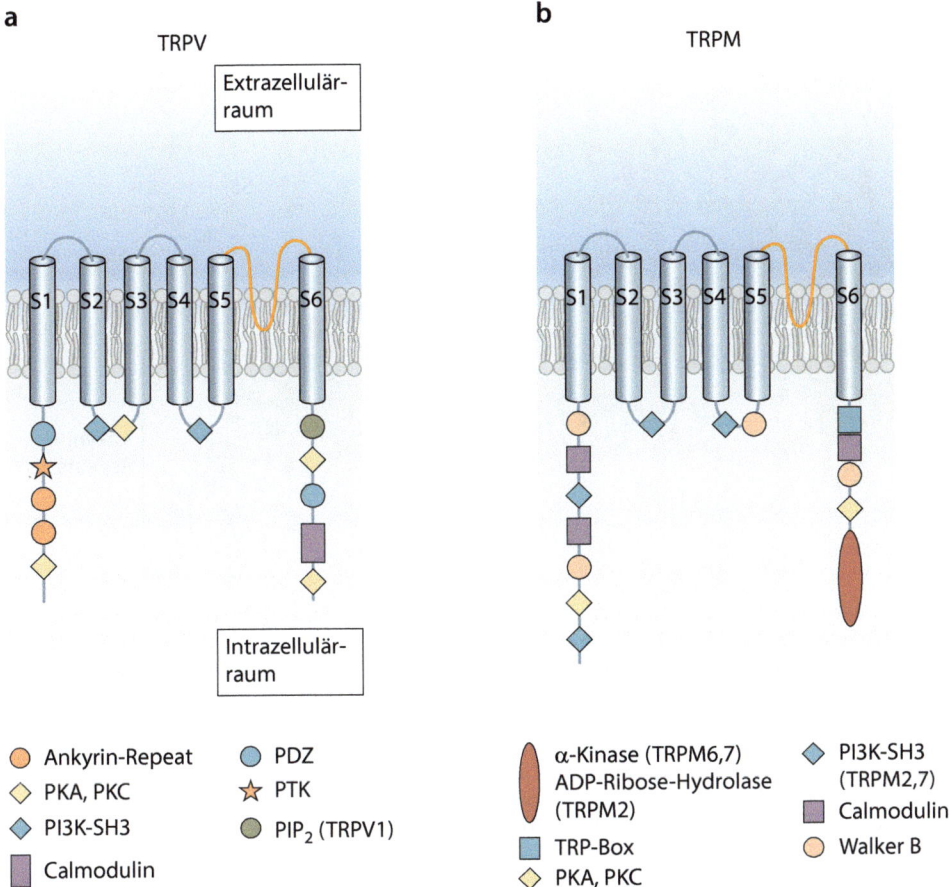

Abb. 8.6 Membrantopologie und funktionelle Domänen thermosensitiver TRP-Kanäle. **a** TRPV-Kanäle. **b** TRPM-Kanäle. TRP-Kanäle besitzen zahlreiche intrazelluläre Domänen am N- und C-Terminus, die für die Modulation des Gatings sowie für Protein-Protein-Wechselwirkungen eine Rolle spielen. PKA, Proteinkinase A; PKC, Proteinkinase C; PI3K, Phosphoinositid-3-OH-Kinase; PIP$_2$, Phosphatidylinositol-4,5-bisphosphat; PTK, *Protein tyrosine kinase*; SH3, *SRC homology 3*. Modifiziert nach [32]

Die grundlegende Architektur der TRP-Kanäle entspricht weitgehend derjenigen der spannungsgesteuerten K$^+$-Kanäle (siehe ▶ Abschn. 1.4). Sie bestehen aus vier homologen Untereinheiten mit sechs membrandurchspannenden α-Helices, die als S1–S6 bezeichnet werden, sowie einem cytosolischen N- und C-Terminus. Die vier Untereinheiten lagern sich zu einem tetrameren Protein zusammen, wodurch ein funktioneller Ionenkanal entsteht. Die Transmembransegmente S5 und S6 sowie die verbindende Porenschleife der vier Untereinheiten bilden die zentrale, für Kationen durchlässige Kanalpore. Die Segmente S1–S4 und die cytoplasmatischen Schleifen hingegen enthalten vermutlich regulatorische Domänen, die auf bisher unbekannte Weise das Gating der Kanäle beeinflussen. Insbesondere die intrazellulären N- und C-terminalen Regionen sind bei den TRP-Kanälen von außergewöhnlicher Länge und besitzen funktionelle Module mit modulatorischer und katalytischer Aktivität (◘ Abb. 8.6).

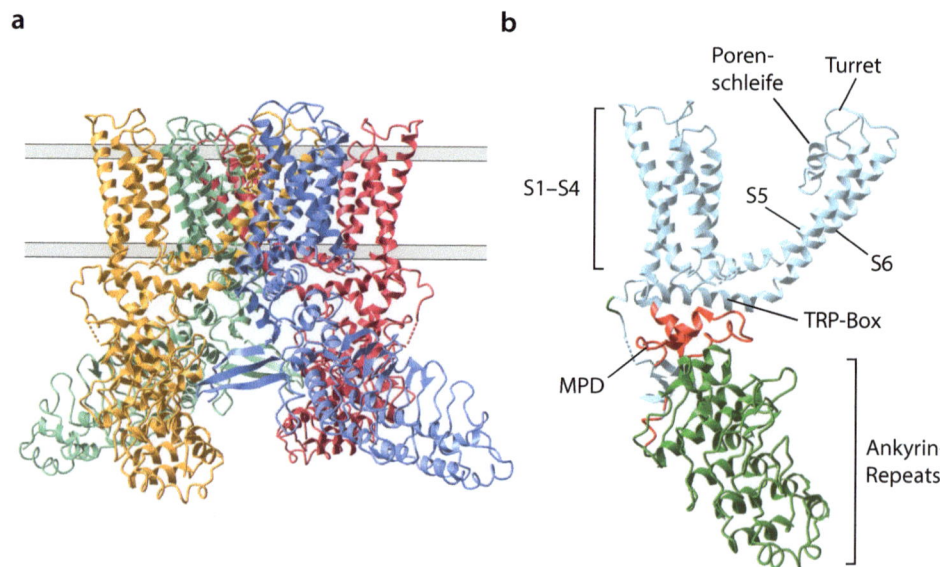

Abb. 8.7 Struktur von TRPV-Kanälen in atomarer Auflösung. **a** Das Ribbon-Diagramm stellt die vier Untereinheiten des TRPV1-Kanals in der Seitenansicht dar. Die *grauen Linien* deuten die Position der Plasmamembran an. **b** Die Seitenansicht einer einzelnen Untereinheit zeigt die intrazelluläre Domäne mit sich wiederholenden Ankyrin-Motiven, die sechs Transmembransegmente sowie die Porenschleife zwischen S5 und S6. Die Temperaturempfindlichkeit der TRP-Kanäle wird durch mehrere über das Protein verteilte Regionen implementiert: die membranproximale Domäne (MPD) zwischen den Ankyrin-Repeats und dem ersten Transmembransegment, eine als Turret bezeichnete Region der Porenschleife, einige Aminosäurereste im äußeren Bereich der Kanalpore sowie schließlich die C-terminale TRP-Box (PDB ID: 3J5P [23])

Die meisten Vertreter der TRP-Kanäle weisen keine oder lediglich eine geringe Anzahl positiver Ladungen im Segment S4 auf, das bei den spannungsgesteuerten Na_V-, K_V- und Ca_V-Kanälen eine essenzielle Komponente des Spannungssensors bildet. Aus diesem Grund zeigt sich bei den TRP-Kanälen keine ausgeprägte Sensitivität gegenüber Spannungsänderungen über der Zellmembran. Allerdings konnten mit TRPM4 und TRPM5 mittlerweile zwei TRP-Kanäle identifiziert werden, deren temperaturabhängiges Gating auch durch intrazelluläres Calcium sowie eine Depolarisation der Zellmembran beeinflusst wird (Abb. 8.2b) [21, 30].

Die hochauflösende dreidimensionale Darstellung verdeutlicht die Ähnlichkeit der TRP-Kanäle mit den spannungsgesteuerten Ionenkanälen in besonderem Maße (Abb. 8.7a und 1.7). In Anbetracht der Struktur der TRP-Kanäle stellt sich die Frage, ob die Aminosäuresequenz eine Art Temperatursensor ausbildet, der Wärme oder Kälte registriert und durch eine Konformationsänderung das Gating der Ionenkanäle reguliert. Die bisherigen experimentellen Befunde zeigen jedoch, dass die temperatursensitiven Regionen über das gesamte Protein verteilt sind und sich nicht wie beim Spannungssensor der spannungsgesteuerten Kanäle auf einen bestimmten Bereich beschränken (Abb. 8.7b).

TRPV1, ursprünglich als Vanilloid-Rezeptor bezeichnet, wurde als erster thermosensitiver Kationenkanal identifiziert [10]. Interessanterweise bindet Capsaicin, eine

Tab. 8.2 Wechselwirkungen pflanzlicher Substanzen mit thermosensitiven TRP-Kanälen

Substanz	Vorkommen	Ionenkanal	Art der Bindung
Menthol	Minze (*Mentha* spp.)	TRPM8	Reversible Interaktion
		TRPA1	Reversible Interaktion
Eucalyptol (1,8-Cineol)	Eukalyptusbaum (*Eucalyptus globulus*)	TRPM8	Reversible Interaktion
Capsaicin	Paprika (*Capsicum* spp.)	TRPV1	Reversible Interaktion
Piperin	Pfefferkörner (*Piper nigrum, Piper longum*)	TRPV1	Reversible Interaktion
Allylisothiocyanat	Senfkörner (*Brassica nigra*)	TRPA1	Kovalente Bindung
		TRPV1	Reversible Interaktion
Zimtaldehyd	Zimtrinde (*Cinnamonum* spp.)	TRPA1	Kovalente Bindung
Allicin	Knoblauch (*Allium sativum*)	TRPA1	Kovalente Bindung
		TRPV1	Kovalente Bindung

Substanz, die Chilis ihre Schärfe verleiht, an eine extrazelluläre Bindungsstelle von TRPV1. Tatsächlich wird die brennende Schärfe von Chilis durch die capsaicinbedingte Aktivierung von TRPV1-Kanälen erzeugt. Allerdings stellt Capsaicin nicht die einzige pflanzliche Substanz dar, die an TRP-Kanäle bindet (◘ Tab. 8.2). Folglich können einige thermosensitive TRP-Kanäle sowohl durch Temperaturänderungen als auch durch die extrazelluläre Bindung eines Liganden aktiviert werden. Die subjektiv wahrgenommene Empfindung von Wärme oder Kälte ist vom jeweiligen TRP-Kanal und dem Liganden abhängig.

Eine Aktivierung von TRPV1 erfolgt bei Temperaturen über 42 °C (◘ Abb. 8.8). In der Regel werden Temperaturen zwischen 42–45 °C von den meisten Menschen als schmerzhaft empfunden, sodass TRPV1 eventuell zwei sensorische Modalitäten vermittelt, nämlich harmlose Wärme und Wärmeschmerz. Wird in einem genetischen Ablationsmodell TRPV1 gezielt entfernt, bleibt eine residuale Wärmeempfindlichkeit insbesondere für höhere Temperaturen (über 55 °C) erhalten. Dieser Temperaturbereich noxischer Wärme wird unter anderem von TRPM3-Kanälen abgedeckt, welche gemeinsam mit TRPV1 in sensorischen Endigungen exprimiert werden [48]. In der aktuellen Diskussion wird zudem mit TRPA1 ein weiterer Vertreter der TRP-Kanäle ins Spiel gebracht, der möglicherweise für die Transduktion schmerzhafter Wärmereize verantwortlich ist. Der gleichzeitige Knock-out der drei TRP-Kanäle TRPV1, TRPM3 und TRPA1 resultiert in einem vollständigen Verlust der Schmerzempfindlichkeit gegenüber noxischen Wärmereizen [43].

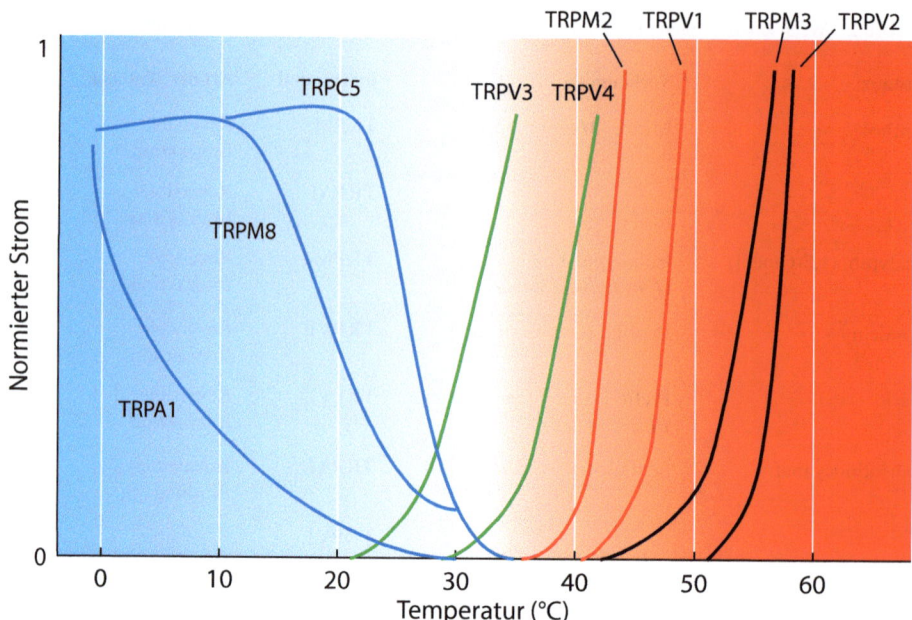

☐ Abb. 8.8 Temperaturabhängigkeit der Ionenströme durch TRP-Rezeptorkanäle. Die verschiedenen Mitglieder der TRP-Familie werden bei jeweils spezifischen Temperaturen aktiviert und reagieren entweder auf eine Erwärmung oder eine Abkühlung mit einem Ionenstrom. Die Steilheit des Kurvenverlaufs ist ein Maß für die Temperatursensitivität der Kanäle. Für eine bessere Vergleichbarkeit sind die Stromamplituden normiert

TRPM2 kommt in afferenten Neuronen vor, die keine der anderen thermosensitiven TRP-Kanäle exprimieren. Diese sensorischen Endigungen reagieren auf harmlose Wärmereize im Temperaturbereich zwischen 34–42 °C (☐ Abb. 8.8) [40]. Der Knock-out von TRPM2 führt zu einem Verlust der Empfindlichkeit für Temperaturen zwischen 33–38 °C. Neben TRPM2 werden auch die Ionenkanäle TRPV3 und TRPV4 durch nicht-schmerzhafte Wärme aktiviert. Im Gegensatz zu TRPM2-Kanälen lassen sie sich in neuronalen Endigungen jedoch kaum nachweisen, sondern werden vor allem von Keratinocyten, also keratinproduzierenden Zellen der Epidermis, exprimiert. Infolgedessen wurde die Hypothese aufgestellt, dass Keratinocyten harmlose Wärmereize detektieren und temperaturrelevante Informationen mittels diffusibler Botenstoffe wie ATP oder Stickstoffmonoxid an sensorische Neuronen weitergeben [25, 27].

Die Detektion von Temperaturen unterhalb der Thermoneutralzone als Voraussetzung für die subjektive Wahrnehmung von Kälte erfolgt durch andere als die bisher besprochenen TRP-Kanäle. Der nicht-selektive Kationenkanal **TRPM8** wird bei Temperaturen unter etwa 27 °C aktiviert, wobei auch die reversible Bindung von Menthol eine Rolle spielt (☐ Abb. 8.8) [26, 33].[7] Der genetische Knock-out von TRPM8 resultiert im Tiermodell in einer verringerten Antwort auf harmlose Kältereize, während die Reaktion auf schmerzhafte Kälte jedoch unbeeinträchtigt bleibt.

---

[7] Menthol selbst erzeugt eine subjektive Empfindung von Kälte. Außerdem wird ein Kältereiz intensiver als kühl empfunden, wenn er zusammen mit Menthol präsentiert wird.

Diese Befunde deuten darauf hin, dass noxische, also potenziell gewebeschädigende Kältereize, durch wiederum andere Ionenkanäle vermittelt werden.

Ursprünglich wurde **TRPA1** als möglicher Ionenkanal für die Detektion schmerzhafter Kälte vorgeschlagen [38]. Die Relevanz von TRPA1 für die Signaltransduktion in diesem Temperaturbereich wird jedoch kontrovers diskutiert, da die experimentellen Befunde die oben genannten Kriterien nur sehr eingeschränkt unterstützen. Insbesondere führt ein Knock-out von TRPA1 in einem Mausmodell nicht zu einer veränderten Reaktion auf Kältereize unterhalb von 10 °C. Darüber hinaus hat ein kombinierter Knock-out von TRPA1 und TRPM8 im Vergleich zu einem einfachen Knock-out von TRPM8 keine Unterschiede im temperatursensitiven Verhalten der transgenen Tiere zur Folge [19]. Eine ähnliche Diskrepanz zwischen Expressionssystem und Tiermodell lässt sich auch bei TRPC5 beobachten. Zwar reagiert dieser Kanal in einem heterologen Expressionssystem auf ein Absenken der Temperatur von 40 °C auf 14 °C mit einem Einstrom von Kationen, aber ein Knock-out von TRPC5 resultiert nicht in einem entsprechenden aversiven Verhalten bei schmerzhafter Kälte [55].

Schließlich wird eine mögliche Beteiligung der Proteine STIM und Orai1 an der Signaltransduktion bei noxischer Kälte diskutiert [8]. Zur Erinnerung: Ist der Vorrat an Ca^{2+}-Ionen in der Zelle erschöpft, bewegt sich STIM1 innerhalb der Membran des endoplasmatischen Reticulums in Bereiche, die in der Nähe der Plasmamembran liegen. Dort aktiviert es den Ionenkanal Orai1, und der folgende Einstrom von Ca^{2+} füllt die Speicher wieder auf. Dieser Prozess wird als *Store-operated Ca^{2+} entry* (SOCE) bezeichnet und in ▶ Abschn. 2.5.4 ausführlich besprochen. Eine geringfügige Erwärmung auf 35 °C führt zu einer Akkumulation von STIM1 in der Nähe der Zellmembran, die unabhängig von der Konzentration an Ca^{2+}-Ionen in den Speichern des endoplasmatischen Reticulums erfolgt. Bei einer anschließenden Absenkung der Temperatur kommt es zu einem kurzen Einstrom von Ca^{2+}-Ionen durch Orai1-Kanäle [50].

Die auf der Grundlage heterologer Expressionssysteme sowie systemischer Knock-out-Modelle gewonnenen Erkenntnisse offenbaren insgesamt eine Reihe von Widersprüchen, die auf ein noch lückenhaftes Verständnis der Signaltransduktion bei schmerzhafter Kälte hindeuten. Im Gegensatz zu den Transduktionsmechanismen bei noxischer Wärme sind diejenigen Ionenkanäle, die für schmerzhafte Kälte verantwortlich sind, noch nicht eindeutig identifiziert.

An dieser Stelle lohnt ein kritischer Vergleich hinsichtlich der Aussagekraft der Ergebnisse, die auf der Grundlage von heterologen Expressionssystemen und Knock-out-Modellen generiert werden.

— **Zellulärer Kontext.** Die Verwendung nicht-nativer Zellen in heterologen Expressionssystemen kann zu Unterschieden in der Proteinfaltung, zu Veränderungen bei posttranslationalen Modifikationen wie Phosphorylierung und Glykosylierung sowie zu geänderten Wechselwirkungen mit anderen Proteinen führen. Diese Abweichungen von der regulären Proteinsynthese können sich auf die Funktionalität der untersuchten Proteine auswirken. In einem Knock-out-Modell bleibt der ursprüngliche zelluläre Kontext hingegen erhalten.

— **Kompensationsmechanismen.** Bei einem systemischen Knock-out eines Gens können kompensatorische Mechanismen aktiviert werden, sodass die fehlende Funktion teilweise oder sogar vollständig wiederhergestellt wird. Dies kann zu einem weniger schwerwiegenden Phänotyp des Knock-outs führen. Obgleich die lokale Ausschaltung eines Gens eine präzisere Beurteilung der Funktionalität erlaubt, sind kompensatorische Mechanismen auch hier nicht ausgeschlossen. In heterologen Expressionssystemen besteht in der Regel keine Möglichkeit, fehlende Funktionen anderweitig zu kompensieren.

— **Expression in nicht-pyhsiologischen Mengen.** In heterologen Systemen kommt es häufig zu einer Diskrepanz zwischen der Anzahl der dort vorkommenden Proteine und den Proteinmengen, die normalerweise in den Zellen eines intakten Organismus vorhanden sind. Sowohl eine Über- als auch eine Unterexpression eines Gens können die Wechselwirkungen mit anderen für die Funktion essenziellen Proteinen beeinflussen. In einem Knock-out-Modell wird kein funktionelles Protein produziert.

— **Fehlende regulatorische Elemente.** In heterologen Systemen kann die komplexe Genregulation nur ansatzweise reproduziert werden. Es ist daher möglich, dass das Fehlen wichtiger regulatorischer Elemente zu einer abweichenden Genexpression mit Konsequenzen für die Proteinfunktion führt. In Knock-out-Modellen sind diese regulatorischen Elemente zwar vorhanden, allerdings ist das Zielgen ausgeschaltet, sodass eine Beeinflussung der normalen Funktion nicht mehr möglich ist.

— **Artspezifische Unterschiede.** Die Funktion von Proteinen unterscheidet sich möglicherweise in verschiedenen Spezies. Beispielsweise kann ein Ionenkanal der Maus, der von einer humanen Nierenzelle exprimiert wird, aufgrund von artspezifischen Unterschieden andere Eigenschaften aufweisen als in seiner nativen Umgebung. Der direkte Vergleich mit Knock-out-Modellen, bei denen das Gen in einem Organismus derselben oder einer nah verwandten Spezies ausgeschaltet wird, kann sich daher als schwierig erweisen.

Beide Methoden – heterologe Expression eines mutierten Proteins und funktioneller Knock-out – weisen spezifische Vor- und Nachteile auf. Daher ist häufig eine Kombination aus beiden Ansätzen erforderlich, um die physiologische Funktion eines Proteins zu verstehen.

Nach diesem kurzen methodischen Exkurs bietet die ◘ Tab. 8.3 einen Überblick über die bei Säugetieren vorkommenden, temperatursensitiven Ionenkanäle und ihre jeweilige Funktion. Allerdings weisen nicht alle der aufgeführten Kanäle einen temperaturabhängigen Phänotyp im Knock-out-Modell auf, sodass ihre physiologische Bedeutung als Temperatursensor *in vivo* aktuell nicht bestätigt werden kann.

- **TREK-Kanäle**

Ein weiterer möglicher molekularer Mechanismus der thermischen Signaltransduktion basiert auf der Aktivierung von Kaliumkanälen, die wir bereits im Zusammenhang mit den Kaliumhintergrundkanälen und dem Ruhemembranpotenzial kennengelernt haben (siehe ▶ Abschn. 1.3) [31, 45]. Wenn diese Kaliumkanäle durch ein Absenken der Temperatur schließen, wird der Ausstrom von K^+-Ionen aus der Zelle reduziert. Dies resultiert in einer Depolarisation der Zellmembran und bei entsprechender Amplitude in der Erzeugung von Aktionspotenzialen in den sensorischen Neuronen.

Die TREK-Kanäle gehören zu einer Familie von Kaliumkanälen, die sich von den spannungsgesteuerten Kaliumkanälen durch die Anwesenheit von vier Trans-

Tab. 8.3 Thermosensitive Ionenkanäle bei Säugetieren

Sensor	Q_{10}-Wert	T_{akt}	Physiologische Bedeutung
TRPV1	> 15	~42 °C	Signalisiert noxische Wärme, vermittelt Schmerzempfinden
TRPM3	~ 7	~40 °C	Signalisiert noxische Wärme, vermittelt Schmerzempfinden
TRPA1	~ 10	Variabel	Signalisiert noxische Wärme, vermittelt Schmerzempfinden; kälteempfindlich bei oxidativem Stress
TRPV2	~ 100	~52 °C	Hitzeempfindlich in vitro, kein Phänotyp in KO-Maus
TRPM2	~ 15, 6	~35 °C	Signalisiert nicht-noxische Wärme
TRPV3	33	~32 °C	Wärmeempfindlich in vitro, kein Temperaturphänotyp in KO-Maus
TRPV4	~ 10	~27 °C	Wärmeempfindlich in vitro, kein Temperaturphänotyp in KO-Maus
TRPM8	24	~27 °C	Signalisiert nicht-noxische Kälte
TRPC5	~ 10	~25 °C	Kälteempfindlich in vitro, kein Temperaturphänotyp in KO-Maus

KO, Knock-out; T_{akt}, minimale Aktivierungstemperatur

membransegmenten sowie zwei Porenschleifen unterscheiden und daher auch als Zwei-Porendomänen-Kaliumkanäle (K2P) bezeichnet werden. TREK1, TREK2 und TRAAK repräsentieren Mitglieder dieser Familie von Ionenkanälen, deren Struktur und Funktionsweise im Kontext ihrer mechanosensitiven Eigenschaften erörtert wurden (siehe ▶ Abschn. 7.1.2). Neben ihrer Aktivierung durch mechanische Kräfte, Änderungen des pH-Werts, ungesättigte Fettsäuren und Anästhetika reagieren TREK-Kanäle auch auf Änderungen der Temperatur, was sie in die Liste der Kandidaten für temperatursensitive Ionenkanäle einreiht (◘ Abb. 8.5) [36]. Mittlerweile besteht allgemeiner Konsens darüber, dass alle drei Klassen von TREK-Kanälen bei Temperaturen unter 10 °C nicht aktiviert werden und auch bei Zimmertemperatur (21–24 °C) ist die Offenwahrscheinlichkeit eher gering. Die Aktivität der Kanäle nimmt jedoch bei physiologischen Temperaturen kontinuierlich zu, bis sie bei etwa 40 °C ihr Maximum erreicht. Bei noch höheren Temperaturen schließen die Kanäle wieder.

Bei den TRP-Kanälen handelt es sich um nicht-selektive Kationenkanäle, die auf Wärme oder Kälte mit einem Einstrom positiv geladener Teilchen und einer Depolari-

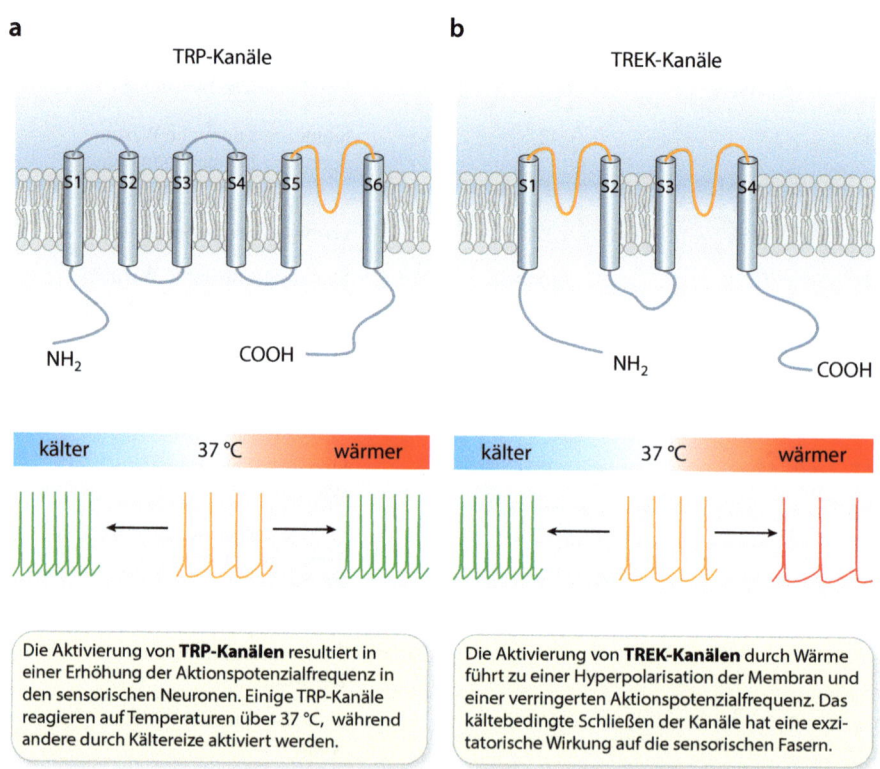

Abb. 8.9 Vergleich der Reaktion von TRP- und TREK-Kanälen auf Temperaturänderungen. **a** Die Aktivierung von TRP-Kanälen durch Kälte oder Wärme resultiert immer in einer Depolarisation der Membran, was eine Erhöhung der neuronalen Aktivität zur Folge hat. **b** Im Gegensatz dazu werden TREK-Kanäle durch Wärme geöffnet und durch Kälte geschlossen. Da es sich um K^+-Kanäle handelt, führt ihr Öffnen zu einer Hyperpolarisation und folglich zu einer reduzierten Aktionspotenzialfrequenz in den sensorischen Neuronen

sation der Zellmembran reagieren. Es spielt also keine Rolle, ob die Temperatur steigt oder fällt – es resultiert immer eine Depolarisation und folglich eine Erhöhung der Aktionspotenzialfrequenz in den sensorischen Neuronen (◘ Abb. 8.9a). Die TREK-Kanäle hingegen funktionieren nach einem anderen Prinzip. Ihre Aktivierung durch Wärme verursacht einen Auswärtsstrom von K^+-Ionen, was eine Hyperpolarisation der Zellmembran zur Folge hat. Umgekehrt werden TREK-Kanäle durch Kältereize inhibiert und schließen, sodass eine Depolarisation der Membran und eine erhöhte neuronale Aktivität resultiert (◘ Abb. 8.9b). Die unterschiedliche Selektivität der TRP-Kanäle für Na^+- und Ca^{2+}-Ionen einerseits sowie der TREK-Kanäle für K^+-Ionen andererseits bedingt, dass ein Wärmereiz im ersten Fall eine Aktivierung, im zweiten hingegen eine Hemmung der sensorischen Neuronen verursacht.

In heterologen Expressionssystemen weisen **TREK1** mit einem Q_{10}-Wert von 7 eine außerordentlich hohe Temperaturempfindlichkeit auf [24]. Ein systemischer Knock-out von TREK-1 in einem Mausmodell führt zu einer signifikant erhöhten Empfindlichkeit der Tiere gegenüber Temperaturen bis etwa 50 °C. Bei noch höheren Temperaturen werden die für die Detektion von schmerzhafter Hitze verantwortlichen TRP-Kanäle aktiviert [1]. Möglicherweise ist die Aktionspotenzialfrequenz, mit denen sensorische Fasern auf noxische Wärme reagieren und die das Ausmaß der Wärmebelastung abbildet, das Resultat einer Verrechnung der gegenläufigen Antworten von TRP- und TREK-Kanälen. Schließlich lässt sich auch die Expression von TREK-1-Kanälen in sensorischen Neuronen der Spinalganglien und der Trigeminuskerne als Hinweis auf eine Beteiligung dieser Ionenkanäle an der Signaltransduktion und Codierung thermischer Reize interpretieren. TREK-1 fungiert möglicherweise als ein Schutzmechanismus, der die neuronale Aktivität bei erhöhter Temperatur reguliert und somit bei Hyperthermie oder Fieber ein exzessives Feuern der sensorischen Neuronen verhindert.

Auch die Kanäle **TREK-2** und **TRAAK** zeigen in einem heterologen Expressionssystem ebenfalls eine ausgeprägte Temperaturempfindlichkeit. Bei Erwärmung weisen sie Q_{10}-Werte auf, die weit über 3 liegen, fungieren also ähnlich wie TREK-1 als molekulare Rezeptoren für Wärme [17]. In einer anderen Studie konnte allerdings nachgewiesen werden, dass die Aktivität von TRAAK und TREK-1 durch Temperaturen unter 17 °C deutlich reduziert wird [31]. Insofern kommen beide Ionenkanäle auch als potenzielle Kälterezeptoren infrage. Wie in ◘ Abb. 8.5 dargestellt, liegt der Aktivitätsbereich dieser drei Ionenkanäle weitgehend im Segment nicht-noxischer Temperaturen.

Die Temperaturempfindlichkeit von Ionenkanälen ist äußerst komplex und umfasst viele teils widersprüchliche Aspekte, die bislang nicht vollständig verstanden sind. Um die Vielzahl an Details auf einige grundlegende Prinzipien zurückzuführen, können wir Folgendes festhalten:
— Offensichtlich existiert bei der Verarbeitung temperaturrelevanter Informationen eine Arbeitsteilung auf der Ebene der sensorischen Fasern, aber auch hinsichtlich der beteiligten Ionenkanäle in den peripheren Strukturen der Neuronen. Die Reaktion auf harmlose Wärme- oder Kältereize wird durch andere Fasern und andere Ionenkanäle vermittelt als eine Antwort auf schmerzhafte Temperaturen über 43 °C bzw. unter 15 °C. Die qualitativ unterschiedlichen Wahrnehmungen – Temperaturempfindung versus Schmerz – lassen sich auf getrennte Prozesse der Informationsverarbeitung in unterschiedlichen corticalen Zielregionen der sensorischen Bahnen zurückführen.
— Die Tatsache, dass ein Trio von TRP-Kanälen (TRPV1, TRPM3 und TRPA1) für die Reaktion eines Organismus auf noxische Wärme verantwortlich ist, hängt möglicherweise mit einer vorteilhaften Redundanz in diesem sehr wichtigen sensorischen Temperaturbereich zusammen. Die Detektion extremer Wärme lässt sich dann auch bei einem Teilausfall des Systems aufrechterhalten, wodurch potenzielle Gewebeschäden vermieden werden können.
— Die differenzielle Antwort von TRP- und TREK-Kanälen auf Temperaturen außerhalb der Thermoneutralzone hat interessante Konsequenzen für die Codierung der entsprechenden Informationen. Bei den TREK-Kanälen wird eine basale Aktivitätsrate innerhalb der Thermoneutralzone durch Wärme herunterreguliert und durch Kälte erhöht. Die Aktionspotenzialfrequenz bildet demnach unmittelbar die Qualität des Reizes ab. Dieses Prinzip findet bei den TRP-Kanälen keine Anwendung, da sowohl Wärme als auch Kälte immer eine Erhöhung der neuronalen Aktivität bewirken. Wenn sowohl TRP- als auch TREK-Kanäle von denselben sensorischen Neuronen exprimiert werden, führt ein Kältereiz zu einer wechselseitigen Verstärkung, während Wärme gegenläufige Reaktionen auslöst.

- Änderungen der Temperatur, sei es in Form einer Erwärmung oder einer Abkühlung, werden immer durch eine erhöhte Aktionspotenzialfrequenz der sensorischen Fasern repräsentiert. Es stellt sich jedoch die Frage, wie ein Organismus zwischen Wärme und Kälte unterscheiden kann, wenn das zugrunde liegende Signal weitgehend identisch ist. Diese Differenzierung wird von höheren Hirnregionen übernommen, in denen die ankommenden Signale getrennt verarbeitet werden. Im somatosensorischen Cortex konnten beispielsweise Neuronen nachgewiesen werden, die spezifisch auf Kälte, jedoch nicht auf Wärme reagieren. Die zentrale Region für die Wahrnehmung von nicht-schmerzhaften Temperaturänderungen liegt im posterioren insulären Cortex, wo die Codierung von Wärme und Kälte durch unterschiedliche Neuronen erfolgt [44].[8] Diese Neuronen erhalten ihren Eingang aus der sensorischen Peripherie über sogenannte **Labeled Lines**, bei der eine afferente Faser jeweils eine spezifische Information transportiert.

8.2.3 Temperaturabhängiges Gating von Ionenkanälen

Die Frage, wie die außerordentlich hohe Temperaturempfindlichkeit von Ionenkanälen mit Q_{10}-Werten über 10 zustande kommt, ist grundsätzlich von großem Interesse, jedoch bislang noch nicht vollständig geklärt. Im Folgenden werden verschiedene Mechanismen erörtert, die theoretisch zur Implementierung eines temperaturabhängigen Gatings von Ionenkanälen geeignet sind. Diese Mechanismen schließen sich nicht gegenseitig aus.
- Eine **intrinsische Temperatursensitivität** der Ionenkanäle ist unmittelbar für das Gating verantwortlich (◘ Abb. 8.10a). Sowohl TRPM8- als auch TRPV1-Kanäle zeigen selbst dann noch eine hohe Temperaturempfindlichkeit, wenn sie aufgereinigt und anschließend in künstliche Membranen eingebaut werden [9, 54]. Des Weiteren resultieren Mutationen von Aminosäuren in räumlich voneinander getrennten Regionen von TRP-Kanälen in einer modifizierten Temperaturabhängigkeit (◘ Abb. 8.7). Diese experimentellen Befunde unterstützen die Hypothese, dass die Sensitivität für Temperaturänderungen in den Ionenkanälen selbst implementiert ist.
- Die Ionenkanäle werden durch **intrazelluläre Liganden** aktiviert, die ihrerseits einer temperaturabhängigen Biosynthese unterliegen (◘ Abb. 8.10b). Dabei reicht theoretisch eine relativ geringe Temperaturabhängigkeit der Enzyme bei der Synthese aus, sofern die Bindung des Liganden an den Ionenkanal in hochgradig kooperativer Weise erfolgt. Wenn sich die Konzentration des Liganden mit einem Q_{10}-Wert von 2 ändert und dieser Ligand den Ionenkanal mit einem Hill-Koeffizienten von 4 aktiviert, resultiert für das Gating insgesamt ein Q_{10}-Wert

---

[8] Der somatosensorische Cortex befindet sich beim Menschen im Parietallappen auf dem Gyrus postcentralis unmittelbar hinter dem Sulcus centralis. Der insuläre Cortex oder die Inselrinde ist ein Teil des Großhirns, der sich von außen kaum sichtbar im Sulcus lateralis verbirgt.

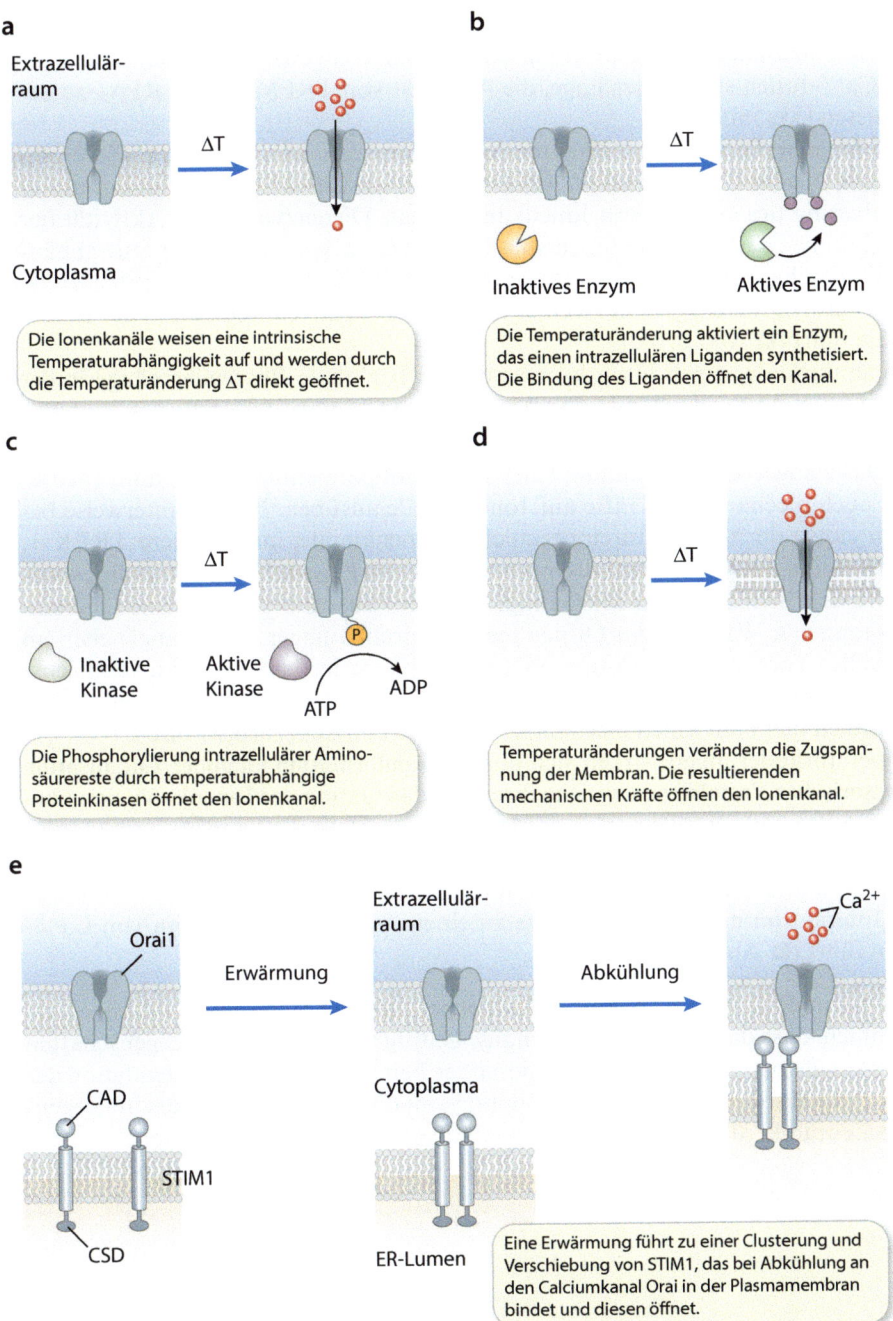

Abb. 8.10 Hypothetische Mechanismen des temperaturabhängigen Gatings von Ionenkanälen. **a** Intrinsische Temperaturabhängigkeit der Ionenkanäle. **b** Temperaturabhängigkeit der Synthese von Liganden. **c** Temperaturabhängige Phosphorylierung. **d** Durch Phasenübergänge der Lipidschicht induzierte mechanische Kräfte. **e** Temperaturabhängigkeit akzessorischer Proteine. Modifiziert nach [49]

von $2^4 = 16$.[9] Zwar konnte bisher keine direkte Aktivierung temperaturabhängiger Ionenkanäle durch intrazelluläre Liganden nachgewiesen werden, aber PIP_2 und Ca^{2+}-Ionen sind in der Lage, die Aktivität von TRPM8 und TRPA1 zu beeinflussen [53, 56].
— Die **Phosphorylierung** intrazellulärer Aminosäurereste durch Kinasen wie Proteinkinase A oder Proteinkinase C stellt einen äußerst effektiven Mechanismus zur Regulierung des Gatings von Ionenkanälen dar. Die enzymatische Aktivität der Proteinkinasen ist, wie alle biochemischen Prozesse, von der Temperatur abhängig. Durch die Phosphorylierung können zusätzlich kooperative Effekte hervorgerufen werden, was insgesamt zu einer temperatursensitiven Regulation der Ionenkanäle führt (◘ Abb. 8.10c).
— Temperaturänderungen lösen lokale oder auch globale **Phasenübergänge in der Lipiddoppelschicht** der Zellmembran aus (◘ Abb. 8.10d). Der Übergang von einem flüssig-kristallinen in einen gelartigen Zustand verändert die Zugspannung, die Dicke sowie die Krümmung einer Phospholipidmembran und kann theoretisch auch mechanische Kräfte auf Ionenkanäle ausüben. Interessanterweise besitzen einige der temperaturempfindlichen Ionenkanäle, insbesondere TREK-1, TREK-2 und TRAAK, ebenfalls mechanosensitive Eigenschaften. Allerdings weisen die Geschwindigkeiten des Gatings und der Phasenübergänge keine Übereinstimmung auf. Während das Öffnen temperaturabhängiger Ionenkanäle eher ein gradueller Vorgang ist, verlaufen Phasenübergänge in der Membran vergleichsweise abrupt. Somit lässt sich die Temperaturempfindlichkeit von Ionenkanälen vermutlich nicht auf einen mechanosensorischen Prozess zurückführen.
— Temperaturänderungen wirken sich auf die **Konformation und/oder Lokalisation akzessorischer Proteine** aus, welche ihrerseits das Gating der Ionenkanäle regulieren. Ein Beispiel für einen solchen Mechanismus stellt die temperaturabhängige Zusammenlagerung und Verschiebung von STIM1, das sich in der ER-Membran befindet, in die Nähe der Plasmamembran dar. Im Falle einer Abkühlung findet eine Interaktion mit Orai1 statt, was zu einem transienten Einstrom von Ca^{2+}-Ionen führt (◘ Abb. 8.10e) [50].

Anhand der in der Literatur beschriebenen experimentellen Befunde wird allgemein angenommen, dass das temperaturabhängige Gating auf intrinsischen Eigenschaften der Ionenkanäle beruht. Eine Modifikation oder Feinabstimmung der Regulation der Kanalaktivität durch die anderen hier beschriebenen Mechanismen kann zum gegenwärtigen Zeitpunkt allerdings weder ausgeschlossen noch bestätigt werden.

---

9 Der Hill-Koeffizient stellt ein Maß für die Kooperativität in biochemischen Prozessen dar, bei denen ein oder mehrere Moleküle eines Liganden an einen Rezeptor binden. Ein Hill-Koeffizient, der den Wert 1 übersteigt, indiziert eine positive Kooperativität, bei der die Bindung eines Liganden die Affinität der übrigen Liganden erhöht.

Schlüsselkonzepte ▶Abschn. 8.2 Thermorezeption der Säugetiere

- Die Repräsentation der Umgebungstemperatur in Form zellulärer Signale ist eine sehr alte evolutionäre Errungenschaft. Diese sensorische Fähigkeit ermöglicht endothermen Säugetieren eine effiziente Regulation ihrer Körpertemperatur sowie die Vermeidung von Gewebeschäden, die durch die Einwirkung von extremer Wärme oder Kälte entstehen können.
- Thermosensitive Neuronen weisen eine pseudounipolare Morphologie auf. Die Zellkörper dieser Neuronen befinden sich in den Spinalganglien beiderseits des Rückenmarks sowie in den beiden Trigeminalganglien im Kopfbereich. Ein sensorischer Fortsatz zieht in die Körperperipherie, wo er in Form einer freien Nervenendigung im Gewebe endet. Ein zentralwärts verlaufendes Axon bildet synaptische Kontakte mit Neuronen des Rückenmarks, deren Axone die Signale in Form von Aktionspotenzialen zum Gehirn weiterleiten.
- Die Verarbeitung temperaturrelevanter Signale findet zunächst im Rückenmark statt und ermöglicht auf der Grundlage polysynaptischer Verschaltungen äußerst schnelle Rückziehreflexe. Die bewusste Wahrnehmung von Temperaturänderungen erfolgt durch die Verarbeitung von Informationen, die über aufsteigende Bahnen den somatosensorischen Cortex erreichen. Darüber hinaus übernimmt der Hypothalamus im Rahmen der Temperaturregulation die Funktion eines Integrations- und Steuerzentrums.
- Die Klassifizierung thermosensorischer Afferenzen erfolgt anhand des Temperaturbereichs, in dem sie aktiviert werden und verstärkt Aktionspotenziale erzeugen: schmerzhafte Kälte (unter 15 °C), nicht-schmerzhafte oder harmlose Kälte (15–30 °C), harmlose Wärme (30–43 °C) und schmerzhafte Wärme (über 43 °C).
- Temperatursensitive Ionenkanäle aus der TRP-Familie (*Transient receptor potential*) reagieren auf Temperaturen in einem Bereich von 1 bis 50 °C. Mehrere räumlich voneinander entfernte Regionen des Proteins fungieren gemeinsam als Sensoren, die das temperaturabhängige Gating der Ionenkanäle regulieren.
- TRPV1 wird durch Temperaturen über 42 °C aktiviert. In Kombination mit TRPM3 und TRPA1 fungiert TRPV1 als molekularer Sensor für schmerzhafte Wärme.
- TRPM2-Kanäle reagieren auf harmlose Wärmereize im Bereich von 32 bis 42 °C, während TRPM8-Kanäle für die Transduktion harmloser Kältereize verantwortlich sind. Die an der Vermittlung schmerzhafter Kälte beteiligten Ionenkanäle konnten bislang nicht eindeutig identifiziert werden.
- TREK-Kanäle gehören zu den Zwei-Porendomänen-Kaliumkanälen und besitzen sowohl mechanosensitive als auch thermosensitive Eigenschaften. Sie öffnen infolge eines nicht-schmerzhaften Wärmereizes, woraufhin Kaliumionen durch die Kanäle aus der Zelle hinaus diffundieren. Die dadurch induzierte Hyperpolarisation der Zellmembran führt zu einer Hemmung der sensorischen Neuronen. Bei einer Absenkung der Temperatur schließen die TREK-Kanäle, was eine exzitatorische Wirkung auf die Neuronen hat.
- Der molekulare Mechanismus des temperaturabhängigen Gatings basiert in erster Linie auf einer intrinsischen Temperatursensitivität der Ionenkanäle. Auf indirekte Weise können biochemische Reaktionen mit Q_{10}-Werten größer als 1 unterstützend wirken, wie beispielsweise die Synthese intrazellulärer Liganden sowie die Phospho-

rylierung der Ionenkanäle. Aber auch ein temperaturbedingter Phasenübergang der Lipiddoppelschicht sowie eine Beteiligung akzessorischer Proteine wie STIM1 sind zumindest theoretisch in der Lage, ein temperaturabhängiges Gating der Ionenkanäle zu vermitteln.

8.3 Thermorezeption der Nichtsäugetiere

Lernziele
1. Den Aufbau temperaturempfindlicher Sensillen bei Insekten beschreiben.
2. Die temperatursensitiven Ionenkanäle der Insekten nennen und mit denjenigen der Säugetiere vergleichen.
3. Die Konsequenzen eines Knock-outs ionotroper Rezeptoren (IRs) für die Morphologie und Physiologie von Kältesensoren erläutern.
4. Den Aufbau und die Funktion von Grubenorganen beschreiben.

8.3.1 Thermorezeption bei Insekten

Insekten gehören – wie alle Arthropoden – zu den ektothermen Organismen, deren Körpertemperatur im Gleichgewicht mit der Umgebungstemperatur steht. Zudem fungiert ihr Exoskelett, die Cuticula, nicht als isolierende Schutzschicht, sodass die Tiere ohne entsprechende Gegenmaßnahmen einer relativ schnellen Auskühlung oder Überhitzung unterliegen. Daher ist eine kontinuierliche Überwachung der Außentemperatur mithilfe von Thermorezeptoren für das Überleben von essenzieller Bedeutung.

Neben der Detektion der Umgebungstemperatur zeigen Insekten eine Reihe weiterer Verhaltensweisen, die auf der Verarbeitung von Wärmestrahlung basieren. So sind beispielsweise blutsaugende Insekten in der Lage, die Körperwärme ihrer endothermen Beute wahrzunehmen. Käfer der Gattung *Melanophila* sind in der Lage, sich Waldbränden aus Entfernungen von bis zu 50 km zielgerichtet zu nähern, da ihre Larven ausschließlich verbranntes Holz für die Entwicklung benötigen. In beiden Fällen nutzen die Insekten infrarote Wärmestrahlung für diese bemerkenswerten sensorischen Leistungen.

Die Thermorezeption erfolgt in sogenannten Sensillen, die bei Landinsekten häufig in deren Antennen lokalisiert sind. Die Sensillen setzen sich aus mehreren Zellen zusammen, von denen jedoch lediglich ein oder zwei temperatursensitive Eigenschaften aufweisen [3]. Zwei weitere sensorische Neuronen fungieren als Hygrorezeptoren, welche die Luftfeuchtigkeit der Umgebung messen. Der Wassergehalt der Luft stellt ebenfalls eine kritische Umweltgröße dar, da die Tiere bei Trockenheit Wasser über das Tracheensystem verlieren und infolgedessen relativ schnell austrocknen. Anstelle der Hygrorezeptoren können die Sensillen auch chemosensitive Neuronen enthalten

[2]. Die übrigen zellulären Bestandteile der Sensillen umfassen Hüll- und Stützzellen, für die bislang jedoch keine sensorischen Funktionen nachgewiesen werden konnten.

Insekten haben als artenreichste Klasse der Tiere mit Ausnahme der Ozeane alle Lebensräume und damit auch alle möglichen Klimazonen besiedelt. Angesichts dieser unüberschaubaren Artenfülle werden wir uns in diesem Kapitel exemplarisch mit der Thermorezeption bei der Fruchtfliege *Drosophila melanogaster* beschäftigen, die sich aufgrund ihrer genetischen Modifizierbarkeit zu einem der wichtigsten Modellsysteme für die molekulare Aufklärung temperatursensitiver Prozesse entwickelt hat. Auch als ektothermer Organismus ist die Fruchtfliege in der Lage, eine optimale Körpertemperatur zu erreichen, indem sie natürliche Schwankungen der Umgebungstemperatur sowie die Sonneneinstrahlung im Rahmen einer verhaltensgesteuerten Thermoregulation ausnutzt. Analog zu Säugetieren spielen TRP-Kanäle eine zentrale Rolle bei der Thermorezeption von *Drosophila*.

Der orthologe[10] TRP-Kanal dTRPA1 fungiert bei *Drosophila* als molekularer Sensor für Wärme und wird bei Temperaturen über 25 °C aktiviert, was die bevorzugte Temperatur für die Fruchtfliegen darstellt. Wird dTRPA1 durch eine Mutation ausgeschaltet, sind die Tiere nicht mehr in der Lage, höhere Temperaturen zu detektieren und zu vermeiden [35]. Des Weiteren gehören die Ionenkanäle *Painless* und *Pyrexia* ebenfalls zu den TRPA-Kanälen. Im Gegensatz zu den TRPA1-Kanälen der Säugetiere zeigen die Kanäle dTRPA1, *Painless* und *Pyrexia* keine Kälteempfindlichkeit. Darüber hinaus konnte für den gustatorischen Rezeptor Gr28b(D) eine Wärmesensitivität nachgewiesen werden [29]. Die vorliegenden Befunde legen insgesamt ein Modell nahe, in dem die Temperatursensitivität bei *Drosophila* kein einheitliches Verhalten abbildet, sondern vielmehr unterschiedliche Systeme involviert. In diesem Modell übernimmt Gr28b(D) die Funktion eines peripheren Thermosensors, der ein schnelles thermotaktisches Verhalten vermittelt, während dTRPA1 als zentraler Thermosensor auf dauerhaft erhöhte Körperkerntemperaturen reagiert.

Interessanterweise besitzen auch die Rhodopsinisoformen Rh1, Rh5 und Rh6 von *Drosophila* eine intrinsische Temperaturempfindlichkeit [37]. Diese Temperatursensoren aktivieren über eine intrazelluläre Signaltransduktionskaskade letztlich dTRPA1 [20]. Möglicherweise wird durch die Einbindung von Rhodopsin und einer Signalkaskade ein Verstärkungsmechanismus implementiert, der die zuverlässige Detektion auch sehr kleiner Temperaturunterschiede ermöglicht.

Neben der Wärmeempfindlichkeit zeigt *Drosophila* ein ausgeprägtes Vermeidungsverhalten gegenüber Kälte. Die ebenfalls zur TRP-Familie gehörenden Ionenkanäle Brivido 1–3 (Brv1, Brv2, Brv3) werden von Sinneszellen in den Antennen exprimiert und reagieren auf Temperaturen zwischen 25 und 11 °C mit einem Einstrom von Ca^{2+}-Ionen [16]. Schließlich konnte eine Gruppe von ionotropen Rezeptoren (IRs) identifiziert werden, die ebenfalls auf harmlose Kältereize reagieren [7]. Die IRs sind Vertreter einer umfangreichen Rezeptorfamilie, die ausschließlich bei Invertebraten vorkommen. Sie weisen eine gewisse Ähnlichkeit mit ionotropen Glutamatrezeptoren auf und sind insbesondere an chemosensorischen sowie hygrosensorischen Prozessen beteiligt.

---

10 Ein orthologes Gen ist ein Gen in verschiedenen Arten, das von einem gemeinsamen Vorfahren abstammt und durch Artbildung entstanden ist. Die von orthologen Genen codierten Proteine erfüllen häufig ähnliche oder identische Funktionen in den jeweiligen Arten, was Rückschlüsse auf evolutionäre Beziehungen ermöglicht.

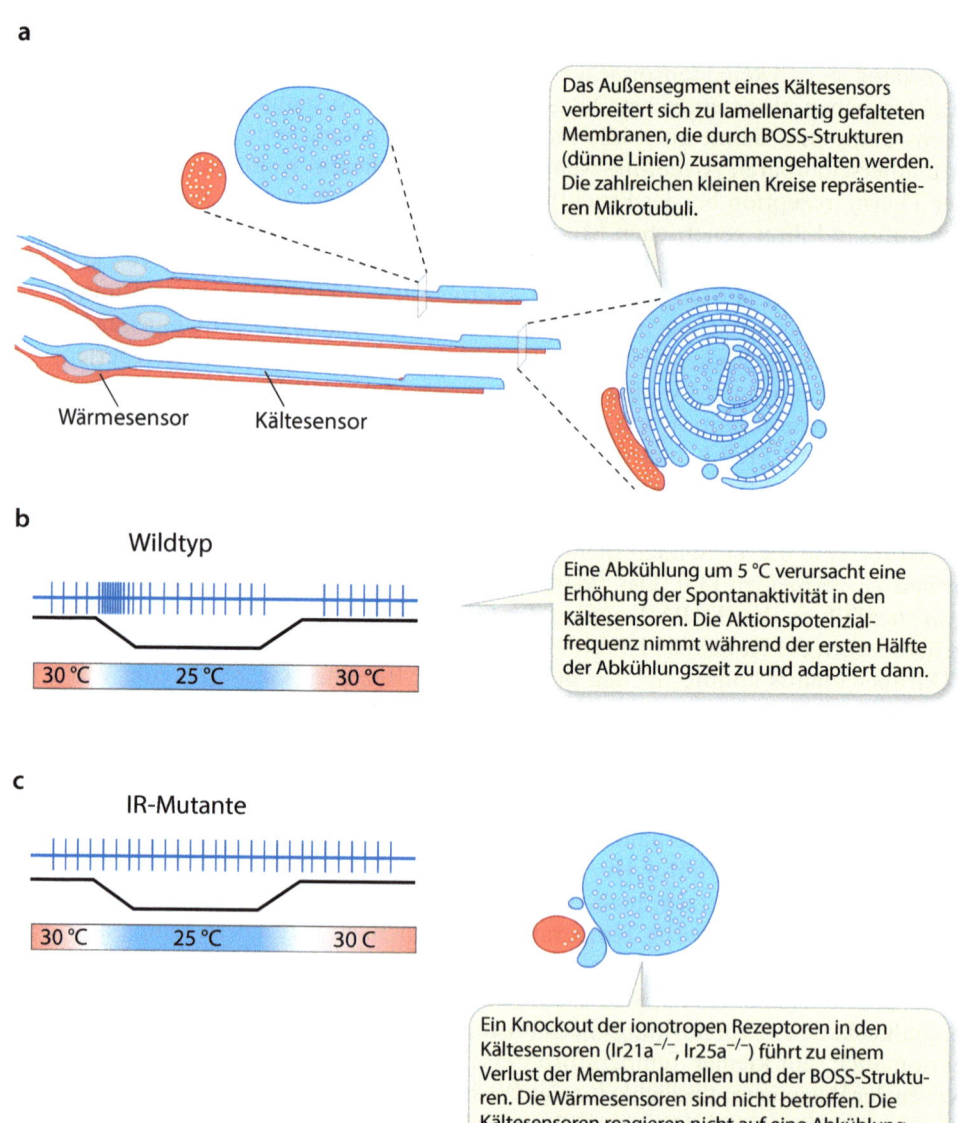

Abb. 8.11 Kälte- und Wärmesensoren in den Antennen von *Drosophila*. **a** Kälte- und Wärmesensoren unterscheiden sich in der Morphologie ihrer Außensegmente. Das Außensegment der Wärmesensoren ist durch eine fingerförmige Struktur gekennzeichnet, während das Außensegment der Kältesensoren aus mehreren dicht gepackten Membranlamellen besteht. Die *grauen Flächen* markieren die ungefähre Position der Querschnitte durch die Außensegmente. **b** Die Aktionspotenzialfrequenz der Kältesensoren nimmt bei einer graduellen Abkühlung zu und kehrt dann auf den Ausgangswert zurück. Eine Erwärmung führt zu einer kurzzeitigen Hemmung der Aktivität. **c** In der IR-Mutante verursacht dasselbe Abkühlungsprotokoll keine Änderung der Spontanaktivität *(links)*. Die morphologische Struktur der Außensegmente ist maßgeblich verändert *(rechts)*. Modifiziert nach [7]

Die wärme- und kältesensitiven Neuronen in den Antennen von *Drosophila* reagieren vor allem auf Änderungen der Temperatur, also auf eine Erwärmung bzw. auf eine Abkühlung. Die beiden Zelltypen unterscheiden sich insbesondere in der Morphologie ihrer Außensegmente. Wärmesensoren sind durch kleine, fingerartige Außensegmente gekennzeichnet, während die Kältesensoren eher große Außensegmente aufweisen, die in lamellenartigen Strukturen enden (◘ Abb. 8.11a). Der Abstand zwischen den einzelnen Lamellen beträgt etwa 20 nm und enthält regelmäßig angeordnete Strukturen, die als *Bossy orthogonal surface substructures* (BOSS) bezeichnet werden. In diesen Membranlamellen befinden sich die Temperatursensoren. Die Aktionspotenzialfrequenz der Kältesensoren steigt in der initialen Phase der Abkühlung von 30 °C auf 25 °C, bevor eine Adaptation einsetzt (◘ Abb. 8.11b). Die spontane Rate der Aktionspotenziale ist bei beiden Temperaturen annähernd identisch, sodass diese Sensoren nicht den absoluten Wert der Temperatur codieren, sondern vielmehr deren Änderung. Im Falle einer Erwärmung sinkt hingegen die Aktionspotenzialfrequenz der Kältesensoren.

Experimentelle Befunde deuten darauf hin, dass diese Reaktionen auf Temperaturänderungen durch die Rezeptoren IR21a, IR25a und IR93a vermittelt werden. Einerseits führen Mutationen in den genannten ionotropen Rezeptoren zu einem Verlust der Temperaturempfindlichkeit der Kältesensoren, während andererseits die ektopische Expression[11] von IRs in ursprünglich wärmesensitiven Neuronen eine Umwandlung dieser Neuronen in Kältesensoren zur Folge hat. [7].

Darüber hinaus verursacht der Verlust der IRs eine weitreichende Umgestaltung der Morphologie der Außensegmente in den Kältesensoren (◘ Abb. 8.11c). Sowohl Ir21a- als auch Ir25a-Knock-out-Tiere weisen weder Membranlamellen noch BOSS-Strukturen auf, während diese Mutationen in den Wärmesensoren keine morphologischen oder physiologischen Auswirkungen zeigen. Des Weiteren weisen die beiden Rezeptoren IR25a und IR93a polymodale Eigenschaften auf, da sie neben ihrer Funktion als Thermosensoren auch – zusammen mit IR40a – als Hygrosensoren fungieren. [15].

Die molekularen Akteure der Temperaturwahrnehmung in *Drosophila* werden im Folgenden kurz zusammengefasst.

— Der zur TRP-Familie gehörende Ionenkanal TRPA1 (auch als dTRPA1 bezeichnet) wird von Neuronen des Gehirns exprimiert und fungiert als Wärmesensor [35].
— Die Expression von Gr28b(D) in den Wärmesensoren in den Arista[12] der Antennen (*Warm cells*) vermittelt eine schnelle Thermotaxis [29].
— Kältesensoren in den Arista der Antennen (*Cold cells*) exprimieren die ionotropen Rezeptoren IR31a, IR25a und IR93a. Sie detektieren Abkühlungen um wenige Grad von der bevorzugten Temperatur der Insekten [7].
— In den Sacculuszellen der Antennen vermitteln IRs sowie möglicherweise Brivido-Kanäle ein kälteempfindliches Verhalten [7, 16].

Ein Blick auf die ◘ Tab. 8.4 zeigt eine im Vergleich zu den Säugetieren enorme molekulare Vielfalt der Temperaturrezeptoren bei *Drosophila*. Neben den bereits bekann-

---

11 Der Begriff „ektopische Expression" bezeichnet die Expression eines Gens außerhalb des normalen Expressionsorts, beispielsweise in einem anderen Zelltyp.
12 Die Arista ist ein feiner, borstenähnlicher Anhang, der sich am dritten Segment der Antennen von Insekten befindet und wichtige sensorische Funktionen erfüllt.

Tab. 8.4 Temperaturrezeptoren bei *Drosophila*

Sensor	Q_{10}-Wert	T_{akt}	Physiologische Bedeutung
TRPA1	~9	~25 °C	Wärmesensor für langsame Thermotaxis
Painless	~29	42–44 °C	Hitzevermeidendes Verhalten bei Larven
Pyrexia	15–18	>40 °C	Schutz vor hohen Temperaturen
Gr28b(D)	~25	~26 °C	Wärmesensor für schnelle Thermotaxis
Rhodopsine (Rh1, Rh5, Rh6)	k. A.	k. A.	Temperaturpräferenz bei Larven
Brivido 1–3	k. A.	26–11 °C	Kältevermeidendes Verhalten bei adulten Tieren[a]
IR21a, IR25a, IR93a	k. A.	k. A.	Fungiert in heteromerer Form als Sensor für harmlose Kältereize

[a] Die physiologische Relevanz der Brivido-Kanäle für die Detektion von Kältereizen ist widersprüchlich (vgl. [7] und [16]). T_{akt}, Schwellenwert der Aktivierung; k. A., keine Angabe.

ten TRP-Kanälen finden sich weitere ionotrope Rezeptoren, aber auch Vertreter des visuellen und des gustatorischen Systems.

8.3.2 Grubenorgane der Schlangen

Einige Schlangenarten nutzen die von endothermen Tieren abgegebene Wärmestrahlung zur Identifizierung und Lokalisierung ihrer Beutetiere. Zu den Schlangen, die diese Fähigkeit besitzen, gehören Vertreter der Grubenottern (*Viperidae*), der Pythons (*Pythonidae*) sowie der Boas (*Boidae*). Die Tiere sind im Kopfbereich mit sensorischen Strukturen ausgestattet, die als **Grubenorgane** oder auch als Lorealgruben bezeichnet werden. Diese thermorezeptiven Organe arbeiten mit außerordentlich hoher Genauigkeit und sind in der Lage, Temperaturänderungen von nur 0,003 °C zu registrieren.

Bei der Wärmestrahlung endothermer Organismen handelt es sich um elektromagnetische Wellen, die mit Wellenlängen von 8 bis 12 µm im mittleren Bereich des Infrarotspektrums (MIR-Spektrum) liegen. Nun liegt die Vermutung nahe, dass die Signaltransduktion ähnlich wie beim sichtbaren Licht auf der Photoisomerisierung von Retinal basiert. Dies funktioniert jedoch aus energetischen Gründen nicht. Gemäß der Einstein'schen Gleichung (siehe ▶ Gl. 3.2) beträgt der Energiegehalt von Photonen im MIR-Spektrum 7,5–15 kJ mol^{-1}, während Photonen des sichtbaren Lichts etwa 25-mal mehr Energie aufweisen. Folglich reicht der Energiegehalt von Photonen im MIR-Spektrum nicht aus, um 11-*cis*-Retinal in all-*trans*-Retinal umzuwandeln. Stattdessen verursacht die Absorption der Infrarotstrahlung Konformationsänderungen in temperatursensitiven Ionenkanälen, wodurch es zu einem Einstrom von Kationen und in der Folge zu einer Depolarisation der sensorischen Membran kommt.

Der Aufbau des Grubenorgans unterscheidet sich bei den drei oben genannten Familien der Schlangen und soll im Folgenden am Beispiel der Grubenotter, deren bekannteste Vertreter die Klapperschlangen sind, besprochen werden. Das Grubenorgan dieser Unterfamilie der Vipern umfasst eine vordere Kammer, gefolgt von einem temperaturempfindlichen Gewebe in Form einer aufgespannten Membran sowie eine hintere, luftgefüllte Kammer (◘ Abb. 8.12a). Indem sie die Öffnung des Grubenorgans verengt, spielt die sogenannte Grubenlippe eine wesentliche Rolle bei der Detektion der Richtung, aus der die elektromagnetische Strahlung das Grubenorgan erreicht. Die für Wellenlängen des MIR-Spektrums rezeptive Membran wird von zwei Epithelien gebildet, welche ein interstitielles Gewebe von 15 µm Dicke umschließen. In dieser frei im Grubenorgan aufgehängten Membran befinden sich neben zahlreichen Blutgefäßen die sensorischen Endigungen von etwa 7000 Neuronen, deren Zellkörper in den Kerngebieten des Trigeminalsystems liegen. Aufgrund der hochgradigen Verzweigung der einzelnen Endigungen kann ihre individuelle Struktur optisch nicht aufgelöst werden (◘ Abb. 8.12b). Man spricht daher auch von einer **terminalen Nervenmasse**. In der Plasmamembran der sensorischen Endigungen befinden sich TRPA1-Kanäle, welche durch die Infrarotstrahlung aktiviert werden. Daraufhin diffundieren Kationen in die Zellen hinein, was eine phasische Erhöhung der Spontanaktivität der Neuronen zur Folge hat. Umgekehrt führt eine Abkühlung zu einer Reduktion der Aktionspotenzialfrequenz.

Die außerordentliche Leistungsfähigkeit des Infrarotsinns der Schlangen hat die Frage aufgeworfen, ob die Tiere mithilfe ihrer Grubenorgane ein zwei- oder dreidimensionales Bild ihrer Umgebung wahrnehmen können. Bei einem Vergleich des Infrarotsinns mit dem visuellen System lassen sich durchaus Parallelen, jedoch auch wesentliche Unterschiede feststellen.

- Die Grubenottern weisen insgesamt etwa 7000 thermosensitive Neuronen mit hochgradig gefalteten Endigungen auf, wobei jede diese Zellen eine Membranfläche von etwa 60 μm^2 einnimmt. Dies entspricht der kleinsten Einheit der Auflösung, also im übertragenen Sinne einem Pixel. Demgegenüber weist das visuelle System mit mehreren Millionen von Photorezeptoren eine Pixelgröße von 1 bis 2 μm^2 auf und hat entsprechend eine wesentlich höhere Auflösung.
- Die Grubenlippe reduziert die Größe der Öffnung des Grubenorgans, das insgesamt entfernt an eine Lochkamera erinnert. Die Begrenzung erzeugt einen Schatten auf der sensorischen Membran, wodurch sich lokale Temperaturunterschiede ergeben. Diese können für die Detektion der Strahlungsrichtung sowie bei Verschiebung des Schattens auch für die Wahrnehmung von Bewegungen ausgewertet werden. Die Abbildungsqualität einer Lochkamera ist allerdings das Resultat eines Kompromisses zwischen Genauigkeit und Helligkeit. Eine Verkleinerung der Öffnung des Grubenorgans resultiert in einer erhöhten Genauigkeit bei der Abbildung von Objekten. Gleichzeitig führt eine Verringerung der Apertur dazu, dass weniger Photonen auf der sensorischen Membran ankommen – die Abbildung wird also immer dunkler. Aufgrund der relativ großen Öffnung der Grubenorgane sowie des Fehlens linsenähnlicher Systeme zur Fokussierung ist die Abbildungsqualität eines Grubenorgans nicht mit derjenigen eines Kameraauges vergleichbar.

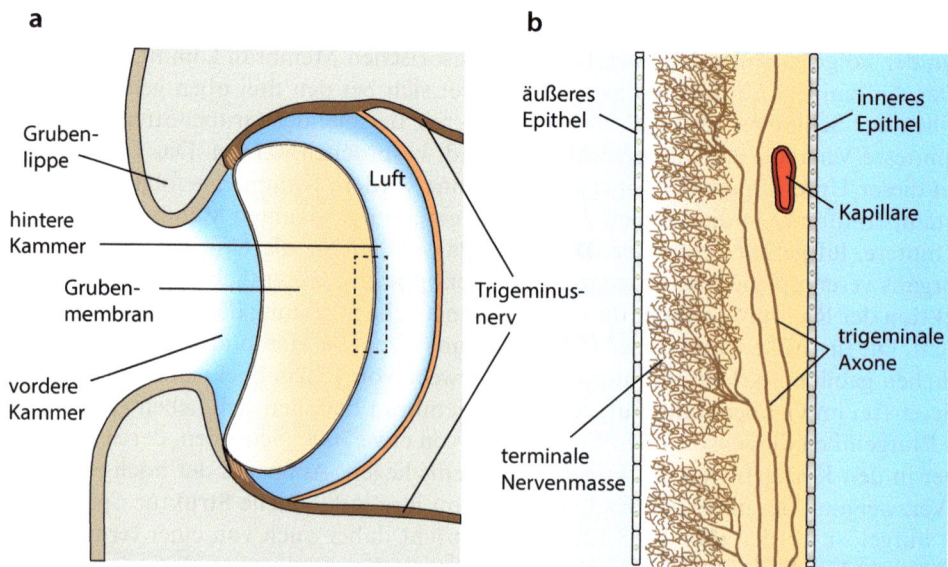

Abb. 8.12 Struktur des Grubenorgans bei der Grubenotter. **a** Der schematische Querschnitt veranschaulicht den Aufbau des Grubenorgans. Das infrarotempfindliche Gewebe ist in Form einer Grubenmembran angeordnet, die frei im Grubenorgan aufgehängt ist. Die vordere und die hintere Kammer enthalten Luft, wodurch eine Aufheizung der sensorischen Struktur vermieden wird. Die Grubenlippen verengen die Öffnung nach außen und ermöglichen so eine Detektion der Richtung, in der die Wärmestrahlung einfällt. Die *gestrichelte Box* ist in **b** vergrößert dargestellt. **b** Die Grubenmembran besteht aus zwei einschichtigen Epithelien, die ein Stroma mit den Endigungen trigeminaler Axone umschließen. Die Endigungen sind außerordentlich komplex verzweigt und bilden die terminale Nervenmasse. Das Gewebe wird durch Kapillaren des Gefäßsystems versorgt. Modifiziert nach [28]

Die Verarbeitung der sensorischen Infrarotinformationen erfolgt bei den Grubenottern in zwei hierarchisch miteinander verbundenen Regionen des Gehirns. Das Aktivierungsmuster der sensorischen Endigungen in den Grubenorganen bildet eine topografische Repräsentation der Umgebung im absteigenden Ast des Trigeminus (*Lateral descending trigeminal tract*, LTTD). Die primären sensorischen Neuronen zeigen eine richtungsspezifische Antwort [6]. Die Detektion der Richtung, aus der ein Infrarotsignal kommt, stellt die Grundlage für die Verarbeitung von Kontrasten dar, wie etwa die Umrisse eines endothermen Beutetiers vor dem kühleren Hintergrund. Von hier aus werden die Infrarotsignale an den Nucleus reticularis caloris (RC) weitergeleitet. In diesem Kerngebiet erfolgt eine Schärfung der Abbildung durch inhibitorische Interneuronen, sodass in einem zweiten Verarbeitungsschritt Bewegungsinformationen extrahiert werden können. Schließlich gelangen die Infrarotsignale in das optische Tectum, wo gleichzeitig Signale aus dem visuellen System eintreffen. In dieser Hirnregion finden sich neben Neuronen, die spezifisch hinsichtlich ihrer jeweiligen sensorischen Modalität sind, auch sogenannte bimodale Neuronen, die synaptische Eingänge aus beiden Sinneskanälen erhalten und miteinander verrechnen. Folglich erlaubt die Verschaltung dieser Neuronen den Schlangen die Integration und Kombination der Wahrnehmungen beider Sinne, des Infrarotsinns und des Sehsinns, zu einer einheitlichen Sinneswahrnehmung.

Schlüsselkonzepte ▶ Abschn. 8.3 Thermorezeption der Nichtsäugetiere

- Bei den Landinsekten sind thermorezeptive Sensillen vor allem in den Antennen lokalisiert. Die Sensillen bestehen aus einem bis zwei temperaturempfindlichen Neuronen sowie zwei Hygrorezeptoren, welche die Luftfeuchtigkeit messen.
- Der zur Familie der TRP-Kanäle gehörende Ionenkanal dTRPA1 der Fruchtfliege *Drosophila* wird durch Temperaturen oberhalb von 25 °C aktiviert und fungiert als molekularer Rezeptor für Wärme.
- Der gustatorische ionotrope Rezeptor Gr28b(D) sowie die an eine intrazelluläre Signalkaskade gekoppelten Rhodopsine Rh1, Rh5 und Rh6 werden ebenfalls durch harmlose Wärmereize aktiviert.
- Die ionotropen Rezeptoren IR21a, IR25a und IR93a zeigen eine phasische Antwort auf Abkühlung.
- Die Vertreter der Grubenottern, Pythons und Boas sind im Kopfbereich mit Grubenorganen ausgestattet, welche ihnen die Detektion elektromagnetischer Strahlung im MIR-Spektrum von 8 bis 12 μm ermöglichen. Dieser spektrale Bereich ist charakteristisch für die Wärmestrahlung endothermer Beutetiere.
- Die sensorische Struktur des Grubenorgans wird von einer infrarotempfindlichen Membran gebildet, welche von zahlreichen axonalen Endigungen des trigeminalen Systems innerviert wird. Die Signaltransduktion erfolgt durch die Aktivierung von TRPA1-Kanälen, wodurch eine Depolarisation der Plasmamembran ausgelöst wird.
- Die Grubenorgane ermöglichen es den Schlangen, die Richtung und die Bewegung einer infraroten Strahlungsquelle zu detektieren. Im Vergleich zum visuellen System ist jedoch die räumliche Auflösung und Abbildungsqualität deutlich limitiert.

Literatur

1. Alloui A, Zimmermann K, Mamet J, Duprat F, Noël J et al (2006) TREK-1, a K^+ channel involved in polymodal pain perception. EMBO J 25(11):2368–2376. https://doi.org/10.1038/sj.emboj.7601116
2. Altner H, Routil C, Loftus R (1981) The structure of bimodal chemo-, thermo-, and hygroreceptive sensilla on the antenna of *Locusta migratoria*. Cell Tissue Res 215(2):289–308. https://doi.org/10.1007/BF00239116
3. Altner H, Loftus R (1985) Ultrastructure and function of insect thermo- and hygroreceptors. Annu Rev Entomol 30:273–295. https://doi.org/10.1146/annurev.en.30.010185.001421
4. Atkins P (2007) Four Laws That Drive The Universe. Oxford University Press, Oxford *Ein wunderbares kleines Buch, das die Sätze der Thermodynamik in bestmöglicher Weise verständlich darstellt*
5. Atkins P, Ratcliffe RG, Wormald M, de Paula J (2023) Physical Chemistry for the Life Sciences. 3. Aufl. Oxford University Press, Oxford *Dieses Buch stellt eine didaktisch hervorragende, klar verständliche Einführung in die physikalische Chemie dar. Der Bezug zu den Lebenswissenschaften wird mit zahlreichen Beispielen und Fallstudien kontinuierlich aufrechterhalten*
6. Bothe MS, Luksch H, Straka H, Kohl T (2019) Neuronal substrates for infrared contrast enhancement and motion detection in rattlesnakes. Curr Biol 29(11):1827–1832.e4. https://doi.org/10.1016/j.cub.2019.04.035
7. Budelli G, Ni L, Berciu C, van Giesen L, Knecht ZA et al (2019) Ionotropic receptors specify the morphogenesis of phasic sensors controlling rapid thermal preference in *Drosophila*. Neuron 101(4):738–747.e3. https://doi.org/10.1016/j.neuron.2018.12.022

8. Buijs TJ, Vilar B, Tan CH, McNaughton PA (2022) STIM1 and ORAI1 form a novel cold transduction mechanism in sensory and sympathetic neurons. EMBO J 42(3):e111348. https://doi.org/10.15252/embj.2022111348
9. Cao E, Cordero-Morales JF, Liu B, Qin F, Julius D (2013) TRPV1 channels are intrinsically heat sensitive and negatively regulated by phosphoinositide lipids. Neuron 77(4):667–679. https://doi.org/10.1016/j.neuron.2012.12.016
10. Caterina MJ, Schumacher MA, Tominaga M, Rosen TA, Levine JD, Julius D (1997) The capsaicin receptor: a heat-activated ion channel in the pain pathway. Nature 389(6653):816–824. https://doi.org/10.1038/39807
11. Clapham DE, Miller C (2011) A thermodynamic framework for understanding temperature sensing by transient receptor potential (TRP) channels. Proc Nat Acad Sci U S A 108(49):19492–19497. https://doi.org/10.1073/pnas.1117485108
12. Clapham JC (2012) Central control of thermogenesis. Neuropharmacology 63(1):111–123. https://doi.org/10.1016/j.neuropharm.2011.10.014
13. Cosens DJ, Manning A (1969) Abnormal electroretinogram from a *Drosophila* mutant. Nature 224(5216):285–287. https://doi.org/10.1038/224285a0
14. Damann N, Voets T, Nilius B (2008) TRPs in our senses. Curr Biol 18(18):R880–R889. https://doi.org/10.1016/j.cub.2008.07.063
15. Enjin A, Zaharieva EE, Frank DD, Mansourian S, Suh GS et al (2016) Humidity sensing in *Drosophila*. Curr Biol 26(10):1352–1358. https://doi.org/10.1016/j.cub.2016.03.049
16. Gallio M, Ofstad TA, Macpherson LJ, Wang JW, Zuker CS (2011) The coding of temperature in the *Drosophila* brain. Cell 144(4):614–624. https://doi.org/10.1016/j.cell.2011.01.028
17. Kang D, Choe C, Kim, (2005) Thermosensitivity of the two-pore domain K^+ channels TREK-2 and TRAAK. J Physiol 564(1):103–116. https://doi.org/10.1113/jphysiol.2004.081059
18. Karashima Y, Talavera K, Everaerts W, Janssens A, Kwan KY et al (2009) TRPA1 acts as a cold sensor in vitro and in vivo. Proc Nat Acad Sci U S A 106(4):1273–1278. https://doi.org/10.1073/pnas.0808487106
19. Knowlton WM, Bifolck-Fisher A, Bautista DM, McKemy DD (2010) TRPM8, but not TRPA1, is required for neural and behavioral responses to acute noxious cold temperatures and cold-mimetics in vivo. Pain 150(2):340–350. https://doi.org/10.1016/j.pain.2010.05.021
20. Kwon Y, Shim HS, Wang X, Montell C (2008) Control of thermotactic behavior via coupling of a TRP channel to a phospholipase C signaling cascade. Nat Neurosci 11(8):871–873. https://doi.org/10.1038/nn.2170
21. Launay P, Fleig A, Perraud AL, Scharenberg AM, Penner R, Kinet JP (2002) TRPM4 is a Ca^{2+}-activated nonselective cation channel mediating cell membrane depolarization. Cell 109(3):397–407. https://doi.org/10.1016/s0092-8674(02)00719-5
22. Lee Y, Lee Y, Lee J, Bang S, Hyun S et al (2005) Pyrexia is a new thermal transient receptor potential channel endowing tolerance to high temperatures in *Drosophila melanogaster*. Nat Genet 37(3):305–310. https://doi.org/10.1038/ng1513
23. Liao M, Cao E, Julius D, Cheng Y (2013) Structure of the TRPV1 ion channel determined by electron cryo-microscopy. Nature 504(7478):107–112. https://doi.org/10.1038/nature12822
24. Maingret F, Lauritzen I, Patel AJ, Heurteaux C, Reyes R et al (2000) TREK-1 is a heat-activated background K^+ channel. EMBO J 19(11):2483–2491. https://doi.org/10.1093/emboj/19.11.2483
25. Mandadi S, Sokabe T, Shibasaki K, Katanosaka K, Mizuno A et al (2009) TRPV3 in keratinocytes transmits temperature information to sensory neurons via ATP. Pflugers Arch 458(6):1093–1102. https://doi.org/10.1007/s00424-009-0703-x
26. McKemy DD, Neuhausser WM, Julius D (2002) Identification of a cold receptor reveals a general role for TRP channels in thermosensation. Nature 416(6876):52–58. https://doi.org/10.1038/nature719
27. Miyamoto T, Petrus MJ, Dubin AE, Patapoutian A (2011) TRPV3 regulates nitric oxide synthase-independent nitric oxide synthesis in the skin. Nat Commun 2:369. https://doi.org/10.1038/ncomms1371
28. Newman EA, Hartline PH (1982) The infrared „vision" of snakes. Scientific American 246(3):116–127. https://www.jstor.org/stable/24966551

29. Ni L, Bronk P, Chang EC, Lowell AM, Flam JO et al (2013) A gustatory receptor paralogue controls rapid warmth avoidance in *Drosophila*. Nature 500(7464):580–584. https://doi.org/10.1038/nature12390
30. Nilius B, Prenen J, Droogmans G, Voets T, Vennekens R et al (2003) Voltage dependence of the Ca^{2+}-activated cation channel TRPM4. J Biol Chem 278(33):30813–30820. https://doi.org/10.1074/jbc.M305127200
31. Noël J, Zimmermann K, Busserolles J, Deval E, Alloui A et al (2009) The mechano-activated K^+ channels TRAAK and TREK-1 control both warm and cold perception. EMBO J 28(9):1308–1318. https://doi.org/10.1038/emboj.2009.57
32. Pedersen SF, Owsianik G, Nilius B (2005) TRP channels: an overview. Cell Calcium 38(3–4):233–252. https://doi.org/10.1016/j.ceca.2005.06.028
33. Peier AM, Moqrich A, Hergarden AC, Reeve AJ, Andersson DA et al (2002) A TRP channel that senses cold stimuli and menthol. Cell 108(5):705–715. https://doi.org/10.1016/s0092-8674(02)00652-9
34. Prescott ED, Julius D (2003) A modular PIP_2 binding site as a determinant of capsaicin receptor sensitivity. Science 300(5623):1284–1288. https://doi.org/10.1126/science.1083646
35. Rosenzweig M, Brennan KM, Tayler TD, Phelps PO, Patapoutian A, Garrity PA (2005) The *Drosophila* ortholog of vertebrate TRPA1 regulates thermotaxis. Genes Dev 19(4):419–424. https://doi.org/10.1101/gad.1278205
36. Schneider ER, Anderson EO, Gracheva EO, Bagriantsev SN (2014) Temperature sensitivity of two-pore (K_{2P}) potassium channels. Curr Topics Membr 74:113–133. https://doi.org/10.1016/B978-0-12-800181-3.00005-1
37. Shen WL, Kwon Y, Adegbola AA, Luo J, Chess A, Montell C (2011) Function of rhodopsin in temperature discrimination in *Drosophila*. Science 331(6022):1333–1336. https://doi.org/10.1126/science.1198904
38. Story GM, Peier AM, Reeve AJ, Eid SR, Mosbacher J et al (2003) ANKTM1, a TRP-like channel expressed in nociceptive neurons, is activated by cold temperatures. Cell 112(6):819–829. https://doi.org/10.1016/s0092-8674(03)00158-2
39. Talavera K, Yasumatsu K, Voets T, Droogmans G, Shigemura N et al (2005) Heat activation of TRPM5 underlies thermal sensitivity of sweet taste. Nature 438(7070):1022–1025. https://doi.org/10.1038/nature04248
40. Tan CH, McNaughton PA (2016) The TRPM2 ion channel is required for sensitivity to warmth. Nature 536(7617):460–463. https://doi.org/10.1038/nature19074
41. Tipler PA, Mosca G (2019) Physik für Studierende der Naturwissenschaften und Technik. 8. Aufl. Springer Spektrum, Heidelberg *Hervorragendes Standardwerk zur Einführung in die Physik mit vielen anschaulichen Beispielen*
42. Tominaga M, Caterina MJ (2004) Thermosensation and pain. J Neurobiol 61(1):3–12. https://doi.org/10.1002/neu.20079
43. Vandewauw I, De Clercq K, Mulier M, Held K, Pinto S et al (2018) A TRP channel trio mediates acute noxious heat sensing. Nature 555(7698):662–666. https://doi.org/10.1038/nature26137
44. Vestergaard M, Carta M, Güney G, Poulet JFA (2023) The cellular coding of temperature in the mammalian cortex. Nature 614(7949):725–731. https://doi.org/10.1038/s41586-023-05705-5
45. Viana F, de la Peña E, Belmonte C (2002) Specificity of cold thermotransduction is determined by differential ionic channel expression. Nat Neurosci 5(3):254–260. https://doi.org/10.1038/nn809
46. Voets T, Droogmans G, Wissenbach U, Janssens A, Flockerzi V, Nilius B (2004) The principle of temperature-dependent gating in cold- and heat-sensitive TRP channels. Nature 430(7001):748–754. https://doi.org/10.1038/nature02732
47. Voets T, Talavera K, Owsianik G, Nilius B (2005) Sensing with TRP channels. Nat Chem Biol 1(2):85–92. https://doi.org/10.1038/nchembio0705-85
48. Vriens J, Owsianik G, Hofmann T, Philipp SE, Stab J et al (2011) TRPM3 is a nociceptor channel involved in the detection of noxious heat. Neuron 70(3):482–494. https://doi.org/10.1016/j.neuron.2011.02.051
49. Vriens J, Nilius B, Voets T (2014) Peripheral thermosensation in mammals. Nat Rev Neurosci 15(9):573–589. https://doi.org/10.1038/nrn3784

50. Xiao B, Coste B, Mathur J, Patapoutian A (2011) Temperature-dependent STIM1 activation induces Ca^{2+} influx and modulates gene expression. Nat Chem Biol 7(6):351–358. https://doi.org/10.1038/nchembio.558
51. Xiao R, Shawn Xu XZ (2021) Temperature sensation: from molecular thermosensors to neural circuits and coding principles. Annu Rev Physiol 83:205–230. https://doi.org/10.1146/annurev-physiol-031220-095215
52. Yuan P (2019) Structural biology of thermoTRPV channels. Cell Calcium 84:102106. https://doi.org/10.1016/j.ceca.2019.102106
53. Yudin Y, Lukacs V, Cao C, Rohacs T (2011) Decrease in phosphatidylinositol 4,5-bisphosphate levels mediates desensitization of the cold sensor TRPM8 channels. J Physiol 589(24):6007–6027. https://doi.org/10.1113/jphysiol.2011.220228
54. Zakharian E, Cao C, Rohacs T (2010) Gating of transient receptor potential melastatin 8 (TRPM8) channels activated by cold and chemical agonists in planar lipid bilayers. J Neurosci 30(37):12526–12534. https://doi.org/10.1523/JNEUROSCI.3189-10.2010
55. Zimmermann K, Lennerz JK, Hein A, Link AS, Kaczmarek JS et al (2011) Transient receptor potential cation channel, subfamily C, member 5 (TRPC5) is a cold-transducer in the peripheral nervous system. Proc Natl Acad Sci U S A 108(44):18114–18119. https://doi.org/10.1073/pnas.1115387108
56. Zurborg S, Yurgionas B, Jira JA, Caspani O, Heppenstall PA (2007) Direct activation of the ion channel TRPA1 by Ca^{2+}. Nat Neurosci 10(3):277–279. https://doi.org/10.1038/nn1843

Nozizeption und Pruritus

Inhaltsverzeichnis

9.1 Nozizeptoren und Schmerz – 416

9.2 Transduktionsmechanismen – 424

9.3 Pruritus – 441

Literatur – 454

© Der/die Autor(en), exklusiv lizenziert durch Springer-Verlag GmbH,
DE, ein Teil von Springer Nature 2025
A. Feigenspan, *Sensorische Signaltransduktion – Molekulare Mechanismen der Informationsverarbeitung*, https://doi.org/10.1007/978-3-662-70359-5_9

Noxische Reize sind in der Regel mit der subjektiven Wahrnehmung von Schmerz verbunden. Schmerz ist primär eine Sinnesempfindung, zeichnet sich jedoch im Gegensatz zu den anderen in diesem Buch behandelten sensorischen Wahrnehmungen durch eine deutlich stärkere emotionale Komponente aus. Nach der überarbeiteten Definition der International Association for the Study of Pain (IASP) aus dem Jahr 2020 wird Schmerz als „unangenehmes Sinnes- und Gefühlserlebnis, das mit einer tatsächlichen oder potenziellen Gewebeschädigung einhergeht oder einer solchen ähnelt" definiert.[1]

Schmerz erfüllt eine essenzielle Funktion, nämlich als Warnsignal die Unversehrtheit des Körpers eines Organismus zu bewahren. Diese Aufgabe wird vom nozizeptiven System erfüllt, das potenziell gewebeschädigende Reize erkennt und eine Verhaltensreaktion auslöst, um Schädigungen zu vermeiden oder zu minimieren. Gewebeschädigende oder noxische Reize umfassen mechanische, thermische und chemische Faktoren, die aufgrund ihres Energiegehalts oder ihrer aggressiven chemischen Eigenschaften biologisches Gewebe angreifen oder sogar zerstören können.

9.1 Nozizeptoren und Schmerz

Lernziele
1. Die drei Ursachen der Schmerzentstehung – physiologischer und pathophysiologischer Nozizeptorschmerz sowie neuropathischer Schmerz – beschreiben.
2. Die Klassifizierung von Schmerzen anhand des Entstehungsorts erläutern.
3. Den Begriff „Nozizeptor" erläutern und von Mechano- und Thermosensoren abgrenzen.
4. Die allgemeine Struktur einer pseudounipolaren Sinneszelle skizzieren und die Lage der verschiedenen zellulären Regionen in Bezug auf das periphere und zentrale Nervensystem beschreiben.
5. Den Weg der nozizeptiven Signalübertragung und Signalweiterleitung anhand der funktionellen Bereiche eines Nozizeptors beschreiben.

Der Begriff „Nozizeption" bezieht sich auf die unbewusste Detektion dieser noxischen Reize, während die bewusste Wahrnehmung als „Schmerz" klassifiziert wird. Die Nozizeption findet in erster Linie in der sensorischen Peripherie statt, wo als Nozizeptoren bezeichnete Sinneszellen mit ihren molekularen Detektionssystemen die Integrität des Körpers kontinuierlich überwachen. Im Gegensatz dazu stellt die Empfindung von Schmerz eine Konstruktionsleistung des Gehirns dar, die auf der Verarbeitung nozizeptiver Signale, ihrer Weiterleitung über aufsteigende neuronale Bahnen und der Modulation dieser Signale auf verschiedenen Übertragungsebenen basiert.

Die Signalverarbeitung bei Nozizeption und Schmerz erfolgt über unterschiedliche neuronale Systeme, wobei beide unabhängig voneinander auftreten können. Wenn wir beispielsweise versehentlich eine heiße Herdplatte berühren, aktiviert die

---

[1] Das Zitat lautet im Original: „An unpleasant sensory and emotional experience associated with, or resembling that associated with, actual or potential tissue damage." [27]

Nozizeption in der Peripherie und die Auslösung spinaler Reflexbögen sofort das Zurückziehen der betroffenen Extremität – lange bevor die Information im Gehirn ankommt. Andererseits kann die Wahrnehmung von Schmerz auch ohne akute Gewebeschädigung erfolgen, wie etwa beim Phänomen des Phantomschmerzes. Diese subjektive Sinnesempfindung ist daher nicht weniger real und keineswegs weniger unangenehm.

9.1.1 Klassifizierung von Schmerz

Schmerzen können anhand verschiedener Kriterien in bestimmte Kategorien eingeteilt werden. Eine gängige Klassifizierung, die sich nach dem Entstehungsort des Schmerzes richtet, unterscheidet die folgenden drei Typen von Schmerz:

- Der **somatische Oberflächenschmerz** entsteht durch eine noxische Reizung der Haut. Diese Art von Schmerz wird schnell von myelinisierten Aδ-Fasern ins Zentralnervensystem übertragen und ist gut lokalisierbar. Der somatische Oberflächenschmerz hält in der Regel nur kurz an und zeichnet sich durch eine stechende Qualität aus. Ein Beispiel für den somatischen Oberflächenschmerz ist der Schmerz, den man nach einem Schnitt oder einer Kratzwunde auf der Haut empfindet.
- Der **somatische Tiefenschmerz** hingegen hat seinen Ursprung im Inneren des Körpers, insbesondere in Muskeln, Knochen, Gelenken und anderen Strukturen des Bindegewebes. Der von nicht-myeliniserten C-Fasern vermittelte Schmerz setzt verzögert im Vergleich zum somatischen Oberflächenschmerz ein. Er zeichnet sich durch eine dumpfe Qualität aus und ist nur diffus lokalisierbar, was eine präzise Zuordnung erschwert. Zudem verursacht der somatische Tiefenschmerz vegetative Reaktionen, einschließlich einer Erhöhung der Herzfrequenz und des Blutdrucks.
- Der **viszerale Tiefenschmerz** bezeichnet die Schmerzempfindung, die bei Erkrankungen der inneren Organe auftritt. Diese Schmerzform ist ebenfalls dumpf und schwer lokalisierbar und geht mit vegetativen Reaktionen einher, die auch beim somatischen Tiefenschmerz auftreten.

Eine ebenfalls häufig verwendete Klassifizierung von Schmerzen orientiert sich an deren Ursachen. Der **physiologische Nozizeptorschmerz** entsteht durch mechanische oder thermische Einwirkungen auf das Gewebe (◘ Abb. 9.1a). Er fungiert als wichtiges Warnsignal und löst unmittelbar eine Reaktion des Organismus aus. Fehlen diese nozizeptiven Schutzreflexe, wie bei der seltenen angeborenen Schmerzunempfindlichkeit, bleiben Gewebeschädigungen unbemerkt. Infolgedessen erleiden betroffene Personen häufig Verletzungen, was zu einer deutlich reduzierten Lebenserwartung führt.

Die angeborene Schmerzunempfindlichkeit kann auf verschiedene genetische Defekte zurückgeführt werden. Ein Mangel an TrkA-Rezeptoren, die für die zellulären Wirkungen des *Nerve growth factor* (NGF) verantwortlich sind, verhindert die Bildung funktioneller Nozizeptoren während der Entwicklung. Auch Mutationen der spannungsgesteuerten Natriumkanäle wird also $Na_V1.7$ und $Na_V1.9$ können die Signalweiterleitung beeinträchtigen, was zu einer Verminderung oder einem vollständigen Verlust der Schmerzempfindlichkeit führt [21].

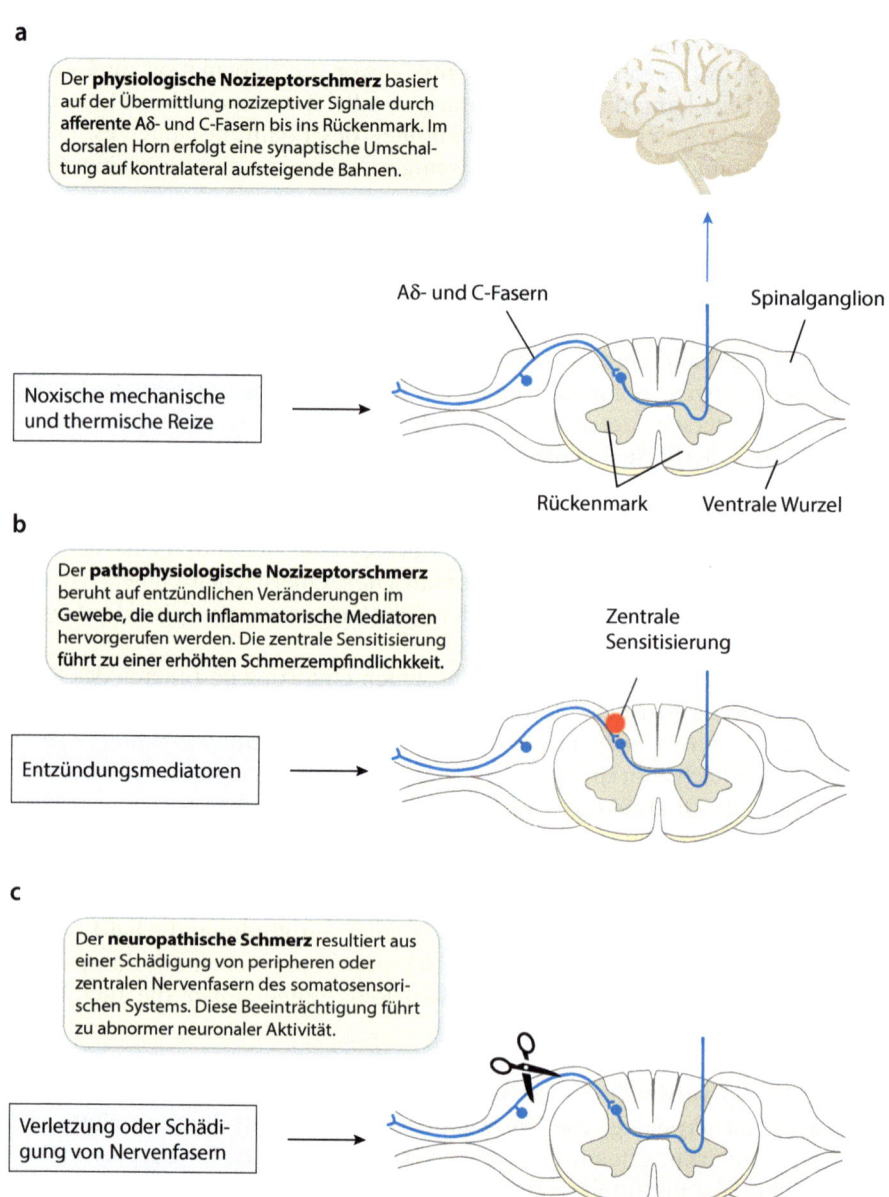

Abb. 9.1 Klassifizierung von Schmerzen anhand der Ursache der Schmerzentstehung. a Physiologischer Nozizeptorschmerz entsteht durch die Einwirkung von starken mechanischen oder thermischen Reizen auf das Gewebe. b Pathophysiologischer Nozizeptorschmerz ist das Resultat einer zentralen Sensitisierung, die durch entzündliche Prozesse verursacht wird. c Neuropathischer Schmerz basiert auf einer Beeinträchtigung neuronaler Strukturen. (Modifiziert nach [47])

Der **pathophysiologische Nozizeptorschmerz** beruht auf entzündlichen Organveränderungen (◘ Abb. 9.1b). Aufgrund dieser krankheitsbedingten Gewebeschädigungen sowie durch aktivierte Zellen des Immunsystems werden Entzündungsmediatoren freigesetzt, die neben dem Nozizeptorschmerz auch Allodynie und Hyperalgesie verursachen [28].

Schließlich entsteht der **neuropathische Schmerz** durch eine mechanische Schädigung oder eine virale Infektion von Nervenfasern (◘ Abb. 9.1c). Diese Schmerzform tritt häufig paroxysmal, also anfallsartig auf, wie beispielsweise bei der klassischen Trigeminusneuralgie, die durch eine Kompression des Trigeminusnervs durch ein Gefäß verursacht wird. Neuropathische Schmerzen manifestieren sich häufig erst lange nach der initialen Verletzung des Nervengewebes und erfüllen in der Regel keine unmittelbare Warnfunktion.

Die Umwandlung noxischer Reize in elektrische oder chemische Signale stellt den ersten Schritt in der Verarbeitung schmerzrelevanter Informationen dar. Anschließend erfolgt die Weiterleitung des Signals in elektrischer Form über die neuronalen Bahnen des nozizeptiven Systems ins Rückenmark und über mehrere synaptische Umschaltstationen bis in den Cortex. Auf dem Weg dorthin können die Signale entweder verstärkt oder abgeschwächt werden, was wiederum einen maßgeblichen Einfluss auf die bewusste Schmerzwahrnehmung hat.

Im Folgenden werden die Ereignisse erörtert, welche zur Entstehung nozizeptiver Signale führen. Dabei werden sowohl die zelluläre Struktur der Nozizeptoren als auch die molekularen Mechanismen der Signaltransduktion in diesen sensorischen Endigungen betrachtet.

9.1.2 Nozizeptoren

Die Fähigkeit eines Organismus, potenziell gewebeschädigende Reize möglichst schnell zu erkennen und mit einem Verhalten zu reagieren, das Schäden minimiert, ist maßgeblich von seiner evolutionären Herkunft, der ökologischen Nische, die er besetzt, und seinen spezifischen Angepasstheiten an diese Nische abhängig. Konkret bedeutet dies, dass ein Organismus nur auf solche Reize reagieren kann, für die ein entsprechendes molekulares und zelluläres Detektionssystem vorhanden ist.

Schmerz ist eine spezifische Sinnesempfindung, die auf ein eigenes Arsenal von sensorischen Neuronen und Transduktionsmechanismen zurückgreift. Anders als lange Zeit angenommen, handelt sich also nicht um eine übermäßige Aktivierung von Mechano- oder Thermosensoren, die letztlich zu einer subjektiven Schmerzempfindung führt, sondern um ein eigenständiges Sinnessystem. Diese grundlegende Erkenntnis wurde bereits zu Beginn des 20. Jahrhunderts von CHARLES SHERRINGTON formuliert, der auch den Begriff „Nozizeptor" geprägt hat [49].

Die Nozizeptoren der Wirbeltiere sind primäre sensorische Neuronen mit einer pseudounipolaren Morphologie. Ihre Zellkörper befinden sich in den Spinalganglien auf beiden Seiten des Rückenmarks sowie in den beiden Trigeminalganglien im Kopfbereich. Ähnlich wie somatosensorische Neuronen besitzen nozizeptive Neuronen ein Axon, das sich nach kurzem Verlauf in einen peripheren und einen zentralen Zweig aufteilt. Der periphere Zweig kann eine außerordentliche Länge erreichen und innerviert die Gewebe der Körperwand, Muskeln, Gelenke sowie die inneren Organe.

Der zentrale Zweig hingegen zieht ins Rückenmark, wo eine synaptische Verschaltung auf spezifische Neuronen der sogenannten Schmerzbahn erfolgt. Nozizeptoren lassen sich folglich in vier morphologisch und funktionell unterschiedliche Regionen unterteilen (◘ Abb. 9.2a).

- Nozizeptoren besitzen eine periphere Endigung, an der die Wechselwirkung mit noxischen Reizen erfolgt. Diese Interaktion löst die Signaltransduktion aus, die eine Depolarisation der Zellmembran zur Folge hat. Durch die Aktivierung spannungsabhängiger Natriumkanäle wird also die Information über den auslösenden Stimulus in eine Sequenz von Aktionspotenzialen umgewandelt. Die Intensität des Reizes bestimmt die Stärke der Depolarisation, die wiederum als Frequenz der Aktionspotenziale codiert wird. Da die peripheren Endigungen, abgesehen von wenigen Schwann-Zellen, weitgehend ohne akzessorische Strukturen im Gewebe vorkommen, werden sie auch als **freie Nervenendigungen** bezeichnet. Neuere Erkenntnisse deuten allerdings auf eine unterstützende Rolle von Keratinocyten bei der Übertragung noxischer Signale auf die sensorischen Nervenendigungen in der Haut hin [43].
- Unmittelbar an die periphere Endigung schließt ein Axon an, das der Weiterleitung von Aktionspotenzialen aus der Peripherie in Richtung des Zentralnervensystems dient. Entsprechend kommen in der axonalen Membran spannungsgesteuerte Natrium- und Kaliumkanäle vor. Die Aktionspotenziale entstehen bei myelinisierten Aδ-Fasern im Bereich des ersten Schnürrings, während der Entstehungsort bei unmyelinisierten C-Fasern noch nicht endgültig geklärt ist. Das Axon umfasst sowohl den peripheren als auch den zentralen Fortsatz des pseudounipolaren Neurons.
- Der Zellkörper stellt das genetische und metabolische Zentrum des Neurons dar. An dieser Stelle erfolgt die Synthese von Transduktionskanälen und Neuropeptiden, welche für die Signaltransduktion in der Peripherie und die Signalübertragung im Zentralnervensystem erforderlich sind. Im Gegensatz zu den in ▸ Kap. 1 beschriebenen multipolaren Neuronen findet im Zellkörper der pseudounipolaren Neuronen keine Integration von Signalen statt [2]. Allerdings kann die elektrische Aktivität in der afferenten Faser die Transkription von Genen, wie beispielsweise diejenigen für Na_V-Kanäle, beeinflussen.
- Im Zentralnervensystem endet das Axon in Form eines Axonterminalsystems, das chemische Synapsen mit nachgeschalteten Neuronen im Rückenmark ausbildet. Diese synaptischen Endigungen dienen zudem als Zielstrukturen für modulatorisch wirkende Substanzen, welche die Stärke der synaptischen Übertragung sowohl positiv als auch negativ beeinflussen können.

An der peripheren Endigung, dem Axon sowie der zentralen Endigung sind zahlreiche Signalmoleküle in Form von membranständigen Rezeptoren und Ionenkanälen lokalisiert, welche für die Transduktion und Weiterleitung nozizeptiver Signale verantwortlich sind (◘ Abb. 9.2b). Die molekularen Mechanismen der Signaltransduktion werden in ▸ Abschn. 9.2 ausführlich besprochen.

Nozizeptoren entwickeln sich aus Stammzellen der Neuralleiste, entstehen jedoch im Gegensatz zu Mechanosensoren und Propriozeptoren erst relativ spät während der Embryogenese [38]. Alle embryonalen Nozizeptoren exprimieren TrkA-Rezeptoren

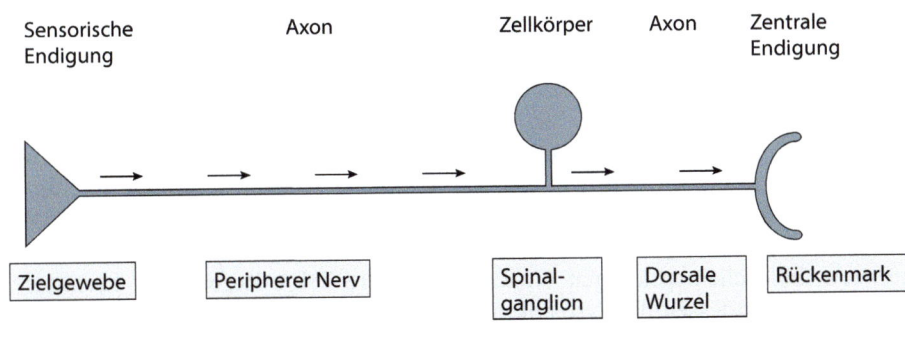
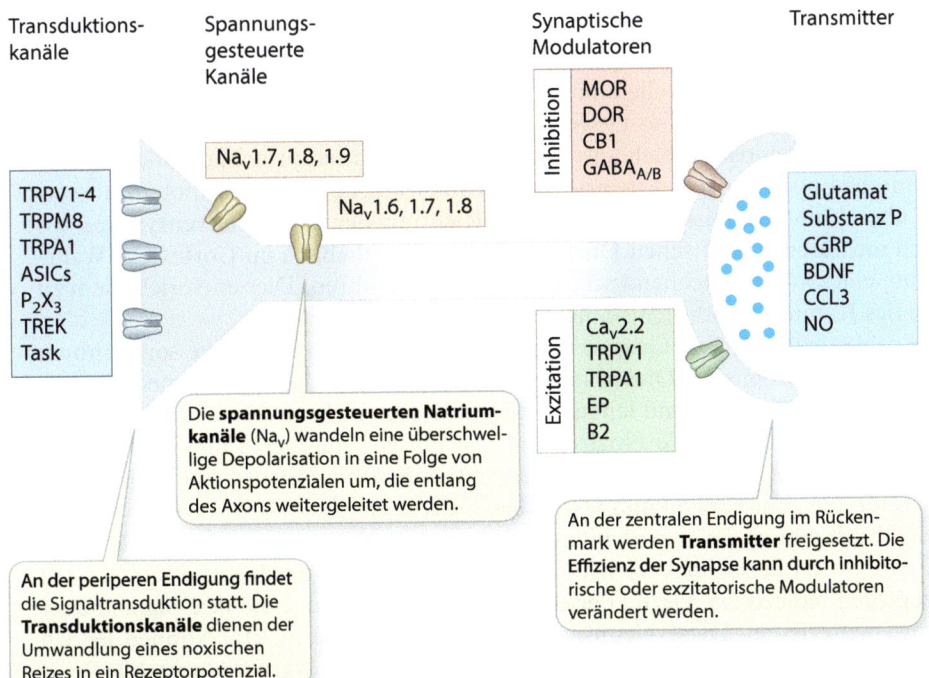

Abb. 9.2 Struktur und Physiologie von Nozizeptoren. **a** Schematische Darstellung der funktionellen Regionen eines pseudounipolaren Neurons. Der Informationsfluss verläuft von den sensorischen Endigungen im Zielgewebe zu den zentralen Endigungen im Rückenmark *(Pfeile)*. **b** An der Transduktion nozizeptiver Signale, ihrer Weiterleitung in Form von Aktionspotenzialen und an der synaptischen Übertragung sind zahlreiche Signalmoleküle beteiligt. (Modifiziert nach [61])

für die Bindung von NGF, sodass ein mutationsbedingtes Fehlen von TrkA zu der zuvor beschriebenen Schmerzunempfindlichkeit führt. Nach der Neurogenese durchlaufen die noch unreifen Zellen eine Differenzierungsphase, in deren Verlauf sie sich entweder zu peptidergen oder nicht-peptidergen Nozizeptoren entwickeln. Dieser Prozess wird durch eine zeitlich präzise choreografierte Expression spezifischer Transkriptionsfaktoren gesteuert [61].

Im Verlauf der folgenden Differenzierungsprozesse behalten peptiderge Nozizeptoren ihre TrkA-Rezeptoren und reagieren weiterhin auf NGF. Die peptiderge Subpopulation von Nozizeptoren wird letztlich durch die Expression der Peptide CGRP (*Calcitonin gene-related peptide*) und/oder Substanz P definiert. Im Gegensatz dazu regulieren die nicht-peptidergen Nozizeptoren ihre TrkA-Rezeptoren herunter und exprimieren stattdessen die Tyrosinkinase Ret als Teil eines Signalkomplexes für GDNF (*Glial cell line-derived neurotrophic factor*).

Die beiden Klassen von Nozizeptoren unterscheiden sich hinsichtlich ihrer Ionenkanäle sowie der Zielstrukturen, die sie im dorsalen Horn des Rückenmarks innervieren [9]. Im Gewebe bilden die peripheren Axone der nozizeptiven Neuronen ein komplexes und hochgradig verzweigtes Netzwerk unterhalb der Epidermis (◻ Abb. 9.3).

Nozizeptoren weisen im Vergleich zu mechanischen oder thermischen Sensoren eine hohe Aktivierungsschwelle auf. Sie reagieren also nur auf Reize, deren Energie ausreicht, um tatsächlich eine Gewebeschädigung zu verursachen. Diese als **hochschwellige Nozizeptoren** bezeichneten Neuronen werden hauptsächlich durch starke mechanische Einwirkungen aktiviert. Die von ihnen erzeugten Aktionspotenziale verlaufen über dünn myelinisierte Aδ-Fasern in Richtung des Zentralnervensystems, wo sie nach mehreren synaptischen Umschaltstationen schließlich im Cortex zur Wahrnehmung eines kurzen, stechend scharfen Schmerzes führen. Dies entspricht dem zu Beginn des Kapitels erwähnten somatischen Oberflächenschmerz.

Die zahlenmäßig größte Gruppe nozizeptiver Afferenzen bilden die sogenannten **polymodalen Nozizeptoren**. Diese Neuronen reagieren auf thermische, mechanische sowie chemische Einflüsse und leiten ihre Signale über nicht-myelinisierte, langsame C-Fasern weiter. Polymodale Nozizeptoren vermitteln ein eher dumpfes Schmerzempfinden, das mit einer gewissen zeitlichen Verzögerung auftritt. Sie sind verantwortlich für den somatischen und viszeralen Tiefenschmerz.

Schließlich gibt es die sogenannten **schlafenden Nozizeptoren**, die auch als stumme Nozizeptoren bezeichnet werden [45]. Beim Menschen machen die schlafenden Nozizeptoren nahezu ein Viertel derjenigen Nozizeptoren aus, die ihre Signale über C-Fasern weiterleiten. Diese Neuronen sind normalerweise inaktiv, können jedoch durch Entzündungsmediatoren „aufgeweckt" werden. Ihre Aktivierungsschwelle ist dann relativ niedrig, was in der Regel zu einer übersteigerten Schmerzempfindlichkeit, einer sogenannten primären Hyperalgesie, führt [20].

9.1 · Nozizeptoren und Schmerz

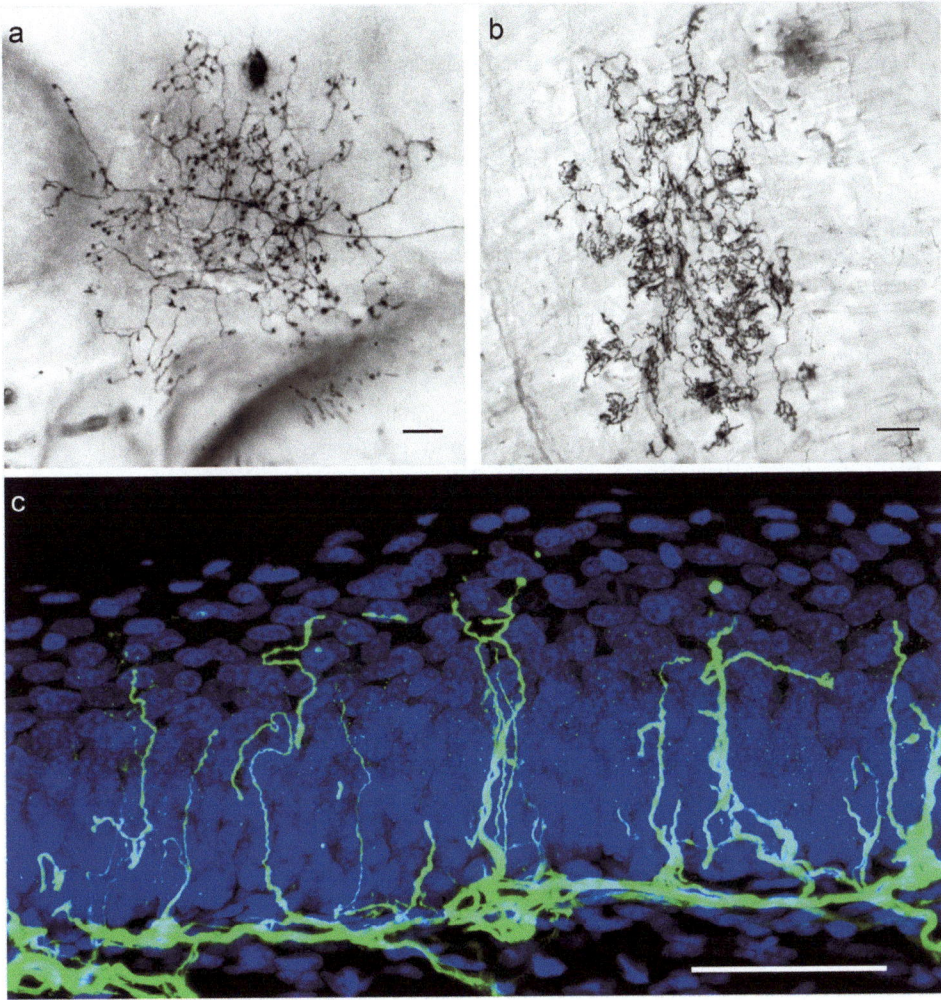

Abb. 9.3 Struktur nozizeptiver Nervenendigungen. Verzweigungen nozizeptiver Endigungen in der behaarten (**a**) und unbehaarten (**b**) Haut der Maus in der Aufsicht. **c** CGRP-positive peptiderge Nervenendigungen *(grün)* in einem Querschnitt der Haut. Die Zellkerne der Keratinocyten sind *blau* gefärbt. Der *horizontale Balken* in allen Bildern entspricht einer Länge von 100 μm. CGRP, *Calcitonin gene-related peptide*. (Aus [54])

Schlüsselkonzepte ▶ Abschn. 9.1 Nozizeptoren und Schmerz

- Die Klassifikation von Schmerz erfolgt anhand verschiedener Kriterien, zu denen die Art der Schmerzentstehung, die Intensität, die Dauer und die Lokalisierung des Schmerzes zählen.
- Der physiologische Nozizeptorschmerz wird durch mechanische, chemische oder thermische Einwirkungen auf biologisches Gewebe ausgelöst. Er fungiert als

Warnsignal für eine potenzielle Gewebeschädigung und führt in der Regel zu einer unmittelbaren Verhaltensreaktion.
- Der pathophysiologische Nozizeptorschmerz entsteht infolge von inflammatorischen Prozessen und wird durch die Freisetzung von Entzündungsmediatoren ausgelöst. Der neuropathische Schmerz hingegen resultiert aus einer Schädigung oder Infektion des Nervengewebes.
- Nozizeptoren sind pseudounipolare Neuronen, deren Zellkörper in den Spinalganglien und Trigeminalganglien lokalisiert sind. Sie besitzen einen peripheren Fortsatz, in dem die Signaltransduktion stattfindet, sowie einen zentralen Fortsatz, der ins Zentralnervensystem zieht und dort chemische Synapsen mit nachgeschalteten Neuronen bildet.
- Die Umwandlung noxischer Reize in elektrische Signale erfolgt in den peripheren Endigungen der Nozizeptoren durch die Aktivierung spezifischer Transduktionskanäle. Die dadurch ausgelöste Depolarisation der Zellmembran wird in eine Sequenz von Aktionspotenzialen umgewandelt, die zu Neuronen im dorsalen Horn des Rückenmarks weitergeleitet werden.
- Im Rückenmark befinden sich die zentralen Endigungen der sensorischen Neuronen, an denen die schmerzrelevanten Informationen über chemische Synapsen auf nachgeschaltete Neuronen übertragen werden. Synaptische Modulatoren regulieren die Übertragungsstärke dieser Synapsen.
- Die Aktivierung hochschwelliger Nozizeptoren erfolgt durch Reize mit hohem Energiegehalt, während polymodale Nozizeptoren auf mehrere Modalitäten reagieren können. Schlafende oder stumme Nozizeptoren sind in der Regel inaktiv, können jedoch durch Entzündungsmediatoren aktiviert werden.

9.2 Transduktionsmechanismen

Lernziele
1. Die Begriffe Aktivierung, Sensitisierung und Desensitisierung eines Ionenkanals im Rahmen der Nozizeption definieren.
2. Die direkte Aktivierung von Nozizeptoren anhand von TRPV1-Kanälen beschreiben.
3. Indirekte Mechanismen der Signaltransduktion, die G-Protein-gekoppelte Rezeptoren sowie Rezeptortyrosinkinasen beinhalten, erläutern.
4. Die Funktion der verschiedenen Klassen von Transduktionskanälen für die thermische, chemische und mechanische nozizeptive Signaltransduktion beschreiben.
5. Die Bedeutung purinerger Rezeptoren und assoziierter Signalwege für die Chronifizierung von Schmerzen erläutern.

9.2 · Transduktionsmechanismen

Die Weiterleitung von Signalen im nozizeptiven System, die durch mechanische, thermische oder chemische Reize verursacht werden, beginnt mit einer Depolarisation der Plasmamembran an den sensorischen Endigungen. Diese Depolarisation basiert auf der Aktivierung spezifischer Rezeptoren und Ionenkanäle in dieser Region. Diese reizinduzierte Depolarisation stellt das sogenannte Generatorpotenzial dar, dessen Amplitude die Stärke des Reizes widerspiegelt.

Infolge der Positivierung der Zellmembran durch das Generatorpotenzial werden spannungsgesteuerte Natriumkanäle (Na_V-Kanäle) entweder in der Endigung selbst oder am ersten Schnürring des Axons aktiviert. Bei einer überschwelligen Depolarisation entstehen daraus Aktionspotenziale. In diesem Fall wird das Generatorpotenzial in eine Folge von Aktionspotenzialen transformiert, wobei die Frequenz der Aktionspotenziale die Amplitude des Generatorpotenzials und somit die Reizstärke codiert. Aktionspotenziale dienen als Transportform der nozizeptiven Information für den häufig langen Weg aus der sensorischen Peripherie ins Zentralnervensystem.

Der physiologische Nozizeptorschmerz kann durch mechanische, thermische oder chemische Einwirkungen hervorgerufen werden. Diese verschiedenen Modalitäten aktivieren unterschiedliche Rezeptoren und Transduktionskanäle, was zu einer elektrischen Antwort in den Nozizeptoren führt. Es wird allgemein zwischen direkten und indirekten Mechanismen unterschieden. Die Aktivierung ionotroper Rezeptoren durch einen nozizeptiven Reiz führt direkt zur Öffnung eines in den Rezeptor integrierten Ionenkanals. Im Gegensatz dazu wirken metabotrope Rezeptoren indirekt, indem sie zunächst eine intrazelluläre Signalkaskade aktivieren, die schließlich zur Erzeugung eines elektrischen Signals führt.

Die nozizeptiven Transduktionskanäle sind hochkomplexe molekulare Maschinen, deren Aktivität auf mehreren Ebenen reguliert wird. Um die Funktionsweise dieser Kanäle besser zu verstehen, sollen im Folgenden die Konzepte der Aktivierung, Sensitisierung und Desensitisierung erläutert werden.

- Im Rahmen der **Aktivierung** findet eine Konformationsänderung des Proteins statt, wodurch ein integrierter Ionenkanal geöffnet wird. Dies ermöglicht die Diffusion von Kationen, insbesondere Na^+ und Ca^{2+}, entlang ihrer elektrochemischen Gradienten über die Membran der Nozizeptoren. Der Einstrom von Kationen führt zur initialen Depolarisation der Zellmembran, die als Generatorpotenzial bezeichnet wird.
- Der Begriff der **Sensitisierung** bezeichnet allgemein einen Prozess, durch den Nozizeptoren empfindlicher auf Reize reagieren, die normalerweise nicht schmerzhaft wären oder nur einen schwachen Schmerz verursachen würden. Sensitisierung beginnt auf der Ebene der Transduktionskanäle, indem die biophysikalischen Eigenschaften der Kanäle oder ihre Anzahl in einer sensorischen Endigung verändert werden. Dies führt zu einem verstärkten Ionenstrom und somit zu einer stärkeren Reaktion der Nozizeptoren. Sensitisierung beeinflusst das subjektive Schmerzempfinden erheblich und stellt einen wichtigen Mechanismus bei chronischen Schmerzzuständen dar.
- Schließlich bezeichnet die **Desensitisierung** den Übergang des Rezeptorproteins in eine Konformation, bei der kein Ionenfluss durch den Kanal möglich ist. Im Gegensatz zum geschlossenen Zustand ist ein desensitisierter Kanal nicht in der Lage,

auf einen entsprechenden Reiz hin zu öffnen. Mit der Desensitisierung verfügen die Nozizeptoren über einen Schutzmechanismus, der das Ausmaß der Depolarisation reguliert und somit eine Übererregbarkeit oder den Zelltod durch übermäßigen Einstrom von Ca^{2+}-Ionen verhindern kann. Die Desensitisierung tritt insbesondere im peripheren Nervensystem auf, sodass bereits abgeschwächte Signale im Zentralnervensystem ankommen.

Basierend auf den zuvor beschriebenen direkten und indirekten Mechanismen werden die Membranproteine, die an der Signalübertragung in sensorischen Neuronen beteiligt sind, in drei Gruppen eingeteilt: Ionenkanäle, G-Protein-gekoppelte Rezeptoren und Rezeptortyrosinkinasen. Ionenkanäle wirken direkt, während G-Protein-gekoppelte Rezeptoren sowie Rezeptortyrosinkinasen, die auf der extrazellulären Seite Neurotrophine oder Cytokine binden, eine indirekte Wirkung ausüben (◘ Abb. 9.4).

Ionenkanäle, wie beispielsweise TRPV1, werden durch nozizeptive Reize aktiviert, was zu einer Depolarisation der Zellmembran der Nozizeptoren durch den Einstrom von Kationen führt. Zur Erzeugung und Weiterleitung von Aktionspotenzialen sind zudem spannungsgesteuerte Natriumkanäle notwendig. Nozizeptive sensorische Neuronen beim Menschen besitzen insbesondere den Subtyp $Na_V1.7$. Gain-of-Function-Mutationen des $Na_V1.7$-Kanals resultieren in Schmerzsyndromen mit einer stark erhöhten Schmerzempfindlichkeit, während Loss-of-Function-Mutationen dieses Ionenkanals dazu führen, dass Schmerz nicht mehr wahrgenommen werden kann [58]. Darüber hinaus sind eine Reihe von exzitatorischen und inhibitorischen Ionenkanälen an der Repolarisation der Aktionspotenziale beteiligt. Die Aktivität dieser Kanäle wird durch Entzündungsmediatoren modifiziert, was ebenfalls zu einer veränderten Schmerzwahrnehmung führt.

9

Nozizeptoren exprimieren ein umfangreiches Spektrum an G-Protein-gekoppelten Rezeptoren. Die intrazelluläre Signaltransduktionskaskade umfasst eine Vielzahl unterschiedlicher Prozesse, die von der klassischen Aktivierung der Proteinkinase A durch cAMP über die von Phospholipase C produzierten Botenstoffe Diacylglycerol und IP_3 bis hin zu komplexen intrazellulären Reaktionsketten wie dem MAPK/ERK-Signalweg reichen (◘ Abb. 9.5).

Die Komplexität der Signaltransduktion wird zusätzlich durch Wechselwirkungen zwischen den intrazellulären Signalwegen verstärkt. So konvergieren beispielsweise mehrere Signalketten auf den TRPV1-Kanal, was dessen Aktivierung oder Sensitisierung zur Folge hat. Eine entscheidende Rolle spielt hierbei die durch IP_3 induzierte Erhöhung der intrazellulären Ca^{2+}-Konzentration, welche die Aktivität von TRPV1 in beide Richtungen moduliert (◘ Abb. 9.5). Darüber hinaus aktiviert cAMP neben Proteinkinase A auch das Protein EPAC (*Exchange protein activated by cAMP*), das an der Sensitisierung von Ionenkanälen beteiligt ist und möglicherweise zur Entstehung eines Schmerzgedächtnisses beiträgt [23].

Schließlich exprimieren Nozizeptoren verschiedene Neurotrophinrezeptoren, deren intrazelluläre Effekte durch die Aktivierung von membranständigen Rezeptortyrosinkinasen vermittelt werden. Zu den trophischen Faktoren, die für die Nozizeptoren relevant sind, gehören NGF, BDNF und auch gliale Wachstumsfaktoren. Diese Faktoren regulieren die Ausstattung der Nozizeptoren mit Ionenkanälen und Neurotransmittern und sind daher entscheidend für den physiologischen Phänotyp dieser Neuronen.

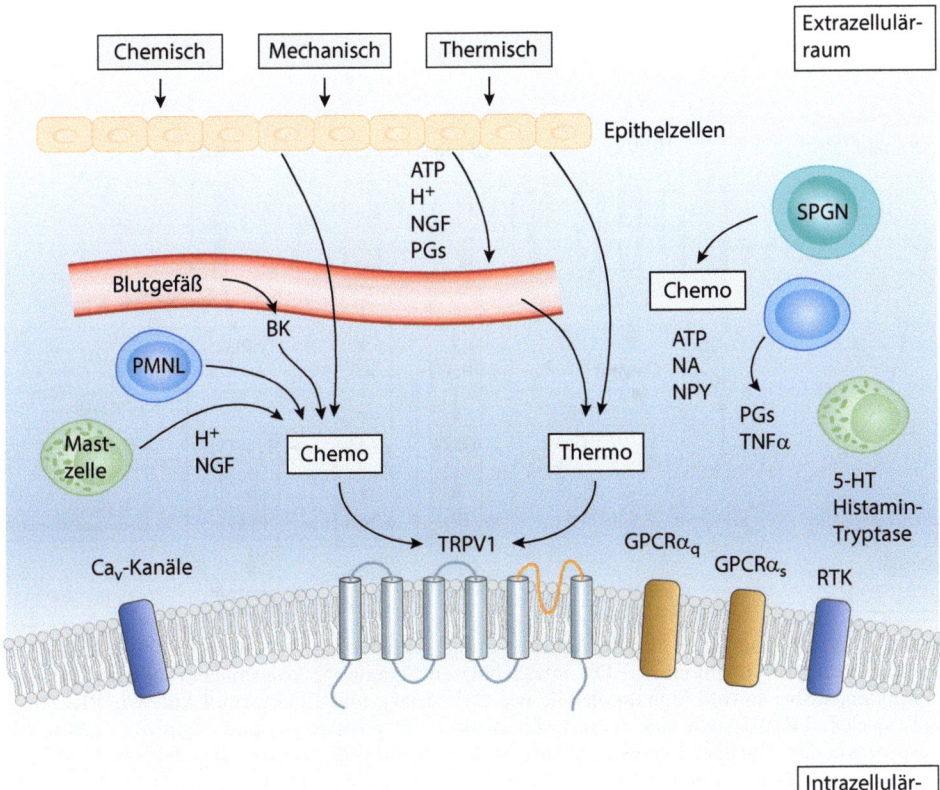

Abb. 9.4 Aktivierung von Nozizeptoren. Die Signaltransduktion umfasst direkte und indirekte Mechanismen. Der Ionenkanal TRPV1 kann direkt durch eine Erhöhung der Temperatur oder durch chemische Reize aktiviert werden. Die chemischen Signale umfassen Protonen, ATP sowie Wachstumsfaktoren, die von gewebeständigen Mastzellen oder rekrutierten Immunzellen wie polymorphnukleären Leukozyten (PMNL), aber auch von Epithelzellen, Schwann-Zellen, Fibroblasten und sympathischen postganglionären Neuronen (SPGN) freigesetzt werden. Die indirekten Signalwege verlaufen über die Aktivierung verschiedener G-Protein-gekoppelter Rezeptoren (GPCR) und Rezeptortyrosinkinasen (RTK). BK, Bradykinin; ER/GPR30, *Estrogen receptor/G-protein receptor-30*; NA, Noradrenalin; NGF, *Nerve growth factor*; PG, Prostaglandin; NPY, Neuropeptid Y; TNFα, Tumornekrosefaktor α. (Modifiziert nach [20])

In den folgenden Abschnitten werden wir die Transduktionsmechanismen der mechanischen, thermischen und chemischen Nozizeption sowie die molekularen Grundlagen der Sensitisierungsprozesse näher betrachten. Da sensorische Endigungen häufig mehrere Modalitäten erfassen (polymodale Nozizeptoren), erfolgt die Einteilung nach den jeweiligen Familien von Ionenkanälen. ◘ Tab. 9.1 bietet einen Überblick über das molekulare Toolkit nozizeptiver Endigungen.

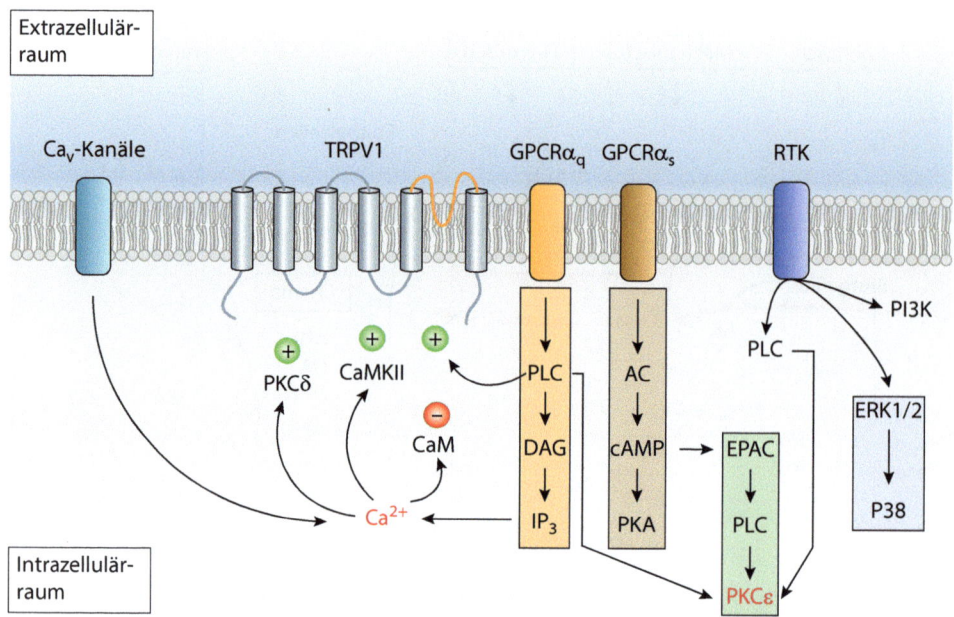

Abb. 9.5 Signaltransduktion in Nozizeptoren durch Aktivierung G-Protein-gekoppelter Rezeptoren und Rezeptortyrosinkinasen. Die intrazellulären Signalwege konvergieren an mehreren Knotenpunkten, wobei sowohl Signalmoleküle wie Ca^{2+}-Ionen und Effektormoleküle wie PKCε eine Rolle spielen. TRPV1 stellt eine zentrale Zielstruktur für positive (+) und negative (−) Modulationsprozesse dar. Darüber hinaus existieren weitere Signalwege, die aus Gründen der Übersichtlichkeit nicht berücksichtigt wurden. AC, Adenylylcyclase; CaM, Calmodulin; CaMKII, Ca^{2+}-Calmodulin-abhängige Proteinkinase II; DAG, Diacylglycerol; EPAC, *Exchange protein-activated by cAMP*; ERK1/2, *Extracellular-signal-regulated kinases 1/2*; IP$_3$, Inositol-1,4,5-trisphosphat; PI3K, Phosphoinositid-3-Kinase; PKC, Proteinkinase C; PLC, Phospholipase C; RTK, Rezeptortyrosinkinase. (Modifiziert nach [20])

9.2.1 TRP-Kanäle

Die etwa 30 verschiedenen Vertreter der TRP-Kanäle (*Transient receptor potential*) weisen eine Reihe gemeinsamer struktureller Eigenschaften auf. Jede Untereinheit besteht aus sechs Transmembransegmenten (S1–S6), intrazellulären N- und C-terminalen Endigungen sowie einer Porenschleife zwischen S5 und S6, die eine wesentliche Rolle bei der Bildung des Ionenkanals spielt. Die C-terminale Region vieler TRP-Kanäle enthält eine sogenannte TRP-Box, die vermutlich eine Funktion beim Gating der Kanäle erfüllt (siehe ◘ Abb. 8.7).

Funktionelle TRP-Kanäle bilden einen tetrameren Komplex aus vier Untereinheiten, die zusammen einen zentralen Ionenkanal bilden. Obwohl TRP-Kanäle in der Regel als unspezifische Kationenkanäle klassifiziert werden, weisen sie in den meisten Fällen eine deutlich höhere Leitfähigkeit für Ca^{2+}-Ionen im Vergleich zu Na^+-Ionen auf.

9.2 · Transduktionsmechanismen

◘ Tab. 9.1 Nozizeptive Transduktionskanäle bei Säugetieren

Kanal	Art von Schmerz	Stimulus	Kanaltyp
TRPV1	Hitzeschmerz, inflammatorisch, neuropathisch	Hitze (>42 °C), Capsaicin, Protonen, Fettsäuren	Nicht-selektiver Kationenkanal
TRPM8	Kälteschmerz	Kälte (<27 °C), Menthol	Nicht-selektiver Kationenkanal
TRPA1	Hitzeschmerz[a], inflammatorisch, akuter und chronischer Schmerz	Kälte, Wärme, Reizstoffe (Senföle, Formalin, Tränengas)	Nicht-selektiver Kationenkanal
TRPM3	Inflammatorisch, neuropathisch	Hitze, Chemikalien (Pregnenolonsulfat)	Nicht-selektiver Kationenkanal
ASICs	Inflammatorisch	Niedriger pH-Wert aufgrund von Azidose oder Ischämie	H^+-gesteuerter Kationenkanal
P2X3	Neuropathisch, inflammatorisch, akuter und chronischer Schmerz	ATP (bei Gewebeschädigung freigesetzt)	ATP-gesteuerter Kationenkanal
TREK-1	Mechanischer und ischämischer Schmerz[b]	Mechanischer Zug oder Druck	K2P-Kaliumkanäle
Piezo1/2	Mechanischer Schmerz	Mechanischer Zug oder Druck	Mechanosensitiver Kationenkanal

[a] TRPA1 kann experimentell durch Wärme und Kälte aktiviert werden. Während eine Funktion für die Transduktion von Hitzeschmerz allgemein akzeptiert ist, wird die Relevanz von TRPA1 für die Detektion von Kälteschmerz kontrovers diskutiert
[b] Ischämischer Schmerz ist eine Form des Schmerzes, die durch eine unzureichende Blutversorgung eines Gewebes verursacht wird, was zu einem Mangel an Sauerstoff und Nährstoffen führt. Diese Schmerzform wird typischerweise als brennend, stechend oder drückend beschrieben

■ **Nozizeptoren für Wärme**

Im Jahr 1997 wurde mit der Identifikation des TRP-Kanals TRPV1 der erste molekulare Rezeptor für noxische Wärme beschrieben [11]. TRPV1-Kanäle können durch eine Vielzahl von Reizen aktiviert werden, die sich in ihren Eigenschaften deutlich unterscheiden. Neben hohen Temperaturen gehören auch das namensgebende Vanilloid Capsaicin, Protonen (bei einem pH-Wert unter 5) sowie Derivate langkettiger Fettsäuren wie Arachidonsäure zu den physiologisch relevanten Stimuli.

Die Ergebnisse psychophysischer Studien zeigen eine klare Trennung zwischen der subjektiven Wahrnehmung von Wärme und der von Schmerz. Der Schwellenwert für die Schmerzempfindung liegt bei etwa 42 °C und korreliert sehr gut mit der physiologischen Aktivierung nozizeptiver Aδ- und C-Fasern, in denen TRPV1 in hoher Dichte vorkommt. Neben TRPV1 sind auch die TRP-Kanäle TRPM3 und TRPA1 an der Transduktion noxischer Wärme beteiligt (siehe ▶ Abschn. 8.2.2) [56].

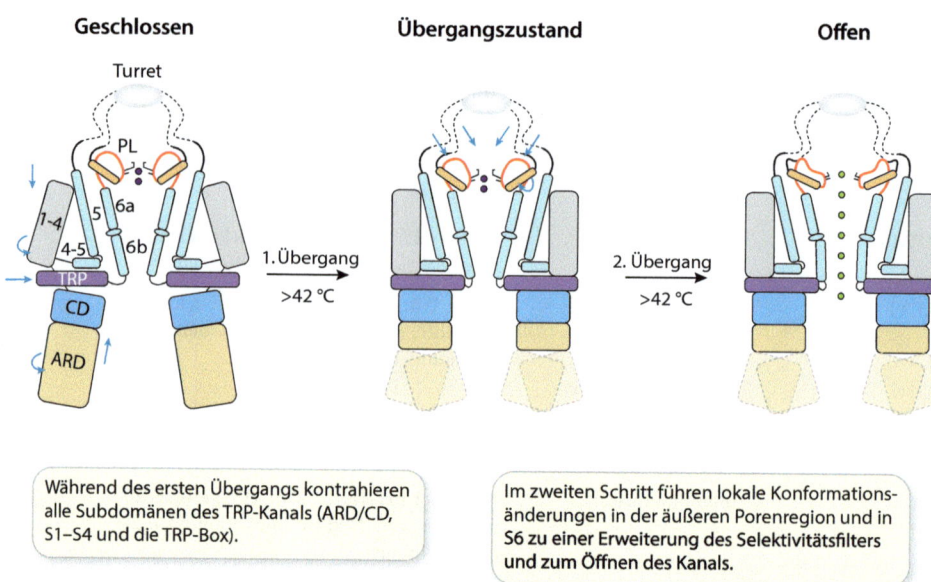

Abb. 9.6 Modell der Aktivierung von TRPV1 durch noxische Wärme. Das Modell basiert auf zwei unterschiedlichen Konformationsänderungen des Proteins, die durch noxische Wärme induziert werden. Im ersten Übergang erfolgen globale Umlagerungen, die Voraussetzung für das Öffnen des Kanals im zweiten Schritt sind. Die Transmembrandomäne, bestehend aus den Segmenten S1–S6 und der TRP-Box, ist über die Coupling-Domäne (CD) mit der Ankyrin-Repeat-Domäne (ARD) verbunden. Der sogenannte Turret bildet eine extrazelluläre Schleife zwischen S5 und der Porenschleife (PL). Das Modell stützt sich auf kryoelektronenmikroskopische Daten der temperaturabhängigen Konformationsänderungen von TRPV1. (Modifiziert nach [31])

Die Fähigkeit, gewebeschädigende hohe Temperaturen zu detektieren, ist ein Beispiel für funktionelle Redundanz, da die Transduktion des Signals parallel durch drei verschiedene Ionenkanäle erfolgt. Fällt ein Rezeptortyp aus, können die verbleibenden Rezeptoren weiterhin die relevanten Informationen verarbeiten. Dies deutet auf einen Sicherheitsmechanismus hin, der darauf abzielt, Verbrennungen zu vermeiden.

Gemäß einem aktuellen Modell erfolgt das Gating von TRPV1-Kanälen durch noxische Wärme in einem zweistufigen Prozess [31]. In einer stark vereinfachten Darstellung findet zunächst eine globale Konformationsänderung des gesamten Proteins statt, bevor in einem zweiten Schritt lokale Umlagerungen im Bereich der Transmembransegmente S4–S6 zum Öffnen des Ionenkanals führen (Abb. 9.6).

Neben TRPV1 werden auch die Kanäle TRPV2, TRPV3 und TRPV4 als Transduktionskanäle in sensorischen Endigungen sowie von angrenzenden Keratinocyten exprimiert. TRPV2 wird typischerweise durch hohe Temperaturen aktiviert, die über 52 °C liegen [12]. Diese Beobachtung deutet zunächst auf eine Beteiligung von TRPV2 für die Detektion noxischer Wärme hin. Ein funktioneller Knock-out von TRPV2 führt jedoch nicht zu einer veränderten Reaktion auf noxische Wärme, sondern vielmehr zu einem Verlust der mechanischen Nozizeption [29]. Offensichtlich spielen TRPV2-Kanäle eine Rolle bei der Detektion mechanischer Reize, sind jedoch nicht maßgeblich an der Transduktion von Wärme beteiligt.

Die Aktivierung von TRPV3 erfolgt zwischen 34–37 °C, wobei eine hohe Aktivität der Ionenkanäle bis weit in den Bereich noxischer Temperaturen hinein beobachtet wird. Trotz dieser Temperaturempfindlichkeit ist es nach dem aktuellen Wissensstand eher unwahrscheinlich, dass TRPV3 eine signifikante Rolle bei der Transduktion hitzebedingter Schmerzreize spielt.

Ähnliches gilt für TRPV4, einen ebenfalls durch harmlose Wärme aktivierten TRP-Kanal. Ein Knock-out von TRPV4 induziert keine vom Wildtyp abweichende Reaktion auf hohe Temperaturen, sondern zeigt vielmehr eine verringerte Empfindlichkeit gegenüber noxischen mechanischen oder hypertonen Stimuli [1, 52]. Insgesamt unterstützen die vorliegenden Befunde die Annahme, dass die Kanäle TRPV2, TRPV3 und TRPV4 keine wesentliche Funktion bei der Transduktion nozizeptiver Wärme übernehmen.

- **Nozizeptoren für Kälte**

Temperaturen unterhalb von etwa 30 °C werden zunächst als kühl oder kalt empfunden. Sinkt die Temperatur jedoch weiter und fällt unter 15 °C, tritt ein Kälteschmerz auf. Im Gegensatz zur Detektion noxischer Wärme sind die molekularen Mechanismen der Signaltransduktion bei noxischer Kälte bislang nicht vollständig verstanden [37].

Die beiden Vertreter der TRP-Kanäle TRPM8 und TRPA1 werden durch Kältereize aktiviert (siehe ◘ Abb. 8.8). Ein Knock-out von TRPM8 führt zu einer reduzierten Antwort der sensorischen Neuronen, wenn die Temperatur auf Werte zwischen 20 und 10 °C gesenkt wird. Zudem zeigen die Tiere Defizite bei der Vermeidung von Kälte [5]. Obwohl TRPA1-Kanäle durch noxische Kälte unterhalb von 15 °C aktiviert werden, haben Untersuchungen zur Kälteempfindlichkeit bei Tieren ohne TRPA1 zu widersprüchlichen Ergebnissen geführt. Diese Befunde deuten darauf hin, dass bisher unbekannte Signalwege, die nicht auf TRP-Kanälen basieren, für die Detektion noxischer Kälte verantwortlich sind.

Neben den in ▶ Abschn. 8.2.2 diskutierten Kandidaten Stim und Orai1 ist möglicherweise die Hemmung von Kaliumkanälen an der Signaltransduktion noxischer Kälte beteiligt. Die Blockierung des Kaliumkanals TASK-3, der in thermosensitiven Nervenendigungen in hoher Dichte vorkommt, führt zu einer Absenkung der Temperaturschwelle für TRPM8 und somit zu einer Hypersensitivität gegenüber Kältereizen [40]. Es ist daher plausibel, dass die Wahrnehmung von noxischer Kälte nicht durch die Aktivierung eines einzelnen, spezifischen molekularen Wärmerezeptors vermittelt wird, sondern dass die Signaltransduktion auf einer kombinatorischen Strategie beruht, an der verschiedene Ionenkanäle beteiligt sind.

9.2.2 P2X-Kanäle

ATP wird von nahezu allen nicht-neuronalen Zellen als Reaktion auf eine mechanische Deformation oder Sauerstoffmangel freigesetzt und wirkt lokal im Gewebe als nozizeptiver Stimulus. Darüber hinaus fungiert ATP als Neurotransmitter im Darmnervensystem sowie als Co-Transmitter im peripheren und zentralen Nervensystem [10].

Die Signaltransduktion erfolgt über purinerge Rezeptoren, die in zwei Familien unterteilt werden. Die **P2X-Familie** besteht aus sieben Untereinheiten (P2X1–P2X7), die ligandengesteuerte Ionenkanäle bilden. Der Aufbau der ionotropen purinergen Rezeptoren ist ausführlich in ▶ Abschn. 2.3.3 beschrieben. Im Gegensatz dazu umfasst die **P2Y-Familie** acht verschiedenen G-Protein-gekoppelte metabotrope Rezeptoren. Für eine detaillierte Erläuterung des Aufbaus und der Funktionsweise G-Protein-gekoppelter Rezeptoren wird auf ▶ Abschn. 2.5.1 verwiesen.

Im Rahmen der nozizeptiven Signaltransduktion, insbesondere im Hinblick auf chronische Schmerzen, spielen die P2X-Rezeptoren eine zentrale Rolle. Die Bindung von ATP an P2X-Rezeptoren induziert einen Einstrom von Kationen, dessen zeitlicher Verlauf je nach Zusammensetzung der Untereinheiten variieren kann. Während der ATP-induzierte Einwärtsstrom bei P2X2-Rezeptoren keine Inaktivierung zeigt, führt die Bindung von ATP an P2X3-Rezeptoren zu einem schnell inaktivierenden Einwärtsstrom in den sensorischen Neuronen (◘ Abb. 9.7a, b) [14]. Im Gegensatz dazu bewirken heteromere Rezeptoren, die aus P2X2- und P2X3-Untereinheiten bestehen, einen Einwärtsstrom mit langsamer Inaktivierung (◘ Abb. 9.7c) [33].[2]

P2X2/3-Rezeptoren spielen sowohl bei akuten als auch bei chronischen Schmerzen eine wichtige Rolle [26]. Diese heteromeren Rezeptoren sind in zahlreichen afferenten Endigungen sensorischer Neuronen nachweisbar, wobei einige der Endigungen auch den TRP-Kanal TRPV1 exprimieren (◘ Abb. 9.8a).

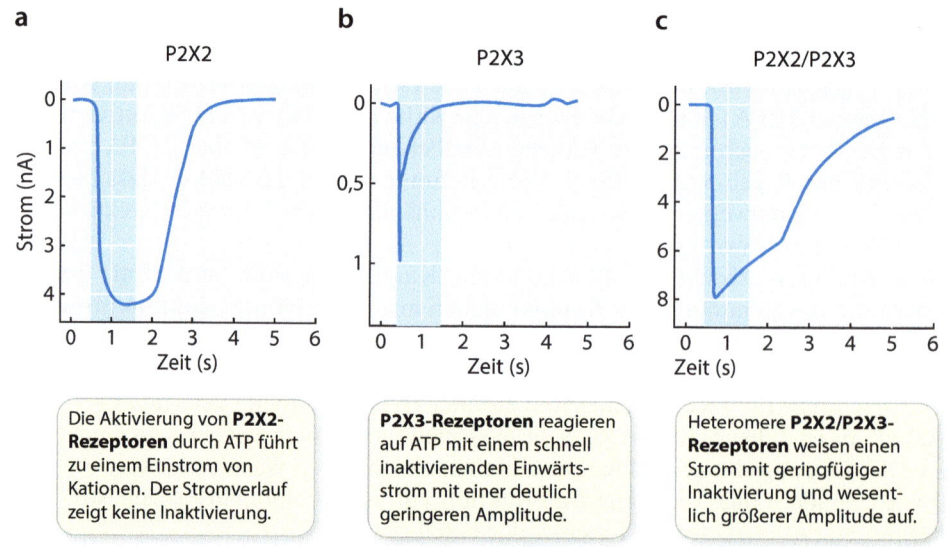

◘ **Abb. 9.7** Die Aktivierung purinerger Rezeptoren durch ATP induziert einen Einstrom von Kationen. Die Amplitude und Inaktivierung des Stroms hängt von der Kombination der vorhandenen Untereinheiten ab. **a** Homomere P2X2-Rezeptoren. **b** Homomere P2X3-Rezeptoren. **c** Heteromere P2X2/P2X3-Rezeptoren. Neben dem Zeitverlauf unterscheiden sich die Ströme maßgeblich in ihrer Amplitude. Der *blau unterlegte Bereich* zeigt die Dauer der Applikation von ATP an [33]

---

2 Purinerge Rezeptoren setzen sich grundsätzlich aus drei Untereinheiten zusammen. Heteromere P2X2/3-Rezeptoren bestehen somit aus zwei P2X2-Untereinheiten und einer P2X3-Untereinheit oder umgekehrt, also aus zwei P2X3-Untereinheiten und einer P2X2-Untereinheit.

a

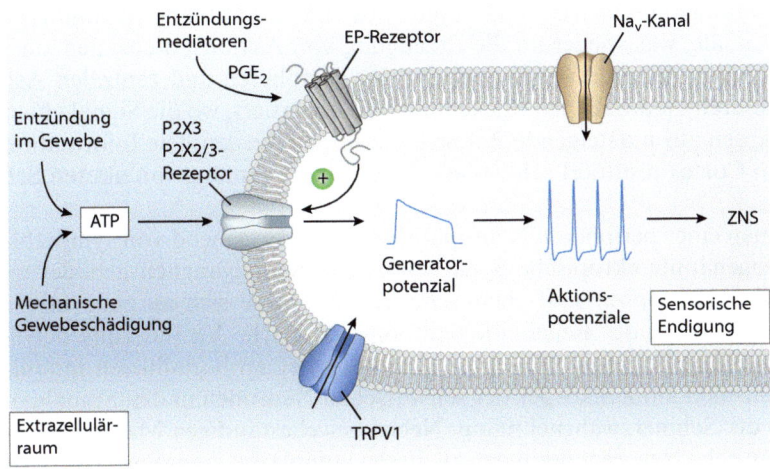

b

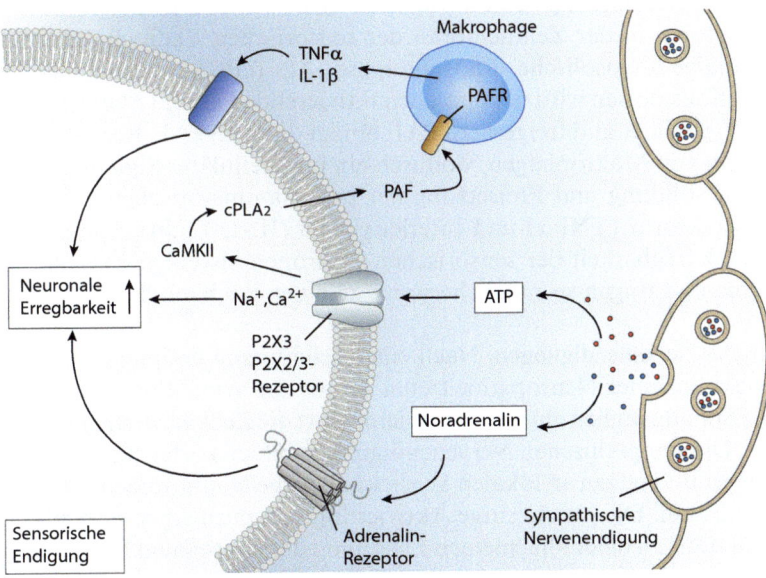

○ **Abb. 9.8** Signaltransduktion in den sensorischen Endigungen und im Soma nozizeptiver Neuronen. **a** Die Aktivierung von P2X2/3-Rezeptoren in der sensorischen Nervenendigung führt zu einer überschwelligen Depolarisation der Zellmembran. Die dadurch induzierten Aktionspotenziale werden ins Rückenmark weitergeleitet. Außerdem bewirken die freigesetzten Entzündungsmediatoren wie Prostaglandin E2 (PGE_2) eine Aktivierung der EP-Rezeptoren, die über intrazelluläre Signalkaskaden die Funktion der purinergen Rezeptoren verstärken. **b** In den Spinalganglien bilden sympathische Nervenendigungen, die ATP und Noradrenalin freisetzen, ektopische Synapsen mit den Zellkörpern der sensorischen Neuronen aus. Die gleichzeitige Aktivierung von purinergen und adrenergen Rezeptoren führt zu einer Steigerung der neuronalen Erregbarkeit. Makrophagen setzen infolge der Bindung von *Platelet-activating factor* (PAF) an deren Rezeptor (PAFR) die Cytokine TNFα und IL-1β frei, die ebenfalls die Erregbarkeit der sensorischen Endigungen erhöhen. (Modifiziert nach [26])

Die Aktivierung von P2X2/3-Rezeptoren führt zu einer Depolarisation der Endigung sowie einem Anstieg der intrazellulären Ca^{2+}-Konzentration. Diese Depolarisation der Membran der sensorischen Endigung bewirkt die Öffnung spannungsabhängiger Na^+-Kanäle, was wiederum die Erzeugung von Aktionspotenzialen zur Folge hat. Die Aktionspotenziale werden entlang der peripheren und zentralen Äste der pseudounipolaren Neuronen ins Rückenmark transportiert, wo die Signale über chemische Synapsen auf aufsteigende Bahnen übertragen werden. Die Informationsverarbeitung im Cortex resultiert schließlich in der Wahrnehmung von akuten Schmerzen.

Im Rahmen einer peripheren Neuropathie können ausgehend von sympathischen Neuronen sogenannte ektopische Synapsen in den Spinalganglien gebildet werden [46]. Ektopische Synapsen sind chemische Synapsen, die sich an einer atypischen Stelle befinden und in der Regel eine pathophysiologische Veränderung der neuronalen Verschaltung bewirken. Bei chronischen Schmerzen beeinflussen modulatorische Mechanismen am Zellkörper der sensorischen Neuronen in den Spinalganglien den Prozess der Schmerzwahrnehmung. Neben gewebeständigen Makrophagen sind auch sympathische Nervenendigungen an diesen komplexen Signalprozessen beteiligt (◘ Abb. 9.8b).

— **Makrophagen.** Die Bindung von ATP an homomere P2X3- oder heteromere P2X2/P2X3-Rezeptoren in der Zellmembran der sensorischen Endigung aktiviert die Ca^{2+}-abhängige cytosolische Phospholipase A2 (cPLA2) über das Enzym CaMK II. Infolgedessen wird der plättchenaktivierende Faktor (*Platelet-activating factor*, PAF) gebildet und freigesetzt. PAF bindet dann an PAF-Rezeptoren in der Zellmembran von Makrophagen, wodurch ein intrazellulärer Signalweg aktiviert wird, der zur Bildung und Freisetzung der proinflammatorischen Cytokine Tumornekrosefaktor α (TNFα) und Interleukin-1β (IL-1β) führt. Diese Cytokine erhöhen die Erregbarkeit der sensorischen Neuronen als Folge einer peripheren Neuropathie und tragen so möglicherweise zu einer mechanischen Hypersensitivität bei.
— **Sympathische Nervenendigungen.** Nach einer Schädigung peripherer Nerven und der Entwicklung einer Neuropathie treten Axone des sympathischen Nervensystems in die Spinalganglien ein und innervieren dort die Zellkörper der sensorischen Neuronen. Die sympathischen Nervenendigungen bilden korbartige Geflechte um die Zellkörper und setzen an lokalen Verdickungen die Neurotransmitter ATP und Noradrenalin frei. Die gleichzeitige Aktivierung von purinergen und adrenergen Rezeptoren führt zu einer allgemeinen Erhöhung der neuronalen Erregbarkeit der Nozizeptoren.

Die durch die Aktivierung beider Signalwege bedingte Erhöhung der neuronalen Erregbarkeit sensorischer Neuronen könnte eine wesentliche Rolle bei der Entwicklung von Überempfindlichkeit sowie der Chronifizierung von Schmerzen spielen.

Neben den Signalwegen, die auf der Aktivierung von P2X2- und P2X3-Rezeptoren basieren, spielen auch P2X4-Rezeptoren eine Rolle bei der Entstehung neuropathischer Schmerzen. Die Verletzung eines peripheren Nervs aktiviert **Mikroglia**, die Immunzellen des Nervensystems. Diese Aktivierung führt zu einer verstärkten Zellteilung der Mikroglia und zur Expression von P2X4-Rezeptoren in deren Zellmembran.

Die Bindung von ATP an die P2X4-Rezeptoren bewirkt im Rückenmark die Freisetzung von BDNF aus der Mikroglia. BDNF bindet dann an TrkB-Rezeptoren in der neuronalen Zellmembran und verschiebt das Gleichgewicht zwischen Erregung und Hemmung zugunsten der Erregung. Die resultierende Übererregbarkeit trägt zur neuropathischen Allodynie bei.

Auf ähnliche Weise sind auch P2X7-Rezeptoren der Mikroglia an der Entstehung neuropathischer Schmerzen beteiligt. Die Aktivierung dieser Rezeptoren führt zur Freisetzung proinflammatorischer Cytokine, welche sowohl die exzitatorische als auch die inhibitorische synaptische Transmission in den Schmerzbahnen des Rückenmarks beeinflussen [30].

Zusammenfassend lässt sich festhalten, dass verschiedene Kombinationen puringerer Rezeptoren an der Entstehung akuter und chronischer Schmerzen beteiligt sind. Zudem werden immunmodulatorische Zellen wie Makrophagen und Mikroglia rekrutiert, die durch die Freisetzung von Cytokinen und trophischen Faktoren das Gleichgewicht zwischen Erregung und Hemmung in Richtung einer erhöhten neuronalen Erregbarkeit verschieben. Diese Prozesse verlaufen überwiegend in den Spinalganglien und im Rückenmark, also im Zentralnervensystem.

9.2.3 Protonengesteuerte Kanäle

Zahlreiche schmerzauslösende Ereignisse, einschließlich entzündlicher Prozesse, sind mit einer Absenkung des extrazellulären pH-Werts assoziiert. Diese Erkenntnisse weisen darauf hin, dass pH-sensitive Rezeptoren in den sensorischen Endigungen nozizeptiver Neuronen exprimiert werden. Die Aktivierung dieser Rezeptoren erzeugt Signale, die maßgeblich an der Verarbeitung inflammatorischer Schmerzreize beteiligt sind.

Protonengesteuerte Ionenkanäle gehören zur Familie der epithelialen Natriumkanäle/Degenerin (ENaC/DEG) und werden in der Regel als ASICs (*Acid sensing ion channels*) bezeichnet. Diese Kanäle sind in den sensorischen Neuronen des peripheren Nervensystems sowohl im Zellkörper als auch in den Afferenzen lokalisiert. Zudem konnten die Untereinheiten ASIC1 und ASIC2 in bestimmten Regionen des Zentralnervensystems nachgewiesen werden, die an der Verarbeitung von Schmerzsignalen beteiligt sind. Diese Befunde unterstützen die Annahme, dass ASICs eine nozizeptive Funktion bei der Transduktion und Übertragung säureinduzierter Schmerzsignale erfüllen. Darüber hinaus werden ASICs im Zellkörper, den Dendriten und den dendritischen Dornfortsätzen zentralnervöser Neuronen exprimiert. Diese Ionenkanäle sind nicht nur in die Verarbeitung schmerzrelevanter Signale involviert, sondern spielen auch eine Rolle in der synaptischen Plastizität [59].

Funktionelle ASIC-Kanäle setzen sich aus drei Untereinheiten zusammen, die entweder identisch (homomere Kanäle) oder unterschiedlich (heteromere Kanäle) sein können. Eine ausführliche Beschreibung des Aufbaus protonengesteuerter Ionenkanäle ist in ▶ Abschn. 7.1.3 zu finden. Bislang konnten sechs verschiedene Untereinheiten von ASIC-Kanälen identifiziert werden (◘ Tab. 9.2). Da die Untereinheiten unterschiedliche biophysikalische Eigenschaften aufweisen, beeinflusst ihre jeweilige Kombination entscheidend die physiologischen Merkmale der Ionenkanäle. Beispielsweise werden homomere Kanäle, die aus ASIC1A-Untereinheiten bestehen,

Tab. 9.2 ASIC-Kanal-Untereinheiten und ihre Eigenschaften

Untereinheit	pH-Sensitivität homomerer Kanäle	Vorkommen
ASIC1A	5,8–6,8	ZNS und PNS
ASIC1B	6,1–6,2	PNS, bisher nicht im ZNS nachgewiesen
ASIC2A	4,5–4,9	ZNS und PNS
ASIC2B	Bildet in Kombination mit anderen ASIC-Untereinheiten heteromere, pH-sensitive Kanäle	ZNS und PNS
ASIC3	6,4–6,6	Vorwiegend PNS und in trigeminalen Neuronen im ZNS
ASIC4	Bildet keine homomeren, pH-sensitiven Kanäle	ZNS

Bisher wurden vier Gene für protonengesteuerte Ionenkanäle (*ASIC1, ASIC2, ASIC3, ASIC4*) und die sechs in der Tabelle aufgelisteten Untereinheiten identifiziert. Die pH-Sensitivität gibt den pH$_{50}$-Wert an, also denjenigen pH-Wert, bei dem durchschnittlich die Hälfte der Ionenkanäle geöffnet ist. ZNS, zentrales Nervensystem; PNS, peripheres Nervensystem. Modifiziert nach [60]

bereits bei einer geringeren Ansäuerung der extrazellulären Flüssigkeit aktiviert, als solche, die aus ASIC2A-Untereinheiten bestehen.[3]

Die Aktivierung der ASIC-Kanäle erfolgt durch die Wechselwirkung mit extrazellulären Protonen, woraufhin sich ein unspezifischer Kationenkanal öffnet und Na$^+$- sowie Ca^{2+}-Ionen in die Zelle diffundieren (Abb. 9.9a). Der Einstrom dieser positiven Ladungen erzeugt ein Generatorpotenzial, das, sobald ein definierter Schwellenwert überschritten wird, eine Reihe von Aktionspotenzialen initiiert. Somit steht die Intensität der pH-Wert-Änderung in direkter Korrelation mit der Amplitude des Generatorpotenzials, das wiederum die Frequenz der Aktionspotenziale bestimmt. Darüber hinaus führt die Depolarisation zur Öffnung spannungsgesteuerter Calciumkanäle, wodurch die intrazelluläre Ca^{2+}-Konzentration in stärkerem Maße erhöht wird als durch die Aktivierung der ASIC-Kanäle allein. Der Anstieg der intrazellulären Ca^{2+}-Konzentration aktiviert zudem verschiedene Signalwege in den nozizeptiven Neuronen (Abb. 9.9b).

Im Folgenden werden kurz die experimentellen Befunde zusammengefasst, welche die Funktion von ASICs bei der Transduktion und Vermittlung nozizeptiver Signale unterstützen.

---

3 Der für ASIC2A-Homomere ermittelte pH$_{50}$ von 4,5 bis 4,9 liegt allerdings außerhalb des physiologischen Bereichs. Möglicherweise sind für die Aktivierung von ASIC2-Homomeren zusätzliche modulatorisch wirkende Substanzen erforderlich, welche die pH-Sensitivität der Ionenkanäle erhöhen.

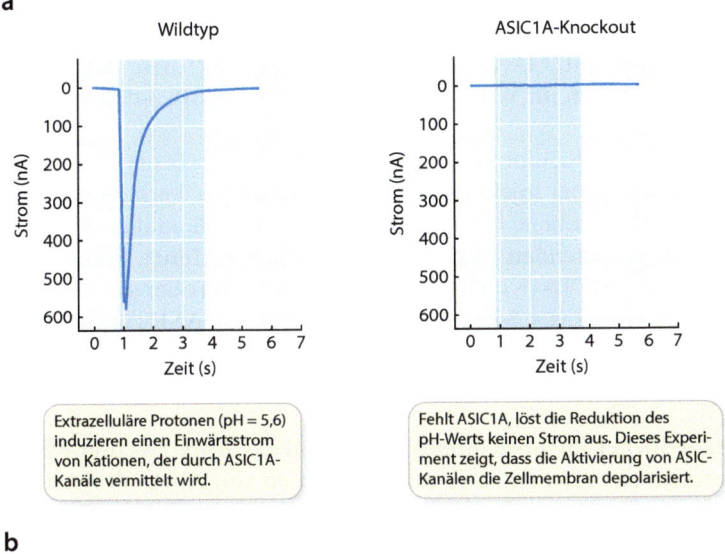

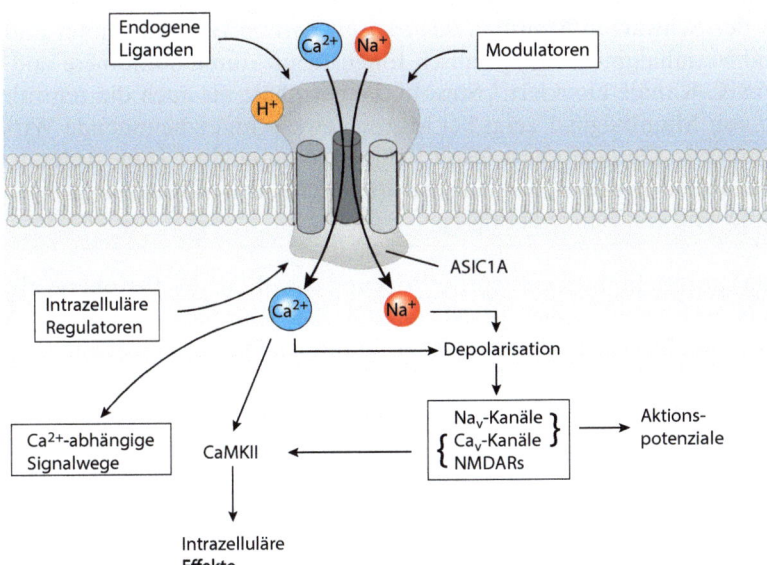

Abb. 9.9 Struktur und Signaltransduktion bei ASIC-Kanälen. **a** Eine Absenkung des extrazellulären pH-Werts auf 5,6 induziert im Wildtyp einen Einwärtsstrom von Kationen durch ASIC1A-Kanäle. Fehlt ASIC1A aufgrund eines Knock-outs, wird kein Einwärtsstrom induziert. **b** ASIC-Kanäle werden auf der extrazellulären Seite durch Protonen sowie durch eine Vielzahl anderer Liganden aktiviert, während auf der intrazellulären Seite verschiedene Regulatoren an die Kanäle binden. Der Einwärtsstrom von Na^+- und Ca^{2+}-Ionen führt zur Depolarisation der Zellmembran, was die Öffnung spannungsgesteuerter Ionenkanäle zur Folge hat. In Neuronen, die NMDA-Rezeptoren (NMDARs) exprimieren, wird der Block durch Mg^{2+}-Ionen aufgehoben. Die Erhöhung der intrazellulären Ca^{2+}-Konzentration aktiviert CaMKII und weitere intrazelluläre Signalwege. (Modifiziert nach [60])

- Die Aktivierung der ASIC3-Kanäle erfolgt unabhängig vom pH-Wert durch 2-Guanidin-4-methylquinazolin (GMQ) sowie durch endogene Modulatoren. Die spezifische Interaktion mit GMQ ist von Bedeutung, da diese Substanz ein schmerztypisches Verhalten im Wildtyp, jedoch nicht bei ASIC3-defizienten Tieren induziert [63].
- Das Peptid MitTx ist eine Komponente des Giftcocktails der Texas-Korallenotter (*Micrurus tener*) und löst bei Injektion ein schmerztypisches Verhalten bei Mäusen aus. Auf molekularer Ebene bindet MitTx an die Ionenkanäle ASIC1A und ASIC3, was zu einer anhaltenden Aktivierung dieser Kanäle führt. Bei einem vollständigen Verlust der ASIC1A-Kanäle zeigen die Tiere kaum oder gar keine Reaktion auf die Verabreichung von MitTx. Ein Knock-out von ASIC3 führt zu einer verringerten Reaktion auf MiTx im Vergleich zum Wildtyp. Insgesamt zeigen die Tiere jedoch immer noch eine deutlich stärkere Reaktion auf MiTx als bei einem Verlust von ASIC1A [7].
- Im Verlauf entzündlicher Prozesse nimmt die Anzahl der ASIC1A- und ASIC2A-Kanäle in Neuronen des Rückenmarks zu. Das Fehlen von ASIC1A führt hingegen zu einer verringerten Hyperalgesie. Diese Ergebnisse deuten insgesamt darauf hin, dass ASIC-Kanäle eine wesentliche Rolle bei der Verstärkung des Schmerzempfindens spielen, das auf zentralnervösen Mechanismen basiert.
- Das Gift der Schwarzen Mamba (*Dendroaspis polylepis*) enthält unter anderem das Peptid Mambalgin-1, das spezifisch Ionenströme durch homomere und heteromere ASIC-Kanäle blockiert.[4] Sowohl die periphere als auch die zentrale Applikation von Mambalgin-1 zeigt bei Mäusen eine schmerzhemmende Wirkung. Im Gegensatz zu Opioiden entwickelt sich bei Mambalgin-1 keine Toleranz und auch keine Atemdepression, was eine therapeutische Anwendung als Analgetikum vielversprechend erscheinen lässt [15].[5]

ASIC-Kanäle vermitteln ihre nozizeptive Wirkung sowohl in der Peripherie als auch im Zentralnervensystem, wobei jeweils spezifische Kombinationen von ASIC-Untereinheiten und Modulatoren zum Einsatz kommen. Die schmerzhemmende Wirkung von Mambalgin-1 legt nahe, dass ASICs potenzielle Zielstrukturen für die Entwicklung neuer analgetischer Therapien darstellen könnten. Darüber hinaus wird auch eine Rolle von ASICs bei verschiedenen neurologischen Erkrankungen wie Hirninfarkt, multipler Sklerose, Morbus Huntington, Morbus Parkinson, Migräne, Glioblastom und Epilepsie diskutiert [59].

---

[4] Zusätzlich zu Mambalgin-1 enthält das Gift der Schwarzen Mamba Dendrotoxine, die spannungsgesteuerte Kaliumkanäle blockieren. Dies führt zu Schwierigkeiten bei der Repolarisation von Aktionspotenzialen und kann Herzrhythmusstörungen verursachen. Darüber hinaus können im Schlangengift enthaltene Kardiotoxine das Herzmuskelgewebe schädigen.

[5] Eine opioidinduzierte Atemdepression stellt eine potenziell lebensbedrohliche Nebenwirkung opioider Schmerzmittel dar und kann auch als Folge des Missbrauchs von Opioiden auftreten. Sie resultiert aus der Hemmung des Atemzentrums in der Medulla oblongata. Diese Atemdepression ist vorwiegend auf die Aktivierung der sogenannten μ-Opioidrezeptoren zurückzuführen, was zu einer Reduktion der Atemfrequenz und des Atemzugvolumens führt.

9.2.4 Mechanische Nozizeption

Die molekulare Signaltransduktion, die der Umwandlung eines noxischen mechanischen Reizes in ein elektrisches Signal zugrunde liegt, wurde bislang lediglich beim Fadenwurm *Caenorhabditis elegans* und bei der Fruchtfliege *Drosophila melanogaster* eindeutig identifiziert. Während beim Fadenwurm ein Vertreter der epithelialen Natriumkanäle/Degenerin (ENaC/DEG) als Transduktionskanal fungiert, werden von der Fruchtfliege der TRP-Kanal *Painless* sowie mechanosensitive Piezo-Kanäle zur Detektion noxischer mechanischer Reize eingesetzt. Im Gegensatz dazu basiert die mechanische Nozizeption bei Säugetieren offenbar nicht auf der Aktivierung homologer Transduktionskanäle, die der ENaC/DEG- oder TRP-Familie angehören, sondern auf anderen, aktuell unbekannten molekularen Mechanismen [22].

Obwohl Piezo2 als zentraler mechanosensitiver Ionenkanal bei Säugetieren gilt (siehe ▶ Abschn. 7.1.1), zeigen Tiermodelle mit Piezo2-Knock-outs oder Menschen mit einem Verlust von Piezo2 keine deutlichen Einschränkungen in der Wahrnehmung und Verarbeitung noxischer mechanischer Reize. Dennoch konnte bei Säugetieren eine Beteiligung von TRP- und Piezo-Kanälen sowie ASICs an der Regulation der Intensität mechanisch induzierter Schmerzen nachgewiesen werden.

Darüber hinaus wird eine Rolle für G-Protein-gekoppelte Rezeptoren und insbesondere das G-Protein $G_{q/11}$ im Rahmen der mechanischen Nozizeption diskutiert [53]. $G_{q/11}$ aktiviert Phospholipase C, die ihrerseits PIP_2 in IP_3 und DAG spaltet. Diese Signalmoleküle regulieren wiederum die Aktivität stromabwärts gelegener Mechanosensoren und Kaliumkanäle, welche die neuronale Erregbarkeit nachhaltig beeinflussen.

Im Gegensatz zu den Transduktionsmechanismen sind die zellulären Komponenten der mechanischen Nozizeption bei Säugetieren umfassend beschrieben. Die sogenannten A-Mechanonozizeptoren repräsentieren die wichtigsten peripheren Nervenfasern und sensorischen Endigungen, an denen noxische mechanische Reize in elektrische Signale umgewandelt werden. Eine auf Transkriptomanalysen basierende anatomische und funktionelle Klassifizierung hat zur Identifizierung mehrerer Subpopulationen von A-Mechanonozizeptoren geführt. Alle Nozizeptoren dieses Typs weisen Aδ-Fasern auf und werden in drei Subklassen eingeteilt. Die Einteilung basiert auf der Expression von CGRP (*Calcitonin gene-related peptide*) sowie Rezeptoren für das Neuropeptid Y2 (NPY2R) und Sphingosin-1-Phosphat (S1PR) in den sensorischen Endigungen.

- **CGRP-positive** A-Mechanonozizeptoren bilden spiralförmige Strukturen um Haarfollikel und reagieren auf noxische mechanische Kräfte, die auf das Haar einwirken.
- **NPY2R-positive** sensorische Endigungen finden sich in der unbehaarten Haut, wo sie schmerzhafte mechanische Reize detektieren.
- **S1PR-positive** A-Mechanonozizeptoren kommen ebenfalls in der unbehaarten Haut vor und überlappen teilweise mit den NPY2R-positiven Mechanonozizeptoren.

Darüber hinaus sind Mechanonozizeptoren bekannt, die schmerzrelevante Signale über C- und Aβ-Fasern weiterleiten [22]. Zusätzlich spielen auch Immunzellen wie Monocyten, Monocyten und neutrophile Granulocyten eine Rolle bei der Verarbeitung nozizeptiver mechanischer Reize.

Schlüsselkonzepte ▶ Abschn. 9.2 Transduktionsmechanismen

- Die Transduktion noxischer Reize erfolgt entweder direkt durch Ionenkanäle oder indirekt mittels G-Protein-gekoppelter Rezeptoren sowie Rezeptortyrosinkinasen, die eine Vielzahl intrazellulärer Signalwege aktivieren.
- Unter Aktivierung versteht man die durch einen mechanischen Reiz induzierte Konformationsänderung eines Rezeptorproteins, die zur Öffnung eines Ionenkanals führt. Der resultierende Einstrom von Kationen bewirkt eine Depolarisation der Zellmembran.
- Bei der Sensitisierung erhöht sich die Reaktionsfähigkeit eines Ionenkanals auf eine bestimmte Reizstärke, was schließlich zu einer Intensivierung des Schmerzempfindens führt. Im Gegensatz dazu beschreibt die Desensitisierung eine verringerte Reaktion auf einen noxischen Reiz und fungiert als Schutzmechanismus zur Verhinderung einer Übererregbarkeit.
- TRPV1-Kanäle aus der TRP-Familie (*Transient receptor potential*) fungieren als Rezeptoren für schmerzhafte Wärme. Die Funktion der kälteempfindlichen TRP-Kanäle TRPA1 und TRPM8 im Rahmen der Detektion noxischer Kälte ist jedoch umstritten. Daher wird eine kombinatorische Strategie diskutiert, die auf der Aktivierung unterschiedlicher Ionenkanäle basiert.
- P2X-Kanäle werden durch ATP aktiviert, welches von zahlreichen Zellen als Reaktion auf Gewebeschädigungen freigesetzt wird. Die Bindung von ATP an homomere P2X2-Rezeptoren oder heteromere P2X2/P2X3-Rezeptoren resultiert in einem Einstrom von Kationen, was zu einer Depolarisation der Zellmembran führt.
- Die Chronifizierung von Schmerzen geht mit einer erhöhten neuronalen Erregbarkeit einher. In diesem Zusammenhang sind P2X-Kanäle in Signalwege eingebunden, die auf zellulärer Ebene sowohl gewebegebundene Makrophagen als auch ektopische sympathische Synapsen in den Spinalganglien betreffen.
- Protonengesteuerte Kanäle detektieren eine Reduktion des extrazellulären pH-Werts, die häufig im Zuge inflammatorischer Prozesse auftritt. Die als *Acid-sensing ion channels* (ASICs) bezeichneten Ionenkanäle werden durch die Bindung von Protonen aktiviert, was zu einem Einstrom von Kationen und einer Depolarisation der Zellmembran führt. ASICs werden sowohl in der sensorischen Peripherie als auch im Zentralnervensystem exprimiert.
- Die Transduktion mechanischer nozizeptiver Reize erfolgt beim Fadenwurm und der Fruchtfliege durch spezifische Vertreter der epithelialen Natriumkanäle sowie durch Piezo-Kanäle. Im Gegensatz dazu ist der molekulare Mechanismus der noxischen Mechanotransduktion in Säugetieren bislang nur unzureichend erforscht.
- Auf zellulärer Ebene werden bei Säugetieren verschiedene Subpopulationen von sensorischen Fasern beschrieben, die unterschiedliche noxische mechanische Reize transduzieren und weiterleiten. Von besonderer Relevanz sind die sogenannten A-Mechanonozizeptoren, die über Aδ-Fasern ins Rückenmark projizieren.

9.3 Pruritus

> **Lernziele**
> 1. Die Unterschiede zwischen Schmerz und Jucken auf zellulärer und molekularer Ebene erläutern.
> 2. Histaminerges und nicht-histaminerges Jucken anhand der beteiligten Signalmoleküle und Rezeptoren beschreiben.
> 3. Die Rolle von Cytokinen bei der Vermittlung von Juckreizen erläutern.
> 4. Die Spezifität der Verarbeitung pruritusrelevanter Informationen auf den Ebenen der Signaltransduktion (molekular), der sensorischen Neuronen (zellulär) und auf der Ebene der synaptischen Verschaltungen (Netzwerk) erläutern.
> 5. Die molekularen Grundlagen der Einteilung pruritusspezifischer sensorischer Neuronen in die Gruppen NP1, NP2 und NP3 erläutern.
> 6. Das auf der Freisetzung von *Gastrin-releasing peptide* basierende Modell der Übertragung pruritusspezifischer Signale im Rückenmark beschreiben.

Aus historischer Perspektive werden Schmerz und Jucken, das formal als **Pruritus** bezeichnet wird, als eng verwandte Sinnesempfindungen betrachtet. Ein Jucken der Haut kann durch Kratzen, also durch dosiert hervorgerufenen Schmerz, verringert oder sogar vollständig beseitigt werden, während umgekehrt analgetisch wirkende Opioide ihrerseits einen Juckreiz hervorrufen können. Darüber hinaus nutzen Jucken und Schmerz auslösende Signale teilweise dieselben Leitungsbahnen. Nichtmyelinisierte C-Fasern übermitteln neben der Weiterleitung von schmerzrelevanten Informationen auch durch Juckreize verursachte Signale ans Zentralnervensystem [24].

Trotz einiger Parallelen in der Signaltransduktion und Überschneidungen bei den Übertragungswegen ist Pruritus dennoch nicht einfach eine andere, weniger intensive Form von Schmerz, sondern eine eigenständige Sinnesempfindung, die sich durch spezifische molekulare Transduktionsmechanismen und unabhängige Leitungsbahnen auszeichnet. Insbesondere die Entdeckung des ersten spezifischen Übertragungswegs für Juckreize, der auf dem Gastrin-freisetzenden Peptid (*Gastrin-releasing peptide*, GRP) und dessen Rezeptor (GRPR) basiert, hat neben einem besseren molekularen Verständnis dieses sensorischen Prozesses auch erstmals therapeutische Handlungsmöglichkeiten eröffnet [50]. Diese Erkenntnis ist von großer Bedeutung, da chronisches Jucken mit einer vergleichbaren Minderung der Lebensqualität einhergeht wie chronischer Schmerz.[6]

---

6 Die Unerträglichkeit eines chronischen Juckreizes wurde von DANTE ALIGHIERI bereits im 14. Jahrhundert in der *Göttlichen Komödie* literarisch verewigt. Im Teil *Inferno* werden Betrüger im 8. Kreis der Hölle durch ein endloses, unstillbares Jucken bestraft.

9.3.1 Periphere Mechanismen und Signaltransduktion

Eine grundlegende Unterscheidung zwischen verschiedenen Formen von Pruritus basiert auf dem Vorhandensein von Histamin, einem biogenen Amin, das in diesem Kontext als ein Gewebshormon fungiert.[7] Das sogenannte histaminerge Jucken wird also durch Histamin verursacht, das beispielsweise von Mastzellen im Rahmen allergischer Reaktionen im Körper freigesetzt wird. Im Gegensatz dazu entsteht das nicht-histaminerge Jucken durch eine Vielzahl anderer Substanzen und Rezeptoren [57].

Eine alternative Klassifizierung erfolgt anhand der Art des Reizes, wobei zwischen chemischen und mechanischen Juckreizen unterschieden wird. Chemische Reize basieren auf Substanzen, welche die Epidermis der Haut durchdringen und im Gewebe mit Rezeptoren auf sensorischen Nervenendigungen sowie mit Zellen des Immunsystems interagieren. Mechanische Reize hingegen wirken, ohne die Schutzschicht der Haut zu beschädigen. So reichen beispielsweise leichte Berührungen, die durch ein krabbelndes Insekt verursacht werden, aus, um einen Juckreiz hervorzurufen.

Wenn bei einem akuten Juckreiz die mechanische Barriere der Haut überwunden wird, können Keratinocyten in der Epidermis sowie lokale Immunzellen die charakteristischen molekularen Muster der eingedrungenen Fremdkörper mithilfe bestimmter Rezeptoren erkennen. Die **Mastzellen** in der Dermis setzen in einem Prozess, der als Degranulation bezeichnet wird, Mediatoren wie Histamin und Serotonin sowie Proteasen und Cytokine frei. Gleichzeitig geben T-Zellen die Interleukine IL-4, IL-13 sowie IL-31 ins Gewebe ab (Abb. 9.10).

Diese lokalen Veränderungen führen nicht nur zu einer Erweiterung der peripheren Blutgefäße und einer chemotaktischen Rekrutierung zusätzlicher Immunzellen, sondern auch dazu, dass sensorische Nervenendigungen die veränderte chemische Zusammensetzung des extrazellulären Flüssigkeitsraums registrieren. Die Bindung von Mediatoren an spezifische Rezeptoren in der Zellmembran der Nervenendigung bewirkt eine Depolarisation und schließlich die Erzeugung von Aktionspotenzialen, die in Richtung Rückenmark weitergeleitet werden.

Im Folgenden werden einige ausgewählte Mediatoren und ihre Rezeptoren besprochen, die von sensorischen Neuronen in der Peripherie exprimiert werden und an der Auslösung von Juckreiz beteiligt sind. Aktuelle Forschungsergebnisse legen nahe, dass Pruritus an der Schnittstelle zwischen Neurobiologie und Immunologie angesiedelt ist. Im Rahmen dieses Kapitels kann allerdings nicht detailliert auf die immunologischen Aspekte der Signaltransduktion eingegangen werden. Daher wird für eine detaillierte Diskussion der involvierten Immunzellen und der von ihnen freigesetzten Substanzen auf entsprechende Lehrbücher der Immunologie verwiesen [42].

Die Tab. 9.3 bietet einen Überblick über die Signalmoleküle und Rezeptoren in der sensorischen Peripherie, die an verschiedenen Formen von Pruritus beteiligt sind.

Histamin entfaltet unterschiedliche Wirkungen, abhängig davon, ob es von außen auf die Haut gelangt oder im Körper freigesetzt wird. Ein äußerlicher Kontakt mit **Histamin** führt zu einer Rötung der Haut sowie zur Bildung eines Nesselausschlags, der von einem intensiven Juckreiz begleitet wird. Im Körper wird Histamin durch

---

[7] Gewebshormone oder Mediatoren werden von sekretorischen Zellen ins Gewebe abgegeben. Sie diffundieren durch den extrazellulären Raum, bis sie an einen geeigneten Rezeptor in der Nähe binden und somit eine zelluläre Reaktion auslösen. Histamin fungiert jedoch auch als Neurotransmitter, der an chemischen Synapsen im Zentralnervensystem freigesetzt wird.

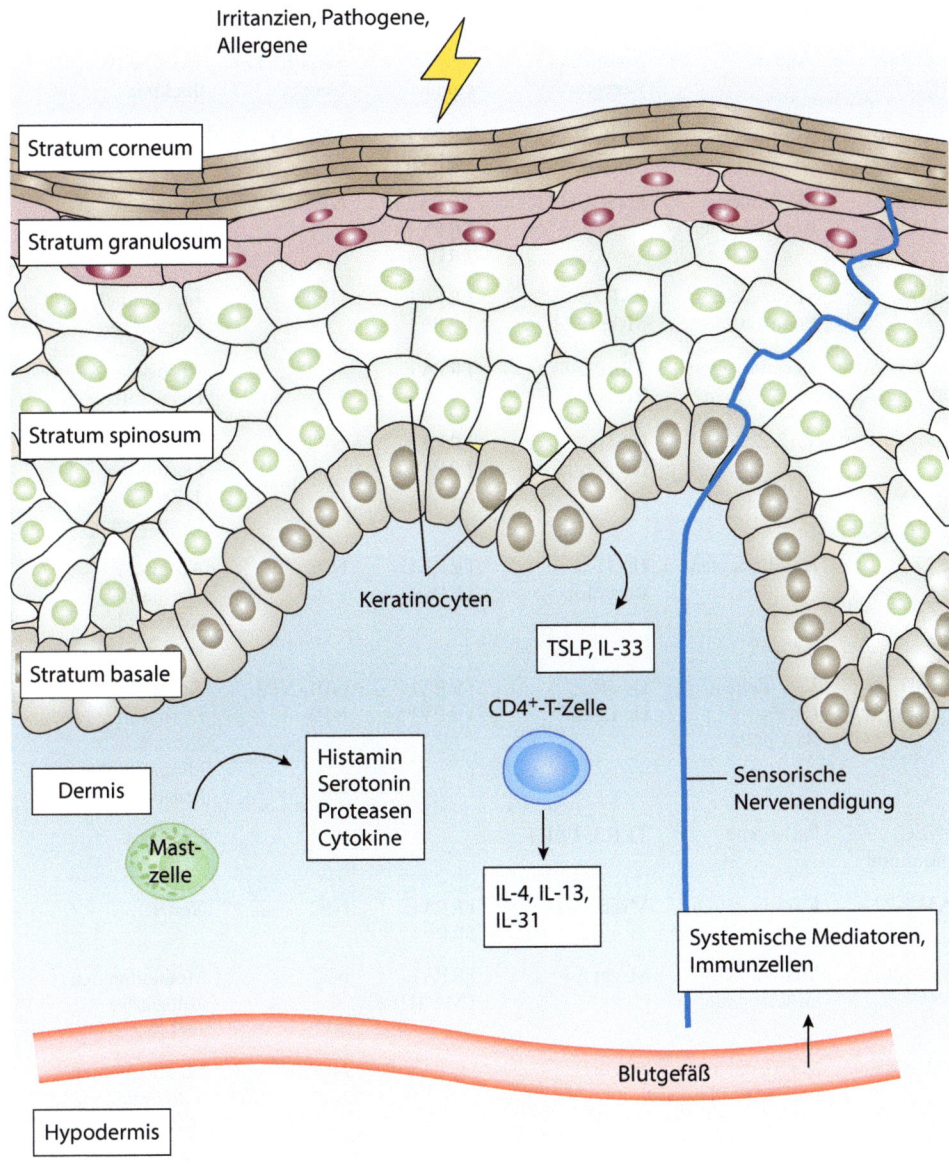

Abb. 9.10 Signaltransduktion von Juckreizen in der Peripherie. Bei einer Verletzung oder Irritation der Haut setzen Keratinocyten, Mastzellen sowie CD4-positive T-Zellen lokale Mediatoren frei. Die freien Nervenendigungen von pruritusspezifischen sensorischen Neuronen exprimieren die passenden Rezeptoren, deren Aktivierung über diverse Signalwege letztlich zur Erzeugung von Aktionspotenzialen führt. Die vier Schichten Stratum corneum, Stratum granulosum, Stratum spinosum und Stratum basale bilden die Epidermis

Tab. 9.3 Periphere Mediatoren und neuronale Rezeptoren für Juckreize

Mediator	Zelltyp	Neuronaler Rezeptor	Ionenkanal	Sensorisches Neuron	Ursache für Juckreiz
Histamin	Mastzellen	H1R, H4R	TRPV1, TRPV4	NP2, NP3	Insektenstiche, Dermatitis
Serotonin (5-HT)	Mastzellen, Keratinocyten	HTR7, HTR2	TRPA1, TRPV1, TRPV4	NP3	Atopische Dermatitis
Proteasen	Mastzellen, Pflanzen	PAR2, MrgprC11	TRPA1, TRPV1	NP2	Juckbohne, Dermatitis
TSLP	Keratinocyten	TSLP-Rezeptor	TRPA1		Atopische Dermatitis
IL-31	T$_H$2-Zellen	IL-31-Rezeptor	TRPA1, TRPV1	NP3	Atopische Dermatitis, T-Zell-Lymphom
IL-33	Keratinocyten	IL-33-Rezeptor	TRPA1, TRPV1	NP2	Atopische Dermatitis, Kontaktdermatitis
IL-4, IL-13	T$_H$2-Zellen, ILC2s, Basophile	IL-4Rα, IL-13Rα1	TRPA1, TRPV1	NP1, NP2, NP3	Atopische Dermatitis, chronisch-idiopathischer Pruritus
PolyI:C, Imiquimod	Pathogene	TLR3, TLR7			Psoriasis, Xerose
BAMB-22	Keratinocyten	MrgpcrC11	TRPA1, TRPV1	NP2	Xerose
Chloroquin	Medikament im Kreislauf	MrgprA3	TRPA1, TMEM16a	NP2	Medikamenten-induzierter Juckreiz
β-Alanin	Medikament im Kreislauf	MrgprD		NP1	Medikamenten-induzierter Juckreiz

5-HT, 5-Hydroxytryptamin; ANO1, Anoctamin-1; Mrgpcr, *Mas-related G-protein-coupled receptor*; NP, *Non-peptidergic nociceptor*; TLR, *Toll-like receptor*; TSLP, *Thymic stromal lymphopoietin*. Modifiziert nach [17]

Mastzellen und Basophile als Reaktion auf allergische Reize (beispielsweise Nahrungsmittel), Entzündungsprozesse oder Immunreaktionen freigesetzt. Typische Reaktionen umfassen eine Vasodilatation, eine erhöhte Durchlässigkeit der Blutgefäße mit Bildung von Ödemen, die Aktivierung sensorischer Nerven und die Stimulation schleimproduzierender Drüsen.

Bisher konnten mit H1R–H4R vier verschiedene G-Protein-gekoppelte Rezeptoren für Histamin identifiziert werden, von denen jedoch nur H1R und H4R in sensorischen Neuronen, die für die Vermittlung von Juckreizen verantwortlich sind, nachgewiesen wurden. Der kanonische Signalweg der H1-Rezeptoren umfasst die intrazelluläre Bindung von G_q-Proteinen, was zur Aktivierung der Phospholipase C-β3 (PLCβ3) und einer IP$_3$-vermittelten Erhöhung der intrazellulären Ca^{2+}-Konzentration führt (siehe ▶ Abschn. 2.5.2). Für die Erzeugung von Aktionspotenzialen in den sensorischen Endigungen sind jedoch TRPV1-Kanäle erforderlich, deren Gating durch die von den aktivierten H1-Rezeptoren induzierte Signalkaskade reguliert wird [25].

Da es sich bei den TRPV1-Kanälen um unspezifische Kationenkanäle handelt, führt ihre Aktivierung zu einer Depolarisation der Plasmamembran. In ▶ Abschn. 8.2.2 wird erläutert, dass TRPV1-Kanäle direkt durch Capsaicin, Hitze oder Protonen aktiviert werden können. Im Kontext der Signaltransduktion von Juckreizen werden die TRPV1-Kanäle jedoch nicht durch externe Faktoren oder physikalische Reize geöffnet; sie fungieren vielmehr als Zielproteine einer intrazellulären Signalkette.

Die Expression von H1-Rezeptoren in sensorischen Neuronen macht sie zu potenziellen Zielen für die medikamentöse Behandlung von Juckreiz. Allerdings zeigen Antihistaminika, die gegen H1-Rezeptoren gerichtet sind, keine eindeutige Wirkung bei chronischem Juckreiz. Daher richtet sich der therapeutische Fokus zunehmend auf das nicht-histaminerge Jucken.

Serotonin, auch als 5-Hydroxytryptamin (5-HT) bezeichnet, gehört, ähnlich wie Histamin, zu den biogenen Aminen. Es fungiert sowohl als Neurotransmitter im Zentralnervensystem als auch im Darmnervensystem. Darüber hinaus wird Serotonin von Mastzellen in den Extrazellulärraum freigesetzt und wirkt dort als Gewebshormon. Bei einem äußerlichen Kontakt verursacht eine geringe Konzentration von Serotonin einen Juckreiz auf der Haut, während höhere Konzentrationen eine Kombination aus Schmerz und Juckreiz auslösen. Der Juckreiz wird hauptsächlich durch HTR7-Rezeptoren vermittelt [41]. Die Bindung von Serotonin an den HTR7-Rezeptor aktiviert G-Proteine des Typs $G\alpha_s$, die wiederum das Enzym Adenylylcyclase stimulieren. Dies führt zur Bildung von cAMP, welches letztlich die TRPA1-Kanäle öffnet und eine Depolarisation der sensorischen Nervenendigungen bewirkt. Zudem spielen auch PLCβ3 und TRPV4 eine Rolle bei der Transduktion von Serotonin-induzierten Juckreizen.

Darüber hinaus setzen Mastzellen eine Reihe von **Proteasen** frei, darunter Tryptasen, Chymasen und Cathepsine. In Kombination mit exogenen Proteasen wie beispielsweise dem aktiven Wirkstoff der Juckbohne (*Mucuna pruriens*), dem Mucunain, induzieren diese Proteasen außerordentlich starke, nicht-histaminerge Juckreize. Ihre Wirkung entfalten sie, indem sie an Vertreter der **Mrgpr-Familie** von G-Protein-gekoppelten Rezeptoren (*Mas-related G-protein-coupled receptors*) binden. Die Mrgprs umfassen eine große Gruppe von Proteinen mit insgesamt 27 Isoformen bei Mäusen und 8 Isoformen beim Menschen [16].

Die nachfolgende Auflistung fasst Befunde zusammen, die die Hypothese stützen, dass Mrgprs an der Transduktion von Juckreizen beteiligt sind.

- Die Expression von Mrgprs erfolgt sowohl in den freien Nervenendigungen sensorischer Neuronen als auch in Mastzellen. Beide Zelltypen sind entscheidend für die Detektion von Juckreizen und die darauffolgende Signaltransduktion. Fehlt beispielsweise MrgprC11 in den sensorischen Neuronen, lösen die oben genannten Proteasen keinen Juckreiz mehr aus [35].
- Eine Reihe extrazellulärer Liganden, die starke Juckreize auslösen können, binden an Mrgprs und aktivieren dadurch einen intrazellulären Signalweg. Auf diese Weise vermitteln MrgprA3 und MrgprD die durch das Malariamittel Chloroquin und β-Alanin ausgelösten Juckreize (siehe ◘ Tab. 9.3). Interessanterweise depolarisiert MrgprA3 die Zellmembran nicht durch die Aktivierung von TRP-Kanälen, sondern nutzt den calciumaktivierten Chloridkanal TMEM16a (Anoctamin-1, ANO1) [48].[8]
- Eine gängige Hypothese besagt, dass die physiologische Funktion des Juckreizes in der Detektion von Hautparasiten und potenziell schädlichen Substanzen besteht, die jedoch keinen Schmerzreiz auslösen. Im Laufe der Evolution treten Mrgprs erstmals nach der Trennung der Tetrapoden von den Knochenfischen auf. Während Fische offensichtlich Parasiten nicht durch Kratzen entfernen können, sind Tetrapoden mit ihren Armen und Beinen dazu sehr wohl in der Lage. Die parallele adaptive Evolution der Mrgprs in mehrere Isoformen könnte daher mit der Co-Evolution von Parasiten und landlebenden Tetrapoden sowie den spezifischen parasitären Herausforderungen in den verschiedenen Arten in Zusammenhang stehen [3].

Die für die Transduktion von Juckreizen verantwortlichen sensorischen Nervenendigungen exprimieren Cytokinrezeptoren. Der Begriff **Cytokine** bezeichnet eine Gruppe von Signalproteinen, die vor allem von Immunzellen produziert und freigesetzt werden und das Verhalten anderer Zellen beeinflussen. Die Bindung von Cytokinen an ihre Rezeptoren löst in den sensorischen Neuronen ähnliche Signalwege wie in den Immunzellen aus. Dies deutet auf eine mögliche Koordination zwischen dem Immunsystem und dem Nervensystem bei der Abwehr potenzieller Gefahren hin. Beispielsweise werden Rezeptoren für Interleukin-31 (IL-31) von einer bestimmten Gruppe sensorischer Neuronen exprimiert, die ebenfalls Rezeptoren für Serotonin besitzen. IL-31 wird von T-Helferzellen des Typs T_H2 freigesetzt und aktiviert durch Bindung an seinen Rezeptor den MAP-Kinase-Signalweg.

Das aus Keratinocyten stammende Interleukin-33 (IL-33) spielt für die Transduktion von Juckreizen im Rahmen von allergischer Kontaktdermatitis und Exposition von Giftefeu eine wichtige Rolle. Sowohl IL-31 als auch IL-33 benötigen die TRP-Kanäle TRPA1 und TRPV1 für ihre neuronale Signalwirkung [36].

Zusätzlich werden die Interleukine IL-4 und IL-13 von T_H2-Zellen produziert. Nach ihrer Sekretion binden sie in den sensorischen Nervenendigungen an spezifische Rezeptoren, die für Juckreize verantwortlich sind [55]. Der dadurch aktivierte Signalweg verläuft über die Januskinase (JAK) mit TRPV1 und TRPA1 als Ionen-

---

8 In diesem Fall führt die Aktivierung eines Chloridkanals zu einer Depolarisation, da das Gleichgewichtspotenzial für Chlorid aufgrund der hohen intrazellulären Konzentration an Cl^--Ionen positiver ist als das Ruhemembranpotenzial. Folglich verursacht die Öffnung der Chloridkanäle einen Ausstrom von Chloridionen, was wiederum zu einer Depolarisation der Zellmembran führt (siehe ▶ Abschn. 1.3.1).

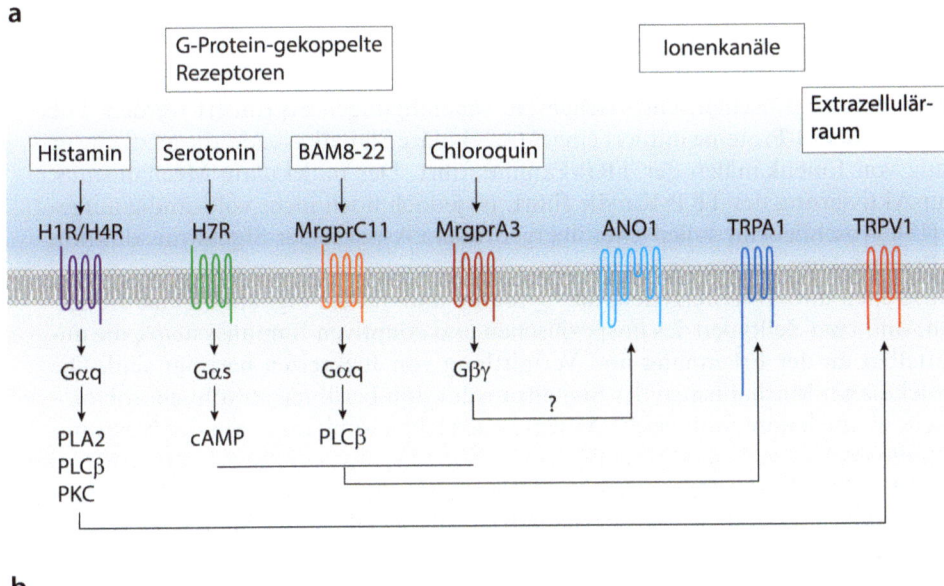

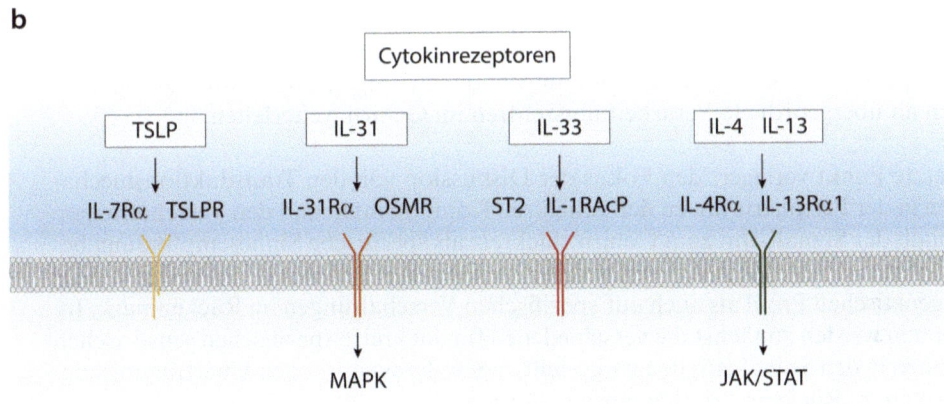

Abb. 9.11 Übersicht über juckreizspezifische Rezeptoren in den sensorischen Nervenendigungen und intrazelluläre Signalwege. An der Signaltransduktion sind G-Protein-gekoppelte Rezeptoren und Ionenkanäle (a) sowie Cytokinrezeptoren (b) beteiligt. Die Cytokinrezeptoren vermitteln ihre Wirkung auf das Membranpotenzial durch die Aktivierung der TRP-Kanäle TRPV1 und TRPA1. ANO1, Anoctamin-1; JAK, Januskinase; MAPK, *Mitogen-activated protein kinase*; OSMR, Oncostatin-M-Rezeptor; Proteinkinase C; PLA2, Phospholipase A2; PLCβ, Phospholipase C-β; ST2, *Suppression of tumorigenicity 2*q; STAT, *Signal transducer and activator of transcription*; TSLPR, *Thymic stromal lymphopoietin receptor*. Modifiziert nach [17]

kanäle und resultiert in einer Erhöhung der intrazellulären Ca^{2+}-Konzentration und einer Depolarisation der Zellmembran.

Abb. 9.11 veranschaulicht die molekularen Mechanismen, die zur Aktivierung pruritusspezifischer Rezeptoren führen, sowie die damit verbundenen intrazellulären Signalwege.

Zusammenfassend kann festgestellt werden, dass der Juckreiz in der Peripherie durch die Interaktion verschiedener Moleküle mit ihren spezifischen Rezeptoren hervorgerufen wird. In der Regel handelt es sich dabei um G-Protein-gekoppelte Rezeptoren, die von spezifischen sensorischen Nervenendigungen exprimiert werden. Die Aktivierung der G-Proteine initiiert eine intrazelluläre Signalkaskade, die letztlich zur Öffnung von Ionenkanälen der TRP-Familie führt. Der molekulare Mechanismus, der zur Aktivierung der TRP-Kanäle führt, ist jedoch noch nicht vollständig aufgeklärt [19]. Abschließend sollen zwei übergeordnete Aspekte der Signaltransduktion beim Pruritus kurz angesprochen werden:

- Mastzellen und T-Helferzellen, die Cytokine und andere Signalmoleküle freisetzen, sind zwei Zelltypen des unspezifischen und adaptiven Immunsystems, die unmittelbar an der Erkennung und Vermittlung von Juckreizen beteiligt sind. Die molekularen Mechanismen der Signaltransduktion berühren sowohl neurobiologische als auch immunologische Aspekte und stehen somit im Fokus der Neuroimmunologie.
- TRP-Kanäle, die das Rezeptorpotenzial erzeugen, agieren als polymodale Effektormoleküle. Sie sind also an der Signaltransduktion mehrerer Sinnesempfindungen beteiligt und vermitteln neben Juckreiz auch maßgeblich die Detektion von Wärme- und Schmerzreizen. Die Spezifität für eine bestimmte Modalität ist daher nicht auf der molekularen Ebene der TRP-Kanäle verankert, sondern resultiert aus spezifischen sensorischen Endigungen, die ihre Signale über individuelle Bahnen an übergeordnete Verarbeitungszentren im Gehirn weiterleiten.

Der letzte Punkt verlagert den Fokus der Diskussion von den Transduktionsmechanismen in der Peripherie hin zu den zellulären Komponenten und den Verschaltungen innerhalb der Signalbahn zum Gehirn. Juckreiz als spezifische Sinnesempfindung beruht sowohl auf der Aktivierung primärer sensorischer Neuronen mit einem eindeutigen genetischen Profil als auch auf spezifischen Verschaltungen im Rückenmark. Im Folgenden werden zunächst die verschiedenen für Juckreize spezifischen sensorischen Neuronen in den Spinalganglien vorgestellt, bevor die synaptischen Übertragungsmechanismen im Rückenmark thematisiert werden.

9.3.2 Primäre sensorische Neuronen

Die primären sensorischen Neuronen, die für die Übermittlung von Juckreiz verantwortlich sind, weisen eine pseudounipolare Morphologie auf, wie sie auch bei mechano- und thermosensorischen Neuronen sowie Nozizeptoren vorkommt. Ihre Zellkörper befinden sich in den Spinalganglien längs des Rückenmarks und den Trigeminalganglien im Kopfbereich. Ausgehend von den Spinalganglien erstreckt sich ein peripherer Ast zur Körperoberfläche, während ein zentraler Ast ins Rückenmark führt, wo eine synaptische Verschaltung mit spinalen Neuronen in der grauen Substanz erfolgt. Ähnlich wie nozizeptive Neuronen bestehen die juckreizvermittelnden Neuronen überwiegend aus unmyelinisierten C-Fasern und in geringerem Maße aus dünn myelinisierten Aδ-Fasern.

Bisher wurde eher allgemein von pseudounipolaren, sensorischen Neuronen gesprochen, ohne eine weitere Differenzierung dieser Neuronen vorzunehmen. In der Tat erlauben die Größe der Zellkörper, der Grad der Myelinisierung, die elektrophysiologischen Eigenschaften, die Verschaltung im Rückenmark sowie die sensorische Modalität, die von den Neuronen in den Spinalganglien vermittelt wird, eine Einteilung in verschiedene Kategorien. Mit der Möglichkeit, alle von einer Zelle exprimierten RNA-Moleküle zu erfassen, steht der Transkriptomanalyse ein äußerst leistungsfähiges Werkzeug zur Unterscheidung von Zellen anhand ihres Genexpressionsprofils zur Verfügung. Auf der Basis unterschiedlicher molekularer Signaturen konnten sensorische Neuronen in insgesamt elf verschiedene Gruppen eingeteilt werden [55]. Drei dieser Gruppen, die als NP1, NP2 und NP3 bezeichnet werden, repräsentieren nichtpeptiderge sensorische Neuronen, deren Funktion in der Transduktion und Weiterleitung pruritusspezifischer Signale besteht (◘ Abb. 9.12).

— NP1 ist der einzige der drei Neuronentypen, der den Rezeptor MrgprD exprimiert, und wird durch β-Alanin aktiviert.
— NP2 zeichnet sich durch die Expression des MrgprA3-Rezeptors aus, der spezifisch an Chloroquin bindet. Zudem wurden auf NP2 auch Rezeptoren für Histamin und IL-33 nachgewiesen.
— NP3 ist die einzige Gruppe, die Rezeptoren für Serotonin und IL-31 aufweist. Zusätzlich sind, ähnlich wie bei NP2, auch Histaminrezeptoren vorhanden.

Alle drei Gruppen pruritusspezifischer Neuronen exprimieren Rezeptoren für die Interleukine IL-4 und IL-13 sowie die TRP-Kanäle TRPV1 und TRPA1. Wir erinnern uns, dass TRPV1 durch Capsaicin aktiviert wird und einen wesentlichen Beitrag zur nozizeptiven Signaltransduktion leistet (siehe ▸ Abschn. 9.2.1). Die Tatsache, dass TRPV1 von allen drei Gruppen exprimiert wird, hat maßgeblich zur ursprünglichen Ansicht beigetragen, dass Jucken eine niederschwellige Form von Schmerz ist und nicht durch spezifische Transduktionsmechanismen und Leitungsbahnen vermittelt wird.

Mit dem Zugang zu individuellen Genexpressionsprofilen können jedoch pruritusspezifischen sensorischen Neuronen eindeutige physiologische Eigenschaften und idealerweise spezifische Funktionen bei der Informationscodierung zugewiesen werden. Die vorhandenen Rezeptoren deuten auf die Liganden hin, die an diese Rezeptoren binden, während die Ionenkanäle und Neurotransmitter Informationen über die elektrische Erregbarkeit der Neuronen und die synaptischen Verschaltungen im Rückenmark liefern. Somit kann die Übertragung von pruritusrelevanten Informationen als ein weiteres Beispiel für eine Labeled-Line-Codierung betrachtet werden, die sich sowohl auf molekularer als auch zellulärer Ebene klar von der Sinnesempfindung Schmerz unterscheidet.

Die Annahme einer Labeled-Line-Codierung wird durch die Tatsache relativiert, dass einige GRPR-positive Neuronen auch Substanz P (SP) exprimieren. SP ist ein Neuropeptid, das an den Neurokininrezeptor NK3R bindet und somit zur nozizeptiven Signalübertragung beiträgt. Daher besteht die Möglichkeit, dass Neuronen, die sowohl GRPR- als auch SP-positiv sind, an der Übertragung beider Modalitäten – Juckreiz und Schmerz – beteiligt sind. In ▸ Abschn. 9.3.3 wird ein hypothetisches Modell diskutiert, das die Vermittlung beider Sinnesmodalitäten vereint.

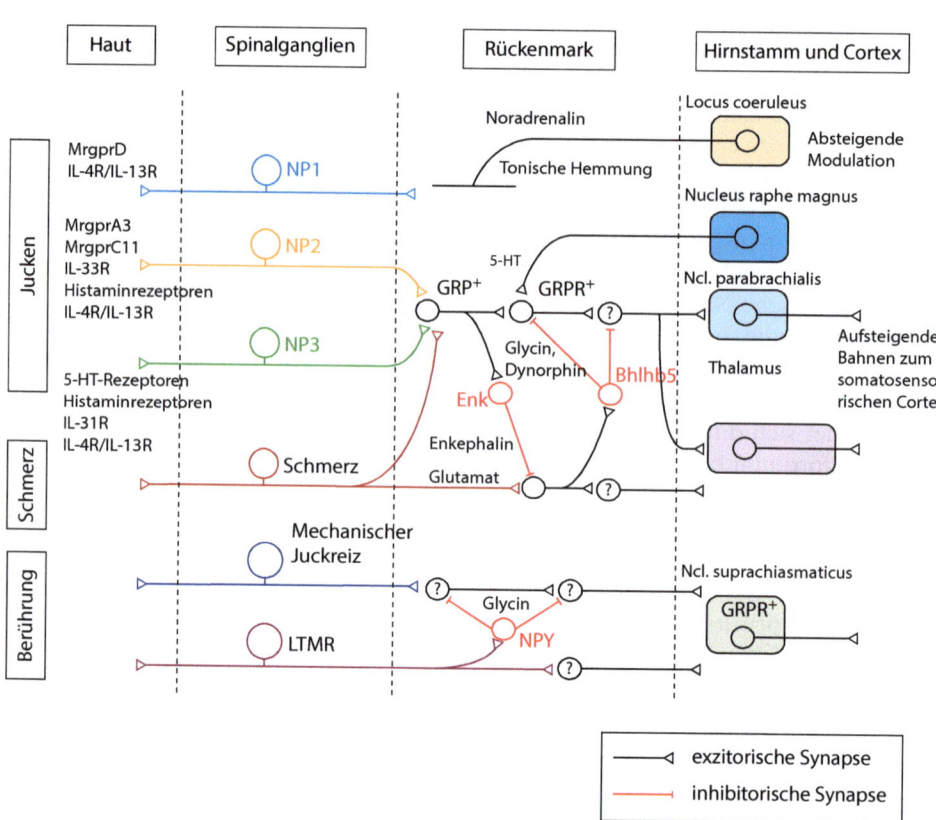

Abb. 9.12 Die Kombination peripherer und zentraler Mechanismen generiert ein Netzwerk spezifischer molekularer Verschaltungen für die Übermittlung von Juckreiz, Schmerz und Berührung. Die in den Spinalganglien lokalisierten pruritusspezifischen Neuronen lassen sich anhand ihrer Expression von Rezeptoren in drei Gruppen unterteilen: NP1, NP2 und NP3. NP1-Neuronen exprimieren MrgprD, während Neuronen der Gruppe NP2 MrgprA3 und NP3-Neuronen Rezeptoren für Serotonin (5-HT) aufweisen. NP2- und NP3-Neuronen bilden synaptische Kontakte mit GRP-positiven Neuronen im Rückenmark, die ihrerseits synaptisch mit GRPR$^+$-Neuronen verschaltet sind. Die pruritusspezifischen Signale werden über bislang noch nicht identifizierte Neuronen zum Nucleus parabrachialis im Hirnstamm geleitet und von dort weiter zum somatosensorischen Cortex. GRP$^+$-Neuronen erhalten Signale von pruritus- und schmerzspezifischen sensorischen Neuronen. Schmerzreize werden von diesen Neuronen jedoch aufgrund einer Hemmung durch die Peptidtransmitter Enkephalin und Dynorphin sowie Glycin nicht verarbeitet. An diesem Schaltkreis sind unter anderem Neuronen beteiligt, die den Transkriptionsfaktor BHLHB5 exprimieren. Auf ähnliche Weise vermitteln inhibitorische Interneurone im Rückenmark, die durch die Expression von NPY gekennzeichnet sind, die Hemmung eines mechanischen Juckreizes durch eine leichte Berührung. Die Aktivität der Schaltkreise im Rückenmark wird durch absteigende Bahnen moduliert, die Noradrenalin und Serotonin freisetzen. Enk, Enkephalin; GRP, *Gastrin-releasing peptide*; GRPR, *Gastrin-releasing peptide receptor*; LTMR, *Low-threshold mechanoreceptor*; Mrgpr, *Mas-related G protein-coupled receptors*; Ncl., Nucleus; NPY, Neuropeptid Y. Modifiziert nach [17]

9.3.3 Molekulare Signalübertragung im Rückenmark

Die für Juckreize spezifischen pseudounipolaren Neuronen setzen an ihren Synapsen im Rückenmark den Neurotransmitter Glutamat frei. Die Bindung von Glutamat an ionotrope Rezeptoren führt zu einem Einstrom von Kationen und damit zu einer Depolarisation der Plasmamembran der nachgeschalteten Zellen (siehe ▶ Abschn. 2.3.2). Neben Glutamat spielen Neuropeptide, insbesondere das bereits erwähnte *Gastrin-releasing peptide* (GRP), eine entscheidende Rolle bei der synaptischen Übertragung im Rückenmark.

GRP ist ein Polypeptid, das aus 27 Aminosäuren besteht und von neuroendokrinen Zellen des Magens und des Duodenums produziert wird. Im Magen-Darm-Trakt induziert GRP die Sekretion des Hormons Gastrin, welches wiederum die Bildung von Magensäure fördert. Zudem wirkt GRP als ein Neuropeptid in verschiedenen Regionen des Zentralnervensystems, wo es unter anderem an Lern- und Gedächtnisprozessen beteiligt ist [39]. Die Bindung von GRP an den G-Protein-gekoppelten GRP-Rezeptor (GRPR) bewirkt neben der Aktivierung verschiedener Proteinkinasen auch eine Erhöhung der intrazellulären Ca^{2+}-Konzentration.

Wir unterscheiden zwischen GRP-synthetisierenden Neuronen (GRP^+), die GRP an chemischen Synapsen freisetzen, und Neuronen, die den GRP-Rezeptor exprimieren ($GRPR^+$). Diese beiden Neuronengruppen bilden zwei Schlüsselkomponenten eines Systems, das exklusiv juckreizspezifische Informationen aus der Peripherie ins Zentralnervensystem überträgt [50, 51].

Die nachfolgend zusammengefassten experimentellen Ergebnisse weisen darauf hin, dass $GRPR^+$-Neuronen als zentrale Schaltstelle für die Übertragung pruritusspezifischer Informationen fungieren.

- Die gezielte Entfernung von $GRPR^+$-Neuronen im Rückenmark führt zu einem Verlust der Juckreizempfindung, während die Schmerzwahrnehmung unverändert bleibt.
- Im Gegensatz dazu führt die spezifische Aktivierung von $GRPR^+$-Neuronen zu einem für Juckreize typischen Kratzverhalten, jedoch nicht zu Verhaltensweisen, die für Schmerzempfindungen charakteristisch sind.
- $GRPR^+$-Neuronen werden sowohl durch Schmerz als auch durch Kälte gehemmt, was auf zellulärer und molekularer Ebene die alltägliche Erfahrung bestätigt, dass ein Juckreiz durch gezielte Schmerzzufuhr unterdrückt werden kann.

In einer aktuellen Hypothese wird ein Codierungsmodell vorgeschlagen, das auf der Expression und Freisetzung von Neuropeptiden basiert [13]. Laut diesem Modell erfolgt die Übertragung von Juckreizen über einen GRP-Signalweg, während Schmerzreize durch die Freisetzung des Peptids Substanz P (SP) vermittelt werden. Grundsätzlich können auch andere juckreiz- oder schmerzspezifische Neuropeptide eine Rolle spielen, die jedoch an dieser Stelle nicht weiter berücksichtigt werden. GRP bindet an GRP-Rezeptoren in einer bestimmten Population von Neuronen im Rückenmark, während SP Neurokininrezeptoren einer anderen Population von Neuronen aktiviert. Soweit entspricht die Signalübertragung einer Labeled-Line-Codierung. Es gibt jedoch auch sensorische Neuronen, die sowohl GRP als auch SP synthetisieren, was eine eindeutige Zuordnung zu den Modalitäten Jucken und Schmerz erschwert (◘ Abb. 9.13a). Daher stellt sich die Frage, wie ein juckreizspezifischer Transmitter

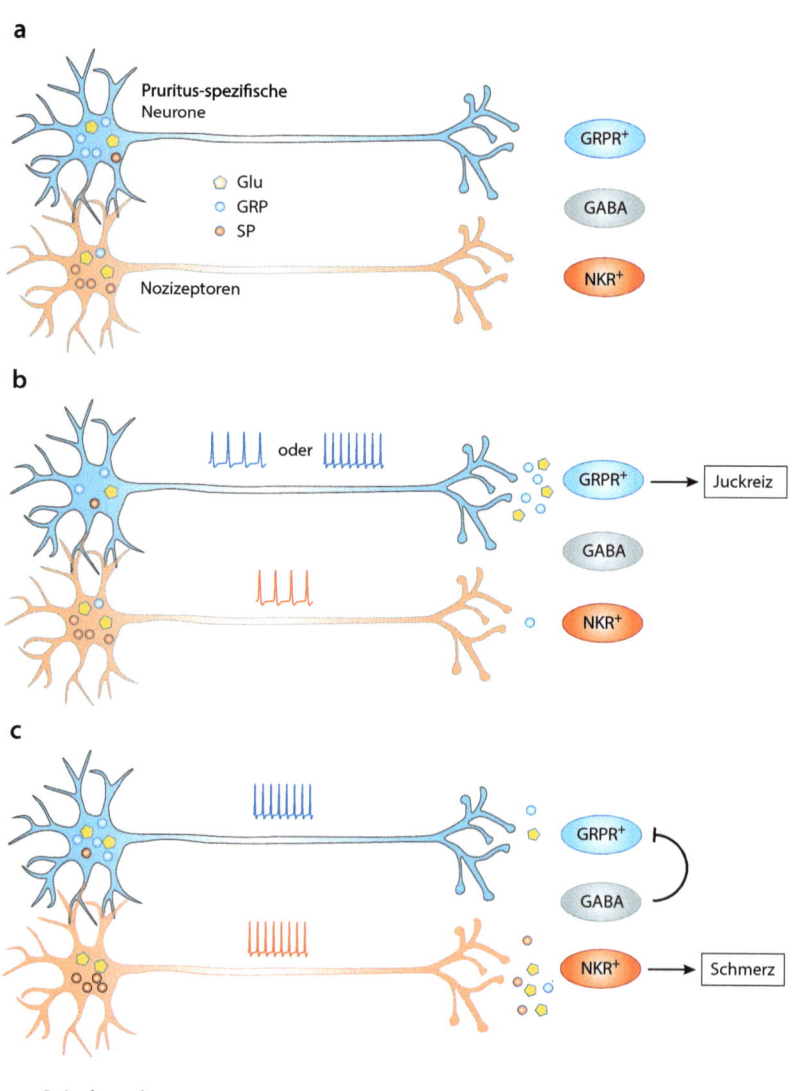

Abb. 9.13 Hypothetisches Modell der Codierung von Pruritus und Schmerz. In diesem auf Neuropeptiden basierenden Modell wird postuliert, dass *Gastrin-releasing peptide* (GRP) als spezifischer Neurotransmitter für Juckreiz und Substanz P (SP) als schmerzspezifischer Neurotransmitter fungieren. **a** Die Pools sensorischer Neuronen, die für Juck- und Schmerzreize verantwortlich sind, überlappen teilweise (Schnittmenge mit gemeinsamen Neurotransmittern). In diesem Szenario treten weder Juck- noch Schmerzreize auf, sodass weder GRP noch SP freigesetzt werden. **b** Bei einem Juckreiz werden vor allem GRP und Glutamat (Glu) freigesetzt, wodurch GRPR$^+$-postsynaptische Neuronen im Rückenmark (*blau*) aktiviert werden. Bei den ebenfalls aktivierten Nozizeptoren wird die Freisetzung von SP durch präsynaptische Ionenkanäle inhibiert. **c** Bei einem Schmerzreiz werden Nozizeptoren und einige pruritusspezifische Neuronen aktiviert. Die Freisetzung von SP und Glutamat führt zur Aktivierung schmerzspezifischer Neurokininrezeptor-positiver Neuronen (NKR$^+$) im Rückenmark (*rot*). GABAerge inhibitorische Neuronen, die durch SP und/oder Glutamat depolarisiert werden, hemmen GRPR$^+$-Neuronen und damit die Aktivierung pruritusspezifischer Bahnen. (Modifiziert nach [13])

unabhängig von einem schmerzspezifischen Transmitter freigesetzt werden kann und auf welche Weise er seine postsynaptische Wirkung entfaltet.

Die postsynaptischen Neuronen im Rückenmark lassen sich grundsätzlich in drei verschiedene Klassen unterteilen: 1) Neuronen, die den GRP-Rezeptor exprimieren (GRPR$^+$) und juckreizspezifische Signale übertragen; 2) Neuronen, die Neurokininrezeptoren (NKR$^+$) exprimieren und schmerzrelevante Signale weiterleiten und 3) GABAerge Interneuronen, die selektiv GRPR$^+$-Neuronen inhibieren. Nach der Beschreibung der einzelnen Komponenten des Modells werden wir nun die Prozesse analysieren, die bei Juckreiz bzw. Schmerzreiz ablaufen.

Bei einem Juckreiz werden die GRP$^+$-sensorischen Neuronen aktiviert, die an ihren Synapsen im Rückenmark sowohl GRP als auch Glutamat freisetzen (◨ Abb. 9.13b). GRP bindet an GRP-Rezeptoren und aktiviert GRPR$^+$-Neuronen, die exklusiv Informationen über Juckreize ans Gehirn weiterleiten. Die kleine Gruppe von Nozizeptoren, die sowohl GRP als auch SP aufweisen, lässt sich ebenfalls in dieses Modell integrieren. Diese sensorischen Neuronen interagieren mit den NKR$^+$-Neuronen, die keine GRP-Rezeptoren besitzen und somit nicht auf GRP reagieren. Gleichzeitig wird die Freisetzung von SP durch eine präsynaptische Hemmung aktiv unterdrückt. Aus diesem Aktivierungsprofil resultiert letztendlich die Sinneswahrnehmung des Juckens.

Ein schmerzhafter Reiz hingegen bewirkt die Freisetzung von SP an den Endigungen der Nozizeptoren im Rückenmark und die Aktivierung postsynaptischer NKR$^+$-Neuronen (◨ Abb. 9.13c). Darüber hinaus aktiviert dieser Reiz auch einen kleinen Anteil der pruritusspezifischen Neuronen, die sowohl GRP als auch SP freisetzen. In diesem Fall wird die Aktivierung der GRPR$^+$-Neuronen durch GABAerge Interneuronen unterdrückt, wodurch der juckreizspezifische Signalweg blockiert wird. Aus dieser Konstellation ergibt sich schließlich die Sinneswahrnehmung von Schmerz.

Obwohl Pruritus über lange Zeit als eine Form von Schmerz betrachtet wurde (und auch in diesem Kontext im Hinblick auf die Nozizeption diskutiert wird), hat sich in letzter Zeit eine neue Perspektive etabliert. Diese Sichtweise definiert Pruritus als eine spezifische Sinneswahrnehmung, die sich durch genetisch eindeutig identifizierbare Neuronen, charakteristische Signalmoleküle und eigenständige Leitungsbahnen auszeichnet. Zu den wesentlichen Komponenten der juckreizspezifischen synaptischen Transmission zählen Neuropeptide, die jeweils unabhängige Schaltkreise im Rückenmark aktivieren. Zudem spielen Zellen und Moleküle des Immunsystems eine entscheidende Rolle in der Signaltransduktion bei Pruritus.

In diesem Kapitel konnten nur die Aspekte behandelt werden, die unmittelbar mit der Signaltransduktion und Codierung in Zusammenhang stehen. Für eine umfassendere Diskussion zu diesem Thema wird auf einige herausragende Übersichtsartikel verwiesen [13, 17, 32]

Schlüsselkonzepte ▶ Abschn. 9.3 Pruritus

- Der Juckreiz (Pruritus) stellt eine eigenständige Sinnesempfindung dar, die auf molekularen Transduktionsmechanismen in spezifischen sensorischen Neuronen und unabhängigen Leitungsbahnen basiert und somit klar von Schmerz abzugrenzen ist.
- Das histaminerge Jucken wird durch die Freisetzung von Histamin aus Mastzellen ausgelöst. Histamin bindet an G-Protein-gekoppelte H1- und H4-Rezeptoren, wodurch eine intrazelluläre Signalkaskade induziert wird, die schließlich zur Aktivierung des unspezifischen Kationenkanals TRPV1 führt.
- Die Freisetzung von Serotonin und Cysteinproteasen aus Mastzellen verursacht das nicht-histaminerge Jucken. Die Bindung von Serotonin an HTR7-Rezeptoren führt schließlich zur Öffnung von TRPA1-Kanälen. Die Cysteinproteasen entfalten ihre Wirkung, indem sie an Vertreter der Mrgpr-Familie von G-Protein-gekoppelten Rezeptoren binden.
- Die von Zellen des Immunsystems sezernieren Cytokine IL-13, IL-31 und IL-33 binden an jeweils spezifische Rezeptoren in der Zellmembran der sensorischen Nervenendigungen. Diese Wechselwirkung aktiviert die intrazellulären MAPK- und JAK/STAT-Signalwege, die auf bisher ungeklärte Weise die TRP-Kanäle TRPA1 und TRPV1 öffnen.
- Die pruritusspezifischen sensorischen Neuronen in den Spinalganglien weisen eine pseudounipolare Morphologie auf. Je nach ihrer Rezeptorausstattung lassen sie sich in drei Klassen unterteilen: NP1-Neuronen exprimieren den G-Protein-gekoppelten Rezeptor MrgprD und werden durch β-Alanin aktiviert; NP2-Neuronen enthalten MrgprA3 sowie Rezeptoren für Histamin und IL-33; NP3-Neuronen besitzen Rezeptoren für Serotonin, IL-31 sowie Histamin.
- Ausgelöst durch einen Juckreiz setzen die pruritusspezifischen Neuronen im Rückenmark den Neurotransmitter Glutamat frei, was zu einer Depolarisation der nachgeschalteten Neuronen führt. Die Spezifität der Signalübertragung wird entscheidend durch *Gastrin-releasing peptide* (GRP) beeinflusst, das an die GRP-Rezeptoren bindet. Dadurch werden Proteinkinasen aktiviert und die intrazelluläre Calciumkonzentration wird erhöht.
- In einem aktuellen Codierungsmodell lässt sich die spezifische Übertragung von Juckreizen im Rückenmark auf einen GRP-Signalweg zurückführen, während Schmerzreize in erster Linie durch das Neuropeptid Substanz P vermittelt werden. Im Falle einer Co-Expression führt eine wechselseitige Inhibition, die durch präsynaptische und GABAerge Mechanismen vermittelt wird, zu einer spezifischen Weiterleitung der jeweiligen Signalmodalität.

Literatur

1. Alessandri-Haber N, Joseph E, Dina OA, Liedtke W, Levine JD (2005) TRPV4 mediates pain-related behavior induced by mild hypertonic stimuli in the presence of inflammatory mediator. Pain 118(1):70–79. https://doi.org/10.1016/j.pain.2005.07.016
2. Amir R, Devor M (2003) Electrical excitability of the soma of sensory neurons is required for spike invasion of the soma, but not for through-conduction. Biophys J 84(4):2181–2191. https://doi.org/10.1016/S0006-3495(03)75024-3

3. Bader M, Alenina N, Andrade-Navarro MA, Santos RA (2014) MAS and its related G protein-coupled receptors, Mrgprs, Pharmacol Rev 66(4):1080–1105. https://doi.org/10.1124/pr.113.008136
4. Basbaum AI, Bautista DM, Scherrer G, Julius D (2009) Cellular and molecular mechanisms of pain. Cell 139(2):267–284. https://doi.org/10.1016/j.cell.2009.09.028
5. Bautista DM, Siemens J, Glazer JM, Tsuruda PR, Basbaum AI et al (2007) The menthol receptor TRPM8 is the principal detector of environmental cold. Nature 448(7150):204–208. https://doi.org/10.1038/nature05910
6. Bennett DL, Clark AJ, Huang J, Waxman SG, Dib-Hajj SD (2019) The role of voltage-gated sodium channels in pain signaling. Physiol Rev 99(2):1079–1151. https://doi.org/10.1152/physrev.00052.2017
7. Bohlen CJ, Chesler AT, Sharif-Naeini R, Medzihradszky KF, Zhou S et al (2011) A heteromeric Texas coral snake toxin targets acid-sensing ion channels to produce pain. Nature 479(7373):410–414. https://doi.org/10.1038/nature10607
8. Bourinet E, Altier C, Hildebrand ME, Trang T, Salter MW, Zamponi GW (2014) Calcium-permeable ion channels in pain signaling. Physiol Rev 94(1):81–140. https://doi.org/10.1152/physrev.00023.2013
9. Braz JM, Nassar MA, Wood JN, Basbaum AI (2005) Parallel "pain" pathways arise from subpopulations of primary afferent nociceptor. Neuron 47(6):787–793. https://doi.org/10.1016/j.neuron.2005.08.015
10. Burnstock G (2007) Physiology and pathophysiology of purinergic neurotransmission. Physiol Rev 87(2):659–797. https://doi.org/10.1152/physrev.00043.2006
11. Caterina MJ, Schumacher MA, Tominaga M, Rosen TA, Levine JD, Julius D (1997) The capsaicin receptor: a heat-activated ion channel in the pain pathway. Nature 389(6653):816–824. https://doi.org/10.1038/39807
12. Caterina MJ, Rosen TA, Tominaga M, Brake AJ, Julius D (1999) A capsaicin-receptor homologue with a high threshold for noxious heat. Nature 398(6726):436–441. https://doi.org/10.1038/18906
13. Chen ZF (2021) A neuropeptide code for itch. Nat Rev Neurosci 22(12):758–776. https://doi.org/10.1038/s41583-021-00526-9
14. Cook SP, Vulchanova L, Hargreaves KM, Elde R, McCleskey EW (1997) Distinct ATP receptors on pain-sensing and stretch-sensing neurons. Nature 387(6632):505–508. https://doi.org/10.1038/387505a0
15. Diochot S, Baron A, Salinas M, Douguet D, Scarzello S et al (2012) Black mamba venom peptides target acid-sensing ion channels to abolish pain. Nature 490(7421):552–555. https://doi.org/10.1038/nature11494
16. Dong X, Han S, Zylka MJ, Simon MI, Anderson DJ (2001) A diverse family of GPCRs expressed in specific subsets of nociceptive sensory neurons. Cell 106(5):619–632. https://doi.org/10.1016/s0092-8674(01)00483-4
17. Dong X, Dong X (2018) Peripheral and central mechanisms of itch. Neuron 98(2):482–494. https://doi.org/10.1016/j.neuron.2018.03.023
18. Duan B, Wu LJ, Yu YQ, Ding Y, Jing L et al (2007) Upregulation of acid-sensing ion channel ASIC1a in spinal dorsal horn neurons contributes to inflammatory pain hypersensitivity. J Neurosci 27(41):11139–11148. https://doi.org/10.1523/JNEUROSCI.3364-07.2007
19. Geppetti P, Veldhuis NA, Lieu T, Bunnett NW (2015) G protein-coupled receptors: dynamic machines for signaling pain and itch. Neuron 88(4):635–649. https://doi.org/10.1016/j.neuron.2015.11.001
20. Gold MS, Gebhart GF (2010) Nociceptor sensitization in pain pathogenesis. Nat Med 16(11):1248–1257. https://doi.org/10.1038/nm.2235
21. Goodwin G, McMahon SB (2021) The physiological function of different voltage-gated sodium channels in pain. Nat Rev Neurosci 22(5):263–274. https://doi.org/10.1038/s41583-021-00444-w
22. Hill RZ, Bautista DM (2020) Getting in touch with mechanical pain mechanisms. Trends Neurosci 43(5):311–325. https://doi.org/10.1016/j.tins.2020.03.004
23. Hucho TB, Dina OA, Levine JD (2005) Epac mediates a cAMP-to-PKC signaling in inflammatory pain: an isolectin B4(+) neuron-specific mechanism. J Neurosci 25(26):6119–6126. https://doi.org/10.1523/JNEUROSCI.0285-05.2005

24. Ikoma A, Steinhoff M, Ständer S, Yosipovitch G, Schmelz M (2006) The neurobiology of itch. Nat Rev Neurosci 7(7):535–547. https://doi.org/10.1038/nrn1950
25. Imamachi N, Park GH, Lee H, Anderson DJ, Simon MI et al (2009) TRPV1-expressing primary afferents generate behavioral responses to pruritogens via multiple mechanisms. Proc Natl Acad Sci USA 106(27):11330–11335. https://doi.org/10.1073/pnas.0905605106
26. Inoue K, Tsuda M (2021) Nociceptive signaling mediated by P2X3, P2X4 and P2X7 receptors. Biochem Pharmacol 187:114309. https://doi.org/10.1016/j.bcp.2020.114309
27. International Association for the Study of Pain (ISAP) IASP Announces Revised Definition of Pain (2020) www.iasp-pain.org/publications/iasp-news/iasp-announces-revised-definition-of-pain/. Zugegriffen: 21. Juni 2024
28. Jensen TS, Finnerup NB (2014) Allodynia and hyperalgesia in neuropathic pain: clinical manifestations and mechanisms. Lancet Neurol 13(9):924–935. https://doi.org/10.1016/S1474-4422(14)70102-4
29. Katanosaka K, Takatsu S, Mizumura K, Naruse K, Katanosaka Y (2018) TRPV2 is required for mechanical nociception and the stretch-evoked response of primary sensory neurons. Sci Rep 8(1):16782. https://doi.org/10.1038/s41598-018-35049-4
30. Kawasaki Y, Zhang L, Cheng JK, Ji RR (2008) Cytokine mechanisms of central sensitization: distinct and overlapping role of interleukin-1β, interleukin-6, and tumor necrosis factor-α in regulating synaptic and neuronal activity in the superficial spinal cord. J Neurosci 28(20):5189–5194. https://doi.org/10.1523/JNEUROSCI.3338-07.2008
31. Kwon DH, Zhang F, Suo Y, Bouvette J, Borgnia MJ, Lee SY (2021) Heat-dependent opening of TRPV1 in the presence of capsaicin. Nat Struct Mol Biol 28(7):554–563. https://doi.org/10.1038/s41594-021-00616-3
32. Lay M, Dong X (2020) Neural mechanisms of itch. Annu Rev Neurosci 43:187–205. https://doi.org/10.1146/annurev-neuro-083019-024537
33. Lewis C, Neidhart S, Holy C, North RA, Buell G, Surprenant A (1995) Coexpression of $P2X_2$ and $P2X_3$ receptor subunits can account for ATP-gated currents in sensory neurons. Nature 377(6548):432–435. https://doi.org/10.1038/377432a0
34. Liu Q, Tang Z, Surdenikova L, Kim S, Patel KN et al (2009) Sensory neuron-specific GPCR Mrgprs are itch receptors mediating chloroquine-induced pruritus. Cell 139(7):1353–1365. https://doi.org/10.1016/j.cell.2009.11.034
35. Liu Q, Weng HJ, Patel KN, Tang Z, Bai H, Steinhoff M, Dong X (2011) The distinct roles of two GPCRs, MrgprC11 and PAR2, in itch and hyperalgesia. Sci Signal 4(181):ra45. https://doi.org/10.1126/scisignal.2001925
36. Liu B, Tai Y, Achanta S, Kaelberer MM, Caceres AI et al (2016) IL-33/ST2 signaling excites sensory neurons and mediates itch response in a mouse model of poison ivy contact allergy. Proc Natl Acad Sci USA 113(47):E7572–E7579. https://doi.org/10.1073/pnas.1606608113
37. MacDonald DI, Wood JN, Emery EC (2020) Molecular mechanisms of cold pain. Neurobiol Pain 7:100044. https://doi.org/10.1016/j.ynpai.2020.100044
38. Marmigère F, Ernfors P (2007) Specification and connectivity of neuronal subtypes in the sensory lineage. Nat Rev Neurosci 8(2):114–127. https://doi.org/10.1038/nrn2057
39. Melzer S, Newmark ER, Mizuno GO, Hyun M, Philson AC et al (2021) Bombesin-like peptide recruits disinhibitory cortical circuits and enhances fear memories. Cell 184(22):5622–5634.e25. https://doi.org/10.1016/j.cell.2021.09.013
40. Morenilla-Palao C, Luis E, Fernández-Peña C, Quintero E, Weaver JL et al (2014) Ion channel profile of TRPM8 cold receptors reveals a role of TASK-3 potassium channels in thermosensation. Cell Rep 8(5):1571–1582. https://doi.org/10.1016/j.celrep.2014.08.003
41. Morita T, McClain SP, Batia LM, Pellegrino M, Wilson SR et al (2015) HTR7 mediates serotonergic acute and chronic itch. Neuron 87(1):124–138. https://doi.org/10.1016/j.neuron.2015.05.044
42. Murphy K, Weaver C (2018) Janeway Immunologie, 9. Aufl. Springer Spektrum, Heidelberg
43. Pang Z, Sakamoto T, Tiwari V, Kim YS, Yang F et al (2015) Selective keratinocyte stimulation is sufficient to evoke nociception in mice. Pain 156(4):656–665. https://doi.org/10.1097/j.pain.0000000000000092
44. Pethő G, Reeh PW (2012) Sensory and signaling mechanisms of bradykinin, eicosanoids, platelet-activating factor, and nitric oxide in peripheral nociceptors. Physiol Rev 92(4):1699–1775. https://doi.org/10.1152/physrev.00048.2010

45. Prato V, Taberner FJ, Hockley JRF, Callejo G, Arcourt A et al (2017) Functional and molecular characterization of mechanoinsensitive "silent" nociceptors. Cell Rep 21(11):3102–3115. https://doi.org/10.1016/j.celrep.2017.11.066
46. Ramer MS, Thompson SWN, McMahon SB (1999) Causes and consequences of sympathetic basket formation in dorsal root ganglia. Pain 82:S111–S120. https://doi.org/10.1016/S0304-3959(99)00144-X
47. Rosenbaum T, Morales-Lázaro SL, Islas LD (2022) TRP channels: a journey towards a molecular understanding of pain. Nat Rev Neurosci 23(10):596–610. https://doi.org/10.1038/s41583-022-00611-7
48. Ru F, Sun H, Jurcakova D, Herbstsomer RA, Meixong J et al (2017) Mechanisms of pruritogen-induced activation of itch nerves in isolated mouse skin. J Physiol 595(11):3651–3666. https://doi.org/10.1113/JP273795
49. Sherrington CS (1906) The Integrative Action of the Nervous System. In: Scientific and Medical Knowledge Production, 1796–1918. Routledge, S 217–253
50. Sun YG, Chen ZF (2007) A gastrin-releasing peptide receptor mediates the itch sensation in the spinal cord. Nature 448(7154):700–703. https://doi.org/10.1038/nature06029
51. Sun YG, Zhao ZQ, Meng XL, Yin J, Liu XY, Chen ZF (2009) Cellular basis of itch sensation. Science 325(5947):1531–1534. https://doi.org/10.1126/science.1174868
52. Suzuki M, Mizuno A, Kodaira K, Imai M (2003) Impaired pressure sensation in mice lacking TRPV4. J Biol Chem 278(25):22664–22668. https://doi.org/10.1074/jbc.M302561200
53. Tappe-Theodor A, Constantin CE, Tegeder I, Lechner SG, Langeslag M et al (2012) G$\alpha_{q/11}$ signaling tonically modulates nociceptor function and contributes to activity-dependent sensitization. Pain 153(1):184–196. https://doi.org/10.1016/j.pain.2011.10.014
54. Tracey WD Jr (2017) Nociception. Curr Biol 27(4):R129–R133. https://doi.org/10.1016/j.cub.2017.01.037
55. Usoskin D, Furlan A, Islam S, Abdo H, Lönnerberg P et al (2015) Unbiased classification of sensory neuron types by large-scale single-cell RNA sequencing. Nat Neurosci 18(1):145–153. https://doi.org/10.1038/nn.3881
56. Vandewauw I, De Clercq K, Mulier M, Held K, Pinto S et al (2018) A TRP channel trio mediates acute noxious heat sensing. Nature 555(7698):662–666. https://doi.org/10.1038/nature26137
57. Wang F, Kim BS (2020) Itch: a paradigm of neuroimmune crosstalk. Immunity 52(5):753–766. https://doi.org/10.1016/j.immuni.2020.04.008
58. Waxman SG (2007) Channel, neuronal and clinical function in sodium channelopathies: from genotype to phenotype. Nat Neurosci 10(4):405–409. https://doi.org/10.1038/nn1857
59. Wemmie JA, Chen J, Askwith CC, Hruska-Hageman AM, Price MP et al (2002) The acid-activated ion channel ASIC contributes to synaptic plasticity, learning, and memory. Neuron 34(3):463–477. https://doi.org/10.1016/s0896-6273(02)00661-x
60. Wemmie JA, Taugher RJ, Kreple CJ (2013) Acid-sensing ion channels in pain and disease. Nat Rev Neurosci 14(7):461–471. https://doi.org/10.1038/nrn3529
61. Woolf CJ, Ma Q (2007) Nociceptors-noxious stimulus detectors. Neuron 55(3):353–364. https://doi.org/10.1016/j.neuron.2007.07.016
62. Yam MF, Loh YC, Tan CS, Khadijah Adam S, Abdul Manan N, Basir R (2018) General pathways of pain sensation and the major neurotransmitters involved in pain regulation. Int J Mol Sci 19(8):2164. https://doi.org/10.3390/ijms19082164
63. Yu Y, Chen Z, Li WG, Cao H, Feng EG et al (2010) A nonproton ligand sensor in the acid-sensing ion channel. Neuron 68(1):61–72. https://doi.org/10.1016/j.neuron.2010.09.001

Serviceteil

Glossar – 460

Stichwortverzeichnis – 483

© Der/die Herausgeber bzw. der/die Autor(en), exklusiv lizenziert durch Springer-Verlag GmbH, DE, ein Teil von Springer Nature 2025
A. Feigenspan, *Sensorische Signaltransduktion – Molekulare Mechanismen der Informationsverarbeitung*, https://doi.org/10.1007/978-3-662-70359-5

Glossar

Acetylcholin Acetylcholin ist ein Ester der Essigsäure und des einwertigen Aminoalkohols Cholin. Bei Wirbeltieren fungiert Acetylcholin als Transmitter an der neuromuskulären Endplatte, in autonomen Ganglien des vegetativen Nervensystems sowie im Zentralnervensystem. Die postsynaptische Wirkung erfolgt über die Bindung von Acetylcholin an spezifische Rezeptoren, die entweder als ligandengesteuerte Ionenkanäle (nikotinische Rezeptoren) oder als G-Protein-gekoppelte Rezeptoren (muskarinische Rezeptoren) vorliegen.

Actin Actin ist ein Strukturprotein, das in eukaryontischen Zellen am Aufbau des Cytoskeletts, an zellulären Bewegungen wie beispielsweise der Muskelkontraktion sowie an der mechanoelektrischen Signaltransduktion beteiligt ist. Actinfilamente sind helikale Polymere des monomeren G-Actins mit einem Durchmesser von 8 nm. Als sogenannter Actincortex unterhalb der Plasmamembran bestimmen sie maßgeblich die äußere Form einer Zelle. Beispielsweise werden die Stereocilien der Haarsinneszellen durch Actin gebildet und in der Zelle verankert.

Adaptation 1) In der Sinnesphysiologie bezeichnet Adaptation diejenigen Mechanismen, die zu einer vorübergehenden und reversiblen Anpassung der Empfindlichkeit eines Sinnessystems, einer Sinneszelle oder eines Rezeptors an eine konstant große und andauernde Reizintensität führen. In der Regel wird unter Adaptation eine Verringerung der Empfindlichkeit verstanden, wobei sich die Antwortstärke eher langsam (tonisch) oder aber schnell (phasisch) verändert. Durch Adaptation kann der Arbeitsbereich eines sensorischen Systems erweitert werden (siehe → *Sensitisierung*). 2) Im evolutionsbiologischen Kontext bezeichnet Adaptation eine genetisch kontrollierte Eigenschaft, die Organismen oder Organen eine bessere Angepasstheit an Umweltbedingungen ermöglicht. Adaptation führt durch den Prozess der natürlichen Selektion zu einer Verbreitung dieser Eigenschaft innerhalb einer Population.

Adenosintriphosphat Adenosintriphosphat (ATP) ist ein Molekül, das als wichtigste Energiequelle für zahlreiche biochemische Prozesse in Zellen fungiert. Es besteht aus der Base Adenin, dem Monosaccharid Ribose und drei Phosphatgruppen. Durch die hydrolytische Abspaltung der terminalen Phosphatgruppe, bei der ADP entsteht, wird Energie auf biochemische Reaktionen übertragen. Darüber hinaus fungiert ATP als Neurotransmitter, der an chemischen Synapsen freigesetzt wird und an purinerge Rezeptoren bindet.

Adenylylcyclasen Adenylylcyclasen (auch Adenylatcyclasen genannt) sind membranständige hydrolytische Enzyme. Sie katalysieren die intramolekulare Ringbildung zwischen dem 3'- und 5'-Kohlenstoffatom der Ribose von Adenosintriphosphat (ATP) unter Bildung von cyclischem Adenosinmonophosphat (cAMP) und Abspaltung von Pyrophosphat.

Afferenz Eine Afferenz, auch als afferente Faser bezeichnet, überträgt Signale aus der Peripherie ins Zentralnervensystem. Insbesondere Leitungsbahnen, die sensori-

Glossar

sche Informationen transportieren, werden auch als sensible Afferenzen bezeichnet (siehe → *Efferenz*).

Aktionspotenzial Ein Aktionspotenzial ist eine wenige Millisekunden andauernde Umkehrung der Spannung über der Zellmembran von $-65\,\text{mV}$ auf etwa $+40\,\text{mV}$, gefolgt von einer Rückkehr der Spannung zum Ruhemembranpotenzial. Die Änderung der Spannung wird durch den Einstrom von Natriumionen in die Zelle und den anschließenden Ausstrom von Kaliumionen erzeugt. Aktionspotenziale dienen der Codierung und Weiterleitung neuronaler Signale über größere Distanzen.

Allodynie Der Begriff „Allodynie" bezeichnet eine veränderte Reaktion auf normalerweise nicht schmerzhafte Reize. Beispielsweise liegt eine Allodynie vor, wenn leichte Berührungen der Haut als unangenehm oder gar schmerzhaft empfunden werden (siehe → *Hyperalgesie*).

Anionen Als Anionen werden negativ geladene Atome und Moleküle bezeichnet. Diese Teilchen wandern im elektrischen Feld zur positiv geladenen Anode (siehe → *Kationen*).

Apikal Zellen, wie beispielsweise Epithelzellen, weisen in der Regel eine Polarisation auf, d. h., ihre Seiten besitzen unterschiedliche Eigenschaften. Dabei kann es sich um eine bestimmte Zusammensetzung der Plasmamembran, der Membranproteine oder um spezialisierte zelluläre Strukturen handeln, die nicht auf der gesamten Zelloberfläche in gleicher Weise vorhanden sind. Die apikale Oberfläche einer epithelialen Zelle kann entweder nach außen oder in einen körpereigenen Hohlraum hineinragen (siehe → *Basal*).

Axon Ein Axon stellt einen langen, zylindrischen Fortsatz eines Neurons dar, der Aktionspotenziale mit hoher Geschwindigkeit über größere Distanzen zwischen Neuronen oder zwischen Neuronen und Effektorzellen transportiert.

Axonhügel Der Axonhügel stellt eine Region des Zellkörpers eines Neurons dar, aus welcher das Axon entspringt. In der Regel ist dieser Bereich durch eine hohe Dichte an spannungsabhängigen Natriumkanälen gekennzeichnet, was zu einem niedrigen Schwellenwert zur Erzeugung von Aktionspotenzialen führt. Am Axonhügel und am folgenden Initialsegment werden daher bevorzugt Aktionspotenziale ausgelöst (siehe → *Initialsegment*).

Axonkollaterale Als Axonkollaterale werden die Seitenäste eines Axons bezeichnet, die in unterschiedliche Regionen des Nervensystems projizieren. Auf diese Weise erreicht dieselbe Information zahlreiche postsynaptische Zellen annähernd gleichzeitig. Auch Axonterminale verzweigen sich in der Regel und kontaktieren mehrere Zellen. Anders als bei den Axonkollateralen befinden sich diese Verzweigungen jedoch in räumlicher Nähe zueinander.

Basal Die basale oder basolaterale Seite einer Epithelzelle bezeichnet die zur Körperseite hin gelegene Membranoberfläche. Sie wird von der Basallamina begrenzt (siehe → *Apikal*).

Basallamina Die Basallamina, auch Basalmembran genannt, wird nicht von einer Lipiddoppelschicht gebildet, sondern stellt ein dünnes Netzwerk aus Proteinen der extrazellulären Matrix dar. Als Grenzschicht mit einer Dicke von 30–60 nm trennt sie Epithelzellen, jedoch auch Muskelzellen und Adipocyten (Zellen des Fettgewebes) vom benachbarten Bindegewebe. Die Basallamina besteht hauptsächlich aus Laminin und Typ-IV-Kollagen.

Chemische Synapsen Chemische Synapsen sind die Kommunikationsstellen zwischen zwei Neuronen oder einem Neuron und einer Effektorzelle. Sie bestehen aus dem präsynaptischen Freisetzungskomplex, dem synaptischen Spalt und der postsynaptischen Membran. Die Übertragung von Signalen mittels chemischer Synapsen erfolgt durch die calciumabhängige Freisetzung von Neurotransmittermolekülen aus präsynaptischen Vesikeln. Die Neurotransmitter binden an spezifische Rezeptoren in der Membran nachgeschalteter Zellen und lösen dort eine Änderung des Membranpotenzials aus, die eine exzitatorische (Depolarisation) oder inhibitorische (Hyperpolarisation) Wirkung haben kann.

Chordotonalorgane Bei den Chordotonalorganen handelt es sich um Sinnesorgane der Gliederfüßer, die der Detektion von Luft- und Substratschall dienen. Darüber hinaus erfüllen Chordotonalorgane proprizeptive Aufgaben. Sie bestehen aus Modulen, den sogenannten Scolopidien, die ihrerseits aus mehreren sensorischen Neuronen, Scolopidialzellen und einer Scolopidialkappe zusammengesetzt sind. Chordotonalorgane befinden sich an Gelenken und sind über Hüllzellen mit der Cuticula oder mit den Tracheen verbunden. Sie registrieren die Richtung, Geschwindigkeit und Beschleunigung mechanischer Verformungen des Gewebes.

Cilien Bei Cilien handelt es sich um Fortsätze des Cytoplasmas, die vor allem der Erzeugung von Bewegungen dienen. Ihre Gestalt wird durch ein zentrales Bündel von Mikrotubuli in einer charakteristischen $(9 + 2)$-Anordnung stabilisiert. Cilien finden sich beispielsweise in den Epithelien der Atemwege, wo sie Schleim und kleinere Partikel in Richtung des Rachens transportieren.

Cochlea Die Cochlea stellt eine spiralförmige Struktur im Innenohr von Säugetieren dar, welche das Corti-Organ sowie drei Flüssigkeitsräume, die Scala vestibuli, die Scala media und die Scala tympani, umfasst. Die schneckenförmige Anordnung ermöglicht eine platzsparende Unterbringung einer ansonsten langgestreckten Struktur innerhalb der Schädelknochen. Die Länge der Cochlea ermöglicht eine präzisere Frequenzaufspaltung und damit eine bessere Analyse der Schallsignale (siehe → *Lagena*).

Corti-Organ Das Corti-Organ ist ein komplexes Sinnesorgan, das sich in der Cochlea der Säugetiere befindet. Es besteht aus verschiedenen Zelltypen, darunter den inneren und äußeren Haarsinneszellen, verschiedenen Stützzellen, der Basilarmembran und der Tektorialmembran. Die Umwandlung der Schallwellen in elektrische Signale erfolgt in den Haarsinneszellen des Corti-Organs.

Cuticula Der Begriff Cuticula bezieht sich auf das stabilisierende Außenskelett der Gliederfüßer, das vor allem aus dem stickstoffhaltigen Polysaccharid Chitin besteht.

Glossar

Darüber hinaus wird auch die wachsartige Schicht auf der Oberfläche von Pflanzen als Cuticula bezeichnet.

Cytoplasma Das Cytoplasma bezeichnet den gesamten Inhalt einer Zelle (Cytosol und Organellen), der sich innerhalb der Zellmembran, jedoch außerhalb des Zellkerns befindet.

Cytoskelett Das Cytoskelett stellt ein intrazelluläres Netzwerk aus Proteinfilamenten dar, welches Zellen ihre äußere Gestalt verleiht. Darüber hinaus fungiert das Cytoskelett als Gerüststruktur für die Bewegung von Organellen und ist an grundlegenden Prozessen wie Mitose, Meiose und Zelldifferenzierung beteiligt. Zu den Proteinen des Cytoskeletts gehören Actinfilamente, Intermediärfilamente und Mikrotubuli.

Cytosol Das Cytosol bezeichnet den wässrigen Anteil des Cytoplasmas, wobei die membranumhüllten Organellen, wie beispielsweise Mitochondrien, endoplasmatisches Reticulum und Golgi-Apparat, ausgenommen sind.

Dendrit Dendriten stellen cytoplasmatische Fortsätze dar, die aus dem Zellkörper eines Neurons entspringen und sich in der Regel stark verzweigen. Sie empfangen synaptisch übertragene Informationen von anderen Neuronen und bilden daher die Eingangsregion einer Nervenzelle. Dendriten sind kürzer als Axone und verjüngen sich mit zunehmender Entfernung vom Zellkörper.

Depolarisation Der Begriff der „Depolarisation" bezeichnet eine Verringerung des Ruhemembranpotenzials, wodurch sich die Erregbarkeit eines Neurons oder einer Muskelzelle tendenziell erhöht (siehe → *Hyperpolarisation*).

Desensitisierung In der Neurophysiologie bezeichnet der Begriff „Desensitisierung" den teilweisen oder vollständigen Verlust der Empfindlichkeit eines molekularen Rezeptors für einen andauernden chemischen oder physikalischen Reiz. Ein Beispiel hierfür sind nikotinische Acetylcholinrezeptoren, die nach wenigen Millisekunden schließen, selbst wenn der Transmitter noch im synaptischen Spalt vorhanden ist. Die Desensitisierung reguliert das Gating von Ionenkanälen auf ähnliche Weise wie die Inaktivierung spannungsgesteuerter Ionenkanäle. In beiden Fällen werden Änderungen einer Reizsituation durch erhöhte Aktivität hervorgehoben, während konstante Reize wesentlich schwächer repräsentiert werden.

Desmosomen Desmosomen stellen eine Klasse von Adhäsionskontakten dar, welche benachbarte Zellen miteinander verbinden oder eine Zelle in der extrazellulären Matrix verankern. Die punktförmigen Zell-Zell-Kontakte weisen eine Größe von 0,1–0,5 μm auf und überbrücken einen 20–40 nm breiten Interzellulärspalt. Die intrazellulären Plaques, die aus den Proteinen Plakoglobin, Plakophilin und Desmoplakin bestehen, sind über die nicht klassischen Cadherine Desmoglein und Desmocollin miteinander verknüpft.

Diffusion Diffusion bezeichnet den Ausgleich von Konzentrationsunterschieden in Stoffgemischen, der ohne Energieeinwirkung abläuft. Dabei diffundiert jeder Stoff entlang seines eigenen Konzentrationsgradienten. Diffusion basiert auf der ungerichteten und zufälligen Eigenbewegung von Atomen und Molekülen bei Temperaturen oberhalb des absoluten Nullpunkts. Dieser Prozess stellt einen sehr wirkungsvollen Transportmechanismus dar, sofern große Oberflächen zur Verfügung stehen und die Diffusionsstrecken kürzer als 1 mm sind. Im Unterschied zu osmotischen Prozessen kann Diffusion auch ohne eine selektiv permeable Membran stattfinden.

Dioptrischer Apparat   Der dioptrische Apparat stellt das abbildende System der Linsenaugen der Wirbeltiere dar. Er umfasst die transparente Hornhaut (Cornea), die beiden mit Kammerwasser gefüllten Augenkammern, die Pupille (eine von der Iris gebildete Öffnung mit variablem Durchmesser), die Linse sowie den Glaskörper, der den größten Teil des Auges ausfüllt und mit einer gelartigen Substanz gefüllt ist. Bis auf die Pupille tragen alle Komponenten des dioptrischen Apparats zur Gesamtbrechkraft des Auges bei, die beim Menschen 58,8 dpt beträgt.

Distal   Distal ist eine anatomische Lagebezeichnung und bedeutet weiter vom Körperzentrum oder der Mittelachse entfernt. Bezogen auf Neuronen bedeutet distal eine größere Entfernung vom Zellkörper (siehe → *Proximal*).

Domäne   In der Proteinchemie bezeichnet der Begriff „Domäne" einen Bereich eines Polypeptids mit einer bestimmten Tertiärstruktur, die sich von benachbarten Bereichen unterscheidet. Größere Proteine bestehen in der Regel aus mehreren Domänen, die durch kurze, flexible Aminosäureketten (Loops) miteinander verbunden sind. Domänen sind häufig funktionelle Module, die in homologer Form in verschiedenen Proteinen vorkommen.

Efferenz   Efferenzen oder efferente Fasern übertragen Signale aus dem Zentralnervensystem zu den Zielorganen in der Körperperipherie (siehe → *Afferenzen*).

Elektrische Synapsen   Die Übertragung von Informationen durch elektrische Synapsen erfolgt mittels elektrischer Ströme, welche durch Gap Junctions von einer Zelle zur anderen fließen. Elektrische Synapsen bestehen aus zwei Halbkanälen (Connexone), die aus jeweils sechs Untereinheiten (Connexine) aufgebaut sind. Elektrische Synapsen sind beispielsweise für die Erregungsleitung und synchrone Kontraktion des Herzmuskels sowie die koordinierte Kontraktion der glatten Muskulatur essenziell (siehe → *Gap Junctions*).

Elektrochemischer Gradient   Ein elektrochemischer Gradient bezeichnet den kombinierten Einfluss eines Konzentrationsgradienten und eines elektrischen Gradienten (Membranpotenzial) auf die Verteilung von Ionen über einer Plasmamembran. Positiv oder negativ geladene Moleküle bewegen sich mittels Diffusion entlang eines elektrochemischen Gradienten, wobei es letztlich zu einem Ausgleich von Konzentrationen und Ladungen kommt. Eine Bewegung in Gegenrichtung erfordert Energie, die in Form von ATP bereitgestellt wird.

Elektromotilität   Die äußeren Haarsinneszellen in der Cochlea sind in der Lage, ihre Länge in Abhängigkeit von der Spannung über der Zellmembran zu verändern. Die durch Schalldruck verursachten Rezeptorpotenziale bewirken, dass das Motorprotein Prestin gebundene Chloridionen in den Intrazellulärraum freisetzt und sich da-

Glossar

durch verkürzt. Auf diese Weise verstärken die äußeren Haarsinneszellen die Schallenergie und verbessern die Empfindlichkeit des Gehörs sowie die Genauigkeit der Frequenzanalyse.

Elektrotonische Signalleitung Die elektrotonische Signalleitung beschreibt die räumliche Ausbreitung einer Spannungsänderung in einem Dendriten oder Axon ohne die Beteiligung von Aktionspotenzialen. Die Effizienz dieser auch als passive Signalleitung bezeichneten Ausbreitung hängt vom Verhältnis zwischen dem Innenwiderstand des axonalen Cytoplasmas und dem Widerstand der Zellmembran ab. Kennzeichnend für die elektrotonische Signalleitung ist ein exponentieller Abfall der Amplitude des ursprünglichen Signals mit zunehmender Entfernung vom Entstehungsort.

Endolymphe Als Endolymphe wird die wässrige Lösung in der Scala media der Cochlea und im Labyrinth des Bogengangsorgans bezeichnet. Sie weist eine hohe Konzentration an Kaliumionen auf, wodurch der elektrochemische Gradient für Kaliumionen in die Haarsinneszelle gerichtet ist. Bei einer Aktivierung des mechanoelektrischen Transduktionskomplexes diffundieren daher Kaliumionen über die Membran der Stereocilien und die Haarsinneszelle wird depolarisiert (siehe → *Perilymphe*).

Endorgan Ein Endorgan stellt ein spezialisiertes sensorisches Gewebe am Ende eines peripheren Nervs dar. Es setzt sich aus einem neuronalen Anteil in Form der axonalen Endigung sowie nicht-neuronalen Zellen zusammen, die als sekundäre Sinneszellen oder als kapselbildende Strukturen an der Signalübertragung maßgeblich beteiligt sind. Endorgane detektieren sensorische Stimuli, insbesondere mechanische Kräfte, die auf die Körperwand einwirken. Typische Beispiele für Endorgane sind die verschiedenen Mechanosensoren der Haut.

Entzündungsmediatoren Entzündungsmediatoren bezeichnen eine diverse Gruppe körpereigener Substanzen, die eine Entzündung sowohl auslösen als auch aufrechterhalten können. Zu den wichtigsten Entzündungsmediatoren gehören kleinmolekulare Substanzen wie Histamin, Serotonin, Leukotriene und Prostaglandine, aber auch verschiedene Neuropeptide, Komplement und Cytokine. Entzündungsmediatoren entfalten ihre Wirkung direkt auf Gewebe und Organe und fungieren als chemotaktische und aktivierende Signalmoleküle für Zellen des Immunsystems.

Exzitatorisches postsynaptisches Potenzial (EPSP) Ein exzitatorisches postsynaptisches Potenzial bezeichnet eine wenige Millisekunden andauernde Depolarisation der postsynaptischen Membran, die durch den Einstrom von Kationen in die Zelle hervorgerufen wird. Die Depolarisation führt zu einer Erhöhung der Wahrscheinlichkeit, dass ein oder mehrere Aktionspotenziale ausgelöst werden (siehe → *Inhibitorisches postsynaptisches Potenzial*).

Farbkonstanz Der Begriff „Farbkonstanz" bezeichnet die Fähigkeit des menschlichen visuellen Systems, ein Objekt unabhängig von den aktuellen Beleuchtungsbedingungen in denselben Farben wahrzunehmen. Dies bedeutet, dass eine Erdbeere bei Sonnenschein oder bewölktem Himmel, aber auch im Licht einer herkömmlichen Glühbirne rot erscheint, obwohl die spektrale Verteilung der Umgebungsbeleuchtung unter diesen drei Bedingungen enormen Schwankungen unterliegt. Die Farbkonstanz ist jedoch nicht als absolut zu betrachten, sondern kann unter bestimmten Bedingungen beeinträchtigt sein.

Fovea centralis Die auch als gelber Fleck (Macula lutea) bezeichnete Fovea centralis ist eine annähernd kreisförmige Region der Retina, die nur Zapfenphotorezeptoren enthält. Die Zellschichten und Gefäße der Retina sind dort zur Seite geschoben und bilden eine grubenförmige Vertiefung. Die hohe Dichte der Zapfenphotorezeptoren in der Fovea centralis sowie ihre direkte Verschaltung mit postsynaptischen Neuronen in der Retina und der nachfolgenden Sehbahn ermöglichen eine hochaufgelöste visuelle Repräsentation der Umgebung.

GABA GABA ist die Abkürzung für γ-Aminobuttersäure und fungiert in der Regel als ein inhibitorischer Neurotransmitter im Zentralnervensystem. Die Bindung von GABA an ionotrope GABA-Rezeptoren führt zur Öffnung von Chloridkanälen, wodurch die Membran hyperpolarisiert und somit gehemmt wird. Bei einer Übereinstimmung des Membranpotenzials mit dem Gleichgewichtspotenzial für Chlorid fließt zwar kein Ionenstrom über die Membran, aber die offenen Chloridkanäle reduzieren den Membranwiderstand, was zur sogenannten Kurzschlusshemmung führt.

Gap Junctions Gap Junctions setzen sich aus zwei Halbkanälen (Connexone) zusammen, welche das Cytoplasma benachbarter Zellen miteinander verbinden. Sie ermöglichen den Austausch von Ionen und kleinmolekularen Metaboliten mit einem Molekulargewicht unter 1 kDa (siehe → *Elektrische Synapsen*).

Gating Der Begriff „Gating" bezeichnet das Öffnen oder Schließen von Ionenkanälen in der Plasmamembran, welches durch einen elektrischen, chemischen oder mechanischen Reiz ausgelöst wird.

Generatorpotenzial Das Generatorpotenzial bezeichnet eine durch einen externen Reiz verursachte Änderung der Spannung über der Zellmembran einer Sinneszelle. Es wird in der Regel im Zellkörper gemessen und entsteht durch die raum-zeitliche Integration einzelner Rezeptorpotenziale, die durch elektrotonische Weiterleitung ins Soma gelangen. Ein überschwelliges Generatorpotenzial erzeugt Aktionspotenziale und seine Amplitude bestimmt die Aktionspotenzialfrequenz.

Gleichgewichtspotenzial Gleichgewichtspotenziale beziehen sich stets auf eine einzige Ionenart, beispielsweise Kaliumionen. Die Erzeugung eines Gleichgewichtspotenzials erfordert einen Konzentrationsgradienten zwischen extra- und intrazellulärem Raum sowie offene Ionenkanäle in der Plasmamembran. Unter diesen Bedingungen diffundieren die Ionen entlang ihres Konzentrationsgradienten, wobei sich die Ladungsverteilung über der Plasmamembran ändert. In der Folge baut sich ein elektrisches Feld auf, welches die weitere Diffusion verlangsamt. Im elektrochemischen Gleichgewicht findet keine Nettodiffusion mehr statt, sodass die Anzahl der Ionen auf beiden Seiten der Membran konstant bleibt. Die ungleiche Verteilung von elektrischen Ladungen über der Plasmamembran erzeugt das Gleichgewichtspotenzial, welches formal mit der Nernst-Gleichung berechnet werden kann (siehe → *Nernst-Gleichung*).

Glossar

Glomerulus Bei Wirbeltieren ist der Glomerulus eine annähernd kugelförmige Struktur auf der Oberfläche des Bulbus olfactorius. Er besteht aus den axonalen Endigungen der afferenten olfaktorischen Nervenfasern sowie den Dendriten der Mitralzellen, der periglomerulären Zellen und der Büschelzellen. Jeder Glomerulus ist von einer heterogenen Population juxtaglomerulärer Zellen umgeben. Die Glomeruli fungieren als wichtige Umschaltstationen für olfaktorische Informationen auf dem Weg vom Riechepithel in der Nase zum olfaktorischen Cortex.

Glutamat Glutamat ist ein Neurotransmitter an Synapsen zentralnervöser Neuronen der Wirbeltiere und an der Nerv-Muskel-Synapse der Insekten. Die Bindung von Glutamat an Glutamatrezeptoren vom AMPA-, Kainat- oder NMDA-Typ führt zur Öffnung eines Kationenkanals und somit zu einer eine Depolarisation der Zellmembran.

Goldman-Hodgkin-Katz-Gleichung Die Goldman-Hodgkin-Katz-Gleichung ist eine mathematische Beziehung zur Berechnung des Ruhemembranpotenzials eines Neurons. Sie berücksichtigt die unterschiedliche Permeabilität der Zellmembran für die Ionen K^+, Na^+ und Cl^-.

G-Proteine Heterotrimere G-Proteine setzen sich aus den drei Untereinheiten α, β und γ zusammen. Im inaktiven Zustand bindet die α-Untereinheit GDP, welches infolge der Aktivierung eines G-Protein-gekoppelten Rezeptors durch GTP ersetzt wird. Die anschließende Dissoziation des G-Proteins in $G\alpha$-GTP und $G\beta\gamma$ löst vielfältige intrazelluläre Effekte aus. Die Aktivität der G-Proteine wird durch eine endogene GTPase-Aktivität sowie durch GTPase-aktivierende Proteine (GAPs) beendet. Die sogenannten kleinen G-Proteine sind ebenfalls GTP-hydrolysierende Enzyme, die jedoch nur aus einer Untereinheit bestehen. Sie regulieren vor allem das Wachstum und die Differenzierung von Zellen (siehe → *G-Protein-gekoppelte Rezeptoren*).

G-Protein-gekoppelte Rezeptoren (GPCR) Diese große Familie von Neurotransmitter- und Hormonrezeptoren weist sieben Transmembransegmente sowie eine intrazelluläre Bindungsstelle für G-Proteine auf. Die Aktivierung der G-Proteine erfolgt durch die extrazelluläre Bindung von Agonisten (siehe → *G-Proteine*).

Haarsinneszellen Haarsinneszellen oder kurz Haarzellen sind sensorische Zellen, bei denen eine Auslenkung der Stereocilien, die sich am apikalen Pol der Zellen befinden, mechanosensitive Ionenkanäle öffnet, wodurch eine Änderung des Membranpotenzials hervorgerufen wird. Haarsinneszellen vermitteln die Signaltransduktion auditorischer und vestibulärer Stimuli sowie Vibrationen im Seitenlinienorgan der Fische.

Head-related Transfer Function Die Head-related Transfer Function (HRTF) bezeichnet eine Funktion zur Beschreibung der akustischen Wahrnehmung eines Schallsignals, das von einer bestimmten Quelle ausgestrahlt wird. Die HRTF berücksichtigt dabei die Form des Kopfes, der Ohren sowie des Oberkörpers. Die Wechselwirkung der HRTF mit den genannten körpereigenen Strukturen führt zu einer frequenzabhängigen Veränderung des an den Haarsinneszellen ankommenden Schallspektrums. Die HRTF stellt eine wesentliche Grundlage zur Lokalisation von Schall in der Vertikalebene dar.

High-threshold mechanoreceptor *High-threshold mechanoreceptors* (HTMRs) sind Mechanorezeptoren mit einer hohen Aktivierungsschwelle. Sie reagieren auf starke mechanische Reize, die häufig mit Gewebeschädigungen und Schmerzen verbunden sind (siehe → *Low-threshold mechanoreceptor*).

Hirnnerven Die Hirnnerven stellen bei Wirbeltieren eine Gruppe von zwölf Nervenpaaren dar, die sensorische, motorische und vegetative Funktionen erfüllen. Sie übermitteln sensorische Informationen aus der Peripherie zur Weiterverarbeitung ins Gehirn, steuern die Bewegungen der Gesichtsmuskulatur, der Augen sowie der Zunge und sind maßgeblich an regulatorischen Prozessen bei inneren Organen beteiligt.

Hyperalgesie Der Begriff „Hyperalgesie" bezeichnet eine gesteigerte Reaktion auf einen Schmerzreiz. Die primäre Hyperalgesie manifestiert sich in der Peripherie am Ort der Gewebeschädigung, während die sekundäre Hyperalgesie zentralnervös vermittelt wird (siehe → *Allodynie*).

Hyperpolarisation Der Begriff der Hyperpolarisation bezeichnet eine verstärkte Negativierung des Ruhemembranpotenzials, wodurch die Erregbarkeit eines Neurons tendenziell reduziert wird (siehe → *Depolarisation*).

Inhibitorisches postsynaptisches Potenzial (IPSP) Ein inhibitorisches postsynaptisches Potenzial hyperpolarisiert die postsynaptische Membran – entweder durch den Einstrom von Anionen (in der Regel Chlorid) oder durch den Ausstrom von Kaliumionen. Dadurch entfernt sich das Membranpotenzial vom Schwellenwert zur Auslösung eines Aktionspotenzials und die Zelle wird gehemmt (siehe → *Exzitatorisches postsynaptisches Potenzial*).

Initialsegment Als Initialsegment wird der erste Abschnitt des Axons unmittelbar im Anschluss an den Axonhügel bezeichnet. Diese Region ist auch bei myelinisierten Fasern nicht von einer Myelinschicht umgeben. Ähnlich wie beim Axonhügel finden sich hier zahlreiche niederschwellige spannungsabhängige Natriumkanäle zur Initiierung von Aktionspotenzialen (siehe → *Axonhügel*).

Ionen Atome und Moleküle weisen im neutralen Zustand gleich viele Elektronen (negative Elementarladung) und Protonen (positive Elementarladung) auf und sind daher elektrisch neutral. Die Aufnahme oder der Verlust eines oder mehrerer Elektronen resultiert in einer negativen bzw. positiven Ladung. Elektrisch geladene Atome und Moleküle werden als Ionen bezeichnet.

Ionenkanal Ein Ionenkanal ist ein Transmembranprotein, das eine Pore durch die Zellmembran bildet und so geladenen Teilchen die Diffusion über die Lipiddoppelschicht ermöglicht. Ionenkanäle sind selektiv durchlässig für bestimmte Ionen (Na^+, K^+, Ca^{2+} oder Cl^-) oder aber für Gruppen von Ionen (Kationen, Anionen). Das Gating von Ionenkanäle erfolgt über Spannungsänderungen, die Bindung von Liganden oder mechanische Reize.

Ionenselektivität Die Mehrheit der Ionenkanäle ist präferenziell für spezifische Ionen durchlässig. Spannungsgesteuerte Natriumkanäle lassen vornehmlich Natriumionen

Glossar

passieren, während Kaliumkanäle nahezu ausschließlich für Kaliumionen permeabel sind. Die differenzielle Permeabilität ist hauptsächlich auf energetische Faktoren im Zusammenhang mit dem Verlust der Hydrathülle bei der Passage durch den Ionenkanal zurückzuführen (siehe → *Ionenkanal*).

Ionotrope Rezeptoren Ein ionotroper Rezeptor ist ein Transmembranprotein, das eine Bindungsstelle für einen Liganden und einen regulierbaren Ionenkanal besitzt. Die Bindung des Liganden – meist an eine extrazellulär gelegene Bindungsstelle – führt unmittelbar zur Öffnung des Ionenkanals (siehe → *Metabotrope Rezeptoren*).

Kationen Positiv geladene Atome und Moleküle werden als Kationen bezeichnet. Sie wandern im elektrischen Feld zur negativ geladenen Kathode (siehe → *Anionen*).

Keratinocyten Keratinocyten stellen spezifische Epithelzellen der Epidermis dar. Sie erneuern sich im Laufe von vier Wochen, wobei genetisch programmierte Entwicklungsstadien durchlaufen werden. Namensgebend ist die Produktion von Keratin, einem wasserunlöslichen Faserprotein, das neben der Bildung von Haaren und Nägeln für die mechanische Widerstandsfähigkeit der Epidermis verantwortlich ist.

Konformationsänderung Die Konformation eines Proteins bezeichnet die dreidimensionale Struktur der Polypeptidkette. Die Konformation wird vor allem durch die lineare Abfolge von Aminosäuren in der Primärsequenz festgelegt, die während der Faltung des Proteins in einer energetisch vorteilhaften Position zueinander angeordnet werden. Da die Konformation eines Proteins unmittelbar mit seiner Funktion verknüpft ist, bedeutet eine Änderung der Konformation in der Regel auch eine Änderung der Funktion. Konformationsänderungen können durch die Bindung eines Liganden an einen Rezeptor, die Absorption von Photonen, Phosphorylierung, Chaperone und Prionen sowie Änderungen des pH-Werts oder der extra- und intrazellulären Ionenkonzentrationen hervorgerufen werden.

Konduktion Konduktion ist ein Prozess, bei dem Wärme durch ein Material geleitet wird, ohne dass sich das Material selbst bewegt. Der Wärmetransport erfolgt von Bereichen höherer Temperatur zu Bereichen niedriger Temperatur infolge der Kollision von Atomen und Molekülen (siehe → *Konvektion*)

Konvektion Der Begriff der „Konvektion" bezeichnet den Wärmetransport, der durch die Bewegung von Teilchen in einer strömenden Flüssigkeit oder einem Gas verursacht wird. Konvektive Strömungen entstehen durch die Erwärmung und Abkühlung und die auf diese Weise erzeugten Dichteänderungen. In geschlossenen Kreislaufsystemen erfolgt die Verteilung der Wärme durch das Trägermedium Blut ebenfalls mittels Konvektion (siehe → *Konduktion*).

Knock-out Ein Knock-out bezeichnet das vollständige Abschalten eines Gens im Genom eines Organismus. Ein Knock-out kann durch zufällige Mutagenese erfolgen, wird jedoch meist durch gezielte homologe Rekombination herbeigeführt. Der Verlust eines Gens hat in der Regel Auswirkungen auf die Entwicklung, die Physiologie oder das Verhalten eines Organismus und erlaubt daher Rückschlüsse auf Genfunktionen sowie mögliche therapeutische Ansätze für die Behandlung von Krankheiten.

Kooperativität Der Begriff der Kooperativität beschreibt die Wechselwirkung zwischen einem Rezeptor und einem Liganden, sofern der Rezeptor über mehr als eine Bindungsstelle für den Liganden verfügt. Im Falle einer positiven Kooperativität führt die Bindung des ersten Liganden zu einer Veränderung der Konformation des Proteins, sodass die Bindung weiterer Liganden mit höherer Affinität erfolgt. Im Falle negativer Kooperativität verhält es sich hingegen umgekehrt. Der Hill-Koeffizient ist ein numerisches Maß für die Kooperativität und liegt zwischen 1 und der Anzahl der Bindungsstellen. Je größer der Hill-Koeffizient, desto ausgeprägter ist die Kooperativität. Ein klassisches Beispiel für Kooperativität ist die sukzessive Bindung von Sauerstoff an die vier Untereinheiten des Hämoglobins, sodass eine sigmoidale Bindungskurve resultiert.

Kovalente Bindung Kovalente Bindungen stellen eine Form der chemischen Bindung dar, welche für den Zusammenhalt von Atomen in Molekülen verantwortlich ist. Sie basieren auf einer Wechselwirkung der Valenzelektronen der beteiligten Atome, die ein bindendes Elektronenpaar bilden. Des Weiteren treten auch Doppel- und Dreifachbindungen auf. Die Bindungsenergie hängt von den jeweiligen Atomen ab und beträgt beispielsweise bei einer Einfachbindung zwischen zwei Kohlenstoffatomen etwa $350\,\text{kJ}\,\text{mol}^{-1}$. Kovalente Bindungen sind daher vergleichsweise stabil und können nur durch eine ausreichend große Energiemenge gelöst werden (siehe → *Schwache Wechselwirkungen*).

Kryoelektronenmikroskopie Die Kryoelektronenmikroskopie stellt ein technisches Verfahren zur ultrastrukturellen Analyse der Gestalt von Proteinen dar. Sie wird bei sehr tiefen Temperaturen von weniger als $-150\,°C$ durchgeführt, sodass im Unterschied zur herkömmlichen Transmissionselektronenmikroskopie keine Fixierung und Entwässerung des Gewebes erforderlich ist. Die Untersuchung im nativen Zustand vermeidet die Bildung von Artefakten, die von Fixierungsmitteln und Kontrastierungsverfahren hervorgerufen werden können. Durch eine Vielzahl von Aufnahmen desselben Proteins aus unterschiedlichen Richtungen kann mithilfe von Algorithmen die Elektronendichteverteilung der Atome, aus denen das Protein besteht, berechnet werden. Dies hat insbesondere bei Proteinen, die nicht oder nur schwer kristallisiert und damit nicht mithilfe der Röntgenstrukturanalyse untersucht werden können, wesentlich zum Verständnis ihrer dreidimensionalen Struktur auf atomarem Niveau beigetragen. Die Auflösung der Kryoelektronenmikroskopie liegt derzeit bei 0,2 nm.

Labeled Lines Labeled Lines bezeichnet eine Form der Codierung sensorischer Informationen, bei der jede Nervenfaser eine bestimmte Qualität eines Stimulus transportiert. Hierzu ist eine spezifische Ausstattung der sensorischen Neuronen mit einem oder nur wenigen Typen von Rezeptoren erforderlich, die eine selektive Antwort auf einen Stimulus ermöglichen. Zudem muss gewährleistet sein, dass die Informationen aus der Peripherie ins Zentralnervensystem geleitet werden, ohne dass eine nennenswerte Integration von Signalen aus anderen Kanälen erfolgt. Im Gegensatz zu den Labeled Lines steht ein Populationscode, an dem viele Neuronen beteiligt sind, die jeweils eher breite Tuningkurven aufweisen. In diesem Fall wird eine hohe Spezifität durch eine integrierte Antwort der gesamten Population von Neuronen erreicht.

Glossar

Lagena Die Lagena stellt einen Teil des Gleichgewichtsorgans im Innenohr bei Wirbeltieren, insbesondere bei Fischen, Amphibien und Vögeln, dar. Sie gehört zum häutigen Labyrinth, und die dortigen Sinneszellen detektieren die Richtung der Schwerkraft in Bezug auf den Körper des Organismus. Bei Säugetieren ist die Lagena in der Entwicklung zurückgebildet und wird durch die auch als Hörschnecke bezeichnete Cochlea ersetzt (siehe → *Cochlea*).

Längskonstante Die Längskonstante λ bezeichnet die Strecke entlang eines Dendriten oder Axons, über die ein elektrotonisches Signal auf $1/e$ (37 %) der ursprünglichen Amplitude abgefallen ist.

Ligand Als Ligand wird in der Biologie ein Atom oder ein Molekül bezeichnet, das spezifisch an ein Zielprotein, meist Rezeptor genannt, binden kann. In der Regel ist die Wechselwirkung zwischen Ligand und Rezeptor reversibel und basiert auf sogenannten schwachen Wechselwirkungen wie Wasserstoffbrücken, van der Waals-Interaktionen, elektrostatischen Wechselwirkungen und hydrophoben Effekten. Die Affinität ist ein Maß für die Neigung von Molekülen, eine solche Bindung auszubilden (siehe → *Rezeptor*).

Ligandengesteuerte Ionenkanäle Ligandengesteuerte Ionenkanäle sind Transmembranproteine, die durch die Bindung extra- oder intrazellulärer Moleküle geöffnet oder geschlossen werden. Die Interaktion eines Liganden mit einer spezifischen Bindungsstelle führt zu einer Konformationsänderung des Proteins, wodurch ein integrierter Ionenkanal geöffnet wird (siehe → *Ionotrope Rezeptoren, Ionenkanal*).

Lipid Rafts Die Phospholipiddoppelschicht von Zellmembranen stellt eine zweidimensionale Flüssigkeit dar, in der Lipidmoleküle prinzipiell frei diffundieren können. Einige Lipide sind jedoch nicht homogen und zufällig in der Zellmembran verteilt, sondern segregieren in spezialisierten Domänen, die als Lipid Rafts bezeichnet werden. Diese Domänen können in Form von Nanoclustern eine sehr geringe Größe aufweisen, jedoch auch mikroskopisch sichtbare Strukturen, sogenannte Caveolae, bilden. Insbesondere Sphingolipide und Cholesterin kommen in Lipid Rafts gehäuft vor.

Low-threshold mechanoreceptor *Low-threshold mechanoreceptors* (LTMRs) sind niederschwellige Mechanorezeptoren in der Haut von Säugetieren, die bereits durch geringfügige mechanische Kräfte aktiviert werden. Sie gehören zu einer vielfältigen Gruppe primärer somatosensorischer Neuronen, die je nach Typ der afferenten Faser als Aβ-LTMRs, Aδ-LTMRs und C-LTMRs bezeichnet werden (siehe → *High-threshold mechanoreceptor*).

Makrophagen Makrophagen gehören zu den Leukocyten und stellen einen wesentlichen Bestandteil der angeborenen Immunabwehr dar. Sie sind auf die Phagocytose von abgestorbenen Zellen, Fremdkörpern, Krankheitserregern sowie einer Vielzahl weiterer Strukturen spezialisiert. Außerdem fungieren Makrophagen als antigenpräsentierende Zellen, und sie setzen nach einem Kontakt mit Pathogenen proinflammatorische Cytokine frei.

Mastzellen Mastzellen sind große Zellen mit zahlreichen cytoplasmatischen Granula, die vor allem im Bindegewebe der Haut und in der Submucosa des Magen-Darm-Trakts vorkommen. Ihre Granula speichern eine Vielzahl von bioaktiven Molekülen wie beispielsweise Histamin, die bei der Aktivierung der Mastzellen freigesetzt werden.

Membranpotenzial Die Verteilung elektrischer Ladungen, die in biologischen Systemen in Form von Kationen und Anionen vorliegen, ist innerhalb und außerhalb einer Zelle ungleichmäßig. In unmittelbarer Nähe der Zellmembran überwiegen im Intrazellulärraum die negativen Ladungen, während sich im Extrazellulärraum eine gleich große Anzahl positiver Ladungen befindet. Diese Ladungsunterschiede erzeugen eine elektrische Spannung über der Membran. Bei aktiven Neuronen ist das Membranpotenzial nicht konstant, sondern unterliegt dynamischen Veränderungen, die durch Rezeptorpotenziale und Aktionspotenziale hervorgerufen werden. Diese Veränderungen des Membranpotenzials stellen die Grundlage für die Codierung neuronaler Signale dar (siehe → *Ruhemembranpotenzial*).

Mechanoelektrische Transduktion Unter dem Begriff der „mechanoelektrischen Transduktion" wird die Umwandlung mechanischer Reize in elektrische Signale zusammengefasst. Diese Form der Signalumwandlung ist bei den Mechanorezeptoren des Tastsinns, den Haarsinneszellen im Innenohr sowie bei mechanosensitiven Schmerzrezeptoren zu beobachten.

Mechanorezeptor Mechanorezeptoren sind Transmembranproteine in der Membran von Mechanosensoren, die eine mechanische Kraft über die Zugspannung der Zellmembran und/oder mithilfe extra- oder intrazellulärer Filamente in eine Konformationsänderung des Proteins umwandeln. Diese Konformationsänderung führt zur Öffnung eines Ionenkanals und zu einem Strom geladener Teilchen über die Membran (siehe → *Mechanosensor*).

Mechanosensor Mechanosensoren sind Sinneszellen, die mithilfe von Mechanorezeptoren einen physikalischen Reiz in Form von Druck, Vibration oder Bewegung in ein elektrisches Signal umwandeln (siehe → *Mechanorezeptor*).

Metabotrope Rezeptoren Die Bindung eines Agonisten an metabotrope Rezeptoren führt zur Aktivierung einer intrazellulären Signalkaskade. Dabei werden sekundäre Botenstoffe gebildet, die ihrerseits die Aktivität von Effektormolekülen wie Enzyme oder Ionenkanäle regulieren. Im Gegensatz zu ionotropen Rezeptoren besitzen metabotrope Rezeptoren keinen integrierten Ionenkanal (siehe → *Ionotrope Rezeptoren*).

Mikroglia Mikrogliazellen entwickeln sich aus hämatopoetischen Stammzellen des Knochenmarks und wandern ins Zentralnervensystem ein. Ihre wichtigsten Funktionen umfassen die Abwehr von Infektionserregern (Cytotoxizität, Antigenpräsentation), die Phagocytose von Zellresten sowie die Wiederherstellung der Homöostase nach einer Schädigung von neuronalem Gewebe. Die Morphologie von Mikrogliazellen hängt von ihrem Aktivierungszustand ab. Dabei werden drei verschiedene Typen unterschieden: ruhende, amöboide und aktivierte Mikrogliazellen.

Glossar

Mikrotubuli Mikrotubuli sind lange, röhrenförmige Zylinder mit einem Durchmesser von 25 nm, die aus Dimeren des Proteins Tubulin aufgebaut sind. In der sogenannten $(9x2+2)$-Struktur bilden neun Doppeltubuli einen Kreis, der zwei einzelne Tubuli im Zentrum umgibt. Mikrotubuli binden an Mikrotubuli-assoziierte Proteine (MAPs), von denen einige die Mikrotubuli stabilisieren, während andere für die Interaktion mit anderen zellulären Komponenten verantwortlich sind. Im Gegensatz zu den flexiblen Actinfilamenten bilden Mikrotubuli relativ starre Strukturen. Als Bestandteile des Cytoskeletts tragen sie zur äußeren Gestalt von Zellen bei, erzeugen die mitotische Spindel bei der Zellteilung und bilden Cilien, die für Bewegungen, aber auch für sensorische Strukturen auf der Zelloberfläche von Photorezeptoren und einigen Mechanosensoren verantwortlich sind.

Mikrovilli Mikrovilli sind dünne, mikroskopisch kleine Ausstülpungen der Plasmamembran, die vor allem in der apikalen Membran von Epithelzellen vorkommen und dort der Oberflächenvergrößerung dienen. Die einzelnen Fortsätze bestehen aus einem zentralen Bündel von Actinfilamenten, die durch die akzessorischen Proteine Fimbrin und Fascin zusammengehalten werden und über das Protein Spektrin mit dem Cytoskelett verbunden sind.

Na^+/K^+-ATPase Das auch als Na^+/K^+-Pumpe bezeichnete Membranprotein transportiert in einem Zyklus drei Natriumionen (Na^+) aus der Zelle und zwei Kaliumionen (K^+) in die Zelle. Dieser Prozess erfordert die Hydrolyse von Adenosintriphosphat (ATP) und ist somit energieaufwendig. Die Na^+/K^+-Pumpe erzeugt die Konzentrationsgradienten für Na^+ und K^+ über der Plasmamembran, welche die Grundlage für die Ionenströme während der Aktionspotenziale bilden. Der Na^+-Gradient spielt zudem eine entscheidende Rolle im sekundär-aktiven Transport, da er als treibende Kraft für eine Vielzahl anderer Transportprozesse über die Plasmamembran fungiert.

Negative Rückkopplung Negative Rückkopplung, auch als negatives Feedback bezeichnet, beschreibt in biologischen Systemen einen Mechanismus, bei dem das Produkt eines Prozesses die treibende Kraft für diesen Prozess verringert. Dieser Mechanismus ermöglicht es, Abweichungen zu korrigieren und einen bestimmten Zustand zu stabilisieren. Ein Beispiel für negatives Feedback ist die Regulation der Blutzuckerkonzentration durch Insulin, bei der ein Anstieg des Blutzuckerspiegels die Insulinproduktion stimuliert, was wiederum die Aufnahme von Glucose in die Zellen erhöht und den Blutzuckerspiegel senkt (siehe → *Positive Rückkopplung*).

Nernst-Gleichung Die Nernst-Gleichung stellt eine mathematische Beziehung dar, welche die Abhängigkeit des Gleichgewichtspotenzials eines Ions von dessen intra- und extrazellulären Konzentrationen beschreibt (siehe → *Gleichgewichtspotenzial*).

Noxe Der Begriff „Noxe" bezeichnet einen exogenen oder endogenen Faktor, der eine Gewebereizung oder Gewebeschädigung verursacht. Exogene Noxen stellen physikalische Faktoren wie Temperatur oder mechanische Kräfte sowie chemische Faktoren wie Bakterientoxine dar. Endogene Noxen umfassen neben einer Mangeldurchblutung auch die Freisetzung von Gewebshormonen wie Bradykinin, Histamin und Prostaglandinen (siehe → *Nozizeption*).

Nozizeption Der Begriff „Nozizeption" bezeichnet den physiologischen Prozess, bei dem schädliche oder potenziell schädliche Reize von Nozizeptoren erfasst und in elektrische Signale umgewandelt werden, die zum Zentralnervensystem weitergeleitet werden. Nozizeption umfasst die Erkennung von mechanischen oder chemischen Schädigungen des Gewebes durch freie Nervenendigungen, die sogenannten Nozizeptoren, die in Haut, Eingeweiden, Muskeln und Gelenken vorkommen. Die Zellkörper der zugehörigen pseudounipolaren Neuronen sind in den segmental angeordneten Spinalganglien lokalisiert, welche für die Versorgung des Rumpfs und der Extremitäten zuständig sind. Zusätzlich sind sie in den beiden Trigeminalganglien für den Kopfbereich zu finden. Bei der Nozizeption laufen bestimmte zelluläre Mechanismen ab, die nicht notwendigerweise mit der bewussten Wahrnehmung von Schmerz verbunden sind (siehe → *Schmerz*).

Ommatidium Ein Ommatidium bezeichnet ein einzelnes funktionelles Modul eines Komplexauges. Es besteht aus einem dioptrischen Apparat (Cornealinse, Kristallzellen und Kristallkegel), einer lichtempfindlichen Region aus 5–9 Photorezeptorzellen (Retinulazellen) sowie Pigmentzellen zur optischen Isolierung der einzelnen Ommatidien. Die Anzahl der Ommatidien in einem Komplexauge variiert zwischen einigen wenigen und etwa 30.000.

π-Elektronensystem Bei bestimmten Anordnungen chemischer Bindungen ist eine eindeutige Zuordnung von Elektronen zu einer Bindung nicht möglich. Die Elektronen sind vielmehr über mehrere Atome verteilt und man spricht in diesem Fall auch von einem delokalisierten Elektronensystem. Biologische Moleküle weisen häufig konjugierte Doppelbindungen auf, in denen die π-Elektronen Molekülorbitalen angehören, die sich über mehrere Kohlenstoffatome erstrecken. Konjugierte Doppelbindungen, die in Molekülen wie Retinal auftreten, spielen eine wesentliche Rolle bei der Wechselwirkung von Licht mit Photopigmenten, da sie über mehrere eng benachbarte Energieniveaus verfügen, wodurch die Wahrscheinlichkeit einer Absorption von Lichtquanten erhöht wird.

Passive Membraneigenschaften Die Lipiddoppelschicht einer Zellmembran weist elektrische Eigenschaften auf, die für die Erzeugung und Weiterleitung neuronaler Signale von entscheidender Bedeutung sind. Dazu gehören der Widerstand, den die Membran dem Stromfluss entgegensetzt, sowie die Kapazität, die auf den Kondensatoreigenschaften der Membran beruht. Hinzu kommt noch der Innenwiderstand eines neuronalen Fortsatzes, der die räumliche Ausbreitung eines elektrischen Signals maßgeblich beeinflusst. Passive Membraneigenschaften ermöglichen die Weiterleitung elektrischer Signale ohne Beteiligung von Ionenkanälen.

PDZ-Domäne Eine PDZ-Domäne bezeichnet eine strukturelle Region eines Proteins, die aus einer Gruppe von 80 bis 90 Aminosäuren besteht und an eine kurze Region im C-terminalen Ende anderer Proteine bindet. PDZ-Domänen spielen eine wichtige Rolle bei der Verankerung von membranständigen Rezeptorproteinen an Komponenten des Cytoskeletts. Des Weiteren sind sie von entscheidender Bedeutung für die Bildung und Organisation von Signaltransduktionskomplexen. Die Bezeichnung PDZ leitet sich von den Anfangsbuchstaben der ersten drei Proteine ab, bei denen diese Domäne nachgewiesen wurde (PSD95, DLG1, Zo-1).

Glossar

Pegel In der Physik und Messtechnik bezeichnet der Begriff „Pegel" den quantitativen Ausdruck für die Stärke oder Intensität einer physikalischen Größe im Verhältnis zu einem definierten Bezugswert. Der Pegel wird häufig in logarithmischen Einheiten wie Dezibel (dB) angegeben, um große Unterschiede in der Intensität mit einfacheren Zahlenwerten darzustellen.

Perilymphe Die Perilymphe stellt die wässrige Lösung in der Scala vestibuli und Scala tympani der Cochlea dar. Sie umgibt die Scala media und die Bogengangsorgane, die mit Endolymphe gefüllt sind. Die Perilymphe entspricht in ihrer chemischen Zusammensetzung weitgehend einer extrazellulären Flüssigkeit und weist daher eine hohe Konzentration an Natriumionen, jedoch nur eine geringe Konzentration an Kaliumionen auf (siehe → *Endolymphe*).

Perineuralzellen Der Begriff „Perineurium" bezeichnet die Schichten von Bindegewebe, welche die peripheren Nerven umgeben. Das Endoneurium stellt dabei die innerste Schicht dar, die einzelne Axone umhüllt. Das Perineurium hingegen bildet die mittlere Schicht und bündelt mehrere Axone. Die äußere Hülle des peripheren Nervs wird durch das Epineurium gebildet. Das Perineurium besteht neben zahlreichen Kollagenfasern aus relativ wenigen abgeflachten Perineuralzellen mit einer fibroblastenähnlichen Morphologie.

Permeabilität Der Begriff der „Permeabilität" bezeichnet in biologischen Systemen die Durchlässigkeit einer Phospholipiddoppelschicht oder von Ionenkanälen für bestimmte Substanzen bzw. Ionen. Als physikalische Eigenschaft mit der Dimension einer Geschwindigkeit ($cm\,s^{-1}$) bestimmt die Permeabilität die Diffusion von Stoffen über die Zellmembran.

Phosphodiesterasen Phosphodiesterasen sind Enzyme, welche die Hydrolyse der cyclischen Nukleotide cAMP und cGMP zu Adenosinmonophosphat (AMP) und Guanosinmonophosphat (GMP) katalysieren. Insgesamt werden elf Isoenzyme mit einer jeweils zell- und organspezifischen Expression unterschieden.

Phospholipasen Phospholipasen stellen eine Gruppe hydrolytischer Enzyme dar, welche die Spaltung von Phospholipiden in Fettsäuren und andere Abbauprodukte katalysieren. Aufgrund ihrer Spezifität für bestimmte Bindungen innerhalb der Phospholipide lassen sich Phospholipasen in vier verschiedene Klassen einteilen, die mit A, B, C und D bezeichnet werden.

Phosphorylierung Der Begriff der „Phosphorylierung" bezeichnet eine chemische Reaktion, bei der eine Phosphatgruppe durch enzymatische Katalyse von Proteinkinasen kovalent an ein anderes Molekül gebunden wird. In biologischen Systemen werden in der Regel Proteine phosphoryliert, wobei die terminale Phosphatgruppe von ATP an die Hydroxylgruppe einer der drei Aminosäuren Serin, Threonin und Tyrosin kovalent gebunden wird. Die zusätzlichen negativen Ladungen der Phosphatgruppen führen zu einer Änderung der Konformation und damit der Funktion des Proteins. Die Phosphatgruppen können durch die Aktivität von Phosphatasen wieder abgespalten werden. Indem sie eine schnelle und reversible Konformationsänderung induziert, stellt die Phosphorylierung einen wichtigen posttranslationalen Regulationsmechanismus der Funktion sehr unterschiedlicher Proteine dar (siehe → *Proteinkinasen*).

Photorezeptoren Photorezeptoren sind lichtempfindliche Sinneszellen in den Augen von Invertebraten und Vertebraten. Sie enthalten lichtabsorbierende Moleküle wie Rhodopsin sowie die Komponenten einer Signaltransduktionskaskade, welche die Strahlungsenergie in eine Änderung des Membranpotenzials umwandelt.

Populationscodierung Der Begriff „Populationscodierung" bezeichnet einen Mechanismus der Codierung und Verarbeitung von Informationen durch die gemeinsame Aktivität größerer Gruppen von Neuronen oder Sinneszellen. Komplexe Informationen werden dabei in Form von Aktivitätsmustern dargestellt, wobei die kombinatorische Vielfalt die Codierung zahlreicher unterschiedlicher Reize oder Zustände ermöglicht. Die verteilte Repräsentation, bei der jede Zelle nur einen geringen Teil der Information trägt, ermöglicht eine präzisere Codierung sowie eine größere Fehlertoleranz.

Positive Rückkopplung Positive Rückkopplung ist ein Prozess in biologischen und technischen Systemen, bei dem das Ergebnis eines Vorgangs die Aktivität dieses Vorgangs verstärkt oder beschleunigt. In biologischen Systemen kommt positives Feedback selten vor, da es einen destabilisierenden Einfluss ausübt. Ein Beispiel für positives Feedback stellt das Aktionspotenzial dar, bei dem ein initialer Einstrom von Natriumionen eine Depolarisation der Zellmembran auslöst, durch die weitere spannungsgesteuerte Natriumkanäle öffnen und noch mehr Natriumionen in die Zelle hinein diffundieren (siehe → *Negatives Feedback*).

Propriozeption Die Tiefenwahrnehmung, auch als Tiefensensibilität bezeichnet, umfasst die Wahrnehmung des eigenen Körpers im dreidimensionalen Raum, insbesondere die Stellung von Kopf, Rumpf und Extremitäten sowie deren Lage zueinander. Die Propriozeption basiert auf Sinneszellen der Haut und des Vestibularsystems sowie auf Mechanorezeptoren im Stütz- und Bewegungsapparat (Muskelspindeln, Golgi-Sehnenorgane, Gelenkorgane).

Proteasen Proteasen sind Enzyme, die Proteine durch eine hydrolytische Reaktion spalten. Dabei werden die Peptidbindungen, welche die Aminosäuren eines Proteins oder Peptids zusammenhalten, durch die Addition von Wassermolekülen gelöst. Bei der hydrolytischen Spaltung entstehen freie Aminosäuren, kürzere Peptide oder längerkettige Proteinfragmente. Proteasen sind für den Abbau von Proteinen bei Verdauungsprozessen sowie für die Umwandlung inaktiver Vorstufen in aktive Proteine von essenzieller Bedeutung.

Proteinkinasen Proteinkinasen stellen eine Gruppe von Enzymen dar, die eine Phosphatgruppe in der Regel von ATP auf die Hydroxylgruppe einer Aminosäure übertragen. Aufgrund ihrer Spezifität werden Serin/Threonin-Kinasen sowie Tyrosinkinasen unterschieden (siehe → *Phosphorylierung*).

Glossar

Proximal Proximal ist eine anatomische Lagebezeichnung und bedeutet in diesem Zusammenhang näher am Körperzentrum oder an der Mittelachse liegend. Bezogen auf Neuronen bedeutet proximal eine größere Nähe zum Zellkörper (siehe → *Distal*).

Prozessgröße Der Begriff „Prozessgröße" bezeichnet eine physikalische oder mathematische Größe, die den Verlauf eines Prozesses beschreibt. Im Unterschied zu Zustandsgrößen, welche den aktuellen Zustand eines Systems charakterisieren, beziehen sich Prozessgrößen auf die Änderungen oder Entwicklungen innerhalb eines Prozesses über die Zeit. Daher ermöglichen sie die Nachvollziehbarkeit zeitlicher Abläufe sowie Prognosen bezüglich zukünftiger Zustände (siehe → *Zustandsgröße*).

Q_{10}-Wert Der Q_{10}-Wert beschreibt die Wirkung der Temperatur auf biologische Prozesse. Ein temperaturunabhängiger Prozess hat einen Q_{10}-Wert von 1, während ein Wert von 2, bedeutet, dass sich die Reaktionsgeschwindigkeit bei einer Temperaturerhöhung um 10 °C verdoppelt. Je höher der Q_{10}-Wert, desto temperaturabhängiger ist der Prozess.

Räumliche Summation Der Begriff der „räumlichen Summation" bezeichnet die Addition postsynaptischer Potenziale, die innerhalb eines kurzen Zeitfensters an verschiedenen Synapsen eines Neurons entstehen. Für diese Form der synaptischen Integration spielt die Längskonstante eine entscheidende Rolle. Die räumliche Summation exzitatorischer postsynaptischer Potenziale führt häufig zu einer überschwelligen Depolarisation und somit zur Auslösung von Aktionspotenzialen (siehe → *Längskonstante*).

Reaktionsgeschwindigkeit Die Reaktionsgeschwindigkeit oder Reaktionsrate beschreibt die pro Zeit und Volumen bei einer chemischen Reaktion umgesetzte Stoffmenge. Sie ist von den Konzentrationen der beteiligten Teilchen sowie der Temperatur abhängig.

Retina Die Retina oder Netzhaut kleidet den Augenhintergrund aus. Es handelt sich um ein neuronales Gewebe, das aus verschiedenen Zelltypen und ihren synaptischen Verbindungen besteht und in einer geschichteten Struktur angeordnet ist. Bei den Wirbeltieren enthält die Retina die lichtempfindlichen Photorezeptoren sowie zahlreiche Neuronen zur Informationsverarbeitung. Die Axone der retinalen Ganglienzellen bilden den optischen Nerv, mit dem die Sehbahn ins Gehirn beginnt. Entwicklungsbiologisch entsteht die Retina der Wirbeltiere aus dem Zwischenhirn und gehört daher trotz ihrer peripheren Lage zum Zentralnervensystem.

Retinulazelle Als Retinulazelle wird eine Lichtsinneszelle im Ommatidium der Arthropoden bezeichnet, die einen Mikrovillisaum mit den Komponenten der Signaltransduktion aufweist.

Rezeptives Feld Ein rezeptives Feld bezeichnet die räumliche Ausdehnung einer sensorischen Oberfläche, deren Aktivierung durch einen physikalischen oder chemischen Reiz ein messbares Signal in einem Neuron hervorruft. Wenn beispielsweise im visuellen System mehrere Photorezeptoren auf eine nachgeschaltete Zelle konvergieren, dann entspricht die aktivierte Fläche der Photorezeptoren, die Photonen aus einem bestimmten Bereich der visuellen Umgebung empfangen, dem rezeptiven Feld dieses Neurons. Im Falle der Somatosensorik wird das rezeptive Feld durch die Größe der Körperoberfläche bestimmt, deren mechanische Reizung eine Antwort in einem Neuron auslöst. Kleine rezeptive Felder ermöglichen eine höhere Auflösung innerhalb eines sensorischen System.

Rezeptor Der Begriff des Rezeptors ist in der Biologie mehrdeutig. 1) Auf molekularer Ebene bezeichnet ein Rezeptor ein Protein, meist ein Transmembranprotein, an welches eine andere Substanz (Agonist, Ligand) kurzzeitig bindet und so eine zelluläre Reaktion auslöst (z. B. Rezeptoren für Neurotransmitter). 2) Auf zellulärer Ebene werden in manchen sensorischen Systemen Sinneszellen, wie beispielsweise Photorezeptoren, als Rezeptoren bezeichnet. Um eine Verwechslung der molekularen und zellulären Organisationsebenen zu vermeiden, sollten die Bezeichnungen „Rezeptor" für Moleküle und „Sensor" für Zellen verwendet werden.

Rhabdomer Der Mikrovillisaum einer Retinulazelle wird als Rhabdomer bezeichnet. Das Rhabdom als lichtleitender Achsstab besteht aus den zusammengelagerten Rhabdomeren der 8 bis 9 Retinulazellen eines Ommatidiums (siehe → *Retinulazelle*).

Rhodopsin Rhodopsin ist ein lichtabsorbierendes Molekül zahlreicher Photorezeptoren. Es besteht aus der Proteinkomponente Opsin und dem Chromophor Retinal. Nach Absorption eines Photons ändert Retinal seine dreidimensionale Gestalt und löst auf diese Weise eine intrazelluläre Signalkaskade aus, die zu einer Änderung des Membranpotenzials des Photorezeptors führt.

Ruhemembranpotenzial Elektrisch erregbare Zellen wie Neuronen oder Muskelzellen weisen im nicht aktivierten Zustand eine Spannung über ihrer Zellmembran auf. Dieses Ruhemembranpotenzial wird durch die Diffusionspotenziale der Ionen Kalium (K^+), Natrium (Na^+) und Chlorid (Cl^-) über die Lipiddoppelschicht bestimmt, welche die Membran ausschließlich über geöffnete Ionenkanäle überqueren können. Der Wert des Ruhemembranpotenzials ist variabel und liegt bei vielen Neuronen zwischen -65 und $-70\,\text{mV}$ (siehe → *Membranpotenzial*).

Schiff'sche Base Eine Schiff'sche Base ist eine kovalente Bindung zwischen einer Aminogruppe ($-NH_2$) und der Carbonylgruppe ($-C=O$) eines Aldehyds oder Ketons unter Bildung von $-CH=N^+H-R$.

Schmerz Schmerz stellt eine subjektive Erfahrung dar, welche durch die Interpretation der nozizeptiven Signale im zentralen Nervensystem unter Einbeziehung emotionaler, kognitiver und kontextueller Faktoren entsteht. Schmerz ist das bewusste Gefühl, das häufig als unangenehm empfunden wird und typischerweise mit einer potenziellen oder tatsächlichen Gewebeschädigung verbunden ist. Schmerz kann auch ohne Nozizeption auftreten, beispielsweise bei neuropathischem Schmerz, der nicht auf einer schädlichen Reizung beruht, sondern durch Fehlfunktionen des Nervensystems selbst verursacht wird (siehe → *Nozizeption*).

Schwache Wechselwirkungen Schwache Wechselwirkungen bezeichnen alle zwischenmolekularen Kräfte, die nicht zur Ausbildung kovalenter Bindungen zwischen Ato-

Glossar

men und damit zur Bildung von Molekülen führen. Wasserstoffbrückenbindungen, van der Waals-Kräfte, elektrostatische Wechselwirkungen und hydrophobe Effekte sind Beispiele für diese Verbindungen mit relativ geringem Energiegehalt (siehe → *Kovalente Bindungen*).

Sensitisierung Dieser auch Sensibilisierung oder Sensitivierung genannte Prozess bezeichnet in sensorischen Systemen die Absenkung einer Schwelle zur Auslösung einer Reaktion. Sensitisierung erfolgt auf molekularer Ebene, wobei die betreffenden Transduktionskanäle bereits bei einer geringeren Reizstärke aktiviert werden. Des Weiteren kann Sensitisierung auch durch eine Modulation zentralnervöser Verarbeitungsprozesse hervorgerufen werden. Ein Beispiel für Sensitisierung ist die gesteigerte Schmerzempfindlichkeit, die häufig als Folge entzündlicher Prozesse auftritt (siehe → *Adaptation*).

Spannungsgesteuerte Ionenkanäle Das Gating dieser Ionenkanäle wird durch Spannungsänderungen über der Plasmamembran reguliert. In der Regel besitzt ein spannungsgesteuerter Ionenkanal einen Spannungssensor in Form geladener Aminosäurereste, der infolge einer Depolarisation oder Hyperpolarisation des Membranpotenzials seine Position innerhalb der Membran verändert und dadurch eine Konformationsänderung des Proteins auslöst, wodurch der Ionenkanal geöffnet oder geschlossen wird.

Sensillen Sensillen stellen kleine Sinnesorgane dar, die sich auf oder in der Cuticula von Invertebraten befinden. Sie setzen sich aus dendritischen Fortsätzen eines sensorischen Neurons sowie nicht-neuronalen Zellen zusammen, welche eine unterstützende Struktur bilden und teilweise auch die ankommenden Reize filtern. Sensillen können einzeln vorkommen oder in Gruppen zu größeren Sinnesorganen zusammengefasst sein.

Spinalganglion Ein Ganglion bezeichnet im Allgemeinen eine Ansammlung von Zellkörpern im peripheren Nervensystem. Die Spinalganglien, die sich segmental angeordnet auf beiden Seiten des Rückenmarks in der Hinterwurzel befinden, werden daher auch als Hinterwurzelganglien bezeichnet. Sie enthalten pseudounipolare Neuronen, deren einziger Ausläufer sich nach Austritt aus dem Soma T-förmig in einen peripheren und in einen zentralen Fortsatz teilt. Pseudounipolare Neuronen sind afferente Neuronen, die somatosensorische Informationen (Mechanorezeption, Thermorezeption und Nozizeption) aus der Peripherie ins Rückenmark übertragen. In den Spinalganglien findet keine synaptische Umschaltung statt.

Stefan-Boltzmann-Gesetz Das Stefan-Boltzmann-Gesetz beschreibt die Strahlungsleistung eines idealen Schwarzen Körpers in Abhängigkeit von der Temperatur. Ein Schwarzer Körper ist eine thermische Strahlungsquelle, die sämtliche auftreffende elektromagnetische Strahlung vollständig absorbiert. Reale Objekte sind in der Regel keine Schwarzen Körper, da sie immer einen Teil der Strahlung reflektieren.

Stereocilien Der Begriff Stereocilien wird in sensorischen Systemen für relativ starre Mikrovilli verwendet, die in den Haarsinneszellen der Cochlea und des vestibulären Labyrinths vorkommen. Die Bezeichnung ist jedoch irreführend, da es sich eben nicht um Cilien mit ihrer charakteristischen Anordnung von Mikrotubuli handelt, sondern um durch Actin stabilisierte Ausstülpungen der Zellmembran. Stereocilien können durch einen mechanischen Reiz in einer Ebene hin- und herbewegt werden, wodurch sich mechanosensitive Ionenkanäle in ihrer Membran öffnen.

Temperatur Die Temperatur ist eine intensive Zustandsgröße, deren Messung mit einem Thermometer in den Einheiten Kelvin (K) oder Grad Celsius (°C) erfolgt. Als Zustandsgröße beschreibt die Temperatur eine Eigenschaft eines Objekts, welche die Richtung des Energieflusses bestimmt, wenn sich das Objekt in unmittelbarem Kontakt zu einem anderen Objekt befindet. Energie fließt immer von höherer zu niedrigerer Temperatur (siehe → *Wärme*).

Thermoneutralzone Im Rahmen der Temperaturregulation bei endothermen Organismen wird die Thermoneutralzone als jener Temperaturbereich definiert, bei dem keine metabolische Energie zur Aufrechterhaltung der Körpertemperatur aufgewendet werden muss.

Tonotopie Tonotopie bezeichnet die Zuordnung einer Frequenz bzw. eines „Tons" zu einem bestimmten Ort. Diese tonotope Abbildung von Frequenzen erfolgt entlang der Längsausdehnung der Basilarmembran in der Cochlea sowie in den auditorischen Zentren im Gehirn.

Trichromatische Theorie des Farbensehens Grundsätzlich versteht man unter Farbensehen die Fähigkeit von Organismen, Licht verschiedener Wellenlängen als unterschiedlich wahrzunehmen. Die trichromatische Theorie des Farbensehens basiert auf der Entdeckung von THOMAS YOUNG und HERMANN VON HELMHOLTZ, dass jede Farbe durch eine Kombination der drei Primärfarben Rot, Grün und Blau erzeugt werden kann. Darauf aufbauend geht die Theorie davon aus, dass es in der Netzhaut drei Arten von Zapfenphotorezeptoren gibt, die bevorzugt kurzwelliges, mittelwelliges und langwelliges Licht absorbieren (siehe → *Photorezeptoren*).

Tuningkurve Der Verlauf einer Tuningkurve gibt die Reaktion eines sensorischen Neurons auf unterschiedliche Parameter eines Reizes wieder. In der Regel erfolgt die Darstellung der Antwortstärke des Neurons in Form einer Änderung der Spannung über der Membran oder der Aktionspotenzialfrequenz in Abhängigkeit von einem Parameter des Reizes. Die Kurve steigt bis zu einem Maximum an und fällt anschließend wieder ab. Das Maximum der Kurve entspricht dem Reizparameter, der das Neuron optimal aktiviert, während die Breite der Tuningkurve als Indikator für die Spezifität des Neurons fungiert. Eine breite Kurve lässt demnach auf eine geringe Präferenz schließen, während ein schmaler Verlauf auf eine hohe Spezifität hindeutet.

Turbinalia Turbinalia sind drei Paar knöcherne Lamellen, die in das Lumen der Nasenhöhle von Säugetieren hineinragen. Sie sind mit Schleimhaut überzogen und vergrößern die Oberfläche der Nasenhöhle, wodurch die Detektion von Geruchsstoffen verbessert wird. Darüber hinaus spielen sie eine wichtige Rolle bei der Befeuchtung, Erwärmung und Reinigung der Einatemluft.

Glossar

Univarianzprinzip Aufgrund der Absorptionskurven der Photopigmente können verschiedene Wellenlängen in Kombination mit unterschiedlichen Lichtintensitäten die gleiche Aktivität in einem Photorezeptor hervorrufen. Daher ist es nicht möglich, Farben mit nur einem Photorezeptortyp zu unterscheiden.

Usher-Syndrom Das Usher-Syndrom ist eine seltene, autosomal-rezessiv vererbte Erkrankung, die auditorische, vestibuläre sowie visuelle Beeinträchtigungen verursacht. Die molekulare Klassifizierung des Usher-Syndroms erfolgt anhand des jeweils betroffenen Proteins und führt zu einer Einteilung in drei Typen (Typ 1: USH1A–K, Typ 2: USH2A–D, Typ 3: USH3A–B). Typ 1 ist gekennzeichnet durch schweren Hörverlust von Geburt an und frühzeitigen Beginn von Sehproblemen. Typ 2 zeigt moderaten bis schweren Hörverlust und einen langsameren Verlust des Sehvermögens. Typ 3 ist seltener und zeichnet sich durch einen progressiven Hörverlust und einen späteren Beginn von Sehproblemen aus.

Vestibularorgan Das Vestibularorgan, auch als Gleichgewichtsorgan bezeichnet, befindet sich im Innenohr der Wirbeltiere und erfüllt zwei Aufgaben: die Detektion von Dreh- und Linearbeschleunigungen. Es besteht aus drei nahezu senkrecht zueinander angeordneten Bogengangsorganen, die Drehbeschleunigungen des Kopfes entlang der drei möglichen Raumachsen erfassen. Die beiden Makulaorgane (Utriculus und Sacculus) dienen der Detektion von Linearbeschleunigungen. Die Signaltransduktion erfolgt in den Stereocilien von Haarsinneszellen, die in den Bogengängen durch den Endolymphstrom und in den Makulaorganen durch eine Verschiebung von Otolithen aktiviert werden (siehe → *Haarsinneszellen*).

Wärme Wärme ist im Gegensatz zur Temperatur keine Zustandsgröße, sondern eine Prozessgröße. Sie beschreibt also einen Vorgang, bei dem Energie von einem Objekt auf ein anderes übertragen wird. Bei einem Energietransfer in Form von Wärme bewegen sich die Atome oder Moleküle schneller um ihre Ruhelage oder in dem ihnen zur Verfügung stehenden Raum. Diese Molekülbewegungen sind jedoch zufällig und ungerichtet (siehe → *Temperatur*).

Wärmeleitfähigkeit Die Wärmeleitfähigkeit, auch Wärmeleitzahl genannt, stellt eine Materialeigenschaft dar. Sie gibt Auskunft über die Geschwindigkeit, mit der sich thermische Energie mittels Wärmeleitung in einem Festkörper, einer Flüssigkeit oder einem Gas ausbreitet. Eine niedrige Wärmeleitfähigkeit bewirkt eine bessere thermische Isolierung (siehe → *Wärmeleitung*).

Wärmeleitung Die Wärmeleitung, auch Konduktion genannt, bezeichnet den Transport thermischer Energie entlang eines Temperaturgradienten in Richtung der niedrigeren Temperatur. Die Wärmeleitung kann in oder zwischen einem Feststoff, einer Flüssigkeit oder einem Gas erfolgen, wobei die Wärmeleitfähigkeit eine entscheidende Rolle spielt. Die Energieübertragung erfolgt durch atomare oder molekulare Wechselwirkungen, wobei makroskopisch kein Stofftransport stattfindet (siehe → *Konvektion, Wärmeleitfähigkeit*).

Wärmestrahlung Die Wärmestrahlung oder thermische Strahlung ist eine Form der elektromagnetischen Strahlung, die von jedem Objekt mit einer Temperatur oberhalb des absoluten Nullpunkts emittiert wird. Mit zunehmender Temperatur steigt gemäß dem Stefan-Boltzmann-Gesetz die emittierte Wärmestrahlung mit der 4. Potenz an, und die Emission verschiebt sich in Richtung kürzerer Wellenlängen. Bei einer Oberflächentemperatur von 30 °C liegt die kürzeste Wellenlänge der Wärmestrahlung zwischen 3 und 4 µm und damit im nicht sichtbaren Infrarotbereich (siehe → *Stefan-Boltzmann-Gesetz*).

Zeitkonstante Die Zeitkonstante τ entspricht der Zeit, die eine Spannungsänderung über der Zellmembran benötigt, um 63 % der maximalen Amplitude zu erreichen. Die Zeitkonstante basiert auf den physikalischen Membraneigenschaften Widerstand und Kapazität.

Zeitliche Summation Die zeitliche Summation beschreibt die Addition aufeinanderfolgender Potenzialänderungen, die durch Aktivität an derselben Synapse erzeugt werden. Die Zeitkonstante ist für die Signalintegration im Rahmen der zeitlichen Summation von Bedeutung (siehe → *Zeitkonstante*).

Zustandsgröße Eine Zustandsgröße ist ein physikalisches oder mathematisches Merkmal eines Systems, das den Zustand dieses Systems zu einem bestimmten Zeitpunkt beschreibt. Zustandsgrößen umfassen Eigenschaften wie Temperatur, Druck, Volumen, innere Energie, Enthalpie und Entropie. Sie sind unabhängig von der Zeit und der Vorgeschichte des Systems (siehe → *Prozessgröße*).

Stichwortverzeichnis

Symbols

γ-Aminobuttersäure *siehe* GABA
π-Elektronensystem, 87

A

Absorption, 87
Acetylcholin, 49, 50, 56, 67, 286
Acetylcholinrezeptor
    muskarinischer, 50
    nikotinischer, 50, 56
Actin, 92, 159, 161, 172
Adaptation, 118–120, 176, 213, 332, 338, 342, 363, 387, 389, 407
Adenosintriphosphat (ATP), 50
Adenylylcyclase, 68, 70, 233
Aktionspotenzial, 27, 36
    Leitungsgeschwindigkeit, 34
    Schwellenwert, 29
Alkaloid, 274
Allodynie, 419, 435
Amilorid, 281
Anion, 6
Ankyrin, 106, 203
Ankyrin-Repeat, 321
Anoctamin-1, 446
Anoctamin-2, 235
Antennallobus, 257
Arachidonsäure, 70
Arrestin, 63, 64, 114, 237
Arrhenius-Gleichung, 380
ASIC-Kanal, *Acid-sensing ion channel*, 316–318, 353, 435
Astrozyt, 46
ATP, Adenosintriphosphat, 285
ATP-Rezeptor, 52
Außenohr, 155
Axodendritische Synapse, 57
Axon, 4
    Axonhügel, 4
    Axonkollaterale, 4
    Axonterminal, 4
    Durchmesser, 34
    Initialsegment, 4
    Myelinisierung, 34, 36
Axosomatische Synapse, 57
Azimut, 189

B

Basilarmembran, 149
Basilarpapillen, 158
Beschleunigung, 206
Beugung, 151
Binaurales Neuron, 192
Biolumineszenz, 87
Bittergeschmack, 274, 276
Boltzmann-Konstante, 375
Brechung, 151
Bulbus olfactorius, 243

C

Cadherin-23, 162, 215
Calciumkanal, 23, 45, 75, 180, 280, 436
Calciumsignal, 74
Calmodulin, 106
cAMP, 68
Capsaicin, 392
Chemorezeption, 222
Chordotonalorgan, 201, 363
CICR, *Ca^{2+}-induced Ca^{2+} release*, 75
CNG-Kanal, *Cyclic nucleotide-gated*, 53, 68, 106–108, 234
Cochlea, 158
Columella, 155
Connexon, 41
Corti-Organ, 158
Cytokine, 446
    IL-13, 446
    IL-31, 446
    IL-33, 446
    IL-4, 446

D

Deckhaar, 346
Dendrit, 3, 5
Depolarisation, 9, 55
Desensitisierung, 63, 425
Dezibel, 145
Diacylglycerol (DAG), 71, 240
Dichromaten, 127
Differenzialsensor, 333
Diffusion, 7, 8, 16, 18, 22, 30, 45, 56
Dioptrischer Apparat, 85

E

Eigenreflex, 356
Elektrische Erregbarkeit, 4
Elektrische Kopplung, 41
Elektrische Resonanz, 180, 182
Elektrische Spannung, 7
Elektrische Stromstärke, 7
Elektrischer Strom, 7

Elektrischer Widerstand, 7
Elektrochemisches Gleichgewicht, 16
Elektromagnetische Welle, 83
Elektromotilität, 164
Elektrotonische Signalleitung, 11
Elementarladung, 6
Emissionsgrad, 379
ENaC-Kanal, 316, 318, 353
Endocochleäres Potenzial, 168
Endocytose, 46
Endolymphe, 158, 168, 169, 173, 174, 202, 208, 210, 213, 363
EPSP *siehe* Exzitatorisches postsynaptisches Potenzial
Exocytose, 45
Extrafusale Faser, 352
Exzitatorisches postsynaptisches Potenzial, 55

F

Farbensehen, 124, 131
Farbkonstanz, 125, 131
Fasertyp
    Aα-Faser, 352
    Aβ-Faser, 352
    Aδ-Faser, 385
    C-Faser, 385
Fließgleichgewicht, 16
Force-from-filaments, 308
Force-from-lipids, 308
Formylpeptidrezeptor, 229
Fourier-Analyse, 147, 177
Fovea centralis, 85, 95
Freie Nervenendigung, 332, 385, 420
Frequenz, 141
Frequenzunterscheidung, 177, 186

G

G-Protein, 65, 68
G-Protein-gekoppelter Rezeptor, 61, 64
GABA, γ-Aminobuttersäure, 50, 286, 342, 356, 453
GABA-Rezeptor, 50
Gap Junction, 41
GAPs, *GTPase-accelerating proteins*, 68, 115, 116, 237
Gating, 22
Gating spring, 172
GCAPS, *guanylyl cyclase activating proteins*, 116
Gehörknöchelchen, 155
Generatorpotenzial, 329, 425
Geruchsstoff, 223
Geräusch, 146
Geschmacksknospe, 269
    Basalzelle, 269
    Geschmackszelle, 269

Geschmackspapille, 268
    Blattpapille, 268
    Pilzpapille, 268
    Wallpapille, 268
Geschmackszelle
    Typ-I-Zelle, 269
    Typ-II-Zelle, 269
    Typ-III-Zelle, 271
Geschwindigkeit, 206
Gewicht, 207
Gleichgewichtspotenzial, 18, 19
Gleichrichtung, 176
Glomerulus, 243, 246, 248
Glutamat, 50, 52, 56, 451, 454
Glutamatrezeptor, 52
    aminoterminale Domäne, 52
    AMPA-Rezeptor, 52
    Kainat-Rezeptor, 52
    ligandenbindende Domäne, 52
    NMDA-Rezeptor, 52, 75
Glycin, 50
Glycinezeptor, 50
Goldman-Hodgkin-Katz-Gleichung, 19
Golgi-Sehnenorgan, 354, 356
Golgi-Sehnenreflex, 356
GPCR *siehe* G-Protein-gekoppelter Rezeptor
Gr, *Gustatory receptor*, 252, 292, 293, 295
Grüneberg-Ganglion, 229
Grannenhaar, 346
GRKs, G-Protein-gekoppelte Rezeptorkinasen, 237
Grubenorgan, 408, 410
Guanylylcyclase, 115
Gustducin, 65

H

Haarfollikelassoziierter Mechanosensor, 346, 349
Haarsinneszelle, 158, 167
Harmonische Analyse, 147
Haut, 327
    Dermis, 327
    Epidermis, 327
    Subkutis, 327
HCN-Kanal, *Hyperpolarization-activated cyclic nucleotide-gated*, 110
Head-related Transfer Function, 197
Hering-Breuer-Reflex, 311
Hinterwurzelganglion *siehe* Spinalganglion
Histamin, 442
HRTF *siehe* Head-related Transfer Function
HTMR, *High-threshold mechanoreceptors*, 332
Hydratationsenergie, 25
Hydrathülle, 25
Hyperalgesie, 419, 438
Hyperpolarisation, 9, 55
Hörschwelle, 145

Stichwortverzeichnis

I

Impedanzanpassung, 156
Infraschall, 142, 157
Inhibitorisches postsynaptisches Potenzial, 55
Innenohr, 157
Innenwiderstand, 11
Inositol-1,4,5-trisphosphat (IP_3), 71, 240
Integument, 326
Interaurale Laufzeitdifferenz, 190
Interauraler Intensitätsunterschied, 191
Interferenz
　destruktive, 147
　konstruktive, 147
Internodium, 34
Intrafusale Faser, 352
Ionen, 6
Ionenkanal, 15
　Ionenselektivität, 15
　ligandengesteuerter, 49, 53
　Porenschleife, 22
　spannungsgesteuerter, 22, 26
IP_3-Rezeptor, 71, 75
IPSP siehe Inhibitorisches postsynaptisches Potenzial
Ir, Ionotropic receptor, 252, 253, 297

J

Johnston-Organ, 201
Jucken siehe Pruritus

K

Kaliumkanal
　GIRK-Kanal, 65
　K2P-Kanal, 15, 314, 397
　Kaliumhintergrundkanal, 15, 110, 396
　spannungsabhängiger (K_v), 23
　spannungsabhängiger (K_v), 32
Kapazität, 8, 9, 13
Kation, 6
Keratinocyten, 327, 394, 420, 430, 442
Kinetische Energie, 375
Kinocilium, 159
Klang, 146
Kondensator, 9
Konduktion siehe Wärmeleitung
Konvektion, 378
Konvektionskoeffizient, 378
Kooperativität, 402
Kreisfrequenz, 142
Kreiswellenzahl, 140

L

Längskonstante, 11, 27, 34

Labeled Line, 129, 272, 287, 400
Ladung, 6, 13
Lagena, 157
Lanzettendigung, 346, 348
Lautstärke, 140
Leitfähigkeit, 8
Leithaar, 346
Lichtbrechung, 85
Ligand, 49
Lipid Raft, 68
Lokalisation von Schallquellen, 189, 200
LTMR, Low-threshold mechanoreceptors, 332

M

Makrophage, 434, 435, 439
Makulaorgan, 207
Masse, 206
Mastzelle, 442
Maxwell-Boltzmann-Verteilung, 376
Mechanoelektrische Transduktion, 162
Meissner-Korpuskel, 338, 339
Membranpotenzial, 15, 21
Merkel-Endigung, 334, 337
Merkel-Zelle, 335
Metabolische Kopplung, 41
Metarhodopsin, 98
Mikroglia, 434
Mikrotubulus, 93, 159
Mikrovillus, 92, 100, 159, 161
Mittelohr, 155
Mrgpr, Mas-related G-protein-coupled receptor, 445
MS4A-Rezeptor, 228
Muskeldehnungsreflex, 352
Muskelspindel, 352, 354
　Kernkettenfaser, 352
　Kernsackfaser, 352
Myelinschicht, 12

N

Na^+/K^+-ATPase, 15, 18, 21, 94, 169, 175
Na^+/K^+-Ca^{2+}-Austauscher, 109
Nachhyperpolarisation, 32
Natriumkanal
　Inaktivierung, 25, 30
　Selektivitätsfilter, 25
　spannungsabhängiger (Na_v), 23, 30
　Spannungssensor, 24
Nernst-Gleichung, 19
Neuronale Integration, 58
Neuronendoktrin, 3
Neuropathischer Schmerz, 419
NOMPC, No mechanoreceptor potential C, 203, 320, 321, 364
Nozizeption, 306, 416, 439

Nozizeptor, 422
　hochschwelliger, 422
　nicht-peptiderger, 422
　peptiderger, 422
　polymodaler, 422
　schlafender, 422
　stummer, 422
Nozizeptoren, 419
Nozizeptorschmerz
　pathophysiologischer, 419
　physiologischer, 417

O

Odorant binding protein, 225
Ohmscher Widerstand, 8, 9, 174
Ohmsches Gesetz, 8
Olfaktion, 222
Olfaktorisches Epithel, 223
　Basalzelle, 224
　Riechsinneszelle, 223
　Stützzelle, 224
Oligodendrozyt, 34
Ommatidium, 92
Opsin, 96
　c-Opsin, 97
　r-Opsin, 97
Or, *odor receptor*, 252
　Orco, 253
Orbital, 87
OSCA/TMEM63-Kanal, 318, 320
OTOP1, 277

P

P2X-Rezeptor *siehe* ATP-Rezeptor
Pacini-Korpuskel, 341, 343
Partialladung, 6
Pegel, 146
Perilymphe, 158, 168, 169, 173, 174, 215
Perineuralzelle, 338, 341
Periodendauer, 140
Permeabilität, 20
Phase, 143
Phasenwinkel *siehe* Phase
Pheromon, 229, 239
Phosphodiesterase, 70, 101
Phosphodiesterbindung, 70
Phospholipase, 70, 72
　Phospholipase A2, 70
　Phospholipase C-β, 70
Photoisomerisierung, 97
Photon, 87
Photopigment, 95
Photopisches Sehen, 94
Photorezeption, 82
Photorezeptor
　Außensegment, 93
　ciliäre, 93, 95
　Ellipsoid, 94
　Innensegment, 94
　rhabdomerer, 92
　Stäbchen, 94, 102, 110, 112, 119, 121, 123, 125, 129
　Zapfen, 94, 110, 120, 123, 125
Phototransduktion, 91, 112
Piezo-Kanal, 164, 311, 314
　Piezo1, 311
　Piezo2, 311, 337, 338, 340, 342, 348, 349, 351, 353–355
Pigmentepithel, 95
　retinales, 121
Plasmamembran, 3
PMCA, *Plasma membrane* Ca^{2+}-*ATPase*, 74
Potenzialdifferenz *siehe* Elektrische Spannung
Prestin, 165
Proportional-Differenzial-Sensor, 333
Propriozeption, 306
Protocadherin-15, 162, 215
Prozessgröße, 374
Pruritus, 441, 453

Q

Q_{10}-Wert, 379, 389
Quantale Freisetzung, 45

R

Ranvierscher Schnürring, 34
Rapidly adapting, RA, 333
Reaktionsgeschwindigkeit, 379
Reaktionszeit, 8, 46
Reflexion, 151
Refraktärzeit, 25
　absolute, 29, 30
　relative, 29, 32
Resonanz, 148, 179
Retina, 95
Retinal, 95
Retinulazelle, 92
Rezeptives Feld, 131
Rezeptor, 49
　ionotroper, 45, 49, 53, 64
　metabotroper, 45, 59
Rhabdomer, 92
Rhodopsin, 96
Rhodopsin-Kinase, 114
Rhodospin, 127
Ribbon-Synapsen, 108, 164
Riechschleimhaut *siehe* Olfaktorisches Epithel
RPE65, 123
Ruffini-Korpuskel, 340, 341
Ruhemembranpotenzial, 9, 15, 21

Ryanodinrezeptor, 75

S

Süßgeschmack, 273, 274
Salzgeschmack, 281, 284
　amiloridsensitiver, 269, 281
　Anioneneffekt, 282
　high salt taste, 282
Sauergeschmack, 277, 280
Schalldruckpegel, 145
Schallimpedanz, 156
Schallintensität, 145
Schallleistung, 144
Schallschnelle, 201
Schallwelle, 139
Schiffsche Base, 97
Schmerz
　somatischer Oberflächenschmerz, 417
　somatischer Tiefenflächenschmerz, 417
　viszeraler Tiefenschmerz, 417
Schwache Wechselwirkung, 96
Schwann-Zelle, 34, 338
Schwerkraft, 207
Schwingung
　erzwungene, 149
　freie, 148
　gedämpfte, 150
Scolopidium, 202, 363
Second Messenger, 60
Sensille
　gustatorische Sensille, 291
　Sensillum basiconicum, 250
　Sensillum trichodeum, 250
Sensille, campaniforme, 361, 363
Sensille, externe, 359, 361
Sensitisierung, 425
Septalorgan, 229
SERCA, *Sarcolendoplasmic* Ca^{2+}-*ATPase*, 74
Serotonin, 285, 445
Sichtbares Licht, 84
Signaltransduktion, 2
Signalweiterleitung, 2
Skotopisches Sehen, 94
Slowly adapting, SA, 333
SOCE, *Store-operated* Ca^{2+} *entry*, 75, 395
Soma, 3
Somatosensorik, 306
Spannung *siehe* Elektrische Spannung
Spinalganglion, 328, 385
Spurenaminrezeptor, 228
Stefan-boltzmannsches Gesetz, 379
Stereocilien, 159
Stereocilin, 161
Stereognosie, 332
Stria vascularis, 169
Strom *siehe* Elektrischer Strom

Substratschall, 157
Summation
　räumliche, 57
　zeitliche, 57
Superpositionsprinzip, 146
Synapse, 4, 40
　aktive Zone, 43
　chemische, 43, 58
　elektrische, 41, 43
　Ribbon-Synapse, 94
Synaptische Plastizität, 40
Synaptisches Vesikel, 43

T

Temperatur, 374
Terminale Nervenmasse, 409
Thermorezeption, 374
Thermorezeptor, 379
Tip-Link, 161, 162
TMC-Kanal, 162, 163, 172, 215, 321, 323
Ton, 146
Tonhöhe, 141
Tonotopie, 177
Totalreflexion, 85
TRAAK-Kanal *siehe* TREK-Kanal
Transducin, 65, 101
Transducisom, 101
Transmission, 151
TREK-1, 398
TREK-2, 399
TREK-Kanal, 314, 316, 396, 400
Trichromat, 127
Trichromatisches Sehen, 129
Trigeminalganglion, 328, 385
Trommelfell, 145
TRP-Kanal, *Transient receptor potential*, 99, 104, 320, 390, 396
　TRPA1, 395
　TRPM2, 394
　TRPM8, 394
　TRPV1, 392
TRPL-Kanal, *Transient receptor potential-like*, 104

Tuningkurve, 182
Tympanalorgan, 201
Tympanum, 201, 202
Typ-II-Mechanosensor, 359
Typ-I-Mechanosensor, 359

U

Ultraschall, 142
Umamigeschmack, 276, 277
Univarianzprinzip, 129

V

Vestibularorgan, 205, 208
   Ampulle, 208
   Bogengangsorgan, 206, 208
   Crista ampullaris, 208
   Cupula ampullaris, 208
   Makulaorgan, 206, 210
   Otolithenmembran, 210
Vomeronasalorgan, 229

W

Wärmeleitfähigkeit, 377
Wärmeleitung, 376
Wärmestrom, 377
Wanderwelle, 182

Welle
   Amplitude, 83
   Frequenz, 83
   Wellenlänge, 83
Welle-Teilchen-Dualismus, 83
Wellengleichung, 139
Wellenlänge, 140
Widerstand *siehe* Elektrischer Widerstand
Winkelbeschleunigung, 207
Wollhaar, 346

Z

Zeitkonstante, 9, 27
Zellkörper *siehe* Soma
Zustandsgröße, 374
Zweipunktschwelle, 337

If you have any concerns about our products,
you can contact us on
ProductSafety@springernature.com

In case Publisher is established outside the EU,
the EU authorized representative is:
Springer Nature Customer Service Center GmbH
Europaplatz 3, 69115 Heidelberg, Germany

Printed by Libri Plureos GmbH
in Hamburg, Germany